国家科学技术学术著作出版基金资助出版

非饱和土与特殊土力学
（下卷）

MECHANICS FOR UNSATURATED AND SPECIAL SOILS

陈正汉　著

中国建筑工业出版社

目　录

上　卷

下　卷

第 4 篇　应力理论和本构模型

本篇导言

应力状态是研究土的变形、强度和本构模型的前提。非饱和土是多相多孔介质，如何刻划其应力状态是一个十分重要的理论问题。

选择非饱和土应力状态变量的 4 项原则是：理论上合理，逻辑关系正确，应用方便，经过试验验证。

——陈正汉，秦冰. 非饱和土的应力状态变量研究 [J]. 岩土力学，2012，33（1）：1-11.

应力张量是应力状态的体现者，确定其依据是动量和动量矩守恒律。

——郭仲衡. 非线性弹性理论 [M]. 北京：科学出版社，1980：116.

技术科学解决复杂问题的方法是，强调抓主要矛盾，忽略次要矛盾，追求复杂条件下工程精度所允许的近似答案。

——郑哲敏. 学习钱学森先生技术科学思想的体会 [J]. 力学进展，2001，31（4）：484-488.

土不是一种各向同性材料，不但应力水平影响它的性能，其受力过程亦即所谓应力路线，也影响它的应力-应变关系。因此，要选择一种数学模型来全面地、正确地反映这些复杂关系的所有特点，是非常困难的。并且即使找到了这种模型，也将因为它太复杂难于在各种土工建筑和地基性能分析研究中去应用。研究方向应该针对特殊的土料、特殊的工程对象和问题的特点，去找简单而能说明最主要问题的数学模型。要做到这一点是非常不容易的。

最有用的模型是能解决实际问题的最简单的模型。

——黄文熙. 土的工程性质 [M]. 北京：水利电力出版社，1983：7.

建模三原则：假设合理，物性鲜明，应用简便。

建模四要领：弄清两头，抓大放小，实事求是，有机结合。

——陈正汉. 关于土力学理论模型和科研方法的思考（Ⅰ）[J]. 力学与实践，2003（6）：59-62.

——陈正汉. 关于土力学理论模型和科研方法的思考（Ⅱ）[J]. 力学与实践，2004（1）：63-67.

理论与研究的问题要有结合点，而不是风马牛不相及。在弄清问题和理论的基础上要，着力搞好两者的结合。对交叉学科的新理论和新方法，不能原封不动地照搬照套，而必须把这些一般的理论方法与岩土工程及岩土介质的具体特点相结合。这是模型成败的关键。

　　——陈正汉. 关于土力学理论模型与科研方法的思考 [J]. 力学与实践，2003，25（6）：59-62.

　　特殊土的本构关系应当考虑其独特的微结构。

　　把黄土的湿陷视为微结构的失稳并结合运用损伤力学、现代土力学与非饱和土力学的知识对湿陷变形进行定量描述是发展湿陷力学的有效途径。

　　——陈正汉. 非饱和土研究的新进展 [C] //中加非饱和土研讨会，武汉，1994，145-152.

第16章 应 力 理 论

本章提要

描述应力状态是研究土的变形、强度和本构模型的前提。描述非饱和土的应力状态有两种方法：有效应力和应力状态变量。本章在系统评述两种方法发展历程的基础上，分别构建了充满流体的各向异性线变形多孔介质和各向同性非饱和土的有效应力理论公式，提出了确定非饱和土应力状态变量的理论方法、选择应力状态变量的 4 项原则和对应力状态变量进行验证的完备验证准则，用大量试验从变形、水量变化和抗剪强度 3 方面对描述非饱和土的两个应力状态变量的合理性进行了全面验证。

16.1　描述非饱和土应力状态的方法

土是多相多孔介质，如何刻画其应力状态是一个十分重要的理论问题。对于饱和土应力状态的描述，太沙基（Terzaghi）提出的有效应力原理圆满解决了这一问题。对于非饱和土应力状态的描述，研究结果很多，提出了两种方法：有效应力和应力状态变量。其中毕肖普（Bishop）的有效应力公式[1]和 Fredlund 的两个应力状态变量[2-3]（即净总应力和吸力）最具代表性。但非饱和土的毕肖普有效应力公式是凭直觉提出的唯象公式，未经理论证明和试验验证，加之其中的参数 χ 没有明确的物理意义，不易确定，受到同行的质疑。这促使毕肖普等[4]于 1963 年提出采用净总应力和吸力两个应力状态变量描述非饱和土的力学特性，Matyas 等[5]用其研究了孔隙比状态面与饱和度状态面的唯一性。使用两个状态变量的优点是可分开考虑净总应力和基质吸力对非饱和土力学性质的影响，但其合理性未经论证和验证。

Fredlund 认为[2]，土的力学性状是由控制土的结构平衡的应力变量所控制。因此，可用控制土的结构平衡的应力变量作为土的应力状态变量。Fredlund 还认为状态变量必须与材料的物理性质无关；倘若变量中包含材料性质参数，他就认定该变量是本构关系，而不是状态变量。Fredlund 把非饱和土视为固-液-气-收缩膜四相介质，分别考虑液相、气相、收缩膜和总体的平衡，进而得出了土骨架的平衡方程和描述非饱和土力学性状的两个应力状态变量。鉴于两个应力状态变量有一定的理论基础，不包含材料参数，可分开考虑净总应力和基质吸力对非饱和土的力学性质的影响，加之 Fredlund 用 19 个"零体变"和"零排水"试验对其进行了一些验证工作，因而得到众多学者的认可和采用。

陈正汉在非饱和土的应力理论方面做了 5 方面的工作：（1）根据混合物理论推得，描述非饱和土的应力状态一般需要 3 个应力张量，给出了相应的具体表达式[6]，得到沈珠江院士的认可[7]；（2）以弹性理论为基础，通过科学抽象和演绎推理，利用变形等效的原则，分别构建了各向异性多孔-多相流体介质的有效应力理论公式和非饱和土的有效应力理论公式[8-11]，饱和土的太沙基有效应力公式、非饱和土的毕肖普公式和斯肯普顿（Skenpton）公式均为其特例，且这两种理论公式（包括推导方法）在后续国内外学者的研究中得到重现[12-13]；（3）提出了确定非饱和土应力状态变量的理论方法和选择应力状态变量的 4 条原则[14-15]，以连续介质力学的应力理论和复杂介质的平均应力定理为基础导出了文献中所使用的全部应力状态变量，从理论上分析了各自的优缺点，回答与澄清了当前研究中存在的一系列问题；（4）通过大量试验从变形、水量变化和抗剪强度 3 方面对非饱和土的两个应力状态变量进行充分验证[16-17]，其中包含偏应力作用的验证和抗剪强度方面的验证，属于首次；（5）从定义、假设、内涵、本构关系和强度的表达式等方面比较了非饱和土的有效应力与应力状态变量的异同，找出了二者之间的联系，为两类理论表达式之间的转换提供了方便[6,8,15]。

16.2　非饱和土的有效应力理论

16.2.1　研究进展与现状

16.2.1.1　文献中提出的各种公式

太沙基提出的饱和土有效应力原理获得了巨大成功，是传统土力学的基石和支柱。饱和土的太沙基有效应力公式为：

$$\sigma'_i = \sigma_i - u_w \quad (i = 1,2,3) \tag{16.1}$$

式中，σ'_i，σ_i，u_w 分别是有效正应力、总正应力和孔隙水压力。

许多学者从理论上和试验上论证或验证了有效应力原理的正确性。比奥（Biot）等[18]、斯肯普顿等[19]、Nur 等[20] 先后用不同的理论方法推得：对于土的体积变形，有效应力的精确表达式为：

$$\sigma' = \sigma - \left(1 - \frac{C_s}{C}\right)u_w = \sigma - \left(1 - \frac{K}{K_s}\right)u_w \tag{16.2}$$

式中，C 是土骨架的压缩性，$C=1/K$，K 是土骨架的体积模量；C_s 是土颗粒的压缩性 $C_s=1/K_s$；K_s 是土颗粒的体积模量。对土而言，$K \ll K_s$，表明式（16.2）对于体变问题是足够精确的。

受太沙基有效应力公式的启发，众多学者孜孜不倦地寻求非饱和土的有效应力公式。

根据俞培基等的研究[21]，非饱和土按饱和度可分为气封闭、双开敞和水封闭 3 类。对气封闭情况，太沙基公式（16.1）适用；对水封闭情况，有效应力为：

$$\sigma' = \sigma - u_a \tag{16.3}$$

对于双开敞系统，在 20 世纪 60 年代提出了多种有效应力公式，其中以毕肖普建议的下述公式最为流行[1]（可以包含饱水与饱气（干土）两个极端的情况）：

$$\sigma' = \sigma - [\chi u_w + (1-\chi)u_a] \tag{16.4}$$

式中，u_a 为孔隙气应力；χ 为有效应力参数，与饱和度有关。对于饱和土，$\chi=1$；对于干土，$\chi=0$；对一般情况，$0 \leqslant \chi \leqslant 1$。由于毕肖普公式"既未从理论上加以论证，也未从试验中加以充分检验"[22]，加之测定参数 χ 尚没有成熟的方法，而且对于变形问题和强度问题 χ 的取值不同等问题，故其应用受到了很大限制。

1960 年，斯肯普顿把毕肖普公式［式（16.4）］改写为[19]：

$$\begin{cases} \sigma' = \sigma - s_\chi u_w \\ s_\chi = 1 + (1-\chi)(u_a - u_w)/u_w \end{cases} \tag{16.5}$$

考虑到土颗粒的压缩性，类比式（16.1）和式（16.2）间的关系，斯肯普顿直接给出非饱和土有效应力的一般表达式为[19]：

$$\sigma' = \sigma - (1 - C_s/C)s_\chi u_w = \sigma - (1 - K/K_s)[\chi u_w + (1-\chi)u_a] \tag{16.6}$$

显然，式（16.4）和式（16.6）都是由直觉判断得出的，有必要从理论上加以考察。

由于有效应力的概念明确，应用简便，在经历了 10 多年的沉寂之后，自 1980 年以来，其又引起了国内外许多学者的兴趣。相关学者在非饱和土有效应力方面提出了多种不同的表达式。Carroll[23]提出的流体-多孔介质的总应力表达式为：

$$\sigma_{ij} = (1-n)\sigma_{ij}^s + nS_r u_w \delta_{ij} + n(1-S_r)u_a \delta_{ij} \tag{16.7}$$

式中，σ_{ij} 为总应力张量；n 和 S_r 分别是土的孔隙率和液相饱和度；σ_{ij}^s 是土的粒间应力张量；δ_{ij} 是克罗内克符号（Kronecker delta），是单位二阶张量。

Lewis 等[24]在研究石油、水、气的同时运动时导出了类似公式。许多学者把式（16.7）右边的第一项视为有效应力，事实上，该项代表土骨架按固相的体积分数分担的平均应力，而非土骨架的有效应力。

Mctigue-Wilson-Nunziamo[25]和 Nikolaevsky[26]给出的有效应力定义为：

$$\sigma_{ij}' = \sigma_{ij} - [S_r u_w + (1-S_r)u_a]\delta_{ij} \tag{16.8}$$

式中，σ_{ij}' 在此表示有效应力张量。在式（16.8）中用饱和度取代了毕肖普公式中的参数 χ，仅是毕肖普公式的一个特例，并无理论和试验依据。

Vardoulakis[27]提出了以下应力分解式：

$$\sigma_{ij} = \sigma_{ij}^s + S_r u_w \delta_{ij} + (1-S_r)u_a \delta_{ij} \tag{16.9a}$$

$$\sigma_{ij}' = \sigma_{ij}^s - \gamma u_w \delta_{ij} \tag{16.9b}$$

式中，γ 为常数。Prevost[28]的观点与此相似。但式（16.9b）纯属假设，缺乏理论论证和试验支持，且 γ 的物理意义含糊不清。

Boer 等[29]在研究固-液-气三相多孔介质时，提出以下应力表达式：

$$T_{ij}^s = \hat{T}_{ij}^s - (1-n)P\delta_{ij} \tag{16.10}$$

式中，$\hat{T}_{ij}^s$ 为粒间接触应力；P 为作用在土骨架上的部分静水压力；T_{ij}^s 为土骨架中的应力，按有效应力对待。式（16.10）和式（16.9b）在形式上相似，但其中 P 的含义很模糊。

李希等[30]在研究多孔介质中有多种流体渗流时定义的有效应力公式为：

$$T_{ij}^{(c)} = T_{ijs} - P_N \delta_{ij} \tag{16.11}$$

式中，$T_{ij}^{(c)}$ 为有效应力；T_{ijs} 为固相应力；P_N 为某种流体的压力。该式与式（16.1）相似，但 T_{ijs} 不可测，P_N 的意义不确定。

显然，以上几种提法都不是真正意义上的有效应力公式，且都不比毕肖普公式优越。基于以上认识，笔者以弹性理论为基础，通过科学抽象，对应力状态进行分解，根据变形等效原则，分别导出了各向异性弹性多孔-流体介质和各向同性非饱和土的有效应力理论公式。Khalili 等[12]、陈勉等[13]也分别导出了与笔者完全相同的结果，有关内容将在后面详细介绍。

16.2.1.2　吸力的各向异性效应

进入 21 世纪以来，国内外对非饱和土有效应力的研究再趋活跃，取得了一些新进展。在吸力的各向异性效应方面，刘奉银[31]考虑到吸力不仅对球应力有贡献，而且对偏应力也有贡献，提出用两个参数 χ_p 和 χ_q 分别表达有效球应力和有效偏应力，这实质上是反映吸力的各向异性效应。邢义川等[32-33]从收缩膜的平衡出发，建立了考虑收缩膜方向性（吸力各向异性效应）的非饱和土三维有效应力公式，提出了用非饱和土的真三轴试验确定 3 个有效主应力参数 χ_1、χ_2、χ_3 和 3 个有效剪应力参数 χ_{12}、χ_{23}、χ_{31}（只有两个是独立的）的方法，并探讨了各有效应力参数的变化规律。Li[34]提出了类似的建议。Lu 等[35]也对不同方向采用不同的折减系数以表达吸应力（suction stress）的各向异性。

Ng 等[36]用 3 对弯曲元和霍尔效应传感器量测三轴试样不同方向的剪切波速，发现在小应变时剪切模量具有各向异性，与净平均应力、吸力、孔隙比有关；当吸力为进气值（50kPa）、净平均应力为 110～500 kPa 时，水平剪切模量与竖向剪切模量之比在 1.06～1.09 之间变化。吸力超过进气值后二者之比未见有明显变化，初步验证了吸力的各向异性效应。Shen 等[37]用离散元模拟砂土的结果表明，毛细水所导致的广义有效应力是各向异性的。

土样本身具有一定的初始各向异性，引起各向异性的原因也不一定是吸力。吸力的各向异性效应有多大？在什么范围比较显著？在什么条件下可以忽略？这些问题值得研究。

16.2.1.3　新概念、新探索

许多学者从微观结构出发，对非饱和土的吸力和有效应力进行了深入细致的探讨，提出了吸应力[35]、广义吸力和结构吸力[38]、湿吸力[39-41]、毛细吸力和附加内压力[42-43]、内部应力[44]及相应的有效应力原理等概念，定性地说明了非饱和土的某些性状，如成功解释了低含水率非饱和土抗剪强度的"山峰效应"，但这种种吸力的试验测定及其对非饱和土力学性状的定量描述尚待研究。汤连生等[39-41]认为由表面张力产生的湿吸力才是土变形及强度变化的本质因素，建立了等效球颗粒土的基质吸力、湿吸力、可变结构吸力与含水率的定量关系，并进行了验证[45]；桑海涛[46]采用微观 CT 技术重构非饱和土三维微观结构，获得的湿吸力与实测值吻合较好。不过，土中所包含的土粒形状、大小、含量及其之间的连接方式千差万别，无法穷尽，从理论上确定湿吸力并非易事。近年来，SUN 等[47]利用微观层析成像方法重建了不同粒径的花岗岩残积土土样的三维结构及不规则颗粒概化重构处理，把砂土颗粒概化为球体，把黏土颗粒概化为长方体，从而把颗粒之间的接触方式归结为球-球、球-面、球-棱、球-角、角-角、角-棱、角-面、棱-棱、棱-面、面-面接触 10 种类型，为应用 Young-Laplace 方程计算湿吸力展示了前景。文献［48］则从微、宏观两个方面对有效应力的本质及相关的诸多问题，如土骨架的结构性、收缩膜张力的方向性、有效应力对本构关系的依赖性、有效应力与应力-应变历史的相关性、有效应力变形与强度体系的完整性等，进行了深刻的思辨和论述，拓宽了研究非饱和土有效应力的思路和视野，至于有效应力的具体表达式尚有待后来者的努力。

Lu 等[35]定义由负孔隙水压力和表面张力综合作用在非饱和土粒状颗粒（如粉土或砂土）骨架内产生的净粒间作用力为吸应力（suction stress），在宏观上表现为拉力作用，可使作用范围内的土体颗粒相互靠近，类似于土体经受了上覆应力或附加荷载的作用。可见，其观点与汤连生[39-41]类似。类比毕肖普有效应力公式（16.4），Lu 等[49]用基质吸力 u_a-u_w 与一个反映物理化学作用的参数 χ 的乘积表示吸应力，即 $\chi(u_a-u_w)$，可见吸应力就是把吸力打折，但他并没有给出确定折扣比例（即 χ 的值）的方法。还应指出，表面张力对土骨架的反作用力包括竖向分量和水平分量。前者使土骨架受压力，让土骨架更密实，起到有效应力的作用；而后者使土骨架受拉力，此即所谓的吸应力，若毛细管壁的两侧都承受这类拉力，土骨架就会被拉松，起负作用。由此可见，吸应力的概念并不完全合理。

Lu 等[49]还基于有效饱和度和 Van Genuchten 提出的土-水特征曲线模型，给出了一个吸应力的解析表达式，其中包含两个土性参数：进气值的倒数和一个描述土的孔隙尺寸分布规律的参数。显然，确定这两个参数需要做土-水特征曲线试验，并非可不劳而获。另外，在第 10.11 节已指出，测定 Van Genuchten 模型参数的试验条件与土在工作时的条件和状态很可能大相径庭，用其进行计算分析所得结果甚至连定性都有问题。

如何用试验确定湿吸力和吸应力及其包含的参数？在试验过程中怎样控制其为常数？这些都是不易解决的问题。

陈存礼等[50-51]用同一固结孔隙比下非饱和黄土与饱和黄土的应力之差定义了结构流体等效应力，依据变形等效原则，提出了压缩应力条件下结构性黄土的有效应力公式及湿载耦合条件下结构性黄土的压缩变形模式。

邵龙潭等[52-53]应用连续介质力学方法，将与土颗粒紧密结合的、一起承受和传递荷载的孔隙水作为土骨架的组成部分，分别对土骨架和孔隙流体取脱离体进行内力分析得到各自的平衡方程，推导出一个新的非饱和土有效应力方程（即把毕肖普公式的有效应力参数用有效饱和度取代，等同于式（16.8））。

国内外学者对非饱和土的有效应力亦在进行新的探索，Khalili 等[54]和 Uchaipichat[55-56]通过 5 种土的减、增湿三轴剪切试验发现，经历不同水力路径（排水或增湿）达到同一基质吸力时，对应着不同的有效应力参数；干湿循环对有效应力参数有显著影响，在湿化扫描曲线上，有效应力参数变化较大而饱和度几乎不变，他们将其原因归结为气-液界面的影响。由此可见，有效应力参数不等于饱和度。Alonso[57]和 Pereira[58]等的研究亦表明，毕肖普公式中的参数不能简单地用饱和度取代。

Nuth 等[59]提出了一个有效应力公式的统一框架。Coussy[60]认为交界面对非饱和土力学性状有重要作用。Coussy 等[61]通过在土骨架的自由能中加入与交界面有关的项以反映交界面对有效应力的影响，但在建模过程中忽略了交界面质量，也没有考虑交界面的平衡定律。Nikooee 等[62]则以界面能和水力耦合为基础，提出了一个确定有效应力公式的热动力学方法。Nikooee[63]和张昭[64]等以热力学为基础，设固、液、气三相的两两之间存在交界面，三相和 3 个交界面由一条公共曲线相联，交界面之间的质量、动量、能量和熵交换只能通过公共线实现，同时考虑固-液界面、固-气界面、液-气界面的界面质量、界面能与各交界面的平衡定律，据此导出了一个包含固-液、固-气和液-气交界面自由能影响的有效应力张量表达式。但该表达式的形式比较复杂，包含的参数不易测定，有关情况可参阅文献［65］。Xu 等[66]则基于分形理论，导出了一个非饱和土的有效应力公式。

渗透吸力（溶质吸力）是孔隙水溶液的溶质产生的渗透压所吸持水的能力，在黏土的膨胀变形/压缩变形中，孔隙溶液的渗透吸力起着重要作用，黏土溶液的渗透吸力作用在黏土微观结构表面，由渗透吸力产生的有效应力作用于黏土的宏观表面上。Xu 等[67]根据黏土微观结构表面和宏观表面的力平衡，导出了渗透吸力产生的有效应力表达式，用其可较好地预测黏土在化学溶液中的膨胀变形/压缩变形。Wei[68]、Ma 等[69]则导出了能考虑毛细作用、吸附作用和渗透吸力等粒间物理化学作用的非饱和土有效应力公式及相应的本构模型。

16.2.2　有效应力的理论公式

在 20 世纪 90 年代初，陈正汉[8-11]应用科学抽象、演绎推理和变形等效的原则，分别构建了各向异性多孔-多相流体介质的有效应力理论公式和非饱和土的有效应力理论公式。按照从简单到复杂、从特殊到一般的科学研究方法，研究工作分 3 步：首先考虑各向异性线性变形的多孔-流体介质；其次研究非饱和土；最后推广到一般的情况。

16.2.2.1　充满流体的各向异性线变形多孔介质有效应力的理论公式

设试样受到的总应力为 T_{ij}，孔隙为两种不溶混的流体充满，它们的体积分数分别是 $S_r n$ 和 $(1-S_r)n$，S_r 是第一种流体的饱和度（定义为第一组分流体的体积占总孔隙体积的百分数），n 是多孔介质的孔隙率。用 P_1 和 P_2 分别代表两种孔隙流体的压力，并设孔隙压力 $P_2 > P_1 > 0$。试样受到的这种应力状态可以设想为是经过 3 个加载步骤实现的[7,11,14,32]：

第一步，在孔隙 $S_r n$ 中施加孔压 P_1，在孔隙 $(1-S_r)n$ 中施加孔压 $P_2' = P_1$，并在试样外施加总应力 $T_{ij}' = P_1 \delta_{ij}$。这时，从变形上看，试样等价于一个无孔固体，即试样中的孔隙可用骨架材料填充，试样的应变 ε_{ij}^1 为：

$$\varepsilon_{ij}^1 = C_{ijkl}^0 P_1 \delta_{kl} = P_1 C_{ijkk}^0 \tag{16.12}$$

式中，C_{ijkl}^0 是多孔介质骨架材料本身的变形柔度张量。

第二步，在孔隙 $(1-S_r)n$ 中施加 $P_2''=P_2-P_1$，在试样外施加总应力 $T_{ij}''=P_2''\delta_{ij}$。这时，孔隙 $(1-S_r)n$ 部分可用骨架材料代替，试样等价于一个孔隙率为 $S_r n$ 的多孔固体，其应变 ε_{ij}^2 为：

$$\varepsilon_{ij}^2 = C_{ijkl}^{S_r n}(P_2-P_1)\delta_{kl} = (P_2-P_1)C_{ijkk}^{S_r n} \tag{16.13}$$

式中，$C_{ijkl}^{S_r n}$ 是孔隙率为 $S_r n$ 的多孔材料的柔度张量。

第三步，对试样仅施加外围总应力 T_{ij}'''：

$$T_{ij}''' = T_{ij} - T_{ij}' - T_{ij}'' = T_{ij} - P_1\delta_{ij} - (P_2-P_1)\delta_{ij} = T_{ij} - P_2\delta_{ij} \tag{16.14a}$$

这时试样等价于一个孔隙率为 n 但无孔隙流体的多孔固体，其应变 ε_{ij}^3 为：

$$\varepsilon_{ij}^3 = C_{ijkl}^n(T_{kl} - P_2\delta_{kl}) = C_{ijkl}^n T_{kl} - P_2 C_{ijkk}^n \tag{16.14b}$$

式中，C_{ijkl}^n 是孔隙率为 n 的多孔固体的柔度张量。

根据线弹性假设，应用叠加原理得试样的总应变为：

$$\varepsilon_{ij} = \varepsilon_{ij}^1 + \varepsilon_{ij}^2 + \varepsilon_{ij}^3 \tag{16.15}$$

另一方面，设试样的有效应力为 σ_{ij}'，则根据有效应力的概念有：

$$\varepsilon_{ij} = C_{ijkl}^n \sigma_{kl}' \tag{16.16a}$$

或

$$\sigma_{ij}' = M_{ijkl}^n \varepsilon_{kl} \tag{16.16b}$$

式中，M_{ijkl}^n 是孔隙率为 n 的多孔固体的弹性张量。把式（16.12）～式（16.15）代入式（16.16b）得：

$$\sigma_{ij}' = M_{ijkl}^n \left[P_1 C_{klmm}^0 + (P_2-P_1)C_{klmm}^{S_r n} + C_{klmn}^n T_{mn} - P_2 C_{klmm}^n \right] \tag{16.17}$$

这就是各向异性弹性多孔介质中充满两种不溶混液体时的有效应力公式。这里所说的各向异性包括 3 个方面：骨架材料的各向异性，由 C_{ijkl}^0 反映；孔隙率为 n 的多孔介质结构的各向异性，由 C_{ijkl}^n 反映；孔隙率为 $S_r n$ 的多孔介质结构的各向异性，由 $C_{ijkl}^{S_r n}$ 反映。

若孔隙率为 n 的多孔介质是各向同性的，利用恒等式：

$$M_{ijkl}^n C_{klmn}^n = \frac{1}{2}(\delta_{im}\delta_{jn} + \delta_{in}\delta_{jm}) \tag{16.18}$$

式（16.17）变为：

$$\sigma_{ij}' = T_{ij} - P_1 M_{ijkl}^n (C_{klmm}^{S_r n} - C_{klmm}^0) - P_2(\delta_{ij} - M_{ijkl}^n C_{klmm}^{S_r n}) \tag{16.19}$$

若骨架材料和孔隙率为 $S_r n$ 的多孔介质也都是各向同性的，利用以下关系式：

$$\begin{cases} M_{ijkl}^n = \lambda^n \delta_{ij}\delta_{kl} + \mu^n(\delta_{ik}\delta_{jl} + \delta_{il}\delta_{jk}) \\ C_{klmm}^0 = \dfrac{1}{3K^0}\delta_{kl} \\ C_{klmm}^{S_r n} = \dfrac{1}{3K^{S_r n}}\delta_{kl} \end{cases} \tag{16.20}$$

则式（16.19）简化为：

$$\sigma_{ij}' = T_{ij} - P_1\left(\frac{K^n}{K^{S_r n}} - \frac{K^n}{K^0}\right)\delta_{ij} - P_2\left(1 - \frac{K^n}{K^{S_r n}}\right)\delta_{ij} \tag{16.21}$$

在式（16.20）、式（16.21）中，λ^n 和 μ^n 是孔隙率为 n 的多孔介质的 Lame 常数，K^0、$K^{S_r n}$ 和 K^n 则分别是骨架材料本身的体积模量、孔隙率为 $S_r n$ 的多孔介质的体积模量及孔隙率为 n 的多孔介质的体积模量。

16.2.2.2　各向同性非饱和土有效应力的理论公式及参数测定

由于孔隙水压力小于零，故情况稍复杂一点。为了简化讨论，本书仅研究各向同性的情况。

为便于与上述结果比较，设土样受到的围压（总应力）用 σ 表示，孔隙水压力和孔隙气压力分别用 u_w 和 u_a 表示，且 $u_w < 0$，$u_a > 0$。仍设想土样的应力状态是通过 3 个加载步骤实现的：

第一步，施加 $\sigma^1 = u_a^1 = u_w < 0$，土样受拉力作用，其体应变 θ_1 为：

$$\theta_1 = -\frac{1}{{}^0K}|u_w| = \frac{1}{{}^0K}u_w \tag{16.22}$$

式中，${}^0K$ 为土粒的膨胀模量。

第二步，在 $(1-S_r)n$ 孔隙部分施加 u_a^2，$u_a^2 = u_a + |u_w| = u_a - u_w$，施加围压 $\sigma^2 = u_a^2$，土的体应变 θ_2 为：

$$\theta_2 = \frac{1}{K^{S_r n}}u_a^2 = \frac{1}{K^{S_r n}}(u_a - u_w) \tag{16.23}$$

第三步，只施加围压 σ^3（$\sigma^3 = \sigma - \sigma^1 - \sigma^2 = \sigma - u_a$），土的体应变 θ_3 为：

$$\theta_3 = \frac{1}{K^n}\sigma^3 = \frac{1}{K^n}(\sigma - u_a) \tag{16.24}$$

结合式（16.22）～式（16.24）得土的总应变，并代入有效应力公式：

$$\sigma' = K^n\theta \tag{16.25}$$

得

$$\sigma' = \sigma - \left(\frac{K^n}{K^{S_r n}} - \frac{K^n}{{}^0K}\right)u_w - \left(1 - \frac{K^n}{K^{S_r n}}\right)u_a \tag{16.26}$$

对土粒而言，在小变形条件下，可以认为 ${}^0K = K^0$，则式（16.26）就归结为式（16.21）。因此，式（16.21）是各向同性非饱和土有效应力的普遍表达式。

如土粒是不可压缩的，即 $K^0 \to \infty$，式（16.26）变为：

$$\sigma' = \sigma - \left[\frac{K^n}{K^{S_r n}}u_w - \left(1 - \frac{K^n}{K^{S_r n}}\right)u_a\right] \tag{16.27}$$

与式（16.4）比较可知：

$$\chi = K^n / K^{S_r n} \tag{16.28}$$

对于饱和土，$S_r = 1$，$K^{S_r n} = K^n$，$\chi = 1$，式（16.27）就退化为式（16.1）。对于饱气土（干土），$S_r = 0$，$K^{S_r n} = K^0 \to \infty$，$\chi = 0$，式（16.27）退化为式（16.3）。

由于总有 $K^n \leqslant K^{S_r n}$，故 $0 \leqslant \chi \leqslant 1$。因此，当毕肖普公式（16.4）中的参数 χ 以式（16.28）定义时，是不计土粒压缩性的有效应力的正确表达式，换言之，毕肖普公式（16.4）是式（16.26）的特例。由式（16.28）易见，χ 不仅与饱和度有关，而且与孔隙率有关。既往仅考虑 χ 对饱和度的依赖性，而忽视了孔隙率（或密度）发生变化对 χ 的影响。

式（16.27）还可被写为：

$$\sigma' = \sigma - \left(1 - \frac{K^n}{K^0}\right)\left(\frac{1/K^{S_r n} - 1/K^0}{1/K^n - 1/K^0}u_w + \frac{1 - 1/K^{S_r n}}{1 - K^n/K^0}u_a\right) \tag{16.29}$$

由于 $1 - \dfrac{1/K^{S_r n} - 1/K^0}{1/K^n - 1/K^0} = \dfrac{1/K^n - 1/K^{S_r n}}{1/K^n - 1/K^0} = \dfrac{1 - K^n/K^{S_r n}}{1 - K^n/K^0}$，比较式（16.6）和式（16.29）可知，在考虑土粒压缩性时，有：

$$\chi = \frac{1/K^{S_r n} - 1/K^0}{1/K^n - 1/K^0} = \frac{K^0/K^{S_r n} - 1}{K^0/K^n - 1} \tag{16.30}$$

这表明，**当斯肯普顿公式（16.6）中的参数 χ 用式（16.30）定义时是考虑土粒压缩性的有效应力的正确表达式，换言之，斯肯普顿公式（16.6）亦是式（16.26）的特例。**

式（16.28）和式（16.30）可用来测定 χ 值。对于土，用式（16.28）；对于岩石和混凝土，用式（16.30）。式（16.28）和式（16.30）赋予参数 χ 明确的物理意义。陈正汉等[10]用三轴试验测定了非饱和土的有效应力参数 χ 的数值，并研究了其变化规律，结果见表 16.1。由该表可见，在饱和度低于 70% 时 χ 值很小，可变化的范围非常有限（0～0.13），即高吸力对非饱和土的变形影响不大。

不同干密度的土样的有效应力参数[10]　　　　　　　　表 16.1

饱和度（%）		0.70	0.75	0.80	0.85	0.90	0.95	0.98	1.00
干密度（g/cm³）	1.56	有效应力参数	0.10	0.15	0.21	0.32	0.46	0.68	0.86	1.00
	1.70		0.13	0.18	0.26	0.36	0.51	0.71	0.87	1.00

16.2.2.3　孔隙中有多种流体的多孔介质有效应力的理论公式

现把式（16.26）推广到更一般的情况。设多孔介质的孔隙中有 N 种不溶混的流体，孔隙压力依次为 $P_1 < P_2 < \cdots < P_N$，对应的饱和度分别为 S_{r1}，S_{r2}，$\cdots$，S_{rN}，且

$$S_{r1} + S_{r2} + \cdots + S_{rN} = 1 \tag{16.31}$$

则有效应力为：

$$\sigma' = T - \chi_1 P_1 - \chi_2 P_2 - \cdots - \chi_{N-1} P_{N-1} - \chi_N P_N \tag{16.32}$$

式中，

$$\begin{cases} \chi_1 = K^n \left(\dfrac{1}{K^{S_{r1}n}} - \dfrac{1}{K^0} \right) \\ \chi_2 = K^n \left(\dfrac{1}{K^{(S_{r1}+S_{r2})n}} - \dfrac{1}{K^{S_{r1}n}} \right) \\ \vdots \\ \chi_{N-1} = K^n \left(\dfrac{1}{K^{(S_{r1}+S_{r2}+\cdots+S_{rN-1})n}} - \dfrac{1}{K^{(S_{r1}+S_{r2}+\cdots+S_{rN-2})n}} \right) \\ \chi_N = K^n \left(\dfrac{1}{K^n} - \dfrac{1}{K^{(S_{r1}+S_{r2}+\cdots+S_{rN-1})n}} \right) \end{cases} \tag{16.33}$$

当多孔骨架材料不可压缩（$K^0 \to \infty$）且孔隙中只有两种流体时，则：

$$\begin{cases} \chi_1 = \dfrac{K^n}{K^{S_{r1}n}} = \chi \\ \chi_2 = 1 - \dfrac{K^n}{K^{S_{r1}n}} = 1 - \chi \end{cases} \tag{16.34}$$

式（16.32）就退化为式（16.4）。

Khalili 等[12]（1995）提出的非饱和土有效应力公式与式（16.27）完全相同，陈勉等[13]（1999）提出的各向异性流体-多孔介质的有效应力公式（包括研究方法）与式（16.17）、式（16.32）和式（16.33）完全相同。

16.3　非饱和土的应力状态变量理论

16.3.1　现状与任务

鉴于非饱和土的毕肖普有效应力公式受到许多质疑，毕肖普等[4]于 1963 年提出采用同时由

式（16.35）定义的两个应力状态变量——净总应力 σ'_{ij} 和基质吸力 s 描述非饱和土的力学特性：

$$\begin{cases} \sigma'_{ij} = \sigma_{ij} - u_a\delta_{ij} \\ s = u_a - u_w \end{cases} \tag{16.35}$$

Matyas 等[5] 用其研究了孔隙比状态面与饱和度状态面的唯一性。Fredlund 等[2-3] 从理论论证和试验验证两方面对式（16.35）表示的两个应力状态变量进行了完善，得到众多学者的认可和使用。

在近年的研究中，又陆续提出了一些新的应力状态变量。Bolzon 等[70] 把毕肖普有效应力公式中的参数 χ 用饱和度 S_r 取代（可称为简化毕肖普公式），将其和基质吸力一起作为建立非饱和土弹塑性本构关系的两个应力状态变量，即：

$$\begin{cases} \sigma'_{ij} = \sigma_{ij} - u_a\delta_{ij} + S_r(u_a - u_w)\delta_{ij} \\ s = u_a - u_w \end{cases} \tag{16.36}$$

式（16.36）的第一式就是式（16.8），在第 16.2.1.1 节中已指出，用饱和度取代了毕肖普公式中的参数 χ，仅是毕肖普公式的一个特例，并无理论依据和试验依据。

Houlsby[71-72] 认为，选择输入功率中的共轭变量作为应力变量和应变变量是恰当的。受式（16.36）的启发，经对功的表达式分解组合，他建议用上述简化毕肖普公式［即式（16.8）］和 ns 作为两个应力状态变量，即：

$$\begin{cases} \sigma'_{ij} = \sigma_{ij} - u_a\delta_{ij} + S_r(u_a - u_w)\delta_{ij} \\ s' = n(u_a - u_w) \end{cases} \tag{16.37}$$

显然，这种选择并不具有唯一性。李相菘[73] 和赵成刚等[74-75] 做了与 Houlsby 类似的工作，所得结果也相同。赵成刚等认为，当孔隙气处于封闭状态时，除了式（16.37）外，还需把 $n(1-S_r)u_a$ 作为非饱和土的第 3 个应力状态变量，即：

$$\begin{cases} \sigma'_{ij} = \sigma_{ij} - u_a\delta_{ij} + S_r(u_a - u_w)\delta_{ij} \\ s' = n(u_a - u_w) \\ u'_a = n(1 - S_r)u_a \end{cases} \tag{16.38}$$

并把第一项称为非饱和土骨架的平均应力或有效应力，但这种称谓并无依据。

式（16.36）～式（16.38）均能反映饱和度对非饱和土变形的影响，后两者还考虑了孔隙率的影响；但在两个应力状态变量中都包含基质吸力，重复考虑了基质吸力对非饱和土力学性质的影响，从数学基本常识（即不同自变量之间必须是相互独立的）可知是欠妥当的。还应指出，式（16.36）～式（16.38）中包含土的物性参数，这是与 Fredlund 观点的不同之处。

Lu[76] 考察了基质吸力的作用特征，认为其作用在收缩膜上，不能直接表示在描述土的应力状态的单元体上，不能称为应力变量。如按 Houlsby 所说[77]，应力状态变量是对非饱和土力学性质有重要影响的变量，那么基质吸力是名副其实的应力状态变量。由于基质吸力受表面张力和物理化学作用等因素的影响，Lu 将其乘以转换系数 X，用 $X(u_a - u_w)$ 综合反映基质吸力、表面张力、物理化学作用等对非饱和土的变形和强度的影响。由于 X 是土性参数，故把 $X(u_a - u_w)$ 作为应力状态变量与 Fredlund 关于"状态变量必须与材料的物理性质无关"的观念不一致。另外，Lu 也没有说明如何测定系数 X。

Lu 还认为[76]，应力状态变量的选择具有随意性和主观臆断性，主要取决于研究问题的类型，是破坏问题、弹性问题，还是塑性变形问题。例如，含水率也可以作为应力状态变量，几个简单应力状态变量（如净法向应力、基质吸力与比容）的函数亦可。这种说法缺乏科学性。

综上所述，尽管对非饱和土的应力状态变量研究取得了一些新进展，但涉及的基本问题没有解决，更没有取得学术界的共识。例如，选择或定义应力状态变量有无理论依据，只用力学变量是否可以完全描述系统的力学平衡状态，应力状态变量的选择是否具有唯一性，应力状态变量中是否可以包含土的物理性质信息，既往和现在使用的应力状态变量及新近提出应力状态变量是否合理，单纯的非力学状态变量是否可以作为应力状态变量，选择应力状态变量有何标准等。本节将从理论上系统地回答这一系列问题。

16.3.2　研究应力状态变量的力学理论

16.3.2.1　描述平衡状态的变量

描述或确定物质系统状态的变量称为状态变量。完整描述一个热力学平衡系统的状态需要 4 类变量：几何状态变量、力学状态变量、化学状态变量和电磁状态变量[78-79]。例如，描述一个远离电磁场的混合气体系统，就需要用各组分的体积描述其几何特征，用各组分的压力描述其力学特征，用各组分的质量或浓度描述其化学特征。当研究的物质系统是一种处在电磁场中的电介质时，尚需要用外电场强度、磁场强度和物质的电极化强度描述其电磁特征。

土是固、液、气三相介质，描述土的物理状态有一套完整的指标，包括粒度、密度、湿度和构度[80-81]。粒度用颗粒级配曲线表示，密度用孔隙率、孔隙比和干密度等指标描述，湿度用含水率及饱和度描述；构度即土的结构性，其合适的描述指标是当前正在研究的重要课题，拟用土的微细观结构状态变量描述。从热力学角度看，孔隙率或孔隙比、应变张量可视为几何变量，含水率、液相饱和度、气相饱和度可视为化学变量。尽管如此，在下文中仍沿用土力学的惯例，将孔隙率、饱和度或含水率统称为物理状态变量或物理性质指标。

对一种具体的土而言，在常规工程应力作用下达到平衡状态，其粒度是不变的，但其密度、湿度和构度都要变化。由此可见，完整描述土的热力学平衡状态，不仅需要力学状态变量，还需要几何状态变量、化学状态变量、微细观结构状态变量，甚至需要电磁状态变量。不过对于土力学问题，确定合适的应力状态变量是最重要的，也是很困难的，作者认为，可借助连续介质力学的相关理论进行研究。

16.3.2.2　连续介质力学的应力理论和复杂介质的平均应力定理

陈正汉的研究表明，连续介质力学的应力理论[82-84]和复杂介质的平均应力定理及平均应变定理可以作为确定应力状态变量的基础，分述如下。

对连续介质，确定一点的应力状态应以连续介质力学的应力理论——柯西（Cauchy）应力原理和柯西基本定理为依据，其要点表述如下[6,14]。

（1）物质点在所有方向截面（其法向矢量为 n）上的应力矢量的全体 $\{t\}$ 构成该点的应力状态（不计体力偶）。

（2）应力张量 $\boldsymbol{\sigma}$ 是应力状态的体现者和刻划者，其间的联系为：

$$t(n) = \boldsymbol{\sigma} \cdot n \tag{16.39}$$

（3）应力张量不能随意给出，动量守恒定律和动量矩守恒定律是定义它的依据。在不计体力偶时，应力张量必须满足动量守恒方程。换言之，应力状态变量只能从平衡方程中提取。

（4）应力状态可用不同的应力张量刻画。对小变形问题，只需用满足柯西运动方程的纯力学变量——柯西应力张量［即式（16.39）中的 $\boldsymbol{\sigma}$］描述即可；而对大变形问题有两种选择，即满足布西涅斯克（Boussinesq）运动方程的 Ploal-Kirchhoff 第一应力张量，或满足 Kirchhoff 运动方程的 Ploal-Kirchhoff 第二应力张量，这两个应力张量中都包含变形的几何要素（变形梯度）。换言之，应力状态变量有多种选择，即是单一介质，可以包含变形的几何信息。

顺便指出，描述材料的应变状态有多种应变张量，如格林-柯西（Green-Cauchy）应变张量、阿尔曼西-哈梅尔（Almansi-Hamel）应变张量和对数应变张量等。

对于复杂介质，如流体-多孔介质，Carroll[23] 在 1980 年提出了如下平均应力定理和平均应变定理：

$$\overline{\sigma_{ij}} = \frac{1}{v}\int_v \sigma_{ij}\,\mathrm{d}v = \frac{1}{v}\Big[\int_{\partial v} t_i X_i\,\mathrm{d}A + \int_v \rho b_j X_i\,\mathrm{d}v\Big] \tag{16.40}$$

$$\overline{\varepsilon_{ij}} = \frac{1}{v}\int_v \varepsilon_{ij}\,\mathrm{d}v = \frac{1}{2v}\int_{\partial v}(u_i n_j + u_j n_i)\,\mathrm{d}A \tag{16.41}$$

式中，v 为介质所占体积；∂v 为 v 的边界；$\overline{\sigma_{ij}}$ 为平均应力；$\overline{\varepsilon_{ij}}$ 为平均无限小应变；σ_{ij} 和 ε_{ij} 分别为一点的应力和应变；t_i 为面力分量；b_j 为体力分量；u_i 为无限小位移的分量；n_i 为 ∂v 的单位外法线矢量的分量；X_i 为坐标值。

平均应力定理表明，土体中的平均应力由荷载和变形体的几何特性决定，而与材料的反应无关，对材料是否均质、线性或非线性的本构关系皆成立。平均应变定理表明，平均应变由变形体的表面位移及其几何特性决定。这两个定理可作为复合损伤力学的理论基础[85]（见第21.10.2节），也是本章研究土的应力状态变量的理论基础之一。

16.3.3　用理论方法确定土的应力状态变量

陈正汉[6,14,15]以连续介质力学的应力理论和复杂介质的平均应力定理为基础，系统研究了非饱和土的应力状态变量，解决了当前研究非饱和土应力状态变量中提出的各种问题（见第16.3.1节）。通常假定土颗粒和水是不可压缩的，因而土的变形和强度就是土骨架的变形和强度。根据连续介质力学的应力理论，应力状态变量应从土骨架平衡方程中提取。为清楚说明问题起见，以下先从讨论饱和土开始，并限于小变形问题。

16.3.3.1　饱和土的应力状态变量

设土是均质各向同性的，不失一般性，可以假定土骨架是由 3 组互相正交、均布的纤维组成，纤维仅在轴向产生压缩变形，在横向只产生剪切变形，而构成纤维的材料本身不可压缩。设水既不可压缩，也不能承受剪应力。图 16.1（a）是饱和土的二维土骨架单元及其受力分析的示意图。设土的孔隙率为 n，则在单位土体积中土骨架和水占有的体积分别是 $1-n$ 和 n。用 σ_{ij} 和 u_w 分别表示土骨架承受的应力和孔隙水压力。由图 16.1（a）可见，当忽略水压力在纤维两侧的变化时，作用在每根纤维两侧的水压力是互相平衡的。事实上，水压力作用于土骨架的合力就等于土骨架所受到浮力。图 16.1（a）中的 $(1-n)\rho_s g$ 表示单位体积中土骨架的重力，f_x^{sw} 和 f_z^{sw} 分别是单位体积土骨架在两个坐标轴方向受到的水的渗透力（体积力）。

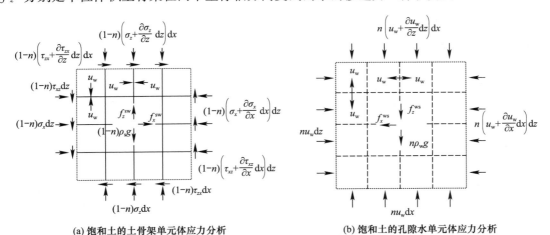

(a) 饱和土的土骨架单元体应力分析　　　　(b) 饱和土的孔隙水单元体应力分析

图 16.1　饱和土单元体的应力分析

由土骨架各向力的平衡可得（三维形式）：

$$(1-n)\sigma_{ij,j} + (1-n)\rho_s g_i + f_i^{sw} = 0 \tag{16.42}$$

式（16.42）中给出了一个明确的信息，即在小变形条件下饱和土的骨架平衡，不仅取决于作用于土骨架的应力状态变量，还与土的孔隙率相关，这是土与单一连续介质不同之处。然而式（16.42）所包含的土骨架的应力张量是未知的，也无法量测，给使用带来困难。

图 16.1（b）是孔隙水单元的受力分析图。u_w 是土骨架对水压力的反作用力，为了简明起见，采用了与图 16.1（a）中孔隙水对土骨架的作用力相同的符号表示（二者等值反向）。f_x^{ws} 和 f_z^{ws} 是土骨架对单位体积水的渗透阻力（体积力）。由于土骨架两侧作用在水体上的反作用力相互平衡，故得其平衡方程为：

$$nu_{w,i} + n\rho_w g_i - f_i^{ws} = 0 \tag{16.43}$$

将式（16.42）和式（16.43）相加，因土骨架和水所受的相互作用体力抵消，即得饱和土的总体平衡方程：

$$(1-n)\sigma_{ij,j} + nu_{w,i} + \rho_{sat} g_i = 0 \tag{16.44}$$

式中，ρ_{sat} 为土的饱和重度。

另一方面，用 T_{ij} 表示饱和土的总应力，由饱和土单元体的平衡可得：

$$T_{ij,j} + \rho_{sat} g_i = 0 \tag{16.45}$$

比较式（16.44）、式（16.45）可知：

$$T_{ij} = (1-n)\sigma_{ij} + nu_w \delta_{ij} \tag{16.46}$$

式（16.46）右边两项可分别称为表观骨架应力和表观孔隙水压力，是固、液两相应力以各自所占总体积的比例为权重的加权平均值。式（16.46）也可用平均应力定理式（16.40）得到。

从式（16.46）可知，饱和土的总应力是两相的表观应力之和，而不是两相的真实应力之和，故由式（16.46）得不出太沙基有效应力公式。这是本书与文献［85］研究结果的不同之处。

由式（16.45）减去式（16.43），得饱和土土骨架平衡方程的另一种形式：

$$T_{ij,j} - nu_{w,j}\delta_{ij} + (1-n)\rho_s g_i + f_i^{ws} = 0 \tag{16.47}$$

式（16.47）还可改写成下面的形式：

$$(T_{ij} - u_w\delta_{ij})_{,j} + (1-n)u_{w,i} + (1-n)\rho_s g_i + f_i^{ws} = 0 \tag{16.48}$$

式（16.47）、式（16.48）表明，描述饱和土骨架的应力状态变量，至少有两种选择：

（1）用一个综合状态变量（用 Ω_{ij}^1 表示）描述，即：

$$\Omega_{ij}^1 = T_{ij} - nu_w\delta_{ij} \tag{16.49}$$

Ω_{ij}^1 不仅包含总应力和孔隙水压力，还包括孔隙率，它不是单纯的应力变量。

（2）用两个状态变量（用 Ω_{ij}^2 和 Ω_{ij}^3 表示）描述，即：

$$\Omega_{ij}^2 = T_{ij} - u_w\delta_{ij}, \quad \Omega_{ij}^3 = (1-n)u_w\delta_{ij} \tag{16.50}$$

由于土颗粒不可压缩，故只用式（16.50）中的第 1 个变量 Ω_{ij}^2 即可描述饱和土的应力状态，它就是太沙基定义的有效应力。由此可见，太沙基有效应力公式实际上是饱和土的一个应力状态变量，Fredlund 最先指出这一点［3］。有效应力比式（16.49）的形式简洁，也不包含材料参数，便于应用。不过土骨架平衡方程的表述式（16.48）是受有效应力表达式启发得出的。由此可见，太沙基的原创性贡献是非常重要的。

如果假设图 16.1 中土骨架占据的面积与土单元的总面积相比很小以至可忽略不计，则水所占面积就近似等于土的总面积，而土骨架承受的应力是不能忽略的，这样就可得出太沙基有效应力公式。可见，太沙基有效应力公式是抽象、简化的结果，并得到多位学者的理论证明和试验验证。

16.3.3.2　非饱和土的应力状态变量

根据俞培基等［21］、包承纲［86］的研究，非饱和土按饱和度主要分为 3 类：饱和度超过 85% 左右（含水率超过最优含水率），属于水连通-气封闭状态（孤立气泡分散在水中），可近似按饱和土处理；饱和度低于 25％左右，属于水封闭-气连通状态，可近似看成干土，按类似于处理饱和土的方法考虑（以气压力取代水压力）；饱和度介于上述二者之间，属于水、气各自连通的双开敞状态，是非饱和土力学研究的主要对象。

为简化分析，对于双开敞状态的非饱和土，设土是均质各向同性的，土骨架由 3 组互相正交、均匀分布的纤维组成，水相和气相则分别由 3 组互相正交、均匀分布的毛管组成。部分土骨架纤维两侧受水压力作用，部分土骨架纤维两侧受气压力作用；类似地，对水相而言，部分水相毛管两侧受土骨架作用，部分水相毛管两侧受气压力作用；对于气相，部分气相毛管两侧受土骨架作用，部分气相毛管两侧受水压力作用。设纤维仅在轴向产生压缩变形，在横向只产生剪切变形，而构成纤维的材料本身不可压缩；水既不可压缩，也不能承受剪应力；气可压缩，但不能承受剪应力。

设土的孔隙率为 n，水的饱和度为 S_r，则单位土体积中土骨架占有的体积是 $1-n$，水占有的体积是 nS_r，气占有的体积是 $(1-n)S_r$。用 σ_{ij}、u_w 和 u_a 分别表示土骨架承受的应力、孔隙水压力和孔隙气压力，f_x^{sw}、f_z^{sw}、f_x^{sa}、f_z^{sa} 分别表示土骨架在 x、z 方向受到的水和气的渗透力，f_x^{ws}、f_z^{ws}、f_x^{wa}、f_z^{wa} 分别表示水在 x、z 方向受到的土骨架和气相的阻力，f_x^{as}、f_z^{as}、f_x^{aw}、f_z^{aw} 分别表示气在 x、z 方向受到的土骨架和水的阻力，$(1-n)\rho_s g$、$nS_r\rho_w g$、$n(1-S_r)\rho_a g$ 分别表示单位体积中土骨架、水和气的重力。

分别取土骨架、水和气为隔离体，进行受力分析，其结果示于图 16.2。在图 16.2 中没有区分水相毛管和气相毛管。在图 16.2（b）中，u'_w 是土骨架对水的反作用力，气相对水的反作用

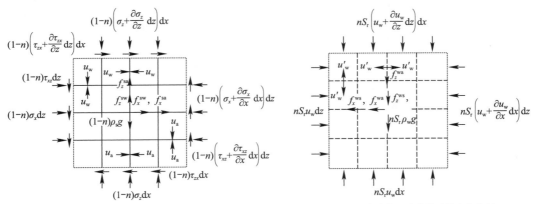

(a) 非饱和土的土骨架单元体应力分析　　　　　(b) 非饱和土的孔隙水单元体应力分析

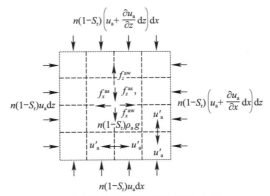

(c) 非饱和土的孔隙气单元体应力分析

图 16.2　非饱和土单元体的应力分析

力没有示出；在图 16.2（c）中，u'_a 是土骨架对气的反作用力，水对气相的反作用力没有示出。由图 16.2（a）可见，土骨架两侧受到的水压力和气压力是各自抵消的。

三相的平衡方程为：

$$(1-n)\sigma_{ij,j} + (1-n)\rho_s g_i + f_i^{sw} + f_i^{sa} = 0 \tag{16.51}$$

$$nS_r u_{w,i} + nS_r \rho_w g_i - f_i^{ws} - f_i^{wa} = 0 \tag{16.52}$$

$$n(1-S_r)u_{a,i} + n(1-S_r)\rho_a g_i - f_i^{as} + f_i^{aw} = 0 \tag{16.53}$$

类似于式（16.42）、式（16.51）所包含的土骨架的应力张量是未知的，直接从式（16.51）难以确定非饱和土的应力状态变量。

把式（16.51）～式（16.53）相加，三相间的相互作用体力互相抵消，可得：

$$(1-n)\sigma_{ij,j} + nS_r u_{w,i} + n(1-S_r)u_{a,i} + \rho g_i = 0 \tag{16.54}$$

式中，ρ 为非饱和土的密度，且有：

$$\rho = (1-n)\rho_s + nS_r \rho_w + n(1-S_r)\rho_a \tag{16.55}$$

另一方面，用 T_{ij} 表示非饱和土的总应力，由非饱和土单元体的平衡可得：

$$T_{ij,j} + \rho g_i = 0 \tag{16.56}$$

比较式（16.54）和式（16.56）可知：

$$T_{ij} = (1-n)\sigma_{ij} + nS_r u_w \delta_{ij} + n(1-S_r)u_a \delta_{ij} \tag{16.57}$$

可见，非饱和土的总应力是固、液、气三相应力以各自所占总体积的比例为权重的加权平均值，式（16.57）亦可用平均应力定理式（16.40）求得。

从式（16.57）解出：

$$(1-n)\sigma_{ij} = T_{ij} - nS_r u_w \delta_{ij} - n(1-S_r)u_a \delta_{ij} \tag{16.58}$$

把式（16.58）代入式（16.51），得土骨架平衡方程的另一种形式：

$$T_{ij,j} - nS_r u_{w,j}\delta_{ij} - n(1-S_r)u_{a,j}\delta_{ij} + (1-n)\rho_s g_i + f_i^{sw} + f_i^{sa} = 0 \tag{16.59}$$

式（16.59）表明，非饱和土骨架的平衡状态不仅与应力状态变量有关，而且还与孔隙率及饱和度有关，比饱和土更复杂。描述非饱和土骨架的平衡状态，一般需要 3 个组合状态变量，用 $\sum_{ij}^{1a}$、$\sum_{ij}^{1b}$ 和 $\sum_{ij}^{1c}$ 表示，即：

$$\begin{cases} \sum_{ij}^{1a} = T_{ij} \\ \sum_{ij}^{1b} = nS_r u_w \\ \sum_{ij}^{1c} = n(1-S_r)u_a \end{cases} \tag{16.60}$$

这是最直截了当的选择。式（16.59）还可写成以下 3 种形式：

$$\left[(T_{ij} - u_a\delta_{ij}) + nS_r(u_a - u_w)\delta_{ij}\right]_{,j} + (1-n)u_{a,j}\delta_{ij} + (1-n)\rho_s g_i + f_i^{sw} + f_i^{sa} = 0 \tag{16.61}$$

$$(T_{ij} - u_a\delta_{ij})_{,j} + nS_r(u_a - u_w)_{,j}\delta_{ij} + (1-n)u_{a,j}\delta_{ij} + (1-n)\rho_s g_i + f_i^{sw} + f_i^{sa} = 0 \tag{16.62}$$

$$\left[(T_{ij} - u_a\delta_{ij}) + S_r(u_a - u_w)\delta_{ij}\right]_{,j} - (1-n)S_r(u_a - u_w)_{,j}\delta_{ij} + (1-n)u_{a,j}\delta_{ij} + \\ (1-n)\rho_s g_i + f_i^{sw} + f_i^{sa} = 0 \tag{16.63}$$

从式（16.59）、式（16.61）～式（16.63）可知，描述非饱和土骨架的平衡状态，除式（16.60）外，至少还有 4 种选择。第 1 种选择是根据式（16.59）用单一综合状态变量描述（用 $\sum_{ij}^2$ 表示），即：

$$\sum_{ij}^2 = T_{ij} - nS_r u_w \delta_{ij} - n(1-S_r)u_a \delta_{ij} \tag{16.64}$$

该单一变量可综合反映总应力、孔隙水压力、孔隙气压力、孔隙率及饱和度对非饱和土力学性质的影响，由式（16.57）、式（16.58）和平均应力定理式（16.40）可知 $\sum_{ij}^{2}$ 就是土骨架承受的平均应力。

从式（16.61）可得描述土骨架平衡状态的第 2 种选择，即用两个组合状态变量（$\sum_{ij}^{3a}$ 和 $\sum_{ij}^{3b}$）描述：

$$\begin{cases} \sum_{ij}^{3a} = T_{ij} - u_a \delta_{ij} + nS_r(u_a - u_w)\delta_{ij} \\ \sum_{ij}^{3b} = (1-n)u_a \delta_{ij} \end{cases} \tag{16.65}$$

注意到土颗粒不可压缩，从而只需要第 1 个变量 $\sum_{ij}^{3a}$ 就可描述非饱和土骨架的平衡状态。若再令：

$$\chi = nS_r \tag{16.66}$$

则得：

$$\sum_{ij}^{3a} = T_{ij} - u_a \delta_{ij} + \chi(u_a - u_w)\delta_{ij} \tag{16.67}$$

式（16.67）在形式上和毕肖普有效应力公式（16.4）相同，但参数 χ 的定义不同。式（16.67）表明，有效应力参数 χ 不仅依赖于饱和度，还依赖于孔隙率，这与陈正汉在文献［8］～［11］中得到的认识相同［式（16.28）］。而式（16.4）通常只考虑饱和度对土的力学性状的影响，忽略了孔隙率的作用。

从式（16.62）可得描述土骨架平衡状态的第 3 种选择，即用 3 个组合状态变量（用 $\sum_{ij}^{4a}$、$\sum_{ij}^{4b}$ 和 $\sum_{ij}^{4c}$ 表示）描述：

$$\begin{cases} \sum_{ij}^{4a} = T_{ij} - u_a \delta_{ij} \\ \sum_{ij}^{4b} = nS_r(u_a - u_w)\delta_{ij} \\ \sum_{ij}^{4c} = (1-n)u_a \delta_{ij} \end{cases} \tag{16.68}$$

同样可略去第 3 个变量，只需用式（16.68）的前两个组合变量就可描述非饱和土骨架的平衡状态。Fredlund 把第一个变量称为净总应力，把 $u_a - u_w$ 称为基质吸力。Fredlund 仅从应力考虑，认为净总应力和基质吸力决定了非饱和土骨架的平衡，因而称其为非饱和土的应力状态变量。显而易见，Fredlund 忽略了应力状态变量与孔隙率、饱和度的关联性。若孔隙率与饱和度改变了，或二者中有一个改变了，则应力也必须跟着调整，反之亦然。这正体现了非饱和土问题的复杂性，也反映了 Fredlund 关于"状态变量必须与材料的物理性质无关"这一观念的局限性。

从式（16.63）可得描述土骨架平衡状态的第 4 种选择，即用以下 3 个组合状态变量 $\sum_{ij}^{5a}$，$\sum_{ij}^{5b}$ 和 $\sum_{ij}^{5c}$ 描述：

$$\begin{cases} \sum_{ij}^{5a} = T_{ij} - u_a \delta_{ij} + S_r(u_a - u_w)\delta_{ij} \\ \sum_{ij}^{5b} = (1-n)S_r(u_a - u_w)\delta_{ij} \\ \sum_{ij}^{5c} = (1-n)u_a \delta_{ij} \end{cases} \tag{16.69}$$

式（16.69）的 3 个变量与式（16.38）右端后 3 项中的应力状态变量基本相同，造成差别的原因是笔者与 Houlsby 依据的出发点不同（但双方的基本假设相同）：笔者依据的是土骨架平衡方程，而 Houlsby 依据的是变形功率。

应当指出，一些文献中采用的两个应力状态变量，即式（16.36），就是式（16.69）的简化形式。有的学者把式（16.36）中的第 1 个变量，即式（16.8）称为有效应力。从形式上看，式（16.8）是把毕肖普有效应力公式中的参数 χ 用饱和度取代，满足 $0 \leqslant \chi \leqslant 1$ 的条件，但毕肖普有效应力公式中的参数 χ 是饱和度的函数，且与应力路径等因素有关。用饱和度取代 χ，只是毕肖普有效应力公式的特例。即使如此，该式也不能从非饱和土骨架的平衡方程式（16.51）和式（16.59）中直接得到，而是受已有表达式的启发构造出来的。另外，与式（16.66）和式（16.67）相比，式（16.8）只考虑饱和度对非饱和土力学性状的影响，而忽略了孔隙率的作用，是式（16.66）和式（16.67）的简化形式。

应当指出，应用混合物理论，亦可得出以上全部结果，两种方法殊途同归，互为验证。限于篇幅，不再赘述。

至此，作者从非饱和土的土骨架平衡方程出发，导出了一系列应力状态变量，文献中使用的应力状态变量都在其中。上述研究结果表明：**非饱和土的应力状态变量有多种组合形式，不是唯一的；大多数应力状态变量与土的孔隙比、饱和度等物性指标孪生相伴，而不是"状态变量必须与材料的物理性质无关"；所有应力状态变量都具有应力的量纲，单纯孔隙率或饱和度及其组合都不构成应力状态变量**。简化的毕肖普有效应力公式［式（16.8）］和 Fredlund 的两个应力状态变量都是简化了的应力状态变量，前者忽略了孔隙率的影响，而后者忽略了与孔隙率及饱和度的关联性；**式（16.64）是非饱和土的土骨架平均应力，文献中将式（16.8）称为土骨架的平均应力或有效应力都是不确切的。**

16.3.4　选择非饱和土应力状态变量的原则

非饱和土的应力状态变量有多种选择，究竟选择哪几个应力状态变量合适呢？笔者认为，非饱和土的应力状态变量主要用于研究土的本构关系（包括变形、强度、持水特性等）和渗水、渗气等力学特性，进而对非饱和土体进行应力-变形-渗水-渗气的耦合分析和稳定分析，故对其选择不仅要在理论上合理，还要在应用上方便。第 16.3.3 节从土骨架平衡方程导出的各种应力状态变量都符合连续介质力学的应力理论，在理论上是合理的，故选择时主要考虑应用方便。例如，建立非饱和土的本构关系包括仪器构造设计、用试验揭示其力学特性、理论建模、确定参数和试验验证等 5 个环节，每个环节都涉及试验。揭示力学特性的试验和确定参数的试验通常都采用简单的应力路径试验，在试验中要求某个应力状态变量保持不变。众所周知，土样的饱和度或孔隙率在试验过程中是变化的，现有非饱和土的常规试验技术无法保证饱和度与孔隙率或其中任意一个在试验过程中保持不变，因而凡是与饱和度或孔隙率结伴的应力状态变量都是难以直接使用的。

应力状态变量还应符合逻辑关系正确的原则。从逻辑上讲，一个变量要么是独立自变量，要么是相关变量（函数），二者必居其一，而不能既充当独立自变量，又充当相关变量。以式（16.36）定义的两个应力状态变量为例，在建立土骨架的本构关系时，它们都是自变量，饱和度自然也是自变量；而在建立液相本构关系（如土-水特征曲线方程或广义土-水特征曲线方程）时，饱和度又是相关变量，即是吸力、净平均应力和剪应力的函数，这显然违背逻辑关系正确的原则。此外，在式（16.36）中，两个应力状态变量中都包含基质吸力，因而重复考虑了基质吸力对非饱和土力学性质的影响，且二者作为自变量并不相互独立，从数学常识上看，亦欠妥当。

以输入功率中的共轭量分别作为自变量和函数是理想的选择，但并非必须如此。因为独立变量的数目一般不会等于相关变量的数目，它们之间不可能都存在双双对应的共轭关系。从这个角度讲，选择应力状态变量并非一定要满足输入功率中的共轭关系。例如，连续介质力学中的应变张量有无限个[82]，而应力张量只有几个，应变张量和应力张量之间不可能双双共轭。

若仅选取应力状态变量中的应力分量作为独立变量，而把孔隙率与饱和度视为相关变量，即独立变量的函数，则试验上的困难和逻辑上的矛盾都会自然化解。以式（16.35）表达的两个应力状态变量为例，现有非饱和土试验既可控制净总应力，也可控制基质吸力。如何考虑相同的基质吸力因初始饱和度或初始孔隙率不同而引起的变形差异呢？这只需把本构关系中的土性参数看成应力状态、湿度状态或密度状态的函数即可。在一个应力增量过程中，土性参数保持常数，并在该增量过程结束时，由算得的饱和度、密度和构度调整土性参数，供下一个增量过程使用。对于如 Lu[76] 提出的把 $X(u_a-u_w)$ 作为应力状态变量的问题，可以采用类似的方法简化，即只把 (u_a-u_w) 作为应力状态变量，而把 X 以隐含方式附连在本构模型参数上，由 X 反映的影响因素在用试验确定模型参数时得到体现，从而简化了确定参数的层次过程。事实上，Lu 迄今没有提出测定 X 的方法。

　　Fredlund 指出：理论上的应力状态变量，应当通过试验验证其有效性。Fredlund 等曾于1977 年提出如下准则[2-3]："一组正确的独立应力状态变量应当是：当应力状态变量的个别组成部分有所改变而应力状态变量本身保持不变时，单元体不发生畸变或体变。这样，考虑介质的某应力点时，每个相的应力状态变量均使该相处于平衡。"对式（16.35）表达的两个应力状态变量，Fredlund 已通过 19 个"零体变"和"零排水"试验进行了初步验证（吸力范围为26～362kPa）。Fredlund 还引用毕肖普的非饱和土三轴剪切试验资料说明，在试验过程中孔隙气压力和孔隙水压力同时增减相等的值，并不改变偏应力-轴应变曲线的连续性。2000 年，Tarantino 等[87] 做了 6 个"零应力"试验（吸力范围 1088～1355kPa），试验中让气压力变化，但不让土样变形（包括体变和畸变）和排水，发现净总应力和吸力保持不变，从充分性方面说明两个应力状态变量是合理的。2017 年，张龙和陈正汉等[16-17] 用三轴试验从变形、水量变化和强度三方面进一步验证非饱和土的两个应力状态变量的合理性，具体情况在第 16.5 节介绍。其他应力状态变量迄今尚没有做验证工作。

　　在通常情况下，$u_a=0$，即为大气压；吸力的概念已在土壤物理学中使用多年且已为土力学工作者所熟悉，从文献 [88] 和本书第 2 章～第 9 章可知，吸力的量测或控制已有多种成熟的方法，故选用式（16.35）表达的两个应力状态变量，即 $\sigma_{ij}-u_a\delta_{ij}$ 和 $(u_a-u_w)\delta_{ij}$，比较方便。

　　综上所述，提出如下**选择非饱和土应力状态变量的 4 项原则：理论上合理，逻辑关系正确，应用方便，经过试验验证。**

16.4　应力状态变量与有效应力的比较

　　应力状态变量和有效应力都能描述非饱和土的应力状态，可以把有效应力看成 3 个应力状态变量 [式（16.60）] 综合效应的代表者或体现者，通过比较可以弄清二者之间的区别与联系，包括以下 3 个方面[6]。

　　首先，比较二者的物理内涵。有效应力的实质是控制土的变形和强度的应力，若有效应力不变，则土的变形和强度保持不变。Fredlund 等认为[2-3]："一组合适的独立的应力状态变量应当是在应力状态变量的分量发生变化而应力状态变量本身保持不变时不引起土的体积变化或畸变的应力变量。"可见对变形而言，二者的物理内涵是一致的。

　　其次，比较二者对非饱和土力学性状的描述形式。相应于应力状态的两种描述方法，非饱和土的应力-应变关系和强度准则有两套表述形式，其中的有效应力公式采用式（16.4）。

　　本构关系的比较，以线弹性变形为例。

　　有效应力表述为：

$$\sigma'_{ij} = \lambda'\theta\delta_{ij} + 2\mu'\varepsilon_{ij} \tag{16.70a}$$

$$\varepsilon_{ij} = \frac{\sigma'_{ij}}{2G'} - \frac{\nu'}{E'}\sigma'_{kk}\delta_{ij} \tag{16.70b}$$

式中，λ'，μ' 为有效 Lame 常数；E'，ν'，G' 为土的有效弹性常数；θ 为体应变。

　　应力状态变量表述为：

$$\varepsilon_{ij} = \frac{\sigma_{ij} - u_a\delta_{ij}}{2G} - \frac{\nu}{E}(\sigma_{kk} - 3u_a)\delta_{ij} + \frac{u_a - u_w}{H}\delta_{ij} \qquad (16.71)$$

式中，E，ν，G 为土的弹性常数；H 为与吸力相关的土的弹性模量。式（16.70）和式（16.71）分别包含 3 个独立的材料参数：x，E'，ν' 和 E，ν，H。比较两式右端，可得：

$$\begin{cases} G = G' \\ E = E' \\ \nu = \nu' \end{cases} \qquad (16.72)$$

$$\frac{1}{H} = \frac{1 - 2\nu}{E}\chi \qquad (16.73a)$$

或

$$\chi = \frac{(1 - 2\nu)/E}{H} \qquad (16.73b)$$

强度准则的比较如下，有效应力和应力状态变量表述分别为：

$$\tau = c' + \sigma'\tan\varphi' \qquad (16.74)$$

和

$$\tau = c' + (\sigma - u_a)\tan\varphi' + (u_a - u_w)\tan\varphi^b \qquad (16.75)$$

式中，c' 和 φ' 分别为土的有效黏聚力和有效内摩擦角；而 φ^b 为与吸力变化相关的摩擦角。

由于土的强度值是唯一的，故式（16.74）和式（16.75）应该相等，由此可得[8]：

$$\tan\varphi^b = \chi\tan\varphi' \qquad (16.76)$$

由此可见，无论是对变形问题还是对强度问题，两种表述形式都是相通的，但测定参数有难易之分。

最后，比较二者的基本假定。式（16.4）和式（16.35）都不计土颗粒和水的压缩性；两种强度理论［式（16.74）和式（16.75）］都假定内摩擦角不随饱和度变化而黏聚力与吸力有关，故两种表述形式的基本假定也相同。

以上从物理内涵、假设、本构关系和强度的表达式等方面比较了非饱和土的有效应力与应力状态变量的异同，找出了二者之间的联系，为两类理论表达式之间的转换提供了方便。

需要指出，式（16.4）不能用于湿陷过程。因为在湿陷过程中，随着含水率的增加，吸力减小，按式（16.4）计算的有效应力也减小，而土的变形却急剧增加。这种现象与有效应力的概念是相悖的。应力状态变量则不受此限制，因而具有更广泛的适用性。

还应指出，有效应力概念明确，一旦确定了非饱和土/特殊土的有效应力，就可以方便地借鉴饱和土的理论研究成果和数值分析方法，这正是国内外学者对其恋恋不舍、苦苦求索的动力。因此，两种描述非饱和土应力状态的方法各有其优缺点，应当继续探索，并行发展，在目前尚不宜过分厚此薄彼。

16.5　对非饱和土两个应力状态变量合理性的系统验证

16.5.1　已有验证工作简介及存在的问题

陈正汉等[14-15]指出：选择非饱和土的应力状态变量应考虑 4 个方面，即理论合理、应用方便、逻辑关系正确、经过试验验证。据此认为，在不考虑土颗粒和水压缩性的条件下，选择 Fredlund 提倡的两个应力状态变量描述非饱和土的应力状态比较方便。具体情况已在第 16.3.4 节中介绍。

为了验证两个应力状态变量的合理性，Fredlund 等曾于 1977 年提出如下准则[2-3]："一组正确的独立应力状态变量应当是：'当应力状态变量的个别组成部分有所改变而应力状态变量本身保持不变时，单元体不发生畸变或体变。'这样，考虑介质的某应力点时，每个相的应力状态变量均使该相处于平衡。"

Fredlund 对高岭土做了 19 个"零体变-零排水"试验[2-3]，其中，用改装的密封固结仪做了4 个试验，用非饱和土三轴仪做了 15 个试验。试样的饱和度和基质吸力范围分别为 0.759～0.950 和 26～362kPa，在试验中让总应力、孔隙气压力、孔隙水压力独立变化而保持两个应力状态变量本身不变，量测得到的土样的体变和排水量都非常小，可视为零。换言之，若应力状态变量保持不变，则土样的体积和含水率就不变。Fredlund 等[3] 还引用毕肖普的非饱和土三轴剪切试验资料说明，在试验过程中孔隙气压力和孔隙水压力同时增减相等的值，并不改变偏应力-轴应变曲线的连续性。

Tarantino 等[87] 对两个应力状态变量做了进一步的验证工作，图 16.3 是专门设计的试验装置。该装置有以下特点：（1）为了保证在试验过程中试样不发生体变或畸变，试样容器按刚性设计，用硬钢制作，容器的内径为 120mm，与试样直径相同；容器厚为 30mm，容器盖板和底板厚为 28mm，用 10 颗直径 12mm 的螺栓固定盖板。（2）为了防止试验过程中因蒸发引起的水量变化，必须把试样中的空气和进出试样的空气密封起来。为此，试验用的空气被封存在铝制气库里，气库上面与试样容器连通，气库内部安装有滚动隔膜，用滚动隔膜为试样施加气压力。滚动隔膜不能让水蒸气透过，因而能够使空气的质量保持不变并防止土样的水分损失。滚动隔膜外侧和气库底部之间与外面的气压源相连，给滚动隔膜施加气压力以推动滚动隔膜向上运动。（3）尽管试样容器的刚度很大，但为了防止在给试样施加气压时试样容器和装置结构可能产生微小的膨胀及畸变，在试样容器外面设置一个压力仓，其内部的气压与给滚动隔膜施加的气压用同一个供气阀门控制。（4）用 4 个平膜传感器量测净正应力 $\sigma-u_a$，其中两个的直径为 18.9mm，安装的位置对准试样的上下中心；另外两个传感器的直径为 3.8mm，安装在试样容器的两个侧面。4 个传感器都与压力仓相通，以压力仓的气压力为基准进行量测。显而易见，当试样中的气压力与压力仓里的气压相同时，传感器量测的压力就是净正应力 $\sigma-u_a$。（5）采用帝国学院研制的高吸力张力计量测基质吸力，该传感器能够量测的最高负孔隙水压力为 1500kPa。张力计安装在试样顶部，其量测元件通过电缆与压力仓相通（即以压力仓的气压为量测基准）。这样一来，当压力仓的气压保持恒定时，传感器就直接测出吸力值。

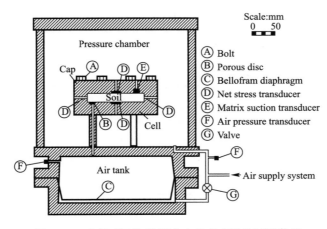

图 16.3　文献［87］验证应力状态变量的试验装置

安装在试样上下底面中心的两个传感器的量测精度高于 1.8kPa（0.13%FSO），安装在试样两个侧面的传感器的量测精度为 0.7kPa（0.1%FSO），传感器的精度用其输出值与施加荷载值的最大偏差之比确定。试验前对所有传感器用恒定荷重法进行标定。

Tarantino 等用的土样为重塑高岭土，土粒相对密度为 2.61，塑性指数为 22。重塑制样，制成后的试样直径为 120mm，高 2mm。共做了 6 个非饱和土试验和 2 个饱和土试验，6 个非饱和土试样的初始饱和度和基质吸力范围分别为 0.558～0.773 和 1088～1355kPa（表 16.2）。试验的气压力变化范围从大气压（0kPa）到 600kPa，加载和卸载的每一级荷载分多步实施（在低压时步长为 10kPa 或 50kPa），每一级荷载（不管是加载或卸载）至少保持 1d 记录传感器读数。在试验过程中改变气压力而不让土样发生变形（包括体变与畸变）和排水，施加的最大气压力达到 600kPa，试验结果见表 16.3 和表 16.4。基质吸力变化和净正应力变化分别小于 0.5% 和 2%，可以忽略。换言之，若土样不发生变形和排水，则两个应力状态变量就不会变化。

非饱和土试样的起始条件 表 16.2

试验编号	s	$u_a - u_w$ (kPa)	w
1	0.558	1355	0.206
2	0.629	1260	0.232
3	0.652	1225	0.256
4	0.705	1144	0.264
5	0.745	1106	0.277
6	0.773	1088	0.290

非饱和土试样基质吸力的变化 表 16.3

试验编号	$\Delta(u_a - u_w) / (u_a - u_w)$ (%)		
	$\Delta u_a = 200kPa$	$\Delta u_a = 400kPa$	$\Delta u_a = 600kPa$
1	0	−0.2	−0.4
2	−0.2	−0.2	−0.2
3	0.1	0.2	0.3
4	−0.1	−0.3	−0.5
5	−0.4	0.0	−0.4
6	−0.1	0.0	0.1

非饱和土试样净正应力的变化 表 16.4

试验编号	$\Delta(\sigma - u_a) / (\sigma - u_a)_f$ (%)					
	底部			顶部		
	$\Delta u_a = 200kPa$	$\Delta u_a = 400kPa$	$\Delta u_a = 600kPa$	$\Delta u_a = 200kPa$	$\Delta u_a = 400kPa$	$\Delta u_a = 600kPa$
1	1.3	0.4	0.1	0.1	0.4	0.9
2	0	0.6	1.0	0.1	0.9	2.0
3	0	0.3	0.6	0	0.8	1.1
4	0.5	1.4	1.4	0.3	0.4	1.9
5	0.3	0.7	0.7	0	2.4	1.1
6	0	0.2	0.8	−0.6	0.2	1.1

注：$(\sigma - u_a)_f$ ＝试验结束时的净正应力。

Fredlund 和 Tarantino 的验证工作从"必要和充分"两个方面表明，非饱和土的两个应力状态变量与土的变形和含水率具有一一对应的关系，在 3 个各向同性变量（总应力、孔隙水压力和孔隙气压力）中只有两个是独立的。

尽管采用两个应力状态变量刻画非饱和土的应力状态已得到学术界许多学者的认可，但对非饱和土的两个应力状态变量的验证尚不够充分：一是试验数量少；二是没有考虑试样初始条件的不同（例如干密度、饱和度、基质吸力等）；三是验证试验的土样仅压实高岭土一种，对其他土类的适用性有待验证；四是对结构性较强的原状土没有验证；五是没有考虑偏应力作用的情况；六是只限于体变和排水方面的验证，没有涉及剪切变形和抗剪强度方面的验证。

16.5.2　从变形、水量变化和强度三方面验证非饱和土两个应力状态变量的合理性

针对前面所述已有验证工作存在的六方面不足，张龙和陈正汉等[16-17]从变形、水量变化和强度三方面对非饱和土应力状态的两个应力状态变量做了全面系统的验证，其中，对包含偏应力作用、剪切变形和抗剪强度方面的验证在国内外属于首次。

16.5.2.1　完备的验证准则、仪器设备、土料来源和验证方案

验证原理仍采用 Fredlund 和 Morgenstern 提出的验证应力状态变量的准则[2-3]，即"当应力状态变量的个别组成部分有所改变而应力状态变量本身保持不变时，单元体不发生畸变或体变。"但该准则有缺陷，不够完备，需要修正。

众所周知，变形特性、强度特性和水分变化是非饱和土重要的力学性质，对非饱和土应力状态变量合理性的验证应包括变形、强度和水分变化 3 个方面；变形包括体应变和剪应变，强度指抗剪强度，水分变化指试验过程中试样的排水量。引起非饱和土变形、强度和水分变化的应力有球应力、偏应力和吸力。对两个应力状态变量的全面验证理应包括在球应力、偏应力和吸力共同作用下的变形验证、强度验证和含水率方面的验证。因此，**对非饱和土应力状态变量的完备的验证准则表述为：当应力状态变量的个别组成部分有所改变而应力状态变量本身保持不变时，土样的体积、水分、剪切变形和抗剪强度都保持不变。**

应当指出，通常认为土颗粒和水是不可压缩的，收缩膜的体积变形可以忽略，则非饱和土的孔隙体积变化等于水分体积变化和气相体积变化之和，三个量中只有两个是独立的。在非饱和土试验中，孔隙体积变化就是试样的体积变化，只要量测了试样体变和排水量，就可以推得气相的体积变化，故试验中无需量测气相的体积变化，也无需从气相体变方面进行验证。

试验设备为后勤工程学院的非饱和土三轴仪。为了满足验证工作的要求，提高量测精度，对非饱和土三轴仪进行了改进升级（图 9.1～图 9.3），主要采取了以下举措。

（1）排水管用 4mm 尼龙管代替，尼龙管附着在被固定的直尺前面，直尺刻度为 mm，可以估读到 0.5mm。排水管水面加厚 1cm 左右的油，以防水分蒸发带来的误差，排水管量测精度可以达到 0.006cm³。

（2）非饱和土三轴仪采用双层压力室，通过内压力室里的水体积的变化量反映试样的体变。外压力室压力、内压力室压力和反压分别由 3 台标准压力-体积控制器控制，压力-体积控制器压力控制精度可以达到 1kPa，体积控制精度可以达到 1mm³。用两个标准压力-体积控制器分别给内层和外层压力室以同步等量的方式施加液压（即总围压），压力-体积控制器可以同时量测并显示所施加液压的量值、液压管道及压力室的体变量。由于内层压力室的侧壁两边受到的液压相等，因而内层压力室本身在液压作用下不会发生膨胀变形（与土样变形相比可以忽略），从而提高了量测试样体变的精度。对连接压力-体积控制器和内层压力室之间的尼龙管及其他因素（包括试样帽、压力室）在不同液压作用下的总变形量，可通过逐级施加液压进行标定，在整理试验的试样体变资料时加以扣除即可。

由控制内压力室压力和控制反压的压力-体积控制器可以测得水体积变化，进而通过标定数据校正后可以计算试样的体积变化和含水率变化；试用前对内压力室及其管路、试样底座及其管路在各级压力下的水体积变化进行了标定，标定结果在第 16.5.2.2 节中介绍。

（3）孔隙气压力用分度值为 5kPa 的精密气压控制阀控制，以保证孔隙气压力的稳定。

土样取自延安新区原状 Q_3 黄土，土的基本物性指标见表 12.30。原状土样用削土器制作。重塑土样用专门设备分层压实而成（图 9.6、图 9.7），为了减少脱模对土样的扰动，采用三瓣模制样模具（图 9.9）。具体制样方法见第 9.5 节。试样直径和高度分别是 3.91cm 和 8cm。

对原状 Q_3 黄土及其重塑土共做了 9 组 22 个验证试验。试验分为 3 类。第 Ⅰ 类，试样仅受净围压和吸力作用，无偏应力作用，1～4 组，每组 3 个试验，共 12 个试验。第 Ⅱ 类，试样同时受净围压、吸力和偏应力作用，采用应力控制式非饱和土三轴仪（图 9.3），其中偏应力用加荷器施加控制（对加荷器的标定在第 16.5.2.2 节中介绍）；5～6 组，每组 2 个试验，共 4 个试验。第 Ⅲ 类，7～9 组，每组 2 个试验，共 6 个试验；采用应变控制式非饱和土三轴仪（图 9.2），每个试验过程分两个阶段：控制吸力和净围压为常数的固结阶段和控制轴向剪切变形速率为常数的排水剪切阶段。试验方案列于表 16.5～表 16.7。各类验证试验的具体试验方法在后续详细介绍。

第 Ⅰ 类验证试验土样的初始物性指标和应力条件　　　　表 16.5

组号	土样属性	编号	干密度（g/cm³）	饱和度（%）	净围压（kPa）	吸力（kPa）
1	重塑黄土	1a	1.65	78	50	100
		1b	1.65	78	50	150
		1c	1.65	78	50	200
2	重塑黄土	2a	1.75	78	50	100
		2b	1.75	78	50	150
		2c	1.75	78	50	200
3	重塑黄土	3a	1.75	89	50	100
		3b	1.75	89	50	150
		3c	1.75	89	50	200
4	原状 Q_3 黄土	4a	1.35	81.9	50	100
		4b	1.40	70.03	50	150
		4c	1.38	50.35	50	200

第 Ⅱ 类试验土样的初始物理指标及应力条件　　　　表 16.6

组号	土样属性	编号	干密度（g/cm³）	饱和度（%）	偏应力（kPa）	净围压（kPa）	吸力（kPa）
5	重塑黄土	5a	1.65	67.22	75	75	100
		5b	1.65	67.22	75	75	200
6	重塑黄土	6a	1.65	67.22	150	50	100
		6b	1.65	67.22	150	50	200

第 Ⅲ 类试验土样的初始物理指标、固结净围压和吸力　　　　表 16.7

组号	土样属性	编号	干密度（g/cm³）	饱和度（%）	净围压（kPa）	吸力（kPa）
7	重塑黄土	7a	1.65	67.22	50	100
		7b	1.65	67.22	50	100
8	重塑黄土	8a	1.65	67.22	50	200
		8b	1.65	67.22	50	200
9	重塑黄土	9a	1.65	67.22	50	300
		9b	1.65	67.22	50	300

16.5.2.2　仪器标定

试验前需进行仪器标定，包括 3 个方面：一是标定内压力室及其通水管道在不同压力下的变形量，以消除压力室和管路由于受到压力而体积发生变化造成的误差；二是对高进气值陶土板下的反压管道在不同压力下进行标定；三是对加荷器的标定。

第一个标定开始前先使陶土板饱和，并使压力室内的通气管充满水，然后关闭排水阀和通气管阀门，就可进行标定；标定时对内、外压力室同时同步施加等值压力增量，从围压等于 100kPa 开始，每次增加 25kPa，直到围压等于 500kPa 为止。第二个标定从压力等于 25kPa 开始，每次增加 25kPa，直到 125kPa 为止。两种标定均需要标定两次，取其平均值作为以后校正试样体变和排水量变化的依据。两种标定结果如表 16.8 和表 16.9 所示。

反压力管道标定结果　　　　　　　　　　　　　　　　　　　　表 16.8

压力 （kPa）	第 1 次标定值 （mm³）	第 2 次标定值 （mm³）	标定平均值 （mm³）
25	18	20	19
50	32	36	34
75	53	50	51.5
100	67	64	65.5
125	81	79	80

内压力室标定结果　　　　　　　　　　　　　　　　　　　　表 16.9

压力 （kPa）	第 1 次标定值 （mm³）	第 2 次标定值 （mm³）	标定平均值 （mm³）
100	324	315	319.5
125	371	369	370
150	413	413	413
175	453	455	454
200	492	493	492.5
225	528	532	530
250	563	566	564.5
275	599	603	601
300	632	638	635
325	668	674	671
350	703	709	706
375	738	746	742
400	772	780	776
425	816	817	816.5
450	851	857	854
475	891	893	892
500	923	934	928.5

第 Ⅱ 类试验需要给试样施加/控制偏应力，采用应力控制式非饱和土三轴仪（图 9.3）。该三轴仪用加荷器施加轴向应力，可以方便地控制偏应力的大小。具体控制方式是：通过外接气源使加荷器内的滚动隔膜充气，推动滚动隔膜下的活塞提供压力。试验前需要对加荷器产生推力的大小与施加的气压力大小进行一一对应的标定。标定的方法是：在加荷器下方放置量力环，量力环放置在刚性很大的钢块上；通过精密调压阀控制加荷器中气压力，加荷器中的气压力推动活塞产生推力，用量力环测量产生的推力大小；量测不同气压力下加荷器产生的推力，这样

就使加荷器中的气压力与加荷器产生的推力值一一对应。标定从气压力等于 10kPa 开始，每级增加 10kPa，直到气压力等于 100kPa 为止。标定进行两次，取其平均值作为试验计算偏应力的依据。量力环系数为 15.294N/0.01mm。标定结果如表 16.10 所示。

加荷器标定结果　　　　　　　　　　　　　　　　表 16.10

气压值 (kPa)	量力环第 1 次读数 (×0.01mm)	量力环第 2 次读数 (×0.01mm)	平均值 (×0.01mm)	加荷器推力 (N)
10	2.3	2.1	2.2	33.65
20	5.1	5.0	5.05	77.23
30	8.0	7.8	7.9	120.82
40	11.2	11.0	11.1	169.76
50	14.1	14.0	14.05	214.88
60	17.2	17.2	17.2	263.06
70	20.7	20.7	20.7	316.59
80	23.8	23.7	23.75	363.23
90	26.8	26.7	26.75	409.11
100	30.0	30.0	30.0	458.82

16.5.2.3　第 I 类验证试验的试验方法和结果分析

第 I 类验证试验只有吸力和净围压作用，共 4 组，即，第 1～4 组。从表 16.5 可见，前 3 组是重塑黄土土样，第 4 组是原状 Q₃ 黄土土样。第 1 组和第 2 组试样的初始饱和度相同但干密度不同；第 3 组和第 2 组土样的干密度相同但饱和度不同；第 4 组是原状 Q₃ 黄土土样，各土样的起始饱和度不同；因此，该方案包括了初始密度、初始饱和度、初始吸力和土的结构性等因素。

试验分两个阶段。所有试样先在 50kPa 的净围压和一定的吸力下排水固结，每组 3 个试样的吸力各不相同，以反映初始吸力的影响。固结阶段的试验方法步骤应按第 9.9.1 节进行。在给试样施加吸力之前，先给试样施加 5kPa 的围压；接着施加吸力，即用精密气压阀给试样施加气压力，不宜一步到位，而应把气压分成若干步施加；在施加每一步气压的同时，用压力-体积控制器给内外压力室同步等量施加液压，液压的量值与气压相等，使总围压始终比气压高 5kPa。由于固结排水，水压力保持为 0，因而气压力就是试样的吸力。气压施加到预定值后，接着施加净围压。为了尽可能使内外压力室的液压同步等量施加，把围压分成若干步施加，每步施加 10kPa，先分别在两个压力-体积控制器上设置压力目标值，然后用两只手分别同时按下两个控制器上的执行键，在 5s 内即可达到预定压力并保持稳定。如此继续，直到达到预定的围压为止。记录控制内、外压力室的压力-体积控制器的变形量和试样的排水量，直到二者稳定为止。稳定的标准是：在 2h 内，试样体积和排水量变化分别小于 0.001mm³ 和 0.0063cm³。相对于第 9 章～第 15 章对非饱和土固结试验的稳定标准而言，对应力状态变量验证试验的稳定性标准要求更严更高。在固结过程中，每隔 6～8h 冲洗高进气值陶土板和螺旋槽一次。

待固结完成后，记录试样体积和排水量，作为后续试验的基准。然后关闭排水阀，打开控制反压的压力体积控制器的阀门，同步等值改变围压、孔隙水压力和孔隙气压力，从而使净总应力、基质吸力保持不变。每个试样在固结后改变 4 次压力，各次施加的压力增量依次为 25kPa、25kPa、50kPa、−25kPa，均在前一次改变稳定后的基础上增加或减少。前 3 次压力增量为正，第 4 次压力增量为负，如此进一步扩大了验证条件。在每级压力下稳定后，同时记录量测体变、排水量等变化情况。每级压力作用下的稳定标准为：在 2h 内，试样体积和排水量变化分别小于 0.001mm³ 和 0.0063cm³。围压、孔隙水压力和孔隙气压力每次改变后经历 2160min，期间每隔 360min 记录一次体积和排水量变化。这样每个试验耗时 9～10d。

对第Ⅰ类试验试验结果分述如下。

1）重塑土试样体积和水量变化结果分析

重塑土样体积和含水率变化结果如表 16.11 和表 16.12、图 16.4 和图 16.5 所示。需要指出的是，由于本试验中土样体积变化和含水率变化很小，表 16.11 和表 16.12、图 16.4 和图 16.5 中的体积变化和含水率变化数据均用千分数（‰）表示。应力各分量在每一次改变后的体积变化等于本次试样的体积改变量除以土样固结后的体积、含水率变化等于本次土样中水量的改变量除以土样中土粒的质量（在试验过程中保持不变）。由表 16.11 和表 16.12、图 16.4 和图 16.5 可知，对于重塑土样，不同饱和度或者不同干密度的土样，体积变化和含水率变化均在 0 附近上下浮动，体积变化浮动范围为 −0.31‰～0.99‰，含水率变化范围为 −0.66‰～1.54‰，可见浮动范围相当小，可以忽略。其中正值表示土样体积或含水率减小，负值表示土样体积或含水率增加。

上述试验结果表明，对于重塑土，试验中围压、孔隙水压力、孔隙气压力发生相同的改变而应力状态变量本身保持不变，则试样体积和含水率几乎不发生变化，这与应力状态变量验证准则相符。换言之，初始干密度、饱和度、吸力不同的土样，均能用非饱和土的两个应力状态变量描述其应力状态。

重塑土样体积变化情况　　　　　　　　　　　　　　　　　　　　　　　　表 16.11

编号	第 1 次各增加 25kPa		第 2 次各增加 25kPa		第 3 次各增加 50kPa		第 4 次各减少 25kPa	
	即刻 (‰)	结束 (‰)	即刻 (‰)	结束 (‰)	即刻 (‰)	结束 (‰)	即刻 (‰)	结束 (‰)
1a	0.02	0.15	−0.02	0.68	−0.27	0.28	0.57	0.43
1b	0.08	−0.46	0.04	0.43	−0.01	0.44	0.01	0.53
1c	0.05	−0.03	−0.05	0.05	0.17	0.75	0.12	0.69
2a	0.06	0.82	0.10	0.66	−0.29	0.46	0.17	0.70
2b	−0.18	0.23	−0.11	0.99	0.19	0.51	0.26	0.65
2c	−0.14	0.15	−0.05	0.15	−0.28	0.50	0.29	0.06
3a	−0.11	0.19	−0.03	0.21	−0.28	0.19	0.08	0.27
3b	−0.05	0.61	−0.09	0.31	0.04	−0.31	0.34	1.21
3c	0.08	0.11	−0.04	0.63	−0.02	−0.21	−0.01	0.26

重塑土样含水率变化情况　　　　　　　　　　　　　　　　　　　　　　　　表 16.12

编号	第 1 次各增加 25kPa		第 2 次各增加 25kPa		第 3 次各增加 50kPa		第 4 次各减少 25kPa	
	即刻 (‰)	结束 (‰)	即刻 (‰)	结束 (‰)	即刻 (‰)	结束 (‰)	即刻 (‰)	结束 (‰)
1a	0.51	−0.64	0.49	0.50	0.57	1.54	−0.29	0.04
1b	0.59	−0.01	0.59	0.15	0.71	1.33	−0.09	0.52
1c	0.62	0.45	0.56	0.32	0.44	0.59	0.74	0.28
2a	0.85	−0.22	0.48	0.59	0.03	0.02	−0.01	−0.11
2b	0.95	0.46	0.43	0.38	0.42	0.80	−0.23	−0.15
2c	0.50	−0.34	0.49	0.42	0.78	0.66	−0.17	−0.39
3a	0.40	−0.26	0.21	−0.21	0.49	0.05	0.60	0.22
3b	0.50	−0.16	0.25	0.17	0.41	−0.30	−0.15	−0.41
3c	0	−0.46	0.02	−0.61	0.45	−0.59	0.58	−0.66

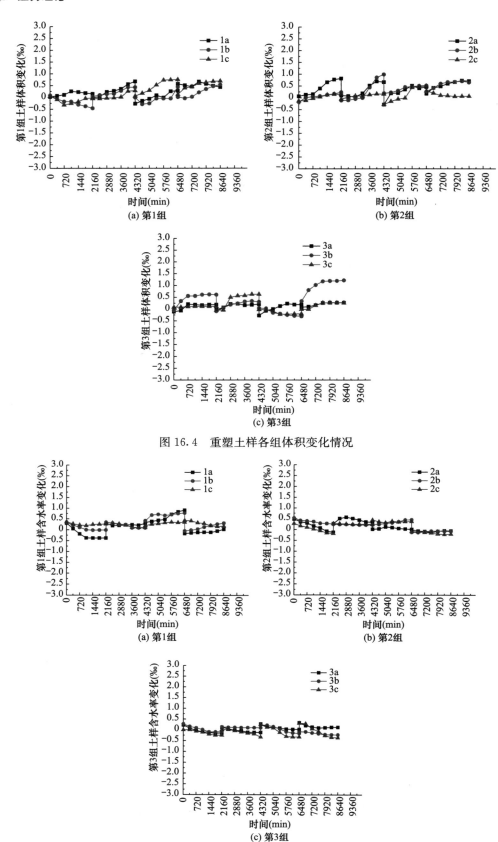

图 16.4　重塑土样各组体积变化情况

图 16.5　重塑土样各组含水率变化情况

2）原状土试样体积和水量变化结果分析

原状土样体积与含水率变化结果如表 16.13 和表 16.14、图 16.6 和图 16.7 所示，表和图中的体积变化和含水率变化都用千分数（‰）表示。对于原状土样，等值改变围压、孔隙气压力、孔隙水压力，体积和含水率变化同样在 0 附近上下浮动，体积变化浮动范围为 $-0.20‰ \sim 1.09‰$，含水率变化浮动范围为 $-0.65‰ \sim 0.82‰$，可见浮动范围相当小，完全可以忽略，这与重塑土样变化规律相同，同样与应力状态变量验证准则相符。

原状土样体应变浮动化情况 表 16.13

编号	第1次各增加 25kPa		第2次各增加 25kPa		第3次各增加 50kPa		第4次各减少 25kPa	
	即刻（‰）	结束（‰）	即刻（‰）	结束（‰）	即刻（‰）	结束（‰）	即刻（‰）	结束（‰）
4a	−0.16	0.31	0.09	0.83	−0.20	0.30	0.12	0.12
4b	−0.05	0.77	−0.04	0.61	−0.08	1.09	0.04	0.48
4c	0.01	0.62	0.02	0.34	−0.03	0.17	0.03	0.83

原状土样含水率变化情况 表 16.14

编号	第1次各增加 25kPa		第2次各增加 25kPa		第3次各增加 50kPa		第4次各减少 25kPa	
	即刻（‰）	结束（‰）	即刻（‰）	结束（‰）	即刻（‰）	结束（‰）	即刻（‰）	结束（‰）
1a	0.20	0.82	0.51	0	0.45	0.82	−0.22	0.24
1b	0.52	−0.16	0.05	−0.02	0.04	−0.29	0	−0.21
1c	0.73	0.02	0.16	−0.65	0.10	−0.52	0	0.05

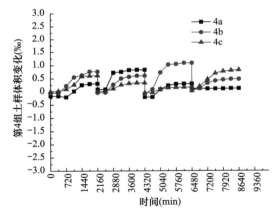

图 16.6 原状土试样体应变浮动情况

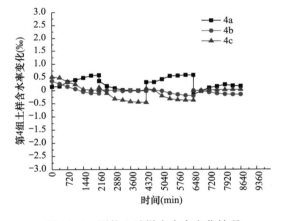

图 16.7 原状土试样含水率变化情况

16.5.2.4 第Ⅱ类验证试验的试验方法和结果分析

第Ⅱ类验证试验不仅有吸力和净围压的作用，还考虑了偏应力的作用，共 2 组试验，即第 5 组和第 6 组。由表 16.6 可知，两组土样的初始物理指标相同，但偏应力和净围压不同；每组试验的两个土样的偏应力和净围压相同，但吸力不等，即该方案包含了偏应力、吸力和净围压的影响。

试验分两个阶段。第一阶段为固结阶段，先依次给试样施加吸力、净围压和偏应力，施加方法与第 16.5.2.3 节相同。第 5 组土样在 75kPa 的净围压、75kPa 的偏应力和一定的吸力下排水固结，第 6 组土样在 50kPa 的净围压、150kPa 的偏应力和一定的吸力下排水固结，固结稳定标准与第 16.5.2.3 节相同。待固结完成后，记录试样体积和排水量，作为后续试验的基准。然后关闭排水阀，打开控制反压的压力体积控制器的阀门，同步等值改变总围压、孔隙水压力和孔隙气压力，从而使净总应力、基质吸力保持不变。每个试样在固结后改变 4 次压力，各次施加的压力增量依次为 25kPa、25kPa、50kPa、−25kPa，均在前一次改变稳定后的基础上增加或减少。前 3 次压力增量为正，第 4 次压力增量为负，如此进一步扩大了验证条件。在每级压力下稳定后，同时记录量测体变、排水量等变化情况。

需要注意的是，围压每次增加或减少对加荷器提供的偏应力值是有影响的，例如围压增加时，由围压对压力室活塞产生的推力增大，这会使加荷器提供的偏应力值减小，应根据总围压增加或减小值调整加荷器提供的推力的大小，使偏应力值保持不变。

固结过程稳定标准和第 I 类试验相同。围压、孔隙水压力和孔隙气压力每次改变后共历时 2160min，期间每隔 360min 记录一次体积和排水量变化。这样每个试验耗时 9～10d。

第 5、6 组土样体积和含水率变化结果如表 16.15 和表 16.16、图 16.8 和图 16.9 所示。由于本试验中土样体积变化和含水率变化都非常小，表 16.15 和表 16.16、图 16.8 和图 16.9 中的体积变化和含水率变化数据均用千分数（‰）表示。应力各分量在每一次改变后的体积变化等于本次试样的体积改变量除以土样固结后的体积、含水率变化等于本次土样中水量的改变量除以土样中土粒的质量（在试验过程中保持不变）。由表 16.15 和表 16.16、图 16.8 和图 16.9 可知，不同初始偏应力或者初始吸力的土样，体积变化和含水率变化均在 0 附近上下浮动，体积变化浮动范围为 −1.09‰～0.50‰，含水率变化范围为 −0.77‰～0.22‰，可见浮动范围相当小，可以忽略。其中正值表示土样体积或含水率减少，负值表示土样体积或含水率增加。

第 5、6 组土样的体应变浮动情况　　　　　　　　　　　　　　　　　　　　表 16.15

编号	第 1 次各增加 25kPa		第 2 次各增加 25kPa		第 3 次各增加 50kPa		第 4 次各减少 25kPa	
	即刻 (‰)	结束 (‰)	即刻 (‰)	结束 (‰)	即刻 (‰)	结束 (‰)	即刻 (‰)	结束 (‰)
5a	0.03	−0.55	0.01	−0.35	−0.04	−0.59	0.08	−0.40
5b	−0.12	−0.52	−0.12	−0.77	−0.11	0.36	−0.02	0.50
6a	−0.02	−0.69	0.05	−0.75	−0.18	−0.97	0.16	−0.29
6b	−0.10	−1.01	−0.12	−0.92	−0.29	−1.09	0.11	−0.62

第 5、6 组土样的含水率变化情况　　　　　　　　　　　　　　　　　　　　表 16.16

编号	第 1 次各增加 25kPa		第 2 次各增加 25kPa		第 3 次各增加 50kPa		第 4 次各减少 25kPa	
	即刻 (‰)	结束 (‰)	即刻 (‰)	结束 (‰)	即刻 (‰)	结束 (‰)	即刻 (‰)	结束 (‰)
5a	0.22	−0.15	0.10	−0.13	0.14	−0.31	0.01	−0.35
5b	0.01	−0.58	0.17	−0.59	0.14	−0.74	0.01	−0.26
6a	0.06	−0.77	0.21	−0.31	0.17	−0.14	0.17	−0.42
6b	0.08	−0.24	0.08	−0.45	0.12	−0.36	−0.07	−0.34

表 16.17 给出了第 5、6 组试样在偏压固结过程中的体应变、由应力状态变量改变而产生的体积浮动最大值（由表 16.15 得到）及二者的比值，为了清楚起见，体积浮动最大值在表 16.17 中改用百分数（%）表示。从表 16.17 第 4 行可见，各试样的体变浮动最大值与其固结体应变的比值都不超过 2%。因此，试样的体变浮动值是可以忽略的。

由此可知，对具有不同净围压、偏应力和初始吸力的土样，在仅改变应力状态变量的个别组成部分而保持两个应力状态变量不变时，所有土样的体积和水分均不发生变化。换言之，在球应力、偏应力和吸力共同作用下，不同起始条件的土可用非饱和土的两个应力状态变量描述其应力状态。

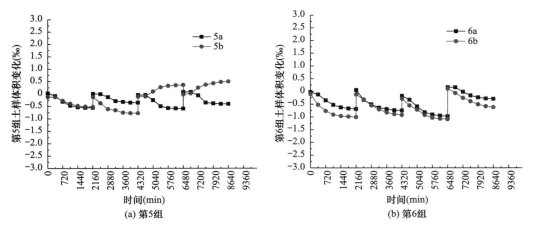

图 16.8　第 5、6 组土样的体应变浮动情况

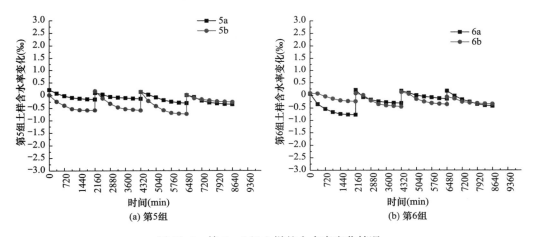

图 16.9　第 5、6 组土样的含水率变化情况

第 5、6 组试验的体应变浮动最大值与偏压固结体应变值的比较　　　　表 16.17

试样编号	固结体应变（%）	体应变浮动最大值（%）	体应变浮动值/固结体应变（%）
5a	3.06	−0.059	1.93
5b	4.12	−0.077	1.87
6a	4.84	−0.097	2.00
6b	5.46	−0.109	2.00

16.5.2.5　第Ⅲ类验证试验的试验方法和结果分析

第Ⅲ类验证试验为控制吸力和净围压为常数的固结排水剪切试验，共 3 组，即第 7～9 组试验。由表 16.7 可知，该 3 组试验的固结净围压都为 50kPa，固结吸力分别为 100kPa、200kPa、300kPa，且 3 组的土样初始物理指标都相同。

试验分两个阶段。每组土样先在 50kPa 的净围压和一定的吸力下排水固结，施加吸力和净围压的方法、固结稳定标准都与第 16.5.2.3 节相同。3 组试验固结吸力不同，分别为 100kPa、

200kPa、300kPa，以反映初始吸力的影响。固结过程稳定标准和第Ⅰ类试验相同。待固结完成后，记录试样体积和排水量，作为后续试验的基准，然后关闭排水阀，打开控制反压的压力体积控制器的阀门；每组的 a 土样直接进行排水剪切试验，b 土样在固结完成后同步等值改变总围压、孔隙水压力和孔隙气压力（各增加 50kPa），从而使净总应力、基质吸力保持不变，待体变和排水基本稳定后再进行排水剪切试验。每个试验的剪切速率均选择 0.0067mm/min，同时记录量测体变、排水量、轴向应变等变化情况，直至破坏。由于在剪切过程中的剪切速率相同，并且剪切过程中孔隙气压力和孔隙水压力是恒定的，因此剪切过程中同组的两个土样的应力状态可近似视为时时相等的。这样就可以对比相同初始条件的土样，在不改变应力状态变量前提下的剪切强度以及剪切过程中的体变、偏应变、偏应力-轴向应变曲线和水量变化情况是否一样，从变形、水量变化和抗剪强度三方面进行验证。

　　1）试验的体应变-轴向应变关系曲线与分析

　　每组的两个土样剪切过程与破坏时的体应变-轴向应变关系对比结果如图 16.10 和表 16.18 所示。排水剪切过程进行到一定阶段，土样均发生不同程度的剪胀，这与土样干密度较大和所受净围压较小有关。

　　由图 16.10 和表 16.18 可知，每组的两个土样的体变-轴向应变关系曲线比较接近；破坏时第 9 组的两个土样的轴向应变相差值及体变相差值最小，分别为 0.01％和 0.07％；第 8 组两个土样破坏时轴向应变相差值及体变相差值最大，分别为 0.51％和 0.53％。剪切过程和破坏时每组的两个土样体变相当接近，可认为相等。由此可知相同初始条件下的土样，在不改变应力状态变量本身，只改变应力状态变量的个别组成部分，其剪切过程和破坏时的体变和轴向应变相等。

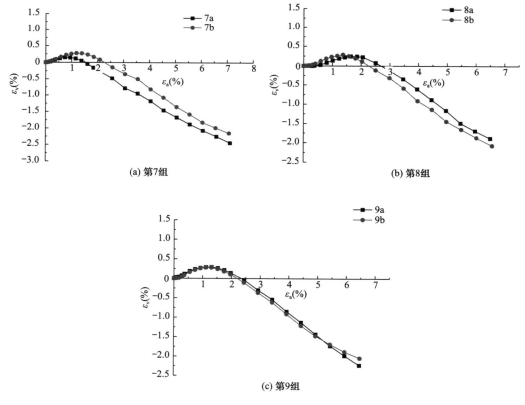

(a) 第7组　　　　(b) 第8组

(c) 第9组

图 16.10　第 7～9 组土样的 ε_v-ε_a 关系

第 7～9 组土样破坏时的 ε_v 和 ε_a 的比较　　　　表 16.18

编号	破坏时 ε_a （%）	破坏时 ε_a 相差值 （%）	破坏时 ε_v （%）	破坏时 ε_v 相差值 （%）
7a	4.05		−1.18	
7b	4.55	0.50	−1.07	0.11
8a	3.96		−0.61	
8b	4.47	0.51	−1.13	0.53
9a	3.43		−0.54	
9b	3.42	0.01	−0.61	0.07

2）试验的偏应变-轴向应变关系曲线与分析

对三轴试验而言，偏应变 $\bar{\varepsilon}$ 与轴向应变 ε_a、径向应变 ε_r 及体应变 ε_v 有如下关系：

$$\bar{\varepsilon} = \frac{2}{3}(\varepsilon_a - \varepsilon_r) = \varepsilon_a - \frac{1}{3}\varepsilon_v \tag{16.77}$$

第 7～9 组土样 $\bar{\varepsilon}$-ε_a 关系曲线如图 16.11 所示，破坏时的 $\bar{\varepsilon}$ 和 ε_a 见表 16.19。由图 16.11 和表 16.19可知，同一组试验的两个土样的偏应变是十分接近的。换言之，可认为两个土样在剪切过程中的偏应变是相同的。

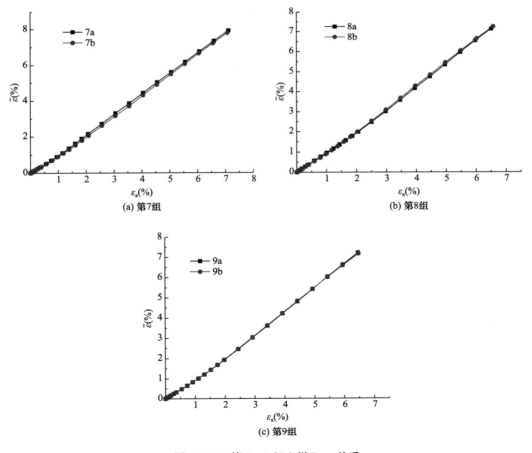

图 16.11　第 7～9 组土样 $\bar{\varepsilon}$-ε_a 关系

第 7～9 组土样破坏时的 $\bar{\varepsilon}$ 和 ε_a　　　　　　表 16.19

试验编号	破坏时的 ε_a（%）	破坏时 ε_a 相差值（%）	破坏时 $\bar{\varepsilon}$（%）	破坏时 $\bar{\varepsilon}$ 相差值（%）
7a	4.05		4.45	
7b	4.55	0.50	4.90	0.45
8a	3.96		4.16	
8b	4.47	0.51	4.85	0.69
9a	3.43		3.61	
9b	3.42	0.01	3.62	0.01

3）排水量-轴向应变关系曲线与分析

每组的两个土样剪切过程中的排水量-轴向应变关系对比结果如图 16.12 和表 16.20 所示。由图 16.12 和表 16.20 可知，排水剪切过程进行到一定阶段，土样的排水速率均发生明显转折，且转折点均为土样开始发生剪胀时间。每组的两个土样的排水量-轴向应变关系曲线十分接近。破坏时第 7 组的两个土样排水量相差值最小，相差值为 0.002cm³，相对误差为 0.82%。第 9 组相差最大，相差值为 0.014cm³。3 组排水量平均相对误差为 3.13%。破坏时每组两个土样的排水量很接近，可认为相等。由此可知相同初始条件下的土样，在不改变应力状态变量本身，只改变应力状态变量的个别组成部分，其剪切过程和破坏时的排水量相等。

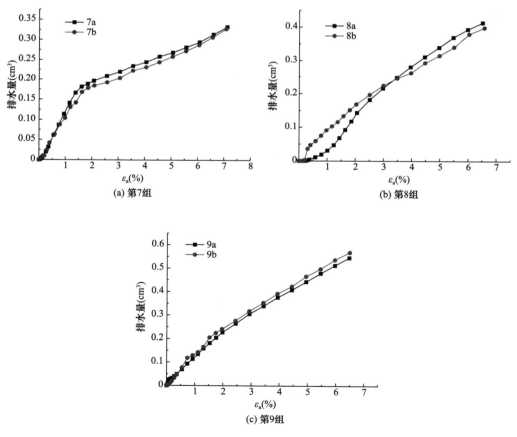

图 16.12　第 7～9 组土样在剪切过程中的排水量-轴向应变关系曲线

第7～9组土样破坏时的排水量比较

表 16.20

编号	破坏时 ε_a (%)	破坏时 ε_a 相差值 (%)	破坏时排水量 (cm³)	排水量平均值 (cm³)	破坏时排水量相差值 (cm³)	排水量差值/排水量平均值 (%)
7a	4.05	0.50	0.244	0.245	0.002	0.82
7b	4.55		0.246			
8a	3.96	0.51	0.280	0.287	0.013	4.53
8b	4.47		0.293			
9a	3.43	0.01	0.339	0.346	0.014	4.05
9b	3.42		0.353			
排水量相对误差平均值（%）						3.13

4）偏应力-轴向应变关系结果与分析

试验结束后，土样均发生脆性破坏。试验控制的净围压相对较小，并且试样干密度相对较大，这是发生脆性破坏的原因。

每组两个土样的偏应力-轴向应变关系曲线和破坏时偏应力值对比如图 16.13 和表 16.21 所示。由图 16.13 和表 16.21 可知，同一组两个土样的偏应力-轴向应变曲线相当接近。在净围压相同时，在试验吸力范围内土样剪切强度随着吸力的增大而增大，第 7 组土样的抗剪切强度较小，第 9 组土样的抗剪切强度最大。对于每组的两个土样，第 8 组的抗剪强度相差最大，两个土样的破坏偏应力相差值为 16.448kPa，相对误差为 2.94%；第 7 组的抗剪强度相差最小，两个土样破坏偏应力的相差值为 5.257kPa，相对误差为 1.12%。3 组试验的平均相对误差为 1.91%，抗剪强度十分接近，可认为相等。由此可知，相同初始条件下的土样，在不改变应力状态变量本身、只改变应力状态变量的个别组成部分时，其剪切强度值不发生变化。

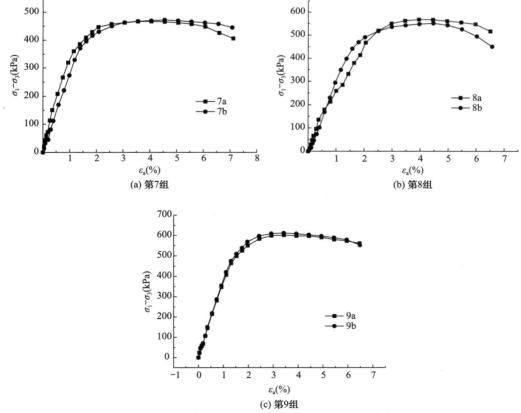

图 16.13 第 7～9 组土样的 $(\sigma_1-\sigma_3)$-ε_a 关系曲线

第 7～9 组土样破坏时的偏应力值　　　　表 16.21

组号	编号	最大值（kPa）	相差值（kPa）	抗剪强度平均值（kPa）	相差值/抗剪强度平均值（%）
7	7a	467.12	5.26	469.75	1.12
	7b	472.38			
8	8a	567.77	16.45	559.55	2.94
	8b	551.32			
9	9a	602.40	10.29	607.55	1.69
	9b	612.69			
抗剪强度平均相对误差（%）					1.91

　　总之，本节的验证试验从变形（包括体应变和偏应变）、水量变化和强度三个方面说明描述非饱和土的两个应力状态变量是合理的，夯实了非饱和土力学的应力理论基础。

16.5.2.6　关于常规三轴试验试样体变的补充说明

　　有人可能认为，虽然在验证试验过程中因应力状态变量的某一组成分量改变而保持两个应力状态变量本身不变引起的体变浮动很小，但土样在固结过程（或剪切过程）中的体变也很小，似乎对前者不能忽略。事实上，该观点是不正确的。首先，表 16.17 表明：二者不在一个数量级，前者远小于后者。其次，土样的固结体变或剪切体变并不小，从表 16.17 可见，第 6 组两个试样的干密度为 1.65g/cm³，初始饱和度为 67.22%，平均固结体应变为 5.15%。如果是饱和土（特别是饱和软黏土），则固结应变更大。文献［89］～［93］的三轴试验资料列于表 16.22，进一步说明土样的固结体变和剪切过程中的体变都比较大，即是非饱和黄土，常规三轴试验的固结体应变和剪切体应变均可高达 10% 左右。

文献［89］～［93］的常规三轴试验试样的固结体应变和剪切体应变资料　　　　表 16.22

序号	文献编号及文中图号	土样描述	试验条件	固结体应变（%）	剪切体应变（%）
1	［89］图 7	甘肃古城原状黄土，含水率 9%	各向等压固结，最大围压 300kPa	3.0	—
2	［90］图 2-15	陕西省冯村水库原状 Q_4 黄土	各向等压固结，固结压力 100～350kPa	6.3～9.6	—
3	［90］	陕西省冯村水库原状 Q_3 黄土	各向等压固结，固结压力 100～300kPa	1.9～7.3	—
4	［91］图 4-1	宝鸡峡渠道边坡原状 Q_2 黄土，含水率为 20%～20.5%	各向等压固结，固结压力 700～2400kPa	3.0～13.0	—
5	［91］图 4-4		真三轴试验，各向等压固结后排气剪切，控制小主应力为常数，中主应力参数 b=0、0.2、0.4、0.6、0.8、1.0	—	3.0～6.0
6	［92］图 3.28	陕西杨凌原状 Q_3 黄土饱和度 45%	固结时排气不排水剪切时不排水不排气围压 50～400kPa	—	4.0～9.5
7	［92］图 3.29	陕西杨凌原状 Q_3 黄土饱和度 50%	固结时排气不排水剪切时不排水不排气围压 50～300kPa	—	6.7～10.0

序号	文献编号及文中图号	土样描述	试验条件	固结体应变(%)	剪切体应变(%)
8	[93] 图 2-12	黄河前苇园黏土	常规三轴剪切试验 平面应变试验 小主应力 100~400kPa	—	2.8
9	[93] 图 2-15	黄河小浪底土料	高压三轴剪切试验 围压 100~1400kPa	—	7.0

16.6 本章小结

（1）描述非饱和土的应力状态有两种方法：有效应力和应力状态变量；从定义、假设、内涵、本构关系和强度的表达式等方面比较了非饱和土的有效应力与应力状态变量的异同，找出了二者之间的联系，为两类理论表达式之间的转换提供了方便，但两种描述方法在测定参数方面有难易之分。

（2）应用科学抽象、演绎推理和变形等效方法，分别构建了充满流体的各向异性线变形多孔介质有效应力的理论公式和各向同性非饱和土的有效应力理论公式，并赋予有效应力参数明确的物理意义；饱和土的太沙基有效应力公式、非饱和土的毕肖普公式和斯肯普顿公式都是理论公式的特例；用三轴试验研究了有效应力参数的变化规律；两种理论公式（包括推导方法）在后续国内外学者的研究中得到重现。

（3）提出了确定非饱和土应力状态变量的理论方法，以连续介质力学的应力理论和复杂介质的平均应力定理为基础，导出了文献中所使用的全部应力状态变量，从理论上分析了各自的优缺点，回答与澄清了当前研究中存在的一系列问题。

（4）提出了选择应力状态变量的 4 条原则，即理论上合理、逻辑关系正确、应用方便、经过试验验证。据此认为，选择净总应力和吸力描述非饱和土力学性状比较方便。

（5）提出了对非饱和土的应力状态变量进行验证的完备验证准则，用大量试验从变形、水量变化和抗剪强度 3 方面对非饱和土的两个应力状态变量的合理性进行了充分验证，夯实了非饱和土力学应力理论的基础；其中偏应力作用的验证和抗剪强度方面的验证属于首次。

参考文献

[1] BISHOP A W. The principle of effective stress [J]. Teknisk Ukeblad，1959，106（39）：859-863.

[2] FREDLUND D G, MORGENSTERN N R. Stress state variables for unsaturated soils [J]. Journal of Geotechnical Engineering，1977，103（GT5）：447-466.

[3] FREDLUND D G, RAHARDJO H. Soil mechanics for unsaturated soils [M]. New York：John Wiley and Sons Inc.，1993.

[4] BISHOP A W，BLIGHT G E. Some aspects of effective stress in saturated and partially saturated soils [J]. Geotechnique，1963，13（3）：177-197.

[5] MATYAS E L, RADHAKRISHNA H S. Volume change characteristics of partially saturated soils [J]. Geotechnique，1968，18（4）：432-448.

[6] 陈正汉. 非饱和土的应力状态和应力状态变量 [C] //第七届全国土力学及基础工程学术会议论文选集. 北京：中国建筑工业出版社，1994.

[7] 沈珠江. 理论土力学 [M]. 北京：中国水利水电出版社，2000：230.

[8] 陈正汉. 非饱和土固结的混合物理论—数学模型、试验研究、边值问题 [D]. 西安：陕西机械学院，1991.

[9]　陈正汉，谢定义，刘祖典. 非饱和土固结的混合物理（I）[J]. 应用数学和力学，1993（2）：127-137.

[10]　陈正汉，王永胜，谢定义. 非饱和土的有效应力探讨 [J]. 岩土工程学报，1994，16（3）：62-69.

[11]　CHEN Z H. Stress theory and axiomatics as well as consolidation theory of unsaturated soil [C] // Proc 1-st Conf On Unsaturated soils. Paris，1995：695-702.

[12]　KHALILI N，KHABBAZ M H. On the theory of three-dimensional consolidation in unsaturated soils [C] // Proceedings of 1st International Conference on Unsaturated Soils. Rotterdam：Balkema A A，1995.

[13]　陈勉，陈至达. 多重孔隙介质的有效应力定律 [J]. 应用数学和力学，1999，20（11）：1121-1127.

[14]　陈正汉，秦冰. 非饱和土的应力状态变量研究 [J]. 岩土力学，2012，33（1）：1-11.

[15]　陈正汉. 非饱和土与特殊土力学的基本理论研究 [J]. 岩土工程学报，2014，36（2）：201-272.

[16]　张龙，陈正汉，周凤玺，孙树国，等. 非饱和土应力状态变量试验验证研究 [J]. 岩土工程学报，2017，39（2）：380-384.

[17]　张龙，陈正汉，周凤玺，孙树国，等. 从变形、水量变化和强度三方面验证非饱和土的两个应力状态变量 [J]. 岩土工程学报，2017，39（5）：905-915.

[18]　BIOT M A，WILLIS D G. The elastic coefficients of the theory of consolidation [J]. J. Appl. Mech. 1957（24）：594-601.

[19]　SKEMPTON A W. Effective stress in Soils，Concrete and Rock [C] //Pore Pressure and Suction in Soils，Butterworths，London，1960，4-16.

[20]　NUR A，BYERLEE J D. An exact effective stress law for elastic deformation of rock with fluids [J]. Journal of Geophysical Research Atmospheres，1971，76（26）：6414-6419.

[21]　俞培基，陈愈炯. 非饱和土的水-气形态及其力学性质的关系 [J]. 水利学报，1965（1）：16-23.

[22]　刘祖德，陆士强，包承纲，等. 发展水平报告之一：土的抗剪强度特性 [J]. 岩土工程学报，1986，8（1）：6-45.

[23]　CARROLL M. M. Mechanical response of fluid-saturated porous materials [C] // Proc. 15th International Congress of Theoretical and Applied Mechanics，Ed. By Rimrrott F P J & Tabarrok B. New York：North-Holland，1980：251-261.

[24]　LEWIS R W，SCHREFLER B A. The Finite Element Method in the Deformation and Consolidation of Porous Media [M]. New York，1987.

[25]　MCTIGUE D F，WILSON R K，NUNZIAMO J W. An effective stress principle for partially saturated media [C] // in：Mechanics of granular materials，Ed. by Jekins J T & Satake M，Elesvier，1983，195-210.

[26]　NIKOLAEVSKY V N. Mechanics of fluid-saturated geomaterials：Discussers Report [C] //Chapter 17 of Mechanics of Geomaterials，Ed. by Bazant Z P，1985，New York：John Wiley & Sons，379-399.

[27]　VARDOULAKIS I，BESKOS D E. Dynamic behavior of nearly saturated porous media [J]. Mechanics of Materials，1986，5，87-108.

[28]　PREVOST J H. Mechanics of continuous porous media [J]. Int. J. Engng. Sci. ，1980（18）：787-800.

[29]　BOER R，EHLER W. On the problem of fluid-and gas-filled elasto-plastic solids [J]. Int. J. Solids Structures，1986，22（11）：1231-1242.

[30]　李希，郭尚平. 渗流过程的混合物理论 [J]. 中国科学（A 辑），1988，31（3）：265-274.

[31]　刘奉银. 非饱和土力学基本试验设备的研制与新有效应力原理的探讨 [D]. 西安：西安理工大学，1999.

[32]　邢义川，谢定义，李振. 非饱和土应力传递机制与有效应力原理 [J]. 岩土工程学报，2001，23（1）：53-57.

[33]　邢义川，谢定义，汪小刚，等. 非饱和黄土的三维有效应力 [J]. 岩土工程学报，2003，25（3）：288-293.

[34]　LI X S. Effective stress in unsaturated soil：a microstructural analysis [J]. Geotechnique，2003，53（2）：273-277.

[35] LU NING，WILLIAM J L． Unsaturated soil mechanics ［M］． New York：John Wiley and Sons，Inc.，2004．

[36] NG C W W，YUNG S Y． Determination of the anisotropic shear stiffness of an unsaturated decomposed soil ［J］． Géotechnique，2008，58（1）：23-35．

[37] SHEN Z F，JIANG M J，THORNTON C． Shear strength of unsaturated granular soils：three-dimensional discrete element analyses ［J］． Granular Matter，2016，18（3）：1-13．

[38] 沈珠江． 广义吸力和非饱和土的统一变形理论 ［J］． 岩土工程学报，1996，18（2）：1-9．

[39] 汤连生，王思敬． 湿吸力及饱和土的有效应力原理探讨 ［J］． 岩土工程学报，2000，22（1）：83-88．

[40] 汤连生． 从粒间吸力特性再认识非饱和土的抗剪强度理论 ［J］． 岩土工程学报，2001，23（4）：412-417．

[41] 汤连生，颜波，张鹏程，等． 非饱和土中有效应力及有关概念的解说与辨析 ［J］． 岩土工程学报，2006，28（2）：216-220．

[42] 苗天德，慕青松，刘忠玉，等． 低含水率非饱和土的有效应力及抗剪强度 ［J］． 岩土工程学报，2001，23（4）：393-399．

[43] 慕青松，马崇武，苗天德． 低含水率非饱和砂土抗剪强度研究 ［J］． 岩土工程学报，2004，26（5）：674-678．

[44] 王志玲，张印杰，丰土根． 非饱和土的有效应力与抗剪强度 ［J］． 岩土力学，2002，23（4）：432-436．

[45] 张鹏程，汤连生，邓钟尉． 非饱和土湿吸力与含水率的定量关系研究 ［J］． 岩土工程学报，2012，34（8）：1453-1457．

[46] 桑海涛． 非饱和土粒间吸力测试及其与抗拉强度的内在联系 ［D］． 广州：中山大学，2015．

[47] SUN Y L，TANG L S． Use of X-ray computed tomography to study structures and particle contacts of granite residual soil ［J］． Journal of Central South University.，2019，26（4）：938-954．

[48] 谢定义，冯志焱． 对非饱和土有效应力研究中若干基本观点的思辨 ［J］． 岩土工程学报，2006，28（2）：170-173．

[49] LU N，GODT J W，WU D T． A closed-form equation for effective stress in unsaturated soil ［J］． Water Resources Research，2010，46（5）：567-573．

[50] 陈存礼，曹程明，王晋婷，等． 湿载耦合条件下结构性黄土的压缩变形模式研究 ［J］． 岩土力学，2010，31（1）：39-45．

[51] 陈存礼，褚峰，郭娟，等． 压缩条件下非饱和黄土的结构流体等效应力特性 ［J］． 岩石力学与工程学报，2011，30（S1）：3165-3171．

[52] 邵龙潭，郭晓霞． 有效应力新解 ［M］． 北京：中国水利水电出版社，2014．

[53] 邵龙潭，郭晓霞，郑国锋． 粒间应力、土骨架应力和有效应力 ［J］． 岩土工程学报，2015，37（8）：1478-1483．

[54] KHALILI N，ZARGARBASHI S． Influence of hydraulic hysteresis on effective stress in unsaturated soils ［J］． Géotechnique，2010，60（9）：729-734．

[55] UCHAIPICHAT A． Influence of hydraulic hysteresis on effective stress in unsaturated clay ［J］． International Journal of Earth & Environmental Sciences，2010，（1）：20-24．

[56] UCHAIPICHAT A． Prediction of shear strength for unsaturated soils under drying and wetting processes ［J］． Electronic Journal of Geotechnical Engineering，2010，15（K）：1087-1102．

[57] ALONSO E E，PEREIRA J M，VAUNAT J，et al． A microstructurally based effective stress for unsaturated soils ［J］． Geotechnique，2010，60：913-925．

[58] PEREIRA J M，COUSSY O，ALONSO E E，et al． Is the degree of saturation a good candidate for Bishop's parameter？ ［C］ //Proceedings of 5th International Conference on Unsaturated Soils． Barcelona：CRC Press，2010：913-919．

[59] NUTH M，LALOUI L． Effective stress concept in unsaturated soils：Clarification and validation of a unified framework ［J］． International Journal of Numerical and Analytical Methods in Geomechanics，2008，32：771-801．

[60]　COUSSY O. Mechanics and physics of porous solids [M]. Chichester：Wiley，2010.

[61]　COUSSY O，DANGLA P. Approche énergétique du comportement des sols non saturés [C] //Mécanique des sols non saturés. Paris：[s. n.]，2002：137-174.

[62]　NIKOOEE E，HABIBAGAHI G，HASSANIZADEH S M，et al. Effective Stress in Unsaturated Soils：A Thermodynamic Approach Based on the Interfacial Energy and Hydromechanical Coupling [J]. Transport in Porous Media，2013，96（2）：369-396.

[63]　NIKOOEE E，HABIBAGAHI G，HASSANIZADEH S M，et al. Effective stress in unsaturated soils：a thermodynamic approach based on the interfacial energy and hydromechanical coupling [J]. Transport in Porous Media，2013，96：369-396.

[64]　张昭，刘奉银，张国平. 考虑气—液交界面的非饱和土有效应力公式 [J]. 岩土力学，2015，36（S1）：147-153.

[65]　陈正汉，郭楠. 非饱和土与特殊土力学及工程应用研究的新进展 [J]. 岩土力学，2019，40（1）：1-54.

[66]　XU Y F，CAO L. A fractal representation for effective stress of unsaturated soils [J]. International Journal of Geomechanics，2015，15（6）：04014098.

[67]　XU Y F，XIANG G S，JIANG H，et al. Role of osmotic suction involume change of clays in salt solution [J]. Applied Clay Science，2014，101：354-362.

[68]　WEI C F. A Theoretical framework for modeling the chemomechanical behavior of unsaturated soils [J]. Vadose Zone Journal，2013，13（9）：1-14.

[69]　MA T T，WEI C F，XIA X L，et al. Constitutive model of unsaturated soils considering the effect of intergranular physico-chemicical forces [J]. Journal of Engineering Mechanics，ASCE，2016，142（11）：04016088.

[70]　BOLZON G，SCHREFLER B A，ZIENKIWICZ O C. Elastoplastic soil constitutive laws generalized to partially saturated states [J]. Gectechnique，1996，46（2）：279-289.

[71]　HOULSBY G T. The work input to a granular material [J]. Geotechnique，1979，29（3）：354-358.

[72]　HOULSBY G T. The work input to an unsaturated granular material [J]. Geotechnique，1997，47（1）：193-196.

[73]　LI X S. Thermodynamics-based consititutive framework for unsaturated soils [J]. Geotechnique，2007，57（5）：411-422.

[74]　ZHAO C G，LIU Y，GAO F P. Work and energy equations and the principle of generalized effective stress for unsaturated soils [J]. International Journal for Numerical and Analytical Methods in Geomechanics，2010，34：920-936.

[75]　赵成刚，蔡国庆. 非饱和土广义有效应力原理 [J]. 岩土力学，2009，30（11）：3232-3236.

[76]　LU N. Is matric suction stress variable? [J]. Journal of Geotechnical and Geoenvironmental Engineering，ASCE，2008，134（7）：899-905.

[77]　HOULSBY G T. Editorial [J]. Geotechnique，2004，54（10）：416.

[78]　王竹溪. 热力学 [M]. 北京：高等教育出版社，1984.

[79]　熊吟涛，等. 热力学 [M]. 北京：人民教育出版社，1981.

[80]　谢定义. 21 世纪土力学的思考 [J]. 岩土工程学报，1997，19（4）：111-114.

[81]　谢定义，姚仰平，党发宁. 高等土力学 [M]. 北京：高等教育出版社，2008.

[82]　郭仲衡. 非线性弹性理论 [M]. 北京：科学出版社，1980.

[83]　FUNG Y C. Foundation of solid mechanics [M]. Englewood Cliffs NJ：Prentice-Hall Inc，1965.

[84]　郭仲衡. 张量（理论和应用）[M]. 北京：科学出版社，1988.

[85]　李向维，李向约. 饱水孔隙介质的质量耦合波动问题 [J]. 应用数学和力学，1989，10（4）：309-314.

[86]　包承纲. 非饱和土的性状及膨胀土边坡稳定问题 [J]. 岩土工程学报，2004，26（1）：1-15.

[87]　TARANTINO A，MONGIOVŌA L，BOSCO G. An experimental investigation on the independent isotropic stress variables for unsaturated soils [J]. Géotechnique，2000，50（3）：275-282.

［88］　陈正汉，孙树国，方祥位，等. 非饱和土与特殊土测试技术新进展［J］. 岩土工程学报，2006，28（2）：147-169.

［89］　林崇义. 黄土的结构特性［R］//黄土基本性质的研究（中国科学院土木建筑研究所报告，第13号）. 北京：科学出版社，1961.

［90］　李靖. 冯村水库坝基黄土变形特性的研究［D］. 西安：陕西机械学院，1981.

［91］　邢义川. 黄土的弹塑性模型及边坡稳定有限元分析［D］. 西安：陕西机械学院，1988.

［92］　骆亚生. 非饱和黄土在动、静复杂应力条件下的结构变化特性及结构性本构关系研究［D］. 西安：西安理工大学，2003.

［93］　钱家欢，殷宗泽. 土工原理和计算（第二版）［M］. 北京：水利电力出版社，1994.

第 17 章 本构模型基本知识与强度准则

本章提要

    本章首先系统论述本构模型（或本构关系）的基本知识，包括本构模型的定义和属性，建模的原则、方法和路线，修正模型的方法和评价标准；其次，用解析法推导摩尔-库仑强度准则，通过理论分析得出摩尔-库仑强度准则的多种常用表述形式及相互之间的强度参数转换关系式；第三，阐述了非饱和土的抗剪强度准则及其应用；最后，提出了本书构建本构模型的思路，列表给出作者及其学术团队构建的非饱和土与特殊土的各种本构模型的基本信息。

17.1 本构关系的基本知识

    本节系统阐述本构模型（或本构关系）的基本知识，关于本构理论将在第 22 章论述，关于科学理论的基本知识将在第 23 章论述。

17.1.1 本构关系的定义和属性

    对材料非线性本构关系的研究始于 20 世纪 40 年代，在 20 世纪 60～70 年代形成热潮[1-4]。在国内，本构关系的概念最早出现在文献［5］中。本构关系的定义有多种表述，20 世纪 80 年代的部分文献给出的本构关系定义的表述如下。

    文献［5］表述：本构关系是材料性质从经验加以抽象化的数学表现。每一个本构关系定义一种理想材料。

    文献［6］表述：把由经验得到的物性作为出发点，以某些基本原理作指针，找出它们的数学表达式，这种表达式就叫作本构方程。从物质行为中只取出力学行为，再从中提出所要研究的物性，加以抽象化，并运用数学形式表现出来，就得出本构方程。这只是强调了物质某一方面的理想化公式，它表达的是理想物质，亦即是物质的数学模型。

    文献［7］第 6 页表述：每一种物质都具有特殊的力学特性。物质力学特性的数学表达式称为这个物质的本构方程。在文献［7］第 180 页进一步明确指出：描述一个物质特性的方程称为该物质的本构方程，应力-应变关系描述了物质的力学特性，因此是本构方程。物质的性质由本构方程描述。由于存在多种多样的物质，为了描述这几乎是无限多种的物质，需要为数甚多的本构方程。

    《中国大百科全书》表述[8]：**物质宏观性质的数学模型称为本构关系，把本构关系写成具体的数学表达式就是本构方程。** 最熟知的反映纯力学性质的本构关系有胡克定律、牛顿黏性定律、圣维南理想塑性定律等；反映热力学性质的有克拉珀龙理想气体状态方程、傅里叶热传导方程等。

    在以上定义中都强调本构关系是描述"理想材料""理想物质""理想气体"等的"理想定律"，所谓"理想"是相对真实而言的。真实物质是具有多方面属性的复杂材料，"理想物质"是抽象材料，"理想定律"是"强调了物质某一方面的理想化公式"，仅能描述物质在某一方面的特性，而不是无所不能，更不可能包打天下、适用于各种材料。

在上述各种对本构关系定义的表述中,《中国大百科全书》的表述言简意赅,同时指明了本构关系描述的是物质的宏观性质。根据这一定义可知,由于材料的宏观性质是多方面的,描述材料宏观性质的本构关系也有多种。例如,强度准则归于本构关系之列,因为它是描述材料濒于破坏时的宏观力学性质的数学模型。再如,土的三相指标之间的联系关系式、非饱和土的水气运动规律(即达西定律和菲克定律)、持水特性、土中水量在应力和吸力作用下的变化规律、非饱和土的应力应变关系、土结构的演化规律(损伤演化方程或结构修复方程)、气在水中的溶解规律(亨利定律)、相变规律等也都是本构关系。

剑桥学派在国际上最早研究土的本构关系,1963 年提出了理想"湿黏土"的剑桥模型[9-10],1968 年提出修正剑桥模型[11],同年出版专著《临界状态土力学》[12],被视为现代土力学的发端,本构模型也因剑桥模型成了土力学的流行术语。Duncan 和 Zhang[13]于 1970 年提出土的增量非线性本构模型,即邓肯-张(Duncan-Zhang)模型。国内最早研究土的弹塑性本构关系的学者是魏汝龙[14],他于 1964 年提出了正常压密土的弹塑性本构模型,修正剑桥模型是其特例。黄文熙[15]于 1979 年系统论述了土的弹塑性应力应变模型理论,蒋彭年[16]在 1982 年出版了《土的本构关系》一书,是国内第一本关于土的本构关系的专著。上述研究都仅限于土的应力应变关系,导致国内土力学界早期对本构关系的认知也局限于此。此种情况直到 20 世纪 90 年代初期由于非饱和土力学研究的深入才得以改观[17-19]。

在物理学中有两种基本数学模型:离散体模型和连续统(介质)模型[20]。前者的代表是描述物质原子内部微观粒子行为的量子力学。原子核的半径为 $10^{-15} \sim 10^{-14}$ m[21],微观粒子的半径小于原子核半径。微观粒子具有二象性,既是微粒又是波,其位置和动量、能量和时间等共轭变量由测不准原理支配。对微观物体位置的恰当描述是说它处于某一位置的概率,在它可能出现的空间中有一个位置概率分布[21]。测不准原理是微观物质的客观规律,不是测量技术和主观能力不够的问题,可见量子力学具有统计的属性。按照理论预测尚有 3000 多种微观粒子有待发现[22],故量子力学仍在不断发展完善之中,且微观粒子的性质与大部分力学问题没有直接关联[5]。"连续统模型运用场的概念描述物质的几何点,不必区分构成物体的一个个(微观)粒子之间的差异"[20]。在物体上任一点可以确定一个密度,如质量密度、能量密度、熵密度等;在物体表面上的点则具有面密度,如应力和热流密度等,而不必把它们量子化。换言之,**"连续介质力学建立的是一个可无尽分割而又不失去其任何定义性质的连续场理论,场可以是运动、物质、力、能量和电磁现象所在的场所。用这些概念表达的理论称为唯象理论(或现象宏观理论),因它表达试验的直接现象而并不企图用微观粒子观点去解释。唯象理论的合理性在于所依据的宏观试验,而所得结论仍然用于宏观实际;也就是以宏观世界作为出发点,建立宏观理论,返回来又用于宏观世界,并由宏观世界检验其正确性。如此一来,就可以不必管(微观)粒子结构"**[5]。由此观之,本构关系反映介质的总体效应,描述介质的宏观性质,这与《中国大百科全书》对本构关系的定义及试验仪器量测出来的介质宏观反应的属性相一致。

应当指出,"连续介质的概念来自数学[7]。实数是一个连续集。……时间可以用一个实数系 t 表示,三维空间可以用三个实数系 x、y、z 代表。这样,可以把时间和空间看成一个四维的连续集。……如果将连续集的概念推广到物质,可以说物质在空间是连续分布的。……若在区域 V 内各处都能定义密度,就可以说这个质量是连续分布的。……如果一个物质的质量、动量、能量密度在数学意义上存在,这个物质就是一个物质连续统,这样一个物质连续统的力学就是连续介质力学。"对于多孔介质,Bear[23]从数学上详细阐述了质点、代表性单元体(简记为 REV)和孔隙率等概念,指出**多孔连续介质是以宏观上非常小、微观上有代表性的单元体组成的"一种假想的连续介质";"对于这种假想的连续介质中任一点,可以把运动变量、动力变量看成是点的空间坐标和时间的连续函数"**。从而可借助偏微分方程描述多孔介质的运动和其他现象。

众所周知，土是岩石风化、剥蚀、搬运的松散堆积物，由不同尺度的固体颗粒（包括矿物）和胶结物形成的土骨架、水和空气组成的多相多孔松散复合介质，不同相（或称为组分）之间存在复杂的物理-化学作用（主要对粉土和黏性土），并非像金属那样是均质连续各向同性的理想介质。土的力学性质如渗透性、变形和强度特性等主要源于"多相、多孔、松散"。

岩土介质是天然产物，种类繁多，成因各异，成分千差万别，颗粒大小悬殊（粒径从大于 10^2 mm 到小于 0.075mm，以至微米量级），随着工程规模和范围的扩大，会不断遇到新的土类或类岩土介质，如粉煤灰、粗粒料、冻土、盐渍土、碱渣、生活垃圾等。不同类土具有不同的结构（structure），土的结构对土的力学性质有重要影响。如第 16.3.2.1 节所述，描述土的物理状态有一套完整的指标，包括粒度、密度、湿度和构度[24]。

土的结构分为土的宏观结构（亦称为构造，如层理、裂隙、构造面等）和土的微观结构。根据 MItchell 等[25]和谭罗荣等[26]的研究，土的微观结构包括两个方面：（1）土的几何结构，称为组构（fabric），包括土骨架基本单元（土粒和团粒）、孔隙、水和气在空间的分布排列；（2）土的基本单元（土粒和团粒）之间的相互联结和各相之间的相互作用。目前对其的认识还是一种整体、宏观、定性的概念，只能对其中各种影响因素进行总体、宏观、粗略的描述，难以对其中某一具体因素进行精确的定量分析[23-27]。显然，这里所说的微观尺度介于物理学中宏观和微观尺度之间，远远大于原子半径（量级为 10^{-10} m $= 10^{-4}$ μm），可称为细观尺度（mesoscale 或 mesoscopic），亦称为介观尺度。土的结构还会随气候变化和工作条件（如力、水、温度、时间等）而发生变化、劣化或重塑，即是动态变化的。扫描电子显微镜和 CT 技术（见第 6.5.4 节）的发展为研究土的细观结构及其演化提供了有力的工具和可能。

应当指出，外部特征长度（和/或时间）与物体内部特征长度（和/或时间）的比值决定了外物体对外界作用的反应。当前者远远大于后者时，就可以把研究对象看作连续介质。换言之，"连续"是一个相对的概念。从微观角度看，尽管原子核和核外电子之间存在巨大的空间，但金属物体的最小尺寸远远大于原子尺寸，因而被视为连续体。通常，土工构筑物（如大坝、路堤等）的最小尺寸比土颗粒尺寸大得多，故可看作连续介质。再如，一个星系有成百上千亿颗星球，相邻星球之间的距离很大，但和星系的外围尺寸（直径）相比就非常渺小了。正因为如此，林家翘等[28]用连续介质力学的方法构建了螺旋星系的数学模型，用该模型预测螺旋星系的运动与观测结果基本相符。

基于以上认识，本书所构建的非饱和土各种本构模型均以连续介质力学为基础，总体上属于唯象模型；在研究特殊土（如原状膨胀土和原状黄土）的力学特性时，考虑细观结构及其损伤演化的影响（见第 20 章和第 21 章）；在研究膨润土和盐渍土的持水特性、力学特性和热力学特性时，考虑物理-化学作用的影响（见第 10.9 节和第 14.1.4 节），并用矿物的微观晶体结构和双电层理论解释相关现象的机理（见第 14.2.5 节和第 14.5.1.2 节）。与金属材料的力学模型相比，土的本构模型参数较多且不是常数，需要用土力学试验仪器设备测定。

17.1.2　建模 3 原则

建模前先要明确工程对模型的要求，可归结为以下 3 条[29-30]。

1）假设合理

假设是从大量观察中抽象归纳出来的，是推理的前提和依据。模型正确与否，首先在于其出发点——基本假设所依据的经验是否可靠、提出的假定和公理是否正确[31]。若基本假设有误或不符合实际，则推理及其结果就靠不住。在考察一个模型（或理论）时，先要推敲其推理的基础——假设是否合理，而不能只注意其推导过程和结果。还要考察每一条假设是否在建模过程中都发挥了应有的作用，不然就是画蛇添足。基本假设使研究的问题得到简化，同时限定了理论的应用范围。与工程力学（材料力学、结构力学、弹性力学）相比，土力学理论的假设较多。譬如，太沙基的一维固结理论共有 6 条假设，每一条假设都有其特定的含义和作用，在推导固结理论方程时都要用到。有的论文除基本假设外，在建模过程中因需要又随时引入了一些附加假设；有的假设则是隐含的而未明确指出；还有的论文在推理前用似是而非的话一笔带过，其中很可能包含至关重要的假设。对这种假设务必一一推敲，万万不可粗心大意。

所谓假设合理，包括三个方面的含义。**首先，建模所作的假设必须符合物理、力学原理，**如质量守恒定律、动量守恒定律、动量矩守恒定律、能量守恒定律、热力学第二定律、界面连续条件等，对本构模型还应满足本构原理（如客观性原理，将在 22 章介绍）。这一点虽是常识，却易被忽视，不自觉地犯错误。例如，简单条分法假定每一土条两侧作用力的合力方向均与该土条底面平行，并忽略条间力的作用使问题简化；但两土条之间的条间力违背了牛顿第三定律（方向不共线）。又如，内时理论在初提出时不满足能量守恒定律受到批评，1978 年对此做了修正。再如，有的论文在研究饱和土的波动问题时，随心所欲地假定孔隙水的惯性力由水和土骨架分别承担 1/3 和 2/3，所得总体运动方程不满足动量守恒定律。

其次，基本假设必须符合客观实际。例如，有的文稿在求解静力触探、旁压试验和沉桩等圆孔扩张问题时，假设地基土为非饱和土在排水条件下保持常吸力状态，明显不符合实际情况。事实上，沉桩、静力触探和旁压试验的历时都很短，均属于不排水过程。《土工试验方法标准》GB/T 50123—2019[32] 第 46 章 "静力触探试验" 第 46.3.5 条规定："将探头按 (1.2±0.3) m/min 匀速贯入土中"，贯入速率很快，根本来不及排水或让水压力消散。该标准第 48 章 "旁压试验" 第 48.3.12 条规定[32]："各级压力下的相对稳定时间标准为 1min 或 3min"，稳定历时很短；该标准第 48.4.6 条规定[32]："不排水抗剪强度应按下式计算 $C_u = p_f - p_0 \cdots\cdots$。" 即，旁压试验得到的是不排水强度。沉桩施工速度更快，一般 5～10min 就完成一根桩。由此观之，该文稿的基本假设完全脱离实际，基于该假设求得的 "非饱和土中柱孔排水扩张弹塑性解" 是毫无意义的。

最后，基本假设必须符合自然科学常识。例如，数学常识表明，函数和自变量扮演着不同的角色，不容混淆；不同自变量之间必须是相互独立的，不能有相关关系。在近年对非饱和土应力状态变量的选择中，式 (16.36) ～式 (16.38) 的第一个变量中均包含第 2 个变量——基质吸力，重复考虑了基质吸力对非饱和土力学性质的影响，二者并不相互独立，显然是欠妥当的；另一方面，饱和度既作为自变量，又作为函数，混淆了变量的角色。再如，从土力学常识可知，当土受到的压力小于前期固结压力时，土的变形很小，模量近似常数，土可被视为弹性体；当土受到的压力大于前期固结压力后，土才会屈服，产生塑性变形。受力点的土如此，在无穷远处的土更是稳如泰山。但有的论文为了得到某一问题的解析解，"假设超固结土体在加载初期立即屈服，因此孔周塑性区延伸到无穷远处。"显然，该假设与土力学的常识相悖，是不合理的。此种失误已有先例，内时理论在 1971 年提出时假设土没有屈服面（即假设土的屈服面半径为零），导致不满足能量守恒定律而受到质疑。内时理论的提出者 Valanis 在 1978 年对其进行了修正。

2）物性鲜明

模型能反映介质的主要特性及其机制[33]，如土的多相性、压硬性、剪胀性、结构性等及引起变形、破坏、孔压变化等的重要机理（包括宏观、细观和微观方面）。

3）应用简便

尽可能简单实用，如模型框架力求简明，模型参数较少且都有确定的物理意义或几何意义，模型参数的确定和实现模型的数值分析比较容易。

以上可称为建模三原则。

对构建的模型还应通过与已有模型及多种试验资料（或工程检测数据）的比较分析验证其合理性，并在实践应用中检验、完善和发展。

17.1.3　建模理论和方法

建模要有正确的理论和方法[29,30,33,34]。就理论而言，**建模应有一个合适的理论基础**[33]。现代科学理论种类繁多，如有非线性理论、弹塑性理论、断裂损伤理论、大变形理论、突变理论、神经网络、小波分析、分形几何、耗散结构理论等可供选择，这是一条捷径。当找不到合适理论时，就要大胆创造新理论，如块体理论。在选择理论时应注意针对性，做到有的放矢，对症下药，即选择的理论必须能反映研究对象的物理机制，能解决工程需要回答的问题。要避免所选理论与对象脱节、针对性不强，搞"拉郎配"，或把理论仅当成一种摆设或装饰品。所选理论不能太复杂，因为过于复杂就难有实用价值，内时理论就是一例。所选理论也不能太简单，否则就会失真。例如，线弹性模型不能考虑剪胀变形，特雷斯卡（Tresca）和米塞斯（Mises）塑性模型不能反映塑性体变，等。

建立理论模型的方法通常有 3 种：归纳法、演绎法、混合法。归纳法又称唯象法，即从个别到一般，把事实上升到理论。该法先从不同的角度揭示问题的规律，然后加以综合，形成整体模型。库仑（Coulomb）抗剪强度公式和达西渗透定律就是根据大量试验资料归纳出来的。在该法中，试验观察和直觉判断起重要作用，但不一定总是可靠的，"'直观上很明显'这几个字不应纳入连续介质力学基本原理或任何一门现代科学的讨论中去"[28]。如最速降线问题的答案是旋轮线而不是直观想象的直线。另外，把从特殊条件下得到的结果推广到一般情况有时还会遇到理论上的困难，本构关系的研究就存在这个问题。在 π 平面上引入形状函数和姚仰平建议的应力变换法都是为了把三轴条件下得到的本构关系推广到三维。演绎法又称公理化方法，该法以若干公理、原理或基本假设为依据，进行严密推理，最终导出问题的数学模型。欧几里得是公理化方法的创始人，爱因斯坦的相对论被认为是应用此法最光辉的范例。土力学中的太沙基和比奥固结理论、普朗特（Prandtl）承载力理论、库仑土压力理论、剑桥模型、广义双剪强度理论、笔者提出的非饱和土固结理论和多孔介质的有效应力公式、广义位势理论都是应用公理化方法成功的例子。应用该法成败的关键在于推理所依据的假设（或公理、原理）是否合理[29-31,33-36]，这一点在前面也曾述及。混合法就是同时使用归纳法和演绎法。土的本构模型大多是采用这种方法建立的，邓肯-张模型就是如此。

科学研究方法还包括：（1）科学抽象，如在第 16.2.2 节构建流体充满多孔介质的有效应力公式时，把其所受的应力状态抽象分解为 3 种应力状态的叠加[37-38]；（2）**从特殊到一般，**即从简单到复杂、从低级到高级，如在第 16.2.2 节先推导两种流体充满多孔介质的有效应力公式，再分别推导非饱和土的有效应力公式与 N 种流体充满多孔介质的有效应力公式[37-38]；（3）**从一般到特殊，**如陈正汉先用混合物理论建立非饱和土固结的 3D 理论模型，再用其分析 1D 和 2D 问题[37,39]，详见第 23 章；（4）**其他方法，**如取隔离体进行受力分析、试验研究、数值分析、旁征博引等。**对于复杂问题，常要多种方法并用。**如在第 16.3.3 节研究非饱和土的应力状态变量时，对于双开敞状态的非饱和土，笔者先分别取多孔骨架、多孔水、多孔气为隔离体，并把土骨架抽象为由三组互相正交、均匀分布的纤维组成，水相和气相则分别由三组互相正交、均匀分布的毛管组成；再分别对三相进行受力分析，进而列出平衡方程、提取应力状态变量[40]。

17.1.4　建模过程和路线

建模过程包含多个环节，其流程如图 17.1 所示。

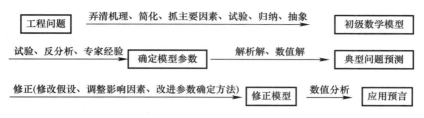

图 17.1　建模过程流程示意图

由图 17.1 可见，建模过程实际上是一个实践、认识、再实践、再认识的过程，也就是一个实事求是的过程，剑桥模型和邓肯-张模型的发展都经历了这样的过程。陈孚华常用瞎子摸象的故事作比喻[41]，他认为科学家和工程师限于专业和见识，往往只看到问题的某一方面而看不到整体。一般说来，认识不可能一步到位。换言之，"实践、认识、再实践、再认识，这种形式，循环往复以至无穷，而实践和认识之每一循环的内容，都比较地进到了高一级的程度"[42]；"一个正确的认识，往往需要经过由物质到精神，由精神到物质，即由实践到认识，由认识到实践这样多次的反复，才能够完成"[42]。

建模路线可归结为 4 句话："弄清两头，抓大放小，实事求是，有机结合"。这 4 句话也可称为建模要领或建模秘籍。"弄清两头"是指对研究对象和拟采用建模理论的把握：一方面要搞清问题，找出特点，分析机理，尽量摸清各种影响因素；另一方面要吃透理论，对建模依据理论的来龙去脉、基本假设、适用条件等要吃透，做到胸中有数。

所谓"抓大放小"是指对研究问题要做适当的简化，特别要抓住主要影响因素[42]。因为"一个数学模型，不论它多么严谨，也决不能真真实实地一丝不差地表达出物质的物理学规律。……一切离散体模型和连续统模型都具有它们理论自身适用的范畴，这种适用性取决于我们所要求的精度"[20]。"任何理论都只是在不同程度上对自然界某些方面的'近似'，……在建立理论过程中力图抓住对象的主要矛盾"[5]。钱学森认为[43]：**"技术科学解决复杂问题的方法是，强调抓主要矛盾，忽略次要矛盾，追求复杂条件下工程精度所允许的近似答案"。**这就是"抓大放小"。换言之，既不要胡子眉毛一把抓，也不要捡了芝麻漏了西瓜。土力学中有不少这方面的成功例子。库仑抗剪强度公式反映了剪切面上的法向应力和排水条件是影响土强度的主要因素，表达形式简洁，自 1773 年提出以来，一直受到工程界的青睐。分层综合法和太沙基的一维固结理论都抓住了土的孔隙压缩这一影响地基沉降的主要因素，而忽略了土粒与水的压缩性等次要因素，概念清晰，过程简明，虽有种种缺点，但迄今仍有生命力。又如，影响土压力的因素很多，其中挡土墙的位移方向和大小是最重要的因素，可使土压力的大小发生质的变化。朗肯（Rankine）土压力理论和库仑土压力理论都抓住了这一点。

"'实事'就是客观存在的一切事物，'是'就是客观事物的内部联系，即规律性，'求'就是我们去研究"[42]。对工程现场资料和试验资料的分析要深入，"加以去粗取精、去伪存真、由此及彼、由表及里的改造制作功夫，造成概念和理论的系统"[42]，不要被某些表面现象所迷惑而看不到问题的本质。

如上所述，理论与研究的问题要有结合点，而不是风马牛不相及。在弄清问题和理论的基础上，要着力搞好两者的结合。对交叉学科的新理论和新方法，不能原封不动地照搬照套，而必须把这些一般的理论方法与岩土工程及岩土介质的具体特点相结合[33]，这样才能真正解决问题，做出具体的创新成果。这是模型成败的关键。例如，邓肯-张模型通过分段线性化把广义胡克（Hook）定律同土的非线性及压硬性有机联系起来，土的模量不再是常量而随应力状态变化；剑桥模型则通过引入临界状态线和罗斯科（Roscoe）面实现了塑性理论同土的体变屈服特性、压硬性、剪缩性、体变对应力路径的无关性等的紧密结合，在塑性理论中首次引入了帽盖屈服面及其硬化规律。这两种模型都没有拘泥于经典理论的框框，在处理"结合"方面都很巧妙自然，无矫揉造作、生搬硬套、牵强附会之感，因而获得了广泛的认可和应用。基于同一理论可能建立多个数学模型，其原因在于建模者对理论和问题机理的认识不同，考虑的影响因素多少不同，且处理"结合"的方法不同。

17.1.5　模型修正与检验标准

当构建的数学模型对已知解答的问题或有观测资料的工程问题所做的预测发生过大偏差时，就必须对模型进行修正或建立新的模型。对模型修正可从以下几个方面考虑。一是修改基本假设，使其更为合理。剑桥模型（1963）通过修改塑性功假设而导出"修正剑桥模型"（1968），后者的功能优于前者。二是进一步查清主要影响因素和重要影响因素，使它们在模型中都得到考虑；对模型中包含的次要因素或无关因素则加以剔除。多重屈服面模型和多机构模型就是考虑土的多种塑性变形机理而提出的，"修正的修正剑桥模型"也是如此。再如地基承载力问题，从普朗特理论（1920）、赖斯纳（Reissner）理论（1924），到太沙基理论（1943）、迈耶霍夫（Meyerhof）理论（1951），再到汉森（Hansen）公式（1961）和维西克（Vesic）公式（20 世纪70 年代），考虑因素从 1 个分别增加到 2 个、3 个、4 个、7 个和 8 个，历经半个多世纪，才趋完善。三是改进确定模型参数的方法，测定参数的试验方法最好能代表岩土介质的实际工作条件，也可采用反分析等方法确定模型参数。

实践是检验真理的唯一标准[44]。无论对于社会科学理论还是对于自然科学理论，这个标准都适用。对于岩土理论模型，此处所说的实践包括科学试验和工程实践两个方面。周培源先生认为[45]："**一个新理论提出来，第一，要看它能不能说明旧理论已说明的物理现象；第二，要看它能不能说明旧理论所不能说明的物理现象；第三，要看它能否预见到新的尚未被观测到的物理现象，并为新的试验所证实。这三者都很重要，不可偏废。**"周先生还指出[45]："**一个好的工作，首先要物理上站得住脚，又有严谨的数学证明才行。光是数学漂亮，没有物理支持，因而不能解决实际问题的工作，不能称之为好的工作。**"显然，周先生的意见与以实践为标准是一致的，因而可以作为评价理论真伪优劣的标准。自 20 世纪 70 年代以来，岩土力学的发展出现了百花争艳的欣欣向荣景象，新理论、新模型层出不穷。有的模型的提出者在其论文中报喜不报忧，有的论文暗箱操作而不讲过程和关键部分，有的文过饰非，有的甚至弄虚作假，使读者难以识别其真伪优劣。国际学术界曾召开过多次模型验证研讨会[46]，用实际土工结构的变形资料鉴别不同模型的预测能力，取得了一定成效。这种验证方法虽然具有客观性，但费用高；加之影响实际工程变形的因素较多，且有的因素是不确定的，在计算中无法定量考虑；因而这类验证有时也难以对不同模型做出公正的评判。本书作者认为，周培源先生建议的 3 条原则在鉴别新的岩土本构模型方面很有用。第一条要求新提的理论（或新模型）在特殊条件下退化为已有理论（或已有模型），第二条要求新提的理论（或新模型）比已有理论（或已有模型）能解决更多的问题。第一条和第二条是基本要求，不满足这两条的所谓新模型就没有存在的必要。在已有研究中，确有一些模型连第一条要求都满足不了。这两条实际上就是做比较，有比较才能鉴别。因此，当提出新理论模型时，最好和已有的理论模型进行多方面的比较（如在理论功能、模型参数的确定和求解同一边值问题所得的结果等方面比较）。第三条则是更高的要求，最有说服力。用万有引力定律预言海王星（1846 年 9 月 23 日）和冥王星（1930 年 3 月 14 日）的存在、用狭义相对论预言质能转换定律 $E=mc^2$、用广义相对论预言光线在引力场中会弯曲[35]和引力波的存在（从 1916 年提出到 2015 年 9 月 14 日证实经过 100 年）、用标准模型预言希洛斯玻色子（20 世纪 60 年代预言其存在，2015 年证实）等都是科学预言精彩的例子，这些预言都得到了证实。土力学中的比奥固结理论，在一维时变为太沙基固结理论；在多维时能算出瞬时沉降和水平位移（而太沙基理论则不能）；并预言多维固结时存在 Mandol（1953）-Cryer（1963）效应，且被 Gibson 等（1963）用土球固结试验所证实。比奥理论完全满足周培源先生建议的 3 条原则，得到了学术界的普遍认同和工程上的广泛应用。陈正汉建立的非饱和土固结理论[17,37,39]具有比奥理论的全部优点（详见本书第 23 章）；陈正汉等[47]建立的非饱和土的增量非线性本构模型成功预测了三轴不排水加载过程中吸力的变化（见第 18.1.3 节），被专家评价为"陈正汉等提出的非线性模型可看作是饱和土邓肯-张模型在非饱和土中的推广"[48]。

17.2 对摩尔-库仑强度准则相关问题的探讨

摩尔-库仑（Mohr-Coulomb）准则是最常用的岩土材料的破坏准则，反映了摩擦材料的抗剪强度特性，即抗剪强度与剪切面上的法向应力有关，且随法向应力的增大而提高，并非常数。本节对与摩尔-库仑准则相关的 2 个理论问题进行探讨，不仅能提高对岩土介质强度规律的认识，还可为获得强度参数和为摩尔-库仑准则的不同表述形式之间的强度参数转换提供方便，也有助于深化对巴塞罗那模型的理解。

17.2.1 用解析法推导摩尔-库仑准则

摩尔-库仑准则是岩土材料的破坏准则，也称为极限平衡条件。当土中一点的应力状态满足极限平衡条件时，该点的土就濒于破坏。在土力学教材和文献中，大都是借助摩尔圆和库仑强度线的几何关系推导该准则的。崔托维奇[49]和吴天行[50]分别给出了推导该准则的解析方法，但前者的推导较烦琐，后者则需要分析大主应力和小主应力之间的关系，显得不够直截了当。本节给出两种较为简捷的解法[51]。

设 σ_1 和 σ_3 分别是土单元体受到的大主应力和小主应力，则与 σ_1 作用面成 θ 角的平面上的正应力、剪应力和抗剪强度分别为：

$$\sigma_\theta = \frac{\sigma_1 + \sigma_3}{2} + \frac{\sigma_1 - \sigma_3}{2}\cos 2\theta \tag{17.1}$$

$$\tau_\theta = \frac{\sigma_1 - \sigma_3}{2}\sin 2\theta \tag{17.2}$$

$$\tau_{\theta f} = c + \sigma_\theta \tan\varphi \tag{17.3}$$

式中，c 和 φ 分别是土的黏聚力和内摩擦角。问题的关键在于找出破坏面的方向，即土处于极限平衡状态时的 θ 值。

1）解法 I

令

$$\begin{aligned}F &= \tau_{\theta f} - \tau_\theta \\ &= \left[c + \left(\frac{\sigma_1 + \sigma_3}{2} + \frac{\sigma_1 - \sigma_3}{2}\cos 2\theta\right)\tan\varphi\right] - \frac{\sigma_1 - \sigma_3}{2}\sin 2\theta\end{aligned} \tag{17.4}$$

F 是 θ 和应力状态的函数。当土的应力状态向极限平衡状态发展时，F 的值随之变化。当土的应力状态达到极限平衡状态时，F 就只是 θ 的函数，记为 $F(\theta)$。设剪切破坏面的倾角为 θ_f，则 $F(\theta_f)$ 具有以下两个性质：

（1）$F(\theta_f)$ 是 $F(\theta)$ 的极小值；

（2）该极小值等于零，即：

$$F(\theta_f) = \left\{\left[c + \left(\frac{\sigma_1 + \sigma_3}{2} + \frac{\sigma_1 - \sigma_3}{2}\cos 2\theta\right)\tan\varphi\right] - \frac{\sigma_1 - \sigma_3}{2}\sin 2\theta\right\}_{\theta = \theta_f} = 0 \tag{17.5}$$

利用条件（1），有：

$$\frac{\mathrm{d}F(\theta)}{\mathrm{d}\theta} = \frac{\sigma_1 - \sigma_3}{2}(-2\sin2\theta)\tan\varphi - \frac{\sigma_1 - \sigma_3}{2}(2\cos\theta) = 0 \tag{17.6}$$

即
$$\sin2\theta_f \cdot \tan\varphi + \cos2\theta_f = 0 \tag{17.7}$$

也就是：
$$\cot2\theta_f = -\tan\varphi = \cot(90° + \varphi) \tag{17.8}$$

于是得：
$$\theta_f = 45° + \frac{\varphi}{2} \tag{17.9}$$

利用条件（2），并把式（17.9）代入式（17.5），运用三角函数基本知识化简就得：

$$\frac{\sigma_1 - \sigma_3}{2} = c \cdot \cos\varphi + \frac{\sigma_1 + \sigma_3}{2}\sin\varphi \tag{17.10}$$

这就是常用的摩尔-库仑准则。破坏面的倾角与大主应力的作用面成 $45° + \frac{\varphi}{2}$ 而不是 $45°$，这是岩土介质破坏与金属材料破坏的又一区别。

2）解法 II

定义函数 L

$$L = \frac{\tau_\theta}{\tau_{\theta f}} = \frac{\dfrac{\sigma_1 - \sigma_3}{2}\sin2\theta}{c + \left(\dfrac{\sigma_1 + \sigma_3}{2} + \dfrac{\sigma_1 - \sigma_3}{2}\cos2\theta\right)\tan\varphi} \tag{17.11}$$

L 称为应力水平或强度发挥度。当达到极限平衡状态时，L 只是 θ 的函数，记为 $L(\theta)$。仍设剪切破坏面的倾角为 θ_f，则具有以下性质：

（1）$L(\theta_f)$ 是 $L(\theta)$ 的极大值；

（2）该极大值等于 1，即：

$$L(\theta_f) = \left[\frac{\dfrac{\sigma_1 - \sigma_3}{2}\sin2\theta}{c + \left(\dfrac{\sigma_1 + \sigma_3}{2} + \dfrac{\sigma_1 - \sigma_3}{2}\cos2\theta\right)\tan\varphi}\right]_{\theta=\theta_f} = 1 \tag{17.12}$$

其含义是该面上的抗剪强度完全发挥出来了。

利用条件（1），应有：

$$\frac{\mathrm{d}L(\theta)}{\mathrm{d}\theta} = \frac{\tau_{\theta f} \cdot \dfrac{\sigma_1 - \sigma_3}{2}(2\cos\theta) - \dfrac{\sigma_1 - \sigma_3}{2}\sin2\theta \cdot \left[\dfrac{\sigma_1 - \sigma_3}{2}(-2\sin2\theta)\right]\tan\varphi}{[\tau_{\theta f}]^2} = 0 \tag{17.13}$$

因上式分母 $[\tau_{\theta f}]^2 \neq 0$，故其分子为零，约去因子 $\frac{\sigma_1 - \sigma_3}{2} \cdot 2$，并合并同类项，得：

$$\left(c + \frac{\sigma_1 + \sigma_3}{2}\tan\varphi\right)\cos2\theta + \frac{\sigma_1 - \sigma_3}{2}(\sin^2 2\theta + \cos^2 2\theta)\tan\varphi = 0 \tag{17.14}$$

即
$$\left(c + \frac{\sigma_1 + \sigma_3}{2}\tan\varphi\right)\cos2\theta + \frac{\sigma_1 - \sigma_3}{2}\tan\varphi = 0 \tag{17.15}$$

从条件（2）有：

$$c + \frac{\sigma_1 + \sigma_3}{2}\tan\varphi = \left[\frac{\sigma_1 - \sigma_3}{2}(\sin2\theta - \cos2\theta \cdot \tan\varphi)\right]_{\theta=\theta_f} \tag{17.16}$$

把式（17.16）代入式（17.15），约去因子 $\frac{\sigma_1 - \sigma_3}{2}$，得：

$$(\sin2\theta_f - \cos2\theta_f \cdot \tan\varphi) \cdot \cos2\theta_f + \tan\varphi = 0 \tag{17.17}$$

即
$$\cot2\theta_f = -\tan\varphi \tag{17.18}$$

解得　$\theta_f = 45° + \frac{\varphi}{2}$，与式（17.9）相同。

再把 θ_f 代入式（17.16），就得到摩尔-库仑准则式（17.10）。

解法 II 虽不及解法 I 简捷，但由此却可引入应力水平这一重要概念，对土力学教学是很有益的。例如，土坡在实际受力状态下不一定达到极限平衡状态，其抗剪强度 τ_f 并没有全部发挥。如对其抗剪强度打一定的折扣，使土体所受应力状态恰好与打折后的抗剪强度达到极限平衡状态，这时边坡土体所受的剪应力 τ 只是抗剪强度的一部分，即：

$$\tau = \frac{\tau_f}{F_B} \tag{17.19}$$

式中，F_B 为毕肖普定义的边坡安全系数。毕肖普指出[52]："安全系数定义为土坡达到极限平衡前可使其以有效应力表示的抗剪强度参数 c' 和 $\tan\varphi'$ 降低的因子"。魏如龙[53] 说明了该定义的物理本质："在毕肖普法中，使土的强度降低而使土坡达到破坏，故实际应力状态也就是假想的极限平衡条件，两者合而为一"。用 F_B 除抗剪强度，相当于对抗剪强度打了折扣，而后成为所谓的有限元强度折减法的基础。

由式（17.19）可得：

$$\frac{1}{F_B} = \frac{\tau}{\tau_f} = L \tag{17.20}$$

即边坡安全系数的倒数就是应力水平。边坡通常处于具有一定安全度的平衡状态，其应力水平 $L \leqslant 1$，相应的安全系数 $F_s \geqslant 1$。对已经失稳的边坡，其 $F_s \leqslant 1$。

作为应力水平的一个应用，现考察极限平衡状态时最大剪应力作用面上的应力水平。该面与大主应力的作用面倾角为 45°，其上的正应力、剪应力和抗剪强度 $\tau_{45°}^f$ 分别为：

$$\sigma_{45°} = \frac{\sigma_1 + \sigma_3}{2} \tag{17.21}$$

$$\tau_{45°} = \frac{\sigma_1 - \sigma_3}{2} \tag{17.22}$$

$$\tau_{45°}^f = c + \frac{\sigma_1 + \sigma_3}{2}\tan\varphi \tag{17.23}$$

该面上的应力水平 L（45°）为：

$$L(45°) = \frac{\tau_{45°}}{\tau_{45°}^f} = \frac{\dfrac{\sigma_1 - \sigma_3}{2}}{c + \dfrac{\sigma_1 + \sigma_3}{2}\tan\varphi} \tag{17.24}$$

把式（17.10）两边同时除以 $\cos\varphi$，得：

$$c + \frac{\sigma_1 + \sigma_3}{2}\tan\varphi = \frac{\dfrac{\sigma_1 - \sigma_3}{2}}{\cos\varphi} \tag{17.25}$$

把式（17.25）代入式（17.24），化简便得：

$$L(45°) = \frac{\tau_{45°}}{\tau_{45°}^f} = \cos\varphi \tag{17.26}$$

除非 $\varphi = 0$（即材料没有丝毫内摩擦力），总有 $\cos\varphi < 1$，因而最大剪应力作用面上的应力水平总小于 1。这表明在极限平衡状态时，该面是安全的，不会发生剪切破坏。这一点是岩土介质与金属材料的不同之处。

17.2.2 摩尔-库仑准则的多种常用表述形式及强度参数之间的关系

土的库仑抗剪强度公式是式（17.3）。为了以下表述方便，改写为如下形式：

$$\tau_f = c + \sigma_f\tan\varphi \tag{17.27}$$

式中，τ_f 和 σ_f 分别是破坏时破坏面上的剪应力（即抗剪强度）和法向应力（即正应力）。

基于摩尔强度理论和式（17.27）导出的摩尔-库仑准则有多种表述形式，分述如下。

1）摩尔-库仑准则的第 1 种表述形式，即式（17.10）。为清楚起见，重写如下：

$$\frac{\sigma_1 - \sigma_3}{2} = c \cdot \cos\varphi + \frac{\sigma_1 + \sigma_3}{2}\sin\varphi$$

2）摩尔-库仑准则的第 2 种表述形式

引入两个新变量 $\overline{q}_f$ 和 $\overline{p}_f$，分别定义如下：

$$\overline{q}_f = \frac{\sigma_1 - \sigma_3}{2} \tag{17.28}$$

$$\overline{p}_f = \frac{\sigma_1 + \sigma_3}{2} \tag{17.29}$$

式中，$\overline{q}_f$ 和 $\overline{p}_f$ 分别是破坏时摩尔应力圆的半径长度和圆心横坐标，$(\overline{q}_f, \overline{p}_f)$ 就是破坏时摩尔应力圆的顶点坐标。将其代入式（17.10），可得：

$$\overline{q}_f = c \cdot \cos\varphi + \overline{p}_f\sin\varphi \tag{17.30}$$

上式表明，若以摩尔圆的半径长度 $\overline{q}$ 为纵坐标，以摩尔圆的圆心坐标 $\overline{p}$ 为横坐标，则在 $\overline{q}$ - $\overline{p}$ 坐标系中摩尔-库仑强度包线亦为直线，在土力学教材中称其为破坏主应力线，简称为 K_f 线；而把库仑公式（17.27）描述的直线称之为 τ_f 线。设该直线的方程为：

$$\overline{q}_f = \overline{c} + \overline{p}_f\tan\overline{\varphi} \tag{17.31}$$

式中，$\overline{c}$ 和 $\tan\overline{\varphi}$ 分别是强度包线在 $\overline{q}_f$-$\overline{p}_f$ 坐标系中的截距和斜率，$\overline{\varphi}$ 为直线倾角。$\overline{c}$ 和 $\tan\overline{\varphi}$ 可用最小二乘法求得。

比较式（17.30）和式（17.31），得：

$$\sin\varphi = \tan\overline{\varphi} \tag{17.32}$$
$$c \cdot \cos\varphi = \overline{c} \tag{17.33}$$

从式（17.32）算出内摩擦角，进而由式（17.33）得到黏聚力。其优点是不必绘制摩尔圆，用最小二乘法可提高确定强度参数的精度，比用肉眼观测摩尔圆和强度包线的切点位置科学。这就是式（9.44）和式（9.45）的由来。

3）摩尔-库仑准则的第 3 种表述形式

从常规三轴剪切试验资料可以直接知道破坏时偏应力 q_f 和球应力（平均正应力）p_f，为明确起见，二者的具体表达式如下：

$$q_f = \sigma_1 - \sigma_3 \tag{17.34}$$

$$p_f = \frac{\sigma_1 + \sigma_2 + \sigma_3}{3} = \frac{\sigma_1 + 2\sigma_3}{3} \tag{17.35}$$

联立式（17.34）和式（17.35），解得：

$$\sigma_1 = p_f + \frac{2}{3}q_f \tag{17.36}$$

$$\sigma_3 = p_f - \frac{1}{3}q_f \tag{17.37}$$

以上两式相加，再两边除以 2，得：

$$\frac{\sigma_1 + \sigma_3}{2} = p_f + \frac{q_f}{6} \tag{17.38}$$

把式（17.34）和式（17.38）代入式（17.10），得：

$$\frac{q_f}{2} = c \cdot \cos\varphi + \left(p_f + \frac{q_f}{6}\right)\sin\varphi \tag{17.39}$$

从上式解出 q_f：

$$q_f = \frac{6c \cdot \cos\varphi}{3 - \sin\varphi} + p_f \frac{6\sin\varphi}{3 - \sin\varphi} \qquad (17.40)$$

换言之，在 q_f-p_f 坐标系内摩尔-库仑强度包线亦为直线。设直线的方程为：

$$q_f = \xi + p_f \tan\omega \qquad (17.41)$$

式中，ξ 和 $\tan\omega$ 分别是强度包线在 q_f-p_f 坐标系中的截距和斜率，ω 是直线的倾角，$\tan\omega$ 就是剑桥模型临界状态线的斜率 M。ξ 和 $\tan\omega$ 可用最小二乘法求得。

比较式（17.40）和式（17.41），可得：

$$M = \tan\omega = \frac{6\sin\varphi}{3 - \sin\varphi} \qquad (17.42)$$

$$\xi = \frac{6c \cdot \cos\varphi}{3 - \sin\varphi} \qquad (17.43)$$

从式（17.42）可解出内摩擦角，进而从式（17.43）解出黏聚力。这就是式（9.46）、式（9.47）和式（12.43）、式（12.44）的由来。

顺便指出，静止侧压力系数 K_0 可按 Jaky 公式计算，即：

$$K_0 = 1 - \sin\varphi \qquad (17.44)$$

从式（17.42）可得：

$$\sin\varphi = \frac{3M}{6 + M} \qquad (17.45)$$

把式（17.45）代入式（17.44）即得：

$$K_0 = \frac{6 - 2M}{6 + M} \qquad (17.46)$$

巴塞罗那模型采用下述形式的非关联流动法则：

$$\frac{d\varepsilon_s^p}{d\varepsilon_{vp}^p} = \frac{2g\alpha}{M^2(2P + P_s - P_0)} \qquad (17.47)$$

选择 α 数值的原则是：用本书第 19 章的式（19.32）预测的零侧向应变对应的应力状态与 Jaky 公式给出的 K_0 值相同。由于 K_0 和 M 存在式（17.46）这一联系，该流动法则不增加新的模型参数。由此也加深了对巴塞罗那模型的理解。

偏应力和球应力是分析三轴应力问题的基本变量，从常规三轴剪切试验资料可以直接知道破坏时偏应力 q_f 和球应力（平均正应力）p_f，此法的优点同样是不必绘制摩尔圆，用最小二乘法可提高确定强度参数的精度，比用肉眼观测摩尔圆和强度包线的切点位置科学。

应当指出，在时段跨越 40 年的中外土力学教材[54-59]中，通常在介绍关于应力路径的内容时只给出摩尔-库仑准则的第 2 种表述形式［即式（17.31）］，而文献［50］和［60］不涉及应力路径的内容，仅给出摩尔-库仑准则的第 1 种表述形式。本节给出的摩尔-库仑准则的第 3 种表述形式的理论推导方法在文献中尚未见到。

4）摩尔-库仑准则的第 4 种表述形式

摩尔-库仑准则的前 3 种表述都只反映了大主应力和小主应力对抗剪强度的影响，没有考虑中间主应力。引入应力不变量，可以把摩尔-库仑准则［式（17.10）］改造成包含 3 个应力不变量的表述形式，从而反映中间主应力对抗剪强度的影响。

应力张量的第一不变量 σ_m、应力偏张量第二不变量 J_2 和应力 Lode 角 θ_σ 的具体表达式如下：

$$\sigma_m = \frac{1}{3}(\sigma_1 + \sigma_2 + \sigma_3) = \frac{1}{3}\sigma_{ii} \qquad (17.48)$$

$$J_2 = \frac{1}{6}\left[(\sigma_1 - \sigma_2)^2 + (\sigma_2 - \sigma_3)^2 + (\sigma_3 - \sigma_1)^2\right] = \frac{1}{2}s_{ij}s_{ij} \qquad (17.49)$$

$$\theta_\sigma = \frac{1}{3} \sin^{-1}\left(-\frac{3\sqrt{3}}{2}\frac{J_3}{J_2^{3/2}}\right) \tag{17.50}$$

式中，J_3 是应力偏张量第三不变量，由下式定义：

$$J_3 = \frac{1}{3}s_{ij}s_{jk}s_{ki} \tag{17.51}$$

应力 Lode 角 θ_σ 亦可用下式计算：

$$\tan\theta_\sigma = \frac{1}{\sqrt{3}}\frac{2\sigma_2 - \sigma_1 - \sigma_3}{\sigma_1 - \sigma_3} \tag{17.52}$$

3 个主应力可表示为[16]：

$$\sigma_1 = \sigma_m + \frac{2}{\sqrt{3}}\sqrt{J_2}\sin\left(\theta_\sigma + \frac{2}{3}\pi\right) \tag{17.53}$$

$$\sigma_2 = \sigma_m + \frac{2}{\sqrt{3}}\sqrt{J_2}\sin\theta_\sigma \tag{17.54}$$

$$\sigma_3 = \sigma_m + \frac{2}{\sqrt{3}}\sqrt{J_2}\sin\left(\theta_\sigma - \frac{2}{3}\pi\right) \tag{17.55}$$

于是有：

$$\frac{\sigma_1 - \sigma_3}{2} = \sqrt{J_2}\cos\theta_\sigma \tag{17.56}$$

$$\frac{\sigma_1 + \sigma_3}{2} = \sigma_m - \frac{1}{\sqrt{3}}\sqrt{J_2}\sin\theta_\sigma \tag{17.57}$$

把式（17.56）和式（17.57）代入摩尔-库仑准则式（17.10），得：

$$\sigma_m\sin\varphi - \left(\cos\theta_\sigma + \frac{1}{\sqrt{3}}\sin\theta_\sigma \cdot \sin\varphi\right)\sqrt{J_2} + c \cdot \cos\varphi = 0 \tag{17.58}$$

这就是用 3 个应力不变量表述的摩尔-库仑准则，称为广义摩尔-库仑准则。

以下讨论该准则的特殊情况。

对于常规三轴压缩试验（围压不变，轴向应力增大，试样轴向受到压缩）$\sigma_1 > \sigma_2 = \sigma_3 > 0$，$\tan\theta_\sigma = -\frac{1}{\sqrt{3}}$，$\theta_\sigma = -\frac{\pi}{6}$，$\sin\theta_\sigma = -\frac{1}{2}$，$\cos\theta_\sigma = \frac{\sqrt{3}}{2}$，$\sqrt{J_2} = \frac{1}{\sqrt{3}}(\sigma_1 - \sigma_3)$，式（17.58）简化为：

$$\sigma_1 - \sigma_3 = \frac{6c \cdot \cos\varphi}{3 - \sin\varphi} + \frac{6\sin\varphi}{3 - \sin\varphi}\sigma_m \tag{17.59}$$

由于在三轴条件下的球应力 p 和偏应力 q 可分别表达为：

$$\sigma_m = \frac{1}{3}(\sigma_1 + \sigma_2 + \sigma_3) = \frac{1}{3}(\sigma_1 + 2\sigma_3) = p \tag{17.60}$$

$$q = \frac{1}{\sqrt{2}}\sqrt{(\sigma_1 - \sigma_2)^2 + (\sigma_2 - \sigma_3)^2 + (\sigma_3 - \sigma_1)^2} = \sigma_1 - \sigma_3 \tag{17.61}$$

把式（17.60）和式（17.61）代入式（17.59），即得：

$$q_{压缩} = \frac{6c \cdot \cos\varphi}{3 - \sin\varphi} + \frac{6\sin\varphi}{3 - \sin\varphi}p \tag{17.62}$$

该式与式（17.40）相同。

对于常规三轴挤长试验（亦称为三轴伸长试验，围压增大而轴向应力不变，试样在轴向被挤长），$\sigma_1 = \sigma_2 > \sigma_3 > 0$，$\theta_\sigma = \frac{\pi}{6}$，$\sin\theta_\sigma = \frac{1}{2}$，$\cos\theta_\sigma = \frac{\sqrt{3}}{2}$，$\sqrt{J_2} = \frac{1}{\sqrt{3}}(\sigma_1 - \sigma_3)$，式（17.58）简化为：

$$q_{挤长} = \frac{6c \cdot \cos\varphi}{3 + \sin\varphi} + \frac{6\sin\varphi}{3 + \sin\varphi}p \tag{17.63}$$

式（17.62）与式（17.63）相除，可得：

$$\frac{q_{压缩}}{q_{挤长}} = \frac{3 + \sin\varphi}{3 - \sin\varphi} \tag{17.64}$$

由于材料的摩擦角小于 $90°$，$3 + \sin\varphi$ 大于 $3 - \sin\varphi$，即岩土的压缩抗剪强度高于挤长抗剪强度。这是岩土材料的抗剪强度区别于金属材料的又一不同之处。

综上所述，摩尔-库仑准则能反映岩土介质抗剪强度 4 方面特性，即抗剪强度与剪切面上的法向应力有关；随法向应力的增大而提高，不是常数；破坏面倾角与大主应力作用面成 $45° + \frac{\varphi}{2}$ 而不是 $45°$；抗压强度高于挤长强度。摩尔-库仑准则符合岩土介质的实际情况，因而得到了广泛的应用。

应当指出，根据太沙基关于饱和土的有效应力原理，本节所说的法向应力是指有效应力，等于总法向应力与孔隙水压力之差。换言之，土的抗剪强度与排水条件有关。当用有效应力分析时，得出的强度参数称为有效强度指标（即有效黏聚力和有效内摩擦角）；当用总法向应力分析时，得到的强度参数称为总强度指标（总黏聚力和相应的内摩擦角）。

顺便指出，除了式（17.54）表达的广义摩尔-库仑准则能反映 3 个主应力对抗剪强度的影响外，20 世纪提出的其他一些准则，如 Durcker-Prager 准则、Lade-Duncan 准则、Matsuoka-Nakai 准则、广义双剪强度准则等，也都能反映中间主应力对强度的影响，此处不再赘述。

17.3 非饱和土的抗剪强度规律

Fredlund 等[56]把库仑公式推广到非饱和土，提出了考虑吸力影响的非饱和土抗剪强度公式，其表达式如下：

$$\tau_f = c' + (\sigma - u_a)_f \tan\varphi' + (u_a - u_w)_f \tan\varphi^b \tag{17.65}$$

式（17.65）就是式（12.46）。在式（17.65）中，τ_f 是土破坏时破坏面上的抗剪强度；$(\sigma - u_a)_f$ 是破坏时破坏面上的净法向应力；$(u_a - u_w)_f$ 是破坏时破坏面上的吸力；c' 和 φ' 分别是饱和土的有效黏聚力和有效内摩擦角；φ^b 是抗剪强度随吸力提高而增加的速率，亦称为吸力摩擦角。如令

$$c = c' + (u_a - u_w)_f \tan\varphi^b \tag{17.66}$$

则式（17.65）简化为：

$$\tau_f = c + (\sigma - u_a)_f \tan\varphi' \tag{17.67}$$

式中，c 称为总黏聚力或表观黏聚力，即把吸力对强度的贡献视为土的总黏聚力的一部分。

对于控制吸力的非饱和土三轴试验，第 17.2 节所说的各种摩尔-库仑准则表达式皆可推广到非饱和土，但必须把其中的正应力用净正应力 $(\sigma - u_a)$ 取代。例如，对非饱和土，式（17.10）应改写为：

$$\frac{\sigma_1 - \sigma_3}{2} = c \cdot \cos\varphi' + \left(\frac{\sigma_1 + \sigma_3}{2} - u_a\right)\sin\varphi' \tag{17.68}$$

式中，c 值用式（17.66）代入即可。

在非饱和土力学研究中，通常用 p 表示净平均应力，即总球应力超过气压力的部分，因而式（17.30）、式（17.31）、式（17.40）和式（17.41）、式（17.58）的表述形式均保持不变，只需把其中的内摩擦角用有效内摩擦角替换即可（黏聚力仍为总黏聚力）。相应的强度参数转换公式亦可完全照用。这也正是式（12.42）～式（12.44）的由来。

从 12 章、13 章和 15 章对黄土、膨胀土、红黏土及含黏砂土的研究结果看，式（17.65）对原状黄土和重塑的黄土、膨胀土、红黏土和含黏砂土适用性较好，但有效黏聚力和有效内摩擦

角可能随干密度的变化而改变；原状膨胀土因试样内部缺陷较多，试验结果离散性大，其抗剪强度规律有待进一步研究。

应当指出，邢义川等[61]根据原状黄土的真三轴试验结果，通过理论分析，导出了黄土的三维屈服强度准则。该准则所含参数测定容易（只需做三轴试验），满足形函数的一切条件（外凸性、边界条件等），在 π 平面上无尖角，给工程应用和数值分析带来方便。用大量真三轴压缩试验验证了该准则对黄土的适应性，并与国内外提出的三维强度理论进行了比较，表明该理论优于其他理论（对黄土而言）。考虑吸力对强度的贡献，邢义川基于自己提出的考虑吸力各向异性效应的非饱和土三维有效应力公式[62]，将上述黄土三维强度准则推广到非饱和土[63]。邵生俊等[64-65]应用自主研发的非饱和土真三轴仪，开展了黄土真三轴强度变形特性研究，构建了各向异性强度准则。近年来，张常光等[66]、陈昊等[67]分别把广义双剪强度准则[68]和三剪准则（类似于松岗元准则）推广到非饱和土，此处不再赘述。

17.4　非饱和土强度规律/准则在土体极限平衡问题中的应用

非饱和土的抗剪强度规律［式（17.67）］/准则［式（17.68）］与饱和土的抗剪强度规律［式（17.27）］/准则［式（17.10）］在形式上相同，故饱和土体的土压力公式、地基承载力公式和边坡稳定性分析公式皆可直接用于非饱和土体，而后只需把总黏聚力用式（17.66）代入即可。

17.4.1　非饱和土的土压力

如按朗肯土压力理论计算土压力，饱和土的主动土压力强度为：

$$\sigma_a = \sigma_h = \sigma_v K_a - 2c\sqrt{K_a} \tag{17.69}$$

式中，$K_a = \tan^2\left(45° - \dfrac{\varphi}{2}\right) = \tan^2\left(45° - \dfrac{\varphi'}{2}\right)$。 \hfill (17.70)

在式（17.69）和式（17.70）中做以下替换：

$$\sigma_h \Rightarrow \sigma_h - u_a,\ \sigma_v \Rightarrow \sigma_v - u_a = \gamma h - u_a,\ \varphi \Rightarrow \varphi'$$

并把式（17.66）代入式（17.69），可得非饱和土的主动土压力强度为：

$$\sigma_a^{un} = \sigma_h - u_a = (\sigma_v - u_a)K_a - 2c'\sqrt{K_a} - 2(u_a - u_w)\tan\varphi^b\sqrt{K_a} \tag{17.71}$$

式中，$\gamma = \rho g$，γ 和 ρ 分别是土的自然重度和自然密度；σ_a^{un} 为非饱和土的主动土压力强度。

定义非饱和土的主动土压力系数为：

$$K_a^{un} = \frac{\sigma_h - u_a}{\sigma_v - u_a} \tag{17.72}$$

由式（17.71）得：

$$K_a^{un} = K_a - \frac{2c'}{\sigma_v - u_a}\sqrt{K_a} - \frac{2(u_a - u_w)}{\sigma_v - u_a}\tan\varphi^b\sqrt{K_a} \tag{17.73}$$

式（17.73）右端第 3 项反映吸力的影响，可见非饱和土的主动土压力随吸力的增大而减小，且小于饱和土的主动土压力。

土中裂缝端部的水平应力为零，设气压力为大气压（等于零），则由式（17.71）可得裂缝开裂深度 h_0 为：

$$h_0 = \frac{2c'}{\rho g}\frac{1}{\sqrt{K_a}} + \frac{2(u_a - u_w)}{\rho g}\tan\varphi^b\frac{1}{\sqrt{K_a}} \tag{17.74}$$

式（17.74）右端第 2 项反映吸力的影响，可见非饱和土的裂缝开展深度随吸力的增大将增加。

类似地，非饱和土的被动土压力系数 K_p^{un} 为：

$$K_p^{un} = K_p + \frac{2c'}{\sigma_v - u_a}\sqrt{K_p} + \frac{2(u_a - u_w)}{\sigma_v - u_a}\tan\varphi^b \sqrt{K_p} \tag{17.75}$$

式中，

$$K_p = \tan^2\left(45° + \frac{\varphi}{2}\right) = \tan^2\left(45° + \frac{\varphi'}{2}\right) \tag{17.76}$$

$$K_p^{un} = \frac{\sigma_h - u_a}{\sigma_v - u_a} \tag{17.77}$$

式（17.75）右端第 3 项反映吸力的影响，可见非饱和土的被动土压力随吸力的增大而增大，且大于饱和土的被动土压力。

17.4.2 非饱和土地基承载力

（1）临塑荷载（地基塑性区开展深度为零时相应的荷载）

饱和土临塑荷载 p_{cr} 公式为：

$$p_{cr} = \frac{\pi(\gamma_0 d + c \cdot \cot\varphi)}{\cot\varphi + \varphi - \pi/2} + \gamma_0 d \tag{17.78}$$

式中，d 为基础埋置深度，γ_0 为基底以上土的重度。

非饱和土的临塑荷载 p_{cr}^{un} 为：

$$p_{cr}^{un} = \frac{\pi\{\gamma_0 d + [c' + (u_a - u_w)\tan\varphi^b] \cdot \cot\varphi'\}}{\cot\varphi' + \varphi' - \pi/2} + \gamma_0 d \tag{17.79}$$

即非饱和土地基的临塑荷载随吸力的增大而提高，且大于饱和土地基的临塑荷载。

（2）极限承载力公式

对于条形基础，饱和土地基的太沙基极限承载力 p_u 公式为：

$$p_u = cN_c + qN_q + \frac{1}{2}\gamma b N_\gamma \tag{17.80}$$

式中，$q = \gamma_0 d$，为基底水平面以上基础两侧的超载。N_c、N_q、N_γ 为无量纲承载力因素，仅与土地内摩擦角有关。b 是基础宽度，d 为基础埋置深度，γ 为基底以下土的重度。

把式（17.66）代入式（17.80），得非饱和土地基的极限承载力 p_u^{un} 为：

$$p_u^{un} = [c' + (u_a - u_w)\tan\varphi^b]N_c + qN_q + \frac{1}{2}\gamma b N_\gamma \tag{17.81}$$

式（17.81）表明，非饱和土的极限承载力随吸力的增大而提高，且大于饱和土地基的承载力。

17.4.3 边坡稳定性分析

以不考虑切向条间力的简化毕肖普法为例，在假设只有竖向外力的作用下，饱和土边坡的安全系数 F_s 的公式为[69]：

$$F_s = \frac{\sum \frac{1}{m_{\alpha_i}}[c'b_i + W_i\tan\varphi'_i]}{\sum W_i \sin\alpha_i} \tag{17.82}$$

式中，

$$m_{\alpha_i} = \cos\alpha_i + \frac{\tan\varphi'_i \sin\alpha_i}{F_s} \tag{17.83}$$

W_i 为第 i 个土条的自重，b_i 为土条水平宽度，α_i 是分条底面滑弧的切线与水平线的夹角。

对于非饱和土边坡，把式（17.66）代入式（17.82），即得非饱和土边坡的安全系数为：

$$F_s^{un} = \frac{\sum \frac{1}{m_{\alpha_i}}\{[c' + (u_a - u_w)\tan\varphi^b]b_i + W_i\tan\varphi'_i\}}{\sum W_i \sin\alpha_i} \tag{17.84}$$

分析土坡的稳定性有多种方法，如瑞典圆弧法（即 Fellenius 法）、简化毕肖普法、斯宾赛（Spencer）法（假定个土条间的作用力互相平行）、简布（Janbu）普遍条分法和摩根斯坦-普赖斯（Morgenstern-Price）法等。其中，简布普遍条分法和摩根斯坦-普赖斯法被认为是满足全部平衡条件的精确方法，其他方法都是简化方法。摩根斯坦-普赖斯法对条间力做了一般假定，即：

$$Y = \lambda f(x) E \qquad (17.85)$$

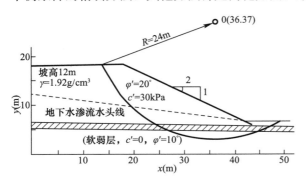

图 17.2　表 17.2 中的各种分析方法
所计算土坡的示意图

式中，Y 是切向条间力（竖直方向）；E 是法向条间力（水平方向）；λ 为常数；$f(x)$ 为任意函数。学者们采用不同分析方法、不同的条间力函数 $f(x)$ 与不同 λ 数值的任意组合，分析图 17.2 所示边坡，所得安全系数如表 17.1 和表 17.2 所示。总的说来[53]，与简布普遍条分法和摩根斯坦-普赖斯法的结果比较，简化毕肖普法的误差不超过 7%，通常不超过 2%；瑞典圆弧法的结果偏小，误差在 20%～60%，甚至达到 80% 左右。换言之，简化毕肖普法是一种足够精确的实用分析方法，而瑞典圆弧法应当慎用。

不同方法分析同一边坡所得安全系数的比较（引自文献［53］） 表 17.1

例子	Morgenstern-Price 精确条分法	简化 Bishop 法	Fellenics 法
1	1.58～1.62	1.61	1.49
2	1.24～1.26	1.33	1.09
3	0.73～0.78	0.70～0.82	0.66
4	2.01～2.03	2.00	1.14（1.84）*

各种条分法分析图 17.2 所示边坡所得安全系数的比较（引自文献［53］） 表 17.2

编号	情况	瑞典法	简化 Bishop 法	Janbu 法	Spencer 法			Morgenstern-Price 法			
					F	θ	λ	f(x) 为常数		f(x)＝|sinx|	
								F	λ	F	λ
1	简单的匀质土坡，见图 17.2	1.928	2.080	2.008	2.073	14.81	0.264	2.085	0.257	2.085	0.314
2	同 1，但有软弱层	1.288	1.377	1.432	1.373	10.49	0.185	1.394	0.182	1.386	0.213
3	同 1，但孔压比 r_u＝0.25	1.607	1.766	1.708	1.761	14.33	0.255	1.772	0.351	1.770	0.432
4	同 2，但两种土层的孔压比 r_u＝0.25	1.029	1.124	1.162	1.118	7.93	0.139	1.137	0.334	1.117	0.441
5	同 1，但考虑地下水渗流	1.693	1.834	1.776	1.830	13.87	0.247	1.838	0.270	1.837	0.331
6	同 2，但同时考虑地下水渗流	1.171	1.248	1.298	1.245	6.88	0.121	1.265	0.159	不收敛	

17.5　本书构建本构模型的思路和种类

土的本构关系描述土的物理化学等方面的宏观特性，是现代土力学的基本课题之一。对非饱和土而言，其本构关系具有多方面的内容，如应力-应变关系、屈服准则、强度准则、水气运动规律、土-水特征曲线与土中水量变化规律、理想气体状态方程、土的结构演化规律（损伤演化方程或结构修复方程）、傅里叶热传导方程、气在水中的溶解规律（亨利定律）、相变规律等都是本构关系。由于气相的体变难以准确测定，且在 3 相中只要确定了土样的总变形、固相变形和液相变形，就可推知气相变形。故**本书主要研究土骨架和液相的本构模型**。尽管如此，从表 17.1 可见，非饱和土与特殊土的本构模型仍然种类繁多，包含着十分丰富的内容。

众所周知，**土是自然界的产物，不同类土具有各自的特性**，软土的主要特性是高压缩性、低强度、流变性，黄土的主要特性是结构性和湿陷性，膨胀土的主要特性是胀缩性、裂隙性和超固结，冻土的主要特性是冻胀和融陷，盐渍土的主要特点是盐胀。很明显，要在一个模型中反映上述各种特性是不可能的。典型情况是，黄土湿陷与膨胀土湿胀这两种相反的性状很难统一在一个本构模型中；即使能统一，所得模型也必然非常复杂而失去了实用价值。明智的选择就是针对具体土类，抓主要矛盾，建立解决主要问题的数学模型；而不要在枝节问题上耗费精力。黄文熙指出[70]："土不是一种各向同性材料，不但应力水平影响它的性能，其受力过程亦即所谓应力路线，也影响它的应力-应变关系。因此，要选择一种数学模型来全面地、正确地反映这些复杂关系的所有特点，是非常困难的。并且即使找到了这种模型，也将因为它太复杂难于在各种土工建筑和地基性能分析研究中去应用。**研究方向应该针对特殊的土料、特殊的工程对象和问题的特点、去找简单而能说明最主要问题的数学模型。要做到这一点是非常不容易的。**""**最有用的模型是能解决实际问题的最简单的模型**"[70]。黄先生在30多年前关于建模的这些意见至今仍有指导意义。

对非饱和填土而言，吸力对其力学特性有重要影响，在建模中应突出吸力的作用。再如，在中国广泛分布的湿陷性黄土和膨胀土，不仅是典型的非饱和土，而且具有很显著的结构特征。湿陷性黄土构性主要表现为具有特殊的孔隙结构和胶结，在工程上表现为水敏性和湿陷性；而膨胀土具有湿胀干缩特性和裂隙性，裂隙性是膨胀土的主要结构特征，俗称"裂土"。不言而喻，**裂隙对膨胀土的变形和强度的影响远远超过所谓的双孔隙结构的影响**。又如，冻土、盐渍土和可燃冰均具有类似的冰晶结构，并非均质。这些结构特征处于细观水平。不同的工作环境下特殊土的结构在受力过程中会发生显著变化，对土的力学性质影响很大，建模型必须考虑其细观结构的演化。

沈珠江强调指出[71-73]，"土体结构性数学模型——21世纪土力学的核心问题""发展新一代的结构性模型是现代土力学的核心问题"；非饱和土固结理论"必须建立在合理本构模型的基础上，并用于分析黄土与膨胀土和冻土的变形问题"。因此探讨湿陷性黄土和膨胀土的细观结构在多种应力路径和干湿过程中的演化规律、建立相应的结构性模型是本书重要内容之一（见第20章和第21章），CT技术和环境扫描技术为此提供了有力工具。

在本构关系的研究中，善于吸收已有不同模型的优点，或推广已有的成功模型，扩充其功能，使之能反映新的研究对象的主要特点，均属明智之举，如此就不必另起炉灶；既体现了科学的继承性，又是发展和创新。

综上所述，本书以连续介质力学为基础，考虑土的非饱和状态、力学特性和细观结构演化，遵循"假设合理、物性鲜明、应用简便"的建模3原则，采取"弄清两头、抓大放小、实事求是、有机结合"的建模路线，同时吸收已有模型的优点，构建非饱和土与特殊土的各种本构模型。笔者及其学术团队构建的非饱和土与特殊土的各类本构模型及相关信息汇总于表17.3。

陈正汉学术团队构建的非饱和土与特殊土的本构模型及相关成果统计表　表17.3

序号	针对问题	针对土类	本构模型类别	发表时间	主要贡献者
1			二次非线性模型	1991—1993年	陈正汉、谢定义
2			增量非线性模型	1998—1999年	陈正汉、周海清
3			考虑密度影响的增量非线性模型	2017年	高登辉、陈正汉、郭楠、郭剑峰
4	土骨架的变形强度及结构演化	非饱和土（重塑黄土）取自山西汾阳机场、西安黑河金盆土场、延安新区工地	考虑卸载-再加载的增量非线性模型	2017年	郭楠、陈正汉、高登辉
5			非饱和土的增量非线性横观各向同性模型	2018年	陈正汉、郭楠、郭剑峰
6			吸力增加屈服新准则	1999年	陈正汉
7			确定三轴加载屈服点的宏观方法		
8			统一屈服面模型	2000年、2011年	黄海、陈正汉、苗强强

序号	针对问题	针对土类	本构模型类别	发表时间	主要贡献者
9	土骨架的变形强度及结构演化	以原状 Q_3 黄土为主（取自洛川黑木沟、宁夏 11 号泵站、兰州理工大学、延安新区），以原状 Q_2 黄土为辅（取自华能蒲城电厂）	广义湿陷系数	1984—1986 年	陈正汉、刘祖典
10			湿陷变形的全量非线性模型		
11			湿陷准则		
12			确定三轴加载屈服点的细观方法	2008—2009 年	方祥位、陈正汉、朱元青
13			基于细观结构演化的黄土加载-湿陷弹塑性模型	2008—2012 年	陈正汉、朱元青、姚志华、李加贵、方祥位
14			侧向卸荷路径的细观结构演化规律与抗剪强度特性	2008—2010 年	李加贵、陈正汉
15			考虑结构性影响的抗剪强度公式		陈正汉、李加贵
16			重塑黄土的湿化与结构演化规律	2015—2019 年	郭楠、陈正汉
17		重塑膨胀土（南阳南水北调中线渠坡）	改进简化的弹塑性模型	2001 年	卢再华、陈正汉、孙树国
18			考虑温度影响的强度准则	2005 年	谢云、陈正汉、李刚
19			考虑温度影响的非线性模型		
20		原状膨胀土（南阳南水北调中线渠坡）	基于细观结构演化的弹塑性模型	2001—2003 年	卢再华、陈正汉
21			多种应力路径下的结构演化特性	2006—2007 年	魏学温、陈正汉
22			三轴浸水过程结构修复演化规律	2008 年	姚志华、陈正汉
23			考虑损伤度的屈服规律	2009 年	
24			浅层膨胀土在干湿循环全过程中的细观结构演化规律	2017 年	朱国平、陈正汉、郭剑峰
25		含黏砂土（广州）	考虑吸力和剪胀性的含黏砂土的弹塑性模型	2010 年、2018 年	苗强强、陈正汉
26		红黏土（云南、桂林）	变形强度特性	2013 年	姚志华、陈正汉
27			干湿循环过程的结构演化	2016 年	朱国平、陈正汉
28	水气渗流	原状/重塑黄土、含黏砂土、缓冲/回填材料	水、气运动的广义达西定律；考虑克林肯伯格（Klinkenberg）效应的缓冲/回填材料的渗气特性	1991 年、2010 年、2012 年、2014 年	陈正汉、谢定义、苗强强、姚志华、秦冰
29	持水性能	非饱和土（基质吸力在 500 kPa 以内）	广义持水特性的理论框架	1991—1993 年	陈正汉、谢定义
30			考虑密度影响的广义持水模型	1991—1993 年	陈正汉、谢定义
31			考虑净平均应力影响的广义持水模型	2000 年	黄海、陈正汉
32			考虑净平均应力和偏应力影响的广义持水模型	2004 年、2010 年	方祥位、陈正汉、苗强强、张磊
33			考虑不同应力分量耦合影响的广义持水模型	2013 年	章峻豪、陈正汉
34		高庙子膨润土（高吸力）	考虑温度影响的缓冲材料的持水模型	2012 年	秦冰、陈正汉
35		膨润土-砂混合料	考虑温度影响的混合缓冲材料的持水模型	2013 年	孙发鑫、陈正汉

17.6　本章小结

（1）物质宏观性质的数学模型称为本构关系，把本构关系写成具体的数学表达式就是本构方程。非饱和土与特殊土的本构模型包含多方面的内容，不限于应力应变关系。

（2）建模应遵循"假设合理、物性鲜明、应用简便"的三原则和"弄清两头、抓大放小、实事求是、有机结合"四要领路线。模型及其推断须经过实践检验,建模过程是实践、认识、再实践、再认识的过程。

（3）用两种解析法推导了摩尔-库仑准则,揭示了岩土介质破坏的特点;引入了应力水平的概念,深化了对土的强度的认识。

（4）推导了摩尔-库仑准则的多种常用表述形式,给出了相互之间强度参数的转换公式,便于应用,也有助于对剑桥模型和巴塞罗那模型的理解。

（5）吸力对抗剪强度有贡献,将其视为总黏聚力的一部分,非饱和的抗剪强度仍可用库仑公式描述,包含 3 个参数,即有效黏聚力、有效内摩擦角和吸力摩擦角。

（6）简要介绍了非饱和土强度准则在土压力计算、地基承载力确定和边坡稳定性分析中的应用。

（7）通过与普遍条分法比较,分析了简化毕肖普法的误差,说明了该法的可靠性和实用性。

（8）土是自然界的产物,是多相多孔松散介质,构建非饱和土与特殊土的本构模型宜以连续介质力学为基础,遵循建模三原则和四要领,考虑土的非饱和状态、力学特性和细观结构演化。

参考文献

[1] 钱伟长. 《现代连续统物理丛书》译序［M］//爱林根 A C. 连续统物理的基本原理. 南京:江苏科学技术出版社,1985.

[2] TRUESDELL C,NOLL W. The non-linear field theories of mechanics［M］. Encyclopedia of Physics. Berlin:Springer-Verlag,1965.

[3] ERIGEN A C. Continuum Physics (Vol. I~IV)［M］. New York:Academic Press,1971-1975.

[4] ERIGEN A C. Mechanics of continua［M］. 2nd ed. Roberi E Krieger Publishing Company,Inc. 1980. (中译本:爱林根 A C. 连续统力学［M］. 程昌钧,俞焕然译,戴天民校. 北京:科学出版社,1991.)

[5] 郭仲衡. 非线性弹性理论［M］. 北京:科学出版社,1980.

[6] 德冈辰雄. 理性连续介质力学入门［M］. 北京:科学出版社,1982.

[7] 冯元桢. 连续介质力学导论［M］. 李松年,马和中,译. 北京:科学出版社,1984:2-4,6,180.

[8] 朱兆祥,戴天民. 本构关系. 中国大百科全书,第 2 卷,力学［M］. 北京:中国大百科全书出版社,1985:19.

[9] ROSCOE K H,SCHOFIELD A N. Mechanical behavior of an idealized "wet" clay［C］// Proc. 2nd European Conference on Soil Mechanics and Foundation Engineering,1963.

[10] ROSCOE K H,SCHOFIELD A N,THURAIJAH A. Yielding of clays in states wetter than critical［J］. Geotechnigue,1963,13 (3):211-240.

[11] ROSCOE K H AND BURLAND J B. On the generalized stress-strain behaviour of "wet" clay［］. Engineering Plasticity,Cambridge University,1968:535-608.

[12] SCHOFIELD A N,WROTH C P. Critical State Soil Mechanics［M］. London:McGraw-Hill Publishing Company Limited,1968.

[13] DUNCAN J M,CHANG C Y. Non-linear analysis of stress and strain in soils［C］//J. of JSMFD,ASCE,1970,96 (5):1629-1653.

[14] 魏汝龙. 正常压密黏土的塑性势［J］. 水利学报,1964 (6):11-22.

[15] 黄文熙. 土的弹塑性应力应变模型理论［J］. 清华大学学报,1979,19 (1):1-26.

[16] 蒋彭年. 土的本构关系［M］. 北京:科学出版社,1982.

[17] 陈正汉. 非饱和土固结的混合物理论—数学模型、试验研究、边值问题［D］. 西安:陕西机械学院,1991.

[18] 陈正汉,谢定义,王永胜. 非饱和土的水气运动规律及其工程性质研究［J］. 岩土工程学报,1993,15

（3）：9-20.

[19] 陈正汉. 重塑非饱和黄土的变形、强度、屈服和水量变化特性 [J]. 岩土工程学报，1999，21（1）：82-90.

[20] ERIGEN A C.《现代连续统物理丛书》中译本序 [M] //鲍文著. 混合物理论，许慧已等，译. 南京：江苏科学技术出版社，1983.

[21] 褚圣麟. 原子物理学 [M]. 北京：高等教育出版社，1979.

[22] 杨福家，王炎森，陆福全. 原子核物理 [M]. 上海：复旦大学出版社，2010.

[23] BEAR J. Dynamics of fluids in porous media [M]. American Elsevier Publisher Company Inc，1972（中译本，李竞生，陈崇希，译. 多孔介质流体动力学 [M]. 北京：中国建筑工业出版社，1983.）

[24] 谢定义，姚仰平，党发宁. 高等土力学 [M]. 北京：高等教育出版社，2008.

[25] MITCHELL J K，SOGA K. Fundamental of Soil Behavior [M]. 3rd Edition，John Wiley & Sons，Inc，2005.

[26] 谭罗荣，孔令伟. 特殊岩土工程土质学 [M]. 北京：科学出版社，2006.

[27] 赵成刚，白冰等. 土力学原理 [M]. 2 版. 北京：清华大学出版社，北京交通大学出版社，2017.

[28] 林家翘，西格尔 L A. 自然科学中的确定性问题的应用数学 [M]. 赵国英，朱保如，周忠民，译. 北京：科学出版社，1986.

[29] 陈正汉. 关于土力学理论模型和科研方法的思考（Ⅰ）[J]. 力学与实践，2003（6）：59-62.

[30] 陈正汉. 关于土力学理论模型和科研方法的思考（Ⅱ）[J]. 力学与实践，2004（1）：63-67.

[31] 秦荣先，闫永廉. 广义相对论与引力理论：实验检验 [M]. 上海：上海科学技术文献出版社，1987.

[32] 中华人民共和国住房和城乡建设部. 土工试验方法标准：GB/T 50123—2019 [S]. 北京：中国计划出版社，2019.

[33] 陈正汉. 岩土力学的公理化理论体系 [J]. 应用数学和力学，1994（10）：901-910.

[34] 钱学森. 在中国力学学会第二届理事会扩大会议上的讲话 [C] //力学与生产建设. 北京：北京大学出版社，1983：1-6.

[35] 爱因斯坦. 狭义与广义相对论浅说 [M]. 杨润殷，译. 上海：上海科学技术出版社，1964：2，101，104.

[36] 贝弗里奇 W I B. 科学研究的艺术 [M]. 陈捷，译. 北京：科学出版社，1979：52，54，56，153.

[37] 陈正汉，谢定义，刘祖典. 非饱和土固结的混合物理（I）[J]. 应用数学和力学，1993（2）：127-137.

[38] 陈正汉，王永胜，谢定义. 非饱和土的有效应力探讨 [J]. 岩土工程学报，1994，16（3）：62-69.

[39] 陈正汉. 非饱和土固结的混合物理论（Ⅱ）[J]. 应用数学和力学，1993（8）：687-698.

[40] 陈正汉，秦冰. 非饱和土的应力状态变量研究 [J]. 岩土力学，2012，33（1）：1-11.

[41] CHEN F H. Between East and West：Life on the Burma Road，the Tibet Highway，the Ho Zhi Minh Trail，and in the United States [M]. Colorado：University Press of Colorado，1996.

[42] 毛泽东. 毛泽东著作选读 [M]. 北京：人民出版社，1986.

[43] 郑哲敏. 学习钱学森先生技术科学思想的体会 [J]. 力学进展，2001，31（4）：484-488.

[44] 邓小平. 邓小平文选（第三卷）[M]. 北京：人民出版社，1993：370-383.

[45] 章道义. 周培源：中国科教界一颗明亮的星 [N]. 科技日报，2002-8-28（4）.

[46] 李广信. 岩土工程中的预测与预算 [J]. 地基处理，2000，11（3）：34-41.

[47] 陈正汉，周海清，FREDLUND. 非饱和土的非线性模型及其应用 [J]. 岩土工程学报，1999，21（5）：603-608.

[48] 殷宗泽，周建，赵仲辉，等. 非饱和土本构关系及变形计算 [J]. 岩土工程学报，2006，28（2）：137-146.

[49] （苏联）崔托维奇. 土力学 [M]. 北京：地质出版社，1954：206-212.

[50] （美）吴天行（Wu T H）. 土力学 [M]. 封国栋等，译. 成都：成都科技大学出版社，1982.

[51] 陈正汉. 用解析法推导摩尔-库伦准则 [J]. 力学与实践，1987（4）：54-55.

[52] BISHOP A W，MORGENSTERN N. Stability coefficient for earth slopes [J]. Géotechnique，1990，10（4）：129-150.

［53］ 魏如龙. 软黏土的强度和变形［M］. 北京：人民交通出版社，1987.

［54］ LAMBE T W，WHITMAN R V. Soil Mechanics (SI Version)［M］. John Wiley & Sons，1979.

［55］ 武汉水利电力学院主编. 土力学及岩石力学［M］. 北京：水利电力出版社，1979：124-126.

［56］ FREDLUND D G，RAHARDJO H. Soil mechanics for unsaturated soils［M］. New York：John Wiley and Sons Inc.，1993.

［57］ 东南大学，浙江大学，湖南大学，苏州科技学院. 土力学［M］. 2 版. 北京：中国建筑工业出版社，2009.

［58］ 李广信，张丙印，于玉贞. 土力学［M］. 2 版. 北京：清华大学出版社，2018.

［59］ 河海大学《土力学》教材编写组. 土力学［M］. 3 版. 北京：高等教育出版社，2019.

［60］ C R 斯科特著（钱家欢等译）. 土力学及地基基础［M］. 北京：水利电力出版社，1982.

［61］ 邢义川，刘祖典，郑颖人. 黄土的破坏条件［J］. 水利学报，1992，23（1）：12-19.

［62］ 邢义川，谢定义，汪小刚，等. 非饱和黄土的三维有效应力［J］. 岩土工程学报，2003，25（3）：288-293.

［63］ 邢义川. 非饱和土的有效应力与变形-强度特性规律的研究［D］. 西安：西安理工大学，2001.

［64］ 邵生俊，许萍，王强，等. 黄土各向异性强度特性的真三轴试验研究［J］. 岩土工程学报，2014，36（9）：1614-1623.

［65］ 邵生俊，张玉，陈昌禄，等. 土的 $\sqrt[3]{\sigma}$ 空间滑动面强度准则及其与传统准则的比较研究［J］. 岩土工程学报，2015，37（4）：577-585.

［66］ 张常光，范文，赵均海. 非饱和土统一强度理论及真三轴试验结果验证［J］. 岩石力学与工程学报，2015，4（8）：1702-1710.

［67］ 陈昊，胡小荣. 非饱和土三剪强度准则及验证［J］. 岩土力学，2020，41（7）：1-10.

［68］ 俞茂宏. 双剪理论及其应用［M］. 北京：科学出版社，1998.

［69］ 殷宗泽等. 土工原理［M］. 北京：中国水利水电出版社，2007.

［70］ 黄文熙. 土的工程性质［M］. 北京：水利电力出版社，1983.

［71］ 沈珠江. 土体结构性的数学模型——21 世纪土力学的核心问题［J］. 岩土工程学报，1996，18（1）：95-97.

［72］ 沈珠江. 现代土力学的基本问题［J］. 力学与实践，1998，20（6）：1-6.

［73］ 沈珠江. 理论土力学［M］. 北京：中国水利水电出版社，2000.

第 18 章 非饱和土的增量非线性本构模型

本章提要

　　非线性模型在岩土工程中得到了广泛的应用，显示了其强大的生命力。考虑吸力的贡献，分别提出了各向同性与横观各向同性的非饱和土的增量非线性模型，两种模型都包含土骨架变形和水量变化两个方面；用非饱和土三轴试验确定了模型参数，研究了模型参数的变化规律；用非饱和土三轴试验和真三轴试验验证了模型的合理性。各向同性非饱和土的增量非线性模型是饱和土的邓肯-张模型在非饱和土中的推广，将其拓展到了卸载-再加载、密度和温度变化的情况。提出了制备各向同性土样的简易方法，研发了制备大尺寸横观各向同性土样的装置及进行 K_0 预固结的配套部件。

18.1 各向同性非饱和土的增量非线性模型

　　现有非饱和土的非线性模型可大致分为 3 类：全量型、增量型和混合型。全量型应用状态面的概念，把孔隙比或饱和度与两个应力状态变量的关系用三维空间曲面表达[1-2]，或以显式数学公式给出[3-4]；增量型本构关系把广义胡克定律推广到非饱和土[5]；混合型本构关系对土的变形量用增量本构方程描述，而对水量变化用全量本构方程描述[6-8]。不过，在文献 [1] ～ [8] 中，不管是增量型还是混合型，均未述及模型参数的确定方法及参数的变化规律。

　　非线性模型在岩土工程中得到了广泛的应用，显示了其强大的生命力。这是因为非线性模型的概念清晰，模型参数具有明确的物理意义或数学意义，且模型易于被用于数值分析中。因此，发展合理实用的非饱和土的非线性模型是必要的。

　　陈正汉等提出了一个完整的非饱和土的非线性模型[9-10]，该模型"可看作是饱和土邓肯-张模型在非饱和土中的推广"[11]。

18.1.1 理论基础

　　非饱和土有两个应力状态变量，考虑到吸力的贡献，非饱和土的本构方程和强度准则的线性形式可表达为：

$$\varepsilon_{ij} = \frac{1+\mu}{E}(\sigma_{ij} - u_a\delta_{ij}) - 3\frac{\mu}{E}p\delta_{ij} + \frac{1}{H}s\delta_{ij} \tag{18.1}$$

$$\varepsilon_w = p/K_w + s/H_w \tag{18.2}$$

$$\tau_f = c' + (\sigma - u_a)_f\tan\varphi' + (u_a - u_w)_f\tan\varphi^b \tag{18.3}$$

式中，σ_{ij}，ε_{ij}，u_a 和 u_w 分别是总应力张量、应变张量、孔隙气压力和孔隙水压力；δ_{ij} 是 Kronecker 记号；$(\sigma_{ij} - u_a\delta_{ij})$ 是净总应力张量；$p = \sigma_{kk}/3 - u_a$ 称为净平均应力；$s = u_a - u_w$ 代表土的基质吸力；E 和 μ 分别代表土的杨氏模量和泊松比；H 是与基质吸力相关的土的体积模量；K_w 和 H_w 分别是与净平均应力和基质吸力相关的水的体积模量；τ_f、$(\sigma - u_a)_f$ 和 $(u_a - u_w)_f$ 分别是破坏时破坏面上的剪切强度、净法向应力和基质吸力；c'，φ' 和 φ^b 分别是饱和土的有效凝聚力、有效破坏时内摩擦角及与基质吸力相关的强度增加率（亦称为吸力摩擦角）；ε_w 代表土中水的体积含水率的变化（在试验过程中试样排水体积与试样初始体积之比，用百分数表示）并通过下式与质量含水率 w 相联系[9]：

$$w = w_0 - \frac{1+e_0}{G_s}\varepsilon_w \tag{18.4}$$

式中，w_0，e_0 和 G 分别代表土的初始含水率、初始孔隙比和土粒相对密度。式（18.4）就是式（12.30）。

在三轴条件下，式（18.1）可简化为：

$$\begin{cases} \varepsilon_1 = \dfrac{\sigma_1 - u_a}{E} - \dfrac{2\mu}{E}(\sigma_3 - u_a) + \dfrac{s}{H} \\ \varepsilon_3 = -\dfrac{\mu}{E}(\sigma_1 - u_a) + \dfrac{1-\mu}{E}(\sigma_3 - u_a) + \dfrac{s}{H} \end{cases} \tag{18.5}$$

式中，σ_1 和 σ_3 分别是大主应力和小主应力；ε_1 和 ε_3 分别是大主应变和小主应变。

式（18.5）和式（18.2）的增量形式为：

$$\begin{cases} d\varepsilon_1 = \dfrac{1}{E_t}d(\sigma_1 - u_a) - 2\dfrac{\mu_t}{E_t}d(\sigma_3 - u_a) + \dfrac{1}{H_t}ds \\ d\varepsilon_3 = -\dfrac{\mu_t}{E_t}d(\sigma_1 - u_a) + \dfrac{1-\mu_t}{E_t}d(\sigma_3 - u_a) + \dfrac{1}{H_t}ds \end{cases} \tag{18.6}$$

$$d\varepsilon_w = dp/K_{wt} + ds/H_{wt} \tag{18.7}$$

式中，下标 t 表示切线的意义。

考虑以下两种特殊应力路径的三轴试验：一是 σ_3，u_a 和 s 都保持常数的三轴排水剪切试验；二是净平均应力 p 保持常数吸力增大的三轴收缩试验。在前一种试验条件下，式（18.6）和式（18.7)给出：

$$E_t = d(\sigma_1 - \sigma_3)/d\varepsilon_1 = dq/d\varepsilon_1 \tag{18.8}$$

$$\mu_t = -d\varepsilon_3/d\varepsilon_1 \tag{18.9}$$

$$K_t = dq/(3d\varepsilon_v) \tag{18.10}$$

$$K_{wt} = dq/(3d\varepsilon_w) \tag{18.11}$$

式中，K_t，q 和 ε_v 分别是土的切线体积模量、偏应力和体应变。在后一种试验条件下，式（18.6)和式（18.7）给出：

$$H_t = 3ds/d\varepsilon_v \tag{18.12}$$

$$H_{wt} = ds/d\varepsilon_w \tag{18.13}$$

式（18.8）～式（18.13）就是用室内试验确定模型参数的理论依据。确定强度参数（c'，φ' 和 φ^b）和方法可参阅本书第 17.3 节、第 17.2.2 节及第 12.2.4.1 节的式（12.42）～式（12.44）。

18.1.2 模型参数及其随应力状态的变化规律

为了确定模型参数和研究参数的变化规律，做了 3 种应力路径共 22 个非饱和土三轴试验[12]：（1）4 个吸力等于常数、净平均应力增大的各向等压试验，控制吸力分别为 0kPa，50kPa，100kPa 和 200kPa，净平均应力分级施加，试验终止时的净平均应力依次为 500kPa，450kPa，400kPa 和 300kPa。其中吸力等于零的试验就是饱和土的各向等压固结试验。（2）4 个净平均应力等于常数，吸力逐级增大的三轴收缩试验。控制净平均应力为 5kPa，50kPa，100kPa 和 200kPa，吸力分级施加，试验终止时的吸力依次为 500kPa，450kPa，400kPa 和 100kPa。净平均应力等于 5kPa 的试验近似于常规收缩试验（净平均应力等于零）。（3）净围压（$\sigma_3 - u_a$）和吸力 s 都控制为常数的三轴固结排水剪切试验。净围压分别控制为 100kPa，200kPa 和 300kPa，吸力分别控制为 0kPa，50kPa，100kPa，200kPa 和 300kPa。在排水试验中，孔隙水压力等于零，因而试验时只需控制总围压 σ_3 和气压力 u_a 为常数即可。受管道系统承压能力的限制，净围压和吸力都等于 300kPa 的三轴排水剪切试验没有做。这样，共做了 14 个三轴排水剪切试验。

试验用土为山西汾阳机场重塑 Q_3 黄土，试样的初始干密度、初始含水率和初始吸力分别是 $1.7\mathrm{g/cm^3}$，17.15% 和 20kPa，土粒相对密度为 2.72。有关试验的详细情况已在本书第 12.2 节和文献 [12] 中介绍。

（1）强度参数

从本书第 12.2.4.1 节可知，该重塑非饱和黄土的 c' 和 φ' 分别等于 3.7kPa 和 32.7°；当吸力 $s \leqslant 75\mathrm{kPa}$ 时，$\varphi^b = \varphi'$；而当吸力大于 75kPa 时，$\varphi^b = 18.2°$。相应的摩尔-库仑准则可写为：

$$(\sigma_1 - \sigma_3)_f = \frac{2(c' + s_f \tan\varphi^b)\cos\varphi' + 2(\sigma_3 - u_a)\sin\varphi'}{1 - \sin\varphi'} \tag{18.14}$$

式中，下标 f 表示破坏状态。

（2）切线杨氏模量

从本书第 12.2.4.1 节的图 12.21 和文献 [13] 可知，各种吸力下的非饱和土的应力-应变曲线与吸力等于零的饱和土的相应曲线具有相似的形态。分析表明，非饱和土的曲线都可用双曲线方程描述，即：

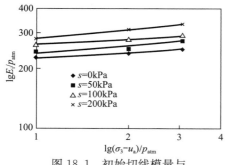

$$\sigma_1 - \sigma_3 = \varepsilon_1 / (a + b\varepsilon_1) \tag{18.15}$$

式中，a 和 b 分别是在 $\varepsilon_1 / (\sigma_1 - \sigma_3) - \varepsilon_1$ 坐标系中双曲线转换成直线后的截距和斜率。a 的物理意义是初始切线模量 E_i 的倒数，b 为极限偏应力 $(\sigma_1 - \sigma_3)_{ult}$ 的倒数。

图 18.1 是 $\lg\dfrac{E_i}{p_{atm}}$-$\lg\dfrac{\sigma_3 - u_a}{p_{atm}}$ 的关系曲线。每一吸力下的关系是线性的，其方程是：

$$E_i = kp_{atm}\left(\frac{\sigma_3 - u_a}{p_{atm}}\right)^n \tag{18.16}$$

图 18.1　初始切线模量与净围压的关系曲线

式中，p_{atm} 是大气压；k，n 是无因次参数，n 是直线的斜率，k 是当 $(\sigma_3 - u_a) / p_{atm} = 1$ 时的 E_i / p_{atm} 之值。各种吸力下的 k 和 n 值列于表 18.1。n 随吸力变化很小，可取为常数（0.12）。

与切线杨氏模量有关的参数　　　　　　　　　　　　　　　　　　表 18.1

吸力（kPa）	$\sigma_3 - u_a$ (kPa)	$(\sigma_1 - \sigma_3)_f$ (kPa)	$(\sigma_1 - \sigma_3)_{ult}$ (kPa)	R_f 试验值	R_f 平均值	k	n
0	100	250	266	0.94	0.88	225	0.10
	200	480	543	0.88			
	300	720	862	0.84			
50	100	400	463	0.86	0.84	235	0.13
	200	644	775	0.83			
	300	850	1042	0.82			
100	100	472	568	0.83	0.81	260	0.10
	200	660	813	0.81			
	300	910	1149	0.79			
200	100	619	787	0.79	0.80	280	0.15
	200	800	980	0.82			
	300	1010	1282	0.79			

续表 18.1

吸力 (kPa)	$\sigma_3 - u_a$ (kPa)	$(\sigma_1 - \sigma_3)_f$ (kPa)	$(\sigma_1 - \sigma_3)_{ult}$ (kPa)	R_f		k	n
				试验值	平均值		
300	100	690	893	0.77	0.78	*	*
	200	919	1163	0.79			
平均值					0.83		0.12

注：＊表示分析中发现吸力等于 300kPa 的 k 过大而舍弃。

k 则随 s/p_{atm} 呈线性变化（图 18.2），其方程为：

$$k = k^0 + m_1(s/p_{atm}) \tag{18.17}$$

式中，k^0 和 m_1 分别是图 18.2 中直线的截距和斜率，二者都是无因次量；对于试验用的汾阳机场重塑黄土，它们的值分别等于 227 和 27.77。

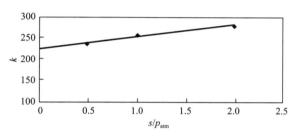

图 18.2　参数 k 随 s/p_{atm} 的变化

引用参数破坏比 R_f，其定义为：

$$R_f = (\sigma_1 - \sigma_3)_f / (\sigma_1 - \sigma_3)_{ult} \tag{18.18}$$

不同吸力下的 R_f 值列于表 18.1。R_f 随吸力变化较小，可认为是由于采用不同的破坏标准所致。为简化分析，R_f 取为常数（0.83）。

利用式（18.8）、式（18.15）和式（18.18），切线杨氏模量可表达为：

$$E_t = (1 - R_f L)^2 E_i \tag{18.19}$$

式中，$L = (\sigma_1 - \sigma_3) / (\sigma_1 - \sigma_3)_f$，称为应力水平。把式（18.14）、式（18.16）～式（18.18）代入式（18.19），就可得出一般应力条件下的切线杨氏模量表达式。

$$E_t = p_{atm}\left[1 - \frac{R_f(1 - \sin\varphi')(\sigma_1 - \sigma_3)}{2(c' + s_f \tan\varphi^b)\cos\varphi' + 2(\sigma_3 - u_a)\sin\varphi'}\right]^2 \cdot \left(k^0 + m_1 \frac{s}{p_{atm}}\right)\left(\frac{\sigma_3 - u_a}{p_{atm}}\right)^n \tag{18.20}$$

（3）土的切线体积模量 K_t

邓肯于 1980 年提出用土的切线体积模量取代邓肯-张模型中的切线泊松比，参数 K_t 可以按式（18.10）确定。为了简化计算，邓肯建议用应力-应变曲线上的应力水平等于 70% 的点的应力和体变计算 K_t，即：

$$K_t = \frac{1}{3}\left.\frac{\sigma_1 - \sigma_3}{\varepsilon_v}\right|_{L=70\%} \tag{18.21}$$

并认为由此式确定的 K_t 可以代表一个试样在整个试验过程中的切线体积模量的平均值。各个试验的 K_t 列于表 18.2。可以看出，净室压力对 K_t 的影响并不大。换言之，同一吸力下的不同净室压力的 K_t 可取为常数。

图 18.3 表明 K_t 随吸力呈线性变化，其函数关系为：

$$K_t = K_t^0 + m_2 s \tag{18.22}$$

式中，K_t^0 和 m_2 分别是图 18.3 中直线的截距和斜率，其值分别为 9.2MPa 和 46。

参 数 K_t 和 K_{wt}　　　　　　表 18.2

吸力 (kPa)	$\sigma_3 - u_a$ (kPa)	应力水平＝70%				应力水平＝100%			
		$\dfrac{\sigma_1-\sigma_3}{3}$ (kPa)	ε_v (%)	K_t (MPa)	$\overline{K}_t$ (MPa)	$\dfrac{\sigma_1-\sigma_3}{3}$ (kPa)	ε_w (%)	K_{wt} (MPa)	$\overline{K}_{wt}$ (MPa)
0	100	58	0.60	9.7	8.2				8.2
	200	112	1.54	7.3					
	300	168	2.23	7.5					
50	100	92	0.71	13.1	11.9	133	0.46	29.0*	21.8
	200	150	1.43	10.5		215	0.64	34.1*	
	300	198	1.63	12.1		283	1.30	21.8	
100	100	110	0.73	15.1	15.5	157	1.06	15.4	19.7
	200	154	0.92	16.7		220	1.04	21.2	
	300	212	1.44	14.7		303	1.35	22.5	
200	100	144	0.75	19.2	17.7	206	1.14	18.1	17.4
	200	187	1.04	17.9		267	1.49	17.9	
	300	236	1.47	15.9		337	2.09	16.1	
300	100	161	0.52	31.0	23.0	230	1.05	21.9	21.1
	200	214	0.93	23.0		306	1.51	20.3	

注：带星号的数值在分析中没用。

（4）与净平均应力相关的水的切线体积模量 K_{wt}

K_{wt} 应按式（18.11）确定。为了简化，提出以下两种新方法。

①第一种方法

用应力-应变曲线上的应力水平等于 100% 的点的应力和水的体积变化计算 K_{wt}，即：

$$K_{wt} = \frac{1}{3}\frac{(\sigma_1 - \sigma_3)_f}{\varepsilon_{wf}} \qquad (18.23)$$

式中，ε_{wf} 是破坏时的水的体积变化。各试验的 K_{wt} 列于表 18.2。从表 18.2 可知，对于非饱和土样（吸力大于等于 50kPa），K_{wt} 可取其平均值（20MPa），按常数处理。

从文献［12］和本书第 12.2.3.4 节可知，控制吸力的各向等压试验的 ε_w-p 关系是线性的，各种吸力下的直线坡度（用 $\lambda_w(s)$ 表示）的平均值等于 5.16×10^{-5}（kPa）。$\lambda_w(s)$ 的倒数就是 K_{wt}，其值为 19.4MPa，与由式（18.23）算出的 20MPa 接近。

②第二种方法

从图 18.4 可知，同一吸力下的各种净室压力的三轴排水剪切试验的 w-p 关系在破坏前可用一直线近似，该直线上的含水率与同一净平均应力下的试验点的含水率之差小于 0.25%。各种吸力下的直线坡度（用 $\beta(s)$ 表示）彼此接近，由表 12.7 知其平均值等于 2.92×10^{-5}（kPa^{-1}）。

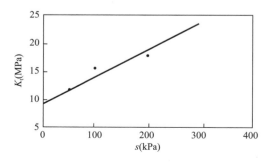

图 18.3　K_t 随吸力的变化

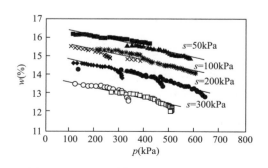

图 18.4　14 个三轴剪切试验的 w-p 关系

把式（18.4）对 p 求导可得：

$$K_{wt} = 1/\lambda_w(s) = -[(1+e_0)/G_s]\beta(s) \qquad (18.24)$$

式中，$\lambda_w(s) = \mathrm{d}\varepsilon_w/\mathrm{d}p$。式（18.24）右边的负号表示含水率随着排出而降低。把 $e_0 = 0.6$，$G_s = 2.72$ 和 $\beta(s)$ 的值代入式（18.24）得 $K_{wt} = 20.1\mathrm{MPa}$。

两种方法得到的 K_{wt} 值几乎相等，故此参数可取为常数（吸力 $\geqslant 50\mathrm{kPa}$），即 $20\mathrm{MPa}$。

（5）与吸力相关的土的切线体积模量（H_t）和水的切线体积模量（H_{wt}）

从文献［12］和本书图 12.19（a）、图 12.19（b）、图 12.19（c）可知，三轴收缩试验的 ε_v、ε_w 和 w 与 $\lg[(s+p_{atm})/p_{atm}]$ 的关系都是线性的。用 $\lambda_\varepsilon(p)$、$\lambda_w(p)$ 和 $\beta(p)$ 分别表示它们的斜率。$\lambda_\varepsilon(p)$ 依赖于 p；而 $\lambda_w(p)$ 和 $\beta(p)$ 随 p 变化不大，可视为常数。从本书表 12.5 可知，$\lambda_w(p)$ 的平均值是 14.95%，$\beta(p)$ 等于 8.57%。$\lambda_w(p)$ 和 $\beta(p)$ 的理论关系，可将式（18.4）两边对 $\lg[(s+p_{atm})/p_{atm}]$ 求导得到。

$$\lambda_w(p) = \frac{\mathrm{d}\varepsilon_w}{\mathrm{dlg}[(s+p_{atm})/p_{atm}]} = -\frac{G_s}{1+e_0}\beta(p) \qquad (18.25)$$

由文献［12］与本书图 12.19（d）知，$\lambda_\varepsilon(p)$ 随 p 增加，可用下式描述：

$$\begin{aligned} \lambda_\varepsilon(p) &= \mathrm{d}\varepsilon_v/\mathrm{dlg}[(s+p_{atm})/p_{atm}] \\ &= \lambda_\varepsilon^0(p) + m_3\lg[(p+p_{atm})/p_{atm}] \end{aligned} \qquad (18.26)$$

式中，$\lambda_\varepsilon^0(p)$ 是 $\lambda_\varepsilon(p) - \lg[(p+p_{atm})/p_{atm}]$ 坐标系中直线上相应于 $p=0$ 点的纵坐标；m_3 是直线的斜率；$\lambda_\varepsilon^0(p)$ 和 m_3 的值分别等于 0.0256 和 0.0930。

式（18.26）的左半边给出：

$$\frac{\mathrm{d}s}{\mathrm{d}\varepsilon_v} = \ln10\frac{s+p_{atm}}{\lambda_\varepsilon(p)} \qquad (18.27)$$

比较式（18.12）和式（18.27）可得：

$$H_t = 3\ln10\frac{s+p_{atm}}{\lambda_\varepsilon(p)} \qquad (18.28)$$

式（18.25）的左半边给出：

$$H_{wt} = \frac{\mathrm{d}s}{\mathrm{d}\varepsilon_w} = \ln10\frac{s+p_{atm}}{\lambda_w(p)} \qquad (18.29)$$

式（18.28）、式（18.29）表明，H_t 和 H_{wt} 都与当前的应力状态（p, s）有关。对本节研究的重塑黄土而言，由于 $\lambda_w(p)$ 是常数，故 H_{wt} 仅依赖于当前的吸力。

（6）模型参数小结

所提模型包括土骨架变形和水量变化两个方面，共含 13 个参数，即 c'、φ'、φ^b、n、k^0、m_1、R_f、K_t^0、m_2、K_{wt}、$\lambda_w(p)$、m_3、K_{wt}（或 $\beta(s)$）。当土处于饱和状态时，吸力等于零，只留下 6 个参数，即 c'、φ'、n、k^0、R_f 和 K_t^0，该模型退化为邓肯-张模型。确定全部参数只需要两种非饱和土的三轴试验：①三轴收缩试验；②吸力和净围压等于常数的三轴排水剪切试验。总之，该模型保留了邓肯-张模型的全部优点，是邓肯-张模型的合理推广。

在第 18.2~18.4 节，该模型将被推广到开挖卸荷情况以及考虑密度和温度的影响。

18.1.3 三轴不排水试验的解析解与模型验证

应用本节所建模型可以预估不排水试验（又称为常含水率试验 CW）中吸力的变化。在三轴压缩试验的不排水阶段，式（18.7）给出：

$$\mathrm{d}\varepsilon_w = \mathrm{d}p/K_{wt} + \mathrm{d}s/H_{wt} = 0 \qquad (18.30)$$

把式（18.29）代入式（18.30）可得：

$$\mathrm{d}s = -\frac{H_{\mathrm{wt}}}{K_{\mathrm{wt}}}\mathrm{d}p = -\ln 10 \frac{s + p_{\mathrm{atm}}}{K_{\mathrm{wt}}\lambda_{\mathrm{w}}(p)}\mathrm{d}p \tag{18.31}$$

此式表明，对硬化反应（$\mathrm{d}p>0$），吸力将减小；对软化反应（$\mathrm{d}p<0$），吸力将增大；当土样剪切达到临界状态时（$\mathrm{d}p=0$）[14]，则吸力保持不变。

式（18.31）可改写为：

$$\frac{\mathrm{d}s}{s + p_{\mathrm{atm}}} = -\frac{1}{\Omega}\mathrm{d}p \tag{18.32}$$

式中，

$$\Omega = \frac{K_{\mathrm{wt}}\lambda_{\mathrm{w}}(p)}{\ln 10} \tag{18.33}$$

对本节所研究的黄土而言，K_{wt} 和 $\lambda_{\mathrm{w}}(p)$ 都是常数，因而 Ω 亦为常数。

如果加载路径是单调的（即 p 总是增大或总是减小），积分式（18.32）两边可得：

$$\ln \frac{s_1 + p_{\mathrm{atm}}}{s_2 + p_{\mathrm{atm}}} = \frac{1}{\Omega}(p_2 - p_1) \tag{18.34}$$

式中，下标 1 和 2 分别代表应力-应变曲线上的起点和终点，也可代表应力-应变曲线上任一段弧的起点和终点。若应力-应变曲线同时包含硬化段和软化段，则对式（18.32）的积分可分两段进行。

对于三轴不排水剪切阶段，若 σ_3 和 u_a 保持不变，则式（18.34）可写为：

$$\ln \frac{s_1 + p_{\mathrm{atm}}}{s_2 + p_{\mathrm{atm}}} = \frac{1}{3\Omega}[(\sigma_1 - \sigma_2) - (\sigma_1 - \sigma_3)_1] \tag{18.35}$$

例 1　各向等压常含水率试验中的吸力变化

毕肖普和布莱特（Blight）做过一个这种试验，土样是击实的 Selset 黏土[1]。图 18.5 中的实线是试验曲线。选择试验曲线上的第 1 点和第 6 点用来确定参数 Ω。把这两点的吸力和净平均应力代入式（18.34），算得 Ω 等于 637kPa。图 18.5 中其余各点的吸力值可由式（18.34）预估，计算结果在同一图中用虚线表示，与试验曲线比较接近。

例 2　常含水率三轴剪切试验中的吸力变化

Drumright（1989）进行了一系列常含水率三轴剪切试验，土样是 Copper Tailings[15]。试样先在某一净室压力下固结，然后进行排气不排水剪切。在剪切过程中记录吸力和偏应力。6 个试样在剪切前的应力状态列于表 18.3。

试验 US11 的首尾两点用来确定式（18.35）中的参数 3Ω。该试验结束时的应力状态是：$q=223.1\mathrm{kPa}$，$s=33.9\mathrm{kPa}$。据此算得 3Ω 等于 1988kPa。为简化计算，取 3Ω 等于 2000kPa，并把此值代入式（18.35）计算 6 个试验过程中的吸力变化。计算结果与实测数据示于图 18.6（a）～图 18.6（f）。除试验 US24 [图 18.6（e）] 外，模型能反映试验过程中吸力的变化趋势。

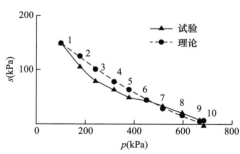

图 18.5　理论计算与各向等压试验结果的比较

Copper Tailings 土样在剪切前的应力状态　　　　表 18.3

试验编号	净固结压力（kPa）	吸力（kPa）	试验编号	净固结压力（kPa）	吸力（kPa）
US11	15	49.8	US19	50	149.3
US12	15	150.1	US24	150	48.6
US18	50	49.3	US25	150	145.3

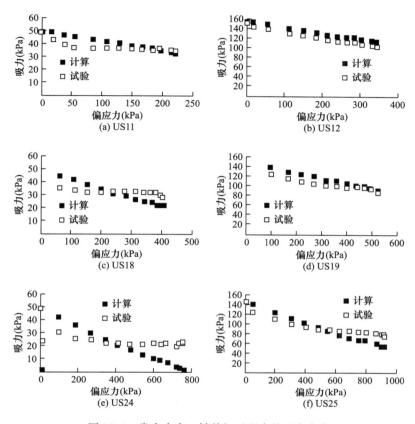

图 18.6　常含水率三轴剪切过程中的吸力变化

18.2　加卸载条件下吸力对非饱和土变形特性的影响

18.2.1　研究方案

近年来，随着西部大开发战略的实施和城市化建设的推进，高层建筑基坑、地下商场、地铁、隧道等开挖工程越来越多，土体的卸荷变形问题也随之而来。为了反映开挖卸载对土的变形影响，邓肯-张模型采用了卸载-再加载模量的方法，通过常规三轴试验的加卸载曲线确定其卸载模量。

为了探讨基质吸力和净围压对黄土的变形-强度及卸载-再加载模量的影响，用非饱和土三轴仪共做了 3 组 27 个试验[16]，即 9 个控制吸力和净围压等于常数的原状 Q_3 黄土的三轴固结排水剪切试验、9 个原状 Q_3 黄土和 9 个重塑 Q_3 黄土的控制吸力和净围压等于常数的三轴固结排水卸载-再加载剪切试验。其中，第 1 组试验用于研究基质吸力和净围压对原状 Q_3 黄土的变形与强度的影响，第 2 组和第 3 组试验分别用于研究基质吸力和净围压对原状 Q_3 黄土及其重塑土的卸载模量的影响。3 组试验的净围压（$\sigma_3 - u_a$）均分别控制为 100kPa、200kPa、300kPa，基质吸力（$u_a - u_w$）均分别控制为 50kPa、100kPa、200kPa。固结稳定的标准为 2h 内体变和排水均小于 0.01mL，固结历时 40h 以上；剪切速率选用 0.0072mm/min；每个试验共持续 75h 左右。

在进行卸载-再加载试验时，首先进行三轴固结排水剪切试验，当轴向荷重施加到约为破坏轴向荷重的 70% 时进行第一次卸载，卸载到约 50kPa 时进行第二次加载；加载到约为破坏轴向荷重的 90% 时再卸载，卸载到约 50kPa 再加载。

试验用土为延安新区的原状 Q_3 黄土及其重塑土，该土的最优含水率和最大干密度分别为 12.9% 和 1.92g/cm³。原状黄土试样的干密度为 1.33g/cm³，初始饱和度统一控制为 80%。重塑试样的初始饱和度和初始干密度分别控制为 80% 和 1.68g/cm³（对应压实度 88%）。

18.2.2　试验结果分析

第 1 组试验的应力-应变曲线与试验后的试样照片示于图 12.50，部分结果已在第 12.3.2.2 节介绍。参照文献 [9]，[10] 对试验参数的处理方法，得出土样相应的强度、变形参数，部分参数列于表 18.4。用 E_i 表示原状黄土的初始切线杨氏模量，绘出 $\lg(E_i/p_{atm})$ 与 $\lg[(\sigma_3-u_a)/p_{atm}]$ 的关系（图 18.7），二者近似呈直线关系，可表达如下：

$$E_i = k p_{atm} \left(\frac{\sigma_3 - u_a}{p_{atm}}\right)^n \tag{18.36}$$

其中，p_{atm} 是大气压；k 和 n 均为无量纲土性参数；k 和 n 分别代表单调加载条件下的 $\lg(E_i/p_{atm})$ 与 $\lg[(\sigma_3-u_a)/p_{atm}]$ 的直线关系的截距和斜率。

由表 18.4 可以看出，相同净围压下，E_i 随着吸力的增加而增大，参数 k 及表观黏聚力 c 也随着吸力的增加而增大。但是参数 n 和有效内摩擦角 φ' 随着吸力的增加却没有多大的变化。利用表 18.4 的数据，绘出参数 k 随着吸力变化的关系图（图 18.8），用直线拟合得表达式如下：

$$k = 14.53 \frac{s}{p_{atm}} + 46.25 \tag{18.37}$$

代入式（18.36）得：

$$E_i = (14.53 \frac{s}{p_{atm}} + 46.25) p_{atm} \left(\frac{\sigma_3 - u_a}{p_{atm}}\right)^n \tag{18.38}$$

延安新区原状 Q_3 黄土三轴单调加载的变形强度参数　　　　表 18.4

吸力（kPa）	净围压（kPa）	E_i（MPa）	k	n	c	φ'
50	100	5.21	51.36	0.262	11.0	27.93
	200	6.12				
	300	6.98				
100	100	6.45	63.72	0.270	18.45	28.44
	200	7.69				
	300	8.70				
200	100	7.46	73.96	0.274	32.74	28.25
	200	9.21				
	300	10.42				

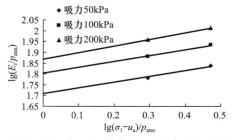

图 18.7　延安新区原状黄土 E_i 随净围压的变化

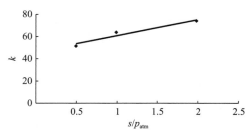

图 18.8　参数 k 随吸力的变化

第 2 组和第 3 组试验的应力-应变曲线和试验后的试样照片分别示于图 18.9 和图 18.10。在相同吸力下，不管是原状黄土，还是重塑黄土，同一净围压下两个滞回圈的两端点连线互相平行，但随净围压增大而变陡；在卸载-再加载过程中，均表现为体缩。

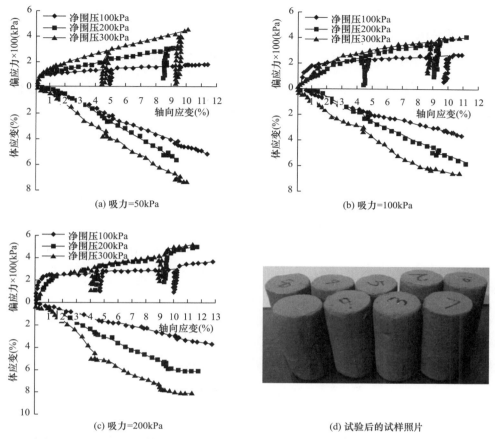

图 18.9 延安新区原状 Q_3 黄土三轴卸载-再加载试验的 $(\sigma_1-\sigma_3)$-ε_a 和 ε_v-ε_a 关系曲线及试验后的试样照片

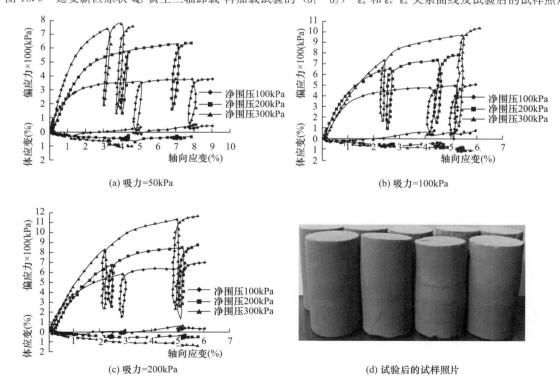

图 18.10 延安新区重塑 Q_3 黄土三轴卸载-再加载试验的 $(\sigma_1-\sigma_3)$-ε_a 和 ε_v-ε_a 关系曲线及试验后的试样照片

用卸载和再加载时的轴向净应力改变量 $\Delta(\sigma_1 - u_a)$ 和轴向应变改变量 $\Delta\varepsilon_a$ 的比值求得卸载回弹模量，按式（18.39a）计算。

$$E_{ur} = \frac{\Delta(\sigma_1 - u_a)}{\Delta\varepsilon_a} = \frac{\Delta(\sigma_1 - \sigma_3)}{\Delta\varepsilon_a} \tag{18.39a}$$

式（18.39a）表明，由于净围压为常数，故亦可用滞回圈两交点连线的斜率作为卸载-再加载模量 E_{ur}。

原状黄土的 E_{ur} 列于表 18.5。E_{ur} 随着净围压和吸力的增加而增大。图 18.11 是原状黄土 E_{ur} 与净围压的关系（双对数坐标），可用直线近似，其表达式为：

$$E_{ur} = k_{ur} p_{atm} \left(\frac{\sigma_3 - u_a}{p_{atm}} \right)^{n_{ur}} \tag{18.39b}$$

式中，k_{ur} 和 n_{ur} 均为无量纲土性参数；k_{ur} 和 n_{ur} 分别代表卸载-再加载试验中 $\lg(E_{ur}/p_{atm})$ 与 $\lg(\sigma_3 - u_a)/p_{atm}$ 直线的截距和斜率，二者的值亦列于表 18.5。由表 18.5 可知，参数 k_{ur} 随着吸力的增加而增大；而吸力对 n_{ur} 的影响不显著，可取其平均值。利用表 18.5 中数据，绘出参数 k_{ur} 随吸力变化的关系曲线，如图 18.12 所示。k_{ur} 随着吸力的增加线性增加，运用最小二乘法拟合出关系式为：

$$k_{ur} = 17.53 \frac{s}{p_{atm}} + 76.53 \tag{18.40}$$

结合式（18.39）和式（18.40），则原状黄土的卸载-再加载模量 E_{ur} 的表达式为：

$$E_{ur} = \left(17.53 \frac{s}{p_{atm}} + 76.53 \right) p_{atm} \left(\frac{\sigma_3 - u_a}{p_{atm}} \right)^{n_{ur}} \tag{18.41}$$

式（18.41）即为考虑了吸力和净围压共同影响的卸载模量计算公式。

延安新区原状 Q₃ 黄土卸载-再加载模量参数　　　　　　　　　　表 18.5

吸力（kPa）	净围压（kPa）	E_{ur}（MPa）	k_{ur}	n_{ur}
50	100	8.16	82.04	0.320
	200	10.73		
	300	11.48		
100	100	9.87	98.63	0.326
	200	12.79		
	300	14.08		
200	100	11.07	109.65	0.317
	200	14.08		
	300	15.38		

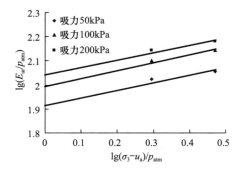

图 18.11　原状黄土的卸载-再加载
模量 E_{ur} 随净围压的变化

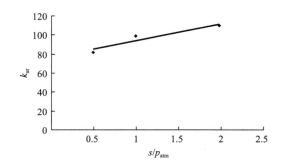

图 18.12　参数 k_{ur} 随吸力的变化

参照对原状黄土卸载-再加载试验结果的分析，同理可计算分析重塑黄土卸载-再加载试验变形参数。为与原状黄土的参数相区别，重塑黄土的卸载-再加载变形参数用加撇的相应符号表示，其值列于表 18.6。参数 k'_{ur} 随着吸力的增加而增大；而吸力对 n'_{ur} 的影响很小，可取其平均值。利用表 18.6 中数据，分别绘出 $\lg(E'_{ur}/p_{atm})$ 与 $\lg[(\sigma_3 - u_a)/p_{atm}]$ 的关系图及参数 k'_{ur} 随着吸力变化的关系图，分别如图 18.13 和图 18.14 所示。由此可得 k'_{ur} 和 E'_{ur} 的表达式分别为：

$$k'_{ur} = 21.85 \frac{s}{p_{atm}} + 118.06 \tag{18.42}$$

$$E'_{ur} = \left(21.85 \frac{s}{p_{atm}} + 118.06\right) p_{atm} \left(\frac{\sigma_3 - u_a}{p_{atm}}\right)^{n'_{ur}} \tag{18.43}$$

延安新区重塑黄土卸载-再加载模量参数 表 18.6

吸力（kPa）	净围压（kPa）	E'_{ur}(MPa)	k'_{ur}	n'_{ur}
50	100	13.04	129.12	0.263
	200	15.64		
	300	17.41		
100	100	14.10	139.32	0.269
	200	16.79		
	300	19.00		
200	100	16.50	161.44	0.277
	200	19.02		
	300	22.65		

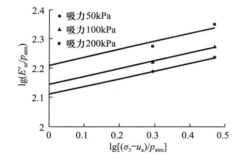

图 18.13　重塑黄土的卸载-再加载
模量 E'_{ur} 随净围压的变化

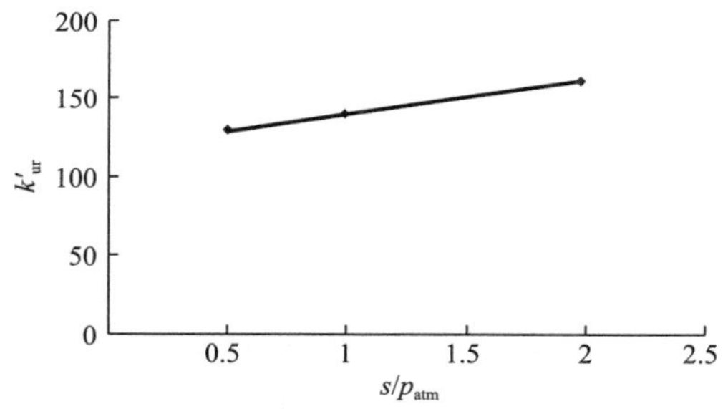

图 18.14　参数 k'_{ur} 随吸力的变化

对比表 18.4、表 18.5 和表 18.6 可以看出，经历了卸载-再加载以后，土样的变形参数均有不同程度的增加，这就说明，对于卸荷工程，在进行变形计算时不可直接应用单调加载情况下的相关参数，否则将会带来较大误差。将 k_{ur}、k 及 k'_{ur} 的对比列于表 18.7。

变 形 参 数 对 比 表 18.7

吸力（kPa）	k_{ur}	k	k'_{ur}	k_{ur}/k	k_{ur}/k'_{ur}
50	82.04	51.36	129.12	1.60	0.64
100	98.63	63.72	139.32	1.55	0.71
200	109.65	73.96	161.44	1.49	0.68

由表 18.7 可知，原状黄土 k_{ur} 值为初次加载条件下 k 值的 1.49～1.60 倍；原状黄土 k_{ur} 值为重塑黄土 k'_{ur} 的 0.64～0.71 倍，其主要原因是重塑土样的密度大于原状黄土。

18.3　密度对非线性模型参数的影响

在延安新区填方工程中，不同功能区具有不同的压实度。为分析不同压实度的黄土填土区

第 18 章　非饱和土的增量非线性本构模型

的变形和稳定问题，需要首先确定不同密度填土的变形和强度参数。

18.3.1　研究方案

　　试验用土为延安新区重塑黄土，共做了 3 组 27 个控制吸力和净围压的非饱和土三轴固结排水剪切试验[17]。各组试验的初始干密度分别为 $1.51\mathrm{g/cm^3}$、$1.68\mathrm{g/cm^3}$、$1.78\mathrm{g/cm^3}$，每组试验的净围压分别控制为 100kPa、200kPa、300kPa，吸力分别控制为 50kPa、100kPa、200kPa。试验前对非饱和土三轴仪进行了标定。固结稳定的标准为 2h 内体变和排水均小于 0.01mL，固结历时 40h 以上；剪切速率选用 0.0072mm/min，剪切至轴应变达 15% 约需 30h；每个试验共持续 70h 左右。

18.3.2　应力应变性状与强度特性

　　不同干密度的土样在控制吸力和净围压为常数条件下的三轴剪切试验的偏应力-轴应变曲线和试验后的照片如图 18.15 所示。由图 18.15 可以发现，该土样的偏应力-轴应变曲线表现为 3 种

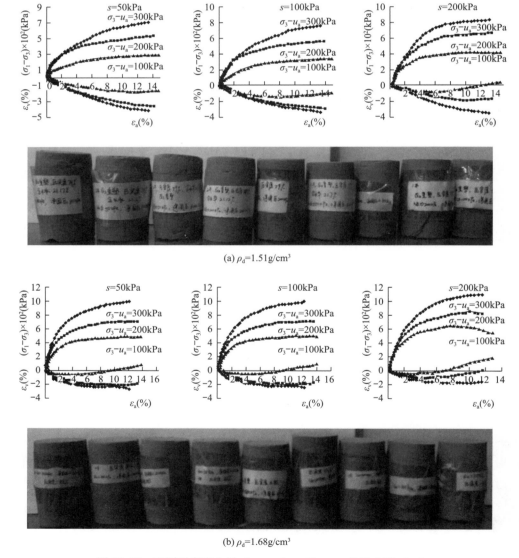

图 18.15　不同干密度土样 $(\sigma_1-\sigma_3)$-ε_a 和 ε_v-ε_a 关系曲线（一）

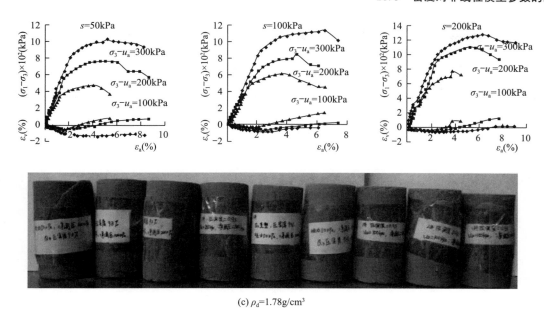

(c) $\rho_d=1.78\text{g/cm}^3$

图 18.15 不同干密度土样 $(\sigma_1-\sigma_3)$-ε_a 和 ε_v-ε_a 关系曲线（二）

形态：硬化型、理想弹塑性和软化型；随干密度的增大，试样的偏应力-轴向应变曲线逐渐由应变硬化型向理想弹塑性再向应变软化型转变；同一初始干密度试样，随着吸力的增大，试样由没有剪胀逐渐变为较强剪胀；同一吸力下，随着初始干密度的增大，试样的剪胀现象越来越明显；故吸力和初始干密度对试样的剪胀均有显著影响。

从偏应力-轴向应变曲线还可以看出：相同初始干密度的土样，在相同吸力作用下，净围压越大，强度越大；相同初始干密度的土样，在相同净围压作用下，吸力越大试样的强度越大，说明吸力对土样强度有着重要影响；相同吸力，相同净围压作用下，初始干密度越大试样的强度越大，说明初始干密度对土样的强度同样有显著影响。

针对不同的破坏形式选用相应的破坏标准。对塑性破坏，取轴向应变 $\varepsilon_a=15\%$ 时的应力为破坏应力；对脆性破坏，取 $(\sigma_1-\sigma_3)$-ε_a 曲线上的峰值点对应的应力为破坏应力。不同干密度试样的破坏应力 $(q_f，p_f)$ 列于表 18.8。在 p-q 平面内作出强度包线如图 18.16 所示，发现吸力相同的一组试验点均落在一条直线上。应用和文献［12］相同的分析方法，可得强度参数随吸力和干密度的变化规律，其值汇于表 18.8。

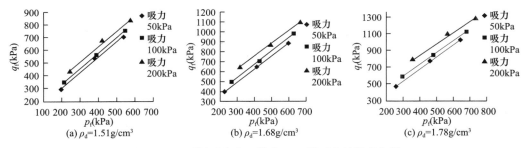

图 18.16 不同干密度土样在 p-q 平面内的强度包线

利用表 18.8 的数据分别作出不同初始干密度对应的 c-s 关系曲线如图 18.17 所示，有效内摩擦角 φ' 和 φ^b 随初始干密度的变化关系如图 18.18 和图 18.19 所示。从图 18.17 可以看出黏聚力随基质吸力的增加呈线性增长，同一吸力下初始干密度越大黏聚力越大。从表 18.8 可知，在同一干密度下，吸力对内摩擦角几乎没影响，可取其均值。但从图 18.18 可见内摩擦角随初始干密度的增大呈线性增大趋势；从图 18.19 可以看出 φ^b（抗剪强度随基质吸力增加的速率，亦称为吸力摩擦角）随初始干密度的增大亦呈线性增加。这与文献［18］通过直剪试验获取的结论相一致。

不同初始干密度土样的强度参数　　　　表 18.8

ρ_d (g/cm³)	s (kPa)	$\sigma_3 - u_a$ (kPa)	q_f (kPa)	p_f (kPa)	$\tan\omega$	φ' (°)	ξ (kPa)	c (kPa)	φ^b (°)
1.51	50	100	289.29	196.43	1.23	30.65	54.07	25.56	15.41
		200	529.23	376.41					
		300	703.78	534.59					
	100	100	340.47	213.49	1.23	30.58	81.40	40.70	
		200	560.69	386.90					
		300	754.53	551.51					
	200	100	428.60	242.87	1.22	30.40	139.78	67.36	
		200	669.67	423.22					
		300	836.47	578.82					
	平均值					30.54			
1.68	50	100	391.07	230.36	1.35	33.45	82.06	40.14	27.03
		200	648.61	416.20					
		300	882.27	594.09					
	100	100	499.09	266.36	1.34	33.31	134.50	65.74	
		200	708.81	436.27					
		300	984.98	628.33					
	200	100	652.65	317.55	1.29	32.07	240.30	116.69	
		200	865.13	488.38					
		300	1105.11	668.37					
	平均值					32.94			
1.78	50	100	461.90	253.97	1.45	35.65	98.69	48.93	32.88
		200	766.56	455.52					
		300	1020.03	640.01					
	100	100	589.89	296.63	1.42	35.10	164.77	81.40	
		200	842.98	480.99					
		300	1130.69	676.90					
	200	100	782.33	360.78	1.37	34.00	297.38	145.92	
		200	1102.83	567.61					
		300	1283.92	727.97					
	平均值					34.92			

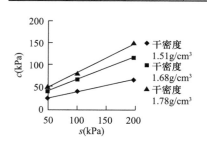

图 18.17　黏聚力随吸力的变化

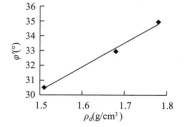

图 18.18　内摩擦角随初始
干密度的变化

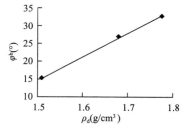

图 18.19　φ^b 随初始干密度
的变化

对图 18.17 进行线性拟合，可得不同干密度下的有效黏聚力 c' 和吸力摩擦角 φ^b，其值汇于表 18.9。进一步分析可得有效黏聚力 c'、吸力摩擦角 φ^b 和有效内摩擦角 φ' 与干密度的关系式分别如下：

$$\tan\varphi^b = 1.37\rho_d/\rho_w - 1.79 \tag{18.44}$$
$$c' = (16.2\rho_d/\rho_w - 12.34)p_{atm} \tag{18.45}$$
$$\varphi' = 15.98\rho_d/\rho_w + 6.3 \tag{18.46}$$

综合式（18.44）～式（18.46），非饱和土抗剪强度公式（18.3）可被修正为：

$$\tau_f = (16.2\rho_d - 12.34) + (\sigma - u_a)\tan(15.98\rho_d + 6.3) + s(1.37\rho_d - 1.79) \tag{18.47}$$

式（18.47）综合反映了初始干密度、净法向应力和基质吸力对非饱和土强度的影响。

不同干密度试样的 $\tan\varphi^b$ 和 c' 值　　　　　　　　表 18.9

ρ_d（g/cm³）	$\tan\varphi^b$	c'（kPa）
1.51	0.277	12.226
1.68	0.5102	14.667
1.78	0.6464	16.663

18.3.3　非线性模型参数分析

（1）与切线杨氏模量相关的参数

应用第 18.1 节的方法，可得不同干密度试样的切线杨氏模量参数（表 18.10）。用表 18.10 中的数据绘出参数 k 随吸力的变化关系如图 18.20 所示，可见参数 k 随吸力线性变化，其表达式为：

$$k = k^0 + m_1 s \tag{18.48}$$

不同初始干密度土样的切线杨氏模量参数　　　　　　　　表 18.10

ρ_d（g/cm³）	s（kPa）	(σ_3-u_a)（kPa）	$a\times10^{-5}$（kPa^{-1}）	E_i（MPa）	$b\times10^{-3}$（kPa^{-1}）	$(\sigma_1-\sigma_3)_{ult}$（kPa）	q_f（kPa）	R_f	R_f（均值）	k	n
1.51	50	100	5.09	19.7	2.86	350.0	289	0.83	0.78	194.31	0.056
		200	4.88	20.5	1.47	681.6	529	0.78			
		300	4.79	20.9	1.07	937.5	704	0.75			
	100	100	3.89	25.7	2.25	444.6	340	0.77	0.72	253.98	0.077
		200	3.69	27.1	1.27	787.0	561	0.71			
		300	3.57	28.0	0.90	1110.6	755	0.68			
	200	100	3.23	31.0	2.01	498.5	429	0.86	0.79	305.42	0.046
		200	3.14	31.8	1.18	845.2	670	0.79			
		300	3.07	32.6	0.86	1167.0	836	0.72			
	均值								0.76		0.060
1.68	50	100	2.43	41.20	2.39	418.1	391.1	0.94	0.88	407.4	0.19
		200	2.14	46.77	1.31	762.9	648.6	0.85			
		300	1.98	50.63	0.98	1018.5	882.3	0.87			
	100	100	2.25	44.54	1.85	541.6	499.1	0.92	0.88	441.8	0.20
		200	1.94	51.65	1.25	802.9	708.8	0.88			
		300	1.80	55.59	0.86	1161.4	985	0.85			
	200	100	2.06	48.57	1.28	783.6	652.7	0.83	0.84	481.6	0.18
		200	1.80	55.49	1.00	995.4	865.1	0.87			
		300	1.69	59.10	0.75	1340.3	1105	0.82			
	均值								0.87		0.19

续表 18.10

ρ_d (g/cm³)	s (kPa)	(σ_3-u_a) (kPa)	$a\times10^{-5}$ (kPa^{-1})	E_i (MPa)	$b\times10^{-3}$ (kPa^{-1})	$(\sigma_1-\sigma_3)_{ult}$ (kPa)	q_f (kPa)	R_f	R_f (均值)	k	n
1.78	50	100	1.36	73.5	1.74	573.3	462	0.81			
		200	1.04	96.5	1.07	931.1	767	0.82	0.82	726.9	0.41
		300	0.87	115.6	0.80	1242.9	1020	0.82			
	100	100	1.30	76.9	1.28	778.7	590	0.76			
		200	0.95	105.0	1.03	974.7	843	0.86	0.83	765.4	0.44
		300	0.81	124.1	0.75	1324.8	1131	0.85			
	200	100	1.19	84.4	1.09	914.0	782	0.86			
		200	0.88	113.3	0.74	1349.7	1103	0.82	0.84	839.1	0.41
		300	0.75	132.8	0.66	1503.8	1284	0.85			
	均值								0.83		0.42

这与文献［10］研究成果一致，式中参数 k^0 和 m_1 分别是图 18.20 中直线的截距和斜率。当吸力等于零时，k^0 就是饱和土的 k［式（18.16）］。不同初始干密度下其值列于表 18.11。

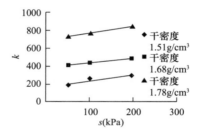

图 18.20 参数 k 随吸力的变化

不同初始干密度土样参数 n、k^0、m_1 的取值 表 18.11

ρ_d （g/cm³）	n	k^0	m_1
1.51	0.05963	168.59	0.71
1.68	0.19007	387.46	0.48
1.78	0.42027	690.12	0.75

利用表 18.11 中数据分别绘出参数 n（由于吸力对其影响不大，这里 n 取平均值）、k^0 随干密度的变化关系，从图 18.21 和图 18.22 中可以看出，二者均随初始干密度的增加线性增加，用最小二乘法拟合可得关系式（18.49）和式（18.50）。

$$k^0 = 1.86\rho_d - 2.67 \tag{18.49}$$

$$n = 1.28\rho_d - 1.89 \tag{18.50}$$

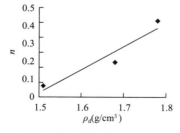

图 18.21 参数 n 随初始干密度的变化

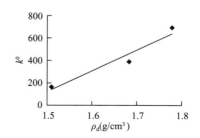

图 18.22 参数 k^0 随初始干密度的变化

从表 18.10 和表 18.11 可知，初始干密度和吸力对参数 m_1 和 R_f 的影响无明显规律，本节用其平均值 $\overline{m_1}$、$\overline{R_f}$ 来代替，将式（18.48）～式（18.50）代入式（18.20）可得：

$$E_t = (1.86\rho_d - 2.67 + \overline{m_1}s)p_{atm}\left(\frac{\sigma_3 - u_a}{p_{atm}}\right)^{(1.28\rho_d - 1.89)} \cdot \left[1 - \frac{\overline{R_f}(\sigma_1 - \sigma_3)(1 - \sin\varphi)}{2c\cos\varphi + 2(\sigma_3 - u_a)\sin\varphi}\right]^2$$

$$(18.51)$$

该式综合反映了初始干密度、净围压、偏应力和基质吸力对非饱和土切线变形模量的影响。

（2）与切线体积模量相关的参数

根据式（18.21）和试验资料可求得切线体积模量 K_t，由此式确定的切线体积模量 K_t 可以代表一个试样在整个试验过程中的切线体积模量的平均值，其值列于表 18.12。从表 18.12 可见，同一吸力下净围压对切线体积模量的影响不大，因此可取同一吸力不同净围压下的平均值 $\overline{K_t}$。绘出 $\overline{K_t}$ 与吸力的关系如图 18.23 所示，可以看出 $\overline{K_t}$ 随吸力呈线性变化，其关系式为：

$$\overline{K_t} = K_t^0 + m_2 s \tag{18.52}$$

式中，K_t^0、m_2 分别为图 18.23 中直线的截距和斜率，K_t^0 的物理意义是当吸力等于零时（饱和土）的切线体积模量，其值列于表 18.13。

从表 18.13 中可以看出参数 m_2 的数值较小且随初始干密度的变化不大，可取其平均值 $\overline{m_2}$。利用表 18.13 中数据绘出图 18.24，可以看出参数 K_t^0 随初始干密度 ρ_d 呈线性增加，其关系式为：

$$K_t^0 = (65.2\rho_d/\rho_w - 94.1)p_{atm} \tag{18.53}$$

将式（18.53）代入式（18.52）则可以得出：

$$\overline{K_t} = (65.2\rho_d/\rho_w - 94.1)p_{atm} + \overline{m_2}s \tag{18.54}$$

该式反映了初始干密度和基质吸力对非饱和土切线体积模量的影响。

不同初始干密度土样的切线体积模量 K_t　　　　　　　　　　　　　　表 18.12

ρ_d (g/cm³)	s (kPa)	$\sigma_3 - u_a$ (kPa)	应力水平=70%			$\overline{K_t}$ (MPa)
			$\dfrac{\sigma_1 - \sigma_3}{3}$ (kPa)	ε_v (%)	K_t (MPa)	
1.51	50	100	72.8	0.83	8.78	7.55
		200	128.1	1.87	6.86	
		300	167.8	2.39	7.01	
	100	100	89.8	0.92	9.74	10.18
		200	141.4	1.52	9.28	
		300	190.0	1.65	11.53	
	200	100	105.0	0.64	16.49	16.22
		200	162.6	0.88	18.50	
		300	201.6	1.48	13.65	
1.68	50	100	92	0.52	17.50	17.48
		200	157	0.72	19.98	
		300	207	1.50	14.98	
	100	100	112	0.53	21.31	19.29
		200	168	1.15	17.09	
		300	229	1.18	19.47	
	200	100	154	0.51	25.60	23.75
		200	201	0.90	23.14	
		300	266	1.45	22.50	

续表 18.12

ρ_d (g/cm³)	s (kPa)	$\sigma_3 - u_a$ (kPa)	应力水平＝70%			
			$\dfrac{\sigma_1 - \sigma_3}{3}$ (kPa)	ε_v (%)	K_t (MPa)	$\overline{K_t}$ (MPa)
1.78	50	100	113.7	0.45	25.33	25.22
		200	184.0	0.65	28.50	
		300	241.6	1.11	21.83	
	100	100	148.1	0.27	29.41	30.05
		200	191.1	0.83	29.98	
		300	273.1	0.67	30.74	
	200	100	183.1	0.34	36.95	36.06
		200	255.5	0.40	39.48	
		300	292.6	0.53	31.75	

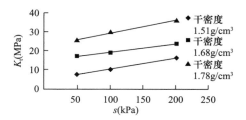

图 18.23　土的切线体积模量随吸力的变化

不同初始干密度土样参数 K_t^0、m_2 的取值　　　　　　　　表 18.13

ρ_d (g/cm³)	K_t^0 (MPa)	m_2
1.51	4.5334	0.0581
1.68	15.256	0.0422
1.78	22.214	0.0705

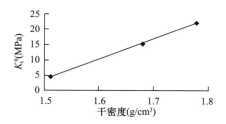

图 18.24　参数 K_t^0 随干密度的变化

18.4　温度对非线性模型参数的影响

为了研究温度对膨胀土力学特性的影响，陈正汉和谢云等[19-20]用后勤工程学院自主研发的温控土工三轴仪（图 6.33）研究了重塑陶岔膨胀土的热力学特性。共做了 3 种应力路径的温控试验，最高温度控制为 60℃，试验的详细情况和应力-应变曲线性状已在第 13.6 节中介绍，并提出了考虑温度影响的非饱和土抗剪强度公式（13.12）和式（13.13）。重塑陶岔膨胀土试样的初始干密度为 1.5g/cm³，土粒相对密度为 2.73。

18.4.1 考虑温度影响的切线杨氏模量

视不同温度下的偏应力-应变曲线（图 13.31）为由式（18.15）描述的双曲线，将其转换为 $\varepsilon_a/(\sigma_1-\sigma_3)$-$\varepsilon_a$ 关系曲线（图 18.25）。由图 18.25 可以算出各曲线的 a、b 值及相应的 E_i 值，见表 18.14。用式（18.16）描述初始杨氏模量，该式包含的参数 k 和 n 由图 18.26 确定，其数值亦汇于表 18.14。温度对 n 的影响甚微，可视为常数。参数 k 随温度升高而增加，图 18.27 表明二者之间的关系可用直线描述。考虑到 k 亦随吸力呈线性变化［式（18.17）］，则可认为 k 是吸力和温度的二元线性函数，用下式描述：

$$k = k^0 + m_1(s/p_{\mathrm{atm}}) + m_k T \tag{18.55}$$

式中，m_k 是考虑温度对初始杨氏模量影响的参数。对于南阳重塑膨胀土，文献［22］在常温下测定的参数 m_1 数值为 32.8。如不考虑温度对 m_1 的影响，则通过拟合可得式（18.55）中其他两参数的数值分别为：$k^0=46.34$，$m_k=2.8917$（1/℃）。

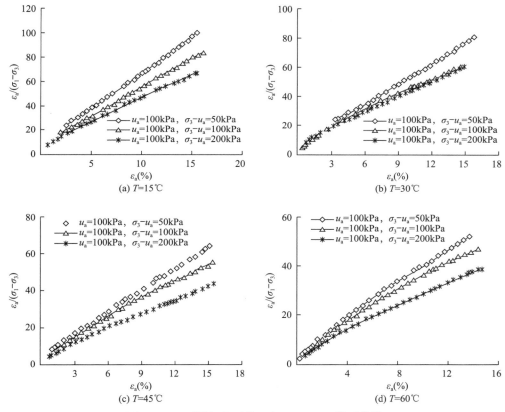

图 18.25 不同温度下的 $\varepsilon_a/(\sigma_1-\sigma_3)$-$\varepsilon_a$ 关系曲线

与切线杨氏模量相关的参数 表 18.14

吸力 (kPa)	温度 (℃)	σ_3-u_a (kPa)	a (%/MPa)	b (1/MPa)	E_i (MPa)	$(\sigma_1-\sigma_3)_{\mathrm{ult}}$ (kPa)	$(\sigma_1-\sigma_3)_f$ (kPa)	R_f	k	n
100	15	50	8.75	5.87	11.42	170.48	156.03	0.92	126.8	0.18
		100	7.86	4.75	12.71	210.38	189.75	0.90		
		200	6.92	3.87	14.45	258.20	228.90	0.89		
	30	50	8.15	4.72	12.26	211.88	176.95	0.84	148.4	0.20
		100	6.71	3.91	14.90	255.60	239.77	0.94		
		200	8.05	3.78	12.42	264.74	243.92	0.92		

续表 18.14

吸力 (kPa)	温度 (℃)	$\sigma_3 - u_a$ (kPa)	a (%/MPa)	b (1/MPa)	E_i (MPa)	$(\sigma_1-\sigma_3)_{ult}$ (kPa)	$(\sigma_1-\sigma_3)_f$ (kPa)	R_f	k	n
100	45	50	4.86	3.99	20.59	250.83	235.21	0.94	229.4	0.18
		100	4.38	3.43	22.81	291.61	275.00	0.94		
		200	3.77	2.54	26.54	393.95	354.30	0.90		
	60	50	4.50	3.59	22.22	278.78	264.64	0.95	244.4	0.18
		100	4.16	2.96	24.04	337.62	311.02	0.92		
		200	3.55	2.45	28.13	408.31	379.98	0.93		

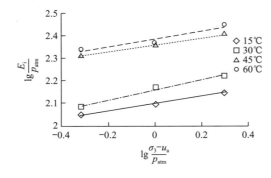

图 18.26　$\lg \dfrac{E_i}{p_{atm}}$-$\lg \dfrac{\sigma_3 - u_a}{p_{atm}}$ 关系曲线

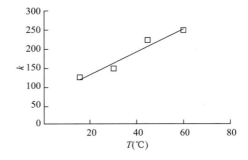

图 18.27　k-T 关系曲线

把式（18.55）代入式（18.19）［或式（18.20）］就得到考虑温度影响的切线压缩模量的表达式：

$$E_t = (1 - R_f L)^2 \cdot \left[k^0 + m_1 \left(\frac{u_a - u_w}{p_{atm}} \right) + m_k T \right] \cdot p_{atm} \cdot \left(\frac{\sigma_3 - u_a}{p_{atm}} \right)^n \tag{18.56}$$

共包含 9 个参数：c'、φ'、φ^b、k^T、R_f、k^0、m_1、m_k、n，均可由温控非饱和土三轴排水剪切试验确定；比常温条件下多了 2 个参数 k^T［式（13.13）］和 m_k。

18.4.2　考虑温度影响的切线体积模量

土的切线体积模量用式（18.21）确定，由非饱和土温控三轴试验资料得到的 K_t 列于表 18.15。K_t 随温度的变化规律示于图 18.28，可用线性关系描述。因在常温下考虑吸力影响的土的切线体积模量用式（18.22）描述，则同时考虑温度和吸力影响的土的切线体积模量可用如下二元线性函数拟合：

$$K_t = K_t^0 + m_2 s + m_4 (T - T_0) \tag{18.57}$$

式中，m_4 为土的切线体积模量随温度升高的增加率（MPa/℃）；T_0 为参考温度，此处取 $T_0 = 15℃$。

切线体积模量 K_t 的数值　　　　　　　　　　表 18.15

T (℃)	s (kPa)	$\sigma_3 - u_a$ (kPa)	应力水平等于 70%			$\overline{K_t}$ (MPa)
			$\sigma_1 - \sigma_3$ (kPa)	ε_v (%)	K_t (MPa)	
15	100	50	106.56	0.62	5.7	10.4
		100	130.26	0.426	10.2	
		200	157.78	0.498	10.6	

T (℃)	s (kPa)	$\sigma_3 - u_a$ (kPa)	应力水平等于70%			
			$\sigma_1 - \sigma_3$ (kPa)	ε_v (%)	K_t (MPa)	$\overline{K}_t$ (MPa)
30	100	50	136.14	0.766	5.9	—
		100	164.77	1.77	3.1	
		200	167.32	1.026	5.4	
45	100	50	158.6	0.396	13.4	13
		100	197.8	0.914	7.2	
		200	248	0.659	12.5	
60	100	50	188	0.333	18.8	17
		100	215	1.27	5.6	
		200	259.4	0.569	15.2	

注：有下划线的数值未参与分析。

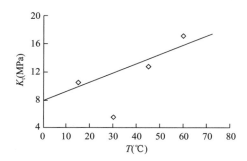

图 18.28 土的切线体积模量 K_t 随温度的变化

18.4.3 考虑温度影响的水的切线体积模量 K_{wt}

在第 18.1.2 节中提出了两种确定与净平均应力相关的水的切线体积模量 K_{wt} 的方法。本节采用第二种方法，即利用同一吸力下各种净室压力的三轴排水剪切试验的 w-p 关系曲线的斜率 $\beta(s)$ 求 K_{wt}。由第 18.1.2 节和图 18.4 可知，各种吸力下的直线坡度 $\beta(s)$ 彼此接近，可视为不随吸力变化的常数。

由温控非饱和土三轴试验得到的 $\beta(s)$ 数值列于表 18.16。由陶岔重塑膨胀土的初始干密度（1.5g/cm³）和土粒相对密度（$G_s = 2.73$）可知试样的初始孔隙比为 0.82，利用式（18.24）可以求得与净平均应力相关的水的切线体积模量 K_{wt}，其值亦列于表 18.16。图 18.29 是 K_{wt} 随温度的变化切线，可用线性关系描述，其表达式为：

$$K_{wt} = [m_5 + m_6(T - 15)]p_{atm} \tag{18.58}$$

式中，m_5 和 m_6 分别是图 18.29 中直线的截距和斜率。

温控三轴试验得到的参数 β (s) 和 K_{wt}		表 18.16
T (℃)	β (s) ($\times 10^{-5}$kPa^{-1})	K_{wt} (MPa)
15	4.03	16.54
30	5.75	11.59
45	9.94	6.71
60	12.28	5.43

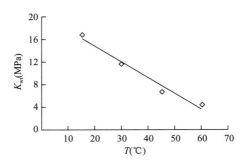

图 18.29　水的切线体积模量 K_{wt} 随温度的变化

18.4.4　土的热膨胀系数

Hueckel 等[23]对天然黏土及重塑黏性土做了考虑温度效应的三轴试验（温度范围为 18～115℃），研究了饱和黏土在加热过程中的体积变化。研究结果表明，土的膨胀主要是由土样基质内的吸附水和矿物的膨胀引起的。土可恢复的体积热应变 ε_{ve}^T 可表示为：

$$\varepsilon_{ve}^T = \alpha\left(\Delta T, \frac{p_c}{p_0^*}\right)\Delta T \tag{18.59}$$

其中，$\alpha\left(\Delta T, \dfrac{p_c}{p_0^*}\right) = \alpha_0^* + \alpha_2 \Delta T + \left(\alpha_1 + \alpha_3 \Delta T\right) \Delta T \ln \dfrac{p_c}{p_0^*}$。 $\qquad$ (18.60)

式中，α_0^*、α_1、α_2、α_3 是与温度有关的常数；p_c 是参考压力；p_0^* 是饱和状态下的前期固结压力。

18.4.5　考虑温度影响的非饱和膨胀土的非线性本构模型参数小结

本节提出的考虑温度影响的重塑非饱和膨胀土的非线性模型包括土骨架的变形和水量变化两个方面，共包含 19 个参数，c'、k^T、φ'、φ^b、R_f、k^0、m_1、m_k、n、K_t^0、m_2、m_4；m_5、m_6、H_{wt}；α_0^*、α_1、α_2、α_3。其中前 12 个参数与土骨架的变形和强度有关，中间 3 个参数与水量变化有关，最后 4 个参数与土的热膨胀有关。当不考虑热膨胀变形时，只有 15 个参数。在常温下，该模型就退化为只考虑吸力影响的非饱和土的非线性模型。

18.5　非饱和土的增量非线性横观各向同性本构模型

18.5.1　问题的提出

各向异性是土的重要力学特性之一。各向异性按成因可分为原生各向异性（inherent anisotropy）和应力诱发的各向异性（induced anisotropy），前者如天然沉积土，在沉积过程和固结过程中形成；后者则是由于土受到各向不等的应力所致。

土的各向异性在大多数情况下表现为横观各向同性[24]，亦即为层状结构。换言之，土的性质在垂直于某一坐标轴的平面内是各向同性的。横观各向同性土体在国内外广泛分布，天然沉积的成层地基就是横向各向同性土体最常见的例子。机场、大坝、路堤等人工填土工程是逐层填筑的，也可以视为横观各向同性土体。特别是近年来随着国家城镇化发展战略和西部大开发战略的实施，土地资源的供需矛盾非常突出，平山填沟造地、填海造地等大面积填土工程应运而生，横观各向同性土体的面积急剧增长。在平山造地方面，兰州市、十堰市和延安市目前都正在实施平山建城规划。兰州新城建设于 2012 年 12 月 10 日在兰州白道坪村的荒山开工，计划将推掉 700 多座山头，平整土地约 25km²。"车城"十堰老城区的东、西两面亦在大规模造城，其中"东部新城"的规模将达到 40km²，"西部新城"的规模将达到 46km²，这相当于再造一个十堰。延安将在附近山地平整 4 个新区（北区、南区、文化产业园区和柳林新区），总面积 77.1～80.3km²，相当于延安现有市区面积的两倍；一期工程（北区）在 2012 年 4 月开工，南北向长度约 5.5km，东西向宽度约 2.0km，共削平 33 个山头，总造地面积约 10.5km²，其中填方面积 4.6km²。在填海造地方面，天津塘沽区为发展海洋经济围海造地 10km²，曹妃甸为首钢新址围海造地 20km²。上海迄今已围海造地 450km²，相当于 13 个澳门。据中新社 2008 年 2 月 15 日报道，从 2005 年开始，中国每年"向大海要地"都在 100km² 以上；截至 2007 年底，中国围海造地面积就已达到 540km²，已接近新加坡的国土面积。新华网 2014 年 8 月 19 日报道，温州市为缓解决土地资源紧缺和拉大城市框架，已启动国内规模最大的单体围海造田项目"瓯飞工程"，计划共造地 320km²，是温州现有面积的 1.64 倍。2016 年 3 月 2 日，深圳市委书记表示深圳需要拓展发展空间，包括填海 55km²、陆地整备 50km² 左右。必须指出，面对南海日益严峻的安全形势，我国已加速在南海的永暑礁、美济礁、渚碧礁等岛礁进行填海造岛工程，截至 2015 年 8 月，造岛面积已达 12km²。由此可见，横观各向同性土体和地基与我国现代化建设、国防建设密切相关。

为了科学预测天然地基和填土地基的变形，必须建立能反映地基土和填土重要力学特性的本构模型。首先，地基土和填土的横观各向同性必须考虑。其次，我国北方属于干旱和半干旱地区，地基土和填土大都处于非饱和状态；即使在南方，填土地基、天然地基的地下水位以上部位、填海地基的水位以上部位也都是非饱和的；故基质吸力的影响不能忽略。最后，土的应力应变关系具有强烈的非线性，是土变形的突出特点[25]。尽管迄今已建立了数以百计的土的本构模型（包括描述各向异性的弹塑性模型），但能同时反映上述三个特性的本构模型尚未见报道。国际学术界曾举行过多次土的本构模型验证研讨会，土的增量非线性模型的表现比复杂的弹塑性模型并不逊色[24-25]。由于土的增量非线性模型具有理论简明、参数易定、应用方便等突出优点，在岩土工程中得到了广泛应用，显示了强大的生命力。因此，建立非饱和土的增量非线性横观各向同性本构模型，不仅具有重要的学术价值，而且具有广泛的应用领域。

本节以非饱和土力学和弹性理论为基础，构建了非饱和土的增量非线性横观各向同性本构模型[26-27]，是第 18.1 节所提非饱和土的增量非线性各向同性本构模型的发展，可为天然成层地基和大面积填土工程的设计和变形预测提供理论支持。

18.5.2 模型的理论表述

设水平面是各向同性的，以非饱和土力学和弹性理论为基础，在经典横观各向同性弹性全量本构方程[24-25]的基础上，同时考虑净总应力 $\sigma_{ij} - u_a$ 和基质吸力 $s = u_a - u_w$ 的贡献，非饱和土的增量非线性横观各向同性本构模型可表述如下[26-27]：

对土骨架变形：

$$d\varepsilon_z = \frac{d(\sigma_z - u_a)}{E_{vt}} - \frac{\upsilon_{hvt}}{E_{ht}}d(\sigma_x - u_a) - \frac{\upsilon_{hvt}}{E_{ht}}d(\sigma_y - u_a) + \frac{ds}{H_{vt}} \tag{18.61}$$

$$d\varepsilon_x = \frac{d(\sigma_x - u_a)}{E_{ht}} - \frac{\upsilon_{hht}}{E_{ht}}d(\sigma_y - u_a) - \frac{\upsilon_{vht}}{E_{vt}}d(\sigma_z - u_a) + \frac{ds}{H_{ht}} \tag{18.62}$$

$$d\varepsilon_y = \frac{d(\sigma_y - u_a)}{E_{ht}} - \frac{\upsilon_{hht}}{E_{ht}}d(\sigma_x - u_a) - \frac{\upsilon_{vht}}{E_{vt}}d(\sigma_z - u_a) + \frac{ds}{H_{ht}} \tag{18.63}$$

$$d\gamma_{xy} = d\gamma_{yx} = \frac{d\tau_{xy}}{G_{ht}} \quad d\gamma_{yz} = \frac{d\tau_{yz}}{G_{vt}} \quad d\gamma_{zx} = \frac{d\tau_{zx}}{G_{vt}} \tag{18.64}$$

对水量变化，直接采用陈正汉团队提出的 4 变量广义持水特性表达式，即式（10.23）：

$$d\varepsilon_w = \frac{dp}{K_{wpt}} + \frac{ds}{K_{wst}} + \frac{dq}{K_{wqt}} \tag{18.65}$$

在式（18.61）～式（18.65）中共包含 12 个参数，其中，描述土骨架变形的参数有 9 个，即，E_{ht} 为水平方向的切线杨氏模量，E_{vt} 为竖直方向的切线杨氏模量，G_{vt} 为竖直面上的切线剪切模量，G_{ht} 为水平面的切线剪切模量，υ_{hht} 为水平向的正应力引起与其正交水平向应变的切线泊松比，υ_{vht} 为竖直向正应力引起水平向应变的切线泊松比，υ_{hvt} 为水平向的正应力引起竖直向应变的切线泊松比，H_{vt} 是吸力引起竖向变形的切线模量，H_{ht} 是吸力引起水平向变形的切线模量；描述水分变化的参数有 3 个，即，K_{wpt}、K_{wst} 和 K_{wqt} 分别是与净平均应力、吸力和偏应力相关的水的切线体积模量；u_a 为孔隙气压力；ε_w 为体积含水率的改变量；dp 为净平均应力增量；dq 为偏应力增量，ds 为基质吸力增量。式（18.61）～式（18.63）的左端分别为 3 个正应变增量，式（18.64）的左端为工程剪应变的增量。

根据经典弹性理论，描述土骨架变形的 9 个参数之间存在两个联系式：

$$G_{ht} = \frac{E_{ht}}{2(1 + \upsilon_{hht})} \tag{18.66}$$

$$\frac{\upsilon_{vht}}{E_{vt}} = \frac{\upsilon_{hvt}}{E_{ht}} \tag{18.67}$$

式（18.66）源于经典弹性理论，式（18.67）由文献［28］、［29］给出。如此一来，描述土骨架变形的 9 个参数中只有 7 个是相互独立的。该模型共有 10 个独立参数需要测定。

18.5.3　测定模型参数的理论依据

文献［28］认为，"要完整地描述和测定土体刚度各向异性及其随应力水平的变化是很困难的"。由于模型参数要用非饱和土三轴试验测定，故需要先把式（18.61）～式（18.65）改成三轴应力状态下的表达形式：

$$d\varepsilon_1 = \frac{d(\sigma_1 - u_a)}{E_{vt}} - 2\frac{\upsilon_{hvt}}{E_{ht}}d(\sigma_3 - u_a) + \frac{ds}{H_{vt}} \tag{18.68}$$

$$d\varepsilon_3 = \frac{1 - \upsilon_{hht}}{E_{ht}}d(\sigma_3 - u_a) - \frac{\upsilon_{vht}}{E_{vt}}d(\sigma_1 - u_a) + \frac{ds}{H_{ht}} \tag{18.69}$$

$$d\varepsilon_w = \frac{dp}{K_{wpt}} + \frac{ds}{K_{wst}} + \frac{dq}{K_{wqt}} \tag{18.70}$$

式（18.68）～式（18.70）中包含 9 个切线模型参数；另外，式（18.64）还有包含 1 个参数 G_{vt}，共 10 个参数，需要用多种应力路径的非饱和土三轴试验测定。

确定模型参数需要采用比较简单、容易实现的非饱和土三轴试验。为确定 10 个模型参数，考虑 6 种应力路径的横观各向同性非饱和土三轴试验。对每一种应力路径依式（18.68）～式（18.70)解出对应参数的表达式，这些表达式即为用非饱和土三轴试验确定模型参数的理论依据。具体情况介绍如下。

（1）控制净围压和吸力均等于常数的三轴排水剪切试验

该试验是非饱和土的一种常规三轴试验，在该试验条件下，由式（18.68）和式（18.69）可得：

$$E_{vt} = \frac{d\sigma_1}{d\varepsilon_1} = \frac{d(\sigma_1 - \sigma_3)}{d\varepsilon_1} = \frac{dq}{d\varepsilon_1} \tag{18.71}$$

$$\upsilon_{vht} = -\frac{d\varepsilon_3}{d\sigma_1}E_{vt} = -\frac{d\sigma_3}{d\varepsilon_1} \tag{18.72}$$

由此，这一种试验可以独立测定 2 个参数。

（2）控制吸力和偏应力均为常数的各向等压排水试验

这也是非饱和土的一种常规三轴试验，该试验过程中量测排水量和试样体变。由式（18.70）得：

$$K_{wpt} = \frac{dp}{d\varepsilon_w} \tag{18.73}$$

由式（18.68）和式（18.69）可得：

$$\frac{1 - 2\upsilon_{vht}}{E_{vt}} + 2\frac{1 - \upsilon_{hht} - \upsilon_{hvt}}{E_{ht}} = \frac{d\varepsilon_v}{dp} \tag{18.74}$$

式（18.74）左边第一项中的两个参数由式（18.71）和式（18.72）表达；第二项包含 3 个参数，利用式（18.67）的约束条件，则只有两个是独立的，故除了式（18.74）外，还需要再补充一个关系式。

（3）控制吸力和净平均应力均等于常数、偏应力增大的三轴排水剪切试验

由式（18.70）可得：

$$K_{wqt} = \frac{dq}{d\varepsilon_w} \tag{18.75}$$

（4）控制净平均应力等于常数和偏应力等于零（即各向净法向应力都相等且保持常数）、吸力逐级增大的三轴试验

这实际上就是考虑净平均应力影响的广义持水特性试验，试验过程中量测排水量。由式（18.70）可得：

$$K_{wst} = \frac{ds}{d\varepsilon_w} \tag{18.76}$$

如轴向加压活塞的面积与试样横断面积相同（如 GDS 应力路径三轴仪），则轴向压力和围压可分开独立施加与控制，试验过程中量测试样的排水量、轴向应变与体积变化，再由体积变化算出径向应变，则除了可得到式（18.76）外，还能从式（18.68）和式（18.69）得：

$$H_{vt} = \frac{ds}{d\varepsilon_1} \tag{18.77}$$

$$H_{ht} = \frac{ds}{d\varepsilon_3} \tag{18.78}$$

即，从此试验可以测定 3 个参数。

（5）控制吸力为常数、控制轴向应变为零、逐级增大净围压的非饱和土三轴试验

在本试验过程中量测轴向压力、排水量和体变，进而可算出径向应变，由式（18.68）和式（18.69）分别得：

$$\frac{d(\sigma_1 - u_a)}{E_{vt}} = 2\frac{\upsilon_{hvt}}{E_{ht}}d(\sigma_3 - u_a) \tag{18.79}$$

$$d\varepsilon_3 = \frac{1 - \upsilon_{hht}}{E_{ht}}d(\sigma_3 - u_a) - \frac{\upsilon_{vht}}{E_{vt}}d(\sigma_1 - u_a) \tag{18.80}$$

把式（18.79）代入式（18.80）得：

$$\frac{d\varepsilon_3}{d(\sigma_3 - u_a)} = \frac{1 - \upsilon_{hht} - 2\upsilon_{vht}\upsilon_{hvt}}{E_{ht}} \tag{18.81}$$

联立式（18.74）和式（18.81）及约束条件式（18.67），即可得到 3 个参数 E_{ht}、υ_{hht} 和 υ_{hvt} 的表达式。

（6）参数 G_{vt} 的测定方法

G_{vt} 和 E_{vt}、E_{ht}、υ_{vht} 及与水平方向成 β 角的方向上的切线杨氏模量 E_t^β 存在以下关系[28]：

$$\frac{1}{E_t^\beta} = \frac{\cos^4\beta}{E_{ht}} + \frac{\sin^4\beta}{E_{vt}} + \left(\frac{1}{G_{vt}} - \frac{2\upsilon_{vht}}{E_{vt}}\right)\sin^2\beta\cos^2\beta \tag{18.82}$$

E_t^β 测定方法如下：在横观各向同性土块中切割一圆柱土体，其轴线与水平向成 β 角，再将其用原状土样削土器加工成标准三轴试样；对此土样做上述第一种非饱和土三轴试验，就可利用式（18.71）确定 E_t^β；进而用式（18.82）可计算出 G_{vt}。为方便计算，取 β 角等于 $45°$ 或 $60°$。

至此，给出了用非饱和土三轴试验确定 10 个模型参数的理论表达式。其中，第（1）种试验可测 3 个参数（E_{vt}、υ_{vht} 及 E_t^β），第（2）种和第（3）种试验可分别测定 1 个参数（K_{wpt}、K_{wqt}），第（4）种试验可测定 3 个参数（K_{wst}、H_{vt}、H_{ht}），第（2）种和第（5）种试验可联合测定 2 个参数（E_{ht}、υ_{hvt}），通过第（6）种试验测定 E_t^β 后再由式（18.82）算出 G_{vt}。

18.5.4　试样制备

试验设备采用后勤工程学院改进升级的非饱和土三轴仪（图 9.1～图 9.3），既可应力控制，亦可应变控制。试验用土取自延安新区工地现场，为重塑 Q_3 黄土，土的基本物理性质见表 12.30。根据延安新区某一区域填方的压实度，重塑试样的初始干密度控制为 $1.51\mathrm{g/cm^3}$，初始含水率控制为 18.6%。

为了测定非饱和土的增量非线性横观各向同性本构模型参数，并比较横观各向同性土与各向同性土及按压实方法制成的常规重塑土样的力学特性，需要制备 3 类试样：各向同性试样、横观各向同性试样和按压实方法制成的常规重塑土样。其中，制备横观各向同性试样的方法在文献中未见报道。

常规重塑试样用专门的制样模具（图 9.6）分 5 层压制而成，试样直径 39.1mm，高 80mm；如此制成的土样就具有横观各向同性性质，再经过控制吸力的 K_0 固结后，就可以用于测定模型参数。下面分别介绍制备各向同性试样的方法和对横观各向同性试样进行控制吸力的 K_0 固结试验的方法。

制备各向同性试样的方法如下。为了把一定湿度的土料在各向等压条件下压实到预定的干密度，需要用 1 个大尺寸三轴压力室（底座直径 101.1mm）和 1 台压力体积控制器，经过预先反复摸索才能找出合适的压力。具体方法步骤如下[26,30]：（1）将直径为 101mm 的双层橡皮膜套在压力室底座上，并在底座上放透水石（双层橡皮膜在加压前可起到一定约束试样变形的作用）。（2）将含水率为 18.6% 的散土缓慢倒入橡皮膜中，并轻摇使其稍加密实；橡皮膜内散土达到一定高度后，在土体顶端放透水石、试样帽，最后将橡皮膜的两头分别扎紧在试样底座和试样帽上。（3）安装压力室外罩，给压力室充水，使试样在一定围压下固结，各向同性试样制备时，固结稳定的标准为：2h 试样体变和排水均小于 0.01mL，需历时 30h 以上。（4）固结结束后，卸下压力室外罩，取出大试样，用环刀沿不同方向取土，测土样的干密度及含水率。通过多次试验确定不同固结压力下对应试样的干密度及含水率。试验发现，235kPa 围压下固结得到的试样干密度在 $1.51\sim1.52\mathrm{g/cm^3}$ 之间，符合压实度要求，含水率在 $18.53\%\sim18.60\%$ 之间，基本不变。（5）按照上述步骤（1）重新装土，使土样在 235kPa 围压下均压固结，固结结束后按照不同角度（与试样的短轴方向呈 $0°$、$45°$、$60°$、$90°$）将大试样削成直径为 39.1mm，高度为

图 18.30　标准三轴试样的长轴与大试样短轴呈 $45°$ 夹角的各向同性试样切削过程

80mm 的标准三轴试样，用以检验不同方向的试样变形强度是否相同；其中，45°方向的试样切削过程如图 18.30 所示。最后，量测标准三轴试样的干密度及含水率，即可进行试验。

为了对横观各向同性试样进行控制吸力的 K_0 固结，专门设计加工了三瓣膜和 2 个配套钢箍[26]［图 18.31（a）］，三瓣膜的内径 39.1mm，高 123mm，厚 4mm，每瓣边缘呈锯齿状，相互咬合紧密；外侧套两个厚 5.3mm 的钢箍，可严格限制试样在竖向力作用下的径向位移为零，且可施加吸力。

(a) 专用三瓣膜和钢箍　　　(b) 试样安装　　　(c) K_0 预固结

图 18.31　专用三瓣膜和钢箍、试样安装及 K_0 预固结

18.5.5　试验方案

试验目的包括比较 3 类土的力学特性和测定 10 个模型参数。其中比较 3 类土的力学特性的试验分 3 组共 72 个试样，具体的试验方案如表 18.17 所示。第 I 组为各向同性试样的三轴固结排水剪切试验，考虑削样角度、净围压及吸力的影响，共 36 个试样，简称为各向同性试验；第 II 组为经过 K_0 固结的横观各向同性试样的三轴固结排水剪切试验，控制净围压和吸力均为常数，共 24 个试样，简称为 K_0CD 试验，此组试验就是第 18.5.3 节中的第（1）种试验，其结果可用于测定模型参数 E_{vt} 和 υ_{vht}；第 III 组为常规重塑试样的三轴固结排水剪切试验，控制净围压、吸力均为常数，共 12 个试样，简称为 CD 试验。

试　验　研　究　方　案　　　　　　　　　　表 18.17

试验组别及简称	K_0 固结时控制竖向应力（kPa）	削样角度（°）	控制净围压（kPa）	控制基质吸力（kPa）	试验数量（个）
I 各向同性试验	—	0 45 60 90	100 200 300	50 100 200	36
II K_0CD 试验	100 200	—	100 200 300	0 50 100 200	24
III CD 试验	—	—	100 200 300	0 50 100 200	12

每个横观各向同性土样的试验经历 3 个阶段：（1）把试样安装在非饱和土三轴仪底座上，套上橡皮膜，再依次安装三瓣膜［图 18.31（b）］、压力室外罩和量测轴向变形的百分表，用加

荷器给试样施加一定的竖向压力，给内外压力室同时施加等值的气压力，让试样先在一定竖向应力（100kPa、200kPa）及吸力（0kPa、50kPa、100kPa、200kPa）条件下进行 K_0 固结 [图 18.31（c）]。其中吸力为 0kPa 的试样为饱和试样，需将试样抽真空饱和后再进行 K_0 固结；（2）卸下加荷器、压力室和三瓣膜，用橡皮圈将橡皮膜的两头分别扎紧在试样底座和试样帽上，以固定试样，再安装上压力室外罩，给内、外压力室充水，让试样在控制吸力（与 K_0 固结时的吸力相同，即 0kPa、50kPa、100kPa、200kPa）和净围压（100kPa、200kPa、300kPa）为常数的条件下进行各向等压固结；（3）固结完成后对试样进行排水剪切。

K_0 固结阶段的固结稳定标准为：在 2h 内，试样的竖向位移小于 0.01mm，排水量小于 0.01mL，一般都历时 72h 以上；各向等压固结阶段固结稳定的标准为：2h 内体变和排水均小于 0.01mL，固结历时 40h 以上；剪切速率均选用 0.0066mm/min。

其他类别的试验在后续介绍。

18.5.6　3 类土试验结果的比较

3 类土试验结果的比较包括两个方面：变形强度特性与水量变化特性。

18.5.6.1　变形强度特性的比较

图 18.32 是各向同性试样的轴向应变-偏应力关系曲线，相同吸力下的 3 组曲线由下至上对应的净围压分别为 100kPa、200kPa、300kPa。图 18.33 是各向同性试样的轴向应变-体应变关系曲线，相同吸力下的 3 组曲线由下至上对应的净围压分别为 100kPa、200kPa、300kPa。从图 18.32 和图 18.33 可知，不同削样角度的试样在相同吸力和相同净围压下的应力-应变曲线几乎重合，说明第 18.5.4 节提出的制备各向同性试样的方法是正确的。

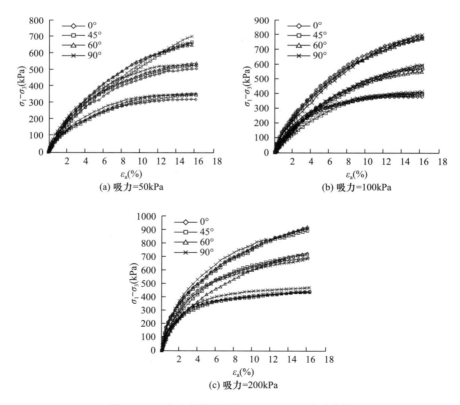

图 18.32　各向同性试样 $(\sigma_1 - \sigma_3)$-ε_a 关系曲线

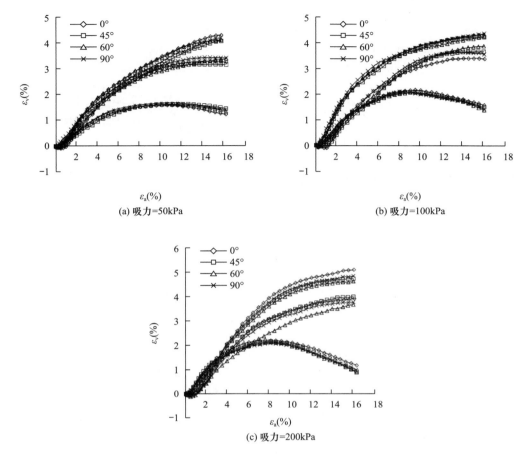

(a) 吸力=50kPa

(b) 吸力=100kPa

(c) 吸力=200kPa

图 18.33　各向同性试样 ε_v-ε_a 关系曲线

横观各向同性试样及常规重塑试样的三轴固结排水剪切试验的偏应力-轴向应变曲线和轴向应变-体应变关系曲线如图 18.34 所示。K_0CD 试验试样的偏应力总是大于 CD 试验（吸力为0kPa 的饱和试样尤甚），且净围压越大，两种试验试样的偏应力的差值越大。

对于 3 类土应力-应变性状的详细比较见文献 [26]、[30]、[31]，此处不再赘述。

应用与第 12.2.4.1 节相同的分析方法，可得 3 类土破坏时在 p-q 平面内的强度包线和强度参数，分别如图 18.35 和表 18.18 所示。应用与第 18.1.2 节相同的分析方法，可得 3 类土的初始杨氏模量与净围压的关系曲线（图 18.36）和 3 类土与切线杨氏模量有关的参数（表 18.19）。从表 18.18 和表 18.19 可见，在强度参数方面，K_0CD 试验的内摩擦角高于其他两类试验的结果，而各向同性土的总黏聚力最大；在与切线杨氏模量相关的 3 个参数方面，K_0CD 试验的结果均高于其他两类试验。其原因是前者比后两者多经历了一个控制吸力的 K_0 固结过程。

有了以上参数，就可用式（18.19）计算切线杨氏模量 E_{vt}。

υ_{vht} 可用下式求得：

$$\upsilon_{vht} = \frac{1}{2}\left(1 - \frac{E_{vt}}{3K_t}\right) \tag{18.83}$$

即，先由式（18.19）求得 E_{vt}，再用 E_{vt} 和切线体积模量 K_t 由式（18.83）确定 υ_{vht}。从第 18.1.2节和第 18.3 节的分析结果可知，K_t 主要受吸力的影响，而受净围压的影响不大。故可应用式（18.21）和式（18.22）进行分析，就得出 3 类土的切线体积模量（表 18.20）及其相关参数（表 18.21），从而由式（18.83）可以确定参数 υ_{vht}。

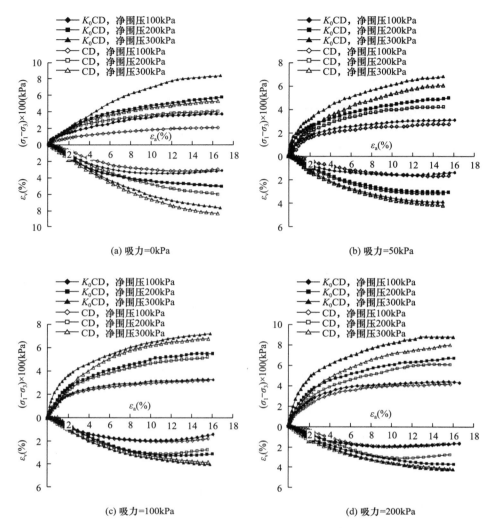

图 18.34　横观各向同性试样与常规重塑试样的 $(\sigma_1 - \sigma_3)$-ε_a 和 ε_v-ε_a 关系曲线

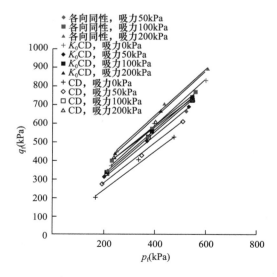

图 18.35　p-q 平面内的强度包线

3 类土的强度参数   表 18.18

吸力 (kPa)	σ_3-u_a (kPa)	q_f (kPa) 各向同性试验	K_0CD 试验	CD 试验	p_f (kPa) 各向同性试验	K_0CD 试验	CD 试验	φ' (°) 各向同性试验	K_0CD 试验	CD 试验	c (kPa) 各向同性试验	K_0CD 试验	CD 试验
0	100	—	367.7	201.3	—	226.6	167.1	—	31.39	26.51	—	41.63	16.11
	200	—	596.2	400.9	—	398.7	333.7						
	300	—	831.0	521.5	—	593.7	473.8						
50	100	341.5	312.1	276.0	213.8	204.0	192.0	26.61	28.93	27.13	58.08	37.25	30.98
	200	524.1	503.8	424.5	374.7	367.9	341.5						
	300	665.4	686.9	610.8	521.8	529.0	503.6						
100	100	399.0	333.0	325.5	229.7	211.0	208.3	28.44	30.04	28.21	67.07	42.07	47.90
	200	564.3	557.7	525.1	388.1	385.9	375.0						
	300	768.4	733.0	683.8	556.1	544.3	527.9						
200	100	447.4	433.3	409.3	249.1	244.4	236.4	31.35	31.61	29.2	70.56	62.61	67.50
	200	704.9	666.0	605.4	435.0	422.0	410.7						
	300	892	873.8	790.3	602.7	591.3	563.4						

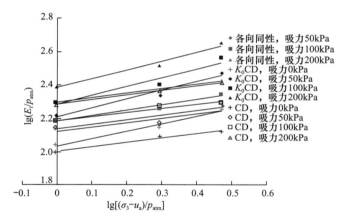

图 18.36 初始切线模量随净围压的变化

3 类土与杨氏模量相关的参数（相应于同一吸力的 3 个不同净围压下的平均值）   表 18.19

吸力 (kPa)	R_f 各向同性试验	K_0CD 试验	CD 试验	k 各向同性试验	K_0CD 试验	CD 试验	n 各向同性试验	K_0CD 试验	CD 试验
0	—	0.80	0.78		108.4	100.1		0.45	0.27
50	0.81	0.85	0.81	132.7	161.3	136.4	0.26	0.53	0.28
100	0.81	0.85	0.83	152.9	192.2	153.8	0.31	0.54	0.25
200	0.83	0.88	0.81	196.8	239.9	190.2	0.27	0.61	0.28

18.5.6.2 水量变化特性的比较

用式（18.23）计算与净平均应力相关的水的切线体积模量 K_{wt}，3 类土试验的相应数值列于表 18.22。对每类试验计算非饱和土试样（不包括吸力为 0 的饱和土）的 K_{wt} 的平均值，其值列于表 18.22 的最后一行。各向同性试验和 CD 试验的数值接近，而 K_0CD 试验的结果大于前两者，表明 K_0CD 试样的持水性能优于各向同性试样和 CD 试样。

切线体积模量 K_t 试验结果　　　　　　　　　　　　　　　表 18.20

吸力 (kPa)	$\sigma_3 - u_a$ (kPa)	$\frac{\sigma_1-\sigma_3}{3}$ (kPa)			ε_v (%)			K_t (MPa)			K_t 平均值 (MPa)		
		各向同性试验	K_0CD试验	CD试验	各向同性试验	K_0CD试验	CD试验	各向同性试验	K_0CD试验	CD试验	各向同性试验	K_0CD试验	CD试验
0	100		88.30	47.50	—	3.07	2.16	—	2.88	2.20	—	3.35	2.84
	200		134.4	94.70	—	3.84	2.82	—	3.50	3.36			
	300		229.0	121.3	—	6.21	4.11	—	3.69	2.95			
50	100	73.50	72.50	63.80	1.2	1.10	0.83	6.02	6.59	7.72	5.53	6.24	6.03
	200	118.2	121.4	101.0	2.3	2.10	1.90	5.14	5.78	5.32			
	300	151.7	165.3	140.3	2.8	2.61	2.80	5.42	6.33	5.01			
100	100	86.90	77.60	76.5	1.5	1.09	1.22	5.79	7.12	6.37	5.48	6.82	6.45
	200	128.4	133.0	125.7	2.5	2.10	2.27	5.14	6.33	5.54			
	300	181.5	173.3	162.5	3.3	2.47	2.18	5.50	7.02	7.45			
200	100	105.8	100.3	94.4	1.7	1.16	0.95	6.22	8.65	9.99	6.72	8.90	8.08
	200	166.3	156.2	139.5	2.3	2.01	1.86	7.20	7.77	7.50			
	300	221.6	209.6	182.0	3.3	2.04	2.70	6.71	10.27	6.74			

3 类土与切线体积模量相关的参数值　　　　　　　　　　　　表 18.21

试验类别	K_t^0	m_2
各向同性试验	4.91	0.0086
K_0CD试验	5.20	0.0182
CD试验	5.22	0.0140

与净平均应力相关的水的切线体积模量 K_{wt}　　　　　　　　表 18.22

吸力 (kPa)	$\sigma_3 - u_a$ (kPa)	$\frac{\sigma_1-\sigma_3}{3}$ (kPa)			ε_w (%)			K_{wt} (MPa)			K_{wt} 平均值 (MPa)		
		各向同性试验	K_0CD试验	CD试验	各向同性试验	K_0CD试验	CD试验	各向同性试验	K_0CD试验	CD试验	各向同性试验	K_0CD试验	CD试验
0	100	—	122.6	67.10	—	3.36	2.59	—	3.65	2.59	—	4.23	3.33
	200	—	198.7	133.7	—	4.41	3.90	—	4.51	3.43			
	300	—	277.0	173.8	—	6.11	4.38	—	4.53	3.97			
50	100	113.8	104.0	92.00	1.94	1.49	1.79	5.87	6.98	5.14	7.29	10.36	8.14
	200	174.7	167.9	141.5	2.09	1.43	1.71	8.36	11.74	8.27			
	300	221.8	229.0	203.6	2.29	1.85	1.85	7.65	12.38	11.00			
100	100	133.0	111.0	108.4	1.99	1.69	2.05	6.68	6.57	5.29	8.85	9.30	7.45
	200	188.1	185.9	175.0	2.10	1.82	2.26	8.96	10.21	7.74			
	300	256.1	244.3	227.9	2.35	2.20	2.45	10.90	11.11	9.30			
200	100	149.1	144.4	136.4	2.40	2.13	2.09	6.21	6.79	6.53	8.44	8.73	8.42
	200	235.0	222.0	210.8	2.75	2.36	2.34	8.55	9.41	9.01			
	300	297.3	291.3	263.4	2.82	2.91	2.71	10.54	10.00	9.72			
非饱和土（吸力大于 0）K_{wt} 的平均值（MPa）											8.19	9.46	8.00
用式（18.86）计算的 K_{wt} 的平均值（MPa）											8.40	14.19	8.49

图 18.37 是不同初始条件下的三组试样在剪切过程中的含水率与偏应力之间的关系曲线。由于各向同性试样在不同削样角度下的含水率与偏应力之间的关系曲线基本相同，取其平均值示于图 18.37（a）。由图 18.37 可知，试样的含水率在偏应力增大过程中不断减小，净围压较小的试样在临近破坏时含水率随着偏应力的增大存在陡降段，在破坏前全部试验点都落在一条狭窄的带状区域内。净围压较大的试样，偏应力-含水率关系近似为一条直线，将各直线的斜率列于表 18.23（忽略破坏前的陡降段），斜率用 $\beta_q(s)$ 表示。

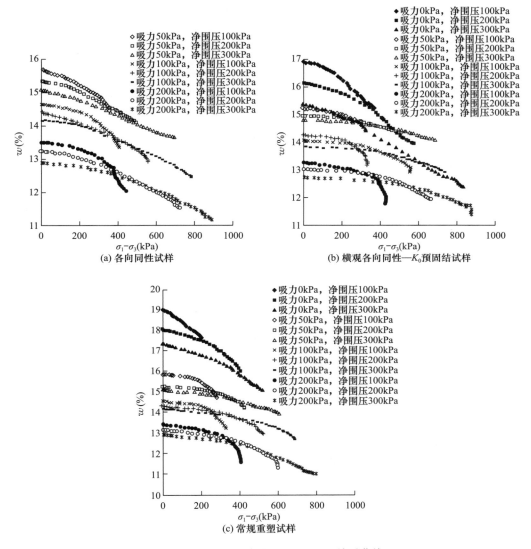

图 18.37　三组试验的 $(\sigma_1-\sigma_3)$-w 关系曲线

从表 18.23 可见，饱和的横观各向同性—K_0 预固结试样由于经历 K_0 预固结阶段对试样的挤压排水作用，使其 $\beta_q(s)$ 的绝对值小于重塑试样。吸力相同、净围压不同时，各试样的 w-q 曲线的斜率相差不大，为便于计算，取其平均值替代。可以看出，随着吸力的增加，各非饱和试样 $\beta_q(s)$ 近似相等，说明不同初始条件下的各非饱和试样在剪切阶段固结吸力变化对排水的影响并不显著。在 3 种吸力（50kPa、100kPa、200kPa）下对 $\beta_q(s)$ 取平均值发现，横观各向同性非饱和试样 $\beta_q(s)$ 的绝对值最小，为 $-1.55\times10^{-5}\,\text{kPa}^{-1}$，各向同性非饱和试样及常规重塑非饱和试样的 $\beta_q(s)$ 分别为 $-2.62\times10^{-5}\,\text{kPa}^{-1}$ 和 $-2.59\times10^{-5}\,\text{kPa}^{-1}$，两者基本相同。

剪切过程中土样的 w-q 关系曲线的斜率　　　　　　　　　　　表 18.23

试样	吸力（kPa）	净围压（kPa）	β_q (s) （$\times10^{-5}\mathrm{kPa^{-1}}$）	各吸力下的平均值 （$\times10^{-5}\mathrm{kPa^{-1}}$）	平均值 （$\times10^{-5}\mathrm{kPa^{-1}}$）
各向同性	50	100	−3.27	−2.68	−2.62
		200	−2.63		
		300	−2.15		
	100	100	−3.09	−2.61	
		200	−2.48		
		300	−2.26		
	200	100	−3.30	−2.56	
		200	−2.39		
		300	−2.00		
横观各向同性	0	100	−4.98	−4.43	−1.55
		200	−4.06		
		300	−3.72		
	50	100	−2.16	−1.55	
		200	−1.33		
		300	−1.16		
	100	100	−1.44	−1.52	
		200	−1.84		
		300	−1.27		
	200	100	−1.63	−1.59	
		200	−1.69		
		300	−1.45		
重塑	0	100	−6.82	−5.46	−2.59
		200	−5.05		
		300	−4.50		
	50	100	−3.02	−2.47	
		200	−2.49		
		300	−1.89		
	100	100	−2.95	−2.48	
		200	−2.49		
		300	−1.99		
	200	100	−3.20	−2.83	
		200	−2.78		
		300	−2.52		

应当指出，图 18.4 表示的三轴排水剪切试验的 w-p 关系曲线在破坏前近似为直线，直线的斜率用 $\beta(s)$ 表示，为清楚起见，现将其改用 $\beta_p(s)$。而图 18.37 是剪切过程中的 w-q 关系曲线，其斜率为 $\beta_q(s)$。二者之间的关系为：

$$\beta_p(s) = \frac{\mathrm{d}w}{\mathrm{d}p} = \frac{\mathrm{d}w}{\mathrm{d}q}\frac{\mathrm{d}q}{\mathrm{d}p} = \beta_q(s)\frac{\mathrm{d}q}{\mathrm{d}\left(\sigma_3 + \dfrac{q}{3}\right)} = 3\beta_q(s) \tag{18.84}$$

还应当指出，表 18.22 的数据是用式（18.23）计算得到的，其中对水量变化采用试样在破坏时的体积含水率改变量 ε_{wf}，体积含水率改变量（ε_w）与质量含水率（w）通过式（18.4）相联系。如把式（18.23）改写为切线模量表达形式，则有：

$$K_{wt} = \frac{dq}{3d\varepsilon_w} = \frac{dq}{3dw}\frac{dw}{d\varepsilon_w} = \frac{1}{3\beta_q(s)}\left(-\frac{1+e_0}{G_s}\right) = -\frac{1+e_0}{G_s}\frac{1}{3\beta_q(s)} \tag{18.85}$$

由表 12.30 和试样初始干密度（1.51g/cm³）得试样初始孔隙比 e_0 和土粒相对密度 G_s 分别为 0.795 和 2.71，代入式（18.85）得：

$$K_{wt} = -\frac{1+e_0}{G_s}\frac{1}{3\beta_q(s)} = -0.22\frac{1}{\beta_q(s)} \tag{18.86}$$

把表 18.23 最后一列的数值代入式（18.86），计算得到的不同试验的 K_{wt} 平均值亦列于表 18.22 的最后一行。可见，对于 K_0CD 试验，两种方法得到的结果有较大差距；而对于各向同性试验和 CD 试验，两种方法得到的结果相当接近，反映了试验数据的可靠性和对 K_{wt} 用式（18.23）进行简化计算具有一定程度的合理性。鉴于表 18.23 的数据是依据图 18.37 所示的每组试样在剪切过程中的含水率与偏应力之间的关系曲线确定的，具有良好的代表性，故 K_{wt} 的取值应以表 18.23 中的数据为准。

18.5.7 模型参数的测定及其随应力状态的变化规律

本章构建的非饱和土的增量非线性横观各向同性本构模型包含 10 个参数，其中的 2 个参数 E_{vt}、υ_{vht} 已在第 18.5.6 节测定。本节根据式（18.73）～式（18.82）用不同应力路径的非饱和土三轴试验测定其他 8 个参数，同时研究各参数随应力状态的变化规律。

18.5.7.1 控制吸力和偏应力都为常数的各向等压排水试验

在控制吸力和偏应力都为常数的各向等压排水试验条件下，由式（18.70）可得确定参数 K_{wpt} 的关系式（18.73）；再由式（18.68）和式（18.69）可得另一关系式（18.74）。

试验设备为应力控制的非饱和土三轴仪（图 9.1 和图 9.3）。共做了 6 个控制吸力（50kPa、100kPa、200kPa）及偏应力（100kPa、200kPa）均为常数的各向等压排水试验。试验包括 K_0 预固结及各向等压两个阶段，首先试样在相应的吸力及偏应力下进行 K_0 预固结，下文中的其余各种试验均包含该阶段，不再赘述。待试样的轴向变形及排水稳定后 K_0 预固结结束，再给试样在相同的吸力及偏应力下分级施加净平均应力，研究不同净平均应力下试样的排水特性和体变。

图 18.38 是试验的净平均应力和水相体变的关系。试样的水相体变随净平均应力的增大而增大，且关系曲线近似呈直线。由于试样 K_0 预固结过程中的吸力及偏应力不同，试样的 ε_w-p 关系曲线的初始水相体变不同。

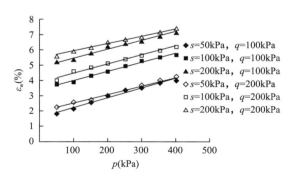

图 18.38 控制吸力和偏应力都为常数的各向等压排水试验的 ε_w-p 关系曲线

由式（18.73）可知，K_{wpt} 可用 ε_w-p 关系曲线斜率的倒数表示。用最小二乘法拟合图 18.38 的直线得到 ε_w-p 关系曲线的斜率，用 X_1 表示，并列于表 18.24 中，取其倒数即可得到 K_{wpt}。相同偏应力下，吸力越大试样的 K_{wpt} 越大；相同吸力下，偏应力对 K_{wpt} 的影响不大，可取两个偏应力下的平均值。K_{wpt}/p_{atm} 与 s/p_{atm} 近似呈对数关系（图略），表达式如下：

$$K_{\mathrm{wpt}} = \left(\Theta_1 \ln \frac{s}{p_{\mathrm{atm}}} + \Theta_2 \right) p_{\mathrm{atm}} \tag{18.87}$$

其中，$\Theta_1 = 19.30$，$\Theta_2 = 170.54$。

试样的 ε_{w}-p 和 ε_{v}-p 关系曲线的斜率   表 18.24

s（kPa）	q（kPa）	X_1（$\times 10^{-5}$ kPa^{-1}）	K_{wpt}（MPa）	X_2（$\times 10^{-5}$ kPa^{-1}）
50		6.35	15.75	10.98
100	100	5.58	17.91	10.88
200		5.47	18.27	7.89
50		6.28	15.92	12.04
100	200	5.93	16.86	11.67
200		5.31	18.83	9.12

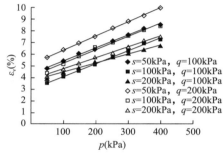

图 18.39 控制吸力和偏应力都为常数的各向等压排水试验的 ε_{v}-p 关系曲线

图 18.39 是试样的体应变 ε_{v} 与净平均应力 p 的关系曲线，将曲线近似为直线，斜率用 X_2 表示，其数值亦列于表 18.24 中。不同应力条件下的 X_2 值不同，同一偏应力下，吸力为 50kPa、100kPa 的试样的 X_2 值比较接近，但吸力为 200kPa 时的 X_2 值较小。同一吸力下，偏应力的大小对 X_2 值亦有影响，为方便计算可取其平均值。

考虑吸力对 X_2 的影响，其表达式可写为：

$$X_2 = \frac{\mathrm{d}\varepsilon_{\mathrm{v}}}{\mathrm{d}p} = \frac{101.3}{p_{\mathrm{atm}}} \left(-2 \times 10^{-5} \frac{s}{p_{\mathrm{atm}}} + 0.0001 \right) \tag{18.88}$$

式（18.74）左边第一项中的两个参数 E_{vt}、υ_{vht} 已在第 18.5.6 节测定；第二项包含 3 个参数，结合约束条件式（18.67），则只有两个是独立的，故除了用式（18.88）得出式（18.74）的最右端项 $\dfrac{\mathrm{d}\varepsilon_{\mathrm{v}}}{\mathrm{d}p}$ 外，还需要再补充一个关系式，有关情况将在第 18.5.7.4 节介绍。

18.5.7.2 控制吸力和净平均应力都等于常数偏应力增大的三轴排水剪切试验

在控制吸力和净平均应力都等于常数偏应力增大的三轴排水剪切试验条件下，由式（18.70）得到确定参数 K_{wqt} 的表达式，即式（18.75）。

试验设备为应力控制的非饱和土三轴仪（图 9.1 和图 9.3）。原计划共做 12 个试验，控制吸力分别为 0kPa、50kPa、100kPa、200kPa，净平均应力分别为 100kPa、200kPa、300kPa，但在试验过程中发现，吸力为 0kPa 的试样极易破坏，故只做了 9 个试验。试验过程中在控制试样的吸力及净平均应力为常数的条件下，分级施加偏应力，加荷等级为 0kPa、40kPa、80kPa、120kPa、160kPa、200kPa、240kPa、280kPa、320kPa、360kPa、400kPa 等，直至试样的轴向位移发生突变，试样破坏。试验包括 K_0 预固结及排水剪切两个阶段，K_0 预固结结束后，控制试样的吸力（50kPa、100kPa、200kPa）及净平均应力（100kPa、200kPa、300kPa）为定值，对试样分级施加偏应力，同时减少净围压以维持净平均应力不变。每级偏应力作用下的稳定标准是：试样轴向变形增量小于 0.005mm/h，且体变及排水变化量小于 5mm^3/h。

图 18.40 是试样的水相体变与偏应力之间的关系曲线。由图 18.40 可知，吸力对水相体变的影响较大，经过 K_0 预固结后，吸力越大试样的水相体变越大。相同吸力下，试样的偏应力越大，水相体变也越大。用直线拟合图 18.40，可得各线的斜率 X_3 及其倒数（即参数 K_{wqt}），其数值列于表 18.25 中。相同吸力下，除个别试样外（吸力 200kPa，偏应力 200kPa），随着净平均

应力的增大，关系曲线的斜率变化并不大，可取其平均值（用 $\overline{X}_3$ 表示）进行分析计算。同理，对参数 K_{wqt} 亦取其平均值 $\overline{K}_{wqt}$ 分析。

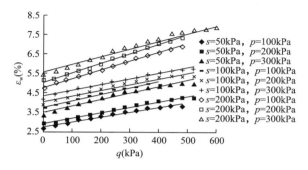

图 18.40 试样的 $\varepsilon_w\text{-}q$ 关系曲线

考虑吸力对 $\overline{K}_{wqt}$ 的影响，拟合表 18.25 中数据，可得 $\overline{K}_{wqt}\text{-}s$ 关系表达式如下：

$$\overline{K}_{wqt} = \Omega_1 s + \Omega_2 p_{atm} \tag{18.89}$$

其中，$\Omega_1 = -85.69$，$\Omega_2 = 397.33$。

土样的 $\varepsilon_w\text{-}q$ 关系曲线的斜率　　　　　　　　　　　表 18.25

s（kPa）	X_3（$\times 10^{-5} kPa^{-1}$）	$\overline{X}_3$（$\times 10^{-5} kPa^{-1}$）	K_{wqt}（MPa）	$\overline{K}_{wqt}$（MPa）
50	2.48	2.83	40.3	35.71
	2.78		35.97	
	3.24		30.86	
100	3.23	3.06	30.96	32.69
	2.99		33.44	
	2.97		33.67	
200	4.47	4.39	22.37	22.95
	4.78		20.92	
	3.91		25.57	

18.5.7.3　控制偏应力等于零和净平均应力等于常数吸力逐级增大的三轴试验

在控制净平均应力等于常数和偏应力等于零、吸力逐级增大的三轴试验条件下，由式（18.70）可得确定参数 K_{wst} 的表达式（18.76）。

该类试验共做了 3 个。首先对试样进行 K_0 预固结，待试样的轴向变形及排水稳定后进行偏应力为 0kPa，控制净平均应力分别为 50kPa、100kPa、200kPa，吸力逐级施加的三轴试验。试验方案见表 18.26。

控制偏应力等于零和净平均应力等于常数吸力逐级增大的三轴试验方案　　表 18.26

偏应力（kPa）	净平均应力（kPa）	施加吸力等级（kPa）
0	50	50，100，150，200，250，300，350，400，450
	100	50，100，150，200，250，300，350，400
	200	50，100，150，200，250，300，350

试验过程中量测试样的排水量、轴向应变与体应变，除了可得到式（18.76）外，还能从式（18.68）和式（18.69）分别得到确定参数 H_{vt} 和 H_{ht} 的两个表达式，即式（18.77）和式（18.78）。

图 18.41 是试验的 ε_w-$\lg[(s+p_{atm})/p_{atm}]$ 关系曲线。由该图可知，K_0 预固结结束后，3 个试样的水相体变差值不大，试样的含水率逐渐减小，水相体变逐渐增大。拟合可得各曲线的斜率 X_4，其值列于表 18.27 中。根据斜率 X_4 可求出参数 K_{wst}。参数 K_{wst} 受净平均应力的影响很小，计算时可取其平均值 6.32MPa。

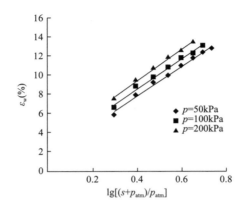

图 18.41　试样的 ε_w-$\lg[(s+p_{atm})/p_{atm}]$ 关系曲线

图 18.41 中各曲线的斜率及相关的参数　　　　表 18.27

p (kPa)	X_4 ($\times 10^{-5} kPa^{-1}$)	X_5 ($\times 10^{-5} kPa^{-1}$)	X_6 ($\times 10^{-5} kPa^{-1}$)	K_{wst} (MPa)	H_{vt} (MPa)	H_{ht} (MPa)
50	15.57	0.15	2.1	6.42	666.7	47.62
100	15.56	0.20	3.0	6.43	500.0	33.33
200	16.35	0.17	4.9	6.12	588.0	20.41

图 18.42 和图 18.43 分别是试样的轴向应变与吸力（ε_a-s）及径向应变与吸力（ε_r-s）的关系曲线，ε_a 是试样的轴向应变，ε_r 是试样的径向应变。由图 18.42 和图 18.43 可知，在一定的净平均应力条件下，随着吸力的增大，轴向应变和径向应变均呈线性变化。用 X_5 和 X_6 分别表示 ε_a-s 直线和 ε_r-s 直线的斜率，其值列于表 18.27 中。利用式（18.77）、式（18.78）和 X_5、X_6 可求得参数 H_{vt} 及 H_{ht}，它们的数值亦列于表 18.27 中。

对表 18.27 数据进行拟合可得 H_{vt}-p 关系曲线和 H_{ht}-p 关系曲线，其表达式如下：

$$H_{vt} = \zeta_1 \frac{p^2}{p_{atm}} - \zeta_2 p + \zeta_3 p_{atm} \tag{18.90}$$

$$H_{ht} = \zeta_4 p + \zeta_5 p_{atm} \tag{18.91}$$

其中，$\zeta_1 = 2851.5$，$\zeta_2 = 7555.5$，$\zeta_3 = 9613.69$，$\zeta_4 = 173.94$，$\zeta_5 = 533.86$。

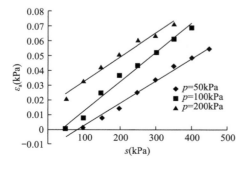

图 18.42　试样的 ε_a-s 关系曲线

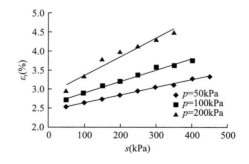

图 18.43　试样的 ε_r-s 关系曲线

18.5.7.4　控制吸力为常数、控制轴向应变为零、净围压逐级增大的非饱和土三轴试验

在控制吸力为常数、控制轴向应变为零、净围压逐级增大的非饱和土三轴试验条件下，可得式（18.81）。联立式（18.81）和式（18.74）及约束条件式（18.67），便可得到确定 3 个参数 E_{ht}、υ_{hht} 和 υ_{hvt} 的表达式。

共做了 4 个控制吸力为常数、控制轴向应变为零、净围压逐级增大的非饱和土三轴试验，首先对试样进行 K_0 预固结，而后进行控制轴向应变为零、吸力为常数、净围压逐级施加的三轴排水剪切试验。试验方案见表 18.28。

控制轴向应变为零、吸力为常数、净围压逐级增大的非饱和土三轴试验方案　　表 18.28

控制轴向应变（%）	控制吸力（kPa）	施加净围压等级（kPa）
0	0	50, 100, 150, 200, 250, 300, 350, 400, 450, 500
	50	100, 150, 200, 250, 300, 350, 400, 450, 500
	100	150, 200, 250, 300, 350, 400, 450, 500
	200	250, 300, 350, 400, 450, 500

图 18.44 为试样的径向应变 ε_r 与净围压 $\sigma_3 - u_a$ 的关系曲线。吸力为 0kPa 的饱和试样径向应变较大。吸力为 50kPa、100kPa、200kPa 的 3 个试样，K_0 预固结结束后试样的径向应变相差不大。将曲线归一化为一条直线，试样吸力为 0kPa 的 ε_r-$(\sigma_3 - u_a)$ 关系曲线的斜率较大，为 12.32×10^{-5} kPa^{-1}。吸力分别为 50kPa、100kPa、200kPa 的试样，ε_r-$(\sigma_3 - u_a)$ 关系曲线的斜率差值不大，计算时可取其平均值。

将试验结果代入式（18.81）中，将其与式（18.74）及约束条件式（18.67）联立，得：

$$E_{ht} = \frac{(1 - \upsilon_{hht})E_{vt}}{2\upsilon_{vht}^2 + \Theta_1 E_{vt}} \tag{18.92}$$

$$\upsilon_{hvt} = \frac{(1 - \upsilon_{hht})\upsilon_{vht}}{2\upsilon_{vht}^2 + \Theta_2 E_{vt}} \tag{18.93}$$

式中，$\Theta_1 = \Theta_2 = 4.32 \times 10^{-5}$ kPa^{-1}，$\upsilon_{hht} = 0.33$。

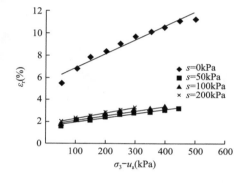

图 18.44　控制吸力为常数、控制轴向应变为零、净围压逐级增大的三轴试验的 ε_r-$(\sigma_3 - u_a)$ 关系曲线

18.5.7.5　参数 G_{vt} 的测定方法

采用轴线与水平方向呈 45° 的横观各向同性土样测定竖直面上的切线剪切模量 G_{vt}。G_{vt} 和参数 E_{vt}、E_{ht}、υ_{hvt} 及与水平向呈 β 角的方向上的切线杨氏模量 E_t^β 由式（18.82）相联系[28]。

为方便计算，本节试验取 β 角等于 45°。在第 18.5.3 节已说明过测定 E_t^β 的方法。为了制备轴线与水平方向呈 45° 的横观各向同性土样，后勤工程学院专门加工了一套大尺寸制样模具（图 18.45），包括模筒 1 个，高度 20mm 的钢环 9 只，活塞 1 个，能够制备直径 101mm、高 200mm 的大尺寸横观各向同性土样。模筒为三瓣膜结构，各瓣之间衔接处呈锯齿状相互紧密咬合，不必在其外面套钢箍，便于试样脱膜及对三瓣膜内壁清理。试样分 10 层压实，层间打毛，高度用钢环控制。另外，为了满足对大尺寸试样进行 K_0 预固结的需要，还加工了一套大尺寸试样对开模 [图 18.45（c）]，制样时首先制备大尺寸横观各向同性土样；其次从大尺寸土样中切割出一圆柱土体，其轴线与水平向呈 45° 角 [图 18.46（a）]；最后用原状土样削土器将其加工成直径 39.1mm、高 80mm 的标准三轴试样 [图 18.46（b）]。对该标准三轴土样先进行 K_0 预固结 [图 18.46（c）]，随后即可做控制吸力和净围压为常数的非饱和土三轴固结排水剪切试验。根据试样结果利用式（18.71）确定 $E_t^{45°}$，进而用式（18.82）计算出 G_{vt}。

(a) 三瓣膜制样模具筒与配套钢环及活塞　　　　(b) 分层压实成样　　　　(c) 对开模及钢箍

图 18.45　制备大尺寸试样的三瓣膜模具、钢环及进行 K_0 预固结的对开模

(a) 在大尺寸试样上划线定位　　　　(b) 加工成标准三轴试样　　　　(c) K_0 预固结

图 18.46　制备轴线与水平向呈 45°的标准三轴试样及 K_0 预固结

对该土样共做了 3 个试验，控制净围压分别为 100kPa、200kPa、300kPa，吸力 100kPa。各试样在剪切过程中均处于剪缩状态。由于试样的干密度较小，3 个试样均呈鼓曲状破坏，表面光滑无明显裂纹。

依照文献 [30]、[31] 所示方法，求出各试样的强度及变形参数均列于表 18.29 中。根据表 18.29 中数据用式（18.71）可求出与水平方向呈 45°角的横观各向同性土样的切线杨氏模量 $E_t^{45°}$，再将其代入式（18.82）中，即可求得参数 G_{vt}。

与水平方向呈 45°角的横观各向同性试样的强度及变形参数　　　　表 18.29

s (kPa)	$\sigma_3 - u_a$ (kPa)	q_f (kPa)	p_f (kPa)	φ' (°)	c (kPa)	E_i (MPa)	$(\sigma_1 - \sigma_3)_{ult}$ (MPa)	R_f	k	n
100	100	309.2	203.1			14.71	322.58	0.90		
	200	520.92	373.6	29.50	36.71	18.18	606.06	0.83	176.55	0.48
	300	696.7	532.2			19.80	909.09	0.84		

至此，本章构建的非饱和土增量非线性横观各向同性本构模型中的 10 个参数全部求出。其中，第（1）种试验测定 3 个参数（E_{vt}、υ_{vht} 及 E_t^p），第（2）种和第（3）种试验分别测定 1 个参数（K_{wpt}、K_{wqt}），第（4）种试验测定 3 个参数（K_{wst}、H_{vt}、H_{ht}），第（2）种和第（5）种试验联合测定 2 个参数（E_{ht}、υ_{hvt}），通过第（6）种试验测定 E_t^p 后再由式（18.82）算出 G_{vt}。

18.5.8　模型的试验验证

非饱和土的增量非线性横观各向同性本构模型的模型参数及其变化规律均是用非饱和土三

轴排水试验确定的，为使验证具有客观性，用非饱和土三轴不排水试验进行验证是比较合适的。另外，该模型基本参数的确定均是运用常规三轴仪确定的，常规的非饱和土三轴试验是假设土体在轴对称的应力条件下得到的，没有考虑土中主应力对土体变形和强度的影响。为了考察在复杂应力条件下所提模型的适用性，用非饱和土真三轴仪对横观各向同性黄土开展进一步的研究，并对所提模型做进一步的验证。

18.5.8.1 用横观各向同性土的常含水率各向等压试验和三轴常含水率剪切试验验证

1）试验设备和研究方案

试验设备采用陆军勤务学院 2016 年改进升级的非饱和土三轴仪（图 9.1 和图 9.2），用两台压力体积控制器分别控制非饱和土三轴仪的内、外压力室的压力，同时量测压力室的体变；压力量测精度为 1kPa，体变量测精度为 1mm³。为量测试样的孔隙水压力，需在压力室底座上安装与陶土板下面螺旋槽连通的孔隙水压力传感器。孔隙水压力采用宝鸡华强传感器厂生产的硅压阻式压力传感器量测，传感器的型号为 HQ100，量程为 −100～1000Pa，线性度＜±0.1%FS，重复性＜±0.05%FS，迟滞性＜±0.05%FS。

为了保证安装孔隙水压力传感器时连接处始终充满水，专门加工了一个 90°弯管接头。弯管长 40mm、高 30mm，其一端与连通螺旋槽的三通阀门相接，另一端开口竖直向上，与孔隙水压力传感器相连。在安装孔隙水压力传感器前，通过给装满水的压力室施加液压使陶土板、螺旋槽、三通阀和弯管充满水。弯管与孔隙水压力传感器的正确安装方式见图 18.47。孔隙水压力传感器一端与弯管相连，另一端连接数字应变仪。试验过程中关闭排水阀门，控制孔隙气压力 u_a 为定值，孔隙水压力传感器测量试验过程中试样的孔隙水压力为 u_w，则孔隙气压力与孔隙水压力之差就是试样的吸力。

试验开始前需首先对孔隙水压力传感器进行标定，步骤如下：（1）饱和陶土板；（2）陶土板饱和以后关闭排水阀门，用压力体积控制器给压力室中的水分级施加压力，每一级压力稳定的标准为：数字应变仪上的读数及压力体积控制器上显示的体变值几乎不变；（3）将压力体积控制器施加的压力值与数字应变仪的读数绘制成标定曲线，如图 18.48 所示。试验过程中可用标定结果换算出对应的孔隙水压力。

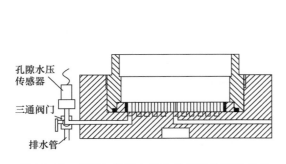

图 18.47 弯管与孔隙水压力传感器的安装方式

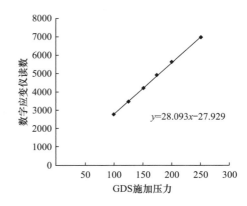

图 18.48 孔隙水压力传感器的标定结果

非饱和横观各向同性土的常含水率三轴试验各向等压（CW 三轴试验）包括 4 个阶段，即 K_0 预固结、初始吸力的测量和各向等压及三轴剪切。试验时首先对试样进行 K_0 预固结，K_0 预固结结束后用轴平移技术测试样的初始吸力。待试样的体变及孔隙水压力稳定后分级加载，围压每级增加 50kPa，直至试验所设定的围压值。各向等压阶段稳定的标准为 2h 内体变小于 0.01mL，且孔隙水压力增量小于 0.5kPa/h。在设定的净围压下试样被压缩稳定后，开始进行三轴不排水剪切，剪切速率控制为 0.0066mm/min，剪切至轴向应变达 15%（试样的轴向变形为 12mm）需要历时 30.3h。

为了研究横观各向同性非饱和土的不排水力学特性，配制 3 种含水率的土料，含水率分别为 12.1%、14.7% 和 18.6%；做了两类三轴不排水试验：3 个各向等压不排水试验和 6 个固结不排水剪切试验。试验过程中均控制孔隙气压力为 200kPa。研究方案见表 18.30。

验证模型的常含水率三轴试验研究方案　　　　　　　　　表 18.30

试验名称	含水率 (%)	控制气压力 (kPa)	初始吸力 (kPa)	控制净围压 (kPa)	最终吸力 (kPa)
控制气压力的常含水率各向等压试验	12.1	200	194.75	逐级施加，最大净围压为 400	154.8
	14.7		96.70		71.4
	18.6		43.09		32.1
控制气压力和净围压的常含水率剪切试验	12.1	200	加围压后 192.1	100	183.5
			加围压后 187.5	200	167.8
			加围压后 179.0	300	162.1
	14.7	200	加围压后 94.5	100	80.3
			加围压后 90.8	200	68.6
			加围压后 85.9	300	60.3

2）控制气压力的常含水率各向等压试验结果

对于常含水率各向等压试验，因 $dq=0$ 和 $d\varepsilon_w=0$，水量变化表达式（18.70）可以简化成：

$$ds = -\frac{dp}{K_{wpt}}K_{wst} \tag{18.94}$$

式（18.94）表明，对于硬化反应（$dp>0$），吸力减小；对于软化反应（$dp<0$），吸力增加；对于理想塑性状态（$dp=0$），吸力保持不变。

3 个控制气压力的常含水率各向等压试验的吸力-净平均应力关系曲线如图 18.49 中的实心符号所示。随着净平均应力的增大，试样体积压缩，饱和度提高，吸力随之单调降低，与式（18.94)的预测一致。

将 K_{wpt}、K_{wst} 代入式（18.94），用 MATLAB 进行累加计算，计算结果如图 18.49 中的空心符号所示，与试验数据相当接近。

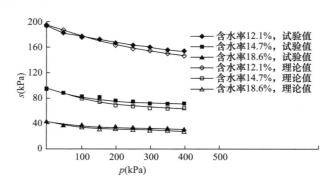

图 18.49　控制气压力的常含水率各向等压试验
的吸力-净平均应力关系曲线

3）控制气压力和净围压的常含水率剪切试验结果

控制气压力和净围压的常含水率剪切试验的轴向应变-偏应力关系曲线、体应变-轴向应变曲线和吸力-偏应力关系曲线分别示于图 18.50～图 18.52。试样基本上都呈剪缩性状。

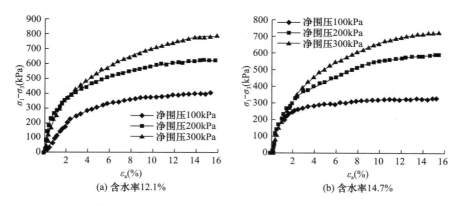

图 18.50 横观各向同性试样的常含水率剪切试验的 $(\sigma_1-\sigma_3)$-ε_a 关系曲线

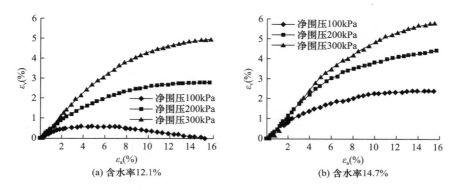

图 18.51 横观各向同性试样的常含水率剪切试验的 ε_v-ε_a 关系曲线

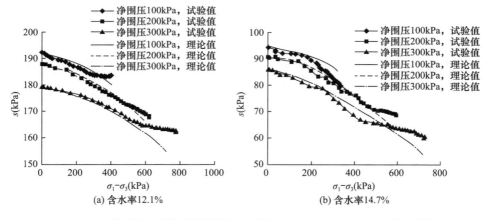

图 18.52 横观各向同性试样的常含水率剪切试验的 $(\sigma_1-\sigma_3)$-s 关系曲线

对于常含水率剪切试验,由于 $p=\dfrac{1}{3}(\sigma_1-\sigma_3)+(\sigma_3-u_a)$,$\mathrm{d}p=\dfrac{1}{3}\mathrm{d}q$,$\mathrm{d}\varepsilon_w=0$,则由水量变化表达式(18.70)可得:

$$\mathrm{d}s=-\frac{K_{wst}\cdot(K_{wqt}+3K_{wpt})}{3K_{wpt}\cdot K_{wqt}}\mathrm{d}q \tag{18.95}$$

式(18.95)表明,对于硬化反应($\mathrm{d}q>0$),吸力减小;对于软化反应($\mathrm{d}q<0$),吸力增加;对于理想塑性状态($\mathrm{d}q=0$),吸力保持不变。

将 K_{wpt}、K_{wqt} 和 K_{wst} 代入式(18.95),用 MATLAB 进行累加计算,计算结果如图 18.52 所示,理论预测与试验曲线的变化趋势比较接近。

18.5.8.2　用横观各向同性土的真三轴不排水剪切试验和控制吸力的排水剪切试验验证

　　1）试验设备

　　试验设备为西安理工大学研发的非饱和土真三轴仪。试样的初始含水率为 18.6%、初始干密度为 1.52g/cm³。真三轴试样为 70mm×70mm×140mm 的长方体，尺寸较大，利用解放军后勤工程学院专门加工的大尺寸制样模具制备（图 18.45）。制样过程如下：（1）将配制成含水率为 18.6% 的土料放入直径 101mm、高 200mm 的三瓣膜筒中分 10 层压实，各层间接触处打毛，制成直径 101mm、高 200mm 的横观各向同性圆柱试样［图 18.53（a）］；（2）将该原状试样用图 18.45（c）所示的大尺寸对开模固定在真三轴压力室底座上，用真三轴仪进行 K_0 预固结；（3）K_0 预固结结束后取出试样，将其削成 70mm×70mm×140mm 的长方体试样［图 18.53（b）］，削样时首先将圆柱样大致削成立方体，然后再用原状土削样器削成标准试样；（4）将制好的试样立即装在真三轴仪上进行试验，以免水分散失。

(a) 圆柱土样(φ100mm×200mm)　　(b) 真三轴试样(70mm×70mm×140mm)

图 18.53　真三轴试样的制备

　　2）不排水剪切试验结果

　　共做了 6 个真三轴常含水率剪切试验，控制气压力为 100kPa，净围压为 100kPa，反映中间主应力的参数 $b=\dfrac{\sigma_2-\sigma_3}{\sigma_1-\sigma_3}$ 分别为 0.25、0.5。为了比较剪切应变速率的影响，采用了 3 个剪切速率，分别为 0.05mm/min、0.03mm/min、0.015mm/min（该仪器目前所能达到的最小剪切轴向应变速率）。剪切至轴向应变达到 15%（试样轴向变形为 21mm）结束试验，相应的试样历时分别为 7h、11.67h 和 23.33h。

　　图 18.54～图 18.56 分别是试验的最大偏应力-轴向应变关系曲线、体应变-轴向应变关系曲线和吸力-偏应力关系曲线。从该 3 张图可见，剪切应变速率为 0.03mm/min 和 0.015mm/min

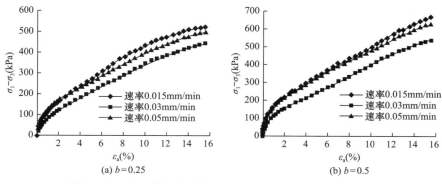

(a) b=0.25　　　　　　　　　　　　(b) b=0.5

图 18.54　真三轴不排水剪切试验的 $(\sigma_1-\sigma_3)$-ε_a 关系曲线

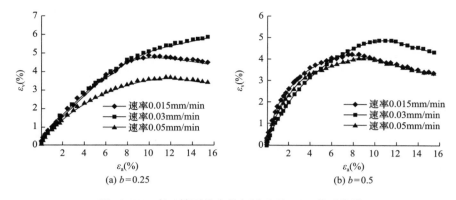

图 18.55 真三轴不排水剪切试验的 ε_v-ε_a 关系曲线

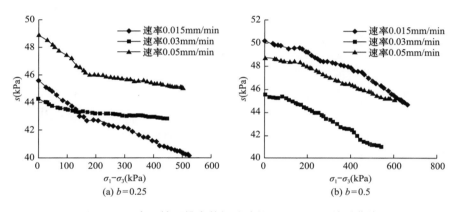

图 18.56 真三轴不排水剪切试验的 s-$(\sigma_1-\sigma_3)$ 关系曲线

的偏应力-轴向应变关系曲线与体应变-轴向应变关系曲线比较接近；但 3 个剪切应变速率的吸力-偏应力关系曲线相差甚远，据此尚不能确定合适的剪切速率。由于 0.015mm/min 是该仪器目前所能达到的最小剪切轴向应变速率，故只能采取该速率的真三轴不排水剪切试验结果对模型的预测趋势进行验证。

在真三轴常含水率试验中，控制气压力、净围压（σ_3-u_a）和 b 值均为常数，则：

$$d(\sigma_3-u_a)=d\sigma_3=0,\ d\sigma_2=d[b(\sigma_1-\sigma_3)+\sigma_3]=bd\sigma_1=bd(\sigma_1-\sigma_3) \qquad (18.96)$$

相应的净平均应力增量和偏应力增量分别为：

$$dp=\frac{1}{3}d[(\sigma_1-u_a)+(\sigma_2-u_a)+(\sigma_3-u_a)]=\frac{1}{3}(1+b)d(\sigma_1-\sigma_3) \qquad (18.97)$$

$$dq=\frac{1}{2q}d[(\sigma_1-\sigma_2)^2+(\sigma_2-\sigma_3)^2+(\sigma_3-\sigma_1)^2]$$

$$=\frac{1}{q}[(\sigma_1-\sigma_2)d(\sigma_1-\sigma_2)+(\sigma_2-\sigma_3)d\sigma_2+(\sigma_1-\sigma_3)d\sigma_1]$$

$$=\frac{1}{2q}[2\sigma_1-\sigma_2-\sigma_3-b(\sigma_1-2\sigma_2+\sigma_3)]d(\sigma_1-\sigma_3) \qquad (18.98)$$

由式（18.61）得相应的试样轴向应变增量为：

$$d\varepsilon_a=\frac{d(\sigma_1-u_a)}{E_{vt}}-\frac{\upsilon_{hvt}}{E_{ht}}d(\sigma_2-u_a)+\frac{ds}{H_{vt}}$$

$$=\frac{d(\sigma_1-u_a)}{E_{vt}}-\frac{\upsilon_{hvt}}{E_{ht}}bd(\sigma_1-u_a)+\frac{ds}{H_{vt}}$$

$$=\left(\frac{1}{E_{vt}}-b\frac{\upsilon_{hvt}}{E_{ht}}\right)d(\sigma_1-\sigma_3)+\frac{ds}{H_{vt}} \qquad (18.99)$$

由水量变化表达式（18.70）可得：

$$d\varepsilon_w = \frac{dp}{K_{wpt}} + \frac{ds}{K_{wst}} + \frac{dq}{K_{wqt}} = \frac{1+b}{3K_{wpt}}d(\sigma_1 - \sigma_3) + \frac{ds}{K_{wst}} + \frac{dq}{K_{wqt}}$$

$$= \left[\frac{1+b}{3K_{wpt}} + \frac{1}{2K_{wqt}}\frac{2\sigma_1 - \sigma_2 - \sigma_3 - b(\sigma_1 - 2\sigma_2 + \sigma_3)}{q}\right]d(\sigma_1 - \sigma_3) + \frac{ds}{K_{wst}} \quad (18.100)$$

由于试验不排水，$d\varepsilon_w = 0$，从式（18.100）可得：

$$ds = -K_{wst}\left[\frac{1+b}{3K_{wpt}} + \frac{1}{2K_{wqt}}\frac{2\sigma_1 - \sigma_2 - \sigma_3 - b(\sigma_1 - 2\sigma_2 + \sigma_3)}{q}\right]d(\sigma_1 - \sigma_3) \quad (18.101)$$

式中，$q = \frac{1}{\sqrt{2}}\sqrt{(\sigma_1 - \sigma_2)^2 + (\sigma_2 - \sigma_3)^2 + (\sigma_3 - \sigma_1)^2}$ $\qquad$ (18.102)

式（18.101）表明，对于硬化反应 $[d(\sigma_1 - \sigma_3) > 0]$，吸力减小；对于软化反应 $[d(\sigma_1 - \sigma_3) < 0]$，吸力增加；对于理想塑性状态 $[d(\sigma_1 - \sigma_3) = 0]$，吸力保持不变。图 18.54 所示的 $(\sigma_1 - \sigma_3)$-ε_a 关系曲线皆为硬化型 $[$即 $d(\sigma_1 - \sigma_3) > 0]$，图 18.56 所示的 s-$(\sigma_1 - \sigma_3)$ 关系曲线均呈下降趋势，与式（18.101）的预测一致。

3）控制吸力的排水剪切试验结果

试验包括 K_0 预固结及真三轴排水剪切两个阶段。控制试样的吸力为 100kPa，净围压分别为 100kPa、200kPa、300kPa，中主应力参数 b 值分别为 0.25、0.5、0.75，共计 9 个试样。试验设定剪切速率为 0.015mm/min（该仪器目前所能达到的最小速率），设定轴向应变达到 15% 为试验结束条件。

图 18.57～图 18.59 分别是试验的 $(\sigma_1 - \sigma_3)$-ε_a 关系曲线、体应变-轴向应变关系曲线和含水率-轴向应变关系曲线。$b = 0.5$、净围压 300kPa 的试样及 $b = 0.75$ 的 3 个试样均未达到轴向应

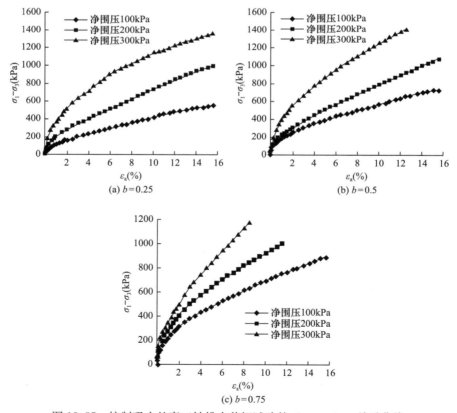

图 18.57　控制吸力的真三轴排水剪切试验的 $(\sigma_1 - \sigma_3)$-ε_a 关系曲线

变为15%。其原因在于剪切过程中b值越大，σ_2方向的应力增长的越快，而柔性液压囊承受力的作用有限，往往σ_2方向的应力达到830kPa左右甚至更小时，该方向的液压囊便会胀破，试验被迫停止。各应力-应变曲线皆为硬化型。当b值一定时，净围压越大试样的硬化趋势越明显；相同净围压下，b值越大试样的硬化趋势越明显。

从图18.58可以看出所有试样在剪切过程中均处于剪缩状态，同一b值下，净围压越大试样的体应变越大。$b=0.5$时不同净围压下试样的轴向应变-体应变关系曲线存在交叉现象，且相同净围压下并非b值越大试样的体应变越大。这主要是由于试样在σ_2、σ_3两个方向的体积变化不均匀导致的，当b值较大时试样在σ_2方向的两个对立面往往被压得凹进去，而在σ_3方向的两个对立面却被挤得凸出来，不过试样整体还是处于体缩状态，但试样的变形是不均匀的。

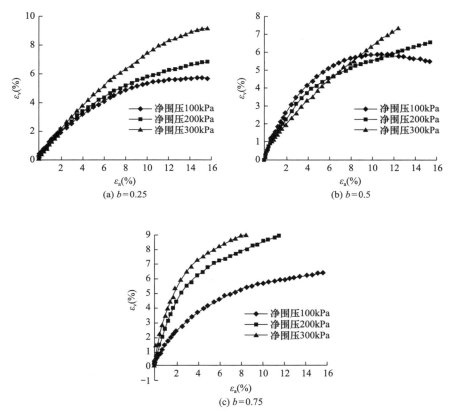

图18.58 控制吸力的真三轴排水剪切试验的ε_v-ε_a关系曲线

从图18.59可知，在剪切过程中试样的含水率不断减小，所有含水率-轴向应变的关系曲线皆可用直线近似。各净围压下的直线坡度较平缓，且斜率相差不大，有可能与剪切速率较快有关，在剪切过程中速率较快则试样中的水分未来得及充分排出。

在控制吸力的真三轴排水剪切试验中，控制吸力、净围压(σ_3-u_a)和b值均为常数，则$\mathrm{d}s=0$，$\mathrm{d}(\sigma_3-u_a)=0$，由式（18.61）得相应的试样轴向应变增量为：

$$\mathrm{d}\varepsilon_a = \frac{\mathrm{d}(\sigma_1-u_a)}{E_{vt}} - \frac{\upsilon_{hvt}}{E_{ht}}\mathrm{d}(\sigma_2-u_a) = \left(\frac{1}{E_{vt}} - b\frac{\upsilon_{hvt}}{E_{ht}}\right)\mathrm{d}(\sigma_1-\sigma_3) \quad (18.103)$$

由水量变化表达式（18.70）可得：

$$\mathrm{d}\varepsilon_w = \frac{\mathrm{d}p}{K_{wpt}} + \frac{\mathrm{d}s}{K_{wst}} + \frac{\mathrm{d}q}{K_{wqt}} = \frac{1+b}{3K_{wpt}}\mathrm{d}(\sigma_1-\sigma_3) + \frac{\mathrm{d}q}{K_{wqt}}$$

$$= \left[\frac{1+b}{3K_{wpt}} + \frac{1}{2K_{wqt}}\frac{2\sigma_1-\sigma_2-\sigma_3-b(\sigma_1-2\sigma_2+\sigma_3)}{q}\right]\mathrm{d}(\sigma_1-\sigma_3) \quad (18.104)$$

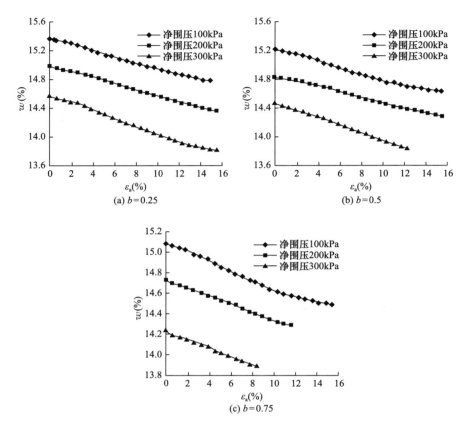

图 18.59 控制吸力的真三轴排水剪切试验的 w-ε_a 关系曲线

式（18.104）表明，对于硬化反应 $[d(\sigma_1-\sigma_3)>0]$，排水量增大（即试样的含水率减少），图 18.57 和图 18.59 的切线形态与该预测一致；对于软化反应 $[d(\sigma_1-\sigma_3)<0]$，排水量减少；对于理想塑性状态 $[d(\sigma_1-\sigma_3)=0]$，排水量保持不变。

前已述及，本节试验的剪切速率为 0.015mm/min，尽管是该仪器目前所能达到的最小速率，但是对不排水剪切试验尚不合适，对排水试验就更偏高了。由于偏应力-轴向应变曲线对剪切速率不敏感，因此本节只用真三轴排水剪切试验的最大偏应力-轴向应变曲线对模型进行验证。

图 18.60 为真三轴条件下横观各向同性非饱和黄土的最大偏应力-轴向应变关系的试验值

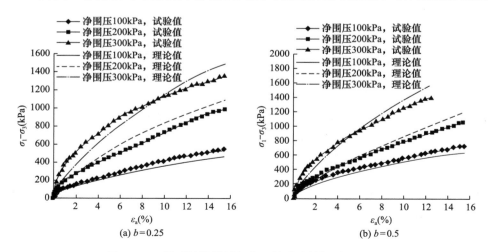

图 18.60 模型计算结果与真三轴试验数据对比（一）

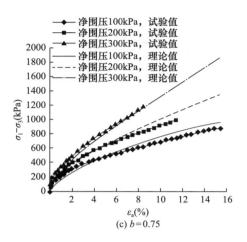

(c) $b=0.75$

图 18.60 模型计算结果与真三轴试验数据对比（二）

与用式（18.103）计算的理论预测值的比较，可见模型预测结果基本上能反映横观各向同性非饱和试样的剪切破坏过程。将真三轴试验所得各试样的破坏最大偏应力及模型计算结果列于表 18.31。从表 18.31 中数据可以看出，模型计算结果与试验结果比较接近，最大误差均不超过 14%。由此可见，本节所提出的非饱和土的增量非线性横观各向同性本构模型能较好地反映横观各向同性非饱和土的强度和变形特性。

真三轴剪切试验结果与模型计算结果对比 表 18.31

$\sigma_1-\sigma_3$ (kPa)	b	s (kPa)	q_f（kPa）		相对误差（%）
			试验值	理论预测值	
100	0.25	100	547.9	472.1	-13.83
200	0.25	100	990.5	1091.3	$+10.18$
300	0.25	100	1356.1	1488.0	$+9.73$
100	0.5	100	726.9	633.4	-12.86
200	0.5	100	1061.2	1180.1	$+11.20$
300	0.5	100		试样未破坏	
100	0.75	100	892.6	990.9	$+11.01$
200	0.75	100		试样未破坏	
300	0.75	100		试样未破坏	

18.6 本章小结

（1）提出了非饱和土的两种非线性本构模型，即各向同性非饱和土的增量非线性模型与横观各向同性非饱和土的增量非线性模型。两种模型都包含土骨架变形和水量变化两个方面，理论简明，系统完整，是对饱和土的邓肯-张模型的合理推广，丰富了土的本构模型理论，也是对传统弹性理论的发展，在国内外属于首次。

（2）提出了用非饱和土三轴试验测定两种模型全部参数的完整方法；通过大量试验揭示了两种模型的参数随应力状态的变化规律。

（3）把各向同性非饱和土的增量非线性模型推广到了考虑卸载-再加载、密度和温度影响的情况，拓宽了该模型的应用范围，使其更为完善。

（4）用非饱和土三轴试验资料和真三轴试验资料验证了两种模型的合理性。

（5）提出了一个制备各向同性土样的简易可行方法，在文献中未见报道。

（6）研发了制备大尺寸横观各向同性土样的装置及进行 K_0 预固结的配套部件。

（7）通过大量试验揭示了各向同性土、经过 K_0 固结的横观各向同性土与用常规方法压实的土的变形特性、强度特性和水量变化特性，明确了三者之间的差异，深化了对横观各向同性土的认识。

参考文献

[1] BISHOP A W，BLIGHT G E．Some aspects of effective stress in satu-rated and unsaturated sois [J]．Geotechniqne，1963，13 (3)：177-197.

[2] MATYAS E L，RADHAKNSTUIA H S．Volume change charcteristics of partially saturated soils [J]．Geotechnique，1968，18 (4)：432-44.

[3] FREDLUND D G．Appropriate concepts and technology for unsaturated soils．Canadian Geotechnical [J]．Journal，1979，16 (2)：121-139.

[4] LLORET A，ALONSO E E．State surface for partially saturated soils [C] // Proceedings of the llth Inter-national Coference on Soil Mechanies and Foundation Engineering，San Francisco，1985.

[5] FREDLUND D G，RAHARDJO H．Soil Mechamies for Unsaturated Soils [M]．A Wiley-interscience Pub-lication，John Wiley & Sons，lnc，1993.

[6] LLORET A，GENS A，BATILLE F，et al．Flow and deformation analysis of patially saturated soils [C] //Proceedings of the 9th Europe Confer-ence on Soil Mechanies and Foundation Engineering，Dublin，1987.

[7] 杨代泉．非饱和土二维广义固结非线性数值模型 [J]．岩土工程学报，1992，14 (21)：2-12.

[8] GATMIRI B，DELAGE P．A new void state surface formulation for the non-linear elastic constitutive modeling of unsuturated soil-code U-dam [C] // In：Unsuturated Soils：Proceedings of the First International Conference on Unsaturated Soils．Paris，Ed by Alonso E E，Delage P．Published by A A Balkema，Rotter-dam，Nerlands，1995.

[9] CHEN Z H，et al．A non-linear model of unsaturated soil [C] //Proc Int 2nd Conf on Unsaturated Soil．Beijing：International Academic Publishers，1998.

[10] 陈正汉，周海清，FREDLUND D G．非饱和土的非线性模型及其应用 [J]．岩土工程学报，1999，21 (5)：603-608.

[11] 殷宗泽，周建，赵仲辉，等．非饱和土本构关系及变形计算 [J]．岩土工程学报，2006，28 (2)：137-146.

[12] 陈正汉．重塑非饱和黄土的变形、强度、屈服和水量变化特性 [J]．岩土工程学报，1999，21 (1)：82-90.

[13] 陈正汉，周海青．非饱和压实黄土的本构关系研究 [J]．西部探矿工程，1996 (S1)：1-3.

[14] CHEN Z H，SUN S G．Strength characteristics and critical state of an unsaturated compacted loess [C] //Proc Int. Conf. on Strength Theories Application and Dvevlopments．Xian，1998.

[15] DRUMRIGHT E E．The contribution of matric suction to the shear strength of unsaturated soils [D]．Col-orado：Colorado State University，1989.

[16] 郭楠，陈正汉，高登辉，等．加卸载条件下吸力对黄土变形特性影响的试验研究 [J]．岩土工程学报，2017，39 (4)：735-742.

[17] 高登辉，陈正汉，郭楠，等．干密度和基质吸力对重塑非饱和黄土变形与强度特性的影响 [J]．岩石力学与工程学报，2017，36 (3)：736-744.

[18] 扈胜霞，周云东，陈正汉．非饱和原状黄土强度特性的试验研究 [J]．岩土力学，2005，26 (4)：660-672.

[19] 陈正汉，谢云，孙树国，等．温控土工三轴仪的研制及其应用 [J]．岩土工程学报，2005，27 (8)：928-933.

[20] 谢云，陈正汉，李刚. 温度对非饱和膨胀土抗剪强度和变形特性的影响 [J]. 岩土工程学报，2005，27（9）：1082-1085.

[21] 谢云，陈正汉，李刚. 考虑温度影响的重塑非饱和膨胀土非线性本构模型 [J]. 岩土力学，2007，28（9）：1937-1942.

[22] 孙树国. 膨胀土的强度特性及其在南水北调渠坡工程中的应用 [D]. 重庆：解放军后勤工程学院，1999.

[23] HUECKEL T，BORSETTO M. Thermoplasticity of saturated clays and shales：Constitutive equations [J]. Journal of geotechnical engineeringg，ASCE，1990，116（12）：1765-1795.

[24] 李广信. 高等土力学 [M]. 北京：清华大学出版社，2004.

[25] 殷宗泽，等. 土工原理 [M]. 北京：中国水利水电出版社，2007.

[26] 郭楠. 非饱和土的增量非线性横观各向同性本构模型研究 [D]. 兰州：兰州理工大学，2018.

[27] 郭楠，陈正汉，杨校辉，郭剑峰. 横观各向同性非饱和土的增量非线性本构模型及参数变化规律研究 [J]. 岩土工程学报，2021，43（12）：2283-2290.

[28] 龚晓南. 土塑性力学 [M]. 北京：中国建筑工业出版社，1990.

[29] 张培源，严波. 弹性理论 [M]. 重庆：重庆大学出版社，1993.

[30] 郭楠，陈正汉，杨校辉，等. 各向同性土与横观各向同性土的力学特性和持水特性 [J]. 西南交通大学学报，2019，54（6）：1235-1243.

[31] 郭楠，陈正汉，郭剑锋，等. K_0 预固结对非饱和重塑黄土强度与变形特性影响的研究 [J]. 岩土工程学报，2018，40（S1）：100-106.

第19章　非饱和土的弹塑性模型

本章提要

　　完整详细地推导了巴塞罗那（Barcelona）模型；根据试验资料对巴塞罗那模型做了多方面改进，提出了统一屈服面的概念及两种数学表达式；考虑吸力的影响，改进完善了修正 Lade-Duncan 模型；结合巴塞罗那模型和 Lade-Duncan 模型的优点，构建了非饱和含黏砂土的弹塑性模型；用非饱和土含黏砂土的三轴固结排水剪切试验验证了构建模型的优越性；针对不同的三轴试验，详细推导了计算弹性功、总功、塑性功和剪胀塑性功的公式，给出了具体结果。

19.1　巴塞罗那模型

　　1990 年提出的巴塞罗那模型是非饱和土的第一个弹塑性模型。该模型以修正剑桥模型为基础，考虑了吸力对非饱和土变形和强度的影响，引入了加载-湿陷屈服面和吸力增加屈服面。

19.1.1　非饱和土在 $p\text{-}s$ 平面内的屈服轨迹

19.1.1.1　加载-湿陷屈服

　　首先考虑非饱和土的各向等压加载情况。图 19.1 是非饱和土控制吸力的各向等压试验在比

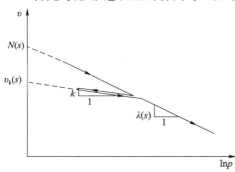

图 19.1　非饱和土控制吸力
的各向等压试验曲线

容-净平均应力的自然对数坐标系（$v\text{-}\ln p$）中的压缩曲线及保持吸力不变条件下的卸载回弹曲线，控制吸力分别为 s_1 和 s_2。类似于剑桥模型，二者均被简化为直线，其数学表达式为：

$$v = N(s) - \lambda(s)\ln\frac{p}{p^c} \tag{19.1}$$

$$v = v_k(s) - \kappa\ln\frac{p}{p^c} \tag{19.2}$$

式中，v 是比容，$v = 1 + e$；p 是净平均应力；$\lambda(s)$ 是相应于某一基质吸力、图 19.1 中描述加载过程直线的斜率，与吸力有关；κ 是相应于某一基质吸力、图 19.1 中描述卸载过程直线的斜率，假定为常数；p^c 是参考应力，当 $p = p^c$ 时，对应于加载过程 $v = N(s)$，对应于卸载过程 $v = v_k(s)$。

　　饱和土的屈服应力与非饱和土屈服应力的关系示于图 19.2。图 19.2（a）是控制吸力为 s 非饱和土与饱和土在 $v\text{-}\ln p$ 坐标系中的各向等压曲线。饱和土的前期固结压力（屈服应力）用 p_0^* 表示；非饱和土的屈服应力用 $p_0(s)$ 表示，简记为 p_0。如果在 $p\text{-}s$ 平面内的两个应力点 1 和 3 位于同一条屈服线上 [图 19.2（b）]，则可以得到非饱和土屈服应力 p_0 与饱和土屈服应力 p_0^* 的关系，方法是通过虚拟应力路径把点 1 和点 3 的比容相联系，该虚拟路径先在常吸力下从 p_0 卸载到 p_0^*，随后在保持应力 p_0^* 不变的情况下把吸力从 s 卸载到 0。相应于试样从点 1 (p, s) 沿路径 1-2-3 到达点 3 $(p_0^*, 0)$。

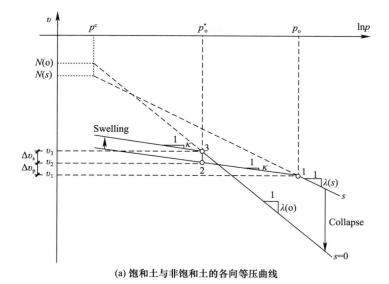

(a) 饱和土与非饱和土的各向等压曲线

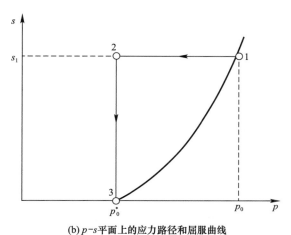

(b) p-s平面上的应力路径和屈服曲线

图19.2 饱和土的屈服应力（p_0^*）与非饱和土的屈服应力（p_0）的关系

从图19.2（a）可知下述恒等式成立：

$$v_1 + \Delta v_p + \Delta v_s = v_3 \tag{19.3}$$

从点2吸力卸载到达点3发生在屈服面以内的弹性区，故认为Δv_s是可逆的弹性膨胀变形，可用类似于式（19.2）的对数关系描述，其表达式如下：

$$\nu = v_e(p) - \kappa_s \ln(s + p_{at}) \tag{19.4}$$

式中，p_{at}的值为1kPa（该符号的含义仅限于本节及其相关的第19.5.1节有效），其作用是为了避免吸力等于0时出现对数无定义的情况；$v_e(p)$是吸力等于0时的比容，κ_s为v-s平面内因吸力卸载引起的变形速率。

必须指出，黄土的湿陷变形并非可逆的弹性变形，而是不可逆的塑性变形[2]，其与应力状态的关系是很复杂的，不仅依赖于吸力，还依赖于净平均应力和偏应力[3]；湿陷不仅有体变，还有畸变（偏应变）[2-3]。在荷载作用下，湿陷性黄土地基不仅产生竖向沉降，还发生侧向挤出[4-7]，后者加剧了竖向沉降。这些认识已在第12.1节述及。用式（19.4）描述湿陷变形是为了简化问题而已。还必须指出，膨胀土和膨润土在吸力减少（含水率增加）时产生膨胀变形，而不是湿陷。

用式（19.4）计算吸力卸载引起的比容的改变量Δv_s：

$$\Delta \upsilon_s = \upsilon_3 - \upsilon_2 = \left[\upsilon_e(p) - \kappa_s \ln(s + p_{at})\right]_{s_3=0} - \left[\upsilon_e(p) - \kappa_s \ln(s + p_{at})\right]_{s_2=s}$$

$$= \kappa_s \ln(s + p_{at}) - \kappa_s \ln(p_{at}) = \kappa_s \ln \frac{s + p_{at}}{p_{at}} \tag{19.5}$$

从图 19.2（a）知，点 1 和点 2 位于同一条净平均应力卸载的直线上，故可用式（19.2）计算净平均应力卸载引起的比容改变量 $\Delta \upsilon_p$：

$$\Delta \upsilon_p = \upsilon_2 - \upsilon_1 = \left(\upsilon_k - \kappa \ln \frac{p_0^*}{p^c}\right) - \left(\upsilon_k - \kappa \ln \frac{p_0}{p^c}\right)$$

$$= \kappa \ln \frac{p_0}{p^c} - \kappa \ln \frac{p_0^*}{p^c} = \kappa \ln \frac{p_0}{p_0^*} \tag{19.6}$$

另一方面，点 1 和点 3 分别位于吸力为 s 的非饱和土各向等压曲线和吸力为 0 的饱和土各向等压曲线上，故可用式（19.1）分别计算 υ_1 和 υ_3 如下：

$$\upsilon_1 = N(s) - \lambda(s) \ln \frac{p_0}{p^c} \tag{19.7}$$

$$\upsilon_3 = N(0) - \lambda(0) \ln \frac{p_0^*}{p^c} \tag{19.8}$$

式中，$\lambda(0)$ 为饱和土的各向等压曲线的斜率；$N(0)$ 的物理意义是：相应于饱和土的各向等压加载过程，当 $p = p^c$ 时，$\upsilon = N(0)$。

把式（19.5）~式（19.8）代入式（19.4）得：

$$N(s) - \lambda(s) \ln \frac{p_0}{p^c} + \kappa \ln \frac{p_0}{p_0^*} + \kappa_s \ln \frac{s + p_{at}}{p_{at}} = N(0) - \lambda(0) \ln \frac{p_0^*}{p^c} \tag{19.9}$$

式（19.9）把非饱和土的屈服应力 p_0 表示为应力（p_0^*，p^c）的函数，其中包含 4 个参数 $N(s)$、$\lambda(s)$、κ、κ_s。

为了简化式（19.9），参考图 19.2（a），可选择参考应力 p^c 和 $N(s)$ 满足以下关系：

$$\Delta \upsilon(p^c)_s^0 = N(0) - N(s) = \Delta \upsilon_s = \kappa_s \ln \frac{s + p_{at}}{p_{at}} \tag{19.10}$$

换言之，p^c 是具有如下特征的净平均应力：在保持 p^c 不变时吸力从非饱和土卸载到饱和土，在吸力卸载过程中只引起弹性膨胀，变形量可用式（19.4）计算。

注意到式（19.9）左边的第 3 项可写成：

$$\kappa \ln \frac{p_0}{p_0^*} = \kappa \left(\ln \frac{p_0}{p^c} \frac{p^c}{p_0^*}\right) = \kappa \ln \frac{p_0}{p^c} + \kappa \ln \frac{p^c}{p_0^*} = \kappa \ln \frac{p_0}{p^c} + \kappa \ln p^c - \kappa \ln p_0^* \tag{19.11}$$

同时注意到式（19.9）右边的第 2 项可写成：

$$-\lambda(0) \ln \frac{p_0^*}{p^c} = -\lambda(0) \ln p_0^* + \lambda(0) \ln p^c \tag{19.12}$$

把式（19.10）~式（19.12）一起代入式（19.9），化简得：

$$\frac{p_0}{p^c} = \left(\frac{p_0^*}{p^c}\right)^{\frac{\lambda(0)-\kappa}{\lambda(s)-\kappa}} \tag{19.13}$$

由于 $\lambda(s)$ 随吸力增加而减小，从式（19.13）可知非饱和土的屈服应力 p_0 随吸力提高而增大。故式（19.13）在 p-s 平面内定义了一族屈服曲线，每一条曲线对应着一个屈服吸力 p_0，而饱和土的屈服应力 p_0^* 起硬化参数的作用。从以上推导过程可知，式（19.13）不仅反映了非饱和土的各向等压加载，还包括了湿陷现象，因此由该式确定的屈服曲线被称为加载-湿陷屈服线，简称为 LC（Loading-collapse）屈服线。式（19.13）在巴塞罗那模型中起核心作用。

考虑到非饱和土的压缩性不可能随吸力的增大而无限减小，即 $\lambda(s)$ 应有一个最小值，假设 $\lambda(s)$ 随吸力增大按下式变化：

$$\lambda(s) = \lambda(0)\big[(1-r)\mathrm{e}^{-\beta s} + r\big] \tag{19.14}$$

式中，r 是常数，当吸力趋于无限大时，$r = \dfrac{\lambda\ (s \rightarrow \infty)}{\lambda\ (0)}$；$\beta$ 是一个参数，控制非饱和土的压缩性随吸力变化而衰减的速率。

19.1.1.2　吸力增加屈服

吸力变化能引起土发生不可逆变形。例如，对于湿陷性黄土，吸力减少可引起湿陷变形，是不可恢复的塑性变形[2]，在第 19.1.1.1 节中按弹性膨胀变形对待，用非线性关系描述[式（19.4）]。反之，吸力增加，也能引起土的干缩变形，其中一部分是不可逆的。考虑到这一点，在 p-s 平面上引入第 2 个屈服线，即所谓的吸力增加屈服线，简称为 SI 屈服（Suction increase）。作为初步考虑，建议吸力增加屈服的屈服条件用下式描述：

$$s = s_0 = \text{constant} \tag{19.15}$$

式中，s_0 称为屈服吸力，是土在历史上曾经受过的最大吸力；当吸力增加时，屈服吸力就是土从弹性变形状态转变到弹塑性变形状态的界限（图 19.3）。

屈服线 LC 和 SI 在 p-s 平面内包围的区域属于弹性区，如图 19.4 所示。

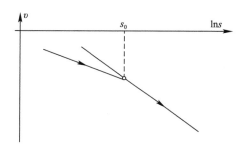
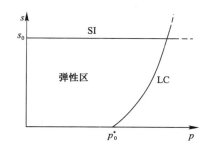

图 19.3　屈服吸力的定义　　　　图 19.4　LC 屈服线和 SI 屈服线

为了简化计算，对于吸力变化引起的变形，不管是在弹塑性区，还是在弹性区，均采用 v-$\ln(s + p_{\mathrm{at}})$ 坐标系中的线性表达式计算。对于弹塑性区的变形用下式描述：

$$\mathrm{d}v = -\lambda_{\mathrm{s}} \frac{\mathrm{d}s}{(s + p_{\mathrm{at}})} \tag{19.16a}$$

对于弹性区内的干湿循环可逆变形用式（19.16）描述：

$$\mathrm{d}v = -\kappa_{\mathrm{s}} \frac{\mathrm{d}s}{(s + p_{\mathrm{at}})} \tag{19.16b}$$

式中，λ_{s} 和 κ_{s} 均被视为常数，暂不考虑净平均应力对它们的影响。

19.1.2　硬化规律

净平均应力增加和吸力增加均可使非饱和土产生变形，下面分别考虑。首先研究由净平均应力增加引起的体积变形。

在弹性区，净平均应力增加引起的弹性压缩变形用式（19.2）计算：

$$\mathrm{d}\varepsilon_{\mathrm{vp}}^{\mathrm{e}} = -\frac{\mathrm{d}v}{v} = \frac{\kappa}{v} \frac{\mathrm{d}p}{p} \tag{19.17}$$

式（19.17）前的负号是考虑到土力学以压应力和压缩变形为正（与弹性力学的规定相反）而添加的。式（19.16a）和式（19.16b）前负号的含义亦如此。

一旦净平均应力达到屈服值 p_0，由此产生的总体积变形由式（19.1）计算：

$$\mathrm{d}\varepsilon_{\mathrm{vp}} = \frac{\lambda(s)}{v} \frac{\mathrm{d}p_0}{p_0} \tag{19.18}$$

因此，产生的塑性体应变为：

$$de_{vp}^p = \frac{\lambda(s) - \kappa}{\upsilon} \frac{dp_0}{p_0} \tag{19.19}$$

另一方面，利用 LC 屈服轨迹方程式（19.13），对其两边微分可得：

$$\frac{dp_0}{p_0} = \frac{\lambda(0) - \kappa}{\lambda(s) - \kappa} \frac{dp_0^*}{p_0^*} \tag{19.20}$$

把式（19.20）代入式（19.19），可给出由式（19.19）表达塑性变形的另一种表达式：

$$de_{vp}^p = \frac{\lambda(0) - \kappa}{\upsilon} \frac{dp_0^*}{p_0^*} \tag{19.21}$$

事实上，由于式（19.1）和式（19.2）对于吸力等于 0 的饱和土同样适用，把式（19.1）和式（19.2）中吸力和屈服应力分别用 0 和 p_0^* 取代就可直接得到式（19.21）。

应当指出，由于点 1 和点 3 位于同一条屈服线上，根据塑性理论可知，当以塑性体应变为硬化参数时，屈服面各点处的塑性应变相同。换言之，分别对式（19.19）和式（19.21）积分，得到的塑性体应变应当相等，即：

$$\int_{p_c}^{p_0} \frac{\lambda(s) - \kappa}{\upsilon} \frac{dp_0}{p_0} = \int_{p_c}^{p_0^*} \frac{\lambda(0) - \kappa}{\upsilon} \frac{dp_0^*}{p_0^*} \tag{19.22}$$

积分得：

$$\frac{\lambda(s) - \kappa}{\upsilon}(\ln p_0 - \ln p_c) = \frac{\lambda(0) - \kappa}{\upsilon}(\ln p_0^* - \ln p_c) \tag{19.23}$$

化简就得 LC 屈服线方程式（19.13）。此法的推导过程比较简捷。

其次，研究吸力增加引起的体积变形。类似于计算净平均应力引起的弹性变形，在弹性区从式（19.16）可得因吸力增加产生的弹性体积变形为：

$$de_{vp}^e = \frac{\kappa_s}{\upsilon} \frac{ds}{(s + p_{atm})} \tag{19.24}$$

当吸力增加达到屈服准则式（19.14）时，产生的总应变和塑性应变分别为：

$$de_{vs} = \frac{\lambda_s}{\upsilon} \frac{ds_0}{(s_0 + p_{atm})} \tag{19.25}$$

$$de_{vs}^p = \frac{\lambda_s - \kappa_s}{\upsilon} \frac{ds_0}{(s_0 + p_{atm})} \tag{19.26}$$

不可逆变形［通过式（19.21）和式（19.26）］分别独立控制 LC 屈服线和 SI 屈服线的运动。事实上，两种屈服线的运动是耦合的。作为初步考虑，认为二者的耦合由总的塑性变形控制。总的塑性体应变为分别由吸力和净平均应力产生的塑性体应变之和，即：

$$de_{vp} = de_{vs}^p + de_{vp}^p \tag{19.27}$$

于是，根据式（19.21）和式（19.26），硬化规律可写成如下表达式：

$$\frac{dp_0^*}{p_0^*} = \frac{\upsilon}{\lambda(0) - \kappa} de_v^p \tag{19.28}$$

$$\frac{ds_0}{(s_0 + p_{atm})} = \frac{\upsilon}{\lambda_s - \kappa_s} de_v^p \tag{19.29}$$

19.1.3　三轴应力状态的非饱和土本构模型

为了与饱和土的本构模型协调一致，在三轴应力状态下构建的非饱和土模型应以饱和土的修正剑桥模型为极限条件。因此，建议对具有常吸力 s 的试样，其屈服线为用前期各向等压屈服应力 p_0 表征的椭圆，而 p_0 位于由式（19.13）描述的 LC 屈服线上（图 19.5）。

为了确定椭圆的位置，引用非饱和土的抗剪强度公式，假设吸力对强度的贡献反映为黏聚力的增加，而破坏线的斜率与饱和土的临界状态线的斜率 M 相同。如果黏聚力随吸力呈线性增加，则椭圆与 p 轴的交点由下式确定：

$$p = -p_s = -ks \tag{19.30}$$

式中，k 是常数。

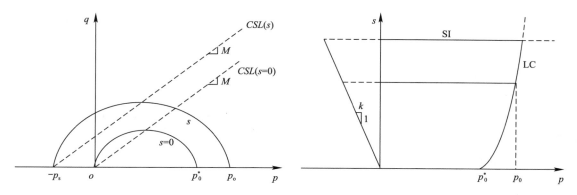

图 19.5 p-q-s 空间屈服面在 p-q 平面内和 p-s 平面内的屈服轨迹

椭圆长轴位于横轴 op 上，两个端点的坐标分别是 $(-p_s(s), 0)$ 和 $(p_0(s), 0)$，椭圆中心的坐标为 $\left(\dfrac{-p_s + p_0}{2}, 0\right)$；椭圆的顶点在临界状态线上，长半轴和短半轴分别为 $\dfrac{p_s + p_0}{2}$ 和 $M \cdot \dfrac{p_s + p_0}{2}$，将这些信息代入椭圆标准方程：

$$\frac{\left(p - \dfrac{p_0 - p_s}{2}\right)^2}{\left(\dfrac{p_0 + p_s}{2}\right)^2} + \frac{q^2}{\left(M \dfrac{p_0 + p_s}{2}\right)^2} = 1 \tag{19.31}$$

化简得屈服面方程：

$$f_1(p, q, s, p_0^*) = q^2 - M^2(p + p_s)(p_0 - p) = 0 \tag{19.32}$$

假设 SI 屈服轨迹以平行于 q 轴的方式在 $q>0$ 的方向延伸，即式（19.15）在 p-q-s 空间的形式保持不变。将式（19.15）修改为：

$$f_2(s, s_0) = s - s_0 = 0 \tag{19.33}$$

非饱和土的两个屈服面在 p-q-s 空间的三维形式如图 19.6 所示。

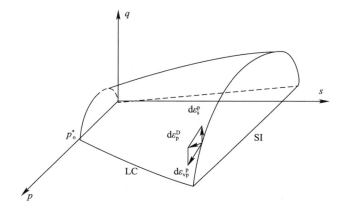

图 19.6 巴塞罗那模型的屈服面在 p-q-s 空间的示意图

关于塑性应变的方向，如采用关联流动法则，直接利用式（19.32）可得：

$$\frac{\mathrm{d}\varepsilon_{\mathrm{s}}^{\mathrm{p}}}{\mathrm{d}\varepsilon_{\mathrm{vp}}^{\mathrm{p}}} = \frac{2q}{M^2(2p+p_{\mathrm{s}}-p_0)} \tag{19.34}$$

式中，$\mathrm{d}\varepsilon_{\mathrm{s}}^{\mathrm{p}}$ 是塑性偏应变。

考虑到传统的临界状态模型常常高估了 K_0 值，引入参数 α 对关联流动法则进行修正，由此得到以下表达式：

$$\frac{\mathrm{d}\varepsilon_{\mathrm{s}}^{\mathrm{p}}}{\mathrm{d}\varepsilon_{\mathrm{vp}}^{\mathrm{p}}} = \frac{2q\alpha}{M^2(2p+p_{\mathrm{s}}-p_0)} \tag{19.35a}$$

这等价于假设塑性势函数为：

$$g_1 = \alpha q^2 - M^2(p+p_{\mathrm{s}})(p_0-p) \tag{19.35b}$$

选择 α 数值的原则是：用式（19.35）预测的零侧向应变对应的应力状态与 Jaky 公式给出的 K_0 值相同。换言之，巴塞罗那模型采用了非关联流动法则。

从式（17.44）知，Jaky 公式的表达式为：

$$K_0 = 1 - \sin\varphi' = \frac{6-2M}{6+M} \tag{19.36a}$$

由于 K_0 和 M 存在这一联系，采用非关联流动法则［式（19.35a）］并不增加新的模型参数。

根据上述选择 α 数值的原则和式（19.36a）可得：

$$\alpha = \frac{M(M-9)(M-3)}{9(6-M)}\{1/[1-\kappa/\lambda(0)]\} \tag{19.36b}$$

由式（19.32）描述的空间屈服面给出由应力（p，q）产生的塑性体应变分量和塑性偏应变（$\mathrm{d}\varepsilon_{\mathrm{vp}}^{\mathrm{p}}$，$\mathrm{d}\varepsilon_{\mathrm{s}}^{\mathrm{p}}$）按非关联流动法则由式（19.35b）计算；由式（19.33）描述的屈服面给出因吸力增加而产生的塑性应变分量为（$\mathrm{d}\varepsilon_{\mathrm{vs}}^{\mathrm{p}}$，0），$\mathrm{d}\varepsilon_{\mathrm{vs}}^{\mathrm{p}}$ 用式（19.26）计算。在三轴应力条件下，弹性偏应变可表示为：

$$\mathrm{d}\varepsilon_{\mathrm{s}}^{\mathrm{e}} = \frac{2}{3}(\mathrm{d}\varepsilon_1^{\mathrm{e}} - \mathrm{d}\varepsilon_3^{\mathrm{e}}) \tag{19.37a}$$

把广义胡克定律代入式（19.37a），并利用弹性常数之间的关系，就得：

$$\mathrm{d}\varepsilon_{\mathrm{s}}^{\mathrm{e}} = \frac{2}{3}\frac{1+\mu}{E}\mathrm{d}(\sigma_1-\sigma_3) = \frac{\mathrm{d}q}{3G} \tag{19.37b}$$

式中，E、μ、G 分别是弹性杨氏模量、泊松比和剪切模量。

19.1.4　模型参数及其典型数值与测定

巴塞罗那模型共包含 10 个模型参数和 6 个初始状态参数。具体情况分述如下。

（1）描述土的初始状态的量 6 个：初始应力（p_i，q_i，s_i），初始比容 υ_0，确定 LC 屈服面初始位置的应力参考变量（即应变硬化参数）（p_{0i}^*，s_{oi}）；

（2）与 LC 屈服线相关的参数 5 个：p^{c}，λ（0），κ（希腊字母），r（英文字母），β。这 5 个参数用控制吸力的各向等压排水试验确定；其典型数值为：$p^{\mathrm{c}}=0.10\mathrm{MPa}$，$\lambda$（0）$=0.2$，$\kappa=0.02$，$r=0.75$，$\beta=12.5\mathrm{MPa}^{-1}$。

（3）与应力增加屈服面 SI 相关的参数 2 个：λ_{s}，κ_{s}（主符号是希腊字母）。这两个参数及屈服吸力 s_0 用控制净平均应力的干湿循环试验确定；其典型数值为：$\lambda_{\mathrm{s}}=0.08$，$\kappa_{\mathrm{s}}=0.008$，而 s_0 的数值变化范围较大，可见第 12 章～15 章有关内容。

（4）剪切模量及与 2 个非饱和土抗剪强度相关的参数：G，M，k（英文字母）。这 3 个参数用控制吸力的三轴固结排水剪切试验确定。其典型数值为：$G=10\mathrm{MPa}$，$M=1$，$k=0.6$。

19.2　对巴塞罗那模型的验证和改进

陈正汉[8]（1999）、黄海[9]（2000）、卢再华[10]（2001）、朱元青[11]（2008）、李加贵[12]

(2010)、苗强强[13]（2011）、姚志华[14]（2012）、秦冰[15]（2014）先后对巴塞罗那模型的 LC 屈服线和 SI 屈服线进行了验证和改进，包括 4 个方面。

第一，不同类土的研究结果表明，屈服净平均应力随吸力增大而提高，与 LC 屈服的性状一致，据此认为 LC 屈服的概念对原状黄土、重塑黄土、原状膨胀土、重塑膨胀土、含黏砂土及膨润土都是合适的；但 SI 屈服吸力并不等于试样在历史上受过的最大吸力。

第二，改进了吸力增加屈服条件。事实上，由于吸力增加引起的屈服不仅取决于土在历史上曾受过的最大吸力，而且还与土的初始密度及净平均应力有关。当土的初始密度较低，吸力增加时土就会在很低的吸力下屈服，从文献［16］的试验资料中可以找到这种情况的例证。文献［16］作者使数种黏性土在净总应力等于零的条件下从泥浆状态开始脱水，吸力从零开始增加。土的孔隙比在吸力很小时就急剧减小，表明土样发生屈服。屈服吸力不超过 10kPa，与式（19.14）表达的屈服条件接近。反之，若土的初始密度较高，则土样在干缩时需要较高的吸力才能屈服，第 12.2.3.3 节中重塑黄土在控制净平均应力下吸力增大的广义持水特性试验结果就是例证。如果土样的初始孔隙比相当小，或如果净总应力大得足以引起 LC 屈服而导致土的压缩性大大减小，则土样就会对随后的吸力加载呈现弹性反应。换言之，土样的 SI 屈服受其 LC 屈服的影响。文献［8，17］的试验资料支持这些观点。图 12.17 是文献［17］关于正常固结的 Jossigny 粉土在各种压力下的干缩试验资料，吸力从零增至 1000kPa；当荷载等于 25kPa 和 50kPa 时，土样发生屈服，屈服吸力均为 50kPa 而不等于其初始吸力（0kPa）；当荷载等于 200kPa 和 400kPa 时，无明显屈服现象发生；该土样的这些性状与第 12.2.3.3 节的重塑黄土土样相似。姚志华[14]研究了兰州和平镇原状性 Q_3 黄土及其同密度、同含水率的重塑土的吸力屈服特性，其结果进一步支持上述论断（图 12.35）；土样的初始干密度、孔隙比、含水率、相对密度分别为 1.35g/cm³，1.01，20.56% 和 2.72，初始吸力 30kPa，但二者的屈服吸力却分别为 122kPa 和 77kPa。

陈正汉[8]根据重塑黄土试验结果和国外有关试验资料[17]，对 SI 屈服条件进行了修正，将 SI 屈服条件［式（19.14）］修正为：

$$s = s_y \qquad (19.38)$$

式中，s_y 是屈服吸力，可由净总应力等于零的常规收缩试验确定。由于 $s_y \geqslant s_0$，故修正后的屈服条件扩大了弹性区的范围（图 12.15）。

第三，提出了统一屈服面。巴塞罗那模型的两条屈服线在交点处不光滑，外法线不唯一，给数值分析带来困难。黄海[9]和苗强强[13]分别以重塑黄土和含黏砂土为对象，做了一系列在 p-s 平面上的径向应力路径试验（图 12.27 和图 15.11），发现屈服点可用一条光滑曲线拟合，相当于 LC 屈服线和 SI 屈服线的包络线。据此，黄海[9]提出了一个统一屈服线，其表达式是：

$$p_0 = p_0^* + \xi - \zeta[e^{\eta s/p_{atm}} - 1] \qquad (19.39)$$

将其代入巴塞罗那模型的屈服面表达式［即式（19.32）］就得到统一屈服面的表达式，该统一屈服面在 p-q-s 空间的三维形式如图 19.7（即图 12.29）所示。

苗强强[13]则根据含黏砂土的试验资料，提出了抛物线形式的统一屈服面，在 p-s 平面上的屈服轨迹表达式［即式（15.5）］为：

$$p_0 = s + A \pm \sqrt{(B + Cs)} \qquad (19.40)$$

通过分析发现，抛物线形式的统一屈服面也适合黄海[9]做的重塑黄土的试验资料，因而具有较广的适应性。

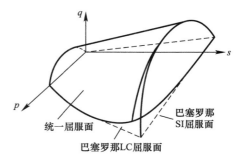

图 19.7 p-q-s 空间的统一屈服面

关于统一屈服面研究的详细情况，可参见第 12.2.5 节和第 15.1.2 节。

第四，提出了在三轴剪切条件下确定屈服点的方法，依据该法得出的屈服点在 p-q 平面上的分布不支持椭圆屈服轨迹的假定。

如何判断非饱和土在三轴应力条件下是否屈服，是一个尚需研究的问题[18-19]。当把本书第 12.2.3.2 节中确定屈服点的方法（即借助于 ε_v-lg$p$ 曲线）用于三轴剪切试验资料时，所得屈服点在 p-q 平面上分布得比较离散。

考虑到三轴应力条件下土的屈服，不仅有球应力的影响，还有偏应力的贡献，陈正汉[8]建议利用 ε_v-lgq/p 关系曲线确定屈服点。吸力等于零和 100kPa 的两组三轴试验的 ε_v-lgq/p 关系曲线示于图 12.24（a）和图 12.24（b）。

从图 12.24 可知，三轴剪切试验的 ε_v-lgq/p 曲线的首尾部分可用直线近似，两直线的交点所对应的应力即可作为屈服应力（p_y，q_y）。把各试验的（p_y，q_y）绘在 p-q 平面上（图 12.25），除一个点（相应于 $s=100$kPa 和 $\sigma_3-u_a=100$kPa 的三轴试验）与其余各点不够协调外，总的看来，屈服点的分布呈现良好的规律性。虽然利用图 12.25 上的点尚不足以确定屈服面的形状，但可以看出，屈服曲线随吸力增加向外扩展。这与 LC 屈服线在概念上是一致的。

如把 k_0 线（$k_0=1-\sin\varphi'$）和第 12.2.3.2 节中确定的屈服点也绘在图 12.25 上，可以看出，屈服包线既不是巴塞罗那模型[1]和文献［20］所假定的长轴位于 p 轴上的椭圆（即修正剑桥模型），也不是文献［18］所说的对称于 k_0 线的椭圆。屈服包线的具体形式有待于进一步研究。

19.3　非饱和含黏砂土的弹塑性模型

第 15 章研究的非饱和含黏砂土的塑性指数为 7.6，既有砂土的性质，又有粉土的性质。从图 15.13～图 15.24 可见，该土具有明显的剪胀性。巴塞罗那模型以修正剑桥模型为基础，以塑性体应变为硬化参数，能较好地反映土的非饱和特征与描述剪缩特性；修正 Lade-Duncan 模型[21-22]是针对砂土建立的，能较好描述砂土的剪胀性。由此自然而然地想到把这两个模型结合起来描述含黏砂土的性状。基于这一认识，苗强强[23]和朱青青等[24]构建了含黏砂土的弹塑性模型框架；本节充分考虑吸力的影响，对该模型框架进一步改进完善。

19.3.1　对修正 Lade-Duncan 模型的改进

修正 Lade-Duncan 模型（1977）有两个屈服面（图 19.8）：描述土在压力作用下体积压缩的帽子屈服面和描述剪胀变形的母线呈微弯曲的锥形屈服面。由于非饱和土的体积压缩可由巴塞罗那模型描述，故只需引用修正 Lade-Duncan 模型的剪胀屈服面并对其做适当改进即可。

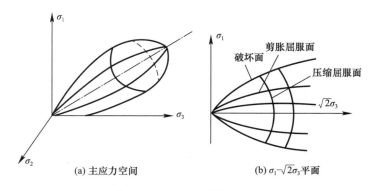

图 19.8　修正 Lade-Duncan 模型的屈服面示意图

由于基质吸力张量是各向同性的，对土只产生胀缩体变，不产生剪切体变，其作用已通过巴塞罗那模型体现。故本节只考虑净总应力 $\sigma_{ij}-u_a$ 对剪胀的作用。

为简化表述，对修正 Lade-Duncan 模型中的应力不变量用净主应力表示。在三轴条件下，净总应力的 3 个不变量为：

$$I_1 = (\sigma_1 - \sigma_3) + 3(\sigma_3 - u_a) \tag{19.41}$$

$$I_2 = (\sigma_1 - u_a)(\sigma_2 - u_a) + (\sigma_2 - u_a)(\sigma_3 - u_a) + (\sigma_3 - u_a)(\sigma_1 - u_a) \tag{19.42}$$

$$I_3 = (\sigma_1 - u_a)(\sigma_2 - u_a)(\sigma_3 - u_a) \tag{19.43}$$

修正 Lade-Duncan 模型对计算剪胀变形采用非关联流动法则，破坏面 F_p、剪切屈服面 F_y 和塑性势面 Q_p 三者的形状相似，考虑吸力的影响，本节将其表达式修改为：

$$F_f = \left(\frac{I_1^3}{I_3} - 27\right)\left(\frac{I_1}{p_{atm}}\right)^{m(s)} - \eta_f(s) = 0 \tag{19.44}$$

$$F_y = \left(\frac{I_1^3}{I_3} - 27\right)\left(\frac{I_1}{p_{atm}}\right)^{m(s)} - \eta_y(W_d^p, s) = 0 \tag{19.45}$$

$$Q_p = \left(\frac{I_1^3}{I_3} - 27\right)\left(\frac{I_1}{p_{atm}}\right)^{m(s)} - \eta_p(s) \tag{19.46}$$

式中，W_d^p 是剪胀塑性功；幂次 m 的大小反映锥面母线的曲率大小，通常视为常数。当 $m=0$ 时，就是直线锥面；本节将其视为吸力的函数。$\eta_f(s)$、$\eta_y(s)$ 和 $\eta_p(s)$ 分别是破坏参数（随吸力变化）、剪切屈服参数（是吸力和以剪胀塑性功为硬化参数的函数）和剪切塑性势参数（与吸力有关）；破坏时屈服面与破坏面重合，即 $F_y = F_f$，$\eta_y = \eta_f$。

除了 $\eta_f(s)$ 和 $m(s)$ 这 2 个参数外，不考虑吸力影响时 η_y 和 η_p 中还分别包含 3 个和 4 个参数，故修正 Lade-Duncan 模型的剪切屈服面共包含 9 个参数。为了从总变形中分离出塑性变形，必须先计算出弹性变形，因而模型还包含 2 个卸载-再加载模量参数 k_{ur} 和 n_{ur} 及泊松比 μ[视为常数，见式（18.40a）]。另外，该模型的帽子屈服面包含 2 个参数。总之，修正 Lade-Duncan 模型共包含 14 个参数，文献 [19] 给出了确定全部参数的具体方法。苗强强[23]和朱青青等[24]考虑吸力对部分参数的影响，增加了 5 个参数（共 19 个）。

19.3.2 确定模型参数的方法

本节只需确定修正 Lade-Duncan 模型的前 12 个参数。以下考虑吸力对这些参数的影响，结合第 15 章非饱和含黏砂土的三轴试验资料进行分析。

首先确定参数 η_f 和 m。把控制吸力和净围压的三轴剪切试验的破坏数据代入式（19.44），可列出多个方程，对这些方程两两分组联合求解，取解得的平均值，就可确定破坏参数 η_f 和 m 随吸力的变化规律，具体表达式见表 19.1。

剪切屈服参数 η_y 是剪胀塑性功和吸力的函数，表达式见式（19.51）～式（19.55）；塑性势参数 η_p 与 η_y 及塑性泊松比 μ_p 有关 [见式（19.49）和式（19.50）]。为构建相关的数学表达式，需要先确定塑性泊松比 μ_p。

定义塑性泊松比 μ_p 如下：

$$\mu_p = -\frac{d\varepsilon_3^p}{d\varepsilon_1^p} \tag{19.47}$$

式中，$d\varepsilon_3^p$ 和 $d\varepsilon_1^p$ 分别是小主应变增量的塑性分量和大主应变增量的塑性分量。

利用非关联流动法则和式（19.46）计算式（19.47）中的塑性应变分量，并代入式（19.47）得：

$$\mu_{\mathrm{p}} = \frac{3I_1^2 - 27(\sigma_1 - u_{\mathrm{a}})(\sigma_3 - u_{\mathrm{a}}) - \eta_{\mathrm{p}} p_{\mathrm{a}}^m [-mI_1^{-m-1} I_3 + I_1^{-m}(\sigma_1 - u_{\mathrm{a}})(\sigma_3 - u_{\mathrm{a}})]}{3I_1^2 - 27(\sigma_3 - u_{\mathrm{a}})^2 - \eta_{\mathrm{p}} p_{\mathrm{a}}^m [-mI_1^{-m-1} I_3 + I_1^{-m}(\sigma_3 - u_{\mathrm{a}})^2]} \tag{19.48}$$

从式 (19.48) 解出 η_{p}，得：

$$\eta_{\mathrm{p}} = \frac{3(1+\mu_{\mathrm{p}})I_1^2 - 27(\sigma_3 - u_{\mathrm{a}})[(\sigma_1 - u_{\mathrm{a}}) + \mu_{\mathrm{p}}(\sigma_3 - u_{\mathrm{a}})]}{\left(\dfrac{p_{\mathrm{a}}}{I_1}\right)^m \left\{ (\sigma_3 - u_{\mathrm{a}})[(\sigma_1 - u_{\mathrm{a}}) + \mu_{\mathrm{p}}(\sigma_3 - u_{\mathrm{a}})] - \dfrac{I_3}{I_1}m(1+\mu_{\mathrm{p}}) \right\}} \tag{19.49}$$

考虑吸力的影响 [式 (19.50) 右边的第 2 项和第 4 项]，结合 Lade 和 Duncan 的建议[19]，剪切塑性势参数 η_{p} 与净围压、吸力及剪切屈服参数 η_{y} 间存在线性关系：

$$\eta_{\mathrm{p}} = S_{\mathrm{y}} \eta_{\mathrm{y}} + R_{\mathrm{y}} \frac{\sigma_3 - u_{\mathrm{a}}}{p_{\mathrm{atm}}} + t_{\mathrm{y}} + X_{\mathrm{y}} \frac{s}{p_{\mathrm{atm}}} \tag{19.50}$$

式中，S_{y}、R_{y}、X_{y}、t_{y} 均为参数，可通过控制吸力的非饱和三轴排水剪切试验确定。具体方法是：把 S_{y}、R_{y}、X_{y}、t_{y} 都看成依赖于净围压和吸力的参数，对 4 个不同净围压和某一确定吸力的一组非饱和土试验，先依据式 (19.45) 和式 (19.46) 分别计算出 η_{y} 和 η_{p}，按照式 (19.50) 可列出 4 个方程，由此得出该 4 个参数，将其视为吸力的函数；其次，对同一净围压的 4 个控制吸力的非饱和土试验，可同样列出 4 个方程，再次解得该 4 个参数；分析 4 个参数与吸力的关系，如吸力的影响不明显，就都可视为常数；反之，就要增加与吸力有关的常数。

顺便指出，按照 Lade 和 Duncan 的建议[19]，式 (19.50) 的右边原来只有前 3 项，且第 3 项的变量是 $\sqrt{\dfrac{\sigma_3}{p_{\mathrm{atm}}}}$，显然比较麻烦；考虑到吸力的影响，将其简化修改为 $\dfrac{\sigma_3 - u_{\mathrm{a}}}{p_{\mathrm{atm}}}$，同时在式 (19.50) 的右边增加了第 4 项。

根据 Lade 和 Duncan 的建议[19]，剪切屈服参数 η_{y} 是剪胀塑性功 $W_{\mathrm{d}}^{\mathrm{p}}$ 的函数，文献 [23] 考虑吸力的影响，将其表达式修改为：

$$\eta_{\mathrm{y}} = a_{\mathrm{y}} \mathrm{e}^{-b_{\mathrm{y}} W_{\mathrm{d}}^{\mathrm{p}}} \left(\frac{W_{\mathrm{d}}^{\mathrm{p}}}{p_{\mathrm{atm}}}\right)^{\frac{1}{c_{\mathrm{y}}}} \tag{19.51}$$

式中，a_{y}、b_{y}、c_{y} 是 3 个参数，其表达式如下：

$$a_{\mathrm{y}} = \eta_{\mathrm{f}} \left(\frac{e p_{\mathrm{atm}}}{W_{\mathrm{d峰值}}^{\mathrm{p}}}\right)^{\frac{1}{c_{\mathrm{y}}}} \tag{19.52}$$

$$b_{\mathrm{y}} = \frac{1}{c_{\mathrm{y}} W_{\mathrm{d峰值}}^{\mathrm{p}}} \tag{19.53}$$

$$W_{\mathrm{d峰值}}^{\mathrm{p}} = P_{\mathrm{y}} p_{\mathrm{atm}} \left(\frac{\sigma_3 - u_{\mathrm{a}}}{p_{\mathrm{atm}}}\right)^{l_{\mathrm{y}}} \left(\frac{s}{p_{\mathrm{atm}}}\right)^{\delta} \tag{19.54}$$

$$c_{\mathrm{y}} = \alpha_{\mathrm{y}} \frac{s}{p_{\mathrm{atm}}} + \beta_{\mathrm{y}} \frac{\sigma_3 - u_{\mathrm{a}}}{p_{\mathrm{atm}}} + \gamma_{\mathrm{y}} \tag{19.55}$$

式 (19.51) ～式 (19.55) 包含 P_{y}、l_{y}、α_{y}、β_{y} 共 4 个常数，其确定方法简述如下：先计算不同净围压下试验的偏应力-偏应变曲线峰值处的剪胀塑性功 $W_{\mathrm{d峰值}}^{\mathrm{p}}$，就可从通过绘制 $W_{\mathrm{d峰值}}^{\mathrm{p}}$ 与净围压的关系曲线确定式 (19.54) 中的参数 P_{y} 和 l_{y}；其次，对相应的试验可以通过式 (19.45) 计算剪胀塑性功 $W_{\mathrm{d}}^{\mathrm{p}}$ 和屈服参数 η_{y}，把 $W_{\mathrm{d}}^{\mathrm{p}}$、$\eta_{\mathrm{y}}$、$W_{\mathrm{d峰值}}^{\mathrm{p}}$、式 (19.52) 和式 (19.53) 一起代入式 (19.51)，可得到不同净围压下的参数 c_{y}；最后绘制不同净围压下的参数 c 与净围压关系曲线，就可以确定式 (19.55) 中常数 α_{y}、β_{y}。

应当指出，式 (19.51) ～式 (19.55) 的形式相当复杂，如果再加上吸力的影响，则更加繁杂，应用不便。实际上，可通过拟合剪切屈服参数与剪胀塑性功的关系曲线给出简洁的关系式，而不必套用上述公式。

19.4　弹塑性模型对含黏砂土的适用性分析

　　苗强强和朱青青等详细探讨了修正剑桥模型[23,25]、修正 Lade-Duncan 模型[23] 及第 19.3 节提出的含黏砂土的弹塑性模型[23-24] 对含黏砂土的适用性。文献［23］以含黏砂土为例，共做了 5 种应力路径的非饱和土试验（见第 15.1 节），包括 25 个三轴试验和 9 个直剪试验，给出了确定 3 种模型参数的方法，依据弹塑性理论推导了确定参数的具体表达式，给出了参数的具体数值，详见表 15.4 和表 15.7 与文献［23］的表 6.3 和表 6.4。兹将文献［23］确定的修正 Lade-Duncan 模型的 19 个参数列于表 19.1。

文献［23］测定的修正 Lade-Duncan 模型的 19 个参数（针对含黏砂土）　　　表 19.1

参数	名称	表达式或数值	相关系数	参数类型
k_{ur}	弹性模量系数	$270.3\dfrac{s}{p_{atm}}+1687.8$	0.9765	弹性应变参数
n_{ur}	弹性模量指数	$0.22\dfrac{s}{p_{atm}}+0.161$	0.9823	
μ	泊松比	0.35	—	
H	与基质吸力相关的体积模量	$2.3026\dfrac{s+p_a}{0.0108+0.2236\log\left(\dfrac{p+p_a}{p_a}\right)}$	0.9726	
η_f	与吸力有关的破坏参数	$778.321\dfrac{s}{p_{atm}}+59.953$	0.9812	
m	与吸力有关的屈服指数	$0.4\dfrac{s}{p_{atm}}+0.6427$	0.9825	
R_y	剪切硬化参数	32.0126	—	塑性剪切屈服参数
S_y	剪切硬化参数	0.3568	—	
X_y	剪切硬化参数	80.4884	—	
t_y	剪切硬化参数	-90.4016	—	
α_y	剪切硬化参数	-3.8959	—	
β_y	剪切硬化参数	-0.2527	—	
γ_y	剪切硬化参数	11.6942	—	
M	临界状态线斜率	1.17	—	
L_y	剪切硬化参数	0.3158	—	
c_y	剪切硬化参数	$-3.8959\dfrac{s}{p_a}-0.2522\dfrac{\sigma_3-u_a}{p_a}+11.6942$	96.5738	
δ	剪切硬化参数	-0.2478	—	
c_{vy}	体积屈服参数	0.00048	—	塑性压缩屈服参数
p_y	体积屈服参数	0.8493	—	

　　图 19.9 是修正剑桥模型预测值与 12 个控制吸力和净围压的三轴固结排水剪切试验的试验数据比较，包括 q/p-ε_s（偏应变）关系曲线和 ε_v-ε_s 关系曲线。其中，实心点是试验数据，空心点是模型预测值。在低围压、低吸力作用下，修正剑桥模型可以较好地模拟非饱和含黏砂土的强度和变形特性，轴向应变和体变的关系曲线基本呈体缩状；但在较高围压、吸力较大时剑桥模型难以描述非饱和含黏砂土的剪胀特性。这是修正剑桥模型的固有缺陷。

　　图 19.10 是修正 Lade-Duncan 模型与 12 个控制吸力和净围压的三轴固结排水剪切试验的试验数据比较。其中，实心点是试验数据，空心点是模型预测值。修正 Lade-Duncan 模型在预测体变方面优于修正剑桥模型；试验数据与理论计算值之间虽然数值有差别，但变化规律与试验较为一致，说明考虑吸力影响的修正 Lade-Duncan 模型在反映非饱和含黏砂土剪胀性方面具有优越性。

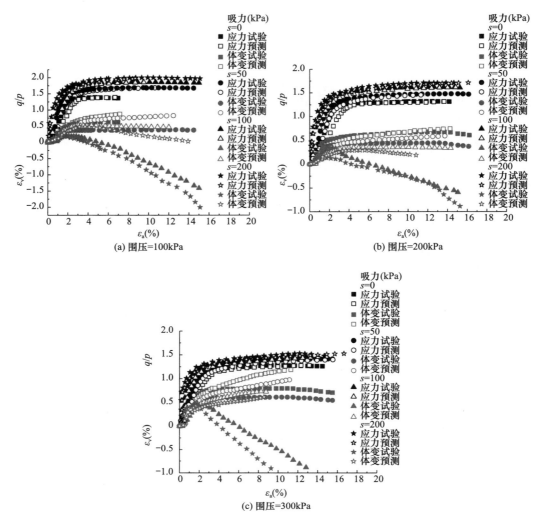

图 19.9　剑桥模型预测值和试验结果的比较

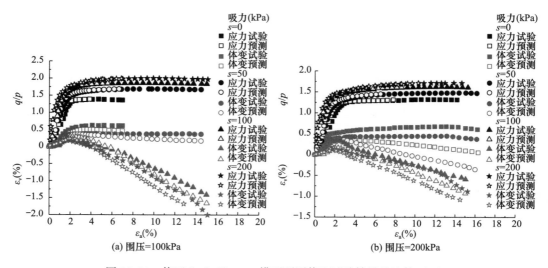

图 19.10　修正 Lade-Duncan 模型预测值和试验结果的比较（一）

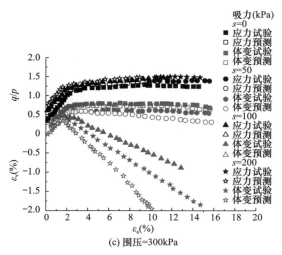

(c) 围压=300kPa

图 19.10 修正 Lade-Duncan 模型预测值和试验结果的比较（二）

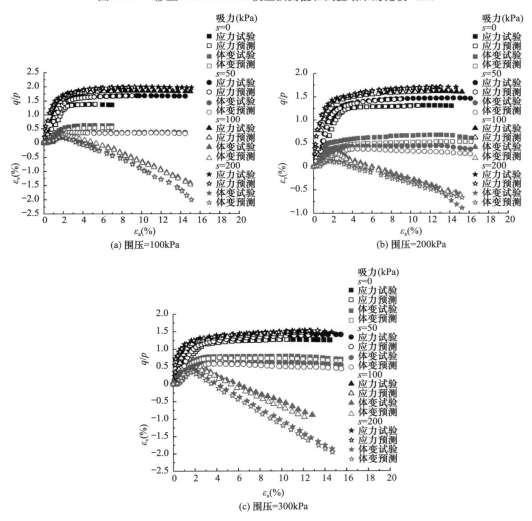

(a) 围压=100kPa

(b) 围压=200kPa

(c) 围压=300kPa

图 19.11 含黏砂土的弹塑性模型预测值和试验结果的比较

含黏砂土的弹塑性模型的参数见文献［23］的表 6.4。总塑性应变是由 LC 屈服面、SI 屈服面和剪胀屈服面分别计算的塑性应变分量之和。图 19.11 是含黏砂土的弹塑性模型与 12 个控制吸力和净围压的三轴固结排水剪切试验的试验数据的比较。其中，实心点是试验数据，空心点是模型预测值。总体上看，该模型能较好反映含黏砂土的 q/p-ε_s 关系曲线和 ε_v-ε_s 关系曲线；除围压 200kPa、吸力为 0kPa 和 50kPa 的两个试验差别较大外，其余试验曲线与理论预测吻合都较高，说明该模型可以较好反映含黏砂土的变形特性。

19.5　非饱和土的弹性功、总功、塑性功和剪胀塑性功的计算

在上节确定模型参数时，需要计算塑性泊松比 μ_p [式（19.47）]、塑性功（1975 年提出的 Lade-Duncan 模型[21] 以塑性功为硬化参数）W^p、剪胀塑性功 W^p_d 和峰值塑性功 $W^p_{d峰值}$ [式（19.51）～式（19.54）]，为此又需要计算总功和弹性功。为方便应用，本节针对不同的三轴试验，推导计算总功、弹性功、塑性功和剪胀塑性功公式，并给出具体结果。

19.5.1　控制吸力的各向等压排水试验的弹性功和塑性功

在控制吸力的各向等压试验中，净平均应力 $p=\sigma_1-u_a=\sigma_2-u_a=\sigma_3-u_a$，$q=\sigma_1-\sigma_3=0$，$\varepsilon_1=\varepsilon_3=\varepsilon_3$，$\varepsilon_v=\varepsilon_1+\varepsilon_2+\varepsilon_3=3\varepsilon_3$，考虑净平均应力和吸力的贡献，总功 W^t、弹性功 W^e 和塑性功 W^p 的计算表达式分别为：

$$W^t = \int_0^{\varepsilon_{vp}} p\,d\varepsilon_{vp} + s\int_0^{\varepsilon_{vs}} d\varepsilon_{vs} \tag{19.56}$$

$$W^e = \int_0^{\varepsilon^e_{vp}} p\,d\varepsilon^e_{vp} + s\int_0^{\varepsilon^e_{vs}} d\varepsilon^e_{vs} \tag{19.57}$$

$$W^p = \int_0^{\varepsilon^p_{vp}} p\,d\varepsilon^p_{vp} + s\int_0^{\varepsilon^p_{vs}} d\varepsilon^p_{vs} \tag{19.58}$$

式（19.58）中由净平均应力引起的塑性体应变 $d\varepsilon^p_{vp}$ 和由吸力引起的塑性体应变 $d\varepsilon^p_{vs}$ 可直接把式（19.19）和式（19.26）代入，得：

$$
\begin{aligned}
W^p &= \int_0^{\varepsilon^p_{vp}} p\,d\varepsilon^p_{vp} + \int_0^{\varepsilon^p_{vs}} s\,d\varepsilon^p_{vs} \\
&= \int_0^{(\sigma_3-u_a)} p\,\frac{\lambda(s)-\kappa}{\upsilon}\,\frac{dp}{p} + \int_0^{s_0} \frac{\lambda_s-\kappa_s}{\upsilon}\,\frac{(s+p_{at}-p_{at})\,d(s+p_{at})}{(s+p_{at})} \\
&= \int_0^{(\sigma_3-u_a)} \frac{\lambda(s)-\kappa}{\upsilon}\,dp + \int_0^{s_0} \frac{\lambda_s-\kappa_s}{\upsilon}\Big[1-\frac{p_{at}}{(s+p_{at})}\Big]\,d(s+p_{at}) \\
&= \frac{\lambda(s)-\kappa}{\upsilon}(\sigma_3-u_a) + \frac{\lambda_s-\kappa_s}{\upsilon}\Big[s_0 + p_{at}\ln\frac{p_{at}}{s_0+p_{at}}\Big]
\end{aligned} \tag{19.59}
$$

式中，积分上限（σ_3-u_a）是固结结束时的净围压，即施加的最大净围压；s_0 是控制吸力，可认为是从 0 逐步施加到 s_0；u_a 是控制气压力。

另一方面，可以用总功减去弹性功计算塑性功，即：

$$W^p = W^t - W^e = \Big[\int_0^{(\sigma_3-u_a)} p\,d\varepsilon_{vp} - \int_0^{(\sigma_3-u_a)} p\,d\varepsilon^e_{vp}\Big] + \Big[\int_0^{s_0} s\,d\varepsilon_{vs} - \int_0^{s_0} s\,d\varepsilon^e_{vs}\Big] \tag{19.60}$$

其中，$d\varepsilon_{vp}$ 和 $d\varepsilon^e_{vp}$ 可分别对式（19.1）和式（19.2）微分并依据体应变的定义与土力学以压缩为正的惯例求得，即：

$$\mathrm{d}\varepsilon_{\mathrm{vp}} = \frac{\lambda(s)}{\upsilon} p \, \mathrm{d}p \tag{19.61}$$

$$\mathrm{d}\varepsilon_{\mathrm{vp}}^{\mathrm{e}} = \frac{\kappa}{\upsilon} p \, \mathrm{d}p \tag{19.62}$$

而 $\mathrm{d}\varepsilon_{\mathrm{vs}}$ 和 $\mathrm{d}\varepsilon_{\mathrm{vs}}^{\mathrm{e}}$ 可直接利用式（19.15）和式（19.16）并依据体应变的定义与土力学以压缩为正的惯例求得，即：

$$\mathrm{d}\varepsilon_{\mathrm{vs}} = \frac{\lambda_{\mathrm{s}}}{\upsilon} \frac{\mathrm{d}s}{(s + p_{\mathrm{at}})} \tag{19.63}$$

$$\mathrm{d}\varepsilon_{\mathrm{vs}}^{\mathrm{e}} = \frac{\kappa_{\mathrm{s}}}{\upsilon} \frac{\mathrm{d}s}{(s + p_{\mathrm{at}})} \tag{19.64}$$

把式（19.61）～式（19.64）代入式（19.60），就得到与式（19.59）相同的结果。

19.5.2 控制吸力和净围压的三轴排水剪切过程的弹性功、总功、塑性功和剪胀塑性功

控制吸力和净围压的三轴固结排水剪切试验包括固结和剪切两个阶段，其中固结阶段的塑性功按上一条的方法用式（19.59）计算。本条只需计算剪切阶段的塑性功。在剪切过程中，$\sigma_3 =$ 常数，$u_{\mathrm{a}} =$ 常数，$u_{\mathrm{w}} =$ 常数，$s = u_{\mathrm{a}} - u_{\mathrm{w}} =$ 常数，$\sigma_2 - u_{\mathrm{a}} = \sigma_3 - u_{\mathrm{a}} =$ 常数。

$$q = \sigma_1 - \sigma_3 \tag{19.65}$$

$$p = (\sigma_3 - u_{\mathrm{a}}) + \frac{1}{3}(\sigma_1 - \sigma_3) = (\sigma_3 - u_{\mathrm{a}}) + \frac{1}{3}q \tag{19.66}$$

$$(\sigma_1 - u_{\mathrm{a}}) = (\sigma_3 - u_{\mathrm{a}}) + (\sigma_1 - \sigma_3) = (\sigma_3 - u_{\mathrm{a}}) + q \tag{19.67}$$

$$\varepsilon_1 = \varepsilon_{\mathrm{a}} = \text{轴向应变}, \quad \varepsilon_2 = \varepsilon_3, \quad \varepsilon_{\mathrm{v}} = \varepsilon_1 + 2\varepsilon_3 = \varepsilon_{\mathrm{a}} + 2\varepsilon_3 \tag{19.68}$$

利用三轴剪切过程的体应变-轴向应变关系曲线和下述关系式可以算出 ε_3 及偏应变 $\bar{\varepsilon}$：

$$\varepsilon_3 = \frac{1}{2}(\varepsilon_{\mathrm{v}} - \varepsilon_1) \tag{19.69}$$

$$\bar{\varepsilon} = \frac{2}{3}(\varepsilon_1 - \varepsilon_3) = \frac{2}{3}(\varepsilon_{\mathrm{a}} - \varepsilon_3) = \varepsilon_{\mathrm{a}} - \frac{1}{3}\varepsilon_{\mathrm{v}} \tag{19.70}$$

19.5.2.1 弹性功的计算

三轴应力状态可分解为 3 种应力状态之和：各向同性的吸力单独作用、各向等压 $(\sigma_3 - u_{\mathrm{a}})$ 单独作用、大主应力增量 $\Delta(\sigma_1 - u_{\mathrm{a}}) = q = (\sigma_1 - \sigma_3)$ 单独作用在试样的轴线方向。弹性应力-应变关系是线性的，叠加原理适用，即总弹性变形可看成是不同阶段的应力增量产生的应变量的总和，在每一应力增量阶段广义胡克定律都成立。前两个应力状态产生的变形之和即为固结变形，已在第 19.5.1 节详细讨论。

在三轴剪切阶段，以固结结束时的变形状态为量测变形的基准零点，剪切过程的弹性功 W^{e} 为：

$$W^{\mathrm{e}} = \int_0^{\varepsilon_{\mathrm{vf}}^{\mathrm{e}}} \Delta p \, \mathrm{d}\varepsilon_{\mathrm{v}}^{\mathrm{e}} + \int_0^{\bar{\varepsilon}_{\mathrm{f}}^{\mathrm{e}}} q \, \mathrm{d}\bar{\varepsilon}^{\mathrm{e}} \tag{19.71}$$

式（19.71）右边第一个积分中的净平均应力增量 $\Delta p = \dfrac{q}{3}$，积分中的弹性应变增量是由 $\Delta p = \dfrac{q}{3}$ 作用产生的。式（19.71）右边第二个积分中的弹性偏应变增量可用式（19.32）计算，于是：

$$W^{\mathrm{e}} = \int_0^{\varepsilon_{\mathrm{vf}}^{\mathrm{e}}} \Delta p \, \mathrm{d}\varepsilon_{\mathrm{v}}^{\mathrm{e}} + \int_0^{\bar{\varepsilon}_{\mathrm{f}}^{\mathrm{e}}} q \, \mathrm{d}\bar{\varepsilon}^{\mathrm{e}} = \int_0^{\varepsilon_{\mathrm{vf}}^{\mathrm{e}}} \frac{q}{3} \, \mathrm{d}\left[\frac{\dfrac{q}{3}}{\dfrac{E}{3(1-2\mu)}}\right] + \int_0^{\bar{\varepsilon}_{\mathrm{f}}^{\mathrm{e}}} q \, \mathrm{d}\left(\frac{q}{3G}\right)$$

$$= \frac{1}{3} \frac{(1-2\mu)}{E} \int_0^{q_{\mathrm{f}}} q \, \mathrm{d}q + \frac{1}{3G} \int_0^{q_{\mathrm{f}}} q \, \mathrm{d}q$$

$$= \frac{(1-2\mu)}{6E}q_{\mathrm{f}}^2 + \frac{1}{6G}q_{\mathrm{f}}^2 = \left[\frac{(1-2\mu)}{6E} + \frac{1}{6\dfrac{E}{2(1+\mu)}}\right]q_{\mathrm{f}}^2$$

$$= \frac{1}{2E}q_{\mathrm{f}}^2 = \frac{1}{2E}(\sigma_1 - \sigma_3)_{\mathrm{f}}^2 \tag{19.72}$$

式中，μ 为泊松比，可视为常数；E 为弹性杨氏模量，可用卸载-再加载模量取代，对非饱和原状黄土及重塑黄土宜分别采用式（18.41）和式（18.43）写成统一表达式，即：

$$E = E_{\mathrm{ur}} = k_{\mathrm{ur}}p_{\mathrm{atm}}\left(\frac{\sigma_3 - u_{\mathrm{a}}}{p_{\mathrm{atm}}}\right)^{n_{\mathrm{ur}}} = \left(d_1\frac{s}{p_{\mathrm{atm}}} + d_2\right)p_{\mathrm{atm}}\left(\frac{\sigma_3 - u_{\mathrm{a}}}{p_{\mathrm{atm}}}\right)^{n_{\mathrm{ur}}} \tag{19.73}$$

式中，d_1、d_2 和 n_{ur} 是材料常数。上式表明弹性模量依赖于吸力和净围压，对于控制吸力和净围压的三轴排水剪切试验，弹性模量在该试验中是常数。

剪切过程的弹性功也可按以下方式计算。按前述说明，在三轴剪切过程中 $\sigma_2 - u_{\mathrm{a}} = \sigma_3 - u_{\mathrm{a}} =$ 常数，剪切应力状态可视为单向受力状态，在 σ_1 方向所受的应力增量是 $\Delta(\sigma_1 - u_{\mathrm{a}}) = q = (\sigma_1 - \sigma_3)$，而 $\Delta(\sigma_3 - u_{\mathrm{a}}) = 0$，即三个方向的弹性应变都是由 $(\sigma_1 - \sigma_3)$ 引起的。于是剪切过程的弹性功为：

$$W^{\mathrm{e}} = \int_0^{\varepsilon_{1\mathrm{f}}^{\mathrm{e}}} \Delta(\sigma_1 - u_{\mathrm{a}})\mathrm{d}\varepsilon_1^{\mathrm{e}} + 2\int_0^{\varepsilon_{3\mathrm{f}}^{\mathrm{e}}} \Delta(\sigma_3 - u_{\mathrm{a}})\mathrm{d}\varepsilon_3^{\mathrm{e}} = \int_0^{\varepsilon_{1\mathrm{f}}^{\mathrm{e}}} \Delta(\sigma_1 - u_{\mathrm{a}})\mathrm{d}\varepsilon_1^{\mathrm{e}}$$

$$= \int_0^{\Delta(\sigma_1 - u_{\mathrm{a}})_{\mathrm{f}}} \Delta(\sigma_1 - u_{\mathrm{a}})\mathrm{d}\left[\frac{\Delta(\sigma_1 - u_{\mathrm{a}}) - 2\mu\Delta(\sigma_3 - u_{\mathrm{a}})}{E}\right]$$

$$= \int_0^{(\sigma_1 - \sigma_3)_{\mathrm{f}}} (\sigma_1 - \sigma_3)\mathrm{d}\left[\frac{(\sigma_1 - \sigma_3)}{E}\right] = \frac{1}{2E}(\sigma_1 - \sigma_3)_{\mathrm{f}}^2 \tag{19.74}$$

两种方法得到的弹性功相同。

顺便指出，文献［26］计算的三轴剪切过程弹性功，除了式（19.74）的 $\frac{1}{2E}(\sigma_1 - \sigma_3)_{\mathrm{f}}^2$ 外，还多出了一部分 $\left[\frac{1-2\mu}{E}(\sigma_3 - u_{\mathrm{a}})(\sigma_1 - \sigma_3)_{\mathrm{f}}\right]$，是不正确的。

19.5.2.2　总功的计算

剪切过程的总功 W^{t} 为：

$$W^{\mathrm{t}} = \int_0^{\varepsilon_{\mathrm{vf}}} \Delta p\,\mathrm{d}\varepsilon_{\mathrm{v}} + \int_0^{\bar{\varepsilon}_{\mathrm{f}}} q\,\mathrm{d}\bar{\varepsilon} = W_{\mathrm{p}}^{\mathrm{t}} + W_{\mathrm{q}}^{\mathrm{t}} \tag{19.75}$$

式中的两个积分可先绘制出 Δp-ε_{v} 关系曲线和 q-$\bar{\varepsilon}$ 关系曲线，再进行积分计算即可。

从图 16.13 可见，3 组试验（共 6 个试样）的 q-$\bar{\varepsilon}$ 关系曲线在峰值前都接近双曲线，可用下述表达：

$$q = \frac{\bar{\varepsilon}}{\bar{a} + \bar{b}\bar{\varepsilon}} \tag{19.76}$$

式中，$\bar{a}$ 和 $\bar{b}$ 分别是在 $\bar{\varepsilon}/(\sigma_1 - \sigma_3)$-$\bar{\varepsilon}$ 坐标系中双曲线转换成直线后的截距和斜率。$\bar{a}$ 的物理意义是初始切线剪切模量 $3G_{\mathrm{i}}$ 的倒数，b 为极限偏应力$(\sigma_1 - \sigma_3)_{\mathrm{ult}}$ 的倒数。

把式（19.77）代入式（19.76）右边的第二个积分：

$$W_{\mathrm{q}}^{\mathrm{t}} = \int_0^{\bar{\varepsilon}_{\mathrm{f}}} q\,\mathrm{d}\bar{\varepsilon} = \int_0^{\bar{\varepsilon}_{\mathrm{f}}} \frac{\bar{\varepsilon}}{\bar{a} + \bar{b}\bar{\varepsilon}}\mathrm{d}\bar{\varepsilon} = \left\{\frac{1}{b^2}\left[a + b\bar{\varepsilon} - a\ln(a + b\bar{\varepsilon})\right]\right\}_0^{\bar{\varepsilon}_{\mathrm{f}}}$$

$$= \frac{1}{b}\bar{\varepsilon}_{\mathrm{f}} + \frac{\bar{a}}{\bar{b}^2}\ln\frac{\bar{a}}{\bar{a} + \bar{b}\bar{\varepsilon}_{\mathrm{f}}} \tag{19.77}$$

式（19.77）中的 $\bar\varepsilon_f$ 是破坏时的轴向应变，可通过双曲线公式转变成用破坏时的偏应力表示，即：

$$\bar\varepsilon_f = \frac{\bar a(\sigma_1-\sigma_3)_f}{1-\bar b(\sigma_1-\sigma_3)_f} \tag{19.78}$$

19.5.2.3 塑性功和剪胀塑性功的计算

剪切过程的塑性功 W^p 为：

$$W^p = \int_0^{\varepsilon_{vf}^p}\Delta p\,d\varepsilon_v^p + \int_0^{\bar\varepsilon^{fp}}q\,d\bar\varepsilon^p = W^t - W^e \tag{19.79}$$

把式（19.77）和式（19.78）代回式（19.75），减去式（19.74）即得。

顾名思义，剪胀塑性功 W_d^p 是在剪切过程中由偏应力引起的塑性体应变（包括剪胀和剪缩）所做的功，即：

$$W_d^p = \int_0^{\varepsilon_{vd}^p}q\,d\varepsilon_{vd}^p \tag{19.80}$$

式中，ε_{vd}^p 为偏应力引起的塑性体应变。

对偏应力引起的体变的属性尚无统一认识。文献［27］基于对较高精度的砂土扭剪试验成果的分析，表明砂土的剪胀是由一个完全可逆的体应变分量和一个不可逆的体应变分量构成的，并得出了若干规律。文献［28］认为，根据胡克定律，剪应力不引起弹性体变，故剪胀变形全是塑性变形。而文献［19］则认为，三轴试验中当偏应力卸载时发生体缩现象，该现象无法用弹性理论解释，说明土的剪胀变形具有可恢复性；加卸载引起土结构的变化也是发生卸荷体缩的原因之一。目前，对偏应力引起的可逆体变的研究尚没有达到定量水平，也没有取得共识。

为方便计算，暂不考虑偏应力引起的可逆体变，也不考虑净平均应力增量 $\Delta p=\frac{q}{3}$ 在剪切过程中引起的塑性体变。换言之，由偏应力引起的塑性体应变等于剪切过程中的总体应变减去由净平均应力增量 $\Delta p=\frac{q}{3}$ 引起的弹性体应变。因此，从三轴试验量测的剪切过程的总体变，减去由净平均应力引起的弹性体应变，就可绘制 q-ε_v^p 曲线，拟合出其表达式，再代入式（19.80）积分即可。

剪胀塑性功亦可由剪胀总功与剪胀弹性功之差计算。按照上述说明，暂不考虑偏应力引起的可逆体变，剪切过程中的可恢复体变纯粹由净平均应力的增量引起，相应的功就是剪胀弹性功。于是：

$$W_d^p = \int_0^{\varepsilon_{vd}^p}q\,d\varepsilon_{vd}^p = W_d^t - W_d^e = \int_0^{\varepsilon_v}q\,d\varepsilon_v - \int_0^{\varepsilon_v^e}\Delta p\,d\varepsilon_v^e \tag{19.81}$$

上式右边的第 2 个积分就是式（19.72）的第一项积分，其值等于 $\frac{(1-2\mu)}{6E}q_f^2$。将其代入式（19.81），得：

$$W_d^p = \int_0^{\varepsilon_{vd}^p}q\,d\varepsilon_{vd}^p = W_d^t - W_d^e = \int_0^{\varepsilon_v}q\,d\varepsilon_v - \int_0^{\varepsilon_v^e}\Delta p\,d\varepsilon_v^e$$
$$= \int_0^{\varepsilon_v}q\,d\varepsilon_v - \frac{(1-2\mu)}{6E}q_f^2 \tag{19.82}$$

19.6 本章小结

（1）完整细致地推导了巴塞罗那模型，深化了对该模型的认识。

（2）根据试验资料，验证了 LC 屈服概念的合理性；对巴塞罗那模型做了 3 方面改进：提出了新的吸力增加屈服条件；建议了一个三轴剪切条件下确定屈服点的方法；提出了统一屈服面的概念。

（3）提出了统一屈服面的两种数学表达式，其中的抛物线形式的屈服面与试验资料更为符合，可用于多种土类。

（4）考虑吸力的影响，完善了修正 Lade-Duncan 模型，给出了确定该模型参数的具体方法。

（5）结合巴塞罗那模型和 Lade-Duncan 模型的优点，构建了一个非饱和含黏砂土的弹塑性模型的框架；用非饱和土含黏砂土的三轴固结排水剪切试验资料验证了构建模型的优越性。

（6）针对不同的三轴试验，详细推导了计算弹性功、总功、塑性功和剪胀塑性功的公式，给出了具体结果，便于应用。

参考文献

[1] ALONSO E E, GENS A, JOSA A. A constitutive model for partially saturated soils [J]. Géotechnique, 1990，40（3）：405-430.

[2] 陈正汉，许镇鸿，刘祖典. 关于黄土湿陷的若干问题 [J]. 土木工程学报，1986，19（3）：62-69.

[3] 陈正汉，刘祖典. 黄土的湿陷变形机理 [J]. 岩土工程学报，1986，8（2）：1-12.

[4] 汪国烈，等. 自重湿陷性黄土的试验研究（试坑浸水及载荷试验报告）[R]. 兰州：甘肃省建工局建筑科学研究所，1975.

[5] 涂光祉，等. 渭北张桥自重湿陷黄土的试验研究 [R]. 西安：西安冶金建筑学院，1975.

[6] 涂光祉，等. 陕西省焦化厂自重湿陷黄土地基的试验研究 [R]. 西安：西安冶金建筑学院，1977.

[7] 钱鸿缙，王继唐，罗宇生，等. 湿陷性黄土地基 [M]. 北京：中国建筑工业出版社，1985.

[8] 陈正汉. 重塑非饱和黄土的变形、强度、屈服和水量变化特性 [J]. 岩土工程学报，1999，21（1）：82-90.

[9] 黄海，陈正汉，李刚. 非饱和土在 p-s 平面上的屈服轨迹及土-水特征曲线的探讨 [J]. 岩土力学，2000，21（4）：316-321.

[10] 卢再华. 非饱和膨胀土的弹塑性损伤模型及其在土坡多场耦合分析中的应用 [D]. 重庆：后勤工程学院，2001.

[11] 朱元青. 基于细观结构变化的原状湿陷性黄土的本构模型研究 [D]. 重庆：后勤工程学院，2008.

[12] 李加贵. 侧向卸荷条件下考虑细观结构演化的非饱和原状 Q_3 黄土的主动土压力研究 [D]. 重庆：后勤工程学院，2010.

[13] 苗强强，陈正汉，朱青青. p-s 平面上不同应力路径的非饱和土力学特性研究 [J]. 岩石力学与工程学报，2011，30（7）：1496-1502.

[14] 姚志华. 大厚度自重湿陷性黄土的水气运移和力学特性及地基湿陷变形规律研究 [D]. 重庆：后勤工程学院，2012.

[15] 秦冰. 非饱和膨润土的工程特性与热-水-力多场耦合模型研究 [D]. 重庆：后勤工程学院，2014.

[16] FLEUREAU J M, SIBA K S, RIA S, et al. Behavior of clayey soils on drying-wetting paths [J]. Canadian Geotehnical Journal，1993，30（2）：287-296.

[17] DELAGE P, GRAHAM J. Mechanical behavior of unsaturated soils：Understanding the behavior of unsatura-ted soils requre reliable conceptual models [C] // Proceedings of the First International Conference on Unsaturated Soils. Paris，1995：1223-1256.

［18］ CUI Y J, DELAGE P. Yieding and plastic behavior of an unsaturated compacted silt ［J］. Géotechnique, 1996, 46 (2): 291-311.

［19］ 李广信, 等. 高等土力学 ［M］. 北京: 清华大学出版社, 2005.

［20］ WHEELER S J, SIVAKUMAR V. An elasto-plasticity critical state framwork for unsaturated silt ［J］. Géotechnique, 1995, 45 (1): 35-53.

［21］ LADE P V, DUNCAN J M. Elasto-plastic stress-strain theory for cohensionless soil ［J］. ASCE 1975, 01 (10): 037- 053.

［22］ Lade P V. Elasto-plastic stress-strain theory for cohensionlesswith curved yield surface ［J］. International Journal of Solids and structures, 1977, 13: 1019-1035.

［23］ 苗强强. 非饱和含黏砂土的水气分运移规律和力学特性研究 ［D］. 重庆: 后勤工程学院, 2011.

［24］ 朱青青, 苗强强, 陈正汉, 姚志华, 章峻豪. 非饱和含黏砂土的弹塑性剪胀特性研究 ［J］. 岩土工程学报, 2018, 40 (S1): 65-72.

［25］ MIAO Q Q, CHEN Z H, ZHU Q Q, et al. Cam-clay model applicable to unsaturated clayey sand ［C］ // Unsaturated Soil Mechanics—from Theory to Practice (Proceedings of 6th Asia-Pacific Conference on Unsaturated Soils (AP-UNSAT 2015), Guilin, China, 23-26 Octber, 2015), CRC Press, 507-510.

［26］ 张问清, 赵锡宏, 董建国. 上海粉砂土弹塑性应力-应变模型探讨 ［J］. 岩土工程学报, 1982, 4 (4): 159-173.

［27］ 张建民. 砂土的可逆性和不可逆性剪胀规律 ［J］. 岩土工程学报, 2000, 22 (1): 121-17.

［28］ 殷宗泽, 等. 土工原理 ［M］. 北京: 中国水利水电出版社, 2007.

第 20 章　黄土的细观结构演化规律和弹塑性损伤模型

本章提要

应用自主研发的 CT-三轴仪系统研究了原状 Q_3 和 Q_2 黄土及其重塑土在加载过程（包括各向等压和有偏应力作用）、侧向卸荷剪切过程和浸水湿陷过程的细观结构演化特征，分别构建了加载过程和湿陷过程的细观结构演化方程；提出了确定土在复杂应力状态下的屈服点的细观方法和考虑细观结构影响的抗剪强度公式；采用环境扫描技术研究了 Q_2 黄土微观结构特征；在上述基础上提出了原状 Q_3 的弹塑性结构损伤模型，用三轴剪切试验和三轴浸水试验验证了模型的合理性。

20.1　研究原状土结构性模型的意义及新技术的应用

陈正汉等[1-2]（1986）用三轴浸水试验研究洛川原状 Q_3 黄土的湿陷变形特性（第 12.1 节）时发现，原状 Q_3 黄土的结构在加载和浸水湿陷过程中发生变化，原有结构破坏，新的结构形成，软硬化相伴而生；依据试验资料构建了湿陷变形的非线性本构模型（第 12.1.3 节），能反映球应力和偏应力对湿陷变形的影响及湿陷过程中黄土结构的变化，概念清楚，形式简明，便于应用。但该项研究仅限于宏观三轴试验，对黄土结构的变化尚不能定量描述。

陈正汉于 1994 年指出[3]："特殊土的本构关系应当考虑其独特的微结构。把黄土的湿陷视为微结构的失稳并结合运用突变理论、损伤力学、现代土力学与非饱和土力学的知识对湿陷变形进行定量描述是发展湿陷力学的有效途径"。谢定义认为[4-5]："结构性（构度）应该是描述土物理本质中比粒度、密度、湿度更为重要的一个侧面"。"从粒度、密度、湿度和构度四个方面描述土的内在因素是目前最为全面的描述"[6]。

土力学在 21 世纪之前的主要研究对象是重塑土。随着国家现代化建设的发展和研究工作的深入，涉及原状土的工程越来越多，如铁路和公路路基，建筑物、电厂和机场的地基，输气管道地基、输水渠坡和管道渡槽地基、路堑边坡和天然边坡，地铁、隧道、洞库和人防工程等。因此，沈珠江在 1996 年认为[7]："土体结构性的数学模型——21 世纪土力学的核心问题。"

建立土体结构性本构模型的一个重要内容是结构性的观察描述及其演化规律的构建。许多学者在这方面做了大量工作，包括宏观、细观和微观三个层次，每个层次均涉及试验观察与理论分析。宏观现象是土的内部结构发挥作用的外部表现，微、细观结构研究才能揭示发生宏观现象的机理和本质。沈珠江在 2000 年指出[8]："经过多年摸索，许多研究者终于认识到，不深入研究土体变形与微结构改变之间的关系，而仅仅限于从宏观上假设屈服面、塑性势之类的办法，是不可能建立起真正符合实际的本构模型的。""只有走试验的道路，彻底弄清实际土体变形过程的微观机理，才能建立起符合实际的本构模型。"沈珠江此处所说的"微结构"和"微观机理"，实际上包括微观和细观两个方面。

土的宏观性质研究开展最早，微观研究次之，细观研究则是近年来由于 CT 技术的进步才发展起来的。20 世纪 90 年代中、后期，中科院寒旱所率先用 CT 技术研究冻土的结构性（1995，1995～1997）。杨更社、葛修润等对岩石细观结构开展了深入研究[9-10]，在岩石细观结构定量描述和仪器研制方面做了卓有成效的工作。蒲毅彬等[11]（2000）率先将 CT 应用于原状黄土的内部结构观察，用 CT 机结合简易压力室（刚度小，不能测体变）对原状黄土在侧限压缩、三轴压缩、浸水及加荷-浸水过程中分别进行了扫描，观察了土样在各个试验过程中的细观结构变化特征。雷胜友等（2004）[12] 在三轴剪切和三轴湿陷试验过程中对 Q_3 原状黄土试样进行了 CT 扫描，初步分析了应变软化、应变硬化及湿陷过程中黄土细观结构的变化机理。王朝阳等（2006）[13] 对 Q_3 和 Q_2 原状黄土各做了 1 个固结不排水剪切试验，同时进行 CT 扫描，发现黄土的结构损伤具有空间上的不均匀性。

应当指出，文献［11］～［13］所用三轴仪不能控制吸力，也不能精确量测浸水量和体变；试验中采用了过快的剪切速率（0.1～0.3mm/min）；加之各自的试验数量都很少，因而未能对黄土细观结构的损伤演化作深入细致的量化分析，更无法建立损伤演化规律。鉴于上述认识，陈正汉学术团队自 2000 年起，把 CT 技术[14-15]和环境扫描技术[16]引入非饱和土与特殊土结构性的研究，研制成土工 CT-三轴仪，对原状 Q_3 和 Q_2 黄土及其重塑土的细观结构演化做了大量研究工作（表 20.1），其结果不仅深化了对黄土宏观力学反应的认识，而且对黄土的湿陷性获得了一些新认识。除了研究原状黄土的细观结构外，陈正汉学术团队还研究了重塑黄土的细观结构在加载和浸水湿化过程中的演化特性，具体情况将在第 20.5 节中介绍。

原状黄土及重塑黄土在加卸载过程和浸水过程中细观结构演化的 CT-三轴试验　　　表 20.1

取样地点/研究者	土类	试验分类编号（根据试验条件和应力路径）	试验数量	有效图片数量	试验时间（年）
宁夏扶贫扬黄工程 11 号泵站/朱元青、陈正汉	原状 Q_3 黄土，取土深度 10m，干密度为 1.30～1.32g/cm³	①第 1 阶段：吸力＝C，净围压＝C，偏应力＝C；第 2 阶段：逐渐浸水，对 6 个横断面扫描 7～9 次；第 3 阶段：围压＝C，偏应力增加	6	273	2007～2008
陕西蒲城电厂三期工程工地/方祥位，王和文，陈正汉	原状 Q_2 黄土，干密度为 1.43～1.5g/cm³	② 吸力＝C 且净围压＝C；取样深度 16～16.2m，L_3 土层，含姜石	8	84	2008
		③ 含水率＝C 且围压＝C，w＝4.78%、7.64%；取样深度 16～16.2m，L_3 土层，含姜石	4	42	
		④ 围压＝C 且偏应力＝C，浸水到饱和；F2 土层，无姜石	4	124	
兰州理工大学/李加贵，陈正汉	原状 Q_3 黄土	⑤ 第 1 阶段：吸力＝C 且净围压＝C；第 2 阶段：轴压＝C，净侧围压力减小到破坏	12	168	2009
		⑥ 第 1 阶段：吸力＝C 且净围压＝C；第 2 阶段：浸水到饱和	9	90	
		⑦ 第 1 阶段：吸力＝C 且净围压＝C；第 2 阶段：浸水到饱和；第 3 阶段：轴压＝C，侧压力减小到破坏	3	24	2010
		⑧ 第 1 阶段：吸力＝C 且净围压＝C；第 2 阶段：轴压＝C，净侧围压力减小到预定值；第 3 阶段：浸水到饱和	3	42	
延安新区/郭楠，陈正汉	重塑 Q_2 黄土	⑨ 第 1 阶段：吸力＝C，净围压＝C、偏应力＝C；第 2 阶段：浸水到饱和	17	138	2016
合计			66	985	

注：1. C 代表常数。

2. 有效图片数量是指扫描图片总量扣除探索性试验的扫描图片和因故障导致试验失败而舍弃的图片。

3. 所有试验的试样尺寸皆相同，即试样直径和高度分别为 39.1mm 和 80mm。

还应指出，细观力学研究对象的尺度从 10^{-1}nm 到 mm 量级，CT 机满足细观力学尺度的下限[17]。试样某一断面的 CT 图像实际上就是其上物质点的密度分布图。由 CT 试验可得两个数据：CT 数和方差，分别用符号 HU（或 H，或 ME）和 SD 表示，代表扫描断面上的物质点的平均密度和密度差异。CT 数反映了选定区域所有物质点的平均密度，CT 数越大，土越密实，土颗粒之间的连接越强，故 CT 数可反映土颗粒连接的强弱程度；方差反映选定区域物质点密度的不均匀程度，方差越小，土颗粒排列分布越均匀，反之均匀性越差，故 SD 可反映土粒排列的均匀程度。综合而言，CT 数据能间接反映土结构性的强弱。土粒、水和空气的 CT 数相差甚远（具体数据见本书第 6.5.4.1 节），在 CT 图像上裂隙和孔洞等缺陷很容易识别。CT 数据亦可反映结构损伤的种类（孔洞或微裂隙）及其发育程度。土样中的结核、砂石、孔洞、生物孔、裂隙等的密度相差较大，在 CT 图像上可以清晰区分出来；微裂纹和破裂面的出现会引起 CT 数的变化，故可利用 CT 进行土样细观结构变化的研究。

把 CT 技术与非饱和土三轴仪相结合，就配套成 CT-三轴仪。该设备除能够控制吸力、精确量测体变、精确量测浸水量外，还能动态无损地实时观测试样内部细观结构的变化，是研究特殊土细观结构及其演化的有力工具。有关 CT 和环境扫描技术的细节详见第 6.5.4 节。

20.2 原状 Q₃ 黄土在加载和浸水湿陷过程中的细观结构演化特性规律

20.2.1 研究设备、方案和方法

朱元青等[18-19]将后勤工程学院自主研发的 CT-三轴仪（图 6.44）和湿陷三轴仪[20]（图 7.5 和图 12.6）相结合，研究了原状 Q₃ 黄土在加载和湿陷过程中的结构演化特性。

湿陷三轴仪的底座为二元结构，既可控制吸力，又可浸水，关于湿陷三轴仪的具体结构见第 12.1.5.1 节介绍。浸水时用 GDS 压力/体积控制器控制水头（水压力控制精度为 1kPa）并同时精确量测浸水量（精度为 1mm³）；试样体变用精密体变量测装置量测，精度为 0.006cm³。配套后的仪器能够控制吸力、精确量测体变、精确量测浸水量、动态无损地观测试样内部细观结构的变化。CT 机是陕西省南郑县医院的 prospeed AI 卧式螺旋扫描机，为 GE 公司生产，其空间分辨率为 0.38 mm，密度分辨率为 0.3%（3HU），CT 机的扫描参数见表 20.2。

CT 机的扫描参数　　　　　　　　　　　　表 20.2

电压（kV）	电流（mA）	时间（s）	层厚（mm）	重建矩阵
120	165	3	3	512×512

试验所用土样取自宁夏固原扶贫扬黄灌溉工程 11 号泵站处，取土深度 10m，为 Q₃ 自重湿陷性黄土。试样为采用切土盘精心削制的原状样，试样高 8cm，直径为 3.91cm。为了使试样具有相同的起始条件，用注射器缓慢将水滴入土样中，使试样的含水率统一达到 11%。考虑不同加载条件的影响，共做了 6 个浸水试验，包括 3 个各向等压浸水试验（试样编号为 1、2、4）和 3 个偏压浸水试验（试样编号为 3、5、6），浸水前试样的应力状态如表 20.3 所示。

试验时，先给试样施加 10kPa 的围压，记录稳定后的体变和排水读数为初始体变和排水值；然后同步施加围压和气压力，当气压力加至目标吸力值后（试样处于排水状态，孔隙水压力为 0，气压力值等于吸力值），再将围压一次性增加至目标值，进行固结。对于各向等压浸水的情况，固结 24h 后，同步降低围压和气压力，直至气压力为 0；用 GDS 压力/体积控制器从试样底部浸水，从与试样帽处的尼龙软管（固结时用以施加气压力）相连通的阀门排水。对于浸水时有偏应力作用的试样，先固结 24h，固结后逐级施加偏应力到目标值（待变形和排水读数稳定

后，方可施加下一级偏应力），待试样在目标偏应力下变形和排水稳定后，同步降低围压和气压力，直至气压力为 0，接着浸水。浸水过程中保持净围压和已施加的偏应力不变。

试样的初始物理参数和浸水前应力状态　　表 20.3

试样编号	干密度 ρ_d (g/cm³)	含水率 w (%)	孔隙比 e	净围压 σ_3-u_a (kPa)	基质吸力 s (kPa)	偏应力 q (kPa)	浸水时水头压力 (kPa)
1	1.31	11.0	1.08	100	150	0	4
2	1.31	11.0	1.08	200	150	0	12
3	1.32	11.0	1.04	100	150	200	14
4	1.32	11.0	1.05	100	250	0	12
5	1.31	11.0	1.06	100	150	100	14
6	1.30	11.0	1.08	100	150	250	14

为了加速浸水进程，在试样周围均匀放置 6 条滤纸。三轴仪可应力/应变控制。对 1 号和 2 号试样，在浸水饱和后逐级增加偏应力（应力控制），其值依次为 25kPa、50kPa、75kPa、100kPa、125kPa、150kPa 和 200kPa。6 号试样在浸入 1.151g 水后，轴向变形迅速增加，偏应力下降，试样发生湿剪破坏。

浸水前，对试样在初始状态、固结结束状态、每一级偏应力稳定状态扫描两层断面，其位置为如图 20.1 所示的第 2 层和第 5 层，这两层分别距试样底部 26.67mm 和 53.33mm。浸水开始后，共扫描 6 层，即增加 4 层（图 20.1 中的第 1、3、4、6 层），依次距试样底端（以初始时刻为参考）12.67mm，35.67mm，45.34mm 和 63.33mm。层数标号从底部开始标记，依次为 1、2、3、4、5、6 层。根据湿陷体应变和浸水量的大小确定扫描时刻，采用跟踪扫描。图像上任意一个区域的 CT 数均值和方差，分别反映此区域的平均密度和物质分布的均匀程度。图像中的亮白色表示该区域的密度较高或为胶结物及礓石，而暗黑色表示该区域的密度较低或为裂隙及孔洞。共获得有效 CT 图片 273 张。

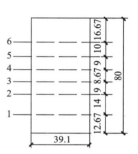

图 20.1　初始扫描位置示意图

CT 数均值和方差用 GE 公司提供的与 prospeed AI 配套的软件量测。其他数据用日内瓦大学医院设计的 Osiris 软件量测。该软件是一个通用的医学图像处理与分析软件，和医学数字图像通信标准（DICOM）兼容。这个软件可以分析感兴趣区（ROI）；读取任意像素点的 CT 值；进行边缘提取；可以量测距离、角度、面积和体积。为简化叙述，以下将 CT 数均值简称为 CT 数，用符号 H 表示，方差用符号 W 表示。

为了清楚地观察变形过程中 CT 图像中孔洞的变化，需要选合适的窗宽和窗位。窗宽是指显示图像时所选用的 CT 值范围，在此范围内的物质按其密度高低从白到黑分为若干个灰阶等级。人的眼睛一般只能分辨出 16 个灰度，若窗宽选定为 80HU，则其可分辨的 CT 数为 80/16＝5HU，即两种物体 CT 数的差别在 5HU 以上即可分辨出来，故窗宽的宽窄直接影响到图像的对比度和清晰度。窗位也称窗中心，是指窗宽上下限 CT 值的平均数。因为不同物质的 CT 值不同，观察其细微差别最好选择该图像的 CT 值为中心（即窗位）进行扫描。窗位的高低影响图像的亮度；窗位低图像亮度高呈白色，窗位高图像亮度低呈黑色。对不同的试验根据视觉要求设定不同的窗宽和窗位。不同的窗宽和窗位不影响试样的 CT 扫描数据。

浸水时，同一层位不同时刻、相同时刻不同层位的窗位差别较大，为了显示 CT 图像的细节，必须不断地调整窗宽和窗位，以便获得最佳显示效果。

关于 CT 测试的更多细节参见第 6.5.4 节。

20.2.2　加载过程中的宏细观反应及确定屈服点的细观方法

黄土具有很强的结构性，在荷载较小时能保持原有结构，变形小，CT 数变化自然也小；当荷载较大时，土的结构发生屈服，变形速率增大，CT 数应有明显反映。

图 20.2 是 3 号试样在剪切过程中的偏应力-轴向应变关系曲线和净平均应力-体应变关系曲线。可用两段折线拟合，转折点的应力就是土结构的屈服应力。分别用 q_y 和 p_y 表示屈服偏应力和屈服净平均应力，其值分别为 $q_y=100$kPa 和 $p_y=125$kPa。

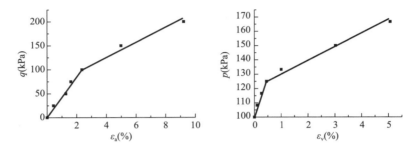

图 20.2　3 号试样的 $q\text{-}\varepsilon_a$ 关系曲线（左）和 $q\text{-}\varepsilon_v$ 关系曲线（右）

剪切过程中对 3 号试样的第 2 层和第 5 层进行 CT 扫描，相应的数据见表 20.4。将该两层的 CT 数均值与净平均应力、偏应力的关系分别绘于图 20.3（a）、图 20.3（b）中，曲线有明显的转折点，每一层的数据点亦可用两段折线拟合。CT 数在转折点前变化平缓，在转折点后曲线斜率陡增，表明土的结构发生了改变，即土屈服了，故可把转折点对应的应力作为屈服压力。第 2 层和第 5 层的 CT 数变化转折点对应的偏应力分别为 75kPa 和 100kPa。取这两层 CT 数均值变化转折点对应的净平均应力的平均值为结构屈服净平均应力，其大小为 129kPa。

3 号试样在各级偏应力下的 CT 扫描状态及数据　　　　表 20.4

试样 状态	扫描 次序	第 2 层		第 5 层	
		CT 数（HU）	方差	CT 数（HU）	方差
初始	a	863.29	67.57	821.1	49.4
固结结束	b	895.38	63.02	854.66	44.75
$q=25$kPa	c	896.54	63.92	856.54	44.74
$q=50$kPa	d	888.94	67.31	852.75	41.4
$q=75$kPa	e	896.89	62.28	854.11	42.59
$q=100$kPa	f	905.68	60.99	854.01	41.7
$q=150$kPa	g	932.64	57.94	887.05	45.91
$q=200$kPa	h	969.47	50.36	927.18	43.42

图 20.4 为 3 号试样的 CT 数均值与剪切过程的体应变和偏应变的关系图，当体应变和偏应变分别小于 0.45% 和 1.45% 时，CT 数均值基本不变；当体应变和偏应变继续增加时，试样的 CT 数均值增大。图 20.4 中转折点对应的净平均应力为 125kPa。这与图 20.2 和图 20.3 中确定的结构屈服应力很接近。

由此可见，CT 数能反映土结构的变化，为分析土的宏观力学性质提供依据。如此一来，就为确定土在复杂应力状态下的屈服点提供了一个新方法[15-16]，并可与陈正汉在文献［21］中所提出的方法（第 12.2.4.2 节）相互佐证，提高确定屈服点的可靠性。

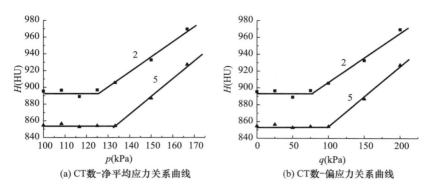

(a) CT数-净平均应力关系曲线　　　(b) CT数-偏应力关系曲线

图 20.3　3 号试样剪切过程中第 2 层和第 5 层 CT 数与应力的关系曲线

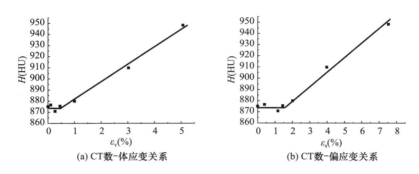

(a) CT数-体应变关系　　　(b) CT数-偏应变关系

图 20.4　3 号试样剪切过程试样 CT 数均值与应变的关系曲线

20.2.3　湿陷过程中的宏、细观反应

湿陷过程中，湿陷体应变与含水率随时间变化曲线的特征以 3 号和 4 号试样为例进行说明。图 20.5 和图 20.6 分别为试样湿陷体应变与含水率的历时曲线。两图的曲线均可划分为三个阶段，但图 20.5 曲线的三个阶段的分界点与图 20.6 曲线的分界点对应的时间有所不同。图 20.6 的含水率历时曲线的第 2 个分界点对应的时间比图 20.5 的湿陷体应变历时曲线的相对应的时间要早，表明当试样的含水率近乎不变（近乎饱和）时，在荷载作用下，试样仍在产生湿陷变形。图 20.5 湿陷体应变历时曲线中，第一阶段试样原有结构发生破坏的同时被压密，湿陷体应变增加较快；第二阶段试样压密后可产生湿陷变形的孔隙体积减小，湿陷体应变增加减缓；第三阶段试样原有结构已基本破坏，压密变形也趋于停止，湿陷体应变增加更加缓慢，近乎水平。

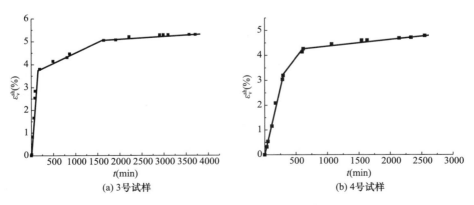

(a) 3 号试样　　　　(b) 4 号试样

图 20.5　湿陷体应变与时间的关系

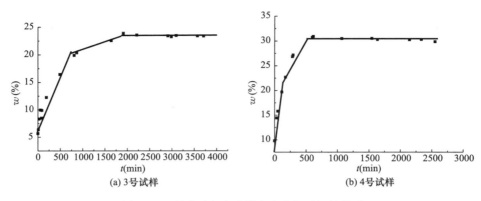

图 20.6　湿陷过程中试样含水率与时间的关系

图 20.7 是 3 号和 4 号试样的 CT 数均值与湿陷体应变的关系曲线。3 号试样的曲线可划分为三个阶段，且第二阶段的斜率比第一阶段大；而 4 号试样曲线可分为两个阶段，且第二阶段的斜率比第一阶段小。这是因为 4 号试样仅受 100kPa 净平均应力的作用，而 3 号试样不仅有 167kPa 的净平均应力作用，还有 200kPa 偏应力的作用，偏应力加速了试样在湿陷过程中的变形。

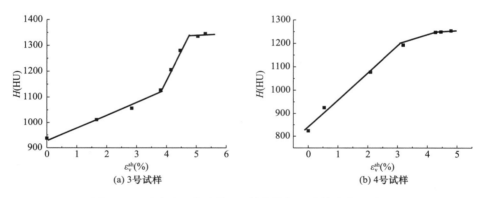

图 20.7　湿陷过程中试样 CT 数均值与湿陷体应变的关系

20.2.4　加载过程中 CT 扫描图像分析

图 20.8 和图 20.9 分别为 3 号试样第 2 层和第 5 层在各级偏应力下（应力控制）的 CT 扫描图像。该两层的扫描状态和 CT 数据如表 20.4 所示。图中的 "2a"，前面的 "2" 表示第 2 层，后面的 "a" 表示扫描对应的试样状态，与表 20.4 中的 "扫描次序" 相对应，其余的图片编号方法类推。2a、5a 对应的图像存在孔洞多的低密度区及土颗粒和胶结物较集中的高密度区，两个断面的 CT 均值分别为 863.29HU 和 821.1HU，表明两个断面密度相差较大，试样具有初始不均质性。固结后，两个断面的 CT 均值增大，方差减小，但因净固结压力小于试样的结构屈服应力，因而从 CT 图像上看土样的结构基本没有变化。偏应力为 25kPa 时，图像无明显变化，此时试样的受力处于弹性阶段。偏应力为 50kPa 时，第 2 层中的孔洞（低密区）增多，个别低密区贯通，形成裂隙（图 20.8 中 2d）；第 5 层 CT 图像上孔洞（低密区）面积略有减小，表明试样的结构演化具有不均匀性。偏应力为 75kPa 时，第 2 层裂隙部分闭合，2e 的图像特征与 2c 相比差别很小；第 5 层的低密区面积略有增加。此后偏应力增大，第 2 层和第 5 层的孔洞逐渐趋于闭合。

应当指出，试样中个别部位的结构变化有时与总体结构变化趋势不一定一致。从图 20.8 中

2d 可见，3 号试样的第 2 层在 50kPa 偏应力作用下形成几乎贯通横断面的裂隙，但在随后的加载过程中又逐渐闭合了（图 20.8 中 2g、2h）。个别层位的裂隙并未在试样纵向贯通，因而未引起试样结构的实质性变化，这一点亦从表 20.4 和图 20.3 可得到证实。由此可见，土样的试验过程如同生物体的生长发育过程，总体上是健康成长，但局部细胞可能会发生伤病，尔后又能康复。

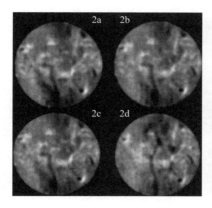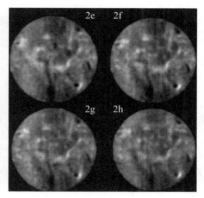

图 20.8 3 号试样在各级偏应力下的第 2 层 CT 图像

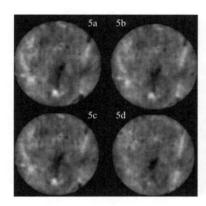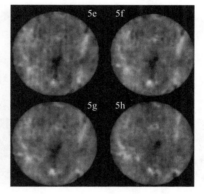

图 20.9 3 号试样在各级偏应力下的第 5 层 CT 图像

20.2.5 湿陷过程中 CT 扫描图像分析

文献 [18] 对 6 个试样的每一层 CT 图像都做了详细分析，本节仅介绍部分 CT 测试结果。

表 20.5 是 1 号试样各向等压浸水至饱和、而后进行剪切时扫描对应的试样应变及含水率状态。饱和后逐级增加偏应力，每级偏应力下对应的应变值均以固结结束状态作为参考状态计算，为浸水湿陷发生的应变与剪切过程产生的应变之和。

图 20.10 是 1 号试样第 1 层在试验过程中的 CT 图像。用 Osiris 软件测得图 20.10 中 1b 上的大孔洞尺寸长度为 26.9mm。在 100kPa 净围压作用下浸水时，CT 扫描图像依次从 1b 到 1f，整个试样从浸水开始就有湿陷变形产生，但大孔洞面积无明显减小；从 1f 到 1g，大孔洞的面积有所增加；从 1g 到 1h，孔洞面积基本不变。表明湿陷过程中孔洞的密度分布有调整。浸水结束时，孔洞部分的密度与周围土颗粒点的密度差异有所减小，这是因为孔洞中的空气被水取代，孔洞部分的密度增加。随着浸水的进行，密度较高的部分与周围部分差异变小。1b 中两个尺寸较小的孔洞随着浸水饱和而闭合了。

1 号试样各向等压浸水、饱和后剪切试验扫描状态　　　　表 20.5

试样状态	扫描次序	体应变 ε_v（%）	偏应变 ε_s（%）	含水率 w（%）	第 1 层 CT 数	第 1 层 方差
初始	a	0	0	11		
固结结束	b	1	0	10.03	825.72	68.4
浸水 5.275g	c	0.4	0	14.2	973.76	66.07
浸水 10.005g	d	0.8	0	18.0	1032.04	60.27
浸水 15.117g	e	1.7	0	22.1	1068.92	59.11
浸水 21.171g	f	3.1	0	26.9	1196.73	46.38
浸水 25.753g	g	3.9	0	30.5	1230.86	44.94
浸水 26.645g	h	4.3	0	31.2	1240.71	42.65
$q=50$kPa	i	5.6	2.1		1262.22	38.43
$q=200$kPa	j	12.2	14.2		1374.33	33.98

　　1 号试样在饱和之后施加 50kPa 的偏应力后（图 20.10 中的图像 1i），大孔洞形状无明显变化，但孔隙部分的灰度增加了；表明在偏应力作用下，孔壁上有部分土颗粒迁移到了孔洞中；但因偏应力较小，此时试样的体应变和偏应变相对各向等压下浸水结束时的体应变（4.3%）增幅较小，分别为 1.3% 和 2.1%。当偏应力继续增大至 200kPa 时（图 20.10 中的图像 1j），大孔洞孔壁的连接被破坏，更多的土颗粒被挤入孔洞中，土颗粒逐渐充满了孔洞，加之孔洞在压力作用下体积被压缩，最终孔洞消失；此时试样的体应变和偏应变相对各向等压下浸水结束时的体应变（4.3%）的增幅很大，分别增加了 7.9% 和 14.2%。因偏应力是在浸水饱和之后施加的，由其引起的变形应当属于湿陷变形（相当于双线法）。从表 20.5 可知，固结体应变只有 1%，在 200kPa 偏应力作用下试样的总湿陷体应变和湿陷偏应变分别为 12.2% 和 14.2%；二者都相当大，皆不可忽视。

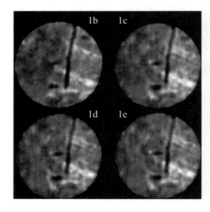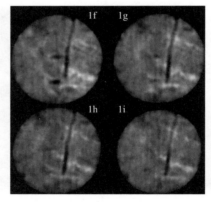

图 20.10　1 号试样湿陷过程中第 1 层 CT 图像

　　为了分析浸水过程中特殊区域的 CT 数的变化特征，用 Osiris 软件选取特殊区域进行分析。图 20.11 为在 1 号试样第 1 层上选取的特殊区域形状图（图 20.10 中的 1b 上选取）。3 个特殊区域分别是直径为 36.8mm 的圆，称为全局域；包含孔洞的曲边多边形，称为孔洞区域，面积为 20mm²；包含土粒和胶结物较多的四边形区域，称为高密度区，面积为 23mm²。3 个区域在湿陷过程中 CT 数与扫描次数间的关系见图 20.12，横坐标的扫描次数与表 20.4 中的扫描次序相对应，例如，次数"2"与次序"b"相对应。3 个区域的 CT 数随湿陷的进行均增大。湿陷开始至结束，孔洞区域的 CT 数增量最大，为 493.79HU；全局域的 CT 数均值增量居中，为 419.32HU；高密度区的 CT 数均值增量最小，为 362.34HU。整个断面上，高密度区的密度增加比孔洞区域增加得少。湿陷开始时，高密度区与孔洞区域的 CT 数之差为 281.35HU；湿陷结束时，这两个区域的 CT 数均值之差为 149.9HU，表明断面各个区域的 CT 数差异随湿陷进行逐渐减小，断面密度越来越均匀。

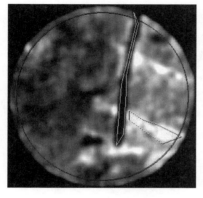

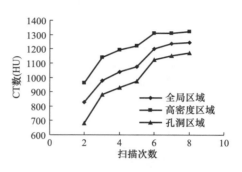

图 20.11　1号试样第1层特殊区域形状图　　图 20.12　特殊区域 CT 数均值与扫描次数的关系

图 20.13 为 2 号试样的第 3 层 CT 图像，浸水前（图 20.13 中 3b）的孔洞长度为 19.6mm。随着浸水进行，大孔洞的面积逐渐减小。至浸水结束时，大孔洞的轮廓仍然可见，但大孔洞的密度与周围土颗粒的密度差异显著减小。随着孔壁胶结物的溶解，孔洞周围的土颗粒进入孔洞中，但浸水压力不能将进入孔洞后的土颗粒压密，因而大孔洞的轮廓仍然可见。

2 号试样浸水饱和后进行剪切时，当偏应力为 50kPa（图 20.13 中 3h）时，大孔洞的形状面积以及和周围土颗粒点的密度差异，与浸水结束时相比，从肉眼观察，无明显变化（图 20.13 中 3g～3h）。当偏应力为 125kPa（图 20.13 中 3i）时，这个大孔洞消失了。因此，可以认为，大孔洞在浸水过程中的变形分为 3 步：首先水渗入孔中，孔壁的胶结物溶解软化；若应力足够大，能破坏软化后的胶结物强度，孔壁周围的土颗粒则在力的作用下进入孔中；最后孔洞中的土颗粒进一步被压密。

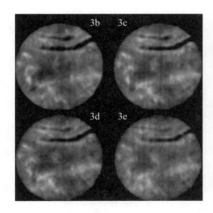
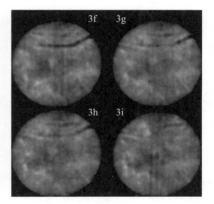

图 20.13　2号试样湿陷过程中第3层 CT 图像

图 20.14 和图 20.15 分别为 3 号试样（浸水前净围压 100kPa、偏应力 200kPa）第 2 层、第 3 层浸水过程中的 CT 扫描图像。量测图 20.15 中 3h 的大孔洞尺寸，长度为 22.9mm，孔径为 4.4mm；边缘处圆形孔洞直径为 2.9mm。随着浸水的进行，大孔洞从 3h～3j 逐渐闭合；但随着湿陷的进行，从 3j 到 3k，孔洞又有所增大；接着大孔洞逐渐闭合；到浸水结束时，孔洞面积已显著变小。

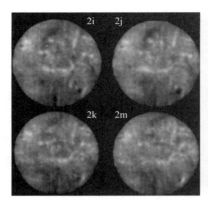
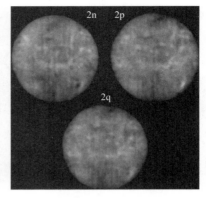

图 20.14　3 号试样湿陷过程中第 2 层 CT 图像

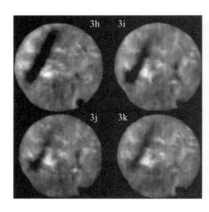
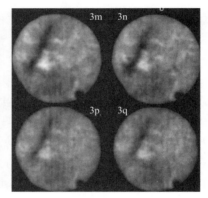

图 20.15　3 号试样湿陷过程中第 3 层 CT 图像

图 20.16 为 4 号试样第 2 层在各向等压浸水条件下的 CT 图像，其中 2a 和 2b 与土样固结前后的状态相对应，2c～2h 对应于浸水过程中的不同时刻。大部分孔洞在浸水过程中逐渐闭合。浸水至饱和时，断面上仍有部分孔洞存在（低密区）。随着浸水的进行，断面的灰度越来越均匀。

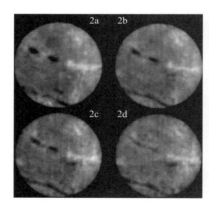
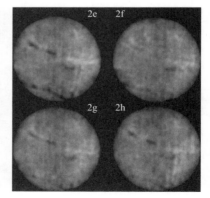

图 20.16　4 号试样第 2 层在湿陷过程中的 CT 图像

图 20.17 是 4 号试样第 3 层在浸水过程中的扫描断面图片。可以看到，仅受静水压力作用的 4 号试样，其结构在湿陷过程中发生了质的变化，由原来的明显非均质（甚至有裂隙）演变到相当均质。从该试样的 CT 数据看，从 2b～2c，CT 数均值由 829.06HU 变为 983.26HU，增加了 154.2HU；而从 2f～2g 及 3f～3g，CT 数均值仅在小数部分有变化，方差也较接近，反映这两

个断面的新结构已经形成，而且相当均质。图 20.14 反映的规律与此相同。

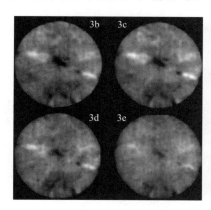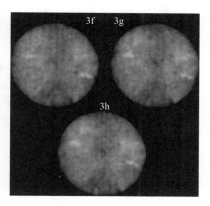

图 20.17　4 号试样第 3 层在湿陷过程中的 CT 图像

综合图 20.10，图 20.13～图 20.17 可知，浸水过程中大孔洞是否减小，与应力状态有关。浸水使得孔壁周围的胶结物软化，软化后，若应力足以破坏软化后的胶结物强度，则土颗粒滑移到孔洞中，孔洞面积随浸水进行减小；若应力不足以破坏软化后的孔壁胶结物强度，则浸水过程中，大孔洞的面积基本不变。

湿陷的上述特征还表明：湿陷不同于剪切破坏，即湿陷偏变形一般是有限的，把摩尔-库仑准则作为湿陷准则是不合理的。陈正汉在文献［1］中已指出过这一点。详见本书第 14.1.4 节。

本节仅列出 1～4 号试样 4 个原状样的扫描图像，其余试样也表现出类似的细观结构演化规律，详见文献［18］。

20.2.6　细观结构参数与结构损伤演化规律

如何定量描述黄土的结构性是近年来的研究热点，引起了许多学者的关注。谢定义等首先提出黄土结构势的概念[22]，将其作为描述黄土结构性的定量指标，进而把该指标成功用于本构关系和强度准则的研究[23]，拉开了黄土结构性研究的序幕。后来，经过邵生俊[24]、骆亚生[25-27]、陈存礼[28]、李荣建[29]等的一系列工作将相关研究推广到复杂应力情况，目前已提出了多种表达形式的结构性参数：应变结构性参数、应力结构性参数、模量结构性参数、孔隙比结构性参数、应力比结构性参数和水敏性结构参数。

陈正汉学术团队依据 CT 细观试验资料，提出了定量描述黄土结构性及其演化规律的新途径。基本思路如下[15]：CT-三轴试验可同时综合检测土样的变形、应力、水分和细观结构变化，通过把土样的细观结构数据与宏观反应数据相联系，就可建立黄土的细观结构演化规律。

首先，用以下方法描述土的结构性和损伤度。将未受荷载、未浸湿的完好原状非饱和湿陷性黄土样的状态作为无损状态，其 CT 数均值用 H_i 表示；相应的将饱和土样在加载完全破坏时的状态作为完全损伤状态，其 CT 数均值用 H_f 表示。土样在某应力 σ 作用下稳定变形时的 CT 数均值用 H_σ 表示，在该应力作用下浸水变形稳定时的 CT 数均值用 $H_{\sigma w}$ 表示。前已述及，土样在充分湿陷后原有结构完全破坏并会形成新的均质密实结构，CT 数相应增加，大于土样的初始值，故土样的结构参数 m_1 和 m_2 可分别定义为[18-19]：

$$m_1 = \frac{H_f - H_\sigma}{H_f - H_i} \tag{20.1}$$

$$m_2 = \frac{H_f - H_{\sigma w}}{H_f - H_i} \tag{20.2}$$

对未损伤的原状土，$H = H_i$，$m_1 = 1$；对完全损伤土，$H = H_f$，$m_1 = 0$。受力土样在浸水前，$H_{\sigma w}=H_\sigma$，$m_2=m_1$。

土样在加载过程和湿陷过程中的损伤变量 D_1 和 D_2 可分别定义为：

$$D_1=\frac{m_{cr}-m_\sigma}{m_0} \tag{20.3}$$

$$D_2=\frac{m_\sigma-m_{\sigma w}}{m_0} \tag{20.4}$$

式中，m_0 为土的初始结构参数；m_{cr} 为土结构开始损伤时的结构参数；m_σ 是土样在应力 σ 作用下变形稳定后的结构参数；$m_{\sigma w}$ 是土样在应力 σ 作用下变形稳定后进行浸水，湿陷变形稳定后的结构参数。

总损伤变量为：

$$D=D_1+D_2 \tag{20.5}$$

在式（20.5）中，若取 $m_{cr}=m_0=1$，则 $D=1-m_{1\sigma w}$。当湿陷充分发展后，$m_{1\sigma w}=0$，这时 $D=1$，表示土的原有结构完全破坏，新结构完全形成。

其次，把 D_1 和宏观应力、宏观应变相联系，把 D_2 和宏观应力、湿陷应变、水分变化相联系，就可分别得到加载过程和受荷浸水过程的损伤演化方程。

图 20.18 是 3 号试样结构损伤变量 D_1 与试样体应变（扣除损伤开始前的体应变）和偏应变（扣除损伤开始前的偏应变）的关系；将剪切过程中结构损伤变量视为试样体应变和偏应变的二元函数，通过分析和二元线性回归，得出 Q_3 黄土的损伤演化方程如下：

$$D_1=A_1\langle\varepsilon_v-\varepsilon_{vc}\rangle+A_2\langle\varepsilon_s-\varepsilon_{sc}\rangle \tag{20.6}$$

式中，ε_{vc} 和 ε_{sc} 分别是损伤开始时的体应变和偏应变。$\langle\ \rangle$ 是开关函数，当 $\varepsilon_v\leq\varepsilon_{vc}$ 时，$\langle\varepsilon_v-\varepsilon_{vc}\rangle=0$；而当 $\varepsilon_v\geq\varepsilon_{vc}$ 时，$\langle\varepsilon_v-\varepsilon_{vc}\rangle=\varepsilon_v-\varepsilon_{vc}$；$\langle\varepsilon_s-\varepsilon_{sc}\rangle$ 具有类似的含义；A_1 和 A_2 是土性参数，由二元回归得 $A_1=1.33$，$A_2=1.27$。根据图 20.18，$\varepsilon_{vc}=0.019$（图中的体应变阈值与固结时的体应变之和，固结体应变为 1.4%），$\varepsilon_{sc}=0.014$。

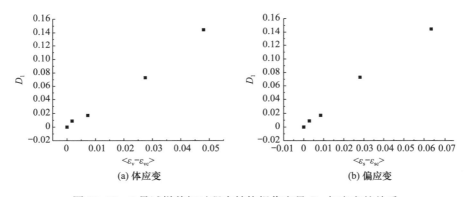

图 20.18　3 号试样剪切过程中结构损伤变量 D_1 与应变的关系

图 20.19 为 1～5 号试样在湿陷过程中结构损伤变量与湿陷体应变（用 ε_v^{sh} 表示）的关系。结构损伤变量随着湿陷体应变的增加而增加，增加速率大体上是先快后慢。湿陷初期阶段，由于胶结物溶解和孔隙塌陷产生湿陷变形，因此，此阶段结构损伤快；湿陷后期，湿陷变形主要为压密变形，结构损伤渐趋终止。

图 20.20 为 3 号和 5 号试样在湿陷过程中结构损伤变量与湿陷偏应变（用 ε_s^{sh} 表示）的关系，结构损伤变量随着湿陷偏应变的增加而增加，增加速率先慢后快。这是由于湿陷偏应变是由颗粒滑移造成的。湿陷初期，结构损伤的主要方面表现为胶结物溶解和孔隙塌陷，颗粒滑移造成的结构性损伤不明显；湿陷后期，体应变基本稳定，土样在偏应力作用下的变形以偏应变为主，

因而颗粒滑移引起的结构损伤占主导地位，此时，结构损伤对偏应变增加敏感。

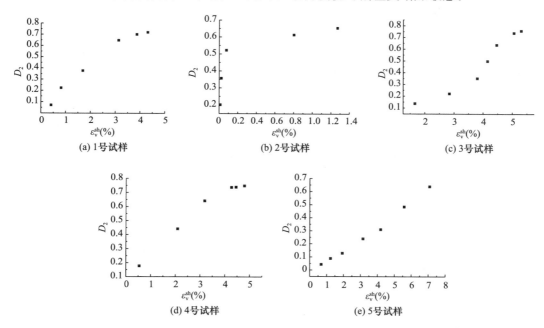

图 20.19 试样在湿陷过程中结构损伤变量与湿陷体应变的关系

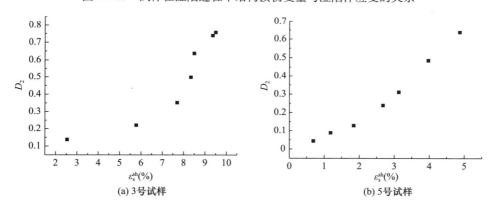

图 20.20 试样在湿陷过程中结构损伤变量与湿陷偏应变的关系

图 20.21 是 1～4 号试样在湿陷过程中结构损伤变量与归一化体积含水率的关系，归一化体积含水率用 $\dfrac{\theta-\theta_\sigma}{\theta_s-\theta_\sigma}$ 表示，θ_s 为试样饱和时的体积含水率，θ_σ 为试样在湿陷前的试验过程中控制吸力值对应的体积含水率。由图 20.21 可见，结构损伤变量随试样归一化体积含水率的增加而增加，图 20.21（a）、图 20.21（c）和图 20.21（d）中的增加速率是先快后慢，图 20.21（b）为线性增加。

由以上分析可知，结构损伤变量随着湿陷体应变、湿陷偏应变增加逐渐增加，并逐渐趋向于一个常数。除 2 号试样外，结构损伤变量随归一化体积含水率增加逐渐增加，并逐渐趋近于一个常数。将结构损伤变量视为湿陷体应变、湿陷偏应变和归一化体积含水率的函数，用 MATLAB 程序提供的拟合函数进行非线性拟合，发现以下函数表达式的拟合效果较好，可作为 Q₃ 黄土在湿陷过程中的结构损伤演化方程：

$$D_2 = 1 - \exp\left[-\left(A_3\varepsilon_v^{sh} + A_4\varepsilon_s^{sh} + A_5\right)\frac{\theta-\theta_\sigma}{\theta_s-\theta_\sigma}\right] \tag{20.7}$$

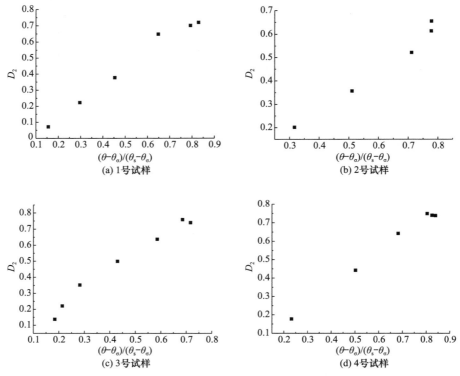

图 20.21　试样在湿陷过程中结构损伤变量与归一化体积含水率的关系

式中，A_1、A_2、A_3、A_4、A_5 为土性参数；θ 是土样在浸水过程中的体积含水率，θ_s 是土样饱和时的体积含水率，θ_σ 是土样在应力 σ 作用下变形稳定后的体积含水率。

对于 1～5 号试样采用多元回归计算 A_3～A_5，计算结果如表 20.6 所示。式（20.7）表明，湿陷过程中，结构损伤变量随湿陷体应变、湿陷偏应变和归一化体积含水率的增加呈衰减型指数规律增加。

为了简化模型，假设 A_3～A_5 为常数。由于 5 号试样尚未达到完全饱和，取 A_3～A_5 为 1～4 号试样回归模型对应系数的平均值，可得：$A_3 = 27.96$，$A_4 = 3.07$，$A_5 = 0.62$。

试样浸水前的应力状态与拟合系数的关系　　　　　　　　　　　表 20.6

试样编号	净平均应力 p（kPa）	偏应力 q（kPa）	基质吸力 s（kPa）	A_3	A_4	A_5
1	100	0	150	24.82		0.62
2	200	0	150	39.34		0.89
3	166.67	200	150	27.29	3.07	0.24
4	100	0	250	20.38		0.76
5	133.33	100	150	2.75	2.74	1.61
1～4 号参数均值				27.96	3.07	0.62

20.3　原状 Q_3 黄土在三轴侧向卸荷剪切与浸水过程中的细观结构演化规律

为了模拟开挖卸荷过程与相应的浸水湿陷情况，对兰州理工大学家属院高陡边坡的原状 Q_3 黄土做了一系列 CT-三轴侧向卸荷剪切试验和 CT-三轴浸水试验[30-32]。试验设备为后勤工程学院的 CT-三轴仪（图 6.44）。由于试验数量较多，为清楚起见，以下将侧向卸荷剪切试验与浸水湿陷试验分节介绍。

土样取自兰州理工大学家属院高陡边坡 7.5m 深处。试样的天然干密度约为 $1.33g/cm^3$，差值不超过 $0.05g/cm^3$。为了控制不同吸力，试样的含水率调整为 17% 左右，以保证在施加不低于 50kPa 的吸力时试样都能排水。

20.3.1 原状 Q_3 黄土在三轴侧向卸荷剪切过程中的细观结构演化规律

20.3.1.1 研究方案

在三轴侧向卸荷剪切试验中控制吸力和净竖向应力为常数，共做了 12 个三轴侧向卸荷剪切试验，其中 3 个为饱和原状 Q_3 黄土，9 个为非饱和原状 Q_3 黄土。控制吸力分别为 0kPa、50kPa、100kPa、200kPa，控制固结净围压为 200kPa、250kPa、300kPa。试样编号和初始状态见表 20.7。

侧向卸荷剪切试验的试样初始条件　　　　表 20.7

试样编号	控制吸力 (kPa)	净围压 (kPa)	干密度 (g/cm³)	孔隙比	土粒相对密度	含水率 (%)
1		200	1.35	1.01	2.71	16.58
2	50	250	1.31	1.07	2.71	17.28
3		300	1.35	1.01	2.71	17.76
4		200	1.34	1.02	2.71	17.02
5	100	250	1.34	1.02	2.71	17.50
6		300	1.36	0.99	2.71	17.07
7		200	1.31	1.07	2.71	16.43
8	200	250	1.33	1.04	2.71	17.27
9		300	1.35	1.01	2.71	17.68
10		200	1.31	1.08	2.71	17.81
11	0	250	1.33	1.04	2.71	17.67
12		300	1.30	1.09	2.71	16.79

9 个非饱和原状 Q_3 黄土三轴侧向卸荷剪切试验分为两个阶段：固结和剪切。固结稳定标准为体变在 2h 内不超过 $0.0063cm^3$，并且排水量在 2h 内不超过 $0.012cm^3$。固结完成后进行侧向卸荷剪切试验，每次卸除 10kPa 的围压，同时通过增加相应的竖向应力以补偿因围压减小而引起的轴向力减小的部分，待试样体积变化及轴向变形稳定后读数。试验的应力-应变曲线见图 12.55，试验的强度参数见表 12.29。研究结果表明，侧向卸荷试验得到的强度参数，c、φ 值均较小。c 值约为三轴压缩剪切结果的 0.61 倍，φ 值约为三轴压缩剪切结果的 0.59 倍。

在试验剪切过程中，利用 CT 机对试样内部结构的变化进行动态观察，并用附带软件进行定量分析。在试验过程中，根据剪切的轴向变形量进行 CT 图像扫描，即当轴变为 0%、2.5%、5%、7.5%、10%、12.5%、15% 时扫描，共扫描 7 次，每次扫描两个断面。扫描位置分别距土样底端 1/3 高度和 2/3 高度处。剪切时根据应力-应变曲线情况决定扫描时刻，并按轴向位移调整扫描位置，对断面进行跟踪扫描。共得到 CT 图像 126 张。

20.3.1.2 CT 图像与细观结构演化特性分析

图 20.22 是 2 号试样下 1/3 断面扫描 CT 照片，扫描顺序为 a～g 分别与轴应变 0%、2.5%、

5%、7.5%、10%、12.5%和15%相对应。由图 20.22 可以清楚地看出非饱和 Q_3 黄土的细观结构演化过程。初始时土样断面上存在大量的孔隙及微裂纹，说明初始状态土样结构的不均质性比较明显。总的来看，图像是由较暗逐步变亮的过程，在 CT 数值上的反映为 CT 数不断增大，方差不断减小；表明密度逐渐增大，不均匀性不断减小。在（a）～（d）图像中，右下角存在一个孔洞，随着试样被压密，孔洞逐渐消失；到（g）图时，已看不出孔洞的存在。2 号试样直到轴向变形为 15%时，也未出现破坏面。由 4 号试样的上 1/3 高度处截面图像（图 20.23）来看，规律是相同的。

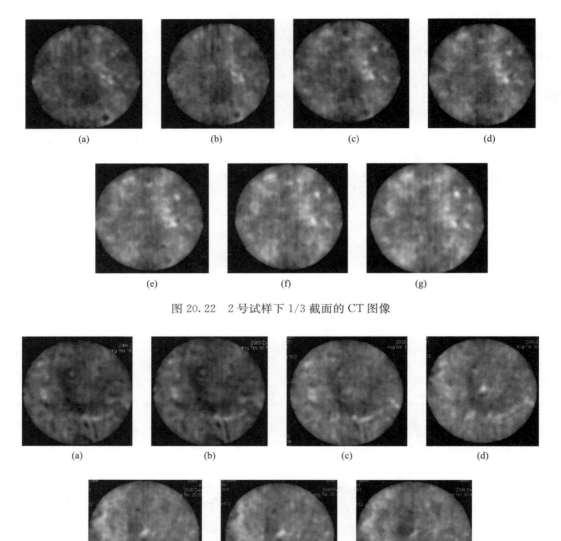

图 20.22　2 号试样下 1/3 截面的 CT 图像

图 20.23　4 号试样上 1/3 截面的 CT 图像

　　孔洞消失与否取决于其应力状态。如 7 号试样下 1/3 截面中的两个孔洞（图 20.24），一个消失了，而另一个只是变小。裂隙的变化规律也大致与孔洞的相同，如 7 号试样的上 1/3 高度处截面中（图 20.25），在试样固结完成时，其裂隙比较明显；但随着剪切的进行，其宽度逐步减小，并最终消失。从宏观上讲，这可以认为是结构的愈合。同时，由于结构破坏引起土细粒填充了较大的孔隙，导致截面的 CT 数在增加。

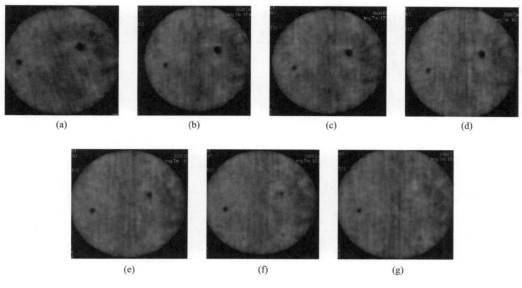

图 20.24　7 号试样下 1/3 截面的 CT 图像

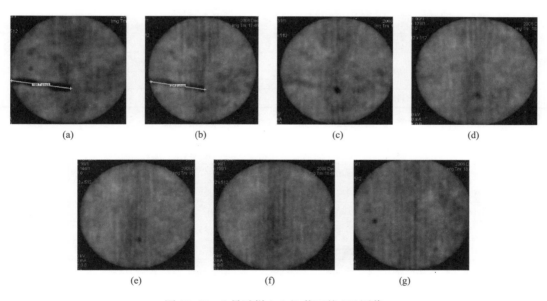

图 20.25　7 号试样上 1/3 截面的 CT 图像

表 20.8 是 1～9 号非饱和土试样在剪切过程中的两个断面 CT 数的平均值，由表 20.8 中剪切开始前的数据（即固结结束时刻的扫描数据）可知，净围压大者 CT 数大，反映了固结压力对试样的压密效应。随着剪切的进行，CT 数不断增大，试样原有结构不断遭受破坏，塌落的颗粒填充了原有的大孔隙，密实度不断增加。到剪切结束时 CT 数增加值在 44.34～127.68HU 之间。

图 20.26 是 1～9 号试样的两个扫描断面 CT 数与偏变形的关系曲线。曲线在剪切前期阶段的坡度较陡，CT 数开始增加较快；在后期曲线平缓，出现平台。相应地，在表 20.8 中，4 号和 6 号试样的最后两个 CT 数、7 号和 9 号试样的倒数第 3 与倒数第 2 个 CT 数几乎没变，说明试

样已形成新的稳定结构。

原状非饱和土 Q_3 试样在三轴侧向卸荷剪切过程中的偏应力、偏应变与 CT 数数据　　表 20.8

1 号			2 号			3 号		
q（kPa）	ε_s（%）	CT 数（HU）	q（kPa）	ε_s（%）	CT 数（HU）	q（kPa）	ε_s（%）	CT 数（HU）
0	0	1038.94	0	0	1047.59	0	0	1105.13
49.86	2.63	1075.16	59.61	2.20	1066.19	62.75	2.20	1121.62
58.57	4.59	1102.63	78.59	4.36	1095.07	79.69	4.69	1153.71
71.95	7.22	1120.53	87.14	6.56	1115.65	87.88	6.07	1184.62
75.75	8.82	1135.30	95.05	8.40	1131.20	102.9	9.46	1203.63
78.22	10.94	1146.25	103.2	12.32	1146.49	108.76	11.47	1219.55
81.59	13.59	1152.38	105.34	14.22	1155.31	113.16	14.33	1232.81
CT 数最终增量（HU）		114.44	CT 数最终增量（HU）		107.72	CT 数最终增量（HU）		127.68
4 号			5 号			6 号		
q（kPa）	ε_s（%）	CT 数（HU）	q（kPa）	ε_s（%）	CT 数（HU）	q（kPa）	ε_s（%）	CT 数（HU）
0	0	964.19	0	0	996.11	0	0	1086.61
61.63	1.99	986.29	78.85	2.436	1016.12	75.14	2.59	1109.98
80.05	4.68	1010.63	94.14	4.82	1034.96	102.27	6.74	1131.68
84.17	7.68	1023.06	100.46	7.80	1051.35	109.18	8.63	1150.56
89.27	11.79	1033.00	101.83	9.75	1062.67	115.23	10.66	1159.89
87.34	13.59	1034.49	102.1	12.47	1068.74	121.01	13.90	1164.64
88.55	17.28	1034.76	102.9	14.64	1071.11	119.33	18.16	1165.65
CT 数最终增量（HU）		70.57	CT 数最终增量（HU）		75	CT 数最终增量（HU）		79.04
7 号			8 号			9 号		
q（kPa）	ε_s（%）	CT 数（HU）	q（kPa）	ε_s（%）	CT 数（HU）	q（kPa）	ε_s（%）	CT 数（HU）
0	0	961.12	0	0	940.39	0	0	969.68
83.17	2.34	987.19	75.24	3.33	959.38	79.1	2.95	982.13
91.28	5.00	995.48	94.61	30	981.46	103	6.13	1001.09
95.22	7.50	1001.65	103.96	7.37	987.93	106	7.02	1021.41
98.98	10.00	1002.40	106.58	9.27	994.54	121	10.14	1030.49
97.19	13.00	1002.17	108.9	11.43	996.67	125	11.93	1030.05
101.93	16.00	1005.46	115.00	14.43	1003.98	132	13.95	1035.46
CT 数最终增量（HU）		44.34	CT 数最终增量（HU）		63.59	CT 数最终增量（HU）		65.78

注：表中 HU 是指 CT 值的单位。

从表 20.8 和图 20.26 可见，在剪切前和剪切过程中，1 号和 2 号、4 号和 9 号试样的两个扫描断面上的 CT 数据几乎相同，而其他 5 个试样的两个扫描断面的 CT 数差别比较明显，反映原状黄土的初始结构及结构的演化具有空间分布不均匀性。

综上可知，非饱和原状 Q_3 黄土内部存在孔隙及微裂纹等结构缺陷。在一定的吸力和围压下剪切，土样被压密，孔隙逐渐变化，某些大孔隙和裂隙可被压消失，胶结形成的原有结构发生破坏，试样内部结构作了部分调整，偏应力-轴向应变曲线呈硬化型。故土样的剪切过程，是原有结构破损、新的结构形成的过程，不仅有损伤，而且有愈合。

依据 CT 资料，采用与第 20.2.2 节相同的分析方法，可以确定试样的屈服偏应力，其值见表 20.9。为后面分析结构性对强度参数的影响，侧向卸荷剪切试验的强度参数亦再次列入该表中。从表 20.9 可见，吸力和净围压越大，屈服偏应力越大。

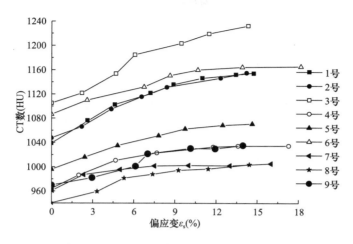

图 20.26 1～9 号试样 CT 数与偏应变的关系

原状 Q_3 黄土三轴侧向卸荷剪切试验试样的屈服偏应力　　　　　　　表 20.9

控制吸力 $s=u_a-u_w$ (kPa)	控制净围压 σ_3-u_a (kPa)	破坏偏应力 $q_f=\sigma_1-\sigma_3$ (kPa)	c (kPa)	φ (°)	屈服偏应力 q_y (kPa)
50	200	81	9.03	12.21	68
	250	97			79
	300	113			85
100	200	89	13.06	13.14	82
	250	103			98
	300	121			108
200	200	105	20.97	13.34	96
	250	115			103
	300	132			112
0	200	65.4	2.82	11.27	52
	250	79.6			64
	300	92			71

20.3.1.3 细观结构演化规律

为了描述在剪切过程中的结构演化规律，可采用式（20.1）定义结构参数。将较完整的土样视为结构相对完整的土体，其相应的 CT 数和方差分别用 ME_i 和 SD_i 表示；剪切结束时的土样视为结构完全调整的土样，其相应的 CT 数和方差分别用 ME_f 和 SD_f 表示。本节分别以 CT 数和方差定义结构参数。

基于 CT 数的结构参数定义为：

$$m=\frac{ME_f-ME}{ME_f-ME_i} \tag{20.8}$$

基于方差定义为：

$$m=\frac{SD_f-SD}{SD_f-SD_i} \tag{20.9}$$

式（20.8）、式（20.9）中的 ME 和 SD 为试样在剪切某一时刻的 CT 数和方差均值。由此确定的结构参数实际上是一个相对值。对结构完整土体，$ME=ME_i$，$SD=SD_i$，$m=1$；当土样完全调整后，$ME=ME_f$，$SD=SD_f$，$m=0$。

分析剪切过程中的 CT 数据可知，原状 Q_3 黄土试样在三轴侧向卸荷剪切过程中，CT 数均值的变化幅度大于方差的变化幅度，说明 CT 数均值比 CT 数方差敏感。故以下选用 CT 数均值 ME 定义的结构参数分析试样的结构变化。

从表 20.8 的 CT 数据知，8 号试样在剪切前的 CT 值最小，为 940.39HU，由于经过了固结净围压的作用，固结过程会使 ME 增加，故取 $ME_i = 920$；3 号试样在剪切后的 CT 值最大，为 1232.81HU，考虑到试验的应力-应变曲线为硬化型 [图 12.55（a）]，故 ME_f 取为 1240HU，这样就可以得到试样在剪切至某一时刻的结构参数 m。虽然这样取值对结构性参数的数值有一定影响，但对下文分析结构性演化规律影响不大，而且能避免分析中出现 "0" 值现象，以方便计算。

定义结构演化变量 D_1 为：

$$D_1 = \frac{m_0 - m}{m_0} \tag{20.10}$$

式中，m_0 和 m 分别表示土样初始状态和剪切至某一时刻的结构参数。把试验的原状 Q_3 黄土视为相对完整状态，把固结后的状态视为试样的初始状态。D_1 的变化范围为从初始状态时的 0 到侧向卸载剪切破坏时的 1。

由于三轴剪切过程中应变（轴应变、体应变及偏应变 ε_s）的计算均以固结后的试样为基准，因此式（20.10）中的 m_0 取固结后试样的结构参数。此时，相应于固结后的结构演化变量等于 0。

图 20.27 和图 20.28 为卸荷剪切过程中结构演化变量与偏应变的关系。从图中可以看出，当吸力相同时，净围压越大，D_1 值越大；当净围压相同时，吸力越大，D_1 值越小；且这种关系随偏应变的发展更为明显。因此，宜用偏应变描述三轴剪切过程中的结构演化方程。

从图 20.27 中可以看到不同曲线之间有交叉点存在。由表 20.9 知，屈服应力都不大于 120kPa，试验所控制的固结净围压均已使试样初始屈服并发生初始结构性损伤，同时试样被压密，并开始形成新结构。曲线位置的高低反映了土样原有结构的破坏速率与新结构的生成速率

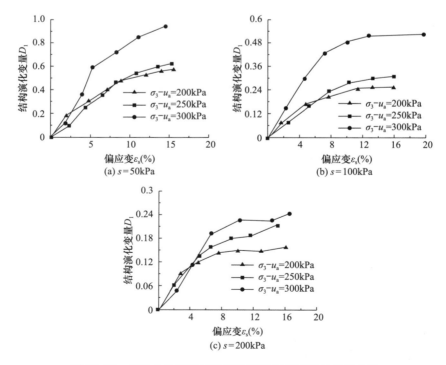

图 20.27 按吸力分组的结构演化变量与偏应变的关系曲线

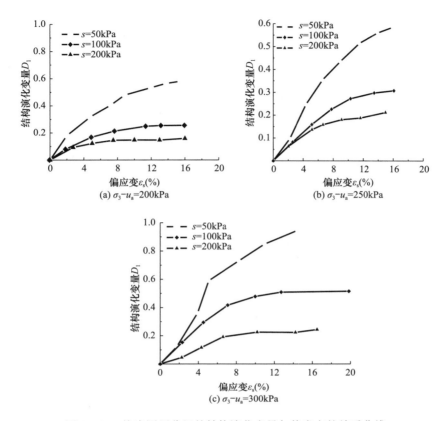

图 20.28 按净围压分组的结构演化变量与偏应变的关系曲线

的相对大小，而破坏速率和生成速率与试样受到的净围压和吸力有关。由表 20.8 可知，吸力相同的各组试样（4～6 号、7～9 号）在剪切初期，净围压小者 CT 数增加多，而净围压大者 CT 数增加少。例如，1 号、2 号和 3 号试样在剪切开始第一次扫描的 CT 数比剪切前分别增加了 36.22HU、18.60HU 和 16.49HU；但在试验结束时的 CT 数比剪切前则分别增加了 114.44HU、107.72HU 和 127.68HU。再如，7～9 号试样在偏应变为 3％ 左右时，CT 值分别比剪切开始前增加约为 26HU、19HU 和 13HU，这说明在初始剪切段，固结净围压小的试样，其结构破坏速率较快，被压实的速率较大；到试验结束时，3 个试样的 CT 值分别比剪切开始前增加了 44.34HU、63.59HU 和 65.78HU。从而导致结构性演化变量与偏应变曲线次序与交叉点前相反。

图 20.27 和图 20.28 所示的侧向卸荷过程中结构演化变量 D_1 与偏应变 ε_s 的关系曲线可用指数函数描述：

$$D_1 = 1 - \exp(-A^1 \varepsilon_s) \tag{20.11}$$

式中，A^1 为待定参数，是净围压和吸力的函数。对于 1～9 号试样进行回归计算可得 A^1 的值，计算结果如表 20.10 所示。

经过拟合，A^1 可表示为初始净围压 $\sigma_3 - u_a$、试样破坏时的偏应力 q_f、吸力 s 等的函数：

$$A^1 = \alpha_1 \frac{q_f + (\sigma_3 - u_a)}{s} + \alpha_2 \tag{20.12}$$

其中 α_1、α_2 为拟合系数，$\alpha_1 = -0.0124$，$\alpha_2 = 0.0123$。将式（20.12）代入式（20.11）得到拟合的结构演化方程。式（20.11）为结构演化变量 D_1 与偏应变 ε_s 的关系，同时反映了偏应力、固结净围压和吸力对结构演化变量的影响。从中可定性分析出随着吸力的增大，结构演化变量 D_1 值减小；随着固结净围压的增大，结构演化变量 D_1 值增大。

式（20.11）中参数 A^1 的取值 表 20.10

试样编号	吸力（kPa）	净围压（kPa）	A^1
1		200	−0.0554
2	50	250	−0.0614
3		300	−0.1019
4		200	−0.0183
5	100	250	−0.0259
6		300	−0.0429
7		200	−0.0090
8	200	250	−0.0153
9		300	−0.0167

9 个试样的拟合 D_1 值 ［按式（20.11）计算］和计算 D_1 值 ［按式（20.10）计算］的关系如图 20.29 所示，可见拟合结果比较理想。

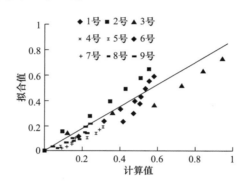

图 20.29 拟合 D_1 值与计算 D_1 值的关系

20.3.1.4 考虑细观结构影响的强度公式

从上述非饱和原状 Q_3 黄土的侧向卸荷试验结果（表 20.9）看，强度 c、φ 随着吸力的提高而增大，但它们之间的关系是非线性的。严格地讲，在第 12～15 章中由控制吸力和净围压的非饱和土三轴固结排水剪切试验得到的黄土、膨胀土、膨润土、红黏土、含黏砂土和黏土的强度参数都不是常数，通常为了简化将内摩擦角视为常数而仅考虑吸力对黏聚力的影响。事实上，非饱和土的强度参数不仅与吸力有关，还与土的结构性有关。为进一步描述和分析强度包线随吸力及结构的变化情况，将结构参数和吸力引入库仑（Coulomb）抗剪强度公式，即：

$$\tau = c(s, m_f) + \sigma \tan\varphi(s, m_f) \tag{20.13}$$

库仑抗剪强度公式描述土在破坏时各参数变量之间的关系，故式（20.13）中把强度参数 c，φ 值视为破坏时的结构参数 m_f 及吸力 s 的函数。此处的 m_f 取相应吸力下 3 个试样在破坏时的结构参数均值。对表 20.9 中的强度参数 c，φ 分别进行二元回归，可得：

$$c(s, m_f) = \beta_1 s + \beta_2 m_f + \beta_3 \tag{20.14}$$

$$\varphi(s, m_f) = \beta_4 s + \beta_5 m_f + \beta_6 \tag{20.15}$$

式中，$\beta_1 \sim \beta_6$ 为材料参数，在本节试验的黄土，$\beta_1 = 0.0676$，$\beta_2 = 5.8535$，$\beta_3 = 2.6494$，相关系数为 0.9994；$\beta_4 = 0.0004$，$\beta_5 = 2.7480$，$\beta_6 = 11.0771$，相关系数为 0.9681。其中，β_1 为无量纲常数，β_2、β_3 的单位为 kPa；β_4 单位为 °/kPa，β_5、β_6 的单位为度（°）。

由式（20.14）可见，β_1、β_2 均为正值，反映吸力及结构性对黏聚力的影响是正相关的；当吸力为零时，式（20.14）表示的是饱和原状土的黏聚力与破坏时的结构性参数之间的关系；当结构性参数为零时，表示的是重塑土的黏聚力值与吸力之间的关系；系数 β_1、β_2 的值反映吸力及结构性对土样黏聚力的贡献率大小，而 β_3 就是饱和土样时的有效黏聚力 c'。

由式（20.15）可知，吸力及结构性对内摩擦角的影响也是正相关的。β_4 很小（$\beta_4 = 0.0004$），说明吸力对内摩擦角的影响很小，并小于结构性对黏聚力的影响。

把式（20.14）和式（20.15）代入式（20.13），即得同时考虑吸力和结构性影响的库仑强度公式：

$$\tau = c(s, m_{\mathrm{f}}) + \sigma \tan\varphi(s, m_{\mathrm{f}}) = \beta_1 s + \beta_2 m_{\mathrm{f}} + \beta_3 + \sigma \tan(\beta_4 s + \beta_5 m_{\mathrm{f}} + \beta_6) \tag{20.16}$$

20.3.2 各向等压浸水和三轴侧向卸荷剪切-浸水过程中的细观结构演化规律

20.3.2.1 研究方案

试验设备、土样来源及试样制备方法均与第 20.2 节相同，试样的初始含水率统一调整为 17% 左右。共做了 4 组 18 个试样的试验。具体情况如下：

第 I 组试验包括 1～9 号试样，即 9 个控制吸力为 50kPa、100kPa、200kPa，固结净围压为 50kPa、100kPa、200kPa 的各向等压浸水试验。试验方法与第 20.2.1 节表 20.3 中的 1、2、4 号试样相同。浸水试验中，扫描时刻采用浸水量控制，对每个扫描断面共扫描 7 次，即在浸水前与浸水量分别为 5g、10g、12.5g、15g、17.5g 及饱和状态各扫描一次。试样的试验条件见表 20.11。

第 I 组试验的试验条件　　　　　　　　　　　　　　　　　表 20.11

序号	吸力 （kPa）	固结净围压 （kPa）	干密度 （g/cm³）	初始孔隙比	初始含水率 （%）
1		50	1.31	1.06	16.2
2	50	100	1.33	1.03	17.0
3		200	1.32	1.05	18.0
4		50	1.32	1.05	17.7
5	100	100	1.32	1.05	17.7
6		200	1.30	1.07	17.8
7		50	1.27	1.13	17.2
8	200	100	1.28	1.12	17.5
9		200	1.28	1.12	17.8

第 II 组试验和第 III 组试验用双线法研究三轴侧向卸荷湿陷变形。其中，第 II 组试验包括 10～12 号试样，即 3 个吸力为 100kPa、固结净围压为 200kPa、250kPa、300kPa 的侧向卸荷剪切试验；第 III 组试验包括 13～15 号试样，即 3 个吸力为 100kPa、固结净围压为 200kPa、250kPa、300kPa 的试样浸水湿陷后进行侧向卸荷剪切试验。在试验过程中，根据剪切的轴向变形量进行 CT 图像扫描，对每个扫描断面共扫描 7 次，即当轴应变为 0、2.5%、5%、7.5%、10%、12.5%、15% 时扫描。试样的试验条件见表 20.12。

第 IV 组试验是单线法试验，包括 16～18 号试样，即 3 个吸力为 100kPa，固结净围压为 200kPa、250kPa、300kPa 的试样，经部分卸荷产生偏应力后再浸水湿陷，用以模拟边坡开挖后的坡顶浸水试验；对每个扫描断面共扫描 7 次，扫描时刻分别为：固结完成后、一定偏应力下浸水前及浸水量为 5g、10g、12.5g、15g、17.5g 等。试样的试验条件见表 20.13。

按轴向位移调整扫描位置，对断面进行跟踪扫描，一般扫描 7 次；剪切时扫描位置分别距土样底端 1/3 高度和 2/3 高度处；在浸水时增加扫描层数，分别为距底截面高 1/6、1/2 和 5/6

共增加 3 个断面；扫描时根据试样的湿陷变化量适当调整扫描位置。

第Ⅱ组和第Ⅲ组试验的试验条件　　表 20.12

序号	吸力 (kPa)	固结净围压 (kPa)	干密度 (g/cm³)	初始孔隙比	初始含水率 (%)
10		200	1.34	1.02	17.0
11	100	250	1.34	1.02	17.5
12		300	1.36	0.99	17.1
13		200	1.32	1.05	17.8
14	100	250	1.33	1.04	17.7
15		300	1.32	1.05	16.8

第Ⅳ组试验的试验条件　　表 20.13

序号	吸力 (kPa)	固结净围压 (kPa)	干密度 (g/cm³)	初始 孔隙比	初始含水率 (%)	浸水时偏应力 (kPa)
16		200	1.32	1.05	17.8	49.27
17	100	250	1.31	1.07	17.7	96.82
18		300	1.34	1.02	16.8	101.00

　　关于用三轴仪研究湿陷变形的双线法和单线法参见第 12.1.5.1 节。

　　试验均先在控制吸力条件下完成固结后进行。为了使试样内部的孔隙水压力较快地均匀化并加快渗透速度，采用试样周边贴滤纸的方法。滤纸高 8cm、宽 0.6cm，在试样周边共贴 6 条。浸水过程的稳定标准为：体变在 2h 内不超过 0.0063cm³，并且 2h 内浸水量等于出水量。侧向卸荷时，每次卸除 10kPa 的围压，同时通过增加相应的竖向应力以补偿因围压减小而引起的轴向力减小的部分，待试样体积变化及轴向变形稳定后读数。每级偏应力荷载下稳定标准为：轴向位移在 1h 内不超过 0.01mm，体变在 2h 内不超过 0.0063cm³，排水量在 2h 内不超过 0.012cm³。饱和试样在逐级施加偏应力排水剪切时，同时打开试样帽排水管阀门和进水阀门，此时试样为双向排水，以缩短每级偏应力荷载下变形稳定时间。

20.3.2.2　各向等压条件下原状 Q₃ 黄土在浸水湿陷过程的 CT 图像分析

　　图 20.30 是 9 号试样 1/6、1/3、1/2、2/3、5/6 高度处断面当浸水量为 10g 时的 CT 图像（第 2 次扫描），可以明显看出水自底部逐渐向上渗入土体的全过程。从 CT 数上看，1/6、1/3、1/2、2/3、5/6 高处断面的 CT 值依次为 1208.75HU、1193.00HU、1085.81HU、1000.96HU、984.62HU。前 3 个数据与后 2 个数据相差很大，而后两者比较接近。说明在第 2 次扫描时，尽管浸水量只有 10g，较多的水分已经渗透到 1/3 截面高度，且渗透锋面也已到达 1/2 截面高度。能实时动态无损地观测试验过程中试样内部动态变化，这是 CT 技术的优点之一。

　　图 20.31 和图 20.32 分别是 1 号试样的 2/3 高度断面和 9 号试样 1/2 高度断面浸水湿陷过程中的 CT 图像。由图可知，试样初始有缺陷、非均质，有大孔隙、孔洞和胶结。随着浸水湿陷，大孔隙和孔洞逐渐减少以至消失，并形成新的较为均质的结构。根据文献 [2]，[33] 对黄土显微结构的研究，湿陷黄土具有粒状架空接触式结构，其内部存在着孔径远比构成孔隙土粒大的架空孔隙（不同于大孔隙）。这种结构即使土样受到均压作用，土骨架中的应力却非均匀分布，在土粒的胶结物上将产生应力集中，使胶结物受到压、剪、弯扭的组合应力作用。随着水的浸入，黄土的加固黏聚力破坏，连接强度减弱，黄土的骨架就会失去稳定，土粒重新排列，架空孔隙周围的颗粒将楔入孔隙内，造成湿陷现象。不像正常固结那样，在球应力作用下只产生塑性屈服和硬化，没

有突变变形发生。当然，湿陷后的黄土不等于其强度完全丧失，相反，会有新的强度产生，因此，湿陷后的黄土地基在经过一定时间仍能达到新的稳定，稳定程度取决于应力状态。

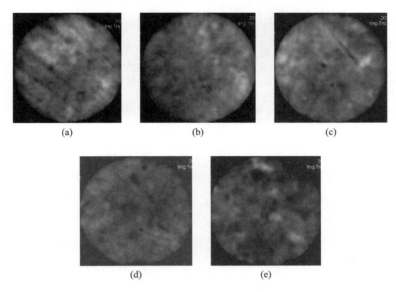

图 20.30　9 号试样 1/6、1/3、1/2、2/3、5/6 高度处断面当浸水量为 10g 时的 CT 图像

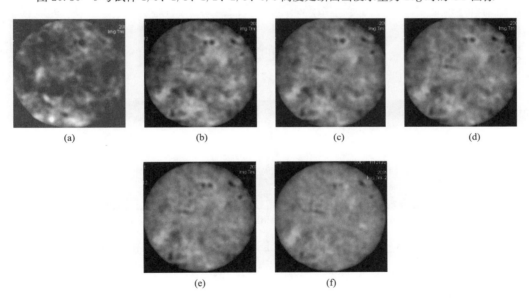

图 20.31　1 号试样 2/3 高断面浸水湿陷过程中的 CT 图像

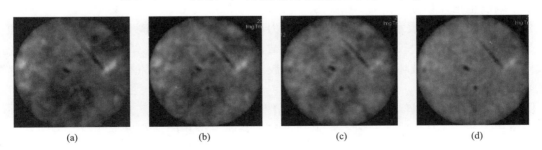

图 20.32　9 号试样 1/2 高度断面浸水湿陷过程中的 CT 图像（一）

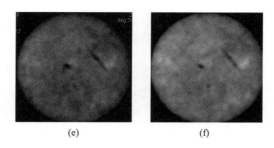

图 20.32　9 号试样 1/2 高度断面浸水
湿陷过程中的 CT 图像（二）

8 号试样在固结后，其顶部存在一个孔洞，如图 20.33 所示。用 Osiris 软件测得其直径随着浸水量的变化，在浸水前与浸水量分别为 5g、10g、12.5g、15g、17.5g 及饱和状态时的值分别为 6.80mm、3.74mm、2.97mm、2.77mm、2.69mm、2.55mm 和 2.12mm，最终减小程度为 68.8％。但因围压偏低，只有 100kPa，尚不足以完全破坏原有孔洞。聚焦局部、并加以定量描述是 CT 技术的又一个优点。

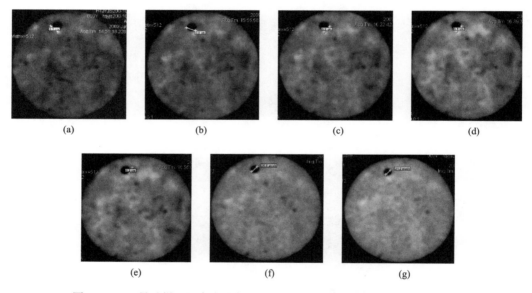

图 20.33　8 号试样 2/3 高度处断面上孔洞尺寸随浸水量而变化的 CT 图像

20.3.2.3　偏应力作用下 Q_3 黄土湿陷过程的 CT 图像分析

在偏应力作用下的湿陷，以固结结束状态为参考计算，浸水条件下的应变值由第 Ⅳ 组试验按湿陷单线法整理计算得出。图 20.34 为 16 号试样第一层的 CT 图像，其中（a）～（b）为剪切过程，（c）～（f）为浸水湿陷过程。当偏应力从 0 增加到 49.27kPa 时，低密度区的面积变化并不显著。这表明在应力较小时，土颗粒的胶结物承受一定的压力，单纯的应力状态改变未能使试样结构产生较大的破坏。随着浸水进行，胶结强度逐渐减弱，原有结构失稳，孔隙逐渐被挤压或填充。

图 20.35 是 17 号试样 1/3 高度截面的扫描图像，浸水时的偏应力为 96.82kPa，其细观结构演化规律与图 20.34 基本相似。随着浸水的进行，断面上较亮的部分慢慢变暗，表明高密度部分与周围的土粒密度差异减小，截面密度变得越来越均匀。到浸水结束时，大部分肉眼可见的孔洞已经消失，但个别肉眼可见的孔洞始终存在。

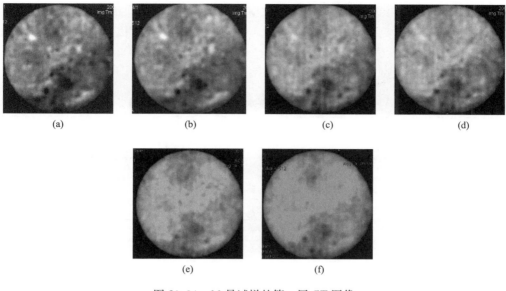

图 20.34　16 号试样的第一层 CT 图像

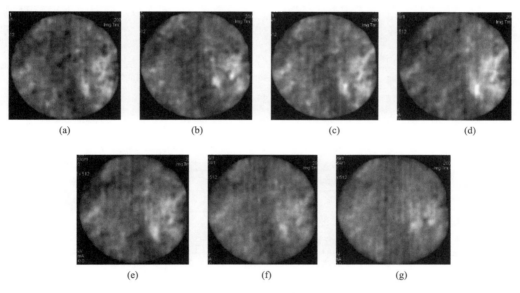

图 20.35　17 号试样 1/3 高度截面图像

20.3.2.4　原状 Q_3 黄土在各向等压作用下浸水湿陷过程中的细观结构演化特性

仍采用 CT 数 ME 按式（20.8）定义细观结构参数 m。从试验的扫描数据可知，浸水前 7 号试样的 CT 值最小，为 924.41HU；浸水后 15 号试样的 CT 值最大，为 1410.32HU。为避免计算中出现 "0" 值，略微放大取值范围，取 ME_f 为 1420HU，ME_i 为 920HU。这样就可用式（20.8）或式（20.9）得到试样在某一浸水量时的结构参数 m。

为了描述在均压湿陷过程中的结构演化规律，定义结构演化变量 D_2 为：

$$D_2 = \frac{m_1 - m}{m_1} \tag{20.17}$$

式中，m_1 和 m 分别表示土样初始状态或浸水至某一时刻的结构参数。D_2 的变化范围为初始状态时的 0 到湿陷完成时的 1。由于三轴湿陷过程中的应变（偏应变及体应变）的计算均以固结后

（均压浸水试样）或剪切至某一时刻时（单线法时）的试样为基准，因此式（20.17）中的 m_1 取固结后（或剪切至某一时刻）试样的结构参数。不言而喻，相应于固结后（或剪切至某一时刻）的结构演化变量等于 0。

表 20.14 是均压浸水试验 1～9 号试样的 CT 扫描结果。

各向等压作用下不同浸水量的体应变与 CT 数据　　　　表 20.14

1 号			2 号			3 号		
浸水量（g）	CT 数（HU）	体变（%）	浸水量（g）	CT 数（HU）	体变（%）	浸水量（g）	CT 数（HU）	体变（%）
0	969.33	0	0	1025.43	0	0	1105.74	0
5.04	1057.08	0.54	5.06	1145.04	1.14	5.04	1176.51	0.39
10.01	1135.61	1.11	10.02	1221.51	2.41	10.04	1252.95	1.52
12.52	1175.77	1.47	15.01	1272.80	2.95	12.61	1287.73	2.82
15.07	1214.22	1.87	18.41	1278.24	3.05	15.11	1302.02	3.36
21.60	1241.34	2.22				17.31	1302.52	3.54

4 号			5 号			6 号		
浸水量（g）	CT 数（HU）	体变（%）	浸水量（g）	CT 数（HU）	体变（%）	浸水量（g）	CT 数（HU）	体变（%）
0	952.56	0	0	939.35	0	0	970.29	0
5.07	1144.12	1.06	5.25	1040.87	0.82	5.00	1054.00	1.17
10.08	1146.36	1.58	10.11	1117.67	1.77	10.00	1120.45	2.04
15.39	1216.67	2.36	15.22	1189.37	2.48	15.00	1196.00	3.24
20.64	1215.87	2.57	19.72	1196.43	3.10	20.34	1270.20	4.08
			22.30	1199.11	3.35	23.16	1277.57	4.24
			25.63	1201.79	3.54			

7 号			8 号			9 号		
浸水量（g）	CT 数（HU）	体变（%）	浸水量（g）	CT 数（HU）	体变（%）	浸水量（g）	CT 数（HU）	体变（%）
0	924.41	0	0	961.46	0	0	1020.49	0
4.91	998.75	0.99	4.99	1023.23	1.36	5.08	1096.98	2.58
9.94	1078.38	2.20	10.02	1101.81	2.71	9.76	1171.20	4.02
12.50	1116.25	3.04	12.67	1150.52	3.50	15.05	1243.39	5.83
15.59	1161.60	3.64	15.41	1178.79	4.34	18.58	1267.00	6.30
18.02	1192.79	4.04	17.97	1228.93	4.85	22.73	1289.05	6.48
20.96	1199.52	4.43	21.14	1249.85	5.32			

图 20.36 是不同吸力下湿陷体应变与浸水量的关系。平均应力和吸力越大，其湿陷变形越大。图 20.37 和图 20.38 是结构性参数的变化与吸力及净围压的关系。从该两图可以看出，在各向等压条件下浸水湿陷过程中：（1）当吸力相同时，初始结构性参数除与密度相关外，受固结净围压的影响较大，固结净围压大的试样，其初始结构性参数也较大；当浸水完毕时，其结构性受破坏程度也较大，这表现为在浸水结束时其结构性参数相对于其他试样均较小。（2）当固结净围压相同时，初始结构性参数除受密度影响外，吸力的影响也较大，这是因为吸力较大的试样，其含水率也较低，这样其微结构中胶结物溶于水的量就较少，结构性保存较完整。随着浸水量的增大，原状 Q_3 黄土的结构性不断遭受破坏。（3）在试样未饱和前，结构参数与浸水量之间基本呈线性关系，随着浸水量的增加，结构性参数不断减小，但是当试样趋于饱和时，结

构性参数的减小速率减缓。

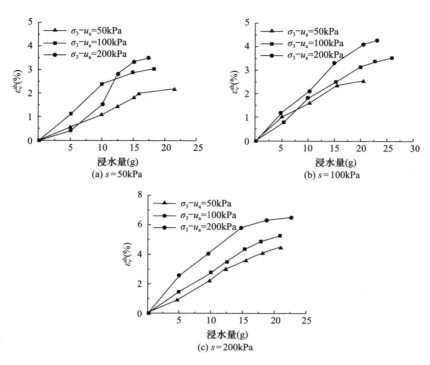

图 20.36 不同吸力条件下浸水量与体应变关系（1～9 号试样）

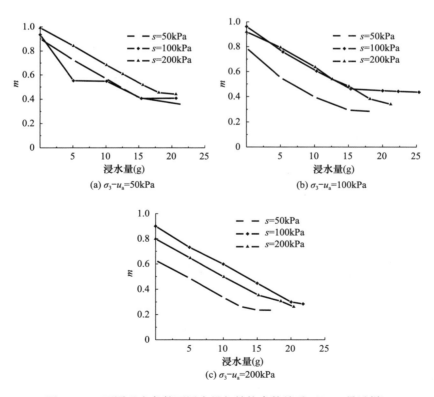

图 20.37 不同吸力条件下浸水量与结构参数关系（1～9 号试样）

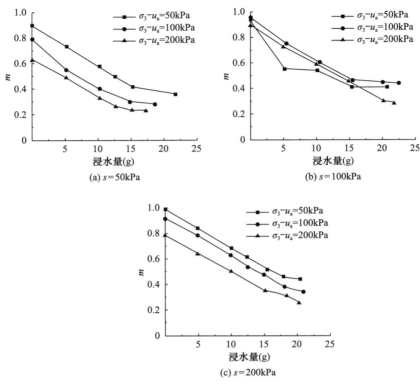

图 20.38　不同净围压条件下浸水量与结构参数关系（1～9 号试样）

图 20.39 是浸水湿陷时结构演化变量与体应变的关系。由图可以看出，在同一吸力下，球应力能够使非饱和 Q_3 黄土湿陷，且球应力较大的试样其最终湿陷引起的结构演化变量也较大，

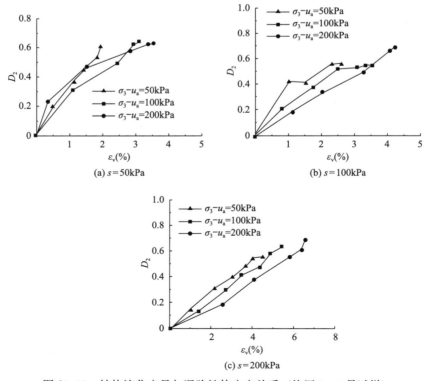

图 20.39　结构演化变量与湿陷性体应变关系（均压 1～9 号试样）

球应力和水决定了其最终湿陷引起的结构演化变量。同时也可以看出，在湿陷的初始阶段，球应力小的试样其初始湿陷引起的结构演化变量较大，这是由于较小的固结压力没能破坏其原有骨架，使试样具有较大的可变性，当浸水发生时，其湿陷随之产生。而对于较大的固结压力来说，在固结完成时，试样被部分压实，其可变性较小，即使在浸水的初始阶段其变化量也不会太大。从 CT 数值上分析，以图 20.39（c）为例，7～9 号试样在固结完成后（浸水前）的 CT 初值分别为 924.41HU、961.46HU 和 1020.49HU，这说明固结净围压大的试样在固结过程中被压密因而具有较小的可变性。

20.3.2.5　偏应力作用下浸水湿陷过程中的细观结构演化特性及规律

以下对单线法和双线法的试验结果分别进行分析。

1）单线法的试验结果分析

表 20.15 是单线法试验过程中 CT 扫描数据及其对应的状态（16～18 号试样）。浸水前的侧向卸荷剪切过程中结构演化变量 D_1 与体应变 ε_v 和偏应变 ε_s 的关系如图 20.40 所示。由该图可知，浸水前的结构演化变量与变形之间的关系仍可用式（20.11）及式（20.12）描述。

单线法浸水试验扫描时的状态与 CT 数数据　　　　　　　　　　表 20.15

16 号					17 号				
轴变（%）	偏应力（kPa）	浸水量（g）	体变（%）	CT 数（HU）	轴变（%）	偏应力（kPa）	浸水量（g）	体变（%）	CT 数（HU）
0	0		0	934.755	0	0		0	1015.29
3.08	49.27	0	0.69	966.25	2.82	78.91		1.00	1036.21
5.10		18	1.26	1231.79	5.41	96.82		1.44	1054.02
5.40		21.94	1.47	1264.23	6.83		0	1.63	1112.45
8.28		24.76	2.13	1353.07	10.35		11.355	2.68	1254.69
10.16		27.50	2.18	1373.14	12.82		17.54	3.40	1363.46
13.55		30.40	2.53	1386.65	15.31		21.66	3.75	1405.01

18 号				
轴变（%）	偏应力（kPa）	浸水量（g）	体变（%）	CT 数（HU）
0	0		0	1047.74
2.73	101.00	0	1.28	1070.02
4.86	102.71	21.89	2.91	1381.96
5.17	102.94	25.37	3.13	1384.07
5.44	103.26	27.42	3.43	1386.69

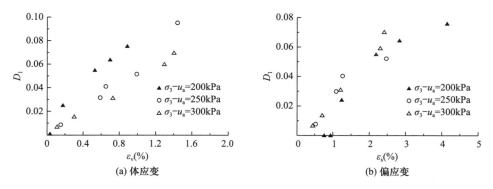

图 20.40　16～18 号试样在侧向卸荷剪切过程中结构演化变量 D_1 与应变的关系

图 20.41 是单线法试样浸水湿陷过程中结构演化变量与湿陷体应变的关系曲线。从该图可知，结构演化变量随着湿陷体应变的增加而增加，增加速率是先快后慢。湿陷初期阶段，变形主要由胶结物溶解和孔隙塌陷产生，结构演化快；湿陷后期，变形主要为压密变形，胶结和排列变化较小，结构演化变慢。

图 20.42 为单线法试样浸水时结构演化变量与偏应变的关系。由该图可知，结构演化变量随着湿陷偏应变的增加而增加，增加速率是先慢后快。这是由于在湿陷初期，结构演化的主要方面表现为胶结物溶解和孔隙塌陷，颗粒滑移造成的结构演化不明显；后期颗粒滑移引起的结构演化占主导地位，结构演化对偏应变增加敏感。

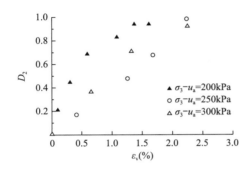

图 20.41　16～18 号试样浸水引起的结构
演化变量与湿陷体应变的关系

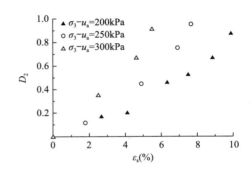

图 20.42　16～18 号试样浸水引起的结构
演化变量与湿陷偏应变的关系

图 20.43 为单线法试验浸水时试样的饱和度增量与结构演化变量的关系曲线。从图可以看出，在浸水至试样饱和前，饱和度增量与结构性演化变量之间近似于线性关系，而在试样接近饱和时，饱和度增量对结构性演化不再有明显的作用，D_2 最终会趋向于一个常数。

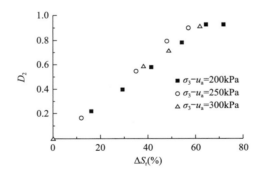

图 20.43　16～18 号试样结构演化变量
与饱和度增量的关系

为比较偏应力和球应力对湿陷过程中细观结构演化的影响，可对比相同吸力和净围压下的各向等压试验与单线法试验结果。以 6 号和 16 号试样的体变与结构性演化变量的关系为例，该两个试样的吸力和净围压相同（吸力为 100kPa，净围压 200kPa）。从图 20.39（b）和图 20.41 可以看出，在偏应力及浸水湿陷作用下，当体应变为 1.5% 左右时，两个试样对应的结构性演化变量 D_2 分别为 0.2 和 0.9，可见偏应力对浸水湿陷的影响作用较大。

以下研究细观结构演化规律。

对于浸水前由剪切引起的结构性演化，可根据图 20.40 及式（20.11）或式（20.12）确定其结构演化方程中的 A^1。

如上所述，单线法试验中试样的最终湿陷量由饱和度增量、偏应力与球应力共同决定。湿陷过程中的结构演化变量随着湿陷体应变、湿陷偏应变增加逐渐增加，并逐渐趋向于一个常数；结构演化变量随饱和度增量增加逐渐增加，也逐渐趋近于一个常数。将结构演化变量视为湿陷体应变、湿陷偏应变和饱和度增量的函数，用 MATLAB 程序提供的拟合函数进行非线性拟合。在固结净围压、偏应力和浸水耦合条件作用下，浸水湿陷结构演化方程的函数表达式为 [与式（20.7）基本相同]：

$$D_2 = 1 - \exp[-(A^2 \varepsilon_v^{sh} + A^3 \varepsilon_s^{sh} + A^4)\Delta S_r]$$ (20.18)

式中，ΔS_r 为试样饱和度增量；$A^2 \sim A^4$ 为拟合参数，是固结净围压的函数。

对于 1～9 号及 16～18 号试样进行回归计算可得 $A^2 \sim A^4$ 值，当各向等压浸水时，A^3 项不存在，计算结果如表 20.16 所示。分析可知，参数 A^2 是固结净围压和控制吸力的函数，A^3 是固结净围压的函数，A^4 为常数项，A^2、A^3 可以拟合为下式：

$$A^2 = \frac{\lambda_1}{\frac{(\sigma_3 - u_a) + s}{p_{atm}}} + \lambda_2$$ (20.19)

$$A^3 = \lambda_3(\sigma_3 - u_a) + \lambda_4$$ (20.20)

其中，$\lambda_1 \sim \lambda_4$ 为拟合参数。对于本节研究的原状 Q_3 黄土，$\lambda_1 \sim \lambda_4$ 其分别值为：-0.0070、-0.0016 和 0.0006、-0.1284；拟合的相关度分别为 85% 和 98%。

另外分析 $A^2 \sim A^4$ 值，可以看出 A^2 基本为负值，而 A^3、A^4 基本为正值，可从湿陷的含义知道，当湿陷体应变越大时，土样被压缩，实际上这表示新结构的生成，对结构性损伤起相反作用；而由剪切和浸水引起的湿陷对结构性损伤参数起增大作用。

式（20.18）参数 $A^2 \sim A^4$ 的取值　　　表 20.16

序号	吸力（kPa）	净围压（kPa）	A^2	A^3	A^4
1	50	50	-0.0085		0.1712
2		100	-0.0069		0.1631
3		200	-0.0061		0.2138
4	100	50	-0.0061		0.2604
5		100	-0.0048		0.1447
6		200	-0.0038		0.0985
7	200	50	-0.0037		0.1112
8		100	-0.0037		0.0838
9		200	-0.0031		0.0813
16	100	200	0.0456	-0.005	0.3606
17		250	-0.0313	0.0169	0.0803
18		300	-0.0324	0.0553	0.0166

2）双线法试验结果简析

图 20.44 是双线法（10～15 号试样）的偏应力与湿陷变形的关系曲线，6 个试验的吸力都是 100kPa（表 20.12）。该图反映湿陷有如下特点：（1）湿陷变形与偏应力和净围压密切相关，在相同偏应力下，净围压大者湿陷变形大；（2）在偏应力较低时（小于 40kPa），湿陷变形都比较小，其中湿陷轴向应变小于 3%，湿陷体应变和湿陷偏应变均小于 2%；（3）最终湿陷变形量相当大，在偏应力接近 100kPa 时，湿陷轴向应变的最大值接近 12%，湿陷体应变和湿陷偏应变均接近 9%；（4）当偏应力值大于 60kPa 后湿陷变形变化剧烈。

由于双线法不符合工程实际，因此就不对其湿陷过程的细观结构演化进行分析了。

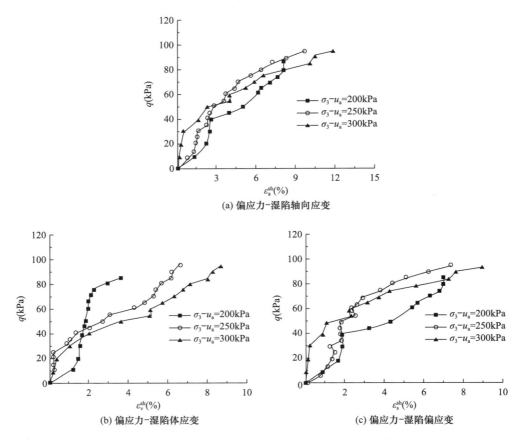

(a) 偏应力-湿陷轴向应变

(b) 偏应力-湿陷体应变

(c) 偏应力-湿陷偏应变

图 20.44　双线法试验的偏应力与湿陷变形的关系曲线

20.4　原状 Q_2 黄土在加载和浸水湿陷过程中的细观结构演化特性

众所周知，黄土按生成年代分为新黄土（Q_4、Q_3）和老黄土（Q_2、Q_1），其中，新黄土具有湿陷性，而老黄土一般情况下没有湿陷性。根据文献［34］报道，在 20 世纪 80 年代，林在贯等（1984）、张旷成等（1985）、黄天石等（1986）相继发现深层 Q_2 黄土在其上覆压力下也有一定的湿陷性。因此，研究 Q_2 黄土及其重塑土在加载和浸水条件下的结构演化特性，对（大于测定黄土湿陷系数的标准压力 200kPa）作用建立黄土的结构性本构模型、推动黄土力学的深入发展，具有重要意义。

20.4.1　研究方案

试验设备为后勤工程学院的 CT-三轴仪（图 6.44）。试验用土为华能蒲城电厂地基 J45 钻孔中两个土层的原状 Q_2 黄土：（1）L3 土层，用于研究 CT-三轴加载过程中的细观结构演化，取土深度 16.0～16.2m，钙质结核（礓石）含量较高，该土样的物理力学指标见表 12.43；（2）F2 土层，用于研究 CT-三轴浸水过程中的细观结构演化，埋深 10.7～15.2m，有钙质结核（礓石），但含量低于 L3 土层。该土样由西北电力设计院采取，在该院实验室存放数年，大量水分散失，导致含水率很低。

由于试样的初始含水率很低，为 4％～6％，初始吸力值高，因此试样在切土盘上削成后，将试样的初始含水率统一增加为 18％左右。由于加水量接近 20g，用医用 5mL 注射器分两次在试样外表面均匀注水，两次注水间隔 12h。注水结束后，每 12h 翻动一次试样，在保湿罐中放置 48h 以上。

共做了两类 12 个原状样的三轴剪切试验[35]，试样的初始条件及试验参数见表 12.44。0～7 号试验为控制吸力和净围压为常数的三轴排水剪切试验（0 号试样由于 CT 机故障未对断面进行 CT 扫描），先将制备的原状 Q₂ 黄土试样进行一定吸力下的各向等压固结，待变形和排水稳定后进行控制吸力和净围压为常数的三轴排水剪切试验；稳定的标准是在 2h 内体积变化不超过 0.0063cm³，并且排水量不超过 0.012cm³；剪切速率为 0.0167mm/min。8～11 号试验为控制含水率和围压为常数的三轴剪切试验，先将制备的原状 Q₂ 黄土试样进行各向等压固结，待变形稳定后进行控制含水率和围压为常数的三轴剪切试验，剪切速率仍为 0.0167mm/min。

固结和剪切前先对试样各进行一次 CT 扫描，每次扫描两个断面，分别位于距土样底端 1/3 高度和顶端 1/3 高度处。剪切时根据应力-应变曲线情况决定扫描时刻，并按轴向位移调整扫描位置，对断面进行跟踪扫描。

关于 CT-三轴浸水试样研究方案将在第 20.4.3 节中介绍[36-38]。

20.4.2 三轴剪切过程中的 CT 图像及结构演化分析

从图 12.78 可知，原状 Q₂ 黄土在剪切过程中的应力-应变曲线表现出两种形态：控制吸力的试样表现为应变硬化，而控制低含水率（即吸力很高）的试样表现为应变软化。以下分别分析二者的细观结构变化规律。

20.4.2.1 控制吸力试验在剪切过程中的 CT 图像及结构演化分析

表 20.17 是 7 个控制吸力和净围压为常数的非饱和土三轴排水剪切试验试样 [0～7 号试样，其应力-应变见图 12.78（a）～图 12.78（c），均为硬化型] 各次扫描对应的应力应变状态（固结完成后为 0 应变状态）及相应的 CT 数和方差。每个试样共进行 6～7 次扫描，分别在初始阶段、固结完成后及剪切过程不同时刻进行扫描。在扫描图像上以扫描截面的中心为圆心取 3 个同心圆（小圆面积 299.61mm²，中圆面积 1003.23mm²，大圆即为全截面），记录每次扫描各圆包含区域的 CT 数和方差（表 20.17 仅给出全截面的值，小圆和中圆的扫描数据见文献 [35]）。

控制吸力三轴试验 CT 扫描对应的应力应变状态及 CT 数（*ME*）和方差（*SD*）（扫描全截面） 表 20.17

试验编号	次序	ε_a (%)	q (kPa)	ε_v (%)	ε_r (%)	ε_s (%)	截面 1		截面 2		平均	
							ME (HU)	*SD*	*ME* (HU)	*SD*	*ME* (HU)	*SD*
3 号（吸力 100kPa，净围压 50kPa）	1						1276.54	347.07	1180.32	148.98	1228.43	248.03
	2	0.00	0.00	0.00	0.00	0.00	1310.69	344.63	1201.71	140.60	1256.20	242.62
	3	3.72	135.29	1.87	−0.92	3.10	1321.63	261.22	1260.29	113.37	1290.96	187.30
	4	7.44	162.62	3.33	−2.05	6.33	1348.04	280.17	1300.92	106.30	1324.48	193.24
	5	11.16	187.31	4.50	−3.33	9.66	1364.37	256.04	1340.07	93.00	1352.22	174.52
	6	14.88	204.31	5.42	−4.73	13.07	1397.52	279.71	1370.08	88.48	1383.80	184.10
1 号（吸力 100kPa，净围压 100kPa）	1						1189.24	149.64	1134.23	144.61	1161.74	147.13
	2	0.00	0.00	0.00	0.00	0.00	1196.47	130.65	1159.82	140.68	1178.15	135.67
	3	3.82	133.90	2.44	−0.69	3.01	1242.03	113.56	1216.56	137.60	1229.30	125.58
	4	7.65	193.83	4.50	−1.57	6.15	1287.80	98.16	1281.19	135.46	1284.50	116.81
	5	11.47	238.02	6.24	−2.62	9.39	1331.73	93.99	1323.34	130.34	1327.53	112.17
	6	15.29	275.70	7.71	−3.79	12.72	1371.83	84.75	1366.94	116.04	1369.39	100.40
	7	19.12	303.91	8.90	−5.11	16.15	1412.32	82.54	1400.74	104.05	1406.53	93.30

续表 20.17

试验编号	次序	ε_a (%)	q (kPa)	ε_v (%)	ε_r (%)	ε_s (%)	截面1		截面2		平均	
							ME (HU)	SD	ME (HU)	SD	ME (HU)	SD
2号 (吸力 100kPa, 净围压 200kPa)	1						1045.61	134.52	1208.71	180.49	1127.16	157.51
	2	0	0	0	0	0	1288.19	127.14	1321.45	156.38	1304.82	141.76
	3	3.81	212.23	2.46	−0.67	2.99	1393.68	120.79	1405.28	137.70	1399.48	129.25
	4	7.61	293.91	4.64	−1.49	6.07	1463.40	114.59	1468.52	122.85	1465.96	118.72
	5	11.42	365.49	6.48	−2.47	9.26	1523.85	109.39	1529.35	113.82	1526.60	111.61
	6	15.23	423.74	7.89	−3.67	12.60	1577.08	101.74	1581.74	102.09	1579.41	101.92
6号 (吸力 300kPa, 净围压 50kPa)	1						1247.47	275.17	1190.16	118.79	1218.82	196.98
	2	0	0	0	0	0	1163.20	242.92	1156.02	143.43	1159.61	193.18
	3	3.78	175.27	1.47	−1.16	3.29	1201.89	290.51	1172.65	100.08	1187.27	195.30
	4	9.46	222.53	2.84	−3.31	8.51	1220.02	287.63	1214.46	70.44	1217.24	179.04
	5	15.13	247.74	3.69	−5.72	13.90	1240.91	253.47	1228.27	68.81	1234.59	161.14
	6	17.02	256.80	3.90	−6.56	15.72	1246.62	246.96	1231.86	70.83	1239.24	158.90
4号 (吸力 300kPa, 净围压 100kPa)	1						1098.54	106.74	1133.92	81.64	1116.23	94.19
	2	0	0	0	0	0	1191.29	70.68	1215.23	77.61	1203.26	74.15
	3	3.81	178.76	1.80	−1.00	3.21	1225.71	78.52	1261.66	74.38	1243.69	76.45
	4	7.61	245.08	3.46	−2.08	6.46	1270.77	80.50	1322.39	68.70	1296.58	74.60
	5	11.42	294.07	4.76	−3.33	9.84	1302.25	53.78	1368.82	64.75	1335.54	59.27
	6	15.23	334.90	5.85	−4.69	13.28	1335.15	50.18	1405.41	56.44	1370.28	53.31
7号 (吸力 300kPa, 净围压 200kPa)	1						1140.95	170.17	1219.42	116.55	1180.19	143.36
	2	0	0	0	0	0	1147.56	109.95	1227.20	97.84	1187.38	103.90
	3	3.79	254.41	2.00	−0.90	3.13	1234.11	134.96	1296.50	84.29	1265.31	109.63
	4	7.59	338.37	3.72	−1.93	6.35	1277.70	113.88	1337.22	81.22	1307.46	97.55
	5	11.38	416.31	5.16	−3.11	9.66	1333.17	100.08	1385.30	73.46	1359.24	86.77
	6	15.17	472.39	6.43	−4.37	13.03	1383.50	96.51	1428.40	68.48	1405.95	82.50
5号 (吸力 450kPa, 净围压 50kPa)	1						1196.55	150.19	1167.82	113.37	1182.19	131.78
	2	0	0	0	0	0	1157.76	154.12	1126.83	109.05	1142.30	131.59
	3	3.73	186.04	1.24	−1.24	3.32	1172.38	152.04	1154.36	100.41	1163.37	126.23
	4	7.46	216.71	2.17	−2.64	6.73	1179.16	147.44	1194.99	84.40	1187.08	115.92
	5	11.18	229.76	2.83	−4.18	10.24	1182.65	137.21	1219.62	80.46	1201.14	108.84
	6	16.77	257.78	3.60	−6.57	15.58	1189.26	119.68	1241.85	75.63	1215.56	97.66

　　图 20.45 所示为 1 号试样的扫描数据与偏应变的关系，3 个圆的平均 CT 数及平均方差与偏应变的关系变化规律比较接近，特别是大圆和中圆的平均 CT 数及平均方差随偏应变的变化规律

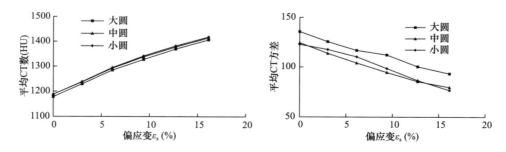

图 20.45　1 号试样的平均 CT 数及平均方差与偏应变的关系曲线

基本一致，而大圆为全截面，更能全面反映整个扫描截面的变化，因此后面对 CT 数和方差的分析均采用大圆的数据。

CT 图像右上角的图像的编号为 x-y，其中的 x 为试样编号，y 为该试样的扫描次数，固结前（初始状态）为第 1 次扫描，固结完成后剪切前为第 2 次扫描，依次类推；例如 3 号试样的第 4 次扫描，其图像编号为 03-4。图像左上角的数字代表扫描层位，1 代表下 1/3 断面，2 代表上 1/3 断面。图 20.46 是吸力和净围压均较低的 3 号试样（$s=100\text{kPa}$，$\sigma_3-u_a=50\text{kPa}$）在试验过程中不同时刻的 CT 图像，图 20.47 和图 20.48 是吸力和净围压均较高的 4 号试样（$s=300\text{kPa}$，$\sigma_3-u_a=100\text{kPa}$）和 7 号试样（$s=300\text{kPa}$，$\sigma_3-u_a=200\text{kPa}$）在试验过程中不同时刻的 CT 图像。根据 CT 原理，CT 图像的灰度大小与相应部位的土体密度成正比。CT 扫描图像中黑色区域代表土体中的低密度区（孔隙、裂隙等），白色区域为高密度区（Q₂ 黄土中富含小礓石等），从黑色区域过渡到白色区域的灰色区域，代表土中的有机质、较松散的土体颗粒等。图 20.49 是各试样平均 CT 数及平均方差与偏应变的关系。图 20.50 是各试样平均 CT 数及平均方差与偏应力的关系。

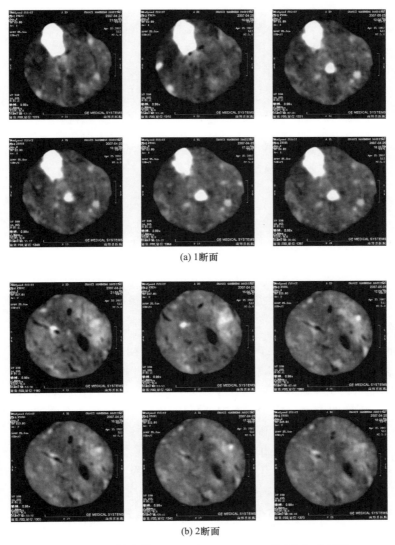

(a) 1 断面

(b) 2 断面

图 20.46 3 号试样（$s=100\text{kPa}$，$\sigma_3-u_a=50\text{kPa}$）在试验
过程中不同时刻的 CT 图像

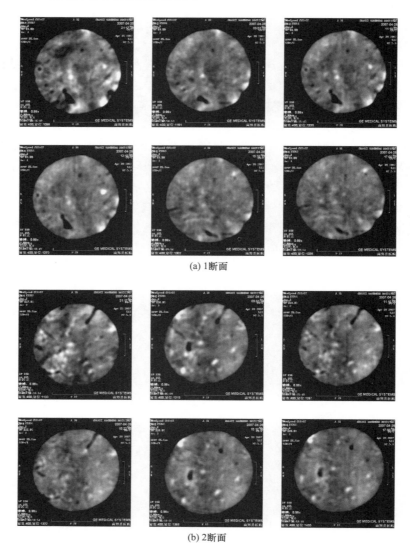

(a) 1 断面

(b) 2 断面

图 20.47 4 号试样（$s=300\text{kPa}$，$\sigma_3-u_a=100\text{kPa}$）在试验
过程中不同时刻的 CT 图像

从试样在固结前的 CT 图像上看，试样内部存在大量孔隙、裂隙、礓石等结构缺陷，土体初始损伤明显。不同试样的平均 CT 数 ME 及平均方差 SD 相差较大，CT 数 ME 介于 $1116.23\sim1228.43\text{HU}$，方差 SD 介于 $94.19\sim248.03$；ME 超过 1200HU 的两个试样（3 号和 6 号）的断面均可看到大块的礓石。由于礓石密度远大于土体，其 CT 数高，导致平均 ME 偏大，相应的方差也大，3 号和 6 号试样的方差分别为 248.03 和 196.98。换言之，说明原状 Q_2 黄土的初始结构具有空间非均质和分布不均匀性，礓石的存在对 CT 数和方差影响较大。

在固结阶段，由于吸力和净围压的双重作用，CT 图像、CT 数和方差的变化表现出一定的差异性。如果只考虑净围压的作用，土体应压密，不均匀程度减小，相应的 CT 数应增大，方差减小。如果仅考虑吸力的作用，土体中部分水被挤出，排出水的体积之一部分被空气填充，而水的 CT 数为 0HU，空气的 CT 数为 -1000HU，导致 CT 数减小，方差增大。故 CT 数和方差的变化是吸力和净围压共同作用下的综合反映。当吸力较低（$s=100\text{kPa}$）时，净围压的作用占主导，1～3 号试样都表现出 CT 数增大，方差减小；随着净围压的增大，其变化幅度也越大，方差变化尤为明显；这从细观角度说明了固结压力越大、土的强度越高的现象。当吸力增大到

300kPa 时，如果净围压较低（50kPa，6 号试样），其 CT 数反而减小（从 1218.82HU 减小到 1159.61HU），当净围压增大到 100kPa、200kPa（4 号和 7 号试样）时，CT 数又恢复增加；而方差一直在减小，且随着净围压的增大，方差减小的幅度更大。当吸力达到 450kPa 时（5 号试样），由于净围压（50kPa）较低，CT 数减小，方差几乎不变。从固结阶段看，宜用 CT 数来描述控制吸力和净围压为常数的三轴排水剪切试验的试样结构演化规律。

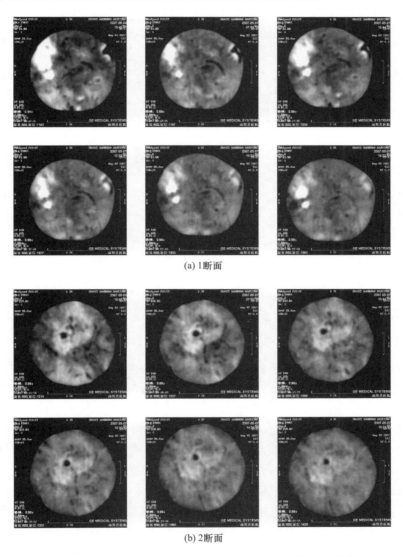

(a) 1 断面

(b) 2 断面

图 20.48　7 号试样（$s=300$kPa，$\sigma_3-u_a=200$kPa）在试验
过程中不同时刻的 CT 图像

在剪切阶段，当试样屈服后进入硬化阶段，应力-应变曲线变缓，即应力增加幅度开始减小而应变增加幅度增大。试样的第 3 次扫描到最后一次扫描为硬化阶段，在硬化阶段，CT 数增大，方差减小，说明土体断面的平均密度增大，密度差异程度减小。从 CT 图像上看，裂纹、裂隙被压密，相当部分孔隙也逐渐被破坏、挤密，甚至完全消失；而部分孔隙剪切到最后变化也不明显，甚至没有变化，这些孔隙多分布在孤立的区域（3 号和 7 号试样），或者高密度区域比如礓石旁边（5 号试样），孤立区域的孔隙可能是由于其周围胶结物强度较高而不易被破坏，礓石旁边的孔隙由于礓石的作用也不易被破坏。从 CT 图像还可以明显地看出试样的截面积在不断

增大。从图 20.49 和图 20.50 看，CT 数和方差随偏应变和偏应力的变化明显不同于屈服阶段，CT 数随偏应变的增加速率开始变缓，随偏应力急剧增加；方差随偏应变和偏应力减小，减小的幅度总体上大于屈服阶段。

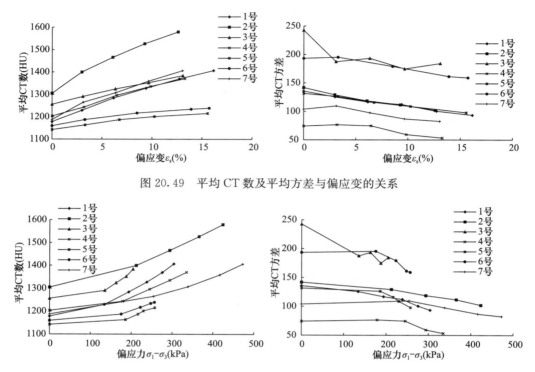

图 20.49　平均 CT 数及平均方差与偏应变的关系

图 20.50　平均 CT 数及平均方差与偏应力的关系

在固结和剪切初期，首先是部分小孔隙、裂隙被压密变少，大孔隙轻微调整；部分大孔隙随着剪切的进行才逐渐被破坏、挤密，直至完全消失；而部分圆形孔隙直到最后也没有多大变化。黄土中的高密度区和低密度区的 CT 数和方差逐渐趋于相同，反映了随着剪切的进行土体结构向均一方向发展，实际上这也是土体原生结构不断调整、不断致密的过程。从图 20.45 可以看出，试样 3 个不同面积圆的 CT 数及方差与偏应变的关系没有明显的波动起伏，特别是 CT 数，其值逐渐增大，3 条曲线近于平行，整体上呈现出良好的以均匀变形为主的细观变形特点。

从屈服前和屈服后 CT 数随偏应力的关系明显不同可以确定屈服应力。由图 20.50 可见，在屈服前变化较缓，而屈服后随偏应力急剧增加，曲线首尾部分可用直线近似，两直线的交点所对应的应力作为屈服应力。由该方法确定的屈服应力与表 12.48 中用 ε_v-lg(q/p) 关系曲线确定的屈服应力对比见表 20.18（表中各试样 p_y、q_y 的前一个数据为用 ε_v-lg(q/p) 曲线确定的屈服应力，后一个数据为用 CT 数-偏应力曲线确定的屈服应力）。从表中数据可以看出，两种方法确定的屈服应力比较接近。

由 ε_v-lg(q/p) 和 CT 数-偏应力曲线确定的屈服应力对比　　　表 20.18

试样	3 号	1 号	2 号	6 号	4 号	7 号	5 号
s（kPa）		100			300		450
净围压（kPa）	50	100	200	50	100	200	50
p_y（kPa）	91/92	145/145	270/271	100/108	162/160	286/285	105/107
q_y（kPa）	122/125	135/134	210/212	150/175	185/179	259/254	166/170

20.4.2.2　控制含水率试验在剪切过程的 CT 图像及结构演化分析

控制含水率试验的 4 个试样（8～11 号）的应力应变性状呈应变软化形态［图 12.78（d）、图 12.78（e）］。表 20.19 是该 4 个试样各次扫描对应的应力应变状态（固结完成后为 0 应变状态）及相应的 CT 数和方差。每个试样进行 4～7 次扫描，分别在初始阶段、固结完成后、剪切到峰值及软化后各个阶段进行扫描。在扫描图像上以扫描截面的中心为圆心取 3 个同心圆，记录每次扫描各圆包含区域的 CT 数和方差（表 20.19 给出的是全断面的值，中圆和小圆的值略）。另外取部分试样的特定区域（简称特区）进行研究，分析其 CT 数和方差的变化规律。

8～11 号试样 CT 扫描对应的应力应变状态及 CT 数（ME）和方差（SD）　　　表 20.19

试验编号	次序	ε_a (%)	q (kPa)	ε_v (%)	ε_r (%)	ε_s (%)	截面 1 ME (HU)	截面 1 SD	截面 2 ME (HU)	截面 2 SD	平均 ME (HU)	平均 SD
10 号 (w=4.78%, 围压 25kPa)	1	0	0	0	0	0	983.3	170.26	900.27	126.26	941.79	148.26
	2	1.59	416.06	−0.05	−0.82	1.61	959.43	180.3	877.43	151.61	918.43	165.96
	3	3.66	356.14	−1.59	−2.62	4.19	915.88	270.22	834.71	212.28	875.30	241.25
	4	7.26	392.09	−3.40	−5.33	8.39	885.27	326.69	798.81	258.52	842.04	292.61
8 号 (w=4.78%, 围压 50kPa)	1						977.65	186.7	971.26	198.91	974.46	192.81
	2	0	0	0	0	0	981.72	170.72	978.49	194.62	980.11	182.67
	3	1.48	873.97	0.51	−0.49	1.31	970.1	193.16	971.86	212.59	970.98	202.88
	4	2.35	638.28	−0.31	−1.33	2.45	907.87	204.72	955.64	221.22	931.76	212.97
	5	3.71	516.42	−0.94	−2.32	4.02	900.08	228.36	941.35	228.66	920.72	228.51
9 号 (w=4.78%, 围压 100kPa)	1						1034.75	120.43	986.24	115.76	1010.50	118.10
	2	0	0	0	0	0	1043.18	115.95	988.06	113.2	1015.62	114.58
	3	1.99	866.48	0.63	−0.68	1.77	1036.6	129.94	972.73	129.38	1004.67	129.66
	4	3.72	878.87	−0.10	−1.91	3.75	1015.01	147.88	941.84	135.31	978.43	141.60
	5	5.58	729.24	−0.55	−3.07	5.77	996.21	151.74	938.2	159.48	967.21	155.61
	6	7.51	655.54	−0.77	−4.14	7.77	981.45	177.57	934.92	181.61	958.19	179.59
	7	11.11	603.54	−1.09	−6.10	11.47	959.24	204.89	928.33	184.48	943.79	194.69
11 号 (w=7.64%, 围压 50kPa)	1						1015.71	153.02	935.04	169.7	975.38	161.36
	2	0	0	0	0	0	1023.78	149.66	940.63	160.68	982.21	155.17
	3	1.97	511.03	0.58	−0.70	1.78	1009.3	169.77	937.27	168.45	973.29	169.11
	4	5.54	370.74	−0.89	−3.22	5.84	957.38	179.46	915.25	181.35	936.32	180.41
	5	7.39	357.00	−1.27	−4.33	7.81	939.87	194.07	908.11	187.08	923.99	190.58

各试样 3 个圆平均 CT 数及平均方差与偏应变的关系变化规律相差不大（图 20.51 给出了 9 号试样的结果），特别是大圆和中圆的平均 CT 数及平均方差随偏应变的变化规律基本一致，而大圆为全断面，更能反映整个扫描截面的变化，因此后面对 CT 数和方差的分析均用大圆的数据。

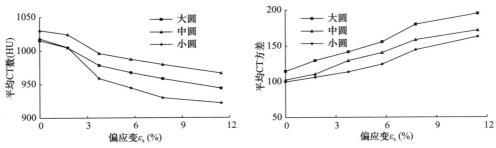

图 20.51　9 号试样（w=4.78%，σ_3=100kPa）的平均 CT 数及平均方差与偏应变的关系

图 20.52 和图 20.53 是围压较低的 10 号试样（$\sigma_3 = 25\text{kPa}$）和围压较高的 9 号试样（$\sigma_3 = 100\text{kPa}$）在试验过程中不同时刻的 CT 扫描图像（图像的编号同前）。图 20.54 是各试样平均 CT 数及平均方差与偏应变的关系。

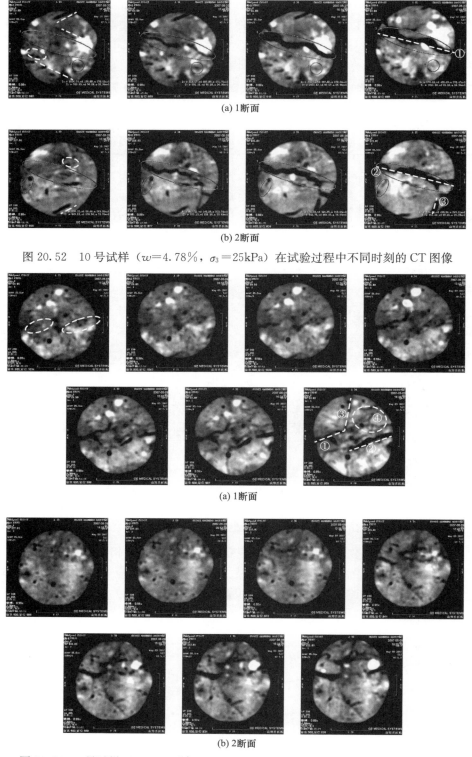

(a) 1断面

(b) 2断面

图 20.52　10 号试样（$w = 4.78\%$，$\sigma_3 = 25\text{kPa}$）在试验过程中不同时刻的 CT 图像

(a) 1断面

(b) 2断面

图 20.53　9 号试样（$w = 4.78\%$，$\sigma_3 = 100\text{kPa}$）在试验过程中不同时刻的 CT 图像

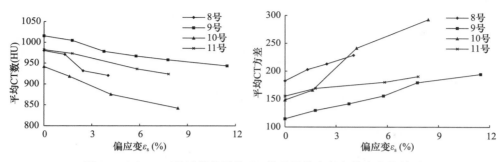

图 20.54 8~11 号试样的平均 CT 数及平均方差与偏应变的关系

8~11 号试样在固结前后的 CT 图像与 0~7 号试样具有相似的特征：初始结构具有非均质和分布不均匀性；在固结阶段，不均匀程度有所减小，CT 数相应增大，方差减小。

由图 12.78（d）、图 12.78（e）可知，8~11 号试样的偏应力-轴向应变曲线属于软化型，曲线有明显的峰值点。以下对峰值前后的细观结构变化分别进行分析[36-38]。

1）剪切硬化阶段

由应力-应变曲线［图 12.78（d）、图 12.78（e）］可确定各试验切线的峰值应力及相应的轴应变，其值如表 20.20 所示。10 号试样在第 2 次扫描（固结完成剪切前为第 1 次扫描）之前已经达到峰值，8 号、11 号试样在第 3 次扫描时达到峰值，9 号试样在第 3 次到第 4 次扫描之间达到峰值。峰值应力前阶段，虽有部分孔隙、裂隙开始扩展、增大，有新的裂纹、裂隙产生，损伤开始发生；但试样总体上剪缩，CT 数降低，方差增大。随着剪切的进行，试样体积开始增大，CT 数开始减小，方差增大，但试样没有发生明显破坏。从 CT 数与偏应变的关系曲线（图 20.54）看，CT 数随偏应变减小的斜率较小。

剪切峰值的应力及轴应变 表 20.20

试样	10 号	8 号	9 号	11 号
$\sigma_1 - \sigma_3$（kPa）	516	874	996	516
ε_a（%）	1.34	1.48	3.10	1.91

2）软化阶段

偏应力达到峰值点后迅速下降，试样体积增大。此阶段对于 10 号试样持续到第 2 次扫描，11 号试样大致持续到第 4 次扫描，对 8 号、9 号试样大致持续到第 5 次扫描。CT 数减小幅度比前阶段明显，方差增大。从图像上看，剪切破裂面形成，由于初始状态、围压不同，剪切面的形态和数量各异。

图 20.52 是围压较低的 10 号试样在剪切过程中不同时刻的 CT 图像，第 2 次扫描已经形成了较完整的剪切破裂面，说明已经进入软化阶段，与宏观应力-应变关系反映的结果一致。由于没有扫描到损伤开始阶段，只能与剪切前的断面进行对比。1 断面存在 1 条破裂面（虚线示意的①），2 断面存在 2 条破裂面（虚线示意的②、③）。剪切前损伤显著的区域，比如一些明显的裂隙、孔隙集中的区域和链状分布的孔隙（图中虚线所示）在剪切过程中没有发展成破裂面，且有弥合、减小的趋势。破裂面①形成前的区域存在 1 个较大的砾石和一些不十分明显的裂纹，该破裂面的形成可能是受力后砾石错动引起应力的不均匀分布而首先破裂，由于左上方裂纹等薄弱区域受到影响也逐渐开裂破坏，最后贯通成完整的破裂面。破裂面②与破裂面①平行，且破裂面②在剪切前存在裂纹等损伤，应是破裂面①在轴向的延伸。破裂面③在剪切前无明显征兆，是随破裂面②的形成萌生的一条裂隙并逐渐扩展为破裂面。

图 20.53 是围压较高的 9 号试样在剪切过程中不同时刻的 CT 图像，下面对 1 断面最后形成

的 3 条破裂面（虚线示意的①、②、③）和裂隙区域④进行简要分析。破裂面①和②是由初始状态的薄弱区域（图中虚线区域所示）即密度较小，裂隙、孔隙较集中的区域逐渐演化形成的。破裂面③到第 5 次扫描才逐渐形成，可能是受破裂面①的挤压引起该面的两块礓石错动而形成。裂隙区域④在前 4 次扫描均无明显迹象，到第 5 次扫描才逐渐萌生，可以认为是随破裂面①和②的开裂，由于围压较大，不能充分开展，便发展成诸多裂隙。

由以上分析可知，原状 Q_2 黄土试样破裂面的形成具有以下几个特性：（1）必然性：初始孔隙、裂隙、裂纹等是土样的薄弱区域，容易开展为破裂面，但当围压较小时，这种必然性有所削弱；（2）随机性：随剪切进行而萌生的裂隙、裂纹等演化为破裂面；（3）连带性：破裂面的开展引起新的破裂面形成。

应当指出，尽管在剪切软化整个过程中，试样体积增大，CT 数减小，方差增大，即密度减小，差异增大，如图 20.52 所示的 1 断面的区域 1 的 CT 数变化为：1026.64→954.57→746.93→578.10，2 断面破裂面②的 CT 数变化为：898.15→817.31→678.52→594.32，方差逐渐增大；但部分区域则有被轻微压密的趋势，如图 20.52 的 1 断面区域 2 的 CT 数逐级增加，即 989.83→992.16→1004.67→1015.58，该图 2 断面区域 2 的 CT 数变化为：849.53→839.13→842.78→855.12，方差亦略微减小。原状 Q_2 黄土剪切软化破坏过程是一个比较复杂的过程，在应力峰值点前有一个轴向压密占主导地位的过程，随后便逐渐过渡到开裂损伤为主的演化，整个过程都伴随着压密、内部结构调整、开裂等细观变形特征。

对比相同含水率 $w=4.78\%$ 的应力-应变曲线、CT 图像、CT 数及 CT 方差可知，由于含水率较小，其结构性明显，应力-应变曲线呈强软化型。随着固结围压的增大，固结作用破坏原生结构的程度增强，应力-应变曲线的软化特征减弱。固结后的 CT 数增大，CT 方差减小。随着剪切的进行，次生结构不断发展，压硬性随固结围压增大而增强，剪切的峰值和残余强度随之增大，峰值强度出现时的轴应变增大，剪胀性减弱。CT 数减小，CT 方差增大，随着围压的增大，变化的幅度减弱。相同固结围压时，随着含水率增大，原生结构被削弱，应力-应变曲线呈弱软化型。增湿和固结耦合作用对原生结构破坏增强，剪切过程中原生结构表现出的变化减小，压硬性和次生结构作用逐渐增强。随着含水率的增大，CT 数和 CT 方差变化幅度减小。

20.4.3　原状 Q_2 黄土（F2）在浸水过程中的 CT 图像及结构演化分析

20.4.3.1　研究方案

试验用土采用华能蒲城地基土 J45 孔中的原状 Q_2 黄土（F2 土层），共做了 4 个原状 Q_2 黄土的 CT-三轴浸水试验，试样的初始含水率统一配制为 12.5% 左右。试样的初始条件及试验参数见表 20.21 所示。

原状 Q_2 黄土浸水前的试验条件参数　　　　　　　　　　表 20.21

试验编号	吸力 s（kPa）	净围压（kPa）	偏应力 q（kPa）	初始含水率 w（%）	初始干密度 ρ_d（g/cm³）	比容 v
12 号	100	100	200	12.27	1.436	1.880
13 号	100	100	150	12.40	1.456	1.854
14 号	100	200	150	12.80	1.436	1.880
15 号	300	100	150	12.97	1.411	1.914

在非饱和土三轴压力室内，先将制备的原状 Q_2 黄土试样进行一定吸力下的等压固结。待变形和排水稳定后进行控制吸力和净室压力为常数的三轴排水剪切试验，按 25kPa、50kPa、75kPa、100kPa、150kPa、200kPa 逐级增加偏应力到目标值，在所加目标值下变形稳定后浸水。

稳定标准为轴向位移每小时不超过 0.01mm，体变每小时不超过 0.0063cm³。在浸水过程中，每次扫描 5 个断面，分别位于试样高度的 3/16、3/8、1/2、5/8、13/16 处（从试样底部起算）。根据浸水量和轴向变形量决定扫描时刻，并按轴向位移调整扫描位置，对断面进行跟踪扫描。

20.4.3.2　浸水湿陷变形分析

图 20.55～图 20.57 是非饱和 Q₂ 黄土三轴浸水过程的湿陷应变-浸水量关系曲线。从图中可以看出，湿陷应变随浸水量的变化曲线可以近似分为三个阶段。第一阶段为浸水初期，随着浸水量的增加，湿陷应变缓慢增加，这个阶段试样含水率的增加不足以使整个结构发生根本性的破坏（下部结构除外），结构处于调整阶段。第二阶段为湿陷应变快速发展段，随着试样含水率的不断增大，结构发生根本性的破坏。第三阶段为湿陷应变基本不变段，此阶段湿陷完成，试样基本饱和。试验条件不同，三个阶段的浸水量不同。12 号、15 号试样第一阶段的浸水量较小，第二阶段应变随浸水量变化的斜率较大；是因为 12 号试样偏应力较大，只需要少量的水试样结构就可能发生破坏；而 15 号试样吸力较大，浸水前的初始含水率较小，湿陷更容易发生，故少量的水就使试样结构发生了破坏。进入第三阶段的浸水量相差不大，此时试样已基本饱和，新的结构已经形成。

比较相同吸力、相同净围压，不同偏应力（12 号、13 号）的浸水过程，偏应力越大，湿陷应变随浸水量变化越快，最终的湿陷应变也越大。比较相同吸力、相同偏应力，不同净围压（13 号、14 号）的浸水过程，净围压越大，湿陷体应变随浸水量变化越快，而湿陷轴应变和湿陷偏应变随浸水量变化越慢，这是因为随着围压的增大，对轴向应变有一定的约束作用。比较相同偏应力、相同净围压，不同吸力（13 号、15 号）的浸水过程，浸水前吸力越大，试样含水率越小，湿陷应变随浸水量变化越快，最终的湿陷应变也越大。综上所述，浸水前的吸力、净围压、偏应力对湿陷过程均有影响，且偏应力和吸力的影响更明显。

图 20.58 是非饱和 Q₂ 黄土三轴浸水过程的湿陷体应变-湿陷轴应变关系曲线。在本节试验范围内，三轴浸水过程湿陷体应变随湿陷轴应变的增加而增大，几乎是一条直线，体现了湿陷变形的特殊性。

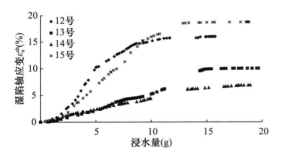

图 20.55　湿陷轴向应变-浸水量关系曲线

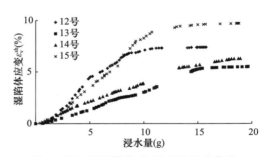

图 20.56　湿陷体应变-浸水量关系曲线

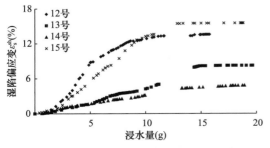

图 20.57　湿陷偏应变-浸水量关系曲线

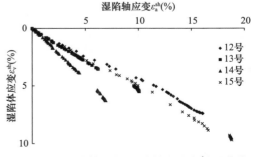

图 20.58　湿陷体应变-湿陷轴向应变关系曲线

20.4.3.3　浸水过程的 CT 图像及细观结构演化分析

表 20.22 是 4 个试样在浸水过程中各次扫描对应的湿陷应变状态，表 20.23 是各次扫描对应的 CT 数和方差。每个试样在浸水过程中进行 6 次扫描（12 号试验在固结和剪切完成后各进行了 1 次扫描）。在扫描图像上以扫描截面的中心为圆心取 3 个同心圆，记录每次扫描各圆包含区域的 CT 数和方差（表 20.23 给出的是全断面的值，小圆和中圆的扫描数据见文献 [35]）。另外取部分试样的特定区域（简称特区，如图 20.61 和图 20.62 中所示的椭圆区域和圆形区域）进行研究，分析其 CT 数和方差变化规律（表 20.24）。

各次试验 CT 扫描对应的应变状态　　　　表 20.22

试验编号	扫描次序	浸水量	湿陷轴应变（%）	湿陷体应变（%）	湿陷偏应变（%）
12 号	1				
	2				
	3	0	0	0	0
	4	3.150	4.156	1.995	3.491
	5	5.008	10.281	4.464	8.793
	6	8.635	14.743	6.797	12.477
	7	14.030	15.802	7.344	13.353
	8	15.77	16.064	7.406	13.595
13 号	1	0	0	0	0
	2	4.200	1.832	1.091	1.468
	3	7.620	4.240	2.422	3.432
	4	11.075	6.142	3.491	4.978
	5	14.430	9.631	5.037	7.952
	6	19.650	10.067	5.510	8.231
14 号	1	0	0	0	0
	2	3.365	1.834	1.508	1.332
	3	7.065	3.363	2.938	2.383
	4	9.855	4.393	3.832	3.116
	5	13.300	6.158	5.402	4.357
	6	18.920	6.926	6.275	4.835
15 号	1	0	0	0	0
	2	3.295	3.631	1.894	3.000
	3	6.350	9.336	4.578	7.810
	4	9.195	15.243	7.798	12.643
	5	12.850	18.568	9.302	15.467
	6	18.800	18.804	9.733	15.560

各次试验 CT 扫描的 CT 数（ME）和方差（SD）（全区）　　　　表 20.23

编号	次序	断面 1 ME（HU）	SD	断面 2 ME（HU）	SD	断面 3 ME（HU）	SD	断面 4 ME（HU）	SD	断面 5 ME（HU）	SD	平均 ME（HU）	SD
12 号	1			1010.73	170.07			1057.64	160.85			1034.19	165.46
	2			1041.01	159.48			1090.41	158			1065.71	158.74
	3	1084.84	162.8	1041.19	158.41	1064.4	147.64	1090.39	158.17	1059.29	147.68	1068.02	154.94
	4	1399.52	90.31	1155.53	154.54	1067	142.47	1091.03	139.26	1061.54	146.61	1154.92	134.64
	5	1525.74	72.58	1435.52	105.42	1263.74	137.46	1125.2	136.05	1076.97	144.21	1285.43	119.14
	6	1539.21	66.52	1513.48	88.22	1477.49	88.29	1443.2	87.49	1359.39	103.38	1466.55	86.78

编号	次序	断面1 ME(HU)	SD	断面2 ME(HU)	SD	断面3 ME(HU)	SD	断面4 ME(HU)	SD	断面5 ME(HU)	SD	平均 ME(HU)	SD
12号	7	1545.54	64.66	1530.06	84.16	1506.54	78.92	1493.38	76.15	1493.32	91.62	1513.77	79.10
	8	1561.38	63.93	1548.39	81.04	1531.5	70.76	1530.67	59.91	1529.5	83.3	1540.29	71.79
13号	1	1076.69	153.54	1071.95	122.02	1062.49	166.34	1102.90	160.67	1098.72	142.59	1082.55	149.03
	2	1294.85	116.24	1142.84	119.34	1072.12	165.63	1104.63	153.10	1100.67	142.43	1143.02	139.35
	3	1390.11	85.9	1312.34	98.04	1280.59	121.07	1234.79	137.08	1123.19	140.12	1268.20	116.44
	4	1406.72	83.29	1348.98	92.99	1342.34	111.27	1325.53	113.82	1291.97	109.33	1343.11	102.14
	5	1458.34	76.63	1452.19	72.72	1448.99	78.75	1447.92	79.22	1436.60	78.42	1448.81	77.15
	6	1484.22	68.65	1480.16	64.94	1479.85	69.7	1477.97	69.71	1471.76	68.82	1478.79	68.36
14号	1	1024.4	131.53	1052.35	152.4	1050.02	192	1066.65	133.59	1048.98	139.91	1048.48	149.89
	2	1286.11	109.56	1151.38	136.35	1077.72	180.66	1078.79	118.75	1072.17	131.94	1133.23	135.45
	3	1365.88	98.58	1307.2	108.81	1254.01	139.56	1207.17	109.45	1121.68	127.57	1251.19	116.79
	4	1394.99	91.5	1348.01	102.18	1312.43	124.17	1277.52	101.85	1248.64	118.31	1316.32	107.60
	5	1450.51	74.86	1434.35	75.80	1426.44	86.08	1406.77	75.39	1405.85	76.28	1424.78	77.68
	6	1495.82	60.6	1485.34	64.74	1482.3	71.99	1468.70	61.38	1466.43	75.08	1479.72	66.76
15号	1	1068.28	153.79	984.98	153.63	1006.55	132.18	1070.96	130.1	998.55	145.47	1025.86	143.03
	2	1364.24	122.72	1066.5	139.45	1022.68	130.37	1074.02	133.84	1004.58	145.08	1106.40	134.29
	3	1518.63	81.28	1369.22	92.63	1158.38	116.22	1074.29	147.99	1015.79	133.69	1227.26	114.36
	4	1563.86	63.06	1529.11	66.08	1430.27	84.57	1339.07	100.5	1127.03	119.97	1397.87	86.84
	5	1570.39	61.44	1548.15	59.35	1485.88	66.47	1475.03	71.39	1469.62	84.04	1509.81	68.54
	6	1586.08	58.93	1571.95	53.49	1530.07	51.37	1526.58	56.56	1526.3	58.78	1548.20	55.83

各次试验 CT 扫描的 CT 数（ME）和方差（SD）（特区）　　　　表 20.24

编号	断面	特区	1 ME(HU)	SD	2 ME(HU)	SD	3 ME(HU)	SD	4 ME(HU)	SD	5 ME(HU)	SD	6 ME(HU)	SD
12号	1	1	956.64	101.38	1380.51	53.72	1559.59	23.47	1567.10	23.36	1570.60	22.64	1586.76	20.09
		2	719.34	376.83	1281.82	184.48	1528.47	46.18	1556.28	39.87	1556.66	36.04	1582.24	31.01
	5	1	818.71	77.22	803.64	80.04	820.30	76.59	1225.12	52.30	1457.82	30.05	1497.50	25.36
		2	844.65	308.91	827.85	330.82	843.67	317.31	1252.19	202.39	1447.17	109.53	1497.67	86.01
13号	1	1	951.83	130.09	1243.18	107.25	1373.51	69.72	1394.21	67.58	1466.35	44.78	1491.25	42.63
		2	828.39	69.94	1196.11	43.35	1279.11	42.41	1301.98	42.41	1397.29	27.68	1428.87	26.08
	5	1	977.43	75.33	983.21	68.38	1002.95	66.14	1237.46	63.15	1414.93	41.44	1452.37	33.95
		2	900.11	55.17	891.13	60.74	913.57	59.87	1207.04	55.29	1421.10	30.16	1461.32	27.82
14号	1	1	978.15	130.58	1289.66	114.66	1378.11	98.42	1411.54	92.89	1452.88	77.64	1495.94	66.51
		2	1029.95	75.31	1284.75	82.74	1366.50	73.70	1393.32	73.48	1447.61	54.49	1496.34	34.06
	3	1	746.06	341.40	748.03	341.05	1076.15	252.86	1184.32	216.73	1353.66	139.9	1492.52	74.07
		2	958.05	138.26	975.16	154.79	1176.96	137.11	1251.89	124.38	1387.74	88.20	1461.15	63.68
	4	1	1086.10	119.99	1087.84	129.37	1191.18	133.47	1228.87	118.03	1366.30	96.70	1460.98	64.22
		2	1061.44	111.22	1053.51	105.82	1182.68	104.68	1267.24	89.80	1399.48	79.11	1467.26	52.87

　　各试样 3 个圆平均 CT 数及平均方差与湿陷体应变和浸水量的关系变化规律相差不大（图 20.59 和图 20.60 给出了 12 号试样的结果），特别是大圆和中圆的平均 CT 数及平均方差随湿陷体应变的变化规律基本一致，因此后面对 CT 数和方差的分析均用大圆的数据。

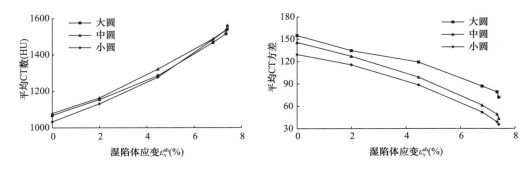

图 20.59　12 号试样平均 CT 数及平均方差与湿陷体应变的关系

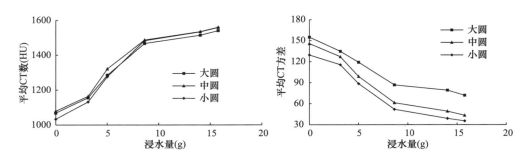

图 20.60　12 号试样平均 CT 数及平均方差与浸水量的关系

　　图 20.61 和图 20.62 是湿陷应变较大的 12 号试样和湿陷应变较小的 14 号试样在浸水试验过程中不同时刻的 CT 扫描图像（图像的编号同前，13 号和 15 号试样的 CT 图像略）。图 20.63 是各试样平均 CT 数及平均方差与湿陷体应变的关系，图 20.64 是各试样平均 CT 数及平均方差和浸水量的关系。

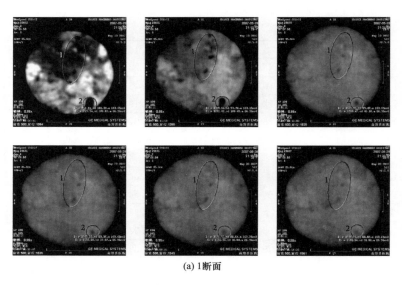

(a) 1 断面

图 20.61　12 号试样在试验过程中不同时刻的 CT 图像（一）

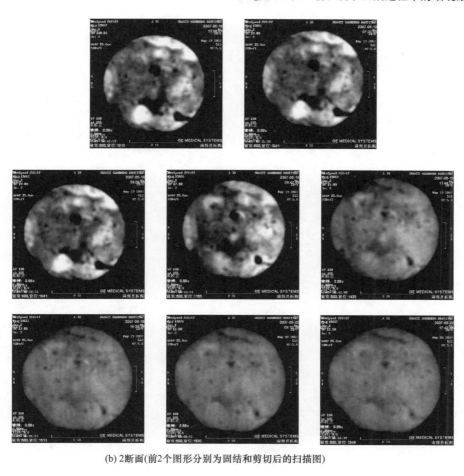

(b) 2断面(前2个图形分别为固结和剪切后的扫描图)

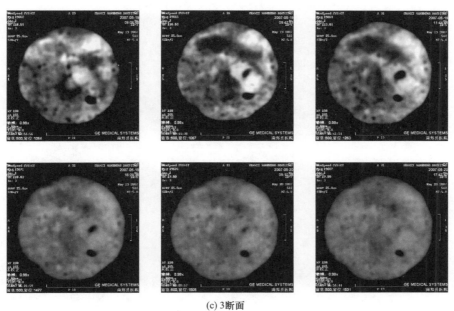

(c) 3断面

图 20.61 12 号试样在试验过程中不同时刻的 CT 图像（二）

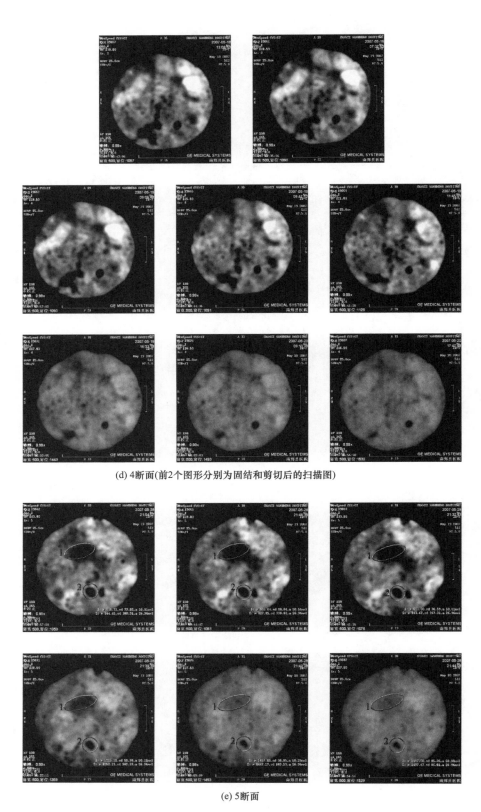

(d) 4 断面(前2个图形分别为固结和剪切后的扫描图)

(e) 5 断面

图 20.61　12 号试样在试验过程中不同时刻的 CT 图像（三）

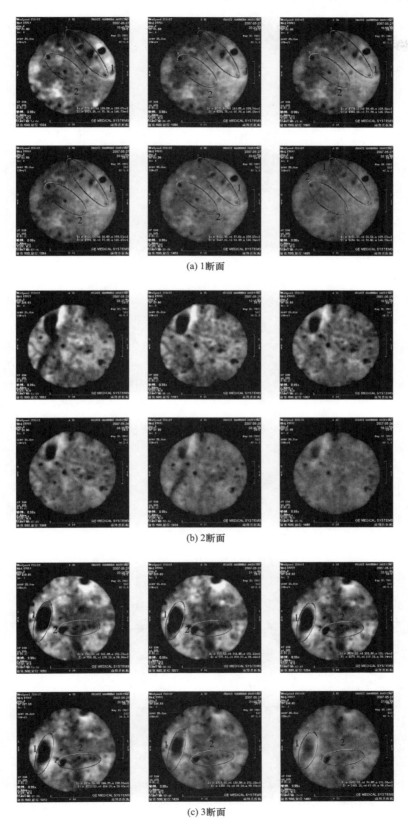

(a) 1断面

(b) 2断面

(c) 3断面

图 20.62　14 号试样在试验过程中不同时刻的 CT 图像（一）

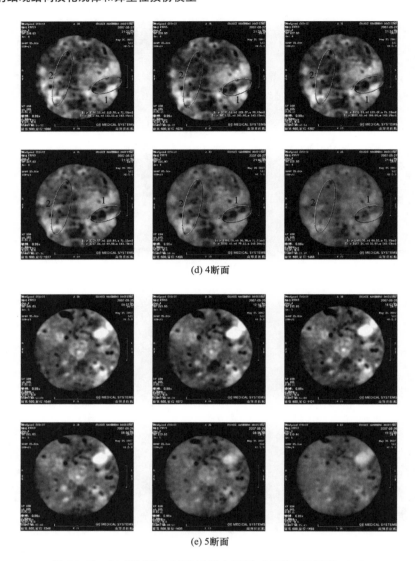

(d) 4 断面

(e) 5 断面

图 20.62　14 号试样在试验过程中不同时刻的 CT 图像（二）

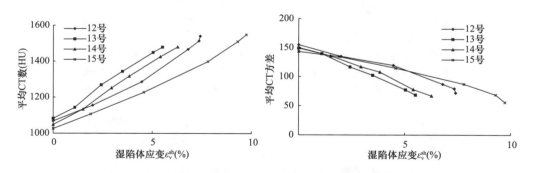

图 20.63　各试样平均 CT 数及平均方差与湿陷体应变的关系

根据图 20.59～图 20.64 和表 20.22～表 20.24，对原状 Q_2 黄土（F2 土层）在三轴浸水过程中的结构演化分析如下。

1）浸水过程中不同层位细观结构的变化

从 CT 图像（图 20.61 和图 20.62 及文献［35］的附录 5 附图 5.1、图 5.2）可以明显看出

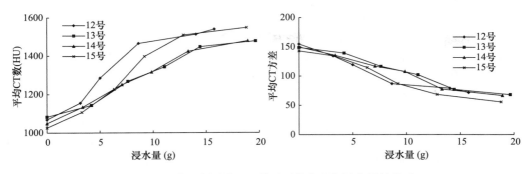

图 20.64 各试样平均 CT 数及平均方差与浸水量的关系

水自底部逐渐向上渗入土体的全过程。图 20.65 和图 20.66 是 12 号试样各次扫描断面的 CT 数随浸水量及湿陷体应变的关系曲线。从图中可以看出，到第 2 次扫描（为了与 13～15 号试样扫描次序对应，把 12 号试样原第 3 次扫描改记为第 1 次扫描，原第 4 次及以后各次扫描依次类推）时，浸水量为 3.15g，湿陷体应变为 1.995%，位于底部的 1 断面其 CT 数从 1084.84HU 增加到 1399.52HU，增幅达 29%，而 2 断面的 CT 数从 1041.19HU 增加到 1155.53HU，增幅近 11%，3～5 断面 CT 数基本没有变化，说明此时水已开始进入 2 断面。第 3 次扫描时，浸水量为 5.008g，湿陷体应变为 4.464%，1 断面 CT 数增加到 1525.74HU，增幅达 40%，此时 1 断面已经基本饱和，湿陷基本完成；2 断面 CT 数继续增加，接近饱和，3 断面已经浸水，4、5 断面受下部土体湿陷的影响，结构有微调整。到第 4 次扫描时，2、3 断面已经接近饱和，湿陷接近完成，4、5 断面随着浸水量的增加，湿陷迅速发生。到第 5 次扫描，各断面的湿陷都基本完成，但上部土体不如底部土体湿陷充分。到第 6 次扫描，中上部土体结构继续调整，断面差异越来越小。

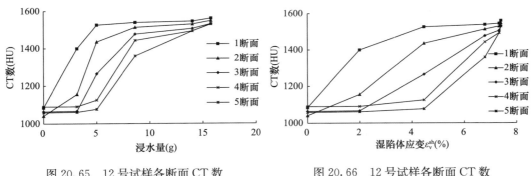

图 20.65 12 号试样各断面 CT 数   图 20.66 12 号试样各断面 CT 数
        与浸水量的关系   与湿陷体应变的关系

随着水的渗入，可能引起的变化有：（1）土体含水率增加，粒间吸力消失，其产生的抵抗外力的摩擦力随之消失，原先处于平衡状态的土颗粒或集粒就有可能因平衡被破坏而垮落或滚落到孔隙中；（2）由于水的作用，粒间胶结物软化、溶解，甚至发生化学变化，削弱了土粒连接的强度，并在应力作用下，土体结构崩溃。从 CT 图像上看（图 20.61、图 20.62），土体中的孔隙、裂隙等逐渐变小，消失；相当部分被土粒填充，小部分被水填满，还有极少部分孔隙没有被土粒和水填满。未被土粒和水填满的这部分孔隙多是一些孤立的圆形（或椭圆形）孔隙，且主要位于试样中上部，如 12 号试样的 3 断面和 4 断面，14 号试样由于湿陷不是很充分，除 4 断面和 5 断面存在较多的孔隙外，底部 1 断面和 2 断面也存在少量的未被土粒和水填满的孔隙。说明浸水前的应力和水的共同作用不足以完全破坏试样的细观结构。但是，这部分未被土粒和水填满的孔隙也有逐渐变小的趋势，随着浸水的继续进行或增大应力，这部分孔隙也会逐渐消失。未被土粒和水填满的孔隙有较大的孔隙，也有较小的孔隙。当水和力的作用足以破坏孔隙周围的结构时，孔隙被破坏，否则孔隙不发生变化或变化很小。

到浸水结束时，位于底部的断面浸水充分，故湿陷较上部充分。湿陷后的试样，高密度区和低密度区的差异变小，CT 图像变得越来越均匀，表明 Q_2 黄土在三轴浸水湿陷过程中细观结构遭到了根本性的破坏，最终形成了新的致密结构。

2）特定区域浸水过程中的细观结构变化分析

图 20.67～图 20.70 分别是 12 号试样 1 断面和 14 号试样 3 断面的两个特区（可参照图 20.61 和图 20.62 的 CT 图像中所示区域）与全断面的 CT 数随浸水量和湿陷体应变变化的关系曲线。12 号试样 1 断面的全断面及特区 1、2 浸水前的 CT 数分别为 1084.84HU、956.64HU、719.34HU，随着水的浸入，特区 1 和 2 的孔隙迅速变小，被土粒和水填充，到第 3 次扫描时，浸水量 5.008g，3 个区域的 CT 数分别为 1525.74HU、1559.59HU、1528.47HU，非常接近，底部土体由于浸水充分，湿陷发展较快。而 14 号试样 3 断面位于试样中部，第 2 次扫描，水还未到达该断面，故几乎没有变化，之后，随着水的浸入，才开始发生变化；特区 1 包含 1 个大孔隙，CT 数增加幅度较大，但由于浸水不如 1 断面直接、充分，该断面的孔隙是不断变小被土粒和水填充，从 CT 图像上可以清楚地看到这一点；CT 数缓慢增加，到第 6 次扫描时几乎相等，断面 CT 图像变得较均匀。

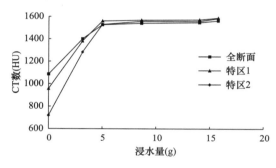

图 20.67　12 号试样 1 断面 CT 数
与浸水量的关系

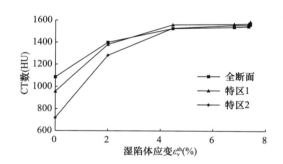

图 20.68　12 号试样 1 断面 CT 数
与湿陷体应变的关系

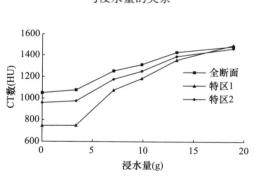

图 20.69　14 号试样 3 断面 CT 数
与浸水量的关系

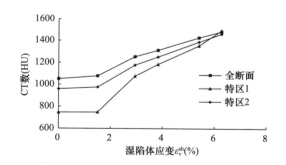

图 20.70　14 号试样 3 断面 CT 数
与湿陷体应变的关系

20.4.4　原状 Q_2 黄土在加载和湿陷过程中的细观结构演化规律

仍采用式（20.8）和式（20.9）定义细观结构参数 m。由上述分析可知，三轴剪切屈服硬化过程及浸水过程，宜用 CT 数来描述原状 Q_2 黄土试样结构的演化规律；而对于三轴剪切软化，用 CT 数和方差均可较好的描述原状 Q_2 黄土试样结构的演化规律。为了统一起见，本节选用 CT 均值 ME 定义的结构性参数。根据表 20.17、表 20.19 和表 20.23 中的 CT 数据，选择 10

号试样（初始含水率 4.78%，围压 25kPa）为结构性相对完整的土体，该试样固结后的 CT 数均值为 941.79，由于围压较小，固结过程 ME 变化会很小，这里取 $ME_i=940$；结构完全调整土体的选择较为困难，由于所做试验的限制，在三轴剪切过程中没有浸水，而在浸水过程中所加偏应力较小，结构均未完全调整，且三轴剪切试样和浸水过程的试样有一定区别，因此，完全调整状态的 ME_f 取三轴剪切和浸水试验结束后的最大值加一个合适的常数表示较为合理，本节取 $ME_f=1700$。虽然这样取值对结构性参数的数值有一定影响，但对后面分析结构性演化规律影响不大。通过式（20.8）和式（20.9）的定义，就可以得到试样在剪切和浸水某一时刻的相对结构性参数 m。

20.4.4.1 原状 Q₂ 黄土在加载过程中的细观结构演化规律

用式（20.10）定义加载过程中的结构演化变量 D_1。图 20.71 为剪切过程中结构演化变量与偏应变的关系，图 20.72 为剪切过程中结构演化变量与体应变的关系。从该两图可以看出，吸力和净围压越大，D_1 值越大。在三轴剪切过程中，偏应变和体应变是土体结构演化的主要因素；因此，本节采用偏应变和体应变来描述三轴剪切过程中的结构演化方程。

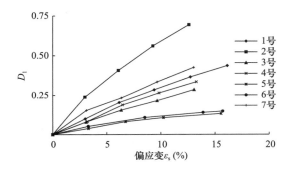
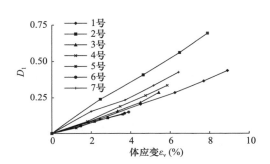

图 20.71　剪切过程中变量 D_1 与偏应变的关系　　　图 20.72　剪切过程中变量 D_1 与体应变的关系

由图 20.71 和图 20.72 所示三轴剪切过程中结构演化变量与应变的关系，可采用指数函数拟合结构演化方程如下：

$$D_1 = 1 - \exp[-(A_1\varepsilon_s + A_2\varepsilon_v)] \qquad (20.21)$$

式中，A_1、A_2 为待定参数，是净围压和吸力的函数。由 D_1 与偏应变和体应变的关系，A_1、A_2 可表示为：

$$A_1 = \frac{a_1}{\sqrt{(s+p_{atm})/p_{atm}}} e^{\frac{\sigma_3-u_a}{p_{atm}}} \qquad (20.22)$$

$$A_2 = \frac{a_2}{\sqrt{(s+p_{atm})/p_{atm}}} e^{\frac{\sigma_3-u_a}{p_{atm}}} \qquad (20.23)$$

式中，a_1、a_2 为系数，通过多元拟合可得 $a_1=1.68$，$a_2=0.12$。将以上两式代入式（20.21）得到结构演化方程如下：

$$D_1 = 1 - \exp\left[-\frac{1}{\sqrt{(s+p_{atm})/p_{atm}}} e^{\frac{\sigma_3-u_a}{p_{atm}}}(a_1\varepsilon_s + a_2\varepsilon_v)\right] \qquad (20.24)$$

该式为结构演化变量 D_1 与偏应变 ε_s 和体应变 ε_v 的关系，同时反映了净围压和吸力对结构演化的影响。7 个试样的拟合 D_1 值［按式（20.24）计算］和计算 D_1 值［按式（20.10）计算］的关系如图 20.73 所示，从图中可知，拟合结果较理想。

应当指出，对偏应力-轴向应变发生应变软化的试样，达到峰值应力的应变均较小，峰值应力后部分试样形成了完整的破裂面，研究其结构演化方程已失去意义；而从开始剪切到峰值应力间仅扫描了 1～2 次，得到的 CT 数据也少；因此，不必研究三轴剪切软化破坏过程的结构演化方程。

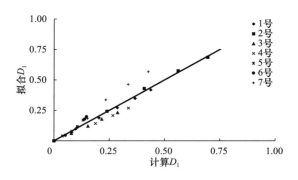

图 20.73　拟合 D_1 值与计算 D_1 值的关系

20.4.4.2　原状 Q_2 黄土在湿陷过程中的细观结构演化规律

剪切过程和浸水过程的应变计算均以固结后的试样为基准，式（20.10）中的 m_0 仍取固结后试样的结构性参数，相应的固结后的结构演化变量 $D=0$。式（20.10）可改写为：

$$D = \frac{m_0 - m}{m_0} = \frac{m_0 - m_1}{m_0} + \frac{m_1 - m}{m_0} = D_1 + D_2 \tag{20.25}$$

式中，m_1 为加荷后浸水前的结构性参数；m 为浸水过程某一时刻的结构性参数。$D_1 = \dfrac{m_0 - m_1}{m_0}$

为浸水前的结构演化变量，采用式（20.24）计算；$D_2 = \dfrac{m_1 - m}{m_0}$ 为浸水过程的结构演化变量。4 个三轴浸水试样只有 12 号试样固结后进行了扫描，其余均在浸水前才进行第 1 次扫描；加之各试样加荷较小，CT 图像和 CT 数据变化均不大（12 号试样固结和加荷后的 CT 数相差约 30HU）。因此，对浸水过程的结构演化变量 D_2 近似用下式计算：

$$D_2 = \frac{m_1 - m}{m_1} \tag{20.26}$$

图 20.74 和图 20.75 为浸水过程中结构演化变量 D_2 与湿陷体应变和偏应变的关系，图 20.76 为浸水过程中结构演化变量 D_2 与饱和度增量 ΔS_r 的关系。从该 3 张图可知，当吸力、净围压相同时，偏应力越大，D_2 值越小（12 号和 13 号试样）；当吸力、偏应力相同时，净围压越大，相对于湿陷体应变 D_2 值越小，而相对于湿陷偏应变 D_2 值越大（13 号和 14 号试样）；当净围压、偏应力相同时，吸力越大，D_2 值越小（13 号和 15 号试样）；相对于饱和度增量，净围压、偏应力和吸力对 D_2 的影响不明显。

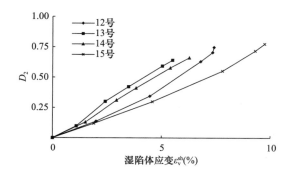

图 20.74　浸水过程中的结构演化变量 D_2 与湿陷体应变的关系

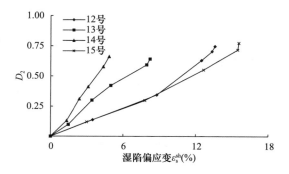

图 20.75　浸水过程中的结构演化变量 D_2 与湿陷偏应变的关系

参照三轴剪切过程中结构演化方程，采用如下指数函数拟合浸水过程中的结构演化方程 [比式（20.7）和式（20.18）较为简单]：

$$D_2 = 1 - \exp[-(B\varepsilon_v^{sh} + C\varepsilon_s^{sh} + D\Delta S_r)] \qquad (20.27)$$

式中，B、C、D 为待定参数，是净围压、偏应力和吸力的函数。通过前面的分析，假定 B、C 是净围压、偏应力和浸水前吸力的函数，而 D 为常数。B、C 可分别表示为：

$$B = \frac{b}{\sqrt{(s+p_{atm})/p_{atm}}} e^{\frac{p_{atm}}{\sigma_3-u_a} + \frac{p_{atm}}{q}} \qquad (20.28)$$

$$C = \frac{c}{\sqrt{(s+p_{atm})/p_{atm}}} e^{\frac{\sigma_3-u_a}{p_{atm}} + \frac{p_{atm}}{q}} \qquad (20.29)$$

式中，b、c 为系数，相应的式（20.27）中的 D 用 d 代替，通过多元拟合可得 $b=3.02$，$c=0.26$，$d=0.46$。将上述两式和 d 代入式（20.27）得到三轴浸水过程结构的演化方程如下：

$$D_2 = 1 - \exp\left[-\left(\frac{b}{\sqrt{(s+p_{atm})/p_{atm}}} e^{\frac{p_{atm}}{\sigma_3-u_a} + \frac{p_{atm}}{q}} \varepsilon_v^{sh} + \frac{c}{\sqrt{(s+p_{atm})/p_{atm}}} e^{\frac{\sigma_3-u_a}{p_{atm}} + \frac{p_{atm}}{q}} \varepsilon_s^{sh} + d\Delta S_r\right)\right]$$

$$(20.30)$$

该式为结构演化变量 D_2 与湿陷体应变 ε_v^{sh}、湿陷偏应变 ε_s^{sh} 和饱和度增量 ΔS_r 的关系，同时反映了净围压、偏应力和吸力对结构演化的影响。4 个试样的拟合 D_2 值 [按式（20.30）计算] 和计算 D_2 值 [按式（20.26）计算] 的关系如图 20.77 所示，从图中可知，拟合结果较理想。

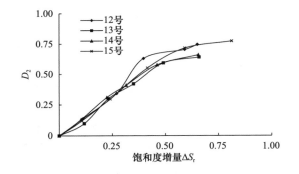

图 20.76 浸水过程中的结构演化变量 D_2 与饱和度增量的关系

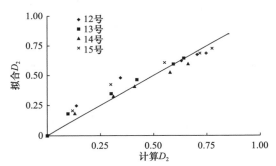

图 20.77 拟合 D_2 值与计算 D_2 值的关系

20.5 重塑 Q₂ 黄土在湿化过程中的细观结构演化特性

延安新区的填土以重塑 Q₂ 黄土为主，本节应用改进升级的后勤工程学院 CT-三轴仪（图 12.58）研究浸水过程中不同压实度、不同吸力、不同应力状态下的填土试样的湿化变形规律和细观结构的变化特征[39]。该土的基本物理指标见表 12.30，关于该设备改进升级的具体情况见第 12.4.1 节。

20.5.1 研究方案

考虑到延安新区的不同功能分区具有不同的压实度，制备试样时，控制试样的干密度分别为 1.52g/cm³、1.69g/cm³ 和 1.79g/cm³，对应的压实度分别为 79%、88% 和 93%；全部土样的初始含水率均配置为 18.6%，根据含水率及相应的干密度计算出每个土样所需湿土的质量，用专门的制样设备和模具（图 9.6、图 9.7）将湿土分 5 层均匀压实，分层之间凿毛，使层间结合良好。试样的直径为 39.1mm，高度为 80mm。试验按干密度分为 3 组，共做了 17 个 CT-三轴浸水湿化试验，试样编号和浸水前的应力状态见表 20.25。为了加速浸水过程并使水分均匀分布，在橡皮膜和试样之间均匀放置了 6 条宽度 5mm 的滤纸条。

延安新区重塑 Q_2 黄土 CT-三轴试验在浸水前的应力状态　　　　　　　表 20.25

试验分组编号	试样编号	初始干密度（g/cm³）	净围压（kPa）	基质吸力（kPa）	偏应力（kPa）
I	1	1.52	50	150	100
	2	1.52	50	150	200
	3	1.52	50	300	100
	4	1.52	50	300	200
	5	1.52	100	150	100
	6	1.52	100	150	200
	7	1.52	100	300	100
	8	1.52	100	300	200
II	9	1.69	50	150	100
	10	1.69	50	150	200
	11	1.69	50	300	100
	12	1.69	50	300	200
	13	1.69	100	150	100
	14	1.69	100	150	200
	15	1.69	100	300	100
	16	1.69	100	300	200
III	17	1.79	100	300	100

固结稳定后进行第一次扫描，扫描断面分别是距离试样底部 1/3 高度（下 1/3，称为 a 断面）及距离试样顶部 1/3 高度（上 1/3，称为 b 断面）两个截面。扫描结束后开始浸水，根据轴向位移调整扫描位置，对断面进行跟踪扫描。扫描得到的 CT 图像上任意一个区域的 CT 数均值（ME）和方差（SD），分别反映该区域的平均密度和物质分布的均匀程度。ME 越大，土体越密实，土颗粒间的连接越强；SD 值越小，土颗粒排列分布越均匀。观察试样扫描后的图像需选择适当的窗宽、窗位，且不同的试验需根据视觉要求设定不同的窗宽、窗位。不同的窗宽和窗位不影响试样的 CT 扫描数据。

在第 12.4 节对 17 个试样的湿化变形进行了详细分析，以下仅分析试样的细观结构演化情况。

20.5.2　三轴浸水过程的 CT 图像及细观结构演化特性

为了搞清扫描区域大小对 CT 图像及其数据的影响，在每个试样的两个扫描断面分别随机选取 3 个半径不同的圆进行扫描。3 个圆在固结后第 1 次扫描的 ME 和 SD 都很接近，说明在浸水前土样是比较均质的；第 2 次扫描时水分进入很少，3 个圆的 ME 也很接近，SD 的差别变大；第 3 次和第 4 次扫描时，圆 2 和圆 3 的数值很接近，而圆 1 的数值与圆 2、圆 3 相差较大。鉴于圆 1 的数据代表整个横断面，故取圆 1 的扫描数据进行分析。

20.5.2.1　第 I 组试样在湿化过程中的细观结构演化特征

图 20.78 是 4 号试样在不同时刻的 CT 扫描图像。由于 4 号试样的干密度（1.52g/cm³）较低，由图 20.78（a）可知，该试样 a 截面处在固结结束（即第一次扫描）时，存在明显的高密度区和孔隙；随着水的渗入，土体内的含水率增加，颗粒间吸力减小，土颗粒之间发生滑移、

错动、跌落等变形，使得孔隙区域减小。结合表 12.32 可知，该试样在第 3 次扫描时轴向应变为14.3%（固结过程及浸水过程的轴向应变之和），a 截面面积显著增大，由固结稳定后的1133.4mm² 变为第 3 次扫描时的 1394.6mm²，试样破坏，停止试验。

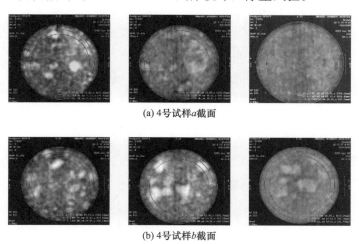

(a) 4 号试样 a 截面

(b) 4 号试样 b 截面

图 20.78　4 号试样浸水过程中的 CT 图像

由图 20.78（b）可以看出，试样在浸水过程中高密度区域并非从开始就一直减小；由于偏应力的作用，轴向应变不断增大，尽管水还未渗入到 b 截面处或渗入量比较少，在第 2 次扫描时试样的高密度区域面积有所增加，试样的平均密度增大；而后高密度区域逐渐消失，土颗粒排布趋于均匀，截面积略有增大。

图 20.79 是干密度为 1.52g/cm³ 的非饱和 Q₂ 重塑黄土在净围压分别为 50kPa、100kPa 下，三轴浸水过程的浸水量与 CT 数、CT 方差之间的关系曲线（限于篇幅，仅取试样 a 截面处的数据

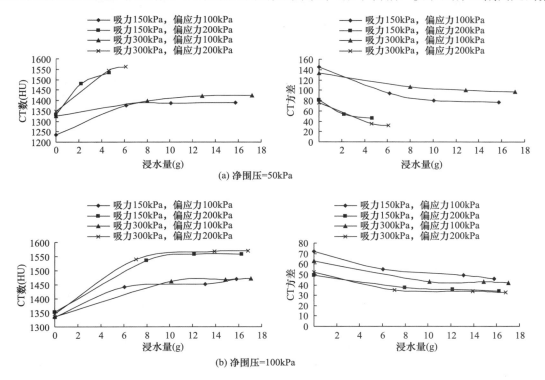

图 20.79　干密度为 1.52g/cm³ 试样浸水量与 CT 数、浸水量与 CT 方差之间的关系曲线

进行分析，下同）。从图 20.79 可以看出，CT 数变化有三个特点。一是所有 CT 数曲线的变化趋势均为上升，说明在浸水过程中，土样密度越来越密实；结合表 12.32 可知，这是由于土样在湿化过程中发生了较大的体积压缩所致。二是在浸水的初始阶段，CT 数变化比较剧烈，特别是偏应力较大的试样更是如此，但随后的变化比较平缓；说明在浸水初期，试样的原有结构发生破坏，但随着湿化变形的发展，又逐渐形成新的结构。三是吸力相同的土样，偏应力大者的 CT 数亦大；参考表 12.32 可知，偏应力大者的体积压缩亦大，密实度亦大，其 CT 数理应较大。

从图 20.79 还可看出，CT 方差的变化也有三个特点：一是所有方差曲线的变化趋势与 CT 数曲线相反，均呈下降趋势，说明在湿化过程中土样向均质发展；二是方差曲线的变化比 CT 数曲线平缓；三是试样的吸力和偏应力越大，相应的方差越小。

20.5.2.2　第Ⅱ组试样在湿化过程中的细观结构演化特征

图 20.80 是 16 号试样在不同时刻的 CT 扫描图像。由该图可知，试样初始存在不均匀性，试样 a 截面在固结结束时高密度区域面积较小，存在较多孔隙；而 b 断面处在固结结束时，高密度区域面积较大，孔隙相对较小。通过 CT 数及方差可以明显地发现，干密度越大，这种不均匀性就越低。如图 20.78 所示，4 号试样在浸水前 a 和 b 截面处的 CT 数分别为 1345.35HU 和 1311.36HU，两者相差 33.99HU；相应的方差分别为 75.86 和 83.13，两者相差 7.27。而图 20.80 中的 16 号试样，在浸水前 a 和 b 截面处的 CT 数分别为 1536.37HU 和 1547.08HU，两者相差 10.71HU；相应的方差分别为 51.4 和 55.65，两者相差 4.25。随着土体不断压密，孔隙消失、试样的均匀程度提高。

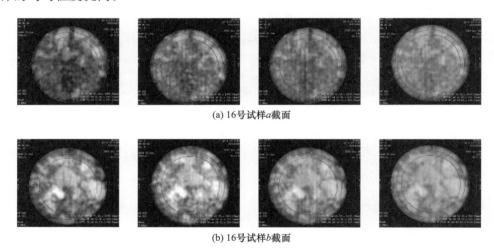

(a) 16 号试样 a 截面

(b) 16 号试样 b 截面

图 20.80　16 号试样浸水过程中的 CT 图像

图 20.81 是干密度为 1.69g/cm³ 的非饱和 Q_2 重塑黄土在净围压分别为 50kPa、100kPa 下，三轴浸水过程的浸水量与 CT 数、CT 方差之间的关系曲线。从图 20.81 可以看出，CT 数及 CT 方差变化具有与图 20.79 相同的特点。除上述特点外，参考图 20.79 和表 20.25 可知，干密度越大，CT 数及 CT 方差变化的幅度越小，轴向应变也越小；说明干密度较大的土样在湿化过程中体积压缩较少，CT 数增加较为缓慢。

20.5.2.3　第Ⅲ组试样在湿化过程中的细观结构演化特征

图 20.82 是干密度为 1.79g/cm³ 的 17 号试样在不同时刻的 CT 扫描图像。试样固结稳定后的轴向应变为 0.01%，饱和度为 57.9%。由于干密度较大，试样浸水很慢，故将浸水压力增加

至 40kPa，同时相应的增大围压，使净围压保持不变，90h 后试样内浸水 1.3g。第 3 次扫描时试样轴向应变仅为 0.03%（固结过程与浸水过程轴向应变之和）。从图 20.82 中可看出，在第 1 次扫描时试样的均匀性就比较好，仅存在少量黑点及灰色点。仅第 3 次扫描图像略白，与调整的窗宽、窗位有关，CT 图像没有明显变化。考虑到试样压实度较高，浸水较为困难，故停止其他压实度 93% 的相关试验。

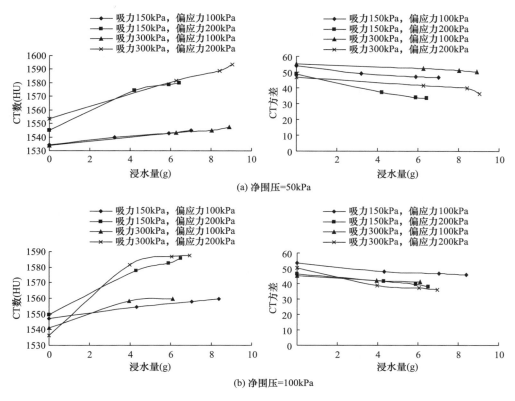

图 20.81 干密度为 1.69g/cm³ 试样浸水量与 CT 数及 CT 方差之间的关系曲线

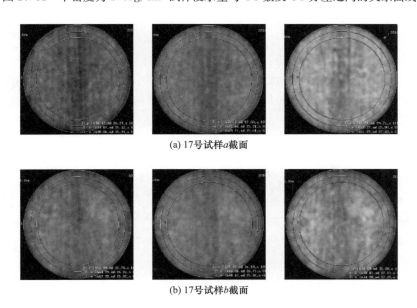

图 20.82 17 号试样浸水过程中的 CT 图像

20.5.3　浸水过程的细观结构演化定量分析

定义 ε_w 为含水率变化量（该符号的含义仅限于本节有效）：

$$\varepsilon_w = (w - w_0)/w_0 \tag{20.31}$$

式中，w_0 为初始状态含水率，w 为浸水过程中任意时刻的试样含水率。

仍采用式（20.8）和式（20.9）定义细观结构参数 m。图 20.83 是干密度为 1.52g/cm³ 和 1.69g/cm³ 的试样含水率增量与结构参数之间的关系曲线，呈现三个特点：一是所有曲线的初始段急剧下降，这与开始浸水时土样原有结构发生破坏相吻合。二是曲线的前半部分近似于直线，而曲线后半段变化平缓，各曲线趋于水平线，反映试样趋于饱和，其原有结构已经基本破坏，压密变形趋于停止。三是干密度、净围压、吸力、偏应力和含水率变化均对结构性有显著影响。在其他条件相同时，净围压越大，初始结构参数越大。当干密度、净围压及偏应力相同时，吸力较大的试样，固结后含水率较低，原有结构性保存较完整，故其初始结构参数较大；浸水后，其湿度改变量大，试样体应变就越大，相应的结构参数改变幅度也越大。

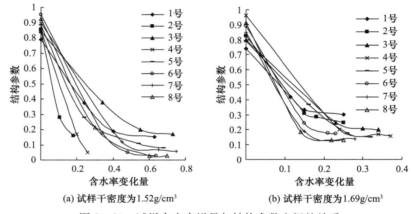

(a) 试样干密度为1.52g/cm³　　　　　(b) 试样干密度为1.69g/cm³

图 20.83　试样含水率增量与结构参数之间的关系

为了描述浸水湿化过程中结构损伤演化，定义结构损伤变量 D 为：

$$D = \frac{m_0 - m}{m_0} \tag{20.32}$$

式中，m_0 和 m 分别为土样初始状态和浸水至某一时刻的结构参数。D 的变化范围从初始状态时的 0 到湿化破坏的 1。图 20.84 是浸水过程中试样体应变与结构演化变量之间的关系曲线。由图可知，与结构参数变化规律相似，随着体应变的增加，结构损伤变量在初始阶段变化较快，且趋于直线，后半段趋于平缓。

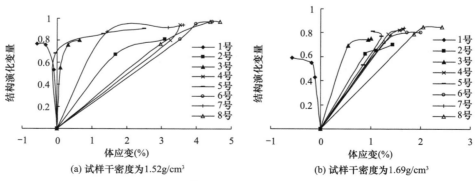

(a) 试样干密度为1.52g/cm³　　　　　(b) 试样干密度为1.69g/cm³

图 20.84　试样体应变与结构演化变量之间的关系

同结构性参数类似，结构损伤变量受干密度、净围压、吸力、偏应力和含水率的影响均较大，在建立结构演化方程时必须同时考虑以上因素，其具体形式有待进一步研究。

20.6 Q_2 黄土微观结构的环境扫描研究

对黄土微结构的研究起始于 20 世纪 60 年代，详见文献 [34]（第四章：黄土的显微结构特征）和文献 [40] 的第 1.3 节。在 20 世纪 80 年代，高国瑞[33]、王永焱[41]、雷祥义等[42] 各自提出了黄土微结构的分类。马富丽和白晓红等[43] 对不同地区黄土显微图像进行了定量分析，将湿陷性黄土中的孔隙划分为 5 类，建立了架空孔隙与湿陷系数的统计定量关系，提出不可见孔隙为湿陷微观控制特征量。研究微观结构的土样为切片，还须对表面处理，其尺寸太小且扰动较大，代表性差，难以和土的宏观力学性质建立定量关系。

环境扫描技术（ESEM）的发展为研究原状土的微观结构提供了方便，无需切片，且可在接近大气压环境和天然含水率下观察土样。关于扫描电镜和环境扫描电镜的原理与特色可参见本书第 6.5.4.4 节。方祥位[35] 用 Quanta 环境扫描仪详细研究了华能蒲城电厂 Q_2 黄土的微观结构，得到了大量珍贵的微观结构图片（共计 720 余幅），简介如下。

20.6.1 测试设备与方法

Quanta 环境扫描电镜能对多种样品进行照相，并获得倍率高于 100000 的高清晰数字图像。这种重要而广泛使用的分析设备能提供超长的景深，最低要求的样品制备，并能用于 X 射线的微区分析。对于不同的样品，Quanta 有三种真空操作模式。高真空模式是常规的操作模式，是所有扫描电镜具有的，另外两种是环境扫描（ESEM）和低真空模式。在这两种模式下，镜筒处于高真空而样品室处于 0.1～40Torr（托，1 托 = 0.133kPa）的压力范围内。可以用内置水槽产生的水蒸气，也可以用从外部引入的其他辅助气体，完成对释放气体或易带电（通常为绝缘体）材料的观测。而在常规的高真空模式下，则需要在样品表面渡一层金属薄膜。

本节采用环境扫描模式和低真空模式，不需干燥和渡金属膜，因而能够反映样品原始形貌，不破坏样品原始结构。具体试验过程如下：（1）制备观测样品。对每一层土体，选择天然孔隙比接近研究土层土平均孔隙比的土样（下文分析用每层土的平均孔隙比），用小刀切取 3 个约 2cm×1.5cm×1.5cm 的长条形样品，在中部刻一圈深约 2mm 的槽。扫描前，样品从刻槽的部位用手掰开，得到 6 个新鲜的扫描断面，从中选择一个平整的有代表性的断面，用洗耳球吹去松动的颗粒，以避免扬尘污染镜头。将扫描样品移入观察室，粘在观察底座上。（2）用 SEM 观察。在进行扫描时，首先将样品在视野中移动，避开奇异点选择有代表性的 4～5 个区域进行拍照，每个区域均从高放大倍数到低放大倍数进行拍照，选择的放大倍数主要有 3000、1500、1000、500、200、100 等。（3）对拍摄的微观图片进行定性定量分析。图 20.85 为测试中的样品和 Quanta 扫描电镜。

微观结构定性分析采用较高放大倍数的图片，主要分析骨架颗粒的形态和连接方式，孔隙形态等。微观结构定量分析取中间放大倍数的图片，定量参数可分为纹理特征参数、形状特征参数和其他特征参数三大类。纹理特征参数有：原始图像特征参数、灰度共生矩阵特征参数、灰度-梯度共生矩阵特征参数（包括均值、方差、灰度熵、对比度、相关、能量、灰度分布不均匀性、梯度分布不均匀性等）等。形状特征参数有：颗粒的总面积，相对面积，颗粒的数目，颗粒平均圆形度，粒度分布，不均匀系数，平均颗粒面积，最大颗粒面积，孔隙总面积，相对面积，平均孔隙面积，孔隙的数目，平均孔隙比，曲率系数，孔径分布，复杂度等。其他特征参数有：定向度、平面分布分维等。这些特征参数的具体含义见文献 [35]。

为了得到这些微观结构定量参数，需要对 SEM 照片进行处理。微观结构图像的处理和分析采用 Scion Image 软件进行。Scion Image 是一个优秀的免费图像处理与分析工具，是 NIH（National Institutes of Health）Image 的 Windows 版。该软件可以识别图像中的颗粒和孔隙，并得到颗粒和孔隙的周长、面积、弦长、方向等信息。可用 ImageJ 软件对颗粒和孔隙的分布分维进行分析。ImgaeJ 是 NIH Imgae 中的一个 Java 程序，可以方便地计算分布分维。

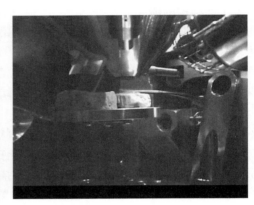

图 20.85　Quanta 扫描电镜和测试中的样品

微观结构图像处理和分析步骤为：（1）用中值滤波方法（Process/Rank Filters）对图像进行滤波处理，消除微观结构照片中存在的噪声；（2）选用 Options/Threshold 将滤波后的图像进行二值化处理，即将整个图像分为颗粒和孔隙两部分（颗粒的灰度为 255，孔隙的灰度为 0）；（3）选用 Analyze/Analyze Particles 对分割后的颗粒或孔隙进行分析，得到其周长、面积、弦长、方向等信息；（4）用 Analyze/Show Results 可以打开分析结果，以矩阵形式保存，利用该矩阵对图像进行定量分析。用 Matlab 编写程序，得到所需的定量指标。或者用 ImgaeJ 软件得到颗粒或孔隙的分布分维值，对各颗粒或孔隙的周长、面积等进行分析。

20.6.2　Q_2 黄土微观结构的定性和定量分析

对华能蒲城电厂 J03 孔的 12 层 Q_2 黄土及其重塑土的微观结构进行了观察分析。每层 1 个原状 Q_2 黄土试样，共 12 个；4 组不同压力湿陷前后 Q_2 黄土试样及 4 个不同干密度重塑 Q_2 黄土试样。图 20.86 为 12 层 Q_2 黄土原状样品的微观图片（放大倍数为 1000 倍）。其中，L 代表黄土层（呈黄色），F 代表古土层（呈红色）。

1）骨架颗粒形态

黄土体微观结构是指黄土的颗粒组成、土粒形状及其相互排列、土粒的表面特性、土粒间胶结情况和孔隙特征等。其中，最能表征黄土体微观结构特征的是黄土的颗粒形态、孔隙特征和胶结程度。由图 20.86 可知，黄土有其特殊的显微结构，它由结构单元（包括单矿物、集粒和凝块）、胶结物（黏粒、有机质、$CaCO_3$ 等）和孔隙（大孔隙、架空孔隙和粒间孔隙等）三部分组成。

蒲城电厂黄土的骨架颗粒以粒状颗粒为主，另有少量凝块状颗粒。粒状颗粒包括单粒体颗粒（部分单粒体为片状）、外包黏土的粗颗粒（也称之为集粒）和由细粒状颗粒聚集或通过胶粒状物质胶结而成的集粒（图 20.87）。当集粒进一步扩大胶结起来便形成凝块。对比以上微观图片可知，黄土层中单粒体颗粒和外包黏土的粗颗粒数量大于古土壤层，在黄土层中很少见凝块，而古土壤层有少量的凝块存在。

2）骨架颗粒的连接形式

骨架颗粒的连接形式也就是颗粒间的接触关系，它对黄土的力学性质影响很大，因为黄土的压缩和湿陷变形都是由于连接点处产生断裂或错动所造成的。所以连接点的牢固程度关系到整个结构体系的强度。

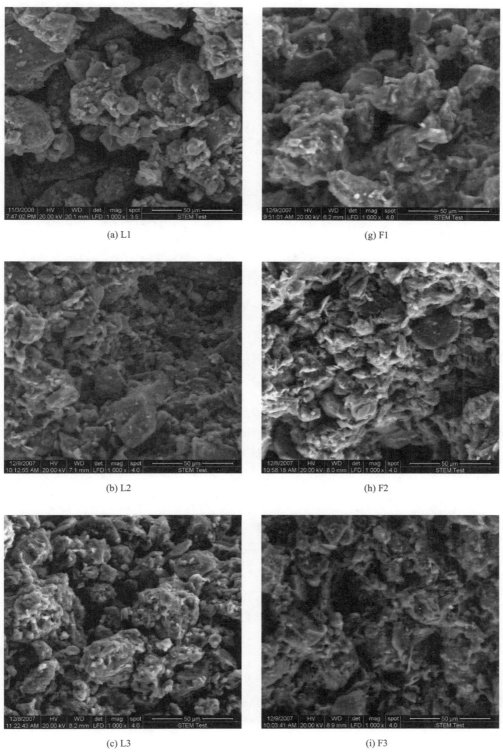

图 20.86　各土层的微观图片（一）

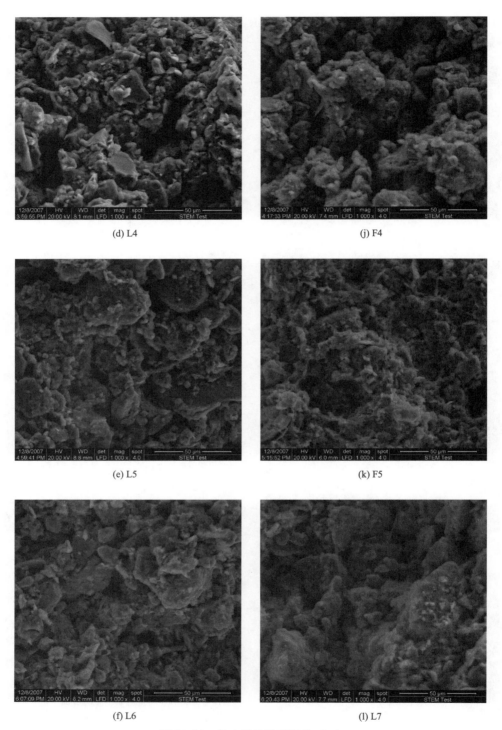

(d) L4   (j) F4

(e) L5   (k) F5

(f) L6   (l) L7

图 20.86 各土层的微观图片（二）

　　根据显微图像观察，将骨架颗粒连接分为直接接触和间接接触，直接接触又分为直接点接触和直接面接触，间接接触同样分为间接点接触和间接面接触。直接接触是指颗粒间没有或只有极少的盐晶和粘胶微粒等连接，如果接触面积相对很小，则认为是直接点接触，如果接触面积相对较大，则认为是直接面接触。颗粒接触处有较厚的黏土膜或集聚相当多的黏土片，同时也夹有盐晶薄膜的连接，如果接触面积相对较小，则认为是间接点接触，如果接触面积相对较大，则认为是间接面接触。图 20.88 是放大 6000 倍的微观图片，可以看到骨架颗粒的上述 4 种连接形式（图中 1、2、3、4 分别代表直接点接触、直接面接触、间接点接触、间接面接触）。

(a) L3　　　　　　　　　　　　　(b) F3

图 20.87　集粒的组成

(a) L3　　　　　　　　　　　　　(b) L4

(c) L5　　　　　　　　　　　　　(d) L7

图 20.88　骨架颗粒的连接

上述 4 种连接形式对力和水的作用敏感程度不同。直接接触对力的作用较敏感，特别是直接点接触，当受到力的作用时，极易产生错动导致压缩变形；而直接面接触，由于接触面积较大，因此需要较大的力才能使颗粒间产生一定滑动或错动，对变形影响较小。间接接触对水的作用较敏感，当水浸入时，部分胶结物质溶解、发生离子交换、水膜楔入微隙等，削弱了连接处的强度，在一定的压力下，颗粒间连接遭到破坏，从而产生湿陷变形；间接点接触，由于接触面积小，连接点处平均应力大，在较小压力下，颗粒间连接就会破坏，而间接面接触，接触面积较大，则需要较大的压力，颗粒间连接才会破坏；总之，如果压力小到不足以破坏被水浸湿后的连接处的残余强度，就不会发生湿陷。对于间接接触，特别是间接点接触，即使没有水的浸入，当压力足够大，大到足以破坏其连接处的胶结强度时，颗粒间连接同样会破坏，从而产生较大的压缩变形，此时再浸水，则湿陷变形较小或没有湿陷性。

对比不同土层的微观图片可知，4 种接触形式在各土层中均有分布，上部土层点接触相对下部土层多，而面接触则下部土层较多；黄土层的间接点接触数量大于古土壤层。

3）骨架颗粒的排列方式和孔隙

黄土中存在各种各样的孔隙，其中与其骨架颗粒排列方式有关的有大孔隙、架空孔隙、粒间孔隙及与骨架颗粒排列方式无关的粒内孔隙等[34]。大孔隙即一般肉眼可见的孔隙，包括虫孔和植物根孔等，图 20.89 是 L1 土层在扫描电镜下观察到的大孔隙。一般认为大孔隙孔壁的颗粒多为碳酸钙胶结呈筒壁状，结构稳定，但通过大量湿陷后的微、细观图片观察发现，在常规压力 200kPa 下浸水，部分大孔隙有可能是稳定的，但随着压力的增大和浸水充分，这类孔隙也会遭到破坏。而对于 Q_2 黄土，由于埋藏较深，质地较密实，这类大孔隙数量明显减少。

图 20.89　L1 土层的大孔隙微观图片

为了对比各土层原状 Q_2 黄土微观结构定量参数，均选取放大倍数为 500 倍的 SEM 照片进行微观结构定量分析，由于每个土层有多张 SEM 照片，取其定量参数的平均值进行研究（下同）。表 20.26 是各土层微观结构定量参数计算的结果。从表中可以看出，随着土层深度的增加，颗粒和孔隙的面积比例、分布分维 D_v、定向度 H 和欧拉数 O 等有规律的变化。

各土层微观结构定量参数　　　　　　　　　　　　　　　表 20.26

土层	灰度熵 D_f	面积比例		数目		圆形度 R_0		分布分维 D_v		定向度 H		欧拉数 O
		颗粒	孔隙	颗粒	孔隙	颗粒	孔隙	颗粒	孔隙	颗粒	孔隙	
L1	1.07	49.5	50.5	40	32	0.84	1.10	2.09	2.10	0.65	0.68	0.53
F1	1.07	55.9	44.1	39	32	1.16	1.22	2.14	2.07	0.70	0.63	0.46
L2	1.07	56.9	43.1	44	38	0.96	1.03	2.15	2.04	0.71	0.61	0.44
F2	1.06	53.2	46.8	41	33	0.88	0.94	2.12	2.06	0.69	0.64	0.47
L3	1.04	54.7	45.3	43	28	0.97	1.03	2.14	2.08	0.70	0.63	0.46
F3	1.06	56.5	43.5	42	36	1.23	1.20	2.15	2.04	0.71	0.61	0.44
L4	1.06	54.1	45.9	41	32	0.91	1.00	2.13	2.07	0.69	0.63	0.47
F4	1.04	58.7	41.3	40	33	1.23	1.21	2.17	2.05	0.73	0.59	0.42
L5	1.08	57.7	42.3	41	37	0.63	0.64	2.14	2.00	0.72	0.60	0.43
F5	1.09	59.5	40.5	42	39	0.82	0.85	2.16	2.01	0.73	0.59	0.41
L6	1.08	59.1	40.9	39	32	0.91	0.92	2.16	2.03	0.72	0.60	0.42
L7	1.06	61.6	38.4	40	35	1.07	1.08	2.18	2.01	0.75	0.56	0.38

设土粒体积 $V_s=1$，土的宏观孔隙比 e，微观孔隙比 $e_{微观}$，粒内孔隙比 $e_{内}$ 可分别表示为：

$$e = \frac{V_v}{V_s} = V_v \qquad (20.33)$$

$$e_{微观} = \frac{V_v - V_内}{V_s} = V_v - V_内 \tag{20.34}$$

$$e_内 = \frac{V_内}{V_s} = V_内 \tag{20.35}$$

由以上三式可得到粒内孔隙的计算式：

$$e_内 = e - e_{微观} \tag{20.36}$$

宏观孔隙比 e 可以通过土力学方法计算得到，微观孔隙比 $e_{微观}$ 可以通过对微观图片定量分析得到，这样就可得到粒内孔隙比 $e_内$。通过粒内孔隙比可以计算出粒内孔隙占孔隙总体积的百分比。表 20.27 给出了各土层的宏观孔隙比 e，微观孔隙比 $e_{微观}$，粒内孔隙比 $e_内$ 和粒内孔隙占孔隙总体积的百分比。

Q₂ 黄土层中各类孔隙比统计　　　　　　　　　　　　　　　　表 20.27

土层	L1	F1	L2	F2	L3	F3	L4	F4	L5	F5	L6	L7
e	1.072	0.854	0.81	0.967	0.882	0.842	0.892	0.764	0.785	0.742	0.742	0.672
$e_{微观}$	1.020	0.789	0.757	0.880	0.828	0.770	0.848	0.704	0.733	0.681	0.692	0.623
$e_内$	0.052	0.065	0.053	0.087	0.054	0.072	0.044	0.060	0.052	0.061	0.050	0.049
%	4.83	7.62	6.49	9.03	6.11	8.56	4.88	7.91	6.61	8.27	6.73	7.24

由表 20.27 可知，粒内孔隙比在 0.04～0.09 之间，粒内孔隙占孔隙总体积的百分比在 4.83%～9.03% 之间，随深度没有明显的变化规律。应当指出，由于本节用于定量分析的微观图片放大倍数统一采用 500 倍，每个像素表示 0.96μm，小于 0.96μm 的颗粒或孔隙将无法体现出来。

对于浸水前、后土样微观结构各表征参数的变化分析，详见文献 [35]，此处不再赘述。

20.7　原状 Q₃ 黄土的弹塑性结构损伤本构模型

原状湿陷性黄土是一种典型的非饱和土，具有特殊孔隙结构（如架空孔隙）和易溶于水的胶结物。在天然低含水率状态下，具有较高的强度和较小的压缩性。在一定的应力水平下增湿，原状黄土的结构性就会显著减弱或破坏，并可能形成新的结构。因此，为预测原状湿陷性黄土在力和水共同作用下的变形特性，需要建立其结构性模型，包括全量非线性结构损伤模型和弹塑性结构损伤模型。其中，全量非线性结构损伤模型及其应用已在第 12.1.3 节详细介绍，本节考虑黄土的细观结构演化，构建其弹塑性结构损伤模型。

20.7.1　模型构成与参数测定

1）基本思路

模型包括土骨架的变形与水量变化两个方面，对加载过程和湿陷过程分别描述。土骨架变形方面以巴塞罗那模型为基础，考虑结构性的影响；水量变化方面采用陈正汉团队提出的广义土水特征曲线模型（表 10.17）。

2）加载过程的屈服净平均应力

设湿陷性 Q₃ 黄土的屈服净平均应力 p_{Qy} 由两部分组成，即与吸力相关的部分 p_0 及与结构性相关的部分 p^s。p_0 是重塑非饱和黄土的屈服净平均应力，按巴塞罗那模型的 LC 屈服线方程确定；p^s 用损伤规律描述。p_{Qy} 的下标 Q 和 y 分别表示原状 Q₃ 黄土和屈服。

设 p_0^s 是相同干密度、相同初始吸力的原状土样与重塑土样在初始屈服时的净平均应力之差，则屈服净平均应力 p_{Qy} 可表达为：

$$p_{Qy} = p_0 + p^s = p_0 + p_0^s m_{1\sigma} \tag{20.37}$$

式中，$m_{1\sigma}$ 为加载过程中的结构参数，用式（20.1）计算。p_0^s 和 $m_{1\sigma}$ 的表达式分别为：

$$p_0^s = p_{Qi} - p_{0i} \tag{20.38}$$

$$m_{1\sigma} = m_{10}(1 - D_1) \tag{20.39}$$

式中，p_{Qi} 和 p_{0i} 分别是原状土与重塑土的初始屈服净平均应力。由图 12.32（宁夏固原原状 Q_3 黄土）、表 12.12（兰州理工大学原状 Q_3 黄土）、图 12.35（兰州和平镇原状 Q_3 黄土）可知，原状 Q_3 黄土的初始屈服线仍与巴塞罗那模型在 p-s 平面上和 p-q 平面上的屈服线形状相似，故 p_{Qi} 和 p_{0i} 可分别用原状土和重塑土的 LC 屈服线公式计算。

3）考虑吸力和结构性影响的黄土破坏准则

李加贵[30] 对原状 Q_3 黄土的强度研究发现，与以往对非饱和土强度的认识不同，原状湿陷性黄土的强度参数 c 和 φ 均与吸力及结构性有关（式（20.14）和式（20.15）），其表达式为（即式（20.16））：

$$\tau = c(s, m_f) + \sigma\tan\varphi(s, m_f) = \beta_1 s + \beta_2 m_f + \beta_3 + \sigma\tan(\beta_4 s + \beta_5 m_f + \beta_6) \tag{20.40}$$

式中，$\beta_1 \sim \beta_6$ 为材料参数，具体确定方法见第 20.3.1.4 节。

4）加载过程的屈服面

将同时考虑吸力和结构性影响的屈服应力 p_{Qy}（式（20.37））及加载过程中原状 Q_3 黄土临界状态线斜率 M_{Qf}（利用式（20.14）和式（20.15）按式（17.40）换算得出）一起代入修正巴塞罗那模型中的 LC 屈服面表达式（即式（19.32），用 p_{Qy} 取代该式中的 p_0）中，就得到考虑结构性影响的加载过程中的 LC 屈服面：

$$f_1(p, q, s, p_{Q0}^*) \equiv q^2 - M_{Qf}^2(p + p_{Qs})(p_{Qy} - p) = 0 \tag{20.41}$$

$$\left(\frac{p_{Qy}}{p_Q^c}\right) = \left(\frac{p_{Qy}^*}{p_Q^c}\right)^{\frac{\lambda_Q(0) - \kappa_Q}{\lambda_Q(s) - \kappa_Q}} \tag{20.42}$$

式中，下标 Q 表示与原状 Q_3 黄土的相关的变量，即 p_Q^c 是原状 Q_3 黄土的参考应力，p_{Qy}^* 为饱和原状 Q_3 黄土的屈服净平均应力，$\lambda_Q(0)$ 为饱和原状土的各向等压压缩曲线在 e-$\ln p$ 平面上屈服后的斜率，κ_Q 是回弹曲线的斜率且与吸力无关；p_{Qs} 是原状黄土在 p-q 平面中的椭圆屈服线的长轴左端点坐标值的绝对值。$\lambda_Q(s)$ 是吸力为 s 的非饱和原状 Q_3 黄土的各向等压压缩曲线在 e-$\ln p$ 平面上屈服后的斜率，其变化规律可用类似于式（19.14）的数学表达式描述，即：

$$\lambda_Q(s) = \lambda_Q(0)[(1 - \gamma_Q)\exp(-\beta_Q s) + \gamma_Q] \tag{20.43}$$

式中，γ_Q 为与原状土最大刚度相关的常数；β_Q 为控制原状土刚度随吸力增长速率的参数。

5）吸力增加屈服面

暂不考虑结构性对 SI 屈服面的影响，吸力增加屈服准则采用式（12.38），即：

$$f_2 = s - s_{Qy} = 0 \tag{20.44}$$

式中，s_{Qy} 为原状 Q_3 黄土的初始屈服吸力。

6）流动法则

对屈服面 f_1 采用非关联流动法则式（19.35a），即：

$$\frac{d\varepsilon_s^p}{d\varepsilon_{vp}^p} = \frac{2q\alpha_Q}{M_{Qf}^2(2p + p_{Qs} - p_{Qy})} \tag{20.45}$$

式中，α_Q 为常数，其值需要考虑结构性影响，用类似于式（19.36b）的关系式描述，即：

$$\alpha_Q = \frac{M_{Qf}(M_{Qf} - 9)(M_{Qf} - 3)}{9(6 - M_{Qf})}\{1/[1 - \kappa/\lambda(0)]\} \tag{20.46}$$

对屈服面 f_2 产生的塑性体应变可用类似于式（19.26）的关系式描述，即：

$$d\varepsilon_{vs}^p = \frac{\lambda_{Qs} - \kappa_{Qs}}{\upsilon} \frac{ds_{Qy}}{(s_{Qy} + p_{atm})} \tag{20.47}$$

7）硬化规律

屈服面的演化由硬化参数 p_{Qy} 和 s_{Qy} 控制，它们的变化规律分别描述如下。其中对屈服面 f_1 的硬化规律为：

$$dp_{Qy} = d[p_0 + p^s m_{1\sigma}] = dp_0 + p^s dm_{1\sigma} \tag{20.48}$$

利用式（19.20）解出 dp_0，得：

$$dp_0 = \frac{\lambda(0) - \kappa}{\lambda(s) - \kappa} p_0 \frac{dp_0^*}{p_0^*} \tag{20.49}$$

式（20.48）中的 p_0 是重塑非饱和黄土的屈服应力，可从 LC 屈服线方程（19.13）解出，即：

$$p_0 = p^c \left(\frac{p_0^*}{p^c}\right)^{\frac{\lambda(0) - \kappa}{\lambda(s) - \kappa}} \tag{20.50}$$

把式（20.50）代入式（20.49），同时利用式（19.28），化简可得：

$$dp_0 = \frac{\upsilon}{\lambda(s) - \kappa} p^c \left(\frac{p_0^*}{p^c}\right)^{\frac{\lambda(0) - \kappa}{\lambda(s) - \kappa}} d\varepsilon_v^p \tag{20.51}$$

把式（20.51）代入式（20.48）：

$$dp_{Qy} = \frac{\upsilon}{\lambda(s) - \kappa} p^c \left(\frac{p_0^*}{p^c}\right)^{\frac{\lambda(0) - \kappa}{\lambda(s) - \kappa}} d\varepsilon_v^p + p^s dm_{1\sigma} \tag{20.52}$$

屈服面 f_2 的硬化规律为［类似于式（19.29）］：

$$\frac{ds_{Qy}}{(s_{Qy} + p_{at})} = \frac{\upsilon}{\lambda_{Qs} - \kappa_{Qs}} d\varepsilon_v^p \tag{20.53}$$

8）弹性变形

弹性体应变为净平均应力和吸力产生的弹性体应变之和，即：

$$d\varepsilon_v^e = \frac{\kappa_Q}{\nu} \frac{dp}{p} + \frac{\kappa_{Qs}}{\nu} \frac{ds}{s + p_{at}} \tag{20.54}$$

弹性偏应变可按广义胡克定律计算：

$$d\varepsilon_s^e = \frac{1}{3G} dq \tag{20.55}$$

9）水量变化规律

不失一般性，采用 4 变量广义持水特性公式［类似于式（10.22）］，即：

$$w = w_0 - a_Q p - b_Q \ln\left(\frac{s + p_{atm}}{p_{atm}}\right) - c_Q q \tag{20.56}$$

或者采用式（10.23）的形式描述，即：

$$d\varepsilon_w = \frac{dp}{K_{Qwpt}} + \frac{ds}{H_{Qwt}} + \frac{dq}{K_{Qwqt}} \tag{20.57}$$

式（20.56）和式（20.57）中的参数之间的关系为：

$$a_Q = \frac{1 + e_0}{G_s K_{Qwpt}}, b_Q = \frac{(1 + e_0)\lambda_{Qw}(p)}{G_s \ln 10}, c_Q = \frac{1 + e_0}{G_s K_{Qwqt}} \tag{20.58}$$

10）湿陷过程的本构关系

湿陷过程中任意时刻的结构损伤变量用式（20.5）描述，相对应的结构性参数为：

$$m_{1\sigma w} = m_{10}(1 - D_1 - D_2) \tag{20.59}$$

用 $m_{1\sigma w}$ 替换式（20.39）中的 $m_{1\sigma}$，就可得到湿陷过程的本构关系。

11）模型参数

模型共包含 27 个参数。其中，描述土骨架的参数 24 个，描述水量变化的模型参数 3 个。重塑黄土的土骨架用巴塞罗那模型描述，该模型包含 10 个模型，详见第 19.1.1.5 节；与原状 Q_3 黄土固结有关的模型参数共 14 个，分别说明如下。

5 个与原状土 LC 初始屈服面相关的参数：p_Q^c 为原状 Q_3 黄土的参考应力，p_{Qy}^* 为饱和原状 Q_3 黄土的屈服净平均应力，$\lambda_Q(0)$ 为饱和原状土的各向等压压缩曲线在 $e\text{-}\ln p$ 平面上屈服后的斜率，γ_Q 为与原状土最大刚度相关的常数，β_Q 为控制原状土刚度随吸力增长速率的参数。κ_Q 为饱和原状土的各向等压回弹曲线在 $e\text{-}\ln p$ 平面上的斜率，与吸力无关，并认为与重塑黄土的回弹曲线的斜率 κ 相同，故它不增加参数的数目。

2 个与原状黄土 SI 屈服面相关的参数［式（20.51）］：λ_{Qs}、κ_{Qs}。

2 个与原状 Q_3 黄土临界状态线相关的参数：M_{Qf}、k_Q；对加载和湿陷过程中的临界状态线斜率，也可按损伤参数加权平均处理，即：

$$M_f = (1-D)M + DM_{Qf} \tag{20.60}$$
$$D = D_1 + D_2 \tag{20.61}$$

式中，D_1 和 D_2 分别由（20.6）和式（20.7）确定。

5 个结构损伤演化参数：$A_1 \sim A_5$，见式（20.6）和式（20.7）。

1 个弹性变形参数：原状 Q_3 黄土的剪切模量 G，可认为与重塑黄土的剪切模量相同，不增加独立参数的数目。

3 个水量变化参数：设原状黄土与重塑黄土的水量变化服从同一规律，则只需 3 个参数 a、b、c。

12）参数测定方法

确定与原状黄土相关的初参数需要做 5 种试验，分述如下。

（1）控制吸力的各向等压试验：由不同吸力下的 $\nu\text{-}\lg p$ 曲线斜率得到参数 κ、$\lambda_Q(0)$、γ_Q、β_Q 和 p_Q^c，以及水量变化关系中的参数 a。

（2）控制净平均应力的三轴收缩试验：由不同净平均应力下的 $\nu\text{-}\lg(s+p_{atm})$ 曲线得到 λ_{Qs}、κ_{Qs}，以及水量变化关系中的参数 b。

（3）同时控制吸力和净围压的常规三轴排水剪切试验及卸载-再加载试验：可得到 M_{Qf}、k_Q 和弹性剪切模量 G。

（4）固结排水剪切过程的 CT 扫描试验，以确定结构损伤演化参数 A_1、A_2。

（5）湿陷过程中 CT 扫描试验，以确定结构损伤演化参数 $A_3 \sim A_5$。

确定与重塑黄土相关的初参数需要做 3 种试验，详见第 19.1.1.5 节。

20.7.2 模型验证

朱元青[18]和李加贵[30]分别用各自的试验做了初步验证，其结果示于表 20.28 和表 20.29、图 20.90 和图 20.91。姚志华[44-46]用兰州和平镇非饱和原状 Q_3 黄土的三轴剪切试验及浸水试验做了进一步验证，其结果示于图 20.92 和图 20.93。可以看到，对剪切过程而言，不考虑结构性影响的模型计算结果表现为较强的硬化特征，而考虑结构性影响的模型预测结果与剪切试验和湿陷试验的数据均比较接近。

1 号试样浸水前后模型计算与试验结果的比较（宁夏 Q_3 黄土）[18] 表 20.28

编号	试样浸水前的应力状态			固结体应变 ε_{vc}（%）		湿陷体应变 ε^{sh}（%）	
	p（kPa）	q（kPa）	s（kPa）	试验	模型	试验	模型
1	100	0	150	1.23	1.41	4.31	3.87
4	100	0	250	1.60	1.64	4.79	5.01

模型计算的 3 号试样湿陷应变与浸水试验结果的比较（宁夏 Q_3 黄土）[18]　　　表 20.29

试样浸水前的应力状态			湿陷体应变 ε_v^{sh}（%）		湿陷偏应变 ε_s^{sh}（%）	
p（kPa）	q（kPa）	s（kPa）	试验	模型	试验	模型
100	0	150	—	—	—	—
108	25	150	0.10	0.11	0.39	0.45
117	50	150	0.27	0.31	1.17	1.12
125	75	150	0.45	0.49	1.45	1.59
133	100	150	1.00	0.95	2.02	2.24
150	150	150	3.02	3.34	3.98	4.52
167	200	150	5.07	4.51	7.53	6.82
167	200	0	5.30	4.56	9.50	9.40

(a) 5号试样，偏应力与轴应变关系　　(b) 5号试样，体应变与轴应变关系

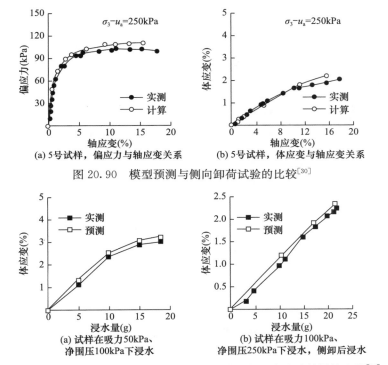

图 20.90　模型预测与侧向卸荷试验的比较[30]

(a) 试样在吸力50kPa、净围压100kPa下浸水　　(b) 试样在吸力100kPa、净围压250kPa下浸水，侧卸后浸水

图 20.91　模型预测的湿陷体应变-浸水量关系与浸水试验结果的比较[30]（兰州理工大学 Q_3 黄土）

(a) s=50kPa　　(b) s=100kPa

图 20.92　模型预测与三轴剪切试验数据比较（兰州和平镇 Q_3 黄土）[44-46]（一）

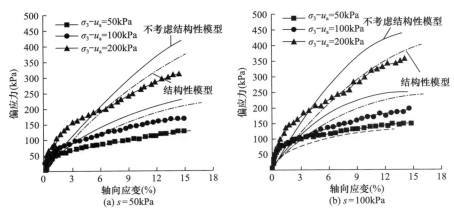

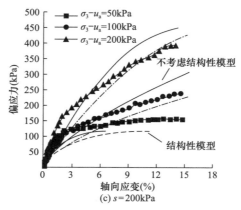

图 20.92　模型预测与三轴剪切试验数据比较

(兰州和平镇 Q_3 黄土)[44-46]（二）

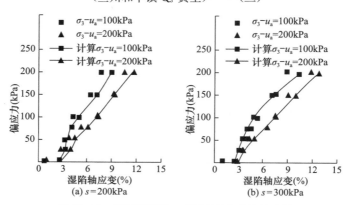

图 20.93　模型预测与三轴湿陷试验结果比较

(兰州和平镇 Q_3 黄土)[44-46]

20.8　本章小结

（1）特殊土的本构关系应当考虑其独特的微、细观结构，结构演化规律是构建土的结构损伤模型的瓶颈和关键。

（2）土工 CT-三轴仪能控制吸力、净围压和偏应力，能精确控制浸水水头、精确量测体变和浸水量，还能动态无损地实时观测试样内部细观结构的变化、实时观测水分入渗锋面的动态位置、聚集特殊局部区域并加以定量描述，是研究特殊土细观结构及其演化的有力工具；CT 技术使土的细观结构研究达到了定量阶段，为建立土的损伤演化方程和结构性本构模型提供了坚实的试验基础，克服了凭空假设的不足。

（3）CT-三轴揭示了以下规律：①黄土试样的细观结构变化与其宏观力学反应具有高度相关性，CT 数在土样屈服前后变化明显，屈服前 CT 数几乎不变，屈服后则快速增大；②原状湿陷性黄土的结构具有非均质性和初始损伤；在加载应变硬化过程和浸水湿陷过程中 CT 数增大，方差减小，从 CT 图像上看原结构逐渐损伤破坏，新的均质结构逐渐形成；在加载应变软化过程中 CT 数减小，方差增大；③湿陷过程中，大部分孔洞逐渐闭合；孔洞最终闭合与否取决于浸水时的应力状态，单纯的有限应力或低应力下浸水都不足以使孔洞完全破坏；④试样中个别部位的结构变化有时与总体结构变化趋势不一定一致，部分孔洞出现了先闭合后扩展再逐渐闭合的现象。

（4）环境扫描电镜不需干燥和镀金属膜，能够反映样品原始形貌，不破坏样品原始结构，为研究土的微观结构提供了新工具。用环境扫描电镜对原状 Q_2 黄土的观察分析发现，土骨架颗粒的连接形式包括直接点接触、直接面接触、间接点接触、间接面接触 4 类。

（5）提出了用 CT 数据确定土在复杂应力状态下的屈服点的细观方法。

（6）提出了考虑细观结构影响的非饱和土的抗剪强度公式。

（7）原状湿陷性黄土在加载过程中的细观结构演化与宏观体应变和偏应变密切相关，在浸水湿陷过程中的细观结构演化依赖于湿陷体应变、湿陷偏应变和饱和度的变化量，分别构建了原状湿陷性黄土在加载和湿陷过程中的细观结构演化方程，可描述多种应力路径下的细观结构演化。

（8）以原状湿陷性黄土的细观结构演化方程和非饱和土的巴塞罗那模型为基础，建立了原状湿陷性黄土的弹塑性结构损伤本构模型，用多地试验资料对模型进行了验证。

参考文献

[1] 陈正汉，许镇鸿，刘祖典. 关于黄土湿陷的若干问题 [J]. 土木工程学报，1986，19（3）：62-69.

[2] 陈正汉，刘祖典. 黄土的湿陷变形机理 [J]. 岩土工程学报，1986，8（2）：1-12.

[3] 陈正汉. 非饱和研究的新进展 [C] //中加非饱和土学术研讨会文集. 1994.

[4] 谢定义. 试论我国黄土力学研究中的若干新趋势 [J]. 岩土工程学报，2001，23（1）：3-13.

[5] 谢定义. 21 世纪土力学的思考 [J]. 岩土工程学报，1997，19（4）：111-114.

[6] 谢定义，姚仰平，党发宁. 高等土力学 [M]. 北京：高等教育出版社，2008.

[7] 沈珠江. 土体结构性的数学模型——21 世纪土力学的核心问题 [J]. 岩土工程学报，1996，18（1）：95-97.

[8] 沈珠江. 理论土力学 [M]. 北京：中国水利水电出版社. 2000.

[9] 葛修润，任建喜，蒲毅彬，等. 岩石损伤力学宏细观试验研究 [M]. 北京：科学出版社，2004.

[10] 杨更社，张全胜. 冻融环境下岩体细观损伤及水热迁移机理分析 [M]. 西安：陕西科学技术出版社，2006.

[11] 蒲毅彬，陈万业，廖全荣. 陇东黄土湿陷过程的 CT 结构变化研究 [J]. 2000，22（1）：49-54.

[12] 雷胜友，唐文栋. 黄土在受力和湿陷过程中微结构变化的 CT 扫描分析 [J]. 岩石力学与工程学报，2004，23（24）：4166-4169.

[13] 王朝阳，倪万魁，蒲毅彬. 三轴剪切条件下黄土结构特征变化细观试验 [J]. 西安科技大学学报，2006，26（1）：51-54.

[14] 陈正汉，卢再华，蒲毅彬. 非饱和三轴仪的 CT 机配套及其应用 [J]. 岩土工程学报，2001，23（4）：387-392.

[15] 陈正汉，方祥位，朱元青，秦冰，魏学温，姚志华. 膨胀土和黄土的细观结构及其演化规律研究 [J]. 岩土力学，2009，30（1）：1-11.

[16] 方祥位. Q_2 黄土的微细观结构及力学特性研究 [D]. 重庆：后勤工程学院，2008.

[17] 葛修润. 岩石疲劳破坏的变形规律、岩土力学试验的实时 X 射线 CT 扫描和边坡坝基抗滑稳定分析的新方法 [J]. 岩土工程学报，2008，30（1）：1-20.

[18] 朱元青. 基于细观结构变化的原状湿陷性黄土的本构模型研究 [D]. 重庆：后勤工程学院，2008.

[19] 朱元青，陈正汉. 原状 Q_3 黄土在加载和湿陷过程中细观结构动态演化的 CT 三轴试验研究 [J]. 岩土工程学报，2009，31（8）：1219-1228.

[20] 朱元青，陈正汉. 研究黄土湿陷性的新方法 [J]. 岩土工程学报，2008，30（4）：524-528.

[21] 陈正汉. 重塑非饱和黄土的变形、强度、屈服和水量变化特性 [J]. 岩土工程学报，1999，（1）：82-90.

[22] 谢定义，齐吉琳. 土的结构性及其定量化参数研究的新途径 [J]. 岩土工程学报，1999，21（6）：651-656.

[23] 谢定义，齐吉琳，朱元林. 土的结构性参数及其与变形—强度的关系 [J]. 水利学报，1999，21（10）：

1-6.

[24]　邵生俊，周飞飞，龙吉勇. 原状黄土结构性及其定量化参数研究 [J]. 岩土工程学报，2004，26（4）：531-536.

[25]　骆亚生，谢定义，邵生俊，等. 非饱和黄土的结构变化特性 [J]. 西北农林科技大学学报（自然科学版），2004，(8)：114-118.

[26]　骆亚生，谢定义，邵生俊，等. 复杂应力状态下的土结构性参数 [J]. 岩石力学与工程学报，2004. 23（24）：4248-4251.

[27]　王志杰，骆亚生，杨永俊. 不同地区非饱和黄土动力结构性研究 [J]. 岩土力学，2010，31（8）：2459-2464.

[28]　陈存礼，高鹏，何军芳. 考虑结构性影响的原状黄土等效线性模型 [J]. 岩土工程学报，2007，29（9）：1331-1336.

[29]　李荣建，郑文，刘军定，等. 考虑初始结构性参数的结构性黄土边坡稳定性评价 [J]. 岩土力学，2014，35（1）：143-150.

[30]　李加贵. 侧向卸荷条件下考虑细观结构演化的非饱和原状 Q_3 黄土的主动土压力研究 [D]. 重庆：后勤工程学院，2010.

[31]　李加贵，陈正汉，黄雪峰，等. Q_3 黄土侧向卸荷时的细观结构演化及强度特性 [J]. 岩土力学，2010，31（4）：1084-1091.

[32]　李加贵，陈正汉，黄雪峰. 原状 Q_3 黄土湿陷特性的 CT-三轴试验 [J]. 岩石力学与工程学报，2010，29（6）：1288-1296

[33]　高国瑞. 黄土显微结构分类与湿陷性 [J]. 中国科学，1980，(12)：1203-1208.

[34]　王永焱，林在贯，等. 中国黄土的结构特征及物理力学性质 [M]. 北京：科学出版社，1990.

[35]　方祥位. Q_2 黄土的微细观结构及力学特性研究 [D]. 重庆：后勤工程学院，2008.

[36]　方祥位，陈正汉，申春妮，等. 非饱和原状 Q_2 黄土屈服硬化过程的细观结构演化分析 [J]. 岩土工程学报，2008，30（7）：1044-1050.

[37]　方祥位，陈正汉，申春妮，等. 原状 Q_2 黄土结构损伤演化的细观试验研究 [J]. 水利学报，2008，39（8）：940-946.

[38]　方祥位，申春妮，陈正汉，等. 原状 Q_2 黄土三轴剪切细观结构演化定量研究 [J]. 岩土力学，2010，31（1）：27-31.

[39]　郭楠，陈正汉，杨校辉，等. 重塑黄土的湿化变形规律及细观结构演化特性 [J]. 西南交通大学学报，2019，54（1）：73-81＋90.

[40]　刘祖典. 黄土力学与工程 [M]. 西安：陕西科学技术出版社，1997.

[41]　王永焱，滕志宏. 中国黄土的微结构及其在时代和区域上的变化 [J]. 科学通报，1982，27（2）：102-105.

[42]　雷祥义. 中国黄土的孔隙类型与湿陷性 [J]. 中国科学（B辑），1987（12）：1309-1316.

[43]　马富丽，白晓红，王梅，等. 考虑非饱和特性的黄土湿陷性与微观结构分析 [J]. 防灾减灾工程学报，2012，32（5）：636-642.

[44]　姚志华，陈正汉，黄雪峰. 自重湿陷性黄土的水气运移及力学变形特征 [M]. 北京：人民交通出版社，2018.

[45]　姚志华，陈正汉，方祥位，等. 非饱和原状黄土弹塑性损伤流固耦合模型及其初步应用 [J]. 岩土力学，2019，40（1）：216-226.

[46]　YAO Z H, CHEN Z H, FANG X W, et al. Elastoplastic damage seepage-consolidation coupled model of unsaturated undisturbed loess and its application [J]. Acta Geotechnica, 2019, https：//doi. org/10. 1007 /s11440- 019- 00873-z.

第21章 膨胀土的细观结构演化特性与弹塑性损伤模型

本章提要

应用自主研发的 CT-三轴仪和 CT 固结仪研究了膨胀土（原状及重塑）在多种应力路径、浸水膨胀过程和干湿循环过程的细观结构演化特征；分别构建了膨胀土加载过程、浸水膨胀过程和干湿循环过程的细观结构演化方程；对损伤力学做了简要介绍，对复合损伤模型基本公式进行了论证和辨析；用两种方法构建了原状膨胀土的弹塑性结构损伤模型，改进了巴塞罗重塑膨胀土模型，用试验资料验证了所建模型和改进模型的合理性。此外，本章还研究了红黏土（原状及重塑）、不规则大尺寸原状膨胀岩及重塑盐渍土的细观结构演化特性。

21.1 膨胀土的工程特性和宏细观结构特性

原状膨胀土具有胀缩性、裂隙性和超固结性 3 个重要特性。原状膨胀土具有明显的结构特征，包括网状微裂隙和铁锰集粒、钙质结核、裂隙、流纹和结构面（图 21.1）。在气候干湿交替变化和加卸载过程中，气候影响范围内（厚 3~5m），由于反复胀缩，裂隙发育，膨胀土又称裂土[1,2]。裂隙破坏了土体的完整性，使强度降低，变形增大，超固结性丧失，并为水的渗入提供了通道，进一步加剧了土性劣化，引起大量浅层滑坡。因此，裂隙性是膨胀土的重要结构特征，对原状膨胀土的力学特性影响很大。包承纲[3]认为，对膨胀土体中裂隙在干湿循环、自然环境下的发展规律及其引起边坡渐进破坏的机理和力学机制进行研究是膨胀土路堑边坡长期稳定性理论研究的关键。故研究膨胀土的结构性主要应研究其在力与水的作用下裂隙的发育、发展和演化特性。重塑膨胀土也具有胀缩性和裂隙性，对其裂隙的演化特征亦应予以重视。表 21.1 为陈正汉团队研究膨胀土细观结构演化特性的试验情况[4-9]。

(a) 灰白-黄-褐色花斑结构

(b) 钙质结核(5cm×8cm)

(c) 裂隙和裂缝发育

图 21.1 南水北调中线工程陶岔引水渠坡膨胀土中的各种构造（一）

(d) 探井侧壁裂隙　　　　　　　　(e) 探井侧壁流纹和裂块　　　　　　　　(f) 结构面

图 21.1　南水北调中线工程陶岔引水渠坡膨胀土中的各种构造 (二)

膨胀土、膨胀岩、红黏土及盐渍土的细观结构在加-卸载过程和干湿过程中的演化特性试验　　表 21.1

取样地点	土类/研究者	试验分类编号 (根据试验条件和应力路径)	试验数量	图像数量	试验年份 (年)
南阳靳岗村—南水北调中线工程干渠中心	原状膨胀土	① 吸力=C 和净围压=C，三轴剪切	6	72	2000
	重塑膨胀土/卢再华、陈正汉	② 第一阶段：9 个试样在自由状态下湿干循环 5 次，1 个试验不做干湿循环试验；第二阶段：吸力=C 和净围压=C，三轴剪切	12	66	
			10	120	
河南省淅川县陶岔镇—南水北调中线工程干渠左岸渠坡	原状膨胀土/魏学温、陈正汉	③ 吸力=C 和净围压=C，三轴剪切	9	82	2006
		④ 吸力=C 和净平均应力=C，三轴剪切	3	20	
		⑤ 吸力=C 和轴压=C，净侧向压力减小	3	18	
	重塑膨胀土/姚志华、陈正汉	⑥ 第 1 阶段：试样在自由状态下干湿循环 4 次；第 2 阶段：加载到预定净平均应力和偏应力浸水	4	48	2008
				92	
		⑦ 第 1 阶段：干湿循环 0~4 次造成不同程度的损伤；第 2 阶段：吸力=C，施加 8 级静水压力增量	6	108	2009
	重塑膨胀土/汪时机、陈正汉	⑧ 预先在试样中造孔 (具有不同分布) 吸力=C 且净围压=C，三轴剪切	6	100	2010
宁夏扶贫扬黄灌溉工程固海扩灌第四泵站变电所	重塑硫酸盐盐渍土	多种含盐率的盐渍土在不同围压下进行三轴不固结不排水剪切试验，在剪切过程中扫描 2 个横断面	11	124	2012
南水北调中线工程安阳段南田村渠坡	原状膨胀岩/章峻豪、陈正汉	原状岩块 (自由状态)：扫描 4 个横断面 环刀试样 (自由状态)：扫描 2 个横截面	2	6	2013
南阳武庄—南水北调中线工程干渠右侧	原状/重塑膨胀土/朱国平、陈正汉	⑨ 模拟浅层边坡的细观结构演化。仪器为 CT-固结仪，在一定竖向压力 (0kPa、10kPa、20kPa) 作用下，经历 6 次湿-干循环，控制饱和度在 25%~85%，在饱和度为 85% 和 25% 时扫描，每个试样扫描 12 次。原状土试样 6 个 (每个压力下做两个平行试验)，重塑土试样 3 个 (不做平行试验)。原状样和重塑样的干密度均为 1.47g/cm³，所受竖向应力相同	9	108	2015

取样地点	土类/研究者	试验分类编号（根据试验条件和应力路径）	试验数量	图像数量	试验年份（年）
桂林理工大学雁山校区	原状/重塑红黏土/朱国平、陈正汉	⑩ 模拟浅层边坡的细观结构演化。仪器为CT-固结仪，试验方案与⑨相同；原状土试样18个，重塑土试样8个	26	134	2016
合计			107	1098	

21.2 原状膨胀土在三轴剪切过程中的细观结构演化特性及其规律

21.2.1 研究方案

为了揭示原状膨胀土在加载过程中的细观结构演化规律，对南水北调中线工程南阳靳岗村渠道中心线上的原状膨胀土样做了控制净围压和吸力等于常数的CT-三轴排水剪切试验[4]，共6个试样，试样的初始物性指标及控制的应力状态列于表21.2。

南阳靳岗村原状膨胀土样在剪切前物性指标及控制应力状态　　**表 21.2**

试样编号	干密度 ρ_d（g/cm³）	含水率 w（%）	比容 v	吸力 s（kPa）	净围压（kPa）
1	1.66	23.6	1.65	100	100
2	1.68	22.1	1.63	100	50
3	1.67	23.2	1.64	100	25
4	1.61	22.8	1.69	200	25
5	1.69	21.0	1.62	200	50
6	1.66	21.9	1.65	200	100

对南水北调中线工程陶岔引水渠首渠坡的膨胀土做了3种应力路径的CT-三轴试验[5]，试验分为3组，共15个原状土样，分述如下。

第Ⅰ组试验为控制吸力和净围压的三轴固结排水剪切试验，用以模拟膨胀土渠坡的浅层破坏，试验采用的净围压较低。试验的轴向变形剪切速率采用 0.0167mm/min，试验方案如表21.3所示。

陶岔渠坡原状膨胀土第Ⅰ组试验试样的初始条件及试验力学参数　　**表 21.3**

试验编号	初始干密度 ρ_d（g/cm³）	初始含水率 w（%）	控制吸力 s（kPa）	控制净围压 σ_3（kPa）
1	1.67	21.0	150	25
2	1.67	21.8	150	50
3	1.67	20.9	150	75
4	1.68	23.2	200	25
5	1.68	22.9	200	50
6	1.68	23.0	200	75
7	1.68	22.8	250	25
8	1.68	22.0	250	50
9	1.67	20.9	250	75

第 II 组为控制吸力的侧向卸荷剪切试验，用以模拟膨胀土边坡开挖引起的应力状态变化，试验的应力路径就是保持 σ_1 不变的同时减小 σ_3 使莫尔圆与强度线相切达到主动破坏。试样剪切时每 15min 减少 10kPa 的围压，同时通过步进电机控制的活塞增加相应的竖向应力以平衡因为围压减小而引起的 σ_1 减小的部分。共做了 3 个净围压为 200kPa 的试验，吸力分别为 100kPa、150kPa、200kPa，试验的初始条件及试验参数如表 21.4 所示。

第 III 组试验是 3 个控制吸力和净平均应力为常数的剪切试验，吸力分别为 100kPa、150kPa、200kPa。试验的初始条件及试验参数如表 21.5 所示。试样剪切时每 15min 减少 $\Delta\sigma_3 = 10kPa$ 的围压，同时通过步进电机控制的活塞给轴向应力增加 $3\Delta\sigma_3$，以保持净平均应力不变。

陶岔渠坡原状膨胀土第 II 组试验试样的初始条件及试验力学参数　表 21.4

试验编号	干密度 ρ_d（g/cm³）	含水率 w（%）	控制吸力 s（kPa）	净围压 p（kPa）	破坏偏应力 q_f（kPa）
10	1.68	22.0	100	200	419
11	1.70	21.8	150	200	502
12	1.67	22.9	200	200	476

陶岔渠坡原状膨胀土第 III 组试验的试样初始条件及试验力学参数　表 21.5

试验编号	干密度 ρ_d（g/cm³）	含水率 w（%）	控制吸力 s（kPa）	净围压 p（kPa）	破坏偏应力 q_f（kPa）
13	1.72	22.3	100	200	535
14	1.65	21.7	150	250	658
15	1.68	22.8	200	250	482

21.2.2　南阳靳岗村原状膨胀土的细观结构演化特性及其规律

21.2.2.1　CT 图像分析

每个试样扫描两个断面，分别位于试样高度的 1/3 和 2/3 处，用数字 1 和 2 标记。每个断面扫描 6 次，分别用 a，b，c，d，e，f 标记。a 为剪切前的初次扫描，随剪切进行，扫描次序由 b 到 f。共拍扫描图片 72 张。表 21.6 是 6 个试样各次扫描对应的偏应力和偏应变。

南阳原状膨胀土试样 CT 扫描对应的应力应变状态　表 21.6

扫描次序	试样 1		试样 2		试样 3		试样 4		试样 5		试样 6	
	q（kPa）	ε_s（%）	q（kPa）	ε_s（%）	q（kPa）	ε_s（%）	q（kPa）	ε_s（%）	q（kPa）	ε_s（%）	q（kPa）	ε_s（%）
a	0	0.00	0	0.00	0	0.00	0	0.00	0	0.00	0	0.00
b	127	0.23	153	0.95	121	1.13	138	1.58	136	1.46	244	2.71
c	272	1.08	302	3.30	160	3.87	177	5.99	167	4.80	315	8.72
d	303	2.66	283	5.38	133	7.14	163	10.52	189	9.46	331	14.46
e	304	7.07	238	8.19	126	11.27	148	14.27	207	14.43	334	18.93
f	279	12.48	211	11.24	105	15.15	134	18.64	185	19.05	334	23.61

图 21.2 是南阳靳岗村原状膨胀土 2 号土样的 CT 图像。该试样所受的吸力和净围压均较低。1 断面的初次扫描标记为 1a，其余类推。由剪切前两个断面的 CT 图 1a、2a 可见，土样断面上存在大量微孔隙、微裂纹（矩形框内）和较多裂纹（椭圆内）及孔洞，初始损伤明显。比较两个断面不同扫描时刻的图像，可见随着剪切进行微孔隙、微裂纹和裂纹的变化不大；但孔洞和裂隙逐渐发育并开展为破坏面，损伤演化显著。剪到残余状态后的 1 断面存在 4 条断裂面（1f 图中虚线示意的①、②、③、④），2 断面（2f 图）存在 1 条断裂面⑤。这些断裂面的形成过程

分析如下。

观察断裂面①的演化过程可以发现，剪切前①的形成位置存在一些孤立链状分布的孔洞，该孔洞链（1a 中用虚线示意）应是原状样内部的裂隙面或软弱面在 CT 图上的反映。随剪切进行，孔洞边缘产生应力集中，孔洞逐渐扩大并连成一体。1c 图中孔洞链已基本发展为断裂面，土体强度相应达到峰值，随后断裂面不断开展。断裂面②的形成位置在 1a 图中无任何迹象，在 1b 图中萌生出一条裂隙，在 1c 图中裂隙延长并初步和①连通。到 1d 图后，随断裂面①处土组分退出受力状态而急剧开展成断裂面。断裂面③直到②形成后才出现裂隙，在 1e 图中该裂隙延长和④贯通，到 1f 图中开展为断裂面。断裂面④在剪切前的 1a 图中即存在一个较大孔洞，加上位于土样边缘，随剪切进行在 1d 图中裂隙形成。断裂面⑤在前 3 次扫描图中均无迹象，第 4 次扫描时已形成断裂面，根据其角度和②平行分析，应是②在土样轴向的延伸。

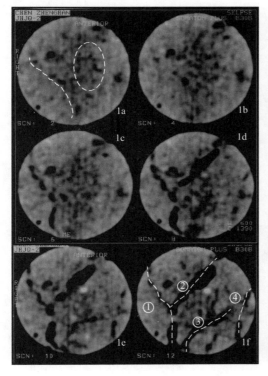 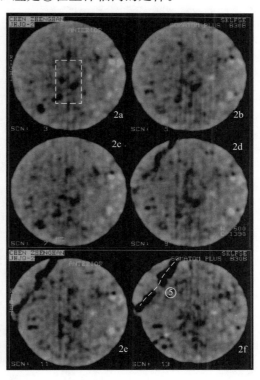

图 21.2　2 号土样在三轴剪切过程中的 CT 图像

图 21.3 是 1 号试样在剪切过程中不同时刻的 CT 图像。由 1a、2a 图中可见其孔洞较多，初始损伤比 2 号试样大。第 2 次扫描图像的结构性变化不大。第 3 次扫描时，位置较孤立的孔洞有所弥合，较邻近的孔洞则扩大并相互连通成孔洞链。第 4 次扫描的 2d 图中，破裂面已基本形成。随后破裂面开展，土样破坏。1e 图中的断裂面方向和 2d 图中的破裂面平行，应是 2d 图中破裂面在土样轴向的延伸。该破裂面并未由 1d 图中非常明显的孔洞带（虚线区域）引起，说明土样中破裂面的形成具有一定的随机性。另外，虽然 1 号试样的初始损伤较 2 号试样大，破裂面数量却明显少于 2 号试样。这是由于 1 号试样剪切时的围压相对较大，限制了裂隙的发育和开展。

图 21.4 是剪切前吸力和净围压均较高的 5 号试样在剪切过程中不同时刻的 CT 图像。剪切破坏后两个断面共形成 3 个破裂面（①、②、③），且均在初始扫描图像中有明显征兆。2a 图中存在两条原生裂隙，1a 图中为两个较大的孔洞和两个小礓石（图中的高密度亮点）构成的缺陷区。上述缺陷随剪切进行逐渐发育，最后形成破裂面。1d 图和 2d 图中破裂面已经形成，土样断面分别被分割成 2 块和 3 块。但和 2 号试样不同，破裂面并未充分开展和连通，2f 图中破裂面

②反而有所弥合，此时破裂面处土组分仍可承受较大的荷载。因此，与岩石、混凝土等脆性材料不同，土体中的完全破损区域也不能视为不受力单元。比较 2 号和 5 号试样剪切前的固结条件，可见 5 号试样剪切时的吸力较大，相应地土样的含水率较低，裂隙面上的水分较少，因此，剪切时沿裂隙面的滑动困难，裂隙不易充分开展。

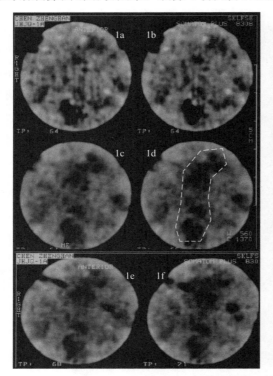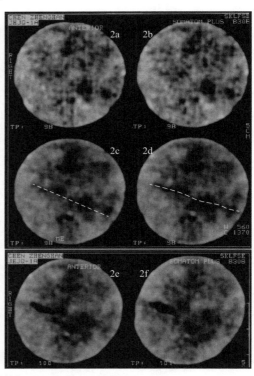

图 21.3　1 号试样在三轴剪切过程中的 CT 图像

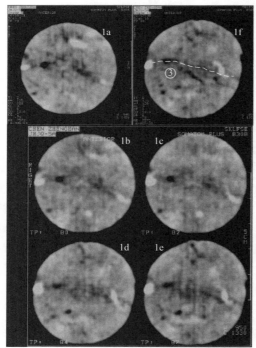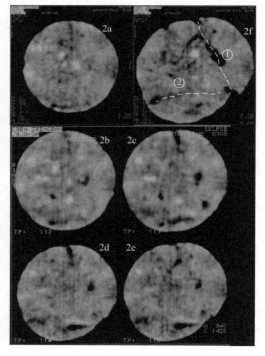

图 21.4　5 号试样在三轴剪切过程中的 CT 图像

上述 3 个试样的 CT 图像清楚表明，土样从开始变形到破坏，其结构是有明显变化的；破裂面是从裂隙萌生逐渐发展演变形成的。试验揭示出裂隙有以下演化规律[4,6-9]：①原状膨胀土内部存在微孔隙、微裂纹、裂纹、孔洞、原生裂隙面和软弱面及礓石等结构缺陷，初始损伤较大，且在空间上分布不均匀；②剪切引起的损伤演化非常明显，剪切过程中土样内部的微孔隙、微裂纹和裂纹的变化不大；土样的破裂面主要由原生裂隙面或软弱面（2 号试样）、位置邻近的孔洞（1 号试样）和原生裂隙（5 号试样）引起；③吸力和净围压均对损伤演化有影响，围压或吸力较大时，损伤演化减缓。④原状样破裂面的形成具有 3 个特性，即必然性，原生裂隙、软弱面或较大的孔洞是土样的薄弱区域，容易开展为断裂面（图 21.2 中的虚线①）；随机性，在形成前无明显征兆，随剪切进行而萌生的裂隙演化成断裂面（图 21.2 中的虚线②）；连带性，断裂面由其他断裂面开展引起（图 21.2 中的虚线③和④）。

其余 3 个膨胀土试样在剪切过程中的结构变化和上述 3 个试样类似，限于篇幅，其 CT 图像可参见文献 [4]。

21.2.2.2　CT 数据分析

表 21.7 是 6 个试样在剪切过程中的扫描数据，ME_1、ME_2 的下标表示扫描断面位置。表中 ME 值反映断面上所有物质点的平均密度；SD 值反映断面上物质点密度的差异程度。随土体内部缺陷发育程度增加，ME 值减小，SD 值则增大。

原状样 CT 试验数据　　　　　　　　　　　　　　　　　　　　表 21.7

扫描次序	试样 1				试样 2				试样 3			
	ME_1	SD_1	ME_2	SD_2	ME_1	SD_1	ME_2	SD_2	ME_1	SD_1	ME_2	SD_2
a	1322.4	63.6	1314.7	56.7	1340.8	49.1	1351.0	51.54	1339.6	53.0	1339.7	72.5
b	1321.9	62.4	1315.6	56.3	1343.1	50.9	1354.6	49.96	1340.3	51.7	1338.9	72.0
c	1289.2	50.7	1279.5	47.5	1327.6	58.0	1353.0	50.05	1328.3	59.3	1330.5	77.8
d	1284.8	50.1	1278.6	46.3	1294.7	142.7	1347.3	53.20	1317.9	71.3	1299.0	166.7
e	1274.8	61.6	1266.5	56.7	1261.4	240.4	1340.3	56.15	1283.4	71.9	1253.0	187.0
f	1265.7	68.6	1260.2	63.1	1209.2	341.2	1329.9	66.64	1276.5	96.5	1238.3	251.7

扫描次序	试样 4				试样 5				试样 6			
	ME_1	SD_1	ME_2	SD_2	ME_1	SD_1	ME_2	SD_2	ME_1	SD_1	ME_2	SD_2
a	1303.4	98.3	1259.8	104.4	1360.3	93.1	1378.2	69.7	1349.4	62.8	1337.6	106.3
b	1297.9	90.6	1264.2	100.9	1357.0	87.4	1377.8	76.7	1356.6	64.0	1343.9	94.9
c	1263.4	88.7	1266.1	98.5	1356.7	88.9	1363.8	85.9	1339.7	65.9	1337.4	75.5
d	1249.0	107.9	1253.2	107.5	1350.0	97.8	1351.5	82.7	1332.5	69.9	1330.6	64.6
e	1246.4	129.5	1229.6	153.2	1344.2	95.3	1344.0	80.5	1323.6	70.9	1332.6	70.0
f	1208.7	137.2	1225.3	202.1	1333.8	88.8	1318.7	134.2	1317.7	66.5	1329.9	63.7

剪切前和剪切过程中，每个试样两个断面的 ME 和 SD 不同，反映了原状膨胀土的初始损伤和损伤演化均具有空间分布不均匀性。比较 6 个试样的 CT 数 ME 和方差 SD 的变化幅度可以发现，2 号试样的损伤演化最为显著。该试样 1 断面最后的 SD 值接近为初始值的 7 倍，而 ME 值仅减小了 9.8%，说明方差 SD 对土样断面结构性变化更为敏感。

6 个原状膨胀土试样两个断面的平均 ME 和平均 SD 随偏应变 ε_s 的变化曲线如图 21.5 和图 21.6所示。各个试样剪切前的 ME 和 SD 值相差较大，表明原状膨胀土内部结构的离散性较大。随剪切进行，6 个试样的 ME 值总体上减小，SD 值则增大。说明土样断面的平均密度减小，密度差异程度增强，这和 CT 图像中显示的土样裂隙逐渐发育、开展和破裂面产生是一致的。6 个试样的 ME 和 SD 变化曲线虽然比较离散，但仍有一定的规律。相同吸力下的每组试样，随围压增大 ME 和 SD 的变化趋势减缓；相同围压下随吸力增加 ME 和 SD 的变化幅度亦减小。这是因为围压增大后，土样裂隙的发育受到限制，破裂面难以开展。吸力增大导致土样含水率减小，尤其裂隙面上的水分减少，剪切时沿裂隙面的滑动困难，当围压也较大时裂隙面容易弥合。

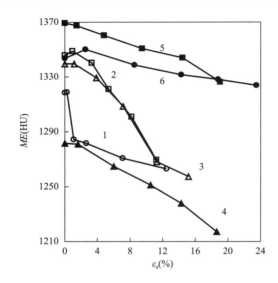 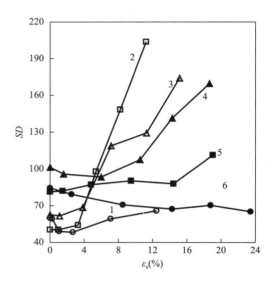

图 21.5　平均 ME 随偏应变 ε_s 的变化曲线　　　图 21.6　平均 SD 随偏应变 ε_s 的变化曲线

图 21.6 中围压和吸力均较大的 6 号试样的方差不断减小，从表 21.7 中可知该断面 2 的 SD 从初始值 106.3 减小到 63.7，表明此土样的损伤程度反而在不断减小。这和图 13.14 中 6 号试样的剪应力逐渐增加、体积基本上不断减小的宏观力学特征是吻合的。围压和吸力均较小的 2 号、3 号和 4 号试样的剪应力先增加后减小，体积先减小后增大，表现出一定的软化和剪胀特性。在图 21.5 和图 21.6 中，这 3 个试样的 ME 和 SD 的变化也相对较剧烈，裂隙和破裂面引起的土体损伤程度较大，说明原状膨胀土在剪切过程中的剪胀和软化的宏观力学特性主要是由于损伤结构的演化引起。事实上，土体强度和变形的宏观规律和其微细观结构是直接相关的，通过微细观的试验研究，可以更清楚地认识宏观变形的机理。因此，微细观和宏观相结合的方法对岩土介质本构模型的研究具有重要意义。

21.2.2.3　损伤变量的选择

原状膨胀土内部存在微孔隙、微裂纹、裂纹、孔洞、原生裂隙面和软弱面及礓石等结构缺陷，其 CT 数分布图是多峰型的。南阳膨胀土的天然含水率通常为 27% 左右，该含水率对 CT 数的影响不能忽略。若考虑多峰型和含水率的因素，将导致相应的损伤变量形式非常复杂，不便于工程应用。因此，通过理论建模得出膨胀土的损伤变量比较困难。考虑到原状膨胀土的离散性较大，本节从平均角度确定损伤变量。

从某一天然膨胀土场地中选取一组土样试验样本，将较完整的土样视为无损的基本土体，其相应的 CT 数 ME 和方差 SD 定义为 H_i 和 W_i；剪切试验后达到残余状态且最为破碎的土样视为完全损伤土体，其残余状态的 ME 和 SD 记为 H_f 和 W_f，该土样剪切前到残余状态的 ME 值和 SD 值的变化幅度记为 ΔH 和 ΔW。则某一土样的初始损伤值 D_0 为：

$$D_0 = \frac{H_i - H_0}{H_i - H_f} \tag{21.1}$$

或基于方差 SD 值计算：

$$D_0 = \frac{W_i - W_0}{W_i - W_f} \tag{21.2}$$

式中，H_0 和 W_0 分别为该土样初始的 CT 数 ME 和方差 SD 值。剪切时土样的损伤变量定义为：

$$D = D_0 + (1 - D_0)\left(\frac{H_0 - H}{\Delta H}\right) \tag{21.3}$$

或

$$D = D_0 + (1 - D_0)\left(\frac{W_0 - W}{\Delta W}\right) \tag{21.4}$$

式中，H 和 W 为土样在某一剪切时刻的 CT 数 ME 和方差 SD 值。由此确定的土体损伤程度实际上是一个相对值，其大小取决于所选取的基本土体和完全损伤土体标准，其准确程度取决于试验土样的样本容量大小。基本土体和完全损伤土体的损伤程度相差越小，计算的土体损伤准确程度越高。

根据表 21.7 中 6 个原状膨胀土试样在剪切过程中的 CT 试验数据以及 CT 图像资料，选取膨胀土损伤变量的计算标准如下：剪切前 5 号土样的 ME 值较大，土样较完整，H_i 取其两个断面 ME 值的平均值；2 号土样剪切后最为破碎且 ME 值和 SD 值的变化幅度较大，H_f 等其余数值均取该土样两个断面相应的平均值。随剪切进行，按式（21.3）和式（21.4）计算的土样损伤变量值的变化曲线如图 21.7 和图 21.8 所示。图 21.5 中 4 号试样剪切前的 ME 值最小，初始损伤最大，其次为 1 号试样，5 号试样的 ME 值最大，初始损伤最小。随剪切进行，围压和吸力均较小的 2 号和 3 号试样的 ME 值减小较快，损伤演化剧烈。图 21.7 中按式（21.3）计算的 D_0 值也是 4 号试样最大，其次为 1 号试样，5 号试样最小。随 ε_s 增大，2 号和 3 号试样的 D 值增加较快。图 21.6 和图 21.8 描述的土样损伤演化情况也基本一致。可见按式（21.3）和式（21.4）计算初始损伤值是合理的，能反映土样在剪切过程中的损伤程度，净围压和吸力对损伤演化的影响也基本得到体现。

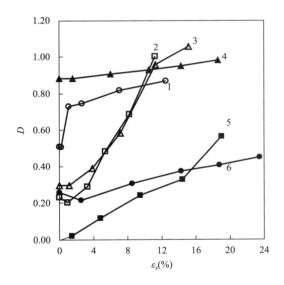

图 21.7　按 ME 计算损伤变量值

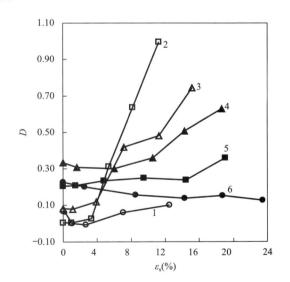

图 21.8　按 SD 计算损伤变量值

21.2.2.4　损伤演化方程

在剪切试验过程中，偏应变 ε_s 是决定土体损伤程度大小的主要因素，另外土体的净围压、吸力、初始损伤、温度、应力路径和土的种类均对损伤演化有影响，可描述为：

$$D = f(\varepsilon_s, p, s, D_0, t, \alpha, \beta) \tag{21.5}$$

式中，t、α 和 β 分别为土样的温度、剪切试验的应力路径和土体种类。不考虑温度的影响，南阳膨胀土在三轴排水剪切试验过程中的损伤函数主要由前面 4 个因素确定。采用指数函数拟合的损伤演化方程如下：

$$D = D_0 + \exp\left(\frac{p_0}{p}\varepsilon_s{}^{s/p_{\mathrm{atm}}}\right) - 1 \tag{21.6}$$

式中，p_0 和 p_{atm} 分别为原状膨胀土的前期固结压力和大气压力。

将式（21.3）和式（21.4）确定的土样损伤值 D 进行平均，可综合地反映 CT 数 ME 和方差 SD 两种试验数据结果，6 个试样的 D 平均值变化曲线示于图 21.9（图中带标记的曲线）。按式（21.6）拟合的试样损伤值随偏应变 ε_s 的演化曲线为图中无标记曲线。可见，除 3 号试样偏差较大外，其余试样的损伤演化方程计算结果较好地拟合了 D 平均值的变化规律。原状膨胀土多为超固结土，土体中常存在较大的水平应力。在计算时，试样的前期固结压力均取 200kPa。原状样的离散性较大，即使同一批试样的前期固结压力也可能会不同。3 号试样的偏差应是其前期固结压力 p_0 较低，故按 200kPa 计算的损伤值 D 增加偏快。

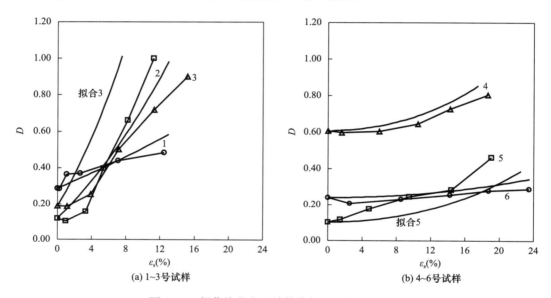

图 21.9　损伤演化方程计算值与试验结果的比较

21.2.3　陶岔渠坡原状膨胀土的细观结构演化特性及其规律

21.2.3.1　第 I 组试验 CT 图像与细观结构演化分析

第 I 组试验为控制吸力和净平均应力的三轴固结排水剪切试验，9 个试样的偏应力-轴向应变关系曲线示于图 13.16。

每个试样进行 4～5 次扫描。第一次扫描在剪切前进行。然后根据其应力-应变状态确定扫描时间，一般在试样的应力-应变曲线达到峰值前扫描 1～2 次，到达峰值时扫描 1 次，试样破坏后再扫描 1 次。表 21.8 是 9 个试样的扫描数据与对应的应力应变状态。

图 21.10 为 2 号试样不同时刻的 CT 扫描图。图中深色部分为相对低密度区，浅色部分为相对高密度区。1a～1d 图为距试样顶部三分之一处的扫描图像，2a～2d 图为距试样底部三分之一处的扫描图像。从 1a 图、2a 图可以看出土样断面上存在大量的微孔隙和微裂隙以及缺陷区域。比较两个断面不同时刻的扫描图像可以看出，随着剪切的进行，某些微裂隙和微孔隙变化不大，甚至存在闭合的趋势（2a～2b 图中 4 区域）；裂隙和缺陷区域逐渐发育扩大成为破坏面（1c～1d 图中 1，2，3 区域），损伤演化较大。

第Ⅰ组试验扫描数据和对应的应力应变状态 表 21.8

编号	扫描次序	ε_a（%）	ε_s（%）	q（kPa）	断面1		断面2	
					ME	SD	ME	SD
1	a	0.00	0.00	0	1573.07	95.71	1591.00	61.25
	b	0.61	0.56	0.572	1565.03	86.46	1589.56	64.3
	c	0.99	0.93	0.581	1562.01	84.98	1585.15	68.00
	d	1.68	1.60	0.494	1549.73	82.54	1570.77	85.01
2	a	0.00	0.00	0	1542.58	82.36	1563.43	85.64
	b	1.58	1.50	0.584	1543.52	81.49	1566.23	84.12
	c	2.10	2.01	0.567	1536.35	83.49	1565.15	82.47
	d	3.52	3.38	0.452	1514.72	111.38	1551.68	91.14
3	a	0.00	0.00	0	1541.09	93.41	1550.44	134.05
	b	0.62	0.58	0.318	1544.51	93.25	1551.72	153.35
	c	1.10	1.05	0.637	1545.58	94.10	1552.77	146.98
	d	1.55	1.48	0.788	1552.75	91.35	1533.46	86.47
	e	2.61	2.51	0.554	1539.23	103.19	1513.62	113.17
4	a	0.00	0.00	0	1530.7	87.75	1535.85	68.55
	b	0.39	0.38	0.337	1532.05	89.02	1534.44	69.52
	c	0.76	0.74	0.713	1535.55	88.17	1533.37	69.85
	d	1.02	0.99	0.462	1528.16	89.42	1528.62	73.99
	e	4.19	4.06	0.321	1486.15	189.58	1474.00	254.43
5	a	0.00	0.00	0	1516.59	91.15	1517.33	99.72
	b	0.42	0.41	0.521	1517.51	90.36	1520.73	97.19
	c	0.62	0.60	0.655	1516.56	90.28	1519.31	98.00
	d	1.01	0.98	0.471	1512.96	89.56	1512.23	107.02
	e	2.55	2.47	0.365	1508.13	111.56	1470.69	205.85
6	a	0.00	0.00	0	1521.05	79.97	1533.34	77.58
	b	0.68	0.66	0.477	1523.85	79.44	1534.86	77.24
	c	1.07	1.04	0.755	1527.96	80.48	1532.37	80.53
	d	1.71	1.66	0.649	1521.66	74.45	1531.6	79.27
	e	3.93	3.81	0.556	1507.71	88.86	1520.64	89.23
7	a	0.00	0.00	0	1551.04	96.79	1540.85	82.08
	b	0.53	0.47	0.333	1553.72	93.67	1544.99	78.17
	c	1.25	1.17	0.772	1551.26	96.92	1544.57	79.39
	d	3.07	2.97	0.542	1541.14	95.66	1533.24	93.18
8	a	0.00	0.00	0	1541.22	108.03	1533.05	96.21
	b	0.84	0.80	0.26	1544.38	106.17	1538.00	95.49
	c	1.65	1.60	0.658	1541.44	114.64	1541.44	114.64
	d	3.50	3.39	0.507	1519.81	130.61	1508.29	110.93

续表 21.8

编号	扫描次序	ε_a（％）	ε_s（％）	q（kPa）	断面 1		断面 2	
					ME	SD	ME	SD
9	a	0.00	0.00	0	1506.08	112.06	1559.90	121.90
	b	0.29	0.25	0.202	1510.04	113.08	1559.79	117.31
	c	1.32	1.24	0.572	1506.36	116.14	1560.77	113.86
	d	1.88	1.74	0.531	1481.68	164.73	1561.06	122.25
	e	2.95	2.78	0.478	1468.67	181.65	1560.46	120.01

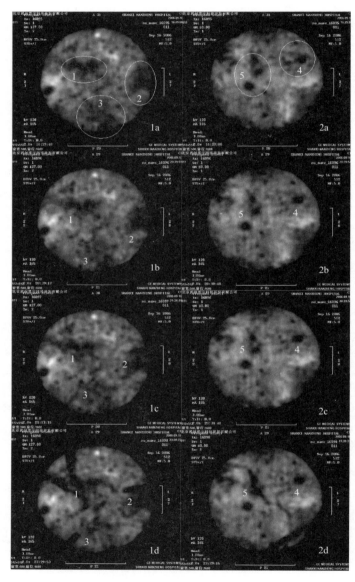

图 21.10　第 Ⅰ 组试验 2 号试样在剪切过程中的 CT 图像

从 1a 图可以看出，剪切前土样断面上存在缺陷区 1 和 2，以及裂隙带 3。随着剪切的进行，区域 3 附近的裂隙逐渐发展并贯通。到 1c 图中时刻时，缺陷区 1 开始扩展，缺陷区 2 上部也出现了大的裂隙；裂隙带 3 中的主要裂隙贯通并发展。到 1d 图时刻，试样破坏，主要有 4 个破裂面；缺陷区 1 处破坏较为严重，发育出了两个破坏面，缺陷区 2 和裂隙带 3 处也各自发展出了一个破坏面。从 2a 图可以看出，剪切前土样断面上主要有裂隙发育区 4 和缺陷区 5，剪切后在 2b 图上可以看出，裂隙闭合，缺陷区变小。从 2c～2d 图裂隙区重新张开扩展，缺陷区域贯通成为破裂面。

　　图 21.11 是 1 号试样不同时刻的 CT 扫描图。1 号试样吸力和围压均较低。从初始扫描的 1a 图、2a 图可以看出，缺陷区 1 和 3 平面位置大致相同，可以判断试样中存在连通的轴向缺陷区域。从 1a 图到 1d 图，1 区域的缺陷先变小后又变大，但没有发展成为破坏面；2 区域的小缺陷区和裂隙贯通最终成为破裂面。从 2a 图到 2d 图，缺陷区 3 逐渐发展并最后成为破裂面。

　　图 21.12 是吸力和围压均较高的 9 号试样不同时刻的 CT 扫描图像。从初始扫描图像 1a、2a 上可以看出，跟试样 1 相同，存在轴向上相对应的缺陷区域 1 和 3；上断面的损伤程度明显大于下断面的损伤程度。从 1a 图到 1e 图，损伤区 1 和 2 各自发展出一个破裂区，并在断面中央原来较为密实的区域也发展了一个破裂面。从 2a 图到 2e 图，总体来看缺陷区有压缩的趋势，试样的变化不大，这是因为围压和吸力较高，控制吸力较高使得试样的含水率较低，断面滑动较困难，另一方面是由于围压较高，裂隙也不易充分开展。

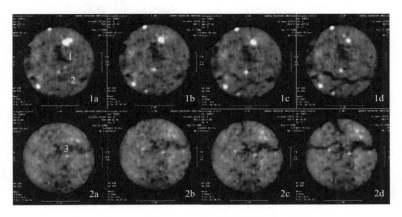

图 21.11　第 I 组试验 1 号试样的 CT 图像

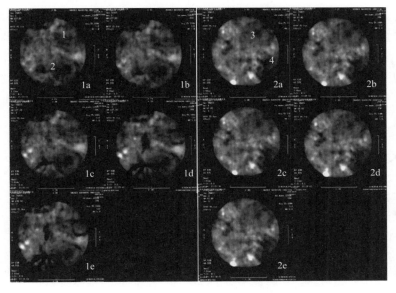

图 21.12　第 I 组试验 9 号试样的 CT 图像

图 21.13 是 8 号试样在剪切前后对比图。试样中有一条斜向的灰白色膨胀土带,由于其结构强度低于周围的棕黄色膨胀土,剪切后破裂面就在此处产生。可见剪切的破裂面不仅受试样细观结构影响,同时也受整体结构面或软弱带的控制。

图 21.13　8 号试样剪切前后对比

由上述 3 个原状样的扫描图像可以看出:原状膨胀土内部存在微孔隙、微裂纹、裂纹、孔洞、原生裂隙面和软弱面及礓石等结构缺陷,初始损伤较大;剪切过程中土样内部的微孔隙、微裂纹和裂纹的变化不大;土样的破裂面主要由原生裂隙面或软弱面、位置邻近的孔洞和原生裂隙引起;剪切引起的损伤演化非常明显,且剪切时土样的吸力和净围压均对损伤演化有影响。一般来说,原生裂隙、软弱面或较大的孔洞是土样的薄弱区域,容易开展为断裂面;随剪切进行而萌生的裂隙演化成断裂面;破坏面受试样中较弱结构面的控制。

9 个原状膨胀土试样两个断面的平均 ME 和平均 SD 随偏应变 ε_s 的变化曲线如图 21.14 和图 21.15 所示。各个试样剪切前的 ME 和 SD 值相差较大,表明原状膨胀土内部结构的离散性较大。随剪切进行,9 个试样的 ME 值总体上减小,SD 值则增大。说明土样断面的平均密度减小,密度差异程度增强,这和图像中显示的土样裂隙逐渐发育、开展和破裂面产生是一致的。9 个试样的 ME 和 SD 变化曲线虽然比较离散,但仍有一定的规律。相同吸力下的每组试样,随围压增大 ME 和 SD 的变化趋势减缓;相同围压下随吸力增加 ME 和 SD 的变化幅度亦减小。这是因为围压增大后,土样裂隙的发育受到限制,破裂面难于开展。吸力增大导致土样含水率减小,

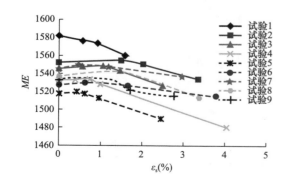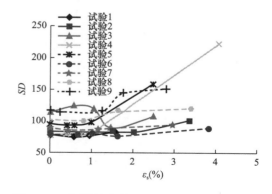

21.14　固结排水剪切试验的 ε_s-ME 关系曲线　　　图 21.15　固结排水剪切试验的 ε_s-SD 关系曲线

尤其裂隙面上的水分减少,剪切时沿裂隙面的滑动困难,当围压也较大时破裂面不易开展。

采用式(21.1)~式(21.4)定义的损伤变量。剪切前 1 号土样的 ME 值较大,土样较完整,H_i 取其两个断面 ME 值的平均值;4 号土样剪切后最先破碎且 ME 值最小,H_f 取其两个断面 ME 值的平均值。用同样的方法确定 W_i 和 W_f。随剪切进行,按式(21.4)和式(21.4)计算的土样损伤变量值的变化曲线如图 21.16 和图 21.17 所示。图 21.17 中 D 值出现负值,主要原因是试样初始损伤较小且在剪切过程中出现了压缩的情况。

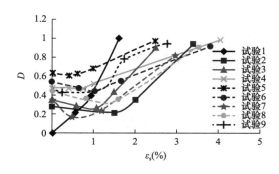
图 21.16　按 ME 值计算损伤变量值

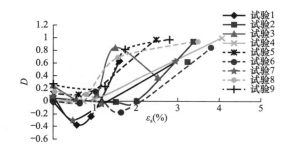
图 21.17　按 SD 值计算损伤变量值

21.2.3.2　第Ⅱ、Ⅲ组试验 CT 图像与细观结构演化分析

(1)第Ⅱ组试验结果分析

第Ⅱ组试验中减小净围压而保持轴向净应力不变。第Ⅱ组试验的偏应力-轴向应变曲线示于图 13.17。受试验仪器的影响,能对试样施加的围压在 500kPa 以下,而侧向卸荷最后留下的净围压必须大于或等于控制吸力的值,以防止包裹试样的橡皮膜被试样内的孔隙气压力胀破,所以试样没有达到完全破坏的程度。在试验结束后直观观察试样发现试样变形不大,而且肉眼能观察到的大裂隙也较少;第Ⅱ组试验的试样相对于第Ⅰ组试验的试样比较完整。从图 13.17 也可以看出,3 个试样的 ε_a-q 曲线在达到峰值前基本呈线性状态,达到峰值后曲线进入一个较为平稳的状态,并没有出现明显的下降。

第Ⅱ组试验的每个试样进行了 3 次扫描。第一次扫描在剪切前进行,然后根据其应力-应变状态确定扫描时间。3 个试样扫描数据和对应的应力应变状态示于表 21.9。图 21.18 为 11 号试样不同时刻的 CT 扫描图。1a~1c 图为距试样顶部三分之一处的扫描图像,2a~2c 图为距试样底部三分之一处的扫描图像。从 1a 图、2a 图可以看出,土样断面上主要存在裂隙区 1 以及缺陷区 2 和 3。从 1a 图到 1c 图,裂隙区 1 开展成为破裂面,缺陷区 2 也逐渐发展变大;从 2a 图到 2c 图,缺陷区 3 逐渐开展,但未形成整体性的破坏面,断面右边原来较为密实的区域新开展形成一个破坏面。

第Ⅱ组试验扫描数据与对应的应力应变状态　　　　　　　　　　表 21.9

编号	扫描次序	ε_a (%)	ε_s (%)	q (kPa)	断面 1		断面 2	
					ME	SD	ME	SD
10	a	0.00	0.00	0	1521.21	65.96	1542.72	72.77
	b	1.34	1.30	0.421	1527.75	61.57	1542.97	67.57
	c	5.90	5.72	0.510	1537.33	64.00	1542.05	66.03
11	a	0.00	0.00	0.00	1582.77	61.04	1577.12	71.30
	b	0.80	0.77	0.399	1579.95	52.22	1561.22	61.18
	c	3.90	3.87	0.499	1577.53	52.29	1556.83	63.53

编号	扫描次序	ε_a（%）	ε_s（%）	q（kPa）	断面 1		断面 2	
					ME	SD	ME	SD
12	a	0.00	0.00	0	1578.42	122.40	1562.55	66.74
	b	0.87	1.32	0.820	1569.03	99.92	1563.98	77.82
	c	4.16	4.52	4.020	1565.08	118.66	1501.44	188.67

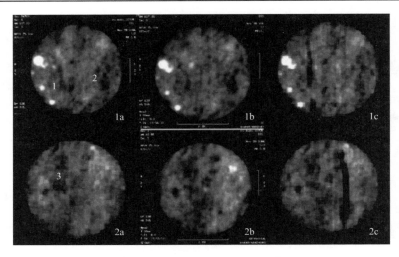

图 21.18　11 号试样的 CT 图像

3 个原状膨胀土试样两个扫描断面的平均 ME 和平均 SD 随偏应变 ε_s 的变化曲线如图 21.19 所示。各个试样剪切前的 ME 和 SD 值相差也较大，表明原状膨胀土内部结构的离散性较大。随剪切进行，11 号、12 号试样的 ME 值总体上减小；而 10 号试样的 ME 值变化不大，略呈上升趋势，这是因其初始损伤度较高（0.95），在剪切的过程中土样变得相对更密实。

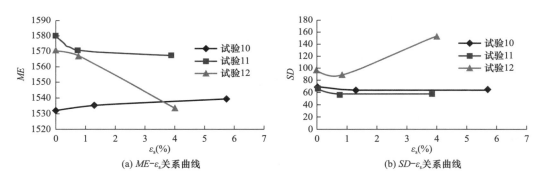

(a) ME-ε_s 关系曲线　　　　　(b) SD-ε_s 关系曲线

图 21.19　第Ⅱ组试验扫描数据与偏应变的关系曲线

结合图 13.17 可知侧向卸荷试验有如下特点：①偏应力-轴向应变关系呈理想弹塑性；②破坏应变很小，当轴向应变在 1% 左右时，3 个试样的偏应力就达到峰值；③试样中逐渐发育出两条裂隙，这与工程实际中观察到的开挖引起卸荷裂隙的现象相一致。

（2）第Ⅲ组试验结果分析

在第Ⅲ组试验中保持净平均应力不变，试验的偏应力-轴向应变曲线示于图 13.18。曲线基本呈上升趋势，由于围压降低的程度不能低于控制吸力的值，故试样未能达到完全破坏状态。

第Ⅲ组试验的每个试样扫描 3～4 次。第一次扫描在剪切前进行，然后根据其应力-应变状态确定扫描时间。表 21. 10 是 3 个试样各次扫描数据和对应的应力应变状态。

第Ⅲ组试验扫描数据和对应的应力应变状态　　　　　　表 21. 10

编号	扫描次序	ε_a（%）	ε_s（%）	q（kPa）	断面 1		断面 2	
					ME	SD	ME	SD
13	a	0.00	0.00	0	1565.05	103.84	1563.71	145.37
	b	0.91	0.88	0.572	1561.21	105.18	1560.86	140.5
	c	1.21	1.17	0.479	1562.68	101.91	1554.14	136.38
14	a	0.00	0.00	0	1577.52	71.85	1565.35	97.56
	b	1.00	0.97	0.298	1556.61	98.46	1561.66	73.52
	c	1.17	1.13	0.420	1555.37	97.45	1562.01	73.83
	d	1.27	1.22	0.644	1538.23	90.93	1551.39	74.38
15	a	0.00	0.00	0	1582.41	72.90	1595.97	107.49
	b	0.33	0.32	0.360	1590.25	70.71	1605.66	100.5
	c	0.54	0.52	0.479	1567.97	90.74	1559.55	114.06

图 21.20 为 15 号试样不同时刻的 CT 扫描图。1a～1d 图为距试样顶部三分之一处的扫描图像，2a～2d 图为距试样底部三分之一处的扫描图像。从 1a 图、2a 图可以看出土样断面上主要存在裂隙区 1 以及由 3 个小砾石和中间的低密度区组成的缺陷区 2 和缺陷区 3、4。从 1a 图到 1d 图，裂隙区 1 开展成为破裂面，缺陷区 2 则逐渐闭合；从 2a 图到 2d 图，缺陷区 3 逐渐开展，并逐渐和左边、上边的缺陷区贯通发展成为破裂面。

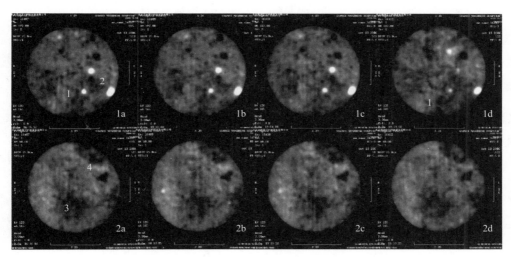

图 21.20　15 号试样的 CT 图像

3 个原状膨胀土试样两个断面的平均 ME 值和 SD 值随偏应变 ε_s 的变化曲线如图 21.21 所示。3 个试样的 ME 值整体上呈下降趋势，13 号试样和 15 号试样的 ME 值变化较平缓，14 号试样的 ME 值先增大后变小，且变化较剧烈；13 号试样和 14 号试样的 SD 值略有下降，而 15 号试样的 SD 值呈上升趋势。

21.2.4.3　细观结构损伤演化分析

采用式（21.1）～式（21.4）定义的损伤变量描述陶岔原状膨胀土的细观结构损伤。根据表 21.8 中 9 个原状膨胀土试样在剪切过程中的 CT 试验数据以及 CT 图像资料，选取膨胀土损伤变量中的数值如下：剪切前 1 号土样的 ME 值较大，土样较完整，H_i 取其两个断面 ME 值的平均值；4 号土样剪切后最为破碎且 ME 值最小，H_f 取其两个断面 ME 值的平均值。用同样的方法确定 W_i 和 W_f。随剪切进行，按式（21.3）和式（21.4）计算的土样损伤变量值随偏应变的变化曲线如图 21.22 所示。图中 D 值出现负值，主要原因是试样初始损伤较小且在剪切过程中出现了压缩的情况。

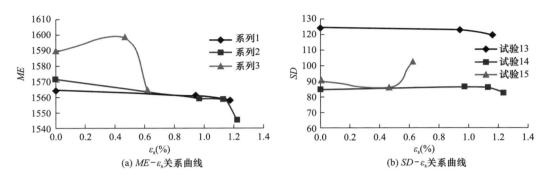

图 21.21　第Ⅲ组试验扫描数据与偏应变的关系曲线

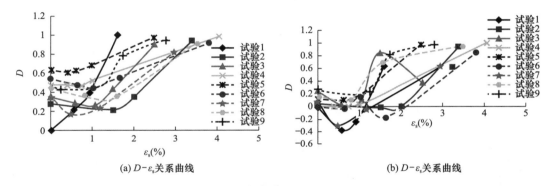

图 21.22　第Ⅲ组试验的损伤变量与偏应变的关系曲线

采用式（21.6）描述陶岔原状膨胀土的细观结构损伤演化。对第Ⅰ组试验的 1 号、5 号、8 号试样，取前期固结压力为 200kPa，按式（21.6）拟合得到的损伤变量演化与用式（21.1）和式（21.2）计算的平均值损伤变量比较如图 21.23 所示。可见损伤演化方程可较好地拟合损伤变量的平均值的变化。

对第Ⅱ组试验和第Ⅲ组试验的预测结果如图 21.24 所示。

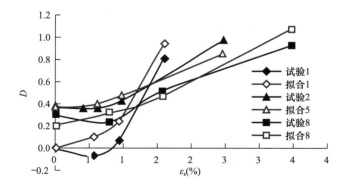

图 21.23　第Ⅰ组试验的 1 号、5 号、8 号试样 D 的平均值和损伤演化式（21.6）预测结果的比较

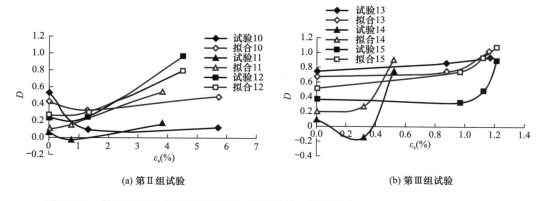

(a) 第Ⅱ组试验　　　　　　　　(b) 第Ⅲ组试验

图 21.24　第Ⅱ组试验和第Ⅲ组试验的 D 平均值和损伤演化式（21.6）预测结果的比较

21.3　重塑膨胀土在干湿循环过程中的细观结构演化特性及其规律

　　湿胀干缩变形大是膨胀土的一个典型特征。在大气营力（主要是降雨、蒸发和温度）作用下，膨胀土反复胀缩，产生的内应力使得新裂隙产生和原生裂隙扩展，最终形成错综复杂的裂隙网络[10]。裂隙破坏了膨胀土体的完整性，使其强度降低，造成膨胀土边坡发生溜坍和滑坡等病害。正是由于裂隙的演化，使施工初期稳定的膨胀土边坡，随气候变化逐渐发生失稳滑动[11]。因此研究膨胀土裂隙随气候的演化规律，对区域性膨胀土边坡的设计和边坡失稳的早期预报有较大意义。

　　膨胀土裂隙呈不规则网状，难以定量描述，气候条件包含的因素较多，因此定量地研究膨胀土在降雨、蒸发交替作用下裂隙演化的试验资料比较少见。CT 技术通过对试样断面的 CT 扫描，得到断面的 CT 图像、CT 数 ME 和方差数 SD，从而可以定量地量测岩土材料的内部结构变化。本节主要对重塑膨胀土在干湿循环过程中裂隙的演化进行量测，以探讨膨胀土在雨水入渗、蒸发的气候条件下裂隙的演化规律[4,8]。

21.3.1　试验概况

　　试验用土取自南水北调中线工程南阳靳岗村渠道中心线上的膨胀土，重塑制样。用制样设备分 5 层压制成高度 80mm、直径 39.1mm 的重塑样。试样的干密度和含水率分别控制为 1.50g/cm³ 和 29.6%。考虑到自然风干试样所需时间太长，将制备后的膨胀土试样置于温控烘箱中烘干，以模拟膨胀土水分蒸发的自然干燥过程。烘干温度为 40℃，先不鼓风干燥 4h，然后鼓风烘干至试样含水率达到 7.5%。将烘干后的试样置于保湿器中待水分均匀后，平放于 CT 机的 CT 床上进行断面扫描。扫描后的土样放入三轴压力室内进行侧限条件下浸水饱和，垂直压力为 20kPa。待膨胀变形稳定后，取出试样进行第 2 次烘干，如此循环。

　　将土样首次烘干后的状态视为初始条件，浸水和再次烘干后的状态为第 1 次循环。共做了 4 组试验，每组 3 个试样（平行试验）。第一组试样干湿循环次数为 2 次，其余三组循环 5 次。

　　考虑到每组试验的 3 个土样的干湿循环条件完全相同，除 5 次循环的第一组试样全部进行 CT 扫描外，其余各组试验仅对第一个土样进行 CT 扫描。共对 6 个土样做了 CT 扫描，每次扫描土样的两个断面，分别位于距土样顶端 0.3h 和 0.7h 处（h 为土样高度）。共获取 CT 图像 66 张。

21.3.2　重塑膨胀土在干湿循环过程中的胀缩特性

　　表 21.11 和表 21.12 是 8 个土样干湿循环试验的体积变化数据。图 21.25 是试样干湿循环过

程的体积变化，可见随循环次数增加，试样浸水饱和后的体积逐渐减小；烘干后的体积则逐渐增加；前 3 次循环的湿胀和干缩体积变化幅度较大，以后逐渐减小至稳定，相应地土样体积趋于稳定。可见，干湿循环过程中膨胀土的胀缩变形并不是完全可逆的。

2 次循环土样的体积变化数据　　　　表 21.11

循环次数	试样 1		试样 2		试样 3	
	浸湿	烘干	浸湿	烘干	浸湿	烘干
0	96.01	73.32	96.01	73.51	96.01	73.41
1	95.08	77.92	95.08	78.45	95.08	77.39
2	94.66	79.74	94.66	79.52	94.66	79.52
3	94.77		94.77		94.77	

5 次循环土样的体积变化数据　　　　表 21.12

循环次数	试样 4		试样 5		试样 6		试样 7		试样 10	
	浸湿	烘干	浸湿	烘干	浸湿	烘干	浸湿	烘干	浸湿	烘干
0	96.01	73.42	96.01	73.22	96.01	72.71	96.01	72.71	96.01	72.50
1	96.36	77.71	96.36	77.18	96.11	77.08	95.29	77.29	95.42	77.29
2	95.26	79.08	95.00	78.97	94.75	78.43	95.30	78.88	94.68	80.27
3	94.07	79.16	93.95	79.48	93.45	79.89	95.72	80.15	94.23	79.17
4	93.21	79.35	93.21	79.98	92.84	79.54	94.16	81.32	93.06	81.16
5	92.44	81.33	92.32	81.93	92.06	81.24	93.47	80.54	92.67	80.81
6							92.35		91.95	

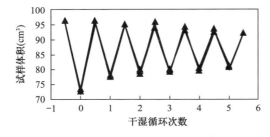

图 21.25　试样干湿循环过程的体积变化

定义干湿循环过程的相对体积膨胀率 δ_w 和相对体积收缩率 δ_d 如下：

$$\delta_w = \frac{|V_w - V_{di}|}{V_{di}} \quad (21.7)$$

$$\delta_d = \frac{|V_d - V_{wi}|}{V_{wi}} \quad (21.8)$$

式中，V_w、V_d 分别为某次循环浸水饱和、烘干后的体积；V_{di}、V_{wi} 分别是该次循环前试样烘干、浸水饱和状态的体积。

由此计算的 δ_w 和 δ_d 随循环次数变化曲线见图 21.26 和图 21.27。随干湿循环次数增大，相对体积膨胀率和相对体积收缩率逐渐减小，最后趋于稳定值；第 1 次循环的膨胀率 δ_w 和收缩率 δ_d 比最后一次循环的要大得多，较大值则发生在前 3 次循环。刘松玉[12]通过对击实膨胀土进行自然风干条件下的干湿循环试验认为：膨胀土的循环胀缩变形并不完全可逆；绝对膨胀率总是增大而相对膨胀率则降低；这种变化在第 2、3 级循环时最明显，第 3 级循环后便趋于稳定。可见，文献［12］中击实膨胀土和本节压制膨胀土在干湿循环过程中的胀缩特性是基本相同的。

重塑样在制样器中经单向压缩后，黏土颗粒排列具有一定的定向性，胀缩潜势较大。因此前 3 次循环的体积胀缩幅度较大。随着干湿循环过程的进行，颗粒定向性逐渐丧失，相应地体积变化幅度减小。到第 5 次循环后，颗粒排列达到某种平衡状态，这时循环胀缩特性趋于稳定。

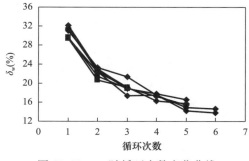

图 21.26　δ_w 随循环次数变化曲线

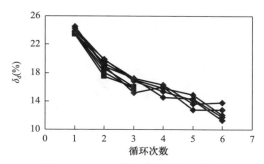

图 21.27　δ_d 随循环次数变化曲线

21.3.3　CT 图像及数据分析

本节仅列出 5 次循环的第一组试样的 CT 图像，其余试样的 CT 图像见文献［4］。在干湿循环过程中，4～6 号土样两个断面的 CT 图像见图 21.28～图 21.30。6 号试样的第一次 CT 扫描图像由于仪器存盘故障而缺失。第一次烘干后土样 a 断面的图像记为 a0，b 断面的记为 b0，1 次循环后的图像为 a1、b1，其余类推。比较两个土样不同循环次数下的 CT 图像可见，裂隙的演化非常明显。第一次烘干后试样相对较完整，图像 a0、b0 中仅存在少量裂隙。1 次干湿循环后，土样中原有的裂隙开展，新的裂隙产生。随干湿循环次数增加，土样中的裂隙数量逐渐增加且互相连通。第 3 次循环的 a3、b3 图中，裂隙发育成网状，土样较破碎。第 4 次循环后，裂隙有所开展，但裂隙数量变化不大。第 5 次循环的 a5、b5 图和 a4、b4 图相差不大，裂隙变化趋于稳定。

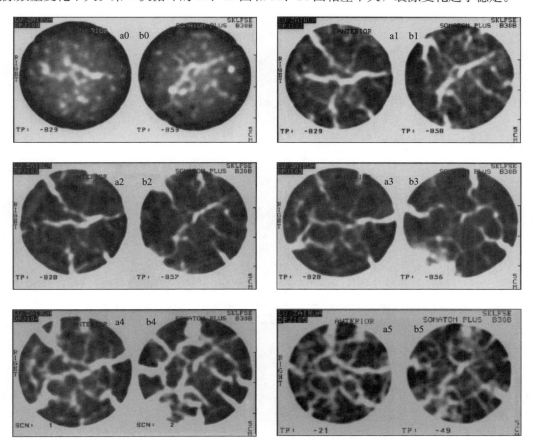

图 21.28　4 号试样干湿循环过程的 CT 图像

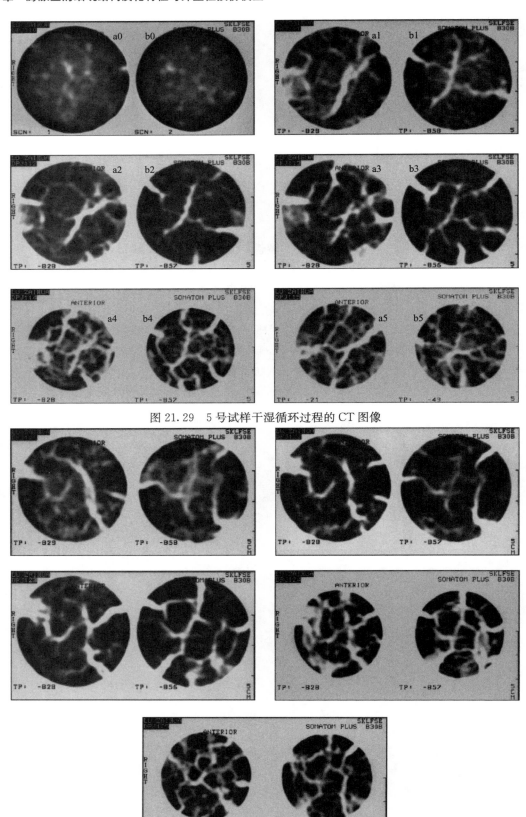

图 21.29　5 号试样干湿循环过程的 CT 图像

图 21.30　6 号试样干湿循环过程的 CT 图像

6个试样在干湿循环过程中的 CT 扫描数据见表 21.13，ME_1、ME_2 的下标分别代表 a、b 扫描断面位置。CT 数据的 ME 值反映断面上所有物质点的平均密度；SD 值反映断面上物质点密度的差异程度。因此，土体内部缺陷较多时，ME 值较小，SD 值则较大。

重塑膨胀土试样干湿循环 CT 试验数据　　　　　　　　　　　　　　　　表 21.13

循环次数	试样 1				试样 4			
	ME_1	SD_1	ME_2	SD_2	ME_1	SD_1	ME_2	SD_2
0	1697.9	84.86	1700.2	85.59	1731.0	114.78	1728.5	114.51
1	1671.2	162.73	1693.3	147.35	1690.2	143.04	1681.5	144.22
2	1626.5	237.70	1646.6	229.67	1641.7	171.11	1660.2	147.21
3					1603.5	206.96	1573.9	285.65
4					1626.5	210.41	1595.3	233.23
5					1590.3	238.50	1602.8	229.00

循环次数	试样 5				试样 6			
	ME_1	SD_1	ME_2	SD_2	ME_1	SD_1	ME_2	SD_2
0	1711.3	107.80	1727.6	103.20	1725.3	97.50	1729.6	105.4
1	1669.7	164.03	1704.5	123.85	1658.7	178.21	1667.6	175.35
2	1617.3	175.44	1676.3	155.62	1623.8	182.16	1653.8	175.37
3	1559.5	227.33	1649.5	219.57	1584.2	280.69	1598.1	260.52
4	1583.4	241.44	1649.3	186.56	1581.1	238.86	1574.1	293.26
5	1564.3	292.15	1619.9	206.98	1565.5	262.96	1573.8	270.53

循环次数	试样 7				试样 10			
	ME_1	SD_1	ME_2	SD_2	ME_1	SD_1	ME_2	SD_2
0	1723.9	94.44	1748.7	108.56	1700.0	81.60	1747.1	82.19
1	1645.5	239.12	1702.1	184.81	1683.2	124.71	1639.3	199.30
2	1549.5	293.37	1611.3	219.7	1645.6	219.92	1641.6	189.19
3	1580.3	269.59	1555.9	346.15	1575.2	239.12	1610.1	223.76
4	1568.4	307.73	1602.7	267.91	1581.1	228.99	1581.8	235.04
5	1571.1	305.64	1626.9	273.47	1612.5	216.21	1599.7	209.74

土样 ME 值、SD 值随循环次数变化曲线分别如图 21.31 和图 21.32 所示。首次烘干后土样的 ME 值最大，SD 值最小，相应地土样内部缺陷较少。随循环次数增加，ME 值减小，SD 值增加，且 ME 和 SD 的变化主要发生前 3 次循环，随后的循环则变化不大。这和 CT 图像显示的土样内部裂隙的变化规律是一致的。

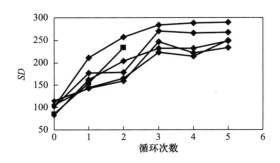

图 21.31　重塑膨胀土试样干湿循环
的 SD 值随循环次数变化曲线

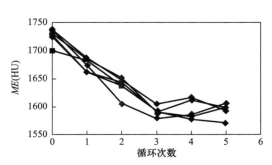

图 21.32　重塑膨胀土试样干湿循环
的 ME 值随循环次数变化曲线

21.3.4 损伤变量及损伤演化方程

湿胀干缩引起的裂隙破坏了膨胀土的完整性，可采用损伤变量 D 定量描述膨胀土裂隙的发育程度，分析裂隙对膨胀土强度和变形特性的影响。本节从平均的角度确定的损伤变量如下。

首次烘干后的土样内部裂隙较少，土样较完整，可近似为无损的基本土体，将 6 个试样相应的 CT 数 ME 和方差 SD 的平均值定义为 H_i 和 W_i；5 次干湿循环后裂隙已发育成网状，土样非常破碎，视为完全损伤土体，6 个试样 ME 和 SD 的平均值记为 H_f 和 W_f。则某一土样在干湿循环过程中的损伤值 D 为：

$$D = \frac{H_0 - H}{H_i - H_f} \tag{21.9}$$

或基于方差 SD 值计算：

$$D = \frac{W_0 - W}{W_i - W_f} \tag{21.10}$$

式中，H_0 和 W_0 分别为该土样首次烘干后的 CT 数 ME 和方差 SD 值，H 和 W 为土样在干湿循环过程中的 CT 数 ME 和方差 SD 值。由此确定的土样损伤程度实际上是一个相对值，其大小取决于所选取的基本土体和完全损伤土体标准。

6 个试样按 ME、SD 计算的土样损伤值随循环次数的变化曲线如图 21.33 和图 21.34 所示。

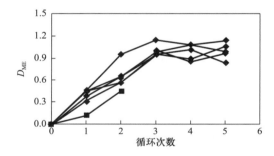
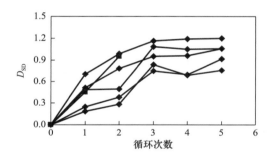

图 21.33　干湿循环过程中按 ME 计算的土样损伤值　图 21.34　干湿循环过程中按 SD 计算的土样损伤值

在膨胀土的干湿循环过程中，影响裂隙发育程度的因素较多。主要有土的膨胀性、受力状态、干湿循环幅度和干湿循环次数 4 个因素。土的膨胀性强，所受压力小，干湿循环幅度大，循环次数多，则裂隙越发育。考虑到膨胀土的裂隙主要是干缩引起，干缩体积变化随压力减小和循环幅度增大而增加，循环次数对裂隙演化的影响可通过累计干缩体积变化来反映。因此对本节膨胀土而言，干湿循环过程中裂隙演化可由累计干缩体积变化描述。

6 个试样的裂隙损伤值 D 与累计干缩体变 ε_v 的关系曲线如图 21.35 所示。可见 D 与 ε_v 呈指数函数关系，定义干湿循环过程中裂隙损伤演化如式（21.11）所示。

$$D = \exp(A\varepsilon_v) \tag{21.11}$$

式中，A 为反映膨胀土的膨胀性强弱的系数，膨胀性大则 A 较大；ε_v 为干湿循环过程中累计干缩体变。图 21.35 中 D 随 ε_v 变化的散点图与损伤演化式（21.11）曲线的比较如图 21.36 所示，可见其变化规律基本一致。

应当指出，本节干湿循环试验仅模拟了重塑土在降雨蒸发条件下的裂隙损伤演化情况，和天然膨胀土经受的干湿循环条件有所差别，需采集现场原状土样进行 CT 试验，得出的系数 A 才能更好地描述天然膨胀土胀缩引起的裂隙损伤演化规律。

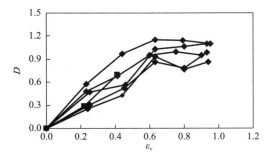
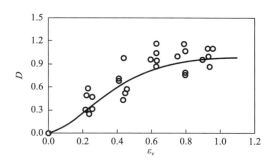

图 21.35 干湿循环过程中 D 与 ε_v 的关系曲线   图 21.36 损伤演化曲线

21.4 重塑膨胀土在三轴剪切过程中的细观结构演化特性及其规律

膨胀土的边坡包括挖方边坡和填方边坡。挖方边坡的土体是原状膨胀土，填方边坡则为重塑膨胀土。本节对填方土坡的重塑膨胀土进行三轴 CT 试验，观察土样结构性在剪切过程中的变化规律。

21.4.1 研究方案

研究的重塑膨胀土试样包括两类：一是未经干湿循环的重塑膨胀土样，即干湿循环次数为 0，做了一个试验；二是上一节经过干湿循环后内部已存在裂隙的重塑膨胀土样，共做了 9 个试验。试验方法为控制吸力和净围压的 CT 三轴剪切试验，剪切速率 0.015mm/min。试验方案如表 21.14 所示。剪切前先对试样进行一次 CT 扫描。每次扫描两个断面，即 1 断面（ROI.1）和 2 断面（ROI.2），分别位于距土样顶端 0.3h 和 0.7h 处（h 为土样高度）。剪切时根据应力应变曲线情况决定扫描时刻，并按轴向位移调整扫描位置，对断面进行跟踪扫描。

重塑膨胀土试样在剪切前的初始条件及试验参数   表 21.14

试样编号	干湿循环次数	干密度 ρ_d (g/cm³)	含水率 w (%)	比容 v	吸力 s (kPa)	净围压 p (kPa)
1	2	1.59	25.7	1.71	100	25
2	2	1.59	26.8	1.72	100	50
3	2	1.57	26.7	1.74	100	100
4	5	1.54	29.9	1.77	0	25
5	5	1.57	26.7	1.74	0	50
6	5	1.61	24.7	1.69	0	100
7	5	1.58	26.5	1.73	100	25
8	5	1.55	26.0	1.77	100	50
9	5	1.63	24.8	1.68	100	100
10	0	1.51	26.9	1.80	100	100

21.4.2 CT 图像和 CT 数据分析

表 21.15 是 10 个试样各次扫描的应力应变状态和 CT 数据。每个试样进行 6 次扫描，a 为剪切前的初次扫描，随剪切进行，扫描次序由 b 到 f。共获取 CT 图像 120 张。

各次扫描对应的应力应变状态

表 21.15

试样编号	扫描次序	p (kPa)	q (kPa)	ε_s (%)	ROI.1 ME	ROI.1 SD	ROI.2 ME	ROI.2 SD	平均 ME	平均 SD
1	a	25	0	0.00	1354.0	53.02	1369.8	53.25	1361.9	53.14
	b	80	123	2.23	1337.2	55.65	1363.9	55.08	1350.6	55.37
	c	90	151	5.83	1335.8	44.61	1362.1	55.60	1349.0	50.11
	d	94	157	12.31	1329.3	46.30	1353.2	55.91	1341.3	51.11
	e	99	165	16.91	1321.6	63.25	1359.2	47.01	1340.4	55.13
	f	101	176	21.24	1315.6	66.02	1361.0	42.91	1338.3	54.47
2	a	50	0	0.00	1318.8	57.15	1320.8	59.71	1319.8	58.43
	b	91	120	2.62	1324.8	50.38	1325.7	57.34	1325.3	53.86
	c	100	161	10.30	1315.3	41.30	1326.9	46.32	1321.1	43.81
	d	102	175	14.69	1311.1	39.84	1318.9	46.89	1315.0	43.37
	e	105	183	18.16	1309.3	39.17	1313.4	47.82	1311.4	43.50
	f	109	190	22.54	1306.0	40.29	1305.8	54.34	1305.9	47.32
3	a	100	0	0.00	1338.0	67.21	1345.4	64.20	1341.7	65.71
	b	140	166	1.63	1347.1	59.58	1350.7	60.04	1348.9	59.81
	c	154	194	5.39	1346.3	44.56	1355.2	54.59	1350.8	49.58
	d	158	207	9.63	1338.4	38.24	1355.4	48.66	1346.9	43.45
	e	161	221	14.34	1328.4	37.46	1351.6	47.73	1340.0	42.60
	f	163	227	19.56	1320.0	36.12	1345.8	47.63	1332.9	41.88
4	a	25	0	0.00	1279.0	77.60	1280.5	75.04	1279.8	76.32
	b	43	53	1.51	1289.3	74.50	1288.2	73.24	1288.8	73.87
	c	47	66	3.99	1288.4	69.30	1285.4	63.62	1286.9	66.46
	d	48	70	8.42	1283.0	65.73	1276.7	69.54	1279.9	67.64
	e	51	79	15.67	1274.1	62.35	1271.8	63.40	1273.0	62.88
	f	54	88	21.41	1265.5	55.90	1267.3	65.56	1266.4	60.73
5	a	50	0	0.00	1302.6	88.46	1306.2	75.53	1304.4	82.00
	b	74	72	1.19	1310.8	85.39	1313.5	72.50	1312.2	78.95
	c	79	87	4.72	1311.3	75.79	1309.8	62.39	1310.6	69.09
	d	81	93	9.42	1306.0	70.24	1303.4	55.00	1304.7	62.62
	e	84	102	16.78	1300.7	62.16	1295.5	49.66	1298.1	55.91
	f	86	107	20.52	1297.1	58.99	1291.7	47.90	1294.4	53.45
6	a	100	0	0.00	1338.5	63.42	1341.7	62.18	1340.1	62.80
	b	139	117	1.44	1346.9	56.98	1350.2	59.19	1348.6	58.09
	c	146	139	5.26	1343.3	46.19	1349.9	51.13	1346.6	48.66
	d	151	152	10.53	1335.5	42.83	1347.7	46.12	1341.6	44.48
	e	154	161	15.19	1327.9	42.09	1344.2	42.23	1336.1	42.16
	f	158	173	20.48	1320.8	38.35	1339.4	43.36	1330.1	40.86

试样编号	扫描次序	p (kPa)	q (kPa)	ε_s (%)	ROI. 1 ME	ROI. 1 SD	ROI. 2 ME	ROI. 2 SD	平均 ME	平均 SD
7	a	25	0	0.00	1305.6	108.36	1328.1	93.43	1316.9	100.90
	b	48	68	0.75	1301.0	101.74	1333.5	72.55	1317.3	87.15
	c	60	104	2.17	1306.1	94.58	1335.3	68.92	1320.7	81.75
	d	67	125	8.15	1302.5	81.12	1332.5	58.88	1317.5	70.00
	e	69	133	12.55	1300.2	70.38	1334.2	53.37	1317.2	61.88
	f	73	144	17.96	1296.8	68.81	1332.8	55.10	1314.8	61.96
8	a	50	0	0.00	1292.1	80.51	1282.4	100.12	1287.3	90.32
	b	93	128	1.72	1304.3	74.63	1294.4	91.78	1299.4	83.21
	c	104	162	8.30	1308.6	63.09	1306.7	71.59	1307.7	67.34
	d	107	172	14.08	1289.6	45.08	1287.7	58.83	1288.7	51.96
	e	109	178	18.92	1287.7	41.55	1285.7	60.40	1286.7	50.98
	f	110	181	21.52	1287.5	37.46	1283.8	59.78	1285.7	48.62
9	a	100	0	0.00	1343.4	82.12	1328.1	89.46	1335.8	85.79
	b	151	152	1.54	1352.7	77.42	1338.7	93.83	1345.7	85.63
	c	172	216	6.59	1363.7	54.60	1351.9	70.74	1357.8	62.67
	d	179	236	12.35	1356.4	48.71	1353.6	53.82	1355.0	51.27
	e	182	246	17.33	1351.3	51.42	1350.6	50.84	1351.0	51.13
	f	183	248	21.48	1347.3	56.20	1351.3	49.33	1349.3	52.77
10	a	100	0	0.00	1228.3	39.47	1234.2	43.39	1231.3	41.43
	b	136	108	1.22	1235.6	36.73	1241.0	41.28	1238.3	39.01
	c	148	143	4.83	1235.0	33.26	1244.5	38.75	1239.8	36.01
	d	150	149	8.45	1230.6	32.41	1244.4	35.82	1237.5	34.12
	e	152	155	11.77	1227.0	31.78	1244.4	36.02	1235.7	33.90
	f	152	156	15.75	1222.0	31.00	1244.2	37.18	1233.1	34.09

21.4.2.1　CT 图像分析

图 21.37 是没有经历干湿循环的 10 号试样在剪切过程中不同时刻的 CT 图像，1 断面的初次扫描标记为 1a，其余类推。由剪切前两个断面的 CT 图 1a、2a 可见，断面上仅存在少量微孔隙，土样结构较密实。随剪切进行，微孔隙逐渐消失，土样逐渐被压密。最后一次扫描的 1f 图和 2f 图中，土样断面已非常均匀。

图 21.38 是 2 次干湿循环后的 3 号试样在剪切过程中不同时刻的 CT 图像。由 1a 图、2a 图可见，剪切前土样中裂隙、微孔隙和孔洞较多，初始损伤较大。第 2 次扫描图像的结构性变化不大。第 3 次扫描时，1 断面中裂隙有所闭合，仅存在一处明显裂隙；2 断面变化不大。随剪切进行土样逐渐变密实，1e 图中土样断面基本均匀。虽然 2 断面裂隙闭合程度较低，但仍反映了随剪切进行土样逐渐密实的规律。

图 21.39 和图 21.40 是两个 5 次干湿循环后的 5 号和 9 号试样在剪切过程中的 CT 图像。同样地，干湿循环后试样中形成的裂隙随剪切进行逐渐闭合；孔洞、微孔隙也逐渐消失，土样断面不断变密实。

限于篇幅，本节仅给出净围压为 100kPa 的 3 个经历干湿循环的试样的 CT 图像，其余 6 个不同吸力或净围压下的膨胀土试样在剪切过程中的结构变化和上述 3 个试样类似，其 CT 图像见文献 [4]。

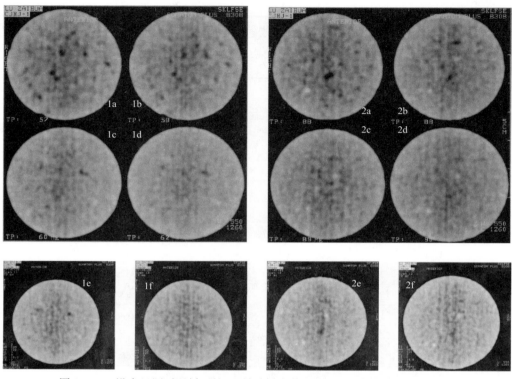

图 21.37 没有经历干湿循环的 10 号试样在剪切过程中不同时刻的 CT 图像

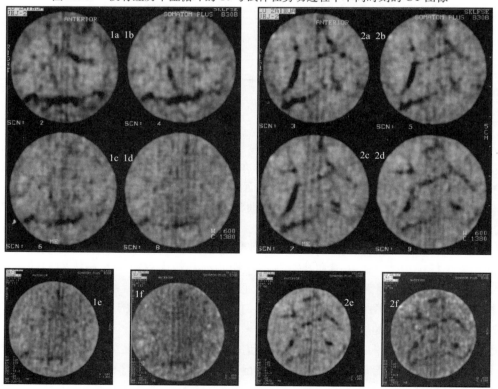

图 21.38 经历 2 次干湿循环的 3 号试样在剪切过程中不同时刻的 CT 图像

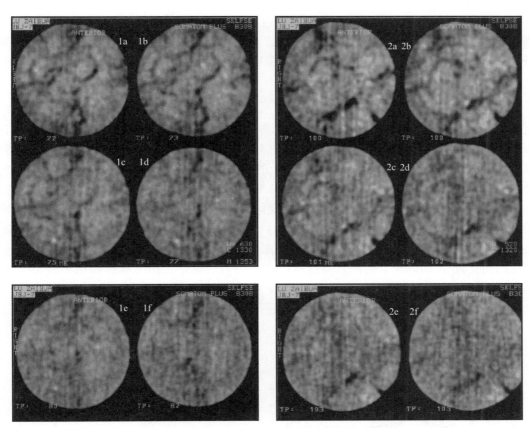

图 21.39 经历 5 次干湿循环的 5 号试样在剪切过程中不同时刻的 CT 图像

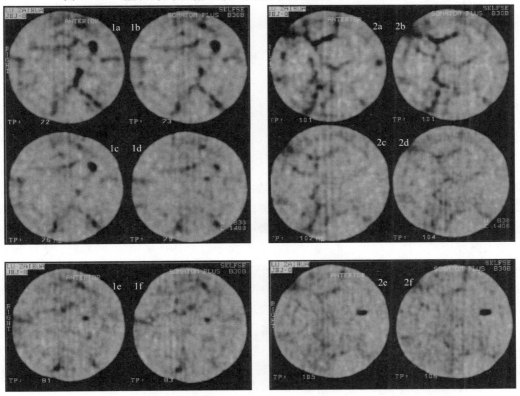

图 21.40 经历 5 次干湿循环的 9 号试样在剪切过程中不同时刻的 CT 图像

综上所述，经历干湿循环后的膨胀土试样内部存在裂隙、微孔隙和孔洞等结构缺陷，初始损伤较大；剪切过程中土样内部的损伤结构逐渐消失，相应地土样变密实和均匀。这种压密的趋势和土样经历的干湿循环次数，剪切时的净围压和吸力无关。该特征与 21.2 节中原状膨胀土在剪切过程中的损伤结构变化规律完全不同。

21.4.2.2　CT 数据分析

表 21.15 中，10 个试样在剪切前和剪切过程中，两个断面的 CT 数 ME 和方差值 SD 相差都不大，说明重塑膨胀土试样的内部结构空间分布较均匀。由图 21.37～图 21.40 的 CT 图像也可看出，4 个试样在整个剪切过程中，两个断面上的裂隙闭合程度差别不大。这一点和原状膨胀土的损伤结构空间分布不均匀性也不同。图 21.41 和图 21.42 分别是表 21.15 中 10 个试样两断面平均 CT 数 ME 和平均方差值 SD 随偏应变的变化曲线。随 ε_s 增大，图 21.42 中 SD 值逐渐减小至稳定，说明土样断面上的结构缺陷逐渐消失，土样趋向密实和均匀。图 21.41 中 ME 值先增加后减小，说明该断面上的土样密度先增加后减小。重塑膨胀土剪切后呈鼓形，在剪切过程中中间断面上的面积不断增大，物质点分散造成 ME 值有所减小，但土样轴向压缩较大，整体上土样的密度增大。

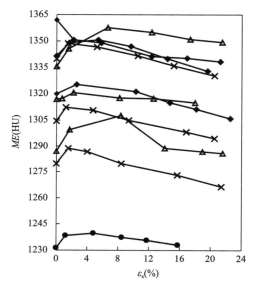 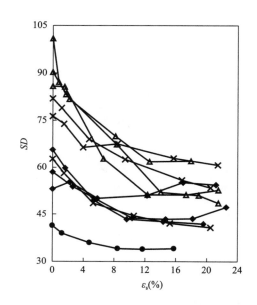

图 21.41　平均 ME 值随偏应变的变化曲线　　　图 21.42　平均 SD 值随偏应变的变化曲线

图 21.43 和图 21.44 分别是上述 10 个试样的剪应力随偏应变的变化曲线和体积应变随偏应变的变化曲线。可见经历多次干湿循环、具有裂隙的膨胀土样（1～9 号）的强度、变形规律比较明显。随剪切进行剪应力增大，体积压缩，表现为硬化、剪缩特性。相同吸力下的一组试样，随围压增大强度增加，体变增大。4～9 号试样为 5 次干湿循环后的膨胀土试样，吸力为 100kPa 的 7～9 号试样的强度明显高于饱和条件下的 4～6 号试样。1～3 号试样为 2 次干湿循环后的膨胀土试样，其剪切前的固结状态和 7～9 号试样相同，两组试样的强度相差不大，说明干湿循环后试样中形成的裂隙发育程度对其抗剪强度影响不大。同样地，剪切前内部缺陷最少的 10 号试样的强度并不比相同条件下的 3 号和 9 号试样高。图 21.45 中所示为本节与文献 [13] 试验的比较，其结果支持上述观点。本节研究的膨胀土试样和文献 [13] 都取自南阳靳岗村同一场地，但本节土样经历了多次干湿循环，具有裂隙；而文献 [13] 研究的重塑膨胀土样没有经历干湿循环；但二者在相同吸力下的三轴排水剪切试验所得其强度包线相当接近。

综合上述裂隙膨胀土试样在剪切过程中的 CT 图像、CT 数据曲线和强度变形曲线结果可知：尽管干湿循环后的膨胀土会形成裂隙损伤结构，如果在干湿循环过程中膨胀土所受压力不大（本节侧限条件下干湿循环试验的垂直压力为 20kPa），土的结构较松，密实度低，则在剪切过程中试样中的损伤结构会逐渐闭合，其强度和变形特性与没有经历干湿循环的土样的相应特性基本相同。因此，初步认为，对于填方膨胀土边坡，可不考虑其所取膨胀土中裂隙对强度的影响。

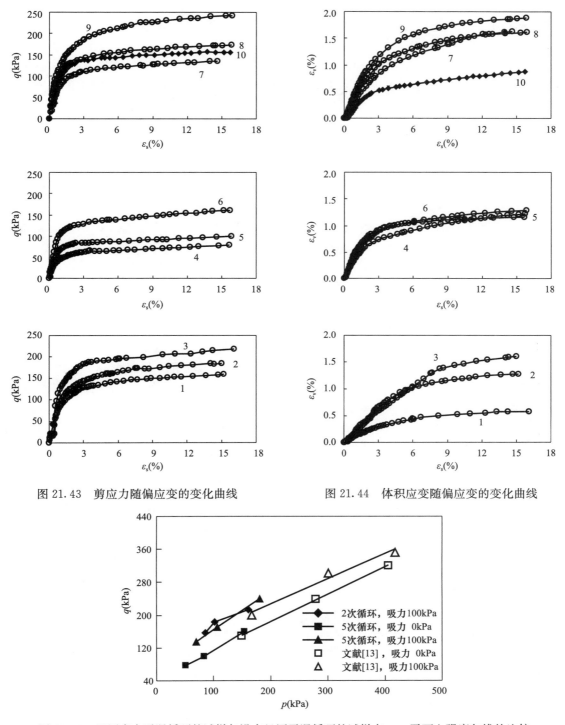

图 21.43　剪应力随偏应变的变化曲线　　　图 21.44　体积应变随偏应变的变化曲线

图 21.45　经历多次干湿循环的试样与没有经历干湿循环的试样在 $p\text{-}q$ 平面上强度包线的比较

21.5 重塑膨胀土在湿干循环和三轴浸水过程中的细观结构演化特性及其规律

　　干湿循环是膨胀土经常遭受的过程。为了揭示在干湿循环中裂隙的发育演化规律及随后在浸水过程中结构的变化特性，应用后勤工程学院自主研发的 CT-三轴仪（图 6.44）和湿陷/湿胀三轴仪（图 7.5 和图 12.6）对陶岔渠坡膨胀土做了一系列湿干循环试验和 CT-三轴浸水试验[14,15]。

21.5.1 研究方案

　　试验用土为南水北调中线工程陶岔引水渠坡的膨胀土，用后勤工程学院的制样设备（图 9.6）重塑制样，分 5 层压实，试样直径和高度分别是 3.91cm 和 8cm。试样的初始物理性质参数见表 21.16。

试样初始参数　　　　　　　　　　　　　　　　　　　　　　　表 21.16

相对密度	干密度 ρ_d（g/cm³）	含水率 w（%）	饱和度 S_r（%）	孔隙比 e
2.73	1.55	24.70	88.58	0.76

　　试验分为两个阶段，共 4 个试样。先对制好的试样进行湿干循环试验，以形成有初始裂隙结构的试样；接着进行 CT-三轴浸水试验。

　　试样在 35℃恒温无鼓风状态下干燥 24h，再用注射器喷水增湿，试样的饱和度统一配制为88.58%，作为初始值。试样增湿分三次进行，每次增湿间隔数小时。增湿结束后每 12h 翻动一下土样，在保湿罐中放置 72h 以上使水分均匀。

　　将制样结束后的状态作为初始条件，干燥后的状态为第 1 次湿干循环，再增湿和干燥为第 2 次湿干循环。共做了 3 次湿干循环，并进行了 6 次 CT 扫描，观测试样内部裂隙发育及闭合情况。扫描断面为试样的上 1/3 和下 1/3 两个截面，分别用 b 截面和 a 截面表示。得到相应的 CT 数 ME 和方差 SD。每个试样共进行了 6 次扫描，一共取得 48 张图像。湿干循环扫描图像窗宽统一设置为 400，窗位根据需求一般设置在 1600 左右。

　　试样经历 3 次湿干循环后裂隙发育较明显，再对其进行 CT-三轴浸水试验。试样浸水前的初始参数和应力状态见表 21.17。

浸水前试样初始参数和应力状态　　　　　　　　　　　　　　表 21.17

试样编号	干密度 ρ_d（g/cm³）	含水率 w（%）	围压 σ_3（kPa）	偏应力 q（kPa）
1	1.78	4.74	50	50
2	1.79	4.61	50	100
3	1.77	4.70	100	50
4	1.76	4.66	100	100

　　浸水前试样先在一定围压下固结，稳定标准为体积变化每 2h 变化不超过 0.0063cm³，排水每小时不超过 0.012cm³。固结稳定后启动步进电机，施加预定的偏应力，该过程稳定标准为轴向位移每小时不超过 0.01mm，体积变化每 2h 不超过 0.0063cm³。偏应力稳定过程中剪切速率选为 0.0167mm/min；而浸水过程中为了控制偏应力为定值，要求较快速率，经过反复比较，浸水时剪切速率选为 0.2mm/min。

　　浸水时使用一个标准的 GDS 压力/体积控制器，其压力最大值可达 2MPa，容积为 1000cm³。其压力量测精度为 1kPa，体积量测精度为 1mm³。该控制器可实现常水头下的浸水，可根据浸水难易程度调节压力控制浸水速度[16]。由于试验后期浸水量较小，用时较长，经过反复比较，反压取 20kPa。施加反压时同步提高围压，使得净围压保持不变。浸水过程的稳定标准为：体积变化在 2h 内不超过 0.0063cm³，并且浸水量等于出水量。浸水时从仪器底座的铜圈上小孔进水，从试样帽排水管排水。为了加速浸水过程，在试样周边贴 6 张滤纸条。滤纸条高 7.5cm，宽 0.6cm。

试样固结和施加偏应力平衡后，对试样扫描一次，作为初始状态。浸水 5g、10g、15g、20g（4 号 17g）各扫描一次，每次分 5 个截面，用 a、b、c、d、e 表示，分别离试样底部 13.5mm、26.5mm、40mm、53.5mm、66.5mm。在 2 号试样浸水过程中 CT 机器出现故障，当浸水 15g 时，只扫描了 a，b 两个截面。4 个试样一共取得 92 张图像。浸水试验扫描图像统一设定窗宽为 500，1 号、2 号试样窗位为 1450；3 号及 4 号试样的前三次扫描图像窗位仍设定为 1450，后两次因试样密度提高设定在 1480 或 1500。

21.5.2　湿干循环试验结果分析

21.5.2.1　湿干循环过程的裂隙发育分析

整个试验过程共增湿两次、干燥三次，试样产生不同程度的裂隙和裂纹。总体来看 1 号试样、2 号试样和 3 号试样产生纵向裂隙并直接贯通整个试样，形成主裂隙，次生裂隙伴随主裂隙产生；横向裂隙产生后连通纵向裂隙，形成裂隙网格。而 4 号试样主裂隙没有贯通试样，大裂隙之间相互交错。限于篇幅，以下只对 1 号和 4 号试样的裂隙发育过程进行分析。

试样第 1 次干燥后与原试样相比较并未产生裂隙或微裂纹，只是体积相应地减小。而第 1 次增湿后在保湿罐封闭 72h 后，试样不同程度地出现裂隙、裂纹和孔洞。试样第 2 次干燥后裂隙不断扩展，裂缝宽度变大。总体上看，试样裂隙的产生主要由于第 1 次干燥后，接着增湿造成试样表面产生裂纹；第 2 次干燥后主裂隙较前一个试样宽度减小；试样第 3 次增湿并在保湿罐放置 72h 后，主裂隙直接贯通整个试样，伴随产生次生裂隙。

图 21.46 (a)、(b)、(c) 和 (d) 分别是 1 号试样第 1 次增湿后至第 3 次干燥后的裂隙开展及闭合情况。图中第 1 次增湿后试样上端先产生裂隙，而试样下端并没有出现大裂隙，只有少量孔洞出现，这是增湿过程中水从原试样小孔洞渗入不断扩大的原因。第 2 次干燥后试样上的裂隙扩展并有向四周延伸的趋势，但裂隙宽度相应变小。第 2 次增湿后，试样表层发生了明显的变化，原有裂隙和孔洞继续扩展和加深。一条新生裂隙直接贯通整个试样，并形成主裂隙，但试样中间部位裂隙发育并不明显；主裂隙周围伴随着萌生微裂纹。试样再次干燥后由于试样失水收缩、体积变小，主裂隙宽度变小并且中段裂隙闭合。

(a) 第1次增湿　　　　(b) 第2次干燥　　　　(c) 第2次增湿　　　　(d) 第3次干燥

图 21.46　1 号试样侧面照片

图 21.47 和图 21.48 是 4 号试样的侧向和底面照片。从第 1 次增湿至第 3 次干燥，没有形成

贯通整个试样的裂隙。4 号试样与 1 号试样有相似之处，第 1 次增湿后试样上部龟裂产生裂纹；干燥后因试样蒸发失水裂缝及裂隙有所扩大和延伸。初始状态下发展的裂缝呈网状分布的随机性龟裂，随着水分的进一步蒸发，一些裂缝以较快的速度继续扩张，还会生成一些新的较小的裂缝，以致最后形成叶脉状分布的裂缝，大裂缝较多，小裂缝较少。图 21.48 中第 2 次干燥和第 2 次增湿存在明显的差别，显示试样裂隙的产生主要发生在这个过程。

| (a) 第1次增湿 | (b) 第2次干燥 | (c) 第2次增湿 | (d) 第3次干燥 |

图 21.47　4 号试样侧面照片

| (a) 第1次增湿 | (b) 第2次干燥 | (c) 第2次增湿 | (d) 第3次干燥 |

图 21.48　4 号试样底面照片

表 21.18 和表 21.19 分别是试样在湿干循环过程中的高度和体积变化数据，图 21.49 和图 21.50 是相应的变化曲线。由表 21.18、表 21.19 及图 21.49、图 21.50 可知，试样第 1 次干燥，体积和高度变化较大；而后随着增湿和干燥次数的增加，试样体积和高度都在波动，但二者都没有回复到原有的尺寸，说明在湿干循环过程中试样的部分变形是不可逆的。这与 21.3 节的试验结果一致。

试样高度变化数据　表 21.18

试样编号	原试样	干燥1次	增湿1次	干燥2次	增湿2次	干燥3次
1	7.99	7.60	7.75	7.63	7.81	7.68
2	7.99	7.62	7.74	7.64	7.83	7.70
3	7.99	7.61	7.78	7.67	7.86	7.73
4	7.99	7.63	7.76	7.65	7.82	7.69

试样体积变化数据　表 21.19

试样编号	原试样	干燥1次	增湿1次	干燥2次	增湿2次	干燥3次
1	95.83	80.56	85.40	81.4	87.14	84.23
2	95.79	81.01	86.39	81.74	87.4	84.32
3	95.89	81.17	85.27	81.85	87.42	85.33
4	95.89	80.63	85.53	81.33	87.02	84.55

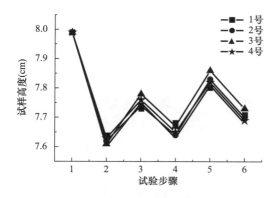

图 21.49 试样高度随试验步骤的变化曲线

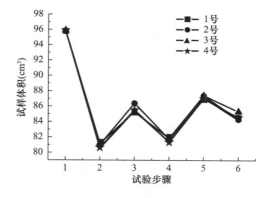

图 21.50 试样体积随试验步骤的变化曲线

总体上看，试样产生的裂隙主要集中在表层，是由于试样表层水分蒸发发生收缩造成的。这跟实际情况完全符合，膨胀土地区土样水分通过地表蒸发，会产生大量的微裂纹，地表处最先遭到破坏产生开裂现象。出现开裂现象时，一般初始裂隙规模延伸很短，开裂深度较浅；随着湿干循环的进行，原有的主裂隙不断扩大并向试样内部不断深入，在原有裂隙周边产生新的次生裂隙向四周扩散，次生裂隙的规模要小于主裂隙。主裂隙和次生裂隙在湿干循环过程中不断扩展、扩散直至贯通。裂隙发育的第 1 个特点是：其产生呈现不规则性和随机性。

试样主裂隙的形成主要发生在试样第 2 次增湿后，主裂隙的形成主要是试样表层渗入水而产生。增湿膨胀、失水收缩对膨胀土裂隙的产生及闭合都有影响。主裂隙随湿干循环过程不断扩展并向试样内部楔入，次生裂隙形成叶脉状并连接构成网格状分布。裂隙发育的第 2 个特点是：无约束条件下的试样浸湿和干燥都能引发裂隙的产生的和闭合；试样增湿过程小裂隙会闭合，大裂隙会扩展；干燥过程小裂隙会扩展，而大裂隙会收缩变窄。

由于试样干燥后大量水分的消散，并留有较多裂隙的存在，这为下次增湿时水分进入试样内部形成便利的通道，使膨胀土表层更易吸水而软化，丧失吸力，降低强度，原有裂隙扩大并扩展。

21.5.2.2 湿干循环过程细观反应的图像和数据分析

试样整个截面的 CT 扫描数据反映试样在试验过程中的损伤程度。增湿过程水分首先从试样外表面进入内部，外部已经损伤很大时而试样内部裂隙发育并不明显。有必要划分不同的区域分析试样内部结构变化。如图 21.51 对扫描的图像划分为两个圆，小圆面积为 305mm²，大圆即为全区（1200mm²）。

图 21.52（a）和图 21.52（b）分别是 1 号试样上 1/3 和下 1/3 两个截面湿干循环过程的 CT 试验图像。原试样拍片前做了记号，故 CT 图上有两个小缺口。比较试样经过湿干循环后两截面 CT 图像，可以清晰地看到试样裂隙的出现主要是第 2 次增湿后，这与前文分析的结果一致。原样上下两个截面存在差异，上截面低密度区多于下端面。

从图 21.52（a）看出，试样第 1 次干燥后原试样内部孔洞缩小，密实度增加。而试样第 1 次增湿后经过 72h 密

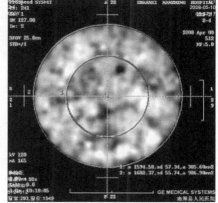

图 21.51 CT 图像划分区域

闭，水分充分均匀后，内部原有孔洞渗入水分，由于膨胀作用原有孔洞处在图像上显示出更大黑点，这表明孔洞增大。第 1 次增湿后表层裂隙产生较多，而试样内部原有孔洞扩大并有相互连通的趋势。试样第 2 次增湿后表层裂隙已深入试样内部，可以清晰地看到有一条裂隙已经穿

透整个试样，而边缘裂隙宽度变大，裂隙发育成网状。试样第 3 次干燥后由于试样的体积变小，边缘裂隙变窄，与第 2 次增湿后相比较裂隙闭合。图 21.52（b）中原试样第 2 次增湿后形成较大裂隙，裂隙有贯通试样的趋势；两相邻裂隙之间被另一条较宽裂隙连接，次生裂隙伴随主裂隙向四周扩散。试样内部已生成的孔洞和微裂纹由于试样的膨胀作用而闭合。

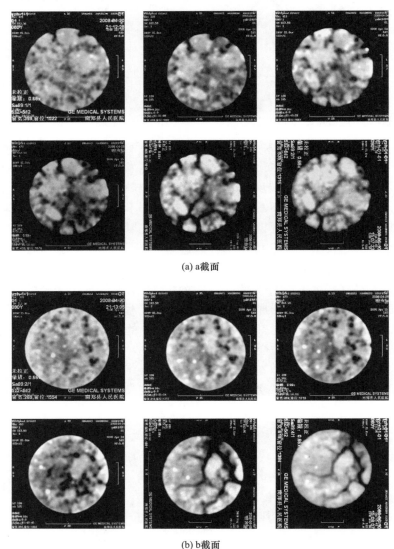

(a) a 截面

(b) b 截面

图 21.52　1 号试样 CT 图像

图 21.53 是 2 号试样两截面湿干循环过程中的裂隙变化情况。2 号试样内部裂隙主要发生在第 2 次增湿后。而试样第 1 次增湿后 a 截面可以看出明显的贯通裂隙，这与试样上端出现向下延伸裂隙有关。b 截面不同之处在于第 2 次增湿后试样内部裂隙明显发育并贯通整个试样。第 3 次干燥后试样面积减小裂隙有所闭合，这与前文分析的试样干燥后裂隙变化不太一致。试样增湿后裂隙发育变宽，干燥后裂隙收缩并且延伸。

3 号试样与其他相比较较为特殊（图 21.54），试样主裂隙的产生发生在第 1 次增湿并保持均匀后。从 CT 图像清晰地发现：首次干燥后试样中的孔洞变大，由于水分减少的缘故，这与其他试样试验结果是一致的。试样第 1 次增湿后体积迅速膨胀，水分再次充满整个试样，孔洞伴随主裂隙的产生而发生缩小乃至闭合。

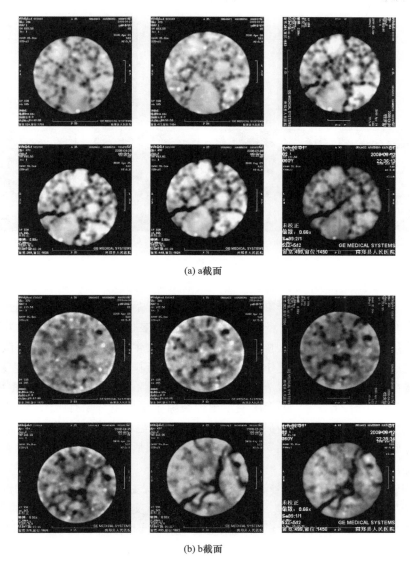

(a) a截面

(b) b截面

图 21.53　2号试样 CT 图像

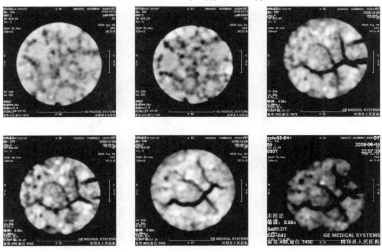

(a) a截面

图 21.54　3号试样 CT 图像（一）

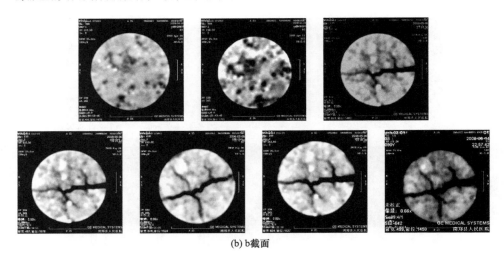

(b) b 截面

图 21.54　3 号试样 CT 图像（二）

　　3 号试样 b 截面较其他试样多扫描了一层，共取得 7 个图像，即在第 2 次增湿 12h 后多扫描了一层（图 21.54b 第 5 张）。与试样在保湿罐中保湿 72h 后相比，两者存在明显的区别。保湿 12h 水分未充分均匀，只保留在试样表层，由于膨胀土的湿胀特性，试样较第 2 次干燥相比，产生膨胀。试样表层裂隙闭合，内部裂隙贯通整个试样，次生裂隙发育明显。而试样保湿 72h 后待体积变化稳定后，取得的图像相比 12h，明显发现次生裂隙闭合、主裂隙宽度变大。这主要由于试样在保湿罐中放置时间较长、水分充分均匀所致。裂隙的产生还与时效性紧密相关。

　　3 号试样 a 截面（图 21.54a）第 1 次增湿出现裂隙干燥后主裂隙有所闭合；第 2 次增湿后试样表层主裂隙产生闭合，截面面积明显缩小。第 2 次增湿后试样的膨胀作用，主裂隙再次变宽，而表层裂隙彻底闭合。第 3 次干燥后，裂隙比第 2 次增湿后的更宽，而且次生裂隙再次发育出现，裂隙形状呈现"♯"形。

　　4 号试样（图 21.55）相似于 1 号试样，主裂隙的出现主要发生在第 2 次增湿均匀后。试样两个截面 CT 数 ME 迅速增大和方差 SD 急剧下降（见下文）。反映此时试样的裂隙发育较大，密度减小。从图上看，第 3 次干燥后试样裂隙宽度较第 2 次增湿后变化不大，但小孔洞闭合与试样收缩有关。主裂隙的产生是在原有孔洞聚集区基础上发育而来，孔洞聚集区即试样薄弱区，增湿后水分进入孔洞，而干燥后孔洞中的水分再次流失。孔洞的收缩与扩张，势必对孔洞之间土造成破坏，很容易使得孔洞连接、贯通，主裂隙随之而产生。

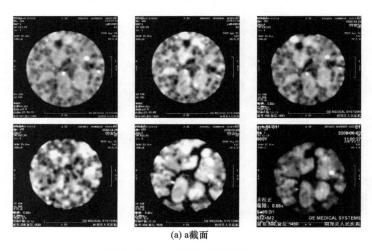

(a) a 截面

图 21.55　4 号试样 CT 图像（一）

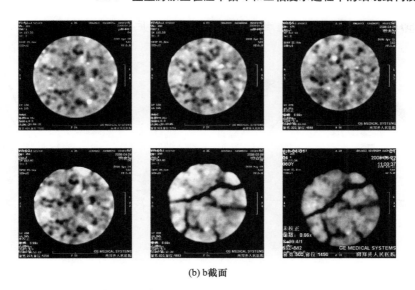

(b) b截面

图 21.55 4 号试样 CT 图像（二）

图 21.56 和图 21.57 分别是全断面和小圆扫描数据的变化曲线，试样全断面和小圆所得的扫描数据详见文献［14］。从整体上看，二者没有太大的变化，只是局部产生一定的调整。两图中 *ME* 值变化呈现"M"形，图中第 1 个峰值点是试样首次干燥所得，此时试样密度最大，相应 *ME* 也最大。第 2 个峰值点没有第 1 个大，是由于损伤程度的加大减小了 CT 数，但试样密度的增大也提高了 CT 数 *ME*。3 号试样没有出现第二个峰值点，这与其他试样有所不同：主要原因在于试样的损伤程度较大并且占据了主导优势。图 21.56（b）和图 21.57（b）中前 4 次操作曲线提升缓慢，但第 5 次操作时出现一个峰值点，而且 3 号试样更为明显，这也反映了损伤越大 *ME* 越小，*SD* 越大的规律。裂隙发育及扩展情况决定试样 *ME* 和 *SD* 值的变化。

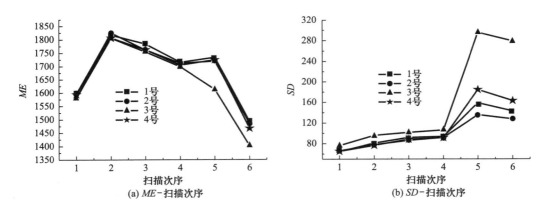

(a) *ME*-扫描次序   (b) *SD*-扫描次序

图 21.56 试样全区扫描数据随扫描次序的变化曲线

21.5.3 CT-三轴浸水试验结果分析

21.5.3.1 CT-三轴浸水试验的宏观反应分析

图 21.58 是 4 个试样试验后的照片，各试样呈现不同的形态。1 号试样围压和偏应力较小，试样浸水饱和后没有发生破坏；2 号试样发生剪切破坏，而且试验浸水未达到饱和，只浸水 17g 时试样轴向应变突增达到 14.4%，这是由于试验偏应力较大、围压较小所致；3 号和 4 号试样由于围压较大（100kPa），与前两个试样呈现不同的形态。这两个试样下端发生明显的鼓胀；4 号

试样浸水 17g 时，试样轴向变形快速增长达到 15%，试样底部产生鼓胀。

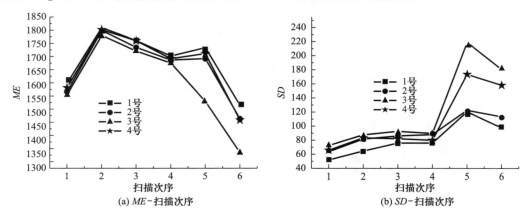

(a) ME-扫描次序　　　　　　　(b) SD-扫描次序

图 21.57　试样小圆扫描数据随扫描次序的变化曲线

(a) 1号　　　　　　(b) 2号　　　　　　(c) 3号　　　　　　(d) 4号

图 21.58　浸水试验后的试样

　　图 21.59 是 4 个试样浸水过程中体应变和轴应变的关系曲线。图中的负数值体变表示膨胀。从图中可知 4 个试样体积变化有着类似的规律，其变化可分为 3 个阶段：即体积首先压缩；之后产生膨胀；当膨胀达到峰值点后，试样又发生压缩变形。该现象可解释如下：试样浸水后表面先湿变软，在围压作用下表面裂隙闭合，体积减小。随着水向试样内部渗入，内部土粒发生膨胀，产生的膨胀压力可能超过围压（1 号和 2 号试样的围压为 50kPa，3 号和 4 号试样的围压为 100kPa），试样发生较大膨胀。文献 [17] 研究了南阳陶岔引水渠首重塑膨胀土的三向膨胀特性，土样干密度 1.7g/cm³、含水率 9.85%，竖向膨胀力达 402kPa、水平膨胀力接近 300kPa。膨胀力会随含水率减小和干密度的提高而增大。本次研究的土样干密度比文献 [17] 中的高，而试样干燥后的含水率远低于文献 [17] 中的土样，因而浸水后水平膨胀力会大于 300kPa。可见本次试验产生膨胀，是由于遇水后产生的膨胀力大于围压的缘故。而后试样由于膨胀力的释放和变形模量的减小再次产生压缩。

　　1 号和 2 号试样的体积膨胀量大于 3 号、4 号试样，这与 1 号和 2 号试样围压较小有关。1 号试样浸水较快，饱和后就停止了试验，轴向应变比较小；当轴应变超过 1% 后，试样体积膨胀趋于稳定并趋于压缩。2 号试样轴变达到 8% 之后，体变又有一个轻微的减小，这主要由于试样剪切带雏形已经形成，出现剪胀现象。3 号试样轴向应变达到 2%、4 号试样轴向应变达到 4% 之后体积压缩，这与膨胀力释放、模量降低，试样被压缩有关。

21.5.3.2　CT-三轴浸水试验的扫描图像分析

　　图 21.60～图 21.63 分别是 1 号、2 号、3 号和 4 号试样各截面试验过程中所得到的 CT 图

像。由于 CT 机的故障 2 号试样只拍到 17 张图片；其余试样均为 25 张，四个试样总共 92 张图像。图 21.60、图 21.61 和图 21.62 中每个截面 CT 图像分别代表固结和偏应力平衡后（浸水 0g）、浸水 5g、10g、15g 和 20g；图 21.63 中最后一次 CT 图像是试样浸水 17g 时拍摄，其余与 1 号和 3 号试验一样。

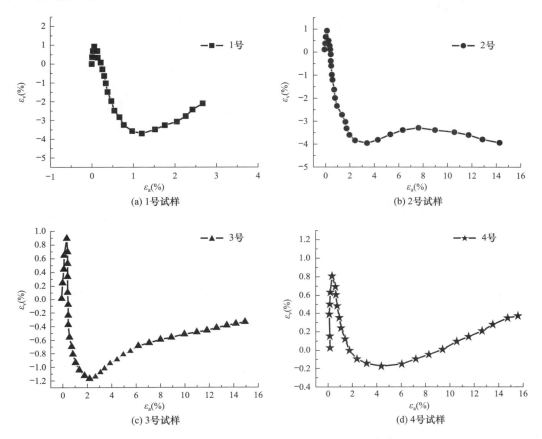

(a) 1 号试样　　　　　　　　　　　(b) 2 号试样

(c) 3 号试样　　　　　　　　　　　(d) 4 号试样

图 21.59　浸水过程中 4 个试样 ε_v-ε_a 的关系曲线

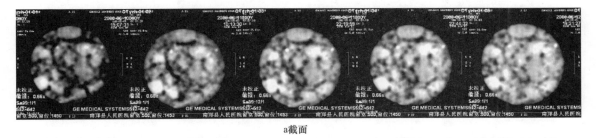

a 截面

b 截面

图 21.60　1 号试样各截面不同浸水量时的 CT 图像（一）

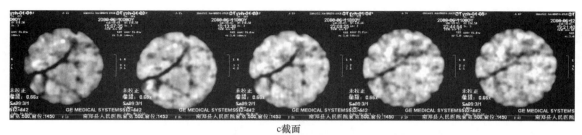

c 截面

d 截面

e 截面

图 21.60　1 号试样各截面不同浸水量时的 CT 图像（二）

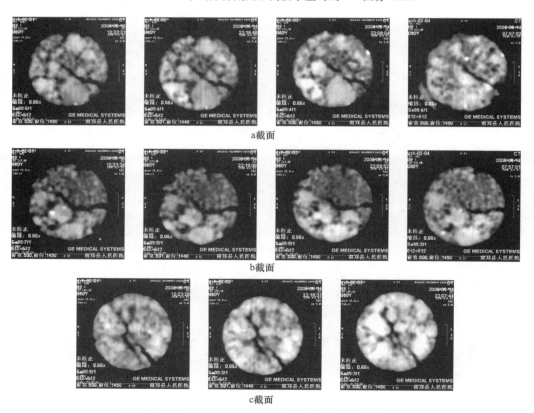

a 截面

b 截面

c 截面

图 21.61　2 号试样各截面不同浸水量时的 CT 图像（一）

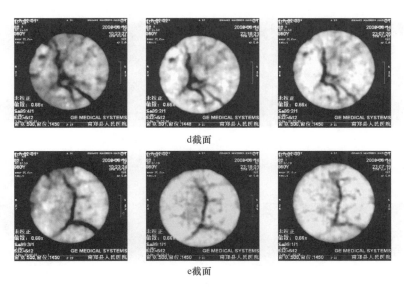

d 截面

e 截面

图 21.61　2 号试样各截面不同浸水量时的 CT 图像（二）

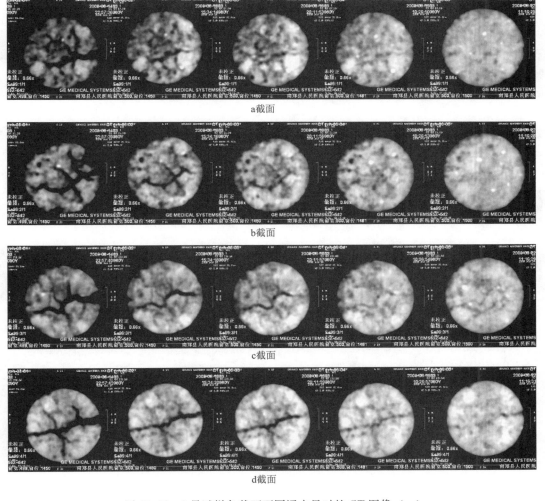

a 截面

b 截面

c 截面

d 截面

图 21.62　3 号试样各截面不同浸水量时的 CT 图像（一）

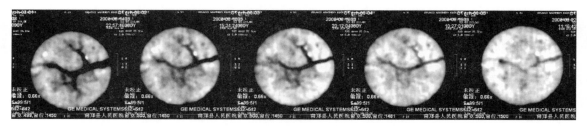

e截面

图 21.62　3 号试样各截面不同浸水量时的 CT 图像（二）

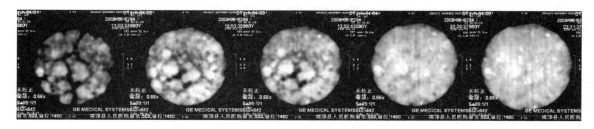

a截面

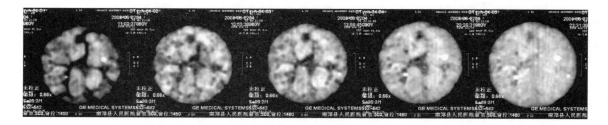

b截面

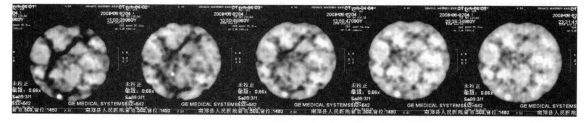

c截面

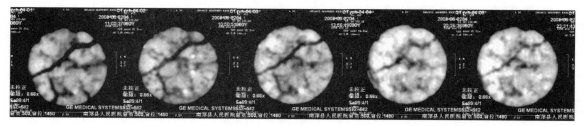

d截面

图 21.63　4 号试样各截面不同浸水量时的 CT 图像（一）

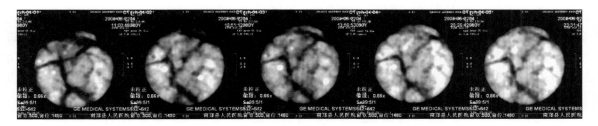

e截面

图 21.63 4 号试样各截面不同浸水量时的 CT 图像（二）

根据 CT 扫描原理，CT 图像的灰度大小与相应部位的土样密度成正比。图像中白色高亮区域为试样密度较高的地方，黑色部分为试样的裂隙、孔洞以及微裂纹存在的地方，这些区域往往由空气、水分填充，整体密度较低。重塑后的膨胀土由于分层压制，密度均匀；各截面 CT 数 ME 和方差 SD 差异较小，所得到的 CT 图像仅有少量微裂纹存在。湿干循环后的土样由于结构性已经严重破坏，裂隙发育明显，CT 图像中黑色部分分布错综复杂、白色高亮度部分较少。

图 21.60 是 1 号试样各截面不同浸水量时的 CT 图像。比较各截面初始扫描状态图像，不同的截面裂隙发育和走向，以及孔洞的排列都千差万别。裂隙和孔洞呈不规则和随机性分布，说明湿干循环后试样损伤较大，结构处在松散状态。试样外部边缘的裂隙首先闭合、边缘处的孔洞面积减小，而试样内部裂隙和孔洞闭合并不明显。随着浸水量的增多，试样内部的裂隙和孔洞也逐渐闭合。由于渗水从试样底部自下而上，试样底部已经饱和时，上端水分才刚渗入，导致上下截面裂隙闭合程度存在差异。

图 21.61 是 2 号试样不同浸水量时的扫描图像，总体上与 1 号试样扫描图像存在差异。a 截面和 b 截面初始扫描损伤较大，有较大裂隙延伸多半截面；其余截面裂隙贯通整个试样。2 号试验由于偏应力达到 100kPa 以及试样自身存在的裂隙较大，导致浸水速率较快，试样没有达到饱和就已经破坏。试样浸水后外边缘裂隙缺口首先闭合，d 截面和 e 截面 CT 图像更能反映这一点。由于试样浸水较快，试验所用的时间较短，各截面裂隙闭合较均匀，没有出现 1 号试样中下部截面裂隙已经闭合而上部裂隙还较大现象，可见应力状态以及浸水时间对裂隙闭合存在很大的影响。随着试验的进行，试样内部裂隙不断愈合和孔洞不断变小，结构不断进行调整。

图 21.62 是 3 号试样不同浸水量时的扫描图像。初始扫描可见试样损伤明显，各个截面都有裂隙贯通试样，并伴有次生裂隙存在。黑色区域较多，说明试样密度较低。较多的裂隙存在为试验浸水提供良好的通道和条件，在反压作用下水从裂隙处迅速从下而上渗透。试样浸水 10g 时，即第 3 次拍摄时，试样底端 a 截面和 b 截面裂隙基本全部闭合只有部分小孔洞存在；而 c、d 和 e 截面裂隙还是存在。试样第 4 次拍摄发现五个截面小孔洞基本消失，靠近上端的 d 截面和 e 截面裂隙没有愈合，其余裂隙均消失。第 5 次拍摄后，图片中裂隙已经全部闭合，只有上端 e 截面微裂隙存在。此时底部 a 截面面积增大较多，试样底部鼓起。与 1 号和 2 号试样相比，3 号试样裂隙闭合良好，试样浸水未能完全饱和，底端鼓起。

图 21.63 是 4 号试样各截面不同浸水量时的扫描图像。4 号试样每层截面都存在贯通裂隙，裂隙的形状和走向千差万别，给试验浸水提供良好的通道。由于试样初始状态结构较松，试验浸水速率较快。试验第 2 次扫描即浸水 5g 后下部 a 截面和 b 截面裂隙已经闭合，截面中央只有一些孔洞存在。上部截面裂隙宽度明显减小，但裂隙没有完全闭合，e 截面更是如此。

浸水 10g 时，a 截面和 b 截面中的小孔洞只有轻微的变小；c 截面中的较大孔洞闭合良好，边缘裂隙已经完全闭合，内部较大裂隙宽度再次减小；而上部 d 截面和 e 截面由于位置的原因，截面中的裂隙只相对浸水 5g 时的宽度减小一点。

浸水 15g 后，靠近底端的 a 截面黑色区域已经完全消失、白色区域占据整个截面，说明此时截面密度增大；b 截面只剩若干微小孔洞存在，密度也明显增大；c 截面中裂隙愈合较好，已经逐渐演化成小孔洞；d 截面中原来的大裂隙在浸水和外力作用下变成一条微裂纹的形式、中央的黑色小点是大裂隙逐渐演化的结果；e 截面所处的位置决定了自身裂隙的滞后性。浸水达到 17g 拍摄图片时，试样底端 a 截面面积显著增大，b 截面小孔洞完全消失；c 截面中孔洞再次减小趋于闭合；d 截面和 e 截面孔洞继续收缩。

综上所述，试样浸水饱和与试验应力状态有关；进水后试样裂隙首先从外边缘闭合，随后内部裂隙和孔洞闭合；更小的孔洞随着浸水量的增多，土样膨胀和压缩后闭合。裂隙的闭合因素较多，与浸水量、浸水时间、应力状态、初始损伤程度、裂隙走向以及裂隙所处的位置有关。

21.5.3.3 CT-三轴浸水试验的扫描数据与宏观变量的关系分析

CT 扫描数据包括 ME 和 SD，试样的宏观变量包括浸水量、体应变、偏应变和扫描断面的面积。以下为分析这些量之间的关系。

4 个试验的 CT 说明数据见文献 [14]。图 21.64～图 21.67 分别是 1～4 号试样的扫描数据与浸水量之间的关系曲线。总体来看，随着进水量的增加 ME 值逐渐增大而 SD 逐渐减小，说明密度在不断增大，截面的差异性逐渐减小。3 号试样的曲线最为典型，5 个断面上的扫描数据很接近。其他 3 个试样的扫描数据则比较离散。

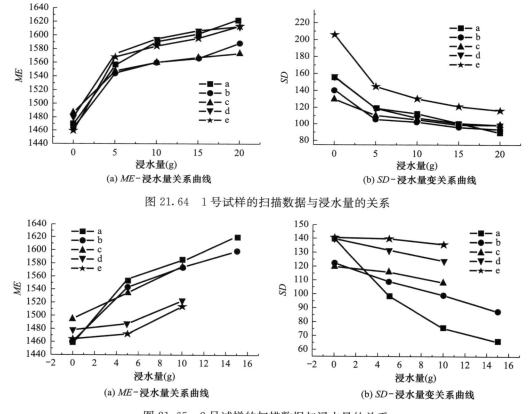

图 21.64 1 号试样的扫描数据与浸水量的关系

图 21.65 2 号试样的扫描数据与浸水量的关系

各试样的 5 个扫描断面扫描数据平均值与浸水量之间的关系示于图 21.68。1 号试样曲线较为平缓，原因是该试样只受到 50kPa 偏应力作用，以及试样浸水饱和后没有发生破坏。2 号和 4 号试样受到 100kPa 偏应力作用，ME 曲线近似线性增长；SD 曲线线性下降。3 号试样比较特殊，试样初始状态 ME 较大、SD 较小。浸水 5g 后，ME 均值急剧增大、SD 均值急剧减小；而试验的后期 ME 均值还在增大、SD 均值还在减小。这是因试样受到较大围压而偏应力只有

50kPa 的缘故。

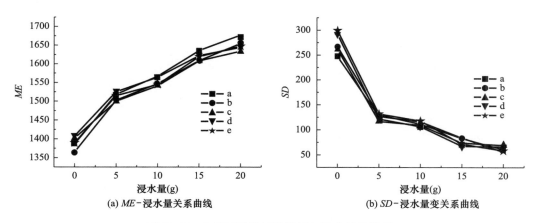

图 21.66　3 号试样的扫描数据与浸水量的关系

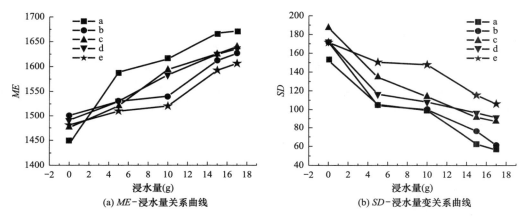

图 21.67　4 号试样的扫描数据与浸水量的关系

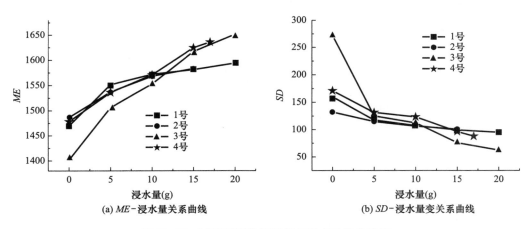

图 21.68　试样扫描数据均值与浸水量的曲线图

　　偏应变是决定土样损伤程度的一个重要因素，而对膨胀土而言体应变也不容忽略，特别是在浸水情况下。试样共扫描了 5 次，只有 2 号试样扫描了 4 次，各次扫描时对应的体应变和偏应变值列于表 21.20 中。

　　图 21.69 中试样扫描数据均值与体应变没有明显的规律。1 号和 2 号试样曲线类似双曲线而 3 号和 4 号试样曲线呈 "S" 形。这主要由于 1 号和 2 号试样所受到的围压较小，而 3 号和 4 号

试样围压较大，阻止了试样的膨胀，并且试验后期两试样底部鼓起体积又有增大的趋势。

各次扫描对应的应变状态

表 21.20

试样编号	1				2			
扫描次序	体应变	偏应变	ME 均值	SD 均值	体应变	偏应变	ME 均值	SD 均值
1	−0.5292	0	1469.81	159.81	−0.297	0	1472.64	132.38
2	−1.6278	0.036	1551.61	117.68	−0.541	0.105	1517.09	118.88
3	−1.3398	0.807	1571.92	107.42	0.506	0.623	1554.20	108.33
4	−0.4064	1.344	1581.43	99.27	2.901	2.213	1609.95	76.44
5	2.5425	2.725	1594.14	95.00	—	—	—	—

试样编号	3				4			
扫描次序	体应变	偏应变	ME 均值	SD 均值	体应变	偏应变	ME 均值	SD 均值
1	−0.107	0	1390.14	272.23	−0.097	0	1478.07	171.01
2	−0.181	0.451	1512.32	125.23	−1.002	0.026	1536.02	122.26
3	0.611	0.965	1552.81	112.30	−0.511	0.469	1570.74	113.83
4	1.111	2.013	1619.07	75.97	0.142	3.790	1624.57	88.60
5	0.813	8.025	1651.67	64.12	−0.107	9.890	1635.98	80.55

图 21.70（a）和图 21.70（b）分别是各试样 CT 数 ME 均值和方差 SD 均值随偏应变的变化曲线。总体来看随着偏应变增长初期，ME 均值增长较大和 SD 均值下降较快；但随着偏应变继续增大，ME 均值增长和 SD 均值减小趋于平稳。这说明试样初始损伤较大，试样裂隙较多；试验后期试样裂隙闭合明显、密度趋于稳定，土样截面上结构缺陷逐渐消失。

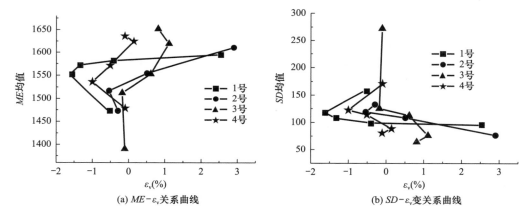

(a) $ME-\varepsilon_v$ 关系曲线　　(b) $SD-\varepsilon_v$ 变关系曲线

图 21.69　扫描数据均值与体应变 ε_v 的变化曲线

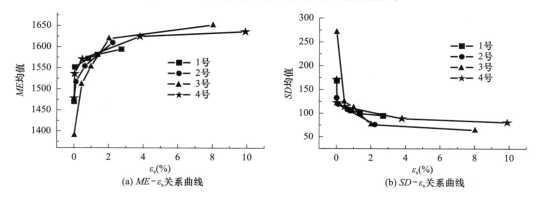

(a) $ME-\varepsilon_s$ 关系曲线　　(b) $SD-\varepsilon_s$ 关系曲线

图 21.70　扫描数据均值与偏应变 ε_s 的变化曲线

试样各截面面积随试验扫描次序的值列于表21.21中。由于多次湿干循环后，试样裂隙发育较明显，初次扫描后各截面的面积较离散。图21.71是4个试样各截面面积的变化情况。在浸水过程中，各断面面积发生波动，当湿胀作用小于外荷载的束缚作用时发生收缩；当围压较小时，发生膨胀。各断面最终的面积均大于初始值。

试样各截面面积值（mm²） 表21.21

试样编号	1					2				
扫描次序	a截面	b截面	c截面	d截面	e截面	a截面	b截面	c截面	d截面	e截面
1	992.38	992.36	997.81	976.11	998.03	987.86	992.5	986.9	986.90	976.11
2	1009.22	1003.35	1003.35	1003.35	1008.23	1002.38	1003.23	1003.08	1003.32	1003.35
3	1008.83	992.38	970.6	1003.35	990.29	1036.4	1022.94	999.55	1003.32	1008.83
4	1003.32	1008.83	1003.32	997.81	1043.27	1054.57	1045.11	—	—	—
5	1025.37	1019.8	1008.65	1008.83	1002.66	—	—	—	—	—

试样编号	3					4				
扫描次序	a截面	b截面	c截面	d截面	e截面	a截面	b截面	c截面	d截面	e截面
1	1008.83	1008.43	1008.77	1009.86	1008.77	987.27	1003.35	1002.83	992.81	1003.32
2	997.87	997.69	997.81	997.81	997.81	1008.36	1003.35	1019.8	981.42	992.38
3	1025.28	1003.32	1030.76	1025.4	1014.34	1047.42	1030.76	1019.86	997.69	1008.77
4	1047.66	1030.94	1003.32	1003.35	1023.32	1121.6	1098.71	1047.66	1003.32	1014.31
5	1170.46	1150.84	1092.72	1070.1	1053.23	1246.72	1240.73	1098.71	1036.52	1036.49

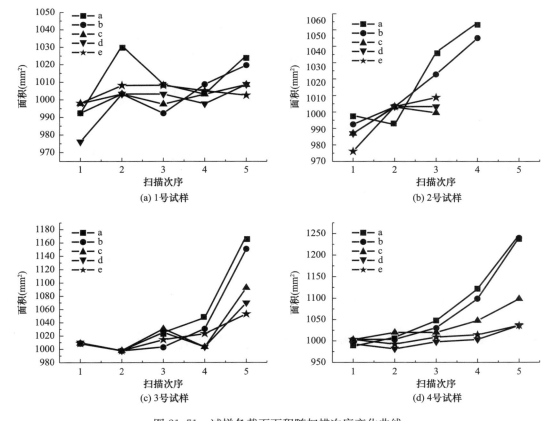

图21.71 试样各截面面积随扫描次序变化曲线

21.5.3.4　三轴浸水过程的结构修复演化方程

湿胀干缩引起的土样裂隙在浸水过程中逐渐闭合，相当于对试样的结构进行了修复。采用裂隙闭合参数 m 来衡量浸水试验过程中裂隙闭合情况。m 实际上反映土样的细观结构的修复，可称为结构修复参数，其定义为：

$$m = \frac{ME - ME_i}{ME_f - ME_i} \tag{21.12}$$

其中，ME 是土样在浸水某一时刻对应的 CT 数均值；ME_i 为湿干循环后裂隙发育最明显的初始 CT 数均值。3 号试样 b 截面 ME 值最小，故取 $ME_i = 1365HU$。浸水时裂隙完全闭合的土样可视为完全修复土样，相应的 CT 数均值用 ME_f 表示，3 号试样试验结束后各截面裂隙均闭合良好，取其 a 截面的 CT 数均值 1660HU 为 ME_f。由此定义的裂隙闭合参数是一个相对值，可用以分析裂隙闭合演化规律。m 相对越小反映裂隙闭合程度越高。当 $ME = ME_i$，$m = 0$；当 $ME = ME_f$，$m = 1$。m 从 0 到 1，表示结构逐渐修复的过程。由此定义的结构修复参数是一个相对值，可用以分析裂隙闭合演化规律。

定义 ε_w 为含水率变化量（该符号的含义仅限于本节）：

$$\varepsilon_w = (w - w_0)/w_0 \tag{21.13}$$

式中，w_0 为初始状态含水率；w 为浸水过程中任意时刻的试样含水率。图 21.72 是 4 个试样结构修复参数与含水率变化量的关系曲线。从图中可知结构修复参数成指数增长趋势。采用如下函数拟合浸水过程的结构修复演化方程：

$$m = m_0 + \exp\left[\frac{p}{q + p_{atm}}(a\varepsilon_w)\right] - 1 \tag{21.14}$$

式中，m_0 为试样的初始结构修复参数；p、q 和 p_{atm} 分别是试验施加的净平均应力、偏应力以及大气压；a 为试验系数，通过多元回归分析取 4 个试验的平均值，得 $a = 0.32$。

4 个试样的计算值（按式（21.12）计算）与拟合值（按式（21.14）计算）的关系如图 21.73。除了 2 号试样以外其余均拟合较理想。2 号试样浸水试验由于仪器故障没有完成最后一次扫描，使得拟合与计算有差距。

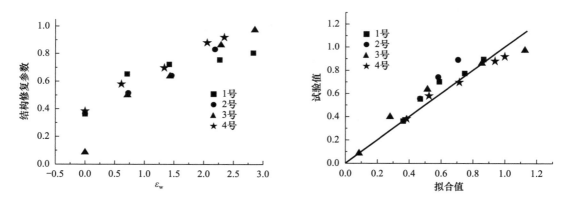

图 21.72　结构修复参数与含水率变化量 ε_w 的关系　图 21.73　4 个试样裂隙闭合参数试验值与拟合值之间关系

21.6　裂隙膨胀土在各向等压下的细观结构演化和屈服、变形、水量变化特性

在第 13.2 节研究了没有损伤的重塑膨胀土在各向等压条件下的屈服等特性。从第 21.3 节和第 21.4 节可知，在自然状态下，膨胀土经历多次干湿循环后会产生诸多裂隙或裂缝，使土发生

损伤，土性劣化，导致渗透性增大，强度和模量降低，屈服应力也会降低。本节用CT-三轴试验（图6.44）研究具有不同损伤度的重塑膨胀土在各向等压条件下的屈服特性[18]。

21.6.1 研究方案

试样用土以及制样方法与21.4节相同。共制备了6个试样，试样初始参数见表21.22。

试样初始参数及应力状态　　　　　　　　　　　　表 21.22

试样编号	体积（cm³）	干密度（g/cm³）	孔隙比 e	含水率（%）	饱和度（%）	吸力（kPa）	循环次数（次）
0	96.00	1.500	0.820	26.55	88.39	50	0
1	88.42	1.637	0.668	21.63	88.40	50	1
2	89.82	1.586	0.721	23.32	88.29	50	2
3	92.05	1.569	0.739	24.05	88.73	50	3
4	95.17	1.506	0.813	26.44	88.67	50	4
5	95.67	1.505	0.814	26.34	88.33	100	4

为了获得不同损伤度的试样，先对试样进行干湿循环。试样干燥在烘箱中进行，控制温度35℃，无鼓风状态干燥24h；试样增湿控制饱和度为初始状态的88.39%。通过多次增湿使试样增湿至预定饱和度。0号试样不经历干湿循环，1～4号试样依次进行1次、2次、3次和4次干湿循环。干湿循环完成后，0～4号试样分别进行控制吸力为50kPa的各向等压加载试验。5号试样经历4次干湿循环，而后进行控制吸力为100kPa的各向等压加载试验。净平均应力分级施加，试验结束时净平均应力都为350kPa，并在各级荷载稳定后对土样进行实时CT跟踪扫描。

扫描时CT图像窗宽、窗位统一设定在400和1550。每个试样进行了9次扫描，在干湿循环过程中没有扫描，扫描对应的净平均应力分别为0kPa、25kPa、50kPa、75kPa、100kPa、150kPa、200kPa、250kPa和350kPa。每个试样扫描两个截面：上1/3截面为b截面，下1/3截面为a截面。一共取得有效图片108张。

对控制吸力的各向等压加载试验采用的稳定标准为：在2h内，试样的体变和排水量分别小于0.0063cm³和0.012cm³。完成一个试验约需10～16d不等，其历时长短取决于试验最终达到的净平均应力和干湿循环的次数，以及损伤程度的大小。

由于试验周期较长，为消除量测误差，对排水量测值进行校正。试验结束时，试样被切成3段，分别量测各段的含水率，发现3者的含水率彼此很接近。由试样初始含水率和最终含水率之差，可算出试样的实际排水量，再根据计算的实际排水量去校正量测值。试验含水率校正值如表21.23所示。下文分析含水率均采用校正值。

试样排水量与校正值的比较　　　　　　　　　　表 21.23

试样编号	吸力（kPa）	历时（d）	测量值（cm³）	校正值（cm³）	差值（cm³）	相对误差（%）
0	50	15	3.03	3.32	0.29	8.73
1	50	10	2.09	1.96	0.10	5.10
2	50	12	3.73	3.95	0.21	5.32
3	50	14	4.34	4.51	0.17	3.77
4	50	15	5.33	5.63	0.30	4.52
5	100	16	7.54	7.40	0.14	1.89

21.6.2　各向等压加载过程中的细观反应分析

图 21.74 是干湿循环 1 次的 1 号试样各级荷载对应的 CT 扫描。图像中无明显裂隙发育，裂隙仅外表层存在。椭圆 1 和椭圆 4 各存在一个较大孔洞，在试验结束后也没有完全消失。椭圆 2 和椭圆 3 处都有裂隙存在且伴随较多小孔洞，显示土样在此位置已开裂，这在椭圆 3 处尤为凸出。从图 21.74 中整体来看试样干缩湿胀产生的微裂隙随着净平均应力的增大很快闭合，内部孔洞的闭合却比较缓慢。试样第五次扫描时，图像在窗宽和窗位不变的情况下，代表黑色区域的孔洞明显减少，这与试样在净平均应力达到 150kPa 已经屈服有关。

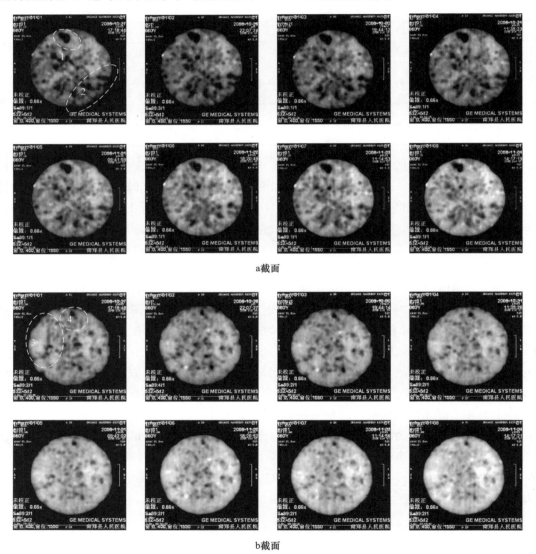

a 截面

b 截面

图 21.74　1 号试样各级荷载对应的 CT 扫描图像

干湿循环 2 次后的 2 号试样的 CT 图像如图 21.75 所示。其损伤程度明显大于 1 号试样，不仅表现在 CT 扫描数据的变化（见下文）而且在扫描图像上也产生剧烈的变化。a 截面和 b 截面孔洞明显多于 1 号试样，且裂隙不再是截面边缘处存在，已经延伸至试样内部。a 截面中椭圆 1 处产生一个较大缺口，但随着净平均应力的增大，缺口处逐渐圆润，说明了缺口处损伤程度较大，随着试验的进行椭圆 1 结构变得均匀。椭圆 2 处存在一个较大孔洞，可以看出该孔洞由若干个小孔洞共同组成，第 8 次扫描时，椭圆 2 收缩为 4 个小孔洞，而右下方孔洞却没有完全闭合。椭圆 3 处有一条裂隙几乎横贯整个试样，说明 2 号试样的下半部损伤程度较大，主裂隙已经在第 2 次增湿后初步形成。椭圆 3 处的主裂隙当净平均应力达到 150kPa 时闭合，这与试样产生屈服有关。裂隙在后期跟踪拍摄时逐渐演化为小孔洞，黑色区域面积明显减少，白色区域在图像中占据主导地位；试样截面边缘随荷载增大，逐渐向圆形发展，整个截面变得更加密实，密度提高。总的来看，**试样中存在的裂隙和孔洞在净平均应力没有超过 150kPa 时，基本上没有质的变化，而在 150kPa 后闭合明显。表明了屈服与试样内部结构细观结构变化密切相关。**

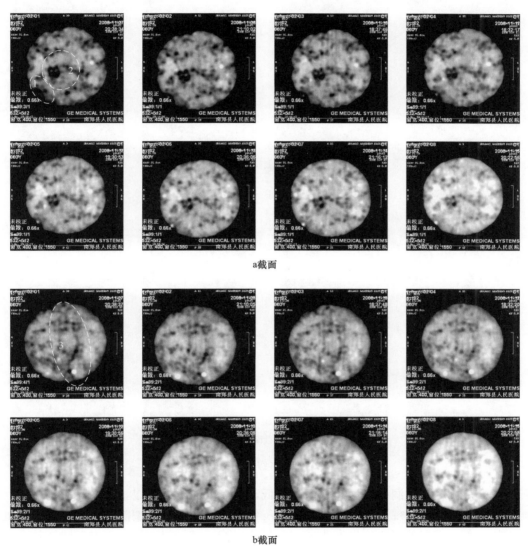

a截面

b截面

图 21.75　2 号试样各级荷载对应的 CT 图像

经历干湿循环 3 次后的 3 号试样（图 21.76），其损伤程度远远大于前两个试样。主要原因是 1 次循环后裂隙只存在于边缘；2 次循环后主裂隙形成雏形；而 3 次干湿循环后主裂隙已经贯通整个试样，并且伴随主裂隙产生许多次生裂隙和大量孔洞。经过 3 次干湿循环试样裂隙发育较为明显，且试样体积比前两个试样要大，其干密度下降较快，孔隙比加大。图 21.76 中净平均应力为 25kPa 的 a 截面和 b 截面扫描图像都存在裂隙，裂隙相互交织完全破坏了试样的整体性。a 截面中的椭圆 1 裂隙贯通截面，把试样分为两个部分；b 截面中 2 处裂隙发育没有 a 截面处大，但也贯通整个试样。1 处和 2 处裂隙在施加净平均应力 100kPa 后逐渐演化为孔洞，边缘处裂隙已经完全闭合；孔洞随着净平均应力的增大逐渐缩小。

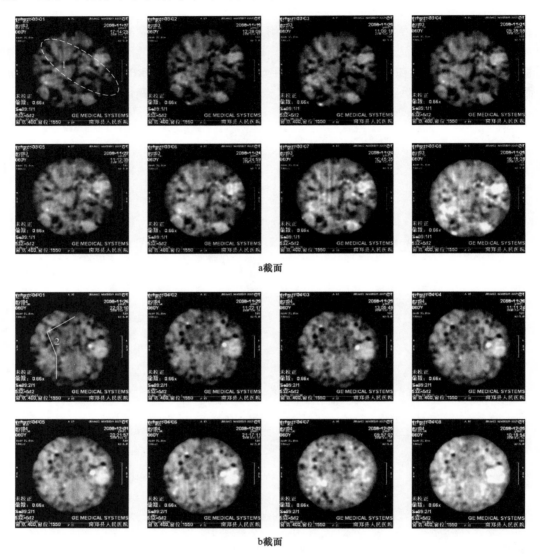

a 截面

b 截面

图 21.76　3 号试样各级荷载对应的 CT 图像

随着密实度的提高孔洞缩小的幅度也在降低，新产生的结构可以抵御较大压力作用。裂隙和孔洞闭合，呈现不同的规律：较大孔洞在围压作用下很快变小；裂隙闭合先是从边缘处，再过渡到试样内部，使裂隙逐渐演化为孔洞。孔洞较裂隙不容易闭合，原因在于同样的受力状态下，圆形孔洞受力性能优于裂隙，使得试样受力后期部分孔洞不能完全闭合，而能承受荷载的作用。

图 21.77 是干湿循环 4 次的 4 号试样未施加任何荷载时的扫描图像。4 次干湿循环后的试样裂隙发育显著，结构性、整体性较差。a 截面和 b 截面中存在大量的裂隙和孔洞，截面边缘极其粗糙。a 截面 1 处裂隙把试样划分为 4 块；b 截面 2 处裂隙已经完全分割了整个截面，内部裂隙明显，边缘裂隙却有所闭合，这是试样增湿后膨胀的结果。4 号试样经过 4 次干湿循环后密度变得较小，且裂隙发育明显，使得 CT 数相对较小、方差较大（见下文）。

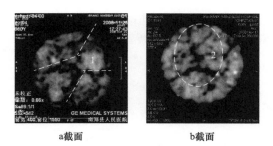

a 截面   b 截面

图 21.77 干湿循环 4 次的 4 号试样初始状态的 CT 图像

图 21.78 是 4 号试样各级荷载对应的 CT 扫描图像。初次扫描两个截面图像与图 21.77 相比，具有较大初始损伤的 a、b 截面在围压和吸力的作用下，裂隙和孔洞都有不同程度的闭合。a 截面中的圆 1 和 b 截面中的圆 2 被裂隙和孔洞分割，在荷载作用下圆 1 中白色面积逐渐扩大，而且颜色越加发白，此处的密度要高于其他部位。圆 2 处裂隙在围压和吸力作用下逐渐闭合，但在第 3 次拍摄后裂隙闭合有了质的变化，这与试样屈服有关。

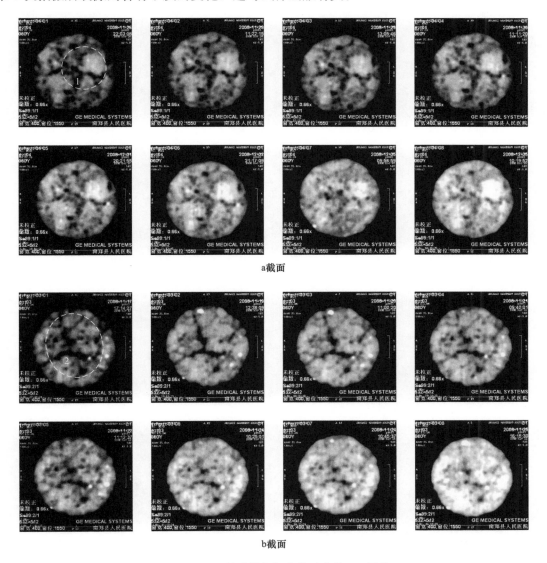

a 截面

b 截面

图 21.78 4 号试样各级荷载对应的 CT 图像

　　图 21.79 是 5 号试样干湿循环后无约束状态时的 CT 图像。与图 21.78 相似，干湿循环 4 次后的土样损伤程度很大，裂隙贯通试样，孔洞布满整个截面。

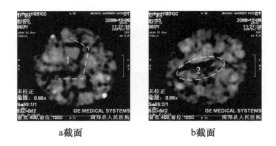

a截面　　　　　　　　　　　　b截面

图 21.79　干湿循环 4 次的 5 号试样初始状态的 CT 图像

　　图 21.80 是 5 号试样各级荷载对应的扫描图像。从图中可知 5 号试样在高围压和高吸力作用下，虽然净平均应力相同，其裂隙闭合程度要大于 4 号试样，这在图 21.79 中裂隙 1 和裂隙 2 可清晰看到。

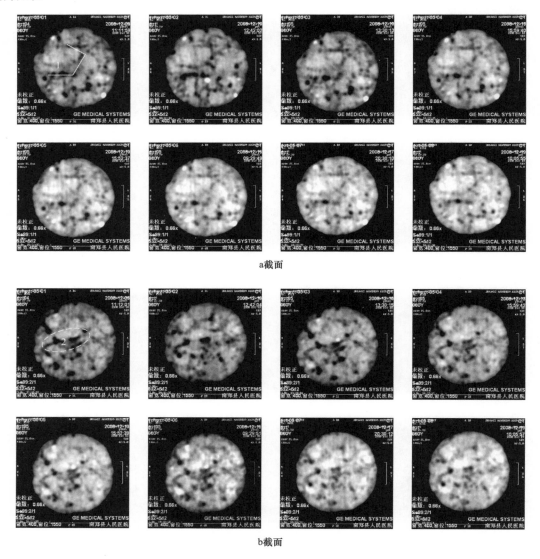

图 21.80　5 号试样各级荷载对应的 CT 图像

图 21.81 是未经干湿循环的 0 号试样的扫描图像。b 截面的孔洞要多于 a 截面，这是制样过程中受力不均匀所致。与 1 号试样细观图像（图 21.74）相比差距不大。

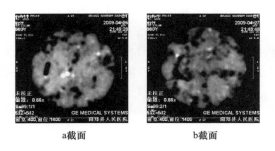

a截面　　　　　　　　　b截面

图 21.81　未干湿循环 0 号试样初始状态的 CT 图像

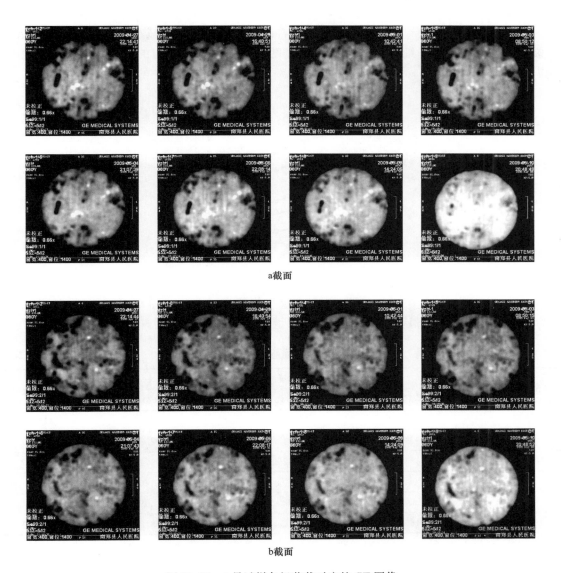

a截面

b截面

图 21.82　0 号试样各级荷载对应的 CT 图像

图 21.82 是 0 号试样各级荷载作用时的 CT 扫描图像，图像分析此处省略。

综上所述，无约束条件下干湿循环制造初始损伤，干湿循环次数越多，试样完整性越差。

裂隙的出现有不规则性，势必对试样扫描图像产生影响，同时也会对 CT 数据和试样屈服产生影响。CT 图像在屈服点后会发生显著的变化，试样截面裂隙和孔洞较大程度地闭合。干湿循环次数相同的试样，即使净平均应力相同，所受围压和吸力较大的试样，裂隙和孔洞闭合程度要大于围压和吸力较小的试样。

裂隙膨胀土在外荷载作用下，孔洞的闭合要滞后于裂隙。裂隙和孔洞的闭合以屈服点前后可划分为两个阶段，屈服点前裂隙和较大孔洞较快闭合，而屈服点后孔洞闭合趋于缓慢。

21.6.3　试验结果的综合分析

21.6.3.1　裂隙损伤对屈服应力、水量变化指标和体变指标的影响

图 21.83 是 0~4 号试样 v-$\lg p$ 关系图。同一土样的试验点近似位于两相交的直线段上。两直线段的交点可作为屈服点，屈服点的净平均应力就是屈服应力。把图中屈服点列于表 21.24 中，可见同一吸力下随着干湿循环次数的增加，试样屈服应力逐渐减小。事实上，干湿循环使试样裂隙发育，对试样的细观结构造成不同程度的损伤，屈服应力的大小反映了损伤程度的影响。

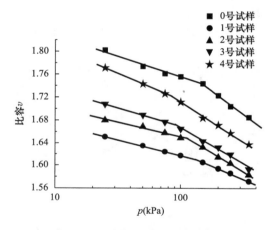

图 21.83　吸力 50kPa 不同干湿循环次数试样的 v-$\lg p$ 关系

各试样屈服应力值　　　　　　　　　　　　　表 21.24

试样编号	屈服应力			平均值
	(1)	(2)	(3)	
0 号	150.34	153.78	139.93	148.01
1 号	134.58	145.94	122.35	134.29
2 号	116.61	125.28	109.49	116.95
3 号	94.25	100.75	91.97	95.73
4 号	82.14	86.12	82.11	83.46
5 号	166.74	175.39	168.24	170.12

注：表中（1）用 v-$\lg p$ 确定；（2）用 ME-p 确定；（3）用 SD-p 确定。

屈服点后直线段斜率称为压缩指数。从表 21.25 中可知由 v-$\lg p$ 曲线确定的压缩指数屈服前其绝对值随着干湿循环次数的增加而逐渐增大；屈服后的直线段斜率除 1 号试样外基本变化不大，故认为干湿循环对试样屈服后的压缩指数没有明显的影响。

图 21.84 是 0~4 号试样体积含水率的变化量、质量含水率与净平均应力之间的关系曲线。

ε_w-p 和 w-p 可以近似用直线拟合，直线的斜率用最小二乘法确定，其值分别用 λ_w（s）和 β（s）表示并列于表 21.25 中。λ_w（s）和 β（s）的关系可由式（18.4）对 p 两边求导得到，即

$$\lambda_w(s) = -\frac{G}{1+e_0}\beta(s) \tag{21.15}$$

试验相关的土性参数值　　　　　　　　　　　　　　　　　　表 21.25

试样编号	直线斜率						水相体变指标	
	屈服前			屈服后				
	(1)	(2)	(3)	(1)	(2)	(3)	β（s）	λ_w（s）
0	−0.0741	0.3807	−0.1879	−0.1542	0.2048	−0.0399	0.0088	−0.0061
1	−0.0507	0.2602	−0.1273	−0.0893	0.3483	−0.0204	0.0083	−0.0050
2	−0.0568	0.5502	−0.1399	−0.1316	0.2387	−0.0439	0.0148	−0.0096
3	−0.0647	0.6271	−0.1618	−0.1366	0.3672	−0.0411	0.0201	−0.0146
4	−0.0941	0.8608	−0.2272	−0.1344	0.3490	−0.0372	0.0236	−0.0153
5	−0.0557	0.4540	−0.0548	−0.1715	0.1584	−0.0235	0.0212	−0.0159

注：（1）用 v-lg$p$ 确定；（2）用 ME-p 确定；（3）用 SD-p 确定。

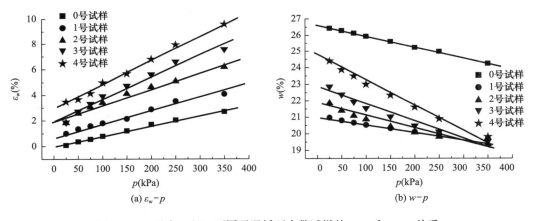

图 21.84　吸力 50kPa 不同干湿循环次数试样的 ε_w-p 和 w-p 关系

表 21.25 中 λ_w（s）和 β（s）关系也基本符合上式之间的关系，反映了试验数据的合理性。从图 21.84（a）中可知相同吸力不同干湿循环次数的试样的含水率下降斜率不一致，干湿循环次数越多，含水率下降越多，斜率越小。这与试样干湿循环次数越多含水率越大有关，并且与干湿循环次数越多，试验每级荷载所需时间较长有关。

21.6.3.2　吸力对屈服应力、水量变化指标和体变指标的影响

4 号试样和 5 号试样在干湿循环 4 次后进行不同吸力下的各向等压加载试验，图 21.85、图 21.86（a）和图 21.86（b）分别是两个试样的 v-lg$p$、ε_w-p 和 w-p 关系。图 21.85 中吸力 100kPa 的 5 号试样屈服应力明显大于吸力为 50kPa 的 4 号试样：吸力越大，屈服应力越大。干湿循环次数相同的两个试样，可认为其损伤相同，吸力越大，屈服应力越高。

图 21.86 与图 21.84 相似，ε_w-p 和 w-p 的关系可用一条直线代替，直线斜率相差不大，由于只做了一个干湿循环次数相同吸力不同的试验，故只能初步认为相同损伤不同吸力条件下的试样水量变化指标和体变指标相等（其值见表 21.25）。

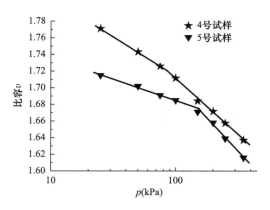

图 21.85　相同干湿循环次数不同吸力试样的 v-$\lg p$ 关系

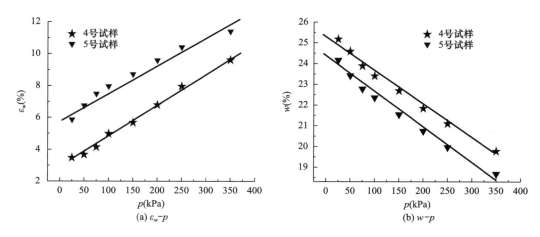

图 21.86　相同干湿循环次数不同吸力试样的 ε_w-p 和 w-p 关系

21.6.4　屈服应力随结构损伤的变化规律

从前述分析可知，随着干湿循环次数的增加，屈服应力逐渐减小；随着吸力的增加，屈服应力迅速增大。本书只做了 1 组干湿循环次数相同而吸力不同的压缩试验，故屈服应力随着吸力和干湿循环次数的共同影响无法同时考虑，只能研究初始损伤度对土样屈服特性的研究。

表 21.24 中由 v-$\lg p$、ME-p 和 SD-p 等 3 种方法确定的屈服应力相差并不大，取三者的平均值即为各试样的屈服应力值。

土的结构性是对土的联结和排列两个方面综合反映。CT 数 ME 反映了密度的大小，ME 越大，土越密实，土颗粒之间的联结越强；方差 SD 反映物质点的不均匀程度，SD 值越小，土颗粒排列分布越均匀。故采用 CT 数 ME 和方差 SD 就可以反映土的结构性。

基于 CT 数 ME 定义干湿循环过程中的结构参数称为 m_c，由下式确定：

$$m_c = \frac{ME - ME_f}{ME_i - ME_f} \tag{21.16}$$

0 号试样没有进行干湿循环，可认为没有损伤的土样，其初始扫描的 CT 数用 ME_i 表示，其值分别为 1553.32；4 号和 5 号试样分别进行了 4 次干湿循环，裂隙发育非常明显，可认为完全损伤土样，两者初始扫描的 CT 数 ME 的平均值用 ME_f 表示，其值为 1465.67，考虑到试样损伤可继续发展，故 ME_f 取为 1440。式（21.16）中 ME 表示干湿循环过程中的对应的 CT 数。由于本书试验的试样干湿循环过程中没有扫描，仅在干湿循环结束后试样被装进压力室并施加吸力平衡后（尚未施加净平均应力）进行了 CT 扫描，故表 21.26 中得到的结构参数可认为试样的初始结构参数。如表 21.26 所示，没有损伤的 0 号试样结构性最强，结构参数为 1；随着损伤的加大试样初始结构性逐渐减小，4 次循环后结构性最差。

试样结构参数值 m　　　　　　　　　　　　　　　　表 21.26

试样编号	初始扫描		屈服扫描		m_c	m_p	m
	ME	SD	ME	SD			
0	1553.32	74.87	1614.32	53.51	1.00	0.57	1.57
1	1542.86	79.57	1607.51	63.31	0.90	0.53	1.43
2	1532.36	86.82	1597.79	73.27	0.81	0.47	1.28
3	1515.01	96.88	1585.24	80.51	0.66	0.41	1.07
4	1473.15	117.12	1568.13	88.25	0.30	0.35	0.65

对于加载过程中的结构性，基于 CT 数 ME 定义其结构参数为 m_p 如下：

$$m_p = \frac{ME - ME_i}{ME_f - ME_i} \tag{21.17}$$

从表 21.26 可知，4 号试样第一次扫描的 ME 值最小；又从文献 [14] 图 13 可知，4 号试样最后一次扫描的 ME 值最大；故两者可分别作为 ME_i 和 ME_f，其值分别为 1540.22 和 1677.67；同时由于试样干湿循环仍能继续以及所受荷载可继续增大，分别取 ME_i 和 ME_f 为 1500 和 1700。式（21.17）中 ME 表示任意加载过程中的对应的 CT 数。加载过程中的结构参数也列于表 21.26 中。对于同一试样随着荷载的增大，原有结构逐渐修复，产生新的结构，使得结构参数逐渐增大；而对于不同扫描次数的试样其屈服点来说，初始损伤越大，屈服发生得越快，其屈服点对应的结构参数也小。

干湿循环对试样产生了初始损伤，并形成了初始结构；随着荷载的施加，原有结构的消失以及新的结构产生，故可认为结构参数 m 由干湿循环形成的结构参数 m_c 和加载过程中的结构参数 m_p 两部分共同组成，即：

$$m = m_c + m_p \tag{21.18}$$

图 21.87 是屈服应力 p（表 21.24）与结构参数 m ［由式（21.18）计算］之间的关系曲线。由图中可知随着干湿循环次数的增加，结构参数呈递减趋势，式（21.19）较好地反映两者的关系：

$$p_0 = p_{0i} \exp(m - m_{0i}) \tag{21.19}$$

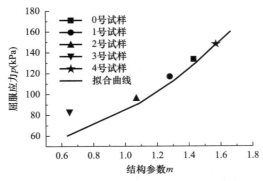

图 21.87　屈服应力与结构参数之间的关系

式中，p_{0i} 和 m_{0i} 分别为未经历干湿循环试样的屈服应力及其所对应的结构参数。

把式（21.19）代入巴塞罗那模型的屈服面方程式（19.32），就得考虑损伤影响的非饱和土屈服面表达式如下：

$$f_1(p, q, s, p_0^*) \equiv q^2 - M^2(p + p_s)[p_{0i} \exp(m - m_{0i}) - p] \tag{21.20}$$

由上式可知随着损伤程度的加大，屈服应力随之减小，其 LC 屈服面收缩，如图 21.88 所示。

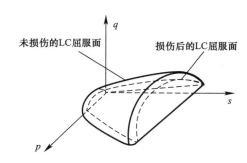

图 21.88　损伤土的屈服面与未损伤土的屈服面比较

21.7　膨胀土在受荷的干湿循环过程中的细观结构演化规律

在 21.3 节和 21.4 节中研究了南阳和陶岔两地的重塑膨胀土在无荷载作用时干湿循环过程中的细观结构演化情况，且只关注每个湿干循环的末尾（即干态试样），而没有连续跟踪湿干两种状态下土样的细观结构演化规律，也没有考虑荷载对干湿循环过程中裂隙演化的影响。事实上，土的细观结构在干湿循环过程中的演化与土所受的应力状态和约束条件有关。地基和边坡中的土都受一定的约束条件和应力。例如，膨胀土边坡在大气营力作用下常发生浅层失稳，见图 1.14 和图 21.1（c），浅层土的上覆自重压力很小；地基浅层易受气候变化的影响，浅层土处于侧限压缩条件，自重应力很小。基于这一认识，本节研究膨胀土在有荷条件下的干湿循环过程中的细观结构演化规律，对湿态和干态连续追踪[19]。

21.7.1　试验设备、试验方法和研究方案

试验用土取自南水北调中线工程南阳武庄段渠道外侧的膨胀土，取土深度距地表 0.5～2.0m，土样呈棕黄色，含钙质结核；土质细腻，有较大黏性；含水率较大，自然状态下手握即可成团，且不易散。试样包括原状土样和重塑土样，用专门设计的环刀（图 21.89 的右下角所示部件）制样，试样直径 61.8mm、高度 30mm，所有试样的初始饱和度为 $S_r = 25\% \pm 0.5\%$，重塑土样的初始干密度与原状土样相同，即为 1.47g/cm³。

为了研究侧限压缩条件下红黏土在湿干循环过程中的细观结构演化规律，专门研制了能与 CT 机配套使用的固结仪（图 21.89）、制样模具 [图 21.90（左）] 及制样设备 [图 21.90（右）]。该固结仪的主要部件有环刀和环刀底座，底板和环形外罩，加载砝码和变形量测部件等。其中环刀和环刀底座、底板和环形外罩均由特殊合金加工而成。环刀厚 10mm（以保证土样处于侧限条件），内径 61.8mm，高 30mm；从环刀高度的下三分点起（长 10mm）制成刃口，刃口下端厚 3mm；既可用于重塑土，也可用于原状土。环刀底座与环刀刃口密合。环形外罩和底板通过螺钉固定在一起，以避免在湿干循环过程中因土样胀缩引起环刀移动。加载砝码是专门设计的，每个砝码在土样上产生的压力是 10kPa，因而具有加荷简单方便的特点。该固结仪可直接置于 CT 机上进行扫描，对扫描图像影响很小。为了方便 CT 扫描，专门加工了放置该固结仪的有机玻璃支架（图 21.91），并在环形外罩的外侧与环刀的上三分点对应处刻画了一条环形线，该线对应的断面即为 CT 扫描的横断面。

下面以某一级荷载（10kPa）为例详述本试验过程[20]。

图 21.89　CT-固结仪　　　　图 21.90　试样模具（左）与制样设备（右）　　　图 21.91　有机玻璃支架

（1）将制备好的膨胀土试样装入 CT-固结仪中，土样上下表面均放置滤纸，然后在土样上表面依次放置透水石、垫块和 10kPa 的砝码（0kPa 下的土样不放置垫块和砝码），然后安装百分表支架和百分表，调节百分表读数归零。百分表用以量测土样的变形。固结过程完成的标准是：竖向变形≤0.01mm/h，且历时不少于 24h。将固结完成后土样定为初始状态（0kPa 下的土样无需固结过程即为初始状态），对初始状态土样进行 CT 扫描。

（2）根据初始状态土样体积和预定饱和度（$S_r=85\%\pm1\%$）计算加水量，固定百分表并调节读数归零，然后用注射器从垫块的空隙向土样加入计算水量，直至土样达到预定饱和度且固结完成，将该过程结束时的土样定名为湿 1 状态，对湿 1 状态土样进行 CT 扫描。

（3）将湿 1 状态土样在不卸载的情况下，放入恒温烘箱内进行恒温烘干，温度设置为 40℃，直至土样达到预定饱和度（$S_r=25\%\pm1\%$）且固结完成，将该过程结束时的土样定名为干 1 状态，对干 1 状态的土样进行 CT 扫描。在烘干过程中发现当有上覆荷载时，土样失水过程缓慢，约需 5~7d 时间，所以可以认为土样失水过程是均匀进行的，在达到预定饱和度时无需进行使土体水分均匀的过程，即可进行 CT 扫描；当荷载为 0kPa 时，达到预定饱和度后需将土样放置于保湿缸内进行 12h 的水分均匀，然后进行 CT 扫描。

（4）对干 1 状态土样依次重复进行（2）、（3）过程，即得到湿 2 状态、干 2 状态、湿 3 状态。此后不同状态土样的试验过程如此循环。

（5）试验过程中通过测量土样体积和质量控制土样达到目标饱和度。

本节主要模拟浅层膨胀土在湿干循环过程中的细观结构演化。在距地表 1.4m 范围内，土体自重在 0~20kPa 范围内，故试验设计土样分别在 0kPa、10kPa 和 20kPa 的竖向荷载下进行湿干循环试验，共做了 6 个原状土试验和 3 个重塑土试验。考虑到原状土样的离散性，对原状土在每个荷载作用下各做了 2 个平行试验，试样编号分别为 #0 和 #1，竖向荷载的数值用试样编号的下标表示，例如，#0_{-10} 表示 #0 试样所加竖向荷载为 10kPa，其余类推。试验方案列于表 21.27。

湿干循环试验方案　　　　　　　　　　　　　　　　　　　表 21.27

原状试样			重塑试样		
试样编号	试样数量	湿干循环次数	试样编号	试样数量	湿干循环次数
#0_{-0}，#0_{-10}，#0_{-20}	3	5	—	—	—
#1_{-0}，#1_{-10}，#1_{-20}	3	5.5	#2_{-0}，#2_{-10}，#2_{-20}	3	5.5

湿干循环试验和扫描的顺序为：初始含水率→湿 1→干 1→湿 2→干 2→湿 3→干 3→湿 4→干 4→湿 5→干 5→湿 6。将土样经历增湿、烘干的过程称为一次湿干循环。在表 21.27 中，有的土样经历了 5 次完整的湿干循环；有的土样则在经历了 5 次完整的湿干循环后，又增湿到饱和度达 $S_r=85\%$，记为 5.5 次湿干循环。对每个经历了 5 次完整湿干循环的试样共扫描 12 次，对经历 5.5 次湿干循环的试样扫描 13 次。

21.7.2　CT 图像及数据分析

CT 图像可以直观地显示试样断面上孔隙、孔洞及裂纹等，表现为暗色。密度较大的地方，则表现为亮色。根据 CT 图像的明暗程度可以初步判断扫描断面的密度大小及其密度分布的不均匀程度。CT 数据的 ME 值反映断面上所有物质点的平均密度，其单位是 HU。本次试验的 CT 数 ME 的选取区域为扫描断面上环刀内壁范围的截面，即取值区域面积为 $30cm^2$。

21.7.2.1　原状膨胀土的 CT 图像分析

图 21.92～图 21.94 为原状试样$^{\#}1_{-0}$、$^{\#}1_{-10}$和$^{\#}1_{-20}$的顺序扫描图像。其中，扫描图像的编号（a）～（l）依次对应于初始状态至湿 6 状态。

总体来看，试样在干状态时都有明显的裂隙存在，部分土样与环刀内壁之间存在空隙；在湿状态时仍存在裂隙，但是裂隙的长度和宽度要比干状态时的小得多，且由于膨胀土吸水后体积膨胀，湿状态时不存在土体与环刀内壁之间的空隙。

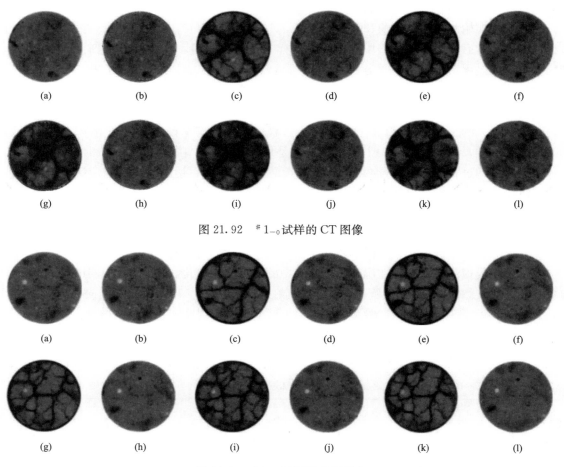

图 21.92　$^{\#}1_{-0}$试样的 CT 图像

图 21.93　$^{\#}1_{-10}$试样的 CT 图像

初始扫描时，CT 图像的高亮区和低暗区对比明显，表明土样断面存在明显的孔洞和胶结物，白色斑点则代表体积很小的钙质结核（俗称礓石），在试样$^{\#}1_{-20}$的初始扫描图像上可见微裂隙的存在，试样的初始结构性差异较大。

第一次增湿之后，试样 CT 图像整体亮度增大并不明显，第一次增湿的吸水量很少，约 3g，土样密度变化不明显。

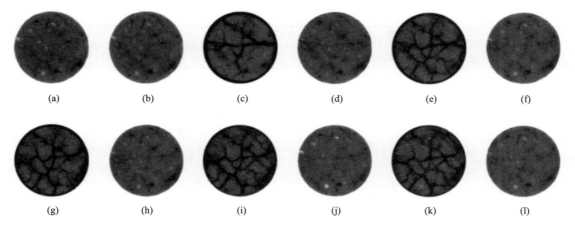

(a)　(b)　(c)　(d)　(e)　(f)

(g)　(h)　(i)　(j)　(k)　(l)

图 21.94　$^{\#}1_{-20}$ 试样的 CT 图像

第一次烘干后，从图像上看出土样有明显的裂隙产生，甚至部分裂隙贯通整个扫描断面，土体的结构破坏严重；裂隙大多集中于土样初始损伤的部位，即图 21.92（a）中的低亮度部位；图像的整体亮度减弱，土样密度减小；边缘部分土体与环刀分离，土样发生微小的体积收缩，边缘部分土体变得不规整，甚至出现缺口。

第二次增湿之后，水分的浸入和膨胀土自身的膨胀性，使得之前的裂隙闭合，土样与环刀内壁之间的空隙消失，图像整体亮度增大，土样密度增大；但与湿 1 状态图像相比可见损伤的累积，如图 21.92（b）和（d）所示。随着湿干循环次数的增多，干状态下，土样的裂隙呈现明显的增多趋势，且裂隙的产生部位较固定。称第一次产生的裂隙为主裂隙，随后产生的裂隙为次裂隙。在随后的烘干过程中主裂隙反复出现，并且宽度和长度逐渐增大；次裂隙在主裂隙的周围产生，土样裂隙细小，并具有反复性。部分裂隙随着湿干循环次数的增多，湿状态下土样的损伤出现累积，主要集中在与主裂隙的对应部位。虽然南阳膨胀土的膨胀性强，但是仍然不能抵消损伤累积引起的土样裂隙。

21.7.2.2　原状膨胀土的 CT 数据分析

表 21.28 是试验过程中实测的原状膨胀土的 *ME* 值，图 21.95 是与表 21.28 相对应的原状土样 *ME* 值随扫描次序的变化曲线，对湿态（$S_r = 85\%$）和干态（$S_r = 25\%$）分别绘图，实心点和空心点分别代表湿态（$S_r = 85\%$）和干态（$S_r = 25\%$）。由图 21.95 可见原状膨胀土试样的 *ME* 值均呈逐渐减小的趋势。

原状膨胀土试样的 *ME*　　　　　　　　　　表 21.28

湿干循环次数	试样编号					
	$^{\#}0_{-0}$	$^{\#}0_{-10}$	$^{\#}0_{-20}$	$^{\#}1_{-0}$	$^{\#}1_{-10}$	$^{\#}1_{-20}$
0.0	1584.66	1633.47	1663.71	1601.23	1658.63	1740.33
0.5	1629.03	1740.61	1793.58	1637.46	1747.08	1779.28
1.0	1306.71	1329.15	1356.76	1336.14	1342.65	1368.13
1.5	1610.57	1701.89	1762.02	1608.71	1726.23	1759.55
2.0	1261.39	1274.39	1324.71	1304.69	1302.75	1308.31
2.5	1581.29	1690.64	1730.46	1596.41	1718.73	1738.94
3.0	1118.44	1209.39	1259.94	1182.32	1227.97	1243.24
3.5	1578.89	1674.06	1717.00	1570.62	1700.50	1724.51

湿干循环次数	试样编号					
	#0−0	#0−10	#0−20	#1−0	#1−10	#1−20
4.0	1083.51	1144.24	1159.18	1119.10	1155.00	1199.50
4.5	1567.80	1625.24	1684.60	1560.63	1686.47	1697.10
5.0	1009.84	1065.08	1103.61	1038.39	1076.77	1100.43
5.5	—	—	—	1532.90	1669.05	1682.11

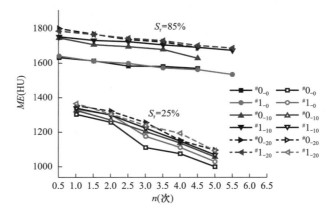

图 21.95　原状膨胀土试样 CT 数据随湿干循环次数的变化曲线

对比不同饱和度下的土样 ME 值曲线，可以发现，在湿态（S_r＝85％）时的 ME 值均较干态（S_r＝25％）时的 ME 值大，这是由于饱和度较高时，土体内部孔隙被水分填充且干状态时土体内部存在裂隙，故而土样湿状态下的密度比干状态下的密度大。在湿态（S_r＝85％）时，土样 ME 值曲线基本成一条向右下方倾斜的直线，斜率较小，且上部荷载大的其 ME 值也较大。在干态（S_r＝25％）时，土样 ME 值也基本成一条向右下方倾斜的直线，斜率较湿态的大，且同样具有上部荷载大的土样其 ME 值也大的特点。由此可见，增湿和烘干都会使土样的 ME 值减小，对 ME 值减小程度的累积效应随着湿干循环次数的增加近似呈线性关系。说明随着湿干循环次数的增加，土样的内部结构逐渐被破坏，土体变得松散，密度随之减小。

对比不同荷载下土样的 ME 值曲线可见，不同饱和度下土样 ME 值的大小关系均为 20kPa 荷载下的最大，10kPa 荷载下的次之，0kPa 荷载下的最小。说明上部荷载在一定程度上可以抑制湿干循环对土样内部结构的破坏，且上部荷载较大时，这种抑制作用也较大。这是土体上部荷载的压实挤密作用所致。

21.7.2.3　重塑膨胀土样的 CT 图像分析

图 21.96~图 21.98 依次为 #2−0、#2−10 和 #2−20 重塑试样的顺序扫描图像。其中，扫描图像的编号（a）~（l）分别对应于初始状态~湿 6 状态。

总体来看，试样在干状态时都有明显的裂隙存在，部分土样与环刀内壁之间存在空隙；在湿状态时土样内部也存在裂隙，但是裂隙的长度和宽度要比干状态时的小得多，在土样与环刀内壁之间没有空隙。

当土样存在上部荷载时，由于荷载的约束作用，可以使土样在发生变形时产生的应力均匀分布；同时外部土体由于缺少周围土体的约束，最先产生裂隙。当土样上部不受荷载时，土样在发生变形时应力集中，使得结构连接薄弱的部位最先产生裂隙，而结构连接薄弱的部位可能在土样内部，也可能在土样外部，所以土样内部和外部同时产生裂隙。土样在干态时，图像的整体亮度减弱，土样密度减小；边缘部分土体与环刀分离，土样发生微小的体积收缩，边缘部分土体变得不规整，甚至出现缺口，表明土颗粒之间的结构连接被破坏。第二次增湿之后，水分的浸入和膨胀土自身的膨胀性，使得之前的裂隙闭合，土样与环刀内壁之间的空隙消失，图像整体亮度增大，土样密度增大；但是由于结构连接的不可恢复，与湿 1 状态图像相比仍然可见损伤的累计，如图 21.96（b）和图 21.97（d）所示。

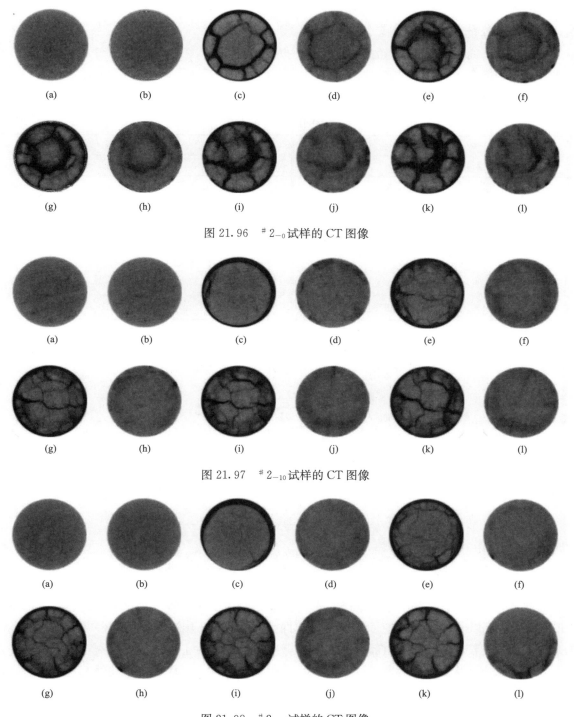

图 21.96 $^\#2_{-0}$ 试样的 CT 图像

图 21.97 $^\#2_{-10}$ 试样的 CT 图像

图 21.98 $^\#2_{-20}$ 试样的 CT 图像

随着湿干循环次数的增多，干状态下，土样的裂隙呈现明显的增多趋势，且裂隙的产生部位较固定。当有上部荷载时（图 21.97 和图 21.98），裂隙逐渐向土样内部扩展，以至延伸到试样中心，形成辐射状裂隙结构；当不存在上部荷载时（图 21.96），试样中部相对完整，裂隙网络呈龟背状，次裂隙集中在主裂隙周围，向四周扩展。主裂隙和次裂隙的开展都呈现反复性，并具有累积的现象。虽然南阳膨胀土的膨胀性强，但是仍然不能抵消损伤累积引起的土样裂隙。

21.7.2.4　重塑膨胀土的 CT 数据分析

表 21.29 是试验过程中实测的重塑膨胀土的 ME 值，图 21.99 是与表 21.29 相对应的原状土样 ME 值随扫描次序的变化曲线，对湿态（$S_r = 85\%$）和干态（$S_r = 25\%$）分别绘图，实心点和空心点分别代表湿态（$S_r = 85\%$）和干态（$S_r = 25\%$）。

重塑膨胀土试样的 ME　　　　　　　　　　　　　　　表 21.29

湿干循环次数	试样编号			湿干循环次数	试样编号		
	#2-0	#2-10	#2-20		#2-0	#2-10	#2-20
0.0	1644.27	1654.25	1662.36	3.0	1317.60	1375.90	1399.94
0.5	1676.00	1687.69	1690.93	3.5	1547.72	1635.11	1667.44
1.0	1427.80	1438.71	1441.20	4.0	1269.20	1355.18	1379.07
1.5	1620.37	1663.87	1687.40	4.5	1548.14	1625.58	1646.40
2.0	1382.63	1408.04	1414.78	5.0	1244.12	1331.02	1361.05
2.5	1568.35	1642.45	1681.31	5.5	1534.72	1616.50	1645.40

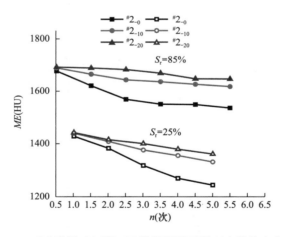

图 21.99　重塑膨胀土试样 CT 数据随湿干循环次数的变化曲线

由图 21.99 可见，重塑膨胀土试样的 ME 值呈逐渐减小的趋势。对比不同饱和度下的土样 ME 值曲线，可以发现，在湿态（$S_r = 85\%$）时的 ME 值均较干态（$S_r = 25\%$）时的 ME 值大，这是由于饱和度较高时，土体内部孔隙被水分填充且干状态时土体内部存在裂隙，故而土样湿状态下的密度比干状态下的密度大。在 $S_r = 85\%$ 和 $S_r = 25\%$，土样 ME 值曲线都基本成一条向下倾斜的直线，且上部荷载大的其 ME 值也较大。由此可见，增湿和烘干都会使重塑膨胀土的 ME 值减小，对 ME 值减小程度的累积效应随着湿干循环次数的增加呈线性关系。说明随着湿干循环次数的增加，土样的内部结构逐渐被破坏，土体变得松散，密度随之减小。

对比不同荷载下土样的 ME 值曲线，可见不同饱和度下土样 ME 值的大小关系均为 20kPa 荷载下的最大，10kPa 荷载下的次之，0kPa 荷载下的最小。说明上部荷载在一定程度上可以减弱在湿干循环过程中土样内部结构的破坏程度，且上部荷载较大时，这种减弱程度也较大。这是土体上部荷载的压实挤密作用所致。

21.7.3 试验过程中的变形分析

图 21.100 为试验过程中测得的原状和重塑膨胀土试样在湿干循环过程中的体积变化曲线。试验过程中采用游标卡尺进行土样整体的外径和高度测量，进而计算土样体积。图 21.100（a）中实心点和空心点分别代表湿态（$S_r=85\%$）和干态（$S_r=25\%$）；不管是湿态还是干态，试样体积均随干湿循环次数的增加而减小，并趋于稳定。从图 21.100（b）可以看出，在 0kPa 荷载下，原状膨胀土试样第一次增湿之后有较大的体积膨胀，第一次烘干之后有较大的体积收缩；第二次增湿之后发生较大的体积膨胀，但是未能恢复到第一次增湿结束时的体积大小，说明膨胀土在湿干循环过程中由于损伤的累积，即使发生较大的体积膨胀也无法抵消损伤累积造成的体积减小量，这与 CT 图像观察到的结果是一致的。随着湿干循环系数的增加，土样的体积逐渐趋于稳定。

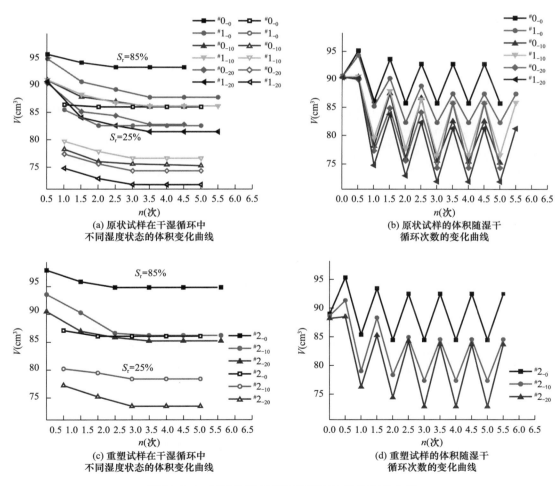

图 21.100 试样体积 V 随湿干循环次数的变化曲线

在 10kPa 和 20kPa 荷载作用下，原状膨胀土试样第一次增湿之后有微小的体积膨胀，这是由于原状膨胀土样吸水体积膨胀，但是由于吸水量很少和初始原生裂隙的存在，体积膨胀量也很小。试样第一次烘干之后发生较大的体积收缩，而第二次增湿之后则发生较大的体积膨胀，但是无法恢复到第一次增湿结束时的体积大小，说明膨胀土的体积收缩量大于体积膨胀量。第二次烘干之后土样再次发生体积收缩，且此时的体积较第一次烘干之后的小；随后进行第三次增湿土样再次发生体积膨胀，且此时的体积与第二次增湿之后的体积接近。整个干湿循环试验过程中，土样发生往复的体积膨胀和收缩。

从图 21.100（b）可以看出，在 0kPa 荷载下，原状膨胀土试样第一次增湿之后发生明显的体积膨胀；在 10kPa 和 20kPa 荷载下，原状膨胀土试样第一次增湿之后体积变化微小。第一次烘干之后，试样均发生明显的体积收缩，随后再次增湿，试样再次发生体积膨胀。随着试验的进行试样发生往复的体积膨胀和收缩。

从图 21.100（c）可以看出，重塑膨胀土在第一增湿之后，20kPa 荷载下土样体积发生微小的收缩，0kPa 和 10kPa 荷载下土样体积发生体积膨胀，由于重塑膨胀土试样初始状态比较均匀，且饱和度较高，第一次增湿吸水量较少，在三个不同荷载下，初始土样经过第一次增湿之后会有微小的膨胀，第一次烘干之后土样会有较大的体积收缩，第二次增湿之后土样发生体积膨胀，但是无法恢复到第一次增湿结束时的体积大小，说明由于湿干循环次数的增加，膨胀土发生损伤累积，体积逐渐缩小，这与 CT 图像观察到的结果是一致的。整个湿干循环试验过程中，土样发生往复的体积膨胀和收缩，在经历三次湿干循环之后，土样体积逐渐趋于稳定。

从图 21.100（d）可以看出，在 0kPa 和 10kPa 荷载下，重塑膨胀土试样第一次增湿之后发生明显的体积膨胀；在 20kPa 荷载下，重塑膨胀土试样第一次增湿之后体积变化微小。第一次烘干之后，试样均发生明显的体积收缩，随后再次增湿，试样再次发生体积膨胀。随着试验的进行试样发生往复的体积膨胀和收缩。

总体来看，原状样和重塑样在整个湿干循环试验过程中发生往复的体积膨胀和收缩。由于损伤累积，随着湿干循环次数的增加，土样体积逐渐减小。在经历三次湿干循环之后，土样体积基本不再变化。

21.7.4　细观结构变量及其演化方程

分析试验结果发现，南阳膨胀土试样在湿干循环过程的细观结构变化受到初始状态、上部荷载、湿干循环次数、扫描终态等因素的影响，引入细观结构参数 S 反映湿干循环过程中试样细观结构的变化，该参数无量纲，可采用 CT 数 ME 定义如下

$$S = \frac{ME - ME_f}{ME_0 - ME_f} \tag{21.21}$$

式中，ME_0 和 ME_f 分别为完整试样和完全破损试样的 CT 数，代表两种极端情况；而 ME 是某一荷载作用下试样在湿干循环过程中处于某个状态的 CT 数。当试样处于完好状态，$ME = ME_0$，$S = 1$；若试样破坏，则 $ME = ME_f$，$S = 0$；在湿干循环过程中，$0 \leqslant S \leqslant 1$，故用式（21.21）可以定量描述试样在湿干循环过程中的细观结构变化。

设 ME_{max} 和 ME_{min} 分别为相同荷载下试样在湿干循环过程中 CT 数 ME 的最大值和最小值，从表 21.28 和表 21.29 可知，在 0kPa、10kPa 和 20kPa 荷载下，原状试样的 ME_{max} 值分别为1637.46，1747.08 和 1793.58；ME_{min} 值分别为 1009.84，1065.08 和 1100.43；重塑试样的ME_{max} 值分别为 1676.00，1687.69 和 1690.93；ME_{min} 值分别为 1244.12，1331.02 和 1361.05。考虑到试样初始就有一定的损伤，且试样最终也未达到完全破坏，因而原状样的 ME_0 和 ME_f 分别取为 1800 和 1000，重塑试样的 ME_0 和 ME_f 分别取为 1700 和 1000。原状试样和重塑试样的

细观结构演化参数随循环过程的变化曲线如图 21.101 所示。从图 21.101 可见，在干湿循环过程，相同状态下的土样细观结构参数 S 呈现逐渐减小的趋势，这一变化规律与随着湿干循环次数的增加，土体越松散，裂隙越发育的特征具有较好的一致性。

进一步分析试验结果还可以发现，南阳膨胀土试样在干湿循环过程中的细观结构演化规律主要与扫描终态时的饱和度、经历的湿干循环次数及荷载有关。采用式（21.22）拟合干湿循环过程中南阳膨胀土试样的细观结构演化规律。

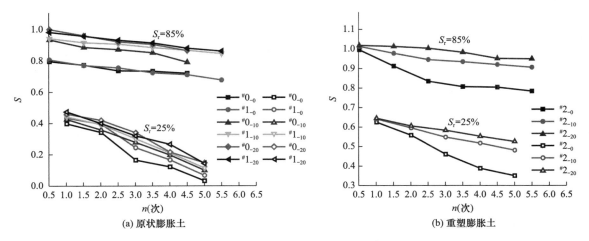

图 21.101　试样结构参数 S 值随湿干循环次数的变化曲线

$$S = S_0 - \frac{\left| \lg\left(\dfrac{S_r}{S_{r0}}\right) \right|}{a} n \tag{21.22}$$

式中，S_0 是土样第一次增湿或烘干后的 S 值，与试样所受的规格化荷载近似呈线性关系，可用式（21.23）描述。

$$S_0 = \alpha \frac{p_{atm} + p}{p_{atm}} + \beta \tag{21.23}$$

式中，α、β 取值见表 21.30。

式（21.23）中参数 α、β 的取值　　　　　　　　　　表 21.30

参数	原状样		重塑样	
	湿态	干态	湿态	干态
α	0.96	0.28	0.09	0.10
β	-0.15	0.12	0.88	0.52

式（21.22）中的 n 为土样经历的湿干循环次数，S 为土样经历 n 次湿干循环之后的细观结构参数值，其中 n 的取值分别为 1.5，2，2.5，3，3.5，4，4.5，5，5.5；S_{r0}、S_r 分别为试样初始扫描时的饱和度和湿干循环过程中的饱和度；a 为与土样饱和度有关的参数，当 $S_r = 85\%$ 时，取 $a = 2$；当 $S_r = 25\%$ 时，取 $a = 10$。在湿干循环试验过程中，原状和重塑试样的细观结构演化参数 S 的实测值散点图和采用式（21.22）和式（21.23）得到的计算曲线的拟合结果分别见图 21.102（a）～（c）。为了更加直观方便地看出原状膨胀土样的实测值和拟合值的差别，选取原状膨胀土部分试验的试验数据作图 21.102（b）。图 21.102 中离散点为试验实测值，曲线上的点为公式拟合值；实心点为湿态（$S_r = 85\%$）时的值，空心点为干态（$S_r = 25\%$）时的值。由图 21.102 可见，预测结果与试验资料比较接近。

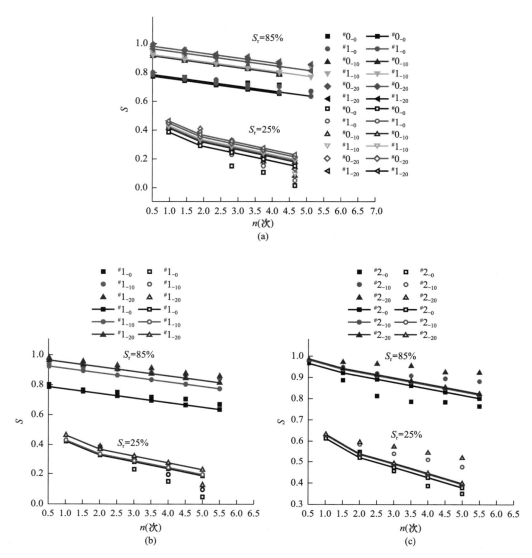

图 21.102　试样 S 值散点图与细观结构演化方程曲线比较

21.8　浅层红黏土的细观结构演化规律

红黏土是碳酸盐岩在热带、亚热带湿热气候条件下经过物理、化学风化和红土化作用而形成的一种呈褐红、棕红等颜色的高塑性黏土体[21]。我国红黏土主要分布在南方热带及亚热带地区，如广西、贵州、云南、广东、湖南等省份，与膨胀土有类似的工程性状，属于弱至中等级膨胀性黏土[22]。由于南方湿热地区降雨量丰富，河流密集，经过碾压填筑的土坝、河堤等边坡工程，经历湿润吸水与干燥失水形成的反复湿干循环作用，土体的强度和变形特性产生不可逆转的变化[23]，容易引发滑坡等自然灾害，造成人员伤亡和经济损失。研究干湿循环过程对红黏土强度的影响对土坝、河堤等边坡工程具有重要意义。

屈儒敏等[24,25]论述了红土和红黏土的不同特性及其各自的研究发展史。黄丁俊等[26]研究了湿干循环下压实红黏土胀缩特性试验，发现红黏土的胀缩变形过程是不可逆的，并采用绝对膨胀率、绝对收缩率、相对膨胀率、相对收缩率等参数定量分析了湿干循环作用下压实红黏土的胀缩变形过程及其变化规律。刘文化等[27]探讨了湿干循环条件下不同初始干密度的粉质黏土的力学特性，指出土体对湿干循环的响应与土体的初始干密度有关，并根据湿干循环前后土体的电镜扫描试验发现，湿干循环导致土骨架发生结构性转变，湿干循环过程中土样内部结构调整和基质吸力的压密作用使得土体的力学特性发生了不可逆转的变化。李向阳等[28]通过试验发现路基软黏土抗剪强度随着反复湿干循环次数的增加表现出明显的衰减趋势，且在最初的循环过程中衰减幅度最大，之后逐渐变小，最后趋于稳定。

在上述研究中，均未涉及土的内部细观结构变化。事实上，干湿循环对土的性质的影响是通过改变土的细观结构实现的。而土的细观结构在湿干循环过程中的演化与土所受的应力状态和约束条件有关。地基和边坡中的土都受有一定的约束条件和应力。例如，膨胀土边坡和红黏土边坡在大气营力作用下常发生浅层失稳，浅层土的上覆自重压力很小；地基浅层易受气候变化的影响，浅层土处于侧限压缩条件，自重应力很小。基于这一认识，本节利用专门研制的与CT机配套的固结仪，对侧限压缩条件下经受不同应力作用的桂林红黏土做了多组湿干循环试验[29]，在每一循环的湿态和干态进行CT扫描，以研究浅层红黏土在湿干循环过程中的细观结构演化规律及对土样力学性能的影响，为分析红黏土浅层滑坡提供科学依据。

21.8.1 试验用土和研究方案

试验设备与第21.6节相同，即图21.89所示的CT-固结仪、图21.90所示的试样模具与制样设备、图21.91所示的有机玻璃支架。

试验所用红黏土取自桂林理工大学雁山校区，取土深度为距地表0.5～2.0m。土样呈红褐色，土质细腻，含水率较大，有较大黏性，自然状态下手握即可成团，且不易散，天然网状裂隙非常发育。对试验用土进行粒度分析和物理性质指标的测定，结果分别见表21.31和表21.32。

试验红黏土颗粒组成					表 21.31
粒径 d (mm)	>0.5	$0.25\sim0.5$	$0.075\sim0.25$	$0.005\sim0.075$	$0.005\sim0.002$	$\leqslant0.002$
质量分数（%）	0.83	1.54	7.36	46.75	4.92	35.06

试验红黏土的物理性质指标					表 21.32
物性指标	天然含水率 w（%）	干密度 ρ_d (g/cm³)	塑限 w_P（%）	液限 w_L（%）	塑性指数 I_P（%）
数值	28.43	1.32	35.49	65.06	29.57

将从现场取回的原状大土样，在试验室切削成直径61.8mm、高30mm的环刀样。制样完成后用余土测定土样含水率并计算所制环刀样的干密度，作为重塑样的制样依据。

将风干红黏土，用木锤捶碎后过2mm筛，然后测定风干含水率，根据控制含水率计算加水量。称取风干土1kg，将其一部分平铺于瓷盘内，用喷壶喷洒适量蒸馏水于土表面，接着撒一层风干土；重复以上过程，一般分3～5层喷洒即可。最后用保鲜膜将土和托盘一起包裹严实，静置24h后，用调土刀搅拌均匀，继续用保鲜膜包裹静置24h后，再次搅拌均匀，然后装入密封袋内，放入保湿缸内湿润5d。根据控制干密度计算每个环刀样需要的湿土质量，称取相应质量的湿土装入制作环刀样的模具内（图21.90（左）），然后利用压样装置（图21.90（右））进行静力压实。土样直径61.8mm、高度30mm，控制土样初始含水率为（28±0.5）%，初始干密度为1.3g/cm³（和天然状态下土样密度一致）。

为了模拟浅层红黏土在湿干循环过程中的细观结构演化，根据工程实际可知，在距地表1m

范围内，土体自重在 0～20kPa 范围内，故本试验设置土样分别在 0kPa、10kPa、20kPa 的竖向荷载下进行湿干循环试验，共做了 18 个原状土试验和 8 个重塑土试验。其中，对原状土在每个荷载作用下各做了 2 个土样，用以比较试验结果的可靠性。试验方案列于表 21.33。

红黏土湿干循环试验方案　　　　　　　表 21.33

编号 ＼ 状态		初始	湿1	干1	湿2	干2	湿3	干3	干5	湿6
原状样	土样编号	♯0−0 ♯0−10 ♯0−20	♯1−0 ♯1−10 ♯1−20	♯2−0 ♯2−10 ♯2−20	♯3−0 ♯3−10 ♯3−20	♯4−0 ♯4−10 ♯4−20	♯5−0 ♯5−10 ♯5−20	—	—	—
	土样数量	3	3	3	3	3	3			
	湿干循环次数	0	0.5	1	1.5	2	2.5			
重塑样	土样编号	—	—	—	—	—	♯6−0 ♯6−10 ♯6−20	♯7−0 ♯7−10 ♯7−20	♯8−0	♯9−0
	土样数量						3	3	1	1
	湿干循环次数						2.5	3	5	5.5

说明：土样编号的下脚标表示在土样上施加的竖向荷载值，例如：♯0−0 表示 0 号土样，施加的竖向荷载为 0kPa。

湿干循环试验顺序为：初始→增湿 1→烘干 1→增湿 2→烘干 2→增湿 3→烘干 3→增湿 4→烘干 4→增湿 5→烘干 5→增湿 6，并称"增湿→烘干→增湿"为一次完整的湿循环，"烘干→增湿→烘干"为一次完整的干循环。土样初始含水率为（28±0.5）%，控制增湿到饱和度为 $S_r=$（85±1）%，控制烘干饱和度为 $S_r=$（25±1）%。

将土样经历增湿、烘干的过程称为一次湿干循环。在表 21.33 中，达到干 1、干 2、干 3 和干 5 状态的土样共进行了 1 次、2 次、3 次和 5 次湿干循环；而达到湿 1、湿 2、湿 3 和湿 6 状态的土样是在分别经历了 1 次、2 次和 5 次湿干循环后再增湿到预定饱和度，在表 21.33 中分别记 0.5 次、1.5 次、2.5 次和 5.5 次湿干循环。

试验具体步骤（包括 CT 扫描）与第 21.6.1 节相同。对初始状态、每一干态和湿态进行 CT 扫描。试验的 CT 数 ME 值取值区域面积为环刀内面积，即 30cm²。

21.8.2　原状红黏土的试验结果分析

分析方法与第 21.6 节基本相同。以下介绍有关结果。

21.8.2.1　原状红黏土的 CT 图像分析

图 21.103～图 21.105 依次为 ♯5−0、♯5−10 和 ♯5−20 原状红黏土试样的顺序扫描图像。其中，扫描图片的编号（a）、（b）、（c）、（d）、（e）和（f）分别对应于初始状态、湿 1、干 1、湿 2、干 2 和湿 3 状态。将图 21.103～图 21.105 与图 21.92～图 21.94 所示的原状膨胀土 CT 扫描图像相比可见，二者有显著的差别。

总体来看，土样在干状态的密度明显小于湿状态的密度，初始状态的密度介于两者之间。初始扫描时，CT 图像的高亮区和低暗区对比明显，表明土样断面存在明显的孔洞和胶结物，结构性差异较大；第一次增湿之后，土样 CT 图像整体亮度增大，表明土样密度增大；高亮区和低暗区差异变小，表明由于水分的浸入部分孔洞被水分填充，物质分布趋于均匀。第一次烘干之后，图像整体亮度减弱，土样密度减小；边缘部分土体与环刀分离，土样发生明显的体积收缩，边缘部分土体变得不规整；低暗区范围扩大并变得明显，高亮区则进一步被削弱，表明由于水分的流失，土样内部孔洞逐渐显露出来，加之土粒收缩使物质分布趋于不均匀。第二次增湿之后，土样的内部孔隙再次被水分填充，图像整体亮度增大，土样密度增大；土样发生微膨胀但无法恢复至初始体积，边缘土体不规整程度增大。第二次烘干之后，边缘不规整范围较干 1 状态时变大，但内部的孔洞或高密区域较干 1 状态时变小，表明土样的结构连接因为水的反复浸入和流失发生损伤。第三次增湿之后，边缘不规整范围进一步扩大，且部分区域出现明显裂隙，土样结构损伤加剧。

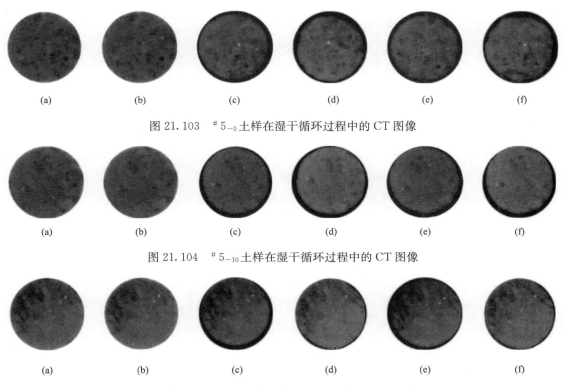

(a)　　　(b)　　　(c)　　　(d)　　　(e)　　　(f)

图 21.103　$^\#5_{-0}$ 土样在湿干循环过程中的 CT 图像

(a)　　　(b)　　　(c)　　　(d)　　　(e)　　　(f)

图 21.104　$^\#5_{-10}$ 土样在湿干循环过程中的 CT 图像

(a)　　　(b)　　　(c)　　　(d)　　　(e)　　　(f)

图 21.105　$^\#5_{-20}$ 土样在湿干循环过程中的 CT 图像

21.8.2.2　原状红黏土的 CT 数据分析

图 21.106 是 $^\#5_{-0}$、$^\#5_{-10}$ 和 $^\#5_{-20}$ 土样的全截面 CT 扫描数据 ME 值随扫描次序的变化曲线。由图 21.106 可见，在 3 个不同荷载作用下，土样的 ME 值呈现逐渐减小的趋势。

对比不同饱和度下的土样 ME 值曲线，可以发现，在 $S_r=85\%$ 时的 ME 值均较 $S_r=25\%$ 时的 ME 值大，这是由于饱和度较高时，土体内部孔隙被水分填充，土体密度较大。在 $S_r=85\%$ 时，土样 ME 值在第一个湿循环中减小明显，0kPa、10kPa、20kPa 荷载下对应的差值分别为 214.45、119.14、57.29，第二个湿循环中 ME 值减小趋势变缓，0kPa、10kPa、20kPa 荷载下对应的差值分别为 7.92、5.04、3.85。在 $S_r=25\%$ 时，土样 ME 值在一次干循环中减小程度较大，0kPa、10kPa、20kPa 荷载下对应的差值分别为 174.18、170.42、146.24。由此可见，增湿和烘干都会对土样的 ME 值产生影响，且前两次增湿和烘干对土样 ME 值影响较大。说明随着湿干循环次数的增加，土样的内部结构逐渐被破坏，土体变得松散，密度随之减小，且原状红黏土在试验过程中发生明显的体积收缩。当土体再次吸水时发生微弱的体积膨胀，但仍无法弥补之前的体积收缩量，造成土体与环刀内壁之间仍存在较大空隙，土样缺少外部约束，更有利于水分的进入和散失，而水分的进入和散失则是造成土体内部结构遭到破坏的主要原因，故在试验过程中，土样的 *ME* 值逐渐减小。原状红黏土样初始结构性较强，体积的明显收缩发生在第一次烘干之后。

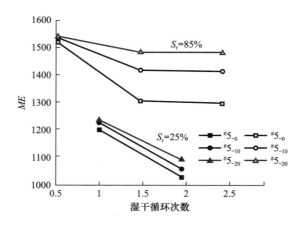

图 21.106　原状红黏土 CT 数据随湿干循环次数的变化曲线

对比不同荷载下土样的 *ME* 值曲线可见，不同饱和度下土样 *ME* 值的大小关系均为 20kPa 下的最大，10kPa 下的次之，0kPa 下的最小。说明上部荷载在一定程度上可以减弱在湿干循环过程中土样内部结构的破坏程度，且上部荷载较大时，这种减弱程度也较大。

21.8.3　重塑红黏土的试验结果分析

21.8.3.1　重塑红黏土的 CT 图像分析

图 21.107～图 21.109 依次为 #7−0、#7−10 和 #7−20 重塑土样的顺序扫描图像。所取的 *ME* 值为对应扫描状态下土样的平均值。其中，扫描图片的编号（a）、（b）、（c）、（d）、（e）、（f）和（g）分别对应于初始状态、湿 1、干 1、湿 2、干 2、湿 3 和干 3 状态。

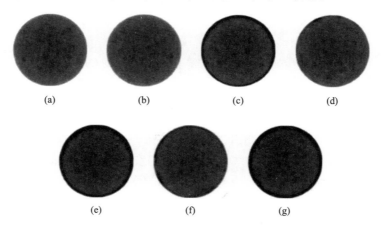

图 21.107　#7−0 土样在湿干循环过程中的 CT 图像

总体来看土样干状态的密度明显小于湿状态的密度，初始状态的密度介于两者之间。初始扫描时，土样内部存在较多微样密度减小；边缘部分土体与环刀分离，土样发生明显的体积收缩，边缘部分土体变得不规整，即边缘土体开始发生破坏。第二次增湿之后，土样的内部孔隙再次被水分填充，图像整体亮度增大，土样密度增大；土样发生微膨胀但无法恢复至初始体积，边缘土体不规整程度增大。第二次烘干之后，边缘破坏土体范围较干 1 状态时变大，但内部的孔洞较干 1 状态时变小。第三次增湿之后，土样的部分边缘区域出现微小裂隙。第三次烘干之后，边缘破坏土体范围较干 2 状态时变大，边缘微裂隙变宽并向内部延伸。

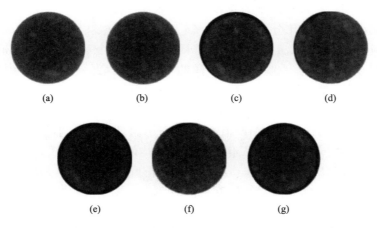

图 21.108　$^\#7_{-10}$ 土样在湿干循环过程中的土样 CT 图像

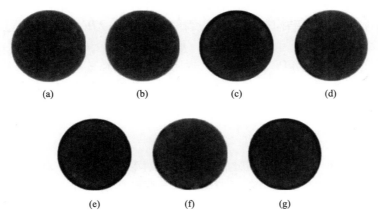

图 21.109　$^\#7_{-20}$ 土样在湿干循环过程中的土样 CT 图像

21.8.3.2　重塑红黏土的 CT 数据分析

图 21.110 是重塑土样的全截面 CT 扫描数据 ME 值随扫描次序的变化曲线。由图 21.110 可见，在 3 个不同荷载作用下，土样的 ME 值呈现逐渐减小的趋势。

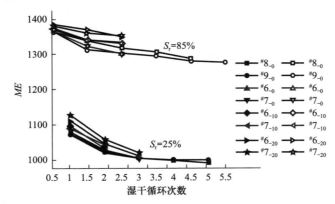

图 21.110　土样 CT 数据随湿干循环次数的变化曲线

779

对比不同饱和度下的土样 ME 值曲线，可以发现，在 $S_r=85\%$ 时的 ME 值均较 $S_r=25\%$ 时的 ME 值大，这是由于高饱和度时，土体内部孔隙被水分填充，土体密度较大。在 $S_r=85\%$ 时，土样的 ME 值在第一次湿循环中减小较大，其中 $^{\#}8_{-0}$、$^{\#}9_{-0}$ 土样 ME 值在第一个湿循环中的减小值分别为 24.89、33.37，在湿循环中的 ME 累计减小值分别为 76.19、90.42，第一次的 ME 减小值占 ME 累计减小值的百分比分别为 32.67%、36.90%；$^{\#}6_{-0}$、$^{\#}7_{-0}$ 土样 ME 值在第一个湿循环中的减小值分别为 42.15、42.16；10kPa、20kPa 荷载下两个平行土样 ME 值减小量的平均值分别为 33.58、17.25。在 $S_r=25\%$ 时，土样的 ME 值在第一次干循环中减小较大，其中 $^{\#}8_{-0}$、$^{\#}9_{-0}$ 土样 ME 值在第一个湿循环中的减小值分别为 50.99、52.40，在干循环中的 ME 累计减小值分别为 80.46、75.74，第一次的 ME 减小值占 ME 累计减小值的百分比分别为 63.37%、69.18%。$^{\#}6_{-0}$、$^{\#}7_{-0}$ 土样 ME 值在第一个干循环中的减小值分别为 57.76、50.62；10kPa、20kPa 荷载下两个平行土样 ME 值减小量的平均值分别为 54.67、52.78。由此可见，增湿和烘干都会对土样的 ME 值产生影响，且前两次增湿和烘干对土样 ME 值影响较大。说明随着湿干循环次数的增加，土样的内部结构逐渐被破坏，土体变得松散，密度随之减小。但是由于重塑红黏土初始结构性较弱，土颗粒间内部连接较弱，故在湿干循环过程中 ME 值减小的程度比原状红黏土小。同时由于土颗粒内部连接较弱，土样失水体积收缩比原状样小，吸水体积膨胀比原状样大，土样与环岛内壁之间还有接触，土样存在外部约束，使得水分的浸入和散失较原状红黏土样不容易，内部结构被破坏的程度比原状样小，ME 值减小的程度比原状样的小。

对比不同荷载下土样的 ME 值曲线，可见，不同饱和度下土样 ME 值的大小关系均为 20kPa 下的最大，10kPa 下的次之，0kPa 下的最小。说明上部荷载在一定程度上可以减弱在湿干循环过程中土样内部结构的破坏程度，且上部荷载较大时，这种减弱程度也较大。这种规律和原状红黏土样的 ME 值具有较好的一致性。

21.8.4　试验过程中的变形分析

图 21.111 为试验过程中测得的原状红黏土部分土样和重塑红黏土全部土样在湿干循环过程中的体积变化情况。试验过程中采用游标卡尺进行土样整体的外径和高度测量，进而计算土样体积。

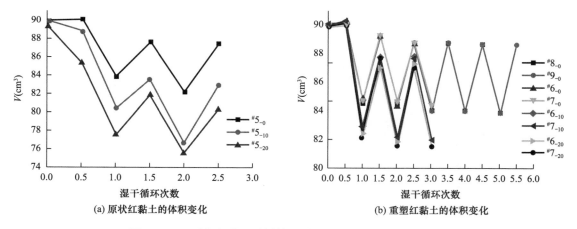

(a) 原状红黏土的体积变化　　　(b) 重塑红黏土的体积变化

图 21.111　重塑红黏土试样体积随湿干循环次数的变化曲线

从图 21.111（a）可以看出，在 0kPa 荷载下，原状红黏土土样第一次增湿之后有微小的体积膨胀，第一次烘干之后有较大的体积收缩；第二次增湿之后发生体积膨胀，但是未能恢复到第一次增湿结束时的体积大小，说明红黏土的体积收缩量大于体积膨胀量，这与 CT 图像观察到的结果是一致的。第二次烘干之后土样再次发生体积收缩，且此时的体积较第一次烘干之后的小；随后进行第三次增湿土样再次发生体积膨胀，且此时的体积与第二次增湿之后的体积接近。10kPa 和 20kPa 荷载下，原状红黏土土样第一次增湿之后有微小的体积收缩，这是由于原状红黏土样网状裂隙比较发育，在上部荷载作用下，随着水分的浸入，土粒发生膨胀并进而填充到孔隙中；加之土样增湿后模量降低，压缩性增大。土样第一次烘干之后有较大的体积收缩，第二次增湿之后发生体积膨胀，但是无法恢复到第一次增湿结束时的体积大小，说明红黏土的体积收缩量大于体积膨胀量。第二次烘干之后土样再次发生体积收缩，且此时的体积较第一次烘干之后的小；随后进行第三次增湿土样再次发生体积膨胀，且此时的体积较第二次增湿之后的体积接近。整个湿干循环试验过程中，土样发生往复的体积膨胀和收缩。

从图 21.111（b）可以看出，在三个不同荷载下，初始土样经过第一次增湿之后会有微小的膨胀，第一次烘干之后土样会有较大的体积收缩，第二次增湿之后土样发生体积膨胀，但是无法恢复到第一次增湿结束时的体积大小，说明红黏土的体积收缩量大于体积膨胀量，这与 CT 图像观察到的结果是一致的。第二次烘干之后土样再次发生体积收缩，且此时的体积较第一次烘干之后的大；随后进行第三次增湿土样再次发生体积膨胀，且此时的体积较第二次增湿之后的小。整个湿干循环试验过程中，土样发生往复的体积膨胀和收缩，在经历三次湿干循环之后土样的膨胀后体积和收缩后体积基本保持不变。

21.8.5 细观结构变量及其演化方程

采用式（21.21）定义的细观结构参数。设 ME_{max} 和 ME_{min} 分别为相同荷载下土样在湿干循环过程中 CT 数 ME 的最大值和最小值，试验中测得的 0kPa、10kPa 和 20kPa 荷载下，原状土样的 ME_{max} 值分别为 1521.15、1538.27 和 1543.62，ME_{min} 值分别为 1029.59、1059.26 和 1092.42；重塑土样的 ME_{max} 值分别 1369.92、1378.38 和 1386.21，ME_{min} 值分别为 996.38、999.58 和 1011.85。考虑到土样初始就有一定的损伤，且土样最终也未达到破坏，因而原状样的 ME_0 和 ME_f 分别取为 1600 和 1000，重塑土样的 ME_0 和 ME_f 分别取为 1400 和 900。原状土样和重塑土样的细观结构演化参数随湿干循环次数的变化曲线如图 21.112 所示。从图 21.112 可见，在湿干循环过程，对比相同状态下的土样其细观结构参数 S 呈现逐渐减小的趋势，这一变化规律与随着湿干循环次数的增加，土体越松散，孔隙越发育的一般规律具有比较好的一致性。

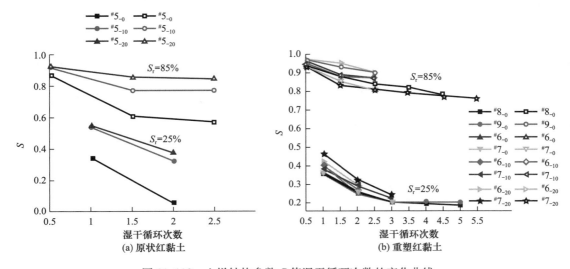

图 21.112　土样结构参数 S 值湿干循环次数的变化曲线

桂林红黏土土样在湿干循环过程中的细观结构演化规律主要与扫描终态时的饱和度和湿干循环次数有关，可采用下式描述湿干循环过程中桂林红黏土土样的细观结构演化规律

$$\frac{S}{S_r} = \frac{S_0}{S_{r0}} - \lg\left(\frac{S_r}{S_{r0}}\right) - \lg(n) \tag{21.24}$$

式中，S_0、S 分别为土样初始扫描时的细观结构演化参数和湿干循环过程中的细观结构演化参数；S_{r0}、S_r 分别为土样初始扫描时的饱和度和湿干循环过程中的饱和度；n 为湿干循环次数，取值为 0.5～5.5。在湿干循环过程中，原状、重塑土样的细观结构演化参数 S 和土样饱和度的关系曲线见图 21.113，图中实心点为试验值，空心点为采用式（21.24）计算得到的拟合值曲线。由图 21.113 可见，预测结果与试验资料比较接近。

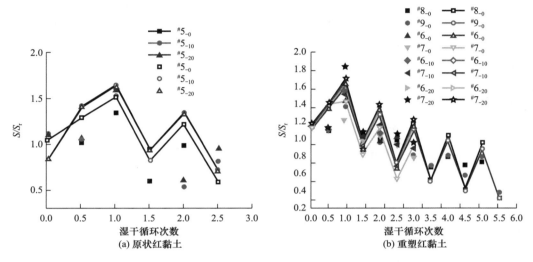

图 21.113　土样 S 值散点图与细观结构演化方程曲线比较

21.9　原状膨胀岩和重塑盐渍土的细观结构特征简介

21.9.1　原状膨胀岩的细观结构特征

南水北调中线工程安阳段渠坡为膨胀岩，在 2010 年 8～9 月份发生严重滑塌事故。为配合研究该膨胀岩的渗透性和变形稳定问题，研究了其细观结构特征。由于原状膨胀岩比较破碎，只做了 1 个原状膨胀岩块和 1 个原状环刀试样在不受外力状态的 CT 测试[30]。

膨胀岩原状试样取自南水北调中线工程安阳段南田村渠坡，初始含水率为 6.94%，自由膨胀率为 41%，一维无荷膨胀率最大为 3.88%，属于微膨胀岩[31]。为了深入了解膨胀岩的细观结构特征，采用后勤工程学院汉中 CT-三轴科研工作站的 CT 机（图 6.44）对膨胀岩试样进行了 CT 扫描。为方便研究，需将膨胀岩制成圆柱形试样，考虑其裂隙较多，对其进行了手工打磨。膨胀岩块尺寸约为 24cm×24cm×24cm ［图 21.114（a）］，打磨成的环刀试样直径和高度分别为 61.8mm 和 40mm ［图 21.114（b）］，刚好能装进用于渗透试验的环刀（环刀直径和高度分别为 61.8mm 和 40mm）。

为避免肉眼对图像观察所产生的误差，在处理 CT 扫描图像时，需设定好窗宽（window width）和窗位（window level）。窗宽即显示图像上包括的 16 个灰阶 C 值的范围。窗位是指 CT 图像上黑白刻度中心点的 CT 值范围。扫描数据中，CT 数 ME 反映试样密度的大小，ME 越大，

试样越密实；方差 SD 反映试样的不均匀程度，SD 值越大，土颗粒排列越不均匀。由于窗宽和窗位的设定值并不影响 ME 和 SD 的大小，为便于观察，CT 图像的窗宽和窗位分别设定为 3200 和 2100。

(a) 原状膨胀岩块试样

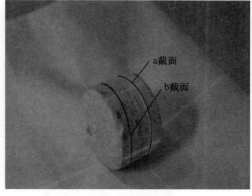
(b) 原状膨胀岩环刀试样

图 21.114　膨胀岩试样进行 CT 扫描的位置

图 21.115 和图 21.116 分别是膨胀岩未打磨试样和打磨试样的 CT 扫描图像。浅色部位表示该部位密度较高，深色部位表示该部位密度较低。对 CT 扫描图片所反映的细观结构特征描述如下。

（1）原状膨胀岩块的细观结构特征

A 截面：如图 21.115（a）所示，量测区域断面面积为 173.4cm² 的，ME 值为 2230.0，SD 为 387.4；ME 值最大处面积为 2.2cm²，ME 值为 2926.4；靠近截面边缘处有一条长 5.6cm 的裂缝清晰可见，另外有细小裂纹若干条，大多分布在截面周边。

B 截面：如图 21.116（b）所示，截面周边破碎，肉眼可见 3 条明显的裂缝（长度分别为 4.2cm、5.1cm 和 6.8cm）以及细小裂纹若干条；截面中部相对完整，量测区域面积为 36.7cm²，ME 值为 2470.7，SD 为 186.1。

C 截面：如图 21.115（c）所示，截面破碎，存在约 15.4cm² 的软弱区域，位于截面周边，ME 值为 1462.9，SD 为 613.7；中部有 34.6cm² 的区域相对完整，ME 为 2457.9，SD 为 210.8；整个平面内 ME 值的平均值为 2085.9，SD 为 465.4。

D 截面：如图 21.115（d）所示，截面相对完整，量测区域断面面积为 118.0cm²，ME 值为 2442.4，SD 为 254.2。

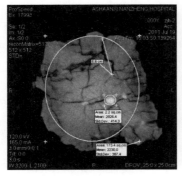
(a) A截面

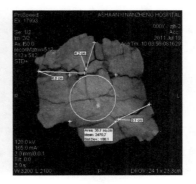
(b) B截面

图 21.115　原状膨胀岩试块的 CT 图像（一）

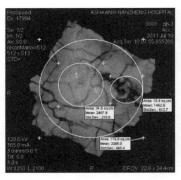
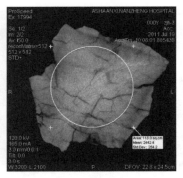

(c) C 截面　　　　　　　　　　　　　　(d) D 截面

图 21.115　原状膨胀岩试块的 CT 图像（二）

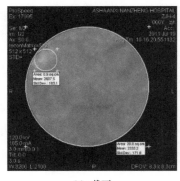
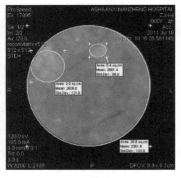

(a) a 截面　　　　　　　　　　　　　　(b) b 截面

图 21.116　原状膨胀岩环刀试样的 CT 图像

此项工作的意义在于：用 CT 扫描可以观测不规整的大尺寸的原状岩土块，其结果更具有代表性。

（2）原状膨胀岩环刀试样的细观结构特征

a 截面：如图 21.116（a）所示，共量测了 28.8cm² 的区域，*ME* 平均值为 2332.2，*SD* 为 171.6；有 0.9cm² 的区域密度较高，*ME* 值为 2607.5，*SD* 为 163.1，截面无明显裂缝。

b 截面：如图 21.116（b）所示，共量测了 28.8cm² 的区域，*ME* 平均值为 2361.6，*SD* 为 133.9；有两处密度较大，面积分别为 2.0cm² 和 0.4cm²，*ME* 值分别为 2606.0 和 2601.4，*SD* 分别为 121.0 和 98.0；可见三条细小裂纹，均位于截面周边。

综上所述，膨胀岩 *ME* 值最大为 2926.4，最小为 1462.9.0，相差一倍左右；方差 *SD* 最大为 613.7，最小为 98.0，相差 5 倍多。存在明显裂缝，长度最大为 6.8cm，占截面最大边长的 28.33%。这反映了膨胀岩内部裂隙发育，结构松散，部分未崩解碎化的颗粒密度较高。

21.9.2　重塑盐渍土的细观结构演化特性

试验用土取自宁夏扶贫扬黄灌溉工程固海扩灌第四泵站变电所内。洗盐后含砂质量百分比 57%，含细粒土质量百分比 43%，其中细粒组中以粉粒为主，依据《土的工程分类标准》GB/T 50145—2007[32] 确定为粉土质砂；经过化学成分分析，主要含硫酸根离子和钠离子，为硫酸盐渍土；天然含水率约为 9%，最优含水率为 9.6%，最大干密度为 2.03g/cm³。天然盐渍土中易溶盐的成分和含量较为复杂，为便于定量分析，将不同浓度的硫酸钠溶液分别加入洗盐后的干土中，配成不同硫酸钠含量的盐渍土土样。将配好的土样置于恒温环境 24h。然后制成直径

39.1mm、高 80mm 的三轴试样。试样含水率和干密度均按最优含水率和最大干密度配制，制样室温度为 30℃。制成后的试样实际含水率和干密度见表 21.34。

硫酸盐渍土试样的初始参数和围压 表 21.34

试验组别	试样编号	干密度（g/cm³）	含水率（%）	含盐率（%）	围压（kPa）
I	1	1.64		0	50
	2	1.66			100
	3	1.65			200
II	4	1.63		1	100
	5	1.67			200
III	6	1.65	10	2	50
	7	1.66			100
	8	1.65			200
IV	9	1.63		4	50
	10	1.63			100
	11	1.62			200

试样设备为后勤工程学院的 CT-三轴仪（图 6.44），CT 室的工作温度控制为 24℃。共做了 11 个试样试验[33]，按不同硫酸钠含量分为 I、II、III、IV，共四组，其初始参数和应力状态见表 21.34。其中，含盐率是土样中的硫酸钠质量与土的干质量之比，用百分数表示。在进行三轴试验的同时对土样进行 CT 扫描。扫描截面与试样底面平行。取试样高度的 1/3 处和 2/3 处为扫描截面，剪切过程中对每个扫描断面进行多次 CT 扫描；通过分析扫描图像得到相应的 CT 数均值 ME 和方差 SD，观测试样在剪切过程中细观变化。硫酸盐渍土的变形和强度特性已在 15.6 节介绍，本节仅分析其细观结构演化特性。

对 11 个试样在剪切过程中进行扫描共获得了 124 张 CT 图像。由于 CT 图像较多，本节仅以第 III 组 6 号、7 号、8 号试样为例进行分析。试样为塑性破坏，试验结束条件为轴应变为 15%。剪切开始前在试样高度的 1/3 和 2/3 处分别进行一次扫描，其后，试样的轴应变每增加 3% 扫描一次，每个试样扫描 6 次，每个扫描断面的 CT 按扫描的先后顺序由左至右排列，每排图像的窗位和窗宽设置相同，见图 21.117～图 21.119。图中亮区为高密度区，暗区为低密度区。高密度区的 CT 数比低密度区大。观察图像的亮度和均匀度可得：随着剪切的进行，CT 图像变

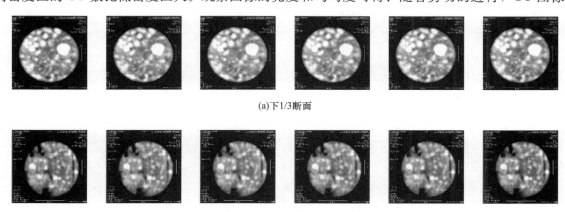

(a)下1/3断面

(b)上1/3断面

图 21.117 6 号试样在剪切过程中的 CT 图像

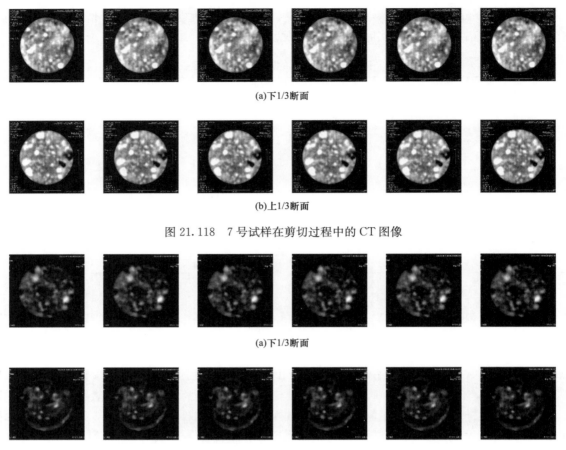

(a)下1/3断面

(b)上1/3断面

图 21.118　7 号试样在剪切过程中的 CT 图像

(a)下1/3断面

(b)上1/3断面

图 21.119　8 号试样在剪切过程中的 CT 图像

亮且明暗区域亮度差异变小，表明试样变得密实和均匀；图像面积变大，说明试样发生横向鼓胀，直径越来越大。所得图像的 CT 数据列于表 21.35，该表中的 ME_1、ME_2、SD_1、SD_2 分别表示试样高的 1/3 和 2/3 截面上的所有物质点的平均密度和物质点密度的差异程度。ME、SD 分别表示两个扫描截面 CT 数值和方差的平均值。

CT 扫描数据　　　　　　　　　　　　　　表 21.35

	扫描次序	a	b	c	d	e	f
6号试样	ε_a（%）	0	2.936	6.148	8.972	12.208	15.057
	ε_v（%）	0	0.753	1.31	1.572	1.734	1.805
	ε_s（%）	0	2.685	5.711	8.448	11.630	14.455
	ME_1	1313.3	1314.2	1327.4	1331.1	1330.7	1330.5
	SD_1	80.1	73.3	59	62.4	50.5	43
	ME_2	1310.7	1351.1	1355.3	1356.3	1357.6	1361.7
	SD_2	76.1	69.1	63.1	56.7	52.3	48.5
	ME	1312.0	1332.7	1341.4	1343.7	1344.2	1346.1
	SD	78.1	71.2	61.05	59.55	51.4	45.75

扫描次序		a	b	c	d	e	f
7号试样	ε_a（%）	0	3. 256	5. 868	9. 161	13. 877	15. 156
	ε_v（%）	0	1. 122	1. 673	2. 214	2. 843	2. 897
	ε_s（%）	0	2. 882	5. 310	8. 423	12. 929	14. 190
	ME_1	1303. 6	1342. 9	1371	1394. 9	1411	1413. 1
	SD_1	56. 8	50. 8	41. 9	36. 1	30. 2	28. 7
	ME_2	1300. 9	1315. 2	1326. 1	1329	1347. 5	1351. 1
	SD_2	77	71. 4	68. 1	59. 2	56. 9	51. 6
	ME	1302. 3	1329. 1	1348. 6	1362. 0	1379. 3	1382. 1
	SD	66. 9	61. 1	55	47. 65	43. 55	40. 15
8号试样	ε_a（%）	0	3. 027	5. 672	8. 736	11. 763	14. 778
	ε_v（%）	0	1. 809	3. 17	4. 325	5. 124	5. 658
	ε_s（%）	0	2. 424	4. 615	7. 294	10. 055	12. 892
	ME_1	1306. 7	1371. 7	1418. 7	1458. 1	1473. 7	1480. 7
	SD_1	73. 3	59. 7	49. 1	40. 9	35. 2	33. 5
	ME_2	1304. 8	1345. 1	1372. 2	1393. 8	1412. 2	1429. 7
	SD_2	82. 1	56. 6	51. 5	45	36. 7	32. 2
	ME	1305. 8	1358. 4	1395. 5	1426. 0	1443. 0	1455. 2
	SD	77. 7	58. 15	50. 3	42. 95	35. 95	32. 85

图 21. 120 为两个截面 CT 均值的平均值与体应变的关系曲线。由该图可见，三条曲线近似为斜率相同的直线，表明随着体变的增加，试样的 CT 数均值呈线性增加。图 21. 121 为两个截面 CT 数方差的平均值与偏应变的关系曲线。由该图可见，随着剪切的进行，CT 数方差随偏应变的增加近似线性减小。

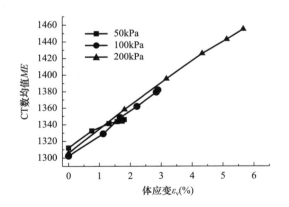

图 21. 120　两个截面 CT 数平均值
与体应变的关系曲线

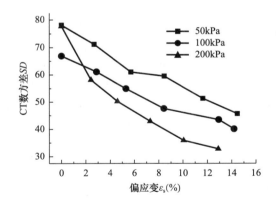

图 21. 121　两个截面方差的平均值
与偏应变的关系曲线

21. 10　膨胀土的本构模型

南水北调中线工程的膨胀土渠坡多为原状膨胀土挖方边坡。原状膨胀土通常为超固结土，具有胀缩性和裂隙性，铁路部门称其为裂土。位于气候变化带内（地表下 0～5m）的原状膨胀土裂隙发育显著，对力学性质和渗透性影响很大，其超固结性减弱以至消失。原状膨胀土在剪切过程中偏应力先增加到峰值然后减小，体积先减小后增大，表现为软化、剪胀特性，多为脆性破坏。而重塑膨胀土一般为非超固结土，在填方工程中其外侧被非膨胀性土包裹，没有裂隙，具有胀缩性。重塑膨胀土随剪切进行剪应力增大，体积压缩，表现为硬化、剪缩特性，多发生塑性破坏。两者的强度、变形特性差异很大。因此，应分别建立重塑膨胀土和原状膨胀土的本构模型。

21.10.1　重塑膨胀土的弹塑性本构模型

21.10.1.1　膨胀土的 G-A 弹塑性模型简介

Gens 和 Alonso 提出了一个非饱和膨胀土弹塑性概念模型，以下简称为巴塞罗那膨胀土模型或 G-A 模型[34-36]。压汞试验发现膨胀土的孔隙具有双峰分布特征。该模型为了描述膨胀土膨胀的微观机理，将土体变形分为微观结构变形和宏观结构变形两个层次；微观结构变形和宏观结构变形，前者反映基本颗粒集聚体内部孔隙的变形，并假定集聚体内部孔隙始终处于饱和状态。所谓微观结构水平相应于活动黏土矿物及其附近，颗粒尺度水平的物理化学作用（包括黏土-阳离子之间在叠片尺度水平上的相互作用）占主导地位。宏观结构变形对应于集聚体之间孔隙的变形，处于非饱和状态。微观结构层次变形按饱和土理论中非线弹性模型计算；宏观结构层次变形按巴塞罗那非饱和土弹塑性模型计算，土体总变形为两部分变形之和。该模型的基本观点是：微观结构层次的变形能影响宏观结构层次的变形。该模型的要点归纳如下。

① 土体变形分为两个层次：微观结构水平的应变 ε_m 和宏观结构水平的应变 ε_M。

② 微观结构水平为饱和状态，仅产生弹性的体积应变 ε_{vm}^e，并假定唯一地取决于 $(p+s)$ 值：

$$\mathrm{d}\varepsilon_{vm}^e = \frac{\hat{\kappa}_s}{v_m} \frac{\mathrm{d}(p+s)}{p+s} \tag{21.25}$$

式中，v_m 为微观结构水平的比容；$\hat{\kappa}_s$ 是 $(p+s)$ 加载引起微观体变的压缩系数。当 $(p+s)$ 值不变时 $\mathrm{d}\varepsilon_{vm}^e$ 为 0，形成 p-s 平面上与 p 轴成 45°角的中性线（neutral line），简称 NL 线。

③ 宏观结构水平变形为非饱和状态，采用巴塞罗那非饱和土弹塑性本构模型计算。

④ 微观体变 ε_{vm}^e 能使宏观结构水平屈服，产生塑性体变 ε_{vM}^p。其屈服条件在 p-s 平面上为两条和 NL 线平行的极限中性线（SI、SD），如图 21.122 所示。图中 SI、SD 线用虚线表示，LY 线则为实线，因为它们描述的屈服属于不同的结构层次。当吸力或净平均应力减小到 SD 线时，膨胀土发生屈服而出现较大的膨胀变形；同样当吸力或净平均应力增加到 SI 线时，会发生干缩屈服而出现较大的收缩变形。

由于膨胀土的湿胀干缩变形受净围压影响很大，G-A 模型计算微观体变 ε_{vm}^e 引起的宏观塑性体变 ε_{vM}^p 如下：

$$\mathrm{d}\varepsilon_{vM}^p = \mathrm{d}\varepsilon_{vsi}^p + \mathrm{d}\varepsilon_{vsd}^p \tag{21.26}$$

$$\mathrm{d}\varepsilon_{vsi}^p = \mathrm{d}\varepsilon_{vm}^e \cdot f_I \tag{21.27}$$

$$\mathrm{d}\varepsilon_{vsd}^p = \mathrm{d}\varepsilon_{vm}^e \cdot f_D \tag{21.28}$$

$$f_I = f_{I0} + f_{II}(1 - p/p_0)^{n_I} \tag{21.29a}$$

$$f_D = f_{D0} + f_{DI}(1 - p/p_0)^{n_D} \tag{21.29b}$$

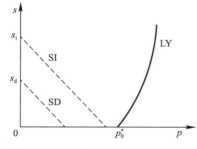

图 21.122　膨胀土弹塑性模型
在 p-s 平面上的屈服线

式中，$\mathrm{d}\varepsilon_{vsi}^p$、$\mathrm{d}\varepsilon_{vsd}^p$ 分别为 SI、SD 屈服后产生的塑性应变；f_I、f_D 是反映微观变形引起宏观变形的作用函数；f_{I0}、f_{D0} 是 p 达到 p_0 时的 f_I、f_D 值；f_{II}、f_{DI} 则反映了 p 等于 0 时 f_I、f_D 的值；n_I、n_D 是反映 f_I、f_D 随 p 变化速率的指数。

由 ε_{vm}^e 间接引起的宏观塑性剪应变 ε_{sM}^p 则仍按一般非饱和土弹塑性本构理论中的关联流动法则计算。

假定宏观结构水平应变不会引起微观结构水平应变。

⑤ 假定土体总变形为两水平变形之和：$\varepsilon = \varepsilon_m + \varepsilon_M$。

该模型参数共包含 17 个：$\hat{\kappa}_s$、f_{I0}、f_{D0}、f_{I1}、f_{D1}、n_I、n_D、巴塞罗那非饱和土模型的 10 个参数；硬化参数 3 个：s_i、s_d 和 p_0^*。

膨胀土的 G-A 弹塑性模型的缺点是：微观结构层次变形不易量测，有关的参数只能假定；模型参数多达 17 个，还有 3 个硬化参数；膨胀土湿胀干缩变形明显，水量变化是本构模型的一个重要方面，但该模型并未包含水率变化的内容；如考虑水量变化，则模型参数还要增加。

徐永福[37]和缪林昌[38]各自构建了膨胀土的非饱和弹塑性模型，通过 Bishop 提出的非饱和土有效应力公式，将殷宗泽提出的饱和土双屈服面模型[39]推广为非饱和膨胀土弹塑性本构模型。

21.10.1.2 对膨胀土 G-A 弹塑性模型的改进

在膨胀土的 G-A 模型中，将土体变形分为微观和宏观两个结构层次是使得模型非常复杂的主要原因。考虑到通常的试验只能得到土体总的变形结果，加上 G-A 模型中微观和宏观层次弹性体变随 p、s 变化趋势一致，所以本书不再区分微观、宏观变形，直接由膨胀土随 p、s 变化的变形试验结果分析其体积变化规律。根据 13.2 节和 13.3 节的试验结果，本节对 G-A 模型做了 3 点改进[4,40]，具体情况如下。

（1）弹性性状

图 13.3 中不同吸力下膨胀土的 v-$\lg p$ 曲线近似地用两条相交的直线拟合，两直线的交点作为屈服点。屈服前直线段的斜率即可作为与净平均应力加载相关的弹性刚度系数 k；同理，由图 13.5 中不同净围压下收缩试验结果，可得与吸力增加相关的弹性刚度系数 k_s。这样膨胀土弹性变形计算和一般非饱和土相同。

$$d\varepsilon_v^e = d\varepsilon_{vp}^e + d\varepsilon_{vs}^e = \frac{k}{v}\frac{dp}{p} + \frac{k_s}{v}\frac{ds}{s + p_{atm}} \qquad (21.30)$$

$$d\varepsilon_s^e = \frac{1}{3G}dq \qquad (21.31)$$

式中，$d\varepsilon_{vp}^e$ 和 k 分别为与净平均应力加载有关的弹性体变和弹性刚度系数；$d\varepsilon_{vs}^e$ 和 k_s 分别是与吸力增加相关的弹性体变和弹性刚度系数；G 为剪切模量；p_{atm} 为大气压力；v 是土的比容。

（2）塑性性状

各向等压应力状态

图 13.4 中不同净围压下的屈服吸力变化不大，平均意义上可看成屈服吸力相同。和巴塞罗那的非饱和土模型相似，仍采用水平的 SI 屈服线来描述吸力增加屈服轨迹，屈服方程为：

SI 屈服线： $\qquad\qquad s - s_y = 0 \qquad\qquad (21.32)$

式中，s_y 为干缩路径的屈服吸力。

屈服后的塑性体变按下式计算：

$$d\varepsilon_{vs}^p = \frac{\lambda_s - k_s}{v}\frac{ds}{s + p_{atm}} \qquad (21.33)$$

式中，λ_s 就是图 13.5 中屈服后的收缩指数 $\lambda(p)$。

对于控制净平均应力的膨胀路径试验，由于仪器限制仅得到该路径始末两个试验点（图 13.6）。考虑到膨胀土湿胀变形较大，显然已发生塑性变形。类似于 SI 屈服线，本节假定膨胀路径屈服线 SD 仍为水平线，如图 21.123 所示。其屈服方程为：

$$s - s_d = 0 \qquad (21.34)$$

式中，s_d 为膨胀土湿化膨胀的屈服吸力。

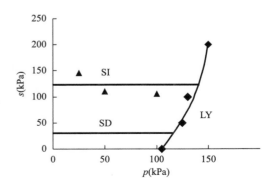

图 21.123 膨胀土 p-s 平面上的屈服线

为了反映膨胀土膨胀量随围压增大而减小这一特性，设 SD 屈服后的塑性体变按下式计算：

$$d\varepsilon_{vsd}^{p} = f_{d} \cdot d\varepsilon_{vs}^{e} \tag{21.35}$$

$$f_{d} = t_{d} \left(1 - \frac{p}{p_0}\right)^{n} \tag{21.36}$$

式中，$d\varepsilon_{vs}^{e}$ 为吸力变化引起弹性体变；f_d 是放大函数，随围压增大而减小；t_d 是膨胀系数，反映膨胀土膨胀潜势大小；p_0 为某吸力下屈服净平均应力；n 为膨胀因子，反映膨胀体变随围压衰减快慢。

应当指出，用式（21.35）和式（21.36）计算湿胀变形的思路和方法是文献［4，40］在 2001 年提出的，其最大优点是放弃了无法测定的微观变形的概念，计算表达式简明易行。受上述思路的启发，姚仰平等[89]（2023）在研究理想膨胀性非饱和土变形时采用了相同的思路和表达式。

图 13.4 表明，膨胀土的各向同性加载屈服特性和一般非饱和土相似，考虑到膨胀土浸湿时的变形以膨胀为主，本节将 LC 改用 LY 曲线，即加载屈服线描述。

三轴应力状态

图 13.10 中，不同吸力下重塑膨胀土三轴排水剪切试验均呈硬化特征[41]，因此，对膨胀土在三轴应力状态下的屈服特性，可采用巴塞罗那模型的 LC 屈服面方程［式（19.32）］及相关表达式［式（19.13）、式（19.14）、式（19.30）］描述，本节将其改称为 LY 屈服面。

LY 屈服面：
$$f_1(p, q, s, p_0^*) \equiv q^2 - M^2(p + p_s)(p_0 - p) = 0 \tag{21.37}$$

$$\frac{p_0}{p_c} = \left(\frac{p_0^*}{p_c}\right)^{\frac{[\lambda(0) - k]}{[\lambda(s) - k]}} \tag{21.38}$$

$$\lambda(s) = \lambda(0)[(1 - r)\exp(-\beta s) + r] \tag{21.39}$$

$$p_s = \kappa s \tag{21.40}$$

式中，p_0^* 是饱和状态下的屈服净平均应力；M 是临界状态线（CSL）的斜率；p_s 是某吸力下 CSL 线在 p 轴上的截距；p_0 为某吸力时的屈服净平均应力；κ 为反映黏聚力随吸力增长的参数；p_c 为参考应力；$\lambda(s)$ 是某吸力下净平均应力加载屈服后的压缩指数，当土饱和时，即为 $\lambda(0)$；r 为与土最大刚度相关的常数，$r = \lambda(s \to \infty)/\lambda(0)$；$\beta$ 为控制土刚度随吸力增长速率的参数。

三轴应力状态的 SI、SD 屈服线则竖直地向上延伸，即为 SI、SD 屈服面。屈服方程为：

SI 屈服面：
$$f_2(s, s_y) \equiv s - s_y = 0 \tag{21.41}$$

SD 屈服面：
$$f_3(s, s_d) \equiv s - s_d = 0 \tag{21.42}$$

图 21.124 为膨胀土在 p-q-s 空间的屈服面图，三个屈服面所包围区域为弹性区，应力路径超越任一屈服面，土体将发生屈服。SI、SD 屈服后仅产生塑性体变；LY 屈服后不仅产生塑性体变，还要产生塑性剪应变，两者比例按关联流动法则计算。

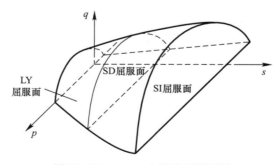

图 21.124　p-q-s 空间的屈服面图

LY、SI 和 SD 屈服面在硬化过程中耦合移动，取总塑性体应变为硬化参数，则硬化规律为：

$$\frac{\mathrm{d}p_0^*}{p_0^*} = \frac{v}{\lambda(0) - k}\mathrm{d}\varepsilon_v^p \tag{21.43}$$

$$\frac{\mathrm{d}s_y}{s_y + p_{atm}} = \frac{v}{\lambda_s - k_s}\mathrm{d}\varepsilon_v^p \tag{21.44}$$

$$\frac{\mathrm{d}s_d}{s_d + p_{atm}} = \frac{v}{f_d k_s}\mathrm{d}\varepsilon_v^p \tag{21.45}$$

$$\mathrm{d}\varepsilon_v^p = \mathrm{d}\varepsilon_{vp}^p + \mathrm{d}\varepsilon_{vs}^p + \mathrm{d}\varepsilon_{vsd}^p \tag{21.46}$$

式中，λ_s 为吸力屈服后的收缩指数；$\mathrm{d}\varepsilon_v^p$ 为总塑性体积应变增量；$\mathrm{d}\varepsilon_{vp}^p$ 为 LY 屈服后的塑性体变。

（3）水量变化的本构关系

根据控制吸力为常数的各向等压的 w-p 关系（图 13.7）、控制吸力和净围压的固结排水剪切试验的 w-p 关系比较（图 13.13），两种应力路径的含水率变化均可看成和净平均应力呈线性关系，且在相同吸力下两直线的斜率接近相同；不同吸力下的斜率变化不大。因此可取与净平均应力相关的水量变化指标 β_s 为常数。

由不同围压下的收缩试验、膨胀试验的结果，含水率随吸力变化也符合线性规律。两种路径的水量变化指标 $\beta(p)$ 如表 21.36 所示。可见除净围压为 25kPa 的膨胀试样外，其余的 $\beta(p)$ 变化不大，可用常数 β_p 表示与吸力相关的水量变化指标。

收缩试验、膨胀试验水量变化指标比较　　表 21.36

净围压（kPa）	膨胀试验 $\beta(p)$（%）	收缩试验 $\beta(p)$（%）
25	1.14	1.65
50	1.47	1.77
100	1.58	1.63

参照文献 [42]，膨胀土的水量变化本构方程采用考虑净平均应力影响的持水特性公式描述（式（18.7））及相关公式（式（18.24）、式（18.25）和式（18.29））描述，即

$$\mathrm{d}\varepsilon_w = \frac{\mathrm{d}p}{K_{wt}} + \frac{\mathrm{d}s}{H_{wt}} \tag{21.47}$$

$$K_{wt} = \frac{1 + e_0}{G_s \cdot \beta(s)} \tag{21.48}$$

$$H_{wt} = -(\ln 10)\frac{(s + p_{atm}) \cdot (1 + e_0)}{G_s \cdot \beta(p)} \tag{21.49}$$

式中，K_{wt}、H_{wt} 分别是与净平均应力相关的水的体积模量和与吸力相关的水的体积模量；e_0、G 分别是初始孔隙比、土粒相对密度。

（4）模型参数确定

以上对 G-A 膨胀土弹塑性模型做了三点改进：一是模型不需分别计算宏观结构层次和微观结构层次的变形，应用简便；二是针对膨胀土的膨胀变形特点，增加了一个 SD 屈服面，考虑了湿胀变形随围压增大而减小的特性 [式（21.36）]；三是补充了水量变化数学描述，内容完整。改进后的膨胀土 G-A 弹塑性本构模型中，土体的弹性性状、SI 屈服面、LY 屈服面、流动法则及硬化规律均和巴塞罗那非饱和土弹塑性模型相同。模型参数 12 个，另加两个水量变化指标，共包含 14 个参数；全部参数可通过前文 4 种非饱和土三轴试验得到，试验土样的初始状态变量和模型参数如表 21.37 和表 21.38 所示。其中与 LY 屈服线相关的参数 k、$\lambda(0)$、r、β 和 p_c，可由图 13.3 的 v-$\lg p$ 曲线斜率及屈服净平均应力 $p_0(s)$ 得到。与吸力加载屈服相关的参数 k_s 和 λ_s，由图 13.5 控制净平均应力收缩试验的 v-$\lg(s + p_{atm})$ 曲线得到。与 SD 屈服线相关的参数 t_d

和 n 由图 13.6 中膨胀试验的体积变化结果计算得到。由表 13.8 中不同吸力下的三轴排水剪切试验结果，整理后可得到 $p\text{-}q\text{-}s$ 空间屈服面的 M、κ 和 G 参数。水量变化指标 $\beta(p)$、$\beta(s)$ 确定方法分别如表 21.36 和表 21.39 所示。

土样的初始状态量　　　　　　　　　　　　　表 21.37

初始应力状态（kPa）			初始硬化参数（kPa）			初始状态量	
p	q	s	s_i	s_d	p_0^*	v	w（%）
0	0	35	125	25	105	1.84	28.5

改进后的膨胀土弹塑性本构模型参数　　　　　　　表 21.38

与 LY 屈服线相关的参数					与 SI 屈服相关的参数		与 SD 屈服线相关的参数		空间屈服面参数			水量变化参数	
k	$\lambda(0)$	r	β	p_c	k_s	λ_s	t_d	n	M	κ	G（kPa）	$\beta(s)$	$\beta(p)$
0.03	0.08	0.85	0.013	30	0.015	0.09	6	4	0.66	0.35	4980	2.64	1.54

三轴剪切试验相关的土性参数　　　　　　　　　表 21.39

净平均应力范围（kPa）	吸力（kPa）	三轴剪切试验的 $\beta(s)$（$\times10^{-5}$kPa）	均压试验的 $\beta(s)$（$\times10^{-5}$kPa）
100～400	0	3.69	3.66
100～400	50	2.76	2.11
100～418	100	2.23	2.29
100～435	200	2.51	平均值 2.81

21.10.1.3　改进的重塑膨胀土弹塑性模型的性能及验证

膨胀土有以下几个典型的干湿变形特点[43,44]：

① 相同围压和相同干密度下，膨胀量随初始含水率降低而增大。

② 相同初始含水率和相同干密度下，膨胀量随围压增大而减小。

③ 相同围压和相同初始含水率下，膨胀量随干密度增大而增大。

④ 结构疏松的膨胀土浸水不但不膨胀，反而会发生湿陷[45]。

⑤ 膨胀土的湿胀干缩变形具有不可逆性，多次胀缩循环后形成累积收缩或累积膨胀[46]。

应用改进的 G-A 模型及表 21.35 和表 21.38 中南阳膨胀土的参数，卢再华[40] 对上述情况分别进行了计算，其结果如图 21.125 和图 21.126 所示。

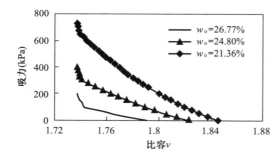

图 21.125　膨胀时比容与含水率关系

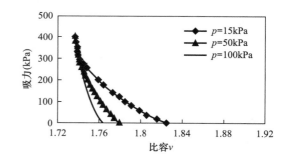

图 21.126　膨胀时比容与净围压关系

由图 21.125 和图 21.126 可见，随吸力减小膨胀土发生膨胀变形，土的比容增大。初始含水率和所受净围压较小，膨胀量则较大。同样图 21.127 中土的初始干密度越大，膨胀体积变化也越大。图 21.128 中土的干密度为 $1.52g/cm^3$，当膨胀系数 t_d 取 6 时，3 次干湿循环后膨胀土产生累计膨胀变形，比容增大；当膨胀系数 t_d 取 4 时，则产生累计收缩变形，比容减小。图 21.129 中干密度较小的膨胀土随吸力降低，膨胀压力先增大，直到等于该吸力下的屈服净平均应力，发生湿陷。此时膨胀压力最大，然后土体被压缩，膨胀压力减小，LY 线相应地从 LY_1 硬化到 LY_2 位置。干密度较大的两个算例的膨胀压力则一直增大。可见，改进模型基本上反映了膨胀土在 $p\text{-}s$ 平面上的干湿变形特性。

应当指出，由于姚仰平等[89]（2023）采用了本节的思路和方法计算湿胀变形，得出的结果与图 21.125～图 21.129 所示相同。

关于三轴应力状态的排水剪切试验，以吸力为 200kPa 的一组试样为例，图 21.130 和图 21.131 表明模型较好地反映了试验结果。其中 $\varepsilon_w\text{-}\varepsilon_a$ 曲线的偏差可能是由于剪切初期 ε_a 变化较快，而水分来不及均衡所致。

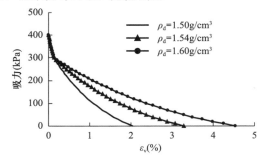

图 21.127 膨胀体变与干密度关系

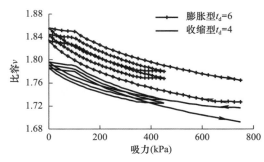

图 21.128 干湿循环产生累积膨胀或收缩

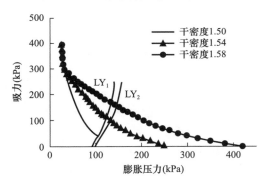

图 21.129 膨胀压力与干密度关系

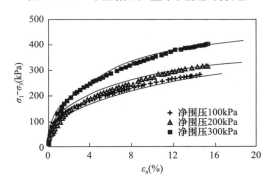

图 21.130 三轴排水剪切试验结果与
模型分析比较（控制吸力为 200kPa）

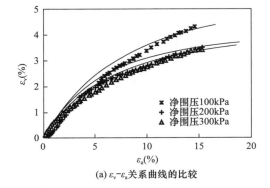

(a) $\varepsilon_v\text{-}\varepsilon_a$ 关系曲线的比较

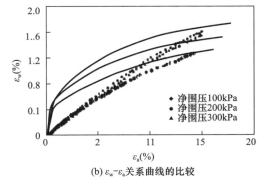

(b) $\varepsilon_w\text{-}\varepsilon_a$ 关系曲线的比较

图 21.131 三轴排水剪切试验结果与模型分析比较（控制吸力为 200kPa）

21.10.2 损伤力学和复合损伤模型简介

以第 21.10.1 节改进的重塑膨胀土弹塑性模型为基础，结合复合体损伤理论和土体扰动状态概念，卢再华建立了原状膨胀土的非饱和弹塑性损伤本构模型[4,47,48]，可同时反映原状膨胀土的反复胀缩、软化和剪胀等力学特性。

21.10.2.1 损伤力学的基本概念及在岩石力学中的应用简介

Kachanov 在研究金属的蠕变断裂时最先提出用连续性因子 ψ 描述材料的损伤状态[49]：

$$\psi = \frac{\widetilde{A}}{A} \tag{21.50}$$

式中，A 是损伤物体内部某单元体的一个截面的总面积；$\widetilde{A}$ 是扣除截面上损伤结构面积后的有效面积。Rabotnov 则提出了损伤因子 D 的概念，即截面上损伤结构的面积和截面总面积的比值：

$$D = \frac{A - \widetilde{A}}{A} \tag{21.51}$$

假设损伤部分不能承受任何应力，材料中有效应力 $\hat{\sigma}$ 计算如下：

$$\hat{\sigma} = \frac{\sigma}{1 - D} \tag{21.52}$$

Lemaitre[50,51] 认为，在外力作用下，受损材料的本构关系可采用无损时的形式，只要把其中的应力简单地换成有效应力即可。这一假设称为应变等价性假设。以一维线弹性问题为例，由等应变假设可得损伤材料的本构关系：

$$\varepsilon^{e} = \frac{\hat{\sigma}}{E} = \frac{\sigma}{E(1 - D)} = \frac{\sigma}{\hat{E}} \tag{21.53}$$

式中，ε^{e} 为弹性应变；E 为杨氏模量。Lemaitre[50,51] 和 Chaboche[52,53] 等依据不可逆过程热力学原理，进一步把损伤因子推广为一个场变量，从而逐步建立起连续介质损伤力学（continunm damage mechanics，简称为 CDM）。连续损伤力学是运用连续介质力学的理论和方法研究材料中的分布缺陷（位错、孔洞、微裂纹）的产生、发展规律并最终导致材料宏观破坏的一门新的力学分支[54,55]。损伤变量、有效应力和应变等价性假设是经典损伤力学的基础。

岩土材料是一种天然形成的材料，内部的孔隙、裂纹、裂隙、软弱面和节理面等结构缺陷破坏了材料的完整性。建立在材料均质连续各向同性假设基础上的传统岩土力学在描述岩土材料的力学特性时存在局限性。土和岩石及混凝土在破坏之前常常出现结构松弛、分布微裂纹及颗粒破碎现象，因而把损伤理论引入岩土力学是很自然的事[56]，这也标志着本构关系研究的深入。

岩土材料内部缺陷众多而且杂乱分布，采用断裂力学理论描述较困难。连续介质损伤力学将材料划分为可经受弹性、塑性和裂隙损伤演变的力学单元，再按连续介质力学的方法描述损伤材料的性态。该方法已在节理岩体等多裂隙材料中获得应用[57-62]。Resende 和 Martin[63,64] 从岩石的变形机理（应变软化、剪胀、塑性体变及剪切刚度随变形的衰减）出发，提出了一组率型本构方程（无屈服面），共包含 11 个材料参数。其中体变部分考虑了弹性、塑性和损伤三个方面，而畸变部分只考虑了弹性和弹性损伤两个方面。Klisiuski 和 Mroz[65] 把混凝土的应变分为三部分：弹性应变、弹性损伤应变和塑性应变。他们类比塑性理论，假定在应力空间存在"损伤面"，用正交法则计算损伤应变。在计算塑性变形时，考虑了损伤的影响，但没有考虑塑性变形对损伤的影响。此模型概念清楚，但没有给出确定屈服面和损伤面的方法。鉴于材料的损伤大多是不可逆的，范镜弘和张俊乾[66] 从不可逆热力学的内变量理论出发，分析了损伤对变形的影响的三个机制，引入了相应的弱化函数，从而把损伤纳入了内时理论的框架。由此导出的本构关系表明：Lemaitre 的损伤模型是此模型的特例；各向同性损伤的作用是使屈服面的半径减小，并改变屈服面中心的位置。该模型原则上可适用于包括金属和土在内的多种材料。不过，这种通用性也是它的缺点。各种材料函数的确定并没有给出具体的方法，硬化规律和弱化函数的选取只能用试探的办法，且二者是相互制约的，只有当它们配合恰当时才能给出满意的结果。

由于传统损伤力学方法假设材料的损伤部分不承受任何应力，故在脆性材料中应用较多。土是一种塑性较强的材料，即使是非常破碎的土体也能承受一定的压力和剪应力，因此经典的损伤力学理论并不能直接用来描述裂隙损伤土体的力学特性。

本章采用两种方法构建裂隙膨胀土的弹塑性损伤模型：一是先找出屈服净平均应力随结构损伤的变化规律（见 21.6 节式（21.19）），再将其代入巴塞罗那模型即可（式（21.20））[18]；其优点是思路清晰，过程简明，但未考虑增湿引起的塑性变形和剪胀，尚需完善。二是利用复合损伤的概念[48]，具体建模过程在第 21.10.3 节中介绍。

21.10.2.2 对复合损伤模型基本公式的论证和辨析

文献 [67] 指出：21 世纪土力学的核心问题是土体结构性的数学模型。为了更好地模拟土体的真实变形特性，应当从传统的弹塑性模型转向结构性模型。

为描述结构损伤土的力学性状，Framtziskonis 和 Desai[68,69]（1987）根据混合物理论提出了复合损伤模型，即扰动状态概念模型（disturbed state concept）[70,71]。其基本思想是：土体在受力过程的任一阶段，土单元中的土质可分为两类：相对无扰动部分（relative intact part，RI 部分）和完全扰动部分（fully adjusted part，FA 部分）。两部分由于土质力学特性不同而采用不同的本构模型进行描述。沈珠江和章为民[72,73]把土体的变形和破坏视为由原状土到完全损伤土的演变过程，即把现实的土体视为具有两种不同力学特性的理想土的组合，而变形和破坏则是原状土的比重逐步减小和损伤土逐步加大的过程。土的力学性质将是两种土成分的综合反应，即

$$\mathbb{K} = (1 - D)\mathbb{K}_i + D\mathbb{K}_d \tag{21.54}$$

式中，$\mathbb{K}_i$ 是原状土的强度或刚度等力学参数；$\mathbb{K}_d$ 是损伤土的同一力学参数，损伤参数 D 代表损伤土在总土体中所占的比例。对于金属材料，式（21.54）右边的第二项可忽略不计；对于土，此项必须保留，这是因为完全损伤土既能抗压又能抗剪。

基于这种认识，可以先对原状土和完全损伤土的力学性质分别进行研究，得出力学参数 $\mathbb{K}_i$ 和 $\mathbb{K}_d$，然后再研究损伤参数 D 的演化规律，从而建立损伤模型。Frantziskonis 和 Desai[68]用该模型研究了混凝土的应变软化、剪切模量衰减和诱导各向异性问题；沈珠江和章为民则认为该模型可以解决结构性土的变形强度、湿化变形及土的应变软化等问题[72]，并提出了结构性黏土的非线性损伤力学模型[74]和弹塑性损伤模型[75]。

陈正汉[55]认为：复合损伤模型思路清楚、概念明确；但式（21.54）是一个类似于 Bishop 有效应力公式（式（16.4））的唯象经验公式，其合理性缺乏论证，对用它解决应变软化和湿化变形问题也有不同的看法，对这些问题辨析如下。

首先应当指出，Frantziskonis 和 Desai 是用混合物理论导出式（21.54）的，把作用在一个面积单元上的面力按损伤比分配即可。因此，式（21.54）只对应力适用。通常，在用试验资料建立土的本构关系时，采用的应力和应变实际上是土样内应力和应变的平均值；故须论证式（21.54）对平均应力和平均应变成立[56]。

对平均应力和平均应变，Carroll 有以下两个定理[76]：

平均应力定理

$$\overline{\sigma_{ij}} = \frac{1}{v}\int_v \sigma_{ij}\,\mathrm{d}v = \frac{1}{v}\left[\int_{\partial v} t_i X_i \mathrm{d}A + \int_v \rho b_j X_i \mathrm{d}v\right] \tag{21.55}$$

平均应变定理

$$\overline{\varepsilon_{ij}} = \frac{1}{v}\int_v \varepsilon_{ij}\,\mathrm{d}v = \frac{1}{2v}\int_{\partial v}(u_i n_j + u_j n_i)\mathrm{d}A \tag{21.56}$$

式中，v 是土体所占体积；∂v 是 v 的边界；$\overline{\sigma_{ij}}$ 是平均应力；$\overline{\varepsilon_{ij}}$ 是平均无限小应变；t_i 是面力分量；b_j 是体力分量；u_i 是无限小位移；n_i 是 ∂v 的外法线；X_i 是边界点的坐标。应用面力的定义、应变的定义、散度定理和平衡方程可以证明这两个定理成立。在第 16.3.2.2 节曾介绍过这两个定理（式（16.40）和式（16.41））。

平均应力定理表明：土体中的平均应力由荷载和变形体的几何性决定，而与材料的反应无关，对是否均质、线性或非线性的本构关系皆成立。平均应变定理表明：平均应变由表面位移和变形体的几何性决定。

借助于平均应力定理和平均应变定理可得[56]：

$$\overline{\sigma_{ij}} = (1-D)\overline{\sigma}_{ij}^{(1)} + D\overline{\sigma}_{ij}^{(2)} \tag{21.57}$$

$$\overline{\varepsilon_{ij}} = (1-D)\overline{\varepsilon}_{ij}^{(1)} + D\overline{\varepsilon}_{ij}^{(2)} \tag{21.58}$$

式中，$\overline{\sigma_{ij}}$ 和 $\overline{\varepsilon_{ij}}$、$\overline{\sigma}_{ij}^{(1)}$ 和 $\overline{\varepsilon}_{ij}^{(1)}$、$\overline{\sigma}_{ij}^{(2)}$ 和 $\overline{\varepsilon}_{ij}^{(2)}$ 分别是土样、土样中的原状部分、土样中的完全损伤部分的平均应力和平均应变。式（21.57）和式（21.58）表明：平均应力和平均应变是土中两种成分的对应量按其体积分数加权之和。

必须强调指出[56]：土样中两种成分不可能同时达到各自的强度，甚至在同一成分中的不同点也不可能同时达到它们的强度，因此式（21.54）对强度缺乏理论依据，只能作为经验公式使用。

式（21.57）和式（21.58）就是复合损伤模型的基本公式，各项的意义给予了明确的说明。在下文讨论中，为了叙述方便，略去字母上的一杠和"平均"二字。

现在讨论两个特殊情况[56]：

① 若在式（21.57）中取 $\sigma_{ij}^{(2)} = 0$，在式（21.58）中取 $\varepsilon_{ij}^{(2)} = \varepsilon_{ij}^{(1)}$，则式（21.57）和式（21.58）变为：

$$\sigma_{ij}^{(1)} = \sigma_{ij}/(1-D) \tag{21.59}$$

$$\varepsilon_{ij}^{(1)} = \varepsilon_{ij} \tag{21.60}$$

式（21.59）等价于 Lemaitre 定义的有效应力，式（21.60）等价于 Lemaitre 提出的应变等效假设[50]。

② 若在式（21.57）中取 $\sigma_{ij}^{(2)} = \frac{1}{3}\sigma_{kk}^{(1)}\delta_{ij}$ 和 $\varepsilon_{ij}^{(2)} = \varepsilon_{ij}^{(1)}$，就得到 Frantziskonis 和 Desai 的模型[63]。

下面简要说明应用复合损伤模型建立本构关系的方法[56]，这里限于 $\varepsilon_{ij} = \varepsilon_{ij}^{(1)} = \varepsilon_{ij}^{(2)}$ 的情形。

（ⅰ）由试验测出试样的平均应力-应变曲线；

（ⅱ）把原状土的结构彻底破坏得到完全损伤土，由试验建立完全损伤土的本构关系；

（ⅲ）通过微细观研究和理论分析，确定损伤参数 D 的演化规律；

（ⅳ）利用以上结果可算出每一应变对应的 $\sigma_{ij}^{(1)}$ ［使用式（21.57）］，从而可建立 $\sigma_{ij}^{(1)}$-ε_{ij} 的本构关系。

下面讨论用损伤理论处理应变软化及湿化变形的有关问题[56]。

（1）应变软化

1983 年，Sandler[77] 总结了有关土、岩石和混凝土的大量资料指出：从理论、试验和数值分析三方面看，应变软化不是材料的真实特性。在软化阶段，出现变形局部化和分叉，并具有显著的尺寸效应。因此，以局部作用原理为基础的连续介质力学是不能用于软化阶段的。同样，也很难说连续损伤力学就能圆满处理这个问题。正因为如此，Bazant 基于非局部理论[78,79] 提出了描述混凝土应变软化的非局部连续模型[80,81]。该理论认为：任何一点的应力与该点的某一特征有限领域的变形历史有关。并把应力分为两类：局部应力和非局部应力。局部应力的本构关系不存在软化问题，软化现象由非局部应力的本构关系描述。此模型在理论上是可以接受的，但很复杂而难于应用。复合损伤模型处理应变软化问题比较简单，但没有考虑非局部效应。Resende 和 Martin[63,64] 所建模型也有类似的缺点。

（2）湿化变形

湿化变形是一个独立的变形阶段，最方便的办法就是把它从总变形中分离出来单独研究，如同第 12.1 节研究黄土的湿陷变形那样。陈正汉曾提出湿化屈服面的概念[82]，后来在含水率和应力组成的 10 维空间中得到了实现[83]。其优点是湿化屈服面很容易由试验资料确定。Klisinsk 和 Mroz[65] 提出的损伤面和陈正汉所说的湿化屈服面是类似的。按沈珠江和章为民的观点[72,73]，把单纯由力引起的弹塑性变形和湿化引起的损伤变形合在一起处理，这样似乎把问题复杂化了。随着非饱和土力学的发展，用吸力取代含水率，已成功建立了原状湿陷性黄土的结构性模型[84-86]，即弹塑性损伤模型，详见第 20.7 节。

21.10.3　原状膨胀土弹塑性损伤本构模型

从第 21.1 节和第 21.2 节可知，原状膨胀土裂隙大量发育，是一种典型的结构性黏土。在三轴剪切过程中原状膨胀土内部的裂隙、孔洞和软弱面等损伤结构演化显著。剪切前，土样相对较完整；剪到残余状态后，土样非常破碎。膨胀土的胀缩变形较大，在反复的干湿循环过程中，土体中裂隙不断产生，最后形成不规则网状裂隙。湿胀干缩引起的裂隙损伤演化不能忽视。因此，本节将相对较完整的原状膨胀土视为基本无损土，将裂隙非常发育的膨胀土视为完全损伤土，以 Desai 提出的扰动状态模型或沈珠江的复合体损伤模型为基础，结合非饱和土理论建立原状膨胀土的弹塑性损伤本构模型[48]。

21.10.3.1　模型的基本构成

原状膨胀土的弹塑性损伤模型包括 3 个方面：无损部分的应力应变关系、完全损伤部分的应力应变关系和损伤演化方程，分述如下。

（1）完全损伤部分的应力应变关系

将完全损伤土视为重塑土。第 21.10.1.2 节改进的 G-A 模型主要反映重塑膨胀土的干湿变形规律，并包含了描述水量变化的本构关系。由于采用修正剑桥模型的椭圆屈服面描述膨胀土在三轴应力状态下的屈服特性，该模型仅适用于剪缩特性为主的土体。原状膨胀土在低围压下剪切时的剪胀现象比较明显，因此，不能直接采用改进的 G-A 模型反映完全损伤部分的应力应变关系。殷宗泽[87] 和沈珠江[88] 分别提出的双屈服面模型都能反映土体的剪胀特性。考虑到殷宗泽模型和 G-A 模型都是以剑桥模型为基础，为方便起见，本节将殷宗泽提出的抛物线剪切屈服面引入简化的 G-A 模型中。

① 弹性性状

按式（21.30）和式（21.31）计算。

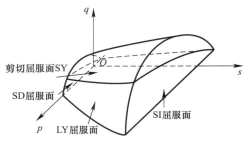

图 21.132　p-q-s 空间的 4 个屈服面

② 塑性性状

如 21.10.1.2 节所述，考虑到膨胀土浸湿时的变形以膨胀为主，本节将 LC 改用 LY 曲线，即加载屈服面描述（图 21.123 与图 21.124）。引入殷宗泽双屈服面模型中的剪切屈服面（用 SY 表示）后，原状膨胀土的弹塑性损伤模型共包括 4 个屈服面：LY、SY、SI、SD，如图 21.132 所示。为清晰起见，图中 SD 屈服面的屈服吸力 s_d 值取 0kPa。SD 屈服面的一般情况见图 21.124。

屈服方程如下：

LY 屈服面的数学表达式即为式（21.37）～式（21.40），SI 屈服面和 SD 屈服面方程即为式（21.41）和式（21.42）。

SY 屈服面的数学表达式如下：

$$f_4(p,q,s,\varepsilon_s^p) \equiv \frac{aq}{G}\sqrt{\frac{q}{M_2(p+p_s)-q}} - \varepsilon_s^p = 0 \tag{21.61}$$

式中，p 是净平均应力；q 是偏应力；s 是吸力；p_s 是某吸力下临界状态线在 p 轴上截距的绝对值；a 是反映剪胀性强弱的参数，确定方法见文献 [87]；G 为剪切模量；M_2 是比临界状态线（CSL）的斜率 M 略大的参数，通常取 $M_2 = (1.03\sim1.15)M$；ε_s^p 为与 SY 屈服面所对应的塑性偏应变。

③ 硬化规律及流动法则

剪切屈服面 SY 以塑性剪应变 ε_s^p 为硬化参数。LY、SI 和 SD 屈服面在硬化过程中耦合移动，以总塑性体应变为硬化参数，其硬化规律的数学表达式即为式（21.43）～式（21.46）。

SI、SD 屈服后仅产生塑性体变；LY 或 SY 屈服后不仅产生塑性体变，还要产生塑性剪应变，两者比例按关联流动法则计算。

④ 水量变化的本构关系

水量变化按增量非线性计算，塑性表达式即为式（21.47）～式（21.49），不再赘述。

（2）无损部分的应力应变关系

文献[74,75]损伤模型中无损部分均采用线弹性模型，这与土的实际变形特性（非线性、压硬性、剪胀性）有较大差异。在本节损伤模型中，无损部分与净平均应力加载有关的变形采用陈正汉等提出的非饱和土增量非线性弹性模型[89]；与吸力变化有关的变形仍按 21.10.1.2 节用非线性弹性方法计算，为避免用 SI 和 SD 屈服面计算的麻烦，改用非线性公式（21.63）计算，即[4]：

$$d\varepsilon_v = d\varepsilon_{vp} + d\varepsilon_{vs} \tag{21.62}$$

$$d\varepsilon_{vs} = \begin{cases} \dfrac{k_s^i}{v}\dfrac{ds}{s+p_{atm}} & ds \geqslant 0 \\[3mm] \dfrac{k_s^d}{v}\dfrac{ds}{s+p_{atm}} & ds < 0 \end{cases} \tag{21.63}$$

$$d\varepsilon_{vp} = \frac{1}{K_t}dp \tag{21.64}$$

$$d\varepsilon_s = \frac{1}{3G_t}dq \tag{21.65}$$

式中，k_s^i 和 k_s^d 分别为与吸力增加和吸力减少相关的变形系数；$k_s^d = t_d \times k_s$，$k_s^i = t_i \times k_s$；t_d 和 t_i

均为常数；K_t 和 G_t 分别为切线体积模量和切线剪切模量。根据文献 [41] 的试验结果，南阳膨胀土在不同吸力及不同净室压力情况下的切线泊松比的变化不大，近似地可视为常数，对本文原状膨胀土取 0.3。K_t 和 G_t 分别按以下两式计算：

$$G_t = \frac{E_t}{2(1+\mu)} \tag{21.66}$$

$$K_t = K_t^0 + m_2 s \tag{21.67}$$

式中，E_t 为切线杨氏模量，按式（18.20）计算；式（21.67）即为式（18.22）。

无损部分的水量变化本构关系和完全损伤部分相同。

（3）损伤演化方程

湿胀干缩和剪切都会引起膨胀土的裂隙损伤演化。干湿循环过程中的裂隙损伤演化方程采用式（21.11），即

$$D = \exp(A_1 \varepsilon_v) \tag{21.68}$$

式中，A_1 为反映膨胀土的膨胀性强弱的系数，膨胀性大则 A_1 较大；ε_v 为干湿循环过程中累计干缩体变。

剪切过程的裂隙损伤演化方程采用式（21.6），即

$$D = D_0 + \exp(A_2 \varepsilon_s^Z) - 1 \tag{21.69}$$

$$A_2 = p_0 / p \tag{21.70}$$

$$Z = s / p_{atm} \tag{21.71}$$

式中，D_0 为土体的初始损伤；A_2 和 Z 分别为反映净围压和吸力影响的系数；p_0 和 p_{atm} 分别为原状膨胀土的前期固结压力和大气压力。

总的损伤演化方程可表示为：

$$D = D_0 + \exp(A_1 \varepsilon_v) + \exp(A_2 \varepsilon_s^Z) - 1 \tag{21.72}$$

将式（21.72）进行微分：

$$dD = A_1 \exp(A_1 \varepsilon_v) d\varepsilon_v + A_2 Z \varepsilon_s^{Z-1} \exp(A_2 \varepsilon_s^Z) d\varepsilon_s \tag{21.73}$$

累计干缩体变的增量 $d\varepsilon_v$ 为：

$$d\varepsilon_v = \frac{k_s^i}{v(s + p_{atm})} ds = l_1 ds \tag{21.74}$$

偏应变增量 $d\varepsilon_s$ 为：

$$d\varepsilon_s = d\left(\sqrt{\frac{2}{9}\left[(\varepsilon_x - \varepsilon_y)^2 + (\varepsilon_y - \varepsilon_z)^2 + (\varepsilon_x - \varepsilon_z)^2 + \frac{3}{2}(\gamma_{xy}^2 + \gamma_{yz}^2 + \gamma_{xz}^2)\right]}\right)$$

$$= \frac{1}{9\varepsilon_s}\begin{Bmatrix} 4\varepsilon_x - 2\varepsilon_y - 2\varepsilon_z \\ 4\varepsilon_y - 2\varepsilon_x - 2\varepsilon_z \\ 4\varepsilon_z - 2\varepsilon_x - 2\varepsilon_y \\ 3\gamma_{xy} \\ 3\gamma_{yz} \\ 3\gamma_{xz} \end{Bmatrix}^T \begin{Bmatrix} d\varepsilon_x \\ d\varepsilon_y \\ d\varepsilon_z \\ d\gamma_{xy} \\ d\gamma_{yz} \\ d\gamma_{xz} \end{Bmatrix}$$

$$= \frac{1}{9\varepsilon_s}\{l_2\}^T\{d\varepsilon\} \tag{21.75}$$

这样

$$dD = A_1 \exp(A_1 \varepsilon_v) l_1 ds + \frac{1}{9} A_2 Z \varepsilon_s^{Z-2} \exp(A_2 \varepsilon_s^Z)\{l_2\}^T\{d\varepsilon\} \tag{21.76}$$

简记为

$$dD = L_1 ds + \{L_2\}^T \{d\varepsilon\} \tag{21.77}$$

式中，L_1 和 $\{L_2\}^T$ 分别是式（21.74）和式（21.75）右边 ds 和 $\{d\varepsilon\}$ 的系数。

21.10.3.2　应力-应变关系

图 21.133 是受损土体中一个单元体，A 是单元体的一个截面总面积。截面 A 所受的力 $\boldsymbol{F}$ 由未损部分和受损部分共同承担，即：

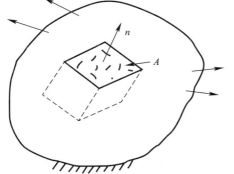

图 21.133　损伤土体的单元体示意图

$$F^a = F^i + F^d \tag{21.78}$$

$$\sigma^a A = \sigma^i A^i + \sigma^d A^d \tag{21.79}$$

$$\sigma^a = \sigma^i \frac{A^i}{A} + \sigma^d \frac{A^d}{A} \tag{21.80}$$

式中，上标 i 代表 RI 部分（相对无扰动部分，relative intact part）；d 代表 FA 部分（完全扰动部分，fully adjusted part），a 代表总的土体。

定义损伤变量 D 为：

$$D = \frac{A^d}{A} \tag{21.81}$$

损伤变量的演化方程用式（21.72）描述（包括干湿循环损伤和剪切损伤）。利用式（21.57）可得：

$$\sigma^a = (1-D)\sigma^i + D\sigma^d \tag{21.82}$$

对于各向同性损伤，可直接推广到三维受力状态：

$$\sigma_{ij}^a = (1-D)\sigma_{ij}^i + D\sigma_{ij}^d \tag{21.83}$$

微分上式：

$$d\sigma_{ij}^a = (1-D)d\sigma_{ij}^i + D d\sigma_{ij}^d + dD(\sigma_{ij}^d - \sigma_{ij}^i) \tag{21.84}$$

定义两部分的应力差 σ_{ij}^r 如下：

$$\sigma_{ij}^r = \sigma_{ij}^d - \sigma_{ij}^i \tag{21.85}$$

则式（21.84）变为：

$$d\sigma_{ij}^a = (1-D)d\sigma_{ij}^i + D d\sigma_{ij}^d + dD\sigma_{ij}^r \tag{21.86}$$

或用矩阵表示：

$$\{d\sigma\}^a = (1-D)\{d\sigma\}^i + D\{d\sigma\}^d + dD\{\sigma\}^r \tag{21.87}$$

式（21.87）左边为土体总的应力增量；右边第一项为无损土体分担的应力增量；右边第二项为完全损伤土体分担的应力增量；右边第三项为损伤增量引起的应力差值。以下分别给出各应力增量的具体表达式。

（1）完全损伤土的应力增量

完全损伤部分土体采用弹塑性模型，土的变形包括弹性和塑性两部分。除了净平均应力外，吸力对这两部分变形也有贡献，可得到下面的基本方程：

$$\{d\varepsilon\} = \{d\varepsilon^e\} + \{d\varepsilon^p\} = [D_e]^{-1}\{d\sigma\} + [D_{es}]^{-1}ds + \{d\varepsilon^p\} \tag{21.88}$$

式中，$[D_e]$ 为弹性模量矩阵；$\{D_{es}\}$ 为吸力弹性模量矩阵。采用关联流动法则，可得到非饱和膨胀土的弹塑性矩阵 $[D_{ep}]$ 和 $\{F_{sep}\}$，式（21.88）转化为：

$$\{d\sigma\} = [D_{ep}]\{d\varepsilon\} + \{F_{sep}\}ds \tag{21.89}$$

$$[D_{ep}] = [D_e] - \frac{[D_e]\left(\left\{\dfrac{\partial f}{\partial \sigma}\right\} + \dfrac{1}{3}\{m\}\dfrac{\partial f}{\partial s}\right)\left\{\dfrac{\partial f}{\partial \sigma}\right\}^T[D_e]}{\left(-F'\left\{\dfrac{\partial H}{\partial \varepsilon^p}\right\}^T + \left\{\dfrac{\partial f}{\partial \sigma}\right\}^T[D_e]\right)\left(\left\{\dfrac{\partial f}{\partial \sigma}\right\} + \dfrac{1}{3}\{m\}\dfrac{\partial f}{\partial s}\right)} \tag{21.90}$$

$$\{F_{\text{sep}}\} = -[D_{\text{e}}]\{D_{\text{es}}\}^{-1} - \frac{[D_{\text{e}}]\left(\left\{\frac{\partial f}{\partial \sigma}\right\} + \frac{1}{3}\{m\}\frac{\partial f}{\partial s}\right)\left(\frac{\partial f}{\partial s} - \left\{\frac{\partial f}{\partial \sigma}\right\}^{\text{T}}[D_{\text{e}}]\{D_{\text{es}}\}^{-1}\right)}{\left(-F'\left\{\frac{\partial H}{\partial \varepsilon^{\text{p}}}\right\} + \left\{\frac{\partial f}{\partial \sigma}\right\}^{\text{T}}[D_{\text{e}}]\right)\left(\left\{\frac{\partial f}{\partial \sigma}\right\} + \frac{1}{3}\{m\}\frac{\partial f}{\partial s}\right)} \quad (21.91)$$

式中，f 为屈服准则；$F' = \dfrac{\mathrm{d}f}{\mathrm{d}H}$，$H$ 为硬化参数；$\{m\} = \{1 \quad 1 \quad 1 \quad 0 \quad 0 \quad 0\}^{\text{T}}$。

若屈服发生在 LY 屈服面，f 取屈服函数 f_1，H 为塑性体变 $\varepsilon_{\text{v}}^{\text{p}}$；若发生 SY 屈服，$f$ 取屈服方程式（21.61），记为 f_2，H 为塑性剪应变 $\varepsilon_{\text{s}}^{\text{p}}$。若 LY 和 SY 同时屈服，则式（21.88）中的塑性应变为 LY 屈服面和 SY 屈服面引起的塑性应变之和，即：

$$\{\mathrm{d}\varepsilon^{\text{p}}\} = \{\mathrm{d}\varepsilon^{\text{p}}\}^{\text{LC}} + \{\mathrm{d}\varepsilon^{\text{p}}\}^{\text{SY}} \quad (21.92)$$

相应地，

$$[D_{\text{ep}}] = [D_{\text{e}}] - [D_{\text{e}}]\{d_1\}\frac{\{b_1\}^{\text{T}}a_{22} - \{b_2\}^{\text{T}}a_{12}}{a_{11}a_{22} - a_{12}a_{21}} - [D_{\text{e}}]\{d_2\}\frac{\{b_2\}^{\text{T}}a_{11} - \{b_1\}^{\text{T}}a_{21}}{a_{11}a_{22} - a_{12}a_{21}} \quad (21.93)$$

$$\{F_{\text{sep}}\} = -[D_{\text{e}}]\{D_{\text{es}}\}^{-1} - [D_{\text{e}}]\{d_1\}\frac{c_1 a_{22} - c_2 a_{12}}{a_{11}a_{22} - a_{12}a_{21}} - [D_{\text{e}}]\{d_2\}\frac{c_2 a_{11} - c_1 a_{21}}{a_{11}a_{22} - a_{12}a_{21}} \quad (21.94)$$

式中，$\quad \{b_1\}^{\text{T}} = \left\{\dfrac{\partial f_1}{\partial \sigma}\right\}^{\text{T}}[D_{\text{e}}]$

$\{b_2\}^{\text{T}} = \left\{\dfrac{\partial f_2}{\partial \sigma}\right\}^{\text{T}}[D_{\text{e}}]$

$c_1 = \dfrac{\partial f_1}{\partial s} - \left\{\dfrac{\partial f_1}{\partial \sigma}\right\}^{\text{T}}[D_{\text{e}}][D_{\text{es}}]^{-1}$

$c_2 = \dfrac{\partial f_2}{\partial s} - \left\{\dfrac{\partial f_2}{\partial \sigma}\right\}^{\text{T}}[D_{\text{e}}][D_{\text{es}}]^{-1}$

$a_{11} = A_1 + \{b_1\}^{\text{T}}\left(\left\{\dfrac{\partial f_1}{\partial \sigma}\right\} + \dfrac{1}{3}\{m\}\dfrac{\partial f_1}{\partial s}\right)$

$a_{22} = A_2 + \{b_2\}^{\text{T}}\left(\left\{\dfrac{\partial f_2}{\partial \sigma}\right\} + \dfrac{1}{3}\{m\}\dfrac{\partial f_2}{\partial s}\right)$

$a_{12} = \{b_1\}^{\text{T}}\left(\left\{\dfrac{\partial f_2}{\partial \sigma}\right\} + \dfrac{1}{3}\{m\}\dfrac{\partial f_2}{\partial s}\right)$

$a_{21} = \{b_2\}^{\text{T}}\left(\left\{\dfrac{\partial f_1}{\partial \sigma}\right\} + \dfrac{1}{3}\{m\}\dfrac{\partial f_1}{\partial s}\right)$

$A_1 = -\dfrac{\partial f_1}{\partial H_1}\left\{\dfrac{\partial H_1}{\partial \varepsilon^{\text{p}}}\right\}^{\text{T}}\left(\left\{\dfrac{\partial f_1}{\partial \sigma}\right\} + \dfrac{1}{3}\{m\}\dfrac{\partial f_1}{\partial s}\right)$

$A_2 = -\dfrac{\partial f_2}{\partial H_2}\left\{\dfrac{\partial H_2}{\partial \varepsilon^{\text{p}}}\right\}^{\text{T}}\left(\left\{\dfrac{\partial f_2}{\partial \sigma}\right\} + \dfrac{1}{3}\{m\}\dfrac{\partial f_2}{\partial s}\right) \quad (21.95)$

其中的 H_1 和 H_2 分别为 $\varepsilon_{\text{v}}^{\text{p}}$ 和 $\varepsilon_{\text{s}}^{\text{p}}$。

（2）无损土的应力增量

无损部分采用非线性弹性模型，式（21.88）变为，

$$\{\mathrm{d}\varepsilon\} = [D_{\text{e}}]^{-1}\{\mathrm{d}\sigma\} + \{D_{\text{es}}\}^{-1}\mathrm{d}s \quad (21.96)$$

则

$$\{\mathrm{d}\sigma\} = [D_{\text{e}}]\{\mathrm{d}\varepsilon\} + \{F_{\text{se}}\}\mathrm{d}s \quad (21.97)$$

其中

$$\{F_{\text{se}}\} = -[D_{\text{e}}]\{D_{\text{es}}\}^{-1}$$

（3）总体应力增量

将完全损伤部分的应力增量，无损部分的应力增量和损伤增量表达式代入式（21.87），即

得到总的应力增量表达式（为了和弹性劲度矩阵 $[D]$ 区别起见，损伤变量 D 在此处改记为 $\overline{D}$）：

$$
\begin{aligned}
\{\mathrm{d}\sigma\}^{\mathrm{a}} &= (1-\overline{D})\{\mathrm{d}\sigma\}^{\mathrm{i}} + \overline{D}\{\mathrm{d}\sigma\}^{\mathrm{d}} + \mathrm{d}\overline{D}\{\sigma\}^{\mathrm{r}} \\
&= (1-\overline{D})([D]^{\mathrm{i}}\{\mathrm{d}\varepsilon\}^{\mathrm{i}} + \{F_{\mathrm{s}}\}^{\mathrm{i}}\mathrm{d}s^{\mathrm{i}}) + \overline{D}([D]^{\mathrm{d}}\{\mathrm{d}\varepsilon\}^{\mathrm{d}} + \{F_{\mathrm{s}}\}^{\mathrm{d}}\mathrm{d}s^{\mathrm{d}}) \\
&\quad + \{\sigma\}^{\mathrm{r}}(\{L_2\}^{\mathrm{T}}\{\mathrm{d}\varepsilon\}^{\mathrm{i}} + L_1\mathrm{d}s^{\mathrm{i}})
\end{aligned}
\tag{21.98}
$$

式中，上标 a、i 和 d 分别代表总的土体、无损部分土体和完全损伤部分土体。无损部分采用陈正汉等[86]提出的增量非线性弹性模型，$[D]^{\mathrm{i}}$ 和 $\{F_{\mathrm{s}}\}^{\mathrm{i}}$ 即为 $[D_{\mathrm{e}}]^{\mathrm{i}}$ 和 $\{F_{\mathrm{se}}\}^{\mathrm{i}}$。完全损伤部分土体若未发生屈服，$[D]^{\mathrm{d}}$ 和 $\{F_{\mathrm{s}}\}^{\mathrm{d}}$ 分别取 $[D_{\mathrm{e}}]^{\mathrm{d}}$ 和 $\{F_{\mathrm{se}}\}^{\mathrm{d}}$；如果发生屈服，则分别取 $[D_{\mathrm{ep}}]^{\mathrm{d}}$ 和 $\{F_{\mathrm{sep}}\}^{\mathrm{d}}$。

若假设无损部分土体和完全损伤部分土体在受力过程中的应变和吸力协调变化，即

$$
\{\mathrm{d}\varepsilon\}^{\mathrm{i}} \equiv \{\mathrm{d}\varepsilon\}^{\mathrm{d}} \equiv \{\mathrm{d}\varepsilon\}^{\mathrm{a}}
\tag{21.99}
$$

$$
\mathrm{d}s^{\mathrm{i}} \equiv \mathrm{d}s^{\mathrm{d}} \equiv \mathrm{d}s^{\mathrm{a}}
\tag{21.100}
$$

则

$$
\{\mathrm{d}\sigma\} = ((1-\overline{D})[D]^{\mathrm{i}} + \overline{D}[D]^{\mathrm{d}} + \{\sigma\}^{\mathrm{r}}\{L_2\}^{\mathrm{T}})\{\mathrm{d}\varepsilon\} + ((1-\overline{D})\{F_{\mathrm{s}}\}^{\mathrm{i}} + \overline{D}\{F_{\mathrm{s}}\}^{\mathrm{d}} + \{\sigma\}^{\mathrm{r}}L_1)\mathrm{d}s
$$

亦即

$$
\{\mathrm{d}\sigma\} = [D]_{\mathrm{ep}}^{\mathrm{dmg}}\{\mathrm{d}\varepsilon\} + \{F_{\mathrm{s}}\}_{\mathrm{ep}}^{\mathrm{dmg}}\mathrm{d}s
\tag{21.101}
$$

式中，$[D]_{\mathrm{ep}}^{\mathrm{dmg}}$ 为与由应力引起的应变相关的弹塑性损伤劲度矩阵；$\{F_{\mathrm{s}}\}_{\mathrm{ep}}^{\mathrm{dmg}}$ 为与吸力相关的弹塑性损伤劲度矩阵。

由于无损部分土体和完全损伤部分土体的水量变化均按线弹性计算，其水量变化方程就是式（21.47），即

$$
\mathrm{d}\varepsilon_{\mathrm{w}} = \frac{\mathrm{d}p}{K_{\mathrm{wt}}} + \frac{\mathrm{d}s}{H_{\mathrm{wt}}}
\tag{21.102}
$$

21.10.3.3　模型参数及确定

模型包含初始变量 3 个，即 p_0^*、$\varepsilon_{\mathrm{s}}^{\mathrm{p}}$ 和 D_0；模型参数归纳如下：

完全损伤部分：

与 LY 屈服面相关的参数：k、$\lambda(0)$、r、β、p_{c}、M、κ 和 G

与剪切屈服面 SY 相关的参数：a 和 M_2

与吸力变化相关的参数：k_{s}、t_{i}、t_{d} 和 n

无损部分：c、φ、φ^{b}、t_{i}、t_{d}、n、k^0、m、m_1、μ 和 R_{f}

损伤演化：A_1、A_2 和 Z

水量变化：$\beta(s)$ 和 $\beta(p)$

其中无损部分的前 3 个参数可由完全损伤部分参数 M 和 κ 换算得到，t_{i}、t_{d} 和 n 取完全损伤部分相应参数相同值，参数 μ 和 R_{f} 取常数 0.3 和 0.6；损伤演化参数 A_2 和 Z 可由式（21.70）和式（21.71）计算得到。

模型参数总共 20 个，包括两个水量变化参数。确定模型的全部参数需做四种非饱和三轴试验，即，①控制吸力的各向同性压缩试验：由不同吸力下的 $v\text{-}\lg p$ 曲线斜率及屈服净平均应力 $p_0(s)$ 得到参数 k、$\lambda(0)$、r、β 和 p_{c}。②控制净平均应力的三轴收缩试验：由不同净平均应力下收缩试验的 $v\text{-}\lg(s+p_{\mathrm{atm}})$ 曲线得到 k_{s} 和 t_{i}。③控制净平均应力的膨胀试验：其体积变化结果可得到 t_{d} 和 n。④同时控制吸力和净室压力的三轴排水剪切试验：整理后可得到 $p\text{-}q\text{-}s$ 空间屈服面的 M、κ 和 G 以及 k^0、m、m_1。与剪切屈服面相关的参数 M_2 取值比 M 略大，a 根据膨胀土剪胀性强弱确定。损伤演化参数 A_1、A_2 和 Z 由干湿循环 CT 试验和三轴剪切 CT 试验确定。水量变化参数 $\beta(s)$ 和 $\beta(p)$ 由第 4 种非饱和三轴试验的 $w\text{-}p$ 和 $w\text{-}s$ 曲线确定。

根据原状膨胀土的三轴剪切试验资料并参考重塑膨胀土试验结果，确定原状膨胀土损伤模型的参数汇总于表 21.40。

原状膨胀土的弹塑性损伤模型参数和初始变量　　　　　　表 21.40

k	$\lambda\,(0)$	r	β	p_c (kPa)	k_s	t_i	t_d	n
0.003	0.013	0.85	0.0125	30	0.002	4	6	4

M	κ	G (kPa)	a	M_2	$\beta(s)(\times 10^{-5}\,\text{kPa})$	$\beta(p)(\%)$
1.1	0.35	4980	0.2	1.1	2.64	1.54

p_0^* (kPa)	$\varepsilon_s^p(\%)$	D_0
200～250	0.5	0.3

损伤参数	试样 1	试样 2	试样 3	试样 4	试样 5	试样 6
A_1	3	3	3	3	3	3
A_2	2.5	5	8	10	5	2
Z	1	1	1	1.3	1.4	1.6

21.10.3.4　模型的初步验证

本节采用表 21.40 确定的参数，通过原状膨胀土弹塑性损伤模型的本构方程式（21.101）对第 21.2 节的 6 个原状膨胀土试样（表 21.2）的剪切性状进行计算，从而对模型进行初步验证。

在普通三轴剪切试验中，$\sigma_2=\sigma_3$，$\varepsilon_2=\varepsilon_3$，因此，采用体积应变 ε_v、偏应变 ε_s 和净平均应力 p、偏应力 q 即可描述土样的应力应变特性。

第 21.2 节的非饱和原状膨胀土三轴剪切试验中吸力被控制为常数，因此没有吸力增量，仅存在应变增量。图 21.134 是 6 个原状膨胀土试样剪切过程中 ε_v-ε_s 应变关系曲线的拟合结果，图中无标记曲线为拟合曲线。拟合曲线的方程为：

$$\varepsilon_v = a\varepsilon_s^3 + b\varepsilon_s^2 + c\varepsilon_s \tag{21.103}$$

式中，a、b 和 c 为多项式系数，每个试样拟合曲线的多项式系数见表 21.41。按拟合曲线方程可将试样的 ε_v-ε_s 曲线细分为若干个应变增量。

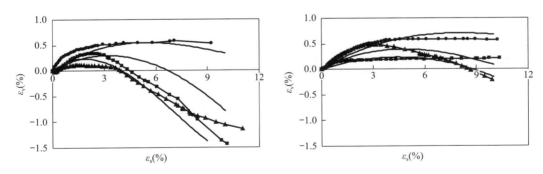

图 21.134　对原状膨胀土剪切过程中体应变-偏应变关系曲线的拟合

试样拟合曲线的多项式系数　　　　　　表 21.41

系数	试样 1	试样 2	试样 3	试样 4	试样 5	试样 6
a	0.0008	0.0005	0.0037	0.0000	0.0006	0.0004
b	−0.0272	−0.0318	−0.0792	−0.0123	−0.023	−0.0175
c	0.2256	0.1899	0.259	0.1077	0.1786	0.2028

　　计算按应变增量 ε_v 和 ε_s 逐级加荷；对每一级应变增量，先假定无损部分和完全损伤部分均为弹性，按弹性矩阵计算出应力增量；再判断完全损伤部分是否发生屈服以及屈服发生在哪个屈服面，若发生屈服则按弹塑性损伤矩阵 $[D]_{ep}^{dmg}$ 重新计算应力增量；然后按损伤增量计算损伤变量值，对完全损伤部分按硬化规律计算硬化变量值，最后进入下一级应变增量。

　　控制吸力为 100kPa 的 3 个试样的试验结果和模型计算结果比较见图 21.135，图中无标记曲线为模型计算结果。试样 1、试样 2 和试样 3 的固结净平均应力分别为 100kPa、50kPa 和 25kPa。由图 21.135（a）中土样总体的应力应变计算曲线可见，损伤模型能反映原状膨胀土的软化特性；相同吸力下抗剪强度随围压而增大；随固结围压增大试样的超固结程度降低，剪切过程的软化特性逐渐减弱。由于原状膨胀土试样剪切结果离散性较大，如围压为 50kPa 的 2 号试样的强度和围压为 100kPa 的 1 号试样的强度基本相同，因此模型对试样强度值大小的反映不够理想，但模型计算的强度规律性较好。无损部分采用陈正汉等[89]提出的增量非线性模型，图 21.135（b）中的无损部分计算的应力应变曲线呈双曲线形状。无损部分土较完整，因此计算的强度值较高。图 21.135（c）中完全损伤部分计算的应力应变曲线和采用弹塑性模型的做法也是一致的。其中的应力应变曲线在剪切初期就达到了塑性流动状态，这是因为完全损伤部分土体强度较低，因此，剪应力较快地到达了临界状态线。图 21.135（b）中无损部分土体的剪应力和图 21.135（c）中完全损伤部分土体的剪应力按式（21.83）叠加，得到图 21.135（a）中总的土体的剪应力，这也是复合体损伤模型的基本思路所在。

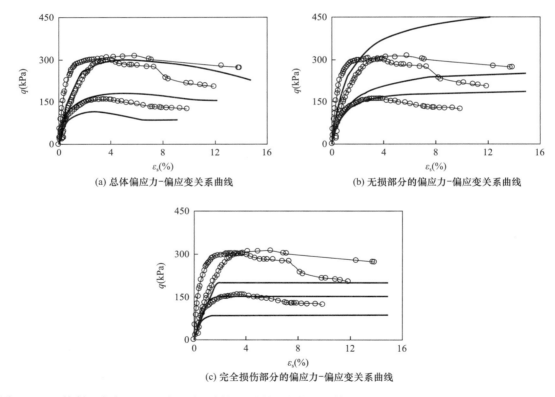

图 21.135　控制吸力为 100kPa 的 3 个试样的试验结果与模型计算结果比较（自上而下编号依次为 1、2、3）

　　控制吸力为 200kPa 的 3 个试样的试验结果和模型计算结果比较见图 21.136，图中无标记曲线为模型计算结果。试样 4、试样 5 和试样 6 的固结净平均应力分别为 25kPa、50kPa 和 100kPa。同样地，模型计算结果反映了原状膨胀土的软化特性；相同吸力下抗剪强度随围压而增大；随固结围压增大试样的超固结程度降低，剪切过程的软化特性逐渐减弱。

比较两组试样的总的土体、无损部分土体和完全损伤土体的模型计算应力应变曲线，可见吸力较高的一组试样的强度值都较高。说明模型对吸力增加引起的强度增加的描述是正确的。比较图 21.135（a）和图 21.136（a）中计算曲线的软化特性可以发现，吸力较高的一组试样的软化程度较低。这是损伤演化方程的系数 Z 随吸力而增大决定的，系数 A_2 主要确定围压大小对损伤演化的影响。和图 21.135（c）相比较而言，图 21.136（c）中完全损伤部分的模型计算应力应变曲线达到塑性流动状态较迟，土样经历了塑性硬化过程。这是因为吸力较大时，完全损伤部分土体强度提高，到达临界状态线时的剪应变较大。

综合图 21.134 的应变曲线和图 21.135（a）、图 21.136（a）的剪应力曲线，可见本节弹塑性损伤模型可反映低围压情况下（小于 100kPa）非饱和原状膨胀土的软化和剪胀特性；高围压情况下（大于或等于 100kPa）的硬化和剪缩特性；由于与吸力相关的变形采用非线性弹性模型，也可反映原状膨胀土较大的湿胀干缩变形以及随围压增大膨胀量减小的规律。本节非饱和弹塑性损伤模型较完整地描述了原状膨胀土的三个主要特征（胀缩性、裂隙性和超固结）造成的独特的力学特性。

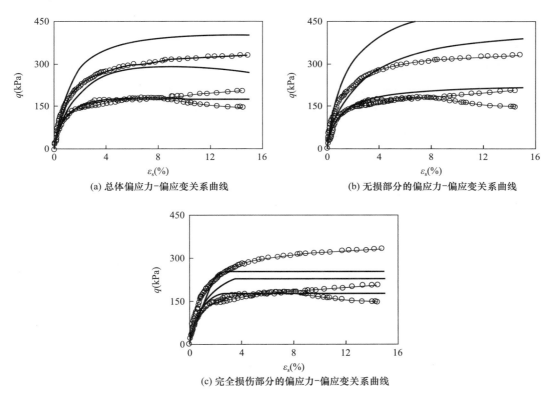

(a) 总体偏应力-偏应变关系曲线　　　　　(b) 无损部分的偏应力-偏应变关系曲线

(c) 完全损伤部分的偏应力-偏应变关系曲线

图 21.136　控制吸力为 200kPa 的一组试样的试验结果和模型计算结果比较（自上而下编号依次为 6、5、4）

21.11　本章小结

本章以 CT-三轴仪和 CT 固结仪为工具，详细研究了膨胀土（包括原状土及重塑土）、红黏土（包括原状土及重塑土）、原状膨胀岩及重塑盐渍土的细观结构演化特性及规律，构建膨胀土的弹塑性损伤模型，取得了以下主要成果。

（1）用 CT-三轴仪研究膨胀土的细观结构演化方面取得的主要成果：

① 原状膨胀土具有明显的结构特征，包括网状微裂隙和铁锰集粒、钙质结核、裂隙、流纹和软弱结构面等结构缺陷，初始损伤较大且空间分布不均匀。

② 原状膨胀土在 3 种应力路径（控制吸力和净围压的固结排水剪切、控制吸力的侧向卸荷剪切试验、控制吸力和净平均应力的剪切试验）的剪切过程中试样内的微孔隙、微裂纹的变化不大，土样的破裂面主要由原生裂隙面或软弱面、孔洞引起；破裂面的形成具有必然性、随机性和连带性；侧限卸荷剪切在应变很小（1％左右）时就产生裂隙，能再现开挖引起的卸荷裂隙现象。

③ 剪切引起的损伤演化明显，土样的吸力和净围压均对损伤演化有影响，随围压或吸力增大，土样的损伤演化减缓；剪切过程中的损伤演化规律可用指数函数描述 [式（21.6）]，能反映净围压、吸力、偏应变和初始损伤对损伤演化的影响。

④ 干湿循环过程中膨胀土的胀缩变形并非完全可逆；随干湿循环次数增加，相对体积膨胀率和相对体积收缩率逐渐减小，最后趋于稳定值；干湿循环后，土样中原有裂隙开展，新裂隙产生，裂隙数量增加并连通，最后形成网状裂隙；干湿循环引起的裂隙损伤变量与累计干缩体变的关系可用指数函数描述 [式（21.11）]。

⑤ 干湿循环后膨胀土中形成的裂隙在三轴剪切过程中逐渐闭合，孔洞、微孔隙也逐渐消失，土样断面不断变密实；在剪切过程中，密实度较低的膨胀土中的裂隙损伤会逐渐闭合，其强度和变形特性与直接压制的重塑膨胀土基本相同。

⑥ 无约束条件下的试样浸湿和干燥都能引发裂隙的产生的和闭合；试样增湿过程小裂隙会闭合，大裂隙会扩展；干燥过程小裂隙会扩展，而大裂隙会收缩变窄。

⑦ 在三轴浸水过程中，试样体积变化可分为三个阶段，即：体积先减小，接着因湿胀作用逐渐增大，而后又因膨胀力释放和模量降低而减小；三轴浸水试验中，裂隙均趋于闭合，而闭合程度与应力状态有关；定义了裂隙闭合参数，提出了三轴浸水过程中的结构修复演化方程 [式（21.14）]，能反映含水率变化量对裂隙闭合的影响。

⑧ 土样初始损伤程度越大，屈服应力越小；土样所受吸力越大，屈服应力越大；土样屈服前压缩指数随着损伤程度的加大逐渐增大，屈服后压缩指数近似为一常数；提出了屈服应力与结构参数之间的定量表达式 [式（21.19）]，进而将巴塞罗那膨胀土模型推广到结构损伤情况。

（2）用 CT-固结仪研究膨胀土和红黏土在受荷的湿干循环中细观结构变化发现：

① 湿干循环试验过程中，土样发生往复的体积膨胀和收缩，膨胀量和收缩量都比较大，土样在经历三次湿干循环之后，相同饱和度下土样体积基本不再变化。

② 增湿和干燥都能使原状膨胀土及其重塑土的初始结构造成损伤，第一次烘干之后土样即产生明显的干缩裂隙，土样增湿吸水之后，裂隙仍不能完全闭合；在继续的湿干循环试验中，试样结构的损伤发生累积。

③ 上部荷载可以在一定程度上抑制膨胀土的体积膨胀，并影响裂隙的发育和裂隙网络的形状；原状膨胀土的裂隙围绕第一次形成的主裂隙发育，而重塑膨胀土的裂隙呈龟背状或辐射状。

④ 原状膨胀土及其重塑土在湿态（饱和度 $S_r = 85％$）时的 ME 值均较干态（饱和度 $S_r = 25％$）时的 ME 值大；湿态和干态的 ME 值均随湿干循环次数呈近似线性变化，前者的坡度比较平缓，后者则较陡。

⑤ 提出了定量描述膨胀土在湿干循环过程中的细观结构演化参数及其与试样饱和度、湿干循环次数及所受荷载之间的数学表达式 [式（21.22）]，可以完整描述膨胀土在干湿循环过程的干态和湿态的细观结构，用其预测试验资料的结果较好。

⑥ 浅层红黏土的细观结构演化规律与膨胀土的上述规律大致相同。

（3）用 CT 可以观测不规则的大尺寸原状岩土块，其结果更具有代表性。

（4）重塑盐渍土试样的 CT 数均值随体变的增加呈线性增加；CT 数方差的平均值与偏应变的增加近似线性减小。

（5）对重塑膨胀土的 G-A 模型做了三点改进，一是不需分别计算宏观结构层次和微观结构层次的变形，应用简便；二是针对膨胀土的膨胀变形特点，增加了一个吸力减少屈服面 SD，考虑了湿胀变形随围压增大而减小的特性［式（21.35）和式（21.36）］；三是补充了水量变化的数学关系式，内容完整；改进后的膨胀土模型共包含 14 个参数，全部参数可通过 4 种非饱和土三轴试验确定；分析表明改进模型能够预测重塑膨胀土的主要变形特征。

（6）对损伤力学做了简要介绍，对复合损伤模型基本公式进行了论证和辨析。

（7）以扰动状态概念或复合损伤概念为基础，建立了非饱和原状膨胀土的弹塑性损伤本构模型，包括土的变形和水量变化两个方面；其中未损伤土的变形采用陈正汉等提出的非饱和土的增量非线性模型描述；水量变化采用考虑净平均应力的广义持水特性方程描述；完全损伤土（即重塑土）采用 4 个屈服面描述：加载屈服面 LY、剪胀屈服面 SY、吸力增加屈服面 SI、吸力减少屈服面 SD。该模型在总体上能反映原状膨胀土的三个主要特征（胀缩性、裂隙性和超固结）造成的独特的力学特性，即，低围压下的软化和剪胀特性、高围压下的硬化和剪缩特性、反复湿胀干缩特性；模型共包含 20 个参数，都可由试验测定；用试验资料初步验证了该模型的合理性。

参考文献

[1] 张颖钧. 裂土挡墙土压力分布探讨［J］. 中国铁道科学，1993，14（2）：90-99.

[2] 张颖钧. 裂土挡墙土压力分布、实测和对比计算［J］. 大坝观测与土工测试，1995，19（1）：20-26.

[3] 包承纲. 非饱和土的性状及膨胀土边坡稳定问题［J］. 岩土工程学报，2004，26（1）：1-15.

[4] 卢再华. 非饱和膨胀土的弹塑性损伤模型及其在土坡多场耦合分析中的应用［D］. 重庆：后勤工程学院，2001.

[5] 魏学温. 膨胀土的湿胀变形与结构损伤演化特性研究［D］. 重庆：后勤工程学院，2007.

[6] 陈正汉，卢再华，蒲毅彬. 非饱和土三轴仪的 CT 机配套及其应用［J］. 岩土工程学报，2001，23（4）：387-392.

[7] 卢再华，陈正汉，蒲毅彬. 原状膨胀土损伤演化的三轴 CT 试验研究［J］. 水利学报，2002（6）：106-112.

[8] 卢再华，陈正汉，蒲毅彬. 膨胀土干湿循环胀缩裂隙演化的 CT 试验研究［J］. 岩土力学，2002，23（4）：417-422.

[9] 陈正汉，方祥位，朱元青，等. 膨胀土和黄土的细观结构及其演化规律研究［J］. 岩土力学，2009，30（1）：1-11.

[10] 刘祖德，孔官瑞. 平面应变条件下膨胀土卸荷变形试验研究［J］. 岩土工程学报，1993，15（2）：68-73.

[11] 包承纲. 非饱和土的特性和膨胀土边坡的稳定问题［C］. 南水北调膨胀土渠坡稳定和滑动早期预报研究论文集，武汉，1998：1-31.

[12] 刘松玉，季鹏，方磊. 击实膨胀土的循环胀缩特性研究［J］. 岩土工程学报，1999，21（1）：9-13.

[13] 孙树国. 膨胀土的强度特性及其在南水北调渠坡工程中的应用［D］. 重庆：后勤工程学院，1999.

[14] 姚志华. 裂隙膨胀土在三轴浸水和各向等压加载过程中的结构演化特性研究［D］. 重庆：后勤工程学院，2009.

[15] 姚志华，陈正汉，朱元青，等. 膨胀土在湿干循环和三轴浸水过程中细观结构变化的试验研究［J］. 岩土工程学报，2010，32（1）：68-76.

[16] 朱元青，陈正汉. 研究黄土湿陷性的新方法［J］. 岩土工程学报，2008，30（4）：524-528.

[17] 谢云，陈正汉，孙树国，等. 重塑膨胀土的三向膨胀力试验研究［J］. 岩土力学，2007，28（8）：1636-1642.

[18] 姚志华，陈正汉，黄雪峰，等. 结构损伤对膨胀土屈服特性的影响 [J]. 岩石力学与工程学报，2010，29 (7)：1503-1512.

[19] 朱国平，陈正汉，韦昌富，等. 南阳膨胀土在受荷的湿干循环过程中细观结构演化规律研究 [J]. CT 理论与应用研究，2017，26 (4)：411-424.

[20] 朱国平. 膨胀土和红黏土在受荷的湿干循环过程中细观结构演化研究 [D]. 桂林：桂林理工大学，2016.

[21] 黄质宏，朱立军，廖义玲，等. 不同应力路径下红黏土的力学特性 [J]. 岩石力学与工程学报，2004，23 (15)：2599-2603.

[22] 曾秋鸾. 论广西红黏土的胀缩性能 [J]. 广西地质，2000，13 (3)：75-77.

[23] 张芳枝，陈晓平. 反复湿干循环对非饱和土的力学特性影响研究 [J]. 岩土工程学报，2010，32 (1)：41-46.

[24] 屈儒敏，梅世龙. 红土与红黏土 [J]. 水文地质工程地质，1987 (3)：13-17，34.

[25] 屈儒敏. 红黏土与膨胀土 [J]. 勘查技术，1979，5：58-62.

[26] 黄丁俊，张添锋，孙德安，等. 湿干循环下压实红黏土胀缩特性试验研究 [J]. 水文地质工程，2015，42 (1)：79-86.

[27] 刘文化，杨庆，唐小微，等. 湿干循环条件下不同初始干密度土体的力学特性 [J]. 水力学报，2014，45 (3)：261-268.

[28] 李向阳，胡海波，郭威. 湿干循环条件下路基黏土的强度衰减规律试验研究 [J]. 公路工程，2014，39 (1)：150-152，164.

[29] 朱国平，陈正汉，韦昌富，等. 浅层红黏土的细观结构演化规律研究 [J]. 水利与建筑工程学报，2016，14 (4)：42-49.

[30] 章峻豪. 南水北调中线工程安阳段渠坡滑塌机理及对策研究 [D]. 重庆：后勤工程学院，2012.

[31] 范秋雁. 膨胀岩与工程 [M]. 北京：科学出版社，2008.

[32] 中华人民共和国建设部. 土的工程分类标准：GB/T 50145—2007 [S]. 北京：中国计划出版社，2008.

[33] 张伟，陈正汉，黄雪峰，姚志华. 硫酸盐渍土的力学和细观特性试验研究 [J]. 建筑科学，2012，28 (1)：49-54.

[34] GENS A, ALONSO E E. A framework for the behaviour of unsaturated expansive clays [J]. Canadian Geotechnique Journal，1992，29，1013-1032.

[35] ALONSO E E, GENS A, YUK GEHLING W Y. Elasto-plastic model for unsaturated expansive soils [C] //3rd Conf. Num. Meth. In Geotech. Engin. Rotterdam [J]. 1994，11-18.

[36] ALONSO E E. Modeling expansive soil behaviour [C] //Proceedings of the Second International Conference on Unsaturated Soils. Beijing，1998，Ⅱ，37-70.

[37] 徐永福. 非饱和膨胀土的力学特性及其工程应用 [D]. 南京：河海大学，1997.

[38] 缪林昌. 非饱和膨胀土的变形与强度特性研究 [D]. 南京：河海大学，1999.

[39] 殷宗泽. 一个土体的双屈服面应力应变模型 [J]. 岩土工程学报，1988，10 (4)，64-71.

[40] 卢再华，王权民，陈正汉. 非饱和膨胀土本构模型的试验研究及分析 [J]. 地下空间，2001，21 (S1)：379-385.

[41] 卢再华，陈正汉，孙树国. 南阳膨胀土的变形和强度特性的三轴试验研究 [J]. 岩石力学与工程学报，2002，21 (5)：717-723.

[42] 陈正汉，周海清，FREDLUND D G. 非饱和土的非线性模型及其应用 [J]. 岩土工程学报，1999，21 (5)：603-608.

[43] 刘特洪. 工程建设中的膨胀土问题 [M]. 北京：中国建筑工业出版社，1997.

[44] 廖世文，曲永新. 全国首届膨胀土科学研讨会论文集 [C]. 成都：西南交通大学出版社，1990.

[45] 孙长龙，王宝田，殷宗泽. 宁夏膨胀土地基浸水变形规律试验研究 [J]. 河海大学学报，1997，25 (2)：82-85.

[46] 刘松玉，季鹏，方磊. 击实膨胀土的循环胀缩特性研究 [J]. 岩土工程学报，1999，21 (1)：9-13.

[47] 卢再华，陈正汉，曹继东. 原状膨胀土的强度变形特性及其本构模型研究 [J]. 岩土力学，2001，22

（3）：339-342.

[48] 卢再华，陈正汉. 非饱和原状膨胀土的弹塑性损伤本构模型研究 [J]. 岩土工程学报，2003，25（4）：422-426.

[49] KACHANOV L M. Introduction to continuum damage mechanics [M]. The Netherlands：Martinus Nijhoff Publisher，1986.

[50] LEMAITRE J. How to use damage mechanics [J]. Nuclear. Engineering and Design，1984，80：233-245.

[51] LEMAITRE J. A continuous damage mechanics model for ductile fracture [J]. Journal of engineering material and technology，1985，107：83-89.

[52] CHABOCHE J L. Continuum damage mechanics：present state and future trends [J]. Nuclear Engineering and Design，1987，105：19-33.

[53] CHABOCHE J L. Continuum damage mechanics [J]. Journal of Applied Mechanics，1988，Part Ⅰ—General Concepts，55：59-64；Part Ⅱ—Damage Growth，Crack initiation，and Crack Growth，55：65-72.

[54] 郝松林，陈铸曾. 损伤及损伤力学 [J]. 国防科技大学报，1984（2）：1-36.

[55] 楼志文. 损伤力学基础 [M]. 西安：西安交通大学出版社，1991.

[56] 陈正汉. 岩土材料的损伤理论学习札记（博士论文选题报告之三）[R]. 西安：陕西机械学院，1989 年 7 月 5 日.（另见：第一届全国岩土本构理论研讨会论文集 [C]. 北京：北京航空航天大学出版社，2008.11，307-309.）

[57] 周维垣，杨延毅. 节理岩体损伤断裂模型及验证 [J]. 岩石力学与工程学报，1991，10（1）：43-54.

[58] 袁建新. 岩体损伤问题 [J]. 岩土力学，1993，14（1）：1-24.

[59] 朱维申，张强勇，李术才. 三维脆弹塑性断裂损伤模型在裂隙岩体工程中的应用 [J]. 固体力学学报，1999（20）：164-169.

[60] 刘华，蔡正敏，杨菊生. 混凝土结构三维损伤开裂破坏过程非线性有限元分析 [J]. 工程力学，1999，16（2）：45-51.

[61] 李九红，杨菊生. 岩体损伤弹塑性非线性有限元分析 [J]. 岩石力学与工程学报，2000，19（6）：707-711.

[62] 杨松岩，俞茂宏. 一种基于混合物理论的非饱和岩土类材料的弹塑性损伤模型 [J]. 岩土工程学报，1998，20（5）：58-63.

[63] RESENDE L，MARTIN J B. Damage constitutive model for geotechnical application [C] //in Numerical methods for Transient and Coupled Problems，Pineridge Press，Swansea，U. K，1984：475-497.

[64] RESENDE L，MARTIN J B. Parameter identification in a damage model for rock mechanics [J]. International Journal for Numerical and analytic methods in Geomechanics，1988，12：79-97.

[65] KLISINSKI，MROZ. Description of inelastic defoemation and degradation of concrete [J]. International Journal of Solids and Structures，1988：391-415.

[66] 范镜泓，张俊乾. 损伤材料本构关系的一种内蕴时间理论 [J]. 中国科学（A 辑），1988，（5）：488-499.

[67] 沈珠江. 土体结构性的数学模型：21 世纪土力学的核心问题 [J]. 岩土工程学报，1996，18（1）：95-97.

[68] FRANTZISKONIS G，DESAI C S. Elastoplastic Model with Damage for Strain Softening Geomaterials [J]. Acta Mechanica，1987，68：151-170.

[69] FRANTZISKONIS G，DESAI C S. Constitutive Model with Strain Softenin [J]. Int. J. Solids. Structrues，1987，23：733-750；751-767.

[70] ARMALEH S H，DESAI C S. Modeling including testing of cohesionless soils using disturbed state concept [J]. Int. J. Mech. Behavior of Mat. erials，1995，5（3）：279-295.

[71] DESAI C S，SHAO C，PARK I J. Disturbed state model of cyclic behavior of soils and interface in dynamic soils structure interaction [C] //In：9th Int. Conf. Computer Methods and Advances in Geomechanics. Wunhan，1997，Vol. I：31-42.

[72] 沈珠江，章为民. 损伤力学在土力学中的应用 [C] //全国第三届岩土力学数值分析与解析方法讨论会论

文集，北京：中国建筑工业出版社，1988：595-610.

［73］ 沈珠江. 土体变形特性的损伤力学模拟［C］//第五届全国岩土力学数值分析与解析方法讨论会论文集. 重庆，1994：1-8.

［74］ 沈珠江. 结构性黏土的非线性损伤力学模型［J］. 水利水运科学研究，1993，（4）：247-255.

［75］ 沈珠江. 结构性黏土的弹塑性损伤模型［J］. 岩土工程学报，1993，15（3）：21-28.

［76］ CARROLL，M M. Mechanical response of fluid-saturated porous materials［C］//Proc. 15th International Congress of Theoretical and Applied Mechanics，Ed. By Rimrrott F P J & Tabarrok B. New York：North-Holland，1980：251-261.

［77］ SANDLER. Constitutive Equations：Macro、Micro and Computational Aspects［C］. Ed. by Willam K T，1984. 12：217-231.

［78］ 埃德仑 D. G. B.. 非局部场论［M］. 戴天民，译. 南京：江苏科学技术出版社，1981.

［79］ 爱林根 A. C.. 非局部微极场论［M］. 戴天民，译. 南京：江苏科学技术出版社，1982.

［80］ BAZANT Z P，BEYTSCHKO T B. Chang Ta-Peng. Continuum Theory for Strain-Softening［J］. Journal of Engineering Mechanics，1984，110（12）：1666-1712.

［81］ BAZANT Z P，ZUBELEWICZ A. Strain-softening bar and beam：Exact non-local solution［J］. International Journal of Solids and Structures，1988，24（7）：659-673.

［82］ 陈正汉，许镇鸿，刘祖典. 关于黄土湿陷的若干问题［J］. 土木工程学报，1986，19（3）：62-69.

［83］ DONG S Y，LIU Z D. Plastic constitutive relation for slumping loess［C］//Proc. Int. Conf. on Engineering Problems of Regional Soils，Beijing，1988，8.

［84］ 朱元青. 基于细观结构变化的原状湿陷性黄土的本构模型研究［D］. 重庆：中国人民解放军后勤工程学院，2008.

［85］ 李加贵. 侧向卸荷条件下考虑细观结构演化的非饱和原状 Q3 黄土的主动土压力研究［D］. 重庆：中国人民解放军后勤工程学院，2010.

［86］ 姚志华，陈正汉，方祥位，等. 非饱和原状黄土弹塑性损伤流固耦合模型及其初步应用［J］. 岩土力学，2019，40（1）：216-226.

［87］ 殷宗泽. 一个土体的双屈服面应力应变模型［J］. 岩土工程学报，1988，10（4）：64-71.

［88］ 沈珠江. 理论土力学［M］. 北京：中国水利水电出版社，2000：53-54.

［89］ 姚仰平，田易川，崔文杰. 理想膨胀性非饱和土的 UH 模型［J］. 岩土工程学报，2023 年待刊.

第 5 篇　多场耦合理论和工程应用

本篇导言

创新是科研的永恒主题。重要的理论创新成果是学科发展成熟的标志和里程碑，是学者追求的目标。

——陈正汉. 非饱和土与特殊土力学：理论创新、科研方法及治学感悟 [M]. 科学出版社，2021.

一门科学一经走出它的初级阶段，理论的发展就不再仅仅依靠一个排列的过程来实现。而是研究人员受到经验数据的启发建立起一个思想体系；一般来说，这个思想体系在逻辑上是用少数的基本假定，即所谓公理，建立起来的。我们将这样的思想体系称为理论。理论有存在的必要性的理由乃在于它能把大量的个别观察联系起来；而理论的"真实性"也在于此。

——爱因斯坦. 狭义与广义相对论浅说 [M]. 杨润殷，译. 上海：上海科学技术出版社，1964.

一个新理论提出来，第一，要看它能不能说明旧理论已说明的物理现象；第二，要看它能不能说明旧理论所不能说明的物理现象；第三，要看它能否预见到新的尚未被观测到的物理现象，并为新的实验所证实。这三者都很重要，不可偏废。

一个好的工作，首先要物理上站得住脚，又有严谨的数学证明才行。光是数学漂亮，没有物理支持，因而不能解决实际问题的工作，不能称之为好的工作。

——周培源. 引自：章道义. 周培源—中国科教界一颗明亮的星 [N]. 科技日报，2002，8，28（4）.

由于陆地上非饱和土的覆盖面积远大于饱和土，非饱和土固结理论有极其远大的应用前景。

——沈珠江. 理论土力 [M]. 北京：中国水利水电出版社，2000.

土力学和其他各门学科相互渗透为现代土力学的发展开辟了极其广阔的前景。

——陈正汉. 试论土力学的发展 [C] //自然辩证法论文选集. 西安：陕西机械学院，1983；1-16.

发展理论，知行合一。

——陈正汉. 非饱和土与特殊土力学：理论创新、科研方法及治学感悟 [M]. 北京：科学出版社，2021.

岩土介质有其自身的特点，如多相、多孔、松散、结构性等，简单地照搬和套用理性力学的结果是远远不够的，其间有一个纯力学理论与研究对象的具体特点相结合的问题。因为边缘学科的新理论原本并不是针对岩土介质创立的，所以不可能先天性地带有岩土介质的种种特点。

　　——陈正汉. 岩土力学的公理化理论体系 [J]. 应用数学和力学，1994，15 (10)：901-910.

　　许多学者把交叉学科的新理论、新方法源源不断地引入土力学。良好的数理基础对学习、掌握和应用这些新理论、新方法非常有益。需要注意的是，这些新理论、新方法原本并不是为岩土力学建立的，因而不可能反映岩土介质的主要特点。因此，在移植这些新理论和新方法时不能原封不动地照搬照套，犯类似教条主义的毛病；也不能人为复杂化；更不能故弄玄虚，使人看不明白。而必须把这些一般的理论方法与岩土介质的具体特点相结合[13,30]，着力做好消化、简化、改造、搭桥、结合、发展工作。只有这样，才能真正解决岩土介质的问题，做出具体的、有实在内容的创新成果。

　　——陈正汉. 关于土力学理论模型与科研方法的思考 [J]. 力学与实践，2004，26 (1)：63-67.

　　创立新理论，为学须精深。

　　——陈正汉. 非饱和土与特殊土力学：理论创新、科研方法及治学感 [M]. 北京：科学出版社，2021，204-205.

第 22 章　岩土力学的公理化理论体系——多相多场多因素耦合问题的建模理论

本章提要

　　为了改变土力学的半理论半经验状态，通过移植理性力学的公理化体系、开发不可逆过程热力学的宝库、继承土力学的遗产，构建了岩土力学的公理化理论体系。该体系由 5 个基本定律和 8 个本构原理组成。

　　岩土力学的研究对象是多相多孔介质，面临的问题是多场耦合问题，远比研究单一介质的固体力学或流体力学复杂。以土力学为例，自 1923 年创立至今，虽近百年，但仍处于半理论半经验状态，缺乏适当的理论基础与严谨的理论体系。黄文熙先生在《岩土工程学报》创刊词中指出（1979 年 12 月）[1]："总的说来，岩土工程学犹如医学，还不能把它称之为一门严谨的科学，它本身具有强烈的实践性。"1992 年 9 月，黄先生在《寄语青年岩土力学工作者》一文中再次强调[2]："我多次说过，岩土工程学远不能说是一门具有严密理论体系的学科。我积数十年研究之经验，深知欲推动岩土工程学发展，非强烈依赖于实践不可。"

　　从黄先生的以上论述可得两点启示：一是岩土工作者必须重视实践（包括试验和工程，黄先生主要强调的是工程实践），研究工作要理论与实践相结合；二是岩土工程学科的发展尚处于初级阶段，其理论体系有待发展和完善。作者认为这两个方面都应受到重视，都应该有所作为。关于实践方面，作者在文献［3］第 5 章结合自己的研究工作经历有较为详细的介绍。本章介绍作者在构建岩土力学理论体系方面的研究成果。

　　在从事非饱和土力学与特殊土力学的研究中，作者引入了理性力学的观点和方法，经多年努力，逐渐形成了创建岩土力学的公理化理论体系的思想[4-11]，从而为岩土力学向理论体系严密化发展探索出了一条可能的路径。

　　所谓理性力学（rational mechanics），就是用公理化方法建立的力学体系，故又称为公理化力学（axiomatical mechanics），亦称连续物理（continuum physics）。 理性力学的基本框架是在 20 世纪 50～60 年代构建的，成为各传统力学分支的共同基础，为 20 世纪整个力学的发展做出了卓越的贡献，影响极其深远，被评为 "20 世纪理论和应用力学十大进展之一"，Truesdell、Noll、Erigen 等一批中青年学者起了关键作用[12-15]。力学的公理化体系是理性力学的核心内容和基石，用公理化方法研究形形色色的非线性本构模型（包括力-热-电-磁相互耦合）和理论整体框架是理性力学的显著特色，从这个意义上讲，**岩土力学的公理化理论体系就是处理多相多场耦合问题的建模理论。**

22.1　基本思路和理论基础

　　解决现代工程问题的科学方法有模型试验、理论模型、数值模拟 3 种。其中理论模型起核心作用，是研究工作的重要目标。建模要做很多打基础的工作[16]，要靠科学的方法和理论[17,18]。

　　就方法而言，通常有归纳法和演绎法两种，也称唯象方法和公理化方法。归纳法从不同的角度揭示问题的规律，然后加以综合，形成整体模型，Terzaghi 的一维固结理论就是综合 Darcy

渗透定律、土的压缩规律及有效应力原理与土的变形连续条件的结果。在该法中，试验观察和直觉判断起重要作用，但并非总是可靠的，"'直观上很明显'这几个字不应纳入连续介质力学基本原理或任何一门现代科学的讨论中去"[19]。如最速降线问题的答案是旋轮线而不是直观想象的直线。公理化方法则以若干公理、原理或基本假设为依据，进行严密的推理，最终得出问题的数学模型。应用公理化方法成败的关键在于推理所依据的基本假设（或公理、原理）是否合理[17,18,20]。

就理论而言，建模应当有一个适当的理论基础[17]。岩土力学与工程研究的对象是很复杂的多孔多相介质，所涉及的问题不仅包含的因素多，而且是多场耦合、多重非线性的。作者在 20世纪 80 年代中期研究非饱和土固结问题时，感到最大的困惑就是缺乏适当的理论基础。那么这个适当的理论基础应具备哪些条件呢？至少应有两条：①具有包容复杂因素的能力，能够统一处理多组分介质的共同运动及其相互作用；②能够回答研究中提出的各种理论问题，如流体在骨架孔隙中的运动如何描述、建立岩土材料的本构关系应依据哪些原理、岩土介质的固结应满足哪些方程等。显然，各种关于单一介质的经典力学理论都不能担当此任。作者的探索发现，现代混合物理论（theory of mixtures）[21]基本能满足上述要求。

现代混合物理论是理性力学或连续统物理的一个分支，有关文献数以千计[22]。混合物理论用公理化的方法研究多组分复合介质的共同运动与多种理化现象的耦合过程，能包容复杂因素，把运动学、动力学、热力学、化学、电磁学及本构理论融为一体。该理论的基本假定是：视每一组分为一均质连续体，它们占有共同的物理空间。这样，不同组分的若干质点可以占有同一空间点，从而为研究不同组分的相互作用提供了方便，因而混合物理论又被称为相互作用的连续介质力学[23,24]。

现代混合物理论的概念和思想最初由 Truesdell 等[12]在 1960 年提出，后经 Bowen[21,25,26]的一系列工作，发展得比较成熟。然而，岩土介质有其自身的特点，如多相、多孔、松散、结构性等，简单地照搬和套用理性力学的结果是远远不够的，其间有一个纯力学理论与研究对象的具体特点相结合的问题。因为边缘学科的新理论原本并不是针对岩土介质创立的，所以不可能先天性地带有岩土介质的种种特点。学习混合物理论的方法固然重要，但更重要的是掌握它的**基本原理——公理化体系，这是理性力学的精髓和基石。理性力学的公理化体系包括基本定律和本构原理两个方面。基本定律是物体在运动学、动力学、热力学方面所必须遵循的规律，其数学表达式称为场方程；本构原理是建立本构关系的理论指南。最流行的本构原理有 Noll 的三原理[13]和 Erigen 的十原理[14]。**

为了建立岩土力学的公理化理论体系，作者做了 3 方面的工作：①移植理性力学（包括混合物理论）的公理化体系，并把它作为岩土力学公理化体系的基本框架。在移植过程中，只保留了那些对岩土力学适用性较强的本构原理，如等存性原理、相容性原理和客观性原理，同时排除了混合物理论文献中较为流行但缺乏坚实物理基础的"相分离原理"。②继承土力学的遗产。土力学已创立了近百年，其内容相当丰富，如有效应力原理、固结理论、莫尔-库仑强度理论等，这些理论能反映土的基本特性，是土力学的支柱。自 1963 年以来，国际上广泛开展岩土本构关系的研究，揭示出岩土介质一些新特性，如剪胀性、结构性、应力路径相关性等。③开发不可逆过程热力学的宝库。不可逆过程热力学是最早研究热传导、扩散、化学反应及其相互作用的学科，其有关原理是处理耦合问题的锐利武器，吸收为岩土力学的研究所用是一件幸事。

综合以上 3 方面的成果，就构成了岩土力学的公理化理论体系[11]。该理论体系由 5 个基本定律和 8 个本构原理组成，是多相多场耦合问题的建模理论。

22. 2 基本定律

设混合物由 N 种组分（constituent）组成，用 a 代表混合物的任一组分，其在单位体积混合物中所占的体积比例用 ϕ_a 表示，称为 a 组分的**体积分数**（volume fraction）；用 ρ_a 代表 a 组分的**表观密度**（apparent macroscopic density），其物理意义为单位混合物体积中 a 组分的质量，简称为**体密度**（bulk density）；用 γ_a 代表 a 组分的实际微观密度（actual microscopic density），简称为**真密度**（true density），其物理意义是 a 组分单位体积的质量。表观密度和真密度的关系：

$$\rho_a = \phi_a \gamma_a \tag{22.1}$$

混合物中没有真空，体积分数必须满足下述约束条件：

$$\sum_{a=1}^{N} \phi_a = 1 \tag{22.2}$$

混合物可分为溶混的（miscible）混合物与不溶混的（immiscible）混合物两类。 前者如混合气体、食糖和食盐的水溶液、酒精和水的混合液及各种合金，组成混合物的各种组分在分子水平上均匀分布，浑然一体，形如单一介质，体积分数对其没有多大的意义；后者如火箭推进器中固体颗粒燃料在气体中燃烧、悬浮颗粒，石油开发过程中油、水、气、驱替物质的同时流动，各组分之间有明显的分界面，至少在细观水平（孔隙尺度）上可以辨识出来，体积分数就是一个表征不溶混性或结构性的指标。

岩土介质是流体-多孔介质，在不考虑电磁效应的前提下，可视为不溶混的混合物，其组分和整体都必须遵循连续介质的 4 个基本守恒定律。混合物理论将其分为支配组分的基本定律和支配混合物整体的基本定律。每个基本定律的数学表述有 4 种形式：整体的积分形式、局部的微分形式、物质标架中的表述形式和空间标架中的表述形式。一般先以积分形式给出，再利用局部化假设（即认为基本定律对物体的任意小部分也成立），就可得出相应的微分形式。下面仅给出基本定律在空间标架中的微分形式。

组分的 4 个基本定律如下。

质量守恒定律：

$$\partial \rho_a / \partial t + \nabla \cdot (\rho_a \boldsymbol{x}_a') = \hat{c}_a \tag{22.3}$$

动量守恒定律：

$$\rho_a \boldsymbol{x}_a'' = \nabla \cdot \boldsymbol{T}_a + \rho_a \boldsymbol{b}_a + \hat{\boldsymbol{P}}_a \tag{22.4}$$

动量矩守恒定律：

$$\boldsymbol{T}_a - \boldsymbol{T}_a^* = \hat{\boldsymbol{M}}_a \tag{22.5}$$

能量守恒定律（热力学第一定律）：

$$\rho_a \varepsilon_a' = \mathrm{tr}(\boldsymbol{T}_a \boldsymbol{D}_a) - \nabla \cdot \boldsymbol{q}_a + \rho_a r_a + \hat{\varepsilon}_a - \frac{1}{2} \mathrm{tr} \hat{\boldsymbol{M}}_a \boldsymbol{W}_a \tag{22.6}$$

式中，$\boldsymbol{x}_a$，$\boldsymbol{x}_a'$，$\boldsymbol{x}_a''$ 依次为 a 组分中一个质点在时刻 t 占据的空间位置、速度和加速度；$\boldsymbol{b}_a$，$\boldsymbol{T}_a$，$\boldsymbol{T}_a^*$，ε_a'，r_a 和 $\boldsymbol{q}_a$ 依次为 a 组分的体力密度、应力张量、应力张量的转置张量、内能密度的变化率、热源强度和热流矢量；$\hat{c}_a$，$\hat{\boldsymbol{P}}_a$，$\hat{\boldsymbol{M}}_a$，$\hat{\varepsilon}_a$ 分别为 a 组分与其他组分相互作用而产生的质量（反映化学反应或有源汇存在）、动量、动量矩和能量，依次定义为质量供给量、动量供给量、动量矩供给量和能量供给量，$\hat{\boldsymbol{M}}_a$ 的存在说明混合物各组分的应力张量一般是不对称的；$\nabla \cdot$ 是散度算子，tr 是迹算子；$\boldsymbol{D}_a$ 和 $\boldsymbol{W}_a$ 分别为速度梯度 $\boldsymbol{L}_a$ 的对称部分和反对称部分，分别称为应变

率张量（伸长张量）和自旋张量，

$$L_a = D_a + W_a \tag{22.7}$$

混合物作为一个整体，相应的守恒定律如下。

质量守恒定律：

$$\partial \rho / \partial t + \nabla \cdot \rho \dot{x} = 0 \tag{22.8}$$

动量守恒定律：

$$\rho \ddot{x} = \nabla \cdot T + b \tag{22.9}$$

动量矩守恒定律：

$$T = T^* \tag{22.10}$$

能量守恒定律：

$$\rho \dot{\varepsilon} = \mathrm{tr}\, TL - \nabla \cdot q + \rho r + \sum_{a=1}^{N} \rho_a b_a \cdot V_a \tag{22.11}$$

式中，ρ 为混合物的表观密度；$x, \dot{x}, \ddot{x}$ 分别为混合物中一个质点在时刻 t 占据的空间位置、速度（平均速度）和加速度；$b, T, T^*, \dot{\varepsilon}, r$ 和 q 依次为混合物的体力密度、应力张量、应力张量的转置张量、内能密度的变化率、热源密度和热流向量；L 为混合物的速度梯度张量；V_a 为 a 组分的扩散速度，等于在时刻 t 空间同一点处的 a 组分速度与混合物速度之差。

由式（22.5）～式（22.8）可知，混合物作为一个整体，就如同单一介质，各组分之间的相互作用并不显示出来。

此外，混合物还应服从热力学第二定律，其数学表达式称为 Clausius-Duhem 不等式，亦称熵不等式或耗散不等式，即

$$\rho \dot{\eta} + \nabla \cdot \sum_{a=1}^{N} (q_a / \theta_a + \rho_a \eta_a V_a) - \sum_{a=1}^{N} \rho_a r_a / \theta_a \geqslant 0 \tag{22.12}$$

式中，η 代表单位体积混合物的熵密度；θ_a 为 a 组分的温度，η_a 为 a 组分的熵密度。

式（22.12）左边代表系统内部因发生不可逆过程而产生的熵变，称为熵产（entropy production/growth of entropy），因此热力学第二定律揭示了热力学过程的不可逆性。严格地说，一切力学现象都是热力学过程，特别是混合物中的多组分和多种过程相互作用时，大多数过程是不可逆的，因此，热力学第二定律在混合物理论中占有重要地位。

应当指出，由 N 种组分构成的混合物共有 $4N+4$ 个场方程，但其中只有 $4N$ 个是独立的。在选用这些场方程时，只能用混合物的一个场方程取代 $4N$ 个组分场方程中的一个相应的方程。

22.3　本构原理

基本定律对任何材料的混合物都成立，单由其尚不能确定物体的热力学响应，因为物体的响应是随材料而异的。另外，从数学上看，守恒律提供的场方程的数目一般总少于这些方程中出现的未知数的个数。因此，不论是从物理方面还是从数学上考虑，都必须在场方程的基础上补充刻画材料性质的方程——本构方程，才能形成封闭方程组。

何谓本构关系？《中国大百科全书》定义[27]："物质宏观性质的数学模型称为本构关系，把本构关系写成具体的数学表达式就是本构方程。最熟知的反映纯力学性质的本构关系有胡克定律、牛顿黏性定律、圣维南理想塑性定律等；反映热力学性质的有克拉珀龙理想气体状态方程、傅里叶热传导方程等。"根据这一定义可知，强度准则亦归于本构关系之列，因为它是描述材料濒于破坏时的宏观力学性质的数学模型。再如，土的三相指标之间的联系关系式、水气运动规律（即 Darcy 定律和 Fick 定律）、土-水特征曲线与土中水量变化规律、土结构的演化规律（损

伤演化方程或结构修复方程）、气在水中的溶解规律（Henry 定律）、相变规律等也都是本构关系。

本构关系的定义有多种。例如，文献［28］的定义："本构关系是材料性质从经验加以抽象化的数学表现。每一种本构关系定义一种理想材料。"但不管是哪种定义，都说明本构关系包含广泛的内容，而不仅仅是应力-应变关系。

由于混合物的场方程中涉及的量的种类比较多，因此混合物的本构关系不限于应力-应变关系。例如，质量供给量由相变规律控制，热流矢量受热传导定律支配，自由能、熵和内能则取决于热力学状态，这些关系统称为本构关系。

根据确定性原理，材料在时刻 t 的行为由整个物体在该时刻以前的全部运行历史所确定，因而本构关系通常用泛函表示为

$$A = \Gamma(x, \dot{x}, t, \theta, \cdots) \tag{22.13}$$

理性力学中，把自变量 x，$\dot{x}$，t，θ 等称为本构变量，而把 A 称为相关本构变量（dependent variables），Γ 称为响应泛函（response functional）。A 可以是标量、矢量和张量。为了保证本构关系在理论上的正确性，其必须满足一定的物理数学条件，本构原理由此应运而生。Truesdell、Noll 和 Coleman 称其为原理（principle），而 Erigen 称其为公理（axiom）。

本构原理是建立本构关系的理论指南。笔者通过集成理性力学、不可逆过程热力学和土力学的精华而构建的指导建立岩土介质的本构关系的本构原理共有 8 个，其中有 3 个来自理性力学[13, 14, 28]。

1. 等存性原理

所有响应泛函应具有相同的本构变量，直到与有关规律发生矛盾为止。换言之，在开始建模时，对所有本构变量要一视同仁，不能随意去掉某个本构变量。这是因为在通常的物理过程中，质量、动量和能量是同时存在的，是相互牵连、交叉耦合的。例如，温度梯度能引起质量的扩散，而浓度梯度也能引起能量的转移；温度的改变使物体变形，而物体的变形又产生热量；压电和压磁效应、电致伸缩和磁致伸缩的现象也是众所周知的。然而在经典理论中，描述这些现象的变量却被比较随意地分成了所谓的"类"，并认为属于一类的变量对另一类中的变量没有影响。这是由于各个现象是逐渐发现的，并且测量这些现象中的变量的仪器是逐个发展起来的。因此，等存性原理要求，出现在一个响应泛函中的变量也必须出现在其他响应泛函中。

必须指出，在建立本构关系时按等存性原理的要求，所有响应泛函在开始时都具有相同的本构变量。由于混合物的独立变量较多，因而其本构关系远比单一介质的复杂。尽量减少本构变量的数目就成了学者努力的目标之一。

由于流体多孔介质之类的混合物的各个组分在细观上是不溶混的和可以辨识的，有的学者将其理想化，认为各组分仍保持着自身的特性，提出了所谓的**不溶混假设**（immiscibility postulate）[22]，或称为**相分离原理**（principle of phase separation）。该原理由 Passman 等于 1984 年明确表述为[29] 相分离原理：把相关本构变量（或响应泛函）分为两类，第一类只描述 a 组分物质材料特性的变量（material-specific variables），如 T_a，b_a，q_a，r_a，ε_a 和 ϕ_a 等；第二类描述不同组分之间相互作用或相互交换的变量，称为生成变量（growth variables），如 $\hat{c}_a$，$\hat{P}_a$，$\hat{M}_a$，$\hat{\varepsilon}_a$ 等；则第一类变量只依赖于 a 组分的独立本构变量，而第二类变量依赖于所有独立本构变量。

对于单一介质，生成变量消失，该原理就退化为等存性原理。由于可简化本构关系，因此该假设为一些学者所采用，但其过于理想化。陈正汉在文献［10］和［30］中明确指出，尽管流体-多孔介质是不溶混的混合物，但作为多孔介质的固体是多种多样的。从土力学可知，对于颗粒材料的集合体，如砂、粉煤灰、尾矿砂、砾石、卵碎石等，其骨架性质受孔隙流体的影响

不大，可以认为相分离原理近似适用；而对于黏土和粉土之类的多孔介质，土的固相和水分之间存在强烈的物理化学作用，土骨架的力学性质与水是否存在、含水率的高低关系极大，相分离原理根本不适用。**从数理逻辑可知，一个反例就足以否定相分离原理的普适性，而无须再从理论上证明它不成立。**

陈正汉的探索表明[30]，对于岩土介质，在建立其应力-应变关系时可用有效应力原理取代等存性原理，而在建立其余的本构关系时可用居里对称原理对采用了等存性原理的结果进行简化。有效应力原理和居里对称原理是简化岩土本构关系的有力工具，有关内容将在本节后面介绍。

2. 相容性原理

响应泛函必须与基本定律相容，不能矛盾。 这个显而易见的原理是很有用的，特别是利用熵不等式可以排除响应泛函对某些本构变量的依赖关系，从而简化本构方程。

相容性的具体含义解释如下[14]：一个过程被称为热力学容许的必要充分条件是该过程服从 Clausius-Duhem 不等式，并具有一个有限的非负温度（温度用绝对温标表示）；一个热力学过程如果服从质量守恒、动量守恒和能量守恒公理，则被称为是力学上容许的（或相容的）；倘若该过程还服从本构公理的限制，则被称为是本构上容许的。

3. 客观性原理

这是一个极重要的本构原理。**客观性原理认为：本构关系必须与持有不同时钟和进行不同运动的观察者无关。** 也就是说，所有观察者所观察到的材料响应应当相同。因为材料的反应是材料内部存在的客观过程，理应与在其外的观察者无关。该原理又称为物质标架无差异原理（**principle of material frame-indifference**）[13]，简称为 **principle of material indifference** 或 **principle of material objectivity** 或 **objectivity**，可表述为：**响应泛函对空间参考标架的任意刚体运动以及时间的漂移为形式不变量。**

客观性的具体含义解释如下[13,28]：把带时钟的参考标架称为时-空系，时钟可以有快有慢（即计时的零点可以不同），一个参考标架可以相对于另一标架做刚体运动，包括平移和转动。若一个运动在一个参考标架中记为 $\{x, t\}$，而在另一个参考标架中记为 $\{\tilde{x}, \tilde{t}\}$，则其相互关系为

$$\tilde{t} = t + t_0 \tag{22.14a}$$

$$\tilde{x} = Q(t) \cdot x + c(t) \tag{22.14b}$$

式中，正交变换 $Q(t)$ 和向量 $c(t)$ 代表第一观察者对第二观察者在时刻 t 的相对刚体转动和相对平移，假定二者均为时间的连续函数，且 $c(t)$ 是任意向量，$Q(t)$ 是二阶张量；t_0 代表第一观察者的计时零点相当于第二观察者的计时零点的相对差值。正交变换 $Q(t)$ 能准确保证映射长度不变，亦称为转动张量，具有如下特点：

$$\begin{cases} \det Q(t) = \pm 1 \\ Q(t)^* \cdot Q(t) = Q(t) \cdot Q(t)^* = I \\ Q(t)^* = Q(t)^{-1} \end{cases} \tag{22.15}$$

式中，$\det Q(t)$ 是 $Q(t)$ 的行列式的值，$Q(t)^*$ 是 $Q(t)$ 的转置，$Q(t)^{-1}$ 是 $Q(t)$ 的逆变换，I 是单位线性变换。

在式（22.14）时-空系的变换下，时间间隔是不变的，即

$$\tilde{t}_2 - \tilde{t}_1 = t_2 - t_1 \tag{22.16}$$

对同一时刻，两个运动 $\{x_1, t\}$ 和 $\{x_2, t\}$ 的空间距离是不变的，这是因为由 $\tilde{x}_1 = Q(t) \cdot x_1 + c(t)$ 和 $\tilde{x}_2 = Q(t) \cdot x_2 + c(t)$，可得

$$(\tilde{x}_2 - \tilde{x}_1) = Q(t) \cdot (x_2 - x_1) \tag{22.17}$$

$$(\widetilde{x}_2 - \widetilde{x}_1)^2 = [Q(t) \cdot (x_2 - x_1)] \cdot [Q(t) \cdot (x_2 - x_1)] = (x_2 - x_1)^2 \tag{22.18}$$

式（22.16）、式（22.18）的这种性质称为时空无差异性或客观性。

在时-空系［式（22.14）］变换下，标量 α、矢量 N 和二阶张量 P 的变换规律为

$$\widetilde{\alpha} = \alpha \tag{22.19}$$

$$\widetilde{N} = Q(t) \cdot N \tag{22.20}$$

$$\widetilde{P} = Q(t) \cdot P \cdot Q(t)^* \tag{22.21}$$

对一个场或函数而言，若出现在其中的量在时-空系［式（22.14）］下按式（22.19）～式（22.21）的规律变换，则称其为客观性的场或函数。

根据客观性的定义，可把描述物理世界的量分为两类。第一类是客观性量，与时-空标架无关，如质量、力、力矩、温度、内能、应变率张量等；第二类是非客观性量，与时-空标架有关，如加速度、变形梯度、速度梯度和自旋张量等。必须注意的是，有的物理量如 Cauchy 应力张量本身是客观性的，但其时间变化率却不是客观的，由此激发了众多学者对**客观应力率**的研究，提出了 Jaumann 应力率和 Truesdell 应力率等客观应力率。本书不涉及应力率的问题，故不做进一步的论述。因此，一个二阶张量是否为客观量，需要按式（22.21）衡量。客观性原理要求进入本构方程中的量是客观性的量，而且本构响应函数的形式在时-空系［式（22.14）］变换下保持形式不变。

从不可逆过程热力学[31-34]吸收的本构原理有 Onsager 原理和 Curie 对称原理。

4. Onsager 原理

这是线性不可逆过程热力学的一个基本原理，被称为热力学第四定律。该原理认为，不同类量之间的交叉影响系数相等。应用这一原理可以减少本构方程中系数的个数。具体地说，设在一个体系里同时存在 n 个流动，其通量分别为 J_1，J_2，…，J_n，而引起通量的热力学力为 Y_1，Y_2，…，Y_n，则

$$J_\alpha = \sum_{\beta=1}^n L_{\alpha\beta} Y_\beta \tag{22.22}$$

式中，唯象系数满足以下关系：

$$L_{\alpha\beta} = L_{\beta\alpha} \tag{22.23}$$

Bowen 在文献［21］中曾应用过这一原理，但不是把它当本构原理看待。作者在文献［30］中第一次肯定了 Onsager 原理在本构理论中的地位，并把它作为一个独立的本构原理。

5. Curie 对称原理

一般说来，耦合过程中的各热力学力和各通量是阶次不同的张量。Curie 原理指出，在各向同性体系中，张量阶数之差为奇数的通量和热力学力之间不耦合。换言之，仅当热力学力 Y_β 和通量 J_α 是同阶张量或阶差为偶数时，组合关系才有可能[31,33]。应用 Curie 对称原理可使本构关系大大简化。有关该原理的理论证明可参阅文献［35］。

顺便指出，在混合物理论的文献中尚没有应用 Curie 对称原理的先例。作者在文献［30］中首次把它从不可逆过程热力学的宝库中开发出来作为岩土力学的重要本构原理之一，并用它成功地建立了非饱和土的本构关系。

其他 3 个本构原理，即压硬剪胀原理、有效应力原理和记忆原理，是土力学成果的结晶与升华。

6. 压硬剪胀原理

从土力学可知，土在静水压力作用下孔隙减小变密，抗剪强度、杨氏模量和剪切模量均增大，土的变形减小。换言之，土有"压硬"的属性。另外，土具有剪胀性，剪应力（或偏应力）

影响土的正应变（或体应变），当球应力保持常数而偏应力改变时，土的体积也要发生变化。一般而言，在剪应力作用下，超固结土和密砂的体积要增大，强度随之下降，称为剪胀；正常固结土和松砂的体积要减小，强度随之增加，称为剪缩。剪胀和剪缩统称为土的剪胀性。研究表明，土在卸荷时也发生体缩[36]，而且在三轴试验中普遍存在[37]。压硬性和剪胀性也被称为应力和应变的交叉效应，即球应力影响偏应变，偏应力影响体应变。

土的压硬性最早体现在 M-C 强度准则中。现代岩土强度理论（如 Drucker-Prager 准则[38]、松岗元准则[39]、Lade-Duncan 准则[40,41]和广义双剪准则[42]及岩石力学的 Hook-Brown 准则）均考虑了压硬性的影响。剑桥模型[43-46]和邓肯-张模型[47]除了应用 M-C 强度准则外，还分别在体积变形模量和初始切线模量中考虑了压硬效应，而把塑性体应变作为屈服面的硬化参数更是剑桥模型的一大创造。

土的剪胀性最早为 Casagrande 所注意，魏汝龙于 1963 年在国际上首次系统地论述了土的剪胀性[48]。沈珠江则于 1986 年明确指出[49]，土的压硬性与土的剪胀性是土的两个最基本的属性，二者具有同等重要的地位。邓肯-张模型仅考虑了压硬性，其最大缺点就是忽略了剪胀性，弹塑性模型能够弥补这个不足，如 Lade-Duncan 双屈服面模型[41]、殷宗泽的双屈服面模型[50]等。当然，不少非线性模型也能反映剪胀性[51,52]，如 Naylor 模型、超弹性模型、亚弹性模型、Green弹性模型和南京水利科学研究院非线性模型等。

剪胀性与围压水平有关。一般而言，在低围压下剪切时发生剪胀，在高围压下剪切时发生剪缩。

综上所述，压硬剪胀原理可表述为：球应力使岩土介质密实硬化，强度增加；偏应力使较密实的岩土介质体积膨胀，强度降低，而使较疏松的岩土介质体积缩小，强度增大；在低围压下发生剪胀，在高围压下发生剪缩。

7. 有效应力原理

有效应力原理最早是由 Terzaghi 针对饱和土提出的，并获得了巨大的成功。Terzaghi 定义的饱和土的有效应力表达式为

$$\sigma'_i = \sigma_i - u_w \quad (i = 1, 2, 3) \tag{22.24}$$

式中，σ'_i，σ_i，u_w 分别是有效正应力、总正应力和孔隙水压力。土力学假定孔隙水不能承受剪应力，故剪应力都是有效的。

有效应力原理认为：饱和土的有效应力等于总应力与孔隙水压力之差，这是由于应力变化引起的各种可量测后果，如压缩、畸变和抗剪强度变化都是由有效应力的变化造成的。

在 Terzaghi 提出有效应力之时尚不知道土有剪胀性，因而以前主要用有效正应力计算土的体变和强度。现代土力学认识到土有剪胀性，计算体变时必须考虑偏应力的影响。如上所述，土力学中假定水不能承受偏应力（或剪应力），所以偏应力全部是有效应力。据此，有效应力原理可表述为：饱和岩土介质的变形和强度由有效应力控制。此处，岩土介质主要指碎石土、砂土、粉土、黏土和破碎岩体，有效应力包括全部有效应力分量（有效球应力和偏应力），变形包括全部应变分量（体应变和偏应变）。

许多学者从理论上和试验上论证或验证了有效应力原理的正确性。Biot 等[53]、Skempton等[54]、Nur 等[55]先后用不同的理论方法推得：对于土的体积变形，有效应力的精确表达式为

$$\sigma' = \sigma - \left(1 - \frac{C_s}{C}\right)u_w = \sigma - \left(1 - \frac{K}{K_s}\right)u_w \tag{22.25}$$

式中，C 为土骨架的体积压缩系数，$C = 1/K$，K 为土骨架的体积模量；C_s 为土颗粒的体积压缩系数 $C_s = 1/K_s$，K_s 为土颗粒的体积模量。对土而言，$K = K_s$，表明 Terzaghi 公式（2.24）对于体变问题是足够精确的。

在试验验证方面，Rendulic[56]、Henkel[57] 的饱和黏土的三轴排水试验和三轴不排水试验（包括三轴压缩和三轴挤长）表明，含水率（或体变）与应力状态之间具有一一对应的关系。Henkel[58] 对威尔德（Weald）黏土和伦敦黏土做了三轴排水试验和不排水试验，结果发现，黏土的抗剪强度和含水率、有效应力之间具有一一对应的关系。

应当指出：描述非饱和土在复杂受力时的变形和强度，主要有有效应力法和应力状态变量法，两种方法各有其优缺点，有关内容可参阅本书第 17 章。

8. 记忆原理

在一定条件下，岩土介质能记忆或忘记自己所经受过的力学历史。这一原理包含 3 方面的内容：①土能记忆它历史上受到过的最大有效应力 p_0。当外加应力小于 p_0 时，土的变形较小，且有近似的弹性性质；当外加应力大于 p_0 时，土的性质与正常固结土相同。这就是所谓的超固结土的概念。②土的变形与应力路径有关，这是材料在塑性变形阶段的共同特性。Lamber 等[59,60] 最先开展应力路径相关性的研究，Lade 等[61] 研究了砂土在多种应力路径下的变形特性，在中国则始于刘祖德[62]。③在周期荷载作用下，土的塑性变形最终消失，呈现纯弹性性质。这一现象虽是土力学界众所周知的事，但直到 1989 年才由沈珠江将其明确称为"记忆减退"[63]。应当指出，此处所说的记忆减退与理性力学关于黏性材料的记忆减退原理在物理内涵上是不同的。前者与荷载重复施加的次数有关，后者则是指遥远的变形史与现时变形无关。

22.4 科学价值及应用

本节以混合物理论为基础，融理性力学、不可逆过程热力学和土力学的精华于一体，构建了岩土力学的公理化理论体系。该理论体系是初步的，但也是最基本、很有用的。随着研究的深入和扩大，一定还会补充新的本构原理。譬如，沈珠江[64] 在《理论土力学》中对土的微结构变化总结了 10 条原理和规律（或机理）。

岩土力学的公理化体系是建立岩土力学理论模型的理论指南，使涉及多相多场多因素等复杂岩土力学问题的建模有章可循。应用该公理化理论体系，作者先后建立了非饱和土的固结理论[30,65-68] 与考虑组分应力非对称性的固-液-气三相多孔介质相互作用的动力学理论[69,70]。这一理论体系概念明确、针对性强，在纯力学理论和岩土力学及工程的鸿沟之间架起了一道桥梁，因而易于掌握和应用。此项工作不仅为岩土力学理论的严密化、系统化探索出了一条路子，而且也丰富和发展了理性力学及其分支——混合物理论。

22.5 本章小结

（1）通过移植理性力学的公理化体系、开发不可逆过程热力学的宝库、继承土力学的遗产，构建了岩土力学的公理化理论体系。该体系由 5 个基本定律和 8 个本构原理组成，是岩土力学处理多相多场耦合问题的建模理论。

（2）基本定律分为支配组分的基本定律和支配混合物整体的基本定律，包括质量守恒定律、动量守恒定律、动量矩守恒定律、能量守恒定律和热力学第二动量。

（3）本构原理包括等存性原理、相容性原理、客观性原理、Onsager 原理、Curie 对称原理、压硬剪胀原理、有效应力原理、记忆原理。

（4）岩土力学的公理化体系是建立岩土力学理论模型的理论指南，使涉及多相多场多因素等复杂岩土力学问题的建模有章可循；该理论体系为岩土力学理论的严密化系统化探索出了一条路子，也丰富和发展了理性力学及其分支——混合物理论。

参考文献

[1] 黄文熙. 创刊词：为积极开展岩土工程学的研究而努力 [J]. 岩土工程学报，1979（1）：1-3.

[2] 黄文熙. 代序：寄语青年岩土力学工作者 [J]. 岩土工程学报，1992，14（S）：1.

[3] 陈正汉. 非饱和土与特殊土力学：理论创新、科研方法及治学感悟 [M]. 北京：科学出版社，2021.

[4] 陈正汉. 本构理论与理性岩土力学 [C] //第五届全国土力学及基础工程学术会议论文摘要汇编，厦门，1987：23.

[5] 陈正汉. 发展黄土力学的新理论和新方法（博士论文选题报告之一）[R]. 西安：陕西机械学院，1988，10.

[6] 陈正汉. 黏性流体与弹性多孔介质相互作用的连续理论学习札记（博士论文选题报告之二）[R]. 西安，陕西机械学院，1989，8.（另见：第一届全国岩土本构理论研讨会论文集 [C]. 北京，2008，11：116-119.）

[7] 陈正汉. 岩土材料的损伤理论学习札记（博士论文选题报告之三）[R]. 西安：陕西机械学院，1989，8.（另见：第一届全国岩土本构关系研讨会文集 [C]. 北京，2008，11：307-309.）

[8] 陈正汉. 多孔介质的混合物模型 [C]. 现代数学与力学-第三届全国现代数学和力学讨论会文集，钱伟长、郭友中主编，北京：科学出版社，1989：416-423.

[9] Chen Zheng-han, Mechanical model of porous media [C] //Proc. Int. Conf. on Constitutive Laws for Eng. Materials，International Academic Press，1989，Vol. 1：429-434.

[10] 陈正汉. 混合物理论当前研究中的两个问题 [C] //程昌钧，郭仲衡. 现代数学和力学：非线性力学的理论、方法和应用. 兰州：兰州大学出版社，1991：353-355.

[11] 陈正汉，岩土力学的公理化理论体系 [J]. 应用数学和力学，1994，15（10）：901-910.（英文版，1994，15（10）：953-964.）

[12] TRUESDELL C，TOUPIN R. The classical field theories [M] // Handbuch der Physik，Vol. Ⅲ/1，Berlin-Göttingen-Heidelberg，Springerr-Verlag，1960.

[13] TRUESDELL C，NOLL W. The non-linear field theories of mechanics [M]. Encyclopedia of physics，Vol. Ⅲ/3，Springer-Verlag，Berlin，Heidelberg，NewYork，1965.

[14] ERIGEN A C. Mechanics of continua [M]. 2nd ed. Roberi E Krieger Publishing Company，Inc. 1980.（中译本：A C 爱林根. 连续统力学 [M]. 程昌钧、俞焕然译，戴天民校，北京：科学出版社，1991.）

[15] 德冈辰雄. 理性连续介质力学入门 [M]. 苗天德，程昌钧，俞焕然译. 北京：科学出版社，1982.

[16] 钱学森. 在中国力学学会第二届理事会扩大会议上的讲话 [C] //力学与生产建设，北京：北京大学出版社，1983：1-6.

[17] 陈正汉. 关于土力学理论模型和科研方法的思考（Ⅰ）[J]. 力学与实践，2003（6）：59-62.

[18] 陈正汉. 关于土力学理论模型和科研方法的思考（Ⅱ）[J]. 力学与实践，2004（1）：63-67.

[19] 林家翘，西格尔 L A. 自然科学中确定性问题的应用数学 [M]. 赵国英等译. 北京：科学出版社，1986：568-569.

[20] 秦荣先，阎永廉. 广义相对论与引力理论：实验验证 [M]. 上海：上海科学技术文献出版社，1987：1-6.

[21] BOWEN R M. Theory of mixtures [M]. New York：Academic Press，1976.（中译本：R M 鲍文. 混合物理论 [M]. 许慧已等译. 南京：江苏科学技术出版社，1983.）

[22] BEDFORD A，DEUMHELLER D S. Theories of immiscible and structured mixtures [J]. International Journal of Engineering Science，1983，21（8）：863-960.

[23] GREEN E A，NAGHDI P M. A dynamical theory of interacting continua [J]. International Journal of Engineering Science，1965，3：231-241.

[24] GREEN E A，NAGHDI P M. On basic equations for mixtures [J]. Quarterly Journal of Mechanics and Applied Mathematics，1969，22（4）：427-438.

[25] BOWEN R. M. Incompressible porous media models by use of the theory of mixture [J]. International Journal of Engineering Science，1980，18（6）：1129-1148.

[26] BOWEN R M. Compressible porous media models by use of the theory of mixture [J]. International Journal of Engineering Science，1982，20（6）：697-735.

［27］ 朱兆祥，戴天民. 本构关系. ［M］// 中国大百科全书：第 2 卷，力学. 北京：中国大百科全书出版社，1985：19.

［28］ 郭仲衡. 非线性弹性理论 ［M］. 北京：科学出版社，1980.

［29］ PASSMAN S L, NUNZIATO J M, WALSH E K. A theory of multiphase mixtures ［M］ // Appendix 5C of Rational Thermodynamics 2nd ed. New York：Springer-Verlag, 1984：286-325.

［30］ 陈正汉. 非饱和土固结的混合物理论：数学模型、试验研究、边值问题 ［D］. 西安：陕西机械学院，1991.

［31］ BEAR J. Dynamics of fluids in porous media ［M］. American Elsevier Publisher Company, Inc, 1972：63-69.

［32］ DEGROOT S R and MAZUR P. 非平衡态热力学 ［M］. 陆全康译. 上海：上海科学技术出版社，1983.

［33］ 杨东华. 不可逆过程热力学原理及工程应用 ［M］. 北京：科学出版社，1989.

［34］ 熊吟涛. 热力学 ［M］. 3 版. 北京：人民教育出版社，1979.

［35］ 曾丹苓. 工程非平衡热动力学 ［M］. 北京：科学出版社，1991.

［36］ 矫德全，陈愈炯. 各向异性和卸荷体缩 ［J］. 岩土工程学报，1994, 16 (4)：9-16.

［37］ 李广信，武世锋. 土的卸载体缩的试验研究及其机理探讨 ［J］. 岩土工程学报，2002, 24 (1)：47-50.

［38］ 蒋彭年. 土的本构关系 ［M］. 北京：科学出版社，1982.

［39］ MATSUOKA H, NAKAI T. Stress-strain relationship of soil based on the SMP ［C］ //Proc. 9th IC-SMFE, Specialty session 9, 1977.

［40］ LADE P V, DUNCAN J M. Elasto-plastic stress-strain theory for cohensionless soil ［J］. ASCE 1975, 1 (10)：037-053.

［41］ LADE P V. Elasto-plastic stress-strain theory for cohensionlesswith curved yield surface ［J］. International Journal of Solids and structures, 1977, 13：1019-1035.

［42］ 俞茂宏. 双剪理论及其应用 ［M］. 北京：科学出版社，1998.

［43］ ROSCOE K H, SCHOFIELD A N. Mechanical behavior of an idealized "wet" clay ［C］ //Proc. 2nd European Conference on Soil Mechanics and Foundation Engineering, 1963, Vol. I：47-54.

［44］ ROSCOE K H, SCHOFIELD A N, Thuraijah A.. yielding of clays in states wetter than critical ［J］. Geotechnigue, 1963, 13 (3)：211-240.

［45］ ROSCOE K H, BURLAND J B. On the generalized stress-strain behaviour of "wet" clay ［J］. Engineering Plasticity, Cambrige University, 1968：535-608.

［46］ SCHOFIELD A N, WROTH C P. Critical State Soil Mechanics ［M］. London：McGraw-Hill Publishing Company Limited, 1968.

［47］ DUNCAN J M, CHANG C Y. Non-linear analysis of stress and strain in soils ［C］ //J. of JSMFD, ASCE, 1970, 96 (5)：1629-1653.

［48］ 魏汝龙. 论土的剪胀性 ［J］. 水利学报，1963 (6)：31-40.

［49］ 沈珠江. 当前土力学研究中的几个问题 ［J］. 岩土工程学报，1986, 8 (5)：1-8.

［50］ 殷宗泽. 一个土体的双屈服面应力应变模型 ［J］. 岩土工程学报，1988, 10 (4)：64-71.

［51］ 濮家骝，李广信. 土的本构关系及其验证与应用 ［J］. 岩土工程学报，1986, 8 (1)：47-82.

［52］ 范镜泓，高志晖. 非线性连续介质力学 ［M］. 重庆：重庆大学出版社，1987.

［53］ BIOT M A, WILLIS D G. The elastic coefficients of the theory of consolidation ［J］. Journal of Applied Mechanics, 1957, 24：594-601.

［54］ SKEMPTON A W. Effective stress in Soils, Concrete and Rock ［C］ //Pore Pressure and Suction in Soils, Butterworths, London, 1960：4-16.

［55］ NUR A, BYERLEE J D. An exact effective stress law for elastic deformation of rock with fluids ［J］. Geophys. Res., 1971, 76：6414-6419.

［56］ RENDULIC L. Relation between void ratio and effective principle stress for a remolded silt clay ［C］ // Proc. 1st Int. Conf. Soil Mechanics, 1936, Vol. 3：48-51.

［57］ HENKEL D J. The Relationships between the effective stresses and water content in saturated clays ［J］.

Geotechnique，1960，Vol. 10：41-54.

[58] HENKEL D J. The Relationship between the strength，pore-water pressure and volume-change characteristics of saturated clays [J]. Geotechnique，1959，Vol. 9：119-135.

[59] LAMBE T W. Stress path method [J]. ASCE J Soil Mechanics & Foundation Engineering Division，1967，SM6：309-331.

[60] LAMBE T W，WHITMAN R V. Soil Mechanics (SI Version) [M]. New York：Wiley & Sons，1979.

[61] LADE P V，DUNCAN J M. Stress-path dependent behavior of cohesionless soil [J]. ASCE J Geotechnical Engineering Division，1976，102 (GT1)：51-68.

[62] 刘祖德. 应力路径对填土应力-应变关系的影响 [J]. 岩土工程学报，1982，4 (4)：45-55.

[63] SHEN ZHU-JIANG. A stress-strain model for sand under complex loading [C] //Advances in Constitutive Laws for Engineering Materials—Proc. of Int. Conf. on Constitutive Laws for Engineering Materials，Edited by Fan Jinghong & Surmio Murakami，International Academic Press，1989，1：303-308.

[64] 沈珠江. 理论土力学 [M]. 北京：中国水利水电出版社，2000.

[65] 陈正汉，谢定义，刘祖典. 非饱和土的固结理论 [C] //中国力学学会岩土力学专业委员会，同济大学岩土工程研究所. 岩土力学新分析方法讨论会文集，1989，12：298-305.

[66] CHEN ZHENGHAN，et al. The consolidation of unsaturated soil [C] //Proc. 7th Int. Conf. On Computer Methods and Advances in Geomechanics. Ed. by G. Beer，J. P. Carter，1991. 5，Caims，Australia：1617-1621.

[67] 陈正汉，谢定义，刘祖典. 非饱和土固结的混合物理论 (Ⅰ) [J]. 应用数学和力学，1993，14 (2)：127-137.

[68] 陈正汉. 非饱和土固结的混合物理论 (Ⅱ) [J]. 应用数学和力学，1993，14 (8)：687-698. （英文版，1993，14 (8)：721-733.）

[69] 陈正汉. 固-液-气三相多孔介质相互作用的动力学理论 [C] //全国首届结构与介质相互作用的理论及其应用学术研讨会文集. 南京：河海大学出版社，1993：134-147.

[70] CHEN ZHENGHAN. A dynamical theory of interaction of tripohase porous media [C] //Proc. 2nd lnt. Conf. on Non-Linear Mechanics，Ed. by Chien Wei-zang and Guo Zhong-heng，Peking Univ. Press，1993：889-892.

第 23 章　非饱和土固结的混合物理论

本章提要

　　简要说明了非饱和土固结理论在现代土力学中的地位，阐述了科学理论的基本知识。以混合物理论为基础，在岩土力学的公理化理论体系的指导下，构建了非饱和土固结的混合物理论，其数学模型为 5 个二阶偏微分方程求解 5 个未知量，包含 7 个材料参数，Biot 理论是其特例；应用 Laplace 变换和有限 Fourier 变换求得一维固结问题的解析解，用有限元法求得二维固结问题的数值解；总结了非饱和土固结的混合物理论的特色、发展及工程应用，对该理论与国内外同类工作做了比较分析。简要介绍了混合物理论在岩土力学中的应用，以饱和土为例比较了 Biot 固结理论与混合物理论的异同。

23.1　非饱和土固结理论在现代土力学中的地位

　　解决工程问题的现代方法有 3 种：模型试验、计算机模拟和理论模型。其中，理论是一个学科发展成熟的标志，也是不同学科相互区分的标志。理论能够揭示事物的本质和深层次的联系，通过理论分析能得出重大发现，并能预言新事物。新理论可以解放思想，更新观念，导致新的技术革命。理论对实践有重要的指导作用和推动作用，科学技术是第一生产力[1]。以土力学为例，有效应力原理和固结理论是经典土力学的两大支柱，二者在指导岩土工程的设计和施工方面发挥了巨大作用。沈珠江[2,3]曾将 Terzaghi 创立的经典土力学归结为"一个原理，两个理论"，即有效应力原理、饱和土固结理论和莫尔-库仑强度理论。他还把现代土力学发展的主要任务归结为"一个模型，三个理论和四个分支"[3]。一个模型即为土的结构性本构模型[4]，本书第 20 章和第 21 章所构建的原状 Q_3 黄土的弹塑性结构损伤本构模型和原状膨胀土弹塑性损伤本构模型就是结构性模型；三个理论即为非饱和土的固结理论、砂土液化理论和土体渐近破坏理论，其中的非饱和土固结理论是本章的主要内容。谢定义指出[5]："非饱和土力学研究的复苏是土力学发展中又一次带有根本性质和长远影响的事件。……是土力学开始走向成熟的一个重要标志。……非饱和土力学，对土力学研究带有普遍性，具有较大的覆盖面。它是 20 世纪土力学理论成果在深度和广度上的发展。"因此，不断推动理论创新、发展新的理论是科学研究的永恒主题。

　　非饱和土的固结问题涉及三相的耦合运动及三相间的应力转移等复杂过程，是非饱和土力学的基本课题。沈珠江认为[2]："由于陆地上非饱和土的覆盖面积远大于饱和土，非饱和土固结理论有极其远大的应用前景"，是现代土力学要发展的"三个理论"的第一个。**非饱和土固结理论的作用有两个：①为计算堤坝、高填方、湿陷性黄土和膨胀土在荷载作用和干湿变化过程中的变形提供理论模型；②为研究更复杂的多场耦合问题（如盐渍土地基和高放废物深地质库缓冲层的热-水-力-化学耦合特性）提供基础平台。**

　　正确把握理论的内涵是构建科学理论的前提。为此，以下先介绍科学理论的基本知识。

23.2　科学理论的基本知识

23.2.1　理论的定义及其内涵

关于自然科学理论的定义，爱因斯坦作过精辟的阐述[6]："一门科学一经走出它的初级阶段，理论的发展就不再仅仅依靠一个排列的过程来实现。而是研究人员受到经验数据的启发建立起一个思想体系；一般来说，这个思想体系在逻辑上是用少数的基本假定，即所谓公理，建立起来的。我们将这样的思想体系称为理论。理论有存在的必要性的理由乃在于它能把大量的个别观察联系起来；而理论的'真实性'也在于此。"

解读爱因斯坦关于理论的定义，至少有 4 点含义。

（1）科学的发展要经历一个认识积累的初级阶段，说明理论是逐步形成和完善的。例如，从牛顿算起，经典力学经过 300 多年的发展积累，到 20 世纪初期和中期才分别创立了相对论和力学的公理化体系[7]；量子力学经过近百年的发展才实现量子通信。

（2）理论是"研究人员受到经验数据的启发"建立的，并不是天才脑瓜特别灵而臆造的，这说明理论源于实践。例如，作为狭义相对论基本假设之一的光速不变原理，源于许多学者对光速观察结果[8]的提升，暴胀理论、暗物质和暗能量（分别占宇宙总能量密度的 22.5％和 73％）都是受观测到的星系运行速度不减反增的事实之启发提出的[9]。

（3）理论"能把大量的个别观察联系起来"，说明理论把握了研究事物的整体，是对其深层次的认识，具有举一反三的作用，可以预测事物对环境变化的反应，从而指导实践。譬如，Terzaghi 一维固结理论概括了有效应力、Darcy 渗透定律、土的压缩规律和质量守恒定律；Biot 固结理论则囊括了平衡方程、几何方程、应力-应变关系和连续方程，把孔压和变形紧密联系在一起。

（4）理论是在基本假定的基础上经逻辑推理建立起来的"一个思想体系"，具有科学上的系统性和数学上的严密性，不能把一得之见或一孔之见称之为理论，避免把理论简单化、庸俗化。

23.2.2　理论的结构

一个完整的理论应包括 4 个部分：基本假设、论证推理、结论或模型和应用（或预言）。各部分的作用和特点介绍如下。

1. 基本假设（或公理、原理）

基本假设的作用有两点。首先，**假设是从大量观察中抽象归纳出来的，是推理的前提和依据。若基本假设有误或不符合实际，则推理及其结果就靠不住**[10]。在考察一个理论时，先要推敲其推理的基础——假设是否合理，而不能只注意其推导过程和结果。还要考察每一条假设是否在建模过程中都发挥了应有的作用，不然就是画蛇添足。基本假设使研究的问题得到简化，同时限定了理论的应用范围。与工程力学（材料力学、结构力学、弹性力学）相比，土力学理论的假设较多。譬如，*Terzaghi* 的一维固结理论共有 6 条假设，每一条假设都有其特定的含义和作用，在推导固结理论方程时都要用到。有的论文除基本假设外，在建模过程中因需要又引入了一些附加假设；有的假设则是隐含的而未明确指出；还有的论文在推理前用似是而非的话一笔带过，其中很可能包含至关重要的假设。对这种种假设务必一一推敲，万万不可粗心大意。

其次，有的理论在未证实之前就是一个假设或猜想，如费马大定理、哥德巴赫猜想等。在某种意义上说，没有假设就没有理论。怎样进行假设？胡适先生指出，要大胆地假设[11]。"没有大胆的猜测就做不出伟大的发现"[12]。在进行假设时，要充分发挥想象力。朗肯土压力理论就是想象半无限土体从弹性平衡过渡到极限平衡的结果。反物质理论[13]、大爆炸理论、地球板块构造理论等都是科学家奇思妙想的结果。正如廷德尔所云："有了精确的实验和观察作为研究的依据，想象力便成为自然科学理论的设计师。"[12]

2. 论证推理

论证推理是理论的主体。论证的方法有分析演绎、归纳综合、实验观察、旁征博引等。胡适先生强调指出[11]，要**大胆地假设，小心地求证**，"有几分证据，说几分话。有一分证据只可说一分话。有三分证据，然后可说三分话"。学者可以做大胆地假设，然而决不可无证据地概论。费马大定理（即当 n≥3 时，不定方程 $x^n + y^n = z^n$ 没有正整数解）于 1637 年提出，直到 1994 年才由 A.Wiles 证明，历经 357 年。哥德巴赫猜想（即每个大偶数都可表示为两个素数之和，简称为 1+1）于 1742 年提出，至今未能证明（陈景润在 1974 年证明了其弱命题 1+1×1＝1+2，即大偶数表示为 1 个素数与另外两个素数乘积之和）。Terzaghi（1923）提出的有效应力公式和有效应力原理在未被证实之前，只能看作一个假设。后来，Biot 和 Willis（1957）、Skempton（1960）、Nur 和 Byerlee（1971）用不同方法（理论和试验）论证和验证了它的正确性。描述非饱和土的应力状态的两个变量曾先后由 Coleman（1962）、Bishop 和 Blight（1963）、Burland（1964）、Matyas 和 Radhakrisma（1968）反复提出，但因缺乏论证只能算作假说。只有在 Fredlund（1977）用大量"零"试验证明了其合理性后才被广泛接受。最近（2017）张龙和作者[14,15]从变形、强度和水量变化 3 方面对其合理性做了更充分的验证。

证据当然是越多越好，但有限多个证据并不能证明一个命题是完全正确的，而一个反例则足以否定它。例如，费马猜想于 1664 年提出[16]（即当 n 为自然数时，型如 F（n）＝$2^{2^n}+1$ 的数均为素数），在 68 年之后的 1732 年被欧拉用一个反例否定（当 n＝5 时，该数是合数，F（5）＝2^{2^5}＋1＝4294967297＝6700417×641）。再如，欧拉方阵猜想于 1782 年提出[16]（即半偶数方阵不存在，所谓半偶数是指能被 2 整除而不能被 4 整除的数，可表示为 n＝4m＋2），3 位数学家先后在 1901 年、1910 年和 1922 年分别用几何方法、代数方法和拓扑方法证明该猜想是对的，但随后在 1905 年、1910 年和 1942 年分别被别的数学家发现"证明"存在瑕疵而相继推翻；直到 177 年后的 1959 年，印度数学家玻色和史里汉克证明 n＝22 时方阵存在，用一个反例推翻了欧拉猜想，当时震惊了数学界；后来他们进一步从理论上证得，仅当 n＝2 和 6 时欧拉方阵不存在，其他半偶数方阵都是存在的。由此可见，"求证"确需"小心"。数学问题如此，其他学科亦如此。换言之，"用一个实验就可以否定一种理论，但是却不能用有限数量的实验最终证明一种理论；用精度很差的实验就可以否定一种理论，但是却不能用有限精度的实验最终证明一种理论"[10]。

3. 结论或模型

结论或模型是理论的结晶。对物理、力学、岩土工程问题，通常一个或一组偏微分方程就是理论的数学模型，如 Maxwell 电磁场方程组、Biot 固结理论方程组、修正剑桥模型的状态面方程等。模型的理论框架应尽可能简明，模型的数学表述应力求简洁，使人一目了然；控制方程的数目应尽可能少，以便减少求解工作量。科学发展史表明，科学精华并不复杂。例如，勾股定理、欧拉公式、牛顿第二定律、万有引力定律、欧姆定律、元素周期表、质能转换公式、Terzaghi 有效应力公式、莫尔-库仑准则等的表达式都比较简洁，它们都是科学大师们大彻大悟的结果。"已经知道的那些规律全都是简洁和优美的。如果未来的物理理论被表述得十分别扭和笨拙的话，我们会感到非常奇怪的。"[8]"一种理论当它能说明许许多多的物理现象而同时结构简单又具有完美的感染力时才是有生命力的。"[17]

4. 应用（或预言）

应用是理论的目的和归宿。科学理论都有其深刻的物理背景和具体应用，岩土力学的理论更是这样。"认识世界是为了改造世界"[18]。有的理论成果可以直接应用于工程实际，有的则需要做进一步的工作，如适当简化、成果图表化、分析软件商业化等，才能达到实用要求，转化为生产力。这种后续转化工作实际上是精益求精。*Terzaghi* 为了使其固结理论能方便地应用于工程实际，专门引入了固结度的概念，并制成图表。如此一来，在应用该理论时就不必计算孔隙水压力和有效应力，而可以直接用固结度的图表计算沉降或达到某一沉降所需的时间。土力学中的地基附加应力系数、*Coulomb* 土压力理论系数、各种承载力理论系数等都是以图表形式给出的，其目的就是应用方便。*Biot* 固结理论和复杂的岩土本构关系只是在有了相应的计算分析软件后才被广泛应用。因此，决不能轻视理论的后续转化工作。

依据理论推理，可以预言新现象和新事物。这是理论的力量和魅力所在，也是理论的应用。例如，用万有引力定律预言海王星（1846 年 9 月 23 日）和冥王星（1930 年 3 月 14 日）的存在、用狭义相对论预言质能转换定律 $E=mc^2$、用广义相对论预言光线在引力场中会弯曲[6]和引力波的存在（从 1916 年提出到 2015 年证实经过 100 年）、用标准模型预言希洛斯玻色子（20 世纪 60 年代预言其存在，2015 年证实）等都是科学预言精彩的例子，这些预言都得到了证实。土力学中的 *Biot* 固结理论，在一维时变为 *Terzaghi* 固结理论；在多维时能算出瞬时沉降和水平位移（而 *Terzaghi* 理论则不能）；并预言多维固结时存在 *Mandol*（1953）-*Cryer*（1963）效应，且被 *Gibson* 等（1963）用土球固结试验所证实，得到了学术界的普遍认同和工程上的广泛应用。作者提出的非饱和土的增量非线性本构模型成功预测了三轴不排水加载过程中吸力的变化[19]，被专家评价为"陈正汉等提出的非线性模型可看作是饱和土邓肯-张模型在非饱和土中的推广"[20]。关于建立理论模型的原则和方法等内容可参阅第 17.1 节。

23.3　非饱和土固结的混合物理论

在 1990 年前后，作者以混合物理论[21]为基础，以张量为表述工具，用公理化方法建模，创立了非饱和土固结的混合物理论。在构建固结理论的数学模型过程中，同时导出了非饱和土的二次非线性弹性本构模型、水气运动的广义 Darcy 定律的理论表达式和广义土-水特征曲线的理论框架，为后续的理论研究和试验研究提供了理论依据。经过多年的发展，形成了完整的理论体系和固结模型谱系（包括非线性固结、弹塑性固结、弹塑性损伤固结、热-水-力耦合固结），并用其解决了多项工程的疑难问题。

23.3.1　背景与特色

由于非饱和土固结问题的复杂性，早期的研究仅限于寻求孔隙水压力的控制方程[22]，如 Brehtz、弗洛林、Scott、Tekinson、黄文熙和蒋彭年[23]的工作。同时考虑变形、孔隙水压力和孔隙气压力耦合作用的一维固结课题最先由 Barden[24]提出，他利用水气连续方程、Darcy 定律、吸力状态函数（即土水特征曲线方程）、Bishop 有效应力公式及孔隙率-有效应力关系形成封闭方程组，包含孔隙水压力、孔隙气压力、饱和度和孔隙率 4 个未知量。他按饱和度把土分成 5 类，探讨了每类土求解的可能性。

1965 年，俞培基等按水气状态把非饱和土分成 3 类[25]：饱和度小于 25％，水封闭而气连通；饱和度大于 85％，气封闭而水连通；饱和度介于以上二者之间，水气各自连通，称为双开敞系统。Chang 等[26]的研究对象就属于第二类非饱和土。非饱和土的固结理论应主要针对双开敞系统。

Fredlund 等[27]利用土的体变连续方程、渗水 Darcy 定律、渗气 Fick 定律以及水、气体积变化的本构关系建立了非饱和土一维固结方程组：两个方程求解孔隙水压力和孔隙气压力两个未知量，并用有限差分法求得解答。他们的理论可看成 Terzaghi 饱和土一维固结理论的推广。1984 年，Dakshanamurthy 等应用弹性理论建立了非饱和土的三维固结模型，有关成果最初在澳大利亚召开的第 5 届国际膨胀土会议文集上发表[28]，但未能引起学者们的关注。随后 Fredlund[29,30]在两次国际会议上介绍了他们的成果，但对所提三维固结模型没有进一步的想法。

以上工作主要针对一维固结问题，均采用唯象方法建立控制方程，缺乏适当的理论基础和严谨的理论体系，因而建立严谨的非饱和土的三维固结理论是 20 世纪 80 年代的前沿课题。

由于流体-多孔介质是固体和流体组成的多相介质，因而自 20 世纪 70 年代以来，有的学者尝试用 1960 年提出的混合物理论研究饱和流体多孔介质的力学模型[31,32]。随着混合物理论在 20 世纪 70 年代后期趋于成熟，一些学者用其研究三相多孔介质。但在这些研究工作中，有的引入的附加变量太多使问题更加复杂[33]，有的人为假设太多而缺乏理论根据与实验基础[34]，有的包含着模糊不清的概念[35]，因而都难以应用于工程实际。

混合物理论是一个普遍的纯力学理论，必须将其与非饱和土及特殊土的具体特点相结合[36]。因此，作者自 1989 年以来，一直着力做消化、简化、改造、搭桥、结合、创新、发展的工作。基于上述认识，作者把非饱和土视为不溶混的三相混合物，用混合物理论的观点和方法研究非饱和土的固结问题，创立了非饱和土固结的混合物理论[37-42]。

与已有的多孔介质混合物理论相比，作者所建非饱和土固结理论的特点在于：①以作者创建的岩土力学的公理化理论体系[36]为指导；②首次把 *Curie* 原理和有效应力原理作为非饱和土的两个重要本构原理，采用作者提出的非饱和土有效应力的理论公式[39,40,43]大大简化了建模过程和本构关系；③在不计热效应的情况下，直接应用本构原理建立非饱和土固结所必需的本构方程，而不借助于熵、自由能及化学势等概念；④控制方程组以增量形式给出，包含的未知数和材料参数少，为加入复杂的本构模型和工程应用提供了方便，为理论的后续发展预留了发展空间；⑤一维问题和二维问题分别给出了解析解和有限元解，其结果可直接应用于工程实际；⑥在构建固结理论的数学模型过程中，同时导出了非饱和土的二次非线性弹性本构模型、水气运动的广义 *Darcy* 定律的理论表达式和广义土-水特征曲线的理论框架，为后续研究提供了理论基础。有关情况将在本书第 24～26 章介绍。

23.3.2 基本假设和场方程

为了简化问题，特作以下基本假设：

1）土中水与气各自连通，水和气不承受剪应力。
2）固相组分应力是对称的。
3）土是均质各向同性的，小变形，准静态。
4）不考虑水的相变和气在水中的溶解。
5）土粒和水不可压缩。
6）等温过程，不计热效应，气相服从理想气体的状态方程。

此外，沿用土力学惯例，以压应力和压应变为正。

用 ϕ，ρ 和 γ 分别表示某组分的体积分数、体密度和真密度，用下标 s，f 和 g 分别代表固相、液相和气相，则对于非饱和土有

$$\begin{cases} \phi_s = 1-n \\ \rho_s = (1-n)\gamma_s \\ \phi_f = nS_r \\ \rho_f = nS_r\gamma_f \\ \phi_g = n(1-S_r) \\ \rho_g = n(1-S_r)\gamma_g \\ \gamma_g = \dfrac{\Omega}{R\Theta}P_g \end{cases} \tag{23.1}$$

式中，n 为土的孔隙率；S_r 为水的饱和度；Ω 为气体的相对分子质量；R 为气体普适常数；Θ 为绝对温度；$P_g = p_a + u_a$ 为绝对气压，而 p_a 为大气压，u_a 则为气压力超过大气压以上的部分。以 X_s，X_f 和 X_g 分别表示三相的位移，用字母右上角的撇号表示对组分运动的物质导数。在不考虑化学反应、相变（如水-汽-冰互相转变）、气在水中溶解和源汇等的情况下，三相的连续方程分别为

$$\begin{cases} \text{固相：} \dfrac{\partial(1-n)}{\partial t} + \nabla \cdot \left[(1-n)X'_s\right] = 0 \\[2mm] \text{水：} \dfrac{\partial(nS_r)}{\partial t} + \nabla \cdot \left[nS_r X'_f\right] = 0 \\[2mm] \text{气：} \dfrac{\partial[n(1-S_r)P_g]}{\partial t} + \nabla \cdot \left[n(1-S_r)P_g X'_g\right] = 0 \end{cases} \tag{23.2}$$

选用水的、气的和总体的动量守恒方程作为运动方程，用 P_f 表示孔隙水压力，T 表示总应力张量，$\hat{p}_f$ 和 $\hat{p}_g$ 分别表示水和气所受的扩散阻力（动量供给量），略去体力［针对地基问题，在自重应力作用下的固结早已完成，只考虑加载引起的变形和超孔压（包括超过静水压力以上的孔隙水压力和超过大气压以上的气压力），但在分析大坝和填方工程时必须考虑位置水头的影响］和惯性力（根据准静态假设——基本假设 3）可得

$$\begin{cases} \nabla(nS_r P_f) = \hat{p}_f \\[1mm] \nabla[n(1-S_r)P_g] = \hat{p}_g \\[1mm] \nabla \cdot T = 0 \end{cases} \tag{23.3}$$

根据基本假设 2），动量矩守恒方程自动满足。由于不计热效应，可以不应用能量方程。

式（23.2）和式（23.3）共 12 个场方程，其中包含 n，S_r，P_f，P_g，X_s，X_f，X_g，$\hat{p}_f$，$\hat{p}_g$，T 共 25 个未知量，必须再补充 13 个本构方程才能形成封闭的方程组。

应当指出，非饱和土的场方程式（23.2）和式（23.3）都是非线性的，这是与传统连续介质力学的非线性（包括几何非线性和材料非线性两类）不同之处。

23.3.3　本构关系和封闭方程组

在场方程的 25 个未知量中，选 $\hat{p}_f$，$\hat{p}_g$，T 和 S_r 为 13 个相关本构变量（函数），其余 12 个均可作为本构变量（自变量）。但由式（23.2）的第一式可知，n 只依赖于 X'_s，故可以省去 n。考虑到应力-应变关系中必须包含应变，而应变由几何关系确定：

$$\boldsymbol{\varepsilon} = -\left[\nabla X_s + (\nabla X_s)^*\right]/2 \tag{23.4}$$

式中，* 号表示转置，所以本构变量中还应包含 $\boldsymbol{\varepsilon}$。这样一来，独立的本构变量（自变量）共有 17 个，即 P_f，P_g，X'_s，X'_f，X'_g 和 $\boldsymbol{\varepsilon}$。

为了建立 13 个本构方程，首先由等存性原理知，T，$\hat{p}_f$，$\hat{p}_g$ 和 S_r 都是 P_f，P_g，X'_s，X'_f，X'_g 和 $\boldsymbol{\varepsilon}$ 的函数。再由 Curie 对称原理知，$\hat{p}_f$ 和 $\hat{p}_g$ 只与 X'_s，X'_f 及 X'_g 有关，而 T 和 S_r 只与 P_f，P_g 及 $\boldsymbol{\varepsilon}$ 有关。以下分别确定这些本构关系。

1. 扩散阻力的本构关系

设

$$\begin{cases} \hat{p}_f = f_1(X'_s, X'_f, X'_g) \\[1mm] \hat{p}_g = f_2(X'_s, X'_f, X'_g) \end{cases} \tag{23.5}$$

以 f_1 为例，其必须满足客观性原理，按照标架变换规则［式（22.20）和式（22.21）］可得

$$Q\hat{p}_f = f_1(\dot{c}(t) + QX'_s + \dot{Q}X_s, \dot{c}(t) + QX'_f + \dot{Q}X_f, \dot{c}(t) + QX'_g + \dot{Q}X_g) \tag{23.6}$$

要求对所有的 $c(t)$、正交变换 $Q(t)$ 和 $\dot{Q}(t)$，f_1 的形式保持不变，特别地取 $Q(t)=I$，$\dot{Q}(t)=0$ 及 $\dot{c}(t)=-X'_s$，则式（23.6）给出

$$\hat{p}_f = f_1(X'_f - X'_s, X'_g - X'_s) \tag{23.7}$$

这表明，本构函数 f_1 只能通过速度差 $X'_f - X'_s$，$X'_g - X'_s$ 依赖于 X'_s，X'_f 和 X'_g。同理，

$$\hat{p}_g = f_2(X'_f - X'_s, X'_g - X'_s) \tag{23.8}$$

显然，$X'_f - X'_s$ 和 $X'_g - X'_s$ 就是水和气在土中的相对渗透速度，而 $\hat{p}_f$ 和 $\hat{p}_g$ 就是水和气所受到的渗透阻力。如定义

$$\begin{cases} X'_f - X'_s = 0 \\ X'_g - X'_s = 0 \end{cases} \tag{23.9}$$

为渗流时的平衡态，则由 $\hat{p}_f$ 和 $\hat{p}_g$ 的物理意义可知

$$\hat{p}_f^+ = \hat{p}_g^+ = 0 \tag{23.10}$$

式中，上标 + 表示平衡态的值。对于平衡态的小的偏离，即渗透速度较小时，由式（23.7）、式（23.8）及式（23.10），并考虑到渗透阻力与渗透方向相反，应有

$$\begin{cases} \hat{p}_f = -\xi_{11}(X'_f - X'_s) - \xi_{12}(X'_g - X'_s) \\ \hat{p}_g = -\xi_{21}(X'_f - X'_s) - \xi_{22}(X'_g - X'_s) \end{cases} \tag{23.11}$$

其中已利用了基本假设 3)，土的渗透性是各向同性的。式中，ξ_{11}，ξ_{12}，ξ_{21}，ξ_{22} 都是材料参数。式（23.11）表明：水、气渗流不仅会受到因本身对土骨架做相对运动而产生的阻力，而且两种流体间也存在着阻力，它们是相互牵连的。

在式（23.11）中略去水、气之间的阻力，再代入运动方程（23.3）的前两式，并记

$$\begin{cases} \dfrac{K_f}{\gamma_f} = \dfrac{(nS_r)^2}{\xi_{11}} \\ \dfrac{K_g}{\gamma_f} = \dfrac{[n(1-S_r)]^2}{\xi_{22}} \end{cases} \tag{23.12}$$

则得

$$\begin{cases} nS_r(X'_f - X'_s) = -\dfrac{K_f}{\gamma_f}\nabla P_f \\ n(1-S_r)(X'_g - X'_s) = -\dfrac{K_g}{\gamma_f}\nabla P_g \end{cases} \tag{23.13}$$

式中，K_f 和 K_g 分别称为渗水系数和渗气系数，显然，它们都与土的密度及饱和度有关。式（23.13）左边分别是土中水、气渗流相对于土骨架的表现速度，故式（23.13）可称为土中水气流动的广义 Darcy 定律。换言之，Darcy 定律的实质是水、气运动方程的简化形式，简化的条件包括 7 个方面：水气各自连通；土的渗透性是各向同性的；渗透速度较小；忽略各相速度梯度的影响（否则要包含自旋张量）；忽略水、气之间的阻力；忽略体力和惯性力；忽略土骨架的运动。顺便指出，**在式（23.13）中，对水压力和气压力采用同一标准（水的标准重度）换算各自引起的水头高度和气头高度，便于比较。**

作者等对西安黑河水库金盆土场、兰州和平镇的重塑黄土、兰州和平镇的原状 Q_3 黄土、广佛高速含黏砂土做了大量水平土柱渗水试验和数以百计的渗气试验，充分验证了式（23.13）的正确性[44-48]，部分研究结果示于图 23.1 和图 23.2，更多研究结果见本书第 11 章。

2. 土骨架变形的本构关系

由平均应力定理[49]［式（16.40）］可知，混合理论中的固相应力实际上是土的粒间应力的表现值，用这种应力建立本构关系包含数目较多且难以确定的参数。总应力则和土骨架变形之

间没有明确的对应关系。

从 16.2.2.2 节可知，决定非饱和土土骨架变形的是其有效应力，因此，用非饱和土的有效应力［式（16.27）］建立土骨架变形的本构关系是恰当的。

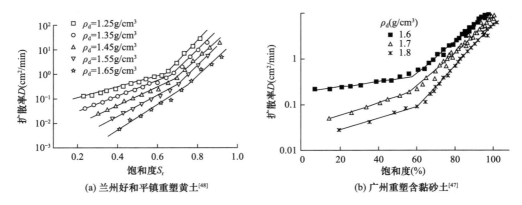

(a) 兰州好和平镇重塑黄土[48]　　(b) 广州重塑含黏砂土[47]

图 23.1　水分扩散率与饱和度及干密度之间的关系

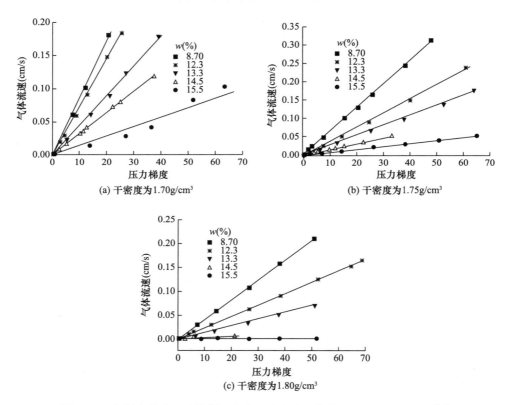

(a) 干密度为 1.70g/cm³　　(b) 干密度为 1.75g/cm³

(c) 干密度为 1.80g/cm³

图 23.2　广州含黏砂土在控制干密度和含水率时气体流量与流速的关系[45]

根据有效应力的概念，可设

$$\boldsymbol{\sigma}' = \boldsymbol{f}_3(\boldsymbol{\varepsilon}) \tag{23.14}$$

客观性原理要求

$$\boldsymbol{Q}\boldsymbol{\sigma}'\boldsymbol{Q}^* = \boldsymbol{f}_3(\boldsymbol{Q}\boldsymbol{\varepsilon}\boldsymbol{Q}^*) \tag{23.15}$$

$$\boldsymbol{Q}\boldsymbol{f}_3(\boldsymbol{\varepsilon})\boldsymbol{Q}^* = \boldsymbol{f}_3(\boldsymbol{Q}\boldsymbol{\varepsilon}\boldsymbol{Q}^*) \tag{23.16}$$

满足式（23.16）的函数 $\boldsymbol{f}_3$ 称为各向同性张量函数[50-52]。必须注意，各向同性张量函数是空间标架中数学上的各向同性，可以描述材料的各向同性性状，与材料本身是否各向同性或是否均质无关。材料本身是否各向同性（即物理上的各向同性）或均质由物质标架中的物质不变性原理确定[53]。

由于 $\boldsymbol{\sigma}'$ 和 $\boldsymbol{\varepsilon}$ 都是实二阶对称张量，式（23.16）成立的充要条件为

$$\boldsymbol{\sigma}' = \lambda_0 \boldsymbol{I} + \lambda_1 \boldsymbol{\varepsilon} + \lambda_2 \boldsymbol{\varepsilon}^2 \tag{23.17}$$

式中，λ_0，λ_1 和 λ_2 都是 $\boldsymbol{\varepsilon}$ 的 3 个不变量 J_1，J_2，J_3 的非线性函数，可用无穷级数表示，能满足任意要求的精度。如考虑最简单的非线性方案，即表达式中 $\boldsymbol{\varepsilon}$ 的最高次数为 2，则表达式中 J_3 就不出现了。从而式（23.17）简化为

$$\boldsymbol{\sigma}' = (A_0 + AJ_1 + BJ_1^2 + LJ_2)\boldsymbol{I} + (D + QJ_1)\boldsymbol{\varepsilon} + N\boldsymbol{\varepsilon}^2 \tag{23.18}$$

这是考虑二次弹性的非线性本构关系。其中，A_0，A，B，L，D，Q，N 都是材料参数，当材料处于无应力的自然状态时，其应变初值为零，于是 A_0 等于零，只有 6 个材料参数。

由小变形假设，略去二阶以上的量，式（23.18）就简化为

$$\boldsymbol{\sigma}' = AJ_1 \boldsymbol{I} + D\boldsymbol{\varepsilon} \tag{23.19}$$

仅包含 A 和 D 两个材料参数。将式（23.19）写成通常的弹性力学公式，即为广义 Hook 定律：

$$\boldsymbol{\sigma}' = \lambda\theta_1 \boldsymbol{I} + 2\mu\boldsymbol{\varepsilon} \tag{23.20}$$

式中，$\theta = \mathrm{tr}\boldsymbol{\varepsilon}$ 为土的体应变；λ 和 μ 为 Lame 常数。

由式（23.18）减去式（23.19）得

$$\Delta\boldsymbol{\sigma}' = (BJ_1^2 + LJ_2)\boldsymbol{I} + QJ_1\boldsymbol{\varepsilon} + N\boldsymbol{\varepsilon}^2 \tag{23.21a}$$

式（23.21a）即表示偏离 Hook 定律的非线性效应。由此可见，不同类别的应力分量和不同类别的应变分量是耦合在一起的，不存在类似 Hook 定律的解耦对应关系。

如把应变视为有效应力的函数，同理可得和式（23.21a）对应的关系式为

$$\Delta\boldsymbol{\varepsilon} = (\overline{B}I_1^2 + \overline{L}I_2)\boldsymbol{I} + \overline{Q}I_1\boldsymbol{\sigma}' + \overline{N}\boldsymbol{\sigma}'^2 \tag{23.21b}$$

式中，I_1，I_2 为有效应力张量的两个不变量；$\overline{B}$，$\overline{L}$，$\overline{Q}$，$\overline{N}$ 为材料常数。把式（23.21b）写成分量形式：

$$\Delta\overline{\varepsilon_{ij}} = (\overline{B}I_1^2 + \overline{L}I_2)\delta_{ij} + \overline{Q}I_1\sigma'_{ij} + \overline{N}\sigma_{ik}\sigma_{kj} \tag{23.21c}$$

对式（23.21c）中的两个自由指标进行缩并得

$$\Delta\overline{\varepsilon}_{ii} = \left(3\overline{B} + \overline{L} + \overline{Q} + \frac{1}{3}\overline{N}\right)I_1^2 + (3\overline{L} - 2\overline{N})I_2' \tag{23.21d}$$

式中，$\Delta\overline{\varepsilon}_{ii}$ 为体变的非线性部分，$I_2' = \frac{1}{2}\left(\sigma_{ij} - \frac{1}{3}I_1\delta_{ij}\right)\left(\sigma_{ij} - \frac{1}{3}I_1\delta_{ij}\right)$ 是应力偏张量的第二不变量。式（23.21d）右端第二项反映应力偏量对体变的影响。换言之，二次弹性本构关系能反映剪胀性。

应当指出，作者等在后续的研究中，相继建立了非饱和土、原状湿陷性黄土和膨胀土的一系列本构模型，有关情况可参阅本书第 18～21 章。

3. 饱和度的本构关系

前已述及，S_r 只和 $\boldsymbol{\varepsilon}$，P_f 及 P_g 有关，故可设

$$S_r = f_4(\boldsymbol{\varepsilon}, P_f, P_g) \tag{23.22}$$

但因 S_r 是标量，$\boldsymbol{\varepsilon}$ 是二阶张量，故 S_r 对 $\boldsymbol{\varepsilon}$ 的依存关系只有通过 $\boldsymbol{\varepsilon}$ 的 3 个不变量才能实现。如暂不考虑其第二、第三不变量对 S_r 的影响，则式（23.22）简化为

$$S_r = f_4(\theta, P_f, P_g) \tag{23.23}$$

式中，f_4 是标量函数，自然是客观性的。据此，并参照土壤物理学研究的成果，作者在 1991 年通过试验得出的 f_4 函数为[39]

$$S_r = \alpha(n) - \beta(n)\lg[(P_g - P_f)]/p_a \tag{23.24}$$

式中，$P_g - P_f$ 称为土的基质吸力。这里用 n（反映土的密度）代替 θ 对 S_r 的影响。其中的参数 α，β 由试验测定给出：

$$\begin{cases} \alpha = 1.6486 - 2.2857n \\ \beta = 0.6830 - 0.7330n \end{cases} \tag{23.25}$$

式（23.24）中包含饱和度、吸力和密度 3 个变量，可称为 3 变量广义土-水特征曲线模型。作者等在后续的研究中，把土中水分对应变张量的依存关系用对应力张量的依赖关系代替，相继提出了分别考虑净平均应力和偏应力影响的 3 变量和 4 变量非饱和土广义土-水特征曲线模型，有关情况可参阅本书第 10 章。

4. 封闭方程组

把有效应力公式 [式（16.27）] 代入式（23.3）第三式，得到土的总体平衡方程：

$$\nabla \cdot \boldsymbol{\sigma} + \chi \nabla P_f + (1 - \chi) \nabla P_g = 0 \tag{23.26}$$

式中，参数 χ 按式（16.28）确定。

三相连续方程 [式（23.2）]、几何方程 [式（23.4）]、水气运动方程 [式（23.13）]、土骨架本构方程 [式（23.20）]、饱和度-密度-吸力状态方程 [式（23.24）] 和总体平衡方程 [式（23.26）]，包含 25 个未知数：n，S_r，P_f，P_g，$\boldsymbol{X}_s$，$\boldsymbol{X}_f$，$\boldsymbol{X}_g$，$\boldsymbol{\sigma}$，$\boldsymbol{\varepsilon}$，故它们是封闭的。这些方程就是作者提出的非饱和土固结的物理数学模型，其中包含 K_f，K_g，χ，λ，μ，α，β 共 7 个材料参数，都可由试验测定，详见文献 [39]。

23.3.4　增量线性化控制方程组

非饱和土固结的封闭方程组是用全量给出的，且式（23.2）、式（23.13）和式（23.24）是非线性的，这些给求解和应用造成了困难。为了能够模拟施工过程和加入复杂的本构关系，需要对这些方程进一步简化，并改写成增量形式。

设土中一点开始处于平衡状态，初始状态量为 n，S_r，P_f，P_g，$\boldsymbol{\sigma}$，$\boldsymbol{\varepsilon}$，$\boldsymbol{X}_s$，$\boldsymbol{X}_f$，$\boldsymbol{X}_g$，在施加荷载增量后各量的相应改变量为 δn，δs，δP_f，δP_g，$\delta\boldsymbol{\sigma}$，$\delta\boldsymbol{\varepsilon}$，$\delta\boldsymbol{X}_s$，$\delta\boldsymbol{X}_f$，$\delta\boldsymbol{X}_g$。为了简化问题而又能抓住其主要方面，略去两个增量的乘积，并略去不同量的时间导数与坐标导数的乘积。从而三相连续方程 [式（23.2）] 分别变为

$$-\delta\dot{n} + (1-n)\nabla \cdot \delta\boldsymbol{X}'_s = 0 \tag{23.27}$$

$$n\delta\dot{S}_r + S_r\delta\dot{n} + nS_r\nabla \cdot \delta\boldsymbol{X}'_f = 0 \tag{23.28}$$

$$-n\delta\dot{S}_r - (1-S_r)\delta\dot{n} + n(1-S_r)\delta\dot{P}_g/P_g + n(1-S_r)\nabla \cdot \delta\boldsymbol{X}'_g = 0 \tag{23.29}$$

把水、气的运动方程取散度得（此处忽略孔隙率、饱和度和渗透系数的变化）

$$nS_r(\nabla \cdot \delta\boldsymbol{X}'_f - \nabla \cdot \delta\boldsymbol{X}'_s) = -\frac{K_f}{\gamma_f}\nabla^2(\delta P_f) \tag{23.30}$$

$$n(1-S_r)(\nabla \cdot \delta\boldsymbol{X}'_g - \nabla \cdot \delta\boldsymbol{X}'_s) = -\frac{K_g}{\gamma_f}\nabla^2(\delta P_g) \tag{23.31}$$

式（23.26）、式（23.4）和式（23.20）简化为

$$\nabla \cdot (\delta\boldsymbol{\sigma}) + \chi\nabla(\delta P_f) + (1-\chi)\nabla\delta P_g = \boldsymbol{0} \tag{23.32}$$

$$\delta\boldsymbol{\varepsilon} = -[\nabla(\delta\boldsymbol{X}_s) + (\nabla(\delta\boldsymbol{X}_s))^*]/2 \tag{23.33}$$

$$\delta\boldsymbol{\sigma} = \lambda\delta\theta\boldsymbol{I} + 2\mu\delta\boldsymbol{\varepsilon} \tag{23.34}$$

由式（23.27）得

$$\delta\dot{n} = (1-n)\nabla \cdot \delta\boldsymbol{X}'_s = -(1-n)\delta\dot{\theta} \tag{23.35}$$

把式（23.30）、式（23.31）和式（23.35）代入式（23.28）和式（23.29）得

$$n\delta\dot{S}_r - S_r\delta\dot{\theta} = \frac{K_f}{\gamma_f}\nabla^2(\delta P_f) \tag{23.36}$$

$$-n\delta\dot{S}_r - (1-S_r)\delta\dot{n} + n(1-S_r)\frac{\delta\dot{P}_g}{P_g} = \frac{K_g}{\dot{\gamma}_f}\nabla^2(\delta P_g) \tag{23.37}$$

这是两个重要的控制方程：

1）对于饱和土，$S_r=1$，$\delta\dot{S}_r=0$，$\delta P_g=0$，$1-S_r=0$，式（23.37）自行消失，式（23.36）变为

$$-\delta\dot{\theta} = \frac{K_f}{\gamma_f}\nabla^2(\delta P_f) \tag{23.38}$$

这是 Biot 理论连续方程的增量形式，而式（23.32）则因 $\chi=1$ 化为 Biot 理论的平衡方程，故 Biot 理论是本模型的一个特例。

2）对于饱气土（干土），$S_r=0$，$\delta\dot{S}_r=0$，$\delta P_f=0$，式（23.36）自动消失，而式（23.37）变为

$$-\delta\dot{\theta} + n(1-S_r)\frac{\delta\dot{P}_g}{P_g} = \frac{K_g}{\gamma_f}\nabla^2(\delta P_f) \tag{23.39}$$

由 Boyle 定律知，$n(1-S_r)\delta\dot{P}_g/P_g$ 代表单位土体积中气体的压缩率，故式（23.39）意味着土的压缩率等于气体的压缩率与排气量之和，因而式（23.39）即干土的连续方程。

把式（23.36）和式（23.37）相加可得

$$-\delta\dot{\theta} + n(1-S_r)\frac{\delta\dot{P}_g}{P_g} = \frac{K_f}{\gamma_f}\nabla^2(\delta P_f) + \frac{K_g}{\gamma_f}\nabla^2(\delta P_g) \tag{23.40}$$

这就是非饱和土的总体连续方程，但它不是独立的方程。式（23.40）表明：非饱和土的体积压缩率等于气体的压缩率与排气量及排水量之和。

饱和度-密度-吸力状态方程［式（23.24）］的增量形式为

$$\delta S_r = \alpha_1\delta\theta + \beta_1\delta P_f + \gamma_1\delta P_g \tag{23.41a}$$

$$\alpha_1 = (1-n)\{2.2857 - 0.7330\lg[(P_g - P_f)/p_a]\} \tag{23.41b}$$

$$\beta_1 = 0.4343(0.6830 - 0.7330n)/(P_g - P_f) \tag{23.41c}$$

$$\gamma_1 = -\beta_1 \tag{23.41d}$$

其中利用了式（23.35）。把式（23.33）和式（23.34）代入式（23.32），把式（23.41）代入式（23.36）和式（23.37），得到非饱和土固结的增量线性化控制方程组：

$$\begin{cases} \mu\nabla^2(\delta\boldsymbol{X}_s) + (\lambda+\mu)\nabla\nabla\cdot(\delta\boldsymbol{X}_s) - \chi\nabla(\delta P_f) - (1-\chi)\nabla(\delta P_g) = \boldsymbol{0} \\ (S_r - \alpha_1 n)\nabla\cdot(\delta\boldsymbol{X}_s') + \beta_1 n(\delta\dot{P}_f - \delta\dot{P}_g) = \frac{K_f}{\gamma_f}\nabla^2(\delta P_f) \\ (1-S_r - \alpha_1 n)\nabla\cdot(\delta\boldsymbol{X}_s') - \beta_1 n(\delta\dot{P}_f) + \left[\frac{n(1-S_r)}{P_g} + \beta_1 n\right]\delta\dot{P}_g = \frac{K_g}{\gamma_f}\nabla^2(\delta P_g) \end{cases} \tag{23.42}$$

式中，∇ 是梯度算子；$\nabla\cdot$ 是散度算子；∇^2 是 Laplace 算子。

式（23.42）共 5 个方程求解 5 个未知量：δP_f，δP_g 和 $\delta\boldsymbol{X}_s$，仍包含 7 个材料参数；Biot 理论是其特例。式（23.42）概括了非饱和土的三相连续方程、水气运动方程、总体平衡方程、几何方程、有效应力方程、理想气体的状态方程，广义 Hook 定律及饱和度-密度-吸力状态方程共 11 个方面的关系，每个方程都包含了 5 个基本未知量，充分体现了应力场、应变场与渗水、渗气场的耦合效应。尽管 7 个材料参数都与饱和度及土的密度有关，但这并不影响式（23.42）的使用。因为控制方程以增量形式给出，在每一次增量过程中，可以把材料参数视为常数，而在

增量过程的末尾根据实际的饱和度与孔隙率调整它们的值，供下一个增量过程使用，从而为考虑土的非线性本构关系及模拟施工过程提供了方便。

23.3.5　一维固结问题的理论解答

23.3.5.1　控制方程和定解条件

设有一层厚度为 h 的无限大地基，位于刚性的不透水不透气基岩上，其上表面透水透气，并作用有强度为 q 的均布荷载。由于问题的对称性，侧向不发生膨胀变形，水和气也只能从上表面排出。这是一个典型的一维固结问题。为方便起见，采用以下记号：

$$\begin{cases} a_1 = S_r - \alpha_1 n \\ a_2 = \beta_1 n \\ a_3 = -\beta_1 n \\ b_1 = 1 - a_1 \\ b_3 = n(1 - S_r)/p_g + \beta_1 n \\ p_1 = \delta p_f \\ p_2 = \delta p_g \\ K_1 = \dfrac{K_f}{\gamma_f} \\ K_2 = \dfrac{K_g}{\gamma_f} \end{cases} \tag{23.43}$$

（1）控制方程

可由式（23.42）直接得到：

$$(\lambda + 2\mu) \frac{\partial^2 W}{\partial z^2} = \chi \frac{\partial P_1}{\partial z} + (1 - \chi) \frac{\partial P_2}{\partial z} \tag{23.44a}$$

$$a_1 \frac{\partial^2 W}{\partial t \partial z} + a_2 \frac{\partial P_1}{\partial t} + a_3 \frac{\partial P_2}{\partial t} = K_1 \frac{\partial^2 P_1}{\partial z^2} \tag{23.44b}$$

$$b_1 \frac{\partial^2 W}{\partial t \partial z} - a_2 \frac{\partial P_1}{\partial t} + b_3 \frac{\partial P_2}{\partial t} = K_2 \frac{\partial^2 P_2}{\partial z^2} \tag{23.44c}$$

式中，W 为土的竖向位移增量。为便于与饱和土的一维固结问题的解答比较，λ，μ，χ 及式（23.44）中各量在一个增量过程中均视为常量。

（2）边界条件

为与饱和土的一维固结理论比较，问题的边界条件可描述为：

$$P_1(0,t) = P_2(0,t) = 0 \tag{23.45}$$

$$\frac{\partial P_1(h,t)}{\partial z} = \frac{\partial P_2(h,t)}{\partial z} = 0 \tag{23.46}$$

$$W(h,t) = 0 \tag{23.47}$$

（3）初始条件

设荷载是瞬间施加的，则加载瞬间时既来不及排水也来不及排气。这表示

$$\int_0^{0^+} K_1 \frac{\partial^2 P_1}{\partial z^2} \mathrm{d}t = \int_0^{0^+} K_2 \frac{\partial^2 P_2}{\partial z^2} \mathrm{d}t = 0 \tag{23.48}$$

式中，积分限 0 和 0^+ 分别代表开始加载的时刻和加载完成的时刻。于是由式（23.44b）和式（23.44c）得

$$\begin{cases} a_1 \dfrac{\partial W(z,0^+)}{\partial z} + a_2 P_1(z,0^+) + a_3 P_2(z,0^+) = 0 \\[2mm] b_1 \dfrac{\partial W(z,0^+)}{\partial z} - a_2 P_1(z,0^+) + b_3 P_2(z,0^+) = 0 \end{cases} \tag{23.49}$$

此式亦可由积分中值定理得到。

另外，把式（23.44a）对 z 积分一次，得

$$(\lambda + 2\mu) \frac{\partial W}{\partial z} = \chi P_1 + (1-\chi)P_2 + f(t) \tag{23.50}$$

由地基中任一点的总应力等于 q 知

$$f(t) = -q \tag{23.51}$$

把式（23.51）代入式（23.50）得

$$\frac{\partial W}{\partial z} = a_s \big[\chi P_1 + (1-\chi)P_2 - q\big] \tag{23.52}$$

式中，

$$a_s = 1/(\lambda + 2\mu) \tag{23.53}$$

其中，a_s 为土的压缩模量的倒数，记 $P_1(z,0^+) = P_{10}$，$P_2(z,0^+) = P_{20}$。把式（23.52）代入式（23.49），联立解得

$$\begin{cases} P_{10} = (\Delta_{10}/\Delta)q \\ P_{20} = (\Delta_{20}/\Delta)q \\ \Delta_{10} = a_s(a_1 b_3 + a_2 b_1) \\ \Delta_{20} = a_s a_2 \\ \Delta = x\Delta_{10} + (1-x)\Delta_{20} + a_2(a_3 + b_3) \end{cases} \tag{23.54}$$

进而可求出地基中任一点在加载瞬时由荷载引起的有效应力为

$$\begin{cases} \sigma'_{z0} = \sigma'_z(z,0^+) = (\Delta_{z0}/\Delta)q \\ \Delta_{z0} = a_2(a_3 + b_3) \end{cases} \tag{23.55}$$

众所周知，在饱和土地基中，$\sigma'_{z0} = 0$。由式（23.55）可以看出，在加载瞬时，非饱和土地基中的初始应力并不为零，当然要引起地基的瞬时沉降。

23.3.5.2 问题的解答

把式（23.52）对 t 求导后代入式（23.44b）和式（23.44c），就得到关于 $P_1(z,t)$ 和 $P_2(z,t)$ 的二阶偏微分方程组：

$$\begin{cases} (a_s a_1 \chi + a_2)\dfrac{\partial P_1}{\partial t} + \big[a_s a_1(1-\chi) + a_3\big]\dfrac{\partial P_2}{\partial t} = K_1 \dfrac{\partial^2 P_1}{\partial z^2} \\[2mm] (a_s b_1 \chi - a_2)\dfrac{\partial P_1}{\partial t} + \big[a_s b_1(1-\chi) + b_3\big]\dfrac{\partial P_2}{\partial t} = K_2 \dfrac{\partial^2 P_1}{\partial z^2} \end{cases} \tag{23.56}$$

（1）孔隙水压力和孔隙气压力及其与饱和土固结理论的比较

应用 Laplace 变换和有限 Fourier 变换，可以解得

$$\begin{cases} P_1(z,t) = \dfrac{4}{\pi}q \sum_{n=0}^{\infty} \dfrac{F_1(n,t)}{(2n+1)} \exp[-m^2 Ct]\sin mz \\[3mm] P_2(z,t) = \dfrac{4}{\pi}q \sum_{n=0}^{\infty} \dfrac{F_2(n,t)}{(2n+1)} \exp[-m^2 Ct]\sin mz \end{cases} \tag{23.57}$$

式中，

$$\begin{cases} m = \dfrac{(2n+1)\pi}{2h} \\[2mm] C = \dfrac{\Delta_{11}+\Delta_{22}}{2\Delta} \end{cases} \tag{23.58}$$

$$F_1(n,t) = \frac{\Delta_{10}}{\Delta}\mathrm{ch}\omega t + \frac{(\Delta_{10}/\Delta)(\Delta_{22}-\Delta_{11})+2(\Delta_{20}/\Delta)\Delta_{12}}{\sqrt{(\Delta_{11}-\Delta_{22})^2+4\Delta_{12}\Delta_{21}}}\mathrm{sh}\omega t$$

$$F_2(n,t) = \frac{\Delta_{20}}{\Delta}\mathrm{ch}\omega t + \frac{2(\Delta_{10}/\Delta)\Delta_{21}+(\Delta_{20}/\Delta)(\Delta_{11}-\Delta_{22})}{\sqrt{(\Delta_{11}-\Delta_{22})^2+4\Delta_{12}\Delta_{21}}}\mathrm{sh}\omega t$$

$$\omega = m^2\,\frac{\sqrt{(\Delta_{11}-\Delta_{22})^2+4\Delta_{12}\Delta_{21}}}{2\Delta} \tag{23.59}$$

$$\Delta_{11} = \big[a_sb_1(1-\chi)+b_3\big]K_1$$

$$\Delta_{12} = \big[a_sa_1(1-\chi)+a_3\big]K_2$$

$$\Delta_{21} = (a_sb_1\chi-a_2)K_1$$

$$\Delta_{22} = (a_sa_1\chi+a_2)K_2$$

由式（23.43）、式（23.54）、式（23.58）和式（23.59）可知，C 是一个反映非饱和土地基的压缩性、饱和度、密度、渗水性、渗气性及吸力的综合指标，可称为非饱和土的一维固结系数。它与 Biot-Terzaghi 关于饱和土的一维固结理论中的固结系数相应：

$$C_v = K_f(1+e)/\gamma_f a \tag{23.60a}$$

Biot-Terzaghi 一维固结理论的孔隙水压力为

$$P_f = \frac{4}{\pi}q\sum_{n=0}^{\infty}\frac{1}{(2n+1)}\exp[-m^2C_vt]\sin mz \tag{23.60b}$$

与式（23.57）比较可以看出，式（23.57）多出因子 F_1（n，t）和 F_2（n，t），说明 C，F_1（n，t），F_2（n，t）反映了地基非饱和性质对固结的影响。

（2）地基沉降

把式（1.148）代入式（1.143）并进行积分，就得到地基在任一时刻 t 的总沉降：

$$\begin{aligned}
W(t) &= \int_0^h \varepsilon_z\,\mathrm{d}z = -\int_0^h \frac{\partial W}{\partial z}\,\mathrm{d}z \\[1mm]
&= a_sqh\left\{1-\frac{8}{\pi^2}\sum_{n=0}^{\infty}\frac{1}{(2n+1)^2}\big[\chi F_1+(1-\chi)F_2\big]\exp[-m^2Ct]\right\}
\end{aligned} \tag{23.61}$$

地基的瞬时沉降为

$$W(0) = a_sqh\left\{1-\frac{8}{\pi^2}\Big[x\frac{\Delta_{10}}{\Delta}+(1-x)\frac{\Delta_{20}}{\Delta}\Big]\sum_{n=0}^{\infty}\frac{1}{(2n+1)^2}\right\} = a_s\sigma_{z0}h \tag{23.62}$$

这里利用了 $\mathrm{ch}\omega t|_{t=0}=1$，$\mathrm{sh}\omega t|_{t=0}=0$ 及公式：

$$\sum_{n=0}^{\infty}\frac{1}{(2n+1)^2} = \frac{\pi^2}{8} \tag{23.63}$$

式（23.62）表明，非饱和土地基的瞬时沉降正是由加载瞬时土中的有效应力引起的，其根源在于气相的压缩性。对一维饱和土地基而言，水是不可压缩的，初始有效应力等于零，故瞬时沉降也等于零。

地基在任意时刻的固结沉降是

$$W_c(t) = W(t)-W(0)$$

$$= a_sqh\left\{\chi\frac{\Delta_{10}}{\Delta}+(1-\chi)\frac{\Delta_{20}}{\Delta}-\frac{8}{\pi^2}\sum_{n=0}^{\infty}\frac{1}{(2n=1)^2}\cdot\big[\chi F_1+(1-\chi F_2)\big]\exp[-m^2Ct]\right\}$$

$$\tag{23.64}$$

地基的最终固结沉降量为

$$W_c(\infty) = a_s qh \left[\chi \frac{\Delta_{10}}{\Delta} + (1-\chi) \frac{\Delta_{20}}{\Delta} \right] = a_s \left[\chi P_{10} + (1-\chi) P_{20} \right] h \tag{23.65}$$

与式（23.62）比较可知，$W_c(\infty)$ 就是初始孔隙水压力和气压力完全转化为有效应力引起的沉降。

地基的最终沉降量可在式（23.61）中令 $t = \infty$ 求得，即

$$W(\infty) = a_s qh = W(0) + W_c(\infty) \tag{23.66}$$

利用式（23.64）和式（23.65）可以定义地基的固结度为

$$U(t) = \frac{W_c(t)}{W_c(\infty)} = 1 - \frac{1}{x\Delta_{10}/\Delta + (1-x)\Delta_{20}/\Delta} \frac{8}{\pi^2} \cdot \sum_{n=0}^{\infty} \frac{1}{(2n+1)^2} \cdot \left[xF_1 + (1-x)F_2 \right] \exp[-m^2 Ct] \tag{23.67}$$

式（23.67）表示地基固结沉降完成的程度。这样，就从控制方程同时解出了孔隙水压力、孔隙气压力和土体位移；不仅算出了固结沉降，还算出了瞬时沉降。在二、三维的情况下，该理论还可计算地基的瞬时沉降和水平位移，这将在下节讨论。因此，该理论保留了 Biot 理论的优点，是该理论的合理推广。由于非饱和土中气相的压缩性很大，可以推测，Mandel-Cryer 效应不会发生；即使存在，也是不显著的。

23.3.5.3 与 Fredlund 理论的比较

Fredlund 提出的一维非饱和土固结的偏微分方程组为[27,54]

$$\begin{cases} \dfrac{\partial u_f}{\partial t} + C_f \dfrac{\partial u_a}{\partial t} = C_v^f \dfrac{\partial^2 u_f}{\partial z^2} \\ C_a \dfrac{\partial u_f}{\partial t} + \dfrac{\partial u_a}{\partial t} = C_v^a \dfrac{\partial^2 u_a}{\partial z^2} \end{cases} \tag{23.68}$$

把式（23.56）稍加变动可写为

$$\begin{cases} \dfrac{\partial P_1}{\partial t} + \dfrac{a_s a_1 (1-x) + a_3}{a_s a_1 x + a_2} \dfrac{\partial P_2}{\partial t} = \dfrac{K_1}{a_s a_1 x + a_2} \dfrac{\partial^2 P_1}{\partial z^2} \\ \dfrac{a_s b_1 x - a_2}{a_s b_1 (1-x) + b_3} \dfrac{\partial P_1}{\partial t} + \dfrac{\partial P_2}{\partial t} = \dfrac{K_2}{a_s b_1 (1-x) + b_3} \dfrac{\partial^2 P_2}{\partial z^2} \end{cases} \tag{23.69}$$

从形式上看，二者是相似的，但有着不同的内涵。除在连续方程、渗透规律和本构关系方面的差别外，在导出式（23.69）时还用到了固相连续方程、总体平衡方程和几何方程。因此式（23.69）中的孔压是和土体的位移紧密联系的。用 Fredlund 理论是无法求出地基的瞬时沉降和固结沉降的。

Fredlund 把式（23.68）中的系数 C_f 和 C_a 分别称为液相方程的相互作用系数和气相方程的相互作用系数；C_v^f 和 C_v^a 则由 Fredlund 分别定义为液相固结系数和气相固结系数。从文献 [27] 和 [54] 可知，C_v^f 只与水的性质有关，而 C_v^a 只与气的性质及 S_r，n 有关，即

$$\begin{cases} C_v^f = \dfrac{1}{R_f} \dfrac{K_f}{\gamma_f m_1^f} \\ C_v^a = \dfrac{R\Theta}{\Omega} \dfrac{D_a}{(1-R_a)(p_a + u_a)m_1^a + (1-S_r)n} \end{cases} \tag{23.70}$$

式（23.70）不能像式（23.58）定义的 C 那样综合反映非饱和地基的性质。

Fredlund 还定义了两个固结度：

$$\begin{cases} U_f = 1 - \int_0^h u_f \, dz / \int_0^h u_{fi} \, dz \\ U_a = 1 - \int_0^h u_a \, dz / \int_0^h u_{ai} \, dz \end{cases} \tag{23.71}$$

式中，u_{fi} 和 u_{ai} 分别为加载瞬时的孔隙水压力和气压力。事实上，式（23.71）仅分别表示孔隙水压力和孔隙气压力在固结过程中的消散度，而不能像式（23.67）那样真正表示地基固结沉降完成的程度。

23.3.5.4　地基沉降后的饱和度、孔隙率及其他参数的计算

地基沉降后的体应变为

$$\theta = \varepsilon_z = W/h \tag{23.72a}$$

相应得孔隙比和孔隙率为

$$\begin{cases} e = e_0 - (1+e_0)\theta \\ n = e/1+e \end{cases} \tag{23.72b}$$

式中，e_0 为加载前的孔隙比。

地基的饱和度增量由式（23.41a）计算：

$$\delta S_r = \alpha_1 \theta - \beta_1 (P_2 - P_1) \tag{23.73}$$

固结后的饱和度与孔隙率作为新的起始参数，可以用来确定地基在下一级荷载作用下固结所需的参数 χ，K_1，K_2 等。

23.3.6　二维固结问题的控制方程组及其有限元表述

用 u 和 v 分别表示水平和竖直方向位移分量的增量，则式（23.42）在二维情况下的具体形式为

$$\begin{cases} (\lambda + 2\mu)\dfrac{\partial^2 u}{\partial x^2} + \mu\dfrac{\partial^2 u}{\partial y^2} + (\lambda+\mu)\dfrac{\partial^2 v}{\partial x \partial y} - \chi\dfrac{\partial P_1}{\partial x} - (1-\chi)\dfrac{\partial P_2}{\partial x} + b_x = 0 \\[2mm] \mu\dfrac{\partial^2 v}{\partial x^2} + (\lambda+2\mu)\dfrac{\partial^2 v}{\partial y^2} + (\lambda+\mu)\dfrac{\partial^2 u}{\partial x \partial y} - \chi\dfrac{\partial P_1}{\partial y} - (1-\chi)\dfrac{\partial P_2}{\partial y} + b_y = 0 \\[2mm] -a_1\dfrac{\partial}{\partial t}\left\{\dfrac{\partial u}{\partial x} + \dfrac{\partial v}{\partial y}\right\} - a_2\dfrac{\partial P_1}{\partial t} + a_2\dfrac{\partial P_2}{\partial t} + K_1\left\{\dfrac{\partial^2 P_1}{\partial x^2} + \dfrac{\partial\partial^3 P_1}{\partial y^2}\right\} = 0 \\[2mm] -b_1\dfrac{\partial}{\partial t}\left\{\dfrac{\partial u}{\partial x} + \dfrac{\partial v}{\partial y}\right\} + a_2\dfrac{\partial P_1}{\partial t} - b_3\dfrac{\partial P_2}{\partial t} + K_2\left\{\dfrac{\partial^2 P_2}{\partial x^2} + \dfrac{\partial^2 P_2}{\partial y^2}\right\} = 0 \end{cases} \tag{23.74}$$

式中，b_x 和 b_y 分别为 x 和 y 方向的体力分量。

式（23.74）的 4 个方程包含 4 个未知数，解析解难以得到，用数值方法求解比较可行。如何离散式（23.74）？通常有 3 种方法：变分原理[55,56]、虚位移原理[57]、伽辽金权余法[58,59]。文献［60］采用虚位移原理导出了求解固结问题的有限元方程。Sandhu R. S. 和 Wilson E. L. 最先采用变分原理求解了 Biot 固结方程[61]。该方法的突出特色是可纳入边界条件和初始条件，但要求控制方程的微分算子必须是对称的[62]。从式（23.74）可知，控制方程的微分算子并不具有对称性，将导致有限元刚度矩阵是不对称的，故难以构造控制求解问题的泛函。**伽辽金权余法则不受控制方程的微分算子必须是对称的限制，适用性广，变分法可视为其特例**[58]。故本节采用伽辽金权余法离散非饱和土二维固结的控制方程组。

应用伽辽金权余法和有限元的思想[63-65]，可从式（23.74）导出求解平面问题的有限元方程：

$$\sum_{e=1}^{\mathrm{MELES}}\sum_{j=1}^{\mathrm{NNODE}} [K_{if}]_e^{t+\Delta t}\{X_i\}_e^{t+\Delta t} = \sum_{e=1}^{\mathrm{MELES}}\{R_i\}_e^{t+\Delta t} \quad (i = 1,2,3,\cdots,\mathrm{NNODE}) \tag{23.75}$$

式中，MELES 为土体单元总数；NNODE 为单元结点数。采用 8 结点等参元，NNODE＝8。由于每个结点有 4 个自由度，故

$$\{X_i\}_e^{t+\Delta t} = \begin{bmatrix} u_i \\ v_i \\ P_{1i} \\ P_{2i} \end{bmatrix}_e^{t+\Delta t} \tag{23.76}$$

单元刚度矩阵是 32×32 矩阵，而每个单刚子块 $[K_{ij}]_e^{t+\Delta t}$ 包含 16 个分量：

$$[K_{ij}]_e^{t+\Delta t} = \begin{bmatrix} K_{ij}^{11} & K_{ij}^{12} & xK_{ij}^{13} & (1-\chi)K_{ij}^{14} \\ K_{ij}^{21} & K_i^{22} & xK_i^{23} & (1-\chi)K_{ij}^{24} \\ a_1K_j^{31} & a_1K_j^{32} & K_j^{33} & -a_2K_j^{34} \\ b_1K_{ij}^{41} & b_1K_j^{42} & -a_2K_{ij}^{43} & K_j^{44} \end{bmatrix}_e^{t+\Delta t} \tag{23.77}$$

式中，

$$\begin{cases} K_{ij}^{11} = \iint_{A_e}\left[(\lambda+2\mu)\dfrac{\partial N_i}{\partial x}\dfrac{\partial N_j}{\partial x} + \mu\dfrac{\partial N_i}{\partial y}\dfrac{\partial N_j}{\partial y}\right]\mathrm{d}x\mathrm{d}y \\[2mm] K_{ij}^{12} = \iint_{A_e}\left[\lambda\dfrac{\partial N_i}{\partial x}\dfrac{\partial N_j}{\partial y} + \mu\dfrac{\partial N_i}{\partial y}\dfrac{\partial N_j}{\partial y}\right]\mathrm{d}x\mathrm{d}y \\[2mm] K_{ij}^{21} = \iint_{A_e}\left[\mu\dfrac{\partial N_i}{\partial x}\dfrac{\partial N_j}{\partial x} + \lambda\dfrac{\partial N_i}{\partial y}\dfrac{\partial N_j}{\partial y}\right]\mathrm{d}x\mathrm{d}y \\[2mm] K_{ij}^{22} = \iint_{A_e}\left[\mu\dfrac{\partial N_i}{\partial x}\dfrac{\partial N_j}{\partial x} + (\lambda+2\mu)\dfrac{\partial N_i}{\partial y}\dfrac{\partial N_j}{\partial y}\right]\mathrm{d}x\mathrm{d}y \\[2mm] K_{ij}^{13} = -\iint_{A_e}\dfrac{\partial N_i}{\partial x}N_j\mathrm{d}x\mathrm{d}y = K_{ij}^{14} \\[2mm] K_{ij}^{23} = -\iint_{A_e}\dfrac{\partial N_i}{\partial y}N_j\mathrm{d}x\mathrm{d}y = K_{ij}^{24} \\[2mm] K_{ij}^{31} = -\iint_{A_e}N_i\dfrac{\partial N_j}{\partial x}\mathrm{d}x\mathrm{d}y = K_{ij}^{41} \\[2mm] K_{ij}^{32} = -\iint_{A_e}N_i\dfrac{\partial N_j}{\partial y}\mathrm{d}x\mathrm{d}y = K_{ij}^{42} \\[2mm] K_{ij}^{34} = -\iint_{A_e}N_iN_j\mathrm{d}x\mathrm{d}y = K_{ij}^{43} \\[2mm] K_{ij}^{33} = a_2K_{ij}^{34} + \zeta\Delta t\iint_{A_e} -K_1\left(\dfrac{\partial N_i}{\partial x}\dfrac{\partial N_j}{\partial x} + \dfrac{\partial N_i}{\partial y}\dfrac{\partial N_j}{\partial y}\right)\mathrm{d}x\mathrm{d}y \\[2mm] K_{ij}^{44} = b_3K_{ij}^{43} + \zeta\Delta t\iint_{A_e} -K_2\left(\dfrac{\partial N_i}{\partial x}\dfrac{\partial N_j}{\partial x} + \dfrac{\partial N_i}{\partial y}\dfrac{\partial N_j}{\partial y}\right)\mathrm{d}x\mathrm{d}y \end{cases} \tag{23.78}$$

N_i，N_j $(i,j=1,2,3,\cdots,8)$ 是形函数，且位移和孔压的形函数相同。Δt 是时间步长，ζ 是时间积分参数，定义如下：

$$\int_t^{t+\Delta t}f(t)\mathrm{d}t = \zeta f(t+\Delta t) + (1-\zeta)f(t) \tag{23.79}$$

根据 Booker 等的研究[66]，$1/2\leqslant\zeta\leqslant1$ 时数值积分是无条件稳定的，这里取 $\zeta=2/3$。

广义荷载向量为

$$\{R_i\}_e^{t+\Delta t} = \begin{bmatrix} F_{ix} \\ F_{iy} \\ Q_{i1} \\ Q_{i2} \end{bmatrix}_e^{t+\Delta t} \tag{23.80}$$

式中，

$$
\begin{cases}
F_{ix}^{t+\Delta t} = \iint\limits_{A_e} N_i b_x^{t+\Delta t} \mathrm{d}x\mathrm{d}y - \int\limits_{\Delta L_T} N_i \hat{T}_x^{t+\Delta t} \mathrm{d}l \\[2mm]
F_{iy}^{t+\Delta t} = \iint\limits_{A_e} N_i b_y^{t+\Delta t} \mathrm{d}x\mathrm{d}y - \int\limits_{\Delta L_T} N_i \hat{T}_y^{t+\Delta t} \mathrm{d}l \\[2mm]
Q_{i1}^{t+\Delta t} = \int\limits_{\Delta L_{Q_1}} N_i \big[\zeta \hat{Q}_{i1}^{t+\Delta t} + (1-\zeta)\hat{Q}_{i1}^t \big]\Delta t \mathrm{d}l \\[2mm]
\quad + \sum_{j=1}^{8} \Big\{ a_1 K_{ij}^{31} u_j^t + a_1 K_{ij}^{32} u_j^t + \big[a_2 K_{ij}^{34} - (1-\zeta)\Delta t\big] \iint\limits_{A_e} \\[2mm]
\quad - K_1 \Big(\dfrac{\partial N_i}{\partial x}\dfrac{\partial N_j}{\partial x} + \dfrac{\partial N_i}{\partial y}\dfrac{\partial N_j}{\partial y}\Big)\mathrm{d}x\mathrm{d}y\Big] \cdot P_{1j}^t - a_2 K_v^{34} P_{2j}^t \Big\} \\[2mm]
Q_{12}^{t+\Delta t} = \int\limits_{\Delta L_{Q_2}} N_i \big[\zeta \hat{Q}_{i2}^{t+\Delta t} + (1-\zeta)\hat{Q}_{i2}^t\big]\Delta t \mathrm{d}l + \sum_{j=1}^{8} \{ b_1 K_{ij}^{31} u_j^t + b_1 K_{ij}^{32} v_j^t - a_2 K_{ij}^{34} P_{1j}^t \\[2mm]
\quad + \big[b_3 K_{ij}^{34} - (1-\zeta)\Delta t\big] \iint\limits_{A_e} - K_2\Big(\dfrac{\partial N_i}{\partial x}\dfrac{\partial N_j}{\partial x} + \dfrac{\partial N_i}{\partial y}\dfrac{\partial N_j}{\partial y}\Big)\mathrm{d}x\mathrm{d}y\big]P_{2j}^t \Big\}
\end{cases}
\tag{23.81}
$$

在式（23.78）和式（23.81）中，A_e 为单元的面积，ΔL_T，ΔL_{Q1}，ΔL_{Q2} 分别为与力边界、水的流量边界、气的流量边界相重合的单元边界部分；$b_x^{t+\Delta t}$，$b_y^{t+\Delta t}$ 和 $\hat{T}_x^{t+\Delta t}$，$\hat{T}_y^{t+\Delta t}$ 分别为 $t+\Delta t$ 时的体力和边界面力。对小变形问题，它们在固结中保持不变，可按一般弹性力学有限元方法处理。而 $\hat{Q}_{i1}$，$\hat{Q}_{i2}$ 和 $\hat{Q}_{i1}^{t+\Delta t}$，$\hat{Q}_{i2}^{t+\Delta t}$ 分别为时刻 t 和 $t+\Delta t$ 时的边界面流量，它们与边界面上的排水条件有关。u_j^t，v_j^t，P_{1j}^t 和 P_{2j}^t 分别为结点在 t 时刻的位移和孔压。从式（23.75）～式（23.81）可知，只要知道了固结过程中 t 时刻各结点的位移和孔压，就能算出 $t+\Delta t$ 时刻的相应值。但需重新计算 K_{ij}^{33} 和 K_{ij}^{44}，并按式（23.81）的第三式和第四式修正右端项。

从式（23.77）和式（23.78）可以看到两个显著特点：第一是刚度矩阵不对称；第二是 K_{ij}^{33} 和 K_{ij}^{44} 都由两项组成，其中第一项 $a_2 K_{ij}^{34}$ 和 $b_2 K_{ij}^{43}$ 都与时间无关，这就为进行加载瞬时不排水不排气分析提供了方便。对于饱和土，瞬时不排水分析是一个难点[63,66,67]。

23.3.7　算例分析

根据以上各式，参考文献[68,69]，作者设计了程序 CSU8，即用 8 结点等参元编制的非饱和土固结程序。该程序共有 20 个子程序，可用以分析平面应变问题和平面应力问题。利用该程序分析了非饱和土地基的一维和二维固结过程[39,41]，在一维情况时得到了解析解相同的结果；在二维情况时获得了地基的变形场、应力场、孔隙水压力场、孔隙气压力场和饱和度场，在饱和情况下的计算结果与基于 Biot 理论的饱和土弹塑性固结程序 BCF 一致。

23.3.7.1　一维固结问题的解析解

地基如图 23.3 所示，$h=4\mathrm{m}$，初始孔隙率 $n_0=0.4872$，初始饱和度 $S_{r0}=50\%$，均布荷载强度 $q=300\mathrm{kPa}$。其他各参数可根据文献[70,71]得出，具体数值如下：

$K_f=2.50\times10^{-5}\mathrm{cm/s}$，$K_g=5.28\times10^{-4}\mathrm{cm/s}$，地基的初始吸力为 $125\mathrm{kPa}$，

$\alpha=1.1357$，$\beta=1.132\times10^{-3}/\mathrm{kPa}$，$a_1=-0.0533$

$a_2=5.52\times10^{-4}/\mathrm{kPa}$，$b_1=1.0533$

$b_3=2.91\times10^{-3}/\mathrm{kPa}$，$\chi=0.1$，$a_s=2.50\times10^{-4}/\mathrm{kPa}$

由此算出

$P_{10} = 22.35\text{kPa}$, $P_{20} = 28.83\text{kPa}$, $\sigma_{z0} = 271.80\text{kPa}$

$$C = 1.2862\text{cm}^2/\text{s}, \quad m = \frac{(2n+1)\ \pi}{800}/\text{cm}, \quad \omega = 0.8574\left[\frac{(2n+1)\ \pi}{800\text{cm}}\right]^2$$

瞬时沉降 $W(0) = 27.18\text{cm}$，固结沉降 $W_c(\infty) = 2.82\text{cm}$，总沉降 $W(\infty) = 30\text{cm}$

地基底面任一点的孔压为

$$\left.\begin{aligned}
P_1(h,t) &= \frac{4}{\pi}P_{10}\sum_{n=0}^{\infty}\frac{(-1)^n}{2n+1}(\text{ch}\omega t - 2.2591\text{sh}\omega t)\exp[-Cm^2 t] \\
P_2(h,t) &= \frac{4}{\pi}P_{20}\sum_{n=0}^{\infty}\frac{(-1)^n}{2n+1}(\text{ch}\omega t - 0.9448\text{sh}\omega t)\exp[-Cm^2 t]
\end{aligned}\right\} \tag{23.82}$$

在 $t=0$ 时，利用

$$\sum_{n=0}^{\infty}\frac{(-1)^n}{2n+1} = 1 - \frac{1}{3} + \frac{1}{5} - \frac{1}{7} + \cdots = \frac{\pi}{4} \tag{23.83}$$

可得
$$P_1\ (h,\ 0) = P_{10}, \quad P_2\ (h,\ 0) = P_{20} \tag{23.84}$$

地基的固结度为

$$U(t) = 1 - \frac{8}{\pi^2}\sum_{n=0}^{\infty}\frac{1}{(2n+1)^2}(\text{ch}\omega t - 1.0491\text{sh}\omega t)\exp[-Cm^2 t] \tag{23.85}$$

地基在任意时刻 t 的沉降为

$$W_c(t) = U(t)gW_c(\infty) \tag{23.86}$$

按式（23.82）和式（23.85）计算的结果示于图 23.4。从 U-t 关系曲线可知，在固结 17.5h 时，固结度即完成 90%。

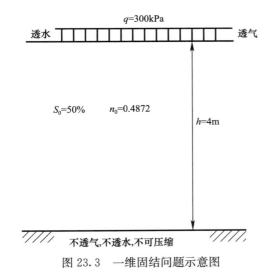

图 23.3　一维固结问题示意图

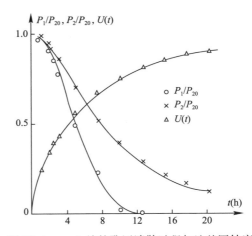

图 23.4　$z=h$ 处的孔压消散过程与地基固结度

进一步可算出地基沉降后的饱和度、孔隙率等。如由瞬时沉降和瞬时孔压增量引起的饱和度增量为 7%，瞬时沉降后的孔隙率为 0.4500。由固结沉降引起的饱和度增量为 0.8%，地基固结完成后的饱和度为 57.8%，孔隙率为 0.4460。

应当指出，在某级荷载下地基的固结完成以后，尽管孔隙水压力和孔隙气压力的增量皆消散为零，但因饱和度和孔隙率变化了，土中的吸力也会有所变化。

由本例可知，在题设条件下（饱和度较低、渗水系数比渗气系数的数量级相差不大），非饱和土固结有以下特点：

（1）孔隙水压力和孔隙气压力都比较小；

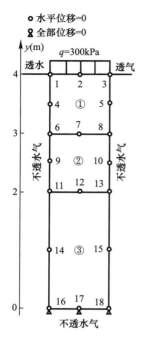

○ 水平位移=0
⊻ 全部位移=0

不透水气

图 23.5　一维固结问题的单元剖分与边界条件

（2）瞬时沉降比固结沉降大得多；

（3）孔隙水压力的消散速率高于孔隙气压力的消散速率。

23.3.7.2　一维固结问题的有限元解

把图 23.3 所示地基分成三个 8 结点等参数单元，共有 18 个结点（图 23.5）。取宽度等于 100cm，厚度等于 1cm。所用结点的水平位移都被固定，最下面 3 个点（16、17、18）的竖向位移也被约束。

计算所用数据与例 1 完全相同。由 $a_s = 2.50 \times 10^{-4}/\text{kPa}$，换算出 Lame 常数 $\lambda + 2\mu = 4000\text{kPa}$，取 $\lambda = 2000\text{kPa}$，$\mu = 1000\text{kPa}$，据此联立解得 $E = 2666.67\text{kPa}$，泊松比 $\upsilon = 0.3333$。

用程序 CSU8 分两步计算。

第一步，加载瞬时的不排水不排气分析。此时上边界也是不透水不透气的，结点 1、2、3 的孔隙水压力和孔隙气压力都不能规定为零，而应由程序算出。结构共有 51 个自由度。在程序中取 $\Delta t = 0$，$t = 0$。计算结果列于表 23.1。表中括号内给出了相应的解析解数值。可以看出，二者完全一致。

第二步，固结过程分析。固结时上边界透水透气，结点 1、2、3 的孔隙水压力和孔隙气压力都等于零，结点的自由度变为 45 个。

根据文献 [60，63，72] 介绍，时间步长不能选得太小，否则将引起空间不稳定，甚至算出的结果完全失真。但为了反映固结过程，Δt 也不宜过大。对于饱和土的固结，文献 [72] 建议对第一个时间步长按式 (23.87) 估算。

$$\Delta t = \frac{(\Delta x)^2}{K_f(\lambda + 2\mu)} \tag{23.87}$$

一维问题加载瞬时不排水不排气分析结果　　　　　　　　　　　　　　表 23.1

结点	竖向位移 W（cm）	孔隙水压力 P_1（kPa）	孔隙气压力 P_2（kPa）	三个单元的 27 个高斯点处		
				竖向应力 σ_z（kPa）	水平应力 $\sigma_x = \sigma_y$（kPa）	饱和度增量 δ_s（%）
1, 2, 3	27.18 (27.18)					
4, 5	23.78 (23.78)					
6, 7, 8	20.39 (20.39)					
9, 10	16.99 (16.99)	21.82 (21.90)	28.25 (28.25)	266.35 (266.36)	133.15 (133.18)	6.795 (6.989)
11, 12, 13	13.59 (13.59)					
14, 15	6.796 (6.796)					
16, 17, 18	0					

注：括号中数值是相应的解析解结果。

式中，Δx 为单元平均尺寸。文献 [63] 指出，时间步长的界限为

$$\frac{1}{4}\frac{(\Delta x)^2}{C_v} < \Delta t \leqslant \frac{(\Delta x)^2}{C_v} \tag{23.88}$$

式中，C_v 是饱和土的固结系数。

对于本节算例，按式（23.87）得出的时间步长为904s；按式（23.88）得出的时间步长范围为 $1944s < \Delta t \leqslant 7775s$。可见二者计算出的时间步长相差很大。

有的学者建议用试算法去摸索出合适的时间步长。本节采用试算法，所用的时间步长示于表23.2。

从计算结果可知，不管 Δt 大小如何，计算的位移分布规律都很好，且由 $\Delta t = 1s$ 和 $t = 1s$ 算出的各点位移与瞬时位移非常接近。但当 Δt 较小时，孔隙水压力和孔隙气压力沿深度的分布有大小参差的现象。从 $\Delta t = 6000s$ 和 $t = 9000s$ 开始，该现象就不再存在。

表23.3给出了 $\Delta t = 6000s$，$t = 9000s$ 的相应结果。与表中括号里给出的解析解比较可知，二者的差别是很小的。

通过对一维问题的计算比较，便有理由认为，用程序CSU8计算二维问题是可靠的。

有限元计算所采用的时间步长和相应的固结时间　　　　　　　　　　　　**表 23.2**

时间步长（s）	1	9	90	900	2000	6000	9000	18000	36000	72000
固结时间（s）	1	10	100	1000	3000	9000	18000	36000	72000	144000

一维固结计算结果（$\Delta t = 6000s$，$t = 9000s$）　　　　　　　　　**表 23.3**

结点号	竖向位移 W（cm）	孔隙水压力 P_1（kPa）	孔隙气压力 P_2（kPa）
1，2，3	28.11（28.30）	0	0
4，5	24.41	3.87	10.44
6，7，8	20.84	9.23	17.17
9，10	17.32	12.80	20.05
11，12，13	13.82	16.46	21.26
14，15	6.88	17.83	23.69
16，17，18	0	18.48（18.92）	26.05（25.96）

注：括号中数值是相应的解析解结果。

23.3.7.3　平面应变固结问题的有限元解

用CSU8程序计算的平面应变问题如图23.6所示，利用对称性可只取地基一半研究。地基厚度等于400cm，计算宽度取800cm，计算厚度取1cm。计算所用参数与例1、例2中的参数完全相同。局部均布荷载强度为300kPa。地基被分为24个8结点等参数单元，93个结点。边界条件示于图23.6中。

计算分两步。

第一步，加载瞬时的不排水不排气分析。此时上边界是不透水不透气的，位于上边界的13个结点（1、10、15、24、29、38、43、52、57、66、71、80、85）的孔隙水压力和孔隙气压力应由程序算出，结构共有330个自由度。

在程序中令 $t = 0$ 和 $t = 1000s$，计算结果示于图23.5，图中分别表示地基中的竖向位移、饱和度增量、孔隙水压力和孔隙气压力的分布（实线对应于加载瞬时的结果）。可以看出，地基中的竖向位移、饱和度增量、孔隙水压力和孔隙气压力的分布都有良好的规律性。图23.7表明，在上边界靠近荷载面的地方有一个松胀区，该区的饱和度稍小于地基的初始饱和度。在图23.7（c）和（d）中，相应于该区的孔隙水压力增量和孔隙气压力增量变为负值。总体上看，孔隙水压力和孔隙气压力都不大，而瞬时沉降量则较大（结点1的瞬时沉降为22.16cm）。

第二步，固结过程分析，上边界透水透气，上述13个结点的孔隙水压力和孔隙气压力都等于零，结点的自由度变为304个。所用时间步长同表23.2。

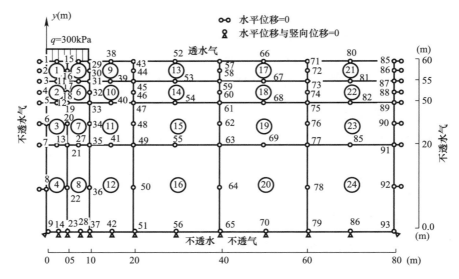

图 23.6　平面应变固结问题的单元剖分与边界条件

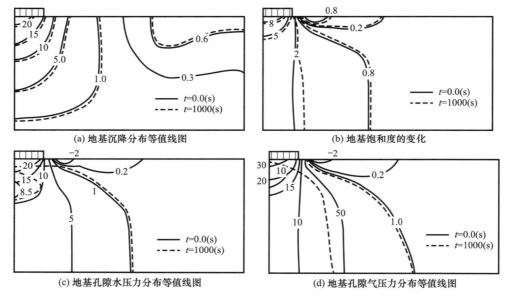

(a) 地基沉降分布等值线图　　　　(b) 地基饱和度的变化

(c) 地基孔隙水压力分布等值线图　　(d) 地基孔隙气压力分布等值线图

图 23.7　非饱和土地基平面应变固结在加载瞬时和 $t=1000\text{s}$ 时的计算分析结果

计算结果表明，当 $\Delta t=900\text{s}$，$t=1000\text{s}$ 时的孔隙水压力和孔隙气压力在空间上的分布就有了很好的规律性。图 23.7 中的虚线示出了 $t=1000\text{s}$ 时的地基沉降、饱和度增量、孔隙水压力和孔隙气压力的分布。可以看出，孔隙水压力和孔隙气压力都消散得很快，且孔隙水压力比孔隙气压力消散的更快。与一维计算结果比较可知，二维固结速率显著加快，这一点与饱和土的固结规律相似。

非饱和土的二维固结除有一维固结的三个规律外，还有以下特点：

（1）在地基上部靠近荷载处发生轻微松胀；

（2）二维固结明显快于一维固结。

以上结论对工程实际是有用的。

23.3.8　非饱和土固结的混合物理论的特色、发展、应用及与国内外同类工作的比较

作者及其学术团队在后续的研究中，相继建立了非饱和土的非线性固结模型[73,74]、弹塑性

固结模型[74]、原状膨胀土弹塑性损伤固结模型[75,76]、原状湿陷性黄土的弹塑性结构损伤固结模型[77-79]、热-水-力耦合分析模型[80,81]，自主设计了相应的 5 个分析软件，并用于解决多项工程中的疑难问题[82-88]，有关情况亦列于表 23.4 中。具体情况将在第 24～26 章中介绍。非饱和土固结的混合物理论的主要特色列于表 23.4，与国内外同类研究工作的比较见表 23.5。

非饱和土固结的混合物理论的主要特色、发展及工程应用情况   表 23.4

理论要素	主要特色	
创立时间	1989—1991 年	
理论基础	混合物理论	
建模理论	岩土力学的公理化理论体系	
建模方法	公理化方法、张量表述	
水气运动	导出并采用了广义 Darcy 定律	
液相本构模	广义土-水特征曲线模型	
土骨架本构模型	二次弹性与广义 Hook 定律	
三维理论数学模型	5 个二阶偏微分方程、求解 5 个未知量	
参数确定	全部参数用试验测定	
一维问题	用 Laplace 变换和 Furier 变换求得解析解，给出了孔隙水压力、孔隙气压力、瞬时沉降、固结沉降、固结系数和固结度的解析表达式	
二维问题	有限元法求解，8 结点等参元	
分析软件	自主研发了系列软件：CSU8（用 8 结点等参元设计的非饱和土固结软件）、USEPC（非饱和土的弹塑性固结）、UESEPDC（非饱和膨胀土弹塑性损伤固结）、USLEPDSC（非饱和黄土弹塑性损伤渗流固结）、THMCA（热-水-力-化学耦合分析与应用）	
后续发展及应用 （自 1989 年至今，历时 30 余年）	后续发展	应用情况
	非线性固结模型 （1998—2021 年）	临渭高速和西宝高速[82]、平定高速[83]与广佛高速填方沉降[84]，小浪底大坝的变形稳定[85-87]，延安新区高填方变形分析[88]
	弹塑性固结模型 （2000—2001 年）	二维固结问题的有限元分析[74]
	原状膨胀土结构损伤固结模型 （2001—2006 年）	膨胀土渠坡开挖、入渗、蒸发等过程中的多相多场耦合-弹塑性损伤变形失稳分析[75,76]
	热-水-力耦合固结模型 （2010—2017 年）	西班牙高放废物地质处库大型模型试验[80,81]
	原状湿陷性黄土结构损伤固结模型（2012—2019 年）	兰州市和平镇大厚度自重湿陷性黄土地基湿陷变形[77-79]
主要贡献者	陈正汉、谢定义、黄海、卢再华、秦冰、姚志华、郭剑峰、黄雪峰	
涉及知识领域	土力学、非饱和土力学、理性力学、混合物理论、不可逆过程热力学、土壤物理学、多孔介质力学、数理方程、张量分析、有限元法、弹性力学、塑性力学、损伤力学、热力学、物理化学、原子核物理	

国内外同类工作的比较   表 23.5

提出者	首篇发表时间（年）	建模方法	未知数	1-D 问题求解	2-D 问题求解
陈正汉 谢定义 刘祖典	3D 理论 1989	公理化方法	5	解析解 1991	1991 非线性分析，8 结点等参元 　　　广义渗透律、广义 SWCC 模型； 1998—2001 非线性、弹塑性固结分析； 2001 原状膨胀土弹塑性结构损伤固结分析； 2010 热-水-力耦合分析，增加温度为未知数； 2012 原状黄土弹塑性结构损伤固结分析

续表 23.5

提出者	首篇发表时间（年）	建模方法	未知数	1-D 问题求解	2-D 问题求解	
Fredlund 加拿大	1D 理论 1979 3D 理论 1984	归纳法	5	差分解 1979[27] 半解析法 2008[90]	1998	弹性分析，8 结点等参元[89]
Thomas 英国	1995	归纳法	6 考虑温度		1995 2003 2012	热-力耦合弹性分析[91]； 热-水-力耦合弹塑性分析[92]； 热-水-力-化学分析[93]
Khalili 澳	2000	归纳法	5		2000 2008	弹性固结，8 结点等参元[94]； 弹塑性分析[95]
Laloui 瑞士	2003	半演绎 半归纳	5		2003 2008	非线性弹性固结[96]； 热-水-力弹塑性分析[97]
李锡夔 武文华	1992	归纳法	5		1992 1999 2002	弹性分析，Bishop 公式[98] 饱和度为未知数之一； 弹塑性分析[99]； 热-水-力耦合分析[100]
杨代泉 沈珠江	1990	归纳法	6	半解析解法	1991 1992	增量弹性分析，8 结点等参元 饱和度为未知数之一[101]； 同上[102]
孙长龙 殷宗泽	1996	归纳法	4		1996	弹性分析，四边形单元 水气混合压力为未知数[103]
Chang & Duncan	1983	归纳法	4		1983	弹塑性分析[26]，四边形单元 等效流体压力为未知数之一， 适用于高饱和度-气封闭状态

注：固结理论的未知数一般为土骨架位移的三个分量、孔隙水压力和孔隙气压力，在后 4 个学者的理论中，对未知数的选取有所不同。

从表 23.4 和表 23.5 可知：（1）从建模时间、建模基础、建模方法、求解 1 维和 2 维问题及使用的单元类型等方面看，非饱和土固结的混合物理论的特色明显，是一个完整的理论体系；（2）非饱和土固结的混合物理论自 1989 年创立以来，至今不断发展，解决了多项大型工程的疑难问题，达到了实用阶段，而其他学者的工作大都停滞不前，亦未见涉及具体工程问题。周培源先生指出[104]："一个好的工作，首先要物理上站得住脚，又有严谨的数学证明才行。光是数学漂亮，没有物理支持，因而**不能解决实际问题的工作，不能称之为好的工作。**""一种理论当它能说明许许多多的物理现象而同时结构简单又具有完美的感染力时才是有生命力的。"[17]

关于非饱和土固结理论的近期研究状况可参考文献 [105]。

23.4　混合物理论在岩土力学中的应用

23.4.1　应用概况

混合物理论是 20 世纪 60～70 年代诞生的一门学科，其严谨的理论体系和包容复杂因素的能力吸引了岩土界的注意。Prevost 率先用其研究饱和土的力学模型[32]。Ratts 将其用于土壤物理的研究[106]，他把土的固相看成多组分的混合物，模型显得过于复杂。Frantziskonis 等[107,108]在 1987 年以混合物理论为基础建立了混凝土应变软化的本构模型，后经 Desai 等在 1997 年发展成为岩土介质的扰动状态模型[109]。沈珠江等提出的复合体损伤模型[110,111]中也隐含有混合物理论的思想。李希等[112]用混合物理论研究了双重孔隙介质中的渗流问题，李向维等[113]研究了饱和多孔介质的质量耦合波动问题，作者在 1989 年研究了多孔介质的力学模型[114]与非饱和土的固结理论[37]。

　　自作者创立非饱和土固结的混合物理论以来，引起了许多岩土学者对混合物理论的兴趣和青睐，杨松岩等[115]、苗天德等[116-119]、张引科等[120]、张继发等[121]、苏波等[122]、黄璐等[123]、赵成刚等[124,125]、张昭等[126,127]，均以混合物理论为基础，分别研究了非饱和岩土材料、冻土、非饱和土、多孔介质、软土、污染物输运、考虑水气交界面影响的有效应力等科学问题，取得了可喜的成果，说明混合物理论在研究多相多场多因素等复杂岩土工程问题方面具有很大的潜力和指导作用，具有广阔的应用前景。

　　即使对饱和土而言，在需要精确描述固、液各自的运动规律及二者之间的相互作用时，混合物理论也是有用的。例如，渗透破坏和液化发生前的土粒不仅会移动，而且会转动。借助于混合物理论可望对液化的机理做出更合理的解释。Crochet 和 Naghdi[128]应用 Green 等[129,130]提出的两相混合物理论详细研究了考虑组分应力非对称的黏性流体与固体相互作用的本构关系，Katsube 等依据该本构关系在 1987 年求解了两个边值问题[131,132]。陈至达[133]在 1988 年指出："自 20 世纪弹性力学奠定以来，对非对称弹性力学的研究一直不足，许多问题尚未深入认识，特别是物性方程的研究还没有足够的试验资料。对非对称弹性力学中出现的体矩作用与固体电磁场和应力的关系、血液流动中红白细胞的旋转运动、断裂尖端的位错力偶场等近代力学问题都有根本关系。非对称弹性力学基本理论亟待发展。"从这一点来看，混合物理论亦有用武之地。

23.4.2　混合物理论与 Biot 固结理论的比较

　　为了说明混合物理论的特色，本节以饱和土为例，对 Biot 固结理论与混合物理论进行分析比较。

　　饱和土是固液两相多孔介质，Biot 固结理论是土力学的支柱之一。Biot 理论是用唯象方法建立的，在理论上是否完善需要考察。混合物理论集运动学、动力学、热力学、本构理论于一体，具有包容复杂因素的能力，用公理化方法研究多相多孔介质的力学问题，为研究土的固结问题提出了一条新途径。混合物理论有何特点？它和 Biot 理论对饱和土固结问题的研究结果是殊途同归，还是大相径庭？这两种多孔介质理论各有什么优缺点，主要差别何在？为了简明具体，本节把饱和土限定为由黏性流体和弹性多孔固体组成的多孔介质，讨论 Biot 固结理论和混合物理论的异同[134]。

　　饱和土的固结问题是土力学中的一个基本理论课题[60]。Terzaghi[135]和 Biot[136-140]各自独立地提出并发展完善了三维固结理论。不过，Terzaghi 理论仅对一维情形才是精确的，对二、三维问题并不严格，故被称为"拟三维固结理论"[60]；而 Biot 理论才是"真三维固结理论"[60]。其实，Biot 理论也有美中不足的地方。众所周知，Biot 理论是针对线弹性固体和一种牛顿流体而提出的，尽管该理论反映了孔压与骨架变形的耦合效应，但从其无法知道孔隙水与多孔土骨架之间是怎样相互作用的，也看不出流体黏性的影响反映在什么地方。Biot 理论是以 Hook 定律和 Darcy 定律为基础的唯象理论，Biot 本人对这一点也不太满意，他多次从不可逆热力学角度对此进行探讨[138,139,141-143]。继 Biot 之后，一些学者采用和 Biot 相似的唯象方法研究了这一课题[144-146]，因而所得结果并未超出 Biot 理论。

　　20 世纪 80 年代初，Carroll 和 Katsube[49,131,132]采用可了比较新颖的观点研究了流体-多孔介质的力学响应。他们以平等的地位对待流体和固体，把流体抽象为以固相所占体积为孔隙的多孔流体；他们把土中的应力分解为静应力和动应力两部分；前者引起固体的变形并考虑了静水压力的影响，后者则引起黏性流体在多孔介质中流动，从而把两种机制分开研究。通过对土单元的细致分析，他们把饱和多孔介质的变形机理归结为三个方面：固体的变形、流体的变形和孔隙的相对几何性的变化。他们引入了描述孔隙的相对几何性变化的应变张量，并指出由

Terzaghi 定义的有效应力实际是决定孔隙的相对几何性的变化的。这些新的认识，超出了 Biot 理论的结果。然而，他们的方法并未能克服 Biot 理论的上述缺陷。问题的关键在于研究流体-多孔介质的相互作用需要一个坚实的物理力学理论作为指南。正是基于这种认识，Carroll 和 Katsube 最终把他们的研究纳入了混合理论的轨道（1987）[131,132]。

　　混合物理论（又称为相互作用的连续介质力学）是现代连续统物理[147]的一个分支。在混合物理论中，任一组分被抽象为占据整个混合物体积的均质连续体，同一空间点可同时为不同组分的质点共同占据，这就为研究不同组分的相互作用提供了一个合理的模型。现在，有关混合物的论文数以百计[148]，较为系统的论述可参阅 Bowen 的著作[21]。

　　1965 年，Green 和 Naghdi[129]专门为两种组分的介质建立了这种理论（以下简称为 GN 理论）。1966 年 Crochet 和 Naghdi[128]应用 GN 理论详细研究了黏性流体与固体相互作用的本构关系。1987 年 Katsube 和 Carroll[131]澄清了混合物理论中的一些概念，对 GN 理论做了适当的修正，使其能适用于流体-多孔介质。他们还结合对土单元体分析，定出了 GN 理论中的大部分材料常数，并求解了两个简单的边值问题[132]。至此，GN 理论才成为一种比较完善的理论，它能够全面反映黏性流体-特性多孔介质之间的相互作用，克服了 Biot 理论的不足。另一方面，与 Bowen 提出的混合物理理论相比，GN 理论由于采用了一个简化的熵不等式，从概念上和所得结果看较为简明。故以下讨论只限于 GN 理论。

　　Green 和 Naghdi[129]从混合物的能量平衡出发，利用加上刚体运动后的不变性条件导出了全部场方程如下：

连续方程

$$\frac{\partial \rho_a}{\partial t} + \nabla(\rho_a \boldsymbol{V}^{(a)}) = 0 \quad (a = 1、2，对 a 不求和) \tag{23.89}$$

运动方程

$$\nabla \cdot \boldsymbol{P}^{(1)} + \nabla \cdot \boldsymbol{\Psi} - \boldsymbol{\pi} = -\rho_1 \boldsymbol{b}^{(1)} \quad （固相） \tag{23.90}$$

$$\nabla \cdot \boldsymbol{P}^{(2)} + \nabla \boldsymbol{\Psi} + \boldsymbol{\pi} = -\rho_2 \boldsymbol{b}^{(2)} \quad （液相） \tag{23.91}$$

能量方程

$$-\rho \frac{DU}{Dt} + \mathrm{tr}(\boldsymbol{P}^{(1)} \boldsymbol{L}^{(1)}) + \mathrm{tr}(\boldsymbol{P}^{(2)} \boldsymbol{L}^{(2)}) + \mathrm{tr}(\boldsymbol{\psi} \boldsymbol{\Lambda}) + \boldsymbol{\pi} \cdot \boldsymbol{V} = 0 \tag{23.92}$$

式中，ρ_1、$\boldsymbol{V}^{(1)}$、$\boldsymbol{b}^{(1)}$、$\boldsymbol{P}^{(1)}$、$\boldsymbol{L}^{(1)}$分别是固相的质量、速度、体力、应力 σ_{ki} 的对称部分和速度梯度；ρ_2、$\boldsymbol{V}^{(2)}$、$\boldsymbol{b}^{(2)}$、$\boldsymbol{P}^{(2)}$、$\boldsymbol{L}^{(2)}$是液相的对应量；固相应力 σ_{ki} 和液相应力 π_{ki} 是不对称的，它们的反对称部分等值反号，用 $\boldsymbol{\Psi}$ 表示；$\boldsymbol{\pi}$ 称为扩散阻力，等价于土力学中的渗透力；$\boldsymbol{V} = \boldsymbol{V}^{(1)} - \boldsymbol{V}^{(a)}$，$\boldsymbol{\Lambda} = \boldsymbol{\Gamma}^{(1)} - \boldsymbol{\Gamma}^{(2)}$，这里的 $\boldsymbol{\Gamma}^{(a)}$ 是速度梯度的反对称部分，即自旋张量。在运动方程式（23.90）、式（23.91）中，已略去了惯性力。

　　对于黏性流体在线弹性固体中的流动，在各向同性和小变形及等温条件下（流体和固体均可压缩），由 Crochet 和 Naghdi[128]于 1966 年导出并经 Katsube 和 Carroll[132]于 1987 年修正的本构关系为：

$$P_{ij}^{(1)} = \lambda_1 e_{kk}^{(1)} \delta_{ij} + 2\mu_1 e_{ij}^{(1)} + \lambda_6 e_{kk}^{(2)} \delta_{ij} \tag{23.93}$$

$$P_{ij}^{(2)} = \lambda_6 e_{kk}^{(1)} \delta_{ij} + \lambda_7 e_{kk}^{(2)} \delta_{ij} + \lambda_2 d_{kk}^{(2)} \delta_{ij} + 2\mu_2 d_{ij}^{(2)} \tag{23.94}$$

$$\psi_{ij} = -2\mu_{11} \Lambda_{ij} \tag{23.95}$$

$$\pi_i = \lambda_9 v_i \tag{23.96}$$

式（23.94）中的 $d_{ij}^{(2)}$ 是流体速度梯度的对称部分，即应变率张量；$e_{ij}^{(1)}$ 和 $e_{ij}^{(2)}$ 分别是多孔固体和多孔流体的无限小应变张量。式（23.89）～式（23.96）构成了求解 27 个未知量的封闭方程组：ρ_1、ρ_2、$\boldsymbol{V}^{(1)}$（固相位移）、$\boldsymbol{V}^{(2)}$（液相位移）、$\boldsymbol{P}^{(1)}$、$\boldsymbol{P}^{(2)}$、$\boldsymbol{\psi}$、$\boldsymbol{\pi}$ 和 U（内能）。共包含 8 个材

料参数。

在式（23.89）～式（23.96）中，有几个明显的新信息：流体的本构方程中包括了与速度有关的黏滞应力［式（23.94）右端的第三、四项］；运动方程式（23.90）、式（23.91）中的 π 和 Ψ 反映液固之间的相互作用，π 代表相互作用力，Ψ 代表相互作用的力矩；能量方程（23.92）的第四项和第五反映了液固相互作用引起的能量耗散。这些特点。在 Biot 理论中是看不出来的。不过，Biot 理论由于把达西定律引入了连续方程，实际上考虑了忽略力矩效应的相互作用的影响，也没有用有关的运动学量和动力学量加以明确的描述。

把式（23.90）、式（23.91）相加就得 Biot 理论的平衡方程。Biot 理论中没有能量方程，但 Biot 提出了弹性势能函数和耗散函数，这相当于在式（23.92）中不考虑速度梯度的情形。Katsube 和 Carroll（1987）指出：（ⅰ）Biot 理论中的连续方程是混合物理论中的连续方程的简化形式；（ⅱ）Darcy 定律是流体运动方程式（23.91）的简化形式，据此认为 Biot 从热力学角度解释 Darcy 定律的观点欠妥。

最后，再比较本构关系。Biot 理论的本构关系有多种等价形式，其中一种为（Biot[140]，1957）：

$$\sigma_{ij} = Ae\delta_{ij} + 2Ne_{ij} + Q\varepsilon\delta_{ij} \tag{23.97}$$
$$s = Qe + R\varepsilon \tag{23.98}$$

这里，式（23.97）和式（23.93）是一一对应的；而式（23.98）中的 s 是超静水压力，式（23.94）和式（23.98）的差异是很明显的。通过比较，还可得出参数间的关系：

$$\lambda_1 = A, \quad \mu_1 = N, \quad \lambda_6 = Q, \quad \lambda_7 = R \tag{23.99}$$

混合物理论中的另外四个参数 λ_2、μ_2、λ_9、μ_{11} 是因考虑液固之间的相互作用和流体的黏性引入的。其中 λ_2 和 μ_2 是流体的黏滞系数[59]，λ_9 可由渗透试验测出，μ_{11} 的确定尚无好的方法。

通过上述的分析比较可知：对饱和土而言，Biot 理论与混合物理论基本相当；Biot 理论简单实用，混合物理严谨精细；混合物理论能够清晰反映黏性流体与土骨架的相互作用（包括力和力矩），可用于应力非对称问题，Biot 理论则无此功能。

由此观之，在需要精确描述液固各自的运动规律及二者之间的相互作用时，混合物理论是有用的。例如，在渗透破坏和液化发生前的土粒，不仅会移动，而且会转动。借助于混合物理论有望对液化的机理做出更合理的解释。

应用混合物理论可以方便研究非线性本构关系、非线性渗流情况，并为研究多种流体（如非饱和土）[37-42]、双重孔隙介质中的渗流（如裂隙岩体）[112] 及饱和多孔介质的质量耦合波动问题[113] 提供了理论基础。

此外，混合物理论还被用来建立岩体材料的损伤理论[107,108]。作者结合内变量理论与混合物理论，研究了黏性流体与弹塑性多孔介质的相互作用问题[114]，构建了考虑组分应力非对称性的固-液-气三相多孔介质相互作用的动力学理论[149,150]。

23.5 本章小结

（1）陆地上非饱和土的覆盖面积远大于饱和土，非饱和土固结理论是现代土力学的基本课题，有极其远大的应用前景。

（2）科学理论是一个思想体系，由基本假设、推理论证、结论或模型、应用（或预言）等 4 部分组成。

（3）以混合物理论为基础，在岩土力学的公理化理论体系的指导下，构建了非饱和土固结的混合物理论，其数学模型为 5 个二阶偏微分方程求解 5 个未知量，包含 7 个材料参数，Biot 理论是其特例。

（4）应用 Laplace 变换和有限 Fourier 变换求得一维固结问题的解析解，从控制方程组同时得出了孔隙水压力、孔隙气压力、地基瞬时沉降、固结沉降和固结度的理论表达式；发现孔隙水压力和孔隙气压力都比较小，瞬时沉降比固结沉降大。

（5）用伽辽金权余法导出了非饱和土二维固结的有限元方程，设计了相应的计算软件 CSU8；求解了二维固结问题，得到了地基中的位移、饱和度增量、孔隙水压力和孔隙气压力的分布随时间的动态变化；通过对加载瞬时的不排水不排气分析和固结过程分析发现，二维固结明显快于一维固结，孔隙水压力和孔隙气压力都比较小，瞬时沉降比固结沉降大。

（6）总结了非饱和土固结的混合物理论的特色、发展及工程应用，通过与国内外同类工作的比较分析，说明非饱和土固结的混合物理论的特色明显，是一个完整的理论体系；自创立以来，不断发展，解决了多项大型工程的疑难问题，达到了实用阶段。

（7）简要介绍了混合物理论在岩土力学多个领域中的应用，说明该理论在处理多相多场多因素等复杂岩土工程问题方面具有很大的潜力和指导作用，具有广阔的应用前景。

（8）以饱和土为例详细比较了 Biot 固结理论与混合物理论的异同，展现了混合物理论的优点和潜力。就饱和土而言，Biot 理论与混合物理论基本相当；Biot 理论简单实用，混合物理论严谨精细；能够清晰反映黏性流体与土骨架的相互作用（包括力和力矩），可用于应力非对称问题，Biot 理论则无此功能。

参考文献

[1] 邓小平. 邓小平文选（第三卷）[M]. 北京：人民出版社，1993：370-383.
[2] 沈珠江. 理论土力学 [M]. 北京：中国水利水电出版社，2000.
[3] 沈珠江. 关于土力学发展前景的设想 [J]. 岩土工程学报，1994，16（1）：110-111.
[4] 沈珠江. 土体结构性的数学模型：21 世纪土力学的核心问题 [J]. 岩土工程学报，1996，18（1）：95-97.
[5] 谢定义. 21 世纪土力学的思考 [J]. 岩土工程学报，1997，19（4）：111-114.
[6] 爱因斯坦. 狭义与广义相对论浅说 [M]. 杨润殷，译. 上海：上海科学技术出版社，1964：2，101，104.
[7] 《力学进展》编辑部. 20 世纪理论和应用力学十大进展 [J]. 力学进展，2001，31（1）：322-326.
[8] 基特尔，等. 伯克利物理学教程（第一卷）：力学 [M]. 陈秉乾，等译. 北京：科学出版社，1979：2，6，404-434.
[9] 刘霞. 物理学陷入困境：接下来该怎么办？（上）[N]. 科技日报，2013-6-10（2）.
[10] 秦荣先，闫永廉. 广义相对论与引力理论：实验检验 [M]. 上海：上海科学技术文献出版社，1987：2，3.
[11] 欧阳哲生. 胡适告诫人生 [M]. 北京：九州图书出版社，1998：310-344，458-472.
[12] 贝弗里奇 W I B. 科学研究的艺术 [M]. 陈捷，译. 北京：科学出版社，1979：52，54，56，153.
[13] 丁肇中. 我所经历的 20 世纪的实验物理学 [R] //中国科学院. 2000 年科学发展报告. 北京：科学出版社，2000.
[14] 张龙，陈正汉，周凤玺，等. 非饱和土应力状态变量试验验证研究 [J]. 岩土工程学报，2017，39（2）：380-384.
[15] 张龙，陈正汉，周凤玺，等. 从变形、水量变化和强度三方面验证非饱和土的两个应力状态变量 [J]. 岩土工程学报，2017，39（5）：905-915.
[16] 徐本顺，解恩泽. 数学猜想集 [M]. 长沙：湖南科学技术出版社，1999.
[17] ERIGEN A C. 《现代连续统物理丛书》中译本序. 见：A C 爱林根. 连续统物理的基本原理 [M]. 《现代连续统物理丛书》7，朱照宣，译. 南京：江苏科学技术出版社，1985.
[18] 毛泽东. 毛泽东著作选读 [M]. 北京：人民出版社，1986.
[19] 陈正汉，周海清，FREDLUND. 非饱和土的非线性模型及其应用 [J]. 岩土工程学报，1999，21（5）：603-608.

[20] 殷宗泽，周建，赵仲辉，等. 非饱和土本构关系及变形计算 [J]. 岩土工程学报，2006，28（2）：137-146.

[21] BOWEN R M. Theory of mixtures [M]. New York：Academic Press，1976.（中译本：R. M. 鲍文. 混合物理论 [M]. 现代连续统物理丛书13. 许慧已，等译. 南京：江苏科学技术出版社，1983.）

[22] 蒋彭年，非饱和土工程性质简论 [J]. 岩土工程学报，1989，11（6）：39-59.

[23] 黄文熙，蒋彭年. 水中填黄土坝土料特性研究 [M] //黄文熙论文选集—水工建设中的结构力学与岩土力学问题，北京：中国水利电力出版社，1984：263-287.

[24] BARDEN L. Consolidation of campacted and unsaturated clays [J]. Geotechnique，1965，15（3）：267-185.

[25] 俞培基，陈愈炯. 非饱和土的水-气形态及其力学性质的关系 [J]. 水利学报，1965（1）：16-23.

[26] CHANG C S, DUNCAN J M. Consolidation analysis for partly saturated clay by using an elastic-plastic effective stress-strain model [J]. International Journal for Numerical and Analytical Methods in Geomechanics，1983，7：39-55.

[27] FREDLUND D G, HASAN J U. One-dimensional consolidation theory：Unsaturated soils [J]. Canadian Geotechnical Journal，16（3）（1979），521-521.

[28] DAKSHANAMURTHY V, FREDLUND D G, Rahardjo H. Coupled three-dimensional consolidation theory of unsaturated porous media [C] //Proceedings of the 5th International Conference on Expansive Soils. New York：American Society of Civil Engineering，1984：99-103.

[29] FREDLUND D G. Consolidation of unsaturated porousmedia [C]. Proc. of the NATO Advanced Study Institute on Mechanics of Fluid in Porous Media，Newark，Delaware，USA，1982：525-578.

[30] FREDLUND D G. Soil mechanics principles that embrace unsaturated soils [C]. Proc. of 11th ICSMFE，San Francisco，USA，1985：313-321.

[31] GOODMAN M A, COWIN S C. A continunm theory for granularmaterials [J]. Archive for Rational Mechanics and Analysis，1972，Vol. 44：249-266.

[32] PREVOST J H. Mechanics of continuous porousmedia [J]. Int. J. Engng. Sci.，1980，Vol. 18：787-800.

[33] THIGPEN L, BERRYMAN J G. Mechanics of porous elasticmaterials containingmultiphase fluid [J]. Int. J. Engng. Sci.，1985，23：1203-1214.

[34] VARDOULAKIS I, BESKOS D E. Dynamic behavior of nearly saturated porousmedia [J]. Mechanics of Materials，1986（5）：87-108.

[35] BOER R，EHLER W. On the problem of fluid-and gas-filled elasto-plastic solids [J]. Int J Solids Structures，1986，22（11）：1231-1242.

[36] 陈正汉. 岩土力学的公理化理论体系 [J]. 应用数学和力学，1994，15（10）：901-910.

[37] 陈正汉，谢定义，刘祖典. 非饱和土的固结理论 [C] //中国力学学会岩土力学专业委员会与同济大学岩土工程研究所合编：岩土力学新分析方法讨论会文集. 上海，1989：298-305.

[38] CHEN ZHENG-HAN, et al. The consolidation of unsaturated soil [C] //Proc 7th Int Conf On Computer Methods and Advances in Geomechanics. Caims，1991：1617-1621

[39] 陈正汉. 非饱和土固结的混合物理论—数学模型、试验研究、边值问题 [D]. 西安：陕西机械学院，1991.

[40] 陈正汉，谢定义，刘祖典. 非饱和土固结的混合物理论（Ⅰ）[J]. 应用数学和力学，1993，14（2）：127-137.（英文版，1993，14（2）：137-150.）

[41] 陈正汉. 非饱和土固结的混合物理论（Ⅱ）[J]. 应用数学和力学，1993，14（8）：687-698.（英文版，1993，14（8）：721-733.）

[42] CHEN ZHENG -HAN. Stress theory and axiomatics as well as consolidation theory of unsaturated soil [C] //Proc 1-st Conf On Unsaturated soils. Paris，1995：695-702.

[43] 陈正汉，王永胜，谢定义. 非饱和土的有效应力探讨 [J]. 岩土工程学报，1994，16（3）：62-69.

[44] 陈正汉，谢定义，王永胜. 非饱和土的水气运动规律及其工程性质研究 [J]. 岩土工程学报，1993，15（3）：9-20.

[45] 苗强强，陈正汉，张磊，等. 非饱和黏土质砂的渗气规律试验研究 [J]. 岩土力学，2010，31（12）：3746-3750.

［46］　姚志华，陈正汉，黄雪峰，等. 非饱和 Q_3 黄土渗气特性试验研究［J］. 岩石力学与工程学报，2012，31（6）：1264-1273.

［47］　苗强强. 非饱和含黏砂的水气分运移规律和力学特性研究［D］. 重庆：后勤工程学院，2011.

［48］　姚志华，陈正汉，黄雪峰，等. 非饱和原状和重塑 Q_3 黄土渗水特性研究［J］. 岩土工程学报，2012，34（6）：1020-1027.

［49］　CARROLL M M. Mechanical response of fluid-saturated porousmaterials［C］//Proc 15th International Congress of Theoretical and Applied Mechanics. New York：North-Holland，1980：251-261.

［50］　郭仲衡. 非线性弹性理论［M］. 北京：科学出版社，1980.

［51］　黄克智，陆明万. 张量分析［M］. 北京：清华大学出版社，1985.

［52］　陈正汉. 张量在岩土介质本构关系研究中的应用［R］. 研究报告（陕西机械学院），1987.8.

［53］　ERIGEN A C. Mechanics of continua［M］. 2nd ed. Roberi E Krieger Publishing Company，Inc. 1980. （中译本：A C 爱林根，连续统力学［M］. 程昌钧，俞焕然，译. 北京：科学出版社，1991.）

［54］　FREDLUND D G，RAHARDJO H. Soilmechanics for unsaturated soils［M］. New York：John Wiley and Sons Inc. ，1993.

［55］　钱伟长. 变分法及有限元（上册）［M］. 北京：科学出版社，1980.

［56］　钱伟长. 广义变分法原理［M］. 上海：知识出版社，1985.

［57］　欧阳鬯，马文华. 弹性·塑性·有限元［M］. 长沙：湖南科学技术出版社，1983.

［58］　布雷拜 C A，沃克 S. 边界元法的工程应用［M］. 张治强，译. 西安：陕西科学技术出版社，1985.

［59］　杜庆华，郑百哲. 应用连续介质力学［M］. 北京：清华大学出版社，1986.

［60］　华东水利学院土力学教研组. 土工原理与计算（上册）［M］. 北京：水利电力出版社，1980.

［61］　SANDHU R S，Wilson E L. Finite-element analysis of seepage in elasticmedia［J］. Journal of the Engineering Mechanics Division，1969，95（3）：641-652.

［62］　SANDHU R S. A variational principle for linear coupled field problenms in continuummechanics［J］. Int. J. Engng. Sci. ，1970，8：989-999.

［63］　南京水利科学研究所软土地基组. 用有限单元法计算软土地基的固结变形［J］. 水利水运科技情报，1977（1）：7-23.

［64］　朱伯芳. 有限单元法的原理及其应用［M］. 北京：中国水利电力出版社，1979.

［65］　李大潜. 有限元素法续讲［M］. 北京：科学出版社，1979.

［66］　BOOKER J R，SMALL J C. An investigation of the stability of numerical solutions of Biot's equations of consolidation［J］. International Journal Solids and Structures，1975（11）：907-917.

［67］　CHRISTIAN J J. 二维和三维固结［C］. 见：岩土工程数值方法［M］. 北京：中国建筑工业出版社，1981.

［68］　HINTON E，OWEN D R J. Finite Eliment Programming［M］. London：Academic Press，1977. （中译本：有限元程序设计［M］. 北京：新时代出版社，1982.）

［69］　杨菊生，揽生瑞. 有限元程序设计［M］. 西安：西安交通大学出版社，1990.

［70］　陈正汉，谢定义，王永胜. 非饱和土的水气运动规律及其工程性质研究［J］. 岩土工程学报，1993，15（3）：9-20.

［71］　陈正汉，王永胜，谢定义. 非饱和土的有效应力探讨［J］. 岩土工程学报，1994，16（3）：62-69.

［72］　VERRUIJT A. 孔隙水压力的生成与消散［M］//哥德赫 G. 有限元法在岩土力学中的应用. 张清，张弥，译. 北京：中国铁道出版社，1983.

［73］　陈正汉. 膨胀土渠坡渗水-渗气-变形的非线性分析［C］//南水北调膨胀土渠坡稳定和滑动早期预报研究论文集. 长江科学院，1998：68-78.

［74］　陈正汉，黄海，卢再华. 非饱和土的非线性固结模型与弹塑性固结模型及其应用［J］. 应用数学和力学，2001，21（1）：93-103.

［75］　卢再华. 非饱和膨胀土的弹塑性损伤模型及其在土坡多场耦合分析中的应用［D］. 重庆：后勤工程学院，2001.

［76］　卢再华，陈正汉，方祥位，等. 非饱和膨胀土的结构损伤模型及其在土坡多场耦合分析中的应用［J］.

应用数学和力学，2006，27（7）：781-788.

[77] 姚志华. 大厚度自重湿陷性黄土的水气运移和力学特性及地基湿陷变形规律研究［D］. 重庆：后勤工程学院，2012.

[78] 姚志华，陈正汉，黄雪峰. 自重湿陷性黄土的水气运移及力学变形特征［M］. 北京：人民交通出版社，2018.

[79] 姚志华，陈正汉，方祥位，等. 非饱和原状黄土弹塑性损伤流固耦合模型及其初步应用［J］. 岩土力学，2019，40（1）：216-226.

[80] 秦冰，陈正汉，等. 基于混合物理论的非饱和土热-水-力耦合分析模型［J］. 应用数学和力学，2010，31（12）：1476-1487.

[81] 陈正汉，秦冰. 缓冲/回填材料的热-水-力耦合特性及其应用［M］. 北京：科学出版社，2017.

[82] 西安公路交通大学，陕西省高等级公路管理局. 陕西省高等级公路路堤沉降规律与防治的研究课题研究［R］. 1997.

[83] 后勤工程学院，重庆交通科研设计院. 非饱和土路基变形与破坏特征的数值分析［R］. 西部交通建设项目（分报告五），重庆，2009.

[84] 广东华路交通科技有限公司，后勤工程学院. 路基内部水分迁移特性研究［R］. 广东省交通厅科技计划项目技术报告，重庆，2011.

[85] 郭剑峰，陈正汉，孙树国，等. 考虑非饱和特性的小浪底大坝边坡稳定分析［J］. 后勤工程学院学报，2007，23（4）：45-49.

[86] 陈正汉. 非饱和土与特殊土力学的理论与实践［J］. 后勤工程学院学报，2011，27（4）：1-7.

[87] GUO JIAN-FENG, CHEN ZHENG-HAN, FANG XIANG-WEI. Analysis of seepage, deformation and stability of Xiaolangdi Dam using unsaturated soil consolidation FEM［C］//Proceeding IACMAG2011, Australia, 2011, 5：154-158.

[88] 郭剑峰，陈正汉，郭楠. 延安新区高填方工程的变形与水分迁移耦合分析［J］. 岩土工程学报，2021，43（S1）：105-110.

[89] TAI WONG, FREDLUND D G, John Krahn. A numerical study of coupled consolidation in unsaturated soils［J］. Can. Geotech. J. 1998, 35：926-937.

[90] 秦爱芳，陈光敬，谈永卫，等. 非饱和土层一维固结问题的解析解［J］. 应用数学和力学，2008，29（10）：1208-1218.

[91] THOMAS H R, HE Y. Analysis of coupled heat, moisture and air transfer in a deformable unsaturated soil［J］. Geotechnique, 1995, 45（4）：677-689.

[92] THOMAS H R, CLEALL P J, CHANDLER N., et al. Water infiltration into a large-scale in-situ experiment in an underground research laboratory［J］. Geotechnique, 2003, 53（2）：207-224.

[93] THOMAS H R, SEDIGHI M, VARDON P J. Diffusive reactive transport of multicomponent chemicals under coupled thermal, hydraulic, chemical and mechanical conditions［J］. Journal of Geotechnical and Geological Engineering, 2012, 30：841-857.

[94] KHALILI N, KHABBAZ M H, VALLIAPPAN S. An effective stress based numericalmodel for hydro-mechanical analysis in unsaturated porousmedia［J］. Computational Mechanics, 2000, 26：174-184.

[95] MAŠÍN D, KHALILI N. A hypoplastic model formechanical response of unsaturated soils［J］. International Journal for Numerical and Analytical Methods in Geomechanics, 2008, 32（15）：1903-1926.

[96] LALOUI L, KLUBERTANZ G, VULLIET L. Solid-liquid-air coupling inmultiphase porousmedia［J］. International Journal for Numerical and Analytical Methods in Geomechanics, 2003, 27：183-206.

[97] LALOUI L, FRANCOIS B, NUTH M, et al. A thermo-hydro-mechanical stress-strain framework for modeling the performance of clay barriers in deep geological repositories for radioactive waste［C］//Unsaturated Soils (Proceedings of the first European conference on unsaturated soils), CRC Press/Balkema, 2008：63-82.

[98] XIKUI LI, ZIENKIEWICZ O C. Multiphase flow in deforming porous media and finite element solutions

[J]. Computers & Structures，1992，45（2）：211-227.

[99]　LI XIKUI，THOMAS H R，YIQUN FAN. Finite element method and constitutive modelling and computation for unsaturated soils [J]. Computer Methods in Appl. Mechanics Engng，1999，169（1）：135-159.

[100]　武文华，李锡夔. 非饱和土的热-水力-力学本构模型及数值模拟 [J]. 岩土工程学报，2002，24（4）：411-416.

[101]　YANG D Q，SHEN Z J. Two dimensional numerical simulation of generalized consolidation problem of unsaturated soils [C] //Proc. 7th Int. Conf. On Computer Methods and Advances in Geomechanics，1991. 5，Caims，Australia：1261-1266.

[102]　杨代泉. 非饱和土二维固结非线性数值模型 [J]. 岩土工程学报，1992，14（S）：2-12.

[103]　孙长龙. 膨胀土变形理论、试验研究及数值模拟 [D]. 南京：河海大学，1995.

[104]　章道义. 周培源：中国科教界一颗明亮的星 [N]. 科技日报，2002-8-28（4）.

[105]　陈正汉，郭楠. 非饱和土与特殊土土力学及工程应用研究的新进展 [J]. 岩土力学，2019，40（1）：1-54.

[106]　RAATS. Aplications of the Theory of Mixture in soil physics [C] //Appendix 5D of Rational Thermodynamics（2nd edition），New York，Springer-Verlag，1984. 11：326-343.

[107]　FRANTZISKONIS G，DESAI C S. Elastoplastic Model with Damage for Strain Softening Geomaterials [J]. Acta Mechanica，1987，68：151-170.

[108]　FRANTZISKONIS G，DESAI C S. Constitutive Model with Strain Softenin [J]. International Journal Solids Structures，1987，23（6）：733-750，751-767.

[109]　DESAI C S，SHAO C，PARK I J. Disturbed statemodel of cyclic behavior of soils and interface in dynamic soils structure interaction [C] //In：9th Int. Conf. Computer Methods and Advances in Geomechanics. Wunhan，1997，Vol. I：31-42.

[110]　沈珠江，章为民. 损伤力学在土力学中的应用 [C] //全国第三届岩土力学数值分析与解析方法讨论会论文集，北京：中国建筑工业出版社，1988：595-610.

[111]　沈珠江. 土体变形特性的损伤力学模拟 [C] //第五届全国岩土力学数值分析与解析方法讨论会论文集，重庆，1994. 10（I）：1-8.

[112]　李希，郭尚平. 渗流过程的混合物理论 [J]. 中国科学（A辑），1988，31（3）：265-274.

[113]　李向维，李向约. 饱水孔隙介质的质量耦合波动问题 [J]. 应用数学和力学，1989，10（4）：309-314.

[114]　陈正汉，多孔介质的混合物模型 [C] //钱伟长，郭友中. 现代数学与力学-第三届全国现代数学和力学讨论会文集. 北京：科学出版社，1989：416-423.

[115]　杨松岩，俞茂宏. 一种基于混合物理论的非饱和岩土类材料的弹塑性损伤模型 [J]. 岩土工程学报，1998，20（5）：58-63.

[116]　郭力，苗天德. 饱和正冻土中水热迁移的热力学模型 [J]. 岩土工程学报，1998，20（5）：87-91.

[117]　苗天德，郭力，牛永红，等. 正冻土中水热迁移问题的混合物理论模型 [J]. 中国科学（D辑），1999，29（S1）：8-14.

[118]　牛永红，苗天德. 含相变混合物理论与土体冻胀机理 [C] //"力学2000"学术大会论文集，2000：228-229.

[119]　牛永红，苗天德. 混合物理论中的体积分数约束 [J]. 中国科学（A辑），2002，32（2）：170-176.

[120]　张引科. 非饱和土混合物理论及其应用 [D]. 西安：西安建筑科技大学，2001.

[121]　张继发. 一维大应变固结问题的解析理论研究 [D]. 杭州：浙江大学，2002.

[122]　苏波. 饱和正冻土的水热力混合物模型与通风路基冷却机理数值试验研究 [D]. 北京：中国科学院寒区旱区环境与工程研究所，2003.

[123]　黄璐. 基于混合物理论的污染物输运模型研究 [D]. 北京：北京交通大学，2010.

[124]　赵成刚，刘艳. 连续孔隙介质土力学及其在非饱和土本构关系中的应用 [J]. 岩土工程学报，2009，31（9）：1324-1335.

[125]　赵成刚，韦昌富，蔡国庆. 土力学理论的发展和面临的挑战 [J]. 岩土力学，2011，32（12）：3521-3540.

[126] 张昭. 非饱和土水力-力学特性影响机制的颗粒-力学研究 [D]. 西安：西安理工大学，2013.

[127] 张昭，刘奉银，张国平. 考虑气—液交界面的非饱和土有效应力公式 [J]. 岩土力学，2015，36（S1）：147-153.

[128] CROCHET M J，NAGHDI P M. On constitutive equations for flow of fluid through an elastic solid [J]. International Journal of Engineering Science，1966.

[129] GREEN E A，NAGHDI P M. A dynamical theory of interacting continua [J]. International Journal of Engineering Science，1965，3：231-241.

[130] GREEN E A，NAGHDI P M. On basic equations formixtures [J]. Quarterly Journal of Mechanics and Applied Mathematics，1969，22（4）：427-438.

[131] KATSUBE N，CARROLL M M. The modified mixture theory for fluid-filled porous materials：theory [J]. Journal of Applied Mechanics，1987，54：35-40.

[132] KATSUBE N，CARROLL M M. The modified mixture theory for fluid-filled porous materials：Applications [J]. Journal of Applied Mechanics，1987，54：41-46.

[133] 陈至达. 有理力学 [M]. 徐州：中国矿业大学出版社，1988.

[134] 陈正汉. 黏性流体与弹性多孔介质相互作用的连续理论学习札记（博士论文选题报告之二）[R]. 西安：陕西机械学院，1989.（另见：第一届全国岩土本构理论研讨会论文集，北京，2008. 11.，116-119.）

[135] TERZAGHI，Theoretical Soil Mechanics [M]. NewYork：Wiley，1943.

[136] BIOT M A. General theory of three-dimension consolidation [J]. Journal of Applied Physics. 1941，12：155-164.

[137] BIOT M A. Theory of elasticity and consolidation for a porous [J]. Journal of Applied Physics. 1955，26（2）：182-185.

[138] BIOT M A. Theory of propagation of elastic waves in a fluid-saturated porous solid. I：Low frequency range [J]. The Journal of the Acoustical Society of America，1956，28：168-178.

[139] BIOT M A. Theory of propagation of elastic waves in a fluid-saturated porous solid. II：High frequency range [J]. The Journal of the Acoustical Society of America，1956，28：179-191.

[140] BIONT M A，Willis D. G.. The elastic coefficients of the theory consolidation [J]. Journal of Applied Mechanics，1957，24：594-601.

[141] BIOT M A. General theory of acoustic propagation in porous dissipative media [J]. The Journal of the Acoustical Society of America，1962，34（9）：1254-1264.

[142] BIOT M A. Variational lagrangian-thermodynamics of nonisothermal finite strain mechanics of porous solids and thermomolecular diffusion [J]. Internatoinal Journal of solids and structures，1977，13：579-597.

[143] BIOT M A. Variational irreverssible thermodynamics of heat and mass transfer in porous solids：New concepts and methods [J]. Quarterly of Applied Mathematics，1978：19-38.

[144] VERRUIJT. Elastic storage of aquifer [C]. In Flow Through Porous Media，Academic Press，New York，1969：331-376.

[145] RICE J R，CLEARY M P. Some basic stress diffusion solution for fluid-saturated elastic porous media with compressible consituents [J]. Review of Geophysics and Space Physics，1976，14（2）：227-241.

[146] ZIENKIEWICZ. Basic formulationof static and dynamic behavious of soli and other porous media [J]. Applied Mathematics anf Mechanics（Englishi eddition），1982，3（4）：457-468.

[147] ERINGEN. Continuum physics（中译本《现代连续统物理丛书》）Academic Press，1976.

[148] BEDFORD A.，DEUMHELLER D. S.. Theories of immiscible and structured mixtures [J]. International Journal of Engineering Science，1983，21（8）：863-960.

[149] 陈正汉. 固-液-气三相多孔介质相互作用的动力学理论 [C] //全国首届结构与介质相互作用的理论及其应用学术研讨会文集. 南京：河海大学出版社，1993：134-147.

[150] Chen Zheng-han. A dynamical theory of interaction of tripohase porous media [C]. Proc. 2nd lnt. Conf. on Non-Linear Mechanics，Ed. by Chien Wei-zang and Guo Zhong-heng，Peking Univ. Press，1993：889-892.

第 24 章　非饱和土的非线性固结模型和弹塑性固结模型及其工程应用

本章提要

　　把作者提出的非饱和土的增量非线性本构模型及统一屈服面模型引入作者创立的非饱和土的固结理论，分别构建了非饱和土的非线性固结模型和弹塑性固结模型；设计了相应的计算软件，求解了地基在分级加载条件下二维弹塑性固结过程的位移分量、孔隙水压力和孔隙气压力及塑性区的动态扩展；应用非饱和土的非线性本构模型和固结模型研究分析了小浪底大坝、平定高速高路堤和延安新区高填方等多项大型工程的疑难问题，揭示了小浪底大坝发生长大裂缝病害的机理，科学评价了该大坝的稳定性，为工程决策提供了科学依据。本章的工作把非饱和土固结问题的研究推到了一个新水平。

24.1　非饱和土的非线性固结模型和弹塑性固结模型

　　根据对非饱和土的一系列试验研究，作者于 1998～1999 年用双应力状态变量建立了非饱和土的增量非线性本构模型[1,2]，邓肯-张模型是其在吸力等于零时的特例。该模型共包含 13 个参数，每个参数都有确定的物理意义或几何意义，确定全部参数只需做两种三轴试验。用该模型成功预测了三轴不排水加载过程中吸力的变化[1,2]，被同行专家评价为"陈正汉等提出的非线性模型可看作是饱和土邓肯-张模型在非饱和土中的推广"[3]。

　　作者[4,5]和黄海等[6,7]于 1999～2000 年改进了巴塞罗那非饱和土的弹塑性模型，提出了非饱和土的统一屈服面模型[6,7]。本节把非饱和土的增量非线性本构模型和统一屈服面模型引入非饱和土固结的混合物理论[8,9]，建立相应的固结模型，并用之解决工程问题，使非饱和土的固结理论更好地为工程建设服务。

24.1.1　非饱和土的非线性固结模型

　　把非饱和土的增量非线性本构关系[1,2]引入非饱和土固结的混合物理论[8,9]，采用两个应力状态变量表述，就可得到由以下基本方程组成的非饱和土的非线性固结模型[10,11]。

　　设土颗粒和水是不可压缩的，在等温、不考虑化学反应、相变（如水-汽-冰互相转变）、气在水中溶解和源汇等的情况下，三相连续方程分别为［即式（23.2）］：

土骨架　　　　　$\dfrac{\partial (1-n)}{\partial t}+\nabla \cdot \left[(1-n) \boldsymbol{X}'_{\mathrm{s}} \right]=0$ 　　　　　　　　　　　　(24.1)

水　　　　　　　$\dfrac{\partial (nS_{\mathrm{r}})}{\partial t}+\nabla \cdot \left[nS_{\mathrm{r}}\boldsymbol{X}'_{\mathrm{w}} \right]=0$ 　　　　　　　　　　　　　(24.2)

气　　　　　　　$\dfrac{\partial \left[n (1-S_{\mathrm{r}}) (u_{\mathrm{a}}+p_{\mathrm{atm}}) \right]}{\partial t}+\nabla \cdot \left[n (1-S_{\mathrm{r}}) (u_{\mathrm{a}}+p_{\mathrm{atm}}) \boldsymbol{X}'_{\mathrm{a}} \right]=0$ 　　(24.3)

式中，$\boldsymbol{X}_{\mathrm{s}}$、$\boldsymbol{X}_{\mathrm{w}}$、$\boldsymbol{X}_{\mathrm{a}}$ 依次为土的固相位移矢量、液相位移矢量、气相位移矢量，其右上角的 "$'$" 表示对组分运动的物质导数；n 和 S_{r} 分别为孔隙率和水的饱和度；u_{a} 和 p_{atm} 分别为孔隙气压力

和大气压，$\nabla \cdot$ 是散度算子。

选用总体的、水的和气的动量守恒方程作为运动方程，其表达式分别为：

总体平衡
$$(\sigma_{ij} - u_a \delta_{ij})_{,j} + (u_a \delta_{ij})_{,j} + B_i = 0 \tag{24.4}$$

水
$$n S_r (\boldsymbol{X}'_w - \boldsymbol{X}'_s) = -k_w \nabla \left(\frac{u_w}{r_w} + z \right) \tag{24.5}$$

气
$$n(1 - S_r)(\boldsymbol{X}'_a - \boldsymbol{X}'_s) = -k_a \nabla \left(\frac{u_a}{r_w} \right) \tag{24.6}$$

式中，σ_{ij} 和 u_w 分别为总应力和孔隙水压力，B_i 为土的体力分量；r_w、k_w 和 k_a 依次为水的容重、渗水系数和渗气系数；z 是位置水头；∇ 是梯度算子。

几何方程：
$$\varepsilon_{ij} = -\frac{1}{2}(X_{si,j} + X_{sj,i}) \tag{24.7}$$

式中，ε_{ij} 为土骨架的应变分量，式（24.7）即为式（23.4）。

土骨架和水的增量非线性本构方程分别为：

土骨架
$$\Delta \varepsilon_{ij} = \frac{1 + v_t}{E_t} \Delta \sigma'_{ij} - \frac{3 v_t}{E_t} \Delta p \delta_{ij} + \frac{\Delta s}{H_t} \delta_{ij} \tag{24.8}$$

水
$$\Delta \varepsilon_w = \frac{\Delta p}{K_{wt}} + \frac{\Delta s}{H_{wt}} \tag{24.9}$$

式中，Δ 表示增量，$\sigma'_{ij} = \sigma_{ij} - u_a \delta_{ij}$，代表净总应力；$s = u_a - u_w$，代表基质吸力；$p = \frac{\sigma_{ij} \delta_{ij}}{3} - u_a$，代表净平均应力；$\varepsilon_w$ 为水的体应变，即体积含水率（用 θ 表示，$\theta = S_r n$）的改变量，其与质量含水率通过式（18.4）相联系。E_t 和 v_t 分别为切线杨氏模量和切线泊松比；H_t 是与吸力相关的土骨架的切线体积模量；K_{wt} 和 H_{wt} 分别是与净平均应力相关的水的切线体积模量和与吸力相关的水的切线体积模量，暂不考虑偏应力对持水特性的影响；这 5 个参数随应力状态和应力水平而变化，但在一个增量过程中则视为常数。

E_t 的变化规律为 [式（18.19）]：
$$E_t = (1 - R_f L)^2 E_i \tag{24.10}$$

式中，R_f、L 和 E_i 分别是破坏比、应力水平和初始杨氏模量，R_f 是常数。L 和 E_i 用以下两式描述：
$$L = \frac{\sigma_1 - \sigma_3}{(\sigma_1 - \sigma_3)_f} = \frac{(1 - \sin \varphi')(\sigma_1 - \sigma_3)}{2(c' + s_f \tan \varphi^b)\cos \varphi' + 2(\sigma_3 - u_a)\sin \varphi'} \tag{24.11}$$

$$E_i = \left(k^0 + m_1 \frac{s}{p_{atm}} \right) p_{atm} \left(\frac{\sigma_3 - u_a}{p_{atm}} \right)^n \tag{24.12}$$

式中，c' 和 φ' 是土的有效黏聚力和有效内摩擦角，与饱和土的相应参数相同；φ^b 是吸力引起的强度增加率，亦称为吸力摩擦角；下标 f 表示破坏时的量值；k^0，m_1 和 n 都是土性参数。式（24.12）即为式（18.16）和式（18.17）。

ν_t 随应力水平的变化，其规律可采用 Daniel 建议的公式[12]：
$$\nu_t = \nu_i + (\nu_{tf} - \nu_i) L \tag{24.13}$$

式中，ν_i 和 ν_{tf} 分别是初始泊松比和破坏时的泊松比，二者都是常数。

在本构方程（24.8）中，v_t 也可用土的切线体积模量 K_t 代替。根据作者的研究，K_t 随吸力变化，其规律是 [即式（18.22）]：
$$K_t = K_t^0 + m_2 s \tag{24.14}$$

式中，K_t^0 和 m_2 是土性参数。

已有研究结果表明[2]，K_{wt} 对某种土而言可视为常数；而 H_t 和 H_{wt} 与吸力状态有关，即 [分别见式（18.28）和式（18.29）]：

$$H_t = 3\ln 10 \frac{s + p_{atm}}{\lambda_\varepsilon(p)} \tag{24.15}$$

$$H_{wt} = \ln 10 \frac{s + p_{atm}}{\lambda_w(p)} \tag{24.16}$$

式中，$\lambda_\varepsilon(p)$ 和 $\lambda_w(p)$ 是与净平均应力有关的参数；$\lambda_\varepsilon(p)$ 随 p 的变化不大，可视为常数。$\lambda_w(p)$ 随 p 的变化规律为〔即为式（18.26）〕：

$$\lambda_\varepsilon(p) = \lambda_\varepsilon^0(p) + m_3 \log\left(\frac{p + p_{atm}}{p_{atm}}\right) \tag{24.17}$$

式中，$\lambda_\varepsilon^0(p)$ 和 m_3 是常数。

应用式（24.10）～式（24.17），可以定出当前应力状态和应力水平下的全部切线参数，进而应用式（24.8）和式（24.9）就能算出在当前应力状态基础上施加一个应力增量（$\Delta\sigma'_{ij}$ 和 Δs）引起的土的变形增量 $\Delta\varepsilon_{ij}$ 和体积含水率的变化增量 $\Delta\varepsilon_w$。

如引用以下符号：

$$
\begin{aligned}
& \boldsymbol{W} = \Delta\boldsymbol{X}_s, \quad P_1 = \Delta u_w, \quad P_2 = \Delta u_a, \\
& \chi = \frac{3K_t}{H_t}, \quad K_1 = \frac{k_w}{r_w}, \quad k_2 = \frac{k_a}{r_w}, \\
& a_1 = \frac{K_1}{K_{wt}} + nS_r, \quad a_2 = \frac{1}{H_{wt}} - \frac{\chi}{K_{wt}}, \quad a_3 = -a_2, \\
& b_1 = 1 - a_1, \quad b_2 = -a_2, \quad b_3 = \frac{n(1 - S_r)}{u_a + p_{atm}} - a_2
\end{aligned} \tag{24.18}
$$

则综合式（24.1）～式（24.9），可得非饱和土非线性固结的控制方程组（数学模型）：

$$
\begin{aligned}
& \mu_t \nabla^2 \boldsymbol{W} + (\lambda_t + \mu_t) \nabla\nabla \cdot \boldsymbol{W} - \chi \nabla P_1 - (1 - \chi) \nabla P_2 - \boldsymbol{B} = 0, \\
& a_1 \nabla \cdot \boldsymbol{W} + a_2 \frac{\partial P_1}{\partial t} + a_3 \frac{\partial P_2}{\partial t} = \nabla \cdot [k_1 \nabla \cdot (P_1 + r_w z)], \\
& b_1 \nabla \cdot \boldsymbol{W} + b_2 \frac{\partial P_1}{\partial t} + b_3 \frac{\partial P_2}{\partial t} = \nabla \cdot [k_2 \nabla P_2].
\end{aligned} \tag{24.19}
$$

式中，λ_t 和 μ_t 是切线 Lame 参数。

比较式（24.19）与式（23.42）可见，二者除系数有所差别外，表述形式完全相同。 式（24.19）与原理论[8]的主要区别是：

（1） 用两个应力状态变量取代了有效应力，其效果相当于用式（24.18）定义的 $\chi = 3K_t/H_t$ 取代文献 [8] 的 $\chi = 3K_n/K_{S_r n}$，K_n 和 $K_{S_r n}$ 分别是孔隙率为 n 和 $S_r n$ 的土样的体积模量。

（2） 用水分变化的增量本构方程式（24.9）取代了原来的饱和度-吸力-密度状态方程（式（23.24））。式（24.9）考虑了净平均应力对持水特性的影响，以增量形式表达，更便于应用。

（3） 考虑了渗水系数和渗气系数随空间的变化，从而为处理入渗过程和蒸发过程提供了方便。

（4） 模型参数随应力水平和应力状态变化，能反映土变形的非线性。

（5） 考虑了位置水头。

24.1.2　基于统一屈服面的非饱和土弹塑性固结模型

在迄今提出的非饱和土的弹塑性模型中，以巴塞罗那模型[13]最为流行。该模型认为，吸力的存在使土变硬，屈服应力随吸力增大，这一特性在 p-s 平面上可用所谓的 LC 曲线描述（图 24.1），称为加载湿陷屈服线。另一方面，单纯的吸力增加也可引起土的屈服，在 p-s 平面上可用所谓的 SI 直线描述（图 24.1），称为吸力增加屈服线。两条屈服线与坐标轴包围的区域是弹性区。当应力路径穿越任一屈服线时，土都将发生屈服。

巴塞罗那模型有三个缺点：一是假设吸力增加屈服条件是 $s=s_0$，s_0 为土在历史上曾受过的最大吸力。作者的研究表明这个认识有局限性[4]，有的土的屈服吸力 s_y 大于 s_0，这等于扩大了弹性区的范围。其次，两条屈服线 LC 和 SI，形成一个角点，给数值分析带来不便。三是 LC 线和 SI 线的运动是耦合的，协调它们之间的关系并非易事。黄海等[6,7]和苗强强等[14]用一系列吸力增量与净平均应力增量之比等于常数的三轴固结试验探讨了非饱和土在 $p\text{-}s$ 平面上的屈服性状，发现屈服线是一条光滑的封闭曲线，如图 24.2（亦即图 12.29a）中曲线所示。该曲线可以看成是 LC 曲线和 SI 直线的包络线，可称为统一屈服线。这样就可用图 24.2 中的一条屈服线取代 LC 和 SI 两条屈服线，避免了巴塞罗那模型的上述缺点。

有关统一屈服线的具体情况可参见第 12.2.5 节、第 15.1.2 节及第 19.2 节。

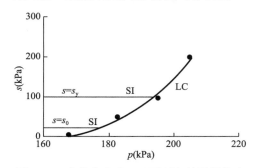

图 24.1 非饱和土在 $p\text{-}s$ 平面上的屈服轨迹　　　　图 24.2 非饱和土在 $p\text{-}s$ 平面上的统一屈服轨迹

文献［7］和文献［14］分别提出了描述图 24.2 中统一屈服曲线的数学表达式。其中文献［7］建议的统一屈服线方程是［亦即式（12.47）或式（19.39）］：

$$p_0 = p_0^* + \xi - \zeta[e^{\eta \cdot s/p_{atm}} - 1] \tag{24.20}$$

式中，p_0 是非饱和土的屈服净平均应力；p_0^* 是饱和土的屈服平均应力；ξ、ζ 和 η 是土性参数。当吸力等于零时，式（24.20）给出

$$p_0 = p_0^* \tag{24.21}$$

式（24.21）表明，饱和土是非饱和土在吸力等于零时的特例，或者说饱和土在 P 轴上的屈服应力是非饱和土在平面上屈服线的下限。相应地，饱和土在 $p\text{-}q$ 平面内的屈服轨迹应是非饱和土在 $p\text{-}s\text{-}q$ 三维空间中的屈服面与 $p\text{-}q$ 坐标面的截交线。

文献［14］通过坐标变换建议的统一屈服线方程是［即式（15.5b）或式（19.40）］：

$$p_0 = s + A \pm \sqrt{(B+Cs)} \tag{24.22}$$

当吸力等于零时，式（24.22）给出

$$p_0 = A \pm \sqrt{B} \tag{24.23}$$

式（24.23）具有和式（24.21）类似的含义。

通常饱和土用修正剑桥模型描述，在 $p\text{-}q$ 平面内的屈服轨迹是椭圆，其数学表达式是：

$$q^2 - M^2 p(p_0^* - p) = 0 \tag{24.24}$$

类似地，非饱和土的屈服面方程可写为[13]［即巴塞罗那模型的空间屈服面方程式（19.32）］

$$f(p,q,s) = q^2 - M^2(p+p_s)(p_0 - p) = 0 \tag{24.25}$$

式中，$p_s = ks$（即式 19.30），k 为土性参数（其几何意义见图 19.5）。把式（24.20）代入式（24.25），就可得到非饱和土在 $p\text{-}s\text{-}q$ 空间中的屈服面的表达式：

$$q^2 - M^2(p+p_s)[p_0^* + \xi - \zeta(e^{\eta s/p_{atm}} - 1) - p] = 0 \tag{24.26}$$

屈服面的形状如图 24.3 所示，亦即图 12.29（b）。

取塑性体应变 ε_v^p 为硬化参数，则 p_0^* 随 ε_v^p 的增加而增大，其硬化规律为：

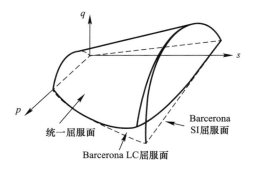

图 24.3　非饱和土在 $p\text{-}q\text{-}s$ 空间的
统一屈服面

$$p_0^* = p_{\mathrm{atm}}\exp\left[\frac{1+e_0}{\lambda(0)-\kappa}\varepsilon_v^{\mathrm{p}}\right] \tag{24.27}$$

式中，e_0 是土的初始孔隙比；$\lambda(0)$ 和 k 分别是饱和土的压缩指数和回弹指数。

设土的变形包括弹性变形和塑性变形两部分，净总应力和吸力对这两部分变形都有贡献。其中弹性应变增量由下式给出：

$$\mathrm{d}\varepsilon_{ij}^{\mathrm{e}} = \frac{1+\upsilon}{E}\mathrm{d}\sigma_{ij}' - \frac{3\upsilon}{E}\mathrm{d}p\delta_{ij} + \frac{\mathrm{d}s}{H}\delta_{ij} \tag{24.28}$$

式中，E 和 υ 分别是弹性模量和泊松比。H 由下式定义

$$\frac{1}{H} = \frac{1}{3}\frac{k_s}{1+e_0}\frac{1}{s+p_{\mathrm{atm}}} \tag{24.29}$$

式中，k_s 是与吸力相关的回弹指数。

采用相关联的流动法则，非饱和土骨架变形的弹塑性本构关系可写成矩阵形式：

$$\{\mathrm{d}\sigma'\} = [D_{\mathrm{ep}}]\{\mathrm{d}\varepsilon\} + \{F_{\mathrm{sep}}\}\mathrm{d}s \tag{24.30}$$

式中，

$$[D_{\mathrm{ep}}] = [D_{\mathrm{e}}] - \frac{[D_{\mathrm{e}}]\left(\left\{\dfrac{\partial f}{\partial\sigma'}\right\} + \dfrac{1}{3}\{m\}\left\{\dfrac{\partial f}{\partial s}\right\}\right)\left\{\dfrac{\partial f}{\partial\sigma'}\right\}^{\mathrm{T}}[D_{\mathrm{e}}]}{\left(-F'\left\{\dfrac{\partial H}{\partial\varepsilon^{\mathrm{p}}}\right\}^{\mathrm{T}} + \left\{\dfrac{\partial f}{\partial\sigma'}\right\}^{\mathrm{T}}[D_{\mathrm{e}}]\right)\left(\left\{\dfrac{\partial f}{\partial\sigma'}\right\} + \dfrac{1}{3}\{m\}\dfrac{\partial f}{\partial s}\right)} \tag{24.31}$$

$$\{F_{\mathrm{sep}}\} = -[D_{\mathrm{e}}]\{D_{\mathrm{es}}\}^{-1} - \frac{[D_{\mathrm{e}}]\left(\left\{\dfrac{\partial f}{\partial\sigma'}\right\} + \dfrac{1}{3}\{m\}\left\{\dfrac{\partial f}{\partial s}\right\}\right)\left(\dfrac{\partial f}{\partial s} - \left\{\dfrac{\partial f}{\partial\sigma'}\right\}^{\mathrm{T}}[D_{\mathrm{e}}]\{D_{\mathrm{es}}\}^{-1}\right)}{\left(-F'\left\{\dfrac{\partial H}{\partial\varepsilon^{\mathrm{p}}}\right\}^{\mathrm{T}} + \left\{\dfrac{\partial f}{\partial\sigma'}\right\}^{\mathrm{T}}[D_{\mathrm{e}}]\right)\left(\left\{\dfrac{\partial f}{\partial\sigma'}\right\} + \dfrac{1}{3}\{m\}\dfrac{\partial f}{\partial s}\right)} \tag{24.32}$$

$F' = \dfrac{\mathrm{d}f}{\mathrm{d}H}$，$H$ 为硬化参数 $\varepsilon_v^{\mathrm{p}}$，$\{m\} = \{1\,1\,1\,0\,0\,0\}^{\mathrm{T}}$，$[D_{\mathrm{e}}]$ 和 $\{D_{\mathrm{es}}\}$ 分别是与净应力相关的弹性矩阵和吸力相关的弹性矩阵；$[D_{\mathrm{ep}}]$ 和 $[F_{\mathrm{ep}}]$ 分别是与净应力相关的弹塑性模量矩阵和与吸力相关的弹塑性模量矩阵。

式（24.1）～式（24.7）、式（24.9）和式（24.30）一起组成了非饱和土弹塑性固结问题的基本方程组。经过数学处理，可得与类似于式（24.19）的非饱和土的弹塑性固结的控制方程组。若用 u、υ、p_1、p_2 分别表示土的水平方向位移分量增量、竖直方向位移分量增量、孔隙水压力增量和孔隙气压力增量，则控制方程在二维条件下的具体形式为：

$$\begin{aligned} &D_{11}\frac{\partial^2 u}{\partial x^2} + D_{12}\frac{\partial^2 v}{\partial x\partial y} + D_{14}\left(\frac{\partial^2 u}{\partial x\partial y} + \frac{\partial^2 v}{\partial x^2}\right) + D_{41}\frac{\partial^2 u}{\partial x\partial y} + D_{42}\frac{\partial^2 v}{\partial y^2} + \\ &D_{44}\left(\frac{\partial^2 u}{\partial y^2} + \frac{\partial^2 v}{\partial x\partial y}\right) + \left(F_1\frac{\partial}{\partial x} + F_4\frac{\partial}{\partial y}\right)p_1 - \left[(1+F_1)\frac{\partial}{\partial x} + F_4\frac{\partial}{\partial y}\right]p_2 - b_x = 0 \end{aligned} \tag{24.33}$$

$$\begin{aligned} &D_{21}\frac{\partial^2 u}{\partial x\partial y} + D_{22}\frac{\partial^2 v}{\partial y^2} + D_{24}\left(\frac{\partial^2 u}{\partial y^2} + \frac{\partial^2 v}{\partial x\partial y}\right) + D_{41}\frac{\partial^2 u}{\partial x^2} + D_{42}\frac{\partial^2 v}{\partial x\partial y} + \\ &D_{44}\left(\frac{\partial^2 u}{\partial x\partial y} + \frac{\partial^2 v}{\partial x^2}\right) + \left(F_4\frac{\partial}{\partial x} + F_2\frac{\partial}{\partial y}\right)p_1 - \left[F_4\frac{\partial}{\partial x} + (1+F_2)\frac{\partial}{\partial y}\right]p_2 - b_y = 0 \end{aligned} \tag{24.34}$$

$$\begin{aligned} &a_1\frac{\partial^2 u}{\partial t\partial x} + a_2\frac{\partial^2 v}{\partial t\partial y} + a_3\frac{\partial}{\partial t}\left(\frac{\partial u}{\partial y} + \frac{\partial v}{\partial x}\right) + a_4\frac{\partial p_1}{\partial t} + a_5\frac{\partial p_2}{\partial t} \\ &= \frac{\partial}{\partial x}\left(k_1\frac{\partial p_1}{\partial x}\right) + \frac{\partial}{\partial y}\left[k_1\left(\frac{\partial p_1}{\partial y} + r_w\right)\right] \end{aligned} \tag{24.35}$$

$$b_1 \frac{\partial^2 u}{\partial t \partial x} + b_2 \frac{\partial^2 v}{\partial t \partial y} + b_3 \frac{\partial}{\partial t}\left(\frac{\partial u}{\partial y} + \frac{\partial v}{\partial x}\right) + b_4 \frac{\partial p_1}{\partial t} + b_5 \frac{\partial p_2}{\partial t}$$

$$= \frac{\partial}{\partial x}\left(k_2 \frac{\partial p_2}{\partial x}\right) + \frac{\partial}{\partial y}\left(k_2 \frac{\partial p_2}{\partial y}\right) \tag{24.36}$$

其中，D_{ij} 为 $[D_{ep}]$ 中的元素，F_i 是 $[F_{sep}]$ 中的元素，且 $F_1 = F_2 = F_3$。

$$\left. \begin{aligned} a_1 = a_2 &= \frac{1}{3K_{wt}}(D_{11} + D_{21} + D_{31}) + nS_r \\ a_3 &= \frac{1}{3K_{wt}}(D_{14} + D_{24} + D_{34}) \\ a_4 = -a_5 &= \frac{1}{H_{wt}} + \frac{1}{3K_{wt}}(F_1 + F_2 + F_3) \\ b_1 &= 1 - a_1, b_2 = 1 - a_2, b_3 = -a_3, \\ b_4 &= -a_4, b_5 = a_4 + \frac{n(1 - S_r)}{u_a + p_{atm}} \end{aligned} \right\} \tag{24.37}$$

24.2 非饱和土的非线性固结模型和弹塑性固结模型的工程应用概况

作者在 1991 年根据非饱和土固结的混合物理论设计了求解非饱和土二维固结问题的有限元分析软件 CSU8（即用 8 结点等参元设计的非饱和土固结软件），求解了非饱和土地基的平面应变固结问题[8,9,15]，具体情况可参见第 23.3.7 节。西安公路交通大学在 1997 年应用该理论和该程序分析研究了临潼-渭南高速公路和西安-宝鸡高速公路的填方路基变形，在相关研究报告中指出[16]："在陕西省高等级公路建设中，绝大多数的新填土路堤和地基都是非饱和土。因此，必须根据非饱和土的变形特性分析路堤和地基在路堤竣工后的沉降问题，估算不同时段产生的沉降量。""本研究用陈正汉博士的非饱和土固结的混合物理论来研究路基的固结问题。""比较实测沉降曲线和理论计算沉降曲线可以看出，理论计算沉降曲线与实测曲线比较吻合。证明提出的路堤工后沉降估算方法是可靠的，可以指导路堤的设计与施工，也为路堤的防治措施提供了理论依据。"

根据上节构建的非饱和土的非线性固结模型和弹塑性固结模型，作者学术团队用伽辽金权余法推导了有限元表达式，设计了求解二维固结问题的分析软件 CSU8—2 和 USEPC（即 Unsaturated Soil Elastic-Plastic Consolidationd 的简称）。前者被用于研究南水北调中线工程膨胀土渠坡的变形[10]，甘肃平定高速[17,18]和广东广佛高速[19]及云南腾陇公路高填方的变形、湿化和稳定性[20]、小浪底大坝的长大裂缝病害机理与渗流变形稳定性[21-24]，延安新区高填方变形分析[25]等多项工程疑难问题。第 24.3～24.5 节主要介绍用非饱和土的非线性本构模型和非线性固结模型及相应软件 CSU8-2 分析研究小浪底大坝的长大裂缝病害机理和渗流变形稳定问题、平定高速公路两处高填方的沉降（包括施工沉降和工后沉降）与降雨引起的吸力改变及湿化问题、延安新区高填方土体的非饱和固结等问题。该 3 项工程的计算分析由作者学术团队成员郭剑峰完成。

关于弹塑性固结模型和程序 USEPC 的应用将在第 24.6 节介绍。

24.3 小浪底大坝的长大裂缝病害机理和大坝的渗流变形稳定性分析

24.3.1 大坝病害概况、难点及对策

黄河小浪底大坝高 160m，为 20 世纪我国建成的第一高坝。该坝于 2000 年 12 月竣工，2001 年 7 月坝顶出现裂缝，2004 年 4 月裂缝扩展到 637m（图 24.4），坝坡扭曲严重（图 24.4），受

到各方面的极大关注。小浪底建管局于 2005 年 6 月邀请作者及其团队到现场考察，要求查明裂缝性质（是滑坡裂缝还是沉降裂缝）和形成机理、预测裂缝后期的发展趋势、评估大坝的稳定性，并提出处治裂缝的意见。

图 24.4　小浪底大坝坝顶开裂（左）及下游坝坡扭曲（右）照片

问题的难点在于：坝体由 10 多种材料填筑而成的多个分区组成[26]（图 24.5 和图 24.6），包括堆石、黏土斜墙、反滤层（上下游各两层）、上游黏土铺盖、过渡层、掺合料、护坡块石、混凝土防渗墙（两处）及与其伸入斜墙部分接触的高塑性黏土、下游压戗（qiang）石渣、坝基回填砂砾石、河床覆盖层（最大厚度 80m 左右）等，结构复杂，各部分之间存在强烈的相互作用；坝体在很长时间内处于非饱和状态，是典型的应力-变形-水气渗流多场耦合问题；水对坝体的作用复杂，包括蓄水、放空、水位骤降、渗流、软化、湿化、水压力、浮力等情况，需要慎重考虑。

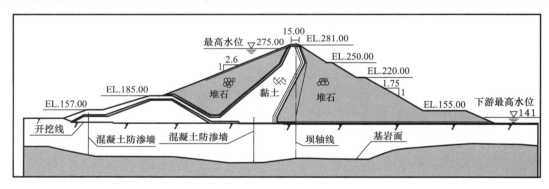

图 24.5　小浪底大坝典型剖面示意图（单位：m）

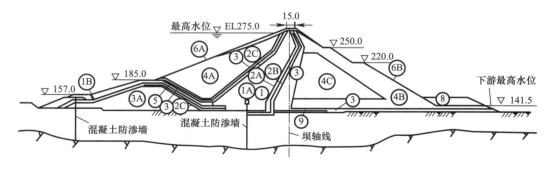

图 24.6　小浪底大坝典型剖面分区图（单位：m）

①⑴B—壤土铺盖；①A—高塑性土；②A—下游第一层反滤；②B—下游第二层反滤；②C—上游反滤层；③—过渡料；

③A—天然土丘；④A④B④C—堆石；⑤—掺合料；⑥A⑥B—护坡块石；⑧—石渣；⑨—回填砂卵石

作者的学术团队与小浪底水利枢纽建管局合作开展了 5 方面的工作：①现场全面调查，包括上下游坝坡不同部位的形态、坝基渗水量、裂缝表面形态等；②在裂缝的不同部位开挖了 4 个探井，对裂缝的深度、宽度等进行探查；③对坝基和坝体各部位不同高程的外部位移、测斜管测得的坝体内部和深部位移、重要建筑物及其关键部位（如进水口边坡、进水塔、电厂厂房高边墙、排水洞、消力塘、溢洪道等）的位移、孔压和应力等监测资料、国内外大坝病害和沉降资料进行统计对比分析；④取土样运到重庆做非饱和土试验；⑤用非饱和土的非线性固结模型对大坝的渗流-变形-稳定进行数值分析。以下主要介绍试验研究和数值分析情况。

24.3.2 斜墙填土的非饱和土试验

堆石的模量和强度都很高，基质吸力对其变形和强度的影响可以不予考虑。对斜墙等有黏土的部位，抗剪强度和持水特性须由非饱和土试验测定。

试验土料取自小浪底大坝斜墙填筑土料场——寺院坡，运到后勤工程学院，重塑制样。寺院坡土料的物性指标为[26]：相对密度为 2.73，液限、塑限和塑性指数分别为 36.2%、21.8% 和 14.4%，属于粉质黏土。该土料的最优含水率和最大干密度分别为 18.6% 和 1.69g/cm³，即为斜墙填土的设计和施工控制指标。

由于任务紧，时间急，经费极少，只做了两种非饱和土力学特性试验：直剪试验和持水特性试验。

对于非饱和土直剪试验，根据该土料的最优含水率和最大干密度，算出一个土样所需的湿土，用后勤工程学院研制的加载设备把土料在试样模中压实，制样设备见图 9.6～图 9.8。根据大坝设计资料，斜墙制样时据此控制试样的含水率和干密度，试样的直径和高度分别为 61.8mm 和 20mm。

试验时，采用心墙土重塑制样。试验所用仪器为后勤工程学院自主研发的 FDG-Z0 型非饱和土直剪仪（图 5.9）。试验方案示于表 24.1。试验过程包括固结和剪切两个阶段，由于非饱和土的渗透性很小，固结时间必须足够长，剪切速度必须较慢；参照已有经验，本次试验固结时间为 2d，剪切速率为 0.016mm/min。

小浪底斜墙填土的非饱和土直剪试验方案 　　　　　　　　　　　　　　　　表 24.1

控制吸力（kPa）	控制净竖向应力（kPa）		
100	100	200	400
200	100	200	400
250	100	200	400

试验结果如图 24.7～图 24.9 及表 24.2 所示。其中，图 24.7 是三个不同吸力时的破坏剪应力 τ_f 与净竖向应力 σ 之间的关系曲线；图 24.8 为总黏聚力 c 与吸力 s 的关系曲线；图 24.9 为内摩擦角 φ 与吸力 s 的关系图；表 24.2 是试验的非饱和土强度参数。

从图 24.7 可见，同一吸力下的 3 个试样的强度包线基本上为直线，不同吸力的强度包线互相平行，但截距不同；反映吸力对内摩擦角的影响不大，而对黏聚力有显著影响。图 24.8 和图 24.9 支持上述论断。图 24.8 中直线的截距即为饱和土的有效黏聚

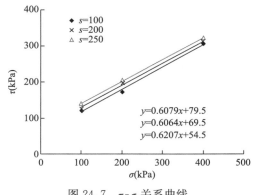

图 24.7 τ-σ 关系曲线

$y = 0.6079x + 79.5$
$y = 0.6064x + 69.5$
$y = 0.6207x + 54.5$

力，而该直线的倾角即为吸力摩擦角 φ^b（$\varphi^b = 9.3°$）。

一般而言，直剪试验指标高于三轴试验指标约 10%～20%，因此，分析计算时把非饱和土直剪试验所得的强度指标按 80% 选用，如此得出的斜墙土料的有效摩擦角和有效黏聚力与当年设计所采用的 CD 试验数据[27]（表 24.3）相当接近。

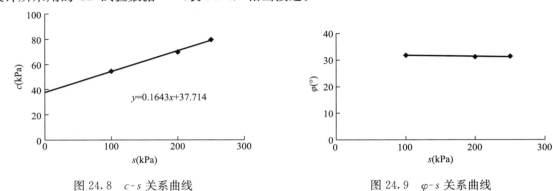

图 24.8　c-s 关系曲线　　　　　　　　　　　　图 24.9　φ-s 关系曲线

非饱和土直剪试验结果　　　　　　　　　　　　　　表 24.2

吸力 s（kPa）	净竖向应力 σ（kPa）	破坏剪应力 τ_f（kPa）	总黏聚力 c（kPa）	内摩擦角 φ（°）
100	100	121	54.5	31.8
	200	172		
	400	305		
200	100	124	69.5	31.2
	200	200		
	400	309		
250	100	135	79.5	31.3
	200	209		
	400	320		
非饱和土直剪试验测定的抗剪强度参数		$c' = 37.7\text{kPa}$，$\varphi' = 31.4°$，$\varphi^b = 9.3°$		
数值分析采用的非饱和土抗剪强度参数（取试验结果的 80%）		$c' = 30.2\text{kPa}$，$\varphi' = 25.1°$，$\varphi^b = 7.5°$		

斜墙土料的持水特性试验采用压力板仪（图 2.5），试样用环刀制成，干密度为 1.64g/cm³（设计干密度为 1.69g/cm³），在压力板仪中同时放 3 个试样平行测试，试验共历时 68d，试验的具体情况见第 10.6.2 节。试验所得土-水特征曲线如图 24.10 所示[28]。据此知，斜墙土料在最优含水率（18.6%）附近填筑时（饱和度约 84%），其基质吸力为 35～50kPa，湿化对斜墙的变形影响不大。另一方面，当吸力为 35～50kPa 时，强度指标取 80% 试验值（表 24.2），则由吸力引起的强度增量（高于饱和土的部分）为 4.55～6.5kPa。其值虽然不大，但对斜墙靠近坝顶处的稳定有利。

24.3.3　材料参数选取与分析截面的剖分

在饱和情况下，稳定性分析计算所用的材料参数按文献 [26] 和 [27] 提供的数值选用（表 24.3 和表 24.4）。在非饱和情况下，材料参数的选取则采用以下办法：（1）对于斜墙填土，其抗剪强度指标采用表 24.2 最后一行的数值；而其非饱和渗水系数可根据测得的持水特性特征曲线（图 24.10）和相关公式（第 11.1.1 节）导出其渗流系数与吸力的关系，如图 24.11 所示。（2）对于坝壳的堆石料、反滤料和过渡料，由于它们的骨料大，强度高，吸力影响不大，故依据当年设计提供的资料取为常数。各种材料参数的抗剪强度参数与饱和渗水系数的具体取值情况如表 24.4 和表 24.5 所示。

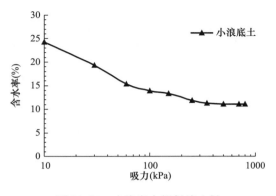

图 24.10 小浪底大坝斜墙土料
（粉质黏土）的持水特性曲线

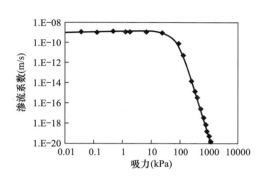

图 24.11 斜墙土料渗流系数与
吸力的关系曲线

小浪底斜墙土料在当年设计时采用的抗剪强度指标　　　　　表 24.3

试验方法	干密度（g/cm³）	含水率（%）	黏聚力（kPa）	摩擦角（°）
UU（总强度）	1.7	18.0	126	18.81
CU（总强度）	1.7	18.0	94	15.3
CD（有效强度）	1.7	18.1	33	25.78

注：本表引自"黄河小浪底水利枢纽工程"第二卷[27]p20 表 2-7。

大坝材料在当年设计时对稳定计算所用参数　　　　　表 24.4

分区与材料		重度（kN/m³）		抗剪强度	
		湿重度	饱和重度	摩擦角 φ（°）	黏聚力（kPa）
1区、1B区黏土	CD 有效强度	20.1	20.7	25	20
	CU 总强度			14	77
	UU 总强度			16（* 6.5）	111（* 250）
2A区、2B区、2C区	反滤料	19.1	21.6	36	0
3区	过渡料	21.6	23.3	40	0
4A区、4B区	堆石料	21.1	23.0	40	0
4C区	堆石料	21.0	22.5	34	0
5区	掺合料	20.8	21.7	28	30
8区	压戗石渣	19.6	22.0	30	0
河床	砂卵石	—	22.9	35	0

注：本表引自"黄河小浪底水利枢纽文集（二）"[26]p268 表 6。

　*表示 $\sigma>0.8$MPa 时的抗剪强度指标。

大坝材料在饱和状态下的渗水系数　　　　　表 24.5

位置	土类	饱和状态下渗透系数（$\times 10^{-6}$ m/s）
河床	砂卵石、细砂	600
F1 断层淤泥	淤泥	0.01
堆石区（4A、4B、4C 区）	堆石料	100
斜墙与铺盖（1、1B 区）	寺院坡黏土	0.001
斜墙顶部（1A 区）	高塑性黏土	0.0001
反滤层（2A、2B 区）	反滤料（湿）	10
压戗（8 区）	石渣	1

大坝中的 1 区、1A 区、1B 区和 5 区为黏土，其本构模型采用陈正汉等提出的增量非线性模

型[1,2]，包括土骨架变形和水量变化两个方面，参考第 18.1.2 节和文献 [29] 的附录 A 的表 A-3 和表 A-4，大坝黏土的非线性变形参数取值见表 24.6。

除 1 区、1A 区、1B 区和 5 区外，其他分区材料的本构模型采用邓肯增量非线性 $E_t - K_t$ 模型[30]（亦称为 $E_t - B_t$ 模型），其中切线体积模量 K_t 与围压之间的关系用式（24.38）描述：

$$K_t = K_b p_{atm} \left(\frac{\sigma_3}{p_{atm}} \right)^m \tag{24.38}$$

式中，K_b 和 m 为材料参数。大多数堆石、砂、土的 m 在 0～1。

对于卸载-再加载的弹性模量 E_{ur}，可用下式描述其与围压之间的关系（即式（18.40a））：

$$E_{ur} = K_{ur} p_{atm} \left(\frac{\sigma_3}{p_{atm}} \right)^{n_{ur}} \tag{24.39}$$

式中，K_{ur} 和 n_{ur} 均为无量纲参数。

依据文献 [23]、[24] 和文献 [29] 的附录 A 的表 A-3 和表 A-4，除 1 区、1A 区、1B 区和 5 区以外的其他分区材料的非线性变形参数取值汇于表 24.7 和表 24.8。

坝体 1 区、1A、1B 和 5 区的黏土非线性模型参数　　表 24.6

参数	k^0	n	m_1	R_f	K_{ur}(MPa)	K_t^0	m_2	λ_ε^0	m_3	$\lambda_w(p)$	K_{wt} (MPa)
取值	300	0.28	24.6	0.90	400	16	12.0	0.03	0.1	0.1	30

注：黏土的饱和重度取 20.4kN/m³。

大坝其他分区材料的非线性变形参数（一）　　表 24.7

位置	状态	重度（kN/m³）		强度	
		天然重度	饱和重度	黏聚力 c（kPa）	内摩擦角 φ（°）
基岩	泥质粉砂岩	27.6	—	2000	27.47
混凝土防渗墙	C30 混凝土	24.5	—	—	—
河床（砂卵石层）	砂卵石	20.5	22.9	0	35
上游堆石（4A 区）	堆石料（湿）	21.1		0	41
*上游堆石（4A 区）	堆石料（饱和）	—	22.1	0	39
下游堆石（4B 区）	堆石料（湿）	21.1		0	40
下游堆石（4C 区）	堆石料（湿）	21.1	22.9	0	34
斜墙（1、1B 区）	寺院坡黏土（湿）	20.1		26	30
*斜墙（1、1B 区）	寺院坡黏土（饱和）	—	20.7	20	25
防渗墙顶部（1A 区）	高塑性黏土（湿）	19.5		22	15
*防渗墙顶部（1A 区）	高塑性黏土（饱和）	—	19.9	5	15
反滤层（2A、2B 区）	反滤料	19.1	21.6	0	35
过渡层（3 区）	过渡料	20.0	22.9	0	38
压戗（8 区）	石渣	19.6	22.0	0	36

注：内铺盖和 5 区掺合料采用与心墙 1、1B 部分相同的材料参数。

大坝其他分区材料的非线性变形参数（二）　　表 24.8

位置	状态	E-K 模型参数					
		K	n	R_f	K_{ur}	K_b	m
基岩	泥质粉砂岩	$E = 1.91 \times 10^6$ kPa					
混凝土防渗墙	C30 混凝土	$E = 30 \times 10^6$ kPa　$\mu = 0.167$					
河床（砂卵石层）	砂卵石	960	0.42	0.67	1400	420	0.28
上游堆石（4A 区）	堆石料（湿）	840	0.49	0.80	1600	300	0.4
*上游堆石（4A 区）	堆石料（饱和）	700	0.43	0.72	1500	250	0.55

续表 24.8

位置	状态	E-K 模型参数					
		K	n	R_f	K_{ur}	K_b	m
下游堆石（4B区）	堆石料（湿）	750	0.5	0.78	1400	280	0.4
下游堆石（4C区）	堆石料（湿）	375*	0.5	0.78	700*	140*	0.4
斜墙（1、1B区）	寺院坡黏土（湿）	550	0.31	0.95	680	200	0.1
*斜墙（1、1B区）	寺院坡黏土（饱和）	300	0.25	0.86	400	150	0.1
防渗墙顶部（1A区）	高塑性黏土（湿）	250	0.26	0.93	500	30	0.2
*防渗墙顶部（1A区）	高塑性黏土（饱和）	60	0.70	0.78	150	20	0.7
反滤层（2A、2B区）	反滤料	710	0.48	0.78	950	300	0.5
过渡层（3区）	过渡料	750	0.50	0.78	900	300	0.4
压戗（8区）	石渣	1000	0.50	0.80	1450	670	0.4

注：1. 内铺盖和 5 区掺合料采用与心墙 1、1B 部分相同的材料参数。

　　2. *4C 堆石的模量参数取值为 4B 区的 1/4、1/3 和 3/4，其余参数与 4B 区材料相同。表中所列值是取 1/2 时的情况。

根据现场勘测和对观测资料的分析，选取了大坝的三个截面 A—A（$D_0+693.74$），B—B（$D_0+387.5$）和 C—C（$D_0+217.5$）进行分析。该 3 个截面和探井与裂缝的几何关系如图 24.12 所示。

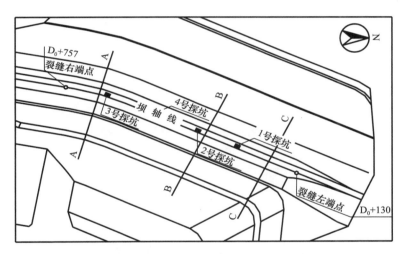

图 24.12　3 个分析截面和探井与裂缝的几何关系

图 24.13、图 24.14 和图 24.15 分别为 A、B、C 三个截面的有限元离散图。分析采用六节点三角形单元，其中 A 截面共剖分为 10665 个单元，12206 个节点；B 截面共剖分为 7812 个单元，15945 个节点；C 截面共剖分为 7817 个单元，15773 个节点。

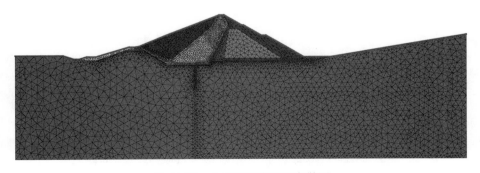

图 24.13　A 截面的有限元离散图

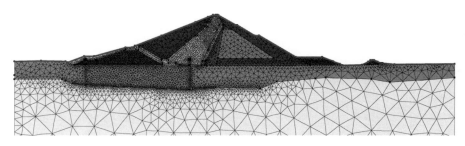

图 24.14　B 截面的有限元离散图

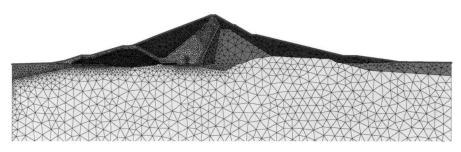

图 24.15　C 截面的有限元离散图

24.3.4　大坝渗流、变形、稳定性分析

计算分析包括 3 个方面，即渗流分析、变形分析和稳定性分析，结果分述如下。

24.3.4.1　大坝渗流分析

堆石、砂砾料、反滤层等孔隙大，且与大气相通，故可认为其中的气压等于大气压。如此一来，大坝渗流分析仅针对渗水进行，考虑了 3 种工况：（1）稳态渗流，考虑上游蓄水位分别为 220m、260m 和 275m 时的三种工况，其中 275m 是大坝的设计水位，本节仅给出 275m 水位的计算结果；（2）瞬态渗流，分析斜墙内水压力和浸润面随库水位和时间的变化情况；所用库水位随时间的变化曲线如图 24.16 所示，该曲线是根据实测的大坝年平均库水位变化而得到的，其中时间单位为 d；（3）为对比分析，计算了 275m 水位持续保持 10 年的情况。

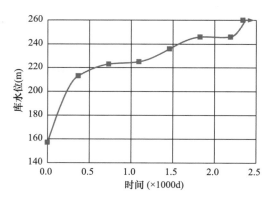

图 24.16　库水位随时间的平均变化曲线

稳态渗流的分析结果示于图 24.17～图 24.19，分别是 3 个计算截面长期在 275m 库水位运行时压力水头分布和浸润线位置（计算截面的主要部位）。事实上，水库每年在秋冬季蓄水，在春夏季放水（灌溉、泄洪），水位常年波动（图 24.20），水库不可能在数十年内长期保持在最高水位运行。

瞬态渗流的分析结果见图 24.21～图 24.23。图 24.21 是蓄水 3 年（库平年均水位为 225m）和 6 年（库年平均水位为 246m）时的浸润线位置图。图 24.22 是在半年内库水位从 246m 上涨到 260m 后的浸润面位置和压力水头，图 24.23 是 275m 库水位保持到十年时的浸润面位置和压力水头。

从稳态分析的结果可以看到：由于斜墙壤土的渗透系数很小，水流的渗透速率也相当小，在 2007 年初坝内浸润面处于图 24.21 中蓄水 6 年的位置（6 号线）；即使蓄水 10 年后，浸润线的位置也未到达斜墙的中线，大部分斜墙仍然处于非饱和状态。

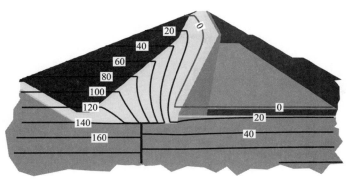

图 24.17　A 截面长期在 275m 库水位运行时压力水头分布和浸润线位置（计算截面的主要部位）

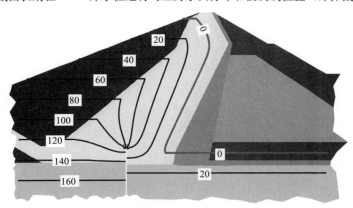

图 24.18　B 截面长期在 275m 库水位运行时压力水头分布和浸润线位置（计算截面的主要部位）

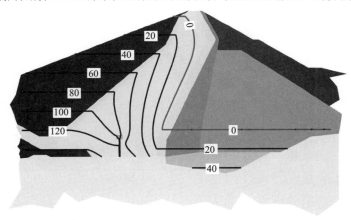

图 24.19　C 截面长期在 275m 库水位运行时压力水头分布和浸润线位置（计算截面的主要部位）

24.3.4.2　大坝变形分析

计算分析的重点是对坝顶出现的裂缝进行分析，找出其成因。为简化计算，突出重点，对计算模型作了如下简化：

第一，混凝土防渗墙对坝顶部分的影响较小，因此为了简化计算，分析中忽略了混凝土防渗墙及其顶部高塑性黏土的影响。

第二，根据对斜墙黏土的土-水特征曲线，斜墙黏土的基质吸力小，湿化变形较小。而且，与坝体其余部分材料相比，斜墙黏土的渗透系数很小（相差两个数量级以上），由大坝渗流的瞬态分析结果，当前（2006 年）斜墙内处于饱和的区域较小。为简化计算，可将斜墙部分视为不透水层，忽略斜墙部分的湿化变形和浮力对水压力作用方向的影响，水压力直接作用于斜墙表面。

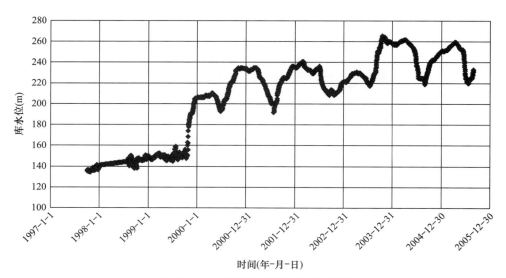

图 24.20　上游库水位运行过程曲线

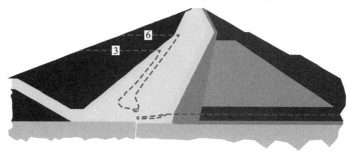

图 24.21　B 截面在蓄水 3 年和 6 年时的浸润线位置图

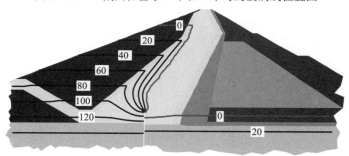

图 24.22　B 截面在库水位半年内从 246m 上涨到 260m 后的浸润面位置和压力水头

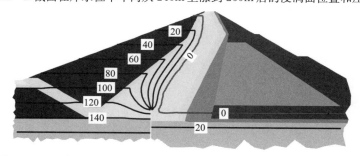

图 24.23　B 截面在 275m 库水位保持 10 年时的浸润面位置和压力水头

　　第三，铺盖与饱和区域的堆石考虑湿化和浮力的作用。

　　第四，斜墙填土采用陈正汉等提出的增量非线性模型描述，坝体其他分区材料采用邓肯 E-B 模型描述。

计算得到的 A、B、C 三个截面在坝顶部分的应力与变形变化规律基本一致，其中 B 截面横穿裂缝中部（图 24.12），其计算结果具有代表性。以下对 B 截面的计算结果进行分析讨论。

坝体下游堆石 4C 区被包在 4B 区之内，从水工角度考虑，对 4C 区材料力学性能的要求较 4B 区低，即 4C 区材料的弹性模量较 4B 区小。为了分析 4C 区材料的模量参数对坝体变形和应力的影响，分别考虑了 4C 区材料的模量参数分别为 4B 区材料模量参数的 0.9 倍、3/4 倍、1/3 倍三种情况，计算时 4C 区材料 E-B 模型参数中的 K、K_{ur}、K_b 值取为 4B 区材料模量参数的 0.9、3/4、1/3，其余参数相同。

图 24.24～图 24.30 表明，在坝顶附近区域存在一块水平应力很小的区域（水平应力小于 1kPa），该区域内有的单元可能出现了拉裂破坏；该区域的范围随着 4C 区材料参数 K、K_{ur}、K_b 取值的减小而增大。如果在计算中不对该区域内的单元进行应力修正，则该区域内将会出现水平拉应力，拉应力最大值出现在下游坝面。图 24.30 就是 260m 水位时在不修正应力的情况下出现拉应力，4C 区材料模量与 4B 区相差越大，该拉应力越大。

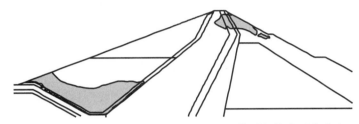

图 24.24 220m 库水位时 4C 区模量参数为 4B 区的 0.9 倍时坝体水平应力小于 1kPa 的区域

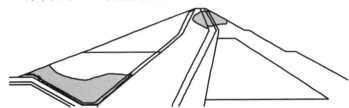

图 24.25 220m 库水位时 4C 区模量参数为 4B 区的 3/4 倍时坝体水平应力小于 1kPa 的区域

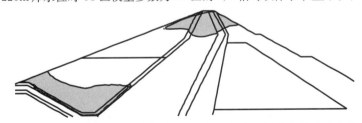

图 24.26 220m 库水位时 4C 区模量参数为 4B 区的 1/3 倍时坝体水平应力小于 1kPa 的区域

另外，在上游坝壳靠近内铺盖的区域也存在一个水平应力很小的区域，但该区域的大小与 4C 区材料参数 K、K_{ur}、K_b 取值几乎无关，而与库水位的高低关系较大；若考虑淤积的影响，则此区的面积就会减小。

图 24.31 和图 24.32 表明，当 4C 区的材料参数 K、K_{ur}、K_b 取值为 4B 材料的 3/4 时，不管库水位是 220m 还是 260m，在上游坝坡会出现一个相对"吸肚子"的区域（即该处沉降比临近相对较大），而在下游坝坡会出现一个相对"鼓肚子"的区域（即该处沉降比临近区域相对较小）。这两种现象与当年坝坡的实际情况相符。

24.3.4.3 大坝稳定性分析

主要考虑了稳定渗流和库水位骤降两种工况，采用粒子群优化法对滑面进行优化计算，采用 Mogenstem-Price 法（考虑非饱和）分析坝坡的稳定性。

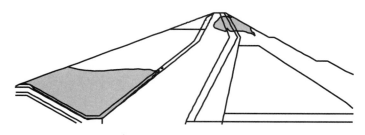

图 24.27　260m 库水位时 4C 区模量参数为 4B 区的 0.9 倍时坝体水平应力小于 1kPa 的区域

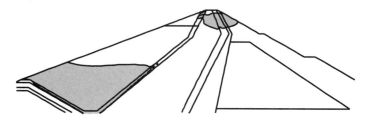

图 24.28　260m 库水位时 4C 区模量参数为 4B 区的 3/4 倍时坝体水平应力小于 1kPa 的区域

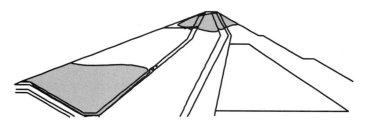

图 24.29　260m 库水位时 4C 区模量参数为 4B 区的 1/3 倍时坝体水平应力小于 1kPa 的区域

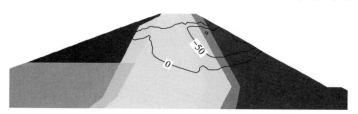

(a) 4C区模量参数为4B区的3/4倍

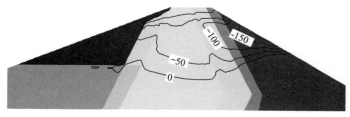

(b) 4C区模量参数为4B区的1/3倍

图 24.30　260m 库水位时 4C 区模量参数为 4B 区的 3/4 倍、1/3 倍、不做应力修正出现的水平拉应力（kPa）

　　表 24.9 所示是三个断面的稳定分析结果汇总表。既往的分析和经验表明，在不考虑地震效应时，在稳定渗流时下游坡面易于滑动，在水位骤降时上游坡面易于失稳。因此，表 24.9 中 A、B、C 截面的稳定性分析只列出上述两种情况的结果。图 24.33 和图 24.34 是 B 截面可能的危险滑面示意图。

　　大坝在实际工作时，正常蓄水位为 275m，正常死水位为 230m，因此，计算采用的骤降水位是从 275m 降到 230m，或者从 260m 降到 220m。这两种情况下坝体的稳定安全系数均比水位从 275m 骤降到 220m 时的大，B 截面的计算结果就反映了这种情况。因此，在 A、C 截面的计算中只列出了水位从 275m 骤降到 220m 时的计算结果。

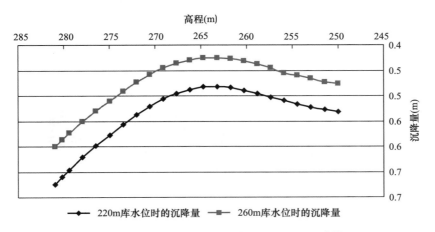

图 24.31　220m 水位和 260m 水位下游坡面沉降情况

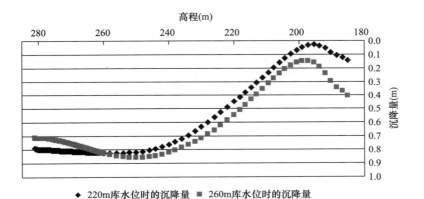

图 24.32　220m 水位和 260m 水位上游坡面沉降情况

从表 24.9 可以看到，各危险滑面的安全系数均大于规范要求的设计值，大坝整体的稳定性较好。由此说明坝体的裂缝不是由于坝坡失稳导致的。

大坝稳定性分析结果汇总

表 24.9

截面	工况	危险滑面位置	与危险滑面对应的图号	安全系数
B	275m 库水位稳定渗流	上游坝坡	略	2.009
		下游坝坡	略	1.624
	库水位由 275m 骤降到 220m	上游坝坡	图 24.33	1.313
		下游坝坡	图 24.34	1.629
	库水位由 275m 骤降到 230m	上游坝坡	略	1.324
	库水位由 260m 骤降到 220m	上游坝坡	略	1.346
C	275m 库水位稳定渗流	下游坝坡	略	1.622
	库水位由 275m 骤降到 220m	上游坝坡	略	1.288

续表 24.9

截面	工况	危险滑面位置	与危险滑面对应的图号	安全系数
A	275m 库水位 稳定渗流	下游坝坡	略	1.572
	库水位由 275m 骤降到 220m	上游坝坡	略	1.287

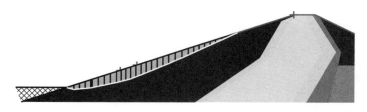

图 24.33 库水位由 275m 骤降至 220m 时 B 截面上游坡面的可能滑移面示意图

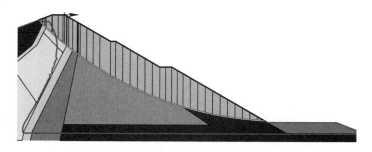

图 24.34 库水位由 275m 骤降至 220m 时 B 截面下游坡面的可能滑移面示意图

24.3.4.4 对大坝病害机理分析研究的总结

通过对裂缝的现场探察、大坝内外变形观测资料分析、坝体渗流、变形及稳定计算分析，可得以下主要结论：

（1）实测坝体沉降

① 大坝上、下游五条视准线各测点的竖向位移累计量均为沉降变形，主要受反复蓄水和时效的影响，在 2005—2006 年期间，竖向位移仍在发展，但位移速率呈逐渐减小的趋势。

② 截至 2005 年 8 月底，坝顶上、下游最大沉降分别为 849mm 和 1009.6mm，按设计坝高 160m 计算，工后坝顶最大沉降约为坝高的 0.53%、0.63%。与国外 30 余座大坝的沉降相当（表 24.10 及文献 [29] 表 2-16），在合理范围之内。

国外 15 座斜心墙坝在竣工后的沉降统计表 表 24.10

编号	坝名	观测年数	坝高 H（m）	沉降 s（cm）	s/H（%）
1	美国 Cougar（斜墙堆石坝）	3	136	84	0.62
2	御母衣	9	131	60	0.46
3	九头	2	128	26	0.20
4	勃朗利（Brownlee）	1	120	32	0.26
5	肯尼（Kenny）	9.5	104	60	0.60
6	黑川	6.1	98	25.8	0.26
7	路易斯·史密斯（Lewis Smith）	3	94	11	0.12
8	霍尔杰斯（Holjes）	1	81	5	0.06
9	美国 Nantahala（心墙堆石坝）	21	80	87	1.10
10	熊溪	11	72	29	0.44

编号	坝名	观测年数	坝高 H（m）	沉降 s（cm）	S/H（%）
11	伯西密斯 1 号（Bersimis No.1）	2	61	6	0.10
12	狼溪	8	56	20	0.35
13	塞达崖（Cedar Cliff）	11	50	32	0.64
14	东福克（East Fork）	8	41	19	0.45
15	蔡罗维（Chilowee）	3	23	9	0.32

（2）实测顺河流方向的水平位移

① 大坝上、下游五条视准线的各测点的水平位移大部分呈向下游位移，主要受水压和时效的影响，在 2005—2006 年期间，向下游水平位移仍在发展，但速率呈逐渐减小的趋势。

② 截至 2005 年 8 月底，坝顶上、下游最大水平位移分别为：向下游位移 470mm 和 802.1mm，向上游位移 99mm 和 80.9mm。

（3）关于实测斜墙变位

斜墙下部水平位移较小，上部水平位移较大，符合一般土石坝的变形规律；斜墙整体上是稳定的，特别在深部的斜墙更是如此。

（4）关于斜墙土料试验

① 斜墙土料在最优含水率附近填筑时，其基质吸力为 35～50kPa，湿化对斜墙的变形影响不大，但在渗流分析时应当考虑。

② 斜墙中由吸力引起的强度增量为 4.55～6.5kPa，其值虽然不大，但对斜墙靠近坝顶处的稳定有利，在大坝稳定分析中应考虑吸力的影响。

（5）关于大坝渗流分析

① 在斜墙区域，考虑土的非饱和性质后，计算出的饱和区比传统方法的计算结果稍大；因而水位的变化对坝体变形、稳定的影响比传统的看法要大。

② 截至 2006 年底，浸润线的位置尚远未到达斜墙中线，大部分斜墙仍处于非饱和状态。

（6）关于大坝稳定性分析

在高水位和水位骤降情况下，大坝的稳定性都相当高，不存在整体失稳的问题。

（7）关于大坝变形数值分析

① 由于大坝不同分区填筑材料的差异，在坝顶附近（靠下游一侧）和上游坝坡中下部位分别存在水平应力很小的区域；如不考虑应力调整，则会出现较高的水平拉应力，势必导致开裂。

② 库水位的变化对该低水平应力区也有影响。

③ 不管库水位高低，在上游坝坡会出现一个相对"吸肚子"的区域（即该处沉降比邻近相对较大），而在下游坝坡会出现一个相对"鼓肚子"的区域（即该处沉降比临近区域相对较小）。这两种现象与当年坝坡的实际情况相符。

（8）关于裂缝的性质、成因和评估

大坝坝顶下游侧裂缝可以判为沉降裂缝。对裂缝成因进一步说明如下：

① 浸润线迄今（2006 年）未达斜墙中线，只有上游坝壳处的斜墙部分湿化；通常在反复蓄水情况下上游沉降大，下游沉降小，实测沉降资料却相反。说明引起下游坝壳沉降的因素比湿化作用还强，湿化不是诱发裂缝的主因。

② 4B 区堆石材质较好，即使对 250m 高程以上施工质量控制较为宽松，从数值反分析结果看，与采用原模量计算结果相差不大。可见，4B 区施工质量不是引发裂缝的主因。

③ 施工时对 4C 区软岩含量按 20% 以内进行控制，易造成该区材料力学性质较差。经数值分析表明，随着库水位的上升，将可能导致坝顶附近靠下游区域内出现裂缝。故此区材料力学

性质差异是引发裂缝的主因。

④ 从大坝变形监测资料分析和裂缝当前动态看，裂缝虽有活动迹象，但近期活动强度总体上渐趋平稳，不影响大坝安全。

⑤ 4 个探井数据表明，裂缝深度不大（在 2.60～3.30m 深度处闭合），开裂宽度小（10.5～15.0cm），裂缝表面两侧高差很小，基本上看不出来（没有明显错台现象）。

综上所述，可得以下主要结论：①大坝在数十年内将处于非饱和状态，反复蓄水引起的湿化变形不是诱发裂缝的主因，裂缝主要因坝体不同分区的材料差异引起的不均匀变形所致；②裂缝非滑坡裂缝，虽有活动，但活动强度总体上渐趋平稳，不影响大坝安全；③大坝变形在合理范围之内，工后沉降基本完成，大坝变形渐趋平稳；④大坝整体稳定性较好。

对裂缝通过挖填防水整治，无需采取重大工程措施。此举节省了大量资金，稳定了人心。水利部和小浪底建管局的专家审查了研究工作报告及结论，未提异议，直接采用。2007 年 3 月小浪底水利枢纽工程顺利通过水利部验收。

截至 2022 年 7 月，迄今 15 年来，大坝运行平稳。工程实践表明：建立的非饱和土力学理论能够指导工程实践，为工程决策提供理论支持和科学依据。

从该项科研工作得到一个重要的启示：对复杂工程问题要从多方面进行综合评判，避免瞎子摸象得出的片面认识造成误判。

24.4　平定高速公路高填方的沉降与湿化分析

在 20 世纪和 21 世纪之交的年代，全国高速公路建设迅猛发展。西部属于干旱和半干旱地区，路堤和路堑土体通常处于非饱和状态，用非饱和土理论分析研究其变形与湿化问题是自然而然的事。在西部交通建设科技项目[17,18]的支持下，作者团队研究分析了甘肃省平凉-定西高速公路非饱和黄土填土的力学特性和两处高填方（K301＋400 与 K301＋409）的总沉降（包括施工沉降和工后沉降）与降雨引起的吸力改变及湿化变形。

24.4.1　非饱和路基填土的变形强度特性和持水特性

24.4.1.1　非饱和土试验研究方案

以甘肃平定高速公路路堤填土（黄土）为研究对象[17,31]，做了两种非饱和土试验：持水特性试验和三轴试验。试验用土的基本物性指标见表 24.11，根据塑性指数判定该黄土为粉质黏土。

试验用土的基本物性指标　　　　　　　　　　　　　　　　　　　表 24.11

土粒相对密度	液限（%）	塑限（%）	塑性指数	最优含水率（%）	最大干密度（g/cm³）
2.72	30.1	16.5	13.6	12.9	1.93

持水特性试验采用后勤工程学院改进的压力板仪（见图 2.5），共做了 6 个不同干密度试样的持水特性试验，每个干密度制备 3 个环刀样平行测定，试验前试样均采用抽气饱和法进行饱和，经测定饱和度均已达到 88.6% 以上。试验吸力分 8 级施加，历时 52d。土样的初始条件见表 24.12。

持水特性试验的初始条件　　　　　　　　　　　　　　　　　　　表 24.12

初始含水率（%）	干密度（g/cm³）	饱和密度（g/cm³）	空隙比
7	1.32	1.83	1.06
7.5	1.41	1.89	0.93

初始含水率（%）	干密度（g/cm³）	饱和密度（g/cm³）	空隙比
13	1.5	1.95	0.81
13	1.6	1.98	0.69
13	1.7	2.05	0.59
13	1.8	2.09	0.50

三轴试验采用后勤工程学院的非饱和土三轴仪（第 12.2.2 节），共做了 24 个控制吸力和净围压的固结排水剪切试验，用三轴双线法探讨了非饱和填土（黄土）的湿化变形特性，即对初始干密度相同的试验，以吸力不等于零（非饱和土）的试验和吸力等于零（饱和土）的试验在同一偏应力下的轴向应变之差作为该吸力下的湿化变形，并提出了两种计算湿化变形的简化方法。

两处路堤采用强夯夯实，对兰州 K301＋400 断面，在高程 1725m 处做了强夯处理；对兰州 K301＋409 断面，在高程 1725m 和高程 1734m 处做了强夯处理。根据路堤不同层位的压实度，控制试样三轴试验的初始干密度分别为 1.7g/cm³ 和 1.8g/cm³，相应的压实度分别为 88.0% 和 93.3%，初始饱和度分别为 64% 和 75.9%；控制净围压为 50kPa，100kPa 和 200kPa，控制吸力为 0kPa，50kPa，100kPa 和 200kPa。试验时，先预加 10kPa 围压作为初始状态，分级同步施加围压与气压，始终保持围压比气压大 10kPa；固结过程的稳定标准为在 2h 内，体变量不大于 0.0063cm³，且排水不大于 0.012cm³；每隔 8h 对底座螺旋槽冲洗气泡一次，历时 30s 左右；剪切速度为 0.0066mm/min，剪到轴应变为 15% 历时 30.3h。

24.4.1.2 填土的变形和强度特性

图 24.35 和图 24.36 分别是初始干密度为 1.7g/cm³ 的试样的偏应力-轴向应变曲线和试验后的试样照片；图 24.37 和图 24.38 分别是干密度为 1.8g/cm³ 的试样的偏应力-轴向应变曲线和试验后的试样照片。所有试样皆呈脆性破坏，破坏后应力-应变曲线已不能代表整个试样真实变形情况，是不可靠的。

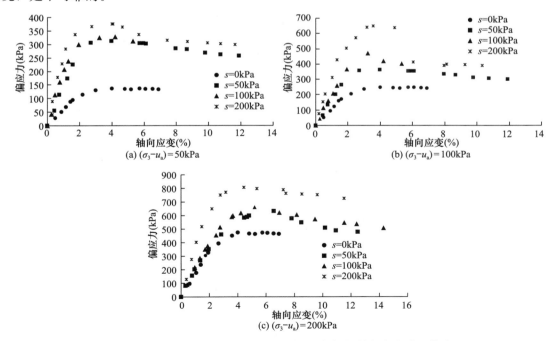

图 24.35 干密度为 1.7g/cm³ 的试样的偏应力-轴向应变关系曲线

图 24.39 和图 24.40 分别是初始干密度为 1.7g/cm³ 和 1.8g/cm³ 的试样在 p-q 平面内的强

度包线，皆可用直线拟合。表 24.13 和表 24.14 是分析得到的该两组试验的强度参数。

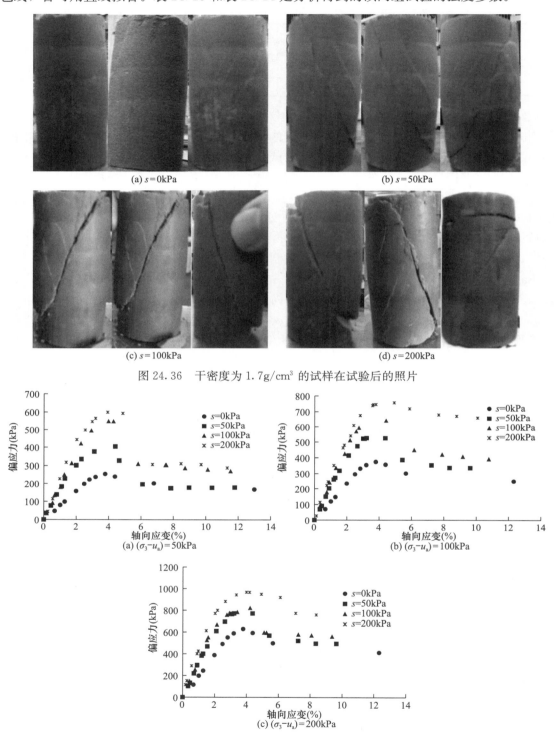

(a) $s=0\text{kPa}$ (b) $s=50\text{kPa}$

(c) $s=100\text{kPa}$ (d) $s=200\text{kPa}$

图 24.36　干密度为 $1.7\text{g}/\text{cm}^3$ 的试样在试验后的照片

(a) $(\sigma_3 - u_\text{a}) = 50\text{kPa}$

(b) $(\sigma_3 - u_\text{a}) = 100\text{kPa}$

(c) $(\sigma_3 - u_\text{a}) = 200\text{kPa}$

图 24.37　干密度为 $1.8\text{g}/\text{cm}^3$ 的试样的偏应力-轴向应变关系曲线

图 24.41（a）表明干密度 $1.7\text{g}/\text{cm}^3$ 试样 $c\text{-}s$ 关系是非线性的，可以用两段直线简化图中的曲线，两段直线 AB 和 BC 的表达式是 $c_{\text{AB}} = 0.6277 s_{\text{AB}} + 6.521$ 和 $c_{\text{BC}} = 0.2669 s_{\text{BC}} + 34.224$，两直线交点为 B，倾角分别是 $\varphi' \approx \varphi^\text{b} = 32.1°$ 和 $\varphi^\text{b} = 15°$；B 点的吸力为 $s_\text{b} = 77.4\text{kPa}$，黏聚力为 $c_\text{b} = 54.7\text{kPa}$。BC 段的强度可用参数 c'、φ'、φ^b 和 s_b 给出。对于干密度 $1.8\text{g}/\text{cm}^3$ 的试样可做同样

处理（图 24.41b），得到 AB 与 BC 曲线倾角分别为 $\varphi' \approx \varphi^b = 34.2°$和$\varphi^b = 20.4°$。

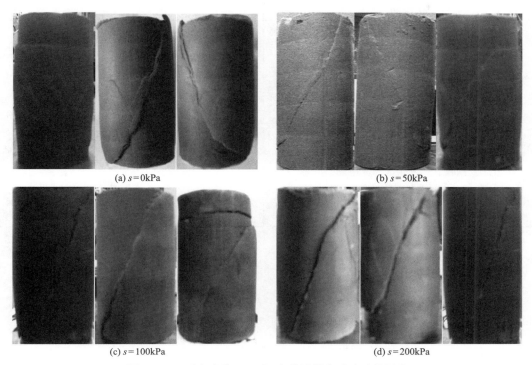

(a) $s=0\text{kPa}$ (b) $s=50\text{kPa}$

(c) $s=100\text{kPa}$ (d) $s=200\text{kPa}$

图 24.38 干密度为 1.8g/cm^3 的试样在试验后的照片

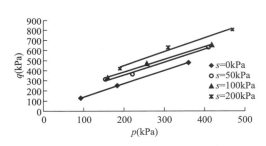

图 24.39 干密度 1.7g/cm^3 的土样
在 $p\text{-}q$ 平面内强度包线

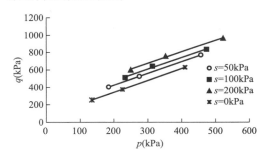

图 24.40 干密度 1.8g/cm^3 土样在
$p\text{-}q$ 平面内强度包线

干密度为 1.7g/cm^3 的土样的强度参数　　　　　　　　表 24.13

吸力（kPa）	σ_3-u_a（kPa）	q_f（kPa）	p_f（kPa）	$\text{tg}\overline{\omega}$	φ'（°）	ξ'（kPa）	c（kPa）
0	50 100 200	129.7 246 480	92.7 183.3 360	1.32	32.6	7.12	20.6
50	50 100 200	312 364 634	154 221.3 418	1.34	33.2	90.1	44.1
100	50 100 200	328 470 660	159.3 256.7 418	1.25	31.2	137	66.3
200	50 100 200	420 629 807	190 309.7 469	1.37	33.9	175	85.8

干密度为 1.8g/cm³ 的土样的强度参数　　　　　　　表 24.14

吸力（kPa）	$\sigma_3 - u_a$ (kPa)	q_f (kPa)	p_f (kPa)	$\tan\overline{\omega}$	φ' (°)	ξ' (kPa)	c (kPa)
0	50 100 200	253.9 375 630.1	134.6 225 410	1.36	33.8	70	34.3
50	50 100 200	403.6 524.7 770	184.5 274.9 456.7	1.35	33.4	154.9	75.7
100	50 100 200	549.2 641.4 821.6	233.1 313.8 473.9	1.33	33.0	209.6	102.3
200	50 100 200	599.0 757.5 967.0	249.7 352.5 522.3	1.34	33.2	272.8	133.2

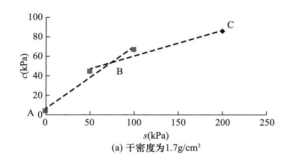
(a) 干密度为1.7g/cm³

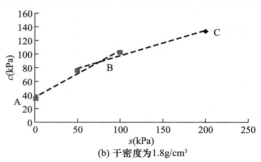
(b) 干密度为1.8g/cm³

图 24.41　两组试验的总黏聚力与吸力的关系

对两种干密度的偏应力-轴向应变曲线在峰值前用双曲线描述，相应的非线性变形参数汇于表 24.15 和表 24.16。

24.4.1.3　填土的持水特性

持水特性试验所得的土-水特征曲线测试结果如图 24.42 所示。

干密度为 $\rho_d = 1.7g/cm^3$ 的试样的非线性变形参数　　　　　　　表 24.15

吸力（kPa）	$\sigma_3 - u_a$ (kPa)	$(\sigma_1-\sigma_3)_f$ (kPa)	$(\sigma_1-\sigma_3)_{ult}$ (kPa)	R_f 试验值	R_f 平均值	a ($\times 10^{-5}$kPa^{-1})	b ($\times 10^{-5}$kPa^{-1})
0	50 100 200	129.7 246 480	145.7 286.0 600.0	0.89 0.86 0.8	0.85	3.82 2.56 1.88	686.2 349.6 166.7
50	50 100 200	312 364 634	394.9 466.7 834.2	0.79 0.78 0.76	0.79	3.23 2.90 1.82	253.2 214.3 119.9
100	50 100 200	328 470 660	404.9 602.6 891.9	0.81 0.78 0.74	0.78	2.43 1.97 1.65	247.0 165.9 112.1
200	50 100 200	420 629 807	552.6 827.6 1076.0	0.76 0.76 0.75	0.75	2.29 1.53 1.24	180.9 120.8 92.9
平均值					0.792		

干密度为 $\rho_d = 1.8g/cm^3$ 的试样的非线性变形参数 表 24.16

吸力 (kPa)	$\sigma_3 - u_a$ (kPa)	$(\sigma_1 - \sigma_3)_f$ (kPa)	$(\sigma_1 - \sigma_3)_{ult}$ (kPa)	R_f		a (10^{-5}kPa^{-1})	b (10^{-5}kPa^{-1})
				试验值	平均值		
0	50	254	306.02	0.83		2.54	326.8
	100	375	480.77	0.78	0.79	2.23	208.0
	200	630	840.00	0.75		1.51	119.0
50	50	404	524.68	0.77		2.50	190.6
	100	525	700.00	0.75	0.75	2.10	142.9
	200	770	1040.54	0.74		1.49	96.1
100	50	549	741.89	0.74		2.04	134.8
	100	641	902.82	0.71	0.72	1.95	110.8
	200	822	1174.29	0.7		1.57	85.2
200	50	599	843.66	0.71		1.94	118.5
	100	758	1067.61	0.71	0.7	1.53	93.7
	200	967	1401.45	0.69		1.28	71.4
平均值					0.74		

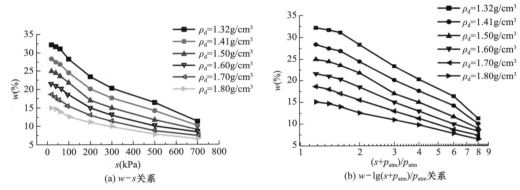

图 24.42 6种土的持水特性曲线

含水率的变化与吸力的对数之间呈线性变化规律，随着干密度的减小直线的斜率与截距都在增加。持水特性曲线可用下式描述：

$$w = a(n)\lg \frac{(s + p_{atm})}{p_{atm}} + b(n) \tag{24.40}$$

式中，$a(n)$、$b(n)$ 是与干密度有关的土性参数，具体取值见表 24.17。

参数 $a(n)$、$b(n)$ 取值 表 24.17

干密度 (g/cm³)	a	b
1.7	−0.140	0.198
1.8	−0.106	0.160

24.4.2 填土湿化变形的简化计算模型

24.4.2.1 湿化变形的概念

填土路堤在自重与车载作用下要产生变形，可称为加载变形，该变形可采用陈正汉等提出的非饱和土的增量非线性本构模型或其他模型计算。另一方面，降雨入渗、地下水上升等使填土和地基土软化，也要引起新的变形，可称为湿化变形。非饱和压实黄土的湿化变形与原状黄土的湿陷变形是不同的。原状黄土在一定压力（即土自重压力或土自重压力与附加压力）下，遇水浸湿后其结构迅速破坏而发生显著附加下沉的现象称为湿陷。而湿化变形是指岩土材料（填土、砂砾料、堆石等）在一定压力下遇水浸湿，其结构发生软化，强度和模量降低，发生可观的附加变形。变形量级比黄土湿陷变形小，变形速率也比较小。但因其一般发生在工后，且为不均匀沉降，故可引起路面凹凸不平，甚至开裂，影响工程的正常使用。因此，对非饱和压实黄土的湿化变形研究具有重要的实用价值。

路堤浸湿后，由于模量和强度的变化会产生湿化变形。利用三轴试验模拟土料浸水饱和的变形过程，在侧压力 σ_3 为常数的情况下，

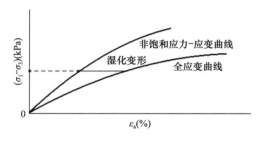

图 24.43　用三轴试验确定湿化变形示意图

把非饱和土试样在某一偏应力（$\sigma_1-\sigma_3$）下的"干态应变"和湿化引起的附加应变迭加，得到该偏应力下的总应变，称之为"全应变"；这样，用同样的试验过程可得到一组 σ_3 为常数情况下的应力-应变曲线，称为"全应变曲线"。本节把一定吸力下的应力应变曲线称为"非饱和应力-应变曲线"，"全应变曲线"与"非饱和应力-应变曲线"的应变之差即为湿化变形，如图 24.43 所示。

本节根据路堤填土的非饱和土三轴试验，提出两种简化计算模型以预测湿化变形[17,31]。

24.4.2.2　线性简化模型

将图 24.35 和图 24.37 中应力水平小于 80％部分的应力-应变关系曲线近似用直线代替。简化后的应力-应变关系曲线如图 24.44 和图 24.45 所示，各曲线的斜率即切线杨氏模量 E_t 如表 24.18 所示。

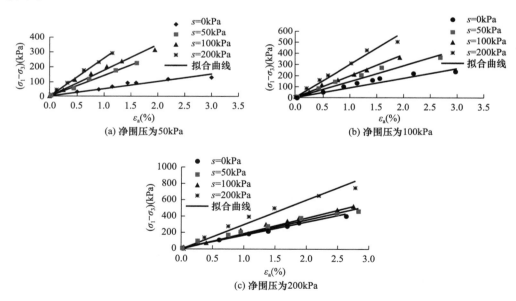

图 24.44　干密度为 1.7g/cm³ 的试样的简化偏应力-轴向应变关系曲线

简化后的应力-应变关系曲线可表示为

$$\varepsilon_a = \frac{\sigma_1 - \sigma_3}{E_t} \tag{24.41}$$

湿化变形可由图 24.44（或图 24.45）中两条应力-应变关系曲线在同一偏应力下的应变差值求得，即

$$\varepsilon_a^{sh} = \varepsilon_a^{s_1} - \varepsilon_a^{s_2} = \frac{\sigma_1 - \sigma_3}{E_t^{s_1}} - \frac{\sigma_1 - \sigma_3}{E_t^{s_2}} \tag{24.42}$$

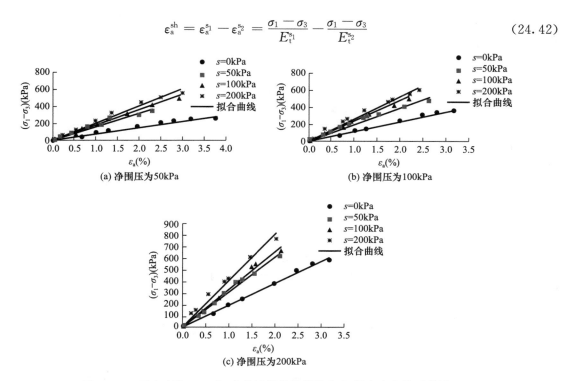

图 24.45 干密度为 1.8g/cm³ 的试样的简化偏应力-轴向应变关系曲线

		图 24.44 和图 24.45 中各直线的斜率 E_t		表 24.18
吸力 s (kPa)	$\sigma_3 - u_a$ (kPa)	E_t（MPa）		
		$\rho_d = 1.7 g/cm^3$	$\rho_d = 1.8 g/cm^3$	
0	50	5.03	7.39	
	100	9.14	11.50	
	200	16.21	19.10	
50	50	14.11	15.43	
	100	14.49	19.59	
	200	17.63	30.37	
100	50	17.34	17.85	
	100	19.39	23.72	
	200	19.34	33.16	
200	50	25.51	19.93	
	100	29.30	25.99	
	200	30.05	41.10	

　　式中，上标 s_1 和 s_2 分别代表不同吸力，且 $s_2 > s_1$。计算得到的重塑黄土在各吸力下至饱和状态（即吸力 $s_1 = 0$）湿化变形结果如图 24.46 和图 24.47 所示。由图 24.46 和图 24.47 可知，湿化变形有以下特点：①总的说来，湿化应变小于 2%；②土样吸力越大，湿化变形越大；③随着围压增大，湿化变形减小；④干密度越大，湿化变形越小。

　　需要指出，图 24.46 和图 24.47 可使用的有效范围为主应力差不大于各净围压下饱和土的强度及非饱和土自身的强度。

　　应用二元线性回归分析，可得 E_t 与吸力、净围压之间的关系为

$$E_t = m_1 s + n_1 (\sigma_3 - u_a) + \beta_1 \tag{24.43}$$

式中，m_1 和 n_1 分别为与吸力和净围压相关的参数；当吸力和净围压都等于 0 时，$E_t = \beta_1$，故 β_1 的物理意义为饱和土的无侧限压缩模量。参数 m_1 和 n_1 及 β_1 的取值如表 24.19 所示。

式（24.44）表明：在应力水平小于 80% 以内，该土的切线杨氏模量只与净围压和吸力有关。

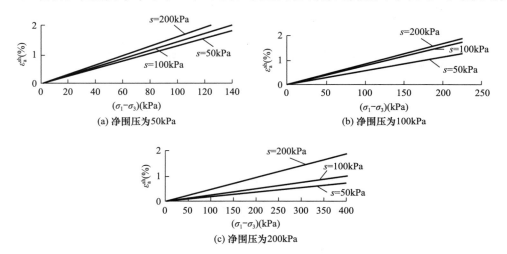

图 24.46　干密度为 1.7g/cm³ 的试样的湿化轴向应变与偏应力的关系曲线

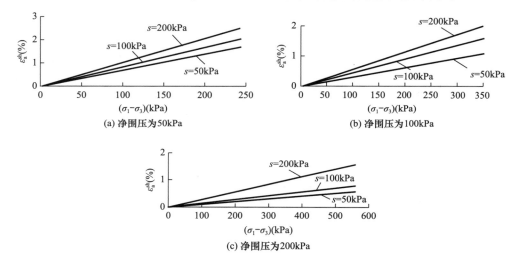

图 24.47　干密度为 1.8g/cm³ 的试样的湿化轴向应变与偏应力的关系曲线

参数 m_1 和 n_1 及 β_1 的取值　　　　　　　　　　　表 24.19

干密度（g/cm³）	m_1	n_1	β_1（MPa）
1.7	89.2	80.2	2.86
1.8	75.4	105.5	3.19

24.4.2.3　双曲线简化模型

由于峰值后的应力-应变曲线是不可靠的，故只对图 24.35 和图 24.37 所示的偏应力-轴向应变曲线在峰值前用双曲线拟合，拟合参数列于表 24.15 和表 24.16。

应用二元线性回归分析，可得参数 a 与吸力和净围压之间的关系，即

$$a = m_2 s + n_2 (\sigma_3 - u_a) + \beta_2 \tag{24.44}$$

式中，m_2 和 n_2 分别为与吸力和净围压相关的参数；当吸力和净围压都等于 0 时，$a = \beta_2$，由于参数 a 的物理意义是初始模量的倒数，故 β_2 的物理意义为饱和土的无侧限压缩模量的倒数。参

数 m_1 和 n_1 及 β_1 的取值如表 24.20 所示。对于干密度 1.7 和 1.8g/cm³ 的土样,由 β_2 的数值可算得相应的饱和土的无侧限抗压强度分别为 2.67MPa 和 3.66MPa,与表 24.19 按照线性简化模型得到的值(2.86MPa 和 3.19MPa)接近。

应当指出,表 24.20 中 m_2 和 n_2 均为负值,表示 a 随吸力和净围压的增大而减小;由于 $a^{-1}=E_i$(初始杨氏模量),可知 E_i 随吸力和净围压的增大而增加,这与非饱和土的非线性本构模型的初始杨氏模量的表达式(18.16)和式(18.17)的内涵一致。

参数 m_2 和 n_2 及 β_2 的取值   表 24.20

干密度(g/cm³)	m_2(kPa⁻²)	n_2(kPa⁻²)	β_2(kPa⁻¹)	$1/\beta_2$(MPa)
1.7	-0.0057	-0.0082	3.74×10^{-4}	2.67
1.8	-0.0027	-0.0052	2.73×10^{-4}	3.66

用双曲线模型计算的湿化变形   表 24.21

净围压(kPa)	偏应力(kPa)	吸力(kPa)	对应土层深(m)	湿化应变(%)	
				$\rho_d=1.7\text{g/cm}^3$	$\rho_d=1.8\text{g/cm}^3$
50	100	50	7.5	0.77	0.08
		100		0.89	0.15
		200		0.92	0.17
100	100	50	10	0.16	0.05
		100		0.22	0.07
		200		0.26	0.10
200	100	50	15	0.12	0.03
		100		0.21	0.04
		200		0.24	0.08

泊松比可用三轴试验资料和丹尼尔(D. E. Daniel)公式确定,即式(24.13)。另外,根据刘祖典等[32]的研究,陕西武功击实黄土($\rho_d=1.65\text{g/cm}^3$,$w_0=17.45\%$)的平均 μ 值在 0.31~0.42 范围内,相应的饱和黄土的平均 μ 值在 0.33~0.49 范围内(见文献[32]的 p138 表4.9)。本节研究的压实黄土的干密度 ρ_d 为 1.70g/cm³ 和 1.80g/cm³,初始含水率为 12%,故其 μ 值相对较小,可在 0.25~0.35 范围内选用。

应用双曲线模型计算得到的湿化变形量如表 24.21 所示。由表 24.21 可知湿化变形由以下规律:(1)吸力对湿化变形影响明显,但当土的吸力较小($s=50$kPa)时,土已接近饱和,湿化变形较小;(2)干密度对湿化变形影响较大,干密度 1.8g/cm³ 土样的湿化变形约为干密度 1.7g/cm³ 土样的湿化变形的 1/10~1/3。因此,提高密实度可有效减少湿化变形量,这与 12.4 节的结论相同;(3)净围压对湿化变形的影响也较大。

24.4.3 工程及环境概况

本节采用陈正汉等构建的非饱和土的非线性固结模型[10,11]和对平定高速路堤填土力学特性的研究成果[17,31],计算分析甘肃平定高速公路两处高填方(K301+400 与 K301+409)的总沉降(包括施工过程沉降和工后沉降)和降雨入渗引起的吸力改变和湿化变形。

计算断面为甘肃省平(凉)定(西)高速公路兰州 K301+400 和兰州 K301+409 断面,位于甘肃省定西县,地处甘肃省中部,白银市南端,属会宁境内。地势南高北低,属黄土高原丘陵沟壑区,海拔 1450~2400m。当地年平均气温 6.4℃,年平均降雨量在 328~433mm,属温带季风性气候。表 24.22 为会宁、定西两地气候资料。

甘肃省会宁和定西两地的气候资料（1971～2000 年平均资料）　　表 24.22

地区	年平均日最大 降雨量（mm）	年平均降雨量 （mm）	年平均降雨 日数（d）	年平均暴雨 日数（d）	年平均蒸发量 （mm）
会宁	74.2	406.7	98.8	1	1800
定西	64.5	386.6	95.9	1	1560

　　会宁地处西北黄土高原和青藏高原交接地带，地质构造复杂，多以变质岩和花岗岩为基底，其上广泛沉积第三系红层和第四系黄土，局部地段出露石灰系、侏罗系和白垩系地层。整个地势由东南向西北倾斜，梁峁起伏、沟壑纵横。全县以祖厉河为基干，分布树枝状沟壑，遍布"V"形深谷。平均每平方公里土地便有 1.07km 的沟壑。总体南高北低，东北角、中西部有海拔 2200m 的山塬和峰峦。南部、中部为山地，多属黄土堆积侵蚀长梁、梁峁地貌；北部多为川、塬地，为梁峁顶面残塬和河流切割成的沟谷地阶地貌。

　　图 24.48、图 24.49 为平定高速兰州 K301＋400 和兰州 K301＋409 断面图。路基顶部宽 24.5m，高程 1725m 以上路堤各黄土填筑层的含水率约为 12%，干密度约为 1800kg/m³。对兰州 K301＋400 断面，在高程 1725m 处做了强夯处理；对兰州 K301＋409 断面，在高程 1725m 和高程 1734m 处做了强夯处理。

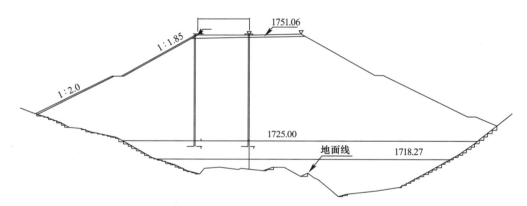

图 24.48　平定高速兰州 K301＋400 断面图

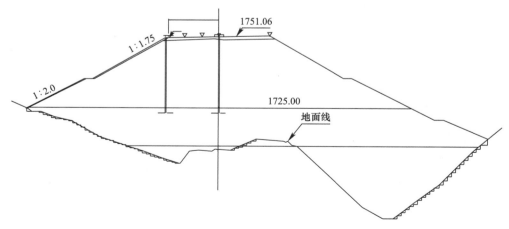

图 24.49　平定高速兰州 K301＋409 断面图

　　对以上两个断面，分析计算了在自重作用下路堤的总沉降和降雨入渗引起的吸力改变和湿化变形。

24.4.4　兰州 K301+400 断面路堤的沉降和湿化过程分析

24.4.4.1　计算模型与材料参数

图 24.50 为该断面的有限元计算模型，采用四边形单元进行剖分。根据试验测量、地质资料，K301+400 断面计算的材料模式选取如下：对高程 1725m 以上路堤各黄土填筑层按干密度为 1.8g/cm³ 的线性简化模型计算；对高程 1725m 以下填方按干密度为 1.7g/cm³ 的线性简化模型计算；对原黄土地基按弹性模量为 7MPa 的弹性材料计算。计算区域宽度为路堤底部宽度的两倍（209m），深度为路堤底部宽度的一半（52.25m）。

根据前两节的试验结果，材料参数取值如表 24.23 和表 24.24 所示。

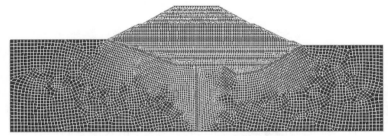

图 24.50　K301+400 断面的有限元计算模型

原地基材料参数　　　　　　　　　　　　　　　　　　　　　　表 24.23

干密度（g/cm³）	弹性模量（MPa）	泊松比	饱和渗透系数（×10⁻⁶ m/s）
1.7	7	0.3	2.45

路堤非饱和重塑黄土参数　　　　　　　　　　　　　　　　　　表 24.24

初始物性指标					持水特性参数		
干密度（g/cm³）	饱和密度（g/cm³）	含水率 w_0（%）	饱和度 S_r（%）	孔隙比 e_0	a	b	饱和渗透系数（×10⁻⁷ m/s）
1.8	2.09	12	64	0.51	−0.106	0.160	8.2
1.7	2.05	12	54.4	0.60	−0.140	0.198	8.2

力学参数							
干密度（g/cm³）	c'(kPa)	φ'(°)	φ^b(°)	m_1	n_1	β_1(MPa)	μ
1.8	34.3	34.2	27.3*	75.4	105.5	3.19	0.3
1.7	20.6	32.1	23.6*	89.2	80.2	2.86	0.3

注：* 为简化计算，吸力摩擦角取图 24.41 两直线段 AB 和 BC 斜率的平均值。

24.4.4.2　路堤在自重作用下的应力分布和沉降量

计算自重作用下的变形时，需要考虑的荷载主要是路堤的自重，边界约束为：左右两边在水平方向有约束，底边在竖直方向有约束。路堤的初始吸力按路堤土的最优含水率估计，取 150kPa。路堤的最终沉降量为施工期沉降和工后沉降之和，最终沉降量的计算中需考虑施工的影响，采用单元死活技术和分层加载的方法进行计算。

图 24.51 是路堤 K301+400 断面中几个典型截面的示意图，其中截面 1 是路堤断面的中心线位于高程 1725m 以上部分，截面 2 是路肩处的竖直线位于高程 1725m 以上部分，截面 3 是距一级边坡平台 8m 的竖直线位于高程 1725m 以上部分，截面 4 是距一级边坡平台 2m 的竖直线位于高程 1725m 以上部分，截面 5 是路堤高程 1749m 水平线。

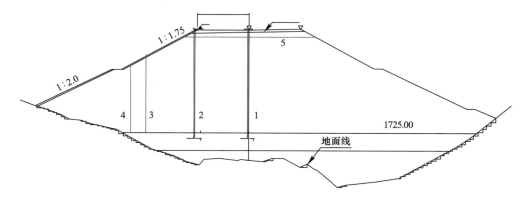

图 24.51　K301＋400 断面典型截面示意图

图 24.52～图 24.54 是路堤 K301＋400 断面中几个典型截面的应力变化曲线。图 24.55 是截面 1 和截面 2 的最终沉降量变化曲线。图 24.56 是该断面上的路面的工后沉降量变化曲线。从图 24.52～图 24.56 可知：

① 路堤竖向应力基本与距地面高度成正比，即等于上覆土压力；路堤两侧边坡平台附近的截面 4 上的竖向应力由于受边坡平台和地面的影响，在截面顶部和底部竖向应力与高度变化曲线出现转折；在高程 1725m 附近部分路堤左侧的竖向应力稍大于右侧，其原因主要是路堤左侧地面要稍高于右侧。

② 因受上覆压力、边界效应和材料非线性性质等因素影响，路堤水平应力沿高度呈非线性分布。在竖直方向上，水平应力最大值出现在路堤中部高程 1737m 附近；在水平方向上，水平应力在中心线最大，向两侧逐渐减小，截面 5 处的水平应力在路面与边坡交接附近出现最小值。

③ 路堤中心线截面 1 与边线截面 2 上的最终沉降量变化规律相似，在高程 1725m 以上部分，最终沉降量随路堤高程的下降而增加，截面 1 沉降量稍大于截面 2。在边坡台阶附近，即高程 1741m 和 1751m 附近沉降曲线有转折。

④ 路面的工后沉降基本呈两侧小中间大的形式，由于截面形状不对称，最大沉降值位于路面中心线左侧 2m 处，约为 28.1cm，且路面左侧边沿的工后沉降（25.3cm）稍大于右侧（24.5cm）。

应当指出，文献 [33] 在路堤 K301＋400 断面现场埋设有沉降管及磁环监测路基中心线和路肩竖直线上的分层沉降，但工后只监测了 2 个月，所得沉降数据（比计算结果明显偏小）尚不是真正的最终沉降量，与本节计算结果不具可比性。

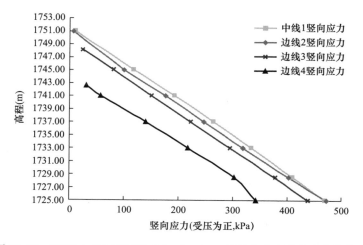

图 24.52　K301＋400 断面截面 1、2、3、4 的竖向应力随高度变化曲线

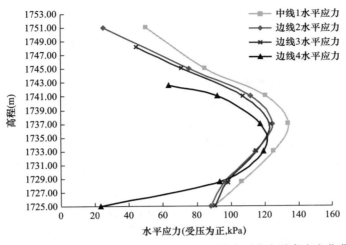

图 24.53 K301+400 断面截面 1、2、3、4 的水平应力随高度变化曲线

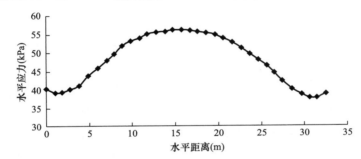

图 24.54 K301+400 断面截面 5 的水平应力变化曲线

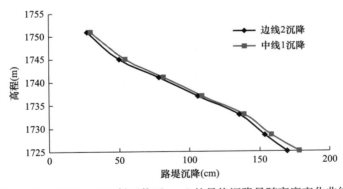

图 24.55 K301+400 断面截面 1、2 的最终沉降量随高度变化曲线

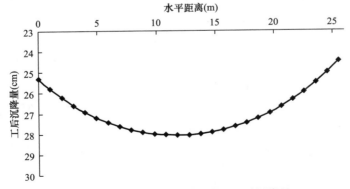

图 24.56 K301+400 断面路面工后沉降量

24.4.4.3　降雨入渗引起的吸力改变和湿化变形分析

荷载仍是路堤的自重，计算模型边界约束条件与沉降分析相同：左右两边在水平方向有约束，底边在竖直方向有约束。

渗流边界条件为：路面、地面线以下的左右边界和底部边界为不透水边界；路堤边坡坡面和地面为降雨入渗边界。入渗的流量按当地最大日降雨量估计，按最危险情况考虑，日最大降雨量取值如表 24.25 所示；计算考虑了不同降雨强度和降雨持续时间的影响，具体情况如表 24.25 所示。为了评估在极端情况下的降雨入渗变形，考虑了大雨连降 3d 的情况；工况 5 考虑了路面局部入渗的情况。为了简化计算，假设地表面能完全吸收降雨，不会产生地表产流，并忽略蒸发的作用。

计算工况及地表入渗流量　　　　　　　　　　　　　表 24.25

计算工况	日降雨量 mm	降雨持续时间 （h）	降雨强度 （mm/h）	单位面积地表入渗流量 （$\times 10^{-6}\mathrm{m^3/s}$）
1	75	1	75	20.83
2	75	3	25	6.94
3	75	5	15	4.17
4	50	72	2.1	0.58
5*	50	72	2.1	0.58

* 工况 5 考虑了路面中部 2m 宽的范围内（路中部绿化带区域）有雨水入渗的情况，其余条件与工况 4 相同。

对每种工况计算给出了路堤在降雨结束后不同历时（0h、2h、9h、24h、48h）的水头、吸力和湿化变形的分布图。限于篇幅，本节仅给出部分吸力变化曲线和湿化沉降曲线，如图 24.57～图 24.66 所示。

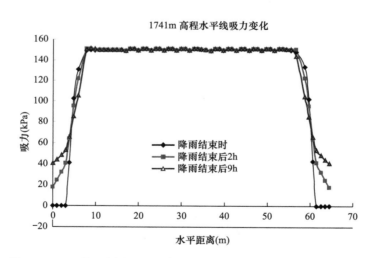

图 24.57　工况 1 路堤 1741m 高程（边坡平台水平线）上的吸力变化

综合以上 5 种工况，可以得出如下结论：

① 降雨对路堤浅表层的吸力有较大的影响，在降雨结束时刻吸力的变化最大，表层土的吸力可从初始值 150kPa 降到 0，与文献［33］的图 2.4.2 的现场降雨过程实测吸力变化规律相同；在降雨结束后，随着水分下渗，吸力有所恢复（最大可达 50kPa 左右），但文献［33］的图 2.4.2 中没有出现吸力恢复的情况，显然是不合理的。

② 降雨对路堤的影响深度随着降雨量和降雨持续时间的增大而增大，当降雨强度较大时，路堤表层会进入饱和状态。饱和层厚度主要与降雨量有关，日降雨量为 75mm 时，饱和层厚度约

为 32cm（工况 1、2、3）。当降雨强度较小时，路堤表面不会出现饱和层（工况 4、5）。在持续 3d 的暴雨、日总降雨量 50mm 的情况下（工况 4、5），降雨对路堤的影响深度可达 5.5～6.0m。

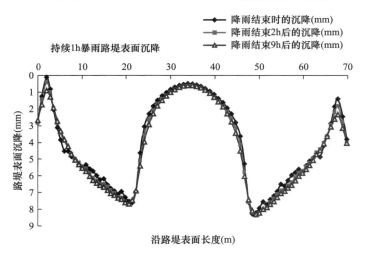

图 24.58　工况 1 路堤 1741m 高程以上部分路堤表面的沉降

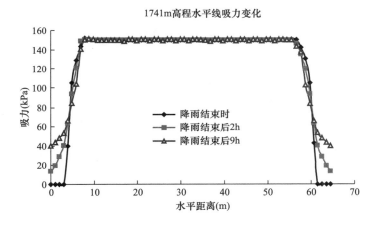

图 24.59　工况 2 路堤 1741m 高程（边坡台阶水平线）上的吸力变化

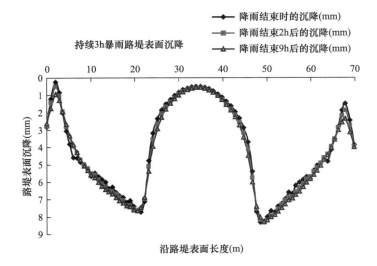

图 24.60　工况 2 路堤 1741m 高程以上部分路堤表面的沉降

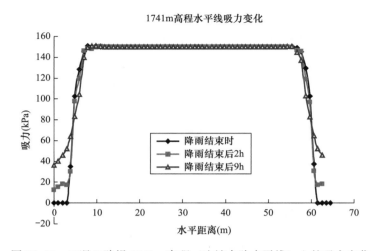

图 24.61　工况 3 路堤 1741m 高程（边坡台阶水平线）上的吸力变化

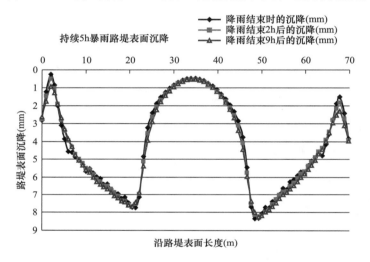

图 24.62　工况 3 路堤 1741m 高程以上部分路堤表面的沉降

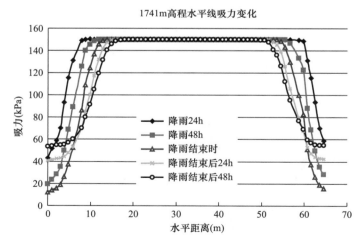

图 24.63　工况 4 路堤 1741m 高程（边坡台阶水平线）上的吸力变化

③ 降雨引起路堤边坡表面发生湿化变形而下沉，沉降量下部小，上部大，最大处位于路堤边坡顶部与路面邻近区域。在不考虑表面产流的情况下，路堤表面沉降量大小主要取决于降雨

总量，降雨强度变化对路堤表面湿化沉降影响很小。在持续 3d 的暴雨、日降雨量 50mm 的情况下，最大沉降量约为 17.4mm。

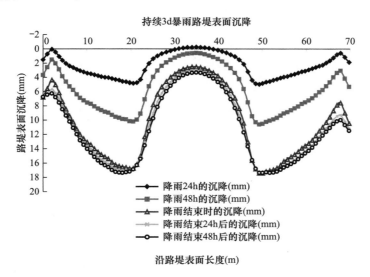

图 24.64　工况 4 路堤 1741m 高程以上部分路堤表面的沉降

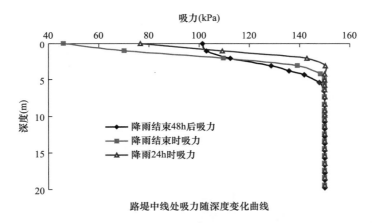

图 24.65　工况 5 降雨入渗过程中路堤中线吸力变化曲线

④ 从湿化沉降发生的过程来看，90％的沉降在降雨期间就完成了，其余部分在降雨结束后一段时间内完成。

⑤ 降雨导致路面产生不均匀沉降，两边大中间小；降雨时间越长，降雨量越大，路面沉降差越大。在持续 3d 的暴雨、日降雨量 50mm 的情况下（工况 4），不均匀沉降约为 12mm。

⑥ 在路面中间隔离带发生渗水的情况下，降雨对路堤路面附近区域的影响深度要大于无渗漏的情况，路面沉降量增大，尤其是渗水区域附近，但不均匀沉降差减小。

24.4.5　兰州 K301＋409 断面路堤的总沉降和湿化计算分析

1. 计算模型与材料参数

图 24.67 为该断面的有限元计算模型，其计算材料模式和计算区域选取与 K301＋400 断面相同。土性参数选取如下：高程 1725m 以上路堤各黄土填筑层的按干密度为 1800kg/m³ 的线性简化模型计算；高程 1725m 以下填方按干密度为 1700kg/m³ 的线性简化模型计算；原始黄土地基按弹性模量为 7MPa 的弹性材料计算，计算区域宽度为路堤宽度的两倍，深度为路堤宽度的

一倍。材料具体参数如表 24.23 和表 24.24 所示。

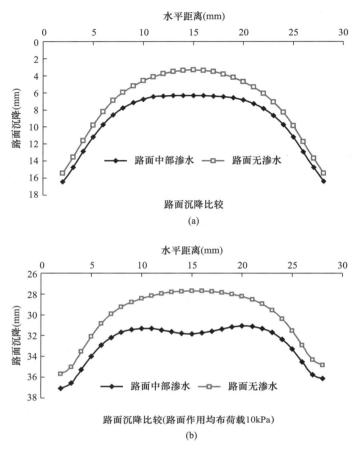

图 24.66　工况 4（路面不渗水）和工况 5（路面中部渗水）的路面沉降比较

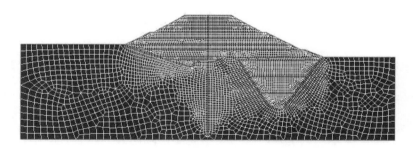

图 24.67　K301＋409 断面的有限元计算模型

2. 路堤在自重作用下的应力分布和最终沉降量

所得结果与 K301＋400 断面相似，不再赘述。

3. 降雨入渗引起的吸力改变和湿化变形分析

边界条件和分析工况（5 种）与 K301＋400 断面相同。计算结果相近，因而不再给出相关图表，兹将与 K301＋400 断面计算结果不同的主要结果简述如下。

（1）长时间降雨对路堤表层的吸力的影响较大。在整个降雨过程中在路堤边坡表面最小吸力为 10.9kPa，略小于 K301＋400 断面，也未达到饱和；降雨结束 2d 后，降雨对吸力的影响深度大约为 5.5m，与 K301＋400 断面相近。

（2）降雨引起路堤边坡表面发生湿化变形而下沉，沉降量下部小，上部大，最大处位于路堤边坡顶部与路面邻近区域，右侧沉降量较大，约为22.5mm，左侧较小约为18.9mm，均比K301+400断面的沉降大。从沉降量的变化过程来看，沉降绝大部分发生在降雨期间，降雨结束后发生的湿化沉降量较小，与K301+400断面的情况相同。另外，路面也因降雨产生沉降，趋势为中间小两边大，降雨结束2d后路面沉降差约为21.3mm，约为K301+400断面的1.8倍。

24.5 延安新区高填方的变形和水分迁移耦合分析

随着我国城镇化步伐加快，城市规模迅速扩大，土地资源日趋紧张。为了拓展发展空间，延安、兰州、十堰等地相继提出了"平山造地，上山建城"的发展策略。延安新区一期工程造地$10.5km^2$，工程场址地形复杂，沟壑纵横，高差悬殊，填方最大厚度达103m；平山造地改变了原有水流通道，可能导致地下水位上升，影响填方沉降。延安新区工程提出了一系列挑战性的岩土力学与工程问题[34]，其中黄土填土的力学特性（包括持水特性、渗水渗气特性、变形强度特性等）、黄土高填方的沉降量及稳定性预测、黄土高填方土体内水分迁移变化等问题是关注的重点[35-42]。

填土的变形与其内水分迁移关系密切。填筑体内的水分迁移会对其沉降、湿化变形产生较大的影响，而填土内应力、孔隙率等的变化也会对土体的渗透性等产生影响。通常在填方高度不大的情况下，往往可以忽略填土应力变化对水分迁移的影响，但是高填方情况下，随着填方厚度的增加，固结压力增大，两者间双向耦合的现象尤为突出，必须予以考虑。本节以24.1节的非线性固结模型及相应的软件CSU8—2为基础，考虑延安新区一期工程中不同功能分区的干密度变化对填土的持水特性、变形和强度等参数的影响，对延安新区高填方区域的沉降和水分迁移进行双向耦合分析，预测包括考虑降雨、地下水位上升等多种因素影响的填方工后沉降量。

24.5.1 计算区域、模型参数与有限元分析模型

选取延安新区一标段锁口坝观测点JCS25～JCS29所在的8-8′截面附近的狭长区域为计算分析对象，该区域填方最大厚度达103m（测点JCS26附近），是延安新区一期过程中填筑厚度最大之处。该区域如图24.68所示。表24.26是填土基本物理参数，根据塑性指数判定为粉质黏土。计算中考虑了土的干密度变化对持水特性、渗水、渗气、变形和强度参数的影响，参照文献[17，37-44]和文献[2，4]及本书第12.2节、第18.1节、第18.3节，选取的填土力学模型参数汇于表24.27。该场地的变形观测资料可由文献[45]得到。根据计算区域填方的实测资料[44]，填土按干密度$1.51g/cm^3$考虑，计算同时考虑填土的变形和填土内的水分迁移及其相互作用。初始吸力取值主要参考了实测体积含水率数据，按体积含水率30%并结合计算用的土-水特征曲线进行估算，取值为100kPa。

图24.69为计算区域填筑体的有限元分析模型。原地基采用一定厚度的弹性地基来模拟，其弹性模量和厚度按实测值反演确定；计算宽度10m，采用8节点六面体气-水-固耦合单元，共有216250个单元，242424个节点。填土按施工进度分为三层，即填土高度56m以下部分、56～93m部分和93～103m部分。

24.5.2 计算结果分析

计算分析包括3个方面：工后沉降预测、降雨入渗对填筑体沉降和水分分布的影响、地下水位上升对填筑体的影响，分述如下。

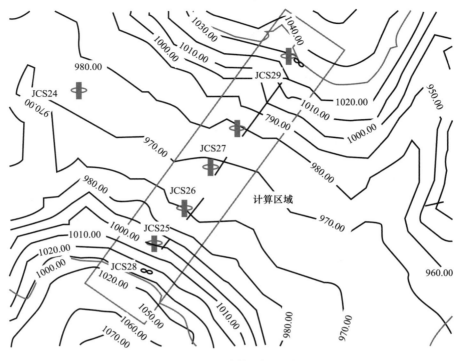

图 24.68　计算分析区域

填土基本物理参数　　　　　　　　　　　　　　　　　　　　表 24.26

土粒相对密度	液限（%）	塑限（%）	塑性指数	初始干密度（g/cm³）	初始吸力（kPa）
2.71	31.1	17.3	13.8	1.51	100

填土力学参数　　　　　　　　　　　　　　　　　　　　　　表 24.27

参数类型	参数	表达式（式中 $\gamma_{dw}=\rho_d/\rho_w$ 为干密度与水密度比值）
与强度相关	c'（kPa）	$c'=16.2\gamma_{dw}-12.3$
	φ'（°）	$\varphi=16.0\gamma_{dw}+6.3$
	φ^b（°）	$\varphi^b=65.1\gamma_{dw}-82.7$
与 E_t 相关	k_1	$k_1=1862.6\gamma_{dw}-2670.4$
	m_1	65.0
	n_1	$n_1=1.28\gamma_{dw}-1.89$
	R_f	0.82
与 K_t 相关	k_2	$k_2=643.8\gamma_{dw}-928.5$
	m_2	57.0
	n_2	0.0
与 H_t 相关	k_3	0.011
	m_3	0.017
与 $SWCC$ 相关	k_4	$k_4=0.137\gamma_{dw}-0.293$
	m_4	$m_4=-0.365\gamma_{dw}+0.818$

24.5.2.1　工后沉降预测

为了预测工后沉降，先按照实际施工进度与场地降雨情况[45]计算了施工期沉降，然后在荷载、入渗条件等不变的情况下进行固结计算，从而预测工后沉降。固结时间为 10a。施工进度情况如图 24.70 所示。

图 24.69　填筑土体的有限元离散模型

原地基采用一定厚度的弹性地基来模拟，其弹性模量和厚度按实测值反演确定，泊松比和渗透系数取值参考了相关黄土的工程数据[44]。计算中未考虑降雨入渗和蒸发对填土沉降的影响，并设原地基底部为不透水边界，以此模拟底部排水不畅的情况。

表 24.28 列出了观测点 JCS26 处施工期原地基顶面沉降和填土顶面沉降（即总沉降量）随施工进度变化的情况[44]。与实测数据对比，计算的原地基沉降量偏小约 20%。计算的施工期不同阶段的总沉

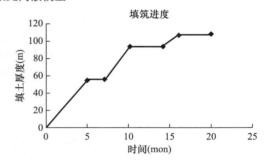

图 24.70　填筑进度曲线

降量都比实测偏大，如在施工完成时，计算沉降量比实测值偏大约 0.98m，相对误差约为 25%；而计算的停工期沉降量都比实测偏小，如填筑到 93m 时，计算的停工期沉降为 5.0cm，只有实测沉降的 25% 左右。总沉降量偏大和停工期沉降偏小的原因主要是对填土渗透性估计偏大。这样就造成了计算的固结过程较实际快，计算的施工期沉降量包含了部分工后实际沉降，故而计算出的施工期沉降偏大。

观测点 JCS26 处沉降　　　　　　　　　　　　　　　　　　　　　　　表 24.28

施工时间（mon）	填土厚度（m）	原地基顶面沉降量（m）	总沉降量（m）
5	56.0	0.10	2.10
7	56.0	0.10	2.20
10	93.0	0.16	4.32
14	93.0	0.16	4.37
16	103.0	0.18	4.81

图 24.71 所示为工后 5 年填方最大处（测点 JCS26）吸力、竖向应力、饱和度和土体干密度随深度分布图。填方表面和底面的吸力、饱和度、干密度数值列于表 24.29 中。随着固结的进行，密度随深度增大，再填方底部从初始 $1.51g/cm^3$ 增加到 $1.68g/cm^3$；土中内水向下部迁移，填方底部的饱和度已达 91.60%，吸力已接近 0kPa；若排水不畅将导致填筑体底部积水，底部土体逐渐饱和，这将会导致一系列的工程隐患。

图 24.72 显示了固结 10 年后填土地表工后最终沉降沿水平方向变化曲线。图中横坐标原点为测点 JCS26 处。计算出的最大沉降量为 1.50m，出现在距离测点 JCS26 往测点 JCS27 方向约 10m 处。而按第 24.2.2.2 节的湿化变形简化计算法[31]估算出的工后最大沉降为 2.35m，该方法没有考虑土体中的水分迁移和固结过程中土的密度变化，只将土体按"干""湿"两种非线性弹性体进行计算，结果偏大。因此用非饱和土增量非线性固结理论计算结果更为合理。

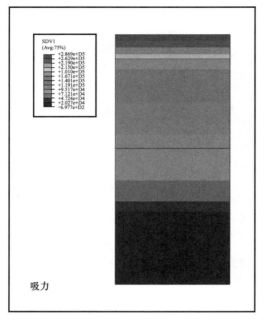

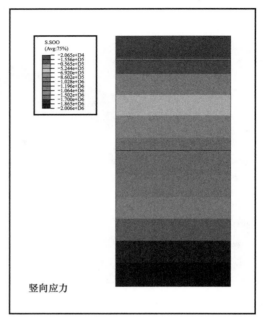

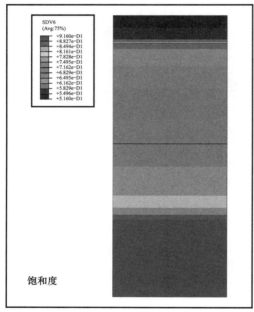

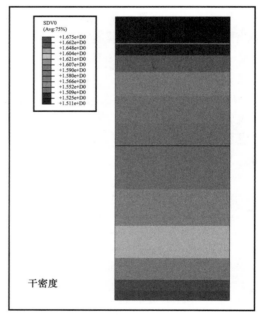

图 24.71　工后 5 年测点 JCS26 处吸力、竖向应力、饱和度、干密度随深度变化图

工后 5 年填方表面和底面的吸力、饱和度、干密度数值　　　　　　　表 24.29

指标	填方顶面	填方底面
吸力（kPa）	286.91	正孔隙水压力 0.7
饱和度（%）	51.63	91.60
干密度（g/cm³）	1.51	1.68

24.5.2.2　降雨入渗对填筑体沉降和水分分布的影响

本节主要分析工后沉降基本完成后地表降雨入渗对填筑体的影响。计算以施工结束 10 年后的状态为初始状态，模拟在暴雨条件下，水分由地面入渗引起的填土沉降。降雨入渗量根据延

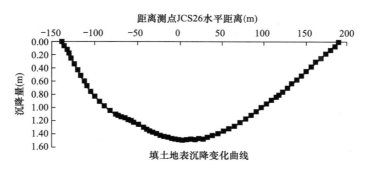

图 24.72 填土地面沉降沿水平线变化曲线

安新区提供的资料[43]估算：延安地区 7~10 月以 8~15d 的持续降雨为主，连续降水量可高达 152.9mm。计算中降雨按 300mm/mon 计算，降雨时长为 15d。延安地区是半干旱地区，入渗量大，地表入渗量按降雨量的 70% 考虑。计算时长为 3 个月，并且不考虑蒸发的影响。基础底部依然设为不透水边界。图 24.73 所示为测点 JCS26 处降雨引起的填土表面水分入渗量随时间变化曲线。

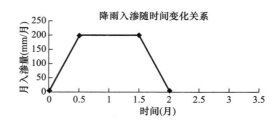

图 24.73 测点 JCS26 处降雨引起的填土表面水分入渗量随时间变化曲线

图 24.74 所示为测点 JCS26 处距地表不同深度的总水头变化曲线。由图中可以看到，降雨主要影响浅表层的水分变化；地表以下 10m 深度处的总水头变化很小，该处降雨期间基本未发生变化，降雨期结束 1mon 后总水头约上升 0.56m。故即使在雨季，降雨入渗深度不会超过 10m。

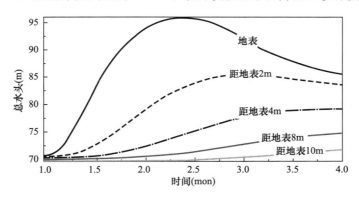

图 24.74 测点 JCS26 处距地表不同深度总水头随时间变化曲线

图 24.75 所示为填土地表沉降量随时间变化曲线，由图可知地表沉降量最大值约 22mm。由上述结果可知，在固结沉降基本稳定后，降雨入渗对地面沉降影响不大。

24.5.2.3 地下水位上升对填筑体的影响

本节主要分析工后沉降基本完成后地下水位上升对填筑体的影响。计算同样以施工结束 10 年后的状态为初始状态，模拟地下水位上升 5m，水分由地下向上入渗透引起的填土沉降。如图 24.76 所示为测点 JCS26 处计算所设的填土底部（原地基与填筑体界面）总水头随时间变化曲线，计算时长为 2 个月，并且不考虑地表的入渗与蒸发的影响。

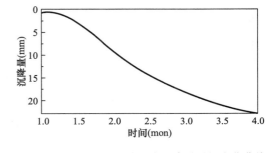

图 24.75 测点 JCS26 处地表沉降随时间变化曲线

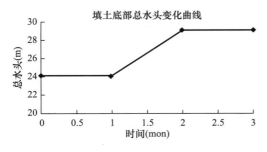

图 24.76　测点 JCS26 处填土底部
总水头随时间变化曲线

图 24.77 所示为测点 JCS26 处填土底部（原地基与填筑体界面）向上不同高度的总水头变化曲线，由图 24.77 可以看到，填土底部向上 8～10m 处在整个计算时长内总水头变化很小，故计算所设的条件下，地下水上升 5m 时，由填土底部向上影响高度不到 10m。

图 24.78 所示为填土地表沉降量随时间变化曲线，由图 24.78 可看到地下水位上升并保持 1 个月后，地表沉降量最大值约 7mm。由此可知，在固结基本稳定后，地下水位上升 5m 对地面沉降影响不大。

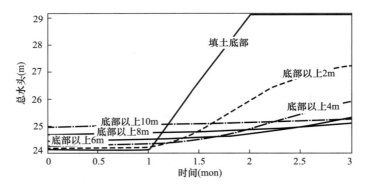

图 24.77　测点 JCS26 处地下水位上升时填土底部及以上不同高度总水头随时间变化曲线

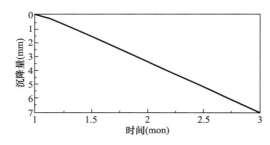

图 24.78　测点 JCS26 处地下水位上升引起的地面沉降随时间变化曲线

24.6　非饱和土二维固结的弹塑性分析

本节应用第 24.1.2 节构建的基于统一屈服面的非饱和土弹塑性固结模型求解二维固结问题[6,11]。

24.6.1　弹塑性数值分析方法、软件设计及其可靠性检验

24.6.1.1　分析方法、软件设计及检验方案

弹塑性计算采用常刚度初应力法[46-48]。每一个时间步长下的弹塑性损伤计算按下列步骤进行：①对于每一级荷载增量，无损部分和完全损伤部分均按弹性进行分析，由总体弹性损伤劲度矩阵求得应变增量和两部分土体的弹性应力增量；②把应力增量与前次迭代终了时的应力迭加得本次迭代的无损部分、完全损伤部分和单元总体的应力；③按照塑性条件判断完全损伤部

分是否屈服，若发生屈服则应力增量改为塑性应力增量，再重新计算单元总体的应力；④对于发生屈服的单元，根据各节点的基本未知量计算弹性等效节点力和塑性等效节点力，需重新分配的等效节点力为二者之差，对所有单元按节点迭加求得整体结构的等效附加荷载；⑤将等效附加荷载重复以上步骤进行迭代计算，直到所有单元都收敛为止；⑥然后根据体变增量计算硬化参数和损伤增量，施加下一级荷载增量，直至加完所有荷载增量为止。

利用伽辽金权余法和有限元的离散化思想，黄海（2000）从非饱和土二维弹塑性固结的控制方程组（式（24.34）～式（24.37））导出了相应的有限元表达式，具体情况见文献［6］。参考非饱和土弹性固结软件 CSU8[8,9,15]（即用 8 结点等参元设计的非饱和土固结软件），设计了非饱和土二维弹塑性固结软件 USEPC（即 Unsaturated Soil Elastic-Plastic Consolidationd 的简称）。该软件按平面应变问题计算，采用 4 结点等参元，包含 22 个子程序。

为了检验程序计算结果的可靠性，用软件 USEPC 求解一维固结问题，将计算结果同非饱和土的一维固结问题的解析解[9]及已获得成功的饱和土弹塑性程序 BCF 和非饱和土的弹性固结程序 CSU8 的计算结果作比较，以达到验证的目的。

计算问题的几何模型如图 24.79 所示，宽 1m，高 4m，共划分为 3 个单元，8 个结点；所有结点的水平位移被约束，7、8 两个结点的竖向位移也被约束；在上边界面上作用一均布荷载 $q=294$kPa；左、右和下边界均不透水透气，上边界视计算情况而定。

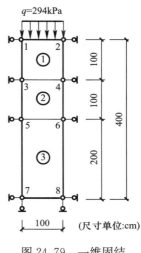

图 24.79 一维固结
问题计算模型

24.6.1.2 通过对饱和土一维弹塑性固结分析进行检验

用来验证比较的程序是"七·五"攻关成果——殷宗泽编制的非线性及弹塑性 Biot 固结平面有限元程序 BCF。为了计算饱和土的固结过程，需对程序进行一些改动，根据饱和土固结的控制方程，本章构建的非饱和土的控制方程式（24.36）和式（24.37）中，取：$a_1=a_2=1$，$a_3=a_4=a_5=b_1=b_2=b_3=b_4=b_5=0$。采用的参数分别为：$E=2548$kPa，$\mu=0.3$，$M=0.77$，$\lambda(0)=0.9$，$\kappa=0.6$，$r=0.75$，$\beta=0.0125$kPa，$k=0.6$，$K_w=10^{-6}$ cm/s，$e_0=0.95$，土粒相对密度为 2.7，$w_0=35\%$；不计自重；Δt 取为 1d；结点 1 和 2 均透水，约束为零，系统自由度为 12。BCF 程序所采用的参数为：$G=980$kPa，$c=0$，$\varphi=20°$，其他的参数相同。

计算结果中位移和孔隙水压随时间的变化规律绘于图 24.80。由于殷宗泽的 BCF 程序是一个"黑箱"，所以图 24.80（a）中二者的位移存在一定的差异，但其变化趋势是相同的，即饱和土的位移沉降变化的趋势比较平缓。图 24.80（b）中孔隙水压力的消散吻合得较好，两条曲线在固结的初始段均上升，然后才随时间逐渐消散，表明孔隙水压随时间先增大，再减小，这就

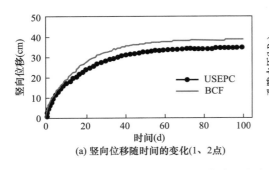

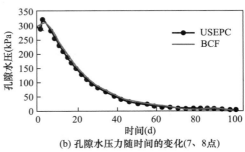

(a) 竖向位移随时间的变化(1、2点)　　(b) 孔隙水压力随时间的变化(7、8点)

图 24.80 竖向位移、孔隙水压力随时间的变化曲线

是**饱和土的曼德尔效应**[49]。计算模型中，上部的单元排水后，有效应力增高，产生体积收缩，而下部的单元排水相对慢一些，其体积收缩也较小，于是上部单元的收缩必然对下部单元产生收缩应力，由此引起下部单元总应力随时间增高，但下部单元变形不大，还不能完全承担增加的应力，这种总应力的增高自然只能增加到水体上，这就表现为下部单元内的孔隙水压增高。

通过结果的比较，表明程序 USEPC 计算饱和土算例的正确性是有保证的。

24.6.1.3 通过对非饱和土一维固结分析进行检验

验证非饱和土一维固结分析的解析解在文献［9］中有详细推导，这里只是将其引用。验证程序是陈正汉编制的有限元程序 CSU8，该程序在非饱和土的一维固结问题中曾求得解析解。仍采用前面的计算模型，计算参数分别为：$E = 2613.3\text{kPa}$，$\mu = 0.3333$，$\xi = 0.6667$，$e_0 = 0.95$，$S_{r0} = 50\%$，$K_w = 2.5 \times 10^{-6}\text{cm/s}$，$K_a = 5.28 \times 10^{-5}\text{cm/s}$；不计自重。CSU8 程序的计算参数相同，但由于采用 8 结点等参元，所以共有 18 个结点。

针对本算例，参看 23.3.7 节，非饱和土一维固结过程中任一时刻地基顶面 1、2 结点的位移沉降和地基底部 7、8 结点的孔隙水压力、孔隙气压力的解析解分别为：

$$P_{10} = 22.35\text{kPa}, \quad P_{20} = 28.83\text{kPa}, \quad \sigma_{z0} = 271.80\text{kPa}$$

$$C = 1.2862\text{cm}^2/\text{s}, \quad m = \frac{(2n+1)\pi}{800}\text{cm}, \quad \omega = 0.8574\left[\frac{(2n+1)\pi}{800\text{cm}}\right]^2$$

瞬时沉降 $W(0) = 27.18\text{cm}$，固结沉降 $W_c(\infty)$ 2.82cm， 总沉降 $W(\infty) = 30\text{cm}$
地基底面任一点的孔压为（直接引用第 23 章的相关结果）：

$$\left.\begin{array}{l} P_1(h,t) = \frac{4}{\pi}P_{10}\sum_{n=0}^{\infty}\frac{(-1)^n}{2n+1}(\text{ch}\omega t - 2.2591\text{sh}\omega t)\exp[-Cm^2t] \\[2mm] P_2(h,t) = \frac{4}{\pi}P_{20}\sum_{n=0}^{\infty}\frac{(-1)^n}{2n+1}(\text{ch}\omega t - 0.9448\text{sh}\omega t)\exp[-Cm^2t] \end{array}\right\}$$

地基的固结度为：

$$U(t) = 1 - \frac{8}{\pi^2}\sum_{n=0}^{\infty}\frac{1}{(2n+1)^2}(\text{ch}\omega t - 1.0491\text{sh}\omega t)\exp[-Cm^2t]$$

地基在任意时刻 t 的沉降为：

$$W_c(t) = U(t)gW_c(\infty)$$

验证计算分为两步：

（1）加载瞬时不排水不排气分析

这时上边界面是不排水不排气的，因此结点 1 和 2 的孔隙水压力和孔隙气压力的约束不为零，应由程序算出，结构有 22 个自由度。程序中取 $\Delta t = 0$，$t = 0$，计算结果及解析解列于表 24.30 中。通过比较可知，二者差别甚小。

非饱和土一维固结问题加载瞬时不排水不排气计算结果 表 24.30

结点	竖向位移（cm）	孔隙水压（kPa）	孔隙气压（kPa）	竖向应力（kPa）	水平应力（kPa）
1，2	27.16 (27.18)				
3，4	20.37 (20.39)	22.05 (21.90)	28.15 (28.25)	265.85 (266.36)	132.78 (133.18)
5，6	13.58 (13.59)				
7，8	0				

注：括号内是相应的解析解数值。

（2）固结过程分析

这时上边界透水透气，1、2结点的孔隙水压力和孔隙气压力都等于零，即约束为零，所以结构自由度为18个。计算结果列于表24.31和图24.81中。

所有结点在不同固结时刻的竖向位移、孔隙水压力和孔隙气压力 表24.31

时间（d）	结点	竖向位移（cm）		孔隙水压（kPa）		孔隙气压（kPa）	
		USEPC	CSU8	USEPC	CSU8	USEPC	CSU8
0.5	1，2	27.91	27.92	0	0	0	0
	3，4	20.61	20.63	7.14	7.32	16.0	16.19
	5，6	13.63	13.65	18.16	17.46	25.38	24.83
	7，8	0	0	23.27	21.49	29.0	27.98
1.5	1，2	28.49	28.51	0	0	0	0
	3，4	21.11	21.12	3.13	2.60	9.79	9.63
	5，6	13.95	13.95	8.91	8.32	17.67	17.26
	7，8	0	0	16.87	15.77	24.29	23.55
3.0	1，2	29.04	29.04	0	0	0	0
	3，4	21.61	21.61	0.82	0.54	6.23	6.16
	5，6	14.32	14.32	2.65	2.42	11.42	11.30
	7，8	0	0	5.99	5.89	15.96	15.82

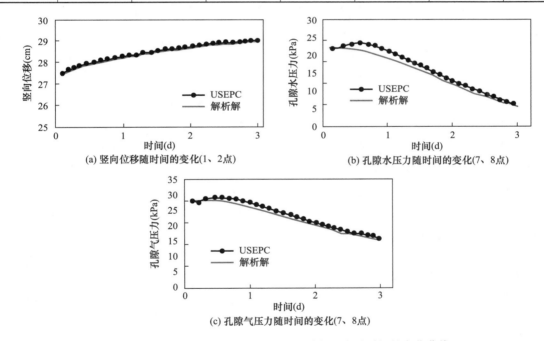

(a) 竖向位移随时间的变化(1、2点)

(b) 孔隙水压力随时间的变化(7、8点)

(c) 孔隙气压力随时间的变化(7、8点)

图24.81 竖向位移、孔隙水压力、孔隙气压力随时间的变化曲线

图24.81是有限元解与固结过程解析解的比较，由图可知二者比较吻合。由图24.81b和图24.81c可看出同饱和土相比，非饱和土固结过程中的曼德尔效应是不显著的，其原因是非饱和土中的气相压缩性大。表24.31是$t=0.5d$，$t=1.5d$和$t=3.0d$等时刻的整个计算模型所有结点的竖向位移、孔隙水压力和孔隙气压力同程序CSU8的计算结果进行比较，二者也吻合得相当好。

经过上述两种情况的验证，表明程序USEPC对非饱和土的弹性固结分析也是可靠的。

USEPC程序经过饱和土弹塑性固结分析和非饱和土弹性固结分析的验证计算，说明该程序在上述两种情况下的运行是可靠的，所以有理由相信该程序对于非饱和土弹塑性固结分析也是可靠的。

24.6.2　非饱和土地基的二维弹塑性固结分析

用 USEPC 程序计算非饱和土地基的平面应变弹塑性固结问题如图 24.82 所示。利用对称性取一半计算。地基深度为 8m，计算宽度为 16m。计算所用参数同一维计算中的参数，均布荷载 $q=294$kPa。计算模型共剖分 66 个单元，84 个结点，计算仍分两步进行。

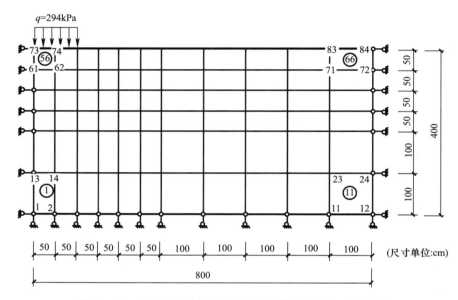

图 24.82　非饱和土地基平面固结的有限元剖分与边界条件

为模拟施工情况，均布荷载分三级施加，每级 98kPa。上边界透水透气，其余三个边界既不透水也不透气。计算包括每级荷载下的加载瞬时（$t=0$）的不排水不排气分析和随后的固结过程分析。由计算结果可得到结点的竖向位移、水平位移、孔隙水压力和孔隙气压力等。

24.6.2.1　加载瞬时不排水不排气分析

这时上边界不透水不透气，位于上边界 12 个结点（73，74，75，76，77，78，79，80，81，82，83，84）的孔隙水压力和孔隙气压力由程序算出，结构共有 118 个自由度。在程序中，$\Delta t=0$，$t=0$，计算结果如图 24.83 所示，其中（a）、（b）、（c）、（d）、（e）分别代表水平位移、竖向位移、孔隙水压力、孔隙气压力和比容增量的分布。由这些图可知，在上边界靠近荷载处存在一个松胀区，其比容（$V=1+e$）大于初始比容，孔隙水压力和孔隙气压力均为负值；结构的瞬时沉降量比较大，结点 73 的沉降达 22.40cm。

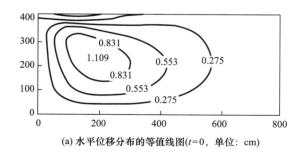

(a) 水平位移分布的等值线图($t=0$，单位：cm)

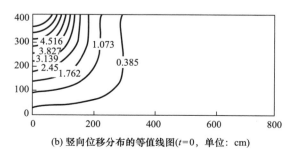

(b) 竖向位移分布的等值线图($t=0$，单位：cm)

图 24.83　各计算结果分析（一）

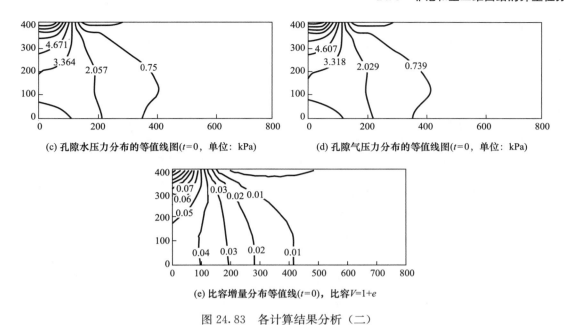

(c) 孔隙水压力分布的等值线图($t=0$, 单位: kPa)　　(d) 孔隙气压力分布的等值线图($t=0$, 单位: kPa)

(e) 比容增量分布等值线($t=0$), 比容$V=1+e$

图 24.83　各计算结果分析（二）

24.6.2.2　固结过程分析

这时上边界透水透气，相应结点的孔隙水压力和孔隙气压力均为零，结构的总自由度为 104 个。考虑到二维固结比一维固结快，取 $\Delta t=0.05$d。由计算结果可看出，当 $t=0.15$d 时，结点 61 的孔隙水压力已消散完毕，所以取 $t=0.1$d 时的计算结果绘于图 24.84 中，其中（a）、（b）、（c）、（d）、（e）分别代表水平位移、竖向位移、孔隙水压力、孔隙气压力和比容增量的分布。由图可看出，非饱和土的固结过程中的总位移相对于瞬时加载的位移变化不大，而孔隙水压力和孔隙气压力却消散得较快，并且孔隙水压力的消散比孔隙气压力快。

针对相同的算例，将上述的计算结果同陈正汉的弹性固结程序计算结果[9]比较，发现二者有类似的变化规律，这也再次验证了本程序的可靠性。

图 24.85 是分级加载过程中塑性区的开展情况，在第一级荷载作用下所有单元都处于弹性状态。第二级荷载施加后，荷载面附近的 9 个单元屈服了（图中由两组斜线覆盖的单元）。第三级荷载施加后，塑性区进一步扩展（图中只有一组斜线覆盖的单元）。图 24.86 是地基在第三级荷载施加固结完成后的竖向位移分布。

从以上结果可知，非饱和土的瞬时沉降比固结沉降大，孔隙水压力和孔隙气压力都消散得较快。

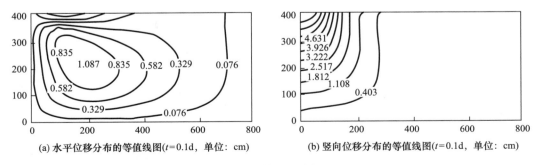

(a) 水平位移分布的等值线图($t=0.1$d, 单位: cm)　　(b) 竖向位移分布的等值线图($t=0.1$d, 单位: cm)

图 24.84　计算结果分析（一）

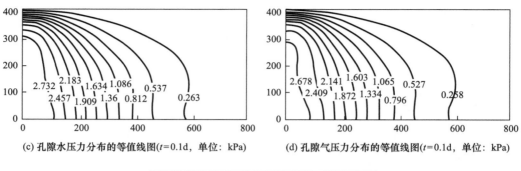

(c) 孔隙水压力分布的等值线图(t=0.1d，单位：kPa)　　(d) 孔隙气压力分布的等值线图(t=0.1d，单位：kPa)

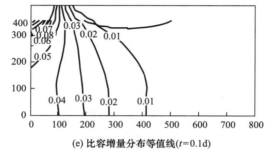

(e) 比容增量分布等值线(t=0.1d)

图 24.84　计算结果分析（二）

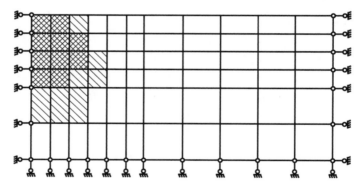

图 24.85　塑性区随荷载级数的变化

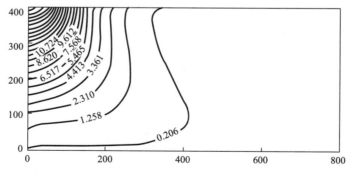

图 24.86　竖向位移分布的等值线图（t=10d，单位：cm）

24.7　本章小结

（1）把非饱和土的增量非线性本构模型引入非饱和土固结的混合物理论，建立非饱和土的非线性固结模型，即式（24.19）。式（24.19）与原理论的数学模型（式 23.42）的异同是：

① 二者除系数有所差别外，表述形式完全相同；

② 在式（24.19）中用两个应力状态变量取代了有效应力，其效果相当于用式（24.18）定义的 $\chi = 3K_t/H_t$ 取代原理论中的 $\chi = 3K_n/K_{S_rn}$；

③ 用水分变化的增量本构方程式（24.9）取代了原来的饱和度-吸力-密度状态方程，即式（23.24），式（24.9）考虑了净平均应力对持水特性的影响，以增量形式表达，更便于应用；

④ 考虑了渗水系数和渗气系数随空间的变化，从而为处理入渗过程和蒸发过程提供了方便；

⑤ 模型参数随应力水平和应力状态变化，能反映土变形的非线性；

⑥ 考虑了位置水头，更符合实际工程。

（2）把非饱和土的统一屈服面模型引入非饱和土固结的混合物理论，构建了非饱和土固结的弹塑性模型，设计了相应的有限元计算分析软件，在检验了其解答可靠性的基础上，求解了地基在分级加载条件下二维弹塑性固结过程的位移分量、孔隙水压力和孔隙气压力及塑性区的动态扩展。

（3）用非饱和土增量非线性本构模型和非线性固结模型研究分析解决了小浪底大坝、平定高速路堤和延安新区高填方等多项大型工程的疑难问题，为工程决策提供了科学依据。

（4）揭示了小浪底大坝发生长大裂缝病害的机理，科学评价了该大坝的稳定性，明确指出：①大坝在数十年内将处于非饱和状态，反复蓄水引起的湿化变形不是诱发裂缝的主因，裂缝非滑坡裂缝，裂缝主要因坝体不同分区的材料差异引起的不均匀变形所致；②裂缝虽有活动，但活动强度总体上渐趋平稳，不影响大坝安全；③大坝变形在合理范围，工后沉降基本完成，大坝变形渐趋平稳；④大坝整体稳定性较好。

（5）针对干密度大于 1.7g/cm^3 的高密度黄土填土，提出了两种计算湿化沉降的简化模型：①线性简化模型，把偏应力-轴向应变关系曲线在应力水平小于80%部分用直线近似；②双曲线简化模型，偏应力-轴向应变曲线在峰值前用双曲线拟合。两种方法应用简便，实用性强。

（6）围压、吸力、干密度均对湿化变形有影响，其中以干密度的影响最显著，$\rho_d = 1.8\text{g/cm}^3$ 试样的湿化变形约为 $\rho_d = 1.7\text{g/cm}^3$ 试样的湿化变形的 1/10 至 1/3。因此，提高压实度可有效减少湿化变形量。

（7）用有限元法计算分析了平定高速的两处黄土高填方路堤（兰州 K301+400 和兰州 K301+409）的沉降和降雨入渗引起的吸力改变及湿化问题，取得以下成果：①采用单元死活技术和分层加载方法可以方便地模拟施工过程，得出了在自重作用下路堤不同部位的竖向应力、水平应力、总沉降和工后沉降，路堤水平应力沿高度呈非线性分布（因受上覆压力、边界效应和材料非线性性质等因素影响）；②降雨对路堤浅表层的吸力有较大的影响，在降雨结束时刻吸力的变化最大，在降雨结束后随着水分下渗吸力有所恢复，当降雨强度较大时，路堤表层会进入饱和状态（吸力等于0）；③降雨对路堤的影响深度随着降雨量和降雨持续时间的增大而增大，饱和层厚度主要与降雨量有关；④降雨导致路面产生不均匀沉降，降雨时间越长，降雨量越大，路面沉降差越大，但湿化沉降量在毫米量级；⑤在路面中间隔离带发生渗水的情况下，降雨对路堤路面附近区域的影响深度要大于无渗漏的情况。

（8）应用非饱和土的非线性固结模型研究分析了延安新区高填方的变形和内水分迁移问题，考虑了土的干密度在固结过程中的变化，能较好地反映力-水-变形间的耦合效应；发现高填方土体内水分随着固结向下部迁移，若排水不畅将导致填筑体底部积水，底部土体逐渐饱和，将会导致工程隐患；高填方工程在固结沉降基本稳定后，降雨入渗对地面沉降影响不大；地下水位上升不大时，地下水位上升对地面沉降影响也较小。

从以上工程实践得到的重要启示是：对复杂工程问题要从多方面进行综合评判，避免瞎子摸象得出的片面认识造成误判。

参考文献

[1]　CHEN ZHENGHAN，et al. A non-linear model of unsaturated soil［C］// Proc Int 2nd Conf on Unsaturated Soil. Beijing：International Academic Publishers，1998：461-466.

[2]　陈正汉，周海清，Fredlund. 非饱和土的非线性模型及其应用［J］. 岩土工程学报，1999，21（5）：603-608.

[3]　殷宗泽，周建，赵仲辉，等. 非饱和土本构关系及变形计算［J］. 岩土工程学报，2006，28（2）：137-146.

[4]　陈正汉. 重塑非饱和黄土的变形、强度、屈服和水量变化特性［J］. 岩土工程学报，1999，21（1）：82-90.

[5]　CHEN ZHENGHAN，SUN SHUGUO. Strength characteristics and critical state of an unsaturated compacted loess［C］// STRENGTH THEOYR——Application，Development & Prospects for 21st Century. Beijing：Science Press.

[6]　黄海. 非饱和土的屈服特性及弹塑性固结的有限元分析［D］. 重庆：后勤工程学院，2000.

[7]　黄海，陈正汉，李刚. 非饱和土在 $p\text{-}s$ 平面上的屈服轨迹及土-水特征曲线的探讨［J］. 岩土力学，2000，21（4）：316-321.

[8]　陈正汉，谢定义，刘祖典. 非饱和土固结的混合物理论（Ⅰ）［J］. 应用数学和力学，1993，14（2）：127-137.（English Edition，1993，14（2）：137-150.）

[9]　陈正汉. 非饱和土固结的混合物理论（Ⅱ）［J］. 应用数学和力学，1993，14（8）：687-698.（English Edition，1993，14（8）：721-733.）

[10]　陈正汉. 膨胀土渠坡渗水、渗气、变形的非线性分析［C］//见：长江科学院编，南水北调膨胀土渠坡稳定和滑动早期预报研究论文桌，武汉，1998：68-78.

[11]　陈正汉，黄海，卢再华. 非饱和土的非线性固结模型与弹塑性固结模型及其应用［J］. 应用数学和力学，2001，21（1）：93-103.（English Edition，2001，21（1）：105-117.）

[12]　Daniel D E，et al. Stress-strain properties of compacted clay［J］. Poc. Of ASCE，Journal of Geotechnical and Foundation Engineering Division，1974，10.

[13]　ALONSO E E，GENS A，JOSA A. A constitutive model for partially saturated soils［J］. Géotechnique，1990，40（3）：405-430.

[14]　苗强强，陈正汉，朱青青. $p\text{-}s$ 平面上不同应力路径的非饱和土力学特性研究［J］. 岩石力学与工程学报，2011，30（7）：1496-1502.

[15]　陈正汉. 非饱和土固结的混合物理论—数学模型、试验研究、边值问题［D］. 西安：陕西机械学院，1991.

[16]　西安公路交通大学，陕西省高等级公路管理局. 陕西省高等级公路路堤沉降规律与防治的研究课题研究［R］. 1997. 12.

[17]　后勤工程学院. 公路非饱和路基土的力学特性研究［R］. 西部交通建设项目（2005ZB03）（分报告三），重庆，2008.

[18]　后勤工程学院，重庆交通科研设计院. 非饱和土路基变形与破坏特征的数值分析［R］. 西部交通建设项目（2005ZB03）（分报告五），重庆，2009，4.

[19]　广东华路交通科技有限公司，后勤工程学院. 路基内部水分迁移特性研究［R］. 广东省交通厅科技计划项目技术报告，重庆，2011，8.

[20]　后勤工程学院. 路基非饱和高液限填土的力学特性试验与路堤稳定性分析［R］. 云南省公路科学技术研究院项目结题报告，2012，12.

[21]　后勤工程学院，小浪底建管局. 小浪底水利枢纽大坝变形、边坡稳定分析研究［R］. 2006. 5.

[22]　郭剑峰，陈正汉，孙树国，等. 考虑非饱和特性的小浪底大坝边坡稳定分析［J］. 中国人民解放军后勤工程学院学报，2007，23（4）：45-49.

[23]　陈正汉. 非饱和土与特殊土力学的理论与实践［J］. 后勤工程学院学报，2011，27（4）：1-7.

[24]　GUO JIANFENG，CHEN ZHENGHAN，FANG XIANGWEI. Analysis of seepage，deformation and stability of Xiaolangdi Dam using unsaturated soil consolidation FEM［C］//Proc. IACMAG2011，Australia，

2011，5：154-158.

[25] 郭剑峰，陈正汉，郭楠. 延安新区高填方工程的变形与水分迁移耦合分析 [J]. 岩土工程学报，2021，43 (S1)：105-110.

[26] 林秀山. 黄河小浪底水利枢纽文集（二）[M]. 郑州：黄河水利出版社，2001，9：264-272.

[27] 殷保合. 黄河小浪底水利枢纽工程（第二卷，枢纽设计）[M]. 北京：中国水利水电出版社，2004.

[28] 孙树国，陈正汉，朱元青，等. 压力板仪配套及 SWCC 试验的若干问题探讨 [J]. 后勤工程学院学报，2006，22 (4)：1-5.

[29] 顾淦臣，束一鸣，沈长松. 土石坝工程经验与创新 [M]. 北京：中国电力出版社，2004.

[30] Duncan J M, Byrne P, Wong K S, et al. Strength, stress-strain and bulk modulus parameters for finite element analysis of stesses and movements in soil masses [R]. Report No. UCB/GT/80-01, 1980, College of Engineering Office of Research Services, University of California, Berkeley, USA.

[31] 关亮，陈正汉，黄雪峰，等. 非饱和填土（黄土）的湿化变形研究 [J]. 岩石力学与工程学报，2011，30 (8)：1698-1704.

[32] 刘祖典. 黄土力学与工程 [M]. 西安：陕西科学技术出版社，1997.

[33] 武汉大学，甘肃省结题科学研究院，重庆交通科研设计院，重庆高速公路发展有限公司. 非饱和土路基现场试验研究 [R]. 西部交通建设项目（2005ZB03）（分报告四），重庆，2008，10.

[34] 中国民航机场建设集团公司，空军工程设计研究局. 延安新区一期综合开发工程地基处理与土石方工程设计 [R]. 北京：中国民航机场建设集团公司空军工程设计研究局，2012.

[35] 朱才辉，李宁，刘明振，等. 吕梁机场黄土高填方地基工后沉降时空规律分析 [J]. 岩土工程学报，2013，34 (02)：293-301.

[36] 黄雪峰，孔洋，李旭东，等. 压实黄土变形特性研究与应用 [J]. 岩土力学，2014，35 (S2)：37-44.

[37] 高登辉，陈正汉，郭楠，等. 干密度和基质吸力对重塑非饱和黄土变形与强度特性的影响 [J]. 岩石力学与工程学报，2017，36 (3)：736-744.

[38] 郭楠. 非饱和土的增量非线性横观各向同性本构模型研究 [D]. 兰州：兰州理工大学，2018.

[39] 张沛然，黄雪峰，扈胜霞，等. 非饱和填土侧限压缩变形特性试验研究及应用初探 [J]. 岩土力学，2018，39 (2)：437-444.

[40] 段旭，董琪，门玉明，等. 黄土沟壑高填方工后地下水与土体含水率变化研究 [J]. 岩土工程学报，2018，25 (S)：71-74.

[41] 高登辉，陈正汉，邢义川，等. 净平均应力对非饱和重塑黄土渗水系数的影响 [J]. 岩土工程学报，2018，40 (S1)：51-56.

[42] 张龙，陈正汉，扈胜霞，等. 延安某工地填土的渗水和持水特性研究 [J]. 岩土工程学报，2018，40 (S1)：184-188.

[43] 姚志华，陈正汉，黄雪峰. 自重湿陷性黄土的水气运移及力学变形特征 [M]. 北京：人民交通出版社，2018，6.

[44] 延安市新区管委会. 延安市新区一期综合开发工程地质勘察资料 [R]. 2012.

[45] 延安新区管委会. 延安新区黄土丘陵沟壑区域工程造地实践 [M]. 北京：中国建筑工业出版社，2019.

[46] 李大潜. 有限元素法续讲 [M]. 北京：科学出版社，1979.

[47] 刘怀恒. 岩石力学平面非线性有限元法及程序 [J]. 地下空间，1981，(5)：214-218.

[48] 陈慧远. 初应力法在土工非线性有限单元法中的应用 [J]. 华东水利水电学院学报，1984：66-74.

[49] 华东水利学院土力学教研组. 土工原理与计算（上册）[M]. 北京：水利电力出版社，1980.

第 25 章　原状膨胀土和原状湿陷性黄土的弹塑性结构损伤固结模型及其工程应用

本章提要

把原状膨胀土和湿陷性黄土的弹塑性结构损伤模型引入非饱和土固结的混合物理论，分别构建了相应的弹塑性结构损伤固结模型，设计了相应的计算分析软件 UESEPDC 和 ULEPDSC；用软件 UESEPDC 计算分析了膨胀土边坡在开挖和降雨-蒸发循环中的三相多场耦合过程中的损伤场与塑性区的扩展；通过现场大型浸水试验揭示了大厚度自重湿陷性黄土场地的湿陷变形特征，用软件 ULEPDSC 计算分析了大厚度自重湿陷性黄土场地的大型浸水试验过程中的水气运移和湿陷变形规律。

25.1　原状膨胀土的弹塑性结构损伤固结模型

25.1.1　问题的提出

膨胀土在我国分布很广，涉及 10 多个省区。膨胀土具有超固结性、胀缩性和裂隙性，是一种典型的非饱和土，其变形和强度随气候条件而剧烈变化，对工程危害极大。修建在膨胀土地区的大量工业与民用建筑发生破坏，公路路面隆胀开裂，水利设施失效，机场迁建；成昆线、焦枝线、阳安线和南昆线等铁路干线因通过较长的膨胀土地区，经常发生路基病害和滑坡，治理费用达数亿元之巨，被称为岩土工程中的"癌症"，很难治理[1]。南水北调中线工程在豫冀两省通过 170km 的膨胀土地区，输水干渠边坡的变形和稳定问题是工程界十分关切的事[2]。

膨胀土体开挖形成的边坡失稳主要有两种原因。一是土体中有软弱结构面（图 25.1a），该结构面的倾角较小，多呈灰白色（图 25.1b），厚度 1～3cm，其含水率高于两侧土体，而其抗剪强度比两侧土体低；在开挖时，与开挖边坡倾角顺向的软弱结构面之上的部分土体成为临空面失去抗力，引发滑坡。如南水北调中线工程在 2011 年 5 月至 2013 年 5 月开挖修建期间共引发 130 个多个滑坡，最大滑坡的长度为 690m，滑坡体积 160000m³。二是气候变化引起膨胀土滑坡。已有的研究成果表明，许多膨胀土边坡在开挖完成后的初期是稳定的，以后在气候反复变化条件下逐渐发生失稳滑动[3]。边坡土体实际上经历了一系列复杂变化过程：蒸发干裂、降雨入渗、膨胀变形、裂隙部分闭合，再蒸发、裂隙扩展、土质进一步劣化，最终导致边坡土体滑塌。例如，南水北调中线工程陶岔引水渠首的膨胀土渠坡，尽管该处渠坡坡比为 1∶3，但发生了多个深度在 3m 左右的浅层滑坡（图 25.1c）。在降雨入渗和干燥蒸发过程中，土体中的固、液、气三相都在运动，各点的含水率、饱和度、吸力、应力、强度都在变化。因此，只有对膨胀土边坡进行气候变化过程中的三相多场耦合分析，才能动态模拟其从稳定到失稳的全过程、弄清各相及各状态量的变化规律，揭示土坡的破坏机理。

为了进行科学合理的分析计算，必须建立非饱和膨胀土的本构模型和固结模型。Gens 和 Alonso 曾提出了一个膨胀土弹塑性概念模型（简称为膨胀土 G-A 模型）[4]。该模型以巴塞罗那非饱和土弹塑性模型为基础，将土体变形分为微观和宏观两个结构层次，只能描述重塑膨胀土

（譬如填方土体）在干湿循环过程中的反复胀缩特性。南水北调中线工程引水渠坡有许多是高度较大的挖方边坡，最高达42m，其中的土是原状膨胀土，具有显著的裂隙结构（图21.1c、图21.1d），并表现出一定的软化和剪胀特性。G-A模型对描述原状膨胀土的这些特性无能为力。

(a) 软弱结构面

(b) 灰白色软弱结构面

(c) 浅层滑坡

图25.1　南水北调中线工程陶岔引水渠
首膨胀土边坡的浅层滑塌破坏

对于结构性较强的硬质黏土，沈珠江先后提出了弹塑性损伤模型和非线性损伤力学模型[5,6]，可反映饱和的结构性土体在低围压下的剪胀和软化特性。Desai则提出了结构性土体的扰动状态概念模型[7]。两者的基本思想都是复合体损伤理论：将整个土单元看成由两部分混合而成，相对完整的土和相对破碎的土；这两种土的力学性状差别较大，分别用不同的本构模型描述；在受力过程中，相对完整的土逐渐转化为相对破碎的土。

根据原状膨胀土在三轴剪切试验过程中的CT扫描结果[8,9]：剪切前试样断面相对较完整；随剪切进行，试样断面上裂隙、孔洞和软弱面等结构损伤所占比例逐渐增加；剪到残余状态后，土样断面比较破碎，结构损伤的演化较明显。因此，可以非饱和土本构理论为基础，结合复合体损伤理论，建立原状膨胀土的非饱和弹塑性结构损伤本构模型，从而反映原状膨胀土的裂隙性、反复胀缩、软化和剪胀等较复杂的变形特性。基于上述认识和相关研究结果[10-13]，卢再华等[14,15]建立了原状膨胀土的非饱和弹塑性损伤本构模型。

本节的任务就是把卢再华等建立的非饱和原状膨胀土的弹塑性损伤模型（第21.10.3节）引入陈正汉创立的非饱和土固结的混合物理论[16,17]（第23章）中，构建原状膨胀土的弹塑性结构损伤固结模型，为对膨胀土边坡进行气候变化过程中的三相多场耦合分析提供理论基础。

25.1.2　原状膨胀土的弹塑性结构损伤固结模型

非饱和土固结理论的基本方程有四类：连续方程、运动方程、几何方程和本构方程。各方程的具体形式如下[16-19]。

连续方程［不考虑化学反应、相变（如水-汽-冰互相转变）、气在水中溶解和源汇等］：

土骨架
$$\frac{\partial(1-n)}{\partial t} + \nabla \cdot [(1-n)\boldsymbol{X}'_s] = 0 \tag{25.1}$$

水
$$\frac{\partial(nS_r)}{\partial t} + \nabla \cdot [nS_r\boldsymbol{X}'_w] = 0 \tag{25.2}$$

气
$$\frac{\partial[n(1-S_r)(u_a+p_{atm})]}{\partial t} + \nabla \cdot [n(1-S_r)(u_a+p_{atm})\boldsymbol{X}'_a] = 0 \tag{25.3}$$

式中，$\boldsymbol{X}_s$、$\boldsymbol{X}_w$、$\boldsymbol{X}_a$ 依次为土的固相位移矢量、液相位移矢量、气相位移矢量，其右上角的"'"表示对组分运动的物质导数；n 和 S_r 分别为孔隙率和水的饱和度；u_a 和 p_{atm} 分别为孔隙气压力和大气压；$\nabla \cdot$ 是散度算子。

选用总体的、水的和气的动量守恒方程作为运动方程，其表达式分别为：

总体平衡
$$(\sigma_{ij} - u_a\delta_{ij})_{,j} + (u_a\delta_{ij})_{,j} + B_i = 0 \tag{25.4}$$

水
$$nS_r(\boldsymbol{X}'_w - \boldsymbol{X}'_s) = -k_w\nabla\left(\frac{u_w}{r_w} + z\right) \tag{25.5}$$

气
$$n(1-S_r)(\boldsymbol{X}'_a - \boldsymbol{X}'_s) = -k_a\nabla\left(\frac{u_a}{r_w}\right) \tag{25.6}$$

式中，σ_{ij} 和 u_w 分别为总应力和孔隙水压力；B_i 为土的体力分量；r_w、k_w 和 k_a 依次为水的容重、渗水系数和渗气系数；z 是位置水头；∇ 是梯度算子。

几何方程：
$$\varepsilon_{ij} = -\frac{1}{2}(X_{si,j} + X_{sj,i}) \tag{25.7}$$

式中，ε_{ij} 为土骨架的应变分量，式（24.7）即为式（23.4）。

本构方程（增量型）（设气相服从理想气体的状态方程，只需要土骨架和水的本构关系）：

土骨架（采用原状膨胀土的弹塑性损伤本构模型，即式（21.101））
$$\{d\sigma\} = [D]^{dmg}_{ep}\{d\varepsilon\} + \{F_s\}^{dmg}_{ep}ds \tag{25.8}$$

水
$$\Delta\varepsilon_w = \frac{\Delta p}{K_{wt}} + \frac{\Delta s}{H_{wt}} \tag{25.9}$$

式中，Δ 表示增量；$s = u_a - u_w$，代表基质吸力；$p = \frac{\sigma_{ij}\delta_{ij}}{3} - u_a$，代表净平均应力；$\varepsilon_w$ 为水的体应变，即体积含水率（用 θ 表示，$\theta = S_r n$）的改变量，其与质量含水率通过式（18.4）相联系；$[D]^{dmg}_{ep}$ 为与应变相关的弹塑性损伤劲度矩阵；$\{F_s\}^{dmg}_{ep}$ 为与吸力相关的弹塑性损伤劲度矩阵；K_{wt} 和 H_{wt} 分别是与净平均应力相关的水的切线体积模量和与吸力相关的水的切线体积模量，暂不考虑偏应力对持水特性的影响，这两个参数随应力状态和应力水平而变化，但在一个增量过程中则视为常数。

式（25.1）～式（25.9）就是原状膨胀土的弹塑性结构损伤固结的基本方程。参考文献 [15-19]，用 u，v，P_1 和 P_2 分别表示土的 x 方向位移分量增量、y 方向位移分量增量、孔隙水压力增量和孔隙气压力增量，则可得二维条件下原状膨胀土的弹塑性结构损伤固结的控制方程组为：

$$D_{11}\frac{\partial^2 u}{\partial x^2} + D_{12}\frac{\partial^2 v}{\partial x\partial y} + D_{14}\left(\frac{\partial^2 u}{\partial x\partial y} + \frac{\partial^2 v}{\partial x^2}\right) + D_{41}\frac{\partial^2 u}{\partial x\partial y} + D_{42}\frac{\partial^2 v}{\partial y^2} + D_{44}\left(\frac{\partial^2 u}{\partial y^2} + \frac{\partial^2 v}{\partial x\partial y}\right)$$
$$+ \left(F_1\frac{\partial}{\partial x} + F_4\frac{\partial}{\partial y}\right)P_1 - \left((1+F_1)\frac{\partial}{\partial x} + F_4\frac{\partial}{\partial y}\right)P_2 - b_x = 0 \tag{25.10}$$

$$D_{41}\frac{\partial^2 u}{\partial x^2}+D_{42}\frac{\partial^2 v}{\partial x \partial y}+D_{44}\left(\frac{\partial^2 u}{\partial x \partial y}+\frac{\partial^2 v}{\partial x^2}\right)+D_{21}\frac{\partial^2 u}{\partial x \partial y}+D_{22}\frac{\partial^2 v}{\partial y^2}+D_{24}\left(\frac{\partial^2 u}{\partial y^2}+\frac{\partial^2 v}{\partial x \partial y}\right)$$

$$+\left(M_4\frac{\partial}{\partial x}+M_2\frac{\partial}{\partial y}\right)P_1-\left[M_4\frac{\partial}{\partial x}+(1+M_2)\frac{\partial}{\partial y}\right]P_2-b_y=0 \tag{25.11}$$

$$a_1\frac{\partial}{\partial t}\left(\frac{\partial u}{\partial x}\right)+a_2\frac{\partial}{\partial t}\left(\frac{\partial v}{\partial y}\right)+a_3\frac{\partial}{\partial t}\left(\frac{\partial u}{\partial y}+\frac{\partial v}{\partial x}\right)+a_4\frac{\partial P_1}{\partial t}+a_5\frac{\partial P_2}{\partial t}$$

$$-\frac{\partial}{\partial x}\left(k_1\frac{\partial P_1}{\partial x}\right)-\frac{\partial}{\partial y}\left[k_1\frac{\partial}{\partial y}(P_1+\gamma_w y)\right]=0 \tag{25.12}$$

$$b_1\frac{\partial}{\partial t}\left(\frac{\partial u}{\partial x}\right)+b_2\frac{\partial}{\partial t}\left(\frac{\partial v}{\partial y}\right)+b_3\frac{\partial}{\partial t}\left(\frac{\partial u}{\partial y}+\frac{\partial v}{\partial x}\right)+b_4\frac{\partial P_1}{\partial t}+b_5\frac{\partial P_2}{\partial t}$$

$$-\frac{\partial}{\partial x}\left(k_2\frac{\partial P_2}{\partial x}\right)-\frac{\partial}{\partial y}\left(k_2\frac{\partial P_2}{\partial y}\right)=0 \tag{25.13}$$

其中，D_{ij} 为 $[D]_{ep}^{dmg}$ 中的元素，F_i 是 $\{F_s\}_{ep}^{dmg}$ 中的元素，

$$a_1=a_2=\frac{1}{3K_{wt}}(D_{11}+D_{21}+D_{31})+ns_r, \quad a_3=\frac{1}{3K_{wt}}(D_{14}+D_{24}+D_{34})$$

$$a_4=-a_5=\frac{1}{H_{wt}}+\frac{1}{3K_{wt}}(F_1+F_2+F_3),$$

$$b_1=1-a_1, \quad b_2=1-a_2, \quad b_3=-a_3, \quad b_4=-a_4, \quad b_5=a_4+\frac{n(1-s_r)}{(u_a+p_{atm})} \tag{25.14}$$

式中，b_x 和 b_y 分别为 x 和 y 方向的体力分量。

式（25.10）～式（25.13）每一个方程都包含 5 个基本未知量，体现了应力、变形、渗水和渗气的耦合效应。控制方程以增量形式给出，在每一次增量中材料参数视为常数，到下一次增量前根据实际的应力、变形等进行调整。弹塑性损伤矩阵 $[D]_{ep}^{dmg}$ 和 $\{F_s\}_{ep}^{dmg}$ 则依据当时的应力状态和损伤状态进行调整，及时反映损伤程度对土的力学特性的影响。

25.2 非饱和膨胀土坡在开挖与气候变化过程中的三相多场耦合数值分析

本节应用上一节建立的非饱和膨胀土的弹塑性损伤固结模型，对膨胀土边坡在开挖阶段和多次降雨蒸发过程的裂隙损伤演化、应力、变形以及塑性区发展等方面进行分析[15,20]，探讨膨胀土边坡逐渐发生失稳滑动的破坏机理，为膨胀土边坡的设计施工和边坡失稳滑动的早期预报提供理论依据。

25.2.1 分析方法、研究方案与模型参数

根据上一节建立的非饱和膨胀土的弹塑性损伤固结模型，应用伽辽金权余法和有限元的离散化思想，得到了二维条件下控制方程组的有限元表达式。

固结计算包括空间离散和时间离散，取孔隙水压力、孔隙气压力的形函数与位移的形函数相同。设 t 是固结从开始到任一瞬时的历时，Δt 是时间步长，有限元方程是对 $t+\Delta t$ 时刻建立的，可表达如下：

$$\sum_{e=1}^{MELES}\sum_{J=1}^{NNODE}[K_{ij}]_e^{t+\Delta}\{X_i\}_e^{t+\Delta}=\sum_{e=1}^{MELES}\{R_i\}_e^{t+\Delta} \tag{25.15}$$

$$(i=1,2,\cdots\cdots,NNODE)$$

式中，MELES 为结构单元总数；NNODE 为单元结点数，本文采用 4 结点等参元，NNODE＝4。由于每个结点有 4 个自由度（水平位移、竖向位移、孔隙水压力、孔隙气压力），故单元刚度矩

阵为 16×16 矩阵，而每个单刚子块 $\left[K_{ij} \right]_e^{t+\Delta}$ 为 4×4 矩阵，包含 16 个分量，各分量的具体表达式见文献 [15]。

通过边界面力、水相和气相的边界面流量，就可对荷载作用下的固结问题和降雨、蒸发作用下的固结问题进行有限元分析。在总体刚度矩阵与荷载项中含有 t 和 Δt，在知道了固结过程中 t 时刻各结点的位移和孔压的前提下，对总体刚度矩阵与荷载项进行修正，就能算出 $t+\Delta t$ 时刻相应的值。

根据式（25.15），参考非饱和土弹性固结软件 CSU8[16,17]（即用 8 结点等参元设计的非饱和土固结软件）、非饱和土弹塑性固结软件 USEPC[19]（即 Unsaturated Soil Elastic-Plastic Consolidationd 的简称），卢再华（2001）设计了非饱和膨胀土弹塑性损伤固结软件 UESEP-DC（即 Unsaturated Expansive Soil Elastic-Plastic Damage Consolidation 的简称）。程序按平面应变问题计算，包含 33 个子程序。

应当指出，式（25.15）中的刚度矩阵是不对称的，单刚的存储、总刚的装配和求解只能采用非对称矩阵的算法，本节采用完全高斯消去法求解。

弹塑性损伤计采用常刚度初应力法[21-23]，与第 24.6 节类似，此处不再赘述。

利用非饱和膨胀土弹塑性损伤固结软件 UESEPDC 程序，对非饱和膨胀土边坡进行了开挖和降雨蒸发循环过程的数值模拟。

整个计算分析过程分为四个阶段：①开挖前膨胀土场地的降雨-蒸发作用阶段（一次降雨-蒸发循环）；②开挖完工瞬时；③开挖完工后的应力调整阶段（历时 3d）；④挖方边坡的降雨-蒸发循环作用阶段（共四次降雨-蒸发循环）。

采用四边形单元对膨胀土场地进行离散，开挖前和开挖后的有限元网格分别如图 25.2 和图 25.3 所示。计算断面高 25m，宽 48m。开挖后的边坡高度为 10m，坡比 1∶2，共用了 280 个单元和 313 个节点。

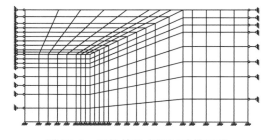

图 25.2　开挖前的有限元计算网格

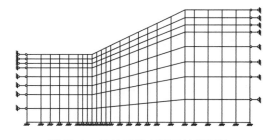

图 25.3　开挖后的有限元计算网格

参照文献 [15] 和第 21.10 节，有关参数取值如下：

完全损伤部分：

与 LY 屈服面相关的参数：k、$\lambda(0)$、r、β、p_c、M、κ 和 G 取值如表 25.1 所示。

LY 屈服面相关的参数取值　　　　　　　　　　　　表 25.1

k	$\lambda(0)$	r	β	p_c (kPa)	M	κ	G (kPa)
0.003	0.013	0.85	0.0125	30	1.1	0.35	4980

与剪切屈服面 SY 相关的参数：a 和 M_2 分别取 0.2 和 1.1。

与吸力变化相关的参数：k_s、t_i、t_d 和 n 分别取 0.008、1.5、4。

无损部分：

无损部分共 10 个参数：c、φ、φ^b、t_d、n、k^0、m、m_1、μ 和 R_f。其中无损部分的前 3 个参

数可由三轴排水剪切试验得到[24]，其值依次为：22.7kPa、17.3°、10.6°；t_d 和 n 取完全损伤部分相应参数相同值[12]；参数 μ 和 R_f 取常数 0.3 和 0.6；$k°$、m 和 m_1 分别取[24] 203.5、0.1 和 32.8。

损伤演化参数：A 和 Z 由 CT 试验数据确定，分别取 3.9 和 1.6。

水量变化参数：$\beta(s)$ 和 $\beta(p)$ 分别取为[24] $2.64 \times 10^{-5} kPa^{-1}$ 和 1.54%。

渗透系数：水相和气相的渗透系数 K_w 和 K_a 分别为 $2.127 \times 10^{-7} cm/s$ 和 $4.057 \times 10^{-6} cm/s$，它们在降雨、蒸发及固结过程中是变化的，此处为简化计算，取为常数。

对于倾斜坡面，须先将流量（入渗或蒸发）换算到坡面法线方向，再根据单元类别和形函数计算出节点等效流量。

25.2.2 初始条件和边界条件

（1）初始状态土性指标与初始应力条件

假定整个膨胀土场地在分析前的初始状态是相同的，相应的吸力、损伤值、比容、含水率和气压的初始值分别为 50.0kPa、0.25、1.75、22.5% 和 0kPa。

膨胀土一般具有较强的超固结性，浅层土体的水平应力一般比垂直应力大。参考文献 [25，26] 对膨胀土初始地应力的实测数据和文献 [27，28] 对鄂北岗地膨胀土地应力的估算公式，并考虑到深部土层并不具有超固结性，本节对膨胀土超固结性的初始地应力计算采用如下公式：

$$\sigma_z = \begin{cases} 60.0 & (0 \leqslant z \leqslant 3.0m) \\ \gamma z & (3.0m < z < +\infty) \end{cases}$$

$$\sigma_x = \begin{cases} 2.5\gamma z & (0 \leqslant z \leqslant 4.0m) \\ 0.5\gamma z + 7z & (4.0m < z < 23.0m) \\ 0.8\gamma z & (23.0m < z) \end{cases} \tag{25.16}$$

膨胀土弹塑性损伤模型的 LY 屈服面的硬化参数 p_0^*，即饱和状态的初始屈服净平均应力，应预先给定；剪切屈服面 SY 以塑性偏应变为硬化参数。

（2）边界条件

非饱和土边值问题的边界条件分为四类：①力边界条件：边界节点所受到的荷载；②位移边界条件：边界节点给定的位移值；③孔隙水压力和孔隙气压力边界条件：边界节点所受到的水压和气压条件；④流量边界条件：边界节点的水分入渗和蒸发情况。其中前两类边界条件按一般弹塑性力学方法处理，即计算断面的左右两侧边界节点限制水平位移，底部边界节点同时限制水平位移和竖向位移。图 25.2 和图 25.3 中的上部为透水透气边界，气压与大气连通，气压力恒为零；左右两侧与底部为不透水不透气边界，其节点的气压、水压在各个阶段均自由变化。降雨蒸发阶段与开挖完工时，上部边界节点的水压力自由变化；开挖后的应力调整阶段，上边界面节点的水压力和气压力都设为零。开挖形成的反向节点力荷载则由程序计算得到，施加在图 25.3 的上边界面的左边两段的节点上。

（3）降雨入渗和蒸发条件

本节计算模拟的降雨蒸发条件是：降雨过程连续 3d，蒸发过程连续 3d，计为 1 次干湿循环。降雨过程的水分入渗率为 8mm/d，蒸发过程的水分蒸发率和水分入渗率相同。3d 的累计入渗量和累计蒸发量均为 24mm。流量荷载施加在上部边界面的节点上。

25.2.3 计算结果及分析

整个计算过程分为四个阶段，即，①开挖前的降雨-蒸发作用阶段；②开挖完成瞬时；③开挖后的应力调整阶段；④挖方边坡的降雨蒸发循环作用阶段。

25.2.3.1　前 3 个阶段的计算结果分析

（1）开挖前的、降雨-蒸发作用阶段

这一阶段只有一次降雨-蒸发循环，累计入渗量等于累计蒸发量。由计算结果可知，土的含水率和吸力最后又回到了初始值。例如，吸力初始值为 50kPa，降雨后表层土吸力降为 36kPa，蒸发后回升到 50kPa。由于吸力的变化幅度较小（仅 14kPa），土体的应力变化很小，此处不予介绍。损伤值初始为 0.25，经降雨-蒸发后地表损伤值变为 0.285。但降雨引起地表隆起约 8mm，蒸发后地表沉降 7.5mm，二者基本持平。场地如同做呼吸运动一样，这与客观事实相符。

（2）开挖完工瞬时的计算结果分析

图 25.4～图 25.6 分别是开挖完工瞬时的剪应力场、损伤场和塑性区。开挖使边坡土体的剪应力明显增大，坡脚处的剪应力最大，达 40～50kPa；距离坡脚越远的土体，其剪应力越小。开挖引起的损伤演化显著，坡肩和坡脚的损伤增量最大（坡脚处损伤达 0.36～0.38），这和剪应力分布规律是吻合的。开挖后在坡脚处出现的剪应力集中使得该处土体首先发生屈服，与现有认识一致。

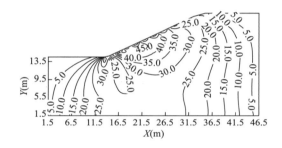

图 25.4　开挖完工瞬时的剪应力分布（kPa）

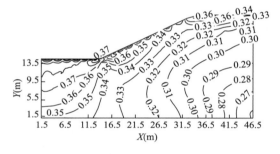

图 25.5　开挖完工瞬时的损伤值分布

图 25.7 是开挖完工瞬时的水平位移增量分布图。开挖后的水平位移均为负值，说明边坡土体向临空方向移动，坡腰处土体的水平位移较大，最大值达到 8～9cm。

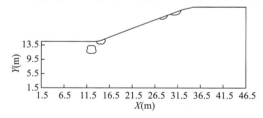

图 25.6　开挖完工瞬时的塑性区

开挖引起的水分和吸力变化不大，此处不予介绍。

（3）开挖完工三天后的计算结果分析

开挖完工三天后经应力调整，坡体剪应力进一步增大（图 25.8），在坡脚处达 80～90kPa；土体结构损伤加剧（图 25.9），在坡脚处附近损伤值增至 0.45～0.50；水平位移增至 9～10cm（图 25.10）；但塑性区扩展不大，图略。

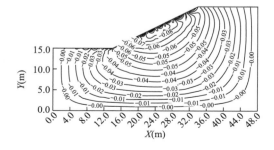

图 25.7　开挖完工瞬时的水平位移增量（m）

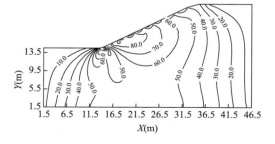

图 25.8　边坡经过应力调整后的剪应力分布（kPa）

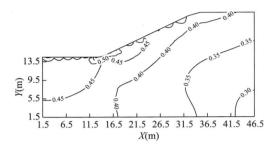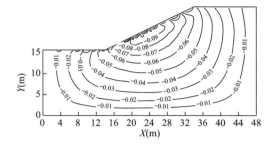

图 25.9　边坡开挖并经过应力调整后的损伤场　　图 25.10　边坡经过应力调整后的水平位移增量（m）

25.2.3.2　挖方边坡经多次降雨-蒸发循环作用的计算结果分析

1. 挖方边坡经首次降雨入渗作用的计算结果分析

图 25.11~图 25.15 是挖方边坡经首次降雨入渗作用后的含水率场、吸力场、水平应力场、损伤场及塑性区发展情况。雨水入渗后上部浅层土体的含水率明显增加（图 25.11），吸力减少（图 25.12），深部土层则无变化。坡顶、坡面和坡底上部土层的水平应力都因土体膨胀而增大，坡脚处水平应力增加最多（图 25.13）；下部土层水平应力则基本无变化。降雨引起土体力学性能劣化，坡肩、坡面和坡脚浅层土体的损伤值都在增大（图 25.14）。吸力减小后，土体的抗剪强度降低，抗变形能力减弱，更多的土单元发生屈服。塑性区向坡内扩展（图 25.15），从而诱发边坡的滑坡等病害。这与膨胀土边坡滑坡多发生雨季的病害特点是一致的。

降雨引起浅层土体向上膨胀，地表上升明显（图 25.16）。降雨基本上没有引起剪应力增大；坡顶和坡底的竖向应力也基本无变化，而坡面浅层土体的竖向应力有所增加，这主要是因为坡顶土体可自由膨胀，而坡面浅层土体则受到右上方土体竖向的限制，其膨胀量较小，从而竖向应力增加。

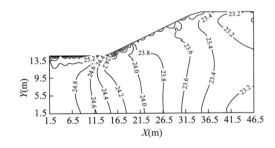

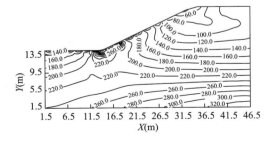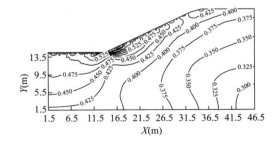

图 25.11　挖方边坡首次降雨后的含水率（%）　　图 25.12　挖方边坡首次降雨后的吸力（kPa）

图 25.13　挖方边坡首次降雨后的水平应力（kPa）　　图 25.14　挖方边坡首次降雨后的损伤值

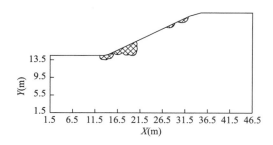

图 25.15　挖方边坡首次降雨后的塑性区

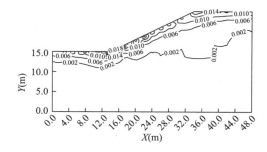

图 25.16　挖方边坡首次降雨后的垂直位移增量（m）

2. 挖方边坡在首次降雨入渗后再经蒸发作用的计算结果分析

蒸发后吸力值增大，含水率减小；且吸力等值线与上边界面大致平行；膨胀土产生干缩变形，蒸发后坡体侧向收缩、竖向下沉（图 25.17），且竖向位移等值线和上边界面基本平行。上边界下部的浅层土体的水平应力减小，远离上边界的土体水平应力则基本不变；土体的竖向应力变化不大；坡脚右侧土体的剪应力稍微减小。土体的含水率减小后，土体的抗剪强度提高，抗变形能力加强，加上土体收缩后水平应力降低，因此，发生屈服的土单元减少，塑性区范围变小。坡顶下浅层土体的损伤值有所增大（图 25.18），损伤增量显然是土体干缩后裂隙演化引起。土体的水平位移分布和降雨后的值基本相同，但方向相反。

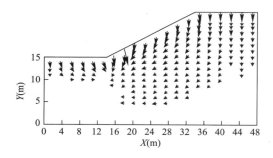

图 25.17　挖方边坡首次蒸发后的位移矢量图

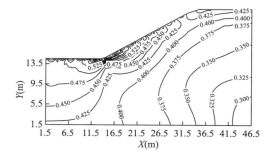

图 25.18　挖方边坡首次蒸发后的损伤值

文献 [29] 通过对湖北郧阳区膨胀土边坡在气候作用下的变形观测，总结出如下变形特点：①边坡的胀缩和升降变形曲线和土体含水率增减曲线同步，1 年 1 次反复循环，变形曲线略滞后于含水率变化曲线。②含水率增大，土体膨胀，垂直变形为上升，水平变形向坡外延伸；含水率减小，土体收缩，垂直变形为下降，水平变形向坡内收缩。③一般坡肩变形大于坡腰，坡腰大于坡脚。④不同深度的变形量随深度增加而减小。本文算例计算结果除第③点外，其余都基本吻合。

3. 挖方边坡在后继多次降雨-蒸发循环作用的计算结果分析

设挖方边坡随后又经历三次降雨-蒸发循环作用。计算表明，在第二、第三和第四次湿-干循环的过程中，边坡土体的含水率场、吸力场、应力场、位移场、损伤场及塑性区发展的变化规律和第一次循环的变化规律基本相同，即：

降雨阶段：坡顶、坡面和坡底上部土层的水平应力都因膨胀而增大，坡脚处水平应力增加最多；下部土层水平应力则基本无变化。坡顶和坡底的竖向应力基本无变化，坡面浅层土体的竖向应力则有所增加。剪应力分布几乎不变。塑性区向坡内扩展，坡肩、坡面和坡脚浅层土体的损伤值都在增大。上边界附近土体的水压增大，气压基本不变，吸力明显减少，含水率增加，深部土层则均无变化。降雨引起浅层土体向上膨胀，地表上升明显；水平位移则小得多，坡肩、坡面和坡底的土体向左移动，坡脚右侧的土体则向右移动。

蒸发阶段：蒸发后膨胀土产生干缩变形，上边界下的浅层土体的水平应力减小，远离上边界的土体则基本不变；土体的竖向应力变化不大；坡脚右侧土体的剪应力稍微减小。塑性区范围减小。坡顶下浅层土体的损伤值有所增大。蒸发后坡面下沉，且位移等值线和上边界面基本平行。上边界面下浅层土体的水压增量为负值，孔隙水压力减小，吸力值增大，含水率减小；且吸力等值线趋向与上边界面平行。

下面仅给出第 4 次降雨-蒸发后的计算结果，分析干湿循环对边坡变形和稳定的影响。图 25.19～图 25.21 分别是第 4 次降雨-蒸发后的剪应力场、损伤场和塑性区分布情况。与以前各次降雨蒸发循环后的相应图比较可知：整个边坡土体的剪应力变化不大，仅坡脚上方坡面处的土体的剪应力稍微增加；边坡土体的损伤值呈现明显的演化趋势，坡脚附近土体的损伤值已增大到 0.8，损伤值为 0.45 的等值

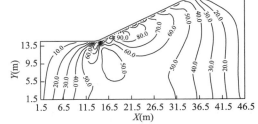

图 25.19 第四次降雨-蒸发后的边坡剪应力分布（kPa）

线逐渐在坡面浅层向上延伸接近坡顶，较深处的损伤值为 0.4 的等值线却基本不变。降雨蒸发主要影响边坡表面的土体，在多次降雨蒸发的干湿循环作用下，边坡表面的土体发生反复的收缩、膨胀，裂隙损伤程度逐渐增加。和图 25.5 及图 25.9 中开挖引起的卸荷裂隙损伤不同，此时土体受到的损伤主要是胀缩引起的裂隙损伤。土体损伤程度加大后，即使所受到的剪应力不变，但土体的力学性能劣化，从而使更多的土体单元发生塑性屈服。边坡塑性区逐渐由坡脚向坡面和坡肩延伸。

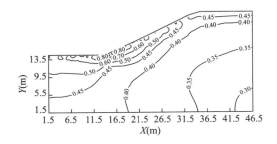

图 25.20 第四次降雨-蒸发后的边坡损伤场

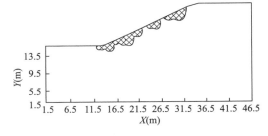

图 25.21 第四次降雨-蒸发后的塑性区分布

上述数值分析结果表明：开挖卸荷作用使得边坡土体产生剪切变形，造成边坡出现剪切裂隙损伤；在随后的降雨蒸发循环作用下，膨胀土边坡表面的土体胀缩裂隙损伤逐渐加大，土体的力学性能劣化，使塑性区沿边坡表面浅层逐渐发展，变形加大并导致边坡产生滑塌和滑坡破坏。 文献［29］对膨胀土边坡破坏的机理分析如下：膨胀土滑坡酝酿于旱季，发生在雨季。干旱时，土体大量干缩，裂隙扩张加深，土体进一步被破坏。雨季来临，降水灌入裂隙中，润滑裂隙面，降低其抗剪强度，并湿润土体增加主动土压力，产生滑动，而且这种滑坡往往相互牵引逐级滑动，造成边坡大规模破坏。本节对膨胀土边坡在开挖和降雨蒸发过程中裂隙损伤演化的数值分析结果基本上定量地描述了上述规律。

25.3 湿陷性黄土的弹塑性结构损伤固结模型

采用和 25.1.2 相同的数学方法，姚志华[30-32]通过详细推导，构建了湿陷性黄土的弹塑性结构损伤固结模型，其中采用了考虑净平均应力和偏应力影响的 4 变量持水特性曲线公式，并且考虑了位置水头、水的入渗或蒸发。该模型的控制方程组如下（增量形式）：

$$-\frac{1}{2}\left[D_{ijkl}\left(\frac{\partial u_k}{\partial x_l}+\frac{\partial u_l}{\partial x_k}\right)\right]_{,j}+F_{ijkl,l}(\Delta u_{\mathrm{a}}-\Delta u_{\mathrm{w}})\delta_{jk}$$
$$+(F_{ijkl}\delta_{kl}+1)\cdot\Delta u_{\mathrm{a},j}-F_{ijkl}\delta_{kl}\Delta u_{\mathrm{w},j}+f_{0i}=0 \qquad (25.17)$$

$$\frac{\partial D_{ijkl}\left(\frac{\partial u_k}{\partial x_l}+\frac{\partial u_l}{\partial x_k}\right)}{6K_{\mathrm{wpt}}\partial t}\delta_{ij}+\frac{[L]\partial D_{ijkl}\left(\frac{\partial u_k}{\partial x_l}+\frac{\partial u_l}{\partial x_k}\right)}{2K_{\mathrm{wqt}}\partial t}\delta_{ij}$$
$$-\left(\frac{F_{ijkl}m_{kl}}{3K_{\mathrm{wpt}}}+\frac{1}{H_{\mathrm{wt}}}+\frac{[L]F_{ijkl}m_{kl}}{K_{\mathrm{wqt}}}\right)\times\frac{\partial\Delta(u_{\mathrm{a}}-u_{\mathrm{w}})}{\partial t}\delta_{ij} \qquad (25.18)$$
$$+\nabla\cdot\theta\Delta\boldsymbol{v}_{\mathrm{s}}+q_{\mathrm{w}}=\nabla\cdot k_{\mathrm{w}}v\left(\frac{\Delta u_{\mathrm{w}}}{r_{\mathrm{w}}}+z\right)$$

$$-\frac{\partial\left[D_{ijkl}\left(\frac{\partial u_k}{\partial x_l}+\frac{\partial u_l}{\partial x_k}\right)\right]}{6K_{\mathrm{wpt}}}\delta_{ij}-\frac{[L]\cdot\partial\left[D_{ijkl}\left(\frac{\partial u_k}{\partial x_l}+\frac{\partial u_l}{\partial x_k}\right)\right]}{2K_{\mathrm{wqt}}}\delta_{ij}$$
$$+\left(\frac{F_{ijkl}m_{kl}}{3K_{\mathrm{wpt}}\partial t}+\frac{1}{H_{\mathrm{wt}}\partial t}+\frac{[L]F_{ijkl}m_{kl}}{K_{\mathrm{wqt}}}\right)\times\frac{\partial\Delta(u_{\mathrm{a}}-u_{\mathrm{w}})}{\partial t}\delta_{ij}+\nabla\cdot\left[(1-\theta)\boldsymbol{v}_{\mathrm{s}}\right] \quad (25.19)$$
$$+\frac{(n-\theta)}{P_{\mathrm{g}}}\frac{\partial\Delta u_{\mathrm{a}}}{\partial t}+q_{\mathrm{a}}=\nabla\cdot\left[\frac{k_{\mathrm{a}}}{r_{\mathrm{w}}}\nabla\Delta u_{\mathrm{a}}\right]$$

式中，$[D]$ 为与应变相关的弹塑性损伤劲度矩阵；$\{F\}$ 为与吸力相关的弹塑性损伤劲度矩阵；$\boldsymbol{v}_{\mathrm{s}}$ 是土的固相速度；Δ 是增量；∇ 是梯度算子；$\nabla\cdot$ 是散度算子；θ 为体积含水率，$\theta=S_{\mathrm{r}}n$；q_{w} 是水的入渗强度或蒸发强度；z 是位置水头；q_{a} 是气相的源或汇；f_{0i} 为三相土的体力；$P_{\mathrm{g}}=u_{\mathrm{a}}+p_{\mathrm{atm}}$；$\delta_{ij}$ 为 Kroneker 记号；$\{m\}=\{1\ 1\ 1\ 0\ 0\ 0\}^{\mathrm{T}}$；矩阵 $[L]$ 与偏应力增量相关，由下式定义

$$\mathrm{d}q=\sqrt{\frac{2}{q}}\cdot\begin{bmatrix}2\sigma_x-\sigma_y-\sigma_z\\2\sigma_y-\sigma_z-\sigma_x\\2\sigma_z-\sigma_x-\sigma_y\\6\tau_{xy}\\6\tau_{yz}\\6\tau_{zx}\end{bmatrix}^{\mathrm{T}}[\mathrm{d}\sigma]=[L][\mathrm{d}\sigma] \qquad (25.20)$$

对于二维问题，从式（25.17）～式（25.19）可直接得出具体表达式，与式（25.10）～式（25.13）相似的方程，具体推导过程详见文献［30］，此处不再赘述。

以式（25.17）～式（25.19）为基础，姚志华采用 Fortran95 设计了非饱和黄土弹塑性损伤渗流固结软件 ULEPDSC[30-32]（即 Unsaturated Loess Elastic-Plastic Damage Seepage Consolidation 的简称）。该软件采用 4 节点等参单元，包括 2 个主程序、26 个子程序以及 3 个输入文件。关于该软件的工程应用，将在下节对大厚度自重湿陷性黄土场地湿陷变形特征的大型现场浸水试验研究基础上，在第 24.5 节进行介绍。

25.4　大厚度自重湿陷性黄土场地的湿陷变形特征

25.4.1　黄土湿陷问题研究概况

黄土的湿陷性是工程界和学术界长期关注的问题[33-35]。研究黄土的湿陷性的方法有两种：一是室内试验（包括离心模型试验）与数理方法相结合，二是现场试坑浸水试验。前者主要研究黄土的湿陷机理和定量描述的数学模型，许多学者为此作了很大努力[36-52]；后者通过原位试验直接得出地基的湿陷变形量（特别是自重湿陷量）和湿陷变形的时空分布[53-65]，用以判定场地湿陷类型比较

准确可靠，但费用高，费工费时。因而，《湿陷性黄土地区建筑标准》GB 50025—2018 规定[66]，在缺乏经验的新建地区，对甲类和乙类中的重要建筑，应采取试坑浸水试验判定场地湿陷类型。

近年来，随着国家经济的发展和西部大开发战略的实施，黄土地区的建设项目日益增多，规模越来越大，工程场地从低阶地向高阶地发展，出现了需要解决的新问题。在对宁夏扶贫扬黄灌溉工程的 11 号泵站黄土地基进行处理时，就遇到了如何把握大厚度自重湿陷性黄土场地的湿陷变形特征问题。

国内部分黄土浸水试验基本资料统计表 表 25.2

浸水试验场地与试验时间	湿陷性土层厚度（m）	试坑尺寸（m）	注水历时（d）	注水总量（m³）	注水期湿陷量 S_1（cm）	停水一结束（d）	停水后湿陷量 S_2（cm）	总湿陷量（cm）	S_2 占总湿陷量的百分比
兰州东岗 1975	10～11	Φ10	75	1188	93.1	28	2.8	95.9	2.92
		Φ12	96	1960	87.5	15	4.0	91.5	4.37
		Φ20	63	2670	90.2	25	3.4	93.6	3.63
		10×10	79	1426	83.6	17	3.4	87	3.91
		20×5	99	1690	97.3	20	2.2	99.5	2.21
		20×10	67	2266	80.7	21	3.7	84.4	4.38
渭北张桥 1977	9～9.5	10×10	64	3090	20.2	30	0.5	20.7	2.42
连城铝厂 1973	10～15	75×25	37	漏水				81.9	19～27
		55×34	37	9707				135.2	
		17×34	35	4341				118.4	
蒲城电厂 1993	35*	Φ40	40	79860	1.0	35	5.5	6.5	84.6
宝鸡第二发电厂 1993	20	20×20	55	13180		13		34.4	
宁夏扶贫扬黄工程 11 号泵站 2001～2002	≥36.5	110×70	162	124043	平均 167.7	62	平均 47.4	215.1	22.04

注：* 蒲城电厂场地黄土总厚 60m，上部 6m 为 Q_3，下部为 Q_2，黄土与古土壤成层交互分布，湿陷下限深度是 35m。

宁夏扶贫扬黄灌溉工程[67]是国家重点建设项目，其目的是引黄河水解决宁南山区 100 万贫困人口的脱贫问题（生活用水和灌溉）。它是一项大型电力提灌工程，第 11 号泵站属该项目的分项工程之一。由于该泵站场地的自重湿陷性黄土厚度很大（35m 以上），工程指挥部决定采用预浸水法消除自重湿陷性，这就为认识大厚度自重湿陷性黄土场地的湿陷变形特征提供了良好机遇。结合地基预浸水工作，作者课题组成员黄雪峰和朱元青等在该场地上同时进行了大面积试坑浸水试验和大量原状黄土试样的室内试验[59]。浸水试坑长 110m，宽 70m，浸水观测历时 162d；停水后观测历时 62d；总注水量 124043.2m³。从表 25.2 统计的国内部分黄土浸水试验基本资料可知，本场地的自重湿陷性黄土土层之厚、试坑规模之巨、浸水用量之多、试验历时之长、湿陷变形之大，皆为同类研究工作之最。

25.4.2 试验场地的岩土工程条件

11 号泵站，位于宁夏自治区固原县七营镇张堡二队，该场地地处清水河Ⅲ级阶地中部，地势较开阔，地形较平坦，场地黄土层厚度大于 60m，湿陷性土层厚度约 35m，地层自上而下为：

① 黄土层，层厚 35m，浅黄色，土质较均匀，多孔，属自重湿陷性土层；

② 壤土层，层厚大于 25m，为第四系上更新统冲积粉土层，呈棕黄—浅红色，硬塑，稍湿，一般属非湿陷性土层。

由地质勘察资料知，该场地的地下水位深度大于 70m。黄土层属自重湿陷性土层，湿陷下限深度 35m。地表下 18m 范围内，最大湿陷系数 $\delta_s=0.099$，最大自重湿陷系数 $\delta_{zs}=0.061$；地表下 18～35m，最大湿陷系数 $\delta_s=0.050$，最大自重湿陷系数 $\delta_{zs}=0.050$。整个场地计算自重湿陷量一般≤140cm，最大可达 160cm；计算总湿陷量一般为 95～170cm，最大可达 190cm。地勘报告将该场地评价为自重湿陷性黄土场地，湿陷等级Ⅳ级，湿陷程度严重～很严重。

鉴于上述地质勘察资料缺乏每 1.0～1.5m 连续取样试验数据，为对浸水影响范围内的黄土性状作进一步了解，在拟定的浸水坑附近，补打了 2 个探井，编号分别为 Ta 和 Tb，两个探井深度均为 40m。在探井中连续取样，取样间距 1m，做室内土压缩湿陷试验。根据探井揭示及试验结果综合分析，该场地自重湿陷性土层下限深度为 25～36m。2 个补充探井进一步揭示了该场地黄土层的性状，该黄土层包括粉土和粉质黏土，不同深度土层的干密度、孔隙比、含水率、饱和度、物理状态、湿陷系数、计算湿陷量列于表 25.3。

探井处黄土的物理指标与湿陷量　　　　　　　　　　表 25.3

土层深度（m）	0～7.5	7.5～18.0	大于 18
干密度（g/cm³）	1.10～1.41	1.28～1.45	1.29～1.58
孔隙比	0.915～1.464	0.862～1.109	0.709～1.109
含水率（%）	9.3～20.9	7.5～18.0	8.8～19.0
饱和度（%）	23.3～57.0	17.5～35.0	25.2～56.0
物理状态	一般为坚硬，个别硬塑—可塑	坚硬	一般为坚硬，个别硬塑
最大自重湿陷性系数	0.044～0.070	0.036～0.053	0.034～0.063
计算自重湿陷量（cm）	8～29	17～50	36～79
最大湿陷系数	0.094～0.110		
计算湿陷量（cm）	46～60		

对该场地，在计算自重湿陷量时考虑因地区土质而异的修正系数 β 取 1.2，从自然地面算起；在计算总湿陷量时，5m 以上，β 取 1.5；5m 以下，β 取 1.2。对 10m 以下土层湿陷量的计算，一般取饱和自重压力下的湿陷系数。计算结果见表 25.4。

用探井土性指标计算湿陷量　　　　　　　　　　表 25.4

补充探井编号	湿陷性土层下限深度（m）	最大湿陷系数	最大自重湿陷系数	计算湿陷量（cm） 自重湿陷量	计算湿陷量（cm） 总湿陷量	湿陷性评价
Ta	≥36.5	0.110	0.063	≥103.1	≥139.2	自重湿陷性场地，湿陷等级Ⅳ级，湿陷程度很严重
Tb	35.5	0.094	0.070	115.7	140.5	

从表 25.4 可见，该场地湿陷性土层下限深度≥36.5m，最大湿陷系数 0.110，最大自重湿陷系数 0.070。计算总湿陷量≥140cm，计算自重湿陷量≥115cm。综合工程地质勘察报告和补充探井资料，根据《湿陷性黄土地区建筑规范》[68] GBJ 25—1990 评价，该场地为自重湿陷性黄土场地，湿陷等级主要为Ⅳ级，湿陷程度以很严重为主。

25.4.3　试验概况

根据 11 号泵站工程平面布置需要，试坑平面尺寸为 110m×70m，其边长大于湿陷性黄土层厚度，满足《湿陷性黄土地区建筑规范》GBJ 25—1990 的要求。为加速地基浸水饱和进程，在试坑内打注水孔 800 个，孔径 100～150mm，孔深 26m，孔间距 2m，总进尺 20880m。试坑深 0.5m，坑底铺厚度 0.1m 的圆砾。试坑内共填石料 105m³，其中注水孔内填 97m³，坑内进水口处填 8m³。

在距试坑边 50m 处设水准基点 2 个，其中 1 个供经常观测用，另 1 个作校核备用。在坑内沿纵、横轴线方向设置下沉观测点 57 个点，间距 6m。坑外下沉观测点布置在垂直坑边方向，距试坑边 10m 内的观测点间距为 1m，距试坑边 10～40m 的观测点间距为 2m。依现场情况，共布坑外观测点 50 个。试坑及观测点、探井的布置如图 25.22 所示。

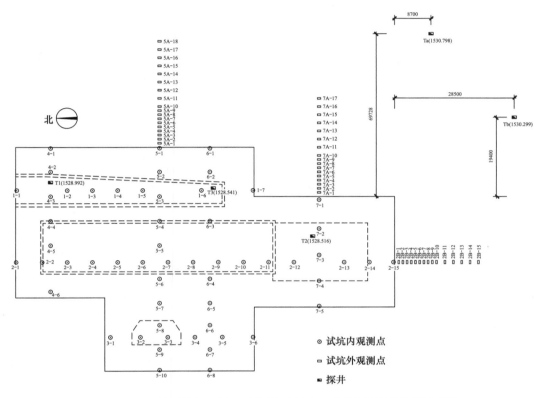

图 25.22　11 号泵站场地浸水试坑平面布置、观测点及探井位置示意图

用引水管给试坑注水，5d 后坑面全部被水覆盖，第 6d 坑内保持水头 5～10cm，第 7d 坑内水头达 30cm，一般情况下坑内水面均能保持 30～105cm 的水头。在注水管口接一水表，记录管道每小时的输水量。由图 25.23 所示的昼夜耗水量与浸水时间关系曲线可见，日耗水量～浸水时间的关系呈现"大→缓→稳"的变化规律，即开始半个月日耗水量很大，最大可达 3700m³/d；以后日耗水量逐渐减少，约一个月后日耗水量趋于平稳，平均 500m³/d 左右。试坑共浸水 162d，总耗水量 124043.2m³。按试坑面积计算，每平方米试坑面积耗水量约 33.6m³。

对沉降的观测，浸水前 5d，每天观测 2 次；6～30d，每天观测 1 次；31～45d，每 2d 观测 1 次；46～70d，每 3～5d 观测 1 次。在浸水过程中，对试坑四周地面裂缝的出现与发展进行了监测，监测并记录地面裂缝的出现时间、扩展延伸情况、裂缝间距、阶梯状地形的错落高差及其距浸水坑边的距离等。

全部试验工作共经历 251d，大致分以下几个阶段：准备试坑，2001 年 6 月 9 日～2001 年 6 月 25 日，历时 17d；浸水观测，2001 年 6 月 26 日～2001

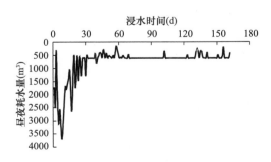

图 25.23　昼夜耗水量与浸水时间关系

年 12 月 5 日，历时 162d；停水后观测，2001 年 12 月 6 日～2002 年 2 月 4 日，历时 62d；浸水效果检验，2002 年 4 月 15 日～2002 年 4 月 25 日，历时 10d。

25.4.4　停水条件及稳定标准

试坑停水前，坑内底面沉降量 127.5～188.6cm，平均 167.7cm；坑外地面沉降量，随着观测点距坑边距离的增大，沉降量由大变小至零，坑外地面最大沉降量 155.1cm。停水后，坑内底面沉降量 16.2～85.3cm，平均 47.3cm；坑外地面沉降增量 16.8cm。浸水前后累计沉降量：坑内底面 163.0～261.1cm，平均 215.1cm；坑外地面最大沉降量 171.9cm。

根据沉降观测结果，浸水坑前 5d 的湿陷量较小；第 6～30d，湿陷速度最快，最大日沉降量坑内底面 10cm/d 以上，单点最大 20cm/d 以上；30d 之后，湿陷速度逐渐减小，坑内各个点的沉降量维持在 2～3mm/d 左右。浸水约 95d 后沉降逐渐减小，平均为 2.72mm/d；浸水约 110d 后沉降一般为 2.5mm/d；此后至停水的这段时间，坑内各点的沉降量基本在 2.0mm/d 左右，缓慢减小。随浸水时间的增加，沉降量有微小的减小趋势，但不十分明显，仍不能满足《湿陷性黄土地区建筑规范》GBJ 25—1990 的第 4.6.2 条第三款之规定的稳定标准，即，"浸水坑内的水头不宜小于 300mm，连续浸水时间以湿陷变形稳定为准，其稳定标准为最后 5d 的平均湿陷量小于 1mm/d"。

针对上述现象，就停止浸水标准问题进行了以下分析。①《湿陷性黄土地区建筑规范》GBJ 25—1990 中规定的预浸水法稳定标准，最后 5d 的平均湿陷量小于 1mm/d，是参照兰州东岗浸水试验资料确定的，该场地的湿陷性黄土层厚 10m 左右；11 号泵站场地的湿陷性土层下限深度≥36m，湿陷性土层如此之厚的场地上的大面积浸水试验国内以往还不曾做过，没有相应的沉降观测资料可供参考；对兰州东岗和 11 号泵站两个湿陷性黄土层厚度差距如此之大的场地使用同一稳定标准似欠妥当；比较合理的方法是按湿陷性土层厚度的大小，划分 2～3 个浸水停水稳定标准，对湿陷性土层厚度较大的地基，停水稳定标准拟适当放宽。②11 号泵站设计的基底面在地面下 10m 左右，浸水条件下的预压荷载（即上覆饱水土重）已接近 200kPa，该值与泵站基底设计压力相近，故今后在泵站荷载作用下几乎不会再产生附加沉降。③停水后，基土还有一个排水固结过程，使 10m 内含水率降低到大致接近塑限含水率一般需要 3～6 个月，而 10m 以下基土的固结排水需要的时间更长；在固结排水过程中，基土还要产生一定的沉降。④泵站场地的湿陷是在保持一定水头、连续浸水 5 个多月的极端条件下发生的，地基在泵站今后正常运行过程中不会遇到如此不利的浸水条件。

基于以上分析和当时试坑湿陷变形速率在数日内连续维持在 2mm/d 左右的实际情况，课题组向宁夏扶贫扬黄工程建设指挥部提出停止注水建议，得到该工程指挥部的认可，从而缩短了工期，减少了工程投资。这实际上是对大厚度湿陷性黄土地基的大面积浸水试验建议了一个停止注水标准，即最后 5d 的平均湿陷量不大于 2mm/d，因而超出了《湿陷性黄土地区建筑规范》GB 50025—1990[68] 的相关规定。此举不仅解决了工程中遇到的新疑难问题，而且为日后修订规范的有关条文提供了实例。当然，这一建议标准主要是从利用场地疏干时间考虑的，因而不能把浸水湿陷变形和停水后的固结变形严格区分开来，这是其不足之处。

25.4.5　湿陷变形特征分析

25.4.5.1　湿陷量随浸水历时的发展特征

试坑浸水后，坑内地面及坑外一定范围内的土体都产生了湿陷。湿陷变形的一般规律是，坑内地面的湿陷变形发生得早、快、大；而坑外地面各处的湿陷变形和到试坑的距离有关，离坑近处比离坑远处的湿陷变形发生得早、快、大。虽然地基各部位的湿陷变形发生的迟早、速率及达到相对稳定的时间和湿陷量的大小有所差异，但自重湿陷量与时俱增的规律是一致的。

图 25.24 是坑内编号为 6-5 的观测点湿陷量与时间关系曲线，图中的 OA 段表示浸水阶段的湿陷过程，AB 段表示停水后的固结过程。可以看出：浸水试验期间，随着浸水时间的增大，湿陷量的变化表现为以下几个阶段：①初期平缓段：浸水 5d 内，浸水坑用水量较大，但沉降量较小；这是因为地基下部土层尚未浸透，湿陷主要发生在中上部。②浸水陡降段：浸水 6～45d，浸水坑面全部被浸水覆盖，并维持 30cm 以上的水头，此阶段累计湿陷量可达总湿陷量的一半左右。③中期平缓段：浸水 4d～停水，湿陷速率逐渐减小，湿陷量与时间关系曲线趋于平缓，直至沉降相对稳定。④停水后的陡降段：湿陷速率因地基排水固结突然增大，坑内最大湿陷速率可达 5cm/d 以上，此段历时约半个月。⑤后期平缓段：随着排水固结的逐渐完成，沉降速率日益减缓。停水后的沉降量可达 25～85cm，平均 47.4cm，约占总湿陷量的 22%。浸水阶段陡降段和停水陡降段，合计累计时间约两个月，这两个阶段的湿陷量约占总湿陷量的四分之三。

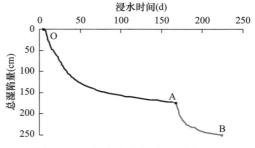

图 25.24　坑内地表沉降观测点 6-5
的湿陷量与时间关系

为了进一步认识本试验场地大厚度自重湿陷性黄土的湿陷变形特征，比较一下本场地与国内几个同类工作试验场地的湿陷变形是有意义的。从表 25.2 和文献［57］的图 2 可知，蒲城电厂的湿陷变形小于 7cm，属于非自重湿陷性场地，湿陷变形主要是在停水后的固结过程中发生的；其湿陷量与时间关系曲线在停水前是很平缓的，没有浸水陡降段和中期平缓段，只有停水后的陡降段和后期平缓段。兰州东岗［54］和渭北张桥［55］都是自重湿陷性黄土场地，但厚度较小（约 10m），它们的湿陷变形绝大部分是在浸水过程中完成的；停水后的固结过程中湿陷变形很小，因而它们的湿陷量与时间关系曲线只有初期平缓段、浸水陡降段和中期平缓段，没有停水后的陡降段和后期平缓段。连城铝厂［53］和 11 号泵站也都是自重湿陷性黄土场地，浸水面积很大，停水后的下沉量较大，占总湿陷变形的 20% 以上，曲线后段表现出类似于非自重湿陷性黄土场地的浸水湿陷变形规律。但连城铝厂场地的湿陷性黄土厚度不及 11 号泵站的一半，为什么会呈现相似的湿陷变形特征？从表 25.2 可找到部分答案。连城铝厂场地比兰州东岗和渭北张桥场地的湿陷性黄土厚度大 50% 左右，但浸水时间只有 37d，仅及后二者的一半，停水过早，湿陷变形可能远未接近稳定。

与连城铝厂场地类似的例子还有陕西省焦化厂［56］，该场地自重湿陷性黄土层厚 11.2～15.5m（与连城铝厂场地相当），试坑面积 10m×10m。浸水头 4d 所有观测标点均未下沉，第 7d 坑外地面出现第一道裂缝；浸水第 38d，裂缝已扩展到邻近建筑物，不得不提前停水。这时最大湿陷量（12 号标点）达 30.2cm，但整个试坑浅标点的下沉速度仍有 0.2～0.3cm/d，未达到稳定标准。停水 17d 后结束试验，12 号标点下沉量增至 34.2cm，停水期间的平均下沉深度为 2.4mm/d，湿陷变形仍未完成。文献［56］的作者认为，参考兰州东岗浸水试验的经验（表 25.2），10m 厚的湿陷性黄土层湿陷变形达到稳定需要 60d；陕西省焦化厂场地的湿陷性黄土层较厚（11.2～15.5m），达到稳定约需 90d；据此推断出待场地的稳定湿陷量约为 41.3cm，平均下沉速率为 1.37mm/d。这样，陕西省焦化厂场地停水沉降就占总沉降的 17.19%。显然，这一数字并不能反映固结变形的真实情况；换言之，连城铝厂和陕西省焦化场地在停水后不应出现变形陡降段及后期平缓段。

在 25.4.4 节中说过，11 号泵站试坑停水时的湿陷变形速率是 2mm/d，达到《湿陷性黄土地区建筑规范》GBJ 25—1990 规定的稳定标准尚需时日，因而停水后的变形不完全是固结变形。若仿照陕西省焦化厂场地研究者的作法，11 号泵站场地达到规范规定的稳定标准约需 210d；按照平均下沉速率 1.5mm/d 计算，则还有 7.2cm 的浸水湿陷量，即（210−162）×1.5mm；从停水后的湿陷量 47.4cm 中扣除 7.2cm，则停水后的湿陷量（40.2cm）占总湿陷量的 18.69%。即停水后的固结变形依然相当大，图 25.24 的曲线形态不会受大的影响。综合以上分析可以认为，11 号泵站场地湿陷变形在浸水过程中已得到较充分的发展，图 25.24 所示曲线的形态基本上反映了大厚度湿陷性黄土的湿陷变形所特有的发展规律。

25.4.5.2　湿陷速率的变化特征

观测点 6-5 的湿陷速率与浸水时间关系曲线如图 25.25 所示，图中的 OC 段表示浸水阶段，

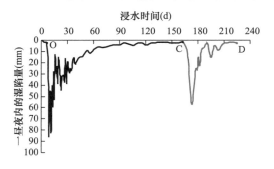

图 25.25　坑内地表沉降观测点 6-5 的湿陷速率示意图

CD 段表示停水后的固结阶段。可以看出：浸水期间，湿陷速率呈现"小→大→小→稳定"规律；停水后，湿陷速率则呈现"大→小→稳定"规律。浸水开始后的前 5d，湿陷速率低，一般小于 1cm/d；第 6～45d，湿陷速率大，坑内最大平均湿陷速率可达到 8cm/d 以上，但未超过兰州东岗场地的湿陷速率记录（15cm/d）；45d 后，湿陷速率逐渐减小，直至停水，坑内各点湿陷量维持在 2～3mm/d 的基础上变化不大。浸水约 65d 以前的沉降速率较大；浸水约 95d 后，沉降速率逐渐减小，平均为 2.72mm/d；浸水约 110d 天后，沉降为 2.5mm/d；此后至停水的这段时间，坑内点的沉降量基本在 2.0mm/d 左右缓慢减小，随浸水时间的增加，沉降量有减小趋势，但不明显。停水后 10d 左右，湿陷速率出现停水后的峰值，一般达 3～4cm/d，最大可达 5cm/d 以上，此后又逐渐平缓、趋向稳定。

25.4.5.3　坑外地面的下沉与裂缝

随着试坑浸水和自重湿陷的产生发展，浸水坑周围地面陆续出现环形裂缝、碟形洼地和阶梯状地形，如图 25.26 所示。浸水第 7d，浸水坑东侧地面出现首条裂缝，呈不连续、间断状；随着浸水时间的增加，裂缝逐渐扩展、延伸、相互连接，最终发展成环状，图 25.27 是试坑周围裂缝分布素描图。裂缝宽度一般为 2～21cm，裂缝两侧地面高差 1～39cm、个别部位大于 40cm（图 25.28），远远超过了既往同类试验裂缝的相应尺寸（表 25.5）。裂缝范围达坑边外 24～36m，平均 30m 左右。综合分析裂缝发展情况，有如下特点：

图 25.26　浸水中期试坑周围的地表形态

（1）先局部，后整体。浸水坑外地面先局部出现裂缝，且裂缝细微、不连续，后逐渐变宽、贯通，形成环形连续的地面裂缝。

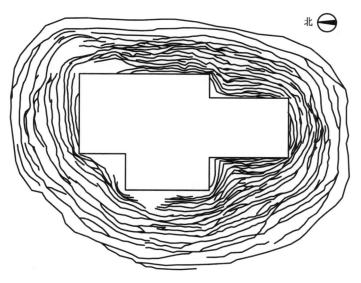

图 25.27 11 号泵站浸水试坑周围裂缝分布素描图

（2）先近后远，先密后疏，逐步扩展。裂缝的出现与发展，由坑边向外逐渐扩展。距坑边近的地面，裂缝一般较密，间距 1.9～2.5m；距坑边远的地面，裂缝一般较疏，数量变少，裂缝之间的距离变大，间距 2.5～4.5m。

（3）在浸水坑的拐角附近，裂缝间距小；浸水坑直边外的地面裂缝宽度大，地面裂缝范围宽。

（4）随着浸水时间的增加，各裂缝本身呈"缓→快→缓→趋向闭合"的发展过程。浸水初期，裂缝发展较缓；浸水 25～40d，裂缝发展最快、最明显；以后又逐渐变缓，新裂缝在继续出现，部分早期出现的裂缝渐渐闭合。

图 25.28 11 号泵站浸水试坑
周围典型裂缝照片

部分现场浸水试验试坑周围裂缝的特征尺寸　　　　　　　　　　表 25.5

浸水试验场地	头道裂缝出现时间	裂缝宽度（cm）	裂缝两侧地面高差（cm）	最远裂缝至试坑边距离（m）	试坑尺寸（m）	湿陷性土层厚度（m）
兰州东岗	第 1 天	5～7	12～15	11.3～12.5	ϕ10	10～11
渭北张桥	第 7 天	最大 2.2	台阶不明显	7.5	10×10	9～9.5
陕西省焦化厂	第 7 天	0.1～7.5	0.1～5.9	9.5	10×10	11.2～15.5
11 号泵站	第 7 天	2～21	一般 1～39，个别大于 40	36	110×70	35～37

停水前后，仍有新裂缝出现，但发展较缓慢，呈现相对稳定之趋势。裂缝出现的地面位置距坑边最大距离约 42m，在浸水坑的西南角。裂缝范围一般为坑边外 24～36m，平均 30m。坑外地面下沉范围，一般为坑边外 30～40m，平均 35m，比坑外地面裂缝范围略大。据此，可以认为，浸水深度已大于 37m，达到了湿陷性土层的下限深度。坑外地面下沉规律与裂缝扩展规律性相一致。浸水坑外平面影响距离比湿陷性土层下限深度略小，二者比例为 85%～95%，由此推测该场地的竖向渗透性略高于水平向，二者基本接近。

25.4.5.4 浸水坑内地面的沉降差异

11 号泵站浸水坑内地面各测点的沉降比较均匀,差异不大。浸水前地面标高 1530.53m 左右;浸水后坑底面略有起伏,底面标高 1527.92~1528.90m,最大高差 0.98m。总的趋势是浸水坑中央的沉降大,东北部沉降小,其余部位处于二者之间。坑底水疏干后,坑底面呈龟裂状,龟裂裂缝较多。

25.4.6 浸水效果检验

11 号泵站预浸水处理地基停水约 4 个月之后,课题组在现场布置探井 3 个,编号为 T_1、T_2、T_3。探井深度 13m(从停水后试坑底面算起),取样间距 1m,做室内土工试验。探井开挖表明,11 号泵站停水 4 个月后,13m 以下的土层仍呈饱和状态,不能挖井取样。根据测试结果,对该场地的湿陷性及其他土性变化分析评价如下:

(1)湿陷性评价

T_1 探井:13.5m 深度内,自重湿陷系数(δ_{zs})一般均小于 0.015,仅在 10m 深度 δ_{zs} 为 0.016,计算自重湿陷量 $\Delta_{zs}=1.9$cm,小于 7cm;在 200kPa 压力下的湿陷系数(δ_s)一般也小于 0.015,仅在 4m、6m、10m 深分别为 0.020、0.015、0.015,计算总湿陷量 $\Delta_s=7.5$cm。

T_2 探井:13.5m 深度内,自重湿陷系数(δ_{zs})均小于 0.015。200kPa 压力下的湿陷系数(δ_s)一般也小于 0.015,仅在坑底面下 1.0m 处的 δ_s 为 0.020,计算湿陷量 4.5cm。

T_3 探井:12.5m 深度内,自重湿陷系数(δ_{zs})均小于 0.015。200kPa 压力下的湿陷系数(δ_s)一般也小于 0.015,仅在坑底面下 1.0m、4.0m 处分别为 0.030、0.015,土层的总湿陷量 $\Delta_s=9.0$cm。

结合浸水湿陷量和泵站基底设计标高综合分析,上述探井残留的湿陷性土层的湿陷系数小,除个别点之外,大部在泵站基底以上。为此,可以认为该场地经预浸水处理地基后,自重湿陷性已全部消除,200kPa 压力下的湿陷性基本消除。

(2)压缩性及承载力评价

试验表明,预浸水处理后的场地土层,含水率较高,孔隙比减少,取样深度内土层的压缩系数、压缩模量分别为:T_1 探井,a_{1-2} 为 0.12~0.50MPa^{-1},E_s 为 4.0~16.8MPa,一般呈中压缩性;T_2 探井,a_{1-2} 为 0.16~0.81MPa^{-1},E_s 为 2.5~11.4MPa,一般呈中~高压缩性;T_3 探井,a_{1-2} 为 0.23~0.58MPa^{-1},E_s 为 3.6~8.6MPa,一般呈中压缩性。

综上所述,预浸水处理后的 11 号泵站场地土层,目前呈中~高压缩性,以中压缩性为主。当含水率疏干到接近塑限含水率时,将呈中压缩性,地基承载力特征值为 150kPa 左右。

25.5 湿陷性黄土的弹塑性结构损伤固结模型的工程应用

应用湿陷性黄土的弹塑性结构损伤固结模型及相应的计算分析软件 ULEPDSC,可对大厚度自重湿陷性黄土场地的大型现场浸水试验结果进行分析。该软件的特色在于:①渗气系数随基质吸力的变化而变化;②持水特性采用考虑净平均应力影响的广义土持水特性曲线描述;③考虑黄土在加载和湿陷过程的细观结构演化,利用弹塑性结构损伤固结模型计算分析原状湿陷性黄土在外荷载和浸水条件下的水气运移和湿陷变形的耦合过程。

为配合国家电网在黄土地区的建设,作者团队成员黄雪峰和姚志华等于 2009—2010 年在兰州市和平镇金川科技园再次开展了大厚度自重湿陷性黄土场地的大型现场浸水试验研究[59-62]。由于非饱和土测试技术的发展成熟,该试验的测试内容增加了水分和吸力的量测,监测内容比较全面，对其试验结果用湿陷性黄土的弹塑性结构损伤固结模型进行分析更有意义和更具代表性。该试验的详细情况可参见文献［30，31，62］，为清楚起见，兹将其主要情况在下节作简要介绍。

25.5.1 金川科技园大厚度自重湿陷性黄土场地大型浸水试验简介

试验场地选在兰州市和平镇金川科技园，地貌单元属黄河南岸Ⅳ级阶地，相对平坦。该场地土层均为 Q_3 黄土，场地湿陷程度强烈，湿陷土层厚度为 36.5m。试验场地在勘探深度范围内，未发现地下水，根据当地居民生活所用地下水井可知，该场地地下水深度大于 100m。

试坑直径为 40m，开挖深度控制为 0.5m 左右。试坑内外设置地表沉降观测点和深层沉降观测点共 25 个；同时埋设由锦州阳光科技有限公司生产的 TDR-3 型水分传感器（图 2.11a）50 个和美国制造的 Fredlund 热传导吸力传感器（图 2.3 和图 2.11d）16 个。为了安装水分传感器和吸力传感器，在试坑内外各布置了 3 个探井。图 25.29 是试坑平面布置、观测点及探井位置示意图。

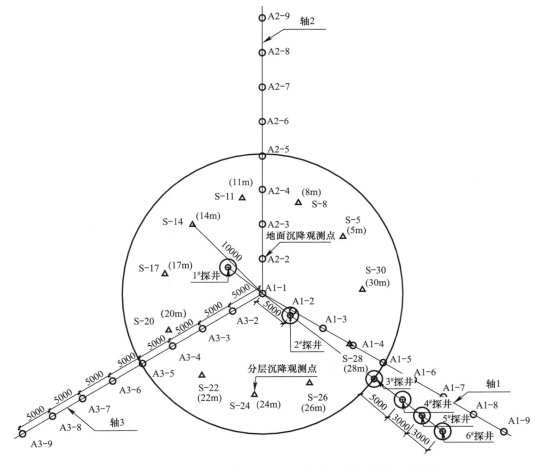

图 25.29　金川科技园试坑平面布置、观测点及探井位置示意图

浸水试验总计历时接近一年，分为 5 个阶段：第一阶段：选址，试验人员进驻场地并勘探取样，历时 2 个月；第二阶段：试坑前期准备开挖填平，历时 30d；第三阶段：浸水期记录观测，历时 140d（2009 年 9 月 14 日～2010 年 2 月 1 日）；第四阶段：停水后记录观测，历时 157d（2010 年 2 月 2 日～2010 年 6 月 2 日）；第五阶段：停水后检验。

试验所得湿陷性变形特征与宁夏扶贫扬黄工程 11 号泵站计算试样结果相似，但根据水分传感器的测试结果能够判断渗水锋面和湿陷起始时间[61,63]，丰富和深化了对湿陷变形的认识。

25.5.2　几何模型、边值条件和模型参数

　　计算分析工作由作者学术团队成员姚志华完成。作为初步分析，将浸水试验现场简化为二维平面问题，采用 4 边形单元对场地进行离散。根据问题的对称性，取现场试验的一半进行计算分析。有限元网格划分如图 25.30 所示，计算断面左右高度分别是 36m 和 38m，共计 1500 个单元，1584 个节点。试坑底部 20m 及试坑边缘向外 20m 区域，单元较密，尺寸为 1m×1m；其余部位单元变得稀疏，单元尺寸分别由 1m×2m、2m×1m、2m×2m 组成。单元和节点从左下角依次向上编号，至顶后再次返回底边依次向上编号，图 25.30 中示出部分单元和节点的编号，其余单元以此类推，为区分节点编号，将单元编号用上横杠数字表示。

　　非饱和土边界条件共分为 4 类，包括力、位移、孔隙水压力和孔隙气压力以及流量，相应的边界条件和初始条件具体描述如下。

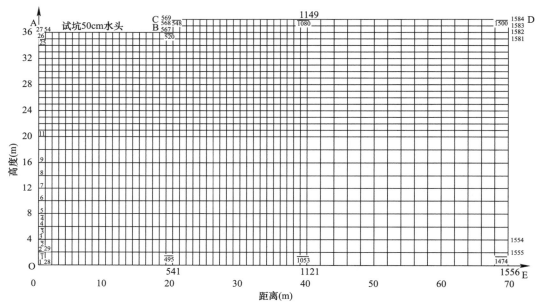

图 25.30　有限元计算模型及单元、节点和边界示意图

　　（1）力和位移边界条件

　　力和位移边界条件按照一般弹塑性力学方法处理。场地初始自重应力计算采用土力学中常规算法。场地除浸水水头压力外，再无其他外部荷载。

　　位移规定：OA 和 DE 边界无 x 方向位移，OE 边界无 x 和 y 方向位移。

　　（2）孔隙水压力和孔隙气压力边界条件

　　OA、OE 和 DE 为不透水不透气边界，其余节点的气压和水压均自由变化；浸水阶段 AB 边界不透气，停水阶段 AB、BC 和 CD 边界透水透气，水压力和气压力均等于零（大气压）。

　　（3）流量边界条件

　　单位面积入渗量对应连续性方程中的源汇项，流入为正。实际渗入到土体的流量，流量随着浸水时间发生变化，类似于图 25.23。现场试验浸水阶段共计 140d，耗水 25292m³，平均每天耗水 180.66m³；试坑直径为 40m，面积为 1256.64m²，则单位面积平均浸水通量为 0.1438m³/d。计算时浸水伊始单位面积通量取为 20.12m³/d，而后随时间而变化（见文献[61]）。

CD 和 BC 边界为临空面，不考虑蒸发降雨等因素，在 $t>0$ 情况下，见文献［61］中图 2.20：$q_w=q_a=0$；体积含水率：$\theta=\theta_0=0.20$；

OA、OE 和 DE 边界分别为左边界、底边界和右边界，压力水头为：$h=h_0=u_w/r_w$；体积含水率：$\theta=\theta_0=0.20$；

AB 边界为水分入渗面，规定试坑中水头始终为 50cm，在 $t=0$ 情况下，不发生入渗，且试坑中心 20 个节点饱和度为 1，即体积含水率为 $\theta=\theta_{sat}=0.52$，$h_{AB}=50cm$。

（4）初始条件

整个场地初始干密度、初始吸力、初始体积含水率、孔隙比、屈服吸力、屈服应力和初始孔隙气压力分别是 $1.35g/cm^3$、250kPa、0.20、1.01、120kPa、140kPa、0kPa。没有加载和浸水时，整个场地没有损伤，损伤值即为 0。初始孔隙气压力设为 0kPa。在浸水和停水过程中，孔隙气、水压力与位移和吸力紧密联系。

模型共包含 27 个参数。其中，描述土骨架的参数 24 个，描述水量变化的模型参数 3 个。参数的具体数值见表 25.6～表 25.8。

非饱和原状 Q₃ 黄土的非线性模型参数取值　　　　　　　　表 25.6

c' (kPa)	φ (°)	φ^b (°)	m	k^0	m_1	R_f	μ
21.35	24.59	16.15	0.37	1.39	0.11	0.78	0.30

黄土与 Barcelona 模型相关的参数取值　　　　　　　　表 25.7

试样	LC 屈服线参数（表 12.13 和第 19.1.4 节）					SI 屈服线参数（表 12.15）	
	κ	λ (0)	r	β (MPa^{-1})	p^c (kPa)	κ_s	λ_s
原状土	0.043	0.55	0.31	0.014	30	0.046	0.18
重塑土	0.087	0.48	0.42	0.016	30	0.071	0.21

原状黄土的结构演化方程参数　　　　　　　　表 25.8

原状土水量变化（表 12.26）		结构损伤参数（表 20.6）				
a ($\times 10^{-5}$kPa^{-1})	b ($\times 10^{-2}$kPa^{-1})	A_1	A_2	A_3	A_4	A_5
5.96	6.71	1.33	1.27	24.16	3.07	0.54

25.5.3　计算结果分析

计算主要分为两部分：浸水阶段和停水阶段，分析两个阶段中不同时间段对应的浸润区体积含水率、孔隙水压力、孔隙气压力、水平位移、竖向位移以及损伤演化过程，并对非饱和渗气系数和渗透系数进行变化以研究其对非饱和黄土入渗规律的影响。每个阶段根据需要设置不同的时间步长。湿润锋的位置按照 $(\theta-\theta_0)/\theta\leqslant 0.05$ 的标准判断[69]。

为了与实际浸水天数相符，又考虑时间步长划分的方便性，浸水阶段设置 150d，除第一天外，以 15d 为一个计算步长。计算部分始终从第一天开始累加，共计算 10 次。

25.5.3.1　计算湿润锋和变形结果与实测数据的比较

计算的湿润锋和部分沉降观测点结果与实测数据的比较如图 25.31～图 25.33 所示，可见非饱和黄土的弹塑性结构损伤固结模型及其软件 ULEPDSC 可以较好地模拟自重湿陷性黄土地基的浸水湿陷过程。

25.5.3.2　体积含水率和损伤度的计算结果分析

对浸水阶段和停水固结阶段的体积含水率、竖向位移、水平位移、孔隙水压力、孔隙气压

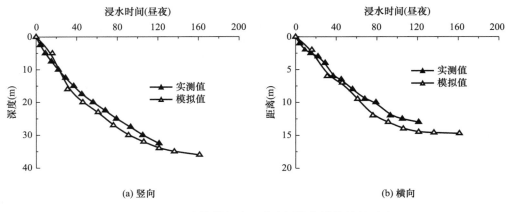

(a) 竖向　　　　　　　　　　　　　　　(b) 横向

图 25.31　湿润锋横竖向运移实测值与计算结果对比

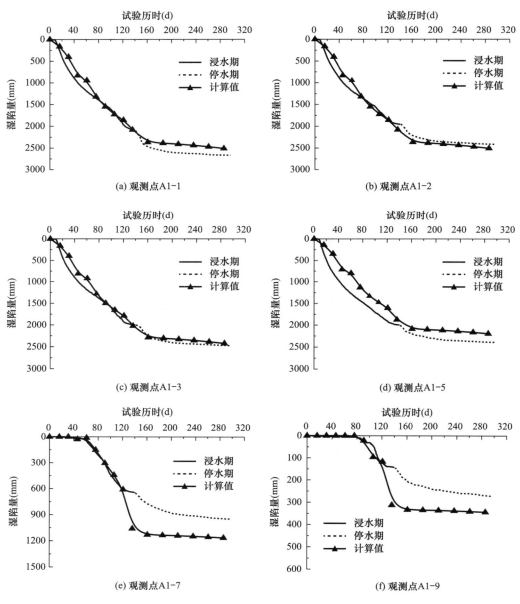

(a) 观测点A1-1　　　　　　　　　　　　(b) 观测点A1-2

(c) 观测点A1-3　　　　　　　　　　　　(d) 观测点A1-5

(e) 观测点A1-7　　　　　　　　　　　　(f) 观测点A1-9

图 25.32　部分地表沉降观测点湿陷量实测值与计算值比较

力、土体损伤度进行了全面模拟计算分析，图 25.34 是浸水阶段部分体积含水率的计算结果。从图 25.34 可知，湿润锋形态基本类似于一个椭圆状，这与现场试坑中通过 TDR 水分计测得的湿润锋形态较为相似，说明了程序能够一定程度上反映黄土浸水过程中的水分运移场。浸润区可以清晰地分为饱和区、传导区和湿润区，传导区和湿润区均为非饱和区。饱和区占浸

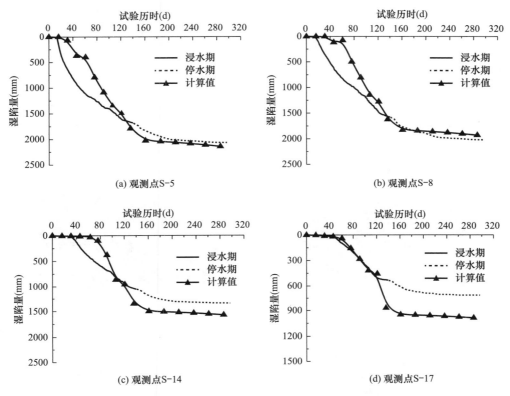

(a) 观测点S-5 　　　(b) 观测点S-8

(c) 观测点S-14 　　　(d) 观测点S-17

图 25.33　部分深层沉降观测点湿陷量实测值与计算值

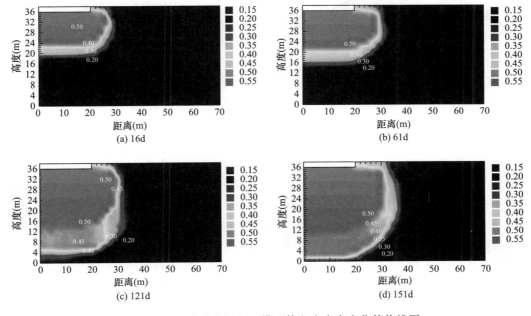

(a) 16d 　　　(b) 61d

(c) 121d 　　　(d) 151d

图 25.34　浸水阶段浸润区模型体积含水率变化等值线图

润区面积最大，传导区和湿润区在浸水中期较为明显，而浸水后期，饱和区再次占据浸润区绝大部分面积。

通过 TDR 水分计可以比较准确地判定浸水期间湿润锋运移位置，进而得到该时间条件下湿润锋运移的入渗率。例如，按照文献［30］计算结果，浸水 91d 时湿润锋水平向运移 13m（离试坑边），竖向运移 30m（离试坑中心点）；而用 TDR 水分计实测 93d 时水平向运移 13m（离试坑边），竖向运移 27.5m。再如，图 25.34（c）中 121d 湿润锋水平向达到 14m，竖向最大运移 34m；而实际浸水试验中湿润锋 121d 水平向 13m（离试坑边），竖向到达 32.5m；由此可见，该程序基本上模拟了水分入渗规律。

根据计算得到的位移增量，可以得到湿陷体应变和湿陷偏应变，利用湿陷过程中的结构损伤演化方程可以得到每个节点的损伤值。图 25.35 是浸水阶段土体损伤度的计算结果。随着时间步长的增大，损伤区域逐渐增大。损伤区域与湿润锋范围基本相同，这也反映了浸水对损伤的影响较大。在浸水第 151d 时（图 25.35d），整个浸润区损伤发育较大，损伤范围与图 25.34（d）体积含水率变化图较为相似。

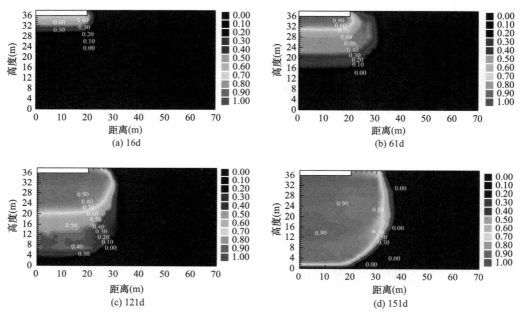

图 25.35　浸水阶段土体损伤度演化的等值线图

损伤等值线图基本上可以分为 3 部分：轻度损伤部分、中度损伤部分和严重损伤部分，其损伤值分别对应在 0～0.3、0.3～0.7 和 0.7～1 之间。这与浸润区的 3 部分（饱和区、传导区和湿润区）有些相似，另外黄土湿陷从试坑底部向下逐渐减小，其湿陷体应变和湿陷偏应变也由上至下逐渐减小。较大的体变以及较高的体积含水率共同决定了该区域的损伤值较大，土体结构破坏愈加严重。浸水 151d 时，浸润区较大范围变成饱和状态，非饱和区域面积已经较小，致使轻度损伤部分范围变得越小，而严重损伤部分占据了浸润区绝大多数。此时黄土变为饱和土，较高的体积含水率致使损伤值增大。靠近试坑底部损伤部分主要由较高的体积含水率和较大湿陷变形共同决定；靠近模型底边较高损伤值的出现则主要依赖较高的体积含水率，该部位变形较小，对损伤的发展不起决定作用。

图 25.36 和图 25.37 分别是停水固结阶段体积含水率和土体损伤度的计算结果。在停止注水后，原有饱和土中的水分在重力作用下逐渐向下迁移，土体又从饱和状态逐渐过渡到非饱和状态。随着体积含水率的降低，土体排水固结，原本浸水和外力共同作用下较大的损伤值开始减

小，这也预示着黄土结构性又一次发生改变，新的结构逐渐发展。

更详细的计算分析结果可参见文献 [30，31]。

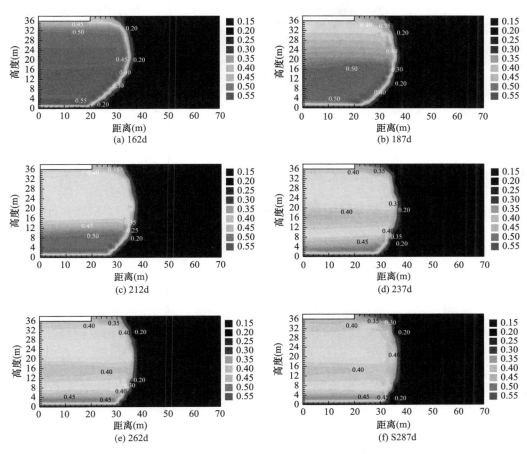

图 25.36　停水阶段土体体积含水率变化等值线图

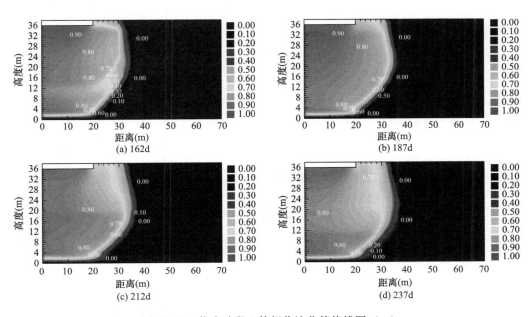

图 25.37　停水阶段土体损伤演化等值线图（一）

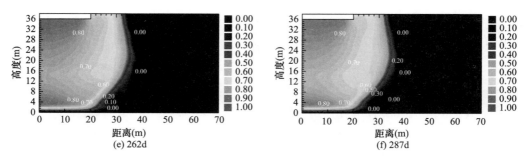

图 25.37　停水阶段土体损伤演化等值线图（二）

25.6　本章小结

（1）把原状膨胀土和湿陷性黄土的弹塑性结构损伤模型引入非饱和土固结的混合物理论，分别构建了相应的弹塑性结构损伤固结模型，设计了相应的计算分析软件 UESEPDC 和 ULEPDSC。

（2）用软件 UESEPDC 对膨胀土边坡在开挖卸荷与多次降雨蒸发循环作用下的全过程进行了系统的土-水-气三相多场耦合分析，得到了坡体的应力、位移、水分、损伤演化及塑性区发展的规律，揭示了膨胀土边坡在大气营力作用下的失稳机理，并定量描述了膨胀土边坡发生浅层坍滑的部位与规模，对南水北调中线工程渠坡等膨胀土边坡工程的防护具有实际意义。

（3）通过现场大型浸水试验揭示了大厚度自重湿陷性黄土场地的湿陷变形特征；针对试验场地的湿陷性黄土层厚度大、试坑面积大、湿陷性强等特点，提出了大厚度自重湿陷性黄土场地浸水试验的停止注水标准，采用该标准缩短了工期、节省了费用；研究成果为修订《湿陷性黄土地区建筑标准》GB 50025 和大厚度自重湿陷性黄土的地基处理积累了宝贵资料和经验。

（4）用软件 ULEPDSC 计算分析了大厚度自重湿陷性黄土场地大型浸水试验的全过程（包括浸水阶段和停水固结阶段），揭示了水气运移、土体损伤演化和湿陷变形等规律；计算预测的湿润锋面和地基沉降结果与实测数据基本相符；浸水过程中，损伤等值线可以分为 3 部分：轻度损伤部分、中度损伤部分和严重损伤部分，其损伤值分别划分在 $0\sim0.3$、$0.3\sim0.7$ 和 $0.7\sim1$ 之间；非饱和渗气系数在浸水初期对水分运移的影响不大，其对水分运移产生阻碍作用主要体现在浸水的中后期。

参考文献

［1］　刘特洪. 工程建设中的膨胀土问题［M］. 北京：中国建筑工业出版社，1997.

［2］　长江科学院. 南水北调膨胀土渠坡稳定和滑动早期预报研究论文集［C］. 武汉，1998. 11.

［3］　廖世文，曲永新. 全国首届膨胀土科学研讨会论文集［C］. 成都：西南交通大学出版社，1990.

［4］　GENS A，ALONSO E E. A framework for the behaviour of unsaturated expansive clays［J］. Canadian Geotechnique Journal，1992，29，1013-1032.

［5］　沈珠江. 结构性黏土的弹塑性损伤模型［J］. 岩土工程学报，1993，15（3）：21-28.

［6］　沈珠江. 结构性黏土的非线性损伤力学模型［J］. 水利水运科学研究，1993，（4）：247-255.

［7］　DESAI C S，BASARAN C，ZHANG W. Numerical algorithms and mesh dependence in the disturbed state concept［J］. Int. J. Num. Meth. Engrg. 1997，40：3059-3083.

［8］　陈正汉，卢再华，蒲毅彬. 非饱和土三轴仪的 CT 机配套及其应用［J］. 岩土工程学报，2001，23（4）：387-392.

［9］　卢再华，陈正汉，蒲毅彬. 原状膨胀土损伤演化的三轴 CT 试验研究［J］. 水利学报，2002，（6）：106-112.

［10］　卢再华，李刚. 对膨胀土 G-A 弹塑性本构模型的探讨［J］. 后勤工程学院学报，2001，17（2）：64-69.

[11] 卢再华，陈正汉，曹继东. 原状膨胀土的强度变形特性及其本构模型研究 [J]. 岩土力学，2001，22（3）：339-342.

[12] 卢再华，陈正汉，孙树国. 南阳膨胀土的变形和强度特性的三轴试验研究 [J]. 岩石力学与工程学报，2002，5：717-723.

[13] 卢再华，陈正汉，蒲毅彬. 膨胀土干湿循环胀缩裂隙演化的CT试验研究 [J]. 岩土力学，2002，23（4）：417-422.

[14] 卢再华，陈正汉. 非饱和原状膨胀土的弹塑性损伤本构模型研究 [J]. 岩土工程学报，2003，25（4）：422-426.

[15] 卢再华. 非饱和膨胀土的弹塑性损伤本构模型及其在土坡多场耦合分析中的应用 [D]. 重庆：后勤工程学院，2001.

[16] 陈正汉，谢定义，刘祖典. 非饱和土固结的混合物理论（Ⅰ）[J]. 应用数学和力学，1993（2）：127-137.

[17] 陈正汉. 非饱和土固结的混合物理论（Ⅱ）[J]. 应用数学和力学，1993（8）：687-698.

[18] 陈正汉. 膨胀土渠坡渗水-渗气-变形的非线性分析 [C]. 南水北调膨胀土渠坡稳定和滑动早期预报研究论文集，武汉，长江科学院，1998：68-78.

[19] 陈正汉，黄海，卢再华. 非饱和土的非线性固结模型和弹塑性固结模型及其应用 [J]. 应用数学和力学，2001，22（1）：93-103.

[20] 卢再华，陈正汉，方祥位，等. 非饱和膨胀土的结构损伤模型及其在土坡多场耦合分析中的应用 [J]. 应用数学和力学，2006，27（7）：781-788.

[21] 李大潜. 有限元素法续讲 [M]. 北京：科学出版社，1979.

[22] 刘怀恒. 岩石力学平面非线性有限元法及程序 [J]. 地下空间，1981，（5）：214-218.

[23] 陈慧远. 初应力法在土工非线性有限单元法中的应用 [J]. 华东水利水电学院学报，1984：66-74.

[24] 陈正汉. 重塑非饱和黄土的变形、强度、屈服和水量变化特性 [J]. 岩土工程学报，1999，21（1）：82-90.

[25] 王桢. 阳安线三地区裂土水平应力的原位测试：85-1-52 裂土基本性质及其在路堤、路堑、边坡工程中的应用技术条件研究 [R]. 兰州：铁道科学研究院西北研究所，1988：538-540.

[26] 交通部第四铁路工程局科研所. 裂隙黏土科学技术成果调查（国外部分）[R]. 武汉，1973：36-37.

[27] 湖北省水利学会膨胀土研究课题组. 颚北岗地膨胀土特性即渠道滑坡防护与整治的研究报告 [R]. 武汉，1991. 4.

[28] 刘祖德，孔官瑞. 平面应变条件下膨胀土卸荷变形试验研究 [J]. 岩土工程学报，1993，15（2）：68-73.

[29] 侯石涛，曹可之. 膨胀土边坡 [J]. 工程勘察，1986（2）：16-19.

[30] 姚志华. 大厚度自重湿陷性黄土的水气运移和力学特性及地基湿陷变形规律研究 [D]. 重庆：后勤工程学院，2012.

[31] 姚志华，陈正汉，黄雪峰. 自重湿陷性黄土的水气运移及力学变形特征 [M]. 北京：人民交通出版社，2018.

[32] 姚志华，陈正汉，方祥位，等. 非饱和原状黄土弹塑性损伤流固耦合模型及其初步应用 [J]. 岩土力学，2019，40（1）：216-226.

[33] 钱鸿缙，罗宇生. 湿陷性黄土地基 [M]. 北京：中国建筑工业出版社，1985.

[34] 刘祖典. 黄土力学与工程 [M]. 西安：陕西科学技术出版社，1997.

[35] 谢定义. 试论我国黄土力学研究中的若干新趋势 [J]. 岩土工程学报，2001，23（1）：3-13.

[36] 刘明振. 湿陷性黄土间歇性浸水试验 [J]. 岩土工程学报，1985，7（1）：47-54.

[37] 陈正汉，刘祖典. 黄土的湿陷变形机理 [J]. 岩土工程学报，1986（2）：1-12.

[38] 陈正汉，许镇鸿，刘祖典. 关于黄土湿陷的若干问题 [J]. 土木工程学报，1986（3）：62-69.

[39] 苗天德，工正贵. 考虑微结构失稳的湿陷性和黄土变形机理 [J]. 中国科学（B辑），1990（1）：86-96.

[40] 苗天德，刘忠玉，任久生. 湿陷性黄土的变形机理与本构关系 [J]. 岩土工程学报，1999，21（4）：383-387.

[41] 张苏民，郑建国. 湿陷性黄土（Q_3）的增湿变形特性 [J]. 岩土工程学报，1990，12（4）：12-31.

[42] 张苏民，张炜. 减湿和增湿时黄土的湿陷性 [J]. 岩土工程学报，1992，14（1）：57-61.

[43] 邢义川. 黄土力学性质研究的发展和展望 [J]. 水力发电学报，2000（4）：54-65.

[44] 张爱军，邢义川. 黄土非饱和增湿的湿陷过程特性 [C] //湿陷性黄土研究与工程，罗宇生，汪国烈，中国建筑工业出版社，2001，8：123-126.

[45] 朱元青，陈正汉. 研究黄土湿陷性的新方法 [J]. 岩土工程学报，2008，30（4）：524-528.

[46] 朱元青. 基于细观结构变化的原状湿陷性黄土的本构模型研究 [D]. 重庆：后勤工程学院，2008.

[47] 朱元青，陈正汉. 原状 Q₃ 黄土在加载和湿陷过程中细观结构动态演化的 CT 三轴试验研究 [J]. 岩土工程学报，2009，31（8）：1219-1228.

[48] 李加贵，陈正汉，黄雪峰. 原状 Q₃ 黄土湿陷特性的 CT-三轴试验 [J]. 岩石力学与工程学报，2010，29（6）：1288-1296.

[49] 张爱军，邢义川，胡新丽，等. 伊犁黄土强烈自重湿陷性的影响因素试验分析 [J]. 岩土工程学报，2016，38（S2）：117-122.

[50] 张爱军，邢义川，汪海涛，等. 基于增湿变形的渠道工程黄土渠基湿陷性评价方法 [J]. 水利学报，2017，48（1）：41-51.

[51] 邢义川，金松丽，赵卫全，等. 基于离心模型试验的黄土湿陷试验新方法研究 [J]. 岩土工程学报，2017，39（3）：389-398.

[52] 米文静，张爱军，刘争宏，等. 测定黄土地基自重湿陷量的多地层离心模型试验方法 [J]. 岩土工程学报，2020，42（4）：678-587.

[53] 甘肃省有色冶金公司建筑研究所. 预浸水处理湿陷性黄土地基的试验及应用 [J]. 建筑技术通讯，第一期，1973.

[54] 甘肃省建工一局建筑科学研究所等. 自重湿陷性黄土的试验研究 [R]. 兰州：甘肃省建筑科学研究院技术资料，甘科（74）-57-5-3，1975，4.

[55] 铜川煤炭基建公司第三工程处等. 渭北张桥自重湿陷性黄土的试验研究 [R]. 西安：西安冶金建筑学院资料室，1977，6.

[56] 西安冶金建筑学院建工系工民建专业 73 级队地基实践组. 陕西省焦化厂自重湿陷性黄土地基的试验研究 [R]. 西安：西安冶金建筑学院，技术情报资料第 7712 号，1977，12.

[57] 李大展，何颐华，隋国秀. Q₂ 黄土大面积浸水试验研究 [J]. 岩土工程学报，1993，15（2）：1-11.

[58] 罗宇生. 宝鸡第二发电厂试坑浸水试验报告 [R]. 西安：陕西省建筑科学研究设计院，1993，6.

[59] 黄雪峰，陈正汉，哈双，等. 大厚度自重湿陷性黄土场地湿陷变形特征的大型现场浸水试验研究 [J]. 岩土工程学报，2006，28（3）：382-389.

[60] 王小军，米维军，熊治文，等. 郑西客运专线黄土地基湿陷性现场浸水试验研究 [J]. 铁道学报，2012，34（1）：83-90.

[61] 黄雪峰，张广平，姚志华，等. 大厚度自重湿陷性黄土湿陷变形特性、水分入渗规律及地基处理方法研究 [J]. 岩土力学，2011，32（S2）：100-108.

[62] 姚志华，黄雪峰，陈正汉，等. 兰州地区大厚度自重湿陷性黄土场地浸水试验综合观测研究 [J]. 岩土工程学报，2012，34（1）：65-74.

[63] 黄雪峰，刘长玲，姚志华，等. 采用 TDR 水分计研究非饱和黄土入渗及自重湿陷变形规律 [J]. 岩石力学与工程学报，2012，31（S1）：3231-3238.

[64] 马闫，王家鼎，彭淑君，等. 大厚度黄土自重湿陷性场地浸水湿陷变形特征研究 [J]. 岩土工程学报，2014，36（3）：537-546.

[65] 武小鹏. 基于试坑浸水试验的大厚度黄土地基湿陷及渗透特性研究 [D]. 兰州：兰州大学，2016.

[66] 中华人民共和国住房和城乡建设部. 湿陷性黄土地区建筑标准：GB 50025—2018 [S]. 北京：中国建筑工业出版社，2018.

[67] 宁夏扶贫扬黄工程建设总指挥部办公室. 宁夏扶贫扬黄工程建设年鉴（2001）[M]. 银川，2002. 8.

[68] 中华人民共和国建设部. 湿陷性黄土地区建筑规范：GB 50025—1990 [S]. 北京：中国建筑工业出版社，1990.

[69] 缴锡云. 膜孔灌溉理论与技术要素的实验研究 [D]. 西安：西安理工大学，1999.

第 26 章　非饱和土的热-水-力耦合模型及其应用

本章提要

以混合物理论为基础，建立了非饱和土的热-水-力多场耦合模型，由 6 个控制方程求解土骨架位移、孔隙水压力、孔隙气压力及温度等 6 个未知量；以热力学平衡条件为基础，导出了气压力变化条件下水与水蒸气相变平衡所满足的限制方程，常用的 Kelvin 公式是该限制方程在气压力恒定条件下的特例；利用加权余量法进行空间域与时间域上离散，得到了轴对称条件下热-水-力耦合模型的有限元方程，设计了相应的计算软件 THMCA。针对西班牙的 FE-BEX Mock-up 大型热-水-力耦合模型试验进行了模拟计算，验证了所建立的热-水-力多场耦合模型及其求解方法与软件的可靠性；在此基础上对一小型热-水-力耦合模型试验进行了计算分析。

26.1　非饱和土的热-水-力耦合问题研究概况

随着全球气候变暖和工程建设领域的发展，温度效应在冻土工程、交通工程、环境工程和高放废物处置等领域引起了广泛关注。其中高放废物的处置关系到能源、国防和核工业的可持续发展，关系到子孙万代的生存环境安全，引起了国际上的广泛重视[1-3]，采用深地质库处置已形成共识。废物罐与围岩之间的填充物称为**缓冲材料**（buffer material），起力学屏障（维护处置库结构的稳定性）、水力学屏障（阻滞地下水流到废物罐表面）、化学屏障（阻滞核素及氧化剂迁移）、导热（防止废物罐过热）等作用；封堵巷道和竖井的填充物称为**回填材料**（back fill material）。

在地质处置库中，缓冲/回填材料处于复杂的热-水-力-化学（T-H-M-C）多场耦合条件下工作[201]：一是"热效应"（T），高放废物的衰变将产生大量的热，缓冲/回填材料将长期处于 100℃左右的高温环境，温度对其力学性质的影响及水蒸气的运移不容忽视；二是"水力效应"（H），缓冲/回填材料初始是非饱和的（其初始吸力可达上百兆帕），地下水将渗入其中，存在水分迁移的问题，而且由于膨润土渗透系数非常低，在相当长一段时间内（几十年、甚至上百年）仍会处于非饱和状态；三是"力学效应"（M），膨润土遇水后会产生高达 10MPa 左右的膨胀力，受热后会存在温度应力，还会受到由于围岩蠕变造成的围岩压力。上述各方面不是孤立发生的，它们同时存在，彼此之间有着紧密且复杂的相互影响；四是"化学效应"（C），若废物罐破裂，核素有可能从废物罐中逸出在缓冲材料中扩散，而缓冲材料对核素有吸附作用，可延缓核素的迁移。要想科学、合理地预测与评估缓冲/回填材料的实际工作性能，必须对热、水力、力学、化学共同作用条件下非饱和缓冲/回填材料（膨润土）的主要工程特性与多场耦合行为有深入的认识。

我国已把高庙子膨润土作为缓冲/回填材料的首选对象，在核工业北京地质研究院的组织和协调下，许多单位协同攻关，自 2006 年以来，对其工程特性和热-水-力-化学耦合效应开展了深入系统的研究，包括物质成分、物理化学特性、水理性能、力学性能、化学缓冲性能、导热性能、渗透性能和热-水-力-化学耦合特性等，建立和完善了膨润土作为高放废物处置库缓冲/回填材料的评价方法和评价标准，成为近年来非饱和土与特殊土研究领域中的一个特色方向和亮点[4]。

关于缓冲/回填材料的持水特性、渗水性和渗气性、变形强度特性[5] 等方面研究的近期进展可参见文献［4］。在缓冲/回填材料的模型试验、多场耦合模型及数值分析方面，为了考察缓冲材料屏障性能在地质库条件下的长期有效性，核工业北京地质研究院于 2005 年开展缓冲材料大

型试验台架研究工作，2010 年完成了 1∶2 尺寸的大型缓冲材料试验台架[6]（T-H-M-C China-Mock-Up）的组装，2011 年 7 月开始运行。该装置（图 26.1 和图 1.39）主要由 8 部分组成：压实膨润土块体（图 1.37b）、不锈钢试验腔体、加热及温控系统、供水系统、传感器、气体测量和收集系统、实时数据采集系统、实时监控系统。压制成特殊形状的膨润土块总重量为 2058kg；不锈钢试验腔体内径为 900mm，内高为 2200mm。共安装各类传感器 165 支，监测试验过程中的温度、湿度、应力、变形、水压力、气体流量、液体流量等。

图 26.1　中国工程尺度缓冲材料热-水-力-化学耦合性能模型试验系统（China-Mock-up）

在多场耦合模型与计算方面，英国学者 Thomas 等[7]、瑞士学者 Laloui[8] 和 Dupray[9] 等做了热-水-力耦合分析。我国学者张玉军[10]、Chen[11]、秦冰[12,13]、蔡国庆[14] 等的工作具有代表性，各自构建了非饱和土的热-水-力多场耦合模型。前三者各自研发了相应的数值计算程序，而蔡国庆[14]、乔兰[15]、秦爱芳[16] 等则分别采用 ABAQUS、LAGAMINE 和 Code-Bright 对非饱和缓冲/回填层中的热-水-力耦合过程进行了数值模拟。在建模方法方面，张玉军[10] 没有考虑气相的影响，只考虑了水压力和水的流动，由平衡方程、水流方程、能量守恒方程和弹塑性本构模型组成封闭方程组；而 Chen[11]、秦冰[12,13] 和蔡国庆[14] 等均以连续介质力学、混合物理论和热力学为基础，Chen[11] 的控制方程组有 8 个独立变量，秦冰等[12,13] 的模型有 6 个，蔡国庆[14] 未给出最终的控制方程组。其中秦冰等[12,13] 建立的缓冲/回填材料的热-水-力多场耦合模型，框架清晰，过程简明，其特色如下：①由 6 个控制方程求解 6 个未知量（包含土骨架位移、孔隙水压力、孔隙气压力及温度等）；②考虑了土骨架与土颗粒的热膨胀、饱和度随温度及应力的变化、温度梯度引起的水气流动（即 Soret 效应）、相变放热、孔隙率与含水率变化对热传导的影响等多种物理过程，充分反映了温度场与变形场、应力场及水气渗流场等之间的交叉影响作用；③以热力学平衡条件为基础，推导出气压力变化条件下水与水蒸气相变平衡所满足的限制方程，常用的 Kelvin 公式是该限制方程在气压力恒定条件下的特例；④在轴对称条件下，利用加权余量法对所建立的多场耦合模型进行了空间域与时间域上的离散，建立了以单元结点的位移、水压力、气压力及温度为未知量的有限元矩阵方程，以此为基础开发了缓冲/回填材料的轴对称热-水-力多场耦合计算程序 THMCA[3,13]，共包括 16 个子程序；⑤针对西班牙缓冲/回填材料大型模型试验 FEBEX Mock-up 进行了模拟计算，计算所得温度场、应力场、水分场、变形场和吸力场与实测数据吻合较好，验证了所建立的热-水-力多场耦合模型及其求解方法与程序的正确性。该研究成果已为北京核工业地质研究院等单位认可，获得中华人民共和国工业和信息化部颁发的"2021 年度国防科学技术进步奖二等奖"，为我国"十三五"规划的百项重点工程项目之一——中国高放废物深地质处置北山地下实验室的设计、建设和安全运行提供科学依据。本章主要介绍文献［3］、［12］、［13］的研究成果。

26.2　基于混合物理论的非饱和土的热-水-力耦合模型

基于混合物理论，陈正汉等[17,18] 创立了分析非饱和土固结问题的水-力多场耦合模型，并相

继将非线性[19,20]、弹塑性[20]及弹塑性损伤本构模型[21-24]融入该水-力耦合模型中。本节工作是上述研究成果在非等温条件下的拓展。建模工作由作者学术团队成员秦冰完成。

本节的建模思路是[3,12,13]：**以混合物理论为基础，将缓冲/回填材料视为由土骨架、液态水、水蒸气、干燥气体及溶解气体共 5 种组分构成的混合物，在组分的质量守恒方程、动量守恒方程及整体能量守恒方程的基础上，引入 37 个本构方程（包括相变平衡条件、密度、内能、热流密度、内热源、扩散阻力、变形及饱和度本构方程等）以构成封闭方程组。最终控制方程组以增量形式给出，以土骨架位移、孔隙水压力、孔隙气压力及温度为独立变量。其中，气压力变化对土中水与水蒸气之间的相变平衡的影响及温度对土-水特征曲线的影响等是本节关注的重点，也是本节所建模型的特色和创新点。**

26.2.1 基本假设和场方程

以混合物理论为基础，将缓冲/回填材料视为由土骨架、液态水、水蒸气、干燥气体及溶解气体共 5 种组分构成的混合物。液态水与溶解气体组成土中的液相，水蒸气与干燥气体组成土中的气相。液态水与水蒸气之间、干燥气体与溶解气体之间均存在相互转化。

为简化问题，特作如下基本假设：①满足热力学局部平衡；②土颗粒、孔隙水不可压缩；③孔隙水为理想流体，孔隙气体为理想气体，且水、气各自连通、流动缓慢；④土体各向同性，小变形；⑤土颗粒的矿物成分不发生改变，不考虑孔隙水中的溶质存在。

按土力学中的习惯，文中应力、应变均以压为正。

（1）质量守恒方程

根据混合物理论[25,26]，土骨架、液态水、水蒸气、干燥气体及溶解气体的质量守恒方程可分别表述为：

$$\frac{\partial}{\partial t}(\phi_s \rho_s) + \nabla \cdot (\phi_s \rho_s \boldsymbol{v}_s) = 0, \quad \frac{\partial}{\partial t}(\phi_w \rho_w) + \nabla \cdot (\phi_w \rho_w \boldsymbol{v}_w) = \hat{c}_w,$$
$$\frac{\partial}{\partial t}(\phi_v \rho_v) + \nabla \cdot (\phi_v \rho_v \boldsymbol{v}_v) = \hat{c}_v, \quad \frac{\partial}{\partial t}(\phi_a \rho_a) + \nabla \cdot (\phi_a \rho_a \boldsymbol{v}_a) = \hat{c}_a,$$
$$\frac{\partial}{\partial t}(\phi_{aw} \rho_{aw}) + \nabla \cdot (\phi_{aw} \rho_{aw} \boldsymbol{v}_{aw}) = \hat{c}_{aw} \tag{26.1}$$

其中，ϕ_i、ρ_i、$\boldsymbol{v}_i$ 分别表示组分 i 的体积分数、真密度、速度；$\hat{c}_i$ 代表组分 i 的质量改变率；下标 i 取 s、w、v、a、aw，分别代表土骨架、液态水、水蒸气、干燥气体、溶解气体。各组分的体积分数可分别表示为：

$$\phi_s = 1 - n, \ \phi_w = ns, \ \phi_v = \phi_a = \phi_g = n(1-s), \ \phi_{aw} = Hns \tag{26.2}$$

其中，n、s 分别为土的孔隙率与饱和度；H 为气体在水中的体积可溶性系数；下标 g 代表土中的气相，包括干燥气体与水蒸气。

（2）动量守恒方程

将缓冲/回填材料视为 5 种组分构成的混合物，故只能给出 5 个相互独立的动量守恒方程，选用混合物整体、液态水、水蒸气、气相及溶解气体的动量守恒方程，可分别表达为：

$$\nabla \cdot \boldsymbol{\sigma} = \rho \boldsymbol{b}, \quad \nabla(\phi_w P_w) = \phi_w \rho_w \boldsymbol{b} + \hat{\boldsymbol{p}}_w, \quad \nabla(\phi_v P_v) = \phi_v \rho_v \boldsymbol{b} + \hat{\boldsymbol{p}}_v,$$
$$\nabla(\phi_g P_g) = \phi_g \rho_g \boldsymbol{b} + \hat{\boldsymbol{p}}_g, \quad \nabla(\phi_{aw} P_{aw}) = \phi_{aw} \rho_{aw} \boldsymbol{b} + \hat{\boldsymbol{p}}_{aw} \tag{26.3}$$

其中，$\boldsymbol{\sigma}$ 为土的总应力张量；ρ 为三相土的密度，其表达式见式（26.5）的第一式；$\boldsymbol{b}$ 为单位质量体力（即为重力加速度）；P_i 代表流体组分 i 的压力（相对压力）；$\hat{\boldsymbol{p}}_i$ 为组分 i 流动时所受的扩散阻力。式（26.3）中忽略了惯性力作用。

（3）能量守恒方程

根据基本假设①，可认为土中各组分的温度是相同的。此时，只存在 1 个独立的能量守恒方程，选用整体能量守恒方程如下：

$$\frac{\partial}{\partial t}\Big[\sum_i^5 (\phi_i\rho_i u_i)\Big]=-\nabla\cdot\boldsymbol{q}-\nabla\cdot\Big[\sum_i^5 (\phi_i\rho_i u_i \boldsymbol{v}_i)\Big]+\sum_i^5 (\boldsymbol{\sigma}_i:\boldsymbol{D}_i-\boldsymbol{W}_i\cdot\nabla\cdot\boldsymbol{\sigma}_i)+Q \quad (26.4)$$

其中，u_i 为组分 i 的内能密度；$\boldsymbol{\sigma}_i$ 为组分 i 的应力张量，对于流体组分，$\boldsymbol{\sigma}_i=P_i\boldsymbol{I}$；$\boldsymbol{I}$ 为度量张量；$\boldsymbol{D}_i$ 为组分 i 的应变率张量；$\boldsymbol{W}_i$ 为组分 i 相对于整体的扩散速度；$\boldsymbol{q}$ 为整体的热流密度矢量；Q 代表分布内热源（如反应热等）对整体的热量供给量。考虑到在实际岩土工程中应力做功与扩散阻力做功产生的热效应与核素放热之比而言是微乎其微的，在下文中将忽略式（26.4）中右端第三项关于 $\boldsymbol{\sigma}_i:\boldsymbol{D}_i-\boldsymbol{W}_i\cdot\nabla\cdot\boldsymbol{\sigma}_i$ 的加和。

在推导过程中还需使用如下基本关系式：

$$\left.\begin{aligned}
\rho&=\sum\phi_i\rho_i, \quad \rho\boldsymbol{v}=\sum\phi_i\rho_i\boldsymbol{v}_i, \quad \boldsymbol{W}_i=\boldsymbol{v}_i-\boldsymbol{v}, \\
\boldsymbol{\sigma}&=\sum\phi_i\boldsymbol{\sigma}_i, \quad \boldsymbol{v}_i=\frac{D}{Dt}\boldsymbol{X}_i, \quad \boldsymbol{\varepsilon}_i=-\frac{1}{2}\big[\nabla\boldsymbol{X}_i+(\nabla\boldsymbol{X}_i)^{\mathrm{T}}\big], \\
\boldsymbol{D}_i&=\frac{D}{Dt}\boldsymbol{\varepsilon}_i
\end{aligned}\right\} \quad (26.5)$$

其中，ρ 与 $\boldsymbol{v}$ 分别为混合物整体的密度与速度；$\boldsymbol{X}_i$ 与 $\boldsymbol{\varepsilon}_i$ 分别为组分 i 的位移与应变张量；D/Dt 表示物质导数；$(\nabla\boldsymbol{X}_i)^{\mathrm{T}}$ 为 $\nabla\boldsymbol{X}_i$ 的转置张量。

考虑到式（26.2）和式（26.5），在场式（26.1）、式（26.3）、式（26.4）中，存在 ρ_s、ρ_w、ρ_v、ρ_a、ρ_{aw}、$\boldsymbol{X}_s$、$\boldsymbol{v}_w$、$\boldsymbol{v}_v$、$\boldsymbol{v}_g$、$\boldsymbol{v}_{aw}$、$\boldsymbol{\sigma}$、P_w、P_v、P_g、P_{aw}、u_s、u_w、u_v、u_a、u_{aw}、$\hat{c}_w$、$\hat{c}_v$、$\hat{c}_a$、$\hat{c}_{aw}$、$\hat{\boldsymbol{p}}_g$、$\hat{\boldsymbol{p}}_w$、$\hat{\boldsymbol{p}}_v$、$\hat{\boldsymbol{p}}_{aw}$、$\boldsymbol{q}$、$Q$、$n$、$s$、$T$ 共 58 个未知量，而场方程只有 21 个，故还需 37 个补充方程，可由热力学平衡限制条件和本构方程提供。

26.2.2　热力学平衡限制条件

液态水与水蒸气之间的转化、干燥气体与溶解气体之间的转化显然应满足质量守恒，故：

$$\hat{c}_w+\hat{c}_v=0, \quad \hat{c}_a+\hat{c}_{aw}=0 \quad (26.6)$$

考虑到基本假设①，液态水与水蒸气之间的转化、干燥气体与溶解气体之间的转化还应满足热动平衡条件[27]，即：

$$\mu_w=\mu_v, \quad \mu_a=\mu_{aw} \quad (26.7)$$

其中，μ_w、μ_v、μ_a、μ_{aw} 分别为液态水、水蒸气、干燥气体及溶解气体的化学势。

根据基本假设③，干燥气体视作理想气体。对于理想气体，其状态可由两个独立的热力学参量完全确定。溶解部分与未溶部分干燥气体的温度是相同的，式（26.7）又限定两部分的化学势相等，意味着两部分的其他热力学参量亦相等，故：

$$\rho_a=\rho_{aw}, \quad P_a=P_{aw} \quad (26.8)$$

考察液态水与水蒸气组成的系统的两个不同平衡状态，分别用 A、B 标识，且认为状态 B 代表孔隙水与水蒸气共存的土中实际状态，状态 A 代表同温度、1 个标准大气压下自由水面及其上方水蒸气构成的系统。状态 A、B 中液态水的化学势之差就是通常所说的状态 B 的土水势 φ。由于假定状态 A、B 均已处于平衡，两个状态均应满足式（26.7），故：

$$\varphi=\mu_w^B-\mu_w^A=\mu_v^B-\mu_v^A \quad (26.9)$$

其中，μ_w^A 与 μ_v^A 分别为状态 A 下液体水与水蒸气的化学势；μ_w^B 与 μ_v^B 分别为状态 B 下液体水与水蒸气的化学势。水蒸气（视为理想气体）的化学势改变量可表达为：

$$\mu_v^B-\mu_v^A=\int_A^B \frac{RT}{p_v}\mathrm{d}p_v \quad (26.10)$$

式中，R 为通用气体常数；T 为绝对温度；η_v 为单位摩尔水蒸气的熵；p_v 为水蒸气的绝对压力，即 $p_v = P_v + p_{atm}$，p_{atm} 为 1 个标准大气压。

前文所提土水势 φ 是针对单位摩尔水而言，可变换为单位体积的土水势 ζ，再利用式（26.9）和式（25.10），可得：

$$\zeta = \frac{\rho_w}{M_w}\varphi = \frac{RT\rho_w}{M_w}\ln\left(\frac{p_v^B}{p_v^A}\right) = \frac{RT\rho_w}{M_w}\ln\left(\frac{p_v}{p_{vs}}\right) \tag{26.11}$$

式中，M_w 为水分子的摩尔质量；p_v^B 为状态 B 下的水蒸气压力（即土中的水蒸气压力 p_v）；p_v^A 为状态 A 下的水蒸气压力（即 1 个标准大气压下，与土相同温度下自由纯水的蒸汽压 p_{vs}）。

在等温条件下，土水势可分为 4 个分量[28]：溶质势 ζ_π、重力势 ζ_g、基质势 ζ_s 及压力势 ζ_p。溶质势代表水中溶质对土水势的贡献，根据基本假设⑤，可不考虑溶质势 ζ_π 的作用。重力势代表高差引起的土水势变化，本章中暂不考虑。基质势 ζ_s、压力势 ζ_p 可分别表达为：

$$\zeta_p = P_g, \ \zeta_s = -\psi_s = -(P_g - P_w) \tag{26.12}$$

其中，P_g、P_w 分别为孔隙气压力、孔隙水压力；ψ_s 为基质吸力。利用式（25.11）和式（26.12），有：

$$P_w = \frac{RT\rho_w}{M_w}\ln\left(\frac{p_v}{p_{vs}}\right) \tag{26.13}$$

上式即为根据水与水蒸气相变的热力学平衡条件得出的孔隙水压力 P_w 与孔隙水蒸气压力 P_v 之间的关系式。这是本章的一个理论成果。

若土中气压力 P_g 始终保持为 1 个标准大气压（即 $\zeta_p = 0$），则式（26.13）可表达为：

$$\psi_s = -\frac{RT\rho_w}{M_w}\ln\left(\frac{p_v}{p_{vs}}\right) \tag{26.14}$$

上式即为通常所说的 Kelvin 公式，是气压力不变条件下式（26.13）的特例。

1 个标准大气压下自由水面上方的饱和水蒸气压力 p_{vs} 只是温度的函数，在 20～100℃ 的范围内，存在如下经验拟合公式[29]（单位：kPa）：

$$p_{vs} = 1.9745 \times 10^{-4}(T - 273.16)^3 - 0.0158(T - 273.16)^2$$
$$+ 0.6865(T - 273.16) - 7.2098 \tag{26.15}$$

26.2.3 本构方程

（1）密度本构方程

对于土颗粒，认为其密度 ρ_s 只是温度 T 的函数。通常已知参考温度 T_0 下的密度 ρ_{s0} 与土颗粒的热膨胀系数 α_s，并考虑到土颗粒的热膨胀系数 α_s 通常很小，有：

$$\rho_s(T) = \frac{\rho_{s0}}{1 + \alpha_s(T - T_0)} \approx \rho_{s0} + \alpha_{sT}\rho_{s0}(T - T_0) \tag{26.16}$$

其中，$\alpha_{sT} = -\alpha_s$。对于孔隙液态水的密度 ρ_w，按照类似上述的讨论，可得：

$$\rho_w(T) = \frac{\rho_{w0}}{1 + \alpha_w(T - T_0)} \approx \rho_{w0} + \alpha_{wT}\rho_{w0}(T - T_0) \tag{26.17}$$

其中，ρ_{w0} 为参考温度 T_0 下水的密度；α_w 为水的热膨胀系数，$\alpha_{wT} = -\alpha_w$。

由基本假设③，水蒸气应满足理想气体状态方程，并引入式（26.13），可得：

$$\rho_v = \frac{p_{vs}M_w}{RT}\exp\left(\frac{P_w M_w}{RT\rho_w}\right) \tag{26.18}$$

对于干燥气体，同样应适用理想气体状态方程，并利用 Dalton 分压定律（即 $p_a = p_g - p_v$）及式（26.13），可得：

$$\rho_a = \frac{(P_g + p_{atm})M_a}{RT} - \frac{p_{vs}M_a}{RT}\exp\left(\frac{P_w M_w}{RT\rho_w}\right) \tag{26.19}$$

其中，M_a 为干燥气体的摩尔质量。

（2）内能本构方程

若取参考温度 T_0 下的内能为零，则土颗粒、水、水蒸气、干燥气体及溶解气体的内能密度可分别表达为：

$$u_s = \int_{T_0}^{T} c_s \mathrm{d}T, \quad u_w = \int_{T_0}^{T} c_w \mathrm{d}T, \quad u_v = \int_{T_0}^{T} c_v \mathrm{d}T, \quad u_a = u_{aw} = \int_{T_0}^{T} c_a \mathrm{d}T \quad (26.20)$$

其中，c_s、c_w 分别为土颗粒、水的比热容；c_v、c_a 分别为水蒸气、干燥气体的定容比热容。

（3）热流密度与内热源本构方程

混合物整体的热流密度矢量，可用如下典型的本构方程加以描述[25]：

$$\boldsymbol{q} = -\lambda \nabla T - \sum_{i=1}^{N-1} \kappa_i (\boldsymbol{v}_i - \boldsymbol{v}_N) \quad (26.21)$$

其中，$\boldsymbol{v}_N$ 为某一特定组分的速度。式（26.21）说明，热流密度与温度梯度、扩散速度有关，扩散引起热通量的特性称为 Dufour 效应。考虑到土中的扩散速度很小，本章暂不考虑 Dufour 效应。此时，式（26.21）简化为 Fourier 热传导定律，即：

$$\boldsymbol{q} = -\lambda \nabla T, \quad (26.22)$$

其中，λ 为土的整体热传导系数。目前，已提出了不少关于土的热传导系数的经验公式，通常是表达为同一干密度下干土的热传导系数 λ_{dry} 与同一干密度下饱和土的热传导系数 λ_{sat} 的函数。

在相变过程中，会产生或吸收热量，这些热量可视作混合物整体的内热源。考虑到气体溶解过程基本不释放（或吸收）热量，认为内热源 Q 只与水和水蒸气之间的相变有关。由文献[3] 中式（2.19）可知，并定义广义潜热 L 为：

$$L = -\frac{(\xi - 1)M_w \Psi}{\rho_w} - \Delta H_m^{sat} \quad (26.23)$$

则内热源 Q 可表达为：

$$Q = \left[\frac{(\xi - 1)M_w \Psi}{\rho_w} + \Delta H_m^{sat} \right] \hat{c}_v = -L\hat{c}_v \quad (26.24)$$

其中，ξ 为持水曲线温度影响因子；ΔH_m^{sat} 为自由水的冷凝热，代表水蒸气向水转化释放的热量，在通常的温度范围内（$20 \sim 100℃$），ΔH_m^{sat} 变化很小，可视为常数。

（4）扩散阻力本构方程与渗透定律

扩散阻力 $\hat{\boldsymbol{p}}_i$ 可用如下典型本构方程加以描述[25]：

$$\hat{\boldsymbol{p}}_i = -\sum_{j=1}^{N-1} \xi_{ij} (\boldsymbol{v}_j - \boldsymbol{v}_s) - \vartheta_i \nabla T \quad (26.25)$$

其中，$\boldsymbol{v}_s$ 为土骨架的速度。式（26.25）表明，扩散阻力与扩散速度、温度梯度相关。以孔隙水的扩散阻力 $\hat{\boldsymbol{p}}_w$ 为例，若孔隙水扩散阻力 $\hat{\boldsymbol{p}}_w$ 与其他组分的扩散速度无关，则 $\hat{\boldsymbol{p}}_w$ 可表达为：

$$\hat{\boldsymbol{p}}_w = -\xi_w (\boldsymbol{v}_w - \boldsymbol{v}_s) - \vartheta_w \nabla T \quad (26.26)$$

将上式代入孔隙水的动量守恒方程式（26.3），并忽略重力的作用，可得：

$$ns(\boldsymbol{v}_w - \boldsymbol{v}_s) = -\frac{(ns)^2}{\xi_w} \nabla P_w - \frac{ns\vartheta_w}{\xi_w} \nabla T \quad (26.27)$$

上式说明，孔隙水相对于土骨架的流动与孔隙水的压力梯度和温度梯度有关。温度梯度引起流动这一特性称为 Soret 效应（或热扩散现象）。在等温条件下，式（26.27）即等同于 Darcy 定律（不考虑重力影响）。如果记：

$$k_{ww} = \frac{(ns)^2}{\xi_w}, \quad k_{wT} = \frac{ns\vartheta_w}{\xi_w} \quad (26.28)$$

则式（26.27）可写为：

$$ns(\boldsymbol{v}_{\mathrm{w}} - \boldsymbol{v}_{\mathrm{s}}) = - k_{\mathrm{ww}} \nabla P_{\mathrm{w}} - k_{\mathrm{wT}} \nabla T \tag{26.29}$$

其中，k_{ww}、k_{wT} 分别为与压力梯度、温度梯度相关的渗水系数。k_{ww} 是土的孔隙率 n、饱和度 s 及温度 T 的函数，k_{ww} 通常可表达为：

$$k_{\mathrm{ww}} = k_{\mathrm{w}}^{T} k_{\mathrm{w}}^{s} \frac{k_{\mathrm{ws}}}{\tau_{\mathrm{w}}^{0}} \tag{26.30}$$

其中，k_{ws} 为参考温度 T_0 下同孔隙率饱和土的液相固有渗透系数；τ_{w}^0 为参考温度下水的黏滞性系数；k_{w}^{s} 代表饱和度对渗水系数的影响；k_{w}^{T} 代表温度对渗水系数的影响。k_{w}^{T}、k_{w}^{s}、k_{ws} 可分别用如下公式计算[30]：

$$k_{\mathrm{w}}^{T} = \frac{\tau_{\mathrm{w}}^{0}}{\tau_{\mathrm{w}}^{T}} \tag{26.31a}$$

$$k_{\mathrm{w}}^{s} = \left(\frac{s - s_{\mathrm{r}}}{1 - s_{\mathrm{r}}} \right)^{\chi} \tag{26.31b}$$

$$k_{\mathrm{ws}} = \alpha \cdot 10^{\beta n} \tag{26.31c}$$

其中，s_{r} 为残余饱和度；α、β、χ 为材料参数；τ_{w}^{T} 为当前温度 T 下水的黏滞性系数。水的黏滞系数有如下经验公式[31]（单位：$\mathrm{mN} \cdot \mathrm{s} \cdot \mathrm{m}^{-2}$，适用于 $0 \sim 100\,℃$）：

$$\tau_{\mathrm{w}}^{T} = 1.5065 \exp\left(-\frac{T - 273.16}{28.9408} \right) + 0.2597 \tag{26.32}$$

与温度梯度相关的渗水系数 k_{wT} 亦应是孔隙率 n、饱和度 s 及温度 T 的函数，为了简化问题，本章暂不考虑温度对 k_{wT} 的影响，采用下式计算：

$$k_{\mathrm{wT}} = \tau_{\mathrm{w}} n s k_{\mathrm{wT}}^{0} \tag{26.33}$$

其中，τ_{w} 为孔隙水流动的曲折因子；k_{wT}^{0} 为自由水的热扩散系数。

由上可知，扩散阻力本构方程与动量守恒方程相结合可导出渗透定律方程（或扩散定律方程）。限于篇幅，下文将直接给出其他组分的渗透（或扩散）定律方程，并用其替代相应的扩散阻力本构方程和动量守恒方程。

类似孔隙液态水，可给出孔隙气相（包括干燥气体与水蒸气）的渗透定律方程如下（替代孔隙气相动量守恒方程式（26.3）与 $\hat{\boldsymbol{p}}_{\mathrm{g}}$ 本构方程）：

$$n(1 - s)(\boldsymbol{v}_{\mathrm{g}} - \boldsymbol{v}_{\mathrm{s}}) = - k_{\mathrm{gg}} \nabla P_{\mathrm{g}} - k_{\mathrm{gT}} \nabla T \tag{26.34}$$

其中，k_{gg}、k_{gT} 为与压力梯度、温度梯度相关的渗气系数。类似式（26.30），可将 k_{gg} 表达为：

$$k_{\mathrm{gg}} = k_{\mathrm{g}}^{T} k_{\mathrm{g}}^{s} \frac{k_{\mathrm{g}0}}{\tau_{\mathrm{g}}^{0}} \tag{26.35}$$

其中，$k_{\mathrm{g}0}$ 为参考温度 T_0 下同孔隙率干土的渗气系数；τ_{g}^{0} 为参考温度 T_0 下气体的黏滞性系数；k_{g}^{s} 代表饱和度对渗气系数的影响；k_{g}^{T} 代表温度对渗气系数的影响。k_{g}^{T}、k_{g}^{s}、$k_{\mathrm{g}0}$ 可分别表达为：

$$k_{\mathrm{g}}^{T} = \frac{\tau_{\mathrm{g}}^{0}}{\tau_{\mathrm{g}}^{T}} \tag{26.36a}$$

$$k_{\mathrm{g}}^{s} = (1 - s)^{\nu} \tag{26.36b}$$

$$k_{\mathrm{g}0} = \overline{\omega} \cdot 10^{\kappa n} \tag{26.36c}$$

其中，ν、$\overline{\omega}$、κ 为材料参数；τ_{g}^{T} 为当前温度 T 下气体的黏滞性系数。温度对气体黏滞性的影响不大，且气体的黏滞性还与气压力、气体成分等因素有关，为了简化问题，本章暂且将气相的黏滞性系数视为常数，即 $k_{\mathrm{g}}^{T} = 1$。类似式（26.33），可给出与温度梯度相关的渗气系数 k_{gT} 如下：

$$k_{\mathrm{gT}} = \tau_{\mathrm{g}} n(1 - s) k_{\mathrm{gT}}^{0} \tag{26.37}$$

其中，τ_{g} 为孔隙气相流动的曲折因子；k_{gT}^{0} 为自由气体中的热扩散系数。

对于水蒸气在孔隙气相（由水蒸气与干燥气体两部分组成）中的扩散，可给出以下方程［替代水蒸气动量守恒方程式（26.3）与 $\hat{\boldsymbol{p}}_v$ 本构方程］：

$$n(1-s)\rho_v(\boldsymbol{v}_v - \boldsymbol{v}_g) = -D_{vv}\,\nabla\left(\frac{\rho_v}{\rho_g}\right) - D_{vT}\,\nabla T \tag{26.38}$$

其中，D_{vv}、D_{vT} 分别为与水蒸气浓度梯度、温度梯度相关的扩散系数。D_{vv} 可按下式计算：

$$D_{vv} = \rho_g D_v^\phi D_v^T D_v^p D_{v0} \tag{26.39}$$

其中，D_{v0} 为参考温度 T_0、参考气相压力 p_{g0} 下水蒸气在水蒸气与干燥气体混合物中的扩散系数；D_v^ϕ 代表气相体积分数 ϕ_a、孔隙率 n 等对水蒸气扩散的影响；D_v^T 代表温度对水蒸气扩散的影响；D_v^p 代表气相压力对水蒸气扩散的影响。D_v^ϕ、D_v^T、D_v^p 可表达为：

$$D_v^\phi = \tau_1 (\phi_a)^{\tau_2} n^{\tau_3} \tag{26.40a}$$

$$D_v^T = \frac{T}{T_0} \tag{26.40b}$$

$$D_v^p = \frac{p_{g0}}{p_g} \tag{26.40c}$$

其中，关于 D_v^ϕ 的函数式（26.40a）采用的是广义形式，当参数 τ_1、τ_2、τ_3 取不同值时，可化为较为典型的 Penman 模型（1940）[32]、Millington 与 Quirk 模型（1960，1962）[33,34]、Moldrup 模型（1999）[35]，依次如下：

$$D_v^\phi = 0.66\phi_a \tag{26.40d}$$

$$D_v^\phi = (\phi_a)^2 n^{-2/3} \tag{26.40e}$$

$$D_v^\phi = (\phi_a)^{10/3} n^{-2} \tag{26.40f}$$

$$D_v^\phi = (\phi_a)^{2+3/b} n^{-3/b} \tag{26.40g}$$

其中，在 Moldrup 模型[35]（1999）中，b 是一个与孔隙结构相关的参数。另外，为了简化问题，一般不考虑温度梯度引起的水蒸气扩散，即 $D_{vT}=0$。

将式（26.18）、式（26.19）代入式（26.38）后，可整理为：

$$n(1-s)(\boldsymbol{v}_v - \boldsymbol{v}_g) = -k_{vw}\,\nabla P_w - k_{vg}\,\nabla P_g - k_{vT}\,\nabla T \tag{26.41}$$

其中，k_{vw}、k_{vg}、k_{vT} 与 D_{vv}、D_{vT} 之间存在如下关系：

$$k_{vw} = \frac{\rho_a \alpha_{vw} - \rho_v \alpha_{aw}}{\rho_v \rho_g^2} D_{vv}, \quad k_{vg} = -\frac{\alpha_{ag}}{\rho_g^2} D_{vv}, \quad k_{vT} = \frac{\rho_a \alpha_{vT} - \rho_v \alpha_{aT}}{\rho_v \rho_g^2} D_{vv} + \frac{D_{vT}}{\rho_v} \tag{26.42}$$

其中，α_{vw}、α_{vT}、α_{aw}、α_{ag}、α_{aT} 的具体表达式为：

$$\left.\begin{aligned}
&\alpha_{vw} = \frac{\rho_v}{P_w}\ln\left(\frac{p_v}{p_{vs}}\right), \quad \alpha_{vT} = \frac{\rho_v}{p_{vs}}\frac{dp_{vs}}{dT} - \frac{\rho_v}{T} - \frac{\rho_v}{T}\ln\left(\frac{p_v}{p_{vs}}\right) - \frac{p_v}{p_{vs}}\ln\left(\frac{\rho_v}{\rho_{vs}}\right)\frac{dp_w}{dT} \\
&\alpha_{aw} = -\frac{M_a}{M_w}\frac{\rho_v}{P_w}\ln\left(\frac{p_v}{p_{vs}}\right), \quad \alpha_{ag} = \frac{M_a}{RT} \\
&\alpha_{aT} = \frac{(P_g + p_{atm})M_a}{RT^2} - \frac{M_a}{M_w}\left[\frac{\rho_v}{p_{vs}}\frac{dp_{vs}}{dT} - \frac{\rho_v}{T} - \frac{\rho_v}{T}\ln\left(\frac{p_v}{p_{vs}}\right) - \frac{\rho_v}{\rho_w}\ln\left(\frac{p_v}{p_{vs}}\right)\frac{dp_w}{dT}\right]
\end{aligned}\right\} \tag{26.43}$$

对于溶解气体在孔隙水中的扩散，可给出类似式（26.38）的扩散定律方程［替代溶解气体动量守恒方程式（26.3）与 $\hat{\boldsymbol{p}}_{aw}$ 本构方程］：

$$Hns\rho_{aw}(\boldsymbol{v}_{aw} - \boldsymbol{v}_w) = -D_{awa}\,\nabla\rho_{aw} - D_{awT}\,\nabla T \tag{26.44}$$

其中，D_{awa}、D_{awT} 分别为与溶解气体密度梯度、温度梯度相关的扩散系数。气体通过土中水的扩散系数非常小，一般比在自由水中的扩散系数小几个量级[30]，加之气体在水中的溶解能力有限，因此，本章忽略气体在孔隙水中扩散对气体迁移的贡献，即：

$$\boldsymbol{v}_{aw} - \boldsymbol{v}_w = \boldsymbol{0} \tag{26.45}$$

（5）土骨架变形与饱和度本构方程

根据陈正汉等[36-38]最近的研究表明，使用净总应力 $\boldsymbol{\sigma}-P_g\boldsymbol{I}$、吸力 P_g-P_w 作为应力变量描述非饱和土的应力状态比较合理方便。采用如下增量形式的非饱和热弹性本构模型：

$$\mathrm{d}\boldsymbol{\sigma} = 2G_t\mathrm{d}\boldsymbol{\varepsilon} + \left(K_t - \frac{2}{3}G_t\right)\mathrm{d}\varepsilon_v\boldsymbol{I} - K_t\left[\frac{\mathrm{d}(P_g-P_w)}{H_t} - \alpha_t\mathrm{d}T\right]\boldsymbol{I} + \mathrm{d}P_g\boldsymbol{I} \tag{26.46}$$

其中，$\boldsymbol{\varepsilon}$ 为土骨架的应变张量；ε_v 为土骨架的体应变；G_t 为剪切模量；K_t 为体积模量；H_t 为与吸力相关的变形模量；α_t 为土骨架的热膨胀系数（注意其与土颗粒的热膨胀系数 α_s 不同）。模型参数 G_t、K_t、H_t、α_t 是随净总应力、吸力、温度变化的，不是常数，因此，式（26.46）是一个非线性模型。

饱和度是净总应力、吸力及温度的函数，若不考虑偏应力对饱和度的影响，可将饱和度广义地表达为（即广义土-水特征曲线方程）：

$$\mathrm{d}s = \beta_{s\sigma}\mathrm{d}\sigma_m + \beta_{sw}\mathrm{d}P_w + \beta_{sg}\mathrm{d}P_g + \beta_{sT}\mathrm{d}T \tag{26.47}$$

其中，σ_m 为平均总应力，$\beta_{s\sigma}$、β_{sw}、β_{sg}、β_{sT} 分别为：

$$\left.\begin{array}{l} \beta_{s\sigma} = \dfrac{\partial s}{\partial(\sigma_m-P_g)}, \quad \beta_{sw} = -\dfrac{\partial s}{\partial(P_g-P_w)} \\[4mm] \beta_{sg} = -\dfrac{\partial s}{\partial(\sigma_m-P_g)} + \dfrac{\partial s}{\partial(P_g-P_w)}, \quad \beta_{sT} = \dfrac{\partial s}{\partial T} \end{array}\right\} \tag{26.48}$$

若暂不考虑应力对饱和度的影响，土-水特征曲线方程选用考虑温度修正的 van Genuchten 模型，即：

$$\frac{s-s_r}{1-s_r} = \frac{1}{\left\{1+\left[a(P_g-P_w)\left(\dfrac{T_0}{T}\right)^\xi\right]^n\right\}^m} \tag{26.49}$$

其中，a、m、n、s_r 为 van Genuchten 模型参数；ξ 为温度影响因子，则有：

$$\left.\begin{array}{l} \beta_{sw} = -\beta_{sg} = (s-s_r)\dfrac{mn\left[a(P_g-P_w)\left(\dfrac{T_0}{T}\right)^\xi\right]^n}{(P_g-P_w)\left\{1+\left[a(P_g-P_w)\left(\dfrac{T_0}{T}\right)^\xi\right]^n\right\}} \\[8mm] \beta_{sT} = (s-s_r)\dfrac{mn\xi\left[a(P_g-P_w)\left(\dfrac{T_0}{T}\right)^\xi\right]^n}{T\left\{1+\left[a(P_g-P_w)\left(\dfrac{T_0}{T}\right)^\xi\right]^n\right\}} \end{array}\right\} \tag{26.50}$$

综上所述，式（26.6）、式（26.8）、式（26.13）、式（26.16）~式（26.20）、式（26.22）、式（26.24）、式（26.29）、式（26.34）、式（26.41）、式（26.45）~式（26.47）给出了所需的 37 个补充方程，连同 21 个场方程［即式（26.1）、式（26.3）及式（26.4）］构成封闭方程组，58 个方程求解 58 个未知量。

26.2.4　增量形式的控制方程组

若用 $\mathfrak{R}$ 广义地代表前文所涉及的各种物理量，则将相应的增量表示为 $\delta\mathfrak{R}$。由于 $\delta\mathfrak{R}$ 是小量，可认为 $\mathfrak{R}$ 与 $\mathfrak{R}+\delta\mathfrak{R}$ 满足相同的场方程和本构方程，将对应的方程相减，即可得到增量形式的场方程和本构方程，限于篇幅，不再一一列出。

将式（26.16）的增量形式代入土骨架质量守恒方程的增量形式，有：

$$\frac{\partial\delta n}{\partial t} = \frac{(1-n)\alpha_{sT}}{\rho_s}\frac{\partial\delta T}{\partial t} + (1-n)\nabla\cdot\delta\boldsymbol{v_s} \tag{26.51}$$

同时，又存在如下关系式：

$$\nabla \cdot \delta \boldsymbol{v}_{\mathbf{s}} = -\frac{D\delta\varepsilon_{\mathrm{v}}}{Dt} \approx -\frac{\partial\delta\varepsilon_{\mathrm{v}}}{\partial t} \tag{26.52}$$

其中，根据小位移假设，可不区分物质导数与局部导数。利用式（26.51）、式（26.52），有：

$$\frac{\partial\delta n}{\partial t} = -(1-n)\frac{\partial\delta\varepsilon_{\mathrm{v}}}{\partial t} + \frac{(1-n)\alpha_{\mathrm{s}T}}{\rho_{\mathrm{s}}}\frac{\partial\delta T}{\partial t} \tag{26.53}$$

上式建立了孔隙率与体应变及土颗粒的热膨胀之间的联系。

利用式（26.6），液态水与水蒸气质量守恒方程相加，并变换为增量形式，有：

$$\frac{\partial}{\partial t}\{\delta(ns\rho_{\mathrm{w}}) + \delta[(1-s)n\rho_{\mathrm{v}}]\} + \nabla \cdot [ns\rho_{\mathrm{w}}\delta\boldsymbol{v}_{\mathrm{w}} + (1-s)n\rho_{\mathrm{v}}\delta\boldsymbol{v}_{\mathrm{v}}] = 0 \tag{26.54}$$

上式即为所有水分（包括液态水和水蒸气）所满足的质量守恒方程。代入式（26.5）、式（26.17）、式（26.18）、式（26.29）、式（26.34）、式（26.41）、式（26.46）、式（26.47）及式（26.53）的增量形式，式（26.54）可进一步化为：

$$a_1 \frac{\partial}{\partial t}[\mathrm{tr}(\nabla\delta\boldsymbol{X}_{\mathbf{s}})] + a_2 \frac{\partial\delta P_{\mathrm{w}}}{\partial t} + a_3 \frac{\partial\delta P_{\mathrm{g}}}{\partial t} + a_4 \frac{\partial\delta T}{\partial t}$$
$$+ a_5 \nabla^2\delta P_{\mathrm{w}} + a_6 \nabla^2\delta P_{\mathrm{g}} + a_7 \nabla^2\delta T = 0 \tag{26.55}$$

其中，$\mathrm{tr}(*)$ 表示二阶张量的第一不变量，a_1、a_2、a_3、a_4、a_5、a_6、a_7 的具体表达式分别为：

$$a_1 = s\rho_{\mathrm{w}} + (1-s)\rho_{\mathrm{v}} - (n\rho_{\mathrm{w}} - n\rho_{\mathrm{v}})\beta_{s\sigma}K_{\mathrm{t}} \tag{26.56a}$$

$$a_2 = (n\rho_{\mathrm{w}} - n\rho_{\mathrm{v}})\left(\beta_{s\sigma}\frac{K_{\mathrm{t}}}{H_{\mathrm{t}}} + \beta_{\mathrm{sw}}\right) + (1-s)n\alpha_{\mathrm{vw}} \tag{26.56b}$$

$$a_3 = (n\rho_{\mathrm{w}} - n\rho_{\mathrm{v}})\left[\beta_{s\sigma}\left(1 - \frac{K_{\mathrm{t}}}{H_{\mathrm{t}}}\right) + \beta_{\mathrm{sg}}\right] \tag{26.56c}$$

$$a_4 = [s\rho_{\mathrm{w}} + (1-s)\rho_{\mathrm{v}}]\frac{(1-n)\alpha_{\mathrm{s}T}}{\rho_{\mathrm{s}}} + (n\rho_{\mathrm{w}} - n\rho_{\mathrm{v}})(\beta_{s\sigma}\alpha_{\mathrm{t}}K_{\mathrm{t}} + \beta_{\mathrm{s}T})$$
$$+ ns\alpha_{\mathrm{w}T} + (1-s)n\alpha_{\mathrm{v}T} \tag{26.56d}$$

$$a_5 = -(k_{\mathrm{ww}}\rho_{\mathrm{w}} + k_{\mathrm{vw}}\rho_{\mathrm{v}}) \tag{26.56e}$$

$$a_6 = -(k_{\mathrm{vg}}\rho_{\mathrm{v}} + k_{\mathrm{gg}}\rho_{\mathrm{v}}) \tag{26.56f}$$

$$a_7 = -(k_{\mathrm{w}T}\rho_{\mathrm{w}} + k_{\mathrm{v}T}\rho_{\mathrm{v}} + k_{\mathrm{g}T}\rho_{\mathrm{v}}) \tag{26.56g}$$

利用式（26.6）、式（26.8）及式（26.45），干燥气体与溶解气体质量守恒方程相加，并变换为增量形式，有：

$$\frac{\partial}{\partial t}\{\delta[(1-s)n\rho_{\mathrm{a}}] + \delta(Hsn\rho_{\mathrm{a}})\} + \nabla \cdot [(1-s)n\rho_{\mathrm{a}}\delta\boldsymbol{v}_{\mathbf{a}} + Hsn\rho_{\mathrm{a}}\delta\boldsymbol{v}_{\mathbf{w}}] = 0 \tag{26.57}$$

式（26.57）即为所有干燥气体（包括未溶部分与已溶部分）所满足的质量守恒方程。代入式（26.5）、式（26.19）、式（26.29）、式（26.34）、式（26.41）、式（26.46）、式（26.47）及式（26.53）的增量形式，式（26.57）可进一步化为：

$$b_1 \frac{\partial}{\partial t}[\mathrm{tr}(\nabla\delta\boldsymbol{X}_{\mathbf{s}})] + b_2 \frac{\partial\delta P_{\mathrm{w}}}{\partial t} + b_3 \frac{\partial\delta P_{\mathrm{g}}}{\partial t} + b_4 \frac{\partial\delta T}{\partial t} + b_5 \nabla^2\delta P_{\mathrm{w}}$$
$$+ b_6 \nabla^2\delta P_{\mathrm{g}} + b_7 \nabla^2\delta T = 0 \tag{26.58}$$

其中，b_1、b_2、b_3、b_4、b_5、b_6、b_7 的具体表达式分别为：

$$b_1 = (1-s)\rho_{\mathrm{a}} + Hs\rho_{\mathrm{a}} - (-n\rho_{\mathrm{a}} + Hn\rho_{\mathrm{a}})\beta_{s\sigma}K_{\mathrm{t}} \tag{26.59a}$$

$$b_2 = (-n\rho_{\mathrm{a}} + Hn\rho_{\mathrm{a}})\left(\beta_{s\sigma}\frac{K_{\mathrm{t}}}{H_{\mathrm{t}}} + \beta_{\mathrm{sw}}\right) + [(1-s)n + Hsn]\alpha_{\mathrm{aw}} \tag{26.59b}$$

$$b_3 = (-n\rho_{\mathrm{a}} + Hn\rho_{\mathrm{a}})\left[\beta_{s\sigma}\left(1 - \frac{K_{\mathrm{t}}}{H_{\mathrm{t}}}\right) + \beta_{\mathrm{sg}}\right] + [(1-s)n + Hsn]\alpha_{\mathrm{ag}} \tag{26.59c}$$

$$b_4 = \left[(1-s)\rho_a + Hs\rho_a\right]\frac{(1-n)\alpha_{sT}}{\rho_s} + (-n\rho_a + Hn\rho_a)(\beta_{s\sigma}\alpha_t K_t + \beta_{sT})$$
$$+ \left[(1-s)n + Hsn\right]\alpha_{aT} \tag{26.59d}$$

$$b_5 = -(-k_{vw}\rho_v + k_{ww}H\rho_a) \tag{26.59e}$$

$$b_6 = -(-k_{vg}\rho_v + k_{gg}\rho_a) \tag{26.59f}$$

$$b_7 = -(k_{gT}\rho_a - k_{vT}\rho_v + k_{wT}H\rho_a) \tag{26.59g}$$

将式（26.1）、式（26.2）、式（26.5）、式（26.8）、式（26.16）～式（26.20）、式（26.22）、式（26.24）、式（26.29）、式（26.34）、式（26.41）、式（26.45）～式（26.47）及式（26.53）代入整体能量守恒方程式（26.4），并变换为增量形式，有：

$$c_1\frac{\partial}{\partial t}\left[\mathrm{tr}(\nabla\delta\boldsymbol{X_s})\right] + c_2\frac{\partial\delta P_w}{\partial t} + c_3\frac{\partial\delta P_g}{\partial t} + c_4\frac{\partial\delta T}{\partial t}$$
$$+ c_5\nabla^2\delta P_w + c_6\nabla^2\delta P_g + c_7\nabla^2\delta T = 0 \tag{26.60}$$

其中，c_1、c_2、c_3、c_4、c_5、c_6、c_7 的具体表达式分别为：

$$c_1 = s\rho_w u_w + (1-s)\rho_v(u_v + L) + (1-s+Hs)\rho_a u_a$$
$$- \left[n\rho_w u_w - n\rho_v(u_v + L) - (1-H)n\rho_a u_a\right]\beta_{s\sigma}K_t \tag{26.61a}$$

$$c_2 = \left[n\rho_w u_w - n\rho_v(u_v + L) - (1-H)n\rho_a u_a\right]\left(\beta_{s\sigma}\frac{K_t}{H_t} + \beta_{sw}\right)$$
$$+ (1-s)n(u_v + L)\alpha_{vw} + (1-s+Hs)nu_a\alpha_{aw} \tag{26.61b}$$

$$c_3 = \left[n\rho_w u_w - n\rho_v(u_v + L) - (1-H)n\rho_a u_a\right]\left[\beta_{s\sigma}\left(1-\frac{K_t}{H_t}\right) + \beta_{sg}\right]$$
$$+ (1-s+Hs)nu_a\alpha_{ag} \tag{26.61c}$$

$$c_4 = \left[-\rho_s u_s + s\rho_w u_w + (1-s)\rho_v(u_v + L) + (1-s+Hs)\rho_a u_a\right]\frac{(1-n)\alpha_{sT}}{\rho_s}$$
$$+ (1-n)u_s\alpha_{sT} + nsu_w\alpha_{wT} + \left[n\rho_w u_w - n\rho_v(u_v + L) - (1-H)n\rho_a u_a\right](\beta_{s\sigma}\alpha_t K_t + \beta_{sT})$$
$$+ (1-s)n(u_v + L)\alpha_{vT} + (1-s+Hs)nu_a\alpha_{aT} + \sum_{i=1}^{5}\phi_i\rho_i c_i \tag{26.61d}$$

$$c_5 = -\left[k_{ww}(\rho_w u_w + H\rho_a u_a) + k_{vw}\rho_v(u_v + L) - k_{vw}\rho_v u_a\right] \tag{26.61e}$$

$$c_6 = -\left[k_{vg}\rho_v(u_v + L) + k_{gg}\rho_v(u_v + L) + k_{gg}\rho_a u_a - k_{vg}\rho_v u_a\right] \tag{26.61f}$$

$$c_7 = -\lambda - k_{wT}(\rho_w u_w + H\rho_a u_a) - k_{vT}\rho_v(u_v + L) - k_{gT}\rho_v(u_v + L) - k_{gT}\rho_a u_a + k_{vT}\rho_v u_a \tag{26.61g}$$

将式（26.5）、式（26.46）代入整体动量守恒方程的增量形式，并忽略重力的作用，有：

$$\nabla\cdot\left[G_t\left[\nabla\delta\boldsymbol{X_s} + (\nabla\delta\boldsymbol{X_s})^{\mathrm{T}}\right] + \left(K_t - \frac{2}{3}G_t\right)\mathrm{tr}(\nabla\delta\boldsymbol{X_s})\boldsymbol{I}\right]$$
$$- \frac{K_t}{H_t}\nabla\delta P_w - \left(1 - \frac{K_t}{H_t}\right)\nabla\delta P_g - \alpha_t K_t\nabla\delta T = \boldsymbol{0} \tag{26.62}$$

式（26.55）、式（26.58）、式（26.60）及式（26.62）即构成了最终的增量形式控制方程组（6 个方程），包含 6 个增量未知量 $\delta\boldsymbol{X_s}$、δP_w、δP_g、δT，方程数与未知量数相等。最终控制方程以增量形式给出，在每一次增量过程中，可将各方程中的系数视为常数，为融入更复杂的本构关系（如热弹塑性本构模型、土-水特征曲线的滞后性）提供了便利。

如果不考虑温度的变化、水蒸气的存在及气体在水中的溶解，式（26.60）左端将恒为零［即式（26.60）退化为恒等式］，式（26.55）、式（26.58）及式（26.62）可化为：

$$\left(1 - s + \eta\beta_{s\sigma}K_{\mathrm{t}}\right)\frac{\partial}{\partial t}\left[\mathrm{tr}(\nabla\delta\boldsymbol{X}_{\mathrm{s}})\right] - n\left(\beta_{s\sigma}\frac{K_{\mathrm{t}}}{H_{\mathrm{t}}} + \beta_{sw}\right)\frac{\partial\delta P_{\mathrm{w}}}{\partial t}$$
$$+ n\left[-\beta_{s\sigma}\left(1 - \frac{K_{\mathrm{t}}}{H_{\mathrm{t}}}\right) - \beta_{sg} + \frac{1-s}{p_{\mathrm{g}}}\right]\frac{\partial\delta P_{\mathrm{g}}}{\partial t} = k_{\mathrm{gg}}\ \nabla^2\delta P_{\mathrm{g}} \tag{26.63a}$$

$$\nabla\cdot\left[G_{\mathrm{t}}\left[\nabla\,\delta\boldsymbol{X}_{\mathrm{s}} + (\nabla\,\delta\boldsymbol{X}_{\mathrm{s}})^{\mathrm{T}}\right] + \left(K_{\mathrm{t}} - \frac{2}{3}G_{\mathrm{t}}\right)\mathrm{tr}(\nabla\,\delta\boldsymbol{X}_{\mathrm{s}})\boldsymbol{I}\right] - \frac{K_{\mathrm{t}}}{H_{\mathrm{t}}}\nabla\delta P_{\mathrm{w}}$$
$$- \left(1 - \frac{K_{\mathrm{t}}}{H_{\mathrm{t}}}\right)\nabla\delta P_{\mathrm{g}} = \boldsymbol{0} \tag{26.63b}$$

$$\left(s - \eta\beta_{s\sigma}K_{\mathrm{t}}\right)\frac{\partial}{\partial t}\left[\mathrm{tr}(\nabla\delta\boldsymbol{X}_{\mathrm{s}})\right] + n\left(\beta_{s\sigma}\frac{K_{\mathrm{t}}}{H_{\mathrm{t}}} + \beta_{sw}\right)\frac{\partial\delta P_{\mathrm{w}}}{\partial t}$$
$$+ n\left[\beta_{s\sigma}\left(1 - \frac{K_{\mathrm{t}}}{H_{\mathrm{t}}}\right) + \beta_{sg}\right]\frac{\partial\delta P_{\mathrm{g}}}{\partial t} = k_{\mathrm{ww}}\ \nabla^2\delta P_{\mathrm{w}} \tag{26.63c}$$

除方程系数有所差别外，上式与陈正汉等（2001）[20] 的非饱和土非线性固结理论的控制方程组相同，而系数上的不同是由于使用了不同形式的变形与饱和度本构方程所致。

若考虑土体始终处于饱和状态，则式（26.58）左端恒为零［即式（26.58）退化为恒等式］，式（26.55）、式（26.60）及式（26.62）又可化为：

$$\frac{\partial}{\partial t}\left[\mathrm{tr}(\nabla\delta\boldsymbol{X}_{\mathrm{s}})\right] + \left[\frac{(1-n)\alpha_{\mathrm{s}T}}{\rho_{\mathrm{s}}} + \frac{n\alpha_{\mathrm{w}T}}{\rho_{\mathrm{w}}}\right]\frac{\partial\delta T}{\partial t} - k_{\mathrm{ww}}\ \nabla^2\delta P_{\mathrm{w}} - k_{\mathrm{w}T}\ \nabla^2\delta T = 0 \tag{26.64a}$$

$$\frac{\partial}{\partial t}\left[\mathrm{tr}(\nabla\delta\boldsymbol{X}_{\mathrm{s}})\right] + \left[\frac{(1-n)\alpha_{\mathrm{s}T}}{\rho_{\mathrm{s}}} + \frac{n\alpha_{\mathrm{w}T}}{\rho_{\mathrm{w}}} + \frac{(1-n)\rho_{\mathrm{s}}c_{\mathrm{s}}}{\rho_{\mathrm{w}}u_{\mathrm{w}}} + \frac{nc_{\mathrm{w}}}{u_{\mathrm{w}}}\right]\frac{\partial\delta T}{\partial t}$$
$$- k_{\mathrm{ww}}\ \nabla^2\delta P_{\mathrm{w}} - \left(\frac{\lambda}{\rho_{\mathrm{w}}u_{\mathrm{w}}} + k_{\mathrm{w}T}\right)\nabla^2\delta T = 0 \tag{26.64b}$$

$$\nabla\cdot\left[G_{\mathrm{t}}\left[\nabla\,\delta\boldsymbol{X}_{\mathrm{s}} + (\nabla\,\delta\boldsymbol{X}_{\mathrm{s}})^{\mathrm{T}}\right] + \left(K_{\mathrm{t}} - \frac{2}{3}G_{\mathrm{t}}\right)\mathrm{tr}(\nabla\,\delta\boldsymbol{X}_{\mathrm{s}})\boldsymbol{I}\right]$$
$$- \nabla\delta P_{\mathrm{w}} - \alpha_{\mathrm{t}}K_{\mathrm{t}}\nabla\delta T = \boldsymbol{0} \tag{26.64c}$$

上式为饱和土热固结的控制方程，与白冰（2006）[39] 中所报道的饱和土热固结模型方程基本一致，主要有 3 点不同：第一，由于本章沿用土力学的假定，认为土颗粒与水不可压缩，故式（26.64）中不含土颗粒及水的压缩性系数 C_{s}、C_{w}；第二，如前文所述，Dufour 效应对土中热传导的影响很小，故式（26.64）中略去 Dufour 效应是一种合理的简化；第三，式（26.64）是以增量形式出现，为工程应用和数值计算提供了方便。如果进一步再不考虑温度的变化，式（26.64）将简化为增量形式的 Biot 固结理论，限于篇幅，不再给出具体形式。

26.3　轴对称条件下热-水-力多场耦合模型的数值求解方法

高放废物罐在地质库中的存储空间环境可以视为轴对称状态，评估其运行情况需要求解轴对称问题。为此，秦冰以第 26.2 节所建立的缓冲/回填材料的热-水-力多场耦合模型为基础，从该模型张量形式的等效积分"弱"形式出发，在轴对称条件下，利用加权余量法进行空间域与时间域上的有限元离散，得到以单元结点的位移、水压力、气压力及温度为未知量的有限元矩阵方程，并据此开发了轴对称热-水-力多场耦合计算软件 THMCA[3,13]。

26.3.1　热-水-力多场耦合模型的等效积分"弱"形式

在第 26.2 节中所建立的热-水-力多场耦合模型增量控制方程中，式（26.55）、式（26.58）及式（26.60）含有对时间 t 的导数，为便于计算需变换为全量形式；将式（26.55）、式

（26.58）、式（26.60）的全量形式及式（26.62）乘任意函数 f，并在任意区域 Ω 内积分，可得控制方程等效积分形式（王勖成，2003；Zienkiewicz & Taylor，2006）[40,41]为：

$$\int_\Omega f \cdot \left\{ a_1 \frac{\partial}{\partial t}[\mathrm{tr}(\nabla \boldsymbol{X}_\mathrm{s})] + a_2 \frac{\partial P_\mathrm{w}}{\partial t} + a_3 \frac{\partial P_\mathrm{g}}{\partial t} + a_4 \frac{\partial T}{\partial t} \right\} \mathrm{d}\Omega$$
$$+ \int_\Omega f \cdot (a_5 \nabla^2 P_\mathrm{w} + a_6 \nabla^2 P_\mathrm{g} + a_7 \nabla^2 T) \mathrm{d}\Omega = 0 \tag{26.65}$$

$$\int_\Omega f \cdot \left\{ b_1 \frac{\partial}{\partial t}[\mathrm{tr}(\nabla \boldsymbol{X}_\mathrm{s})] + b_2 \frac{\partial P_\mathrm{w}}{\partial t} + b_3 \frac{\partial P_\mathrm{g}}{\partial t} + b_4 \frac{\partial T}{\partial t} \right\} \mathrm{d}\Omega$$
$$+ \int_\Omega f \cdot (b_5 \nabla^2 P_\mathrm{w} + b_6 \nabla^2 P_\mathrm{g} + b_7 \nabla^2 T) \mathrm{d}\Omega = 0 \tag{26.66}$$

$$\int_\Omega f \cdot \left\{ c_1 \frac{\partial}{\partial t}[\mathrm{tr}(\nabla \boldsymbol{X}_\mathrm{s})] + c_2 \frac{\partial P_\mathrm{w}}{\partial t} + c_3 \frac{\partial P_\mathrm{g}}{\partial t} + c_4 \frac{\partial T}{\partial t} \right\} \mathrm{d}\Omega$$
$$+ \int_\Omega f \cdot (c_5 \nabla^2 P_\mathrm{w} + c_6 \nabla^2 P_\mathrm{g} + c_7 \nabla^2 T) \mathrm{d}\Omega = 0 \tag{26.67}$$

$$\int_\Omega f \cdot \nabla \cdot \left[G_\mathrm{t}[\nabla \delta \boldsymbol{X}_\mathrm{s} + (\nabla \delta \boldsymbol{X}_\mathrm{s})^\mathrm{T}] + \left(K_\mathrm{t} - \frac{2}{3} G_\mathrm{t} \right) \mathrm{tr}(\nabla \delta \boldsymbol{X}_\mathrm{s}) \boldsymbol{I} \right] \mathrm{d}\Omega$$
$$+ \int_\Omega f \cdot \left[-\frac{K_\mathrm{t}}{H_\mathrm{t}} \nabla \delta P_\mathrm{w} - \left(1 - \frac{K_\mathrm{t}}{H_\mathrm{t}} \right) \nabla \delta P_\mathrm{g} - \alpha_\mathrm{t} K_\mathrm{t} \nabla \delta T \right] \mathrm{d}\Omega = \boldsymbol{0} \tag{26.68}$$

为了考虑液态水在重力作用下的流动，将液态水渗透本构方程式（26.29）修正为：

$$ns(\boldsymbol{v}_\mathrm{w} - \boldsymbol{v}_\mathrm{s}) = -k_\mathrm{ww} \nabla (P_\mathrm{w} + \rho_\mathrm{w} gz) - k_\mathrm{wT} \nabla T \tag{26.69}$$

对于式（26.65）～式（26.68），利用 Green 公式，并代入本构方程式（26.22）、式（26.34）、式（26.41）、式（26.46）、式（26.69），可得张量形式的控制方程等效积分"弱"形式为：

$$\int_\Omega -a_1 \frac{\partial \epsilon_\mathrm{v}}{\partial t} f \, \mathrm{d}\Omega + \int_\Omega a_2 \frac{\partial P_\mathrm{w}}{\partial t} f \, \mathrm{d}\Omega + \int_\Omega a_3 \frac{\partial P_\mathrm{g}}{\partial t} f \, \mathrm{d}\Omega + \int_\Omega a_4 \frac{\partial T}{\partial t} f \, \mathrm{d}\Omega$$
$$- \int_\Omega a_5 \nabla P_\mathrm{w} \cdot \nabla f \, \mathrm{d}\Omega - \int_\Omega a_6 \nabla P_\mathrm{g} \cdot \nabla f \, \mathrm{d}\Omega - \int_\Omega a_7 \nabla T \cdot \nabla f \, \mathrm{d}\Omega \tag{26.70}$$
$$- \int_\Omega k_\mathrm{ww} \rho_\mathrm{w}^2 \boldsymbol{g} \cdot \nabla f \, \mathrm{d}\Omega + \int_\Gamma \boldsymbol{Q}_\mathrm{w} \cdot \boldsymbol{n} f \, \mathrm{d}\Gamma = 0$$

$$\int_\Omega -b_1 \frac{\partial \epsilon_\mathrm{v}}{\partial t} f \, \mathrm{d}\Omega + \int_\Omega b_2 \frac{\partial P_\mathrm{w}}{\partial t} f \, \mathrm{d}\Omega + \int_\Omega b_3 \frac{\partial P_\mathrm{g}}{\partial t} f \, \mathrm{d}\Omega + \int_\Omega b_4 \frac{\partial T}{\partial t} f \, \mathrm{d}\Omega$$
$$- \int_\Omega b_5 \nabla P_\mathrm{w} \cdot \nabla f \, \mathrm{d}\Omega - \int_\Omega b_6 \nabla P_\mathrm{g} \cdot \nabla f \, \mathrm{d}\Omega - \int_\Omega b_7 \nabla T \cdot \nabla f \, \mathrm{d}\Omega \tag{26.71}$$
$$- \int_\Omega (k_\mathrm{ww} H \rho_\mathrm{a} \rho_\mathrm{w} \boldsymbol{g}) \cdot \nabla f \, \mathrm{d}\Omega + \int_\Gamma \boldsymbol{Q}_\mathrm{a} \cdot \boldsymbol{n} f \, \mathrm{d}\Gamma = 0$$

$$\int_\Omega -c_1 \frac{\partial \epsilon_\mathrm{v}}{\partial t} f \, \mathrm{d}\Omega + \int_\Omega c_2 \frac{\partial P_\mathrm{w}}{\partial t} f \, \mathrm{d}\Omega + \int_\Omega c_3 \frac{\partial P_\mathrm{g}}{\partial t} f \, \mathrm{d}\Omega + \int_\Omega c_4 \frac{\partial T}{\partial t} f \, \mathrm{d}\Omega$$
$$- \int_\Omega c_5 \nabla P_\mathrm{w} \cdot \nabla f \, \mathrm{d}\Omega - \int_\Omega c_6 \nabla P_\mathrm{g} \cdot \nabla f \, \mathrm{d}\Omega - \int_\Omega c_7 \nabla T \cdot \nabla f \, \mathrm{d}\Omega \tag{26.72}$$
$$- \int_\Omega [k_\mathrm{ww} (\rho_\mathrm{w} u_\mathrm{w} + H \rho_\mathrm{a} u_\mathrm{a}) \rho_\mathrm{w} \boldsymbol{g}] \cdot \nabla f \, \mathrm{d}\Omega + \int_\Gamma \boldsymbol{q}^* \cdot \boldsymbol{n} f \, \mathrm{d}\Gamma = 0$$

$$- \int_\Omega 2 G_\mathrm{t} \mathbf{d}\boldsymbol{\varepsilon} \cdot \nabla f \, \mathrm{d}\Omega - \int_\Omega \left(K_\mathrm{t} - \frac{2}{3} G_\mathrm{t} \right) \mathrm{d}\epsilon_\mathrm{v} \nabla f \, \mathrm{d}\Omega$$
$$- \int_\Omega \left(\frac{K_\mathrm{t}}{H_\mathrm{t}} \nabla f + n \rho_\mathrm{w} \beta_\mathrm{sw} \boldsymbol{g} f \right) \mathrm{d}P_\mathrm{w} \mathrm{d}\Omega \tag{26.73}$$
$$- \int_\Omega \left[\left(1 - \frac{K_\mathrm{t}}{H_\mathrm{t}} \right) \nabla f + n \rho_\mathrm{w} \beta_\mathrm{sg} \boldsymbol{g} f \right] \mathrm{d}P_\mathrm{g} \mathrm{d}\Omega$$

$$-\int_\Omega K_t \alpha_t \mathrm{d}T \nabla f \, \mathrm{d}\Omega + \int_\Gamma \mathbf{d}\hat{\mathbf{T}} f \cdot \mathbf{n}\mathrm{d}\Gamma = \mathbf{0}$$

其中，$\hat{\boldsymbol{T}}$ 为任意区域 Ω 边界 Γ 上的法向总应力，$\boldsymbol{Q}_\mathrm{w}$、$\boldsymbol{Q}_\mathrm{a}$、$\boldsymbol{q}^*$ 分别为边界 Γ 上的广义水流量、广义气流量及广义热流量，其定义分别为：

$$\boldsymbol{Q}_\mathrm{w} = ns\rho_\mathrm{w}(\boldsymbol{v}_\mathrm{w} - \boldsymbol{v}_\mathrm{s}) + n(1-s)\rho_\mathrm{v}(\boldsymbol{v}_\mathrm{v} - \boldsymbol{v}_\mathrm{s}) \tag{26.74}$$

$$\boldsymbol{Q}_\mathrm{a} = n(1-s)\rho_\mathrm{a}(\boldsymbol{v}_\mathrm{a} - \boldsymbol{v}_\mathrm{s}) + Hns\rho_\mathrm{a}(\boldsymbol{v}_\mathrm{w} - \boldsymbol{v}_\mathrm{s}) \tag{26.75}$$

$$\boldsymbol{q}^* = \boldsymbol{q} + ns\rho_\mathrm{w}u_\mathrm{w}(\boldsymbol{v}_\mathrm{w} - \boldsymbol{v}_\mathrm{s}) + n(1-s)\rho_\mathrm{v}u_\mathrm{v}(\boldsymbol{v}_\mathrm{v} - \boldsymbol{v}_\mathrm{s})$$
$$+ n(1-s)\rho_\mathrm{a}u_\mathrm{a}(\boldsymbol{v}_\mathrm{a} - \boldsymbol{v}_\mathrm{s}) + Hns\rho_\mathrm{a}u_\mathrm{a}(\boldsymbol{v}_\mathrm{w} - \boldsymbol{v}_\mathrm{s}) + n(1-s)\rho_\mathrm{v}L(\boldsymbol{v}_\mathrm{v} - \boldsymbol{v}_\mathrm{s}) \tag{26.76}$$

下面将张量形式的控制方程等效积分"弱"形式式（26.70）～式（26.73）分别在常用的轴对称与平面应变条件下进行展开。使用圆柱坐标系 (r, θ, z)，在轴对称条件下（即关于 θ 方向对称），应变与位移之间存在如下关系：

$$\left.\begin{array}{l} \varepsilon_{rr} = -\dfrac{\partial u_\mathrm{r}}{\partial r}, \quad \varepsilon_{\theta\theta} = -\dfrac{u_\mathrm{r}}{r}, \quad \varepsilon_{rz} = -\dfrac{1}{2}\left(\dfrac{\partial u_\mathrm{r}}{\partial z} + \dfrac{\partial u_\mathrm{z}}{\partial r}\right), \quad \varepsilon_{zz} = -\dfrac{\partial u_\mathrm{z}}{\partial z} \\[3mm] \mathrm{d}\varepsilon_{rr} = -\dfrac{\partial \mathrm{d}u_\mathrm{r}}{\partial r}, \quad \mathrm{d}\varepsilon_{\theta\theta} = -\dfrac{\mathrm{d}u_\mathrm{r}}{r}, \quad \mathrm{d}\varepsilon_{rz} = -\dfrac{1}{2}\left(\dfrac{\partial \mathrm{d}u_\mathrm{r}}{\partial z} + \dfrac{\partial \mathrm{d}u_\mathrm{z}}{\partial r}\right), \quad \mathrm{d}\varepsilon_{zz} = -\dfrac{\partial \mathrm{d}u_\mathrm{z}}{\partial z} \\[3mm] \varepsilon_\mathrm{v} = -\dfrac{\partial u_\mathrm{r}}{\partial r} - \dfrac{u_\mathrm{r}}{r} - \dfrac{\partial u_\mathrm{z}}{\partial z}, \quad \mathrm{d}\varepsilon_\mathrm{v} = -\dfrac{\partial \mathrm{d}u_\mathrm{r}}{\partial r} - \dfrac{1}{r}\mathrm{d}u_\mathrm{r} - \dfrac{\partial \mathrm{d}u_\mathrm{z}}{\partial z} \end{array}\right\} \tag{26.77}$$

其中，u_r、u_z 分别为圆柱坐标 r、z 方向上的位移。

将式（26.77）代入式（26.70）～式（26.73），并利用关于 θ 方向的对称性，可得轴对称条件下控制方程等效积分"弱"形式为：

$$\int_{\Pi} a_1 \frac{\partial}{\partial t}\left(\frac{\partial u_\mathrm{r}}{\partial r} + \frac{u_\mathrm{r}}{r} + \frac{\partial u_\mathrm{z}}{\partial z}\right)f \, r \, \mathrm{d}r \, \mathrm{d}z$$
$$+ \int_{\Pi} a_2 \frac{\partial P_\mathrm{w}}{\partial t}f \, r \, \mathrm{d}r \, \mathrm{d}z + \int_{\Pi} a_3 \frac{\partial P_\mathrm{g}}{\partial t}f \, r \, \mathrm{d}r \, \mathrm{d}z + \int_{\Pi} a_4 \frac{\partial T}{\partial t}f \, r \, \mathrm{d}r \, \mathrm{d}z$$
$$- \int_{\Pi} a_5\left(\frac{\partial P_\mathrm{w}}{\partial r}\frac{\partial f}{\partial r} + \frac{\partial P_\mathrm{w}}{\partial z}\frac{\partial f}{\partial z}\right)r \, \mathrm{d}r \, \mathrm{d}z - \int_{\Pi} a_6\left(\frac{\partial P_\mathrm{g}}{\partial r}\frac{\partial f}{\partial r} + \frac{\partial P_\mathrm{g}}{\partial z}\frac{\partial f}{\partial z}\right)r \, \mathrm{d}r \, \mathrm{d}z \tag{26.78}$$
$$- \int_{\Pi} a_7\left(\frac{\partial T}{\partial r}\frac{\partial f}{\partial r} + \frac{\partial T}{\partial z}\frac{\partial f}{\partial z}\right)r \, \mathrm{d}r \, \mathrm{d}z + \int_{\Pi} k_\mathrm{ww}\rho_\mathrm{w}^2 g \frac{\partial f}{\partial z}r \, \mathrm{d}r \, \mathrm{d}z + \int_L \boldsymbol{Q}_\mathrm{w} \cdot \boldsymbol{n}f \, r \, \mathrm{d}l = 0$$

$$\int_{\Pi} b_1 \frac{\partial}{\partial t}\left(\frac{\partial u_\mathrm{r}}{\partial r} + \frac{u_\mathrm{r}}{r} + \frac{\partial u_\mathrm{z}}{\partial z}\right)f \, r \, \mathrm{d}r \, \mathrm{d}z$$
$$+ \int_{\Pi} b_2 \frac{\partial P_\mathrm{w}}{\partial t}f \, r \, \mathrm{d}r \, \mathrm{d}z + \int_{\Pi} b_3 \frac{\partial P_\mathrm{g}}{\partial t}f \, r \, \mathrm{d}r \, \mathrm{d}z + \int_{\Pi} b_4 \frac{\partial T}{\partial t}f \, r \, \mathrm{d}r \, \mathrm{d}z$$
$$- \int_{\Pi} b_5\left(\frac{\partial P_\mathrm{w}}{\partial r}\frac{\partial f}{\partial r} + \frac{\partial P_\mathrm{w}}{\partial z}\frac{\partial f}{\partial z}\right)r \, \mathrm{d}r \, \mathrm{d}z - \int_{\Pi} b_6\left(\frac{\partial P_\mathrm{g}}{\partial r}\frac{\partial f}{\partial r} + \frac{\partial P_\mathrm{g}}{\partial z}\frac{\partial f}{\partial z}\right)r \, \mathrm{d}r \, \mathrm{d}z \tag{26.79}$$
$$- \int_{\Pi} b_7\left(\frac{\partial T}{\partial r}\frac{\partial f}{\partial r} + \frac{\partial T}{\partial z}\frac{\partial f}{\partial z}\right)r \, \mathrm{d}r \, \mathrm{d}z + \int_{\Pi} k_\mathrm{ww}H\rho_\mathrm{a}\rho_\mathrm{w} g \frac{\partial f}{\partial z}r \, \mathrm{d}r \, \mathrm{d}z + \int_L \boldsymbol{Q}_\mathrm{a} \cdot \boldsymbol{n}f \, r \, \mathrm{d}l = 0$$

$$\int_{\Pi} c_1 \frac{\partial}{\partial t}\left(\frac{\partial u_\mathrm{r}}{\partial r} + \frac{u_\mathrm{r}}{r} + \frac{\partial u_\mathrm{z}}{\partial z}\right)f \, r \, \mathrm{d}r \, \mathrm{d}z$$
$$+ \int_{\Pi} c_2 \frac{\partial P_\mathrm{w}}{\partial t}f \, r \, \mathrm{d}r \, \mathrm{d}z + \int_{\Pi} c_3 \frac{\partial P_\mathrm{g}}{\partial t}f \, r \, \mathrm{d}r \, \mathrm{d}z + \int_{\Pi} c_4 \frac{\partial T}{\partial t}f \, r \, \mathrm{d}r \, \mathrm{d}z$$
$$- \int_{\Pi} c_5\left(\frac{\partial P_\mathrm{w}}{\partial r}\frac{\partial f}{\partial r} + \frac{\partial P_\mathrm{w}}{\partial z}\frac{\partial f}{\partial z}\right)r \, \mathrm{d}r \, \mathrm{d}z - \int_{\Pi} c_6\left(\frac{\partial P_\mathrm{g}}{\partial r}\frac{\partial f}{\partial r} + \frac{\partial P_\mathrm{g}}{\partial z}\frac{\partial f}{\partial z}\right)r \, \mathrm{d}r \, \mathrm{d}z$$

$$-\int_{\Pi} c_7\left(\frac{\partial T}{\partial r}\frac{\partial f}{\partial r}+\frac{\partial T}{\partial z}\frac{\partial f}{\partial z}\right)r\,\mathrm{d}r\,\mathrm{d}z+\int_{\Pi}k_{\mathrm{ww}}(\rho_{\mathrm{w}}u_{\mathrm{w}}+H\rho_{\mathrm{a}}u_{\mathrm{a}})\rho_{\mathrm{w}}g\frac{\partial f}{\partial z}r\,\mathrm{d}r\,\mathrm{d}z$$

$$+\int_{L}\boldsymbol{q}^{*}\cdot\boldsymbol{n}f\,r\,\mathrm{d}l=0 \tag{26.80}$$

$$\int_{\Pi}\left(K_{\mathrm{t}}+\frac{4}{3}G_{\mathrm{t}}\right)\left(\frac{\partial \mathrm{d}u_{\mathrm{r}}}{\partial r}\frac{\partial f}{\partial r}\right)r\,\mathrm{d}r\,\mathrm{d}z+\int_{\Pi}\left(K_{\mathrm{t}}-\frac{2}{3}G_{\mathrm{t}}\right)\frac{1}{r}\mathrm{d}u_{\mathrm{r}}\frac{\partial f}{\partial r}r\,\mathrm{d}r\,\mathrm{d}z$$

$$+\int_{\Pi}G_{\mathrm{t}}\left(\frac{\partial \mathrm{d}u_{\mathrm{r}}}{\partial z}+\frac{\partial \mathrm{d}u_{\mathrm{z}}}{\partial r}\right)\frac{\partial f}{\partial z}r\,\mathrm{d}r\,\mathrm{d}z+\int_{\Pi}\left(K_{\mathrm{t}}-\frac{2}{3}G_{\mathrm{t}}\right)\frac{\partial \mathrm{d}u_{\mathrm{z}}}{\partial z}\frac{\partial f}{\partial r}r\,\mathrm{d}r\,\mathrm{d}z$$

$$-\int_{\Pi}\frac{K_{\mathrm{t}}}{H_{\mathrm{t}}}\mathrm{d}P_{\mathrm{w}}\frac{\partial f}{\partial r}r\,\mathrm{d}r\,\mathrm{d}z-\int_{\Pi}\left(1-\frac{K_{\mathrm{t}}}{H_{\mathrm{t}}}\right)\mathrm{d}P_{\mathrm{g}}\frac{\partial f}{\partial r}r\,\mathrm{d}r\,\mathrm{d}z-\int_{\Pi}K_{\mathrm{t}}\alpha_{\mathrm{t}}\mathrm{d}T\frac{\partial f}{\partial r}r\,\mathrm{d}r\,\mathrm{d}z$$

$$+\int_{L}\mathrm{d}\hat{\boldsymbol{T}}_{\mathrm{r}}\cdot\boldsymbol{n}f\,r\,\mathrm{d}l=0 \tag{26.81}$$

$$\int_{\Pi}\left(K_{\mathrm{t}}-\frac{2}{3}G_{\mathrm{t}}\right)\frac{\partial \mathrm{d}u_{\mathrm{r}}}{\partial r}\frac{\partial f}{\partial z}r\,\mathrm{d}r\,\mathrm{d}z+\int_{\Pi}\left(K_{\mathrm{t}}-\frac{2}{3}G_{\mathrm{t}}\right)\frac{1}{r}\mathrm{d}u_{\mathrm{r}}\frac{\partial f}{\partial z}r\,\mathrm{d}r\,\mathrm{d}z$$

$$+\int_{\Pi}G_{\mathrm{t}}\left(\frac{\partial \mathrm{d}u_{\mathrm{r}}}{\partial z}+\frac{\partial \mathrm{d}u_{\mathrm{z}}}{\partial r}\right)\frac{\partial f}{\partial r}r\,\mathrm{d}r\,\mathrm{d}z+\int_{\Pi}\left(K_{\mathrm{t}}+\frac{4}{3}G_{\mathrm{t}}\right)\left(\frac{\partial \mathrm{d}u_{\mathrm{z}}}{\partial z}\frac{\partial f}{\partial z}\right)r\,\mathrm{d}r\,\mathrm{d}z$$

$$-\int_{\Pi}\mathrm{d}P_{\mathrm{w}}\left(\frac{K_{\mathrm{t}}}{H_{\mathrm{t}}}\cdot\frac{\partial f}{\partial z}-n\rho_{\mathrm{w}}\beta_{\mathrm{sw}}g\cdot f\right)r\,\mathrm{d}r\,\mathrm{d}z$$

$$-\int_{\Pi}\mathrm{d}P_{\mathrm{g}}\left[\left(1-\frac{K_{\mathrm{t}}}{H_{\mathrm{t}}}\right)\cdot\frac{\partial f}{\partial z}-n\rho_{\mathrm{w}}\beta_{\mathrm{sg}}g\cdot f\right]r\,\mathrm{d}r\,\mathrm{d}z-\int_{\Pi}K_{\mathrm{t}}\alpha_{\mathrm{t}}\mathrm{d}T\frac{\partial f}{\partial z}r\,\mathrm{d}r\,\mathrm{d}z$$

$$+\int_{L}\mathrm{d}\hat{\boldsymbol{T}}_{\mathrm{z}}\cdot\boldsymbol{n}f\,r\,\mathrm{d}l=0 \tag{26.82}$$

其中，Π 为任意体积 Ω 在 $r-z$ 平面内对应的区域，L 为区域 Π 的边界，式（26.81）、式（26.82）分别为平衡方程在 r、z 方向上的分量表达式（z 向为竖直方向）。

类似地，使用三维笛卡尔坐标系（x，y，z），在平面应变条件下（y 方向上的应变为零），应变与位移之间存在如下关系：

$$\left.\begin{array}{l}\varepsilon_{\mathrm{xx}}=-\dfrac{\partial u_{\mathrm{x}}}{\partial x},\quad\varepsilon_{\mathrm{xz}}=-\dfrac{1}{2}\left(\dfrac{\partial u_{\mathrm{x}}}{\partial z}+\dfrac{\partial u_{\mathrm{z}}}{\partial x}\right),\quad\varepsilon_{\mathrm{zz}}=-\dfrac{\partial u_{\mathrm{z}}}{\partial z}\\[2mm]\mathrm{d}\varepsilon_{\mathrm{xx}}=-\dfrac{\partial \mathrm{d}u_{\mathrm{x}}}{\partial x},\quad\mathrm{d}\varepsilon_{\mathrm{xz}}=-\dfrac{1}{2}\left(\dfrac{\partial \mathrm{d}u_{\mathrm{x}}}{\partial z}+\dfrac{\partial \mathrm{d}u_{\mathrm{z}}}{\partial x}\right),\quad\mathrm{d}\varepsilon_{\mathrm{zz}}=-\dfrac{\partial \mathrm{d}u_{\mathrm{z}}}{\partial z}\\[2mm]\varepsilon_{\mathrm{v}}=-\dfrac{\partial u_{\mathrm{x}}}{\partial x}-\dfrac{\partial u_{\mathrm{z}}}{\partial z},\quad\mathrm{d}\varepsilon_{\mathrm{v}}=-\dfrac{\partial \mathrm{d}u_{\mathrm{x}}}{\partial x}-\dfrac{\partial \mathrm{d}u_{\mathrm{z}}}{\partial z}\end{array}\right\} \tag{26.83}$$

其中，u_{x}、u_{z} 分别为笛卡尔坐标 x，z 方向上的位移。

将式（9.19）代入式（9.6）～式（9.9），并利用关于 y 方向的对称性，可得平面应变条件下控制方程等效积分"弱"形式为：

$$\int_{\Pi}a_1\frac{\partial}{\partial t}\left(\frac{\partial u_{\mathrm{x}}}{\partial x}+\frac{\partial u_{\mathrm{z}}}{\partial z}\right)f\,\mathrm{d}x\,\mathrm{d}z+\int_{\Pi}a_2\frac{\partial P_{\mathrm{w}}}{\partial t}f\,\mathrm{d}x\,\mathrm{d}z+\int_{\Pi}a_3\frac{\partial P_{\mathrm{g}}}{\partial t}f\,\mathrm{d}x\,\mathrm{d}z+\int_{\Pi}a_4\frac{\partial T}{\partial t}f\,\mathrm{d}x\,\mathrm{d}z$$

$$-\int_{\Pi}a_5\left(\frac{\partial P_{\mathrm{w}}}{\partial x}\frac{\partial f}{\partial x}+\frac{\partial P_{\mathrm{w}}}{\partial z}\frac{\partial f}{\partial z}\right)\mathrm{d}x\,\mathrm{d}z-\int_{\Pi}a_6\left(\frac{\partial P_{\mathrm{g}}}{\partial x}\frac{\partial f}{\partial x}+\frac{\partial P_{\mathrm{g}}}{\partial z}\frac{\partial f}{\partial z}\right)\mathrm{d}x\,\mathrm{d}z$$

$$-\int_{\Pi}a_7\left(\frac{\partial T}{\partial x}\frac{\partial f}{\partial x}+\frac{\partial T}{\partial z}\frac{\partial f}{\partial z}\right)\mathrm{d}x\,\mathrm{d}z+\int_{\Pi}k_{\mathrm{ww}}\rho_{\mathrm{w}}^{2}g\frac{\partial f}{\partial z}\mathrm{d}x\,\mathrm{d}z+\int_{L}\boldsymbol{Q}_{\mathrm{w}}\cdot\boldsymbol{n}f\,\mathrm{d}l=0 \tag{26.84}$$

$$\int_{\Pi}b_1\frac{\partial}{\partial t}\left(\frac{\partial u_{\mathrm{x}}}{\partial x}+\frac{\partial u_{\mathrm{z}}}{\partial z}\right)f\,\mathrm{d}x\,\mathrm{d}z+\int_{\Pi}b_2\frac{\partial P_{\mathrm{w}}}{\partial t}f\,\mathrm{d}x\,\mathrm{d}z+\int_{\Pi}b_3\frac{\partial P_{\mathrm{g}}}{\partial t}f\,\mathrm{d}x\,\mathrm{d}z+\int_{\Pi}b_4\frac{\partial T}{\partial t}f\,\mathrm{d}x\,\mathrm{d}z$$

$$-\int_{\Pi} b_5 \left(\frac{\partial P_w}{\partial x}\frac{\partial f}{\partial x} + \frac{\partial P_w}{\partial z}\frac{\partial f}{\partial z}\right) dx\, dz - \int_{\Pi} b_6 \left(\frac{\partial P_g}{\partial x}\frac{\partial f}{\partial x} + \frac{\partial P_g}{\partial z}\frac{\partial f}{\partial z}\right) dx\, dz$$

$$-\int_{\Pi} b_7 \left(\frac{\partial T}{\partial x}\frac{\partial f}{\partial x} + \frac{\partial T}{\partial z}\frac{\partial f}{\partial z}\right) dx\, dz + \int_{\Pi} k_{ww} H \rho_a \rho_w g \frac{\partial f}{\partial z} dx\, dz + \int_L \boldsymbol{Q_a} \cdot \boldsymbol{n} f\, dl = 0 \qquad (26.85)$$

$$\int_{\Pi} c_1 \frac{\partial}{\partial t}\left(\frac{\partial u_x}{\partial x} + \frac{\partial u_z}{\partial z}\right) f\, dx\, dz + \int_{\Pi} c_2 \frac{\partial P_w}{\partial t} f\, dx\, dz + \int_{\Pi} c_3 \frac{\partial P_g}{\partial t} f\, dx\, dz + \int_{\Pi} c_4 \frac{\partial T}{\partial t} f\, dx\, dz$$

$$-\int_{\Pi} c_5 \left(\frac{\partial P_w}{\partial x}\frac{\partial f}{\partial x} + \frac{\partial P_w}{\partial z}\frac{\partial f}{\partial z}\right) dx\, dz - \int_{\Pi} c_6 \left(\frac{\partial P_g}{\partial x}\frac{\partial f}{\partial x} + \frac{\partial P_g}{\partial z}\frac{\partial f}{\partial z}\right) dx\, dz$$

$$-\int_{\Pi} c_7 \left(\frac{\partial T}{\partial x}\frac{\partial f}{\partial x} + \frac{\partial T}{\partial z}\frac{\partial f}{\partial z}\right) dx\, dz + \int_{\Pi} k_{ww}(\rho_w u_w + H\rho_a u_a)\rho_w g \frac{\partial f}{\partial z} dx\, dz$$

$$+\int_L \boldsymbol{q}^* \cdot \boldsymbol{n} f\, dl = 0 \qquad (26.86)$$

$$\int_{\Pi} \left(K_t + \frac{4}{3}G_t\right)\frac{\partial du_x}{\partial x}\frac{\partial f}{\partial x} dx\, dz + \int_{\Pi} G_t \left(\frac{\partial du_x}{\partial z} + \frac{\partial du_z}{\partial z}\right)\frac{\partial f}{\partial z} dx\, dz$$

$$+\int_{\Pi} \left(K_t - \frac{2}{3}G_t\right)\left(\frac{\partial du_z}{\partial z}\frac{\partial f}{\partial x}\right) dx\, dz$$

$$-\int_{\Pi} \frac{K_t}{H_t} dP_w \frac{\partial f}{\partial x} dx\, dz - \int_{\Pi} \left(1 - \frac{K_t}{H_t}\right) dP_g \frac{\partial f}{\partial x} dx\, dz - \int_{\Pi} K_t \alpha_t dT \frac{\partial f}{\partial x} dx\, dz + \int_L d\hat{\boldsymbol{T}}_x \cdot f\, dl = 0$$

$$(26.87)$$

$$\int_{\Pi} \left(K_t + \frac{4}{3}G_t\right)\frac{\partial du_z}{\partial z}\frac{\partial f}{\partial z} dx\, dz + \int_{\Pi} G_t \left(\frac{\partial du_x}{\partial z} + \frac{\partial du_z}{\partial x}\right)\frac{\partial f}{\partial x} dx\, dz$$

$$+\int_{\Pi} \left(K_t - \frac{2}{3}G_t\right)\left(\frac{\partial du_x}{\partial x}\frac{\partial f}{\partial z}\right) dx\, dz - \int_{\Pi} dP_w \left(\frac{K_t}{H_t}\frac{\partial f}{\partial z} + n\rho_w\beta_{sw}gf\right) dx\, dz$$

$$-\int_{\Pi} dP_g \left[\left(1 - \frac{K_t}{H_t}\right)\frac{\partial f}{\partial z} - n\rho_w\beta_{sg}gf\right] dx\, dz - \int_{\Pi} K_t \alpha_t dT \frac{\partial f}{\partial z} dx\, dz + \int_L d\hat{\boldsymbol{T}}_z \cdot \boldsymbol{n} f\, dl = 0$$

$$(26.88)$$

其中，Π 为任意体积 Ω 在 $x-z$ 平面内对应的区域，L 为区域 Π 的边界，式（26.87）、式（26.88）分别为平衡方程在 x，z 方向上的分量表达式（z 向为竖直方向）。

对比式（26.78）～式（26.82）与式（26.84）～式（26.88），不难发现，若略去式（26.78）～式（26.82）中每个积分项内对 "r" 的乘积及与 "u_r/r" 相关的项，并将 "r" 替换为 "x"，式（26.78）～式（26.82）则将与式（26.84）～式（26.88）相同。因此，通过适当的变换，轴对称条件下的求解与计算可转化为平面应变条件下的求解。

26.3.2　热-水-力多场耦合模型在轴对称条件下的有限元离散

采用伽辽金加权余量法对式（26.78）～式（26.82）进行空间域上的离散。对于任意单元，其基本未知量可表达为：

$$\left.\begin{array}{l} u_r = \sum_i N_i u_{ri}, \quad u_z = \sum_i N_i u_{zi} \\[2mm] P_w = \sum_i N_i P_{wi}, \quad P_g = \sum_i N_i P_{gi}, \quad T = \sum_i N_i T_i \end{array}\right\} \qquad (26.89)$$

其中，N_i 为单元插值函数，u_{ri}、u_{zi}、P_{wi}、P_{gi}、T_i 分别为单元结点处的 r 方向位移、z 方向位移、水压力、气压力及温度。将式（26.89）代入式（26.78）～式（26.82），并取 $f = N_j$，可得：

$$\sum_i \int_{\Pi} a_1 \left(\frac{\partial N_i}{\partial r} + \frac{N_i}{r}\right) N_j r\, dr\, dz \cdot \frac{du_{ri}}{dt} + \sum_i \int_{\Pi} a_1 \frac{\partial N_i}{\partial z} N_j r\, dr\, dz \cdot \frac{du_{zi}}{dt}$$

$$+ \sum_i \int_\Pi a_2 N_i N_j \, r \, \mathrm{d}r \, \mathrm{d}z \cdot \frac{\mathrm{d}P_{\mathrm{w}i}}{\mathrm{d}t} + \sum_i \int_\Pi a_3 N_i N_j \, r \, \mathrm{d}r \, \mathrm{d}z \cdot \frac{\mathrm{d}P_{\mathrm{g}i}}{\mathrm{d}t}$$

$$+ \sum_i \int_\Pi a_4 N_i N_j \, r \, \mathrm{d}r \, \mathrm{d}z \cdot \frac{\mathrm{d}T_i}{\mathrm{d}t}$$

$$- \sum_i \int_\Pi a_5 \left(\frac{\partial N_i}{\partial r} \frac{\partial N_j}{\partial r} + \frac{\partial N_i}{\partial z} \frac{\partial N_j}{\partial z} \right) r \, \mathrm{d}r \, \mathrm{d}z \cdot P_{\mathrm{w}i}$$

$$- \sum_i \int_\Pi a_6 \left(\frac{\partial N_i}{\partial r} \frac{\partial N_j}{\partial r} + \frac{\partial N_i}{\partial z} \frac{\partial N_j}{\partial z} \right) r \, \mathrm{d}r \, \mathrm{d}z \cdot P_{\mathrm{g}i}$$

$$- \sum_i \int_\Pi a_7 \left(\frac{\partial N_i}{\partial r} \frac{\partial N_j}{\partial r} + \frac{\partial N_i}{\partial z} \frac{\partial N_j}{\partial z} \right) r \, \mathrm{d}r \, \mathrm{d}z \cdot T_i$$

$$+ \int_\Pi k_{\mathrm{ww}} \rho_{\mathrm{w}}^2 g \frac{\partial N_j}{\partial z} r \, \mathrm{d}r \, \mathrm{d}z + \int_L \boldsymbol{Q}_{\mathrm{w}} \cdot \boldsymbol{n} N_j \, r \, \mathrm{d}l = 0 \tag{26.90}$$

$$\sum_i \int_\Pi b_1 \left(\frac{\partial N_i}{\partial r} + \frac{N_i}{r} \right) N_j \, r \, \mathrm{d}r \, \mathrm{d}z \cdot \frac{\mathrm{d}u_{\mathrm{r}i}}{\mathrm{d}t} + \sum_i \int_\Pi b_1 \frac{\partial N_i}{\partial z} N_j \, r \, \mathrm{d}r \, \mathrm{d}z \cdot \frac{\mathrm{d}u_{\mathrm{z}i}}{\mathrm{d}t}$$

$$+ \sum_i \int_\Pi b_2 N_i N_j \, r \, \mathrm{d}r \, \mathrm{d}z \cdot \frac{\mathrm{d}P_{\mathrm{w}i}}{\mathrm{d}t} + \sum_i \int_\Pi b_3 N_i N_j \, r \, \mathrm{d}r \, \mathrm{d}z \cdot \frac{\mathrm{d}P_{\mathrm{g}i}}{\mathrm{d}t}$$

$$+ \sum_i \int_\Pi b_4 N_i N_j \, r \, \mathrm{d}r \, \mathrm{d}z \cdot \frac{\mathrm{d}T_i}{\mathrm{d}t}$$

$$- \sum_i \int_\Pi b_5 \left(\frac{\partial N_i}{\partial r} \frac{\partial N_j}{\partial r} + \frac{\partial N_i}{\partial z} \frac{\partial N_j}{\partial z} \right) r \, \mathrm{d}r \, \mathrm{d}z \cdot P_{\mathrm{w}i}$$

$$- \sum_i \int_\Pi b_6 \left(\frac{\partial N_i}{\partial r} \frac{\partial N_j}{\partial r} + \frac{\partial N_i}{\partial z} \frac{\partial N_j}{\partial z} \right) r \, \mathrm{d}r \, \mathrm{d}z \cdot P_{\mathrm{g}i}$$

$$- \sum_i \int_\Pi b_7 \left(\frac{\partial N_i}{\partial r} \frac{\partial N_j}{\partial r} + \frac{\partial N_i}{\partial z} \frac{\partial N_j}{\partial z} \right) r \, \mathrm{d}r \, \mathrm{d}z \cdot T_i$$

$$+ \int_\Pi k_{\mathrm{ww}} H \rho_{\mathrm{a}} \rho_{\mathrm{w}} g \frac{\partial N_j}{\partial z} r \, \mathrm{d}r \, \mathrm{d}z + \int_L \boldsymbol{Q}_{\mathrm{a}} \cdot \boldsymbol{n} N_j \, r \, \mathrm{d}l = 0 \tag{26.91}$$

$$\sum_i \int_\Pi c_1 \left(\frac{\partial N_i}{\partial r} + \frac{N_i}{r} \right) N_j \, r \, \mathrm{d}r \, \mathrm{d}z \cdot \frac{\mathrm{d}u_{\mathrm{r}i}}{\mathrm{d}t} + \sum_i \int_\Pi c_1 \frac{\partial N_i}{\partial z} N_j \, r \, \mathrm{d}r \, \mathrm{d}z \cdot \frac{\mathrm{d}u_{\mathrm{z}i}}{\mathrm{d}t}$$

$$+ \sum_i \int_\Pi c_2 N_i N_j \, r \, \mathrm{d}r \, \mathrm{d}z \cdot \frac{\mathrm{d}P_{\mathrm{w}i}}{\mathrm{d}t} + \sum_i \int_\Pi c_3 N_i N_j \, r \, \mathrm{d}r \, \mathrm{d}z \cdot \frac{\mathrm{d}P_{\mathrm{g}i}}{\mathrm{d}t}$$

$$+ \sum_i \int_\Pi c_4 N_i N_j \, r \, \mathrm{d}r \, \mathrm{d}z \cdot \frac{\mathrm{d}T_i}{\mathrm{d}t}$$

$$- \sum_i \int_\Pi c_5 \left(\frac{\partial N_i}{\partial r} \frac{\partial N_j}{\partial r} + \frac{\partial N_i}{\partial z} \frac{\partial N_j}{\partial z} \right) r \, \mathrm{d}r \, \mathrm{d}z \cdot P_{\mathrm{w}i}$$

$$- \sum_i \int_\Pi c_6 \left(\frac{\partial N_i}{\partial r} \frac{\partial N_j}{\partial r} + \frac{\partial N_i}{\partial z} \frac{\partial N_j}{\partial z} \right) r \, \mathrm{d}r \, \mathrm{d}z \cdot P_{\mathrm{g}i}$$

$$- \sum_i \int_\Pi c_7 \left(\frac{\partial N_i}{\partial r} \frac{\partial N_j}{\partial r} + \frac{\partial N_i}{\partial z} \frac{\partial N_j}{\partial z} \right) r \, \mathrm{d}r \, \mathrm{d}z \cdot T_i$$

$$+ \int_\Pi k_{\mathrm{ww}} (\rho_{\mathrm{w}} u_{\mathrm{w}} + H \rho_{\mathrm{a}} u_{\mathrm{a}}) \rho_{\mathrm{w}} g \frac{\partial N_j}{\partial z} r \, \mathrm{d}r \, \mathrm{d}z + \int_L \boldsymbol{q}^* \cdot \boldsymbol{n} N_j \, r \, \mathrm{d}l = 0 \tag{26.92}$$

$$\sum_i \int_\Pi \left[\left(K_{\mathrm{t}} + \frac{4}{3} G_{\mathrm{t}} \right) \frac{\partial N_i}{\partial r} \frac{\partial N_j}{\partial r} + \left(K_{\mathrm{t}} - \frac{2}{3} G_{\mathrm{t}} \right) N_i \frac{\partial N_j}{\partial r} \frac{1}{r} + G_{\mathrm{t}} \frac{\partial N_i}{\partial z} \frac{\partial N_j}{\partial z} \right] r \, \mathrm{d}r \, \mathrm{d}z \cdot \frac{\mathrm{d}u_{\mathrm{r}i}}{\mathrm{d}t}$$

$$+ \sum_i \int_\Pi \left[G_t \frac{\partial N_i}{\partial r} \frac{\partial N_j}{\partial z} + \left(K_t - \frac{2}{3} G_t \right) \frac{\partial N_i}{\partial z} \frac{\partial N_j}{\partial r} \right] r \, \mathrm{d}r \, \mathrm{d}z \cdot \frac{\mathrm{d}u_{zi}}{\mathrm{d}t}$$

$$- \sum_i \int_\Pi \frac{K_t}{H_t} N_i \frac{\partial N_j}{\partial r} r \, \mathrm{d}r \, \mathrm{d}z \cdot \frac{\mathrm{d}P_{wi}}{\mathrm{d}t}$$

$$- \sum_i \int_\Pi \left(1 - \frac{K_t}{H_t} \right) N_i \frac{\partial N_j}{\partial r} r \, \mathrm{d}r \, \mathrm{d}z \cdot \frac{\mathrm{d}P_{gi}}{\mathrm{d}t}$$

$$- \sum_i \int_\Pi K_t \alpha_t N_i \frac{\partial N_j}{\partial r} r \, \mathrm{d}r \, \mathrm{d}z \cdot \frac{\mathrm{d}T_i}{\mathrm{d}t}$$

$$+ \int_L \frac{\mathrm{d}\hat{\boldsymbol{T}}_r}{\mathrm{d}t} \cdot \boldsymbol{n} N_j r \, \mathrm{d}l = 0 \tag{26.93}$$

$$\sum_i \int_\Pi \left[\left(K_t - \frac{2}{3} G_t \right) \frac{\partial N_i}{\partial r} \frac{\partial N_j}{\partial r} + \left(K_t - \frac{2}{3} G_t \right) N_i \frac{\partial N_j}{\partial z} \frac{1}{r} + G_t \frac{\partial N_i}{\partial z} \frac{\partial N_j}{\partial r} \right] r \, \mathrm{d}r \, \mathrm{d}z \cdot \frac{\mathrm{d}u_{ri}}{\mathrm{d}t}$$

$$+ \sum_i \int_\Pi \left[G_t \frac{\partial N_i}{\partial r} \frac{\partial N_j}{\partial r} + \left(K_t + \frac{4}{3} G_t \right) \frac{\partial N_i}{\partial z} \frac{\partial N_j}{\partial z} \right] r \, \mathrm{d}r \, \mathrm{d}z \cdot \frac{\mathrm{d}u_{zi}}{\mathrm{d}t}$$

$$- \sum_i \int_\Pi \left(\frac{K_t}{H_t} N_i \frac{\partial N_j}{\partial r} - n \rho_w \beta_{sw} g N_i N_j \right) r \, \mathrm{d}r \, \mathrm{d}z \cdot \frac{\mathrm{d}P_{wi}}{\mathrm{d}t}$$

$$- \sum_i \int_\Pi \left[\left(1 - \frac{K_t}{H_t} \right) N_i \frac{\partial N_j}{\partial z} - n \rho_w \beta_{sg} g N_i N_j \right] r \, \mathrm{d}r \, \mathrm{d}z \cdot \frac{\mathrm{d}P_{gi}}{\mathrm{d}t}$$

$$- \sum_i \int_\Pi K_t \alpha_t N_i \frac{\partial N_j}{\partial z} r \, \mathrm{d}r \, \mathrm{d}z \cdot \frac{\mathrm{d}T_i}{\mathrm{d}t}$$

$$+ \int_L \frac{\mathrm{d}\hat{\boldsymbol{T}}_z}{\mathrm{d}t} \cdot \boldsymbol{n} N_j r \, \mathrm{d}l = 0 \tag{26.94}$$

若记单元结点的 r 方向位移 u_{ri} 列阵、z 方向位移 u_{zi} 列阵、水压力 P_{wi} 列阵、气压力 P_{gi} 列阵、温度 T_i 列阵分别为 $\boldsymbol{u}_r^e$、$\boldsymbol{u}_z^e$、$\boldsymbol{P}_w^e$、$\boldsymbol{P}_g^e$、$\boldsymbol{T}^e$，则式（26.90）～式（26.94）可采用矩阵形式表达为：

$$\begin{bmatrix} C_{rr} & C_{rz} & C_{rw} & C_{rg} & C_{rT} \\ C_{zr} & C_{zz} & C_{zw} & C_{zg} & C_{zT} \\ C_{wr} & C_{wz} & C_{ww} & C_{wg} & C_{wT} \\ C_{gr} & C_{gz} & C_{gw} & C_{gg} & C_{gT} \\ C_{Tr} & C_{Tz} & C_{Tw} & C_{Tg} & C_{TT} \end{bmatrix} \frac{\mathrm{d}}{\mathrm{d}t} \begin{Bmatrix} \boldsymbol{u}_r^e \\ \boldsymbol{u}_z^e \\ \boldsymbol{P}_w^e \\ \boldsymbol{P}_g^e \\ \boldsymbol{T}^e \end{Bmatrix} + \begin{bmatrix} 0 & 0 & 0 & 0 & 0 \\ 0 & 0 & 0 & 0 & 0 \\ 0 & 0 & K_{ww} & K_{wg} & K_{wT} \\ 0 & 0 & K_{gw} & K_{gg} & K_{gT} \\ 0 & 0 & K_{Tw} & K_{Tg} & K_{TT} \end{bmatrix} \begin{Bmatrix} \boldsymbol{u}_r^e \\ \boldsymbol{u}_z^e \\ \boldsymbol{P}_w^e \\ \boldsymbol{P}_g^e \\ \boldsymbol{T}^e \end{Bmatrix} + \begin{Bmatrix} \mathrm{d}\boldsymbol{F}_r/\mathrm{d}t \\ \mathrm{d}\boldsymbol{F}_z/\mathrm{d}t \\ \boldsymbol{F}_w \\ \boldsymbol{F}_g \\ \boldsymbol{F}_T \end{Bmatrix} = \boldsymbol{0}$$

$$\tag{26.95}$$

其中，各系数矩阵的具体表达式可参见文献 [3，13]，此处从略。在时间域的离散亦从略。

26.3.3　分析软件 THMCA 设计

使用 Fortran 95 语言，秦冰（2014）设计了轴对称条件下的热-水-力耦合计算软件 THMCA（即 Thermo- Hydraulic-Mechanics-Chemistry-Application）。该软件包括 16 个子程序，各子程序功能见文献 [3] 的表 9.1。

位移单元、水压力单元、气压力单元及温度单元均采用相同的四边形单元，则每个四边形单元将包含 20 个未知量，包括 4 个结点处的 r 方向位移、z 方向位移、水压力、气压力及温度。在计算矩阵元素时，数值积分采用 2×2 阶高斯积分。对于强制边界条件，使用对角元素乘大数法处理。线性方程组的求解采用稳定双共轭梯度算法（BiCGSTAB 算法）。

26.4 西班牙 FEBEX Mock-up 试验结果的热-水-力耦合分析

由核工业北京地质研究院在 2010 年建造的我国首台工程尺度缓冲材料热-水-力-化学耦合性能模型试验系统（China-Mock-up）[6] 已平稳运行了 10 年以上，但检测资料尚属保密。因此，用热-水-力耦合计算软件 THMCA 计算分析了西班牙的 FEBEX Mock-up 试验结果，并与实测数据比较，检验了该软件的可靠性。进而，用该软件对核工业北京地质研究院的小型热-水-力耦合模型试验进行计算分析。

26.4.1 西班牙 FEBEX Mock-up 试验简介

FEBEX Mock-up 试验是以西班牙 ENRESA AGP 花岗岩水平处置概念设计为依据，主要用于研究在模拟处置库条件下缓冲/回填材料的长期行为，试验装置如图 26.2 所示[42]。试验筒体内径为 1.615m，内部长度为 6m，内壁铺设土工织物以便形成均匀注水面，土工织物厚度约为 6mm。试验筒体中心处设置 2 个间隔 0.75m 的加热器，加热器外径为 0.34m，长度为 1.625m，每个加热器的最大功率为 900 W，通过加热器监控软件（HCS）可设定加热器输出恒定功率或保持加热器表面温度恒定。缓冲/回填材料层由 FEBEX 膨润土压实块人工拼装而成，FEBEX 膨润土块的平均初始干密度为 1.77 g/cm³，平均初始含水率为 14 ％，考虑安装间隙后，缓冲/回填材料层的整体平均干密度为 1.65 g/cm³。在试验装置中，设置了温度传感器、温湿度传感器、土压力传感器、位移计等多种类型共计 507 个传感器。

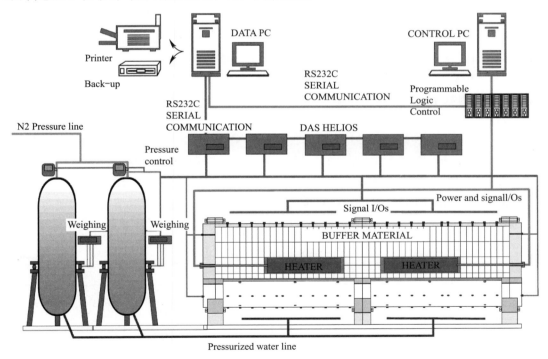

图 26.2 西班牙 FEBEX Mock-up 试验示意图[42]

在加热器启动之前，为了使膨润土块之间的安装间隙尽量闭合，首先进行了 3d 的"预注水"，之后始终保持筒壁处注水压力在 0.55MPa 左右。加热器分为 3 个阶段进行控制，首先设置加热器输出功率为 250W（单个），持续 6d，膨润土/加热器界面处最高温度约为 65℃；之后加热器输出功率调整为 500W（单个），持续 4d，膨润土/加热器界面处最高温度达到约 95℃；此后，利用加热器监控软件（HCS），始终控制膨润土/加热器界面处最高温度为 100℃。FEBEX Mock-up 试验共进行了约 55 个月，取加热起始点为时间零点。

26.4.2　FEBEX Mock-up 试验的计算几何模型与模型参数

FEBEX Mock-up 试验 2 个加热区关于筒体中平面具有对称性，可取试验装置的一半进行分析；同时若不计重力影响，该试验亦大致满足轴对称条件。为简化问题，不考虑土工织物层的存在，其几何空间由 FEBEX 膨润土填充，并将筒体与加热器视为不具有渗透性的刚体。计算所采用的二维轴对称几何模型如图 26.3 所示，r 轴代表半径方向，z 轴代表筒体轴线方向（即关于 z 轴具有对称性），边界 AB 对应于筒体中平面，边界 BC 为浸水面，边界 GH、FG、EF 为加热面，各边界点的坐标如表 26.1 所示。采用四边形单元划分网格，共 304 个单元，351 个结点。

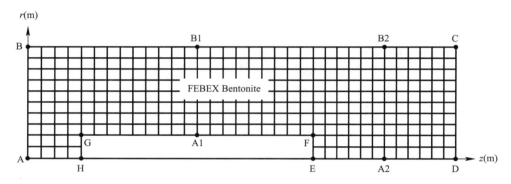

图 26.3　计算几何模型与网格划分

计算所采用的 FEBEX 膨润土本构模型参数见文献［3］表 9.3～表 9.6。FEBEX 膨润土本构参数主要是通过对室内试验数据[43-45]的直接拟合确定，各参数的确定方法亦在文献［3］表 9.3～表 9.6 中列出。限于篇幅，此处不再一一列出。

由于缺乏实测数据，不考虑土颗粒的热膨胀与土骨架的热膨胀，亦不考虑温度梯度引起的液态水运动与孔隙气运动，即参数 α_s、α_t、k_{wT}、k_{gT} 取为零。

假定预注水后 FEBEX 膨润土是均匀的，取初始干密度为 1.65g/cm³（即考虑安装间隙后的整体平均干密度），初始孔隙率为 0.389。加热器启动之前，实际量测的膨润土块中的相对湿度约为 45%，对应的吸力为 108MPa，低于预注水之前的吸力 122MPa（对应含水率为 14%），取初始水压力为 −108MPa，以反映预注水过程对水分场的影响。实测的试验筒体外边界温度约在 20～28℃ 之间变化，取其平均值 24℃ 为初始温度。初始气压力为 1 个大气压，初始应力假定为 10kPa。

边界点与量测点坐标　　　　　　　　　　　　　　　　　　　　表 26.1

编号	类型	z 坐标（m）	r 坐标（m）
A	边界点	0	0
B	边界点	0	0.8075
C	边界点	3	0.8075
D	边界点	3	0
E	边界点	2	0
F	边界点	2	0.17
G	边界点	0.375	0.17
H	边界点	0.375	0
A1	边界点	1.1875	0.17
A2	边界点	2.5	0

编号	类型	z 坐标（m）	r 坐标（m）
B1	边界点	1.1875	0.8075
B2	边界点	2.5	0.8075
T_A5_1	温度测点	1.185	0.20
T_A5_2	温度测点	1.185	0.39
T_A5_3	温度测点	1.185	0.58
T_A5_4	温度测点	1.185	0.77
V_A4_1	湿度测点	0.935	0.22
V_A4_2	湿度测点	0.935	0.37
V_A4_3	湿度测点	0.935	0.55
V_A4_4	湿度测点	0.935	0.70
V_A10_2	湿度测点	2.435	0.35
V_A10_3	湿度测点	2.435	0.665
PR_A6_3	r 向应力	1.47	0.66
PZ_A6_3	z 向应力	1.47	0.66
PT_A6_3	θ 向应力	1.47	0.66
PR_A4_2	r 向应力	0.97	0.35
PZ_A4_2	z 向应力	0.97	0.35
PT_A4_2	θ 向应力	0.97	0.35
PR_B10_2	r 向应力	2.47	0.35
PZ_B10_2	z 向应力	2.47	0.35

假定加热器释热是均匀的（即加热器表面热流密度为均一的），则加热边界 GH、FG、EF 的温度场边界条件可设为：

（1）加热阶段 I：0～6d，$q^* = 130.4\text{W/m}^2$；

（2）加热阶段 II：6～10d，$q^* = 260.8\text{W/m}^2$；

（3）加热阶段 III：6～1500d，$T = 100℃$。

考虑到问题关于筒体中平面与 z 轴的对称性，边界 AB、AH、DE 为绝热边界；边界 BC、CD 则始终保持初始温度 24℃。边界 BC 始终保持平均注水压力 0.55MPa，为了保证计算的收敛性，该边界条件是通过 0.1d 内的分步增量加压实现；其余边界均为不透水边界。所有的边界均为不透气边界。考虑到试验筒体与加热器对 FEBEX 膨润土变形的刚性约束作用以及问题的对称性，边界 AB、CD、GH、EF 的 z 向变形为零，边界 AH、FG、DE、BC 的 r 向变形为零。

26.4.3 计算结果与实测数据的比较及分析

1. 计算温度场与实测数据的比较

不同温度测点处（坐标见表 26.1）程序 THMCA 计算的温度时程曲线与实测数据（Martín & Barcala，2005[46]）的比较如图 26.4 所示，计算结果与实测数据可较好地吻合。初期加热（15d）之后，计算与实测的各点温度随时间的变化基本均可忽略不计，即在经过初期升温之后温度场呈"准静态"；实测的温度波动主要源于环境温度的变化（Martín & Barcala，2005[46]）。

2. 计算湿度场与实测数据的比较

在高温区（HTZ）、低温区（LTZ），程序 THMCA 计算的湿度时程曲线与实测数据（Martín & Barcala，2005)[46]的比较分别如图 26.5 和图 26.6 所示，计算结果与实测数据可较好地吻合，各测点的坐标如表 26.1 所示。根据位置的不同，湿度随时间的变化表现出不同的规律：在靠近加热器的区域（测点 V_A4_1、V_A4_2），湿度变化呈现为 3 个阶段，首先湿度迅速增大，继而逐渐减小，最后再缓慢增大；在远离加热器的区域（测点 V_A4_3、V_A4_4、V_A10_2、V_A10_3），湿度则是一直不断增大。尽管在湿度变化规律上计算与实测数据有良好的一致性，但是在数值上二者略有差别，特别是在远离注水面的区域（测点 V_A4_1、V_A4_2、V_A10_2），计算的湿度较实测数据略低。这是因为在预注水过程中，水分会沿着膨润土块之间的安装空隙进入到远离注水面的区域，进而加速了该区域的饱和；计算值从初始阶段就小于实测值，也验证了这一推断的正确性。

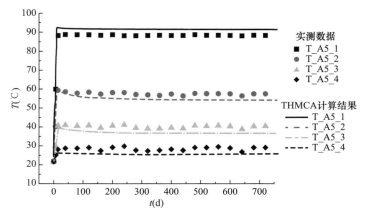

图 26.4　程序 THMCA 计算的测点温度与实测温度时程曲线

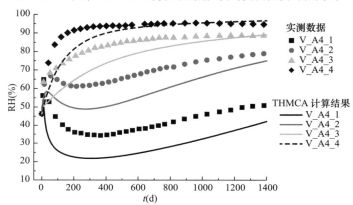

图 26.5　程序 THMCA 计算与实测湿度时程曲线比较（高温区）

3. 计算应力场与实测数据的比较

　　程序 THMCA 计算得到的不同位置处各方向应力 σ_r、σ_z、σ_θ 随时间变化曲线与实测数据（ENRESA，2000；Martín 与 Barcala，2005）[46,47] 的比较如图 26.7 所示，应力测点的坐标如表 26.1 所示。计算得到的各方向应力幅值与实测数据大致吻合。

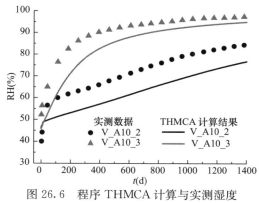

图 26.6　程序 THMCA 计算与实测湿度
时程曲线比较（低温区）

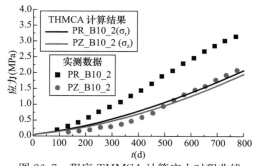

图 26.7　程序 THMCA 计算应力时程曲线
与实测数据比较（P_B10_2 测点）

4. 计算的吸力场分析

计算得到的不同时刻吸力云图如图 26.8 所示,不同断面上的吸力变化与饱和度变化比较如图 9.16~图 9.21 所示。在 FEBEX Mock-up 试验中,水分场的变化受到两种机制的共同作用,一是边界 BC 处的注水,二是温度梯度存在引起的水分运动。上述两种机制的共同作用导致水分场呈现出较为复杂的变化规律:

(1) 在试验初期(图 26.8a),由于 FEBEX 膨润土渗水速度极为缓慢,边界 BC 处的注水影响范围仅限于紧邻注水面的区域,与温度梯度引起的水分场变化区域相对分离,靠近边界 BC 处的吸力等值线近似与边界 BC 平行。温度梯度的存在会引起靠近加热器区域的干燥(吸力增大),且该区域的水分会主要迁移至高温区的中间部分,造成高温区中间部分吸力明显下降。

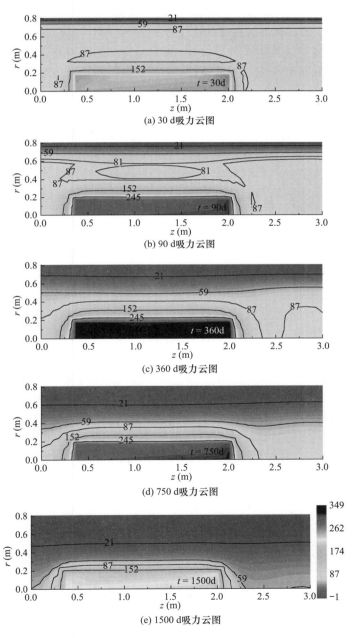

图 26.8 程序 THMCA 计算的不同时刻吸力云图(单位:MPa)

（2）随着时间的推移（图 26.8b），靠近注水面处的吸力会逐渐减小，注水边界 BC 的影响区域不断扩大，并与温度梯度引起的水分场变化区域逐渐重合，导致先前平行于边界 BC 的吸力等值线转变为"凹向"于加热面（即高温区吸力小于相应中、低温区的吸力）。在靠近加热面的区域，吸力会进一步增大，呈进一步干燥的趋势。

（3）随着时间的进一步推移（图 26.8c～图 26.8e），边界 BC 处的注水影响不断扩大，吸力场整体呈下降趋势，靠近注水面区域的吸力等值线再次平行于注水边界 BC，之前"凹向"于加热面的吸力等值线过渡为"凸向"于注水面（即高温区吸力变为大于相应中、低温区的吸力）。

5. 进一步计算结果与分析

在以上验证分析的基础上，通过与改变边界条件、材料参数及删减物理过程的算例的对比分析，做了大量计算分析，详细情况可参见文献 [3, 13]。关于高放废物处置库缓冲/回填材料中的热-水-力多场耦合过程，取得的主要认识如下：

（1）热传导是高放废物处置库条件下缓冲/回填材料中的主要传热机制；由于水气运动极为缓慢，与此相关的热传导系数梯度、对流换热、吸附/解附热、土体总内能密度变化等对温度场的影响近似可忽略不计；在加热边界为强制边界条件下（恒定温度），经过初期升温之后，温度随时间基本不变，呈"准静态"，且该准静态温度场与热传导系数无关，只取决于所施加的边界条件；在加热边界为自然边界条件下（恒定热流），温度在达到峰值后会缓慢降低，且温度峰值大致与初始热传导系数呈反比关系。

（2）除了液态水的流动，水蒸气在温度梯度下的运动也是影响水分场的主要机制；只要温度梯度存在，水蒸气就会不断从高温处迁移至低温处，将水分由高温处带至低温处，造成试验初期靠近加热器区域的干燥、远离加热器区域的增湿，并会延滞靠近加热器区域的最终饱和；在不考虑边界注水的情况下，最终稳态吸力分布曲线与稳态温度分布曲线形状相似，所形成的稳态吸力梯度与温度梯度、温度水平、液态水渗透系数等因素有关；温度梯度越大、温度水平越高、渗透系数越小，则形成的稳态吸力梯度越大。

（3）应力随时间变化曲线的形状与采用的力学本构模型相关，使用简单的非饱和非线性本构模型可以得到与实测数据基本一致的应力幅值；在应力变化与吸力变化的共同作用下，靠近加热面处的孔隙率会有所减小，而靠近注水面处的孔隙率则有所增大，孔隙率沿半径方向呈逐渐增大的分布规律；孔隙率的变化会对水分场的变化产生一定影响，导致在靠近注水面处饱和更为迅速，在远离注水面处尽管初期饱和更快，但最终的完全饱和会稍有延滞。

（4）在不透气边界条件下，计算得到了不断增大的均匀气压力场，气压力的增大是气体的热膨胀、饱和蒸汽压随温度的升高、注水引起的孔隙气压缩等共同作用引起的；对比假定气压力始终为大气压的计算，考虑气压力的变化会对计算得到的水分场有显著的影响，特别是在靠近加热器的区域，考虑气压力的变化得到的吸力要明显小于恒定大气压下的吸力，即饱和过程更快；气压力增大对水蒸气在温度梯度下扩散的抑制作用是气压力变化影响水分场的主要机制；过低的渗气系数取值，会导致负气压力区的出现，并造成计算不收敛。

26.5　核工业北京地质研究院的小型热-水-力耦合模型试验结果分析

核工业北京地质研究院的小型热-水-力耦合模型试验如图 26.9 所示，由进水系统、试验腔体、加热系统和数据采集系统组成；加热器位于试验腔体轴线处，温度从室温逐渐加热至 90℃并恒定运行；由试验腔体侧边进水，进水压力始终维持在 0.05MPa；所埋设的传感器包括温度、温湿度、土压力、孔隙水压力传感器。

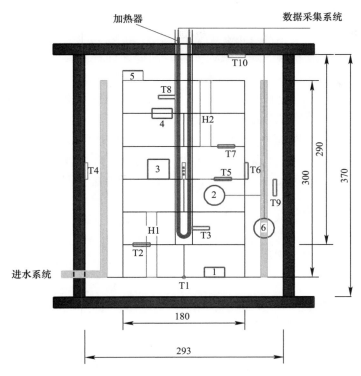

图 26.9　核工业北京地质研究院小型热-水-力耦合模型试验示意图

考虑到试验的轴对称性，采用二维轴对称几何模型进行计算，如图 26.10 所示。边界 AF、EF 为加热面，边界 CD 为浸水面，各边界位移均固定为零。采用四边形单元划分网格，共 534 个单元，588 个结点。计算过程分为 2 个阶段进行：第一阶段为 10h，电热器温度从室温上升至 90℃，同时外侧水压从初始吸力变化至 0.05MPa；第二阶段为之后的 3a，电热器温度保持为 90℃，外侧水压则保持为 0.05MPa。

试验用土为高庙子膨润土，其材料参数见文献 [3] 表 9.10～表 9.13。为了研究含砂率的影响，在不改变几何条件、边界条件下，根据含砂率变化，调整热传导系数、渗透系数、持水曲线、变形本构模型等相应材料参数进行计算，具体见文献 [3] 表 9.14。

分别取靠近加热面与靠近注水面处的 G、H 点（图 26.10）进行分析。在 GH 断面处，不同含砂率下温度沿半径方向的变化如图 26.11 所示。随着含砂率的增大，温度随半径变化曲线逐渐下移，即随着含砂率的增大，相同半径处的温度会越低。这可说明由于热传导系数随含砂率的增高，热量会更快地从加热面向外扩散，实际处置库中膨润土与废物罐界面处的热量积聚会得到一定的抑制，能够降低膨润土与废物罐界面处的温度（即缓冲层中的最高温度），利于处置

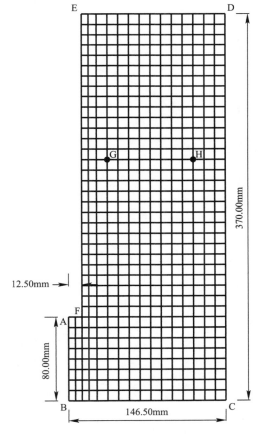

图 26.10　计算几何模型与网格划分

库的安全运行。

含砂率对 G 点处的吸力与饱和度的影响如图 26.12 和图 26.13 所示。随着含砂率的增大，G
点处的吸力随时间变化曲线逐渐下降，饱和度随时间变化曲线则逐渐上升，即随着含砂率的增
大，同一时刻 G 点处的吸力随含砂率的增大而下降，饱和度则随含砂率的增大而增大。这说明
随着含砂率的增大，膨润土的饱和时间会缩短，也意味着地下水会更早地接触废物罐，提早造
成废物罐的腐蚀，故不利于处置库的安全运行。

含砂率对 G、H 点处的膨胀力（取为三个方向应力的均值）的影响如图 26.14 和图 26.15
所示。随着含砂率的增大，G、H 点处的膨胀力随时间变化曲线逐渐下降，即随着含砂率的增
大，同一时刻 G、H 点处的膨胀力随含砂率的增大而下降。这说明随着含砂率的增大，膨润土

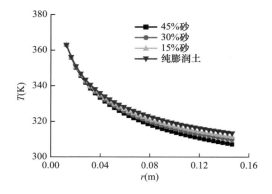

图 26.11　含砂率对温度场变化的影响

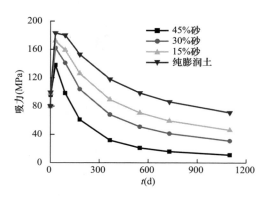

图 26.12　含砂率对 G 点吸力变化的影响

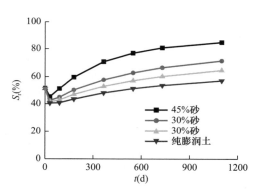

图 26.13　含砂率对 G 点饱和度变化的影响

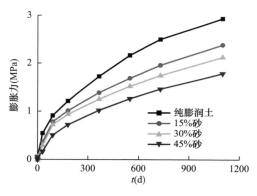

图 26.14　含砂率对 G 点处膨胀力变化的影响

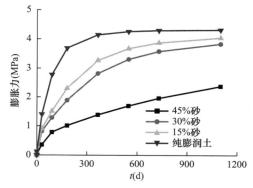

图 26.15　含砂率对 H 点处膨胀力变化的影响

中的膨胀力会降低，也意味着自密封、自愈合、填充围岩裂隙等性能会随含砂率的增大而有所下降，对处置库的安全运行是不利的。

26.6　本章小结

（1）以混合物理论为基础，建立了非饱和土的热-水-力多场耦合模型，由6个控制方程求解土骨架位移、孔隙水压力、孔隙气压力及温度等6个未知量。非饱和土的非线性固结模型、饱和土的Biot固结理论均为其特例。

（2）所建立的多场耦合模型考虑了土骨架与土颗粒的热膨胀、饱和度随温度及应力的变化、温度梯度引起的水气流动（即Soret效应）、相变放热、孔隙率与含水率变化对热传导的影响等多种物理过程，充分反映了温度场与变形场、应力场及水气渗流场等之间的交叉影响作用。

（3）以热力学平衡条件为基础，推导了气压力变化条件下水与水蒸气相变平衡所满足的限制方程，常用的Kelvin公式是该限制方程在气压力恒定条件下的特例。

（4）6个控制方程均以增量形式表达，为融入复杂本构关系与数值计算提供了方便。

（5）以所建立的非饱和土的热-水-力多场耦合模型的张量形式的等效积分"弱"形式为出发点，在轴对称条件下，利用加权余量法进行空间域与时间域上的有限元离散，建立了以单元结点的位移、水压力、气压力及温度为未知量的有限元方程。

（6）设计了非饱和土轴对称热-水-力多场耦合计算程序THMCA。针对西班牙的FEBEX Mock-up试验进行了模拟计算，计算结果与实测数据能够较好地吻合，验证了所建立的热-水-力多场耦合模型及其求解方法与程序的正确性。

（7）通过与改变边界条件、材料参数及删减物理过程的算例的对比分析，发现：热传导是高放废物处置库条件下缓冲/回填材料中的主要传热机制；除了液态水的流动，水蒸气在温度梯度下的运动也是影响水分场的主要机制；应力随时间变化曲线的形状与采用的力学本构模型相关，使用简单的非饱和非线性本构模型可以得到与实测数据基本一致的应力幅值；在不透气边界条件下，计算得到了不断增大的均匀气压力场，气压力的增大是气体的热膨胀、饱和蒸汽压随温度的升高、注水引起的孔隙气压缩等共同作用引起的。

（8）通过对小型热-水-力多场耦合试验的计算分析，分析含砂率提高有利于地质库散热，但增加了缓冲层的渗透性，降低了膨胀压力和自密性，应对含砂率进行优选以满足各种要求。

参考文献

［1］潘自强，钱七虎. 高放废物地质处置战略研究［M］. 北京：原子能出版社，2009.

［2］王驹. 高放废物深地质处置：回顾与展望［J］. 铀矿地质，2009，25（2）：71-77.

［3］陈正汉，秦冰. 缓冲/回填材料的热-水-力耦合特性及其应用［M］. 北京：科学出版社，2017.

［4］陈正汉，郭楠. 非饱和土与特殊土力学及工程应用研究的新进展［J］. 岩土力学，2019，40（1）：1-54.

［5］陈皓，吕海波，陈正汉，等. 考虑温度影响的高庙子膨润土强度与变形特性试验研究［J］. 岩石力学与工程学报，2018，37（8）：1962-1979.

［6］刘月妙，王驹，曹胜飞，等. 中国高放废物处置缓冲材料大型试验台架和热-水-力-化学耦合性能研究［J］. 岩土力学，2013，34（10）：2756-2762.

［7］THOMAS H R，HE Y，ONOFREI C. An examination of the validation of amodel of the hydro/thermo/mechanical behaviour of engineered clay barriers［J］. International Journal for Numerical and Analytical Methods in Geomechanics，1998，22：49-71.

［8］LALOUI L，FRANÇOIS B，NUTH M，et al. A thermo-hydro-mechanical stress-strain framework for modeling the performance of clay barriers in deep geological repositories for radioactive waste［C］//Unsaturated Soils：Advance in Geo-engineering，Proceedings of the First European Conference on Unsaturated Soils，E-UNSAT 2008. Durham：CRC Press，2008：63-82.

[9]　DUPRAY F，FRANÇOIS B，LALOUI L. Analysis of the FEBEX multi-barrier system including thermo-plasticity of unsaturated bentonite [J]. International Journal for Numerical and Analytical Methods in Geomechanics，2011.

[10]　张玉军. 热-水-应力耦合模型及 FEBEX 原位试验二维有限元分析 [J]. 岩土工程学报，2007，29（3）：313-318.

[11]　CHEN Y F，ZHOU C B，JING L R. Modeling coupled THM processes of geological porous media with multiphase flow：theory and validation against laboratory and field scale experiments [J]. Computers and Geotechnics，2009，36（8）：1308-1329.

[12]　秦冰，陈正汉，方振东，等. 基于混合物理论的非饱和土热-水-力耦合分析模型 [J]. 应用数学和力学，2010，31（12）：1476-1487.

[13]　秦冰. 非饱和膨润土的工程特性与热-水-力多场耦合模型研究 [D]. 重庆：后勤工程学院，2014.

[14]　蔡国庆，赵成刚，田辉. 高放废物地质处置库中非饱和缓冲层的热-水-力耦合数值模拟 [J]. 岩土工程学报，2013，35（S1）：1-8.

[15]　乔兰，曹胜飞，陈亮，等. 缓冲材料试验台架热-水-力耦合数值模拟研究 [J]. 中国矿业，2013，22（5）：117-121.

[16]　秦爱芳，赵小龙，王海堂. 核废料处置库近场热-水-力耦合性状 [J]. 地下空间与工程学报，2013，9（5）：1201-1207.

[17]　陈正汉，谢定义，刘祖典. 非饱和土固结的混合物理论（I）[J]. 应用数学和力学，1993（2）：127-137.

[18]　陈正汉. 非饱和土固结的混合物理论（II）[J]. 应用数学和力学，1993（8）：687-698.

[19]　陈正汉. 膨胀土渠坡渗水-渗气-变形的非线性分析 [C]. 南水北调膨胀土渠坡稳定和滑动早期预报研究论文集，武汉，长江科学院，1998，68-78.

[20]　陈正汉，黄海，卢再华. 非饱和土的非线性固结模型和弹塑性固结模型及其应用 [J]. 应用数学和力学，2001，22（1）：93-103.

[21]　卢再华，陈正汉，方祥位，等. 非饱和膨胀土的结构损伤模型及其在土坡多场耦合分析中的应用 [J]. 应用数学和力学，2006，27（7）：781-788.

[22]　姚志华. 大厚度自重湿陷性黄土的水气运移和力学特性及地基湿陷变形规律研究 [D]. 重庆：后勤工程学院，2012.

[23]　姚志华，陈正汉，黄雪峰. 自重湿陷性黄土的水气运移及力学变形特征 [M]. 北京：人民交通出版社，2018.

[24]　姚志华，陈正汉，方祥位，等. 非饱和原状黄土弹塑性损伤流固耦合模型及其初步应用 [J]. 岩土力学，2019，40（1）：216-226.

[25]　BOWEN R M. Theory of Mixtures [M]. New York：Academic Press，1976.

[26]　HASSANIZADEH S M. Macroscopic Description of Multi-phase Systems：Thermodynamic Theory of Flow in Porous Media [D]. Princeton：Princeton University，1979.

[27]　林宗涵. 热力学与统计物理学 [M]. 北京：北京大学出版社，2007.

[28]　AITCHISON G D. Statement of review panel：Engineering concepts of moisture equilibria and moisture changes in soils [C] //Moisture Equilibria and Moisture Changes in Soils beneath Covered Areas，A Symposium in Print. Australia：Butterworths，1965.

[29]　LIDE D R. CRC Handbook of Chemistry and Physics [M]. Boca Raton：CRC Press，2003.

[30]　FREDLUND D G，RAHARAJO H. Soil mechanics for unsaturated soil [M]. New York：John Wiley & Sons，Inc.，1993.

[31]　DEAN J A. Lange's handbook of chemistry [M]. 15th edition. New York：McGraw-Hill，1999.

[32]　PENMAN H L. Gas and vapor movements in soil：The diffusion of vapors through porous solids [J]. J. Agric. Sci. (Cambridge)，1940，30：437-462.

［33］　MILLINGTON R J，QUIRK J M．Transport in porous media ［C］//Proc．Trans．Int．Congr．Soil Sci．Elsevier，Amsterdam，1960．

［34］　MILLINGTON R J，QUIRK J M．Permeability of porous solids ［J］．Trans．Faraday Soc．，1961，57：1200-1207．

［35］　MOLDRUP P，OLESEN T，YAMAGUCHI T，et al．Modeling diffusion and reaction in soils：VIII．Gas diffusion predicted from single-potential diffusivity or permeability measurements ［J］．Soil Sci．，1999，164：75-81．

［36］　陈正汉，秦冰．非饱和土的应力状态变量研究 ［J］．岩土力学，2012，33（1）：1-11．

［37］　张龙，陈正汉，周凤玺，等．非饱和土的应力状态变量试验验证研究 ［J］．岩土工程学报，2017，39（2）：380-384．

［38］　张龙，陈正汉，周凤玺，等．从变形、水量变化和强度三方面验证非饱和土的两个应力状态变量的合理性 ［J］．岩土工程学报，2017，39（5）：905-915．

［39］　白冰．变温度荷载作用下半无限成层饱和介质的热固分析 ［J］．应用数学与力学，2006，27（11）：1341-1348．

［40］　王勖成．有限单元法 ［M］．北京：清华大学出版社，2003．

［41］　ZIENKIEWICZ O C，TAYLOR R L．The Finite Element Method：Volum 1，The Basis ［M］．5th edition．Singapore：Elsevier Pte Ltd．，2004．

［42］　DUPRAY F，FRANÇOIS B，LALOUI L．Analysis of the FEBEX multi-barrier system including thermoplasticity of unsaturated bentonite ［J］．International Journal for Numerical and Analytical Methods in Geomechanics，2011．

［43］　VILLAR M V．Thermo-hydro-mechanical characterisation of a bentonite from Cabo de Gata：A study applied to the use of bentonite as sealing material in high level radioactive waste repositories ［R］．Madrid：Publicación Técnica ENRESA，2002．

［44］　LLORET A，ROMERO E，VILLAR M V．FEBEX II Project：Final report on thermo-hydro-mechanical laboratory tests ［R］．Madrid：Publicación Técnica ENRESA，2004．

［45］　LLORET A，VILLAR M V．Advances on the knowledge of the thermo-hydro-mechanical behaviour of heavily compacted " FEBEX" bentonite ［J］．Physics and Chemistry of the Earth，2007，32：701-715．

［46］　MARTÍN P L，BARCALA J M．Large scale buffer material test：Mock-up experiment at CIEMAT ［J］．Engineering Geology，2005，81：298-316．

［47］　ENRESA．Full-scale engineered barriers experiment for a deep geological repository for high level radioactive waste in crystalline host rock ［R］．Madrid，2000．

第 27 章　非饱和土的渗流分析

本章提要

用唯象法推导了水、气流动的连续方程；将二者分别与广义持水特性公式及土的体变相联系，得到了反映应力状态和土的体变影响的水、气流动连续方程及太沙基三维固结理论的控制方程；比较了与基于混合物理论构建的水、气连续方程的异同；指出对非饱和土而言，只需建立土骨架和水分变化的本构方程，而不必构建立气相的本构方程。用伽辽金权余法构建分析非饱和土二维渗水的有限元方程，计算分析了土坝的饱和-非饱和渗流。

27.1　两相渗流的连续方程

非饱和土中的渗流包括渗水和渗气，在水、气各自连通的条件下，应分别构建相应的控制方程。本节采用唯象法推导有关方程，将其与广义持水特性公式和土的体变相联系，得到了反映应力状态（包括净平均应力、偏应力和吸力）和土的体变影响的水、气流动连续方程；比较了与基于混合物理论构建的同类方程的异同。

27.1.1　水流的连续方程

在土中取单元体，其边长分别为 $\mathrm{d}x$、$\mathrm{d}y$、$\mathrm{d}z$。设土的体积含水率为 $\theta_\mathrm{w} = S_\mathrm{r} n$，水流在 x、y、z 方向流入的表观体积速度（等于真实速度与其体积分数 $S_\mathrm{r} n$ 的乘积）分别是 v_wx、v_wy、v_wz，流出速度和体积流量因坐标位置的变化有所增加，具体情况如图 27.1 所示。

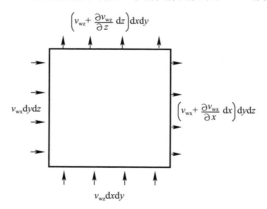

图 27.1　单元体的渗水分析示意图

水流在 x、y、z 方向的渗水系数分别是 k_wx、k_wy、k_wz，水头分别是 h_wx、h_wy、h_wz。由于水是不可压缩的，即水的密度在渗流过程为常数，则水的质量流量可用体积流量取代，故在图 27.1 中示出的是体积流量。根据水流连续条件，在不存在源和汇的条件下，从数量上看，单位时间内单元体中水体积的时间变化率应等于 3 个方向的体积流量差（流入量减去流出量）之和，即

$$\frac{\partial(\theta_\mathrm{w}\,\mathrm{d}x\mathrm{d}y\mathrm{d}z)}{\partial t} = -\left(\frac{\partial v_\mathrm{wx}}{\partial x}\mathrm{d}x \cdot \mathrm{d}y\mathrm{d}z + \frac{\partial v_\mathrm{wy}}{\partial y}\mathrm{d}y \cdot \mathrm{d}x\mathrm{d}z + \frac{\partial v_\mathrm{wz}}{\partial z}\mathrm{d}z \cdot \mathrm{d}x\mathrm{d}y\right)$$

$$= -\left(\frac{\partial v_{wx}}{\partial x} + \frac{\partial v_{wy}}{\partial y} + \frac{\partial v_{wz}}{\partial z}\right)\mathrm{d}x\mathrm{d}y\mathrm{d}z \tag{27.1}$$

化简得

$$\frac{\partial \theta_w}{\partial t} = -\left(\frac{\partial v_{wx}}{\partial x} + \frac{\partial v_{wy}}{\partial y} + \frac{\partial v_{wz}}{\partial z}\right) = -\nabla \cdot \boldsymbol{v}_w \tag{27.2}$$

该式表明，**土的体积含水率的时间变化率在数值上等于水流速度矢量的散度**，式（27.2）右端的负号表示土中含水率随水的流出而减小。式（27.2）就是土壤物理学分析非饱和土中水分渗流的基本方程[1]，实际上只针对水的单一渗流，且无源无汇。

由于土的体积含水率为 $\theta_w = S_r n$，式（27.2）中的 $\boldsymbol{v}_w$ 是渗流表观速度，其与水流的真实速度的关系为

$$\boldsymbol{v}_w = \theta_w \boldsymbol{V}_w = n S_r \boldsymbol{V}_w \tag{27.3}$$

式中，$\boldsymbol{V}_w$ 是水流的真实流速。综合式（27.2）和式（27.3）可知，式（27.2）与第 23 章式（23.2）的第 2 式完全相同。

顺便指出，**如单元体在外力作用下发生变形，在小变形的前提下，由单元体尺寸的改变引起的流量改变和体积含水率改变都是更高一阶的小量，不影响式（27.2）的正确性**。故在下文均不考虑单元体尺寸改变的影响。

以下通过分析给出式（27.2）两边的具体表达式。首先分析式（27.2）的右端。设 z 方向为竖直方向，水流的 Darcy 定律为（默认土骨架是相对静止的）：

$$v_{wx} = -k_{wx} i_{wx} = -k_{wx}\frac{\partial h_{wx}}{\partial x} = -\frac{k_{wx}}{\rho_w g}\frac{\partial u_w}{\partial x} \tag{27.4}$$

$$v_{wy} = -k_{wy} i_{wy} = -k_{wy}\frac{\partial h_{wy}}{\partial y} = -\frac{k_{wy}}{\rho_w g}\frac{\partial u_w}{\partial y} \tag{27.5}$$

$$v_{wz} = -k_{wz} i_{wz} = -k_{wz}\frac{\partial h_{wz}}{\partial z} = -k_{wz}\frac{\partial}{\partial z}\left(\frac{u_w}{\rho_w g} + z\right) = -k_{wz}\left(\frac{1}{\rho_w g}\frac{\partial u_w}{\partial z} + 1\right) \tag{27.6}$$

式中，i_{wx}、i_{wy}、i_{wz} 是水头梯度，在竖直方向考虑了位置水头；3 个表达式右端的负号表示水流方向沿水力梯度降低的方向。

顺便指出，式（27.4）～式（27.6）中水流速度为表观流速，故它们与式（23.13）的第 1 式完全相同。

注意到非饱和土的渗水系数是随位置变化的（可视为所在位置吸力、含水率或水头的函数），将式（27.4）～式（27.6）代入式（27.2），得

$$\frac{\partial \theta_w}{\partial t} = \frac{1}{\rho_w g}\left[\frac{\partial\left(k_{wx}\frac{\partial u_w}{\partial x}\right)}{\partial x} + \frac{\partial\left(k_{wy}\frac{\partial u_w}{\partial y}\right)}{\partial y} + \frac{\partial\left(k_{wz}\frac{\partial u_w}{\partial z}\right)}{\partial z}\right] + \frac{\partial k_{wz}}{\partial z} \tag{27.7}$$

若渗水系数是各向同性的，即 $k_{wx} = k_{wy} = k_{wz} = k_w$，则式（27.7）简化为

$$\frac{\partial \theta_w}{\partial t} = \frac{1}{\rho_w g}\left[k_w\left(\frac{\partial^2 u_w}{\partial^2 x} + \frac{\partial^2 u_w}{\partial^2 y} + \frac{\partial^2 u_w}{\partial^2 z}\right) + \frac{\partial k_w}{\partial x}\frac{\partial u_w}{\partial x} + \frac{\partial k_w}{\partial y}\frac{\partial u_w}{\partial y} + \frac{\partial k_w}{\partial z}\frac{\partial u_w}{\partial z}\right] + \frac{\partial k_w}{\partial z}$$

$$= \frac{1}{\rho_w g}\left[k_w\nabla^2 u_w + \frac{\partial k_w}{\partial x}\frac{\partial u_w}{\partial x} + \frac{\partial k_w}{\partial y}\frac{\partial u_w}{\partial y} + \frac{\partial k_w}{\partial z}\frac{\partial u_w}{\partial z}\right] + \frac{\partial k_w}{\partial z} \tag{27.8}$$

其次，分析式（27.2）的左端，对体积含水率可采用 3 种表示方法：一是直接把体积含水率用相应的广义持水特性公式表示，二是采用质量含水率的广义持水特性公式，三是依据体积含水率的定义将其表示为孔隙率与液相饱和度的乘积。分述如下。

（1）体积含水率的第一种表示方法

在第 9 章中曾定义，即式（9.4），

$$\varepsilon_{\mathrm{w}} = \frac{\Delta V_{\mathrm{w}}}{V_0} \tag{27.9}$$

式中，ΔV_{w} 和 V_0 分别表示土中水的体积变化量（排出水量）和试样的初始体积。即，ε_{w} 表示体积含水率的改变量，二者的量值相等而符号相反，即

$$\mathrm{d}\varepsilon_{\mathrm{w}} = -\,\mathrm{d}\theta_{\mathrm{w}} \tag{27.10}$$

从而可以直接利用广义持水特性公式代入式（27.8）的左端。例如，考虑净平均应力和偏应力的排水量公式（10.23），即

$$\mathrm{d}\varepsilon_{\mathrm{w}} = \frac{\mathrm{d}p}{K_{\mathrm{wpt}}} + \frac{\mathrm{d}s}{H_{\mathrm{wt}}} + \frac{\mathrm{d}q}{K_{\mathrm{wqt}}} \tag{27.11}$$

式中，K_{wpt}、H_{wt} 和 K_{wqt} 分别表示与净平均应力、吸力和偏应力相关的水的切线体积模量。于是，式（27.8）左端的 $\partial\theta$ 可用式（27.11）和式（27.10）代入，得

$$\frac{\partial\theta_{\mathrm{w}}}{\partial t} = -\left[\frac{1}{K_{\mathrm{wpt}}}\frac{\partial p}{\partial t} + \frac{1}{H_{\mathrm{wt}}}\left(\frac{\partial u_{\mathrm{a}}}{\partial t} - \frac{\partial u_{\mathrm{w}}}{\partial t}\right) + \frac{1}{K_{\mathrm{wqt}}}\frac{\partial q}{\partial t}\right] \tag{27.12a}$$

（2）体积含水率的第二种表示方法

利用式（1.5）把体积含水率转化为质量含水率，把质量含水率表示的广义持水特性公式（10.22）代入式（27.8）左端，得

$$\frac{\partial\theta_{\mathrm{w}}}{\partial t} = \frac{\rho_{\mathrm{d}}}{\rho_{\mathrm{w}}}\frac{\partial w}{\partial t} = \frac{\rho_{\mathrm{d}}}{\rho_{\mathrm{w}}}\partial\left[w_0 - ap - b\ln\left(\frac{s + p_{\mathrm{atm}}}{p_{\mathrm{atm}}}\right) - cq\right]/\partial t$$
$$= -\frac{\rho_{\mathrm{d}}}{\rho_{\mathrm{w}}}\left[a\frac{\partial p}{\partial t} + \frac{b}{s + p_{\mathrm{atm}}}\frac{\partial s}{\partial t} + c\frac{\partial q}{\partial t}\right] \tag{27.12b}$$

（3）体积含水率的第三种表示方法

根据体积含水率的定义，有

$$\theta_{\mathrm{w}} = nS_{\mathrm{r}} \tag{27.13}$$

$$\frac{\partial\theta_{\mathrm{w}}}{\partial t} = \frac{\partial(nS_{\mathrm{r}})}{\partial t} = S_{\mathrm{r}}\frac{\partial n}{\partial t} + n\frac{\partial S_{\mathrm{r}}}{\partial t} \tag{27.14}$$

在小变形条件下，注意到土的体变就是孔隙的变化，得

$$n = \frac{V_{\mathrm{v}}}{V} \approx \frac{V_{\mathrm{v}}}{V_0} \tag{27.15}$$

$$\frac{\partial n}{\partial t} = \frac{\partial\varepsilon_{\mathrm{v}}}{\partial t} \tag{27.16}$$

把式（27.16）代入式（27.14），得

$$\frac{\partial\theta_{\mathrm{w}}}{\partial t} = S_{\mathrm{r}}\frac{\partial n}{\partial t} + n\frac{\partial S_{\mathrm{r}}}{\partial t} = S_{\mathrm{r}}\frac{\partial\varepsilon_{\mathrm{v}}}{\partial t} + n\frac{\partial S_{\mathrm{r}}}{\partial t} \tag{27.17}$$

如渗水系数为常数，则式（27.17）和式（27.8）就是式（23.36）的全量形式。

下面回到式（27.8），把式（27.12a）代入式（27.8）左端，可得

$$-\left[\frac{1}{K_{\mathrm{wpt}}}\frac{\partial p}{\partial t} + \frac{1}{H_{\mathrm{wt}}}\left(\frac{\partial u_{\mathrm{a}}}{\partial t} - \frac{\partial u_{\mathrm{w}}}{\partial t}\right) + \frac{1}{K_{\mathrm{wqt}}}\frac{\partial q}{\partial t}\right]$$
$$= \frac{1}{\rho_{\mathrm{w}}g}\left[k_{\mathrm{w}}\nabla^2 u_{\mathrm{w}} + \frac{\partial k_{\mathrm{w}}}{\partial x}\frac{\partial u_{\mathrm{w}}}{\partial x} + \frac{\partial k_{\mathrm{w}}}{\partial y}\frac{\partial u_{\mathrm{w}}}{\partial y} + \frac{\partial k_{\mathrm{w}}}{\partial z}\frac{\partial u_{\mathrm{w}}}{\partial z}\right] + \frac{\partial k_{\mathrm{w}}}{\partial z} \tag{27.18}$$

整理上式，得

$$\frac{\partial u_{\mathrm{w}}}{\partial t} = \frac{\partial u_{\mathrm{a}}}{\partial t} + \frac{H_{\mathrm{wt}}}{K_{\mathrm{wpt}}}\frac{\partial p}{\partial t} + \frac{H_{\mathrm{wt}}}{K_{\mathrm{wqt}}}\frac{\partial q}{\partial t}$$

$$+ \frac{H_{wt}}{\rho_w g}\left[k_w\,\nabla^2 u_w + \frac{\partial k_w}{\partial x}\frac{\partial u_w}{\partial x} + \frac{\partial k_w}{\partial y}\frac{\partial u_w}{\partial y} + \frac{\partial k_w}{\partial z}\frac{\partial u_w}{\partial z}\right] + H_{wt}\frac{\partial k_w}{\partial z} \qquad (27.19)$$

式（27.19）不仅反映了气压力和净平均应力对水流的影响，而且包含了偏应力的影响。Fredlund 导出的水流方程［文献［2］的式（15.13）～式（15.15）］仅考虑了净正应力和吸力对水量变化的影响，是本节式（27.18）的特例。

注意到式（1.6）和式（1.7），即

$$p = \frac{\sigma_1 + \sigma_2 + \sigma_3}{3} - u_a$$

$$q = \frac{1}{\sqrt{2}}\sqrt{(\sigma_1 - \sigma_2)^2 + (\sigma_2 - \sigma_3)^2 + (\sigma_3 - \sigma_1)^2}$$

如认为在渗流过程中各个总应力分量保持不变（但孔隙气压力是变化的），则有

$$\frac{\partial p}{\partial t} = -\frac{\partial u_a}{\partial t}, \qquad \frac{\partial q}{\partial t} = 0 \qquad (27.20)$$

式（27.19）简化为

$$\frac{\partial u_w}{\partial t} = \left(1 - \frac{H_{wt}}{K_{wpt}}\right)\frac{\partial u_a}{\partial t}$$

$$+ \frac{H_{wt}}{\rho_w g}\left[k_w\,\nabla^2 u_w + \frac{\partial k_w}{\partial x}\frac{\partial u_w}{\partial x} + \frac{\partial k_w}{\partial y}\frac{\partial u_w}{\partial y} + \frac{\partial k_w}{\partial \partial z}\frac{\partial u_w}{\partial z}\right] + H_{wt}\frac{\partial k_w}{\partial z} \qquad (27.21)$$

上式表明：水流受气流的影响。若土中气压为常数（如为大气压），则式（27.21）简化为

$$\frac{\partial u_w}{\partial t} = \frac{H_{wt}}{\rho_w g}\left[k_w\,\nabla^2 u_w + \frac{\partial k_w}{\partial x}\frac{\partial u_w}{\partial x} + \frac{\partial k_w}{\partial y}\frac{\partial u_w}{\partial y} + \frac{\partial k_w}{\partial z}\frac{\partial u_w}{\partial z}\right] + H_{wt}\frac{\partial k_w}{\partial z} \qquad (27.22)$$

在饱和土情况下，渗水系数为常数，体积含水率的变化就等于土的体变；相应地，H_{wt} 等于土的切线体积模量 K_t。对于线弹性土体，有

$$K_t = \frac{E}{3(1-2\upsilon)} \qquad (27.23)$$

从而，式（27.22）退化为

$$\frac{\partial u_w}{\partial t} = \frac{k_w K_t}{\rho_w g}\nabla^2 u_w = \frac{k_w}{\rho_w g}\frac{E}{1-2\upsilon}\nabla^2 u_w \qquad (27.24)$$

式（27.24）即为饱和土的 Terzaghi-Rebdulic 三维固结理论控制方程[3]。

如果再假设在渗流过程中土不发生变形，体积含水率保持为常数，亦即渗流速度不随时间变化的稳态情况，由式（27.2）可得

$$\nabla \cdot v_w = 0 \qquad (27.25)$$

把用水头表示的 Darcy 定律代入式（27.25），就得到**饱和土稳态渗流的 Laplace 方程**。

$$\nabla^2 h = 0 \qquad (27.26)$$

式中，∇^2 是 Laplace 算子。

27.1.2 气流连续方程

在土中取单元体分析，如图 27.2 所示。由于气体压缩性大，其密度随压力和温度变化，故对气流连续方程的分析应采用质量流量。类似于水流情况，定义相应的气相物理量。设气流在 x、y、z 方向流入的表观质量流量分别是 $\rho_a v_{ax}$、$\rho_a v_{ay}$、$\rho_a v_{az}$，其中的 v_{ax}、v_{ay}、v_{az} 是气相的表观速度（等于真实速度 V_{ax}、V_{ay}、V_{az} 与其体积分数 $(1-S_r)n$ 的乘积）；流出的表观质量流量因坐标位置的变化有所增加，具体情况如图 27.2 所示。

土的体积含气率用 θ_a 表示，其与体积含水率 θ_w 的关系是

$$\theta_{\mathrm{a}} = (1 - S_{\mathrm{r}})n = n - S_{\mathrm{r}}n = n - \theta_{\mathrm{w}} \tag{27.27a}$$

土中所含气体质量为

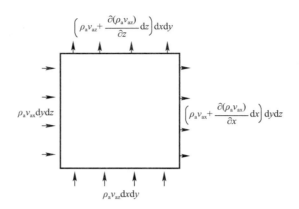

图 27.2　单元体的渗气分析示意图

$$\rho_{\mathrm{a}}\theta_{\mathrm{a}} = \rho_{\mathrm{a}}(n - \theta_{\mathrm{w}}) \tag{27.27b}$$

气的密度与压力和温度有关。设土中气体服从理想气体的状态方程，即

$$\overline{u}_{\mathrm{a}}V^{\mathrm{a}} = \frac{M_{\mathrm{a}}}{\omega_{\mathrm{a}}}RT \tag{27.28a}$$

式中，$\overline{u}_{\mathrm{a}}$ 为绝对气压力，$\overline{u}_{\mathrm{a}} = u_{\mathrm{a}} + p_{\mathrm{atm}}$；$V^{\mathrm{a}}$ 是气相体积；R 是气体普适常数（等于 8.31443J/(mol·K)）；T 是绝对温度，$T = t^{0} + 273.16$（K），t^{0} 为普通温度（℃）；ω_{a} 为气体的摩尔质量，干空气的摩尔质量为 28.966kg/kmol。对处于等温和封闭的气体而言，式（27.28a）的右端为常数。上式可改写为

$$\frac{M_{\mathrm{a}}}{V^{\mathrm{a}}} = \frac{\omega_{\mathrm{a}}}{RT}\overline{u}_{\mathrm{a}} \tag{27.28b}$$

亦即

$$\rho_{\mathrm{a}} = \frac{\omega_{\mathrm{a}}}{RT}\overline{u}_{\mathrm{a}} \tag{27.29}$$

式（27.29）表明，气体的密度与其所受的绝对压力成正比。

参照图 27.2，通过分析可得类似与式（27.2）的表达式

$$\frac{\partial(\rho_{\mathrm{a}}\theta_{\mathrm{a}})}{\partial t} = -\left[\frac{\partial(\rho_{\mathrm{a}}v_{\mathrm{ax}})}{\partial x} + \frac{\partial(\rho_{\mathrm{a}}v_{\mathrm{ay}})}{\partial y} + \frac{\partial(\rho_{\mathrm{a}}v_{\mathrm{az}})}{\partial z}\right] = -\nabla \cdot (\rho_{\mathrm{a}}\boldsymbol{v}_{\mathrm{a}}) \tag{27.30}$$

把式（27.27a）和式（27.29）代入式（27.30），两边约去 $\dfrac{\omega_{\mathrm{a}}}{RT}$（等温状态），可得

$$\frac{\partial[n(1 - S_{\mathrm{r}})\overline{u}_{\mathrm{a}}]}{\partial t} = -\nabla \cdot [\overline{u}_{\mathrm{a}}\boldsymbol{v}_{\mathrm{a}}] \tag{27.31}$$

在式（27.31）中，v_{a} 是气相的表观流速，其与气相真实流速 $\boldsymbol{V}_{\mathrm{a}}$ 的关系是

$$\boldsymbol{v}_{\mathrm{a}} = n(1 - S_{\mathrm{r}})\boldsymbol{V}_{\mathrm{a}} \tag{27.32}$$

综合式（27.31）和式（27.32）可知，式（27.31）与第 23 章式（23.2）的第 3 式完全相同。

从第 11 章可知，对非饱和土中气相运动的描述，既可用 Darcy 定律描述，也可用 Fick 定律描述；Darcy 定律是 Fick 定律的特例。已有研究结果表明[4-7]，对黄土、含黏砂土和膨润土而言，Darcy 定律是适用的，故本节采用 Darcy 定律描述气相渗流。

气相的 Darcy 定律为（默认土骨架是相对静止的）

$$v_{\mathrm{ax}} = -k_{\mathrm{ax}}i_{\mathrm{ax}} = -k_{\mathrm{ax}}\frac{\partial h_{\mathrm{ax}}}{\partial x} = -\frac{k_{\mathrm{ax}}}{\rho_{\mathrm{w}}g}\frac{\partial u_{\mathrm{a}}}{\partial x} \tag{27.33}$$

$$v_{ay} = -k_{ay}i_{ay} = -k_{ay}\frac{\partial h_{ay}}{\partial y} = -\frac{k_{ay}}{\rho_w g}\frac{\partial u_a}{\partial y} \tag{27.34}$$

$$v_{az} = -k_{az}i_{az} = -k_{az}\frac{\partial h_{az}}{\partial z} = -\frac{k_{az}}{\rho_w g}\frac{\partial u_a}{\partial z} \tag{27.35}$$

应当指出，在式（27.33）～式（27.35）中，对气头采用了与水头相同的度量标准，即把气压力用 $\rho_w g$ 除，而不用 $\rho_a g$ 除。其优点有二：一是气压头可以和水头直接进行比较，无须换算；二是气相密度是随压力和温度变化的，若采用 $\rho_a g$ 作为度量气压头的标准需要先把气相密度用气体状态方程（用绝对温度和绝对气压力计算）换算成某一标准压力和温度条件下的数值才行，以 $\rho_w g$ 为度量标准就可以省去换算的麻烦。

顺便指出，式（27.33）～式（27.35）中气流速度为表观流速，故它们与式（23.13）的第 2 式完全相同。

为简化叙述，设渗气系数是各向同性的，即 $k_{ax}=k_{ay}=k_{az}=k_a$，把式（27.33）～式（27.35）代入式（27.30）中，可得类似于式（27.8）的表达式（右边多出第 3 项）。

$$\frac{\partial(\rho_a\theta_a)}{\partial t} = -\frac{1}{\rho_w g}\left[\rho_a k_a \nabla^2 u_a + \rho_a\left(\frac{\partial k_a}{\partial x}\frac{\partial u_a}{\partial x} + \frac{\partial k_a}{\partial y}\frac{\partial u_a}{\partial y} + \frac{\partial k_a}{\partial z}\frac{\partial u_a}{\partial z}\right) + k_a\left(\frac{\partial \rho_a}{\partial x}\frac{\partial u_a}{\partial x} + \frac{\partial \rho_a}{\partial y}\frac{\partial u_a}{\partial y} + \frac{\partial \rho_a}{\partial z}\frac{\partial u_a}{\partial z}\right)\right] \tag{27.36}$$

注意到，

$$\frac{\partial \overline{u}_a}{\partial t} = \frac{\partial(u_a + p_{atm})}{\partial t} = \frac{\partial u_a}{\partial t} \tag{27.37}$$

换言之，微分号后面的 $\overline{u}_a$ 可以用 u_a 取代。

把气相密度的表达式（27.29）和式（27.27a）代入式（27.36），两边约去 $\frac{\omega_a}{RT}$，可得

$$\frac{\partial[u_a(n-\theta_w)]}{\partial t} = -\frac{1}{\rho_w g}\left[k_a(\overline{u}_a+1)\nabla^2 u_a + \overline{u}_a\left(\frac{\partial k_a}{\partial x}\frac{\partial u_a}{\partial x} + \frac{\partial k_a}{\partial y}\frac{\partial u_a}{\partial y} + \frac{\partial k_a}{\partial z}\frac{\partial u_a}{\partial z}\right)\right] \tag{27.38}$$

下面分析式（27.38）的左端。

$$\frac{\partial[u_a(n-\theta_w)]}{\partial t} = (n-\theta_w)\frac{\partial u_a}{\partial t} + u_a\left(\frac{\partial n}{\partial t} - \frac{\partial \theta_w}{\partial t}\right) \tag{27.39}$$

把式（27.16）代入式（27.34），得

$$\frac{\partial[u_a(n-\theta_w)]}{\partial t} = (n-\theta_w)\frac{\partial u_a}{\partial t} + u_a\left(\frac{\partial \varepsilon_v}{\partial t} - \frac{\partial \theta_w}{\partial t}\right) = (n-\theta_w)\frac{\partial u_a}{\partial t} + u_a\frac{\partial(\varepsilon_v-\theta_w)}{\partial t} \tag{27.40}$$

由式（27.27a）知，式（27.40）右边第 2 项括号内的量代表气相的体积变化。该式表明，**气相体变可由土的体变与体积含水率之差求得，而无需构建其本构关系**。事实上，在非饱和土试验中，由于气相可通过橡皮膜扩散，在土样的水分中溶解并随水排出，加之其压缩性很大，精确量测气体的体积变化非常困难；通常只能也只需量测试样的总体变和排水量即可。

把式（27.40）代入式（27.38），得

$$(n-\theta_w)\frac{\partial u_a}{\partial t} + u_a\frac{\partial(\varepsilon_v-\theta_w)}{\partial t}$$

$$= -\frac{1}{\rho_w g}\left[k_a(\overline{u}_a+1)\nabla^2 u_a + \overline{u}_a\left(\frac{\partial k_a}{\partial x}\frac{\partial u_a}{\partial x} + \frac{\partial k_a}{\partial y}\frac{\partial u_a}{\partial y} + \frac{\partial k_a}{\partial z}\frac{\partial u_a}{\partial z}\right)\right] \tag{27.41}$$

对土骨架采用增量非线性模型，由第 18.1 节可知体应变的计算公式为

$$d\varepsilon_v = \frac{dp}{K_t} \tag{27.42}$$

式中，K_t 可用第 18 章的式（18.22）计算。

把式（27.42）和式（27.12a）一起代入式（27.41），就得到同时考虑净平均应力、吸力和

偏应力影响的气流的连续方程。

顺便指出，土的体变可用土骨架的位移分量表示，故式（27.17）和式（27.38）为用位移法求解非饱和土固结问题提供了方便。

如果忽略在渗流过程中土的体积变形，即 $\dfrac{\partial n}{\partial t} = \dfrac{\partial \varepsilon_v}{\partial t} = 0$，则式（27.41）可以进一步简化。

联立式（27.8）和式（27.41），就可求解二维两相渗流问题。

27.2　二维渗流的数值分析

数值分析方法有 3 种：有限差分法、有限元法和边界元法。有限元法自 1960 年创立以来，经过 60 年的不断发展完善，已成为应用最广泛的数值分析方法。在 23.2.6 节指出，建立有限元方程亦有 3 种方法：变分原理、虚位移原理、伽辽金权余法，其中以伽辽金权余法适用面最广且最方便。本节采用伽辽金权余法构建非饱和土二维渗流的有限元方程。

27.2.1　基本假设和定解条件

总水头是水流的驱动力。总水头包括压力水头、流速水头和位置水头之和，因渗水速度低，通常省略流速水头。对饱和区，压力水头由正孔隙水压力引起；对非饱和区，压力水头由吸力引起，水头为负；故采用水头可统一分析饱和土区与非饱和土区的渗流，不必对二者分开处理。把各渗透量视为压力水头的函数，利用链导法则，有

$$\frac{\partial \theta_w}{\partial t} = \frac{\partial \theta_w}{\partial h} \frac{\partial h}{\partial t} = C(h) \frac{\partial h}{\partial t} \tag{27.43}$$

式中，$C(h)$ 为比水容量（参见第 11.1.1 节），表示单位水头引起的体积含水率的变化量，此处视为水头的函数，由式（27.44）定义。

$$C(h) = \frac{\mathrm{d}\theta_w}{\mathrm{d}h} \tag{27.44}$$

设渗水系数是各向同性的，并设在渗流过程中气压力保持为大气压，将式（27.43）代入式（27.2），就得到用水头表示的水流控制方程为

$$\frac{\partial}{\partial x}\left[k(h) \frac{\partial h}{\partial x}\right] + \frac{\partial}{\partial z}\left[k(h) \frac{\partial(h+z)}{\partial z}\right] = C(h) \frac{\partial h}{\partial t} \tag{27.45}$$

计算全域的初始条件需在事先给定，若给定全域的初始水头值，则初始条件可表示为 $h(x, y, z, t)|_{t=0} = h(x, y, z, 0)$，$(x, y, z) \in A$，$A$ 为计算区域。

以图 27.3 所示的土坝为例，渗流问题的边界条件有 4 类，具体描述如下：

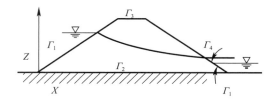

图 27.3　非饱和土渗流的边界条件

1. 水头边界 Γ_1，包括上游坝坡在蓄水位以下部分和下游坝坡在积水位以下部分。在 Γ_1 上，$h = \overline{h}(x, z, t)|_{\Gamma_1}$ 为已知；

2. 不透水边界 Γ_2，即图 27.3 的坝基；对于面板坝，上游坝坡坡面也是不透水的。在 Γ_2 上，

$$K(h)\frac{\partial h}{\partial n}\mid_{\varGamma_2}=0;$$

3. 大气边界 $\varGamma_3$，包括坝顶水平段和两侧坝坡位于浸润线以上的部分。在 $\varGamma_3$ 上，$q=K(h)$ $\frac{\partial h}{\partial n}\mid_{\varGamma_3}=q_{rs}(x,z,t)-q_{zf}(x,z,t)$，$n$ 为边界的外法线方向；下标 rs 表示沿边界 $\varGamma_3$ 法线方向的入渗率，起"源"的作用；zf 表示沿边界 $\varGamma_3$ 法线方向的蒸发和蒸腾率，起"汇"的作用。规定对"源"取正号，对"汇"取负号。

4. 浸润线与下游坝坡相交点（渗流出逸点）及其以下一小段（处于饱和状态）暴露在大气中，$h=z$，吸力等于零。浸润线为水压力为零（即大气压）的流线，亦称为零压线，即在浸润线上，$h=z$。传统饱和土力学把浸润线视为不透水边界（即最上面的一根流线，在其以上区域没有水流），但**求解前浸润线位置尚不能确定，是求解的一部分，属于动边界问题，是数学上的难题**，在用流网分析渗流问题时需预先假定浸润线的位置。现把饱和区与非饱和区统一处理，不必事先假定浸润线的位置，浸润线以上区域亦可能有水流。但仍需事先假定出逸点的位置，在求解收敛后需检验该点及与该点临近位置的上下点的水头。若该点及其以下临近点的水头满足 $h=z$，且在该点以上的临近点的水头为负值，说明该点就是出逸点。若不满足上述条件，可视情况假设另一出逸点位置进行计算，直到得到合理的出逸点为止。确定出逸点和浸润线还有其他方法，详见文献［8］的第 121～122 页和文献［9］的第 318～320 页。

27.2.2 数值分析方法

式（27.45）是非线性方程，宜用伽辽金权余法构建有限元方程。设单元的节点 i 在时刻 t 的水头为 $h_i(t)$，$\phi_i(x,z)(i=1,2,\cdots,n)$ 为形函数（或称为基函数），满足以下条件

$$\phi_i(x_j,z_j)=1\quad(i=j);\quad\phi_i(x_j,z_j)=0\quad(i\neq j)\tag{27.46a}$$

$$\iint_{A_e}\phi_i\phi_j\mathrm{d}x\mathrm{d}y=\begin{cases}\dfrac{\Delta}{6}&\text{当 }i=j\\[2mm]\dfrac{\Delta}{12}&\text{当 }i\neq j\end{cases}\tag{27.46b}$$

式中，Δ 是三角形单元的面积。

则在单元内任一点 (x,z) 处的水头可用插值公式表示为

$$\widetilde{h}=\sum_{i=1}^{N}h_i(t)\phi_i(x,z)\tag{27.47}$$

式（27.47）是式（27.45）的近似解（或称为试探解）。将式（27.47）代入式（27.45），不会完全满足，其误差（余量）为

$$L(\widetilde{h})=\frac{\partial}{\partial x}\Big[k(\widetilde{h})\frac{\partial\widetilde{h}}{\partial x}\Big]+\frac{\partial}{\partial z}\Big[k(\widetilde{h})\frac{\partial(\widetilde{h}+z)}{\partial z}\Big]-C(\widetilde{h})\frac{\partial\widetilde{h}}{\partial t}\tag{27.48}$$

伽辽金权余法的思路是：给余量乘以加权函数，该加权函数取为形函数；在分析对象域 A 内积分，使余量在整个域内之和为零，由此求解出各节点水头值。令

$$\iint_{A}L(\widetilde{h})\phi_i\mathrm{d}x\mathrm{d}z=0\tag{27.49}$$

把式（27.48）代入式（27.49），得

$$\iint_{A}\Big\{\frac{\partial}{\partial x}\Big[k(\widetilde{h})\frac{\partial\widetilde{h}}{\partial x}\Big]+\frac{\partial}{\partial z}\Big[k(\widetilde{h})\frac{\partial(\widetilde{h}+z)}{\partial z}\Big]-C(\widetilde{h})\frac{\partial\widetilde{h}}{\partial t}\Big\}\phi_i\mathrm{d}x\mathrm{d}z=0\tag{27.50}$$

为了利用边界条件，采用分部积分法，式（27.50）可化为

$$\iint_A \left\{ \left[k(\widetilde{h}) \frac{\partial \widetilde{h}}{\partial x} \right] \frac{\partial \phi_i}{\partial x} + \left[k(\widetilde{h}) \frac{\partial (\widetilde{h}+z)}{\partial z} \right] \frac{\partial \phi_i}{\partial z} - C(\widetilde{h}) \phi_i \frac{\partial \widetilde{h}}{\partial t} \right\} \mathrm{d}x\mathrm{d}z$$

$$= \int_L \left[\phi_i k(\widetilde{h}) \frac{\partial \widetilde{h}}{\partial x} \right] l_x \mathrm{d}l + \int_L \left[\phi_i k(\widetilde{h}) \frac{\partial (\widetilde{h}+z)}{\partial z} \right] l_z \mathrm{d}l \tag{27.51}$$

式中，L 是域 A 的边界，$\mathrm{d}l$ 是 L 的微分；l_x 和 l_z 分别是边界在点 (x, z) 处的法向余弦。式（27.51）右边的曲线积分包括整个计算边界，可根据 27.2.1 节的 4 类边界条件分段处理。按照有限元的思想，把域 A 剖分成 n 个单元。由于形函数 $\phi_i(x, z)$（$i=1, 2, \cdots, n$）仅在以 i 为公共节点的所有单元形成的子域不为零，故上式积分即为对子域的积分。把子域的积分分解为对单元的积分，对域 A 内的全部单元求和，式（27.51）改写为

$$\sum_{e=1}^{N} \iint_{A_e} \left\{ \left[k(\widetilde{h}) \frac{\partial \widetilde{h}}{\partial x} \right] \frac{\partial \phi_i}{\partial x} + \left[k(\widetilde{h}) \frac{\partial (\widetilde{h}+z)}{\partial z} \right] \frac{\partial \phi_i}{\partial z} - C(\widetilde{h}) \phi_i \frac{\partial \widetilde{h}}{\partial t} \right\} \mathrm{d}x\mathrm{d}z$$

$$= \sum_{e=1}^{N} \int_{L_e} \left[\phi_i k(\widetilde{h}) \frac{\partial \widetilde{h}}{\partial x} \right] l_x \mathrm{d}l + \int_{L_e} \left[\phi_i k(\widetilde{h}) \frac{\partial (\widetilde{h}+z)}{\partial z} \right] l_z \mathrm{d}l \tag{27.52}$$

式中，A_e 是某个单元的面积，L_e 是该单元边界与域 A 边界重合的部分。

式（27.52）中的偏导数需结合剖分域 A 的单元形状进行推导。以三角形单元为例，取形函数为

$$\phi_i = \frac{1}{2\Delta}(a_i + b_i x + c_i y) \quad (i = i、j、m) \tag{27.53}$$

式中，Δ 是三角形的面积；a_i、b_i、c_i 由三角形单元的 3 个顶点的坐标值确定，可参见文献［10］的式（6.22）。单元内任意一点的水头可用形函数和 3 个节点的相应数值进行插值得到，即

$$\widetilde{h} = \phi_i h_i + \phi_j h_j + \phi_m h_m \tag{27.54}$$

对形函数的表达式（27.53）微分，得

$$\frac{\partial \phi_i}{\partial x} = \frac{b_i}{2\Delta}, \quad \frac{\partial \phi_i}{\partial z} = \frac{c_i}{2\Delta} \tag{27.55}$$

由式（27.53）～式（27.55）可得

$$\frac{\partial \widetilde{h}}{\partial t} = \phi_i \frac{\partial h_i}{\partial t} + \phi_j \frac{\partial h_j}{\partial t} + \phi_m \frac{\partial h_m}{\partial t} \tag{27.56}$$

$$\frac{\partial \widetilde{h}}{\partial x} = \frac{1}{2\Delta}(b_i h_i + b_j h_j + b_k h_k) \tag{27.57}$$

$$\frac{\partial \widetilde{h}}{\partial z} = \frac{1}{2\Delta}(c_i h_i + c_j h_j + c_k h_k) \tag{27.58}$$

为简化推导，单元的渗透系数和比水容量可分别取为 3 个节点的平均值，把式（27.53）～式（27.58）代入式（27.52），对某个单元进行积分，经整理可得以下矩阵方程

$$\frac{\overline{K}_e}{4V} \begin{bmatrix} b_i b_i + c_i c_i & b_i b_j + c_i c_j & b_i b_m + c_i c_m \\ b_j b_i + c_j c_i & b_j b_j + c_j c_j & b_j b_m + c_j c_m \\ b_m b_i + c_m c_i & b_m b_j + c_m c_j & b_m b_m + c_m c_m \end{bmatrix} \begin{Bmatrix} h_i \\ h_j \\ h_m \end{Bmatrix} + \frac{\Delta \overline{C}_e}{12} \begin{bmatrix} 2 & 1 & 1 \\ 1 & 2 & 1 \\ 1 & 1 & 2 \end{bmatrix} \begin{Bmatrix} \dfrac{\partial h_i}{\partial t} \\[2mm] \dfrac{\partial h_j}{\partial t} \\[2mm] \dfrac{\partial h_m}{\partial t} \end{Bmatrix}$$

$$= \sum_{e=1}^{N} \int_{L_e} \left[\phi_i k(\widetilde{h}) \frac{\partial \widetilde{h}}{\partial x} \right] l_x \mathrm{d}l + \int_{L_e} \left[\phi_i k(\widetilde{h}) \frac{\partial (\widetilde{h}+z)}{\partial z} \right] l_z \mathrm{d}l \tag{27.59}$$

式中，L_e 为三角形单元的周长；$\overline{K}_e = \frac{1}{3}\left[K(h_i) + K(h_j) + K(h_m)\right]$ 为单元渗透系数，

$\overline{C}_e = \frac{1}{3}\left[C(h_i) + C(h_j) + C(h_m)\right]$ 为单元比水容量，分别取三个节点渗透系数和比水容量的平均值。

式（27.59）右边实际上表示与边界节点流量有关的项，记为 $\{F\}$，类似于弹性力学有限元方程的荷载列阵，可从流量边界条件直接得出，随后在下文说明。式（27.59）可写成矩阵形式，即

$$[K]\{h\} + [C]\left\{\frac{\partial h}{\partial t}\right\} = \{F\} \tag{27.60}$$

式中，$[K] = \dfrac{\overline{K}_e}{4\Delta}\begin{bmatrix} b_ib_i + c_ic_i & b_ib_j + c_ic_j & b_ib_m + c_ic_m \\ b_jb_i + c_jc_i & b_jb_j + c_jc_j & b_jb_m + c_jc_m \\ b_mb_i + c_mc_i & b_mb_j + c_mc_j & b_mb_m + c_mc_m \end{bmatrix}$ 称为渗透矩阵；

$[C] = \dfrac{\Delta\overline{C}_e}{12}\begin{bmatrix} 2 & 1 & 1 \\ 1 & 2 & 1 \\ 1 & 1 & 2 \end{bmatrix}$ 称为储水矩阵；

$\{F\} = \int \{\phi\}^{\mathrm{T}}\{q_n\}\,\mathrm{d}l$ 称为节点流量列阵，由降雨入渗强度和蒸发强度确定；$\{\phi\}^{\mathrm{T}} = \{\phi_i$ ϕ_j $\phi_m\}$。以降雨入渗为例，在除去径流量以后，节点入渗流量列阵的具体确定方法如下[2]。对于水平透水单元边界，把其上的降雨强度乘以边长，再平均分配到该边的两个节点上。对于斜坡上的透水单元边界，需要把降雨强度换算成边坡的法向强度。即，把降雨强度乘以该边长度在水平方向的投影得降雨量，再把降雨量平均分配到该边的两个节点上。如上所述，降雨入渗的节点流量取正号，蒸发和蒸腾节点流量取负号。

式（27.60）就是求解二维非稳态水渗流的有限元方程。对于稳态渗流，没有与时间有关的项，即 $[C]\left\{\dfrac{\partial h}{\partial t}\right\}$。对于这一项，需在时间域上离散，可采用有限差分表示。即

$$\frac{\partial h}{\partial t} = \frac{h_{i+1} - h_i}{\Delta t} \tag{27.61}$$

把式（27.61）代入式（27.60），得

$$\left([K] + \frac{1}{\Delta t}[C]\right)\{h\}_{t+\Delta t} - \frac{1}{\Delta t}[C]\{h\}_i = \{F\} \tag{27.62}$$

根据式（27.62），可由前一时刻 t 的节点水头分布计算相应的渗透矩阵和储水矩阵，进而求解下一时刻 $t+\Delta t$ 的水头分布。当两次计算得到的水头满足精度要求时，就可以进入下一时段的计算；否则，继续迭代计算，直到收敛为止。

如将式（27.62）和式（27.41）联立，就可同时求解二维渗水和渗气。

27.3 工程实例分析

黄俊等[11]研究了陡河土坝的饱和-非饱和渗流情况。该坝为均质黏土坝，坝高 42.7m，设计洪水位为 38.8m，校核洪水位 41.0m，下游水位 20.0m，下游坝址设有排水体。坝体土样饱和渗透系数 $k_s = 1 \times 10^{-5}\,\mathrm{cm/s}$。

为了获得该坝土料的非饱和渗透系数，做了土料的持水特征曲线试验和水平土柱渗水试验，试样干密度控制为 $1.6\mathrm{g/cm^3}$、$1.7\mathrm{g/cm^3}$、$1.8\mathrm{g/cm^3}$、$1.9\mathrm{g/cm^3}$。持水特性曲线试验

采用美国土壤水分测量仪器公司生产的压力板仪，得到的持水特性曲线如图 27.4 所示。水平土柱长 1m，在浸润峰面到达一定后停止供水，结束试验，在不同部位取土，用烘干法测体积含水率。由水平土柱渗水试验资料用式（7.25）可以计算出水分扩散度 $D（\theta_w）$，其结果见表 27.1。

根据持水特性曲线可以求得比水容量 $C（\theta_w）$，利用式（11.6）可计算非饱和渗水系数 K_w，即

$$K_w = D（\theta_w）\cdot C（\theta_w）\tag{27.63}$$

计算得到的非饱和渗水系数列于表 27.2。进一步可拟合出渗水系数、扩散度分别与水头的关系式，

$$（K_w, D）= ah^n\tag{27.64}$$

式中，a 和 n 是土性参数，其数值见表 27.3。

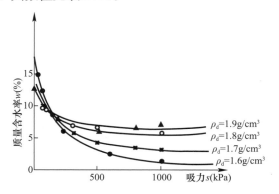

图 27.4　唐山陡河土坝的持水特性曲线

陡河土坝土料的水分扩散度　　　　　　　　　　　　　　　表 27.1

体积含水率 θ_w	$D（\theta_w）$（cm³/min）			
	$\rho_d = 1.6\text{g/cm}^3$	$\rho_d = 1.7\text{g/cm}^3$	$\rho_d = 1.8\text{g/cm}^3$	$\rho_d = 1.9\text{g/cm}^3$
0.10	9.567×10^{-4}	1.491×10^{-4}		
0.12	1.907×10^{-3}	1.986×10^{-3}		
0.14	2.847×10^{-3}	2.480×10^{-3}	3.567×10^{-4}	1.217×10^{-4}
0.16	3.777×10^{-3}	2.972×10^{-3}	7.011×10^{-4}	3.610×10^{-4}
0.18	4.697×10^{-3}	1.078×10^{-3}	8.675×10^{-4}	7.536×10^{-4}
0.20	7.006×10^{-3}	1.722×10^{-3}	9.585×10^{-4}	1.246×10^{-3}
0.22	8.127×10^{-3}	2.484×10^{-3}	1.68×10^{-3}	2.467×10^{-3}
0.24	9.235×10^{-3}	3.437×10^{-3}	2.319×10^{-3}	4.382×10^{-3}
0.26	1.033×10^{-2}	4.183×10^{-3}	4.069×10^{-3}	6.694×10^{-3}
0.28	2.598×10^{-2}	4.720×10^{-3}	2.509×10^{-3}	1.787×10^{-3}
0.30	3.730×10^{-2}	6.350×10^{-3}	3.181×10^{-3}	1.028×10^{-3}
0.32	5.376×10^{-2}	8.880×10^{-3}	4.715×10^{-3}	2.71×10^{-3}
0.34	8.639×10^{-2}	1.386×10^{-2}	7.901×10^{-3}	2.83×10^{-2}
0.36	1.529×10^{-1}	4.086×10^{-2}	3.533×10^{-2}	3.093×10^{-2}
0.38	6.968×10^{-1}	1.333×10^{-1}	5.116×10^{-2}	3.022×10^{-2}
0.40		1.860×10^{-1}		2.938×10^{-2}

陕河土坝土料的渗水系数 表 27.2

体积含水率 θ_w	K (θ_w) (cm/min)			
	$\rho_d=1.6g/cm^3$	$\rho_d=1.7g/cm^3$	$\rho_d=1.8g/cm^3$	$\rho_d=1.9g/cm^3$
0.12	6.305×10^{-7}			
0.14	2.370×10^{-6}	9.441×10^{-7}		
0.16	7.394×10^{-6}	3.016×10^{-6}	2.092×10^{-7}	7.876×10^{-8}
0.18	1.534×10^{-6}	3.366×10^{-6}	1.434×10^{-6}	7.772×10^{-7}
0.20	3.738×10^{-5}	6.720×10^{-6}	5.390×10^{-6}	3.659×10^{-6}
0.22	7.305×10^{-5}	7.174×10^{-5}	1.654×10^{-5}	2.609×10^{-5}
0.24	1.182×10^{-4}	5.187×10^{-5}	4.347×10^{-5}	1.174×10^{-5}
0.26	1.322×10^{-4}	7.605×10^{-5}	1.060×10^{-5}	1.793×10^{-5}
0.28	3.334×10^{-4}	8.581×10^{-5}	6.536×10^{-5}	4.786×10^{-5}
0.30	4.787×10^{-4}	1.154×10^{-4}	8.287×10^{-5}	

陕河土坝土料的渗水系数、扩散度与水头的关系 表 27.3

土的干密度 ρ_d (g/cm^3)	K (h)	D (h)
1.6	$12.752h^{-1.878}$	$0.1978h^{-0.4578}$
1.7	$0.7086h^{-1.568}$	$0.441h^{-0.7885}$
1.8	$0.149h^{-1.301}$	$0.372h^{-0.817}$
1.9	$8.857\times10^{-3}h^{-1.088}$	$0.2878h^{-0.864}$

应用以上资料,对该坝的 $0+100$ 剖面进行了渗流分析。计算结果示于图 27.5～图 27.7。图 27.5 为浸润线的形成过程图,水库开始蓄水后,经 160d 以上,才能形成稳定的饱和渗透区和通常所称的浸润面。图 27.5 表示出坝中零压面发展到 30d、70d、90d 和 160d 的情况。这就是由非饱和土水分转移发展到饱和渗流的过程和状态。零压面的分布规律很好,是合理的。

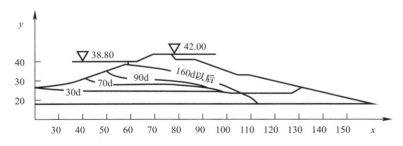

图 27.5 陕河土坝 $0+100$ 剖面的浸润线形成过程图

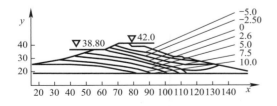
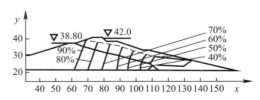

图 27.6 陕河土坝 $0+100$ 剖面的等水位线分布图 图 27.7 陕河土坝 $0+100$ 剖面的等势线分布图

图 27.6 是等水位线分布图。零压面以下的压力为正压力,即通常所说的水压力;零压面以上为负压力,即基质吸力。等水位线为零的线即土坝剖面上零压线,也就是一般所谓的"浸润

线"，图 27.6 的零水位线分布亦很正常。

图 27.7 是等势线分布图。零压面以下饱和区等势线分布状态与不考虑非饱和区算法的结果完全一致。说明上述计算方法是正确可行的。不仅能计算饱和渗流，同时能同时计算出非饱和渗流。非饱和区等势线分布和饱和区的一样，有同样的趋势和规律。二者可以在零压线上连接起来。

由于零压面上下都存在水力梯度，所以不仅饱和区有渗透流量，非饱和区也有渗透流量，而在以往的设计计算中是被忽略的。从表 27.4 中渗流量计算值看来，该土坝非饱和区（浸润面以上）渗流量可达到饱和区（浸润线以下）渗流量的 5％以上。非饱和区渗流量的大小取决于土的渗水系数和该区各点的总水头梯度等。

饱和区与非饱和区的渗水量　　　　　　　　表 27.4

土的干密度（g/cm³）	饱和区渗流量（q_1）（m³/d）	非饱和区渗流量（q_2）（m³/d）
1.6	0.1549	0.00752
1.7	0.0768	0.00377
1.8	0.0482	0.00277
1.9	0.0168	0.00097

关于土的密度对渗流的影响，对于零压面位置，差别不大，4 种干密度的土中零压面基本一致，从图 27.5 中看不出差别来。而土中压力值（h）由于土的密度不同，其同一位置的差值可达 10％以上，渗流量的差别可达 10％以上。

更多更复杂的渗流分析算例详见文献［8，9，11，12］和本书的有关章节。

27.4　本章小结

（1）用唯象法推导了水、气流动的连续方程；将二者分别与广义持水特性公式及体变相联系，得到了反映应力状态和土的体变影响的水、气流动连续方程及太沙基三维固结理论的控制方程。据此指出，对非饱和土而言，只需构建土骨架和水分变化的本构方程，而不必构建气相的本构方程。

（2）比较了用唯象法推导了水、气流动的连续方程与基于混合物理论构建的水、气连续方程的异同，二者的表达式基本一致。

（3）用伽辽金权余法构建分析非饱和土二维渗流的有限元方程，计算分析了土坝的饱和-非饱和渗流，说明数值分析方法可以统一处理饱和-非饱和渗流问题。

参考文献

［1］　邵明安，王全九，黄明斌. 土壤物理学［M］. 北京：高等教育出版社，2006.
［2］　FREDLUND, RAHARDJO. Soil Mechanics for Unsaturated Soils［M］. John Wiley and Sons Inc. New York，1993.（中译本：非饱和土土力学［M］. 陈仲颐，张在明，等译，中国建筑工业出版社，1997.）
［3］　殷宗泽. 土工原理［M］. 北京：中国水利水电出版社，2007.
［4］　陈正汉、谢定义，王永胜. 非饱和土的水气运动规律及其工程性质研究［J］. 岩土工程学报，1993，15（3），9-20.
［5］　苗强强，陈正汉，张磊，等. 非饱和黏土质砂的渗气规律试验研究［J］. 岩土力学，2010，31（12）：3746-3750.
［6］　姚志华，陈正汉，黄雪峰，等. 非饱和 Q₃ 黄土的渗气特性试验研究［J］. 岩石力学与工程学报，2012，

31（6）：1254-1273.

［7］ 陈正汉，秦兵. 缓冲/回填材料的热-水-力耦合特性及其应用［M］. 北京：科学出版社，2017.

［8］ 杜延岭，许国安. 渗流分析的有限元法和电网络法［M］. 北京：水利电力出版社，1992.

［9］ 毛昶熙. 渗流计算分析与控制［M］. 2 版. 北京：中国水利水电出版社，2003.

［10］ 徐芝伦. 弹性力学简明教程［M］. 北京：人民教育出版社，1980.

［11］ 黄俊，苏向明，汪炜平. 土坝饱和—非饱和渗流数值分析方法研究［J］. 岩土工程学报，1990，12（5）：30-39.

［12］ 孙树国. 膨胀土的强度特性及其在南水北调渠坡工程中的应用［D］. 重庆：后勤工程学院，1999.1.

第6篇　特殊土的几个疑难问题研究

本篇导言

工程需要是科学研究的主要动力，工程应用是科学研究的目的和归宿，实践（包括试验）是检验理论优劣真伪的唯一标准。

中国地域辽阔，地形地貌复杂，环境气候差异颇大，土类繁多，工程规模巨大，挑战性岩土工程问题层出不穷，岩土工作者大有作为。因此，我们必须立足中国大地，抓住机遇，乘势而上，把中国的特殊土工程问题研究好、解决好，把中国的事办好。

探索前沿，服务工程。

创新是科研的永恒主题。

有比较才能鉴别。

对具体事物做具体的分析。

对复杂问题要从多方面综合评判，避免瞎子摸象形成的片面认识而造成误判。

学到用时方恨少。

——陈正汉. 非饱和土与特殊土力学：理论创新、科研方法及治学感悟 [M]. 北京：科学出版社，2021，215-216，232，275.

第28章 大厚度自重湿陷性黄土中灌注桩承载性状与负摩阻力的试验研究

本章提要

依托宁夏扶贫扬黄灌溉工程，对大厚度自重湿陷性黄土场地中的灌注桩承载性状与负摩阻力进行了现场试验研究，试桩包括4类：无摩擦桩、空底桩、摩擦端承桩和悬吊桩，采用了滑动测微计等先进测试技术；揭示了地基分别处于天然含水率状态和浸水饱和状态时试桩的承载力、正摩阻力、负摩阻力及中性点的变化规律；分析了桩基对地基湿陷变形的拟制作用。

28.1 研究概况

湿陷性黄土中的桩基受力机理与负摩阻力是黄土地区桩基设计的重要问题[1-4]，许多学者为此做出了很大努力[4-12]。研究方法主要采用现场浸水试验，可直接得出桩基的承载力及负摩阻力，比较准确可靠，但费用高，费工费时，因而试验资料很少。表28.1是改革开放以来国内所做的湿陷性黄土中灌注桩现场浸水试验的基本资料。

黄土中灌注桩现场试验资料 表 28.1

试验地点、时间	自重湿陷性黄土层厚度/湿陷下限深度（m）	湿陷等级	浸水试坑尺寸（m）	浸水时间（d）	桩径（m）	最大桩长（m）	试坑浸水自重湿陷量（cm）
兰州东岗 1987	12/12	自重Ⅲ级	直径12	40	0.8	10	40
兰州河口 1988	15/15	自重Ⅲ级	直径15	45	1.0	15	55
蒲城电厂 1991	0/35	非自重	直径40	40	1.0	40	6.3
宝鸡第二电厂 1993	18.2/20	自重	50×30	95	0.8	22.85	8.5
宁夏扶贫扬黄 2001	35/35	自重Ⅳ级	直径30	68	0.8	40	48.5

注：1. 蒲城电厂试验场地为黄土与古土壤成层交互分布，按现场浸水试验结果判为非自重湿陷性黄土场地。
2. 蒲城电厂和宝鸡第二电厂的试桩皆为大直径扩底灌注桩资料。
3. 宝鸡第二电厂的钻孔压浆试桩长23m，工程未采用。

改革开放以来，随着国家经济的发展和西部大开发战略的实施，黄土地区基本建设的数量和规模急剧增大，工程场地从低阶地不断向高阶地推进，遇到了许多厚度大于15m以至深不见底的湿陷性黄土场地，被称为大厚度湿陷性黄土场地，桩基的使用日益增多，出现了需要解决的新问题。譬如，大厚度自重湿陷性黄土中的桩基承载性状与负摩阻力就是桩基设计中的一个挑战性课题。

宁夏扶贫扬黄灌溉工程是国家重点建设项目，该工程泵站、渡槽等大部分工程地处大厚度自重湿陷性黄土地区，黄土层厚度大于60m，自重湿陷性土层厚度20～35m。由于以前没有遇到过厚度如此之大的自重湿陷性黄土场地，因而对其中的桩基传力机理、负摩阻力的大小、中性点的位置等尚缺乏认识，对相应的桩基设计经验不足，不同的设计者所提出的承载力相差甚远，难以达成共识。为此，宁夏扶贫扬黄工程建设总指挥部组织设计单位、科研单位、同行专家经多次会议讨论研究，最后决定在 11 号泵站场地附近进行桩基在天然状态下、浸水状态下的试验研究工作。具体科研工作由黄雪峰负责实施完成。

试验场地位于宁夏固原县，黄土层厚度大于 60m，自重湿陷性黄土层厚度约 35m；试验设置了 4 类桩型，采用了多种测试方法；浸水试坑直径 30m，总耗水量 31275m³，浸水观测历时 56d，停水后观测历时 12d；坑外地面下沉范围为 30～35m，与场地湿陷性土层厚度接近。该试验研究为大厚度自重湿陷性黄土的桩基设计积累了宝贵资料和经验。本章介绍有关研究成果[9]。

28.2 试验场地的岩土工程条件

试验场地位于宁夏固原县七营镇张堡村，场地地处清水河Ⅲ级阶地中部，地势较开阔，地形较平坦。场地黄土层厚度大于 60m，湿陷性土层厚度约 35m，地层自上而下为：黄土层，层厚 35m，浅黄色，土质较均匀，多孔，属自重湿陷性土层；壤土层，层厚大于 25m，为第四系上更新统冲积粉土层，呈棕黄—浅红色，硬塑，稍湿，一般属非湿陷性土层。

由地质勘察资料知，该场地的地下水位深度大于 70m。黄土层属自重湿陷性土层，湿陷下限深度 35m。整个场地计算自重湿陷量一般≤140cm，最大可达 160cm；计算总湿陷量一般为 95～170cm，最大可达 190cm。地勘报告将该场地评价为自重湿陷性黄土场地，湿陷等级Ⅳ级，湿陷程度严重—很严重。

28.3 现场桩基试验概况

28.3.1 试桩布置与仪器埋设

本次试桩均为干作业人工挖孔混凝土灌注桩。根据研究需要，共安排试桩 5 根，其编号分别为 ZH1，ZH2，ZH3，ZH4 和 ZH5；锚桩 10 根，皆为扩底桩，扩底直径 1.6m，扩底高度 1.7m。用于 ZH1，ZH2，ZH3 和 ZH4 的 8 根锚桩皆长 30m，用于 ZH5 的两根锚桩长 40m。试验平面布置如图 28.1 所示，各试桩的尺寸和主要测试内容如表 28.2 所示。

宁夏扶贫扬黄过程试桩设计参数及测试内容 表 28.2

试桩编号	桩长（m）	桩径（m）	混凝土强度	设置特点与测试内容
ZH1	40	0.8	C30	桩侧双层油毡隔离，测试天然状态的端阻力
ZH2	25	0.8	C30	桩底 1m 脱空，测试天然状态的侧摩阻力
ZH3	40	0.8	C30	摩擦端承桩，测试天然状态的桩身内力及正摩阻力
ZH4	40	0.8	C30	摩擦端承桩，测试浸水与饱和状态的桩身内力及正、负摩阻力
ZH5	20	0.8	C30	悬吊桩，测试负阻力

试坑直径 30m，坑深 0.5～1.2m。为使试坑浸水后桩侧负摩阻力能充分发挥，在试坑中部布置了一个直径 5m、深 1.5m 的小坑，把试桩 ZH3，ZH4 布置在此坑中。试桩 ZH3 在天然状态下静载试验后完全卸载，浸水后未作测试工作。

ZH1 和 ZH2 布置在距图 28.1 试坑边 50m 处。

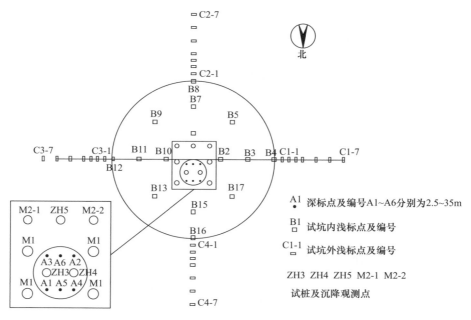

图 28.1　试桩平面布置图

　　在 ZH1 桩端埋设压力盒，测定桩端阻力；桩侧裹两层油毡，油毡间涂抹黄油，以消除侧阻力的影响，可称之为无摩擦桩。ZH2 在距钢筋笼底端 1m 处放置钢板，不灌注混凝土，故称之为空底桩，用以测试天然状态下的正摩阻力。试桩 ZH3 和 ZH4 是摩擦端承桩，用以研究桩身轴力、侧阻力和正负摩阻力的变化规律；在这两根桩身中设置钢筋应力计，测点间距 1.5m；同时设置了滑动测微计，测点间距 1.0m，进行平行测试。滑动测微计和钢筋应力计的设置情况如图 28.2所示。ZH5 称为悬吊桩，其长度小于自重湿陷性黄土层厚度，用于测定浸水后的平均负摩阻力。应当指出，ZH5 的设置方法与通常方法不同。通常将试桩的桩端放在非湿陷性土层上[1]，在浸水过程中桩身不下沉；而 ZH5 长 20m，桩顶固定，桩身悬吊在自重湿陷性黄土中，在浸水过程中桩身同样不会下沉，但桩长缩短 10m 以上，可节省部分经费，其不足之处是得不出中性点。

图 28.2　在试桩中的设置两根滑动测微计量测套管（左）和钢筋应力计（右）

为了加快桩周地基土浸水饱和，在坑内布置直径 $100 \sim 150\text{mm}$、深 26m 的注水孔 141 个，注水孔中心间距 2m，孔内填充粒径为 $2 \sim 6\text{cm}$ 的卵石。

为测量浸水后试坑内外地面和土中分层的湿陷变形，在试坑内设置地面沉降观测点 19 个、机械式土中分层沉降观测点 6 个，在试坑外设置地面沉降观测点 28 个。在试桩 ZH3，ZH4，ZH5 及 ZH5 的两根锚桩上，设置沉降观测点。土中机械式分层沉降观测点的设置及浸水变形结果如表 28.3 所示。

坑内分层沉降观测点的浸水沉降   表 28.3

深标点编号	A1	A2	A3	A4	A5	A6
埋设深度（m）	2.5	5	10	15	25	35
浸水沉降（cm）	48.5	31.9	17.1	8.0	3.0	1.3

28.3.2 桩身内力测试方法

本项试验用两种方法测试桩身内力。把桩视为弹性体，采用钢筋应变计与滑动测微计量测钢筋竖向应变与桩身应变，进而推算桩身轴向力与桩侧摩阻力。

在基桩主筋上不同部位的断面上对称安装埋入式钢筋应力计（图 28.2）。该应力计适用于监测钢筋结构钢筋的工作应变，其传感器具有良好的温度补偿和自防护能力，通过电阻应变仪测量钢筋的工作应力引起的应变值，然后通过计算求出试桩的轴力。钢筋应力计在埋入之前进行标定，在水中浸泡，检查其稳定性能。埋入后，进行 1 次测量，检查埋入后的钢筋应力计的成活率。然后，在静载试验开始前进行 1 次量测，作为初读数，以后每增加一级荷载量测两次，直至静载试验结束。试坑浸水前测量 1 次，浸水期间，每天测量两次。

滑动测微计由瑞士生产，是根据线法监测原理而设计的（见本书第 8.5 节图 8.12）。其主体为一个标距 1m、两端带有球状测头的探头，内装一个 LVTD 位移计和 NTC 温度计。为了测定测线上的应变及温度分布，测线上每隔 1m 安置一个具有高精度定位功能的锥形环，环间用 HPVC 管相连，测微计可依次测量相邻锥形环之间的相对位移。每根试桩埋设两根滑动测微管（图 28.2）。静载试验开始前进行 1 次量测，作为初读数，以后每增加 1 级荷载量测 1 次，直至静载试验结束。试坑浸水前测量 1 次；浸水期间，根据土层湿陷情况，决定测试次数。

计算桩的轴力时要用到桩身混凝土弹模值 E_s，其值可根据各级荷载下桩顶荷载及桩顶部应变值求出。各试桩的桩顶高出试坑底面约 1.5m，该段桩身轴力等于桩顶荷载。试桩 ZH3 在不同荷载下测得的 E_s 值与应变的关系曲线如图 28.3 所示。应当注意，E_s 值随应变的大小而变化，须按相应的应变范围选用。

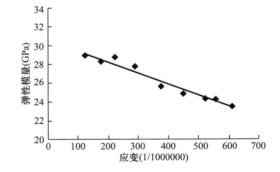

图 28.3 试桩 ZH3 的弹性模量与应变曲线

28.4 地基在天然含水率状态下试桩的极限承载力

1. 极限端阻力

由试桩 ZH1（桩侧隔离）的试验确定，实测 $Q\text{-}s$ 曲线如图 28.4 所示。在天然状态下，桩顶竖向最大稳定加荷量 950kN。当加荷至 950kN 时，总沉降量大于 14.77mm，且 24h 不能稳定。

根据图 28.4 分析,该试桩竖向极限承载力取 $Q\text{-}s$ 曲线明显陡降的起始点对应的荷载值 800kN。由此计算得出,在天然状态下其桩端土层极限承载力为 1600kPa。应当指出,桩侧用油毡隔离不可能完全消除桩侧摩阻力,故所测端阻力数据偏高。

2. 极限侧阻力

极限侧阻力由试桩 ZH2(空底桩)确定,实测 $Q\text{-}s$ 曲线如图 28.5 所示。在天然含水率状态下,桩顶竖向最大稳定加荷量 3600kN,当继续加荷至 4000kN 时,沉降剧增,不能稳定,便终止加荷,此时的总沉降量已大于 32.50mm。据图分析,该试桩竖向极限承载力取 $Q\text{-}s$ 曲线明显陡降的起始点对应的荷载,即 3600kN。由于该试桩没有桩端阻力,根据实测数据计算得出,其桩侧极限正摩阻力平均值为 64.3kPa。

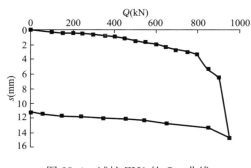

图 28.4　试桩 ZH1 的 $Q\text{-}s$ 曲线　　　　图 28.5　试桩 ZH2 的 $Q\text{-}s$ 曲线

3. 单桩极限承载力

单桩极限承载力由试桩 ZH3 确定,实测 $Q\text{-}s$ 曲线如图 28.6 所示。在天然状态下,桩顶最大加荷量 10000kN,最终沉降量大于 79.45mm。当加载至 8400kN 时,总沉降量为 16.43mm;加载至 8800kN 时,总沉降量为 43.72mm,曲线出现陡降段。根据图 28.6 分析,该试桩竖向极限承载力取 $Q\text{-}s$ 曲线明显陡降段的起始点所对应的荷载,即 8400kN。

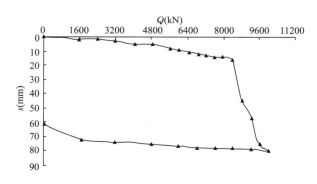

图 28.6　试桩 ZH3 的 $Q\text{-}s$ 曲线

28.5　地基在天然含水率状态下试桩的荷载传递特征

1. 桩身轴向力的传递特征

桩身轴向力的传递及正摩阻力的测试在 ZH3 中进行。桩身轴力和摩阻力的分布如图 28.7~图 28.9 所示。由图可见:最初加载时桩顶荷载与桩身摩阻力相平衡,桩的下部不受力;随着上部荷载的加大,部分力传至桩底并逐渐变大;从桩身某段平均单位摩阻力(f)来看,随着荷载加大,f 值不断加大,以后增加的荷载由下部桩段或桩底承受。当荷载大于 8400kN 以后,桩侧各区段间的摩阻力和端阻力均得到较为充分发挥，由图 28.9 可得平均摩阻力近似为常数（80～82kPa）。极限端阻力为 1550kPa，与 ZH1 测得的 1600kPa 很接近。正摩阻力的平均值从荷载为 7200kN 的 66kPa 增加到荷载大于 8400kN 时的 81kPa，比由 ZH2 测得的 64.3kPa 大。这是由于深部土层的侧压力大，抗剪强度高，在极限状态下发挥的摩阻力也大，从而提高了平均摩阻力。这一点也可由图 28.8 和图 28.9 看出，当桩顶荷载较大时（大于 5600kN），在试桩 ZH3 上段（5～15m）的摩阻力小，15～35m 段的摩阻力大。空底桩 ZH2 长度 25m，不能包括摩阻力大的深部桩段，故测出的平均摩阻力偏小。

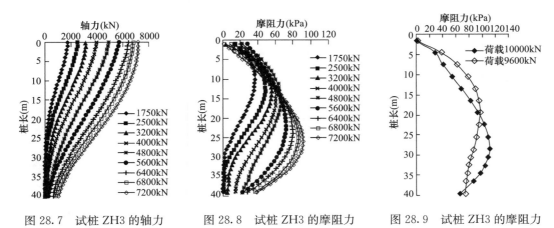

图 28.7　试桩 ZH3 的轴力　　　图 28.8　试桩 ZH3 的摩阻力　　　图 28.9　试桩 ZH3 的摩阻力

2. 桩侧摩阻力、端阻力与桩顶荷载关系

桩侧摩阻力、端阻力与桩顶荷载关系如图 28.10 所示。当桩顶加荷至 4000kN，荷载均由桩侧摩阻力承担，桩端基本不受力。当桩顶加荷大于 4000kN 时，桩端开始受力。当桩顶加载 8400kN（极限荷载）左右时，摩阻力和端阻力均得到充分发挥时，摩阻力和端阻力分配比例关系为 6∶1。因此，在长桩受力过程中，摩阻力占据很大的比例。

3. 桩顶沉降和桩身弹性压缩变形与荷载关系

桩顶沉降和桩身弹性压缩变形与荷载关系曲线如图 28.11 所示。随着桩顶荷载增加，桩顶的沉降量与桩身混凝土弹性压缩总变形量基本一致，桩顶的变形就等于桩身混凝土弹性压缩总变形。参考表 28.3，深标点 A6 的浸水下沉量是 1.3cm。在成桩过程中，桩端土层受到压缩，因而在天然状态下桩的沉降非常小，说明沉降测试结果是可靠的。

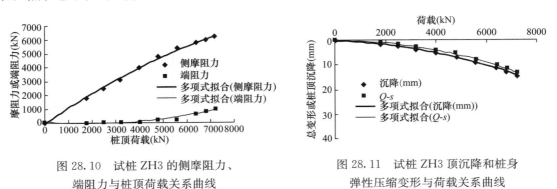

图 28.10　试桩 ZH3 的侧摩阻力、　　　　　图 28.11　试桩 ZH3 顶沉降和桩身
端阻力与桩顶荷载关系曲线　　　　　　　　弹性压缩变形与荷载关系曲线

28.6　浸水期间、饱和状态下桩身轴力的传递特征及负摩阻力变化

1. 浸水期间、饱和状态下单桩极限承载力

　　试桩 ZH4 的实测 Q-s 曲线如图 28.12 所示。在天然状态下，桩顶加载至设计荷载 1600kN，沉降量为 1.02mm。在浸水期间，桩顶维持设计荷载 1600kN，湿陷沉降量为 17.00mm。在饱和状态下，最大加荷量 5200kN，最终沉降量大于 66.27mm。当加载至 4000kN 时，总沉降量为 20.74mm；加载至 4400kN 时，沉降出现突变，总沉降量为 31.02mm。据图 28.12 分析，该试桩竖向极限承载力取 Q-s 曲线明显陡降的起始点所对应的荷载，即 4000kN，约为天然状态下 ZH3 竖向极限承载力的一半。

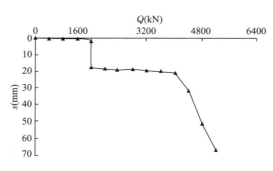

图 28.12　试桩 ZH4 在浸水状态下的 Q-s 曲线

2. 浸水期间桩身轴力传递与负摩阻力的演变特征

　　试桩 ZH4 保持恒载（1600kN）在浸水期间与饱和状态下、饱和状态条件下加载的实测轴力、摩阻力变化曲线分别如图 28.13～图 28.15 所示。在天然状态下，ZH4 桩顶竖向加载至 1600kN 并保持不变进行浸水。随着浸水时间增长，桩周土体发生湿陷变形，上部土层正摩阻力降低，逐步向负摩阻力转化，下部土层正摩阻力逐渐发挥；浸水第 5d 时桩侧产生负摩阻力，形成下拉荷载。负摩阻力的演变有以下特点：

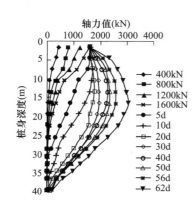 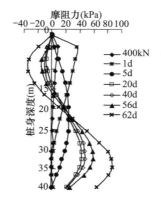 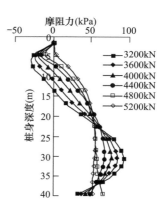

图 28.13　试桩 ZH4 的桩身轴力　　图 28.14　试桩 ZH4 的桩侧摩阻力　　图 28.15　试桩 ZH4 的桩侧摩阻力
（荷载恒定下浸水到饱和状态）　　（荷载恒定下浸水到饱和状态）　　（饱和状态下加载）

　　（1）随着浸水时间的增长，负摩阻力先急剧增长，后缓慢增长，然后趋于某一稳定值；中性点也随着负摩阻力的增长逐渐下移（图 28.14）；在浸水 56d 时，负摩阻力最大值为 14.8kPa，中性点位于 17m 深度处。

　　（2）负摩阻力沿桩身的发展是随浸水时间的延续，自上而下发生和发展的，这一过程也是正摩阻力减小和消失的过程。在负摩阻力的作用下，桩身各截面的轴力也经历先急剧增长，后缓慢增长，最后趋于某一稳定值的过程。

　　（3）停水后，桩周土发生固结变形，桩侧负摩阻力迅速增长，中性点也迅速下移；停水 12d 时，负摩阻力最大值为 33.1kPa，位于 10m 深度处，相应的中性点则位于 19m 深度处

（图 28.14）。

（4）在饱和状态下加载，随着荷载的增加，其负摩阻力逐渐减小和消失，其中性点也逐渐上移（图 28.15）。

3. 桩侧摩阻力、端阻力分担桩顶荷载的比例

ZH4 桩侧土体在饱和状态下，桩侧摩阻力、端阻力与桩顶荷载关系如图 28.16 所示。当桩顶加荷至 1500kN，荷载均由桩侧摩阻力承担，桩端基本不受力。当桩顶加荷大于 1500kN 时，桩端开始受力。当桩顶加载 4000kN（极限荷载）左右时，摩阻力和端阻力均得到充分发挥时，摩、端阻力分配比例关系为 3∶1。当桩顶继续加荷至 5400kN 时，桩顶位移急剧增加，桩与桩侧土产生剪切破坏，桩侧阻力降低，桩端受力加大，此时摩、端阻力分配比例关系接近 2∶1。因此，在饱和状态下，摩阻力明显降低，桩端受力相对加大。

4. 桩顶沉降和桩身弹性压缩变形与荷载关系

桩顶沉降和桩身弹性压缩变形与荷载关系曲线如图 28.17 所示。在天然状态下，桩顶荷载加至 1600kN 时，桩顶的沉降量与桩身混凝土弹性压缩总变形量基本一致。这时桩顶稳压（荷载 1600kN）浸水，待土体自重湿陷变形稳定后，由负摩阻力作用产生的桩顶附加变形为 17mm，而桩身弹性压缩变形为 4mm，两条曲线开始分离。在土体完全饱和状态下，桩顶继续加荷至 4000kN 时出现了明显的拐点；继续加荷出现陡降段，桩顶的沉降急剧加大，桩与桩侧土产生剪切破坏；而桩身混凝土弹性压缩变形曲线呈线性状态，桩身混凝土未发生破坏。

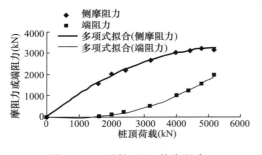

图 28.16　试桩 ZH4 的摩阻力、端阻力与桩顶荷载关系曲线

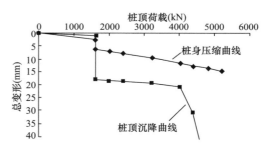

图 28.17　试桩 ZH4 桩顶沉降及桩身压缩变形与荷载关系曲线

5. 中性点位置的确定

当桩长穿越自重湿陷性下限深度，桩端设置于较为坚硬的持力层时，在桩的某一深度处，桩土相对位移为零，即既没有正摩阻力，也没有负摩阻力，该点称为中性点。中性点截面的桩身轴力最大（图 28.13）。

一般来说，在桩周土浸水过程中，土层向下位移大于桩的向下位移，中性点随土层下沉位移而向下移动，当桩周土层下沉趋于稳定，中性点也将稳定在某一深度（L_N）处。本次试验在浸水 65d 后，中性点稳定深度（L_N）为 19m（图 28.13 和图 28.14），湿陷性土层下限深度（L_O）为 35m。中性点深度与湿陷性土层下限深度之比为 0.54。

28.7　负摩阻力测试结果及分析

1. 悬吊桩 ZH5 的测试结果

悬吊法是测定负摩阻力最早使用的方法，该法只能测定桩侧的平均负摩阻力，不能测定负摩阻力沿桩身的分布与浸水时间的关系、中性点位置等。该法由两根支撑桩支撑钢梁，试验桩悬吊在钢梁上（视支撑桩和钢梁均不变形）并加装测力计。桩侧单位面积负摩阻力变化曲线如

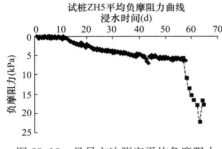

图 28.18　悬吊方法测定平均负摩阻力

图 28.18 所示（实线为浸水时，虚线为停水后）。浸水期间，随着桩周土自重湿陷的产生和发展，桩侧的负摩阻力从无到有、从小变大；浸水 56d 时测力装置测得的数据表明，桩侧负摩阻力总量为 300kN；由此计算桩侧单位面积的负摩阻力平均值为 5kPa。停水后，由于水的消散，桩周土发生排水固结变形，桩侧负摩阻力迅速增长，停水后第 7d 达最大值 1110kN，由此计算桩侧单位面积的负摩阻力平均值为 22kPa。

2. 黄土中灌注桩负摩阻力的试验资料分析

本章用两种方法测定负摩阻力的结果与几处黄土中灌注桩现场浸水试验资料及黄土规范推荐的负摩阻力值列于表 28.4。有 4 点值得注意：

黄土中灌注桩负摩阻力试验资料　　　　　　　　　　表 28.4

试验地点	测试状态	负摩阻力（kPa）		中性点位置 L_N/L_O
		最大值	平均值	
兰州东岗	悬吊固结		18	
兰州河口	恒载固结	28	20	
蒲城电厂	恒载固结		27	0.34～0.50
	无载固结		44	0.60～0.71
宝鸡第二电厂	浸水期	52.3	35.7	0.85
灌注桩	固结期	57.6	30.4	
黄土标准 2004 推荐值		10/15		
宁夏扬黄	ZH4 固结		33.1	0.54
	ZH5 固结		22	

注：1. 蒲城电厂和宝鸡二电厂皆为扩底桩负摩阻力数据，由滑动测微计测试；兰州河口用钢筋应力计测试。
　　2. 黄土规范建议：对灌注桩的桩侧平均负摩阻力特征值，当自重湿陷量的计算值为 70～200mm 时取 10kPa，大于 200mm 时取 15kPa。

（1）比较本章两种方法的测试结果可知，悬吊法所测数值偏小。原因可能是悬吊桩较短，不能反映整个自重湿陷性黄土层的湿陷情况。另外，固定悬吊桩的钢梁本身的刚度、钢梁在下拉荷载的作用下势必产生微小的挠曲，从而影响负摩阻力的测试结果。

（2）各地试验所得负摩阻力的数值相差较大，比较离散，尚得不出规律；但各试验场地测得的负摩阻力值均高于《湿陷性黄土地区建筑标准》GB 50025 的建议值[13]（表 28.4 的注 2）。事实上，《湿陷性黄土地区建筑标准》GB 50025 的建议是以 20 世纪 70 年代在西安、兰州和青海所作的 3 处试桩结果为依据的，而这 3 处的自重湿陷性黄土层厚度较小（8～11m），桩长较短，负摩阻力皆由悬吊法测试，尚不具普遍性。

（3）综合表 28.1 和表 28.4 可见，负摩阻力的数值不一定随湿陷量的增大而提高，并与场地的湿陷类型无明确关系。例如，蒲城电厂试验场地为非自重湿陷性黄土场地，试坑浸水湿陷量为 6.3cm；宝鸡第二电厂试验场地为自重湿陷性黄土场地，试坑浸水湿陷量为 8.5cm。虽然这两地的湿陷量远小于兰州东岗和兰州河口，但负摩阻力却远高于属于自重湿陷性黄土的兰州两个场地。由此可见，黄土规范中对自重湿陷量较大者负摩阻力取较高值（表 28.4 的注 2）的建议值得商榷。

（4）各地试验所得中性点的位置离散性大，从 0.34 到 0.85，超出了建筑桩基技术规范第

5.2.16.3 条提供的参考值范围[14]（即，（0.5～0.6）×1.1＝0.55～0.66）。

28.8　试坑浸水变形分析

表 28.5 是本次试坑浸水的沉降较大的坑内浅标点、坑外最远浅标点、深标点 A1 及相邻场地大面积预浸水试验的沉降实测资料。由该表可知：本章试验的最大沉降量略大于 48.5cm（因标点 A1 位于地表下 2.5m），远小于相邻场地大面积预浸水试验的沉降[15]（见本书第 25.4 节）。其原因有三：一是本次试坑直径较小，湿陷未能充分发展；二是固结排水时间短，仅 12d（相邻场地大面积预浸水试验的固结排水时间 62d）；三是试坑内的群桩（试桩和锚桩共 9 根）对桩侧土有摩擦悬挂作用，对桩间土有约束限制作用，阻碍土的湿陷下沉和侧向挤出。

从表 28.5 还可看出：距坑边 15m 处的浅标点 C1-7、C2-7，C3-7，C4-7（见图 28.1）的沉降已很小，说明浸水的水平影响范围在坑外 15m 左右。由此同样可见，湿陷并未充分发生。

标点浸水沉降与大面积预浸水沉降量资料[14]　　　　　　　　表 28.5

测点沉降（cm）								预浸水（表 25.2）
A1	B15	B16	B17	C1-7	C2-7	C3-7	C4-7	
48.5	39.9	43.9	40.0	0.5	0.2	0.5	0.1	215.1

28.9　本章小结

（1）无摩擦桩、空底桩和摩擦端承桩测得研究场地的试桩在天然状态下的正摩阻力和端阻力较高，取低值时分别为 64kPa 和 1550kPa，单桩极限承载力为 8400kN；饱水状态下单桩极限承载力不到天然状态下的一半，仅 4000kN；负摩阻力为 33kPa。

（2）空底桩和悬吊桩在长度比湿陷性黄土层厚度小许多时，所测得的正、负摩阻力不能反映整个湿陷性土层的变形情况及其与桩的相互作用，数值偏小；穿透整个湿陷性黄土层的摩擦端承试桩所得结果比较符合实际。

（3）负摩阻力和中性点的位置与浸水过程、固结过程中的沉降有关，数值的变化幅度大，根据现有试验资料尚得不出有关规律。

（4）几个大型工程的现场试验实测灌注桩的中性点的位置超出了建筑桩基技术规范提供的参考值；实测负摩阻力远高于黄土规范建议的负摩阻力值，且负摩阻力的数值与场地的湿陷类型、湿陷量的大小无明确对应关系，非自重湿陷性黄土场地的负摩阻力不能被完全忽略。

（5）群桩对桩侧土有摩擦悬挂作用，对桩间土有约束限制作用，阻碍土的湿陷下沉和侧向挤出，从而减小场地的湿陷变形量。

（6）本章为了测定桩体的不同部位在不同状态（天然含水率和浸水）下的承载性状和能力，设置了多种桩型，采用了两种先进方法测试变形（滑动测微计和应变片），进行比较研究，提高了测试结果和研究成果的可靠性，对同类研究工作有重要参考价值。

参考文献

[1]　钱鸿缙，罗宇生. 湿陷性黄土地基 [M]. 北京：中国建筑工业出版社，1985.
[2]　刘祖典. 黄土力学与工程 [M]. 西安：陕西科学技术出版社，1997.
[3]　刘金砺. 桩基础设计与计算 [M]. 北京：中国建筑工业出版社，1990.
[4]　汪国烈，明文山. 湿陷性黄土的浸水变形规律与工程对策 [C] //湿陷性黄土研究与工程（第四届全国黄

土学术会议论文集），北京：中国建筑工业出版社，2001，8：21-32.

[5]　甘肃省建工一局建筑科学研究所. 自重湿陷性黄土地区桩基试验研究 [R]. 兰州，1975.

[6]　罗宇生，李玉林. 宝鸡第二发电工厂钻孔压浆桩、干作业成孔灌注桩试验报告 [R]. 西安：陕西省建筑科学研究设计院，1994.

[7]　李大展，滕延京，何颐华，等. 湿陷性黄土中大直径扩底桩垂直承载性状的试验研究 [J]. 岩土工程学报，1994，16（2）：11-21.

[8]　刘明振. 含有自重湿陷性黄土夹层的场地上群桩负摩阻力的计算 [J]. 岩土工程学报，1999，21（6）：749-752.

[9]　黄雪峰，陈正汉，哈双，等. 大厚度自重湿陷性黄土中灌注桩承载性状与负摩阻力的试验研究 [J]. 岩土工程学报，2007，29（3）：338-346.

[10]　王长丹，王旭，周顺华，等. 自重湿陷性黄土与单桩负摩阻力离心模型试验 [J]. 岩石力学与工程学报，2010（S1）：3101-3107.

[11]　刘利民，舒翔，熊巨华. 桩基工程的理论进展与工程实践 [M]. 北京：中国建材工业出版社，2002.

[12]　刘三仓，隋国秀，刘志伟. 非饱和-饱和状态下黄土地基中灌注桩承载性能的研究 [J]. 岩土工程学报，2017，29（1）：147-151.

[13]　中华人民共和国建设部. 湿陷性黄土地区建筑标准：GB 50025—2004 [S]. 北京：中国建筑工业出版社，2004.

[14]　中华人民共和国建设部. 建筑桩基技术规范 JGJ 94—1994 [S]. 北京：中国建筑工业出版社，1995.

[15]　黄雪峰，陈正汉，哈双，等. 大厚度自重湿陷性黄土场地湿陷变形特征的大型现场浸水试验研究 [J]. 岩土工程学报，2006，28（3）：382-389.

第 29 章 原状非饱和 Q_3 黄土土压力的原位测试研究

本章提要

从对自然现象的观察得到启示，猜想"原状黄土的土压力很小"。为了揭示原状黄土土压力的分布规律及其在开挖过程和浸水过程中的变化规律，对兰州市一个高 18m 的 Q_3 黄土边坡进行了现场试验，量测了开挖过程和浸水过程边坡的位移、土压力、基质吸力和含水率，观测了该边坡在浸水过程中的破坏过程；得到了原状 Q_3 黄土的土压力分布规律，发现实测黄土边坡的土压力远小于朗肯土压力理论计算值；浸水使非饱和黄土边坡的土压力快速增大而导致边坡破坏。研究结果证实了预先猜想是正确的。

29.1 自然现象的启示

黄土在我国分布很广，与国家发展战略（特别是西部大开发）和工程建设的关系极为密切[1]。黄土是典型的非饱和土，它的变形和强度随环境与气候条件而剧烈变化[2]，被称为"难对付的土"[3]。黄土在天然条件下含水率低、强度高、承载力大，受水浸湿则强度骤降，易发生滑坡，如甘肃盐锅峡-八盘峡黑方台灌区 1968—1998 年共发生滑坡 52 次，最大滑距达 385m，最大滑体 $40 \times 10^4 \mathrm{m}^3$，迫使村民 3 次搬迁[4]。随着工程建设的发展，深基坑工程大量涌现，如甘肃省国税局综合楼基坑深 9.2m[5]，陕西省文化体育科技中心制冷塔的黄土基坑深 18m[6]。高切坡和深基坑的变形和支护引起了众多学者的重视，其重点是确定作用在支护结构上的主要荷载——土压力。《建筑边坡支护技术规范》[7] 和《建筑基坑支护技术规范》[8] 对土压力都用朗肯理论或库仑理论计算，但计算的土压力大小和分布与实际情况相差很大[9,10]。图 29.1 是文献 [11] 实测北京医院基坑开挖过程中悬臂桩的主动土压力和被动土压力分布，从该图可见，二者均远小于按朗肯土压力理论计算的结果。

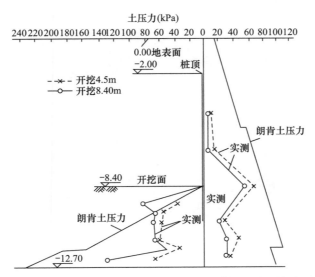

图 29.1 北京医院工程基坑开挖过程中实测悬臂桩的主动和被动土压力分布

现场监测是了解天然黄土中应力、水分、变形等物理量及其变化规律的重要手段。姜晨光等[9]进行了大量的基坑周边土压力现场监测，以现场监测数据为依据，总结出了华北平原地下不同深度土压力（水平主应力）计算的统计型经验公式和基坑开挖导致的坑壁土体水平主应力损失的统计型经验公式。王钊等[10]在山西运城应用张力计、热传导探头等吸力量测手段，对山西省运城地区黄土的吸力特性进行试验研究，测出了该黄土在脱湿过程的土-水特征曲线。

在特殊土的土压力研究方面，张颖钧[12-15]对膨胀土的土压力做了深入系统的研究，包括现场测试、土压力分布规律、计算方法、缓冲层设计等。在非饱和原状黄土土压力的现场研究方面工作尚属空白。

在黄土地区，有许多黄土奇观，如图 1.21～图 1.25 和图 29.2 所示。高耸的黄土柱的四周和黄土立壁都没有支撑，却能屹立百年不倒；黄土桥和在直立黄土边坡下部开挖的窑洞，都有很长的寿命。显然，这些现象都无法用现有土压力理论解释。换言之，这些黄土体的临空面不存在所谓的主动土压力；即使有，也是相当小的。这种种现象启示我们，原状黄土是一种典型的非饱和土，不仅具有吸力，而且具有很强的结构性；原状黄土的土压力决不能用现有土压力理论计算，应当深入研究。

(a) 黄土孤柱(陕西洛川)　　　　　　　　　　　(b) 黄土陡壁(陕西蒲城)

(c) 在直立黄土边坡下开挖的窑洞(陕北)

图 29.2　黄土地区的奇观

受自然现象启发，作者团队成员黄雪峰和李加贵等开展了原状非饱和黄土土压力的研究[16]。

主要研究工作包括：对一高陡黄土边坡进行垂直切削，测试切削过程的土压力和吸力及其分布；在切坡后从坡顶浸水，观察浸水引起的土压力增长和吸力的变化、渗透性及边坡的破坏过程；为了与现有土压力理论的计算结果进行比较，专门做了一组控制吸力的非饱和原状土的三轴排水剪切试验，研究了强度参数的变化规律。

29.2 现场试验概况

试验场地位于兰州理工大学家属院后山，属于黄河南岸Ⅲ级阶地自然坡地（图 29.3），土层较厚，属于风成 Q_3 黄土，黄土层为粉土及粉质黏土。该边坡自然高度为18m。场地在地下 20m 深度范围内未见地下水。试验中取削坡范围内原状土，进行常规物理性质试验，其结果如表 29.1所示。

图 29.3 试验场地原貌

试验黄土物理性质指标　　　　　　　　　　　　　　　表 **29.1**

取土深度（m）	相对密度 G_s	含水率 w（%）	干密度 ρ_d（g/cm³）	孔隙比 e_0	饱和度 S_r（%）	液限 w_L（%）	塑限 w_P（%）	塑性指数 I_P
1.5～15	2.71～2.72	6.1～9.4	1.24～1.33	1.04～1.18	14.5～24.5	26.2～30.6	16.6～18.5	9.6～12.5

现场安装测试土压力设备的步骤如下：①在边坡顶面距离坡面10m处开挖直径1m的探井，放置钢筋笼；②在天然边坡坡面切削出一个窄槽，形成安装拉筋和锚固钢板的工作面（图 29.4）；③从工作面向探井里打水平孔（图 29.5），在孔内放置PVC管；④把钢筋应力计焊接在拉筋上，把拉筋穿入PVC管；⑤在探井里把拉筋连结在钢筋笼的主钢筋上（离坡面远的一侧），浇筑灌注桩；⑥待灌注桩浇筑28d后，在工作面安装锚定钢板，施加一定的预压力（图 29.6）。

试验采用固定桩与开挖边坡间设置拉筋，开挖端采用螺栓及钢板锚固于边坡开挖面。锚固桩位于垂直开挖边坡影响范围外，用以固定拉筋，如图 29.7 所示。拉筋的竖向间距为1.5m，共设置了9根拉筋，如图 29.8 所示。拉钢筋上贴

图 29.4 切削工作面

钢筋应变片，在钢筋受力拉伸时测得其应变，然后依据率定值换算为拉力，并认为钢筋受力近

似等于土压力。使用国防科技大学湘银河数据采集仪进行了钢筋应变的数据采集。

图 29.5 工作面上的水平孔（放置 PVC 管和拉筋）　　图 29.6 用钢板锚定拉筋并向两侧开挖

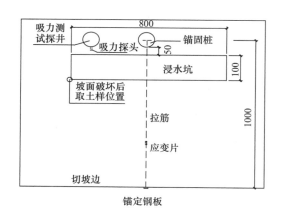

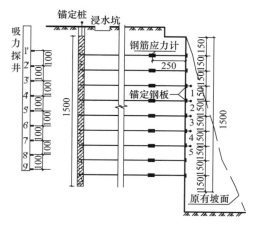

图 29.7 试验平面布置图（单位：cm）　　图 29.8 试验竖直剖面及原坡面
　　　　　　　　　　　　　　　　　　　　　（虚线）示意图（单位：cm）

　　非饱和黄土的吸力是影响边坡稳定性的重要因素。为此，试验对吸力进行了测试。试验仪器为清华大学李未显研制的智能型土吸力现场自动记录量测装置。该设备主要由美国进口组件结合土工试验要求组成，主要包括 COMCR－10 数据自动采集系统模块、AM16 多路选择器、192 数据传送模块、CR 操作显示仪等（均为美国产品）。再配备精密加热继电模块、RS232 接口转换器、电源适配器、UPS 不间断电源。采用文献［17］介绍的由清华大学改进的 TS－Ⅱ系列中的 A 型探头。试验前，在距浸水坑边缘 0.5m 处挖垂直向下 10m 的监测井，在井中埋设了吸力测试探头。吸力探头沿探井井深方向，从 2m 开始，每米设置一个，如图 29.8 中所示的 $1'\sim9'$ 点。

　　试验过程分为两个阶段：天然含水率状态测试阶段和浸水阶段，其历时共 142d。

　　第 1 阶段分为挖桩孔、从自然坡面打洛阳铲至桩孔处、固定拉筋、灌注固定桩、开挖边坡等 5 步，时间从 2007 年 11 月 20 日～2008 年 3 月 25 日。采用分层垂直向下开挖法（每层 1.5m），即先开槽固定拉筋（加一定预应力，数据处理时再消除），然后在 1.5m 以上向两侧削土，用以测量第 1 层土压力强度。试验中，第 1 层削至每侧 5m，第 1 根拉筋上力不再发生变化，此时认为 5m 为横向坡面上最大影响宽度。之后进行第 2 层土的开挖，方法同上，试验共开挖了 15m 深。图 29.5 和图 29.6 分别为开挖前和开挖过程中的边坡。

试验第 2 阶段为浸水阶段，从 2008 年 3 月 26 日～2008 年 4 月 12 日。浸水坑为 8m×1m 的矩形区域，深为 0.6m（图 29.7）。浸水目的主要是测量在浸水情况下土压力的变化及边坡浸水破坏的全过程。

坡顶浸水试验时间是从 2008 年 3 月 26 日下午～2008 年 4 月 11 日下午，共浸水 16d。浸水期间无降雨。水头保持在 0.35m，发现坡面最大水平位移达 1.1cm 后停水。2008 年 4 月 12 日上午 11 时坡面垮塌。在浸水过程中，实时测量了土压力的变化情况，吸力随着浸水时间的变化情况，坡面的水平位移等。在坡面破坏后，立即采集了浸水坑边滑动面下垂直范围内的土样（图 29.9），进行含水率的测量。

图 29.9　浸水破坏后取土样测含水率

29.3　现场试验结果及分析

29.3.1　边坡破坏情形的描述

从 2008 年 3 月 26 日下午开始浸水，到 2008 年 4 月 10 日，亦即破坏前 2d 描绘的边坡裂缝如图 29.10（a）所示，4 月 12 日，亦即破坏当天早晨描绘的边坡裂缝如图 29.10（b）所示。裂缝明显可见，最大处约有 3mm 宽，坡顶为散土，裂缝不可见。12 日 11 时，发生坍塌，其连续过程是，首先剪出口位置处土被推出，之后坡顶土下沉；其次浸水坑周边土开始滑出，其过程仅几秒钟时间，坡面土水平向滑距达 38m。图 29.11 为浸水试验情形，图 29.12 为滑塌后的边坡。坡面裂缝是在浸水 12d 后出现的，之后水平方向位移出现较大增量，在破坏前一天，增量最大。滑动面不是规则的圆弧状，而是三个圆弧前后衔接的复合式滑动面，呈现出坡顶部分较陡，中部略缓，下部较平坦的形式。在边坡浸水破坏后，测量其滑动面，三段圆弧式曲线结果如图 29.13 中所示。AB 段较陡，BC 段次之，CD 段比较平缓。其中 AB 段所在区域为浸水区，BC 段为湿润区，CD 段为天然含水率区。

对于滑移面形成的原因，主要应是 AB、BC、CD 段所在区域土的湿度状态与应力状态不同。AB 段土的饱和度较高，土的强度相对较低，应是边坡滑动的牵引段；BC 段为主滑动段，属于纯剪受力，即受平行滑面的下滑力与滑床的阻滑力构成一对力偶作用；而 CD 段为抗滑段，受来自主滑段和牵引段的滑坡推力，发生真正意义上的剪切破坏。

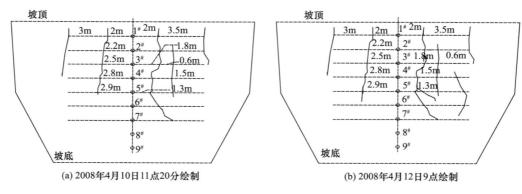

(a) 2008年4月10日11点20分绘制　　　　　　(b) 2008年4月12日9点绘制

图 29.10　破坏前裂缝示意图

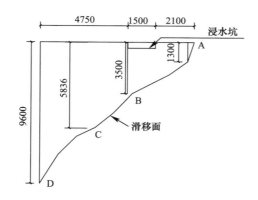

图 29.11　浸水试验情形

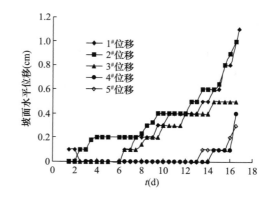

图 29.12　滑塌后的边坡

29.3.2　实测坡面位移与吸力变化

在试验过程中，实时观测了坡面的水平位移。结果显示，在浸水 10d 后才有明显的位移。破坏前测得最大位移为 1.1cm，该值出现在 1 号位移观测点，亦即第 3 根拉筋处。观测到的最大水平位移与施工经验上的警戒值相当。图 29.14 为坡面位移与时间的变化曲线。

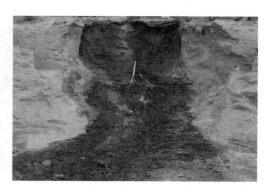

图 29.13　3 段式滑动面曲线示意图（单位：mm）　　图 29.14　坡面水平位移与浸水时间关系曲线

边坡浸水后，边坡土中的吸力 s 发生规律性变化。图 29.15 为距离井口不同深度处探头的吸力随着时间的变化曲线。由图可见，在开始浸水大约 24h 后湿润锋就达到 1 号探头（2m 深处），而到达 2 号探头（3m 深处）用时约为 75h。在浸水至 2m 深位置时（1 号探头），其吸力降幅度较大，但在突降之后，吸力下降速度放慢，最终也没有降至 0。其余各探头也呈现类似现象。试验中，在浸水至 5m、6m 深后，观察到吸力变化越来越慢。

29.3.3　实测原位黄土的渗透性与含水率分布

影响黄土渗透系数的因素很多，如孔隙比、颗粒组成、黏粒含量、结构特征等。另外，试验区有大量的根孔及裂隙孔洞等。本次试验，共浸水 16d，浸水深度为 8.1m。浸水时期内竖向平均渗透速度为 5.86×10^{-6} m/s。从本试验的结果来看，浸水 16d 后，水平向渗距约为 1.5m。不可否认，浸水区域内植被根系的存在是影响竖向及水平向渗透差异的因素之一。

对于非饱和土来说，基质吸力的存在，使边坡的稳定安全系数维持在一个较高的水平；当土体的渗透系数较小时，尽管水入渗到土体深部比较困难，但却能使浅层的土体迅速接近饱和，使局部的孔隙水压力由负值变为正值，基质吸力由此迅速降低到接近于 0，造成边坡稳定安全系数的急剧下降，从而导致边坡滑塌。

浸水 16d 后，边坡破坏，立即从坑边向下垂直范围内取土样，并在每米处由浸水坑向坡面方向间隔 0.2m 取样（图 29.9），绘制含水率等值线及浸水锋面于图 29.16。结果显示，最大浸水深度为 8.1m，横向浸水最大范围为 1.45m，即为浸水锋面距离坑边最大距离。浸润角约为 21.5°，这说明，水平方向的渗透系数远小于垂直方向的渗透系数，土的峰面受垂直和水平方向土的渗透性质的影响。

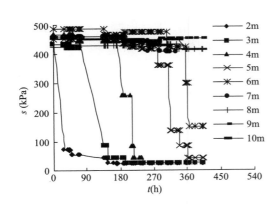

图 29.15　浸水期间实测吸力与时间关系

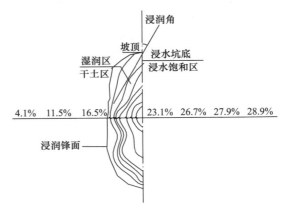

图 29.16　浸水试验的含水率等值线及浸润峰面

29.4　试验场地原状非饱和黄土的强度特性

为了与朗肯土压力理论相比较，取 7.5m 深处土样进行非饱和三轴试验，试验中控制吸力和净围压，先固结，再进行排水剪切。共做了 12 个试验，其中 3 个为饱和三轴试验，试样干密度为 1.32g/cm³，控制 12 个试样之间天然干密度差值不超过 0.05g/cm³；为了做控制不同吸力的三轴排水剪切试验，9 个非饱和试样的初始含水率控制为 18%。试验仪器为后勤工程学院研制的多功能非饱和土三轴仪（图 6.56），关于仪器的介绍可参阅文献［18］。

非饱和三轴试验采用控制吸力和净围压为常数的固结排水剪切法，在预定的净围压和吸力作用下固结至体变和排水稳定后开始剪切，剪切速率为 0.0066mm/min。固结变形稳定和排水稳定标准分别为：体变在 12h 内不超过 0.0063cm³，同时排水量在 2h 内不超过 0.012cm³。饱和土三轴试验为固结排水剪切试验。试验研究的具体情况见本书第 12.3.2.2 节。

原状 Q_3 黄土的偏应力-轴向应变关系曲线如图 12.49 所示，基本呈现应变硬化的特征，试样为塑性破坏。取轴应变 $\varepsilon_a = 15\%$ 时的应力为破坏应力，12 个三轴剪切试验的破坏应力及强度参数列于表 29.2（亦即表 12.21）中。

试验方案及结果　　　　　　　　　　　　　　　　　　表 29.2

u_a (kPa)	$\sigma_3 - u_a$ (kPa)	$(\sigma_1 - \sigma_3)$ (kPa)	p_f (kPa)	ξ(kPa)	$\tan w$	c (kPa)	φ (°)
0	50	71.00	73.67	6.60	0.89	3.12	22.82
	100	138.85	146.28				
	200	262.00	287.33				
50	50	132.51	94.17	35.12	1.01	16.67	25.66
	100	201.53	167.18				
	200	360.00	320.00				
100	50	174.20	108.07	52.48	1.13	25.10	28.41
	100	267.03	189.01				
	200	446.95	348.98				
200	50	244.10	131.37	95.05	1.14	45.48	28.50
	100	335.60	211.87				
	200	518.00	372.67				

注：表中 u_a 为孔隙气压力，$\sigma_3 - u_a$ 为净围压，$\sigma_1 - \sigma_3$ 为偏应力。

从表 29.2 可以看出，控制吸力试验的黏聚力 c 随吸力增大而增大，内摩擦角 φ 的变化也是随着吸力的增大而增大，c-s 关系如图 29.17 所示，φ-s 关系如图 29.18 所示。

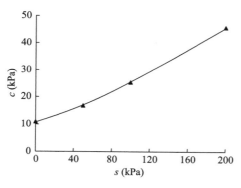

图 29.17　c-s 关系曲线

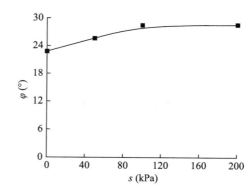

图 29.18　φ-s 关系曲线

采用 Fredlund 等[3]提出的非饱和土抗剪强度公式描述原状黄土的抗剪强度，即

$$\tau_f = c' + (u_a - u_w)\tan\varphi^b + (\sigma_n - u_a)_f\tan\varphi' \tag{29.1}$$

式中，c' 为土的有效黏聚力；$(u_a - u_w)$ 为吸力；$\tan\varphi^b$ 为因吸引的增加而引起抗剪强度增加的速率；$(\sigma_n - u_a)_f$ 为破坏时的法向压力；φ' 为土的有效内摩擦角。将试验数据进行线性拟合，得到试验用土的强度参数：$c' = 4.46\text{kPa}$，$\varphi^b = 11.7°$。

由图 29.18 可知，原状非饱和 Q_3 黄土的有效内摩擦角与吸力的关系是非线性的，在低吸力范围内（0～100kPa），有效内摩擦角变化幅度较大，从吸力为 0kPa 的 22.82°增大吸力为 100kPa 时的 28.41°。当吸力超过 100kPa 后，有效内摩擦角基本保持不变。这一特点与重塑土的情况是不同的，由文献［18］可知，重塑非饱和黄土的有效内摩擦角不随吸力改变，是常数。

29.5　浸水前后土压力的变化及与朗肯理论的比较

对每一根拉筋来说，对坡面的约束范围，竖向为 1.5m，横向影响范围可从坡面的裂缝及边坡滑塌后的宽度进行分析取值（图 29.10 和图 29.12），本试验中取为 7m，即以拉筋为中心，两边各取 3.5m，故在计算中横向影响范围取为 7m。在土压力（用 p_a 表示）的分析计算中，均考虑了这种约束范围的影响，即 p_a＝钢筋拉力/受约束区面积，受约束区面积为 1.5m×7m。

自然含水率状况下，随着开挖深度的增加，土压力逐渐增大，但水平位移几乎没有变化，一直维持在 3mm 以内。图 29.19 为开挖过程中，1～9 号测点土压力 p_a 与时间 t 的变化曲线，即为土压力的变化规律。

图 29.20 所示为切坡完成后土压力包线。与朗肯土压力理论、Fredlund 公式计算值进行对比，计算中强度参数采用了非饱和三轴试验的结果。

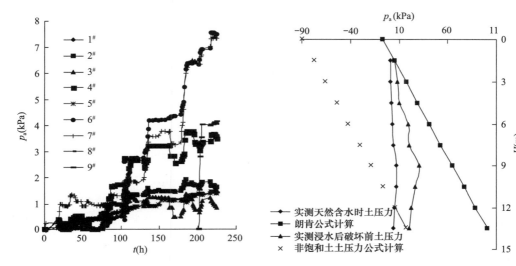

图 29.19　天然含水率状态下
切坡时间与土压力强度关系

图 29.20　实测天然含率状态下及
浸水后土压力与现有理论计算对比

饱和土的朗肯土压力公式为

$$p_a = \gamma z k_a - 2c' \sqrt{k_a} \tag{29.2}$$

考虑吸力影响的朗肯主动土压公式[3]为

$$p_a = \gamma z \frac{1}{N_\varphi} - 2c' \frac{1}{\sqrt{N_\varphi}} - 2(u_a - u_w)\tan\varphi^b \frac{1}{\sqrt{N_\varphi}} \tag{29.3}$$

式中，$1/N_\varphi = k_a = \tan^2(45 - \varphi'/2)$，由图 29.15，实测基质吸力的初值在各点均在 300kPa 以上。因此，在采用式（29.3）计算时基质吸力取 300kPa，c'、φ^b 采用室内三轴的结果，φ' 可取为 22.82°。

由实测可知，最大土压力的出现位置在坡高的 1/3 处（从最下面的测点算起，量测土压力的坡高 13.5m）；朗肯理论的计算值［式（29.2）］远大于实测值，采用非饱和土公式（29.3）计算时，在 11.24m 以上为裂缝，故不存在土压力；在 11.24m 以下时，土压力值大于实测，这是因公式（29.3）没能考虑黄土结构性的影响。可见，土压力的大小不仅受吸力的影响，还与非饱和黄土的结构性有很大关系。在坡顶沿至 1/3 坡高以上，实测浸水前后的土压力与朗肯土压力的分布有一定的相似性。但在坡底至 1/3 坡高处二者分布不同，朗肯值计算值一直在线性增大，而实测值开始内敛，再次反映出原状黄土结构性的影响。

图 29.20 中绘出由浸水后的土压力曲线，与朗肯理论计算值进行了对比。从该图可知，即是在浸水状态，实测土压力也远小于朗肯理论计算结果。

浸水导致了土坡含水率的增加，浸水坑区域内土饱和度提高，相应的强度降低，对边坡的稳定性产生了影响，最终导致边坡的滑塌，这反映在实测土压力的增大。由图 29.20 可以看出，由于浸水的原因，土压力增加较大，是边坡产生破坏的直接原因。在剪出口位置上，亦即边坡的 1/3 高处土压力高达 30.8kPa。

29.6　本章小结

（1）在天然含水率状态下，对非饱和 Q_3 黄土边坡开挖过程中，边坡位移量较小；坡面没有肉眼可见裂缝；原状黄土边坡的土压力随着土坡开挖深度的增加而不断增大，但土压力的数值很小，至开挖完毕仍远小于朗肯公式的计算值；边坡开挖结束后的土压力分布大致呈中间大、两端小的三角形，最大土压力位置在大约坡高的 1/3 位置处。

（2）在浸水条件下至边坡破坏前的过程中，边坡位移量不断增大，至破坏前达到 1.1cm，水平位移与工程经验的警戒值相当；裂缝随浸水时间开展，破坏前裂缝明显可见，宽度约为 3mm；在浸水初期，吸力减小较快，但减小速度随着浸水时间迅速降低；边坡土压力随浸水时间增大，至边坡破坏前仍小于朗肯公式计算值，浸水是边坡产生破坏的直接原因；土压力的分布及最大值位置没有变化。

（3）原状黄土具有很强的结构性，是导致其土压力与朗肯理论计算结果相差较大的原因之一。

（4）原状非饱和 Q_3 黄土黏聚力随吸力的增加而增大，可用线性关系描述；有效内摩擦角与吸力的关系是非线性的，这一结果与重塑黄土的强度特性是大不相同的。

（5）本章从自然现象得到启示，进而开展现场土压力测试研究，证实了原状黄土的土压力很小的猜想，揭示了自然规律，体现了"实践出真知"的哲理。应当指出，从图 29.8 可见，固定拉筋的锚定钢板面积远小于开挖面积，量测的拉筋受力与实际挡土结构背面所受的土压力并不完全相同，故本章研究的土压力可称之为"潜在土压力"。对原状黄土的土压力尚需进一步研究。

参考文献

［1］　刘祖典. 黄土力学与工程［M］. 西安：陕西科技出版社，1996.

［2］　陈正汉，孙树国，方祥位，等. 非饱和土与特殊土研究的最新进展［C］//膨胀土处治理论、技术与实践——全国膨胀土学术研讨会文集. 北京：人民交通出版社，2004：36-49.

［3］　FREDLUND. D G, RAHADJOH. 非饱和土土力学［M］. 陈仲颐，张在明，译. 北京：中国建筑工业出版社，1997.

［4］　王家鼎. 典型高速黄土滑坡群的系统工程地质研究［M］. 成都：四川科学技术出版社，1999.

［5］　吴克彬. 对深基坑悬臂式支护结构计算方法的新探讨［C］//湿陷性黄土研究与工程. 北京：中国建筑工业出版社，2001：428-430.

［6］　张浩，杨琦. 土钉支护技术在黄土场地深基坑工程中的应用［C］//湿陷性黄土研究与工程. 北京：中国建筑工业出版社，2001：419-427.

［7］　中华人民共和国建设部. 建筑边坡支护技术规范：GB 50330—2002［S］. 北京：中国建筑工业出版社，2002.

［8］　中华人民共和国建设部. 建筑基坑支护技术规范：JGJ120—1999［S］. 北京：中国建筑工业出版社，1999.

［9］　姜晨光，贺勇，刘波，等. 基坑开挖坑壁土压力原位监测与分析［J］. 岩土工程学报，2006，28（S）：1874-1876.

［10］　王钊，骆以道，肖衡. 运城黄土吸力特性的试验研究［J］. 岩土力学，2002，23（1）：51-54.

［11］　余志成，施文华. 深基坑支护设计与施工［M］. 北京：中国建筑工业出版社，1997.

［12］　张颖钧. 裂土挡墙土压力分布探讨［J］. 中国铁道科学，1993，14（2）：91-99.

［13］ 张颖钧. 挡墙后裂土膨胀压力分布与设计计算方法［J］. 铁道学报，1995，17（1）：93-101.

［14］ 张颖钧. 裂土挡土墙土压力分布、实测和对比计算［J］. 大坝观测与土工测试，1995，19（1）：20-26.

［15］ 张颖钧. 裂土挡土墙模型试验缓冲层设置的研究［J］. 岩土工程学报，1995，17（1）：38-45.

［16］ 李加贵，陈正汉，黄雪峰，等. 原状非饱和 Q_3 黄土的土压力原位测试和强度特性研究［J］. 岩土力学，2010，31（2）：433-440.

［17］ 徐捷，王钊，李未显. 非饱和土的吸力量测技术［J］. 岩石力学与工程学报，2000，19（S）：905-909.

［18］ 陈正汉. 重塑非饱和黄土的变形、强度、屈服和水量变化特性［J］. 岩土工程学报，1999，21（1）：82-90.

第 30 章　衰减荷载作用下饱和软土的固结分析

本章提要

在填海软土堆载预压固结过程中荷载随土体沉降而衰减，相应的固结问题属于大变形和动边界问题，是长期困扰数学界且迄今没有解决的数学难题。提出采用指数型的荷载衰减规律求解大变形固结问题，根据大量实测地基沉降资料采用反分析方法和统计方法确定荷载衰减规律中的参数，不仅克服了数学上的困难，而且大大简化了分析计算；应用 3 种理论计算深圳蛇口集装箱码头二期地基处理工程中的 6 块地基的沉降，通过与实测资料比较分析，说明考虑荷载衰减的大变形固结理论较小变形固结理论更符合软土地基堆载预压沉降的实际。

30.1　填海软土堆载预压固结的大变形-动边界问题

我国沿海地区人口稠密，人均耕地面积甚少，随着改革开放的不断深化，沿海地区建设规模迅速扩大，建设用地越来越紧张。要解决此矛盾，唯一的出路是向海要地，即"围海造地"，依靠填海挤淤形成陆域。近年来围海造陆工程发展很快，截至 2000 年，我国的沿海造陆面积已达 7000 多平方公里[1]，相当 11 个新加坡或一个上海市的面积。围海造陆形成的地基构造复杂，大多由饱和软土组成，工程性质很差，与海滨湖滨及沿江地区的许多地基一样，都属于软弱地基，需经人工处理才能使用。堆载预压就是普遍采用的处理饱和软土地基的有效方法之一，其设计计算的依据是传统的饱和土固结理论。

传统的固结理论在应用到软土地基时有两个问题。一是引用了小变形假设，确定边界条件和计算固结变形时以土层沉降前的厚度为基准，并假定在固结过程中渗透系数、压缩系数等土性参数保持不变；而围海造陆形成的软土地基的固结沉降属于大变形，沉降甚至可达原厚度的 80% 以上，边界条件和土性参数在固结过程中都要发生变化。二是传统固结理论通常假定堆载引起的附加应力为常数，不随固结沉降而变化；而在软土地区的地下水位很浅，采用堆载预压加固软土地基时，随着地基发生固结沉降，原来位于地下水位以上的部分堆载沉入水下，浸没水中，使得荷载逐渐衰减，这势必影响沉降量的计算，对于大变形固结问题更是不能忽略。**问题的难点在于如何确定荷载的变化规律及固结完成时荷载的终值（即固结完成后的地面位置），它们与沉降量互相制约，都是问题求解的一部分，不能事先给定，因而是一个动边界问题。如同水坝的浸润线，其位置不能预先给定，是求解的一部分，也是数学家长期无法解决的难题。**

针对上述问题，国内外学者已做了许多研究，Gibson 等人[2,3]提出并发展了一维大变形固结理论，可用于常荷载固结和自重固结计算；Baligh[4]则提出了考虑荷载浸没作用对沉降影响的一维小变形固结理论，但其数学模型以积分方程表达，应用不便。谢康和等[5]以 Gibson 的一维大变形固结理论为基础，得到了在固结过程中荷载随时间线性增加到某一确定值的理论解答。

本章以深圳蛇口集装箱码头二期地基处理工程（围海造陆形成的复杂地基）为依托，研究衰减荷载作用下软土的一维固结问题。

30.2 工程概况与现场监测简介

深圳蛇口集装箱码头二期地基处理工程（简称 SCT2）位于深圳湾畔的蛇口港湾大道三突堤南端与一期现 1 号、2 号泊位连接，工程范围为 252346m²，分为 A 区（含 A1、A2 和 A3 区），B 区、C 区、D 区、E 区、F 区和 G 区（含 G1 和 G2 区）和 H 区等 8 个区域（图 30.1）。该地基处理地段处于深圳湾内的蛇口湾的边滩前沿部分，水下地形较平坦。陆域岸线长约 1.2km，系人工抛填石堤，堤岸后方陆域为人工堆填区，堆填料主要为抛石、块石、砂性土或黏土及开山石料，结构杂乱，力学性质差异大，陆域地表较为平坦，高程为 +4.0～+5.0m。

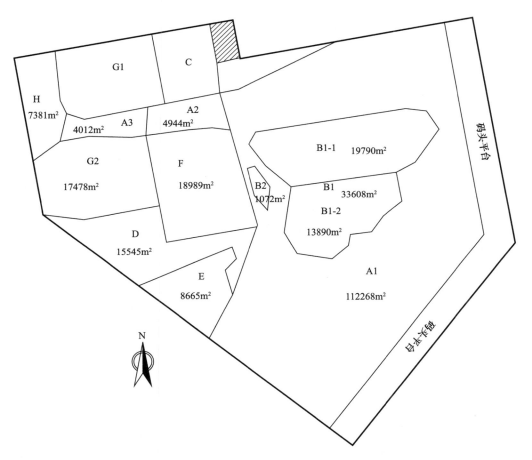

图 30.1 深圳蛇口集装箱码头二期地基处理工程分区图

陆域的下部地基为蛇口半岛台地前沿海湾斜坡海积平原地貌，其上覆土层为第四系全新统至晚更新统碎屑建造，主要为淤泥类土、砂类土或黏性土及花岗岩全风化层。淤泥层为软基加固主要土层，厚度 0.5～19.9m。各区的淤泥埋深不一致，淤泥底面平均埋深分别为：B 区—20m、C 区—21m、D 区—22m、E 区—21m、F 区—19m、G 区—24m。基底为燕山期细粒花岗岩下伏基岩为奥岩系片岩。各区覆盖层和软土层的厚度如表 30.1 所示。

深部黏性土层组包括：淤泥、淤泥质黏土、粉质黏土。对深部黏性各土层进行了室内常规试验、三轴不排水剪切、前期固结压力、标贯、静探、十字板剪切测试等，所得物性指标和力学指标如表 30.2 所示。

各区覆盖层、软土层厚度一览表　　　　　　　　　　　　　　　　表 30.1

区号		A1	B1	C	D	E	F	G1	G2	H
覆盖层	最大（m）	21.50	18.21	11.60	20.50	16.10	18.20	13.70	21.30	19.58
	最小（m）	14.76	4.40	3.00	9.40	9.50	1.60	3.40	4.90	18.00
	平均（m）	18.41	10.40	7.63	12.33	12.10	5.19	7.61	11.96	18.79
淤泥	最大（m）	7.80	13.85	19.30	10.80	11.50	16.40	19.90	18.20	2.00
	最小（m）	0.50	0.50	6.00	2.20	5.90	2.30	3.50	5.10	0.92
	平均（m）	3.11	7.81	11.73	7.58	9.00	12.81	13.59	11.16	1.46

深部黏性土层组的物理力学性质　　　　　　　　　　　　　　　　表 30.2

层次	土名	含水率 w	天然密度 ρ	孔隙比 e	液限 w_L	塑性指数 I_P	液性指数 I_L	压缩系数 a_{v1-2}	固快 摩擦角 φ	固快 黏聚力 c	地基承载力 $[R]$
		%	g/cm³		%	%		MPa⁻¹	°	kPa	kPa
1	黏土	47.2	1.732	1.33	51.14	23.18	0.83	0.55	16.35	19.5	70
2	淤泥质黏土	56.4	1.66	1.58	54.8	25.15	1.08	1.45			55
3	淤泥	66.7	1.583	1.89	61.78	28.9	1.18	1.59	13.8	18.3	35

　　鉴于该区的地质情况复杂，各土层厚度分布极不均匀。有的区域形成了 12～20m 厚松散的回填土/石层，而有的区域则有近 13m 的淤泥，故应根据地基条件成因和陆域的形成方法不同，对陆域进行区域划分和分类，并采取不同的地基加固措施。该工程的地基加固范围内共分 A～H8 个区域，并按照区域地基特点（详见文献［6］）提出不同的地基加固设计方案。对 B 区、C 区、D 区、E 区、F 区和 G 区 6 个区采取施插塑料排水板、堆载预压、强夯加固处理；对 A 区和 H 区采取大能量（5000kJ）强夯法加固处理。

　　对于采用塑料排水板预压法处理的 6 块地段，场地清理整平并清除表层 1.0m 厚的素填土层后，然后回填 1.0m 厚的中粗砂垫层为水平排水通道。采用塑料排水板设置竖向排水通道，排水板呈梅花形布置，间距 1.0m。要求塑料板穿透淤泥类土层并进入下卧黏土层 1.0m。塑料排水板的平均长度为 19m。

　　设计采用的堆载预压的总荷载为 120～135kPa（包括堆场使用荷载 60kPa 和因预压沉降使预压后地表低于设计地面高程而回填的土重及超载）。采用开山（土）石作为堆载材料，土石比例宜为 3：7，石料的最大粒径 $d \leqslant 30cm$。加载时应以较小厚度（1.5～2.0m）逐层累加至设计高程。铺设过程中堆载料的临时堆高不得大于 3.0m。堆载强度按 5000～7000m³/d 进行，其中稳载预压时间不少于 180d，要求固结度达 90% 以上时方可卸载，卸载后对上部的中粗砂及素填土进行强夯加固。

　　打设完塑料排水板后，插板区的软基加固先采用堆载预压排水固结法，预压荷载分级进行，为了能够使从理论上求得的控制加荷速率通过现场测试加以控制，采取对地面沉降、分层沉降、孔隙水压力、边桩位移等的观测和荷载板试验监测以及钻探、物探、密实度测试等手段来控制施工期的地基稳定性和检验加固效果。其目的是通过各阶段实测数据得到地基沉降变形规律，同时了解地基土的固结特性，推算地基实际的固结度和固结系数，与设计值作比较，便于及时修正设计值，正确指导现场施工，较为准确地估算沉降量和力学特性。

　　监测内容包括 6 个方面：地面沉降、分层沉降、孔隙水压力、边桩位移、地下水位和压实度。

　　各试验区域的监测时间为：B1-1 区从 2002 年 3 月 22 日～2002 年 10 月 15 日，共 207d；B1-2 区从 2002 年 3 月 2 日～2002 年 10 月 8 日，共 220 天；F 区 2002 年 3 月 22 日～2003 年 1 月 7 日，共 291d；C 区 2002 年 7 月 1 日～2003 年 3 月 4 日，共 246d。各项监测项目同时进行。监测仪器平面布置如图 30.2 所示，仪器埋设以 F 区为例见监测仪器埋设剖面图 30.3。

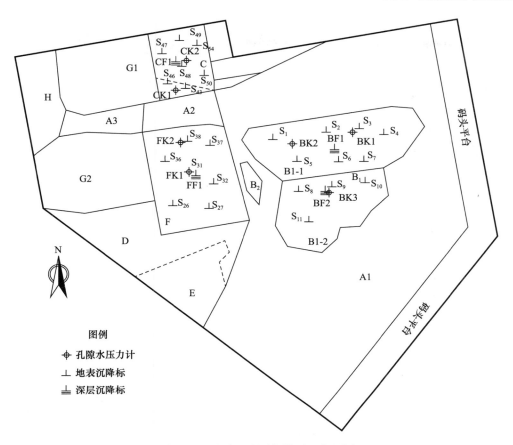

图 30.2　试验区监测仪器平面布置图

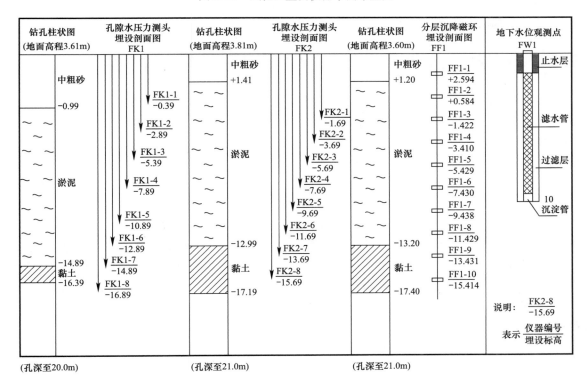

图 30.3　F 区仪器埋设剖面图

30.3　变荷载作用下饱和软土一维小变形固结理论的数学模型

利用土体变形-水流的连续条件，可以推得饱和软土一维小变形固结的控制方程[6]：

$$\frac{\partial u}{\partial t} = c_{\mathrm{v}} \frac{\partial^2 u}{\partial z^2} + f(t) \tag{30.1}$$

式中，z 是竖向坐标；u 是孔隙水压力；$c_{\mathrm{v}} = \dfrac{k\ (1+e)}{\gamma_{\mathrm{w}} a}$ 是固结系数；k 是小变形竖向渗透系数；a 是小变形压缩系数；γ_{w} 是水的重度；e 是孔隙比；$f(t) = \dfrac{\mathrm{d}q}{\mathrm{d}t}$，$q$ 是变化荷载，可随时间增减，式（30.1）是非齐次二阶偏微分方程；当 q 为常数时，$f(t)$ 消失，式（30.1）就退化为 Terzaghi 理论的控制方程。

设固结土层的厚度为 H，地基顶面透水，底面不透水，则边界条件和初始条件分别为

$$u(0,t) = 0 \qquad \frac{\partial u}{\partial z}(H,t) = 0 \tag{30.2}$$

$$u(z,0) = q_0 \tag{30.3}$$

采用 Laplace 变换与有限 Fourier 变换（或分离变量法）可以解得[6]

$$u(z,t) = \sum_{m=1}^{\infty} \frac{2}{M} \sin\left(\frac{M}{H}z\right) \exp\left[-\frac{M^2 c_{\mathrm{v}}}{H^2} t\right] \cdot \left\{ \int_0^t f(\tau) \exp\left[\frac{M^2 c_{\mathrm{v}}}{H^2}\tau\right] \mathrm{d}\tau + q_0 \right\} \tag{30.4}$$

式中，$M = \dfrac{(2m-1)\pi}{2}$，m 为自然数。进而，利用有效应力原理可得地基固结沉降

$$S(z,t) = \int_0^H \frac{\sigma'}{E_{\mathrm{s}}} \mathrm{d}z = \frac{1}{E_{\mathrm{s}}} \int_0^H (q-u)\mathrm{d}z = \frac{q(t)}{E_{\mathrm{s}}} H - \frac{1}{E_{\mathrm{s}}} \int_0^H u(z,t)\mathrm{d}z \tag{30.5}$$

可见，只要知道 $f(t)$ 的变化规律，就可以从式（30.4）、式（30.5）求出地基中任一点在固结过程中任一时刻的孔压和固结沉降。

30.4　变荷载作用下饱和软土一维大变形固结理论的数学模型

图 30.4 所示是一厚度为 H 的饱和软土地基，其顶面透水，而底面不透水，水位在软土层顶面以上 H_{w} 处，地表有大面积均布荷载 q 作用（堆载高度为 h）。对大变形问题，采用拉格朗日坐标，以 a 为坐标变量，其方向竖直向下为正，坐标原点选在固结前地表处。固结前荷载的初值记为 q_0。

$$q_0 = \gamma(h - H_{\mathrm{w}}) + \gamma' H_{\mathrm{w}} \tag{30.6}$$

固结期间荷载 q 的值记为 $q(t)$。

$$q(t) = q_0 - (\gamma - \gamma') S(t) \tag{30.7}$$

式中，γ 和 γ' 分别为填土的天然重度和浮重度；$S(t)$ 为固结开始后 t 时刻地表的沉降量。**式（30.7）反映了地下水的浸没作用对荷载的减少，荷载 q 与固结沉降 S 是时间 t 的函数，二者相互制约，使研究对象成为动边界问题。**

谢康和建立了变荷载作用下软土一维大变形固结模型[5]，他假设土体在固结中压缩性和渗透性的非线性变化遵循以下两式：

$$-\frac{1}{1+e} \frac{\mathrm{d}e}{\mathrm{d}\sigma'} = m_{\mathrm{vl}} = \text{Constant} \tag{30.8}$$

$$k_{\mathrm{v}} = k_{\mathrm{v0}} \frac{(1+e)^2}{(1+e_0)^2} \tag{30.9}$$

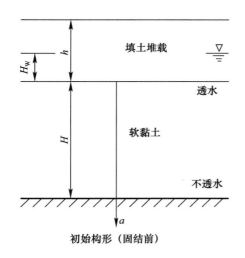 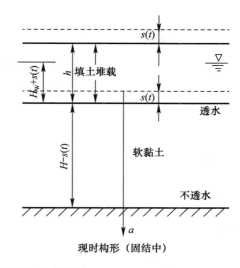

图 30.4 一维大变形固结问题的分析简图

式中，m_{vl} 为土体一维大变形体积压缩系数；e_0 为初始孔隙比；k_v 为土体一维大变形竖向渗透系数；k_{v0} 为初始渗透系数。利用竖向平衡方程、有效应力原理、达西定律和连续方程，可以得出拉格朗日坐标下饱和土体的一维大应变固结控制方程：

$$c_{v0}\left[\frac{\partial^2 u}{\partial a^2}+m_{vl}\left(\frac{\partial u}{\partial a}\right)^2\right]=\frac{\partial u}{\partial t}-f(t) \tag{30.10}$$

式中，$c_{v0}=\dfrac{k_{v0}}{m_{vl}\gamma_w}$ 为土体初始固结系数，对小变形问题，固结系数在固结过程中保持不变，$c_v=c_{v0}$；$f\ (t)=\dfrac{\mathrm{d}q}{\mathrm{d}t}$，意义同前。与式（30.1）相比，式（30.10）多出了一个非线性项（左端第二项）。

控制方程（30.10）的求解条件为

$$u(0,t)=0 \qquad \frac{\partial u}{\partial a}(H,t)=0 \tag{30.11}$$

$$u(a,0)=q_0 \tag{30.12}$$

为求解式（30.10），谢康和引用如下变换：

$$\omega=\omega(a,t)=\exp(m_{vl}u)-1 \tag{30.13}$$

从而控制方程及相应的求解条件变为

$$c_{v0}\frac{\partial^2\omega}{\partial a^2}-\frac{\partial\omega}{\partial t}+(1+\omega)f_1(t)=0 \tag{30.14}$$

$$\left.\begin{array}{l}\omega(0,t)=0\\[6pt]\dfrac{\partial\omega}{\partial a}(H,t)=0\\[6pt]\omega(a,0)=\exp(m_{vl}q_0)-1\end{array}\right\} \tag{30.15}$$

式中，$f_1\ (t)=m_{vl}\dfrac{\mathrm{d}q}{\mathrm{d}t}$。

采用分离变量法解得

$$\omega(a,t)=\sum_{m=1}^{\infty}\frac{2}{M}\sin\left(\frac{M}{H}a\right)\exp\left[-\int_0^t g_m(\tau)\mathrm{d}\tau\right]\cdot$$

$$\left\{\int_0^t f_1(\tau)\exp\left[\int_0^\tau g_m(a)\mathrm{d}a\right]\mathrm{d}\tau+\exp(m_{vl}q_0)-1\right\} \tag{30.16}$$

式中，
$$g_m(t) = \frac{M^2 c_{v0}}{H^2} - f(t) \tag{30.17}$$

进而得孔压
$$u = \frac{1}{m_{vl}} \ln(1 + \omega) \tag{30.18}$$

沉降为
$$S(a,t) = \int_a^H \{1 - \exp[-m_{vl}q(t)] \cdot \exp(m_{vl}u)\} \mathrm{d}a$$

$$= (H - a)\{1 - \exp[-m_{vl}q(t)]\} - H\exp[-m_{vl}q(t)] \sum_{m=1}^{\infty} \frac{2}{M^2} \cos\left(\frac{Ma}{H}\right) \cdot$$

$$\exp\left[-\int_0^t g_m(\tau)\mathrm{d}\tau\right] \cdot \left\{\int_0^t f_1(\tau) \exp\left[\int_0^\tau g_m(\alpha)\mathrm{d}\alpha\right]\mathrm{d}\tau + \exp(m_{vl}q_0) - 1\right\} \tag{30.19}$$

进一步得到土层顶面沉降为

$$S(0,t) = H\{1 - \exp[-m_{vl}q(t)]\} - H\exp[-m_{vl}q(t)] \cdot \sum_{m=1}^{\infty} \frac{2}{M^2} \exp\left[-\int_0^t g_m(\tau)\mathrm{d}\tau\right] \cdot$$

$$\left\{\int_0^t f_1(\tau) \exp\left[\int_0^\tau g_m(\alpha)\mathrm{d}\alpha\right]\mathrm{d}\tau + \exp(m_{vl}q_0) - 1\right\} \tag{30.20}$$

故只要知道了 $f_1(t)$，就可由式（30.20）得出大变形条件下的地基固结沉降。

30.5　荷载衰减规律

对小变形问题，从式（30.4）、式（30.5）和式（30.7）可知，地基固结量与荷载变化互相制约，只能通过迭代求解，但求解过程繁复；对大变形问题，从式（30.16）～式（30.20）和式（30.7）知存在同样的困难，故须另辟蹊径。如若能知道荷载随固结时间的变化规律，则问题可迎刃而解。

由地基固结度的表达式可知，固结沉降随时间按指数函数规律增加，故可假设荷载随时间按指数函数规律衰减，可表达为[7]

$$q = q(t) = A + Be^{-Ct} \tag{30.21}$$

式中，A、B、C 为待定常数。显见，$A + B = q_0$；当固结完成时 $q(\infty) = A$。这三个常数可由具体研究地基的实测沉降资料确定。

以围海造陆形成的深圳蛇口集装箱码头二期工程地基为例，通过对该工程地基中 6 个试验区（图 30.1 的 B 区、C 区、D 区、E 区、F 区和 G 区）的 43 个测点的 378 组数据进行统计分析（详见文献［6］的附录），发现 A 值跟初始荷载、压缩系数和软土层厚度的相关性较高，可表达为[6]：

$$A = 9.216343 + 0.958876q_0/p_{atm} - 8.17879m_v \cdot p_{atm} - 0.86234H \tag{30.22}$$

式中，p_{atm} 是大气压；H 是以 m 为单位的软土层厚度，只取数值；m_v 是通常的体积压缩系数。6 个试验区的 A 值见表 30.3，可见地下水的浸没作用使堆载减小了 $4.2\% \sim 11.5\%$，其对沉降的影响较大。从式（30.22）可见，土的压缩性和软土层厚度越大，对 A 值影响愈大。C 值变化不大，一般在 $0.012 \sim 0.016$ 范围内，可取为常数。从式（30.21）易得

$$f(t) = \frac{\mathrm{d}q}{\mathrm{d}t} = -BC\exp(-Ct) \tag{30.23}$$

$$f_1(t) = m_{vl}\frac{\mathrm{d}q}{\mathrm{d}t} = m_{vl}[-BC\exp(-Ct)] \tag{30.24}$$

深圳蛇口集装箱码头二期工程地基各试验区的荷载、体积压缩系数、土层厚度及常数 A　　表 30.3

区号	q_0 (kPa)	H (m)	m_v (MPa^{-1})	A	A/q_0
F 区	153.486	15.25	0.812	135.887	0.885
C 区	156.600	15.15	0.659	144.406	0.922

区号	q_0 (kPa)	H (m)	m_v (MPa^{-1})	A	A/q_0
G1 区	142.200	12.40	0.589	131.212	0.923
G2 区	149.400	10.05	0.688	141.041	0.944
B$_{1-1}$ 区	135.000	6.00	0.508	129.368	0.958
B$_{1-2}$ 区	135.000	5.70	0.550	128.053	0.949

30.6 地基的最终固结沉降量

把式（30.23）和式（30.24）分别代入式（30.5）和式（30.20），经过繁杂的运算，可得地基中任一点在任意时刻的沉降和地表沉降。

按小变形理论计算得

$$S(z,t) = \frac{q(t)}{E_s}H - \frac{1}{E_s}\int_0^H u(z,t)\mathrm{d}z$$

$$= \frac{H}{E_s}[A + B\exp(-Ct)] - \frac{H}{E_s}\sum_{m=1}^{\infty}\frac{2}{M^2}\cos\left(\frac{M}{H}z\right)\exp[-M^2T_v]\cdot$$

$$\left\{\frac{BCH^2}{CH^2 - M^2c_v}\{\exp(-M^2T_v - Ct) - 1\} + q_0\right\} \tag{30.25}$$

$$S(z=0,t) = \frac{H}{E_s}[A + B\exp(-Ct)] - \frac{H}{E_s}\sum_{m=1}^{\infty}\frac{2}{M^2}\exp[-M^2T_v]\cdot$$

$$\left\{\frac{BCH^2}{CH^2 - M^2c_v}\{\exp(-M^2T_v - Ct) - 1\} + q_0\right\} \tag{30.26}$$

按大变形理论计算得[7]

$$S(a,t) = (H-A)\{1 - \exp[-m_{vl}(A + B\exp(-Ct))]\}$$

$$- H\exp[-m_{vl}(A + B\exp(-Ct))]\cdot$$

$$\sum_{m=1}^{\infty}\frac{2}{M^2}\cos\left(\frac{MA}{H}\right)\cdot\exp\{-[M^2T_v - m_{vl}B\exp(-Ct) + 2m_{vl}B]\}\cdot$$

$$\{\exp(M^2T_v - m_{vl}B\exp(-Ct)) - \frac{M^2c_{v0}}{H^2\cdot m_{vl}BC}\cdot\exp\left(\frac{M^2c_{v0}}{H^2}\right)\cdot$$

$$\{\exp[-m_{vl}B\cdot\exp(-Ct)] - \exp(-m_{vl}B)\}\} \tag{30.27}$$

$$S(a=0,t) = H\cdot\{1 - \exp[-m_{vl}(A + B\exp(-Ct))]\}$$

$$- H\cdot\exp[-m_{vl}(A + B\exp(-Ct))]\cdot$$

$$\sum_{m=1}^{\infty}\frac{2}{M^2}\cdot\exp\{-[M^2T_v - m_{vl}B\exp(-Ct) + 2m_{vl}B]\}\cdot$$

$$\{\exp(M^2T_v - m_{vl}B\exp(-Ct)) - \frac{M^2c_{v0}}{H^2\cdot m_{vl}BC}\cdot\exp\left(\frac{M^2c_{v0}}{H^2}\right)\cdot$$

$$\{\exp[-m_{vl}B\cdot\exp(-Ct)] - \exp(-m_{vl}B)\}\} \tag{30.28}$$

在式（30.26）和式（30.27）中令 $t\to\infty$，便得地基的最终固结沉降量。

对考虑荷载衰减的小变形问题

$$S(z=0,\infty) = \frac{H}{E_s}A \tag{30.29}$$

若不考虑地下水浸没作用（即常规方法），则 $A=q_0$，因此

$$S(z=0,\infty) = \frac{H}{E_\mathrm{s}} q_0 \tag{30.30}$$

对考虑荷载衰减的大变形问题

$$S(a=0,\infty) = H \cdot [1 - \exp(-Am_\mathrm{vl})] \tag{30.31}$$

30.7　工程实例分析

深圳蛇口集装箱码头二期地基处理工程是对围海造陆形成的复杂地基进行加固处理，根据地质情况将整个处理区分为 8 个试验区，其中对以淤泥为主的区域（B 区、C 区、D 区、E 区、F 区和 G 区）采用堆载预压排水固结法进行地基处理，总面积为 18989m²。首先进行开挖，然后回填 1m 砂垫层，再打设塑料排水板。排水板布置呈正三角形，间距 1m，平均打设深度为 20m。以开山石为堆载填料，其湿重度 $\gamma=18\mathrm{kN/m^2}$，浮重度 $\gamma'=11\mathrm{kN/m^2}$。本章以其中的 B1-1、B1-2、C、F、G1、G2 等 6 个区域为例进行计算分析，各区土的压缩模量分别是 2.03MPa、1.81MPa、1.87MPa、1.78MPa、1.74MPa、1.89MPa，其余土性参数如表 30.2 所示。

本章采用三种理论模型进行计算以分析地下水浸没作用对沉降的影响[6,7]，即

（1）不考虑地下水浸没对荷载的衰减作用，按小变形固结理论公式（30.30）计算；

（2）考虑地下水浸没对荷载的衰减作用，按小变形固结理论公式（30.29）计算；

（3）考虑地下水浸没对荷载的衰减作用，按大变形固结理论的公式（30.31）计算；

B1-1、B1-2、C、F、G1、G2 六区起始预压荷载分别为 135.0kPa、135.0kPa、149.4kPa、153.5kPa、156.6kPa、142.2kPa，淤泥层厚度分别为 6.0m、5.7m、15.15m、15.25m、12.4m、10.05m。

固结度为 90% 时的计算结果如表 30.4 所示。由此表可见，考虑地下水浸没作用的大、小变形固结理论计算的地基固结沉降量小于常规方法的计算结果，且按大变形固结理论计算的结果要小于按小变形固结理论计算的结果。常规方法计算值与实测值的相对误差为 8.73% ～ 21.71%；考虑荷载衰减的小变形固结理论方法计算值与实测值的相对误差为 3.58% ～ 13.22%；而考虑荷载衰减的大变形固结理论方法计算值与实测值的相对误差为 0.13% ～ 9.14%，6 块场地中有 5 块的计算沉降值与实测值非常接近（相对误差小于 1.6%），说明考虑荷载衰减的大变形固结理论较小变形固结理论更适合软土地基沉降的计算。

各种工况计算结果比较　　　　　　　　　　　　　　　　　　表 30.4

区号	实测沉降 (m)	情况 1		情况 2		情况 3	
		沉降（m）	相对误差（%）	沉降（m）	相对误差（%）	沉降（m）	相对误差（%）
F	1.515	1.840	17.643	1.626	6.80	1.539	1.57
C	1.014	1.295	21.706	1.169	13.22	1.116	9.14
G1	1.396	1.653	15.560	1.464	4.64	1.399	0.21
G2	0.885	1.010	12.384	0.918	3.58	0.884	0.13
B1-1	0.338	0.370	8.731	0.355	4.75	0.343	1.58
B1-2	0.347	0.381	8.901	0.365	4.86	0.352	1.44

注：表中实测及计算的固结沉降量均是固结度为 90% 时的值。

30.8　本章小结

（1）采用堆载预压处理饱和软土地基时，地下水的浸没对荷载有显著衰减作用，计算固结

沉降时应当考虑其影响。

（2）在软土堆载预压固结过程中荷载随土体沉降而衰减，相应的固结问题属于大变形和动边界问题。

（3）提出了一个指数型荷载衰减规律，根据大量实测地基沉降资料采用反分析方法和统计方法确定了荷载衰减规律中的参数，不仅克服了数学上的困难，而且大大简化了分析计算，有较大实用价值。

（4）用3种理论模型计算深圳蛇口集装箱码头二期地基处理工程中的6块地基的沉降，通过与实测资料比较分析，说明考虑荷载衰减的大变形固结理论较小变形固结理论更符合软土地基堆载预压沉降的实际，采用传统固结理论计算的结果高估了地基沉降，误差可高达21.7%，由此将提高涉及填筑预留高度，增加工程投资。

参考文献

[1] 陈吉余. 开发浅滩涂资源拓展我国的生存空间 [J]. 中国工程科学. 2000, 2 (3)：27-31.

[2] GIBSON R E, et al. The theory of one dimensional consolidation of saturated clays，Ⅰ：Finite non-linear consolidation of thin homongeneous layers [J]. Geotechnique. 1967, 17 (2)：261-273.

[3] GIBSON R E, SCHIFFMAN R L. CARGILL K W. The theory of one dimensional soil consolidation of saturated clays，Ⅱ：Finite non-linear consolidation of thick homogeneous layers [J]. Canadian Geote-chnical Journal. 1981, 18 (2)：280-293.

[4] BALIGH M M, FULEIHAN A F. Consolidation theory with stress reduction due to settlement [J]. Journal of Geotechnical Engineering. ASCE. 1978, 104 (GT5)：519-534.

[5] 谢康和，郑辉，LEO C J. 变荷载下饱和软黏土一维大应变固结解析理论 [J]. 水利学报. 2003 (10)：6-13.

[6] 李婉. 围海造陆工程软基处理方法、变形理论与施工工艺研究 [D]. 重庆：后勤工程学院，2005.

[7] 李婉，陈正汉，董志良. 考虑地下水浸没作用的固结沉降计算方法 [J]. 岩土力学，2007，23 (10)：2173-2177.

第 31 章 复杂地基的地震反应分析

本章提要

　　厦门市地基土类多，土层构造复杂，在对地质断裂带活动性调查评估和对地基土进行系统的静、动力学试验、模型试验的基础上，对 4 个典型地基剖面做了详细的数值分析研究，并将其计算结果与国家抗震规范的评判结果相比较，为厦门市的地基抗震提出了具体建议。

31.1　地基概况

　　近年来地震活动频繁，1999 年 9 月中国台湾南投 7.6 级地震、2008 年 5 月中国汶川 8 级地震、2011 年日本福岛 9 级地震、2021 年 8 月 14 日海地 7.3 级地震等都是典型的例子，给各国人民生命财产造成了严重损失。

　　厦门市地处泉州－汕头地震带中段，被网状断裂带分割（图 31.1），历史上曾经遭受邻区强震和台湾地震带内的强震的影响而产生不同程度的破坏[1,2]；1999 年 9 月 21 日发生在台湾南投县的 7.6 级地震更使厦门人民寝食难安[3]，评估强震作用下的地基反应成为时年的当务之急。

图 31.1　厦门市及其周边的地质断裂带分布

　　厦门市位于海岛，地下水位高，地基土类多，土性差异大，地层构造复杂。在厦门建筑工程和市政工程的地基土中，主要土类是填土、淤泥和淤泥质土、砂土和残积土。例如，在环厦门岛海滨与员当湖周边的地基中大多分布有一层或两三层连续的砂土，某些典型地段的填土、淤泥、砂土的厚度可达十多米[4]。砂土不但分布广，而且大多处于松散、稍密、中密状态，位于水下。残积土一般位于地基底层，性质较好；但也有地段的表层分布着很厚的残积土，多用于围海造地的填料。如近年建成的厦门环岛路的部分路段、国际会展中心的地基都是围海填土而成的，残积土就是主要填料之一。大量震害分析表明，地基软土震陷和砂土液化是主要震害[5]。此外，新填土在自重作用下尚未完全固结，在强震时亦可能发生过量变形而影响生命线工程的正常使用。在厦门市建委的支持下，作者团队系统开展了厦门地基抗震稳定性的研究（2000 年 3 月～2003 年 12 月）。

文献 [4，6-13] 调查评估了厦门地质断裂带的活动历史及现状，收集分析了厦门 23 个高层建筑场地土性指标及大量勘察资料，并对厦门 7 类地基土的静动力学特性进行了系统试验研究（包括常规三轴试验、GDS 应力路径三轴试验、振动三轴试验、共振柱试验和振动台模型试验），为研究厦门地基的抗震问题提供了基础。本章在文献 [4，6-13] 研究的基础上，针对厦门几处典型的地质剖面进行动力反应数值分析，并结合振动台模型试验和地基抗震规范方法综合评判，为地基在地震作用下的评价和处理提供科学依据[14]。

31.2　地质剖面选择

根据厦门市地勘资料和区域的重要性，课题组确定了 8 条湖滨海滨地质剖面[4]（图 31.2），相应的地质剖面位置及其编号、长度如下：

1-1′ 地质剖面：位于员当湖南岸（湖滨南路以北），长 1525.51m；

2-2′ 地质剖面：位于市府大道西侧，长 579.04m；

3-3′ 地质剖面：位于石胃头金利广场—海上排放管，长 739.36m；

4-4′ 地质剖面：位于厦门国际银行—水仙码头，长 142.74m；

5-5′ 地质剖面：位于厦门象屿保税区护岸及陆域形成，长 417.35m；

6-6′ 地质剖面：位于厦门华安广场—员当湖，长 308.39m；

7-7′ 地质剖面：位于厦门演武路—环岛路，长 120.21m；

8-8′ 地质剖面：位于厦门海关业务办公楼，长 129.35m。

取其中 4 个剖面的部分典型地段作为地震反应分析研究对象，相应的地质剖面图如图 31.3 所示。各场地的特点如下：

（1）Ⅰ ZK1-16—ZK1-17，即 1-1′剖面的钻孔 ZK1-16—ZK1-17 段。地基土自上而下依次为：素填土（平均厚度 6.8m）、粗砂（平均厚度 2.94m）、淤泥（平均厚度 9.33m）、砂质黏土（厚 1－5m）、粗砂（厚约 2m）、残积砂质黏土、强风化花岗岩。该剖面的特点是：位于厦门市中心区的员当湖滨，地下水位约 1.4m；地基土成层分布，土的种类多；上部砂层埋藏浅，液化可能性大；淤泥层较厚，强震时可能会发生过量震陷；表层有约 7m 厚的填土，如无过量变形，可作为持力层。两孔相距 90m，有限元分析时计算长度取 40m（自 ZK16 起向右），计算厚度取 45m，底部为强风化花岗岩。

（2）Ⅲ ZK3-4～ZK3-5，即 3-3′剖面的钻孔 ZK3-4～ZK3-5 段。地基土从上到下依次为：填土（厚约 10m）、残积砂质黏土（厚约 17m）、强风化花岗岩。该剖面的特点是：位于环岛路；土的种类少，填土可能在地震中产生过量震陷；右侧临海，有护岸工程，在地震中可能产生较大的水平位移。填土一半在水上，一半在水下。两孔相距 176.82m，有限元分析时计算长度取 42m（自 ZK3-5 起向左），计算厚度取 26m，下部是强风化花岗岩。在计算分析时，把右侧临海护岸工程按宽度 2m 的块石处理。

图 31.2　厦门市典型地质剖面位置示意图

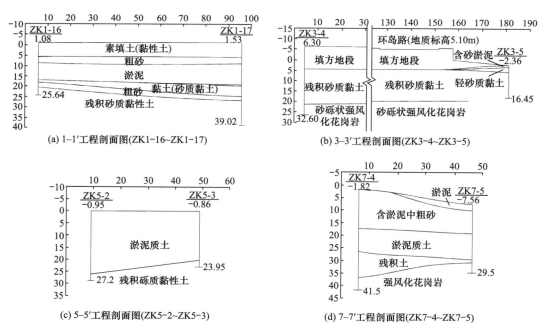

(a) 1-1'工程剖面图(ZK1-16~ZK1-17)

(b) 3-3'工程剖面图(ZK3-4~ZK3-5)

(c) 5-5'工程剖面图(ZK5-2~ZK5-3)

(d) 7-7'工程剖面图(ZK7-4~ZK7-5)

图 31.3　计算的典型工程地质剖面简图

　　（3）Ⅴ ZK5-2～ZK5-3，即 5-5′剖面的钻孔 ZK5-2～ZK5-3 段。该剖面的特点是：位于海中，计划填高利用；土类单一，主要是淤泥，淤泥位于表层，厚度大（25m）；固结沉降和震陷量可能相当大，且有可能发生剪切破坏。两孔相距 39.63m，计算长度取 40m（自 ZK5-2 起向右），计算厚度 28m，下部是残积砾质黏土。

　　（4）Ⅶ ZK7-4～ZK7-5，即 7-7′剖面的钻孔 ZK7-4～ZK7-5 段。该剖面地基土自上而下依次为：含淤泥中粗砂、淤泥质黏土、残积土、强风化花岗岩。该剖面的特点是：含淤泥中粗砂位于表层，且厚度大（约 15.5m），液化可能性大；淤泥较厚（约 9m），有可能产生较大震陷。两孔相距 40.11m，计算长度取 40m（自 ZK7-4 起向右），厚度取 35m，下部是强风化花岗岩。

31.3　动力数值分析原理

31.3.1　动力反应分析方法（包括液化分析）

　　动力反应分析就是在每个时段，用 Wilson-θ 法[15]和波前法[16]求解动力有限元方程[15]：

$$[M]\{\ddot{\delta}\}+[C]\{\dot{\delta}\}+[K]\{\delta\}=\{R(t)\} \tag{31.1}$$

式中，$[M]$、$[C]$ 和 $[K]$ 分别为总体质量矩阵、阻尼矩阵和刚度矩阵，$\{R(t)\}$ 为节点动荷向量，$\{\ddot{\delta}\}$、$\{\dot{\delta}\}$ 和 $\{\delta\}$ 分别为节点加速度、速度和位移列向量。对于平面应变问题，每个节点有两个位移分量，即水平分量和竖向分量，分别用 u_i、v_i 表示。用 x 和 z 分别代表水平方向和竖直方向的坐标，另一水平方向（y 方向）的位移为零，应变为零，但应力 σ_z 不等于零。单元刚度矩阵计算与静力 FEM 的相同，只要把材料参数换为动力条件下的相应值即可。对动力问题，因地震历时很短，可视为不排水过程，泊松比 υ 取 0.495；而杨氏模量 E 用动剪切模量 G_d 按式（31.2）计算。

$$E=2(1+\upsilon)G_d \tag{31.2}$$

阻尼矩阵 $[C]$ 用瑞利公式计算[15]

$$[C]=\alpha[M]+\beta[K] \tag{31.3}$$

式中，$\alpha=\omega\lambda$，$\beta=\lambda/\omega$，λ 是土的阻尼比，由试验确定；ω 通常取体系的主振频率 ω_1。

　　建立质量矩阵有两种方法[17,18]：协调（或一致）质量矩阵和集中质量矩阵。前者与导出刚度矩阵所依据的原理（Galerkin 法）及所采用的位移插值函数是一致的。单元集中质量矩阵假定单元的质量集中在节点上，则 $[M]^e$ 是对角阵。本章采用四边形 8 结点等参元和集中质量矩阵，其对角元素依次为

$$\frac{\rho t s^e}{36}(1,1,8,8,1,1,8,8,1,1,8,8,1,1,8,8)$$

式中，ρ，t、s^e 分别是材料密度、单元厚度（通常取一个单位长度）、单元面积，上标 e 表示单元。把围绕某一节点的各单元分配到该节点的质量求和，然后再把所有节点的质量集合，可得总质量矩阵（也是对角阵），其元素为 $m_i=\frac{t}{36}\sum_i \rho_i s_i^e m_i'$，$m_i'=1$（单元角点）或 8（单元边中点）。

　　节点动荷向量 $\{R(t)\}$ 可表达为

$$\{R(t)\}=-\{E^x\}\ddot{u}_g-\{E^z\}\ddot{v}_g \tag{31.4}$$

$\ddot{u}_g$ 和 $\ddot{v}_g$ 分别是基岩在 x 方向和 z 方向的加速度，$\{E^x\}$ 和 $\{E^z\}$ 分别为与 x 方向和 z 方向相关的质量列阵。令 m_1，m_2，$\cdots$，m_n 代表体系节点处的集中质量，n 为节点总数，则

$$\{E^x\}=\{m_1,0,m_2,0,\cdots,m_n,0\}^T \tag{31.5}$$

$$\{E^z\}=\{0,m_1,0,m_2,\cdots,0,m_n\}^T \tag{31.6}$$

孔压模型采用文献［7］由动三轴试验得出的公式，即

$$\frac{u_d}{\sigma_m} = (1 - m\alpha)\left[\sin\left(\frac{\pi}{2}\frac{N}{N_L}\right)\right]^{\theta} \tag{31.7}$$

$$\Delta u_d = \frac{\sigma_m(1 - m\alpha)\pi\theta}{2N_L}\frac{\left[\sin\left(\frac{\pi}{2}\frac{N}{N_L}\right)\right]^{\theta}}{\tan\left(\frac{\pi}{2}\frac{N}{N_L}\right)}\Delta N \tag{31.8}$$

式中，m 和 θ 是动孔压参数。

本构关系采用等效非线性模型[15]，模型中的 G 和 λ 分别按以下各式计算：

$$G_d = \frac{G_{d_{max}}}{1 + \gamma/\gamma_{\gamma}} \tag{31.9}$$

$$G_{d_{max}} = k_2\sqrt{\sigma'_m} \tag{31.10}$$

$$\lambda = \lambda_{max}(1 - G_d/G_{d_{max}}) \tag{31.11}$$

式中，G_d、γ、λ 分别为动剪切模量（$= \tau_d/\gamma_d$）、动剪应变和阻尼比；γ_{γ} 为参考剪应变（$= \tau_{max}/G_{d_{max}}$）；$G_{d_{max}}$、λ_{max}、τ_{max} 分别为最大动剪切模量、最大阻尼比、最大动剪应力；k_2 为有关最大动剪切模量的试验参数；$G_{d_{max}}$ 和 λ_{max} 由文献［4］和［13］的共振柱试验与动三轴试验得到。

31.3.2　地基永久变形计算方法

通常采用三种方法[17-19]：简化分析法、模量软化法和等效节点力法。

简化分析法类似于计算静力沉降的分层总合法，原理简单，应用方便，适用于水平饱和中砂土层震陷量的预估。但该法未考虑有建筑物时土的不排水侧胀引起的震陷及喷砂冒水引起的震陷，且对于预估非砂土层的震陷尚未见有关报道，有待研究。

等效节点力法把动荷引起的动孔压和残余剪切变形转化为作用在各个单元节点上的等效节点静力荷载，再用有效应力动力分析法计算动荷作用下土体震陷的发展过程和最终震陷量。此处"等效"是指由转化的节点静力荷载使土单元产生的偏应变和孔压与由地震往返应力作用引起的偏应变和孔压相等。该法的缺点是计算比较复杂，应用不便。

模量软化法认为土体的震陷主要是由于地震应力往返作用使土体软化模量降低造成的。土体震陷值等于土体在动荷作用前的静变形与土体扰动软化后的静变形之差。此法概念清楚，计算简便，既可用于砂土，也可用于黏土。模量软化法认为震陷是不排水剪切产生的，对建筑地基而言抓住了主要的震陷原因。

本章采用模量软化法计算地基永久变形。模量软化法的分析过程包括两次静力有限元计算。两次计算所得的沉降差即为待求的震陷量。中间还需进行动力有限元分析，以确定单元的动应力和残余应变[5,17-19]。

地震前土体静变形计算采用的模量由三轴固结排水试验的应力-应变关系曲线确定[4]。土的应力-应变关系是非线性的，通常用邓肯-张模型来表示，其中割线模量 E_s 的计算公式为：

$$E_s = k_s p_a\left(\frac{\sigma_3}{\sigma_1}\right)^n\left[1 - \frac{R_f(1 - \sin\varphi)(\sigma_1 - \sigma_3)}{2c\cdot\cos\varphi + 2\sigma_3\sin\varphi}\right] \tag{31.12}$$

式中，k_s，n 为两个试验参数；R_f 为土的破坏比，由试验确定；c 和 φ 分别为土的黏聚力和内摩擦角。计算用迭代法进行。此外，计算所考虑的外荷载包括土的自重、渗透力和边界荷载。

地震后土体静变形计算所用的模量是在往返地震应力作用下降低了的模量[19]。现在考虑一个土体单元。在图 31.4 中给出该单元地震前的应力-应变关系曲线。假如 A 点表示地震前该单元的应力-应变状态，相应的偏应力为 $(\sigma_1 - \sigma_3)_A$，应变为 $\varepsilon_{a,A}$。假如地震后土体的应力不变，地震后该单元的偏应力仍为 $(\sigma_1 - \sigma_3)_A$，但应变增加的数值等于该单元的应变势。假如以 B 点表示

地震后该单元的应力-应变状态，相应的偏应力为 $(\sigma_1 - \sigma_3)_B = (\sigma_1 - \sigma_3)_A$，应变为 $\varepsilon_{a,B} = \varepsilon_{a,A} + \varepsilon_p$。
显然，地震后该单元的应力-应变关系曲线通过 B 点。假如这条曲线仍可用邓肯-张模型表示，并
且参数 n，R_f，c，φ 与地震前相同，只有 k_s 的取值与地震前不同。地震后 k_s 的数值 k_B 可按下述
方法确定。如果以 E_A 表示地震前该单元的割线模型，则

$$E_A = \frac{(\sigma_1 - \sigma_3)_A}{\varepsilon_{a,A}} \tag{31.13}$$

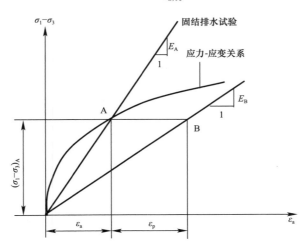

图 31.4　地震前后土单元的模量确定

以 E_B 表示地震后该单元的割线模量，则

$$E_B = \frac{(\sigma_1 - \sigma_3)_A}{\varepsilon_{a,A} + \varepsilon_p} \tag{31.14}$$

由上两式可得

$$E_B = \frac{\varepsilon_{a,A}}{\varepsilon_{a,A} + \varepsilon_p} E_A \tag{31.15}$$

将式（31.12）代入上式，并假设地震前后的 R_f、n、c、φ 及 $(\sigma_1 - \sigma_3)$ 不变，则得

$$k_B = k_A \frac{\varepsilon_{a,A}}{\varepsilon_{a,A} + \varepsilon_p} \tag{31.16}$$

k_B 确定出后，地震后该单元的割线模量就可按式（31.13）求出。

　　土体永久位移是在体积不变条件下产生的。因此，地震前后两次计算求得的单元体应变应
该相等。这个条件要求地震前后土的泊松比应满足一定关系。如果以 μ_A 表示地震前土的泊松
比，μ_B 表示地震后土的泊松比，注意到体积变形模量 k_v 的计算公式

$$k_v = \frac{E}{3(1 - 2\mu)} \tag{31.17}$$

由 $k_{v,A} = k_{v,B}$，式中，$k_{v,A}$，$k_{v,B}$ 分别为地震前后的体变模量，可得

$$\mu_B = \frac{1}{2} \left[1 - (1 - 2\mu_A) \frac{E_B}{E_A} \right] \tag{31.18}$$

　　在地震后的静力分析中，考虑的外荷载与地震前的静力分析相同，即包括自重、渗透力和
边界荷载。地震前后的静力分析完成后，地震引起的土体永久变形就可求出。

　　应用式（31.16）确定 k_s 时要用到残余应变 ε_p，文献 [11] 给出的公式为

$$\varepsilon_p = A_1 e^{A_2 \ln N} (\%) \tag{31.19}$$

$$\begin{cases} A_1 = b_0 + b_1 \dfrac{\sigma_d}{\sigma_3} + b_2 K_C \\[2mm] A_2 = d_0 + d_1 \dfrac{\sigma_d}{\sigma_3} + d_2 K_C \end{cases} \tag{31.20}$$

式中包含 b_0、b_1、b_2、d_0、d_1 和 d_2 共 6 个参数，它们反映了动应力、围压和固结比对残余应变的影响。

31.4　场地资料、几何模型、分析工况和材料参数

31.4.1　场地类型与地震加速度时程曲线

根据抗震规范[20]，按土层横波速度和场地覆盖层厚度可把场地分为 I、II、III、IV 类，所选 4 个典型地基剖面场地的类型如表 31.1 所示。该表中 v_{sm} 为土层平均剪切波速，取地面下 15m 且不深于场地覆盖层厚度范围内各土层剪切波速，按土层厚度加权的平均值；覆盖层厚度是指地表至下卧基岩或其他坚硬土层（$v_{sm}>500m/s$）的距离。

所选典型地基剖面场地的类型与分析采用地震波编号　　　　　　　　表 31.1

剖面编号	自地面下 15m 内各土层厚度及波速	v_{sm} (m/s)	覆盖层厚度 (m)	场地类型	分析采用地震波编号
I ZK1-16～ZK1-17	213×7+175×3+99×5	167.4	<80	II	天然波 X21
III ZK3-4～ZK3-5	213×10+276×5	234	<80	II	天然波 X21
V ZK5-2～ZK5-3	99×15	99	<80	III	天然波 X21 天然波 X31 松潘波
VII ZK7-4～ZK7-5	175×15	175	<80	II	天然波 X21 松潘波

厦门市抗震办公室提供了地震反应分析所用的地震加速度时程曲线，分天然波和人造波两种。II 类场地和 III 类场地各提供了两个天然波和人造波，编号分别为 X21、X22、X23、X24 和 X31、X32、X33、X34。在对四个典型剖面进行分析时，对 II 类场地采用天然波 X21，对 III 类场地采用天然波 X21 和 X31（表 31.1）。为了比较不同地震波的影响，对剖面 V ZK5-2～ZK5-3 和 VII ZK7-4～ZK7-5 还应用松潘地震波进行了分析计算。

对各地震波截取震动较激烈的部分作为输入波的基本波形，其幅值按设计加速度（$0.15g$、$0.2g$、$0.3g$）进行调整。参考 Housner G. W. 和 Seed 的建议，历时取 14s[15]。另据文献 [21] 提供的台湾 1999 年 9.21 大地震南国光观测站检测的地震总历时为 90s，而有效历时仅 10s。由于厦门抗震办公室提供的地震加速度时程曲线已考虑了场地类型的影响，故卓越周期无需调整。三种输入地震波的基本波形（X21、X31、松潘波）如图 31.5～图 31.7 所示。

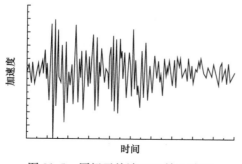

图 31.5　厦门天然波 X21 输入波形

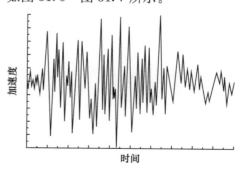

图 31.6　厦门天然波 X31 输入波形

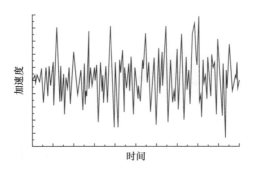

图 31.7 松潘波输入波形

31.4.2 单元剖分与边界条件

各计算剖面一律采用四边形 8 结点等参元进行剖分，如图 31.8～图 31.11 所示，用不同颜色区分土类。为分析方便，底面均取为水平面，地下水位线和不同土层的界面为材料划分的界面。

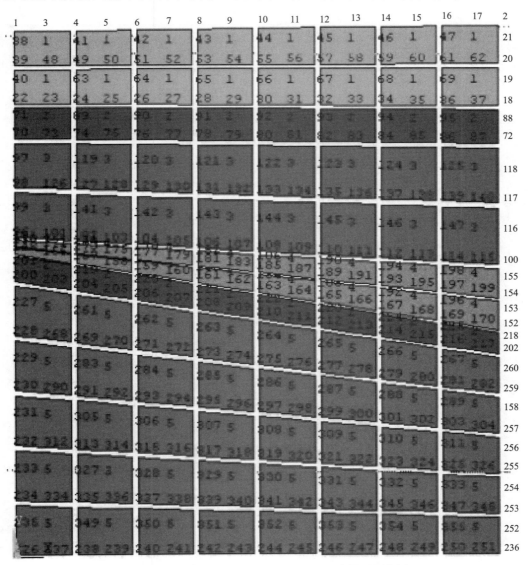

图 31.8 1—1'地质剖面 ZK1-16～ZK1-17 有限元网格图

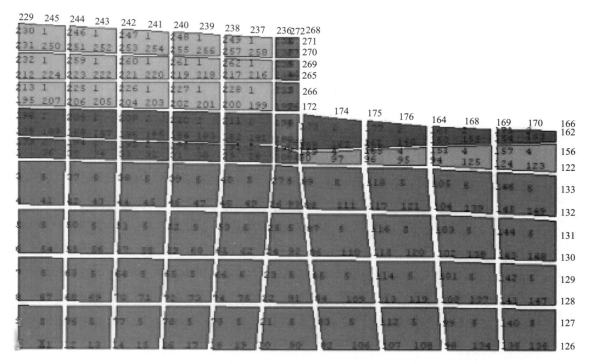

图 31.9　3—3′地质剖面 ZK3-4～ZK3-5 有限元网格图

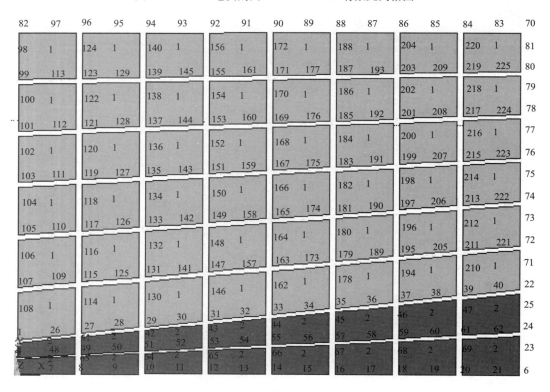

图 31.10　5—5′地质剖面 ZK5-2～ZK5-3 有限元网格图

　　边界约束条件随荷载作用性质的不同而不同。在模拟自然沉积过程（即有效自重荷载作用）时，下部边界为固定铰支座，侧向边界施加水平向约束。计算静外荷载时，静外荷载作用在各计算剖面左上角第一个单元的上边界上；下部边界仍为固定铰支座；计算宽度可认为以左边边界为对称轴扩大一倍，故左边边界仅有水平向约束；由于有限元网格已取足够的宽度，静外荷载作用产生的附加应力在右边边界已扩散无几，右边边界设置固定铰支座。在动力计算中，下部边界为固定铰支座；为防止土柱在水平地震荷载下发生挠曲，侧向边界施加竖向约束，水平向自由。

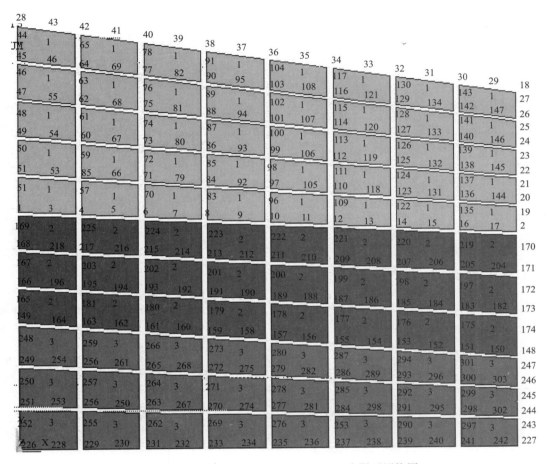

图 31.11　7—7′地质剖面 ZK7-4～ZK7-5 有限元网格图

31.4.3　计算工况

由《建筑抗震设计规范》GB 50011—2001[20]附录 A 第 146 页知，厦门（7 个市辖区）属抗震设防烈度为 7 度，设计基本地震加速度为 0.15g 的第一组。从文献［1，2］可知，邻区海域强震对厦门的影响，历史上最大曾达 8 度。因此，计算时地震加速度取 0.15g、0.2g 和 0.3g。静荷载取 0kPa、50kPa、100kPa、150kPa，输入的地震波形为 X21、X31、松潘波，各剖面的计算工况如表 31.2～表 31.5 所示，共计 20 种情况。

剖面 Ⅰ ZK1-16～ZK1-17 的计算工况　　　　　　　　　　表 31.2

静外载（kPa）	0	50	100	150	0
输入波形	X21	X21	X21	X21	X21
峰值加速度（g）	0.2	0.2	0.2	0.2	0.3
地震历时（s）	14	14	14	14	14

剖面 Ⅲ ZK3-4～ZK3-5 的计算工况　　　　　　　表 31.3

静外载（kPa）	0
输入波形	X21
峰值加速度（g）	0.2
地震历时（s）	14

剖面 Ⅴ ZK5-2～ZK5-3 的计算工况　　　　　　　表 31.4

静载（kPa）	0	50	100	150	0	0	50	100	150	0
输入波形	X31	X31	X31	X31	松潘波	X21	X21	X21	X21	X21
峰值加速度（g）	0.2	0.2	0.2	0.2	0.2	0.2	0.2	0.2	0.2	0.15
地震历时（s）	14	14	14	14	14	14	14	14	14	14

剖面 Ⅶ ZK7-4～ZK7-5 的计算工况　　　　　　　表 31.5

静外载（kPa）	0		0		0		0	
输入波形	松潘波		X21		X21		X21	
峰值加速度（g）	0.2		0.15		0.2		0.3	
地震历时（s）	14		14		14		14	

31.4.4　材料参数

根据静力三轴试验、GDS 应力路径三轴试验、动三轴试验、共振柱试验的结果[4]，并参考有关研究资料，分析计算所用参数列于表 31.6～表 31.10。

厦门地基土的浮重度　　　　　　　　　　　表 31.6

土类	浮重度 γ（kN/m³）
素填土	8.5
中粗砂	9.5
淤泥	6.5
粉质黏土	8.4
砂质黏土	8.4
残积土	9
块石	14.5

厦门地基土的邓肯-张模型参数　　　　　　　　表 31.7

土类	c（kPa）	φ（°）	R_f	k（kPa）	n	μ_i	μ_{tf}
素填土	34.5	31.3	0.84	360	0.45	0.3	0.48
中粗砂	0	32	0.91	397	0.62	0.32	0.46
淤泥	33.5	14.7	0.93	119	0.11	0.4	0.49
粉质黏土	35	27	0.85	250	0.35	0.3	0.4
砂质黏土	32.8	29	0.77	300	0.36	0.3	0.4
残积土	20	25	0.85	350	0.4	0.35	0.45
块石	1000	45	0.64	20000	0.17	0.15	0.2

厦门地基土的动力参数　　　　　　　　　表31.8

土类	泊松比	饱和密度（g/cm³）	最大阻尼比	k_2（×0.5kPa）
素填土	0.3	1.85	0.3	5000
中粗砂	0.32	1.95	0.25	7200
淤泥	0.4	1.65	0.3	5430
粉质黏土	0.3	1.84	0.3	5500
砂质黏土	0.3	1.84	0.26	6000
残积土	0.35	1.9	0.3	4000
块石	0.15	2.5	0.16	600000

厦门地基土的液化曲线参数及孔压模型参数（式（31.7））　　　表31.9

土类	A	B	θ	m
中粗砂	0.0288	0.3149	0.8102	0.875

厦门地基土的震陷参数（式（31.20））　　　表31.10

土类	b_0	b_1	b_2	d_0	d_1	d_2
素填土	1	0.08	−0.68	−0.15	0.36	0.54
淤泥	1.26	0.1	−0.8	−0.15	0.36	0.54

31.5　计算结果分析

1. 剖面 I ZK1-16～ZK1-17 的计算结果分析

图 31.12 是该剖面当输入波 X21、最大加速度等于 $0.2g$ 时在不同建筑荷载作用下的震陷变形分布图。自由场地及荷载等于 50kPa 和 100kPa 时震陷量不大，约 2cm；但当荷载增到 150kPa 时，震陷量剧增到 6cm 左右；且在基础附近隆起严重，达 25cm，地基发生破坏。

图 31.13 是该剖面受不同荷载时在两层砂土中引起的孔压分布，用孔压比表示。所谓孔压比，是指动荷在土体中一点引起的孔压 u_d 与该点所受平均主应力 σ_m 之比。比较各图可见，荷载和地震加速度对该场地的孔压发展影响不大。但动孔压比在各种工况下都比较大，约为 0.6，尚未引起液化。

结论：当荷载不超过 100kPa 时，该地段可作为天然地基，在较强地震作用下不会发生过量震陷及剪切破坏，也不会发生液化。当荷载超过 100kPa 时，需进行地基处理。

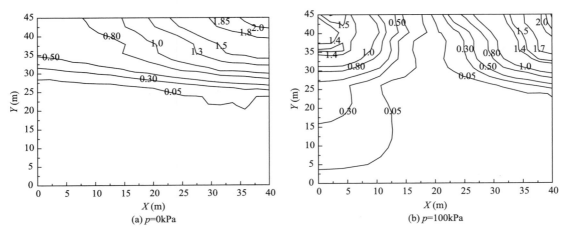

图 31.12　剖面 I ZK1-16～ZK1-17 震陷分布图　（$0.2g$，X21 波；等值线单位为 cm）（一）

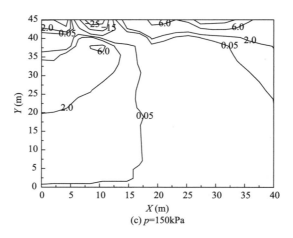

(c) $p=150\text{kPa}$

图 31.12　剖面 I ZK1-16～ZK1-17 震陷分布图　（$0.2g$，X21 波；等值线单位为 cm）（二）

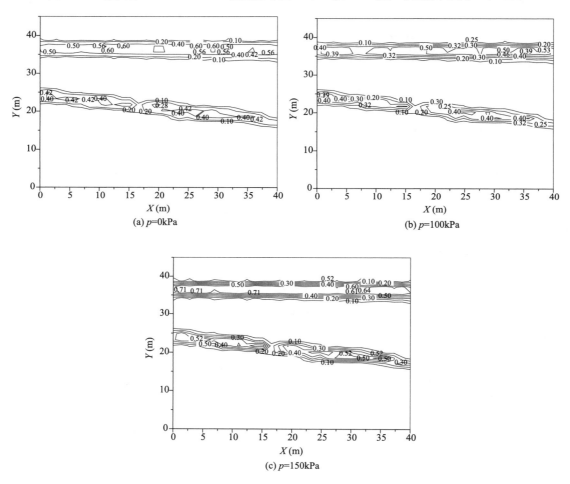

(a) $p=0\text{kPa}$　　　　　　　　　　　　　　　(b) $p=100\text{kPa}$

(c) $p=150\text{kPa}$

图 31.13　剖面 I ZK1-16～ZK1-17 砂层中孔压分布图（$0.2g$，X21 波；等值线单位为 cm）

2. 剖面 III ZK3-4～ZK3-5 计算结果分析

该剖面上部 10m 是填土，右侧临海，有护岸工程。在划分单元时，把护岸工程简化为厚 2m 的块石，共分 5 个单元。地下水位在海平面处。计算结果（图 31.14）表明：当输入波的最大加速度为 $0.2g$ 时，最大震陷量小于 3cm，对环岛路有一些影响，但不严重。护岸工程的最大水平位移约 3cm，能发挥正常功能。从文献［12］可知，厦门填海土在 $\rho_d = 1.4\text{g/cm}^3$、地震加速度 $a = 0.2g$ 时模型振陷试验结果得出的最大振陷应变约为 0.1%。本剖面填土厚 10m，按模型试验震陷量为 1cm，小于上述计算结果（3cm）。其原因是：模型试验尺寸较小（50cm×40cm×30cm），且模型箱是用厚 1.2cm 的钢板制成，刚度很大，土样接近侧限状态（水平变形几乎为零），加之四周摩擦力的影响，减小了试样的竖向变形。尽管计算震陷量与模型试验的数值不等，但两种方法所得结果说明，在强震作用下，填土的震陷量较小。

结论：在强震作用下，该剖面处的环岛路和护岸工程是安全的，可以发挥正常功能。

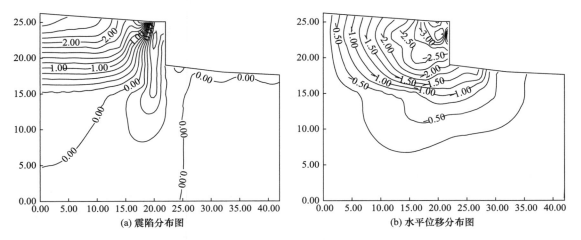

(a) 震陷分布图　　　　　　　　　　　　(b) 水平位移分布图

图 31.14　剖面Ⅲ ZK3-4～ZK3-5 自由场地计算结果图（0.2g，X21 波；等值线单位为 cm）

3. 剖面Ⅴ ZK5-2～ZK5-3 的计算结果分析

该剖面属Ⅲ类场地，采用三种输入地震波：X21、X31 和松潘波。对 X21 波输入了两种地震加速度：0.15g 和 0.2g。本节仅给出 X31 波作用的结果，如图 31.15 所示。当地震加速度等于 0.2g 时，随着荷载从 0kPa 依次增到 50kPa、100kPa、150kPa，震陷量从 4.6cm 增加到 22cm、27cm、35cm；地基土上层隆胀严重，从 0cm 依次增到 1.5cm、8cm、15cm。

另外，按震陷模型试验结果[12]，当荷载为 25kPa、地震加速度等于 0.15g、0.2g 时，软黏土的最大残余应变值分别约为 0.28% 和 0.6%。该场地软黏土厚 26m，相应的最大震陷量约为 7.3cm 和 15.6cm。由于实际地基有侧胀及受局部荷载作用，故数值分析结果比模型试验结果大是合理的。

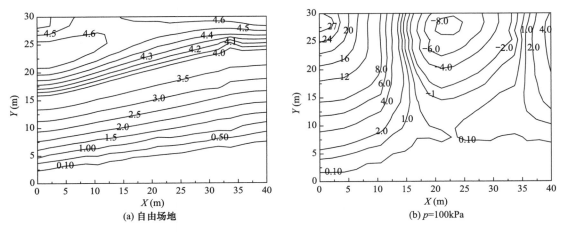

(a) 自由场地　　　　　　　　　　　　(b) p=100kPa

图 31.15　剖面Ⅴ ZK5-2～ZK5-3 震陷分布图（0.2g，X31 波；等值线单位为 cm）（一）

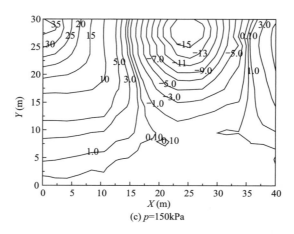

(c) $p=150\text{kPa}$

图 31.15　剖面 Ⅴ ZK5-2～ZK5-3 震陷分布图（0.2g，X31 波；等值线单位为 cm）（二）

结论：3 种波、2 种加速度和 4 种荷载的 10 个工况分析计算表明，该场地在地震时会发生较大震害（震陷与剪切破坏），因此，在修建建筑物前应进行地基处理。

4. 剖面 Ⅶ ZK7-4～ZK7-5 的计算结果分析

对该剖面的计算采用了 2 种波（X21 和松潘波）和 3 种加速度（0.15g、0.2g、0.3g），图 31.16 是 X21 波计算结果。该场地震陷量最大可达 4～5cm；地震加速度对震陷量变形影响不显著；松潘波的作用略小于 X21 波（图略）。从动孔压看，砂土层中的动孔压比在各种加速度条件下比较接近，且右上角数值都较大，达到了 0.8～1.0，说明该处砂土濒于液化。

结论：该场地在强震作用下的震陷量和液化可能性都比较大，应进行地基处理。

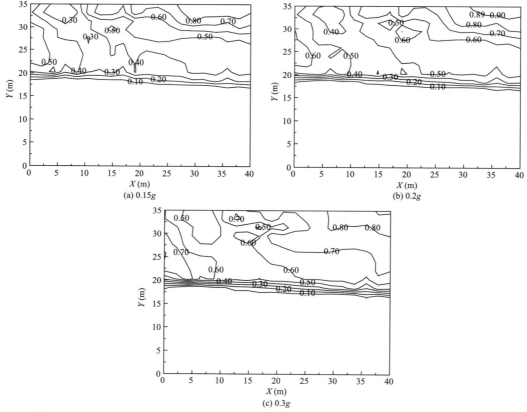

图 31.16　剖面 Ⅶ ZK7-4～ZK7-5　自由场地孔压比分布图（X21 波；等值线单位为 cm）

31.6 用《建筑抗震设计规范》建议方法评判典型场地的液化情况

31.6.1 《建筑抗震设计规范》的有关规定

按《建筑抗震设计规范》GB 50011—2001[20]的有关规定，饱和砂土和饱和粉土（不含黄土）的液化判别和地基处理，6度时，一般情况下可不进行判别和处理，但对液化沉陷敏感的乙类建筑可按7度的要求进行判别和处理；7~9度时，乙类建筑可按本地区抗震设防烈度的要求进行判别和处理。存在饱和砂土和饱和粉土（不含黄土）的地基，除6度设防外，应进行液化判别。

液化判别分两步进行。先根据地质年代、粉土的黏粒含量百分率、上覆非液化土层厚度和地下水位深度进行初判；当初步判别认为需进一步进行液化判别时，应采用标准贯入试验判别法判别地面下15m深度范围内的液化。对存在液化土层的地基，应探明各液化土层的深度和厚度，按下式计算每个钻孔的液化指数，并划分地基的液化等级：

$$I_{lE} = \sum_{i=1}^{n} \left(1 - \frac{N_i}{N_{cri}}\right) d_i W_i \tag{31.21}$$

式中，I_{lE}——液化指数；

n——在判别深度范围内每个钻孔标准贯入试验点的总数；

N_i、N_{cri}——分别为i点标准贯入锤击数的实测值和临界值，但实测值大于临界值时应取临界值的数值；

d_i——i点所代表的土层厚度（m），可采用与该标准贯入试验点相邻的上、下两标准贯入试验点深度差的一半，但上界不高于地下水位深度，下界不深于液化深度；

W_i——i土层单位土层厚度的层位影响权函数值（单位为m^{-1}）。若判别深度为15m，当该层中点深度不大于5m时采用10，等于15m时应采用零值，5~15m时应按线性内插法取值；若判别深度为20m，当该层中点深度不大于5m时应采用10，等于20m时应采用零值，5~20m时应按线性内插法取值。

31.6.2 典型场地的液化情况评判

用《建筑抗震设计规范》建议方法评判了三个典型地质剖面的液化情况，即本节计算过的剖面Ⅰ ZK16~ZK1-17、剖面Ⅶ ZK7-4~ZK7-5和厦门金秋豪园场地，目的是对场地的液化情况进行综合评判及对两种方法的评判结果作比较。

场地一：Ⅰ ZK1-16~ZK1-17。地基土自上而下依次为：素填土（平均厚度6.8m）、粗砂（平均厚度2.94m）、淤泥（平均厚度9.33m）、砂质黏土（厚1~5m）、粗砂（厚约2m）、残积砂质黏土、强风化花岗岩。该剖面位于员当湖滨，地下水位约1.4m；上部砂层埋藏浅，液化可能性大。

经两步判定知，该段场地的计算标贯临界值为12.7击，而该段上层粗砂的标贯平均数是10.8击[4]，故剖面ZK1-16~ZK1-17段的上层粗砂判为液化土。

最后，用式（31.21）计算液化指数。取上层粗砂的标贯平均数10.8击进行计算，1—1′剖面的上层粗砂按一个分层考虑，即$n=1$，砂层厚度$d_i=2.94$m。判别深度取15m，砂层中点深度为8.27m，砂层单位土层厚度的层位影响权函数值W_i按线性插值为6.73。计算液化指数为

$$I_{lE} = \sum_{i=1}^{n} \left(1 - \frac{N_i}{N_{cri}}\right) d_i W_i = (1 - 10.8/12.7) \times 2.94 \times 6.73 = 2.96 < 5$$

即该地基剖面的液化等级为轻微。

由图 31.13 知，1—1′剖面的ⅠZK1-16~ZK1-17 段在 X21 波的作用下（地震加速度峰值等于 $0.2g$），计算得出的自由场地的上层粗砂中部分地方（约 1m 厚）孔压比超过 0.6，孔压偏高。与规范法评判的结果相比，有限元分析结果偏低。二者的差别是由于分析方法和计算所依据的土性参数不同所致。动力反应分析采用金秋豪园的中粗砂参数和孔压模型，而规范法评判采用与剖面的 ZK1-16~ZK1-17 的标贯资料；金秋豪园场地虽然也处于厦门员当湖滨，但该场地的中粗砂埋藏深度大（1 号孔大于 24m，2 号孔大于 17m），因而较密实，且其粒组也不同于 1-1′剖面 ZK1-16~ZK1-17 处的上层中粗砂。

场地二：ⅦZK7-4~ZK7-5。该剖面地基土自上而下依次为：含淤泥中粗砂、淤泥质黏土、残积土、强风化花岗岩。含淤泥中粗砂位于表层，厚度大（约 15.5m），且处于海平面之下，液化可能性大。

上覆非液化土层厚度 d_u 为零，地下水位深度 d_w 为零，基础埋置深度 d_b 采用 2m，液化土特征深度 d_0 取 7m。进行初判易知规范条件不能满足，故需进一步进行液化判别。

用标准贯入试验判别法判别地面下 15m 深度范围内的液化情况。标准贯入锤击数基准值 N_0 按表 GB4.3.4 取 8 击，黏粒含量百分率 ρ_c 对砂土采用 3，标准贯入点深度 d_s 取 7.5m（在孔 ZK7-4 处含淤泥中粗砂层的中点）。按表 GB（4.3.4.1）计算标贯临界值 N_{cr} 等于 13.2 击。

根据厦门地质工程勘察院 2003 年提供的资料[4]，该剖面的含淤泥中粗砂层的平均标贯数为 8.9 击。此平均值小于标贯临界值，故该砂层判为液化土。

最后，用式（31.21）计算液化指数。按标贯平均数 8.9 击进行计算，含淤泥中粗砂层按一个分层考虑，即 $n=1$，砂层厚度 $d_i=15m$。判别深度取 15m，砂层中点深度为 7.5m，砂层单位土层厚度的层位影响权函数值 W_i 按线性插值为 7.5。计算液化指数为

$$I_{lE} = \sum_{i=1}^{n} \left(1 - \frac{N_i}{N_{cri}}\right) d_i W_i = (1 - 8.9/13.2) \times 7.5 \times 7.5 = 18.32 > 15$$

故该剖面的含淤泥中粗砂层的液化等级为严重。

由图 31.16 可知，该剖面的含淤泥中粗砂层在 X21 波的作用下（地震加速度峰值分别等于 $0.15g$、$0.2g$），计算得出的自由场地的砂层上部（厚度 3~5m）的孔压比分别超过 0.8 和 0.9，表明此处砂土已濒于液化。这与规范法评判的结果很接近，但仍偏低。

场地三：金秋豪园场地。该场地位于员当湖滨。1 号钻孔和 2 号钻孔的地基土自上而下排序如表 31.11 和表 31.12 所示。场地稳定地下水位深 d_w 为 1.1m。由于砾砂、细砂、粗砂层的上覆盖的非液化土层厚度都较大，当基础埋置深度 d_b 采用 2m、液化土特征深度 d_0 查取 7m 时，此三层土都满足规范初判要求，故都可不考虑液化影响。

金秋豪园场地 1 号钻孔土层分布表 表 31.11

土层序号	土层名称	层厚 (m)	层顶深度 (m)	土层序号	土层名称	层厚 (m)	层顶深度 (m)
1	杂填土	2.5	0.0	5	淤泥	6.0	11.8
2	素填土	4.4	2.5	6	细砂	2.7	17.8
3	回填残积土碎石	1.4	6.9	7	黏土	4.15	20.5
4	砾砂	3.5	8.3	8	粗砂	3.45	24.65

金秋豪园场地 2 号钻孔土层分布表 表 31.12

土层序号	土层名称	层厚 (m)	层顶深度 (m)
1	杂填土	2.8	0.0
2	素填土	5.8	2.8

土层序号	土层名称	层厚（m）	层顶深度（m）
3	砾砂	3.2	8.6
4	淤泥	6.1	11.8
5	中粗砂	1.5	17.9
6	黏土	5.4	19.4
7	粗砂	4.35	24.8
8	残积砾质黏土	0.65	29.15

文献［22］曾对金秋豪园场地的钻孔 1 和钻孔 2 处做过详细的地震反应分析，地震波为松潘波，计算工况共 12 种（表 31.13）。计算表明，两钻孔的细砂层和粗砂层的孔压比最大值分别不超过 0.55 和 0.43，故都不可能液化。

金秋豪园场地计算工况 表 31.13

方案	1	2	3	4	5	6	7	8	9	10	11	12
地质剖面	k1	k1	k1	k1	k1	k1	k2	k2	k2	k2	k2	k2
静外荷（kPa）	0	150	300	0	150	300	0	150	300	0	150	300
地震烈度	7	7	7	8	8	8	7	7	7	8	8	8
输入峰值加速度（g）	0.1	0.1	0.1	0.2	0.2	0.2	0.1	0.1	0.1	0.2	0.2	0.2
地震历时（s）	10	10	10	14	14	14	10	10	10	14	14	14

31.6.3 两种方法评判结果的比较

用建筑抗震设计规范建议方法与数值分析评判三个典型场地的液化情况的结果比较见表 31.14，总的看来，两种方法评判的结果是比较接近的。造成两种方法评判结果的差异主要在于分析计算所用的土性资料不尽相同。但从该表可见，若对数值分析结果分别以孔压比等于 0.6 和 0.8 为划分土层液化情况的界限值，即，在孔压比小于 0.6 时不考虑液化影响，在孔压比大于 0.6 而小于 0.8 时为轻微液化到中等液化，在孔压比大于 0.8 时为严重液化，则两种方法的评判结果具有较高的一致性。

两种方法评判三个典型场地的液化情况的结果比较 表 31.14

场地名称	规范建议方法	数值分析法	比较	备注
Ⅰ ZK1-16～ZK1-17（1-1′剖面）	液化等级：轻微（用本场地标贯资料）	约 1m 厚砂层中孔压比超过 0.6	大致接近	FEM 分析依据的土性参数皆为金秋豪园孔 1、孔 2 砂土资料
Ⅶ ZK7-4～ZK7-5（7-7′剖面）	液化等级：严重（用本场地标贯资料）	约 3～5m 厚砂层中孔压比超过 0.8	接近	
金秋豪园孔 1、孔 2	可不考虑液化影响（用本场地资料评判）	细砂中孔压比小于 0.55 粗砂中孔压比小于 0.43	一致	

31.7 本章小结

（1）在强震作用下，填海地基的震陷量较小，不影响环岛路的正常使用；深厚软黏土地基震陷量较大，随静荷载的增大，地基从局部剪切破坏向整体剪切破坏发展；埋藏较浅的砂土会发生液化。

（2）数值分析方法和振动台模型试验在估计地基的震陷量方面，二者的结果大致相近。前者可得到地基的震陷场和隆起量，但比较复杂；后者则可给出最大震陷量的粗略数值，较为简便。

（3）数值分析方法和建筑抗震设计规范建议方法在评估砂土地基的液化方面，只要定出划分液化的孔压界限值，二者的评判结果就较为一致。《建筑抗震设计规范》GB 50011—2001 建议方法的优点是简便易行，数值分析方法则可给出地基中液化的具体范围。

（4）地基的地震反应涉及影响因素多，加之地基土类多、土层构造复杂，用多种分析方法进行综合评判是必要的，也是可行的。

本章的研究成果对厦门市的地基抗震决策提供了科学依据，其分析方法也可为同类工作参考。除地基的地震反应分析外，课题组还对厦门市多处近岸海床边坡的稳定性进行了静动力分析评价，有兴趣者可参见文献［23］。

参考文献

［1］　厦门市抗震防灾办公室. 厦门市历史地震调查与地震危险性分析［R］. 1988.

［2］　福建地震地质工程勘察院. 厦门市邮电大厦工程场地地震安全性评价报告［R］. 1997，4.

［3］　陈运泰，杨智娴. 从集集地震和全球的震情与震灾看大中城市的防震减灾［R］//中国科学院. 科学发展报告，北京：科学出版社，2000：168-172.

［4］　后勤工程学院，厦门市地质工程勘察院，厦门市建筑科学研究院，厦门市抗震办公室. "厦门市建筑地基抗震稳定性研究"结题报告［R］. 2003.

［5］　刘惠珊，张在明. 地震区的场地与地基基础［M］. 北京：中国建筑工业出版社，1994.

［6］　李刚，陈正汉，王权民. 厦门市海积粉细砂动力特性试验研究［J］. 四川建筑科学研究，2002，2：33-36.

［7］　王权民，李刚，陈正汉. 等. 厦门砂土的动力特性研究［J］. 岩土力学，2005，26（11）：1628-1632.

［8］　李刚，陈正汉，王权民. 最大往返剪切作用面上应变破坏标准的应力条件［J］. 岩土力学，2002，23（1）：90-92.

［9］　王权民，陈正汉，方祥位，等. 厦门残积土的静动力学特性与震陷特性研究［J］. 四川建筑科学研究，2005，3：73-77.

［10］　方祥位，陈正汉，申春妮，等. 残积土特殊应力路径的三轴试验特性研究［J］. 岩土力学，2005，26（6）：932-936.

［11］　曹继东，陈正汉，王权民. 厦门软黏土的振陷特性研究［J］. 岩土力学，2004，25（1）：160-164.

［12］　曹继东，王权民，陈正汉. 厦门填海土的振动台试验研究［J］. 岩石力学与工程，2004，23（23）：3529-3535.

［13］　曹继东，陈正汉，王权民. 软黏土的共振柱试验研究［J］. 四川建筑科学研究，2004，4：69-71.

［14］　陈正汉，李刚，史宏彦，等. 厦门典型地基土的地震反应分析与评价［J］. 岩石力学与工程，2005，24（21）：3864-3875.

［15］　谢定义. 土动力学［M］. 西安：西安交通大学出版社，1988.

［16］　HINTON E，OWEN D R J. Finite Eliment Programming［M］. London：Academic Press，1977. （中译本：有限元程序设计［M］. 新时代出版社，1982.）

［17］　史宏彦. 土体动力反应的瞬态有效应力分析法及其计算程序的研究［D］. 西安：陕西机械学院，1987.

［18］　周健，白冰，等. 土动力学理论与计算［M］. 北京：中国建筑工业出版社，2001.

［19］　张克绪，凌贤长. 岩土地震工程及工程振动［M］. 北京：科学出版社，2016.

［20］　中华人民共和国建设部. 建筑抗震设计规范：GB 50011—2001［S］. 北京：中国建筑工业出版社，2001.

［21］　林成功，台湾921集集大地震滑坡动力分析研究［D］. 重庆：重庆大学，2003.

［22］　李刚，厦门地基砂土的动力特性及其地震反应分析［D］. 重庆：后勤工程学院，2001.

［23］　张伟，陈正汉，黄建南. 近岸海床边坡的稳定性及其分析方法探讨［J］. 四川建筑科学研究，2005，5：80-83.

附录1：部分同行专家在其论著中对陈正汉学术成果的评价

陈正汉用混合物理论研究了非饱和土的固结理论，陈正汉提出的非饱和土固结理论是一个完整的理论体系，是对土力学理论的创新。

——浙江大学谢康和、同济大学周健教授编著. 岩土工程有限元分析理论与应用. 科学出版社，2002：206，210-213.

——同济大学吴世明、杨挺教授等编著. 岩土工程新技术. 中国建筑工业出版社，2001：283，287-290.

陈正汉、谢定义融理性力学、不可逆过程热力学和土力学于一体，提出了研究非饱和土的公理化理论体系……在该公理化体系的指导下，建立了非饱和土固结的混合物理……饱和土的Biot理论是该模型的特例。

——同济大学高大钊教授主编、孙钧院士主审. 岩土工程的回顾与前瞻. 人民交通出版社，2001：299-300.

不计温度影响，陈正汉证明，非饱和土的应力状态可以用以下三组应力张量中的任一组来描述……。

——沈珠江院士著. 理论土力学. 中国水利水电出版社，2000：230-231.

陈正汉等提出的非线性模型可看作是饱和土邓肯—张模型在非饱和土中的推广。

——河海大学殷宗泽教授. 非饱和土本构关系及变形计算. 岩土工程学报，2006，28（2）：137-146.

Bishop公式既没有从理论上加以论证，也没有从试验中加以充分检验。陈正汉从弹性理论出发，推导出非饱和土变形问题的有效应力公式，这个公式的特例就是Terzaghi和Bishop有效应力公式。陈正汉在推导非饱和土有效应力公式时，把非饱和土看成是多孔介质，因此多孔介质变形问题的有效应力公式不仅只适用于非饱和土，也同样适用于其他类型的多孔介质，如岩石、混凝土等。

——上海交大徐永福、东南大学刘松玉教授编著. 非饱和土强度理论及其应用. 东南大学出版社，1999：84，85-88.

考虑复杂应力状态及加载路径影响的湿陷变形本构理论研究，在我国始于刘祖典、陈正汉（1986）的工作，他们的成果具有开拓性。

陈正汉（1999）又研究了非饱和黄土的变形和强度问题，将现代非饱和土理论的吸力概念引入黄土的研究之中。

——兰州大学苗天德教授. 黄土湿陷变形机理的研究现状//罗宇生、汪国烈主编. 湿陷性黄土研究与工程. 中国建筑工业出版社，2001：73-82.

陈正汉……在测试技术和仪器研制方面有很多开创性的工作。

——长江科学院包承钢教授级高工（前院长兼总工）. 非饱和土研究现状之评述//中国土木工程学会土力学及岩土工程分会. 岩土春秋. 清华大学出版社，2007：148-156.

对非饱和土力学特性的理论研究突破和深化，与测试技术的改进密切相关。……1991年陈正汉、谢定义研制成一台非饱和土小型三轴仪，用装在试样帽上的微型传感器直接量测孔隙气压力，采用双层压力室和精密体变量测装置，在试样外包裹两层橡皮膜。这些措施大大提高了量测体变和孔隙气压力的精度，用其研究重塑非饱和黄土的变形、强度、屈服孔压、有效应力参数和水量变化特性方面，取得了良好效果。

——同济大学高大钊教授主编、孙钧院士主审. 岩土工程的回顾与前瞻. 人民交通出版社，2001：299-300.

附录 2：陈正汉家国情怀韵文 8 首

　　作者在 2018—2022 年忙里偷闲，即兴写了 8 首韵文，体现了自己作为科技工作者的家国情怀。其中第 1 首和第 7 首曾发表在《陕西英才》2020 年第 1 期，第 3 首和第 4 首曾发表在《陕西英才》2019 年第 1 期，第 2、5、6、8 首为首次发表。

　　（1）2020 年 4 月 8 日清晨，得知武汉在封城 76 天后解除封城管控禁令，标志着中国抗击新冠肺病的总体战阻击战取得了重大胜利，欣喜万分，当即命笔写七言韵文两段。

喜闻武汉封城解禁

惊心动魄庚子年，全球抗疫大鏖战。
中国人民气盖世，攻打头阵冲在前。
年关中央遣兵将，春节全国总动员。
武汉封城八方助，四万天使义感天。
人民战争显神威，旗开得胜凯歌旋。
战罢病魔转复产，春光明媚举国欢。

冠魔肆虐四处窜，天涯海角遭疫难。
短期死伤逾百万，超级大国亦胆寒。
华夏儿女重情义，四海若邻同危安。
不计恩怨弃前嫌，专家药物及时援。
疫情趋缓曙光现，众国致谢齐称赞。
善有善报天护佑，愿我中华万代安。

　　（2）2020 年中秋节和国庆节是同一天，可谓双喜临门；加之在抗疫时期来往不便，佳节到来，倍感珍贵。在 9 月 30 日写七言韵文一首，以短信方式致众亲友。

佳节致亲友

两节结伴轻盈来，双喜临门笑颜开。
冠降洪伏百业旺，国泰民安人心快。
生命健康最宝贵，美好时光弥珍爱。
盼望早日再聚首，谈天说地乐开怀。

（3）2018 年 10 月 26 日，作者去杭州参加"岩土西湖论坛"学术会议，当晚观赏了《印象西湖》，表演非常精彩，当夜写下具有浪漫色彩的七言韵文一首。

观赏《印象西湖》

皓月轻升挂天边，彩扇徐展立湖面。

涟漪微泛浮乾坤[①]，歌曲缭绕飞云端。

美轮美奂入仙境，流光溢彩映天宫。

霓为衣兮光为马，众仙纷至展才华[②]。

梁祝圆梦双蝶飞[③]，嫦娥裂变舞芭蕾[④]。

茉莉花香欢乐醉[⑤]，神女白蛇不思归[⑥]。

注释：

① 化用杜甫诗《登岳阳楼》的第 4 句"乾坤日夜浮"；此处指西湖湖面倒映着杭州和星空，波纹微泛，影像浮动。

② 化用李白诗《梦游天姥吟留别》中的"霓为衣兮风为马，云之君兮纷纷而来下"。把"风"改为"光"，因为光是电磁波，在世界上速度最快，每秒 30×10^4 km，远远高于风速；另外，此句与前一句"流光溢彩映天宫"相呼应，光沟通了人间和天上，神仙乘光而下也就顺理成章。

③ 节目中有《梁祝》舞蹈。

④ 节目中有水上芭蕾舞，演员瞬间 1 变 2，2 变 4，……，如同原子核裂变反应；此处化用毛主席词《赠李淑一》中的"寂寞嫦娥舒广袖，万里长空且为忠魂舞"，把演员视为嫦娥，是从天上来到西湖的"众仙"之一。

⑤ 节目中有《茉莉花》和贝多芬《欢乐颂》。

⑥ 欢乐和美景使前来聚会的巫山十二神女和峨眉山白娘子流连忘返。

（4）2018 年 11 月 1 日，作者从杭州到武汉参加学术会议，在杭州登了雷峰塔，到武汉上了黄鹤楼，心旷神怡。想起杜甫诗《登岳阳楼》[①]时的孤独苦闷心情，反其意写五言韵文一首。

访杭州-武汉

东辞雷峰塔，西登黄鹤楼。

越楚归一统[②]，神州起宏图[③]。

学友常聚会，电讯时交流。

美景多拍照，盛世乐逍遥[④]。

注释：

① 杜甫诗《登岳阳楼》全文："昔闻洞庭水，今上岳阳楼。吴楚东南坼，乾坤日夜浮。亲朋无一字，老病有孤舟。戎马关山北，凭轩涕泗流。"

② 浙为越，鄂为楚，杜甫写分，陈正汉写合。

③ 杜甫写虚，陈正汉写实。

④ 后 4 句：杜甫写社会动乱、孤独苦闷，陈正汉写太平盛世、友多快乐。

（5）2021 年 12 月 4 日，西安突发由新冠变异病毒引发的疫情，当月 23 日西安市封城。2022 年 1 月 6 日写五言韵文一首，发给在西安的校友和亲友表达关切之情。

西安封城致校友亲友

数九寒冬天，魑魅扰西安。
军民齐奋起，封城围歼战。
本是同根生，患难倍怜念。
云端送问候，诸君可安然？
长安神圣地，岂容魑魅犯。
同心再努力，凯旋迎新年。

（6）作者在陕西出生和成长，自 1978 年 3 月进入大学读书以来，又长期在西北地区学习和搞科学研究，得到刘祖典、谢定义、蒋咏秋、林在贯、匡振邦、徐健学、罗宇生、钱鸿缙、余茂宏、刘怀恒、顾安全、王恭先、苗天德、汪国烈等老专家们的指点和无私帮助，深受其治学精神和优良学风的滋养熏陶。2020 年 8 月 23 日，作者在修改主办单位起草的《岩土工程西部论坛暨谢定义学术讲座》的初稿时，总结了西部老专家们的优秀品质，将其凝练为"西部岩土精神"，并在该文本中正式提出，得到同行专家们认可。

西部岩土精神

艰苦创业、自强不息；严谨治学，勇于创新；知行合一，以学报国。

（7）2020 年清明节正值抗疫期间，思念家乡亲友之情油然而生。身居汉中的牛玉汉先生既是作者乡邻，又是中学同窗，友谊经历了 60 年风雨洗礼，弥足珍贵。在牛先生的大力支持下，作者于 2006 年建立了汉中 CT-三轴科研工作站，先后为后勤工程学院培养了 3 名硕士、3 名博士和 1 名博士后，并为西南大学、西南科技大学、西安理工大学、兰州理工大学、桂林理工大学、西南石油大学和西南交大等单位培养高层次人才提供了重要支持。为答谢牛先生的长期关爱和对科研工作的无私帮助，特写七言韵文两首，赠牛君同惜共勉。原文发表在《陕西英才》2020 年第一期，此处为其中的第 2 首。

赠学友牛玉汉先生

同乡同学两条汉，互勉互助一甲年。
贫贱富贵谊不变，没结未拜亦桃园。

（8）受新型冠状病毒肺炎疫情影响，全国第三届非饱和土与特殊土力学及工程学术研讨会延期到 2022 年 11 月 11 日—13 日在石家庄隆重召开，与 2017 年 7 月在兰州召开的第二届研讨会时隔 5 年有余。第三届会议以线上交流为主，学术界和工程界的参会者数以千计。作者在 2022 年国庆节写七言韵文一首表示祝贺，期望本届会议秉承第一届会议（2013 重庆）和第二届会议（2017 兰州）的传统，本着"探索前沿，服务工程，实事求是，百家争鸣"的宗旨，对在非饱和土与特殊土力学及工程领域取得的新成果进行广泛深入的交流，守正创新，再创佳绩。

贺全国第三届非饱和土与特殊土力学及工程学术研讨会召开

立秋以来喜事多，神州天地奏凯歌。
太空频传奇妙事[①]，月球发现石嫦娥[②]。
江山秀丽民族和，五谷丰登百姓乐[③]。
二十大会绘宏图[④]，百年美梦呈真格。
《试验标准》获通过[⑤]，文化自信开先河。
《非特力学》得资助[⑥]，自主创新结硕果。
阔别五载喜相逢，同线两界热切磋。
守正创新弘柏坡[⑦]，再创佳绩献吾国。

注释：
① 指中国载人空间站、祝融号火星车和天眼望远镜不断取得新进展和新发现。
② 国家航天局、国家原子能机构在 9 月 9 日宣布，中国科学家首次在月球上发现新矿物，并命名为嫦娥石。我国由此成为世界上第三个在月球发现新矿物的国家。
③ 中央电视台新闻联播节目报道"大美中国"，每天展示一个省；9 月 23 日秋分，是第 5 届中国农民丰收节。
④ 中共第二十次全国代表大会于 2022 年 10 月 16 日—22 日在北京召开。
⑤ 由作者主编、全国 30 多位专家参加编写的《非饱和土试验方法标准》于 2022 年 8 月 14 日通过审查，经再修改后于 2022 年底发布。评审意见认为："《标准》内容科学合理、可操作性强，与现行相关标准相协调，填补了我国非饱和土试验方法标准的空白，是国内外第一部系统完整的非饱和土试验方法标准。该标准的编制实现了我国在非饱和土试验方法领域的突破，响应国家"一带一路"和建设创新型国家需求，对规范我国非饱和土试验方法和完善我国土工试验的技术水平，具有重要的指导意义，为我国非饱和土地区的科学研究与工程勘察、设计和施工提供了科学依据。"该标准从提出编写报告到发布，共历辛 5 年有余。
⑥ 作者撰写的专著《非饱和土与特殊土力学》获 2022 年度国家科学技术学术著作出版基金资助（8 月 24 日公示）。
⑦ 柏坡即西柏坡的简称，位于石家庄市内，此处寓意弘扬西柏坡精神，为学科发展和国家建设再做贡献。西柏坡精神的本质特征是两个"务必"（即务必使同志们继续地保持谦虚、谨慎、不骄、不躁的作风，务必使同志们继续地保持艰苦奋斗的作风）和两个"敢于"（即敢于斗争，敢于胜利），"两个务必"就是守正，两个"敢于"就是开拓创新。